51CTO学院丛书

VMware vSAN 超融合企业应用实战

王春海 著

人民邮电出版社
北京

图书在版编目（CIP）数据

VMware vSAN 超融合企业应用实战 / 王春海著. --
北京 : 人民邮电出版社, 2020.4（2022.12重印）
ISBN 978-7-115-52870-4

Ⅰ. ①V… Ⅱ. ①王… Ⅲ. ①虚拟处理机 Ⅳ.
①TP338

中国版本图书馆CIP数据核字(2019)第270141号

内容提要

本书以 vSphere 6.7.0 U2 为例介绍 VMware vSphere 虚拟化产品与 VMware 超融合技术 vSAN 的内容，包括产品选型、安装配置、运行维护、迁移升级等 4 个阶段的内容。

本书采用循序渐进的编写方法，介绍了大量先进的虚拟化应用技术，步骤清晰、讲解细致，非常易于读者学习和快速掌握。本书既可供虚拟机技术爱好者、信息中心技术人员、企业和网站的网络管理员、计算机安装及维护人员、软件测试和开发人员、高校师生等参考，也可作为培训机构的教学用书。

◆ 著　　　王春海
责任编辑　王峰松
责任印制　王　郁　焦志炜

◆ 人民邮电出版社出版发行　　北京市丰台区成寿寺路 11 号
邮编　100164　　电子邮件　315@ptpress.com.cn
网址　http://www.ptpress.com.cn
北京九州迅驰传媒文化有限公司印刷

◆ 开本：787×1092　1/16
印张：38.75　　　2020 年 4 月第 1 版
字数：925 千字　　　2022 年 12 月北京第 5 次印刷

定价：148.00 元

读者服务热线：(010)81055410　印装质量热线：(010)81055316
反盗版热线：(010)81055315
广告经营许可证：京东市监广登字 20170147 号

前　言

VMware vSAN 是一个优秀的产品，该产品与 VMware ESXi 紧密结合并集成在 VMware ESXi Hypervisor 中，可以将服务器本地存储硬盘通过网络组成共享的软件分布式存储，具有安装配置简单、性能优秀、管理维护方便等一系列优点，适合 VMware vSphere 虚拟化数据中心使用。VMware vSAN 具有以往高端存储才支持的存储镜像、存储双活技术，VMware vSAN 还支持存储的在线扩容与收缩，是一个可以进行分布式扩展或收敛的软件存储产品。本书以 VMware vSAN 所支持的特有功能为基础，介绍适合于中小型企业的双机双热备系统，适用于大中型企业的标准 vSAN 群集与基于 vSAN 延伸群集的双活数据中心的组建。

一个完整的虚拟化项目应该包括产品选型、安装配置、运行维护、迁移升级 4 个阶段，各阶段主要内容如下。

（1）产品选型阶段。在这个阶段，根据用户的需求、现状、预算、场地等情况，为用户选择合适的软、硬件产品。软件包括虚拟化软件、备份与运维管理软件，硬件包括服务器（品牌、CPU、内存、硬盘、网卡等）、网络设备（交换机、路由器、网络安全设备、存储等）。这一阶段通常持续数周或数月时间。

（2）安装配置阶段。当软、硬件产品到位之后，根据企业的现状进行物理与逻辑的规划。所谓物理的规划包括网络机柜以及服务器与网络设备的排列与摆放、服务器各端口与网络设备的连接关系，以及交换机、路由器、防火墙等网络设备各端口的划分，这些都要一一规划到位。逻辑的规划是指网络流量与 IP 地址的规划，包括为 ESXi 与 vCenter Server 管理分配单独的 IP 地址段，为 vSAN 管理流量、vCenter Server HA 流量、FT 流量、vMotion 流量规划单独的 VLAN 等。在规划之后需要安装 ESXi、vCenter Server、vSAN 等，之后还要进行虚拟化环境配置，这包括虚拟交换机配置，添加端口组、准备模板、在虚拟机中安装操作系统等基础操作。这一阶段一般在 2～5 个工作日内完成。

（3）运行维护阶段。该阶段又分以下几个阶段。

初期——在虚拟化环境安装配置完成后的初期，需要将当前环境中（要迁移的）物理机迁移到虚拟机中运行，不适合迁移或不需要迁移的应用，按照 1∶1 的比例创建对应的虚拟机。这一阶段视需要迁移的物理机类型及数据量可能持续几天或数十天不等。通常情况下，在实施物理机到虚拟机迁移的时候，在吉比特网络环境中，每小时可以迁移约 100GB 的数据。

备份——等所有系统都迁移到虚拟化环境之后，需要对重要的虚拟机进行备份。可以根据不同的需求创建不同的备份策略。在运维开始后，对于备份任务，应该每个月进行一次恢复操作，以便验证备份是否可用。

运维检查——项目交接之后，管理员应该定期对整体环境进行检查，这包括每天登录运维平台检查状况、每周至少一次去服务器前查看硬件设备是否有警报等。可以通过安装运维软件提高运维管理水平。

补丁安装——vSphere 官网每月定期发布补丁，管理员可以登录 https://my.vmware.com

网站检查并下载补丁，并视情况决定是否进行安装。对于纯内网的 vSphere 环境，一般不需进行安装。只有在有重大的安全补丁或者需要新的功能时才需要安装。

（4）迁移升级阶段。一个虚拟化环境在设计的时候，一般能满足当前企业 3～5 年的需求，产品的设计寿命一般不超过 5 年。在第 6 年开始就需要进行迁移升级，此时需要采购新的服务器，将现有的虚拟化环境及虚拟机迁移到新的服务器及新的网络环境中，旧的服务器及对应的网络设备下架。

从上述介绍可以看到，组建与维护 vSphere 数据中心是一个综合、系统的工程，这需要对服务器的配置与服务器数量、存储的性能与容量，以及接口、网络交换机等方面进行合理的选择。

vSphere 数据中心构成的三要素包括服务器、存储、网络。其中，服务器与网络这些年变化不大，主要是存储的选择。在 vSphere 6.0 及其之前版本，传统的 vSphere 数据中心普遍采用共享存储，一般优先选择 FC 接口，其次是 SAS 及基于网络的 iSCSI 接口。在 vSphere 6.0 推出后，还可以使用普通的 x86 服务器基于服务器本地硬盘通过网络组成的 vSAN 存储。

简单来说，一名虚拟化系统工程师，除了要了解硬件产品的参数、报价外，还要根据用户的需求，为用户进行合理的选型。并且在硬件到位之后，要进行项目的实施（安装、配置等），在项目完成之后，要将项目移交给用户，并对用户进行简单的培训。在整个项目正常运行的生命周期（一般的服务器虚拟化等产品为 4～6 年）内，能让项目稳定、安全、可靠地运行，并且在运行过程中，能解决用户遇到的大多数问题，并能对系统故障进行分析、判断、定位与解决。

本书面向虚拟化系统集成工程师，对使用 vSAN 的 VMware 虚拟化数据中心的规划、硬件选型、常用服务器 RAID 配置进行了介绍，并对 VMware 虚拟化产品的安装、从物理机到虚拟机的迁移、虚拟化环境中虚拟机的备份与恢复、vSphere 的运维管理等内容进行了介绍。本书一共 12 章，各章内容介绍如下。

第 1 章，VMware 虚拟化基础知识。介绍了 vSAN 基础知识、vSAN 功能与主要特点，以及 vSAN 不同版本的功能差异等内容。

第 2 章，vSphere 虚拟化数据中心产品选型。介绍了服务器、存储、交换机的选型，以及用于 vSAN 主机的产品选型，还介绍了 vSphere 版本与客户端的选择、ESXi 引导设备的选择等内容。

第 3 章，安装 VMware ESXi 6.7。介绍了 vSphere 产品与版本、在 VMware Workstation 虚拟机中安装 ESXi 系统、在普通 PC 中安装 ESXi 系统、定制 RTL8111 网卡驱动程序到 ESXi 安装程序中等内容。还介绍了 ESXi 控制台设置、修改管理员密码、配置管理网络、恢复系统配置等内容。

第 4 章，vSAN 项目中 RAID 卡与交换机配置。本章以联想 x3650 M5、联想 x3850 X6、H3C 6900 等服务器为例介绍了用于 vSAN 的 RAID 配置，以华为 S5700、S6720 系列交换机为例介绍了用于 vSAN 项目中交换机堆叠、MTU 配置等内容。

第 5 章，单台主机组建 vSAN。介绍了在只有一台主机的情况下，通过强制置备方式部署 vCenter Server Appliance 并同时配置 vSAN 群集的内容。本章还介绍了 vCenter Server 首要配置、安装 VMware 虚拟机远程控制台、在虚拟机中安装操作系统、从模板中置备虚拟机等内容。

第 6 章，组建标准 vSAN 群集。这是本书的重点内容，介绍了生产环境中标准 vSAN 延伸群集的安装配置、分布式交换机、启用 vSAN 群集、向标准 vSAN 群集中添加磁盘组等内容。重点介绍了虚拟机存储策略、为生产环境配置业务虚拟机、vCenter Server Appliance 的备份与恢复、vSAN 日常检查与维护、vCenter Server 权限管理、重新安装 vSAN 群集中的 ESXi 主机等内容。

第 7 章，从物理机迁移到虚拟机。介绍了在实施虚拟化的过程中如何配置虚拟化主机、如何从物理机迁移到虚拟机（使用 vCenter Converter）。还介绍了在使用 Converter 迁移物理机失败后，使用 Veritas System Recovery 的备份与恢复功能实现从物理机迁移到虚拟机的操作内容。

第 8 章，虚拟机备份与恢复。这也是本书的重点内容，介绍了使用 Veeam Backup & Replication 备份与恢复虚拟机、虚拟机复制与灾难恢复等内容。还介绍了使用 Veeam Backup & Replication 处理故障的操作内容。

第 9 章，使用 vSAN 延伸群集组建双机热备系统。介绍了使用 1 台管理与见证主机、2 台节点主机组成虚拟化双机热备系统，在虚拟化层实现双机双热备的系统。

第 10 章，使用 vSAN 延伸群集组建双活数据中心。介绍了基于 vSAN 延伸群集组成双活数据中心的内容。还介绍了 vSAN 双活数据中心网络规划、为双活数据中心虚拟机配置 PFTT 与 SFTT 策略等内容，最后通过实验对 vSAN 双活数据中心进行了验证。

第 11 章，企业虚拟化应用案例。介绍了 4 个标准 vSAN 群集、1 个 2 节点直连 vSAN 延伸群集的应用案例。这里面有使用 1 Gbit/s 网络的高校 vSAN 群集案例，也有企业环境中 10 Gbit/s 网络的 vSAN 群集案例，也有全闪存架构的 vSAN 案例，还有 Horizon 虚拟桌面、基于 2 节点直连 vSAN 延伸群集组成的双机热备系统的应用案例。

第 12 章，vSphere 升级与维护。介绍了 VMware vSphere 产品的升级以及部分 vSphere 或 vSAN 的故障与解决方法，还介绍了常用的 vSphere esxcli 命令。

尽管撰写本书时，我们精心设计了每个场景、案例，已经考虑到一些相关企业的共性问题，但就像天下没有完全相同的两个人一样，每个企业都有自己的特点，都有自己的需求。所以，这些案例可能并不能完全适合你的企业，在实际应用时需要根据企业的情况进行变动。

作者写书的时候，都会尽自己最大的努力来完成，但有些技术问题，尤其是比较难的问题，落实到书面上的时候，读者阅读时看一遍可能会看不懂，这需要多思考多实践。

作者介绍

本书作者王春海，1993 年开始学习计算机，1995 年开始从事网络方面的工作。曾经主持过河北省国家税务局和地方税务局、石家庄市铁路分局的广域网（全省范围）组网工作，近几年一直从事政府部门等单位的网络升级、改造与维护工作，经验丰富，在多年的工作中，解决过许多疑难问题。

从 2000 年最初的 VMware Workstation 1.0 到现在的 VMware Workstation 15.0，从 VMware GSX Server 1 到 VMware GSX Server 3、VMware Server、VMware ESX Server 再到 VMware

ESXi 6.7，作者亲历过每个产品的各个版本的使用。作者从 2004 年即开始使用并部署 VMware Server（VMware GSX Server）、VMware ESXi（VMware ESX Server），已经为许多地方政府、企业成功部署并应用至今。

早在 2003 年，作者即编写并出版了虚拟机方面的图书专著《虚拟机配置与应用（完全手册）》，近期出版的图书有《VMware vSphere 6.5 企业运维实战》《深入学习 VMware vSphere 6》，分别介绍了 vSphere 6.5 与 vSphere 6.0 的内容，有需要的读者可以选用。

此外，作者还熟悉 Microsoft 系列虚拟机、虚拟化技术，熟悉 Windows 操作系统，熟悉 Microsoft 的 Exchange、ISA、OCS、MOSS 等服务器产品。同时，作者是 2009 年度 Microsoft Management Infrastructure 方向的 MVP（微软最有价值专家），2010—2011 年度 Microsoft Forefront（ISA Server）方向的 MVP，2012—2015 年度 Virtual Machine 方向的 MVP，2016—2018 年度 Cloud and Datacenter Management 方向的 MVP。

提问与反馈

由于作者水平有限，并且本书涉及的系统与知识点很多，尽管作者力求完善，但仍难免有不妥和疏漏之处，诚恳地期望广大读者和各位专家不吝指教。作者的电子邮箱为 wangchunhai@wangchunhai.cn，个人 QQ 为 2634258162，个人博客为 http://blog.51cto.com/wangchunhai。

如果读者遇到了问题，可以通过网络搜索作者的名字，再加上问题的关键字，一般能找到作者写的相关文章。例如，在百度网站上搜索“王春海 DNS”“王春海 多出口”等关键字可以找到作者写的相关文章。

如果需要相关视频，读者可以浏览 http://edu.51cto.com/lecturer/user_id-225186.html。购买本书的读者可以 7 折优惠购买相关视频，请直接通过 QQ 联系作者获得优惠券。

最后，谢谢大家，感谢每一位读者！你们的认可是作者写作的最大的动力！

王春海

2019 年 9 月

资源与支持

本书由异步社区出品，社区（https://www.epubit.com/）为您提供相关资源和后续服务。

配套资源

本书提供如下资源：

- 书中彩图文件。

要获得以上配套资源，请在异步社区本书页面中单击 配套资源 ，跳转到下载界面，按提示进行操作即可。注意：为保证购书读者的权益，该操作会给出相关提示，要求输入提取码进行验证。

提交勘误

作者和编辑尽最大努力来确保书中内容的准确性，但难免会存在疏漏。欢迎您将发现的问题反馈给我们，帮助我们提升图书的质量。

当您发现错误时，请登录异步社区，按书名搜索，进入本书页面，单击“提交勘误”，输入勘误信息，单击“提交”按钮即可，如下图所示。本书的作者和编辑会对您提交的勘误进行审核，确认并接受后，您将获赠异步社区的 100 积分。积分可用于在异步社区兑换优惠券、样书或奖品。

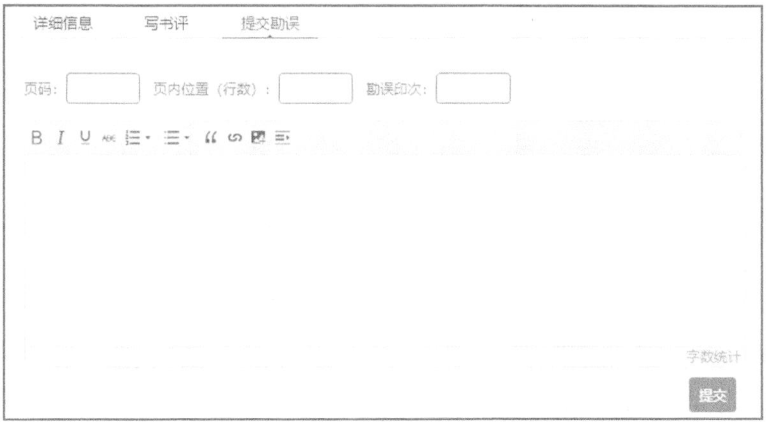

扫码关注本书

扫描下方二维码，您将会在异步社区微信服务号中看到本书信息及相关的服务提示。

与我们联系

我们的联系邮箱是 contact@epubit.com.cn。

如果您对本书有任何疑问或建议，请您发邮件给我们，并请在邮件标题中注明本书书名，以便我们更高效地做出反馈。

如果您有兴趣出版图书、录制教学视频，或者参与图书翻译、技术审校等工作，可以发邮件给我们；有意出版图书的作者也可以到异步社区在线投稿（直接访问 www.epubit.com/selfpublish/submission 即可）。

如果您是学校、培训机构或企业用户，想批量购买本书或异步社区出版的其他图书，也可以发邮件给我们。

如果您在网上发现有针对异步社区出品图书的各种形式的盗版行为，包括对图书全部或部分内容的非授权传播，请您将怀疑有侵权行为的链接发邮件给我们。您的这一举动是对作者权益的保护，也是我们持续为您提供有价值的内容的动力之源。

关于异步社区和异步图书

"异步社区"是人民邮电出版社旗下 IT 专业图书社区，致力于出版精品 IT 技术图书和相关学习产品，为作译者提供优质出版服务。异步社区创办于 2015 年 8 月，提供大量精品 IT 技术图书和电子书，以及高品质技术文章和视频课程。更多详情请访问异步社区官网 https://www.epubit.com。

"异步图书"是由异步社区编辑团队策划出版的精品 IT 专业图书的品牌，依托于人民邮电出版社近 30 年的计算机图书出版积累和专业编辑团队，相关图书在封面上印有异步图书的 LOGO。异步图书的出版领域包括软件开发、大数据、AI、测试、前端、网络技术等。

异步社区

微信服务号

目　录

1　VMware 虚拟化基础知识

企业和事业单位的信息化建设，随着业务数量的增加以及数据的增长，经过了传统数据中心、虚拟化数据中心到云数据中心的历程。了解数据中心的变化对学习理解 vSAN 有比较重要的意义。本章先从数据中心的演进开始介绍，然后介绍虚拟化与 vSAN 的相关知识。

1.1　传统数据中心

任何企业的信息化建议都是从无到有、从小到大、从简单到复杂，与之对应的是设备的增加、网络规模的扩大。对于管理人员来说，无论是设备的数量，还是从运维的角度来看，所有的一切都在发生着变化。

企业的应用初期可能只有一两个业务系统，例如 OA（办公自动化系统）、门户网站，后来随着企业信息化程度的提升，可能会增加 HR（人力资源管理系统）、财务管理系统、ERP（企业资源计划管理系统）、MES（制造执行系统）、知识管理系统、物流管理系统，如果某个业务系统访问量较大，在服务器前端还会增加负载均衡设备等。

在开始规划实施这些信息化系统的时候，大多数企业都是将应用安装在物理服务器中，一般情况下一台服务器“跑”一个应用，例如 OA 安装在一台服务器中，门户网站安装在一台服务器中，ERP 安装在一台服务器中。在后期如果企业的服务器负载重，一个应用可能会配“一组”服务器，这一组服务器包括数据库服务器、应用服务器、备份服务器，应用服务器可能会配至少两台，再在两台应用服务器前配置一个负载均衡设备。

这样经过几年的信息化建设，再看企业的数据中心机房，可能有好几个机柜，每个机柜里面少到三四台，多到七八台的服务器。图 1-1-1 是某企业数据中心机房的一组机柜。

图 1-1-1　某企业数据中心机房服务器机柜

传统的数据中心机房的主要特点是“专机专用”，每台服务器只跑一个业务，一般服务器也没有备份服务器。如果某台服务器出现故障导致服务器不能使用，在服务器修好之前业务系统是停止的，只能等待服务器修好之后才能继续使用。在传统的数据中心中，管理员可以明确地知道，哪个业务系统运行在哪个机柜的哪台服务器中。这些服务器因为运行的业务单一，所以服务器配置较低，例如一些服务器配置了 1 个型号为 E5-2603 的 CPU、16GB 内存、3 块 300GB 的硬盘做 RAID-5。即使服务器配置很低，但由于业务单一，所以服务器工作时 CPU 的利用率普遍都在 3%～5%，内存使用率在 40%以下，硬盘使用空间一般不到一半，这实际造成了很大的资源浪费。表 1-1-1 是某企业服务器资源使用记录清单（记录时间：2018 年 12 月，10—11 时。表中“操作系统”一列为服务器所安装的 Windows Server 操作系统的版本号）。

表 1-1-1 某企业服务器资源使用记录清单

序号	操作系统	设备型号	CPU 型号	内存/GB	硬盘配置	CPU 使用率	已用内存/GB	已用硬盘空间/GB
1	2008 R2	IBM x3650 M4	E5-2620	32	6 块 300GB	1%	5.83	129.30
2	2008 R2	IBM x3850 X5	E7-4820	64	4 块 300GB	2%	21.20	770.20
3	2008 R2	IBM x3650 M4	E5-2620	32	4 块 300GB	5%	4.31	84.95
4	2003 R2	IBM x3650 M4	E5-2620	8	4 块 600GB	1%	2.90	17.11
5	2008 R2	Dell R430	E5-2603	16	4 块 HDD	1%	13.40	81.00
6	2008 R2	IBM x3850 X5	E7-4820	64	4 块 300GB	1%	14.00	467.80
7	2008 R2	IBM x3850 X5	E7-4820	64	3 块 1TB	1%	8.61	1344.70
8	2008 R2	IBM x3850 X5	E7-4820	64	4 块 300GB	1%	38.60	383.20
9	2008 R2	IBM x3850 X5	E7-4820	32	4 块 300GB	1%	22.80	157.70
10	2012	IBM x3650 M4	E7-4820	32	3 块 300GB	2%	7.94	156.99
11	2003 R2	IBM x3650 M4	E5-2650	32	4 块 600GB	4%	5.87	764.63
12	2008 R2	IBM x3850 X5	E7-4820	64	4 块 300GB	1%	14.20	28.99
13	2008 R2	IBM x3850 X5	E7-4820	64	4 块 300GB	1%	6.09	97.10
14	2003	IBM x3650 M4	E7-4807	8	6 块 146GB	1%	5.20	288.90
15	2003	IBM x3800	Xeon MP	4	4 块 730GB	1%	1.48	35.86
16	2008 R2	RH5885 V3（4U）	E7-4830 V4	32	6 块 300GB	1%	5.40	299.10
17	2008 R2	RH5885 V3	E7-4830 V4	32	2 块 600GB	1%	6.04	47.94
18	2008 R2	RH5885 V3	E7-4830 V4	64	2 块 600GB	1%	42.50	200.36
19	2008 R2	RH5885 V3	E7-4830 V4	32	8 块 1.2TB	1%	4.15	51.44
20	2008 R2	RH5885 V3	E7-4830 V4	32	8 块 1.2TB	1%	6.30	41.85
21	2008 R2	RH5885 V3	E7-4830 V4	32	2 块 600GB	1%	4.26	42.25
22	2008 R2	RH5885 V3	E7-4830 V4	32	2 块 600GB	1%	4.22	41.67
23	2008 R2	RH5885 V3	E7-4830 V4	64	6 块 600GB	1%	8.44	882.77
24	2012	NF8460M3（4U）	E7-4820	64	3 块 300GB	1%	3.50	25.26
25	2012	NF8460M3（4U）	E7-4820	64	3 块 300GB	1%	4.00	46.05
26	2012	NF5270M3（1U）	E5-2650	64	3 块 300GB	1%	4.00	18.08
27	2012	NF5270M3	E5-2650	64	3 块 300GB	1%	3.50	19.42
28	2012	NF5270M3	E5-2650	64	3 块 300GB	1%	4.00	22.47
29	2012	NF5270M3	E5-2650	64	3 块 300GB	1%	3.70	22.36
30	2012	NF5270M3	E5-2650	64	3 块 300GB	1%	3.90	22.07
31	2012	NF5270M3	E5-2650	64	3 块 300GB	1%	5.10	23.86
32	2012	IBM x3850 X6	E7-4809	32	4 块 600GB	1%	2.09	16.19
33	2012	IBM x3850 X6	E7-4809	32	4 块 600GB	1%	2.60	18.34
34	2003	IBM x3650 M2	Xeon X5570	4	1 块 146GB	1%	1.20	174.30

续表

序号	操作系统	设备型号	CPU 型号	内存/GB	硬盘配置	CPU 使用率	已用内存/GB	已用硬盘空间/GB
35	2003	IBM x3650 M3	E5507	4	3 块 146GB	1%	1.72	228.16
36	2008 R2	IBM x3850 X5	E7-4820	4	5 块 300GB	1%	0.99	928.80
37	2003	Dell R420	E5-2403	32	2 块 600GB	1%	7.94	6688.52
38	2003	IBM x3650 M3	E5507	4	3 块 300GB	1%	1.60	204.40
39	2003	IBM x3650 M3	E5507	4	3 块 300GB	1%	1.72	189.80
40	2003	IBM x3650 M4	E5-2650	32	5 块 300GB	1%	5.87	720.00
41	2003	IBM x3650 M4	E5-2650	32	5 块 300GB	1%	6.08	252.00
42	2003	IBM x3850 X5	E7-4820	32	5 块 300GB	1%	1.92	240.00
合计				1624			319.17	16275.89

该企业还有 3 台存储服务器，总配置空间约 22TB，实际使用 2.75TB。从表 1-1-1 可以看出，该企业现在使用了 42 台服务器，一共配置了 1624GB 内存，内存合计使用约 320GB，硬盘合计使用约 16TB，加上存储服务器使用的 2.75TB，实际使用约 18.75TB。大多数服务器的 CPU 使用率在 1%～3%，内存使用率在 20%以内，硬盘使用空间在 50%以下。从资源配置来看，整个系统负载较轻，浪费比较严重。

如果使用传统的模式，随着企业信息化程度的继续增加，企业新上业务系统，以及对现有业务系统进行升级，还需要继续配置新的服务器。使用虚拟化技术可以减少物理服务器数量，提高服务器、存储的利用率。

传统数据中心的优点和缺点一样明显。优点是：服务器分工明确，业务单一。管理员明确知道哪个业务运行在哪一台服务器上，如果业务系统出现问题，可以直接定位所在的服务器并进行查找。大多数服务器之间没有关联，一般情况下，某台服务器出现故障不会影响到其他的服务器。缺点是：没有冗余。如果某台服务器由于硬件问题导致服务器无法运行，在服务器修好之前，业务系统无法上线提供服务，除非有同型号冷备服务器，但这样势必给企业增加运营成本。所以现在越来越多的传统数据中心被采用虚拟化技术的数据中心代替。单一业务应用中物理主机 CPU、内存使用率较小是服务器虚拟化的基础。

1.2 使用本地存储的服务器虚拟化

虚拟化的三要素是计算、存储、网络。计算是指 CPU 与内存资源；存储是指虚拟机保存在何种位置，通常保存在服务器本身（称为本地存储），与服务器通过光纤、SAS 线或网线连接的共享存储（称为共享存储），vSAN 存储（使用服务器本地硬盘通过以太网组成的分布式软件共享存储，后文会详细介绍）；网络包括管理虚拟化主机的管理网络、用于虚拟机对外提供服务的虚拟机流量网络以及虚拟化环境中其他应用的网络（例如 vMotion、FT、置备流量、vSAN 等）。

在服务器虚拟化应用的初期，服务器配置多块硬盘，使用 RAID-5、RAID-10、RAID-50 或其他 RAID 方式配置硬盘，主机安装 Windows 或 Linux 操作系统，再在操作系统中安装虚拟机软件，例如 VMware GSX Server 或 VMware Workstation，在一台物理主机上提供多台虚拟机，这是最初的服务器虚拟化方式。在这种情况下，一台主机可以作为多台主机对外提供服务，减少了物理服务器的数量，为企业节省了资金。

随着企业虚拟化技术的发展，VMware 推出了 vMotion 技术，在使用共享存储的前提下，正在运行的虚拟机可以在很短的时间内（一般在几十秒到一两分钟之内）从一台主机迁移到另一台主机，迁移期间应用不中断，这保证了业务系统运行的连续性。从此之后，在虚拟化环境中使用多台主机加共享存储成为主流。

VMware 在 vMotion 的基础上推出了 Storage vMotion 技术，使用该技术，虚拟机在运行的前提下，可以将虚拟机及虚拟机数据从一台主机的存储迁移到另一台主机的另一个存储。在迁移期间应用不中断、数据不丢失。但这种存储迁移的时间较长，只是在系统迁移或维护期间进行此类操作，大多数情况下还是使用 vMotion 技术将虚拟机在不同主机之间进行迁移。

在实施虚拟化的过程中，要根据企业的需求、预算等实际情况，为企业选择适合的方案。例如企业规模较小，采用单台服务器即可满足需求的情况下，使用一台服务器、使用服务器本地硬盘实施虚拟化；对于中小企业，当虚拟机数量在 10～30 台时，可以采用 2～3 台主机、1 台共享存储实施虚拟化；对于较大企业，当虚拟机数量在 50 台以上，并且对存储的性能、容量要求较高时，推荐使用 vSAN 架构实施虚拟化。下面分别介绍使用共享存储的服务器虚拟化和使用 vSAN 存储的服务器虚拟化。

1.3 使用共享存储的服务器虚拟化（传统架构）

组建 VMware 虚拟化数据中心有两种主流架构。一种是使用共享存储的传统架构，如图 1-3-1 所示；另一种是基于 vSAN 无共享存储的架构（超融合架构），如图 1-3-2 所示。

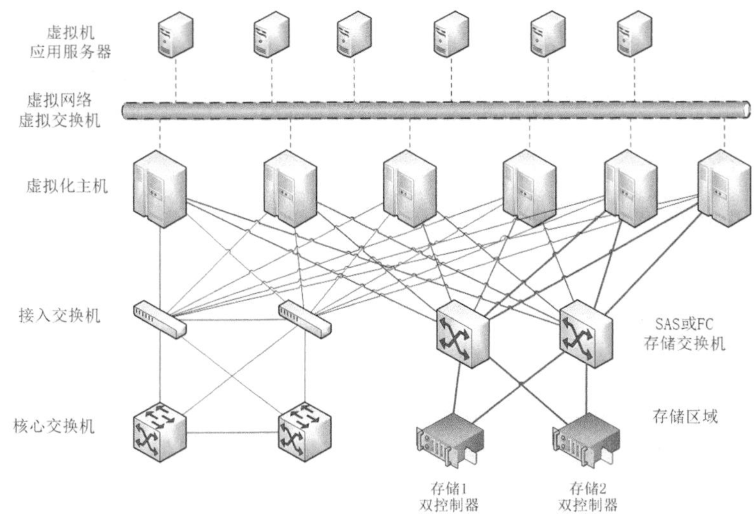

图 1-3-1 使用共享存储传统架构

简单来说，在传统的 vSphere 数据中心组成中，物理主机不配置硬盘（从存储划分 LUN 启动）或配置较小容量的硬盘，或者每台服务器配置一个 2GB 左右的 U 盘或 SD 卡用来安装

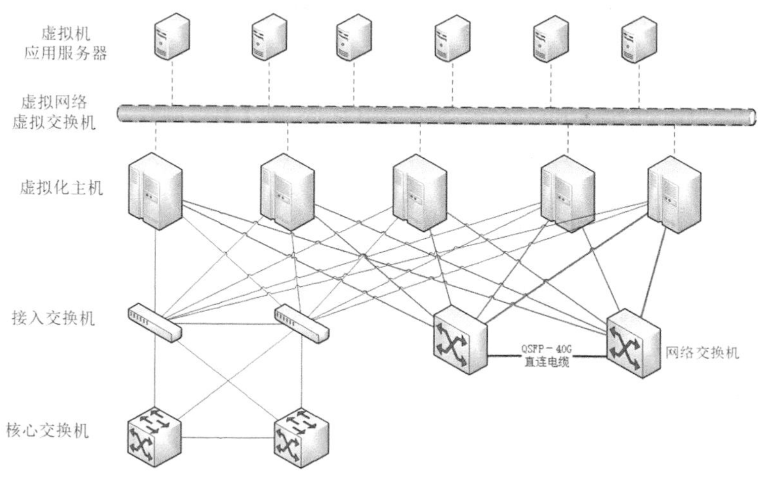

图 1-3-2 使用 vSAN 存储的超融合架构

ESXi 系统，虚拟机则保存在共享存储（这也是 vMotion、DRS、DPM 的基础）中。传统数据中心的共享存储很容易成为一个“单点故障”及一个“速度瓶颈”节点，为了避免从物理主机到存储连接（包括存储本身）出现故障，一般从物理主机到存储、存储本身都具备冗余，无单点故障点或单点连接点。这表现在以下方面。

（1）每台存储配置 2 个控制器，每个控制器有 2 个或更多的接口，同一控制器的 2 个不同接口分别连接 2 台独立的交换机（FC 交换机或 SAS 交换机）。

（2）每台服务器配置 2 块 HBA 接口卡（或 2 端口的 HBA 接口卡），每块 HBA 接口卡连接 1 台单独的存储交换机。

（3）存储磁盘采用 RAID-5、RAID-6、RAID-10 或 RAID-50 等磁盘冗余技术，并且在存储插槽中还有全局热备磁盘，当磁盘阵列中出现故障磁盘时，使用热备磁盘代替故障磁盘。

（4）为了进一步提高可靠性，还可以配置 2 个存储，使用存储厂商提供的存储同步复制或镜像技术，实现存储的完全复制。

为了解决“速度瓶颈”问题，一般存储采用 8Gbit/s 或 16Gbit/s 的 FC 接口、6Gbit/s 或 12Gbit/s 的 SAS 接口。也有提供 10Gbit/s iSCSI 接口的网络存储，但在大多数传统的 vSphere 数据中心中，一般采用光纤存储。在小规模的应用中，可以不采用光纤存储交换机，而是将存储与服务器直接相连，当需要扩充更多主机时，可以添加光纤存储交换机。

1.4 使用 vSAN 存储的服务器虚拟化（超融合架构）

在超融合架构（vSAN 架构）中不配备共享存储，采用服务器本地硬盘组成“磁盘组”。磁盘组中的磁盘以 RAID-0、RAID-5、RAID-6 的方式保存数据，服务器之间通过网络实现类似 RAID-10、RAID-50、RAID-60 的整体效果。多台服务器的多个磁盘组共同组成可以在服务器之间“共享”的 vSAN 存储。每台虚拟机都被保存在某台主机的 1 个或多个磁盘组中，并且至少有 1 个完整的副本保存在其他主机的 1 个或多个磁盘组中，每台虚拟机在不同主机的磁盘组中的数据是使用“vSAN 流量”的 VMkernel 进行同步的，vSAN 架构中使用的 vSAN 流量推荐采用 10Gbit/s 网络。

在 vSAN 架构中，每台虚拟主机可以提供 1～5 个磁盘组，每个磁盘组至少 1 块 SSD 用作缓存磁盘，1 块 HDD 或 1 块 SSD 用作容量磁盘。推荐每台主机不少于 2 个磁盘组，每组 1 块 SSD、4～7 块 HDD 或 SSD。通过软件定义、网络组成的 vSAN 共享存储，整体效果相当于 RAID-10、RAID-5、RAID-6 或 RAID-50、RAID-60。

从图 1-3-1 与图 1-3-2 可以看出，无论是使用传统架构的数据中心还是使用 vSAN 架构的数据中心，用于虚拟机流量的"网络交换机"可以采用同一个标准进行选择。

物理主机的选择，在传统架构中，可以不考虑或少考虑本机磁盘的数量；如果采用 vSAN 架构，则尽可能选择支持较多盘位的服务器。物理主机的 CPU、内存、本地网卡（网络适配器）等其他配置，选择方式相同。

传统架构中需要为物理主机配置 FC 或 SAS HBA 接口卡，并配置 FC 或 SAS 存储交换机；vSAN 架构中需要为物理主机配置 10Gbit/s 以太网网卡，并且配置 10Gbit/s 以太网交换机。

无论是在传统架构还是在 vSAN 架构中，对 RAID 卡的要求都比较低。前者是因为采用共享存储（虚拟机保存在共享存储，不保存在服务器本地硬盘），不需要为服务器配置过多磁盘，所以就不需要 RAID-5 等方式的支持，最多需要 2 块磁盘配置 RAID-1 用于安装 VMware ESXi 系统；而在 vSAN 架构中，VMware ESXi Hypervisor 直接控制每块磁盘，不再需要 RAID 卡。如果服务器已经配置 RAID 卡，则需要将每块磁盘配置为直通模式（有的 RAID 卡支持，例如 Dell H730）或配置为 RAID-0（不支持磁盘直通的 RAID 卡）。

关于传统共享存储与 vSAN 存储架构的虚拟化环境产品选型将在后文介绍。

1.5 vSAN 基础知识

VMware vSAN 是 VMware 对 ESXi 主机本地存储设备（包括 SSD 与 HDD）空间进行集中管理的一种方式或一种新的技术。通常情况下，服务器的本地硬盘只能由服务器本身的操作系统直接使用，如果要将服务器本地硬盘空间分配给其他主机使用，那么需要通过网络共享方式分配给其他主机使用。

对于 Windows 主机来说，将服务器本地硬盘分配给其他主机使用，可以通过共享文件夹、FTP、iSCSI 等服务方式为其他主机提供空间服务。

对于 Linux 主机来说，将服务器本地硬盘分配给其他主机使用，可以通过 FTP、NFS 服务等方式为其他主机提供空间服务。

如果主机是 VMware ESXi 系统，在 vSAN 之前，ESXi 主机上的本地硬盘只能供 ESXi 主机使用，不能为其他 ESXi 主机提供空间服务（在 ESXi 主机中创建虚拟机，再在虚拟机中配置成 FTP、iSCSI 服务，再通过网络给其他 ESXi 主机提供 iSCSI 服务的方式不算）。

上面介绍的 Windows 主机或 Linux 主机提供的 FTP 或共享文件夹服务，只能是应用层面的服务，并不是系统层面的服务。

传统的共享存储为其他主机提供存储空间时，提供的都是系统层面的服务，这些共享存储提供的空间，在主机或服务器没有安装操作系统、没有进入操作系统界面之前就已经被识别。这些共享存储提供的空间可以用于操作系统的安装与启动。

应用层面的服务必须在进入操作系统之后，并且通过一个应用程序才能访问使用其他服务器提供的文件或磁盘空间的服务。

VMware vSAN 提供的是系统层面的服务，vSAN 已经内嵌于 ESXi 内核或者说与 ESXi 的内核集成。

VMware vSAN 将多台 ESXi 主机组成群集，同时群集中提供 vSAN 存储，同一群集中的 ESXi 主机可以使用 vSAN 存储，vSAN 存储由提供 vSAN 群集服务的主机本地存储空间组成，vSAN 群集的架构如图 1-5-1 所示。

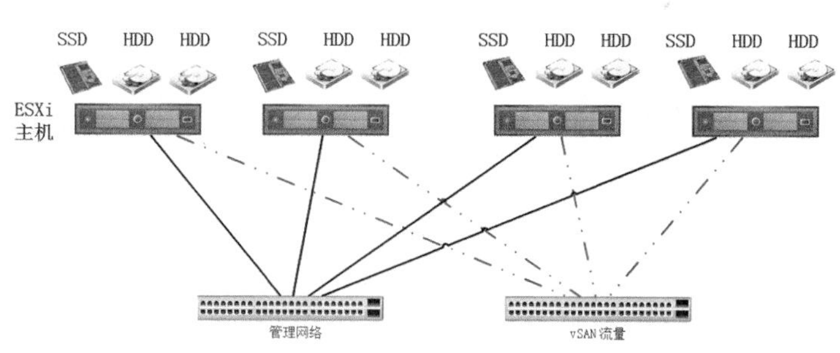

图 1-5-1　vSAN 群集的架构

在图 1-5-1 中画出了 4 台 ESXi 主机的 vSAN 群集架构组成。每台 ESXi 主机配置 1 块 SSD、2 块 HDD，每台 ESXi 主机配置 4 端口 1Gbit/s 网卡、2 端口 10Gbit/s 网卡，其中 4 端口 1Gbit/s 网卡分别用于 ESXi 主机的管理、虚拟机的流量，2 端口 10Gbit/s 网卡用于 vSAN 流量。vSAN 群集有如下特点（截止到本书完成时，vSAN 的最新版本是 6.7，本章以 vSAN 6.7 为例进行说明）。

（1）vSAN 支持混合架构与全闪存架构。混合架构中组成 vSAN 的服务器的每个磁盘组包括 1 块 SSD 以及至少 1 块、最多不超过 7 块的 HDD。全闪存架构中组成 vSAN 的服务器的每个磁盘组都由 SSD 组成。无论混合架构还是全闪存架构，组成 vSAN 的每台服务器节点最多支持 5 个磁盘组，每个磁盘组有 1 块 SSD 用于缓存，有 1～7 块 HDD（或 SSD）用于存储容量。

（2）混合架构中 SSD 充当分布式读写缓存时，并不用于永久保存数据。每个磁盘组只支持 1 块 SSD 作为缓存磁盘，其中 70%的 SSD 容量用于“读”缓存，30%用于“写”缓存。

在全闪存架构中，SSD 充当分布式缓存时，并不用于永久保存数据。每个磁盘组只支持 1 块 SSD 作为缓存层，由于全闪存架构的存储容量也用固态硬盘实现，所以读性能不是瓶颈，缓存层 100%的 SSD 容量用于“写”缓存。

（3）每个 vSAN 群集最大支持 64 台主机，每台 vSAN ESXi 主机最多支持 5 个磁盘组。

（4）在 vSAN 架构中，虚拟机保存在 vSAN 存储中，其占用的空间依赖“虚拟机存储策略”中的参数“允许的故障数（FTT）”。允许的故障数可选数值是 1、2、3。在混合架构中，允许的故障数为 1 时（这是默认的虚拟机存储策略），虚拟机（虚拟机配置文件 VMX、虚拟机硬盘 VMDK）除了具有 2 个完全相同的副本外，还有 1 个“见证文件”。见证文件占用的空间较小。

在混合架构中，虚拟机保存在 vSAN 存储中，整体效果相当于 RAID-10。

在全闪存架构中，整体效果相当于 RAID-10、RAID-5、RAID-6 或 RAID-50、RAID-60，这取决于配置的虚拟硬盘大小以及选择的虚拟机存储策略。

（5）在当前版本中，对于用作缓存的 SSD 磁盘，最多使用 600GB 的空间。但考虑到 SSD 的使用寿命与 P/E（完全擦除）次数有关，采用较大容量的 SSD，其总体使用寿命要比同型号容量更小的 SSD 更长。例如，同样型号的 SSD，800GB 的使用寿命会高于 600GB

的使用寿命。虽然 vSAN 最多使用 600GB，但这 600GB 的空间对于 SSD 磁盘来说，不同的时间对应的存储区域是不同的。

（6）在 vSAN 架构中，要达到允许的故障数，与提供 vSAN 存储容量的主机数量有关（如表 1-5-1 所示），关系如下。

提供 vSAN 存储容量的主机数量≥允许的故障数×2+1

表 1-5-1 允许的故障数与主机数量的关系（适合全闪存与混合架构）

允许的故障数	主机最小数量	推荐的主机数量	相当于 RAID 级别
0	1	1	RAID-0
1	3	4	RAID-1、RAID-10
2	5	6	RAID-1、RAID-10
3	7	8	RAID-1、RAID-10

在全闪存架构中，如果采用 RAID-5/6 方式，则允许的故障数可以选择 1 或 2，此时主机最小数量、推荐的主机数量如表 1-5-2 所示。

表 1-5-2 全闪存架构中允许的故障数与主机数量的关系

允许的故障数	主机最小数量	推荐的主机数量	相当于 RAID 级别
1	4	5	RAID-5、RAID-50
2	6	7	RAID-6、RAID-60

在实际的生产环境中，考虑到冗余、维护，要实现“允许的故障数”，推荐的主机数量是“主机最小数量”加 1。

（7）vSAN 使用服务器直连存储，使用标准的 x86 的服务器，不需要使用特殊硬件或者专用的网卡或专用的芯片。它所使用的服务器、硬盘、网络，都是标准的配件。

（8）存储动态扩容：vSAN 架构具有良好的横向扩展与纵向扩展能力。纵向扩展是在一个配置好的 vSAN 群集中（已经有虚拟机正常运行），向现有主机的磁盘组中添加容量磁盘的方式，或通过向主机添加磁盘组（同时添加 SSD 与 HDD）对 vSAN 进行“扩容”。在 vSAN 存储扩容的过程中，整个业务系统不需要关停。横向扩展是通过向现有 vSAN 群集添加节点主机的方式对 vSAN 进行扩容。扩容的过程中，业务系统不停止。

（9）存储收缩能力：除了具备扩展能力外，vSAN 群集同样支持在线收缩。在 vSAN 群集节点计算资源（CPU 与内存）足够、存储资源足够的前提下，可以从 vSAN 群集中移除不用的 ESXi 主机节点，也可以从某些 ESXi 主机移除磁盘组或者移除磁盘组中的 1 个或多个 HDD。

（10）总体来说，vSAN 具有良好的扩展性与存储性。虚拟机硬盘在主机存储中相当于 RAID-0 方式存储（RAID-0 具有良好的读写性能），跨主机做 RAID-1（对于混合架构）或 RAID-5、RAID-6（对于全闪存架构）来实现数据的冗余，整体效果相当于 RAID-10、RAID-50 或 RAID-60。

（11）因为 vSAN 存储本身就有数据冗余（如混合架构的 RAID-10、RAID-5/6），通过 vSAN 延伸群集技术，可以很容易实现双活的数据中心；也可以组建最小的 2 节点直连 vSAN 延伸群集，实现 2 节点双机热备系统。

（12）在同一个 vSAN 群集中，不需要每个主机都提供存储容量，可以有不提供磁盘容量的 ESXi 主机，使用其他主机提供的 vSAN 空间。但在一个标准 vSAN 群集中，建议至少有 4 台主机提供容量。

1.6　通过已有 vSAN 群集理解 vSAN 数据存储

从 VMware vSAN 组成的软件存储的总体效果来看，虚拟机数据在本地以 RAID-0 方式保存，跨服务器以 RAID-1 方式保存，整体效果相当于 RAID-10。对于全闪存架构来说，整体效果相当于 RAID-50 或 RAID-60。vSAN 的数据保存效果又优于 RAID-1、RAID-5。简单来说，以某台虚拟机使用默认存储策略为例，虚拟机的数据会在“服务器 1”保存 1 份，在“服务器 2”保存 1 份，在“服务器 3”保存 1 份见证文件。即任意 1 台虚拟机，其数据是保存在 3 台服务器中的。只有当 3 台服务器中的任意 2 台在线时，数据才是完整的。这种数据保存方式可以称为“2.1”方式。

说明

下面将通过查看已经配置好 vSAN 群集的环境中虚拟机硬盘保存方式，查看验证这些知识点。

VMware vSAN 有两种配置方式，一种是混合架构，另一种是全闪存架构。在**混合架构**中，数据容错方式（即允许的故障数）可以在 1、2、3 之中选择，此时存储效果相当于 RAID-1 或 RAID-10。

（1）容错方式为 1（vSAN 默认存储策略）时，在“监控→vSAN→虚拟对象”中选中一台虚拟机，查看虚拟机硬盘文件，此时在“物理磁盘放置”处显示数据有 2 个副本、1 个见证文件（如图 1-6-1 所示），然后查看虚拟机交换对象看到有 2 个副本、1 个见证文件，如图 1-6-2 所示。

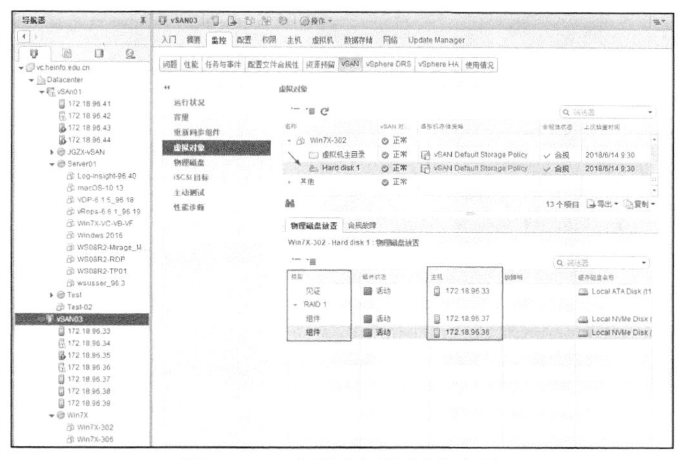

图 1-6-1　查看虚拟机硬盘文件

（2）容错方式为 2 时，数据有 3 个副本、2 个见证文件，此时至少需要 5 台主机。在“虚拟对象”中选中一台 FTT 为 2 的虚拟机，查看虚拟机硬盘文件，此时看到有 3 个副本、2 个见证文件，如图 1-6-3 所示。

（3）容错方式为 3 时，数据有 4 个副本，3 个见证文件，至少需要 7 台主机。每台虚拟机硬盘有 4 个副本、3 个见证文件（见图 1-6-4）。查看虚拟机主目录，此时 4 台主机之间组成

RAID-1，每台主机内是 RAID-0（见图 1-6-5），另外 3 台主机各有 1 个见证文件。

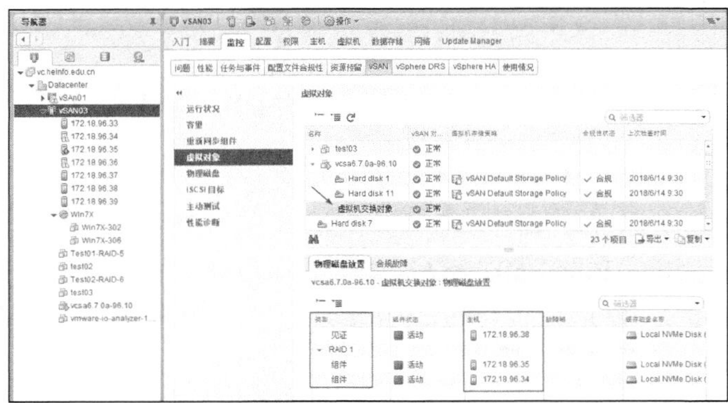

图 1-6-2　查看虚拟机交换对象

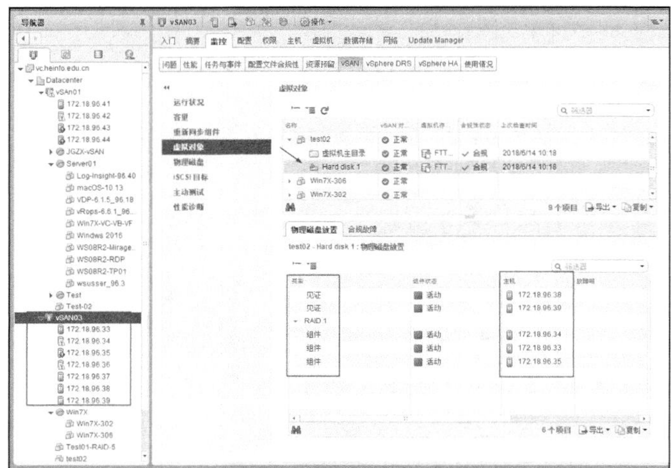

图 1-6-3　当 FTT = 2 时，VMDK 有 3 个副本、2 个见证文件

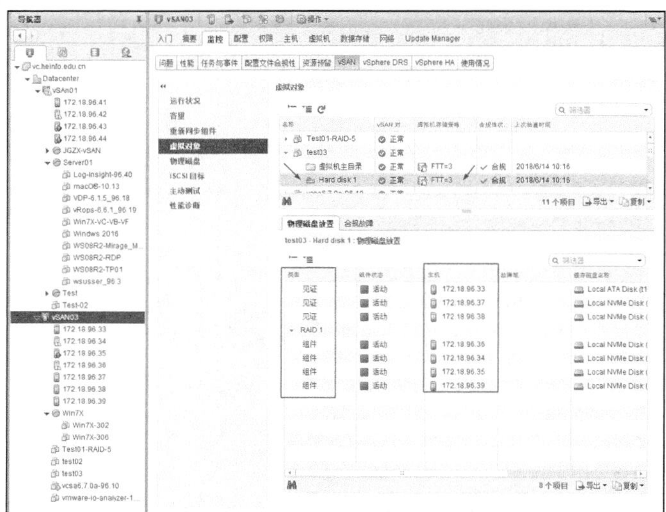

图 1-6-4　查看 VMDK 文件

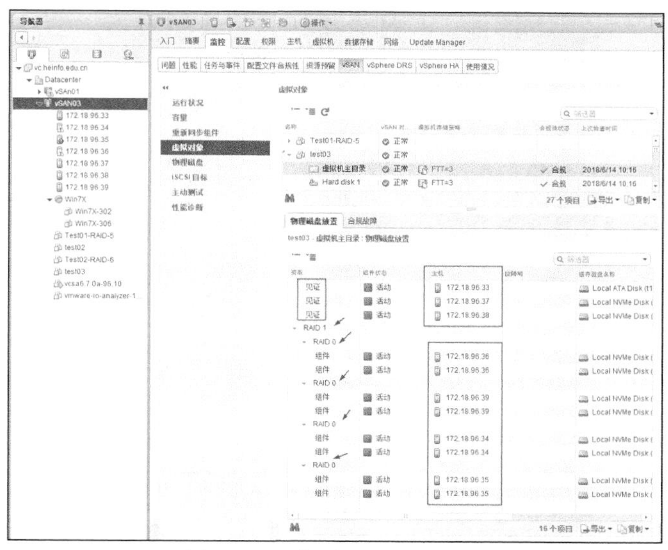

图 1-6-5 查看虚拟机主目录

在**全闪存架构**中，除了可以和混合架构一样，使用 RAID-10 的方式保存（数据容错方式可以选择 1、2、3）外，还可以以 RAID-5 或 RAID-6 的方式存储，此时数据容错方式可以选择 1、2。

（1）在全闪存架构中，虚拟机存储策略选择 RAID-5/6、容错方式为 1 时，相当于 RAID-5，至少需要 4 台主机。在“虚拟对象”中选中一台虚拟机存储策略为 RAID-5 的虚拟机，查看虚拟机硬盘文件，可以看到有 4 个组件（见图 1-6-6），查看虚拟机主目录也看到有 4 个组件，如图 1-6-7 所示。

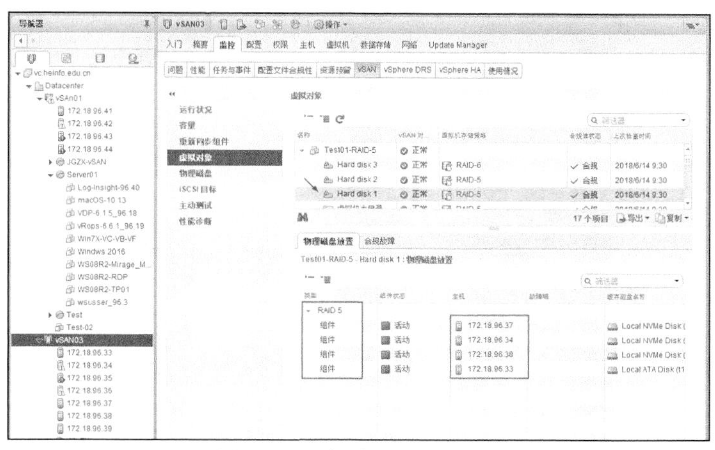

图 1-6-6 查看 VMDK 文件

（2）在全闪存架构中，虚拟机存储策略选择 RAID-5/6、容错方式为 2 时，相当于 RAID-6，至少需要 6 台主机。在“虚拟对象”中选中虚拟机存储策略为 RAID-6 的虚拟机，查看虚拟机硬盘文件，此时看到有 6 个组件，并且显示为 RAID-6，如图 1-6-8 所示。查看虚拟机主目录也可看到有 6 个组件，以 RAID-6 方式分散在 6 台主机上，如图 1-6-9 所示。

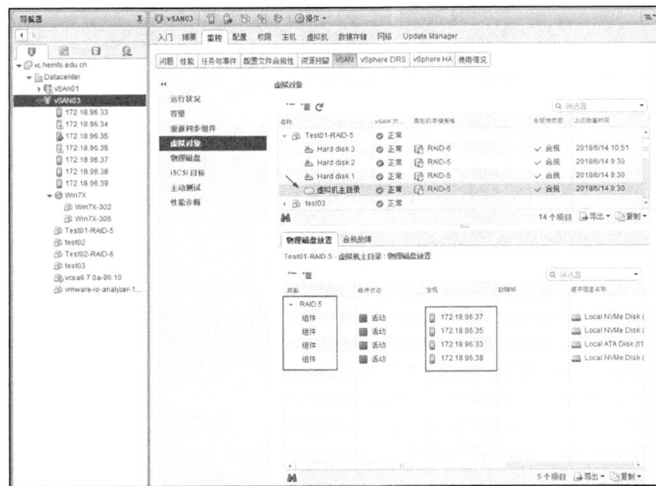
图 1-6-7 查看虚拟机主目录

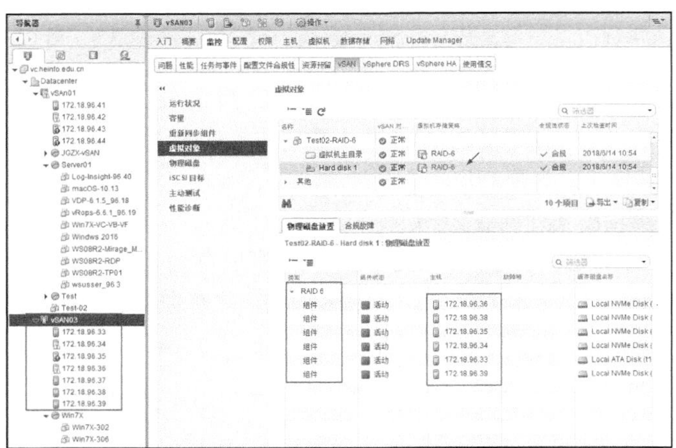
图 1-6-8 查看虚拟机硬盘文件

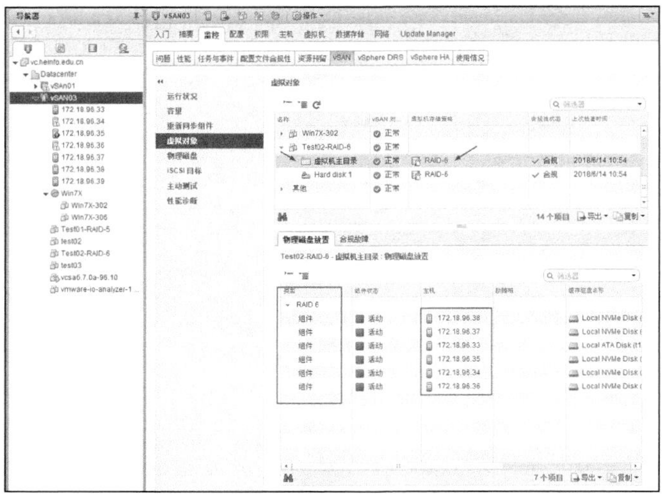
图 1-6-9 查看虚拟机主目录

在混合架构中，虚拟机整体存储效果相当于 RAID-10；在全闪存架构中，虚拟机整体效果相当于 RAID-5、RAID-6 或 RAID-50、RAID-60，具体哪种效果，除了取决于虚拟机使用的存储策略外还要看虚拟机硬盘的大小。当虚拟硬盘（VMDK 文件）小于等于 255GB 时不进行拆分，当虚拟硬盘大于 255GB 时会被拆分。当虚拟硬盘进行拆分时，拆分后的文件保存在不同的磁盘或不同的主机中时，同一个 VMDK 的不同组件相当于 RAID-0，同一个 VMDK 的不同副本则相当于 RAID-1。

（1）如图 1-6-10 所示，这是 RAID-10 的组成。此时虚拟机的虚拟硬盘有 2 个副本，每个副本以 RAID-0 的方式保存在不同的主机或同一主机的多个不同的磁盘中；2 个副本以 RAID-1（镜像）的方式实现。

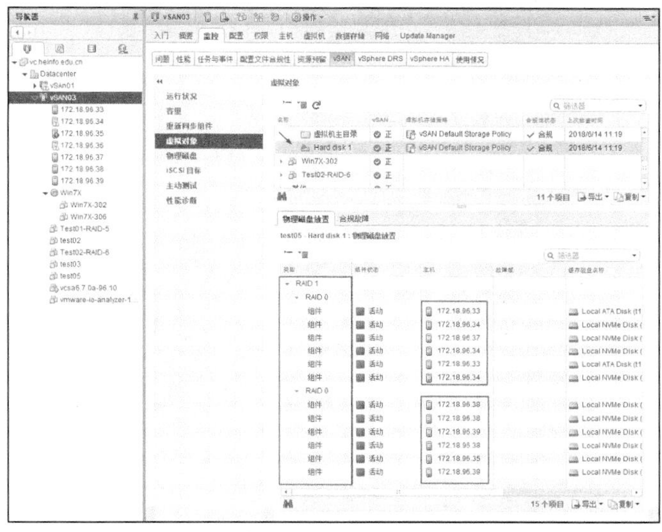

图 1-6-10 RAID-10

（2）当虚拟机存储策略为 RAID-5/6，允许的故障数为 1（相当于 RAID-5）。虚拟机的虚拟硬盘分成 4 份，其中 3 份为数据，1 份为检验文件（数据与检验文件大小相同），相当于 4 块硬盘配置为 RAID-5。当虚拟硬盘大于 255GB 时开始拆分，拆分之后相当于 RAID-0。简单来说，在默认情况下，当配置为 RAID-5/6（允许的故障数为 1）时，虚拟机硬盘大于 255×3 = 765GB 时开始拆分，如图 1-6-11 所示。

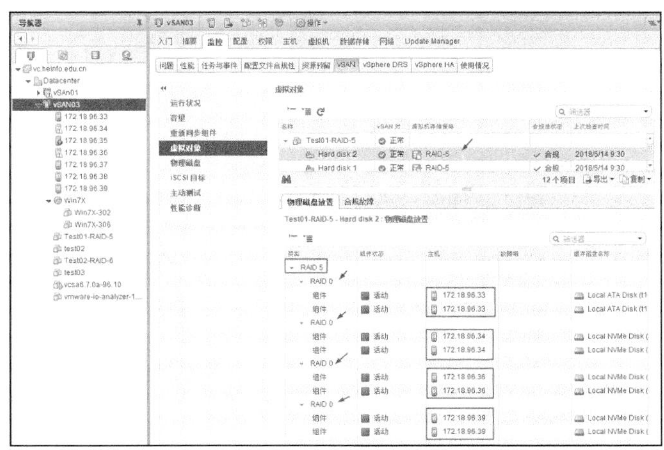

图 1-6-11 RAID-50

（3）在图 1-6-12 中，虚拟机存储策略为 RAID-5/6，允许的故障数为 2（相当于 RAID-6）。虚拟机的虚拟硬盘分成 6 份，其中 4 份为数据，2 份为检验文件（数据与检验文件大小相同），相当于 6 块硬盘配置为 RAID-6。当虚拟硬盘大于 255GB 时开始拆分，拆分之后相当于 RAID-0。简单来说，在默认情况下，当配置为 RAID-5/6（允许的故障数为 2）时，虚拟机硬盘大于 255×4=1020GB 时开始拆分。

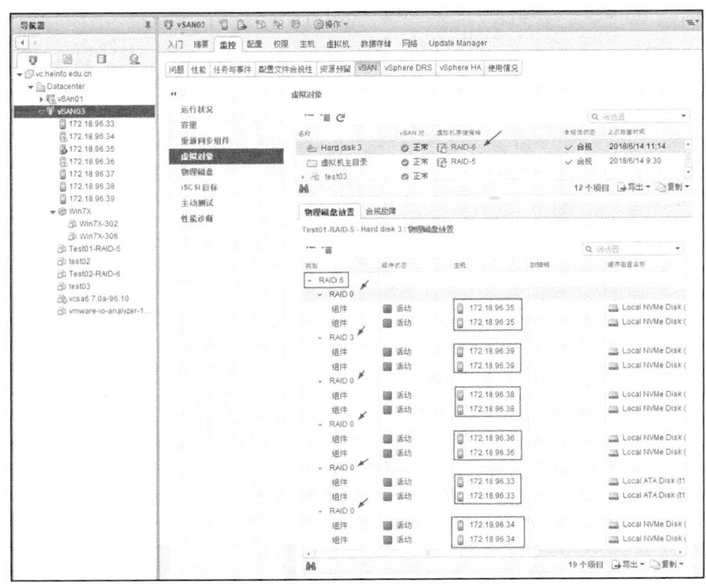

图 1-6-12 RAID-60

说明

vSAN 最大组件的大小可以通过修改主机"高级系统设置"中的"VSAN.ClomMaxComponentSizeGB"参数来更改，其默认值为 255，最小为 180，最大为 255，如图 1-6-13 所示。在组成 vSAN 主机磁盘组中容量磁盘小于 300GB 时，可以将这个参数改为 180。

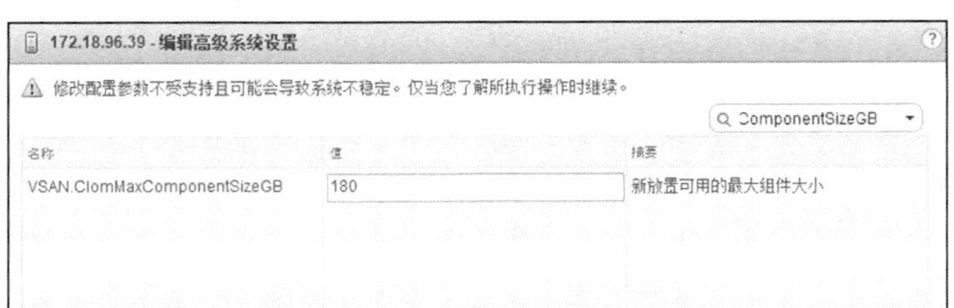

图 1-6-13 VSAN.ClomMaxComponentSizeGB 参数

在 vSAN 全闪存架构中采用纠删码（Erasure Coding）提高存储利用率，它类似跨服务器做 RAID-5 或 RAID-6。vSAN 可以在 VMDK 的颗粒度上实现 Erasure Coding，也可在虚拟机存储策略里设置。

原来 FTT=1 时（最大允许的故障数为 1，即 2 个副本），需要跨服务器做数据镜像，类似 RAID-1，存储利用率较低，不超过 50%。

当 FTT=1，同时又设置成纠删码模式时，这就意味着跨服务器做 RAID-5，校验数据为

1 份。它要求至少有 4 台主机，并不是要求 4 的倍数，而是 4 台或更多主机，如图 1-6-14 所示。以往 FTT=1 时，存储容量的开销是数据的 2 倍，现在只需要 1.33 倍的开销。举例来说，以往 20GB 数据在 FTT=1 时消耗 40GB 空间，采用 RAID-5 的纠删码模式后，消耗约为 27GB。

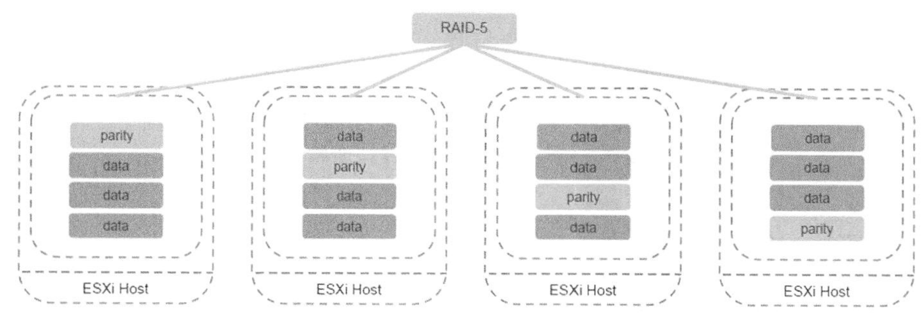

图 1-6-14 vSAN 中的 RAID-5 效果

当 FTT=2，同时又设置成纠删码模式时，这就意味着跨服务器做 RAID-6，校验数据为 2 份。它要求至少有 6 台主机，如图 1-6-15 所示。以往 FTT=2 时，存储容量的开销是数据的 3 倍，现在只需要 1.5 倍的开销。举例来说，以往 20GB 数据在 FTT=2 时消耗 60GB 空间，采用 RAID-6 的纠删码模式后，消耗约为 30GB。这样在确保更高的高可用性的基础上，存储利用率得到大幅提升。

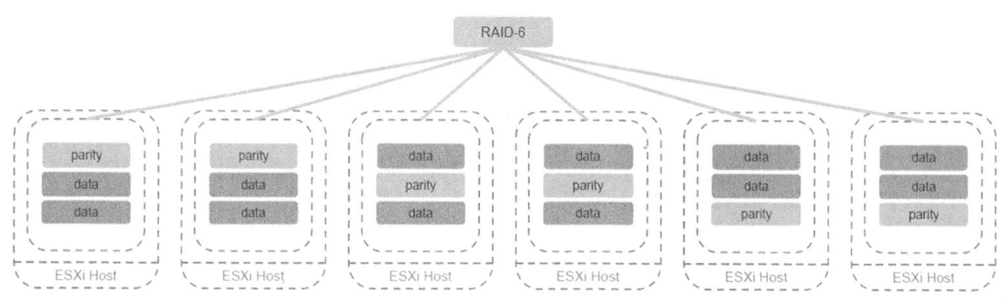

图 1-6-15 vSAN 中的 RAID-6 效果

1.7 vSAN 的功能与主要特点

vSAN 使用 x86 服务器的本地硬盘做 vSAN 群集的一部分容量（磁盘 RAID-0），用本地固态硬盘提供读写缓存，实现较高的性能，通过 10Gbit/s 网络，以分布式 RAID-1 的方式，实现了数据的安全性。简单来说，vSAN 总体效果在混合架构中相当于 RAID-10，在全闪存架构中相当于 RAID-5、RAID-6 或 RAID-50、RAID-60。

1.7.1 标准 vSAN 群集

标准的 vSAN 群集最少由 3 台主机组成，最多 64 台主机。在标准 vSAN 群集中，根据虚拟机的存储策略不同，任何一台虚拟机都会保存在至少 3 台主机、最多 7 台主机中。

例如，在一个由10台主机组成的vSAN环境中，使用默认的虚拟机存储策略，其中任意一台主机出现故障，或者其中任意一台主机的一块或多块磁盘的故障，都不会对现有业务造成影响。如图1-7-1所示，某企业使用10台主机组成一个vSAN环境，使用默认的虚拟机存储策略，物理主机称为M1～M10，每台主机上分散运行不同的业务虚拟机。假设M1主机出现故障，原来运行在M1主机上的虚拟机会在其他主机重新注册、重新启动。因为M1出现故障，所以M1的磁盘组不能访问，这些磁盘组保存着其他虚拟机的一部分数据。如果在1小时内M1能恢复，原来分散到其他主机的虚拟机会陆续迁移到M1主机运行；如果超过1小时时间，原来保存在M1主机上的数据会在其他主机“重建”，重建的数据来源于其他主机（相当于RAID磁盘陈列中，移除了损坏磁盘，添加了新的磁盘，新的磁盘会使用现存的磁盘数据进行同步）。

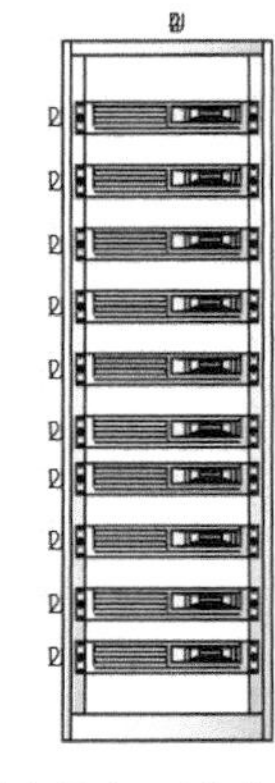

图1-7-1　10台主机组成的vSAN环境

1.7.2　故障域解决机架级故障

大多数的中小企业虚拟化环境，一般是由4～8台主机组成。当超过10台主机时，这些主机会放在不同的机架中，这时就需要考虑一个问题，如何避免“机架级”故障？如图1-7-2所示，12台主机组成vSAN环境（当然也可以由更多主机组成，在此只是举例）。如果其中一个机架断电或网络与其他机架断开，这个机架中主机上运行的虚拟机，有可能在其他主机没有数据副本，这样虚拟机将不能在其他机架的主机中重新启动。

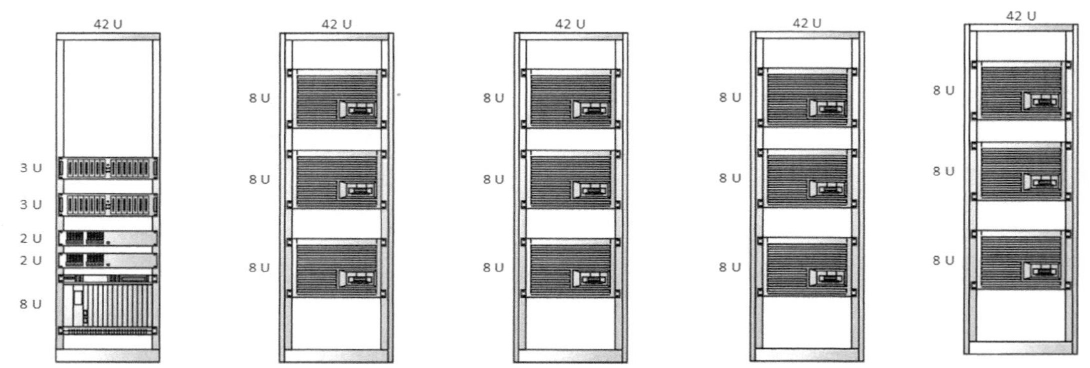

图1-7-2　12台主机组成vSAN环境

vSAN引入“故障域”可以解决“机架级”故障。在一个vSAN群集中，至少定义3个故障域（一般定义4个故障域），每个故障域包含一个机架中的所有ESXi主机。同一台虚拟机（使用默认虚拟机存储策略）的2份副本、1份见证文件会保存在不同的故障域。

（1）至少定义3个故障域，每个故障域可能包含一个或多个主机。定义故障域必须确认可能代表潜在故障域的物理硬件构造，如单个计算机柜。

（2）如果可以，请使用至少4个故障域。使用3个故障域时，不允许使用特定撤出模式，vSAN也无法在故障发生后重新保护数据。在这种情况下，需要一个使用3个故障域配置时无法提供的备用容量故障域来重新构建。

（3）如果启用故障域，vSAN 将根据故障域而不是单个主机应用活动虚拟机存储策略。

1.7.3 延伸群集

“故障域”可以解决同一机房不同机架中服务器的问题（即解决“机架级”故障）。如果你有更高的需求，例如需要跨园区、不同的楼，或者同一个城市而距离受限制的园区，可以使用 vSAN 延伸群集，通过延伸群集跨两个地址位置（或站点）扩展数据存储，如图 1-7-3 所示。

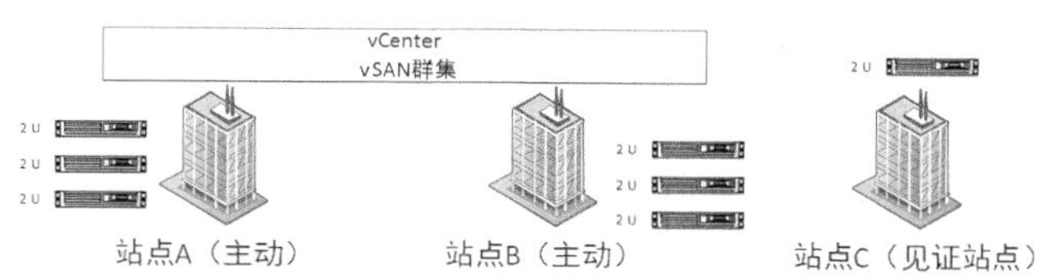

图 1-7-3 延伸群集示意

延伸群集由 2 个数据站点、1 个见证站点组成。2 个数据站点均匀分布着数量相同的 ESXi 主机，每个数据站点最少 1 台主机，最多 15 台主机；见证站点只有 1 台主机（或运行在主机中的 1 台见证虚拟机）。

在延伸群集架构中，所有站点都配置为 vSAN 故障域。1 个站点可以认为是 1 个故障域。最多支持 3 个站点（2 个数据站点、1 个见证站点）。

用于描述 vSAN 延伸群集配置的命名规则是 X+Y+Z，其中 X 表示数据站点 A 中 ESXi 主机的数量，Y 表示数据站点 B 中 ESXi 主机的数量，Z 表示站点 C 中见证主机的数量。数据站点是指部署了虚拟机的站点，见证站点不放置虚拟机。

vSAN 延伸群集中的最小主机数量为 3。在此配置中，站点 A 包含 1 台 ESXi 主机，站点 B 包含 1 台 ESXi 主机，站点 C（即见证站点）包含 1 台见证主机。此配置的 vSAN 命名规则为 1+1+1。

vSAN 延伸群集中的较小容量配置是 3+3+1，即站点 A、站点 B 各有 3 台主机，站点 C 有 1 台主机。虽然 2+2+1 也支持，但 2+2+1 被认为是较不安全的站点。为了获得较好的性能和数据安全性，推荐最少采用 4+4+1 的配置。

vSAN 延伸群集中的最大主机数量为 31。此时，站点 A 包含 15 台 ESXi 主机，站点 B 包含 15 台 ESXi 主机，站点 C 包含 1 台见证主机，因此，主机数量总共为 31 台。它的优点是可以有效避免“灾难”、允许有计划的维护，但见证节点也降低了系统的性能，增加了数据中心的成本，这是以冗余换安全的一种做法。此配置的 vSAN 命名规则为 15+15+1。

在 vSAN 延伸群集中，任何配置都只有 1 台见证主机。对于需要管理多个延伸群集的部署，每个群集必须具有自己唯一的见证主机。见证主机不在 vSAN 群集中。

对于在 vSAN 延伸群集中部署的虚拟机，它在站点 A 上有一个数据副本，在站点 B 上有一个数据副本，而见证组件则放置在站点 C 中的见证主机上。

如果整个站点发生故障，环境中仍会有一个完整的虚拟机数据副本以及超过 50%的组件可供使用。这使得虚拟机仍可在 vSAN 数据存储上使用。如果虚拟机需要在另一个数据站点中重新启动，vSphere HA 将处理这项任务。

vSAN 延伸集群相当于一个 vSAN 集群横跨两个不同的站点，每个站点是一个故障域。与其他存储硬件的双活方案类似，两个数据站点之间的往返延时小于 5ms（距离一般在

100km 以内)，另外还需要一个充当仲裁的见证（Witness）存放在不同于两个数据站点之外的第三个站点上。“见证节点”不一定是安装为 ESXi 的物理服务器，也可以运行在第三个站点的一个 ESXi 虚拟机上，或者可以运行在公有云上，如国内的天翼混合云，或者 AWS、Azure、阿里云等。如图 1-7-4 所示，Witness 所在站点（C）与数据站点（A 或 B）之间的网络要求较为宽松，往返延时在 200ms 以内，带宽超过 100Mbit/s 即可。

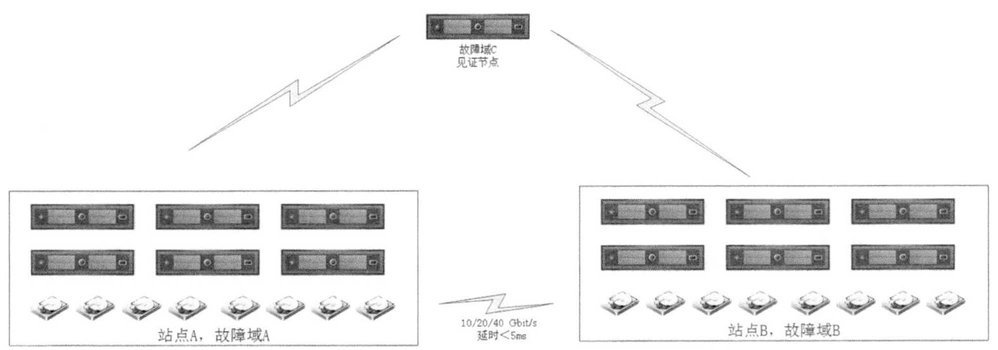

图 1-7-4 vSAN 延伸群集与见证节点

说明

为了减少单独为见证节点安装一台 ESXi 虚拟机或物理机所增加的许可问题，VMware 准备好了安装有 ESXi 并且预先设置好序列号的虚拟机。

与其他外置磁盘阵列的双活方案（如 EMC VPLEX，Dell Compel lent Live Volume 等）类似，延伸群集对于网络的要求比较苛刻，两个站点之间数据同步要求高带宽低延迟，vSAN 也要求 5ms 以内的延时。

使用 vSAN 延伸群集，主要有两种应用。

（1）双机热备系统。vSAN 延伸群集中的最小主机数量为 3。在此配置中，站点 A 包含 1 台 ESXi 主机，站点 B 包含 1 台 ESXi 主机，站点 C 包含 1 台见证主机。此配置的 vSAN 命名规则为 1+1+1。在这种情况下，使用 2 台高配置的 ESXi 主机（用作数据，提供业务虚拟机）、1 台低配置的主机（用作见证）组成双机热备系统。任何一台主机故障都不会让业务中断。

例如：2 台高配置主机，每台主机配置 1 个 CPU、128GB 内存、1 块 120GB SSD 安装系统、1 块 400GB PCIe 固态硬盘用作缓存磁盘、5 块 1.2TB 的磁盘用作容量磁盘、2 端口 10Gbit/s 网卡、4 端口 1Gbit/s 网卡。见证主机配置 1 个 CPU、32GB 内存、1 块 240GB 的固态硬盘安装系统并提供见证虚拟机。此 3 台主机组成的双机热备系统，可以同时提供 10～20 台虚拟机（每台虚拟机配置 8GB 内存、2～4 个 vCPU）。

（2）双活数据中心。使用 vSAN 延伸群集可以组成“双活”数据中心（可以参看图 1-7-3）。双活数据中心既可以在园区内组建，也可以跨不同城市组建。例如，在一个大型的企业园区，在不同的厂区、楼层，依次设置数据站点和见证站点。使用 vSAN 延伸群集组成双活数据中心时，推荐每个数据站点至少 4 台主机。

1.7.4 vSAN 6.1 支持 Oracle RAC 和 WSFC 群集技术

vSAN 6.1 开始支持包括 Oracle RAC（Real Application Cluster）和 Windows Server 故障

转移群集（Windows Server Failover Clustering，WSFC），如图 1-7-5 所示。借助于 vSAN 的特性，使 Oracle RAC、Windows Server 故障转移群集的用户能够拥有更高性能、可在线扩展、更高可靠性的存储。

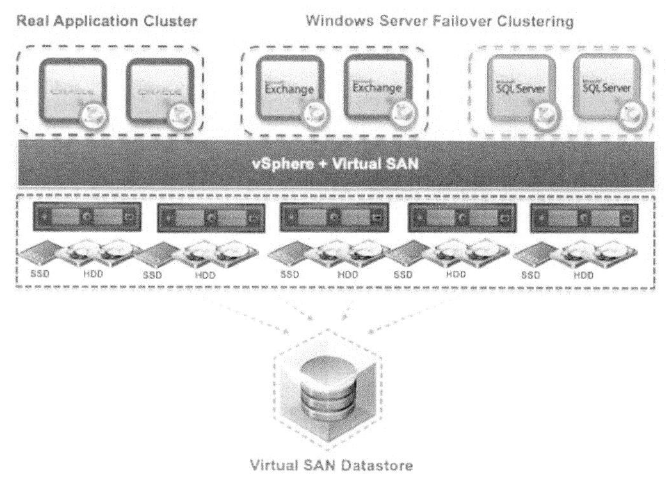

图 1-7-5 支持 RAC 及 WSFC

1.7.5 vSAN 与传统存储的区别

尽管 vSAN 与传统存储具有很多相同特性，但它们的整体行为和功能仍然有所不同。例如，vSAN 可以管理 ESXi 主机，且只能与 ESXi 主机配合使用。一个 vSAN 实例仅支持一个群集。vSAN 和传统存储还存在下列主要区别。

（1）vSAN 不需要外部网络存储来远程存储虚拟机文件，例如光纤通道（FC）或存储区域网络（SAN）。

（2）使用传统存储，存储管理员可以在不同的存储系统上预先分配存储空间。vSAN 会自动将 ESXi 主机的本地物理存储资源转化为单个存储池，这些池可以根据服务质量要求划分并分配到虚拟机和应用程序。

（3）vSAN 没有基于 LUN 或 NFS 共享的传统存储卷概念。

（4）iSCSI 和 FCP 等标准存储协议不适用于 vSAN。

（5）vSAN 与 vSphere 高度集成。与传统存储相比，vSAN 不需要专用的插件或存储控制台。可以使用 vSphere Web Client 部署、管理和监控 vSAN。

（6）不需要专门的存储管理员来管理 vSAN，vSphere 管理员即可管理 vSAN 环境。

（7）使用 vSAN，在部署新虚拟机时将自动分配虚拟机存储策略。可以根据需要动态更改存储策略。

1.7.6 vSAN 的许可方式

vSAN 的许可分成标准、高级、企业三个级别，如表 1-7-1 所示，高级版支持全闪存、去重和删除以及纠删码，企业版支持双活和 QoS（IOPS 限制）。

表 1-7-1 不同 vSAN 版本功能对比

	标准版	高级版	企业版
概述	混合式超融合部署	全闪存超融合部署	站点可用性和服务质量控制
许可证授权	按 CPU 数量或 VDI 桌面数量	按 CPU 数量或 VDI 桌面数量	按 CPU 数量或 VDI 桌面数量
基于存储策略的管理	√	√	√
读/写 SSD 缓存	√	√	√
分布式 RAID（RAID-1）	√	√	√
vSAN 快照和克隆	√	√	√
机架感知	√	√	√
复制（RPO 为 5min）	√	√	√
软件检验和	√	√	√
全闪存支持	√	√	√
数据块访问（iSCSI）	√	√	√
服务质量（QoS-IOPS 限制）	√	√	√
嵌入式重复数据消除和压缩（仅限全闪存）		√	√
纠删码（RAID-5/6，仅限全闪存）		√	√
具有本地故障保护能力的延伸群集			√
静态数据加密			√

1.7.7 共享存储与 vSAN 数据存储方式对比

本节通过共享存储与 vSAN 数据存储方式对比，让大家理解与感受传统架构下共享存储与基于软件存储的 vSAN 架构的优点。

假设某存储设备配置了 24 块 900GB 的 2.5 英寸 SAS 磁盘（见图 1-7-6），这 24 块磁盘以 RAID-50 的方式保存(每 6 块磁盘组成 RAID-5，4 组再以 RAID-0 的方式组成)，划分 RAID-50 之后，实际可以使用的空间是 5 × 900 × 4 = 18000GB。

图 1-7-6 某台配置了 24 块磁盘的存储

假设主机 A 需要 100GB 的空间，那么存储为主机划分这 100GB 的空间时，每块硬盘划分 5GB 的空间，组成 100GB 的空间。

在主机 A 上使用这 100GB 空间分区、格式化，假设为这 100GB 空间分配盘符为 E 盘，在 E 盘保存了多个文件，那么每个文件都会使用所有的 24 块磁盘，即使一个只占用数 KB 空间的小文件。当主机 A 要处理保存在 E 盘上的文件时，每处理一个文件，基本上都要同时读写存储中的所有 24 块磁盘。

如果有更多的主机或虚拟机需要从存储分配空间，存储分配给每台计算机的空间，都是从 24 块磁盘均衡划分的。对应计算机中的每个文件，也都是保存在这 24 块磁盘中。

当多台主机连接共享存储使用的时候，处理任何一个单独的文件，都要同时读写 24 块磁盘。

如果同时连接存储的主机和虚拟机数量较少时，这种方式的效率比较高，因为任何一个单独的文件都能很快的得到响应。但如果主机和虚拟机数量较多时，主机和存储的接口、存储本身处理的速度可能都是瓶颈。简单来说，10 台物理服务器（每台服务器上有 10 台虚拟机）使用共享存储，合计 100 台虚拟机，那么每块磁盘都对应 100 台虚拟机。

存储最初是为单一应用、单一用户提供服务的。如果存储为多台主机，每台主机有多台虚拟机提供服务，每台虚拟机读写的时候都要访问存储中的所有磁盘。虚拟机达到一定的数量时，从主机到存储的接口，还有存储的磁盘都会到达上限。

下面看一下 vSAN 磁盘数据保存方式。有一个由 3 台主机组成的 vSAN 群集，每台主机配置了 3 个磁盘组，每个磁盘组有 1 块 800GB 的 SSD、5 块 1.2TB 的 HDD，图 1-7-7 是单台主机的磁盘组。

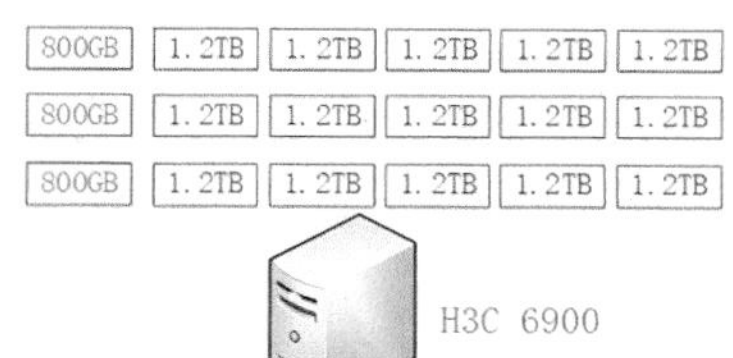

图 1-7-7 单台主机的磁盘组

一共 3 台主机，每台主机有 15 块磁盘，磁盘的名称和序号可以用 HDD0 至 HDD14 排列。下面看虚拟机数据在 vSAN 中的保存方式。

说明

下列说的是保存的一种可能，在实际中数据也可能在其他磁盘。

虚拟机 1：使用主机 1 的 HDD0 保存一份数据、使用主机 2 的 HDD1 保存一份相同的数据（两者之间是 RAID-1 的关系），在主机 3 的 HDD2 创建见证文件。

虚拟机 2：使用主机 2 的 HDD2 保存一份数据、使用主机 3 的 HDD5 保存一份相同的数据（两者之间是 RAID-1 的关系），在主机 1 的 HDD7 创建见证文件。

对于虚拟机硬盘较大的虚拟机，例如虚拟机 11，数据保存方式如下。

使用主机 1 的 HDD0、HDD1、HDD2、HDD3、HDD10、HDD15（RAID-0）保存一份数据，在主机 2 的 HDD0、HDD1、HDD2、HDD3、HDD10、HDD15（RAID-0）保存另一份数据。使用主机 3 的 HDD0 创建见证文件。

在此可以了解到 vSAN 是根据文件来保存数据的，任何一台虚拟机的数据是保存在不同主机的不同磁盘上的。普通的存储，例如图 1-7-6 中的 24 块磁盘组成了 4 组 RAID-5，允许每一组坏一块磁盘，数据不丢失，如果一组坏两个磁盘，那么数据就不全了，注意是所有的数据都不全了。

vSAN 架构，以默认的虚拟机存储策略（FTT = 1，允许的故障数为 1）保存数据时，数据保存在 3 台主机上，每台主机选择其中的一块磁盘，其中 2 块磁盘的数据是冗余的，第 3 块磁盘的数据是见证文件。除非是 3 台主机同时坏 2 块，或者是保存这台虚拟机的不同主机的数据磁盘同时坏了，才会丢失数据。

例如，某 vSAN 主机由 4 台主机组成，每台主机 2 个磁盘组，每个磁盘组 1 块 SSD、5 块 HDD。虚拟机使用每台主机中的 1 块或多块磁盘。对于某一台虚拟机来说，该虚拟机的数据一般情况下只使用有限的磁盘，并不使用所有的磁盘，只有超大的虚拟磁盘，最多同时使用 12 块磁盘。当多台虚拟机同时运行，共同使用所有的磁盘。如果这个 4 节点上一共运行了 100 台虚拟机，那么每台虚拟机的数据保存需要用到 3 块磁盘计算，40 块磁盘存储，基本上 1 块磁盘对应 3 台虚拟机。

对比计算，当虚拟机数量较多时，vSAN 架构的执行效率会更高一些；当虚拟机数量较少时，共享存储性能会更高一些。

1.8 vSAN 不同版本与新增功能介绍

下面简要介绍 vSAN 各版本的功能。vSAN 各版本与 ESXi 各版本的对应关系如表 1-8-1 所示。

表 1-8-1 vSAN 各版本与 ESXi 各版本对应关系

发行日期	ESXi 版本	vSAN 版本	vSAN 磁盘格式	vSAN 文件名（版本号）	vSAN 主要功能
2014/3/25	5.5	1.0	1.0	VMware-VMvisor-Installer-5.5.0.update01-1623387.x86_64.iso	群集节点 32，相当于 RAID-1、RAID-10
2015/3/12	6.0.0	6.0	1.0	VMware-VMvisor-Installer-6.0.0-2494585.x86_64.iso	群集节点 64
2015/9/10	6.0 U1	6.1	2.0	VMware-VMvisor-Installer-6.0.0.update01-3029758.x86_64.iso	延伸群集，支持虚拟机容错（FT） 包括性能和快照的改进
2016/3/15	6.0 U2	6.2	3.0	VMware-VMvisor-Installer-6.0.0.update02-3620759.x86_64.iso	嵌入式重复数据消除和压缩（仅限全闪存）、纠删码 RAID-5/6（仅限全闪存）
2016/11/15	6.5.0	6.5	4.0	VMware-VMvisor-Installer-6.5.0-4564106.x86_64.iso	iSCSI 目标服务 具有见证流量分离功能的双节点直接连接 PowerCLI 支持 512e 驱动器支持
2017/4/18	6.5.0d	6.6	5.0	VMware-VMvisor-Installer-201704001-5310538.x86_64.iso	单播、加密、更改见证主机
2018/4/17	6.7.0	6.7	6.0	VMware-VMvisor-Installer-6.7.0-8169922.x86_64.iso	4Kn 驱动器支持、针对延伸群集实现见证流量分离、针对延伸群集实现高效站点间重新同步
2018/10/16	6.7.0 U1		7.0	VMware-VMvisor-Installer-6.7.0.update01-10302608.x86_64.iso	引导式群集创建和扩展、混合 MTU 实现见证流量分离、维护模式增强功能
2019/4/11	6.7.0 U2		7.0	VMware-VMvisor-Installer-6.7.0.update02-13006603.x86_64.iso	
2019/8/20	6.7.0 U3		10.0	VMware-VMvisor-Installer-6.7.0.update03-14320388.x86_64.iso	vSAN 性能增强，增强了容量监控、重新同步监控；并行重新同步；vCenter 与 ESXi 向前兼容

说明

（1）vSAN 6.5 之前，VMware 称为 Virtual SAN。从 6.6 版本（ESXi 6.5.0d）开始，Virtual SAN 命名为 vSAN。

（2）不支持从 ESXi 6.0 U3 升级到 ESXi 6.5.0；不支持从 ESXi 6.5 U2 升级到 ESXi 6.7。

（3）可以支持从 ESXi 6.0.0、ESXi 6.5.0、ESXi 6.7.0 各个子版本升级到 ESXi 6.7.0 U1、ESXi 6.7.0 U2、ESXi 6.7.0 U3。

1.8.1 Virtual SAN 6.0 新增功能

VMware Virtual SAN 6.0 在 2015 年 3 月 12 日发布，其内部版本号为 2494585。

Virtual SAN 6.0 引入了许多新功能和增强功能。以下是 Virtual SAN 6.0 的主要增强功能。

（1）新磁盘格式：Virtual SAN 6.0 支持基于 Virsto 技术的新磁盘虚拟文件格式 2.0。Virsto 技术是基于日志的文件系统，可为每个 Virtual SAN 群集提供高度可扩展的快照和克隆管理支持。

（2）混合和全闪存配置：Virtual SAN 6.0 支持混合和全闪存群集。

（3）故障域：Virtual SAN 群集跨越数据中心内多个机架或刀片服务器机箱时，Virtual SAN 6.0 支持配置故障域以保护主机免于机架或机箱故障。

（4）主动再平衡：在 6.0 版本中，Virtual SAN 能够触发再平衡操作，以便利用新添加的群集存储容量。

（5）JBOD：Virtual SAN 6.0 支持 JBOD 存储，以便在刀片服务器环境中使用。

（6）磁盘可维护性：Virtual SAN 提供从 vSphere Web Client 启用/禁用定位器 LED 的功能，以识别故障期间存储设备的位置。

（7）设备或磁盘组撤出：删除设备或磁盘组时，Virtual SAN 能够撤出设备或磁盘组中的数据。

1.8.2 Virtual SAN 6.1 新增功能

VMware Virtual SAN 6.1 在 2015 年 9 月 10 日发布，其内部版本号为 3029758。

Virtual SAN 6.1 引入了以下新功能和增强功能。

（1）延伸群集：Virtual SAN 6.1 支持跨两个地理位置的延伸群集以保护数据免受站点故障或网络连接丢失影响。

（2）VMware Virtual SAN Witness Appliance 6.1 是打包为虚拟设备的虚拟见证主机。它充当配置为 Virtual SAN 延伸群集的见证主机的 ESXi 主机。从 VMware Virtual SAN 官方网站即可下载 Virtual SAN Witness Appliance 6.1 OVA。

（3）混合和全闪存配置。Virtual SAN 6.1 支持混合和全闪存群集。要配置全闪存群集，可单击 Virtual SAN“磁盘管理”（“管理→设置”）下的“创建新磁盘组”，然后选择闪存作为容量类型。声明磁盘组时，可以选择闪存设备同时用于容量和缓存。

（4）改进升级过程。支持直接从 Virtual SAN 5.5 和 Virtual SAN 6.0 升级到 Virtual SAN 6.1。

（5）Virtual SAN 6.1 包括集成的运行状况服务，该服务可监控群集运行状况并诊断和修复 Virtual SAN 群集的问题。Virtual SAN 运行状况服务提供了多项有关硬件兼容性、网络配置和运行、高级配置选项、存储设备运行状况以及 Virtual SAN 对象运行状况的检查。如果运行状况服务检测到任何运行状况问题，将触发 vCenter 事件和警报。要查看 Virtual SAN 群集的运行状况检查，应单击“监控→Virtual SAN→运行状况”。

（6）Virtual SAN 可监控固态驱动器和磁盘驱动器运行状况，并通过卸载不正常的设备主动将其隔离。检测到 Virtual SAN 磁盘逐渐失效后将隔离该设备，避免受影响的主机和整个 Virtual SAN 群集之间产生拥堵。无论何时在主机中检测到不正常设备都会从每台主机生成警报，如果自动卸载不正常设备将生成事件。

1.8.3 Virtual SAN 6.2 新增功能

VMware Virtual SAN 6.2 在 2016 年 3 月 15 日发布，其 ISO 内部版本号为 3620759。

Virtual SAN 6.2 引入了以下新功能和增强功能。

（1）去重复和压缩。Virtual SAN 6.2 提供去重复和压缩功能，可以消除重复的数据。此技术可以减少满足要求所需的总存储空间。在 Virtual SAN 群集上启用去重复和压缩功能后，特定磁盘组中冗余的数据副本将减少为单个副本。在全闪存群集中，可以在群集范围内设置去重复和压缩。

（2）RAID 5 和 RAID 6 擦除编码。Virtual SAN 6.2 支持 RAID 5 和 RAID 6 擦除编码，进而减少了保护数据所需的存储空间。在全闪存群集中，RAID 5 和 RAID 6 可用作虚拟机的策略属性。用户可以在至少 4 个容错域的群集中使用 RAID 5，在至少 6 个容错域的群集中使用 RAID 6。

（3）软件校验和。Virtual SAN 6.2 在混合和全闪存群集中支持基于软件的校验和。默认情况下，在 Virtual SAN 群集中所有对象都启用软件校验和策略属性。

（4）新的磁盘上格式。Virtual SAN 6.2 支持通过 vSphere Web Client 升级到新的磁盘上虚拟文件格式 3.0。此文件系统可为 Virtual SAN 群集中的新功能提供支持。磁盘上格式版本 3.0 基于内部 4K 块大小技术，此技术可以提高效率。但是，如果客户机操作系统 I/O 不是 4K 对齐，则会导致性能降低。

（5）IOPS 限制。Virtual SAN 支持 IOPS 限制，可以对指定对象的每秒 I/O（读/写）操作数进行限制。读/写操作数达到 IOPS 限制时，这些操作将延迟，直到当前秒到期。IOPS 限制是一个策略属性，可以应用于任何 Virtual SAN 对象，包括 VMDK、命名空间等。

（6）IPv6。Virtual SAN 支持 IPv4 或 IPv6 寻址。

（7）空间报告。Virtual SAN 6.2“容量”监控显示有关 Virtual SAN 数据存储的信息，包括已用空间和可用空间，同时按不同对象类型或数据类型提供容量使用情况细目。

（8）运行状况服务。Virtual SAN 6.2 包含新的运行状况检查，可帮助监控群集，以诊断并修复群集问题。如果 Virtual SAN 运行状况服务检测到运行状况问题，则会触发 vCenter 事件和警报。

（9）性能服务。Virtual SAN 6.2 包含性能服务监控，可以提供群集级别、主机级别、虚拟机级别以及磁盘级别的统计信息。性能服务收集并分析性能统计信息，并以图表格式显示这些数据。用户可以使用性能图表管理工作负载并确定问题的根本原因。

（10）直写式内存缓存。Virtual SAN 6.2 使用驻留在主机上的直写式读取缓存以提高虚拟机性能。此缓存算法可减少读取 I/O 延迟、Virtual SAN CPU 和网络使用量。

1.8.4 Virtual SAN 6.5 新增功能

VMware Virtual SAN 6.5 在 2016 年 11 月 15 日发布，其 ISO 内部版本号为 4564106。

Virtual SAN 6.5 引入了以下新功能和增强功能。

（1）iSCSI 目标服务。借助 Virtual SAN iSCSI 目标服务，Virtual SAN 群集外部的物理工作负载可以访问 Virtual SAN 数据存储。远程主机上的 iSCSI 启动器可以将块级数据传输到 Virtual SAN 群集存储设备上的 iSCSI 目标。

（2）具有见证流量分离功能的双节点直接连接。Virtual SAN 6.5 支持通过备用 VMkernel 接口与延伸群集配置中的见证主机通信。此支持可以将见证流量与 Virtual SAN 数据流量分离，而无须从 Virtual SAN 网络路由到见证主机。在某些延伸群集和双节点配置中，可以简化见证主机的连接。在双节点配置中，可以针对 Virtual SAN 数据流量建立一个或多个节点到节点的直接连接，而无须使用高速交换机。在延伸群集配置中，支持为见证流量使用备用 VMkernel 接口，但前提是该备用 VMkernel 接口与 Virtual SAN 数据流量所用的接口连接到同一物理交换机。

（3）PowerCLI 支持。VMware vSphere PowerCLI 添加了针对 Virtual SAN 的命令行脚本支持，可以帮助自动完成配置和管理任务。vSphere PowerCLI 为 vSphere API 提供 Windows PowerShell 接口。PowerCLI 包含用于管理 Virtual SAN 组件的 cmdlet。

（4）512e 驱动器支持。Virtual SAN 6.5 支持 512e 硬盘驱动器（HDD），该驱动器物理扇区大小为 4096 字节，但逻辑扇区大小模拟了 512 字节的扇区大小。

1.8.5 VMware vSAN 6.6 新增功能

VMware vSAN 6.6 在 2017 年 4 月 18 日发布，其 ISO 内部版本为 5310538。从这个版本开始，VMware 将原来的“Virtual SAN”命名为“vSAN”。VMware Virtual SAN（vSAN）6.6 引入了以下新功能和增强功能。

（1）单播。在 vSAN 6.6 及更高版本中，支持 vSAN 群集的物理交换机不需要多播。如果 vSAN 群集中的部分主机运行早期版本的软件，则仍需要多播网络。

（2）加密。vSAN 支持对 vSAN 数据存储进行静态数据加密。启用加密时，vSAN 会对群集中的每个磁盘组逐一进行重新格式化。vSAN 加密需要在 vCenter Server 和密钥管理服务器（KMS）之间建立可信连接。KMS 必须支持密钥管理互操作协议（KMIP）1.1 标准。

（3）通过本地故障保护实现增强的延伸群集可用性。可以在延伸群集中的单个站点内为虚拟机对象提供本地故障保护。可以为群集定义允许的故障数主要级别，并为单个站点中的对象定义允许的故障数辅助级别。当一个站点不可用时，vSAN 会在可用站点中保持可用性和本地冗余。可以更改延伸群集的见证主机。在“故障域和延伸群集”页面上，单击更改见证主机。

（4）配置帮助和更新。用户可以使用“配置帮助”和“更新”页面检查 vSAN 群集的配置，并解决任何问题。“配置帮助”可以验证群集组件的配置、解决问题并对问题进行故障排除。配置检查分为几个类别，类似于 vSAN 运行状况服务中的类别。配置检查涵盖硬件兼容性、网络和 vSAN 配置选项。“更新”页面可以更新存储控制器固件和驱动程序以满足 vSAN 要求。

（5）重新同步限制。用户可以限制用于群集重新同步的 IOPS。如果重新同步导致群集中的延迟增加或者主机上的重新同步流量太高，则使用此控件。

（6）运行状况服务增强功能。针对加密、群集成员资格、时间偏差、控制器固件、磁盘组、物理磁盘、磁盘平衡等方面的新增和增强的运行状况检查。联机运行状况检查可以监控 vSAN 群集运行状况并将数据发送给 VMware 分析后端系统进行高级分析。必须参与客户体验改善计划，才能使用联机运行状况检查。

（7）基于主机的 vSAN 监控。通过 ESXi Host Client 可以监控 vSAN 的运行状况和基本配置。

（8）性能服务增强功能。vSAN 性能服务包括网络、重新同步和 iSCSI 的统计信息。可以选择性能视图中保存的时间范围。每次运行性能查询，vSAN 都会保存选定的时间范围。

（9）vSAN 与 vCenter Server Appliance（简称 VCSA）集成。部署 vCenter Server Appliance 时可以创建一个 vSAN 群集，然后将该设备托管到群集上。vCenter Server Appliance 安装程序可以创建一个从主机声明磁盘的单主机 vSAN 群集，vCenter Server Appliance 部署在该 vSAN 群集上。

（10）维护模式增强功能。“确认维护模式”对话框提供有关维护活动的指导信息，可以查看每个数据撤出选项的影响。例如，可以检查是否有足够的可用空间来完成选定选项。

（11）重新平衡和修复增强功能。磁盘重新平衡操作更高效。手动重新平衡操作提供更好的进度报告。

- 重新平衡协议优调后更加高效，能够实现更好的群集平衡。手动重新平衡提供更多的更新和更好的进度报告。
- 更高效的修复操作只需较少的群集重新同步。即使 vSAN 无法使对象合规，也能够修复部分已降级或不存在的组件以便增加允许的故障数。

（12）磁盘故障处理。如果磁盘出现持续高延迟或拥堵，vSAN 会将此设备视为即将“消亡”的磁盘，并撤出磁盘中的数据。vSAN 通过撤出或重建数据来处理即将消亡的磁盘。不需要用户操作，除非群集缺少资源或存在无法访问的对象。当 vSAN 完成数据撤出后，运行状况会显示为 DyingDiskEmpty。vSAN 不会卸载故障设备。

（13）新的 esxcli 命令。

- 显示 vSAN 群集运行状况：esxcli vsan health。
- 显示 vSAN 调试信息：esxcli vsan debug。

1.8.6 VMware vSAN 6.6.1 新增功能

VMware vSAN 6.6.1 在 2017 年 7 月 27 日发布，其 ISO 内部版本号为 5969303。

vSAN 6.6.1 引入了以下新功能和增强功能。

（1）适用于 vSAN 的 vSphere Update Manager 内部版本建议。Update Manager 可以扫描 vSAN 群集并建议主机基准，包括更新、修补程序和扩展。它会管理建议的基准、验证 vSAN

HCL 的支持状态并从 VMware 下载正确的 ESXi ISO 映像。

（2）vSAN 需要 Internet 访问权限才能生成内部版本建议。如果 vSAN 群集使用代理连接到 Internet，那么 vSAN 可以生成修补程序升级建议，但不能生成主要升级建议。

（3）性能诊断。性能诊断工具可以分析之前执行的基准测试。它会检测问题、建议修复步骤并提供有助于获得深层次见解的辅助性能图表。性能诊断需要加入客户体验改进计划（CEIP）。

（4）vSAN 磁盘上增加了定位符 LED 支持。现在直通模式的 Gen 9 HPE 控制器支持定位符 LED 的 vSAN 激活。闪烁 LED 有助于识别和隔离特定驱动器。

1.8.7 VMware vSAN 6.7 新增功能

VMware vSAN 6.7 在 2018 年 4 月 7 日发布，其内部版本号为 8169922，vSAN 6.7 将 vSAN 磁盘格式升级到 6.0 版本。

vSAN 6.7 引入了以下新功能和增强功能。

（1）支持 4Kn 驱动器。vSAN 6.7 支持 4K Native 磁盘驱动器。与 512n 相比，4Kn 驱动器能够提供更高的容量密度。该支持能够使用容量点更高的 4Kn 驱动器部署存储量较大的配置。

（2）vSphere 和 vSAN FIPS 140-2 验证。vSAN 6.7 加密已通过美国联邦信息处理标准（FIPS）140-2 验证。通过 FIPS 验证的软件模块比专用硬件有许多优势，因为这种软件模块可以在通用计算系统上执行，具有可移植性和灵活性。可以在具有数千种外形规格、容量和功能的驱动器中选择使用与 HCL 兼容的任何一组驱动器配置 vSAN 主机，同时使用通过 FIPS 140-2 验证的模块维护数据安全。

（3）HTML 界面。基于 HTML5 的 vSphere Client 与基于 Flex 的 vSphere Web Client 一起随 vCenter Server 被提供。vSphere Client 使用的很多界面术语、拓扑和工作流都与 vSphere Web Client 相同。用户可以使用新的 vSphere Client，也可以继续使用 vSphere Web Client。

（4）vCenter Server 中的 vRealize Operations。vSphere Client 包括嵌入式 vRealize Operations 插件，该插件可提供基本的 vSAN 和 vSphere 操作仪表板。要访问仪表板，需要 vROps 实例，而该插件可帮助用户在环境中轻松部署新实例或指定现有实例。vROps 插件不需要任何额外的 vROps 许可。

（5）支持 Windows Server 故障转移群集。vSAN 6.7 通过在 vSAN iSCSI 目标服务上构建 WSFC 目标来支持 Windows Server 故障转移群集。vSAN iSCSI 目标服务支持用于共享磁盘的 SCSI-3 持久预留和用于 WSFC 的透明故障切换。WSFC 可在物理服务器或虚拟机上运行。

（6）用于延伸群集的智能站点连续性。在首选数据站点和辅助数据站点之间进行分区时，vSAN 6.7 将首先智能地确定哪个站点的数据可用性最大，然后自动形成针对见证的仲裁。首选站点具有最新的数据副本之前，辅助站点可以作为活动站点运行。这样可以防止虚拟机迁移到首选站点以及数据读取位置丢失。

（7）针对延伸群集实现见证流量分离。现在，用户可以选择为见证流量配置专用的 VMkernel 网卡。见证 VMkernel 网卡不会传输任何数据流量。此功能可以分离见证流量与 vSAN 数据流量，从而增强数据安全性。当见证网卡的带宽和延迟小于数据网卡时，此功能非常有用。

（8）针对延伸群集实现高效站点间重新同步。要执行重新构建或修复操作，vSAN 6.7只发送一个副本，然后从该本地副本执行剩余的重新同步，而不是跨站点间链路重新同步所有副本。这样可以减少在延伸群集的站点间传输的数据量。

（9）使用冗余vSAN网络时进行快速故障切换。vSAN 6.7部署多个VMkernel适配器以实现冗余时，其中一个适配器出现故障将导致故障切换到其他VMkernel适配器。在早期版本中，vSAN等待TCP超时后才会将网络流量故障切换到正常运行的VMkernel适配器。

（10）自适应重新同步以动态管理重新同步流量。自适应重新同步通过向重新同步I/O分配专用带宽来加快合规（将某个对象还原到其置备的允许的故障数）的速度。重新同步I/O由vSAN生成，用于将对象重新置于合规状态。确保重新同步I/O最小带宽的同时，如果客户端I/O未争用带宽，则带宽可以动态增加。反之，如果没有重新同步I/O，客户端I/O可以使用额外的带宽。

（11）整合副本组件。放置期间，由于副本反关联性规则，属于不同副本的组件会放置在不同的故障域中。但是，当群集以较高的容量利用率运行且必须移动或重建对象时，会因为执行维护操作或出现故障导致可用故障域不足。副本整合相比vSAN 6.6中使用的点定位法，是一项改进技术。点定位会重新配置整个RAID树（数据移动量相当大），而副本整合移动最少量的数据即可创建满足副本反关联性要求的故障域。

（12）针对无共享应用程序推出主机固定存储策略。vSAN主机固定是一种新的存储策略，能够适应下一代、无共享应用程序的vSAN的效率和弹性。使用此策略，vSAN会维护数据的单个副本，并存储正在运行虚拟机的ESXi主机的本地数据块。此策略会作为部署选项提供给Big Data（Hadoop、Spark）、NoSQL和其他在应用程序层维护数据冗余的此类应用程序。vSAN主机固定具有特定要求和准则，要求进行VMware验证以确保正确部署。请务必联系VMware代表以确保在部署此策略前已验证配置。

（13）支持增强型诊断分区（核心转储）。如果设备上有可用空间，vSAN 6.7会自动调整USB/SD介质上的核心转储分区的大小，以便在本地持久保留核心转储和日志。如果没有足够的可用空间或没有引导设备，则不会执行重新分区。

（14）vSAN暂存优化。vSAN 6.7包含的增强功能可以提高将数据从缓存层写入容量层的速度。这些更改将提高虚拟机I/O的性能和重新同步的速度。

（15）交换对象精简配置和策略继承改进。vSAN 6.7中的虚拟机交换文件会继承所有设置的虚拟机存储策略，包括精简配置。在早期版本中，始终对交换文件进行厚置备。

vSAN 6.7是一个需要全面升级到vSphere 6.7的新版本。执行以下任务完成vSAN 6.7的升级。

（1）升级到vCenter Server 6.7。

（2）将主机升级到ESXi 6.7。

（3）将vSAN磁盘格式升级到6.0版本。从磁盘格式5.0版本升级开始，将不执行数据撤出，因为磁盘已重新进行格式化。

注意

不支持从vSphere 6.5 Update 2升级到vSphere 6.7。

1.8.8 VMware vSAN 6.7 U1 新增功能

VMware vSAN 6.7 U1（vSAN 6.7 Update 1）于 2018 年 10 月 16 日发布，其 ISO 内部版本号为 10302608。vSAN 6.7 U1 将 vSAN 磁盘格式升级到 7.0 版本。如果是从磁盘格式 5.0 版本或更高版本升级，则无须执行数据撤出（仅更新元数据）。

vSAN 6.7 Update 1 引入了以下新功能和增强功能。

（1）引导式群集创建和扩展。vSAN 6.7 Update 1 在 vSphere Client 中引入了快速入门向导。快速入门工作流可指导用户完成 vSAN 群集和非 vSAN 群集的部署过程。该工作流涵盖初始配置的各个方面，如主机、网络和 vSphere 设置。快速入门还在后续扩展 vSAN 群集时发挥一定的作用，它支持用户向群集中添加更多主机。

（2）通过 VUM 提供 HBA 固件更新。vSAN 主机的存储 I/O 控制器固件现已作为 vSphere Update Manager 修复工作流的一部分包含在内。此功能以前在名为 Configuration Assist 的 vSAN 实用程序中被提供。此外，VUM 还支持某些 OEM 供应商提供的自定义 ISO 以及无 Internet 连接的 vCenter Server。

（3）维护模式增强功能。现在 vSAN 会执行数据撤出操作模拟以确定该操作成功还是失败，然后再启动该操作。如果撤出操作失败，vSAN 会在任何重新同步活动开始之前停止该操作。此外，用户还可以通过 vSphere Client 修改组件修复延迟计时器，以便调整此设置。

（4）历史和可用容量报告。vSAN 6.7 Update 1 引入了历史容量仪表板，可报告一段时间内的容量使用情况，包括去重率更改历史信息。该版本还包括可用容量估算器，用于根据所选的存储策略查看可用的数据存储容量。

（5）通过剪裁/取消映射提高存储效率。现在 vSAN 6.7 Update 1 能够完全感知客户机操作系统发送的剪裁/取消映射命令，并回收之前分配的块，将其用作底层 vSAN 对象内的可用空间。用户可以在自动模式或脱机模式下配置剪裁/取消映射，也可在客户机操作系统中设置模式。

（6）混合 MTU 实现见证流量分离。现在 vSAN 支持对见证流量 VMkernel 接口和 vSAN 数据网络 VMkernel 接口使用不同的 MTU 设置。此功能提高了利用见证流量分离的延伸群集和双节点群集的网络灵活性。

（7）运行状况检查增强功能。存储控制器固件运行状况检查支持多个获批的固件级别，提高了灵活性。用户可以从 UI 执行静默运行状况检查，可以清除不再需要的不可访问交换对象。所有主机均具有匹配的子网运行状况检查增强功能。

（8）单播网络性能测试。新增基于单播的主动网络性能测试，可确定群集中的所有主机是否均具有正确的连接并满足建议的带宽。

（9）vCenter Server 中的 vRealize Operations 增强功能。vCenter Server 中内置的本机 vROps 仪表板可显示 vSAN 延伸群集的智能信息。此外，部署过程还支持分布式虚拟交换机并与 vROps 7.0 完全兼容。

（10）产品内支持诊断。vSAN 6.7 Update 1 引入了产品诊断，可协助 VMware 全球技术更快地解决客户案例。vCenter Server 中的专用性能仪表板以及按需网络诊断测试可减少生成支持包并上传到 GSS 的需求，从而加快了支持案例的解决速度。此外，运行状况检查历史记录存储在日志文件中，以便支持人员更好地提供技术支持。

（11）更新了高级设置。vSphere Client 提供了一个“高级设置”对话框（“配置→vSAN→

服务→高级选项”)，可以调整组件修复延迟计时器，还可以启用/禁用精简交换文件和站点读取位置。

1.8.9 VMware vSAN 6.7 U3 新增功能

VMware vSAN 6.7 U3（vSAN 6.7 Update 3）于 2019 年 8 月 20 日发布，其 ISO 内部版本号为 14320388。

vSAN 6.7 U3 将 vSAN 磁盘格式升级到 10.0 版本。如果是从磁盘格式 5.0 版本或更高版本升级，则无须执行数据撤出（仅更新元数据）。

在升级 vSAN 磁盘格式期间，会执行磁盘组撤出操作。移除磁盘组并升级到磁盘格式 10.0 版本，再将磁盘组重新添加到群集。对于双节点或三节点群集或容量不足以撤出每个磁盘组的群集，可从 vSphere Client 选择允许精简冗余。管理员还可以使用以下 RVC 命令升级磁盘格式：

vsan.ondisk_upgrade --allow-reduced-redundancy。

允许降低冗余性时，虚拟机在升级过程中不受保护，因为此方法不会将数据撤出到群集中的其他主机。该方法会移除各磁盘组，升级磁盘格式，然后将磁盘组重新添加到群集。所有对象仍可用，但冗余性已降低。如果在升级到 vSAN 6.7 时启用去重和压缩，则可以从 vSphere Client 选择允许精简冗余。

vSAN 6.7 Update 3 引入了以下新功能和增强功能。

（1）vSAN 性能增强功能。该版本提高了启用去重的全闪存配置的性能和可用性 SLA。延迟敏感型应用程序在可预测 I/O 延迟和增加顺序 I/O 吞吐量方面具有更好的性能。缩短了在发生磁盘和节点故障时的重建时间，从而提供更好的可用性 SLA。

（2）增强了容量监控。“容量监控”仪表板经过重新设计，改进了整体使用情况的可见性，细分更精细并简化了容量警示。与容量相关的运行状况检查具有更好的可见性和一致性。提供了每个站点、故障域和主机/磁盘组级别的精细容量利用率。

（3）增强了重新同步监控。“重新同步对象”仪表板引入了新逻辑，提高了重新同步完成时间的准确性，还提供了精细的可见性，可查看不同类型的重新同步活动，例如重新平衡或策略合规性。

（4）针对维护模式操作的数据迁移预检查。该版本的 vSAN 引入了专用仪表板，可针对主机维护模式操作提供深入分析，包括更具描述性的数据迁移活动预检查。在此报告中，可深入了解将主机置于维护模式之前的对象合规性、群集容量和预测的运行状况。

（5）在容量紧张的情况下提高强化效果。该版本新增了对容量使用条件的可靠处理，在群集容量超出建议阈值的情况下，改进了检测、预防和修复性能。

（6）主动重新平衡增强功能。用户可以使用群集范围的配置和阈值设置自动执行所有重新平衡活动。在该版本之前，vSAN 运行状况检查发出警示后，将手动启动主动重新平衡。

（7）针对策略更改执行高效的容量处理。该版本的 vSAN 引入了新逻辑，可减少群集中策略更改临时消耗的空间量。vSAN 会小批量处理策略重新同步，从而有效地利用未用空间预留容量并简化用户操作。

（8）磁盘格式转换预检查。所有需要滚动数据撤出的磁盘组格式转换都包括一项后端预检查，从而可在移动任何数据之前准确地确定操作的成败。

（9）并行重新同步。vSAN 6.7 Update 3 优化了重新同步行为，可在资源可用时自动对每个重新同步组件运行额外数据流。这种新行为在后台运行，可提供更好的 I/O 管理和性能以应对工作负载需求。

（10）Windows Server 故障转移群集部署在原生 vSAN VMDK 上。vSAN 6.7 Update 3 引入了对 SCSI-3 PR 的原生支持，使得 Windows Server 故障转移群集能够作为第一类工作负载直接部署在 VMDK 上。利用此功能，可以将物理 RDM 或外部存储协议上的旧版部署迁移到 vSAN。

（11）在 vSphere Client 中启用 Support Insight。用户可以启用 vSAN Support Insight，以便访问基于 CEIP 的所有 vSAN 主动支持和诊断。例如，联机 vSAN 运行状况检查、性能诊断和解决 SR 期间增强的支持体验。

（12）vSphere Update Manager（VUM）基准首选项。该版本改进了 VUM 中的 vSAN 更新建议体验，允许用户为 vSAN 群集配置建议的基准，使其保持在当前版本内并仅应用可用的修补程序或更新，或者升级到与群集兼容的最新 ESXi 版本。

（13）在 vSAN 数据存储中上传和下载 VMDK。该版本增加了在 vSAN 数据存储中上传和下载 VMDK 的功能。此功能简化了在容量紧张的情况下保护和恢复虚拟机数据的过程。

（14）vCenter 与 ESXi 向前兼容。vCenter Server 可以管理 vSAN 群集中较新版本的 ESXi 主机，前提是 vCenter 及其受管主机具有相同的主要 vSphere 版本。管理员可以应用关键的 ESXi 修补程序，而无须将 vCenter Server 更新到同一版本。

（15）新增性能衡量指标和故障排除实用程序。该版本通过性能服务引入了一个 vSAN CPU 衡量指标，还新增了一个命令行实用程序（vsantop），可实时查看 vSAN 的性能统计信息，该实用程序类似于 vSphere 的 esxtop。

（16）vSAN iSCSI 目标服务增强功能。vSAN iSCSI 目标服务已得到增强，可以在不中断服务的情况下动态调整 iSCSI LUN 的大小。

（17）Cloud Native Storage。Cloud Native Storage 是一种为有状态应用程序提供全面数据管理的解决方案。通过 Cloud Native Storage，vSphere 持久存储可与 Kubernetes 集成。使用 Cloud Native Storage 时，可以为那些能够允许重新启动和中断的有状态容器化应用程序创建持久存储。使用标准 Kubernetes 卷、持久卷和动态置备基本类型时，Kubernetes 编排的有状态容器可以利用 vSphere（vSAN、VMFS、NFS）公开的存储。

2 vSphere 虚拟化数据中心产品选型

组建 vSphere 数据中心是一个综合与系统的工程，这需要对服务器的配置与服务器数量、存储的性能与容量以及接口、网络交换机等方面进行合理的配置与选择。在 vSphere 数据中心构成的三要素服务器、存储、网络中，服务器与网络变化不大，主要是存储的选择。在 vSphere 6.0 及其以前，传统的 vSphere 数据中心普遍采用共享存储，一般优先选择 FC 接口，其次是 SAS 及基于网络的 iSCSI 接口。在 vSphere 6.0 推出后，还可以使用普通的 x86 服务器使用服务器本地硬盘通过网络组成的 vSAN 存储。所以在组建 vSphere 数据中心时可以使用传统的共享存储，也可以使用 vSAN 存储。

本章首先介绍虚拟化数据中心服务器、存储、网络交换机等硬件产品的选择，然后介绍虚拟化产品版本的选择、安装位置（本地硬盘还是存储 LUN 划分空间，或者是 U 盘、SD 卡、M.2 硬盘等）等需要注意的事项。

2.1 传统数据中心服务器、存储、交换机的选择

如果要规划 VMware 数据中心（或 VMware 虚拟化环境、vSphere 虚拟化环境），可以参照图 2-1-1 所示的流程操作。

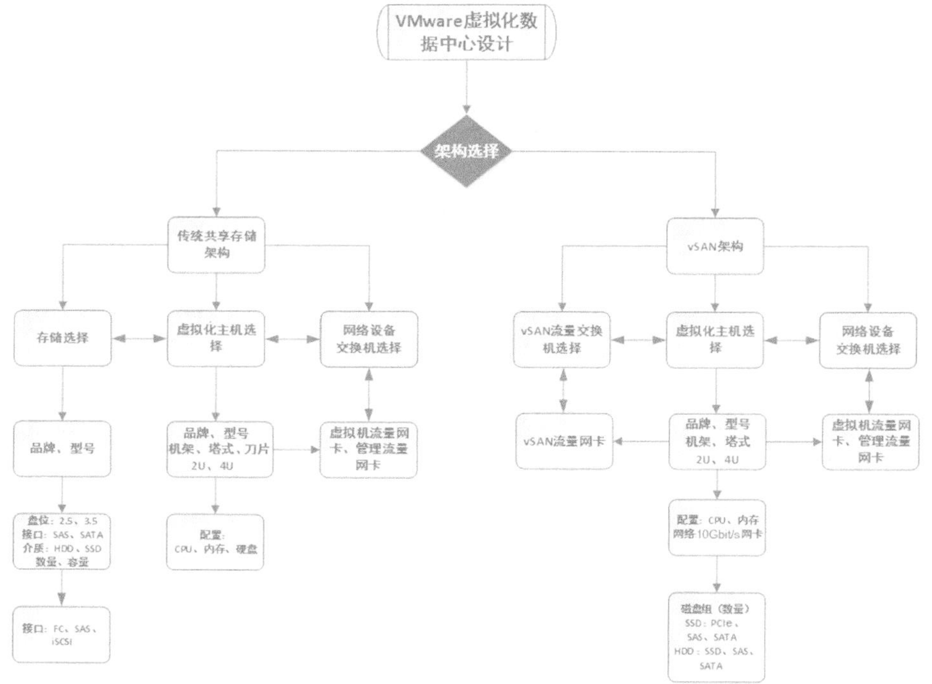

图 2-1-1 VMware 虚拟化数据中心设计流程图

下面介绍虚拟化主机（物理服务器）、网络交换机、共享存储（用于传统共享存储架构）以及 vSAN 架构中物理主机及磁盘的选择。为了方便读者阅读，分为两节进行介绍。

在一个小型传统架构的 vSphere 数据中心中，一般由至少 3 台 x86 服务器、1 台共享存储组成。如果存储与服务器之间使用光纤连接，在此基础上，只要存储性能与容量足够，可以很容易地从 3 台服务器扩展到多台。但这种传统的 vSphere 数据中心受限于共享存储的性能（存储接口速度、存储的容量、存储的 IOPS），服务器与存储的比率不会太大（通常采用 10 台以下的物理服务器连接 1～2 台存储）。

从理论及实际来看，vSphere 数据中心架构比较简单，只要存储、网络、服务器存储空间与性能跟得上，很容易扩展成比较大的数据中心。对于大多数的管理员及初学者，只要搭建出 3 台服务器、连接 1 台共享存储的 vSphere 环境，就很容易扩展到 10 台、20 台甚至更多的服务器，同时连接1台到多台共享存储的vSphere环境，并且管理起来与3台的vSphere最小群集没有多大的区别。所以，这也是大多数虚拟化架构以 3 台主机、1 台共享存储作为案例的原因。但是，量变会引起质变。虽然理解了 vSphere 的架构就能安装配置多台服务器组成的 vSphere 数据中心，但在实际的应用环境中，服务器的数量扩充并不是无上限的。有的时候，并不是多增加服务器就能提高 vSphere 数据中心的性能。例如，在维护与改造的一个项目中，该 vSphere 数据中心有 10 台服务器，这些服务器购买年限不同，服务器配置不高，整个 vSphere 数据中心的运行性能一般，并且没有配置群集。虽然有共享存储（各有 1 台 EMC 及 1 台联想的存储），但存储只是当成服务器的“外置硬盘”使用，存储中划分了多个 LUN，但每个 LUN 只是划分给其中的 1 台服务器使用，这样 VMware 的 HA、vMotion 就没有配置，此外，每台服务器虽然有多块网卡，但只有一块网卡连接了网线。经过仔细核算后，重新配置存储（将多个 LUN 映射给 4 台服务器使用），只使用 4 台服务器就承载了原来 10 台服务器上的所有虚拟机。在去掉了另外 6 台配置较低的服务器后，整个业务系统的可靠性反而提升了一个数量级（原来虽然是虚拟化环境，但如果某台服务器损坏，这台服务器上的虚拟机并不能切换到其他主机），4 台服务器具有 2 台冗余。

2.1.1 服务器的选择

在实施虚拟化的过程中，可以使用原有的服务器，也可以采购新的服务器，或者新、旧服务器混合使用。

如果使用原有的服务器，大多数服务器的 CPU 选择都比较低，例如一些服务器配置的是 E5-2603 V4 或 2609 V4。对于这种情况，建议为每台服务器配置 2 个型号为 E5-2640 V4 或更高的 CPU（参见表 2-1-1 的 Intel E5-26xx 系列 CPU 参数）。如果服务器配置的是 E5-26xx V3 系列的 CPU，而该服务器主板支持 E5-26xx V4 系列的 CPU（有时候服务器需要通过升级固件才能支持），那么建议将 CPU 更换为 E5-26xx V4 系列。

表 2-1-1 Intel E5-26xx 系列 CPU 参数

型号	核心/个	主频/GHz	缓存/MB	支持内存	功率/W	参考价格/元
E5-2660 V4	14	2.0	35	DDR4-2400	105	14188
E5-2650 V4	12	2.2	30	DDR4-2400	105	9888
E5-2640 V4	10	2.4	25	DDR4-2133	90	7888

续表

型号	核心/个	主频/GHz	缓存/MB	支持内存	功率/W	参考价格/元
E5-2630 V4	10	2.2	25	DDR4-2133	90	5288
E5-2620 V4	8	2.1	20	DDR4-2133	85	4188
E5-2609 V4	8	1.7	20	DDR4-1866	85	2588
E5-2603 V4	6	1.7	15	DDR4-1866	85	1688

说明

至强 E5-26xx V4 系列 CPU 的价格来自京东，查询时间为 2019 年 8 月 31 日。

如果新、旧服务器搭配使用，新、旧服务器的出厂时间建议不要相差太远，最多相差一代。因为在配置 HA 时 CPU 的 EVC 参数是以同一群集服务器的 CPU 最旧的一款来决定的。

在选择新服务器的时候，可以根据用户放置服务器的场地、资金预算、实际的需求和将来的升级扩容综合考虑。如果采购新的服务器，可供选择的产品比较多。根据外形的不同，服务器有机柜式、塔式、刀片服务器之分；对于机架式服务器有 1U、2U、4U 之分，还有 2U 4 节点（在一台 2U 的机架式服务器放 4 个计算节点）。从空间利用上来看，刀片服务器空间利用率最高，但兼容性可能存在问题、性能相对较差、后期维护成本较高。对于大多数企业来说，应该优先采购机架式服务器。采购的原则主要包括以下几个方面。

（1）当 2U 的服务器能满足需求时可以采用 2U 的服务器。如果 2U 的服务器不能满足需求时可以采用 4U 的服务器。通常情况下，2U 的服务器最大支持 2 个 CPU，4U 的服务器最大支持 4 个 CPU。如果对服务器的数量不进行限制，相同配置下采购 2 台 2U 服务器要比采购 1 台 4U 的服务器更便宜一些，2 台服务器的总体性能要超过 1 台服务器的性能。

（2）CPU：在虚拟化项目中，CPU 的资源往往是丰富的，所以大多数情况下为 2U 服务器配置 1 个 CPU 就能满足需求。在选择 CPU 的时候，根据以下几点选择。

如果项目需要高主频的 CPU，可以选择主频较高、核心数较小的 CPU。

如果项目需要更多的 CPU 核心数，但对主频要求不高时，可以选择核心数较多、主频相对较低的 CPU。

CPU 数目的选择还与服务器配置的 PCI Express（PCIe）设备的数量有关。一般 2U 的服务器支持 7 个 PCIe 扩展设备，但配置 1 个 CPU 的时候只有 4 个 PCIe 接口能用，另外 3 个需要配置第 2 个 CPU 才能支持。4U 的服务器支持 12 个或更多的 PCIe 设备，但配置 2 个 CPU 的时候也有一半的 PCIe 接口不能使用。所以在产品选型时需要注意这个问题。

Intel 在 2017 年 7 月发布了全新架构的 Xeon Scalable 可扩展至强处理器，原来的 Xeon E7、Xeon E5 成为历史，Xeon Scalable 可扩展家族从上到下分为铂金、金、银、铜四个级别，Intel Xeon Scalable 铜牌、银牌处理器参数及参考价格如表 2-1-2 所示，Intel Xeon Scalable 金牌处理器参数及参考价格如表 2-1-3 所示，Intel Xeon Scalable 铂金处理器参数及参考价格如表 2-1-4 所示。

表 2-1-2　Intel Xeon Scalable 系列铜牌、银牌处理器参数

CPU型号	主频（基准/Max）	内核数/线程数	缓存/MB	支持上限内存频率/MHz	支持上限容量/GB	功率上限/W	参考报价/元
Intel 至强铜牌处理器							
3104	1.7GHz/1.7GHz	6/6	8.25	2133	768	85	2788
3106	1.7GHz/1.7GHz	8/8	11	2133	768	85	3188
Intel 至强银牌处理器							
4108	1.8GHz/3GHz	8/16	11	2400	768	85	3888
4110	2.1GHz/3GHz	8/16	11	2400	768	85	4388
4112	2.6GHz/3GHz	4/8	8.25	2400	768	85	4788
4114	2.2GHz/3GHz	10/20	13.75	2400	768	85	5588
4116	2.1GHz/3GHz	12/24	16.5	2400	768	85	7588

表 2-1-3　Intel Xeon Scalable 系列金牌处理器参数

CPU型号	主频（基准/Max）	内核数/线程数	缓存/MB	支持上限内存频率/MHz	支持上限容量/GB	功率上限/W	参考报价/元
5115	2.4GHz/3.2GHz	10/20	13.75	2400	768	85	9488
5117	2.0GHz/2.8GHz	14/28	19.25	2400	768	105	
5118	2.3GHz/3.2GHz	12/24	16.25	2400	768	105	10388
5120	2.2GHz/3.2GHz	14/28	19.25	2400	768	105	12488
5122	3.6GHz/3.7GHz	4/8	16.5	2666	768	105	12088
6128	3.4GHz/3.7GHz	6/12	19.25	2666	768	115	14688
6134	3.2GHz/3.7GHz	8/16	24.75	2666	768	125	16768
6144	3.5GHz/4.2GHz	8/16	27.75	2666	768	150	21877
6126	2.6GHz/3.7GHz	12/24	19.25	2666	768	125	14988
6136	3.0GHz/3.7GHz	12/24	24.75	2666	768	150	18864
6146	3.2GHz/4.2GHz	12/24	24.75	2666	768	165	24235
6132	2.6GHz/3.7GHz	14/28	19.5	2666	768	140	16113
6130	2.1GHz/3.7GHz	16/32	22	2666	768	125	15888
6142	2.6GHz/3.7GHz	16/32	22	2666	768	150	22270
6140	2.3GHz/3.7GHz	16/32	24.75	2666	768	140	18340
6150	2.7GHz/3.7GHz	18/36	24.75	2666	768	165	25807
6154	3.0GHz/3.7GHz	18/36	27.5	2666	768	200	27248
6138	2.0GHz/3.7GHz	20/40	27.5	2666	768	125	19912
6145	2.0GHz/3.7GHz	20/40	27.5	2666	768	145	
6148	2.4GHz/3.7GHz	20/40	27.5	2666	768	150	23187
6161	2.0GHz/3.0GHz	22/44	30.25	2666	768	165	
6152	2.1GHz/3.7GHz	22/44	30.25	2666	768	140	27772

表 2-1-4 Intel Xeon Scalable 系列铂金处理器参数

CPU 型号	主频（基准/Max）	内核数/线程数	缓存/MB	支持上限内存频率/MHz	支持上限容量/GB	功率上限/W	参考报价/元
8156	3.6GHz/3.7GHz	4/8	16.5	2666	768	105	50959
8158	3.0GHz/2.7GHz	12/24	24.75	2666	768	150	50828
8153	2.0GHz/2.8GHz	16/32	22	2666	768	125	20567
8160	2.1GHz/3.7GHz	24/48	33	2666	768	150	33798
8168	2.7GHz/3.7GHz	24/48	33	2666	768	205	43885
8164	2.0GHz/3.7GHz	26/52	35.75	2666	768	150	43623
8170	2.1GHz/3.7GHz	26/52	35.75	2666	768	165	52400
8173M	2.0GHz/3.5GHz	28/56	38.5	2666	768	165	
8176	2.1GHz/3.8GHz	28/56	38.5	2666	768	165	61570
8180	2.5GHz/3.8GHz	28/56	38.5	2666	768	205	70740
8180M	2.5GHz/3.8GHz	28/56	38.5	2666	768	205	85150

说明

Intel Xeon Scalable 系列处理器价格来自京东，查询时间为 2019 年 4 月。

（3）内存：在配置服务器的时候，尽量为服务器配置较大内存。在虚拟化项目中，内存比 CPU 更重要。如果使用 vSphere 5.5，2U 服务器配置内存从 32GB 起配；如果使用 vSphere 6.0，内存从 64GB 起配；如果使用 vSphere 6.5，内存从 64～128GB 起配；如果使用 vSphere 6.7，内存从 128GB 起配。2U 机架式服务器，每个 CPU 最大支持 768GB 内存，一般情况下，每个 CPU 有 12 个内存插槽，如果要支持 768GB 内存，需要配置单条为 64GB 的内存。在配置 2 个 CPU、24 条 64GB 内存的情况下，可以达到满配 1.5TB 内存。如果是 2019—2020 年新推出的虚拟化项目，建议服务器配置内存至少从 512GB 起配，并且要考虑后期的扩容，所以建议为服务器选择单条 32GB 或 64GB 的内存。

（4）网卡：在选择服务器的时候，还要考虑服务器的网卡数量，大多数 2U 或 4U 服务器标配 4 端口 1Gbit/s 网卡，或者 2 端口 1Gbit/s 网卡加 2 端口 10Gbit/s 网卡。在 vSAN 项目中还需要为服务器添加 PCIe 接口的网卡。

（5）电源：推荐配置双电源。一般情况下，2U 服务器选择 2 个 450W 的电源可以满足需求，4U 服务器选择 2 个 750W 的电源可以满足需求。

（6）硬盘：如果虚拟机保存在服务器的本地存储而不是网络存储，最少为服务器配置 6 块硬盘做 RAID-5 或者 8 块硬盘做 RAID-50 为宜。由于服务器硬盘槽位有限，故不能选择容量太小的硬盘。当前性价比较高的是 900GB、1.2TB 或 1.8TB 的 SAS 硬盘。2.5 与 3.5 英寸的 SAS 硬盘转速有 7200 转/分钟（NL-SAS）、10000 转/分钟、15000 转/分钟 3 种，10000 转/分钟的性价比较高。其中 7200 转/分钟的通常是容量较大的磁盘，这些盘是 SAS 接口、SATA 的盘体。

服务器的品牌可以灵活选择，例如联想（原 IBM 服务器）、华为、H3C、浪潮、Dell 等。表 2-1-5 是几款服务器的型号及规格。

表 2-1-5 几款服务器型号及规格

品牌及型号	规格
联想 SR650	2U 机架式，最多 2 个 Intel 至强铂金处理器，最高 205W； 24 个内存插槽，最大支持 3TB 内存（单条使用 128GB DIMM），2666MHz TruDDR4； 最多 7 个 PCIe 3.0，包含 1 个适用于 RAID 卡的专用 PCIe 插槽； 最多 24 个 3.5 英寸硬盘托架与 8 个 AnyBay，或者 12 个前置 3.5 英寸硬盘与 2 个后置 3.5 英寸硬盘，最多 2 个内置 M.2 盘；硬件 RAID，最多 24 个端口；可选 2/4 端口 1GbE 或 2/4 端口 10GbE（Base-T 或 SFT+），1 个 1GbE 管理端口； 2 个热插拔冗余电源，550W/750W/1100W/1600W
联想 SR850	2U 机架式，最多 2 个或 4 个 Intel 至强铂金处理器，最高 165W； 48 个内存插槽，最大支持 6TB 内存（单条使用 128GB DIMM），2666MHz TruDDR4； 最多 11 个 PCIe 3.0，包括 8 个标准 PCIe、1 个 ML2 插槽，1 个 LOM 插槽及 1 个预留给 M.2 适配器插槽； 最多支持 16 个 2.5 英寸硬盘托架，或 8 个 2.5 英寸 NVMe SSD，以及 2 个镜像 M.2 启动盘；可选择 1GbE、10GbE、25GbE、32GbE、40GbE 或 InfiniBand PCIe 适配器，1 个 2/4 端口 1GbE 或 10GbE LOM 卡； 2 个热插拔冗余电源，750W/1100W/1600W
联想 SR950	4U 机架式，最多 8 个 Intel 至强铂金处理器，最高 205W； 96 个内存插槽，最大支持 12TB 内存（单条使用 128GB DIMM），2666MHz TruDDR4； 最多 17 个 PCIe 3.0（11 个 x16＋2 个共享 x16 的 ML2 插槽＋3 个 x8＋1 个 LOM 插槽），以及 2 个前置专用 RAID 插槽和 1 个预留给 M.2 适配器插槽； 最多支持 24 个 2.5 英寸硬盘托架，包括 12 个 SFF NVMe SSD； 最多 2 个（1/2/4 端口）1GbE、10GbE、25GbE 或 InfiniBand PCIe 适配器，以及 1 个 2/4 端口 1GbE 或 10GbE LOM 卡； 最多 4 个热插拔冗余电源，1100W 或 1600W
Dell R740XD	2U 机架式，最多 2 个 Intel 至强铂金处理器，最高 205W； 24 个内存插槽，最大支持 3TB 内存（单条使用 128GB DIMM），2666MHz TruDDR4； 最多 8 个 PCIe 3.0； 最多 32 个驱动器，支持 12 个前置 3.5 英寸硬盘或 24 个 2.5 英寸硬盘，4 个后置 2.5 英寸或 2 个后置 3.5 英寸硬盘，4 个机箱中间托盘驱动器； 支持内部双 SD 模块（IDSDM）和 vFlash 卡，IDSDM/vFlash 卡位于系统背面的戴尔专有插槽中。IDSDM/vFlash 卡支持 3 个 Micro SD 卡（2 个适用于 IDSDM 卡，1 个适用于 vFlash 卡）。适用于 IDSDM 的 Micro SD 卡容量为 16GB、32GB、64GB，适用于 vFlash 的 Micro SD 卡的容量为 16GB。 支持 4 端口 1GbE/4 个 SFP+端口（10Gbit/s）/2 个 SFP28 端口（25Gbit/s）；2 个热插拔冗余电源，495W/750W/1100W/1600W/2000W
H3C 6900	4U 机架式，最多 4 个 Intel 至强处理器，最高 205W； 48 个内存插槽，最大支持 1536GB 内存（单条使用 32GB DIMM），DDR4； 最多 20 个 PCIe 3.0 标准插槽＋1 个专用 mLOM 网卡插槽＋1 个专用双 SD 卡扩展模块插槽； 最多支持 48 个 2.5 英寸硬盘； 板载 1 个 1GbE HDM 专用网络接口（无网卡接口，需要外接 PCIe 接口网卡）； 最多 4 个热插拔冗余电源，800W/1200W/1600W

几种服务器外形如图 2-1-2～图 2-1-4 所示。

图 2-1-2 H3C 6900

图 2-1-3 联想 SR650（2U 机架式，2.5 英寸盘位）

图 2-1-4 Dell R740XD（2U 机架式，2.5 英寸盘位）

2.1.2 服务器与存储的区别

从外形来看，存储设备如图 2-1-5 所示，这是 IBM V3500、3700、5000、7000 系列存储外形，与机架式服务器类似，但存储的作用与服务器又有所区别。

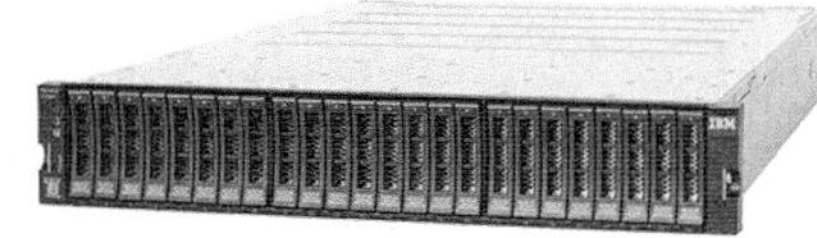

图 2-1-5 IBM V3500、3700、5000、7000 系列存储外形（2.5 英寸盘位）

服务器提供计算资源与存储资源（这里面的存储指的是存放服务器所安装与运行操作系统、应用程序的数据），而专业的存储设备（一般称为存储）则主要为其他设备（主要是服务器）提供存储空间。可以将专业的存储设备看作服务器的外置硬盘空间，并根据需要进行扩充。

服务器与存储的连接方式有以太网网络连接、通过线缆（SAS 连接或 FC 光纤连接）连接几种方式。这与存储设备配置的接口有关。

存储可以简单看成具有较多硬盘（提供空间）以及 1～2 个控制器的“二合一”设备。其中较多硬盘可以组成磁盘池、使用 RAID 划分提供较大容量、提供磁盘的冗余，使用控制器为服务器提供连接。

存储控制器一般会提供 3 种流行的端口，通常是以太网连接（以 iSCSI 方式提供）、SAS 连接、FC 连接 3 种方式。其中 iSCSI 连接速度有 1Gbit/s、10Gbit/s 2 种；SAS 连接速度有 6Gbit/s 与 12Gbit/s 2 种；FC 连接速度有 8Gbit/s 与 16Gbit/s 2 种。

如果服务器与存储使用 iSCSI 连接，则不需要为服务器添加专用设备，使用服务器自带的网卡即可。服务器与存储既可以直接连接，也可以通过交换机连接。

如果服务器与存储使用 SAS 方式，则需要为服务器配置 SAS HBA 接口卡。在这种方式下，服务器与存储使用 SAS 线缆直接连接。采用这种连接时，受控制器数量、每个控制器提供的 SAS 端口的限制（通常情况下，每个控制器最多有 4 个 SAS 端口，其中 3 个端口可以连接主机，剩余 1 个端口连接磁盘柜用于扩展），1 台存储最多能与 6 台服务器同时连接（如果用 SAS 交换机进行扩展则可以连接更多主机）。

如果服务器与存储使用 FC 方式，则需要为服务器配置 FC HBA 接口卡。在这种方式下，服务器与存储既可以直接连接（使用多模光纤），也可以通过光纤存储交换机连接（即服务器与存储都连接到光纤存储交换机）。

存储虽然是为服务器提供空间，但与服务器本地硬盘提供的空间又有区别。虽然服务器使用 SAS 或 FC 连接的存储空间可以安装操作系统并用于启动（与服务器配置的本地硬盘区别不大），但服务器本地硬盘只是供服务器本身使用，而存储提供的空间可以同时为多台服务器使用，这是配置群集、实现高可用的重要基础。

虽然存储划分的同一个 LUN（相当于 1 块磁盘分区）可以同时分配给多台服务器同时使用，但对服务器安装的操作系统也有限制。如果服务器安装的 Windows 与 Linux 操作系统在进行常规使用时，例如安装 Windows Server 2008，将 LUN 创建为分区，以普通磁盘的方式使用时，当不同的服务器分别读写（主要是数据写入）相同的 LUN 时，会造成数据丢失。只有服务器安装“专业”的操作系统，例如 Windows Server 2008 及更新版本的操作系统并配置专用的文件系统时，例如 Windows Server 故障转移群集支持的群集共享卷、VMware 虚拟化中提供的 VMFS 文件系统，才不会造成数据丢失。

在虚拟化数据中心中，如果使用传统共享存储架构，多台服务器连接（使用）存储提供的空间，服务器本身可以不需要配置本地硬盘，而是由存储划分 LUN，并将 LUN 分配给服务器单独使用或同时使用。下面通过一个具体的实例进行介绍。

某数据中心由 1 台 IBM V5000 存储、6 台联想 3650 服务器组成，服务器与存储连接到 2 台光纤存储交换机，2 台光纤存储交换机再连接到存储的每个控制器。

（1）这台存储有 11 块 1.2TB 的 2.5 英寸 10000 转/分钟的 SAS 磁盘，其中前 10 块分成 2 个 MDisk（每 5 块使用 RAID-5 划分），第 11 块为全局热备磁盘。当前存储总容量为 12TB，MDisk 容量为 10.91TB，备用容量为 1.09TB，如图 2-1-6 所示。

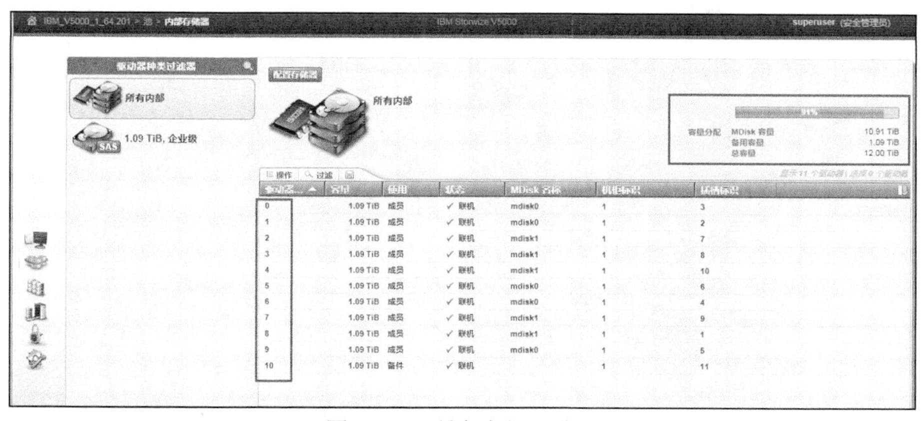

图 2-1-6 所有内部驱动器

（2）当前一共划分了 12 个 LUN，其中前 10 个 LUN 大小依次是 11GB、12GB、13GB、……、20GB，其中 10GB 以上的磁盘将分配给每台服务器用于安装系统，剩余的空间划分为 2 个 LUN，大小分别为 3.00TB 及 5.57TB。划分如表 2-1-6 所示。

表 2-1-6 某数据中心存储划分

序号	LUN 名称	容量	作用
1	esx11-os	11GB	分配给第 1 台服务器，用于安装 ESXi 系统
2	esx12-os	12GB	分配给第 2 台服务器，用于安装 ESXi 系统
3	esx13-os	13GB	分配给第 3 台服务器，用于安装 ESXi 系统
4	esx14-os	14GB	分配给第 4 台服务器，用于安装 ESXi 系统

续表

序号	LUN 名称	容量	作用
5	esx15-os	15GB	分配给第 5 台服务器，用于安装 ESXi 系统（备用）
6	esx16-os	16GB	分配给第 6 台服务器，用于安装 ESXi 系统（备用）
7	esx17-os	17GB	分配给第 7 台服务器，用于安装 ESXi 系统（备用）
8	esx18-os	18GB	分配给第 8 台服务器，用于安装 ESXi 系统（备用）
9	esx19-os	19GB	分配给第 9 台服务器，用于安装 ESXi 系统
10	esx20-os	20GB	分配给第 10 台服务器，用于安装 ESXi 系统
11	fc-data1	3.00TB	分配给所有 ESXi 服务器，用于放置虚拟机
12	fc-data2	5.57TB	分配给所有 ESXi 服务器，用于放置虚拟机

（3）在“存储配置→主机映射”中，将这些 LUN 映射分配给对应主机。当前共有 6 台主机，其中大小为 11GB、12GB、13GB、14GB 的 LUN 分别分配给前 4 台主机，大小为 19GB、20GB 的 LUN 分别分配给剩余 2 台主机（主要是这 2 台主机与前 4 台主机配置不一致），3.00TB 与 5.57TB 的空间则分配给所有主机，剩余大小为 15～18GB 的 LUN 则作为备用（以后再添加了新的主机，直接将这些空间分配给新添加的主机安装 ESXi 系统），如图 2-1-7 所示。

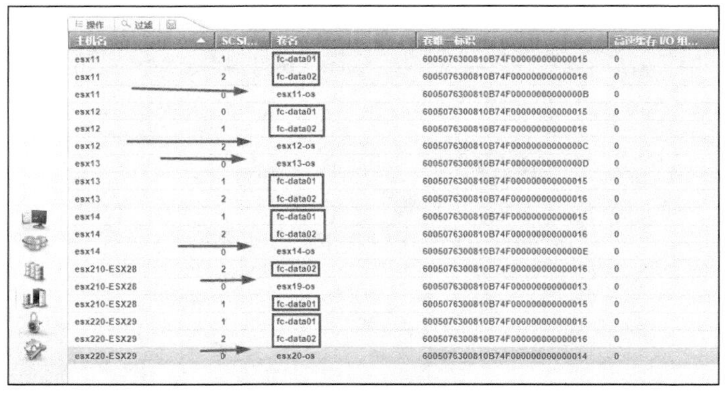

图 2-1-7 主机 LUN 映射

（4）在当前环境中，每台主机有 2 个端口，主机状态为“联机”，如图 2-1-8 所示。

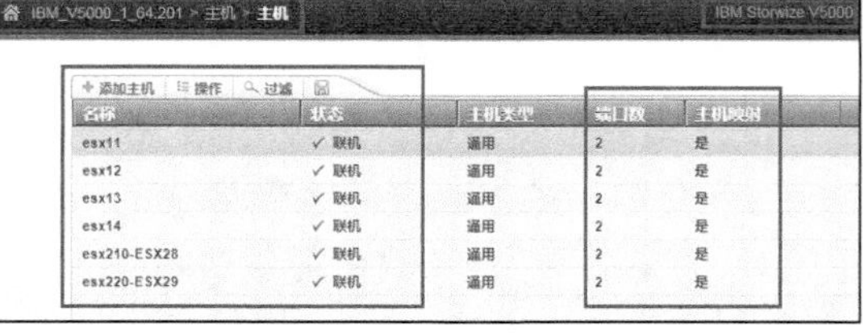

图 2-1-8 主机映射

2.1.3 存储的规划

在传统的虚拟化数据中心中，推荐采用存储设备而不是服务器本地硬盘。在配置共享的存储设备，并且虚拟机保存在存储时，才能快速实现并使用 HA、FT、vMotion 等技术。在使用 VMware vSphere 实施虚拟化项目时，一个推荐的做法是将 VMware ESXi 安装在服务器的本地硬盘上，这个本地硬盘可以是一个固态硬盘（30～60GB 即可），也可以是一个 SD 卡（配置 4～8GB 的 SD 卡即可），甚至可以是 1～4GB 的 U 盘。如果服务器没有配置本地硬盘，也可以从存储上为服务器划分 10～30GB 的 LUN 用于启动。

说明

现在一些服务器集成了 SD 接口或 USB 接口，也有服务器为系统专门配置了双 SD 卡或双 M.2 磁盘，在使用共享存储的虚拟化环境中，可以将 ESXi 安装到 SD 卡或 U 盘。在 vSAN 架构中，不要将系统安装在 SD 卡或 U 盘，需要安装在寿命较长、性能较好的 DOM 盘或 M.2 SSD。

在虚拟化项目中选择存储时，如果服务器数量较少，可以选择 SAS HBA 接口（见图 2-1-9）的存储；如果服务器数量较多，则需要选择 FC HBA 接口（见图 2-1-10）的存储并配置 FC 的交换机。SAS HBA 接口速度为 6Gbit/s（新型号可以达到 12Gbit/s），FC HBA 接口速度为 8Gbit/s（新型号可以达到 16Gbit/s）。

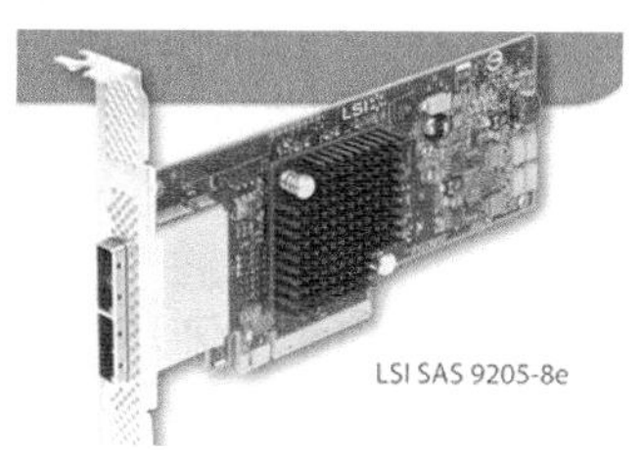

图 2-1-9 SAS HBA 接口卡

图 2-1-10 FC HBA 接口卡

在选择存储设备的时候，要考虑整个虚拟化系统中需要用到的存储容量、磁盘性能、接口数量、接口的带宽。对于容量来说，整个存储设计的容量需要实际使用容量的 2 倍以上。例如，整个数据中心已经使用了 1TB 的磁盘空间（所有已用空间加到一起），则在设计存储时至少设计 2TB 的存储空间（是配置 RAID 之后的而不是没有配置 RAID 时所有磁盘相加的空间）。

例如：如果需要 2TB 的空间，使用 600GB 的硬盘，用 RAID-10 时，需要 8 块硬盘，实际容量是 4 个硬盘的容量，即 600GB × 4 = 2.4TB；用 RAID-5 时，则需要 5 块硬盘。

在存储设计中，另外一个重要的参数是 IOPS（Input/Output Operations Per Second），该参数表示每秒进行读写（I/O）操作的次数，这个参数多用于数据库等场合衡量随机访问的性能。存储端的 IOPS 性能和主机端的 I/O 是不同的，IOPS 是指存储每秒可接受多少次主机发出的访问，主机的一次 I/O 需要多次访问存储才可以完成。例如，主机写入一个最小的数据块，也要经过“发送写入请求、写入数据、收到写入确认”等 3 个步骤，也就是 3 个存储端访问。每块磁盘系统的 IOPS 是有上限的，如果设计的存储系统实际的 IOPS 超过了磁盘组的上限，则系统反应会变慢，影响系统的性能。简单来说，15000 转/分钟的磁盘的 IOPS 是 150，10000 转/分钟的磁盘的 IOPS 是 100，普通 SATA 硬盘的 IOPS 大约是 70～80。一般情况下，在进行桌面虚拟化时，每台虚拟机的 IOPS 可以规划为 3～5，普通虚拟服务器的 IOPS 可以规划为 15～30（依据实际情况而定）。当设计一个同时运行 100 台虚拟机的系统时，IOPS 则至少要规划为 2000。如果采用 10000 转/分钟的 SAS 磁盘，则至少需要 20 块磁盘。当然，这只是简单的测算，如果要详细的计算，则要综合考虑磁盘转速、IOPS、磁盘数量、采用的 RAID 方式、考虑 RAID 缓存（Cache）命中率以及读写比例等。下面详细介绍。

（1）首先要了解不同磁盘接口、磁盘转速所能提供的最大 IOPS，不同磁盘所能提供的理论最大 IOPS 参考值如表 2-1-7 所示。

表 2-1-7　　不同磁盘接口、转速所能提供的最大 IOPS（参考值）

磁盘接口	转速	IOPS
Fibre Channel（光纤）	15000 转/分钟	180
SAS	15000 转/分钟	175
Fibre Channel（光纤）	10000 转/分钟	140
SAS	10000 转/分钟	130
SATA	7200 转/分钟	80
SATA	5400 转/分钟	40
SSD（固态硬盘）		2500～20000

（2）计算系统所需要的总 IOPS。例如，VMware Horizon 虚拟桌面不同状态时所需要的 IOPS 如表 2-1-8 所示。

表 2-1-8　　VMware Horizon 虚拟桌面不同状态时所需要的 IOPS（参考值）

系统状态	所需 IOPS
系统启动时	26
系统登录时	14
工作时（轻量）	4～8
工作时（普通）	8～12
工作时（重量）	12～20
桌面空闲时	4
桌面登出时	12
桌面离线时	0

如果要规划 300 个桌面同时工作，最多 100 个桌面同时启动，则 100 个桌面同时启动时所需要的 IOPS 为 2600，100 个系统登录时所需要的 IOPS 为 1400，当 300 个桌面工作时（普通）所需要的 IOPS 为 2400～3600。总的 IOPS 为 2600～6200。本例 IOPS 的规划值取 3000。

（3）多块磁盘提供的 IOPS 上限与 RAID 方式、Cache 命中率、读写比例有关。其中 RAID-5 的写惩罚为 4，RAID-10 与 RAID-1 的写惩罚为 2（RAID-5 单次写入需要分别对数据位和校验位进行 2 次读和 2 次写，所以写惩罚为 4）。知道磁盘总数计算总 IOPS 的公式如下。

$$\text{总IOPS} = \frac{\text{单块盘的IOPS} \times \text{磁盘总数}}{(1-\text{读Cache命中率}) \times \text{读百分比} + \text{写惩罚} \times \text{写百分比}}$$

根据上述公式，在有总的 IOPS 需求时，所需要的磁盘总数公式如下。

$$\text{磁盘总数} = \frac{\text{总IOPS} \times (1-\text{读Cache命中率}) \times \text{读百分比} + \text{写惩罚} \times \text{写百分比}}{\text{单块盘的IOPS}}$$

根据这个公式，在 RAID-5 方式下，以 10000 转/分钟的 SAS 磁盘为例，单块磁盘最大能提供的 IOPS 为 130，RAID 卡的 Cache 命中率为 30%，读写比例为 6 : 4（分别以 60%读、40%写）时，计算得出 IOPS=3000 至少需要 46.6 块磁盘，考虑到实际的规划则至少需要 48～52 块磁盘。

同样，磁盘如果以 RAID-5 划分，Cache 命中率 30%，读 20%，写 80%为例，计算得数为 77.07，则至少需要 78～82 块磁盘。

同样的磁盘（单块磁盘的 IOPS 为 130），如果以 RAID-10 划分，Cache 命中率 30%、读 60%、写 40%为例，则需要 28.15 块磁盘，实际需要约 28 块以上。当以 Cache 命中率 30%、读 20%、写 80%为例时，则需要 40.15 块磁盘，实际需要 40 块及其以上。

在满足 IOPS 的同时，还要考虑划分为不同 RAID 时磁盘的实际有效空间。

例如，以 RAID-10 为例，如果单块磁盘容量为 600GB，则 28 块磁盘提供的空间是 14 × 600GB = 8.4TB；如果是 40 块磁盘划分为 RAID-10，则实际有效容量是 20 × 600GB = 12TB。

在规划存储时，还要考虑存储的接口数量及接口的速度。通常来说，在规划一个具有 4 台主机、1 个存储的系统中，采用具有 2 个接口器、4 个 SAS 接口的存储服务器是比较合适的。如果有更多的主机或者主机需要冗余的接口，则可以考虑配 FC 接口的存储，并采用光纤交换机连接存储与服务器。

2.1.4 IBM 常见存储参数

当前 IBM 常用存储型号为 V3500、V3700、V5000、V7000 系列，其中 V3500 与 V3700 为低端存储。IBM 存储有 2.5 英寸、3.5 英寸两种型号，其中 2.5 英寸盘位的存储正面如图 2-1-11 所示。

图 2-1-11 IBM V3500、V3700、V5000、V7000 正面视图（2.5 英寸盘位）

IBM V5000 系列存储参数如表 2-1-9 所示。

表 2-1-9 IBM V5000 系列参数一览

参数	面向 Storwize V5030 的 IBM Spectrum Virtualize 软件	面向 Storwize V5020 的 IBM Spectrum Virtualize 软件	面向 Storwize V5010 的 IBM Spectrum Virtualize 软件
用户界面	基于 Web 的图形用户界面（GUI）		
单或双控制器	双	双	双
连接（标配）	10Gbit/s iSCSI、1Gbit/s iSCSI		
连接（选配）	16Gbit/s 光纤通道、12Gbit/s SAS 10Gbit/s iSCSI/以太网光纤通道（FCoE）、1Gbit/s iSCSI		
缓存（每个系统）	32GB 或 64GB	16GB 或 32GB	16GB
支持的驱动器	2.5 英寸与 3.5 英寸驱动器： 15000 转/分钟 SAS 磁盘（300GB、600GB） 10000 转/分钟 SAS 磁盘（900GB、1.2TB、1.8TB） 2.5 英寸驱动器： 7200 转/分钟 NL-SAS 磁盘（1TB、2TB） 3.5 英寸驱动器： 7200 转/分钟 NL-SAS 磁盘（2TB、3TB、4TB、6TB、8TB、10TB） 固态驱动器（SSD）2.5 英寸驱动器： 200GB、400GB、800GB、1.6TB、1.92TB、3.2TB、3.84TB、7.68TB 和 15.36TB		

续表

参数	面向 Storwize V5030 的 IBM Spectrum Virtualize 软件	面向 Storwize V5020 的 IBM Spectrum Virtualize 软件	面向 Storwize V5010 的 IBM Spectrum Virtualize 软件
受支持的最大驱动器数量	每个系统最多 760 个驱动器，双向群集系统中有 1520 个驱动器	每个系统最多 392 个驱动器	每个系统最多 392 个驱动器
支持的机柜	● 小型机柜：24 个 2.5 英寸驱动器 ● 大型机柜：12 个 3.5 英寸驱动器 ● 高密度扩展机柜：92 个 3.5 英寸驱动器或 2.5 英寸驱动器		
最大扩展机柜容量	● 标准扩展机柜：每个控制器多达 20 个标准扩展机柜 ● 高密度扩展机柜：每个控制器多达 8 个高密度扩展机柜	● 标准扩展机柜：每个控制器多达 10 个标准扩展机柜 ● 高密度扩展机柜：每个控制器多达 4 个高密度扩展机柜	● 标准扩展机柜：每个控制器多达 10 个标准扩展机柜 ● 高密度扩展机柜：每个控制器多达 4 个高密度扩展机柜
RAID 级别	RAID-0、RAID-1、RAID-5、RAID-6、RAID-10、分布式		
风扇与电源	完全冗余，热插拔		
机架支持	标准 19 英寸		

另外，IBM V7000 系列主机接口支持直接连接 1Gbit/s iSCSI 和可选 16Gbit/s 光纤通道或 10Gbit/s iSCSI/FCoE，IBM 亦有全闪存架构的存储，型号为 IBM Storwize V7000F 和 IBM Storwize V5030F，受支持的 2.5 英寸闪存驱动器容量有 400GB、800GB、1.6TB、1.92TB、3.2TB、3.84TB、7.68TB 和 15.36TB。

2.1.5 网络及交换机的选择

在一个虚拟化环境里，每台物理服务器一般至少配置 4 块网卡，虚拟化主机有 6 块、8 块甚至更多的网卡是常见的，反之，没有被虚拟化的服务器只有 2 块或 4 块网卡（虽然有多块网卡，但一般只使用其中 1 块网卡，其他网卡空闲）。另外，为了远程管理或实现 DPM 功能，通常还要将服务器的远程管理端口（例如，HP 的 iLO、IBM 的 IMM、Dell 的 iDRAC）连接到网络，这样每台服务器至少需要 5 条 RJ45 网线，如果要配置 vSAN，每台服务器还需要增加 2 条 10Gbit/s 光纤连线。一般每个机架会放置 6～10 台主机，这样就至少需要 30～60 条网线。在这种情况下，传统的布线预留的接口将不能满足需求（传统机架一般不会预留超过 20 条网线）。一个解决的方法是为每个虚拟化的机架配置接入交换机，再通过 10Gbit/s 光纤或多条 1Gbit/s 的网线或光纤以“链路聚合”方式连接到核心交换机。

对于中小企业虚拟化环境，为虚拟化系统配置华为 S57 系列 1Gbit/s 交换机即可满足大多数的需求。华为 S5700 系列分 24 端口、48 端口两种。如果需要更高的网络性能，可以选择华为 S9300 系列交换机。如果在虚拟化规划中，物理主机中的虚拟机只需要在同一个网段（或者在两个等有限的网段中），并且对性能要求不高但对价格敏感的时候，可以选择华为 S1700 系列普通交换机。无论是 VMware ESXi 还是 Hyper-V Server，都支持在虚拟交换机中划分 VLAN。即将主机网卡连接到交换机的 Trunk 端口，然后在虚拟交换机一端划分 VLAN，这样在只有 1～2 块物理网卡时，可以让虚拟机划分到所属网络中的不同 VLAN 中。表 2-1-10 是推荐的一些交换机型号及参数。

表 2-1-10　中小企业虚拟化环境中交换机的型号及参数

交换机型号	参数
华为 S5700-24TP-SI	20 个 10/100/1000Base-T，4 个 100/1000Base-X1 Gbit/s Combo 口 包转发率：36Mpps；交换容量：256Gbit/s
华为 S5700-28P-LI	24 个 10/100/1000Base-T，4 个 100/1000Base-X1 Gbit/s Combo 口 包转发率：42Mpps；交换容量：208Gbit/s
华为 S5700-48TP-SI	44 个 10/100/1000Base-T，4 个 100/1000Base-X1 Gbit/s Combo 口 包转发率：72Mpps；交换容量：256Gbit/s
华为 S5700-52P-LI	48 个 10/100/1000Base-T，4 个 100/1000Base-X1 Gbit/s Combo 口 包转发率：78Mpps；交换容量：256Gbit/s
华为 S9303	根据需要选择模块，3 个插槽，双电源双主控单元 交换容量：720Gbit/s；背板带宽：1228Gbit/s
华为 S9312	根据需要选择模块，12 个插槽，双电源双主控单元 背板带宽：4915Gbit/s
华为 S1700-28GFR	二层交换机；背板带宽：56Gbit/s；24 个 10/100/1000Mbit/s 自适应以太网电口；4 个 GE SFP 接口

说明

华为 S5700 系列为盒式设备，机箱高度为 1U，提供精简版（LI）、标准版（SI）、增强版（EI）和高级版（HI）4 种产品版本。精简版提供完备的 2 层功能；标准版支持 2 层和基本的 3 层功能；增强版支持复杂的路由协议和更为丰富的业务特性；高级版除了提供上述增强版的功能外，还支持 MPLS、硬件 OAM 等高级功能。在使用时可以根据需要选择。

2.2　vSAN 架构硬件选型与使用的注意事项

在传统的数据中心，主要采用大容量、高性能的专业共享存储。这些存储设备由于安装了多块硬盘或者配置有磁盘扩展柜，具有数量较多的硬盘，因此具有较大的容量。再加上采用 RAID 卡，同时读写多个硬盘的数据，因此也有较高的读写速度及 IOPS。存储的容量、性能会随着硬盘数量的增加而上升，但随着企业对存储容量、性能的进一步增加，存储不可能无限地增加容量及读写速度。同时不可避免的问题是，当需要的存储性能越高、容量越大，存储的造价也不可避免地会越高。随着高可用系统中主机数据的增加，存储的配置、造价也会以几何的形式增加。

为了获得较高的性能，主要是为了获得较高的 IOPS，高端的存储硬盘全部采用固态硬盘即全闪存设备，虽然带来了较高的性能，但成本增加也是非常大的。在换用固态硬盘后，虽然磁盘系统的 IOPS 提升了，但存储接口的速度仍然是 8Gbit/s 或 16Gbit/s，此时接口又成了新的瓶颈。

为了解决单一存储引发的这个问题，一些厂商提出了软件定义存储或超融合的概念。VMware

的 vSAN 就是一种软件定义存储技术，也可以说是专为 VMware 虚拟化设计的超融合软件。

vSAN（或 Virtual SAN），是 VMware 推出的用于 VMware vSphere 系列产品专为虚拟环境优化的分布式可容错的软件存储系统。vSAN 具有所有共享存储的品质（弹性、性能、可扩展性等），但这个产品既不需要特殊的硬件，也不需要专门的软件来维护，它可以直接运行在 x86 的服务器上，只要在服务器上插上硬盘和 SSD，vSphere 会搞定剩下的一切。加上基于虚拟机存储策略的管理框架和新的运营模型，存储管理变得相当简单。

在 vSAN 架构中，主要涉及物理主机与 vSAN 流量的网络交换机的选择。下面分别介绍。

2.2.1 vSAN 主机选择的注意事项

如果要配置 vSAN 群集，在选择物理服务器时，优先选择支持较多盘位的 2U 或 4U 机架式服务器，例如前文介绍的联想 SR650、Dell R740XD、H3C 6900 系列。

服务器有 2.5 英寸盘位与 3.5 英寸盘位两种。如果追求容量则选择 3.5 英寸盘位，现在单块 3.5 英寸磁盘可供选择的有 1TB、2TB、3TB、4TB、6TB、8TB、10TB、12TB、14TB 等；如果追求性能则选择 2.5 英寸盘位，当前单块 2.5 英寸 10000 转/分钟、15000 转/分钟的 SAS 磁盘可供选择的容量有 900GB、1.2TB、1.8TB、2.4TB 等。

当前的 2U 机架式服务器，服务器前面板最多支持 24 个 2.5 英寸盘位（或 12 个 3.5 英寸盘位），再加 2 个 2.5 英寸盘位（在服务器后面板）。具体选择 2.5 英寸还是 3.5 英寸要根据实际的情况。

图 2-2-1 是联想 RD650，左边是 24 个 2.5 英寸盘位、右边是 12 个 3.5 英寸盘位的服务器。

图 2-2-1 联想 RD650 24 盘位与 12 盘位服务器

Dell R730XD、R740XD 系列服务器前面板可以支持 12 个 3.5 英寸盘位（见图 2-2-2）或 24 个 2.5 英寸盘位（见图 2-2-3），Dell R730XD、R740XD 系列服务器后面板还能添加 2 个 2.5 英寸盘位（见图 2-2-4）。

图 2-2-2 支持 12 个 2.5 英寸盘位的 Dell 服务器

图 2-2-3 最大支持 24 个 2.5 英寸盘位的 Dell 服务器

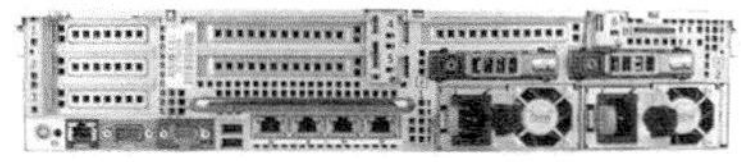

图 2-2-4 Dell 服务器后面板上的 2 个 2.5 英寸盘位

说明

Dell R730 服务器支持 1 个全高全长 PCIe x16 插槽、3 个半高全长 PCIe x8 插槽、3 个半高半长 PCIe x8 插槽；R730 XD 服务器支持 3 个半高半长 PCIe x8 插槽（x16 接口）、2 个全长全高 PCIe x16 插槽（x16 接口）、1 个全长全高 PCIe x8 插槽（x16 接口）。

在 vSAN 主机选择中，除了要配置较多盘位的服务器外，还要看服务器所能支持的 PCIe 扩展位的数量。PCIe 扩展位用于 10Gbit/s 网卡以及 PCIe 接口的固态硬盘。

2U 机架式服务器，一般标配 4 端口 1Gbit/s 网卡，也可以替换为 2 端口 10Gbit/s 网卡（模块）。在 vSAN 环境中，推荐至少配 2 块 2 端口 10Gbit/s 网卡（即 4 个 10Gbit/s 端口），如果服务器选择的是集成 4 端口 1Gbit/s 网卡，那么要配 2 块 2 端口 10Gbit/s 网卡，还需要 2 个 PCIe 扩展位。

传统的 SATA 接口的固态硬盘，受限于接口速度（SATA 3.0 最大速度为 6Gbit/s），磁盘的速度最大为 560Mbit/s。PCIe 的速度最高是 32Gbit/s，当前大多数的 PCIe 接口的 NVMe 固态硬盘，其读取速度可以达到 2000Mbit/s 以上，持续写入速度可以达到 1500Mbit/s 以上。为了让 vSAN 磁盘组获得更好的性能，可以用 PCIe 接口的 NVMe 固态硬盘，代替 SATA 或 SAS 接口的固态硬盘。同样，PCIe 的固态硬盘会占用 PCIe 槽位。SATA 与 PCIe 接口设备的速度如表 2-2-1 所示。

表 2-2-1　SATA 与 PCIe 接口速度对比

	SATA		PCIe	
版本	2.0	3.0	2.0	3.0
连接速度	3Gbit/s	6Gbit/s	8Gbit/s（×2） 16Gbit/s（×4）	16Gbit/s（×2） 32Gbit/s（×4）
有效数据速率	约 275Mbit/s	约 560Mbit/s	约 780Mbit/s 约 1560Mbit/s	约 1560Mbit/s 约 3120Mbit/s

联想 x3650 M5、RD650 默认不带 PCIe 扩展位（见图 2-2-5），其机箱上有 2 个 PCIe 插槽，每个 CPU 对应 1 个 PCIe 插槽（简单来说，只有在配置 2 个 CPU 的前提下这 2 个 PCIe 插槽才能全部使用）。如果要添加更多的 PCIe 设备，则需要为联想服务器配置 PCIe 扩展位（见图 2-2-6），配置之后如图 2-2-7 所示。

图 2-2-5　联想 RD650 默认不带 PCIe 扩展位

图 2-2-6　联想 PCIe 扩展位（用于联想 x3650 M5）

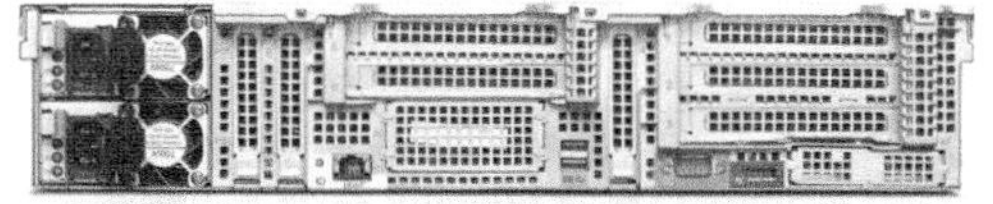

图 2-2-7　添加了 PCIe 扩展位的 RD650

说明

联想 RD650 可以配 2 个 PCIe 3.0 FHFL x16 插槽、3 个 PCIe 3.0 LP x8 插槽、3 个 PCIe 3.0 FHHL x8 插槽、1 个 AnyFabric 夹层卡插槽。

FHFL（full-height , full-length），全高全长。

FHHL（full-height , half-length），全高半长。

大多数情况下，2U 服务器可以添加 6 个全高的 PCIe 设备，有的服务器还能再添加 2 个半高的 PCIe 设备，合计 8 个。

在 vSAN 项目中，在选择服务器的时候，要注意有些服务器虽然有盘位但没有对应的硬盘背板，在这些位置安装硬盘时需要添加硬盘背板并连接对应的线缆。联想系列服务器、H3C系列服务器中，只有Dell系列服务器带对应的硬盘背板。例如，联想SR650服务器，购买的是支持24个盘位的服务器，但只有前8个盘位有硬盘背板，要支持24块硬盘还需要添加2个硬盘背板。如果购买Dell R740XD的24盘位的服务器，默认情况下24个盘位都有硬盘背板。

在选择服务器配件时，在非vSAN环境中，如果需要使用服务器本地硬盘组成RAID-5，通常还要选择支持RAID-5缓存的组件，例如联想3650服务器M5110e组件，如图2-2-8所示。服务器出厂时标配支持RAID-0/1/10，不支持RAID-5，只有添加这一组件才支持RAID-5。如果用于vSAN环境，则需要将主机的RAID卡缓存组件拆去，将磁盘配置为JBOD模式。如果是Dell的服务器，可以不拆除缓存，而是将硬盘配置为Non RAID模式。

图 2-2-8 M5110e 组件

对于大多数2U的机架式服务器，一般最少支持16块2.5英寸磁盘，对于这种情况，可以选择1+3×（1+4）=16的方式。其中第一个1表示容量较小的SSD，例如选择120GB消费级的SSD用于安装ESXi的系统；第二个1表示vSAN中的缓存磁盘，需要选择企业级或数据中心级的SSD；4表示每组配置4块HDD或SSD磁盘；3表示配置3个磁盘组。例如，表2-2-2所示是某项目中单台vSAN主机配置清单。

表 2-2-2 单台 vSAN 主机配置清单

项目	内容描述	数量	单位
服务器	联想SR650，2个Intel Gold 5115，8条32GB内存，无硬盘，2个550W电源，730i W/1GB阵列卡，4个1Gbit/s网卡，24个2.5英寸盘位	1	台
系统硬盘	120GB　SSD（用于虚拟化系统安装）	1	块
数据缓存硬盘	Intel DC P3710，800GB PCIe NVMe3.0 企业级固态硬盘（用作高速数据缓存）	2	块
数据存储硬盘	1.2TB 10K 6Gbit/s SAS 2.5 G3HS HDD（用作容量磁盘）	10	块
硬盘扩展背板	硬盘扩展背板（用于扩展8个2.5英寸硬盘）	1	块
PCIe扩展板	服务器PCIe x16扩展板（用于扩展PCIe接口，默认只有2个PCIe接口）	2	块
10Gbit/s网卡	Intel 2端口10Gbit/s网卡	2	块

2.2.2 使用vSAN硬件快速参考指南

规划设计vSAN群集，需要注意以下条件。

（1）要组成标准vSAN群集，至少需要3台主机为vSAN数据提供存储，实际生产环境推荐至少4台。每台主机至少1个、最多5个磁盘组，每个磁盘组最少1块SSD磁盘用作缓存，至少1块SSD或HDD磁盘用作容量。

（2）在vSAN群集中，至少有1个VMkernel用于提供vSAN流量。

（3）vSAN软件需要vSphere 5.5 U1，推荐vSphere 6.0及更新版本。除了vSphere许可，还需要vSAN软件许可。

要构建vSAN群集，可采用VMware官方认证合作伙伴vSAN ReadyNode中所推荐的品牌及型号（http://vsanreadynode.vmware.com/RN/RN），这些品牌有Intel、Dell、Fujitsu、Lenovo、HP、NEC、Cisco、Huawei、Supermicr等。vSAN ReadyNode中对上述一些品牌的

某些服务器进行了认定，并对这些服务器进行了测试。

实际上 vSAN 的兼容性非常好，只要能安装 VMware ESXi 的服务器甚至 PC，再配置合适的 SSD、HDD 和网络就可以组成 vSAN。在 vSAN 硬件快速参考指南中（链接地址为 https://www.vmware.com/resources/compatibility/vsan_profile.html?locale=zh_CN），列出了全闪存架构（如表 2-2-3 所示）和混合架构（如表 2-2-4 所示）主机的配置清单，现在分别总结如下。

表 2-2-3 vSAN 6.0 全闪存硬件指南（每节点配置）

配置	AF-8	AF-6	AF-4
每个节点最多虚拟机数	120	60	30
每个节点提供的 IOPS（最高）	80000	50000	25000
每个节点的原始存储容量/TB	12	8	4
CPU 核数	24	24	20
内存/GB	384	256	128
缓存磁盘	2 个 400GB SSD 持久性级别≥D 性能级别≥E	2 个 200GB SSD 持久性级别≥C 性能级别≥D	1 个 200GB SSD 持久性级别≥C 性能级别≥C
容量磁盘	12TB（每个磁盘组至少 3 个容量磁盘） SSD 持久性级别≥A SSD 性能级别≥C	8TB（每个磁盘组至少 3 个容量磁盘） SSD 持久性级别≥A SSD 性能级别≥C	4TB（每个磁盘组至少 2 个容量磁盘） SSD 持久性级别≥A SSD 性能级别≥C
网卡	10Gbit/s	10Gbit/s	10Gbit/s

表 2-2-4 vSAN 6.0 混合硬件指南

配置	HY-8	HY-6	HY-4	HY-2
每个节点最多虚拟机数	100	50	30	20
每个节点提供的 IOPS（最高）	40000	20000	10000	4000
每个节点的原始存储容量/TB	12	8	4	2
CPU 核数	24	20	16	6
内存/GB	384	256	128	32
缓存磁盘	2 个 400GB SSD 持久性级别≥D 性能级别≥E	2 个 200GB SSD 持久性级别≥C 性能级别≥D	1 个 200GB SSD 持久性级别≥C 性能级别≥D	1 个 200GB SSD 持久性级别≥B 性能级别≥B
容量磁盘	12TB（每个磁盘组至少 3 个容量磁盘） SAS 接口 10000 转/分钟	8TB（每个磁盘组至少 3 个容量磁盘） NL-SAS 接口 7200 转/分钟	4TB（每个磁盘组至少 2 个容量磁盘） NL-SAS 接口 7200 转/分钟	2TB（每个磁盘组至少 2 个容量磁盘） NL-SAS 接口 7200 转/分钟
网卡	10Gbit/s	10Gbit/s	10Gbit/s	10Gbit/s

表 2-2-3 与表 2-2-4 中 vSAN 节点配置优化假设如表 2-2-5 所示。

表 2-2-5 vSAN 节点配置优化假设

项目	优化假设
虚拟机实例平均大小	每台虚拟机配 2 个 vCPU、6GB vRAM、2 个 60GB VMDK
IOPS 混合假设	70%读取、30%写入 4K 块大小（全部服务器） 30%读取、70%写入（VDI - 8 系列）
内存和存储利用率	内存利用率：70% 存储利用率：70%
磁盘组缓存层与容量层之比	磁盘组比率：1 个 SSD，1～7 个 HDD ≥10%预期已用容量
ESXi 引导	容量≥4GB USB/SD 卡，或 1 个专用 HDD，或容量≥16GB SATADOM，持久性为 512～1024TBW（顺序） 最小 30GB M.2 SSD，最小持久性为 130TBW（建议：连接到板载 AHCI 控制器的镜像 M.2 SSD）
网络	最少 2 个上行链路，建议使用双端口网卡以获得冗余
SAS 扩展器	SAS 扩展器仅受平台支持。如果 SAS 扩展器不支持就绪节点，则每个控制器仅支持 8 个驱动器。如果需要 8 个以上的驱动器，请额外添加 1 个控制器
设备容量	缓存和容量层的容量数值仅供参考。只要符合性能和持久性等级，就可以选择不同的容量数值

vSAN 节点设计注意事项如下。

（1）控制器队列深度。控制器队列深度会影响重建/重新同步的时间。较浅的控制器队列可能会影响重建/重新同步期间生产虚拟机的可用性。vSAN 中所需的最小队列深度为 256。某些配置文件需要的最小队列深度为 512。

（2）磁盘组数。磁盘组的数量会影响故障隔离以及重建/重新同步的时间。

故障隔离：由于数据跨多个磁盘组分布，配置多个磁盘组可更好地应对 SSD 故障。

重建/重新同步的时间：配置多个磁盘组可加速重建/重新同步的时间。

（3）磁盘组中的容量层驱动器数量（混合配置中的 HDD/全闪存配置中的 SSD）。磁盘组中容量层驱动器的数量会影响 vSAN 的性能。尽管磁盘组的最低要求是一个容量层驱动器，但是要在具有多台虚拟机的情况下实现更佳的性能并更好地处理重建/重新同步活动，建议根据上述指导针对每个缓存层 SSD 配置多个容量层驱动器。

（4）SSD 等级。所选 SSD 的等级将直接影响整体系统的性能。

（5）平衡群集与不平衡群集。不平衡群集会影响 vSAN 的性能以及重建/重新同步的时间。平衡群集即使在出现硬件故障时也能提供较高的可预测性能。此外，在重建/重新同步期间，平衡群集对性能的影响最小。

（6）网络速度选择。选择 1Gbit/s 还是 10Gbit/s 的网络会对 vSAN 的性能产生影响。1Gbit/s 与 10Gbit/s 网络均受支持。为实现更大、更高的运行工作负载，建议使用 10Gbit/s 互连。

2.2.3 vSAN ReadyNode

本节介绍使用 VMware vSAN ReadyNode 网站选择经过 VMware 认证的服务器及配置的

内容。主要步骤如下。

（1）使用浏览器打开 VMware 兼容性指南网站（地址为 https://www.vmware.com/resources/compatibility），在“查找的内容”中选择“vSAN”，在“vSAN ReadyNode 类型”中选择“ALL”，在“vSAN ReadyNode 支持的版本”中选择支持的 ESXi 版本（例如 ESXi 6.7 U2），在“vSAN ReadyNode 供应商”中选择需要的品牌（如 Dell），在“vSAN ReadyNode 配置文件”中选择合适的配置文件（其中 HY 表示混合架构，AF 表示全闪存架构，-2 表示 2 节点，-4 表示 4 节点，本示例选择 AF-8 Series），单击“更新并查看结果”按钮，如图 2-2-9 所示。

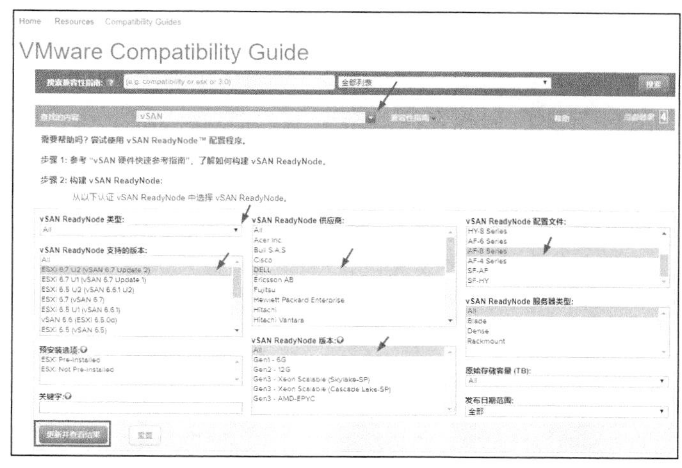

图 2-2-9 更新并查看结果

（2）在查看中显示当前支持 vSphere 6.7 U2 全闪存架构的 Dell 服务器，当前有 R7425、R7415、R740XD 等服务器，如图 2-2-10 所示。

（3）如果要查看具体的配置清单，单击展开按钮可查看服务器的具体配置，包括内存、缓存层、容量层、网卡、引导设备等，如图 2-2-11 所示。

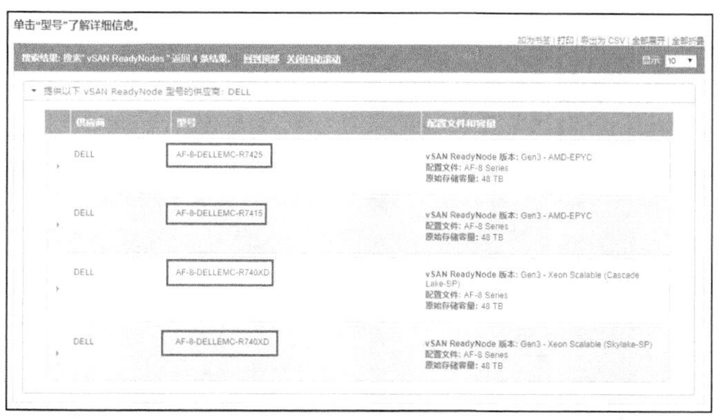

图 2-2-10 查询的结果

（4）如果要进一步查看某个产品详细参数，图 2-2-11 中显示本配置文件中缓存层使用的是 PM1725a 的 NVMe 固态硬盘，单击该产品详细信息链接，会在新窗口显示该产品型号详细信息。从列表中可以看出，PM1725a 的耐用性为 7300TBW，耐用等级达到 Class D，性能等级达到 Class E，该指标完全可以用作缓存层，如图 2-2-12 所示。

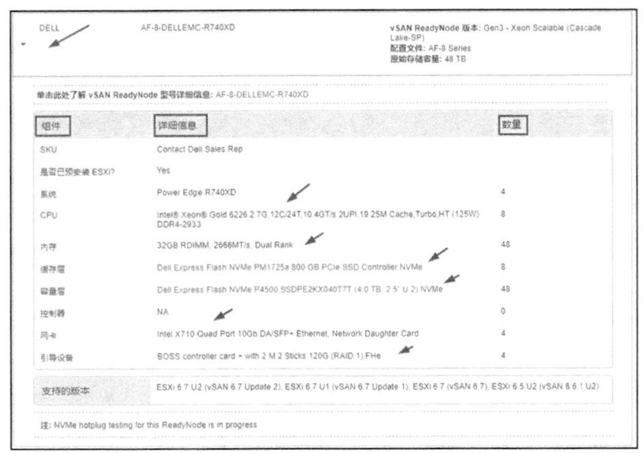

图 2-2-11　查看详细配置清单

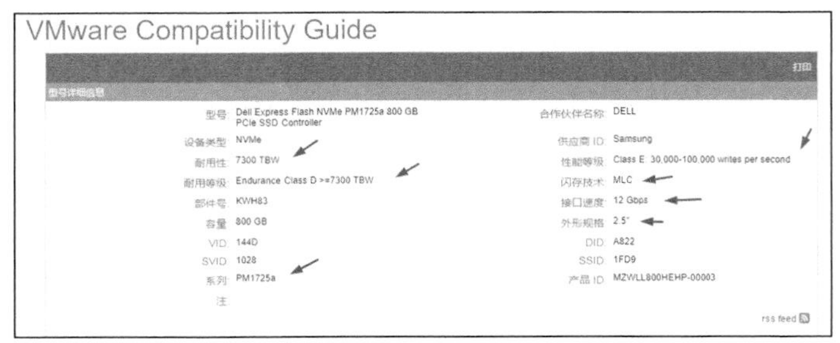

图 2-2-12　产品详细信息

（5）如果在图 2-2-10 中查询的结果很多，想过滤或查找指定型号的服务器，可以在“关键字”中输入服务器的型号，例如想查找 Dell R740XD 的信息，可以输入 740，然后再单击“更新并查看结果”按钮，此时查找的结果是包括关键字 740 的服务器的信息，如图 2-2-13 所示。

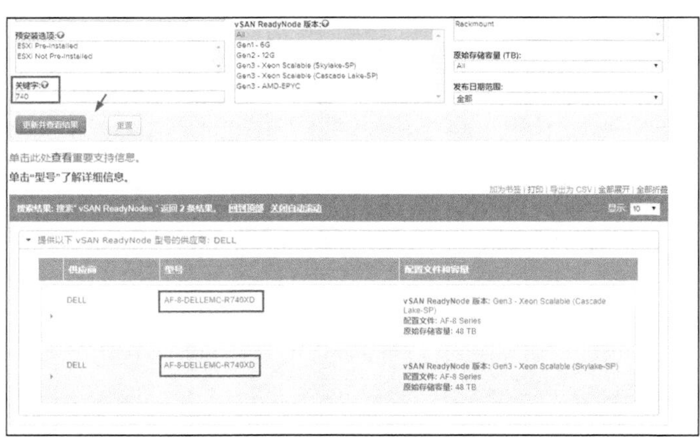

图 2-2-13　通过关键字查找过滤

（6）在 VMware Compatibility Guide 中还可以查找其他产品，例如 RAID 卡、网卡是否在 vSphere 兼容列表中，此时在“查找的内容”中选择 IO Devices，在“关键字”中输入要查询设备的型号。例如，如果想要检查 Adaptec 6805 RAID 卡是否在 ESXi 6.0 兼容列表中，在“产品发行版本”中选择“ESXi 6.0”，在“关键字”中输入 6805，然后单击“更新并查看结果”按钮，如图 2-2-14 所示。在查找的结果里面还可以找到该产品的驱动程序等信息，这些不再介绍。

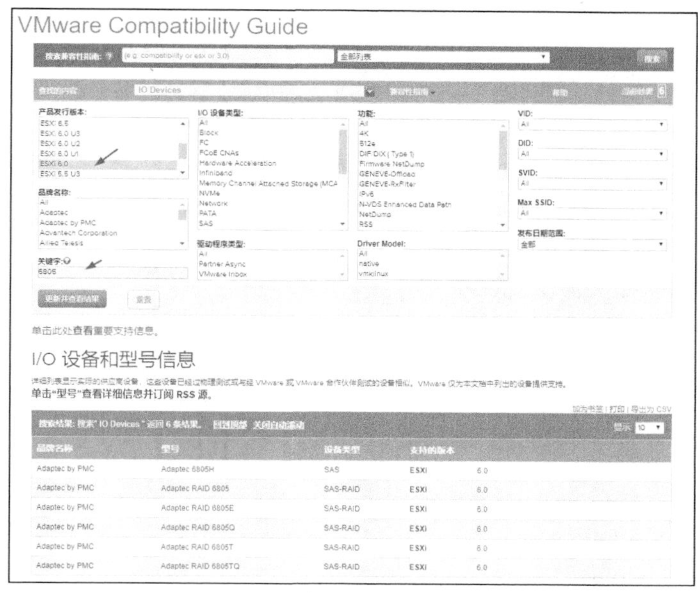

图 2-2-14 查看结果

2.2.4 VMware 兼容性指南中闪存设备性能与持久性分级

在 vSAN 架构中，vSAN 群集（存储）的总体性能与节点主机数、每个节点的磁盘组数量、每个磁盘组所配的缓存磁盘、容量磁盘的性能、容量以及大小都有关系，还与节点之间 vSAN 流量网络的速度有关，可以说，vSAN 群集的总体性能是一个综合的参数。抛却其他参数不说，本节重点介绍用作缓存层的 SSD。SSD 是磁盘组读写性能的关键，它的“寿命”也对数据的安全性有重要的影响。对于磁盘组来说，如果其中某个容量磁盘损坏，则只会影响这块磁盘所涉及的虚拟机；但如果某个缓存磁盘损坏，则会影响到这整块磁盘组中所有的虚拟机。在机械磁盘中，很少有机械磁盘在短时间内连续出错，所以用作容量磁盘的机械磁盘（HDD）出错，vSAN 还有重建或恢复的时间，但如果用作缓存磁盘的 SSD 在短时间内连续出错，那么影响的有可能是整个架构。闪存磁盘（SSD 或固态硬盘）有擦写寿命，在使用相对平均的 vSAN 磁盘组中，同一批闪存磁盘有可能是同一时间终结其寿命，从而导致闪存磁盘报废。所以，在 vSAN 架构中，闪存磁盘的选择与使用期限至关重要。

在规划 vSAN 群集时，要合理地评估磁盘组数据变动量（写入、删除、重复数据写入），并根据所用 SSD 的容量、寿命，合理评估缓存磁盘的使用寿命，在其寿命终结之前逐步、有序地用全新、更高级别、更大容量的闪存磁盘替换。例如，在一个 vSAN 群集系统中，每个磁盘组选择 MLC 的 200GB 的 SSD，设计（评估）SSD 的使用寿命是 1000 天，则应该在第 900～950 天的时间内，花费 1 周～1 个月的时间，用 400GB 的 SSD 一一替换原来 200GB 的 SSD（不要一次全部替换，正常的撤出磁盘组、删除原来的 200GB 的缓存磁盘、用新的 400GB 代替后再重新添加磁盘组），等这一个磁盘组数据同步完成后，再替换下一个磁盘组。用 400GB 的 SSD 替换，原因有两点：首先 vSAN 群集的数据写入量整体应该是持续上升的，用容量增加 1 倍的 SSD，相同 P/E 次数的持久性会增加；其次电子产品整体价格是下降的，900 天后 400GB 的 SSD 的费用应该比现在 200GB 的 SSD 的费用要少。

为 vSAN 选择 SSD 时，主要有性能与寿命两个重要参数。由于 SSD 所选择的芯片不同，其每秒写入次数决定了其读写性能，而 P/E 次数决定了其使用寿命。下面首先介绍 VMware 定义的闪存设备的性能分级，之后介绍 VMware 定义的持久性，最后介绍常用闪存颗粒的使用寿命区分。

（1）VMware 兼容性指南中闪存设备的性能分级（SSD Performance Classes）。

Class A：每秒写入 2500～5000 次（已从列表删除）；

Class B：每秒写入 5000～10000 次；

Class C：每秒写入 10000～20000 次；

Class D：每秒写入 20000～30000 次；

Class E：每秒写入 30000 次～100000 次；

Class F：每秒写入 100000 次以上。

（2）VMware 闪存持久性定义分类。

Class A：TBW≥365；

Class B：TBW≥1825；

Class C：TBW≥3650；

Class D：TBW≥7300。

（3）TBW。闪存持久性注意事项主要包括以下方面。

随着全闪存配置在容量层中引入了闪存设备，现在重要的是针对容量闪存层和缓存闪存层的持久性进行优化。在混合配置中，只有缓存闪存层需要考虑闪存持久性。

在 Virtual SAN 6.0 中，持久性等级已更新，现在使用在供应商的驱动器保修期内写入的 TB 量（TBW）表示。此前，此规格为每日完整驱动器写入次数（DWPD）。

例如，某 SSD 厂家的保修期是 5 年，该 SSD DWPD 为 10，对于 400GB 的 SSD 来说，其 TBW 计算公式如下。

$$\text{TBW（5年）} = \text{SSD 容量} \times \text{DWPD} \times 365 \times 5$$

$$\text{TBW} = 0.4\text{TB} \times 10\text{DWPD/天} \times 365\text{ 天/年} \times 5\text{ 年} = 7300\text{TBW}$$

通过这次 TBW 规格的更新，VMware 允许供应商灵活使用完整 DWPD 规格较低但容量较大的驱动器。

例如，从持久性角度来讲，规格为 10 次完整 DWPD 的 200GB 驱动器与规格为 5 次完整 DWPD 的 400GB 驱动器相当。如果 VMware 要求 vSAN 闪存设备具有 10 次 DWPD，则会将具有 5 次 DWPD 的 400GB 驱动器排除出 vSAN 认证范围。

例如，将规格更改为每日 2TBW 后，200GB 驱动器和 400GB 驱动器都将符合认证资格——每日 2TBW 相当于 400GB 驱动器的 5 次 DWPD 以及 200GB 驱动器的 10 次 DWPD。

对于运行高工作负载的 vSAN 全闪存配置，闪存缓存设备规格为每日 4TBW。这相当于 400GB 的 SSD 每日完全写入 10 次，相当于 5 年内写入 7300TB 数据。当然，在容量层上使用的闪存设备的持久性也可以此为参考，但是，这些设备往往不需要与用作缓存层的闪存设备具备相同级别的持久性。

根据 VMware 建议，在全闪存架构中，作为缓存层的 SSD 应选择 Class C 及其以上级别；在混合架构中，作为缓存层的 SSD 至少要选择 Class B 级别。VMware 的建议如表 2-2-6 所示。

表 2-2-6 SSD 持久性等级

持久性级别	5 年写入量（TBW）	混合架构缓存层	全闪存架构缓存层	全闪存架构容量层
Class A	≥365	不支持	不支持	支持
Class B	≥1825	支持	不支持	支持
Class C	≥3650	支持	支持	支持
Class D	≥7300	支持	支持	支持

（4）了解固态硬盘。

因为 VMware 官方推荐的闪存价格较高，尤其是经过 VMware 认证的、与品牌服务器标配的闪存（SSD 或固态硬盘）价格更高。如果我们要从市场上选择、采购 SSD，应该怎样选择？这就需要了解下面的知识。

固态硬盘（SSD，Solid State Disk）是在传统机械硬盘上衍生出来的概念，简单地说就是用固态电子存储芯片阵列（NAND Flash）而制成的硬盘。固态硬盘在接口规范和定义、功能及使用方法上与普通硬盘完全相同，在产品外形和尺寸上也与普通硬盘完全一致，包括 3.5 英寸、2.5 英寸、1.8 英寸等多种类型。

SSD 由主控、闪存、缓存等三大核心部件组成，其中主控和闪存对性能影响较大，主控的作用最大。换而言之，性能高低不一的主控，是划分 SSD 档次的方法之一。SSD 构造如图 2-2-15 所示。

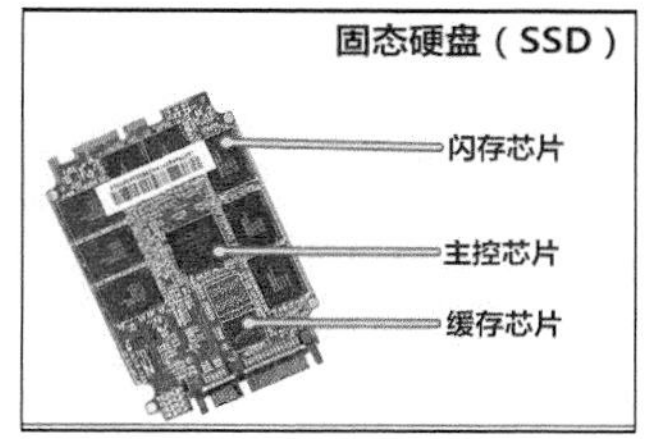

图 2-2-15 SSD 构造

现在固态硬盘所用的闪存芯片主要有 SLC、MLC、TLC、QLC 4 种。

简单说，SLC 每单元存储 1bit 数据，MLC 每单元存储 2bit 数据，TLC 每单元存储 3bit 数据，QLC 每单元存储 4bit 数据。不同闪存颗粒使用寿命不同。P/E 次数是指 SSD 的完全擦写次数，格式化 SSD 算是一次 P/E。不同的存储单元（闪存颗粒）类型 P/E 次数也不同。存储单元主要分为 4 种。

TLC：大约 500～2000 次的擦写寿命，低端 SSD 使用的颗粒；

MLC：大约 3000～10000 次的擦写寿命，中高端 SSD 使用的颗粒；

SLC：大约 10 万次的擦写寿命，面向企业级用户；

QLC：速度最慢，寿命最短。

SLC 是 Single-Level Cell 的缩写，名为单层单存储单元。存取原理上 SLC 闪存是 0 和 1 两个充电值，每单元能存放 1bit 数据（1bit/单元），性能非常稳定，同时 SLC 的最大驱动电压可以做到很低。SLC 理论上速度最快、P/E 使用寿命长（10 万次以上）、单片存储密度小。目前 SLC 闪存主要应用于企业级产品、混合硬盘的缓存等。SLC 固态硬盘的容量不如 MLC 固态硬盘，突出的优点是 P/E 使用寿命超长。

MLC 是 Multi-Level Cell 的缩写，名为多层式存储单元。MLC 在存储单元中实现多位存储能力，典型的是 2bit。它通过不同级别的电压在 1 个单元中记录 2 组位信息（00、01、11、10），将 SLC 的理论存储密度提升 1 倍。由于电压更为频繁的变化，所以 MLC 闪存的使用寿命远不如 SLC，同时它的读写速度也不如 SLC。由于一个浮动栅存储 2 个单元，MLC 较 SLC 需要更长的时间。MLC 理论上的读写速度不如 SLC，价格一般只有 SLC 的 1/3 甚至更低，

MLC 使用寿命居中，一般为 3000～10000P/E 次数。MLC 闪存广泛应用于消费级 SSD 以及轻应用的企业级 SSD，这些领域的 SSD 数据吞吐量小，对 P/E 使用寿命要求没有 SLC 那么苛刻。

TLC 是 Triple-Level Cell 的缩写，是 2bit/单元的 MLC 闪存的延伸，TLC 达到 3bit/单元。TLC 利用不同电位的电荷，一个浮动栅存储 3bit 的信息，存储密度理论上较之 MLC 闪存扩大了 0.5 倍。TLC 理论上的存储密度最高、制造成本最低，其价格较之 MLC 闪存降低了 20%～50%；TLC 的 P/E 寿命可达 500～2000 余次；TLC 理论上的读写速度最慢，但随着制造工艺的提升，主控算法改进后其性能有大幅提升。

QLC 是 Quad-Level Cell 的缩写，可达到 4bit/单元。SLC、MLC、TLC 与 QLC 4 种闪存各自不同的电压状态对比如图 2-2-16 所示。

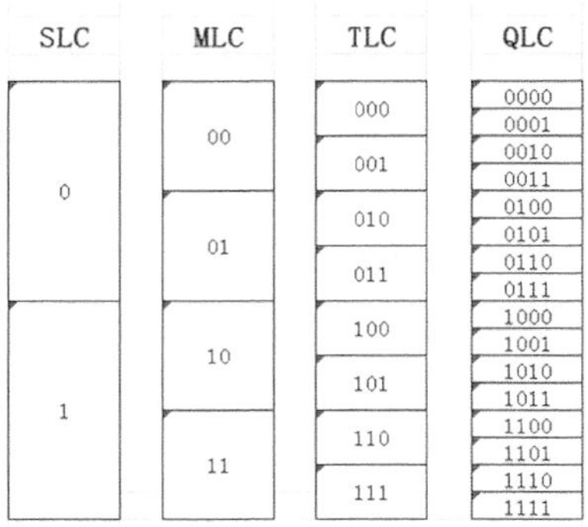

SLC: 0, 1
MLC: 00, 01, 10, 11
TLC: 000, 001, 010, 011, 100, 101, 110, 111
QLC: 0000, 0001, 0010, 0011, 0100, 0101, 0110, 0111, 1000, 1001, 1010, 1011, 1100, 1101, 1110, 1111

图 2-2-16　4 种闪存各自不同的电压状态

相对于 SLC 来说，MLC 的容量增加了 100%，寿命缩短为 SLC 的 1/10。相对于 MLC 来说，TLC 的容量增加了 50%，寿命缩短为 MLC 的 1/20。相对于 SLC 来说，QLC 容量是 SLC 的 4 倍，是 MLC 的 2 倍，是 TLC 的 1.333 倍。

固态硬盘寿命计算公式如下。

$$\text{寿命（天）}=\frac{\text{实际容量（GB）}\times \text{P/E次数}}{\text{实际写入}\left(\frac{\text{GB}}{\text{天}}\right)}$$

$$\text{寿命（年）}=\frac{\text{实际容量（GB）}\times \text{P/E次数}}{\text{实际写入}\left(\frac{\text{GB}}{\text{天}}\right)\times 365\text{天}}$$

在 vSAN 中，一般选择 SLC、MLC 作为缓存磁盘，或者选择质量好的 TLC 作为容量磁盘。例如，近两年企业使用较多的是 Intel DC S3710（SATA 接口）或 Intel DC P3700 系列（PCIe 接口）的 SSD，Intel P3700 400GB 的 MLC 硬盘，京东报价为 4999 元（报价参考时间：2019 年 8 月 31 日），如图 2-2-17 所示。

图 2-2-17　Intel P3700 SSD 报价

根据官方资料，Intel 3700、3600、3500 的 DWPD 的次数分别是 10、3、0.3，所以 Intel 3700 系列可以用于 vSAN 中的缓存层，在数据变动不大的情况下也可以将 Intel 3600 系列的 SSD 用于 vSAN 中的缓存层。Intel 3500 系列不能用于 vSAN 的缓存层，最多只能用于容量层。表 2-2-7 所示是 Intel DC S3710 SSD 不同容量的读写速度以及持久性参数。

表 2-2-7 Intel DC S3710 SSD 参数

参数名称	数值			
容量	200GB	400GB	800GB	1.2TB
参考价格/元	1799	3299	6160	9999
接口类型	SATA 3 (6Gbit/s)			
闪存架构	Intel 128Gbit 20nm High Endurance Technology (HET) MLC			
顺序读取速度/（$MB \cdot s^{-1}$）	550	550	550	550
顺序写入速度/（$MB \cdot s^{-1}$）	300	470	460	520
4K 随机读/（K IOPS）	85	85	85	85
4K 随机写/（K IOPS）	43	43	39	45
持久性/PB	3.6	8.3	16.9	24.3
平均无故障时间/h	2000000	2000000	2000000	2000000

说明

Intel DC S3710 与 Intel DC P3700 使用相同的芯片，只是 S3710 是 SATA 接口（2.5 英寸硬盘），P3700 是 PCIe 接口。而 PCIe 接口拥有更高的速度和更好的性能，所以在 vSAN 中，优先选择使用 PCIe 接口的 SSD 用作缓存层。

在 SSD 的选择中，选择企业级硬盘价格较高，可以选择价格相对便宜、持久性相对低一些的 SSD。例如，表 2-2-7 中的 S3710 SSD，每个可以在相对比较重的负载情况下使用 5 年。但如果选择很便宜的 SSD，每 2 年更换一次，总价格也合适，是不是可以选择呢？例如，某 vSAN 项目中每个节点选择了 2 个 400GB 的 SSD、12 个 1.2TB 的 HDD，则每个磁盘组配置了 1 个 400GB 的 SSD、6 个 1.2TB（合计 7.2TB）的容量磁盘，以普通 MLC 磁盘的寿命 3000P/E 次数计算如下。

如果每个 SSD 每天写入数据量 3.6TB（磁盘组容量的一半），则每天的 P/E 次数为 $3.6/0.4 = 9$，3000 的 P/E 次数可以使用 $3000/9 \approx 333.33$ 天，大约 1 年的使用寿命。

如果每个 SSD 每天写入数据量 1.8TB（磁盘组容量的 $\frac{1}{4}$），则每天的 P/E 次数为 $1.8/0.4 = 4.5$，3000 的 P/E 次数可以使用 $3000/4.5 \approx 667$ 天，大约 2 年的使用寿命。

如果每个 SSD 每天写入数据量 0.9TB 数据，则使用寿命大约 4 年。

从以上计算可以得出，如果 vSAN 磁盘组写入数据量较小，使用持久性较低的 MLC 也能使用 2～4 年的时间。如果写入数据量较大，占到磁盘组容量的一半时，其缓存磁盘的寿命大约 1 年。

说明

P/E 次数＝TBW/磁盘容量。例如，TBW 为 8.3PB 的 400GB 的 SSD，其 P/E 次数 $= 8.3 \times 1000/0.4 = 20750$。

在实际的项目中，厂商可能会推荐不同品牌、不同型号的 SSD，对于准备用作缓存的 SSD，应该查询厂商所推荐的 SSD 的持久性。如果持久性较低，但又无法选择其他品牌时，可选择更大容量的 SSD。例如，某项目的缓存磁盘需要持久性为 10 以上、容量为 400GB 的 SSD，厂商推荐的 SSD 持久性为 3，则需要选择容量为 1.2TB 的 SSD。

如果企业预算合适，持久性 Class C 级及其以上的 SSD 是最好的选择，但也应该评估磁盘组中写入数据量的大小，以在 SSD 寿命到来之前替换新的容量磁盘。

在为 vSAN 选择缓存磁盘时，除了 SATA 与 PCIe 接口的 SSD，还可以选择 U.2 接口的 SSD。SATA、M.2、U.2、PCIe 等不同接口固态硬盘的协议与最高速度如表 2-2-8 所示。

表 2-2-8　不同接口固态硬盘的协议与最高速度

接口	协议与最高速度
SATA	AHCI 协议，最高速度 6Gbit/s
SATA-Express	AHCI 协议，最高速度为 12Gbit/s
M.2	AHCI 协议，最高速度为 6Gbit/s；NVMe 协议，最高速度为 32Gbit/s
U.2	NVMe 协议，最高速度为 32Gbit/s
PCIe	NVMe 协议，最高速度为 32Gbit/s

U.2 接口的 SSD 外形大小与普通 2.5 英寸硬盘相同，占用 2.5 英寸盘位。但需要为 U.2 硬盘配置专用的接口。U.2 接口的 SSD 还需要配置专用的 RAID 卡，与普通的 2.5 英寸硬盘所用 RAID 卡应该分开配置。Intel P3700 的 U.2 接口的 SSD 正面、背面如图 2-2-18、图 2-2-19 所示。

图 2-2-18　Intel U.2 正面图

图 2-2-19　Intel U.2 背面图

2.2.5　vSAN 项目中交换机的选择

在 vSAN 项目中，优先为 vSAN 流量单独配置 10Gbit/s 交换机，其次是让 vSAN 流量与其他流量（例如 ESXi 主机管理、虚拟机流量）共用 10Gbit/s 交换机，最后是单独为 vSAN 流量单独配置 1Gbit/s 交换机。在标准 vSAN 群集中，网络设备的配置有以下几种。

（1）全 10Gbit/s 网络，流量在一起：管理流量、生产流量（虚拟机流量）、vSAN 流量使用 2 台高配置的 10Gbit/s 交换机，如图 2-2-20 所示。

（2）全 10Gbit/s 网络，流量分离：管理流量与生产流量使用一组（一般 2 台）较高配置的 10Gbit/s 交换机，vSAN 流量使用一组（2 台）较低配置的 10Gbit/s 交换机，如图 2-2-21 所示。

（3）管理与生产流量 1Gbit/s，vSAN 流量 10Gbit/s：管理流量与生产流量使用 1Gbit/s 交换机，vSAN 流量使用较低配置的 10Gbit/s 交换机，如图 2-2-22 所示。

对于 vSAN 环境中网络交换机的选择，如果用于管理与生产流量，则选择华为 S5730S-SI 或 EI 系列的交换机；如果专用于 vSAN 流量的交换机，则选择华为 S6720S-LI 系列的低端型号的 10Gbit/s 交换机即可；如果用于管理与虚拟机流量的 10Gbit/s 交换机，则选择华为 S6720S-SI 或 S6720S-EI 系列的交换机。

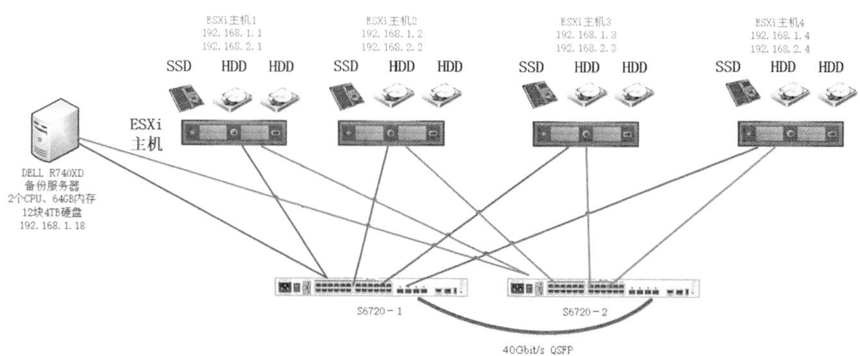

图 2-2-20　全 10Gbit/s 网络，管理流量、生产流量、vSAN 流量使用一组交换机

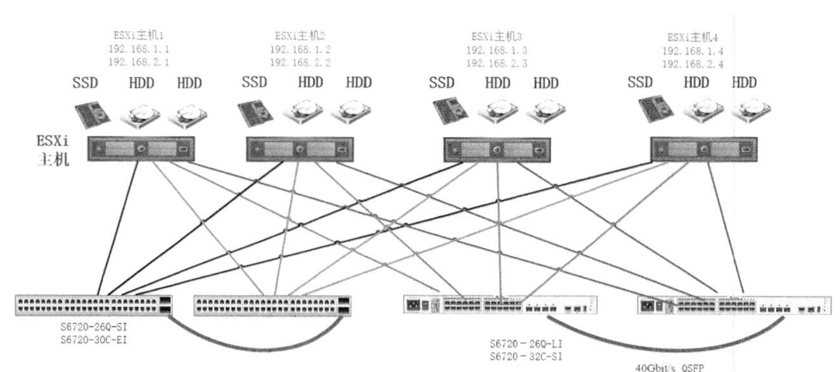

图 2-2-21　全 10Gbit/s 网络，vSAN 流量独立，ESXi 与虚拟机流量独立

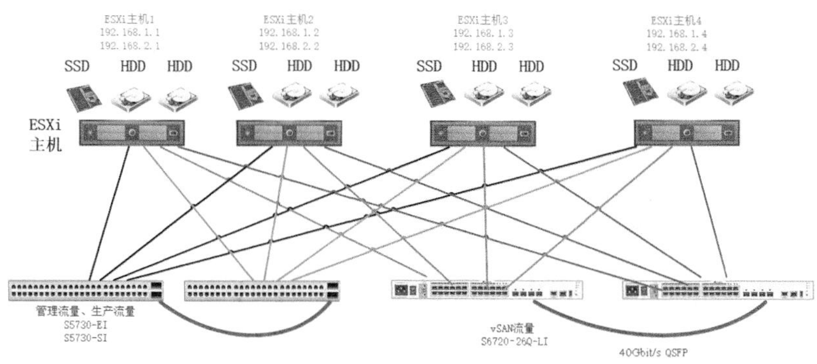

图 2-2-22　管理与生产流量 1Gbit/s，vSAN 流量 10Gbit/s

选择交换机的时候，同一用途的交换机需要选择 2 台同型号的并且要支持堆叠（推荐使用 QSFP-40G-CU 连接线堆叠连接）。

华为交换机的型号及配置可以浏览 http://e.huawei.com/cn/products/enterprise-networking/switches/campus-switches。

在 4～20 台主机组成的 vSAN 环境中，选择交换机的时候，一般可以参考以下的数据。

（1）选择华为“园区交换机”中的“盒式交换机”即可，不需要选择“框式交换机”或“数据中心交换机”，如图 2-2-23 所示。

图 2-2-23　华为交换机分类

（2）选择交换机的时候，1Gbit/s 交换机可选择华为 S5700、S5720 或 S5730 系列，10Gbit/s 交换机可选择华为 S6720 系列。同一型号华为交换机从高到低以 HI、EI、SI、LI 划分。

LI(Lite software Image)，表示设备为弱特性版本。

SI(Standard software Image)，表示设备为标准版本，包含基础特性。

EI(Enhanced software Image)，表示设备为增强版本，包含某些高级特性。

HI(Hyper software Image)，表示设备为高级版本，包含某些更高级特性。

（3）选择交换机的时候，需要对比的参数是交换容量、包转发率、固定端口（数量、接口形式、端口速度）。如果交换机需要配置堆叠，最好选择配置 40GE 接口的交换机。最后还要注意交换机的供电方式。表 2-2-9 是华为 S6720 系列部分型号主要参数，表 2-2-10 是华为 S5730 系列部分型号主要参数。

表 2-2-9　华为 S6720 系列部分型号主要参数

产品型号	交换容量/（$Tbit\cdot s^{-1}$）	包转发率/Mpps	固定端口
S6720-54C-EI-48S-AC S6720-54C-EI-48S-DC	2.56 /23.04	1080	48 × 10Gbit/s SFP+端口，2×40Gbit/s QSFP+端口，1 个扩展插槽
S6720-30C-EI-24S-AC S6720-30C-EI-24S-DC	2.56 /23.04	720	24 × 10Gbit/s SFP+端口，2×40Gbit/s QSFP+端口，1 个扩展插槽
S6720S-26Q-EI-24S-AC S6720S-26Q-EI-24S-DC	2.56 /23.04	480	24 × 10Gbit/s SFP+端口，2×40Gbit/s QSFP+端口，不支持扩展插槽
S6720-52X-PWH-SI	2.56 /23.04	780	48 个（0.1/1/2.5/5/10）Gbit/s 以太网端口，4 个 10Gbit/s 端口，不支持扩展插槽

续表

产品型号	交换容量/（Tbit·s^{-1}）	包转发率/Mpps	固定端口
S6720-56C-PWH-SI-AC S6720-56C-PWH-SI	2.56 /23.04	780	32 个（10/100/1000）Mbit/s 以太网端口 16 个（0.1/1/2.5/5/10）Gbit/s 以太网端口，4 个 10Gbit/s 端口，1 个扩展插槽
S6720-32X-SI-32S-AC	2.56 /23.04	780	32 × 10Gbit/s 端口，不支持扩展插槽
S6720-26Q-SI-24S-AC S6720S-26Q-SI-24S-AC	2.56 /23.04	480	24 × 10Gbit/s 端口，2 × 40Gbit/s QSFP+端口，不支持扩展插槽
S6720-32X-LI-32S-AC S6720S-32X-LI-32S-AC	1.28/12.8	480	32 × 10Gbit/s SFP+端口
S6720-26Q-LI-24S-AC S6720S-26Q-LI-24S-AC	1.28/12.8	480	24 × 10Gbit/s SFP+端口 2 × 40Gbit/s QSFP+端口
S6720-16X-LI-16S-AC S6720S-16X-LI-16S-AC	1.28/12.8	240	16 × 10Gbit/s SFP+端口

表 2-2-10　　华为 S5730 系列部分型号主要参数

产品型号	交换容量/（Tbit·s^{-1}）	包转发率/Mpps	固定端口
S5730S-68C-PWR-EI	0.68/6.8	420	48 个 10/100/1000Mbit/s，4 个 10Gbit/s 端口
S5730S-68C-EI-AC	0.68/6.8	420	48 个 10/100/1000Mbit/s，4 个 10Gbit/s 端口
S5730S-48C-EI-AC S5730S-48C-PWR-EI	0.68/6.8	444	24 个 10/100/1000Mbit/s，8 个 10Gbit/s 端口
S5730-68C-PWR-SI-AC S5730-68C-PWR-SI	0.68/6.8	420	48 个 10/100/1000Mbit/s，4 个 10Gbit/s 端口
S5730-68C-SI-AC	0.68/6.8	420	48 个 10/100/1000Mbit/s，4 个 10Gbit/s 端口
S5730-48C-PWR-SI-AC S5730-48C-SI-AC	0.68/6.8	444	24 个 10/100/1000Mbit/s，8 个 10Gbit/s 端口

S6720-EI 系列增强型 10Gbit/s 交换机支持丰富的业务特性、完善的安全控制策略、丰富的 QoS 等，可用于数据中心、服务器接入及园区网核心。S6720-EI 支持 iStack 堆叠，双向可达 480Gbit/s 堆叠带宽，支持免配置堆叠。S6720-EI 全线 10Gbit/s 接入接口和 40Gbit/s 上行接口，最高可扩展至 6 个 40Gbit/s 上行端口。图 2-2-24 是华为 S6720-54C-EI-48C 交换机的正面图。

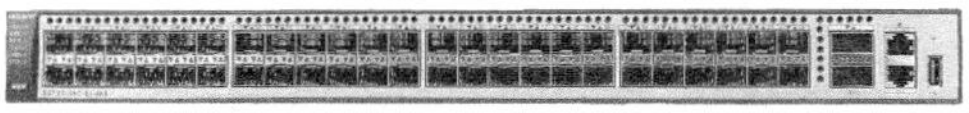

图 2-2-24　华为 S6720-54C-EI-48C 交换机外形

S6720-SI 系列交换机可用于高速率无线设备接入、数据中心 10Gbit/s 服务器接入、园区网的接入或汇聚等应用场景。S6720-SI 系列可提供 16/24/48 个 Multi-GE 端口（1/2.5/5/10Gbit/s）。图 2-2-25 是华为 S6720-32C-PWH-SI 交换机的正面图。

S6720-LI 系列 10Gbit/s 交换机是华为开发的新一代精简型全 10Gbit/s 盒式交换机，可用于园区网和数据中心 10Gbit/s 接入。图 2-2-26 是华为 S6720-26Q-LI-24S-AC 交换机的正面图。

S5730S-EI 系列交换机是华为全新的三层 1Gbit/s 以太网交换机，提供灵活的全 1Gbit/s

接入以及高性价比的固定 10Gbit/s 上行接口，同时可提供一个子卡槽位用于 40Gbit/s 上行端口的扩展。S5730S-EI 系列支持 iStack 堆叠，多台交换机可虚拟为一台，提高设备可靠性，简化配置和管理，整机可提供 544Gbit/s 的堆叠带宽，广泛应用于企业园区接入和汇聚、数据中心接入等多种应用场景。图 2-2-27 是华为 S5730S-48C-EI 交换机的正面图。

图 2-2-25　华为 S6720-32C-PWH-SI 交换机外形

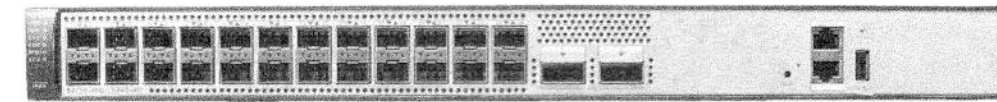

图 2-2-26　华为 S6720-26Q-LI-24S-AC 交换机外形

S5730-SI 系列交换机是新一代标准型三层 1Gbit/s 以太网交换机，支持灵活的全 1Gbit/s 接入以及高性价比的固定 10Gbit/s 上行接口，同时可提供一个子卡槽位用于 4 个 40Gbit/s 上行端口的扩展，适用于企业园区接入和汇聚、数据中心接入等多种应用场景。最大可提供 544Gbit/s 的堆叠带宽。图 2-2-28 是华为 S5730-SI 系列交换机的外形图。

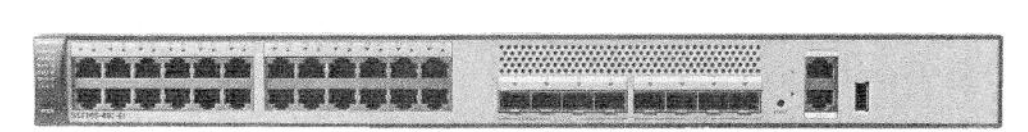

图 2-2-27　华为 S5730S-48C-EI 交换机外形

图 2-2-28　华为 S5730-SI 系列交换机外形

了解了华为 S5730、S6720 系列交换机的主要参数，在 vSAN 环境中，可以根据 ESXi 主机数量、每台主机配置的 1Gbit/s 与 10Gbit/s 网卡的数量进行选择。一般情况下用于 vSAN 流量的 10Gbit/s 交换机不需要使用太高的配置，例如使用华为 S6720S-LI 或 SI 系列的交换机即可满足需求，用于 ESXi 主机与虚拟机流量的交换机可以采用 S6720S-SI 或 S6720S-EI 系列交换机。

2.3　vSphere 版本与客户端的选择

下面介绍安装、配置、规划、使用 vSphere 的一些注意事项。

2.3.1　vSphere 产品版本的选择

VMware 虚拟化产品最新版本是 vSphere 6.7，当前企业中应用较多的版本有 5.5、6.0、6.5，怎样选择这些版本呢？对于新配置的虚拟化平台，如果使用共享存储，建议使用 vSphere 6.0，这个版本集成了最新补丁的完整版本是 vSphere 6.0.0 U3。如果使用 vSAN，建议使用 vSphere 6.5.0 U2 或 vSphere 6.5.0 U3，或者使用 vSphere 6.7.0 U2 或 vSphere 6.7.0 U3。

2.3.2　vSphere 管理客户端

纵观 vSphere 4.1 到现在的 vSphere 6.7，vSphere 一共有 3 种客户端，分别是传统的 C/S 架构的 vSphere Client、基于 Adobe Flash 插件的 vSphere Web Client、最新的基于 HTML5 开发的 vSphere Client。

vSphere 5.5、6.0 可以使用传统的客户端 vSphere Client（见图 2-3-1）和 vSphere Web Client 进行管理。

2016 年 5 月，VMware 宣布不再为 vSphere 6.5 提供旧版 C# Client（又称厚客户端、桌面客户端或 vSphere Client），vSphere Web Client（Flash/Flex 客户端）将作为新的客户端使用来管理 vCenter Server 6.5 环境。在该版本中，VMware 显著改善了性能并且对用户体验进行了改进，增强了客户端的功能性。对于前几个版本，VMware 已逐渐弃用旧版 C# Client。在 vSphere 6.0 的最新更新中，VMware 继续将功能转移到 vSphere Web Client（如 Update Manager），这进一步消除了对旧版 C# Client 的需求。在 6.5 版本中还发行了 HTML5 版本的 vSphere Web Client，并将其命名为 vSphere Client，此客户端具有 vSphere Web Client 中的部分功能。vSphere 6.5 中 vSphere Web Client 界面如图 2-3-2 所示。

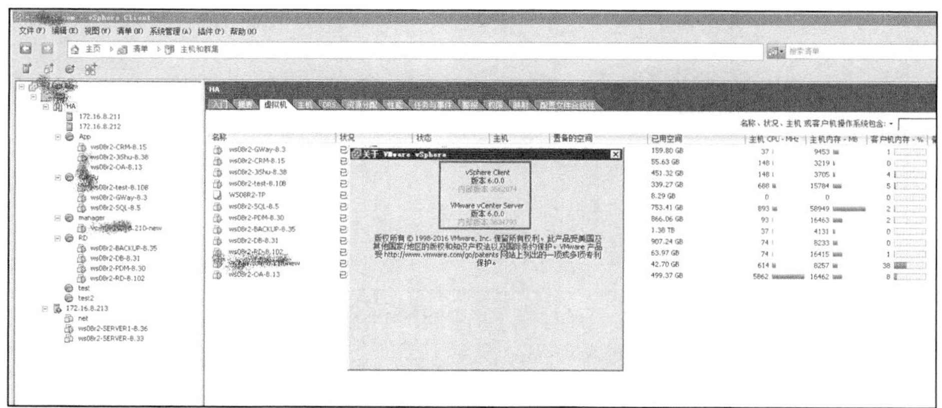

图 2-3-1 vSphere Client

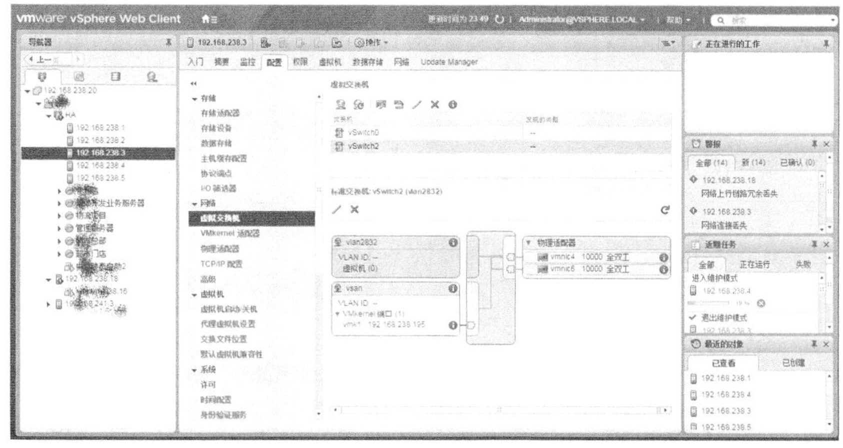

图 2-3-2 vSphere 6.5 中 vSphere Web Client 界面

在 vSphere 6.7 中，基于 HTML5 的 vSphere Client 功能得到了增强，基本上包含了所有 vSphere Web Client 的功能。vSphere 6.7 是最后一个包含 vSphere Web Client 的版本，在未来新的版本中将只有 vSphere Client（基于 HTML 5 开发）。如图 2-3-3 所示，这是 vSphere 6.7.0 中 vSphere Client 的截图。

如果使用 vSphere Web Client 管理 vCenter Server 及 ESXi，推荐在 Windows 7 或 Windows Server 2008 R2 操作系统中使用 IE 11 或 Chrome 浏览器，这样可以正确地显示中文。如果是在 Windows 10 中，只有在使用 IE 的时候才能显示中文，如果使用 Chrome 浏览器，部分显示为乱码。如图 2-3-4 所示，这是在 Windows 10 中使用 Chrome 浏览器登录时 vSphere Web Client 的显示。

如果使用 HTML 5 的 vSphere Client，在 Windows 7、Windows 10 等操作系统中，无论是使用 IE 还是 Chrome 浏览器，都能正常的显示中文。如图 2-3-5 所示，这是在 Windows 10 中使用

Chrome 浏览器登录与图 2-3-4 同一个 vCenter 时的显示，此时中文显示正常。

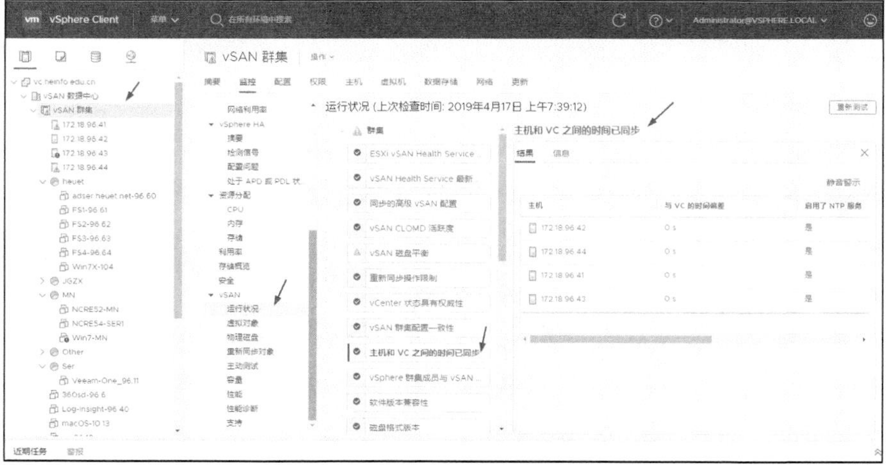

图 2-3-3 vSphere 6.7.0 中的 vSphere Client 界面

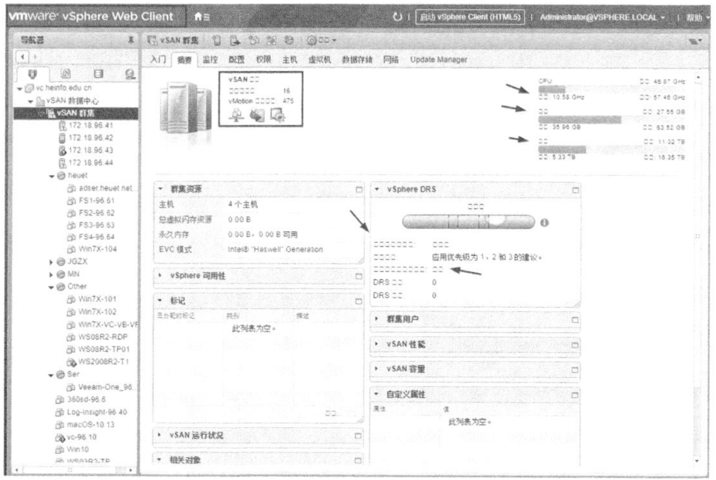

图 2-3-4 在 Windows 10 中显示乱码

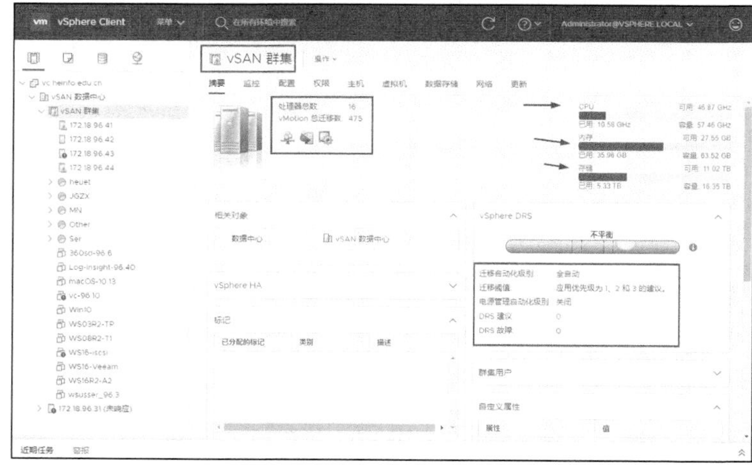

图 2-3-5 在 Windows 10 中显示正常

2.3.3 vCenter Server 版本问题

vSphere 的两个核心组件是 ESXi 和 vCenter Server。ESXi 是用于创建和运行虚拟机及虚拟设备的虚拟化平台。vCenter Server 是一种服务，充当连接到网络的 ESXi 主机的中心管理员。vCenter Server 可用于将多个主机的资源加入池中并管理这些资源。

可以在 Windows 虚拟机或物理服务器上安装 vCenter Server，或者部署 vCenter Server Appliance。vCenter Server Appliance 是预配置的基于 Linux 的虚拟机，针对运行的 vCenter Server 及 vCenter Server 组件进行了优化。可以在 ESXi 主机 6.0 或更高版本或者在 vCenter Server 实例 6.0 或更高版本上部署 vCenter Server Appliance。

从 vSphere 6.0 开始，用于运行 vCenter Server 和 vCenter Server 组件的所有必备服务都已捆绑在 VMware Platform Services Controller 中。可以部署具有嵌入式或外部 Platform Services Controller 的 vCenter Server，但是必须先安装或部署 Platform Services Controller，然后再安装或部署 vCenter Server。

在 vSphere 5.5、6.0、6.5 中，Windows 版本的 vCenter Server 和预发行版本的 vCenter Server Appliance 都是同时发布的，两个平台版本功能相同。使用 vCenter Server Appliance 可以减少一份 Windows 许可费用。但从 vSphere 6.5 开始，vCenter Server Appliance 支持 vCenter HA，而 Windows 版本的 vCenter Server 则不支持这一功能。如果要使用 vCenter HA，只能使用 vCenter Server Appliance。

vSphere 6.7 是最后一个包含 Windows 版 vCenter Server 的版本，在以后的版本（例如 vSphere 7.0）中将只有预发行版的 vCenter Server Appliance。对于新部署的 vSphere 建议选择 vCenter Server Appliance，对于以前使用的 vCenter Server，在以后系统升级的时候，建议升级或迁移到 vCenter Server Appliance。

2.3.4 vSphere 产品的升级

对于在用 VMware 的虚拟化，如果产品运行稳定并且不向现有的环境中添加新的主机和存储，建议使用原来的版本。确实需要升级 vSphere 时，建议升级与这些服务器配置相适应的版本，并不是升级到最高的版本。例如，某企业使用 vSphere 5.0，服务器配置较低（内存 16GB），如果要升级只建议升级到 vSphere 5.5，不建议升级到 6.0。

涉及 vSphere 版本的升级时，除了硬件配置要满足需求外，还要在“VMware 产品互操作列表→升级途径”中查找当前版本能否升级到目标版本（网址为 https://www.vmware.com/resources/compatibility/sim/interop_matrix.php#upgrade&solution=2），如果不能直接升级到所需要的版本，可以通过多次升级完成。

例如，通过 VMware 产品互操作列表可以看到（见图 2-3-6），vSphere 5.1 只能升级到 6.0，如果要想从 5.1 升级到 6.5，可以先将 5.1 升级到 5.5，再将 5.5 升级到 6.5；或者将 5.1 升级到 6.0，再将 6.0 升级到 6.5。

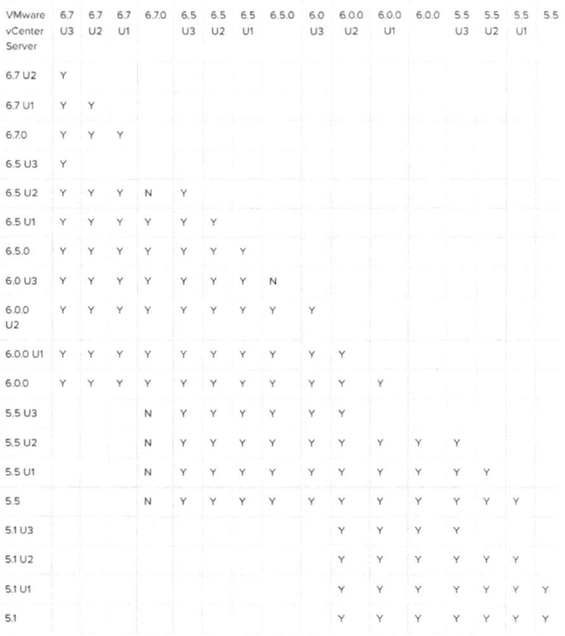

VMware vCenter Server	6.7 U3	6.7 U2	6.7 U1	6.7.0	6.5 U3	6.5 U2	6.5 U1	6.5.0	6.0 U3	6.0.0 U2	6.0.0 U1	6.0.0	5.5 U3	5.5 U2	5.5 U1	5.5
6.7 U2	Y															
6.7 U1	Y	Y														
6.7.0	Y	Y	Y													
6.5 U3	Y															
6.5 U2	Y	Y	Y	N	Y											
6.5 U1	Y	Y	Y	Y	Y	Y										
6.5.0	Y	Y	Y	Y	Y	Y	Y									
6.0 U3	Y	Y	Y	Y	Y	Y	Y	N								
6.0.0 U2	Y	Y	Y	Y	Y	Y	Y	Y	Y							
6.0.0 U1	Y	Y	Y	Y	Y	Y	Y	Y	Y	Y						
6.0.0	Y	Y	Y	Y	Y	Y	Y	Y	Y	Y	Y					
5.5 U3				N	Y	Y	Y	Y	Y	Y						
5.5 U2				N	Y	Y	Y	Y	Y	Y	Y	Y	Y			
5.5 U1				N	Y	Y	Y	Y	Y	Y	Y	Y	Y	Y		
5.5				N	Y	Y	Y	Y	Y	Y	Y	Y	Y	Y	Y	
5.1 U3										Y	Y	Y	Y			
5.1 U2										Y	Y	Y	Y	Y	Y	
5.1 U1										Y	Y	Y	Y	Y	Y	Y
5.1										Y	Y	Y	Y	Y	Y	Y

图 2-3-6 VMware 产品互操作列表

2.4 ESXi 引导设备的选择

VMware ESXi 的内核很小，安装后占用不到 1GB 的空间。ESXi 支持从本地设备（包括 U 盘、SD 卡、硬盘）、远程设备（LUN 映射的磁盘）、网络（使用 TFTP 从网卡启动）启动。

要安装 ESXi 6.x 或升级到 ESXi 6.x，至少需要 1GB 的引导设备。如果从本地磁盘、SAN 或 iSCSI LUN 进行引导，则需要 5.2GB 的磁盘，以便可以在引导设备上创建 VMFS 卷和 4GB 的暂存分区。

由于 USB 和 SD 设备容易对 I/O 产生影响，安装程序不会在这些设备上创建暂存分区。在 USB 或 SD 设备上进行安装或升级时，安装程序将尝试在可用的本地磁盘或数据存储上分配暂存区域。

与 USB 闪存设备不同，ESXi 安装程序会在 M.2 和其他非 USB 低端闪存介质上创建 VMFS 数据存储。如果将虚拟机部署或迁移到此引导设备数据存储，引导设备可能会快速耗损，具体取决于闪存设备的耐用性和工作负载的特征。在低端闪存设备上，即便是只读工作负载也可能会出现问题。所以，如果在 M.2 或其他非 USB 低端闪存介质上安装 ESXi，安装后请立即删除设备上的 VMFS 数据存储。

删除 M.2 存储设备的 VMFS 数据存储的主要步骤如下。

（1）使用 vSphere Client 或 vSphere Host Client 登录到 ESXi 主机。

（2）为数据存储禁用 Storage DRS、为数据存储禁用 Storage I/O Control。

（3）确保数据存储未用于 vSphere HA 检测信号。

（4）导航到数据存储，用鼠标右键单击要移除的数据存储（安装 ESXi 系统的 M.2 磁盘所在的卷），然后在弹出的快捷菜单中选择“卸载”，如图 2-4-1 所示。

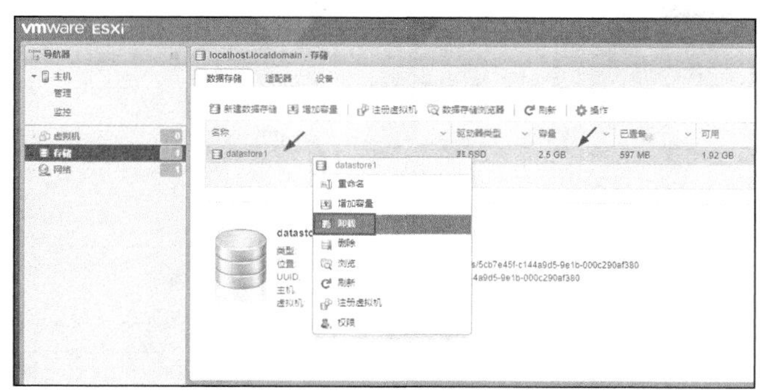

图 2-4-1 卸载数据存储

（5）在数据存储卸载后，容量显示为 0B，用鼠标右键单击要删除的数据存储，在弹出的快捷菜单中选择“删除”（见图 2-4-2），在弹出的“删除数据存储”对话框中单击“确认”按钮，确认要删除的数据存储。

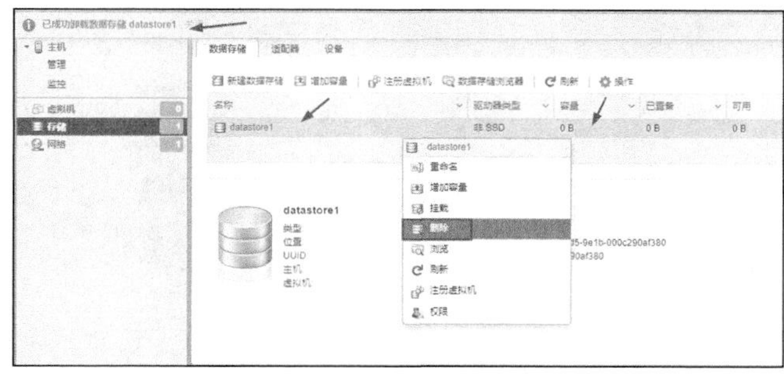

图 2-4-2 删除数据存储

在生产环境中，根据服务器的型号和类型为 ESXi 选择合适的引导设备，选择原则如下。

（1）使用 FC、SAS 接口连接到共享存储架构，可以从存储为服务器划分 LUN 空间用于 ESXi 的安装与引导。

（2）对于 vSAN 架构，不建议将 ESXi 系统安装在 U 盘、SD 卡设备中。因为在 vSAN 架构中，如果 ESXi 引导设备失效，当服务器重新启动并且不能引导时，如果重新安装了 ESXi 并重新加入原有 vSAN 群集中，虽然原来的磁盘能加入现有磁盘组，但如果修复的时间超过 60 分钟，原来保存在这台主机上的数据可能已经在其他主机重建。

（3）在共享存储架构中，如果虚拟机保存在共享存储中，为了节省成本，可以将 ESXi 安装在 U 盘或 SD 卡中。

下面介绍在实际的项目中 ESXi 的引导设备。

2.4.1 将 ESXi 安装在 SATA DOM 设备中

某 vSAN 项目使用了 2U 4 节点的服务器，该服务器最多配置 4 个节点（见图 2-4-3），最多支持 12 个 3.5 英寸磁盘（见图 2-4-4）或 24 个 2.5 英寸磁盘。这台服务器的每个节点有 2 个黄色的 SATA 接口，这个接口带供电支持 SATA DOM 盘，本项目中为每个节点配置了一块 64GB 的 SATA DOM 盘（见图 2-4-5）安装 ESXi 系统。需要注意，SATA DOM 有 2 种，一种是不需要配外接电源的，另一种是需要配外接电源的，本项目中配置的是不需要外接电源的 SATA DOM 盘。

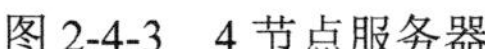

图 2-4-3　4 节点服务器

图 2-4-4　12 个 3.5 英寸盘位

图 2-4-5　SATA DOM

说明

现在能提供 2U 4 节点服务器的厂商较多，超微、Dell、Intel、联想都提供此类机型。

2.4.2　将 ESXi 安装在双 SD 卡套件中

Dell PowerEdge 系列服务器提供了 SD 卡模块（见图 2-4-6），可以插 2 个 SD 卡，适用于 Dell T 系列、R 系列等服务器。在共享存储架构中，可以将 ESXi 安装在 SD 卡中；在 vSAN 架构中，只有磁盘位不够时才建议将 ESXi 安装在 SD 卡中。

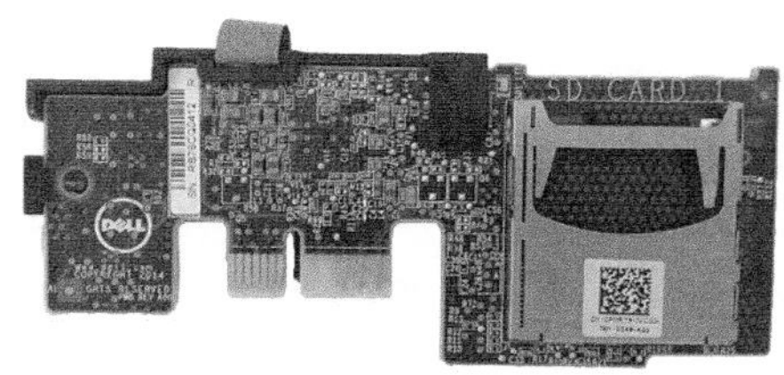

图 2-4-6　Dell SD 卡模块

2.4.3　将 ESXi 安装在 M.2 SSD

联想 ThinkSystem 服务器提供了 M.2 with Mirroring Enablement Kit 套件（见图 2-4-7），通过该套件可配置 2 块较小容量，例如 128GB 的 M.2 SSD，在配置为 RAID-1 后用来安装 ESXi 系统。该套件安装在服务器主板中，有一个接口可以安装该套件。

图 2-4-7　联想服务器双 M.2 SSD 模块

2.4.4　将 ESXi 安装在本地硬盘

因为 ESXi 不需要太大的空间，所以将 ESXi 安装在小容量的 SSD 中是一个不错的选择。当 ESXi 主机中有足够的盘位时，优先将 ESXi 安装在 SSD 中，如图 2-4-8 所示。如果考虑到容错，可以配置 2 块相同容量的 SSD 并使用 RAID-1 划分为 1 个卷用于 ESXi 系统的安装引导。如果使用现有的服务器组成虚拟化系统，可以使用服务器原来的硬盘（例如原有容量为 300GB 或 600GB 的硬盘）安装系统。在将 ESXi 安装在本地硬盘时，可以根据硬盘的型号、容量、数量进行选择，不要选择错误。例如，在某虚拟化项目中，每台主机配置了 15 块 1.2TB 的 SAS 盘、3 块 800GB 的 PCIe 接口的 SSD、1 块 480GB 的 SSD，安装的时候选择容量为 480GB 的盘（图中为 447.13GiB），如图 2-4-8 所示。

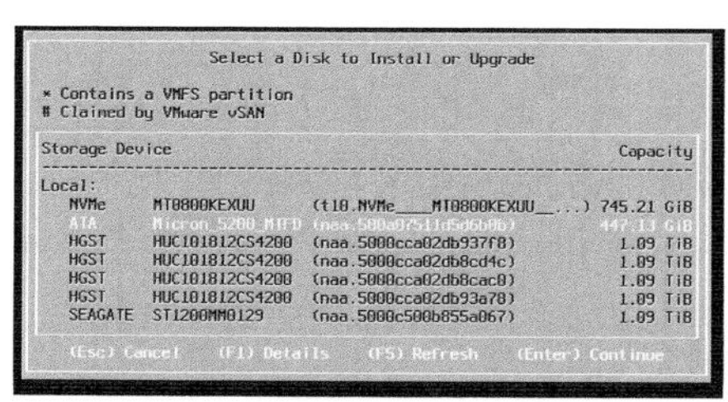

图 2-4-8　将 ESXi 安装在 480GB SSD 中

说明

硬盘厂商的容量标记 1K = 1000（以十进制计算），而操作系统中的 1K = 1024（以二进制计算），所以厂商标记为 480GB 的硬盘，操作系统识别为 480×1000×1000×1000/（1024×1024×1024）≈447GB。以二进制计算的容量单位以 GiB 来表示，全称为 Giga Binary Byte。

2.4.5 安装或升级 ESXi 的注意事项

在安装或升级 ESXi 的时候，一定要明确了解当前所操作的主机，需要将 ESXi 安装在何处，是安装在本地 U 盘、SD 卡，还是本地 SAS 硬盘或 SSD 固态硬盘，或者是存储分配给当前主机的空间。如果是共享存储分配给主机的空间时，一定要确认正确的安装位置，需要将 ESXi 安装在用于系统引导的容量较小的专有 LUN，而不是同时分配给多台主机的容量很大的共享分区。如图 2-4-9 所示，这是某虚拟化项目中，共享存储分配给某台 ESXi 主机的空间，图中一共有 3 个 LUN，其中容量为 40GB 的是分配给这台主机的引导空间，1.55TB 与 2.73TB 是分配给所有主机的共享空间。

说明

图中的 Remote 表示远程磁盘，Local 表示本地磁盘（当前示例中没有配本地磁盘）。

在安装 ESXi 的时候，如果物理主机硬盘已经安装过了 ESXi（重新安装或升级安装），已经有 VMFS 分区的磁盘前面用*表示，已经有 vSAN 分区的磁盘前面用#表示，注意不要将 ESXi 系统安装在标记为#的 vSAN 磁盘中，如图 2-4-10 所示。在这个截图中，使用一个 16GB 的 U 盘加载 ESXi 的安装镜像启动服务器，准备将 ESXi 安装到一个 32GB 的 U 盘中。

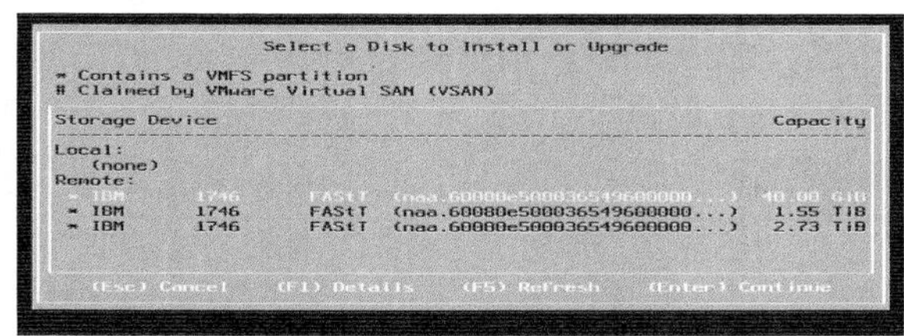

图 2-4-9 选择正确的引导盘用于 ESXi 的系统安装

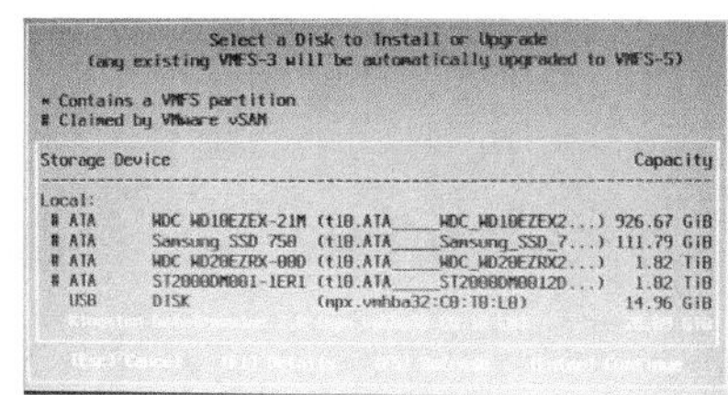

图 2-4-10 根据容量选择 ESXi 系统盘

在安装 ESXi 的时候，如果不清楚所选择的分区是否有数据或者是否有 ESXi 的系统，可以选中分区之后按 F1 键，在弹出的对话框中，将会显示是否有 ESXi 的分区，如图 2-4-11 所示。在这个图中可以看到选择的磁盘已经有 ESXi 6.7.0 的系统。

如果选择已有系统的磁盘（或 U 盘）安装 ESXi，则会弹出“ESXi and VMFS Found”的对话框，第一项是升级安装并保留 VMFS 数据，第二项是全新安装并保留 VMFS 数据，第三项是全新安装并覆盖 VMFS 数据，一般选择第一项或第二项，如图 2-4-12 所示。

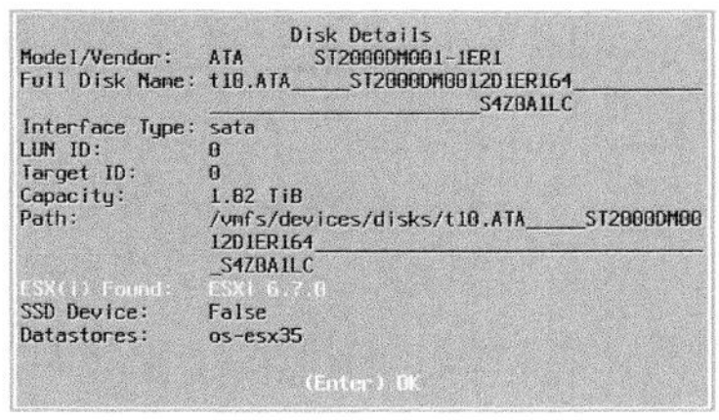

图 2-4-11 找到 ESXi 系统

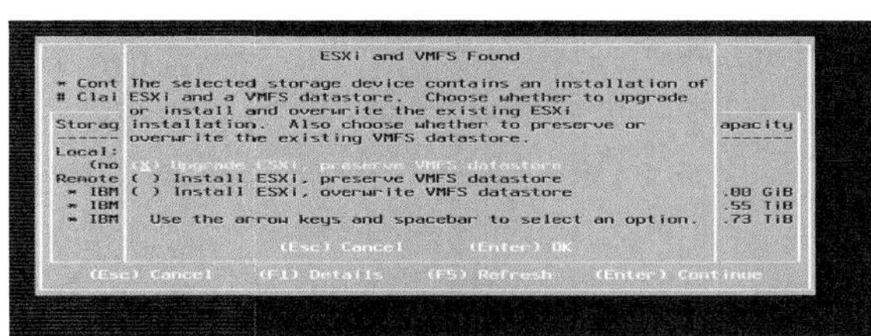

图 2-4-12 选择升级

在安装 ESXi 的时候，如果只看到启动 U 盘，没有找到服务器的硬盘，则可能的原因及做法如下。

（1）如果服务器确认有本地硬盘并且在 RAID 中进行了正确的配置，这表示当前要安装版本的 ESXi，没有该服务器的 RAID 卡或 SAS 卡驱动，需要为该服务器定制安装程序并重新安装。

（2）如果服务器使用远程存储分配的空间，但存储并未为该服务器分配空间，或者服务器与存储的连接出了问题，应检查线路或存储服务器配置。

2.4.6 UEFI 与 LEGACY 引导问题

现在服务器或 PC 的系统启动支持两种模式，一种是传统 BIOS 模式（称为 Legacy），另一种是 UEFI 模式，两种模式可以在 CMOS 中修改（见图 2-4-13，这是 Dell 服务器修改引导模式的设置界面）。

但一些新的服务器只支持 UEFI 的 BIOS，对应的系统引导也只支持 UEFI 模式。在安装 ESXi 的时候，常用的做法是使用网上流行的一些 U 盘制作工具制作启动 U 盘，然后加载 ESXi 的安装 ISO 文件引导服务器并安装 ESXi 系统，但这种方式只支持 Legacy 模式引导的服务器。对于 UEFI 模式引导的服务器，这种方式制作的 U 盘已经不能用于 ESXi 系统的安装。如果希望继续使用 U 盘安装 ESXi 系统，可以使用 UltraISO 将 ESXi 的 ISO 文件写入 U 盘后制作成启动 U 盘安装（见图 2-4-14），或者使用 KVM、服务器远程控制台连载 ESXi 的 ISO 引导服务器。使用 IODD 虚拟硬盘盒加载 ISO 镜像文件启动服务器也是一种办法。

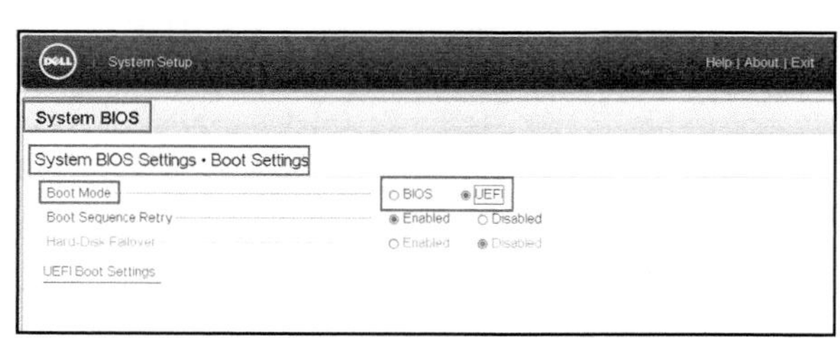

图 2-4-13 引导模式

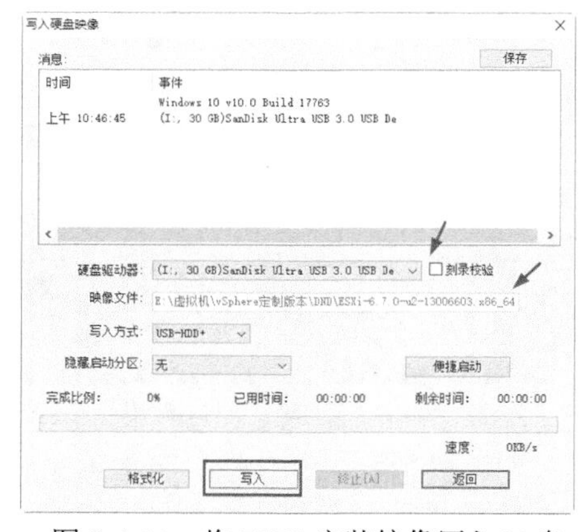

图 2-4-14 将 ESXi 安装镜像写入 U 盘

某些服务器配置的 RAID 卡支持 Legacy 配置，也支持 UEFI 配置。如果是为了配置 RAID 卡将引导模式设置为 BIOS 模式或 Legacy 模式，在配置完 RAID 卡之后应将引导模式改为 UEFI。

现在较新型的 RAID 卡只支持在 UEFI 模式中设置，不支持 Legacy 配置。例如，华为 RH5288 V5 服务器配置的 AVAGO Mega SAS 3508 RAID 卡，如果将启动类型修改为 Legacy（见图 2-4-15），将不能进入 RAID 配置界面。

联想 System 系列服务器（原来的 IBM 3650、3850 系列），可以将服务器引导模式设置为 UEFI 或 BIOS，但在加载 Boot 菜单时，可以临时选中 Legacy（见图 2-4-16），以 Legacy 模式加载引导设备，这比较方便使用工具 U 盘加载 ESXi 的 ISO 镜像安装系统（此时引导模式可以为 UEFI）。

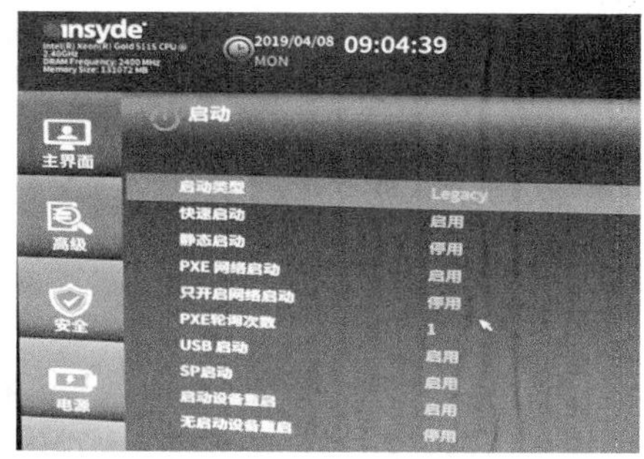

图 2-4-15 修改启动类型为 Legacy

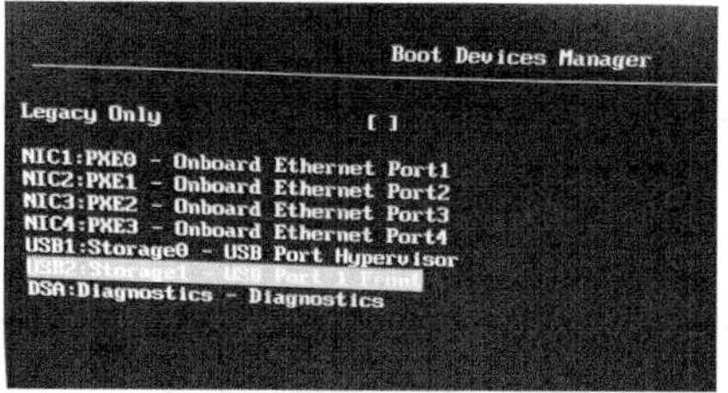

图 2-4-16 在 Boot 管理器中启用/不启用 Legacy 模式

说明

UEFI 和 Legacy 是两种不同的引导模式，UEFI 是新式的 BIOS，Legacy 是传统的 BIOS。在 UEFI 模式下安装的系统，只能用 UEFI 模式引导；在 Legacy 模式下安装的系统，也只能在 Legacy 模式下进入系统。UEFI 只支持 64 位系统并且磁盘分区必须为 GPT 模式，传统的 BIOS 无法支持 GPT 分区引导，只能进入操作系统才能识别 GPT 分区。

2.4.7 vSAN 中系统盘与 vSAN 磁盘模式问题

在 vSAN 架构中，建议将 ESXi 系统安装在与 vSAN 磁盘不在同一个控制器的独立的引导设备中，例如双 SD 卡（不建议）、M.2 磁盘。如果系统盘与 vSAN 磁盘在同一个 RAID 控制器中，那么系统盘与 vSAN 磁盘配置的 RAID 模式应该相同。

对于 Dell 服务器来说，Dell 服务器支持 Non-RAID 模式，如果用于 vSAN 的磁盘都是配置为 Non-RAID 模式，那么用于系统的磁盘也要配置成 Non-RAID 模式。不要将系统磁盘配置成 RAID-0（单块磁盘）或 RAID-1（2 块磁盘做镜像）。注意，这里面的提示是“不要”，不是“不能”。你可以将 2 块磁盘配置成 RAID-1 来安装 ESXi 系统，剩余的其他盘配置成 Non-RAID 模式来用于 vSAN 的磁盘，但这种情况下配置好 vSAN 之后，系统中会有提示。

对于联想服务器（或其他支持 RAID 直通的服务器）来说，联想服务器 RAID 卡支持将磁盘配置为 JBOD 模式，这种情况下 ESXi 的系统盘、vSAN 盘都要配置为 JBOD 模式。

对于其他不支持 Non-RAID 与 JBOD 的服务器 RAID 卡来说，用作 vSAN 的每块磁盘配置为 RAID-0，而安装 ESXi 的系统盘可以选择将 2 块磁盘配置为 RAID-1，这是允许的。

3　安装 VMware ESXi 6.7

本章介绍物理主机虚拟化程序 VMware ESXi 的基础知识，并介绍在 VMware Workstation 虚拟机、普通 PC 和服务器中安装 ESXi 以及 ESXi 控制台配置的内容。同时还会介绍将网卡驱动程序、RAID 卡驱动程序集成到 ESXi 安装包中的方法。

3.1　vSphere 产品概述

本节介绍 ESXi、vSphere 产品发行版本，ESXi 系统需求与安装位置等方面的内容。

3.1.1　ESXi 概述

ESXi 需要安装在 x86 架构的 PC 服务器中，不能安装于其他架构的服务器。ESXi 是底层架构的操作系统，不需要操作系统的支持。ESXi 直接安装在物理服务器中，安装后使用客户端程序登录到 ESXi，对 ESXi 进行管理。例如实现创建虚拟机、启动配置虚拟机，对外提供服务。简单说，ESXi 是一个虚拟化底层平台，在服务器没有安装 ESXi 之前，每台服务器在一个时间只能运行一个操作系统。在安装 ESXi 之后，通过虚拟化技术可以创建多台虚拟机，每台虚拟机都可以运行一个操作系统。在使用虚拟化之后，一台 x86 的服务器可以同时运行多个不同应用的虚拟机，以达到同时运行多个操作系统的目的，每台虚拟机提供不同的服务。这可以充分发挥物理服务器性能，降低硬件的投入。图 3-1-1 所示是一台安装了 ESXi 6.5.0 的服务器的控制台界面。

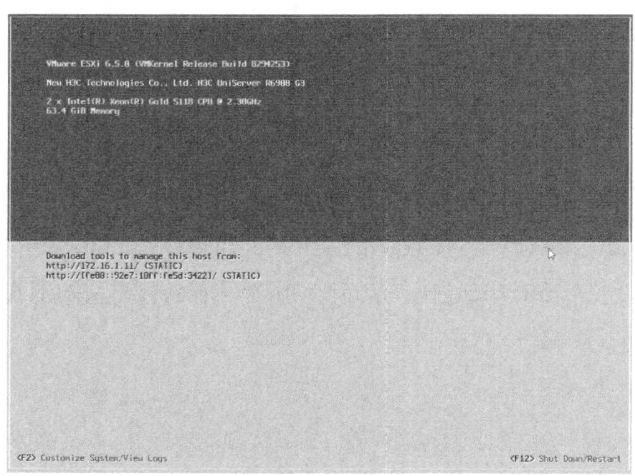

图 3-1-1　安装了 ESXi 6.5.0 的服务器

说明

从 vSphere 6.5.0 U1（版本号为 6.5.0- 5969303）开始，不能使用传统的客户端 vSphere Client 6.0 登录到 ESXi 6.5.0 U1，代之以 vSphere Host Client 管理 ESXi，或使用 vSphere Web Client 登录到 vCenter Server 管理 ESXi。

3.1.2 vSphere 产品与版本

在每个 vSphere 新版本发布的时候，都会有一个“发行说明”，介绍当前发行产品的名称、版本号、内部版本号、新增功能等。例如，在“VMware vSphere 6.7 GA 发行说明”（链接页 https://docs.vmware.com/cn/VMware-vSphere/6.7/rn/vsphere-esxi-vcenter-server-67-release-notes.html）中，首先发布了每个产品的名称与主次版本号、更新时间及内部版本号，如图 3-1-2 所示。

图 3-1-2 vSphere 6.7 GA 发行说明

在图 3-1-2 中可以看到，当前 vSphere 6.7 GA 更新涉及三个产品：

ESXi 6.7 GA，更新时间为 2018 年 4 月 17 日，ISO 内部版本号是 8169922；

vCenter Server 6.7 GA，更新时间为 2018 年 4 月 17 日，ISO 内部版本号是 8217866；

vCenter Server Appliance 6.7 GA，更新时间为 2018 年 4 月 17 日，内部版本号是 8217866。

如果从 VMware 官方网站下载 ESXi 6.7.0，其安装 ISO 文件名为 VMware-VMvisor-Installer-6.7.0-8169922.x86_64.iso，大小为 330MB。其中 6.7.0 中的“6”是主版本号，“7.0”是次版本号，而 8169922 是 ISO 内部版本号。同一个产品内部版本号越大，表示产品发布的时间越晚，产品更新越多。

当 vSphere 某个版本发布之后，VMware 会根据产品的后期使用以及用户的反馈，推出产品的升级版本，这些更新涉及一个（例如 ESXi 或 vCenter Server）或同时多个产品（例如 ESXi 与 vCenter）的更新。例如，在 vSphere 6.7 发布之后，又依次发布了 ESXi 6.7.0 U1、U2 与 vCenter Server 6.7.0 U1、U1a、U1b、U2 等多个更新。打开 http://my.vmware.com 并用账户登录，浏览“产品→产品补丁程序”页，在“您为以下项选择了补丁程序”中选择“VC”（vCenter Server），并在右侧选择版本后进行筛选，可以列出所选版本的补丁和升级程序，如图 3-1-3 所示。

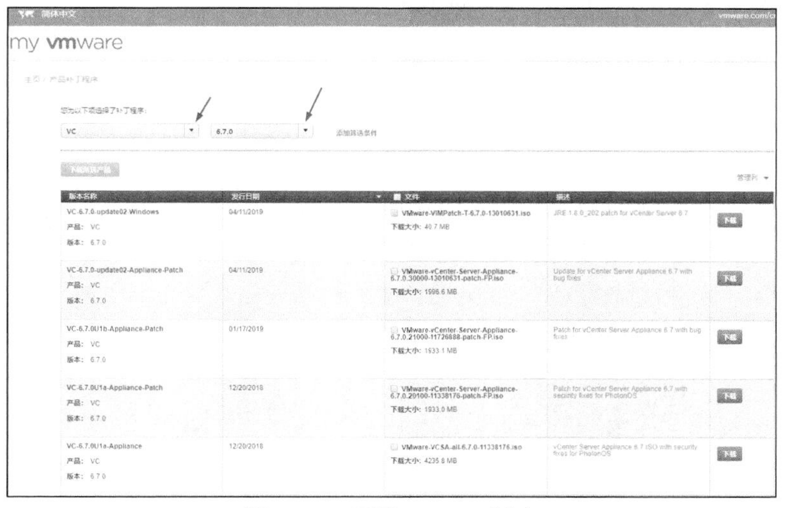

图 3-1-3 下载 vSphere 版本

图 3-1-3 中可下载的是补丁和升级程序，有的时候不能下载到完整的安装包，例如本示

例中的 vCenter 6.7.0 U2 的安装包。如果要下载完整的 ESXi 与 vCenter Server 的安装包，需要在“下载 VMware vSphere”页中完成，如图 3-1-4 所示。

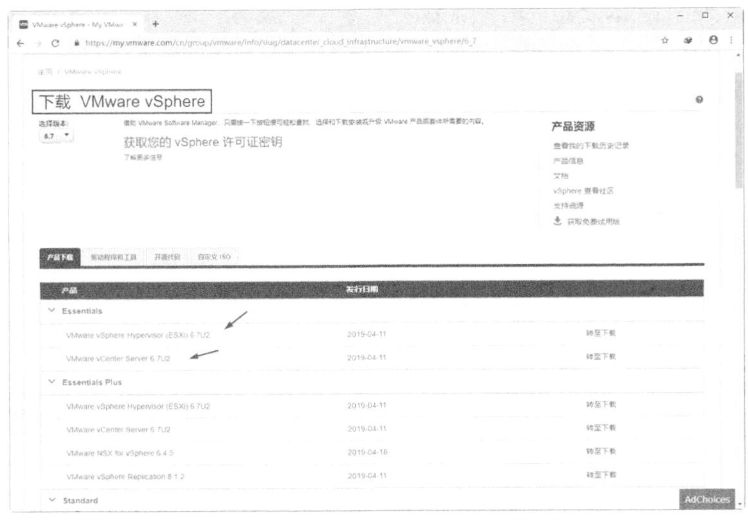

图 3-1-4 VMware vSphere 下载页

VMware vSphere 是一个国际化的产品，提供了英文、法文、德文、西班牙文、日文、韩文、简体中文、繁体中文等多个语言支持，VMware vSphere 6.7 的组件包括 vCenter Server、ESXi、vSphere Web Client、vSphere Client 和 vSphere Host Client，它们都不接受非 ASCII 输入。在 vSphere Client、vSphere Web Client、vSphere Host Client 中都会自动匹配当前计算机的显示语言。

3.1.3 ESXi 系统需求

如果只是安装 ESXi 6.x，系统的要求比较低，最低 1 个单插槽、双核心的支持硬件辅助虚拟化的 CPU（每个物理 CPU 表示 1 个插槽）、最低 4GB、最少 1 个 1Gbit/s 网卡、最低 1 个 4GB 的驱动器就可以完成安装。要在生产环境中使用，还要根据同时运行的虚拟机的数量、虚拟机占用的资源进行相应的扩容。一般情况下 ESXi 6.7 的主机配置内存最小应该为 64GB。

在第 2 章介绍过可以将 ESXi 系统安装在 U 盘、SD 卡、存储划分的 LUN、服务器本地硬盘甚至直接通过 PXE 网络引导使用，但具体将 ESXi 安装在何种位置，需要根据实际情况灵活选择。表 3-1-1 列出了不同环境中推荐的 ESXi 的安装位置。

表 3-1-1 不同环境中推荐的 ESXi 的安装位置

安装位置	情况说明	使用环境
本地硬盘	单块磁盘：安装在本地硬盘 多块磁盘：安装在第一块硬盘	单台 ESXi，无 RAID
RAID 划分的卷	RAID-5/6/1/10，划分至少 2 个卷，第一个卷划分 10～30GB，用于安装 ESXi，剩余的空间划分为另一个卷，用于保存虚拟机	单台 ESXi，有 RAID； 或无共享存储使用本地存储的 ESXi 服务器
U 盘或 SD 卡	U 盘或 SD 卡，或为服务器配 1 块容量较小的 SSD（例如 60GB 或 120GB），用于安装系统	（1）使用 iSCSI 共享存储的 ESXi 服务器 （2）FC 或 SAS 的共享存储，但服务器配的 HBA 卡或服务器不支持从存储启动

续表

安装位置	情况说明	使用环境
存储划分的 LUN	在存储上，为每台服务器划分一个 10～30GB 的 LUN，用于安装 ESXi 系统	使用 FC 或 SAS 的共享存储
U 盘或 SD 卡	vSAN 节点主机，具有较少剩余磁盘位	vSAN 实验环境
小容量 SSD、M.2	vSAN 节点主机，具有较多剩余磁盘位	vSAN 生产环境

3.2 在 VMware Workstation 虚拟机中安装 ESXi

“实验是最好的老师。”要掌握 ESXi 的内容，需要从头安装配置 ESXi，并在 ESXi 中创建虚拟机、配置虚拟机、管理 ESXi 网络。如果要准备 ESXi 环境，有以下 3 种方法。

（1）在服务器上安装。这是最好的方法，可以在最近两年购买的联想（IBM）、华为、浪潮、Dell 等服务器上安装测试 ESXi。如果在已有操作系统的服务器上安装，服务器原来的数据会丢失，应注意备份这些数据。

（2）在 PC 上测试。在某些 Intel 芯片组，CPU 是 Core I3、I5、I7，支持 64 位硬件虚拟化的普通 PC 上进行测试。

当主板芯片组是 H61 的时候，ESXi 安装在 SATA 硬盘可能不能启动，此时可以将 ESXi 安装在 U 盘上，用 SATA 硬盘作为数据盘。当主板芯片组是 Z97 的时候，在 BIOS 设置中启用 RAID 卡支持，但不需要配置 RAID。此时可以将 ESXi 安装在 SATA 硬盘中（不用配 RAID，因为 ESXi 不支持 Intel 集成的“软”RAID，而是绕过 RAID 直接识别成 SATA 硬盘）。

（3）在 VMware Workstation 虚拟机上测试。对于初学者和爱好者来说，可能一时找不到服务器安装 ESXi，这时候可以借助 VMware Workstation，在 VMware Workstation 的虚拟机中学习 ESXi 的使用。

将 ESXi 安装在虚拟机、PC、测试用的服务器中，三者之间的优缺点及需要的配置如表 3-2-1 所示。

表 3-2-1 不同 ESXi 安装环境的优缺点

安装位置	主机配置	优点	缺点
主机 Windows 操作系统+VMware Workstation 15.0 虚拟机软件	64 位 Windows 7、Windows Sever 2008 R2 及更新版本操作系统；至少 16GB 内存，推荐 32GB 或更高内存；至少 1 个 200GB 以上可用空间的 SSD；1TB 及以上空间的 HDD	简单、方便，可以完成大多数 ESXi 的单机、网络实验；可以快速部署与恢复实验环境	速度慢，部分实验不能完全实现（例如不能启动 FT 的虚拟机等）
PC	Intel i5 及更高规格 CPU，至少 16GB 内存，推荐 32GB；1 台 ESXi 支持的 1Gbit/s 网卡；至少 1 块 1TB 以上的硬盘	模拟真实的使用环境，与使用物理服务器测试相似，兼容性好，速度较快	专机专用，这台 PC 在安装 ESXi 后其硬盘原有数据会被清除。还需要使用另外 1 台 PC 远程管理安装 ESXi 的主机

续表

安装位置	主机配置	优点	缺点
服务器	Intel E5-2603 V3 及更高规格 CPU，推荐至少 64GB，至少 4～6 块磁盘划分 RAID-5；1 块 200GB 或 400GB 的 SSD	真实的使用环境，速度快，兼容性好	成本稍高，另外需要使用 1 台 PC 对服务器进行管理

在安装 ESXi 之前，先了解一下 ESXi 的版本。

在 VMware 官方网站，通常提供“公版”ESXi 的安装镜像。公版的安装镜像可以安装 IBM 服务器、大多数标准的 x86 架构的服务器。VMware 同时还为 Dell、HP、CISCO 等不同厂家提供“定制版”，这些版本只能用于对应品牌服务器的安装。简单来说，HP、Dell 等服务器最好使用 VMware“定制版”安装，不要用“公版”安装。IBM 等大多数的服务器，可以用“公版”安装，而不要用“定制版”安装。ESXi 不同版本示例说明如表 3-2-2 所示。

表 3-2-2　　ESXi 不同版本说明

版本描述	文件名	文件大小/MB
VMware“公版”程序，用于 IBM 等服务器的安装，6.7.0 U2	VMware-VMvisor-Installer-6.7.0.update02-13006603.x86_64.iso	311
Dell 服务器定制版，6.7.0	VMware-VMvisor-Installer-6.7.0-9484548.x86_64-DellEMC_Customized-A05	333
HPE 服务器定制版，6.7.0	VMware-ESXi-6.7.0-OS-Release-8169922-HPE-Gen9plus-670.10.2.0.35-Apr2018	370
联想服务器定制版，6.7.0	VMware-ESXi-6.7.0-8169922-LNV-20180404.iso	333

在“下载产品”页中，单击“选择版本”下拉列表，选择要下载的 VMware vSphere 版本，例如 6.7.0；然后单击“自定义 ISO”选项卡，在“OEM Customized Installer CDs”列表中显示当前可供下载的 ESXi 的定制版本，如图 3-2-1 所示。

图 3-2-1　ESXi 定制版本下载页

3.2.1 实验环境概述

在 VMware Workstation 中创建 1 台虚拟机安装 ESXi 6.7.0 U2，在主机中使用 vSphere Host Client 管理 ESXi，在 ESXi 6 中创建虚拟机。本节实验环境示意如图 3-2-2 所示。

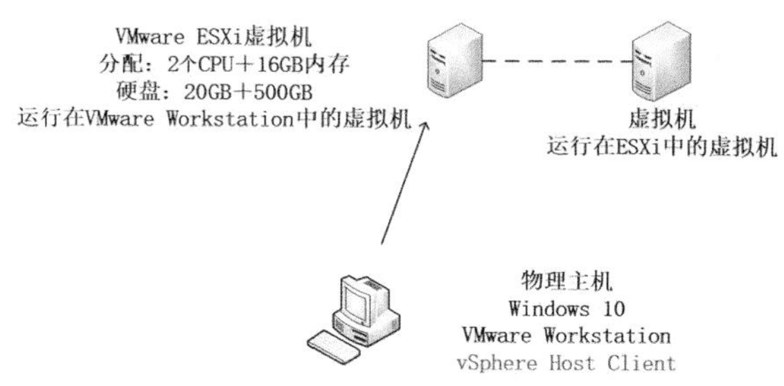

图 3-2-2 VMware ESXi Server 实验拓扑

在图 3-2-2 中，有 1 台配置较高的计算机，这台计算机具有 32GB 内存、1 块 500GB 的 SSD、1 块 3TB 硬盘，安装了 64 位 Windows 10 专业工作站版，实验计算机基本信息如图 3-2-3 所示。

图 3-2-3 实验所用计算机基本信息

在这台实验机中安装了 VMware Workstation 15.0.4，使用 VMware Workstation 虚拟出 1 台计算机用来安装 ESXi。在主机或网络中的其他计算机上使用 IE 或 Chrome 浏览器登录管理 ESXi 并进行管理。实验拓扑如图 3-2-4 所示。

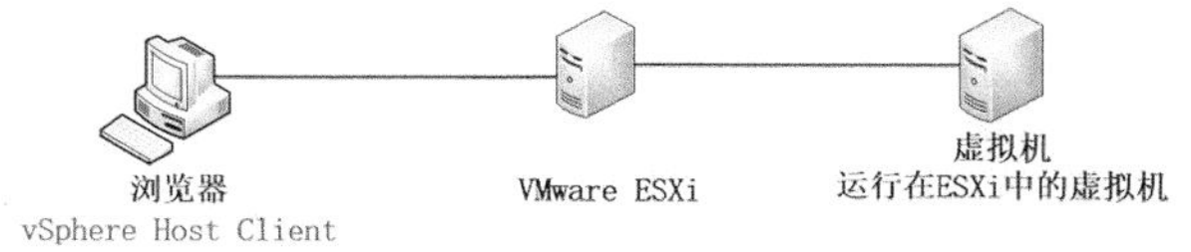

图 3-2-4 实验拓扑图

在安装 ESXi 之前，无论是在主机上直接安装 ESXi，还是在 VMware Workstation 的虚拟机中安装 ESXi，都要求在主机的 CMOS 设置中，启用 Intel VT 及 Execute Disable Bit 功能。对于不同的计算机（或服务器），可能有不同的设置方式，下面我们选择了几种典型的配置。

（1）Intel S1200 主板，需要在“Advanced→Processor Configuration”设置页中，将“Execute Disable Bit”及“Intel (R) Virtualization Technology”设置为“Enabled”，如图 3-2-5 所示。

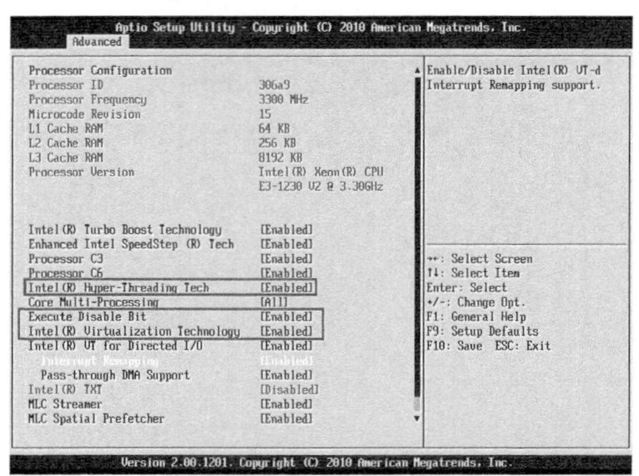

图 3-2-5 Intel S1200 主板配置

（2）Intel Z97 芯片组主板（以华硕 Z97-K 主板为例），需要在“Advanced→CPU Configuration”设置页中，将“Execute Disable Bit”及“Intel Virtualization Technology”设置为“Enabled”，如图 3-2-6 所示。

（3）Intel H61、Q67 芯片组主板，需要在“Advanced→Advanced Chipset Configuration”设置页中，将“Intel XD Bit”及“Intel VT”设置为“Enabled”，如图 3-2-7 所示。

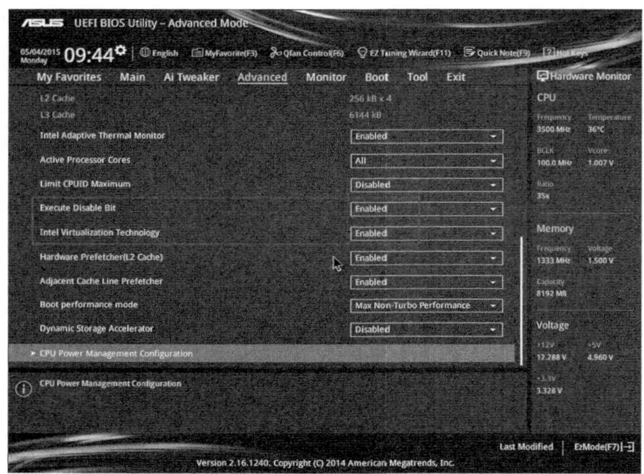

图 3-2-6 Z97 芯片组主板配置

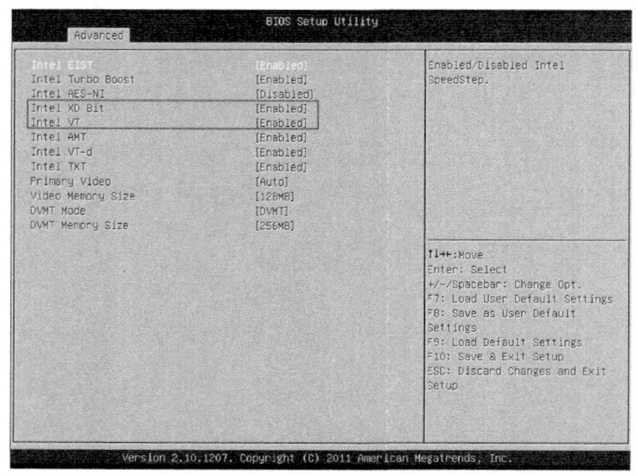

图 3-2-7 Intel H61、Q67 芯片组主板配置

（4）大多数的服务器，在出厂配置时默认设置即启用了“硬件虚拟化”功能，如果没有，也可以进入 CMOS 设置，启用硬件虚拟化及 Execute Disable Bit 功能。图 3-2-8 是 HP DL

380 Gen8 服务器启用硬件虚拟化的设置。

（5）图 3-2-9 是 IBM 3850 服务器启用虚拟化的设置，你需要按 F1 键进入 CMOS 设置，在“System Settings→Processors”中将“Execute Disable Bit”及“Intel Virtualization”设置为“Enable”。

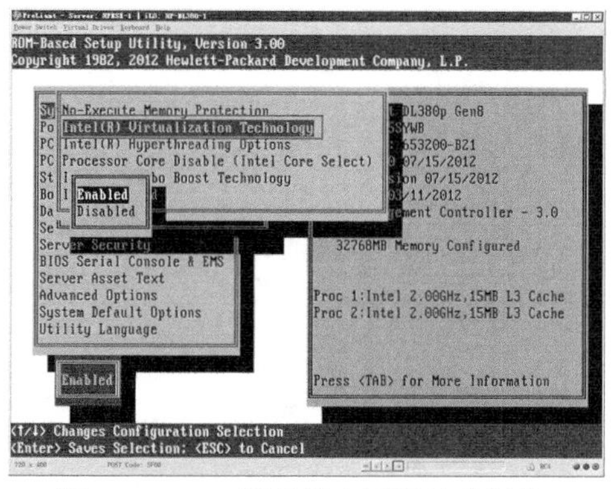

图 3-2-8 HP 服务器启用硬件虚拟化

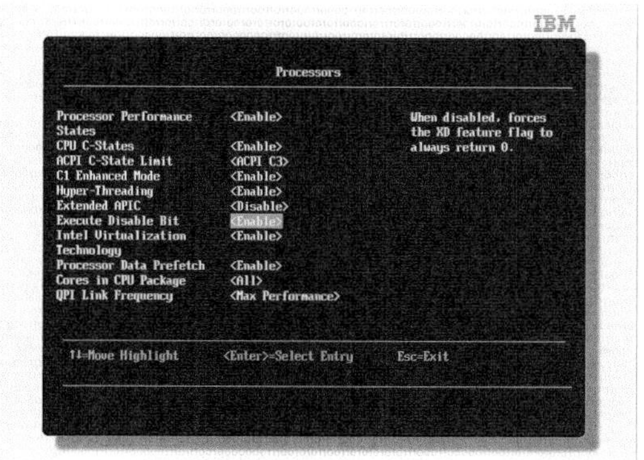

图 3-2-9 IBM 3850 服务器启用虚拟化

3.2.2 配置 VMware Workstation 15 的虚拟机

在实验主机安装好 VMware Workstation 15 之后，还需要对 VMware Workstation 进行简单的配置，主要是修改虚拟机的默认工作区、修改虚拟机内存、设置虚拟机网络，主要配置如下。

（1）在 VMware Workstation 中，打开“编辑”菜单选择“首选项”，如图 3-2-10 所示。

（2）在“工作区”中选择一个新建的空白文件夹，用来保存 ESXi 实验中所创建的虚拟机，本示例中选择 F:\VMS-ESXi，如图 3-2-11 所示。

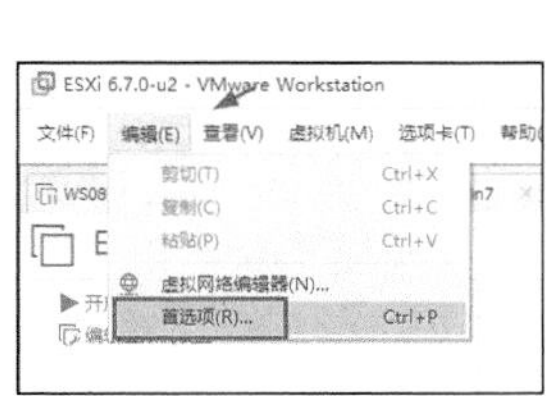

图 3-2-10 VMware Workstation 主界面

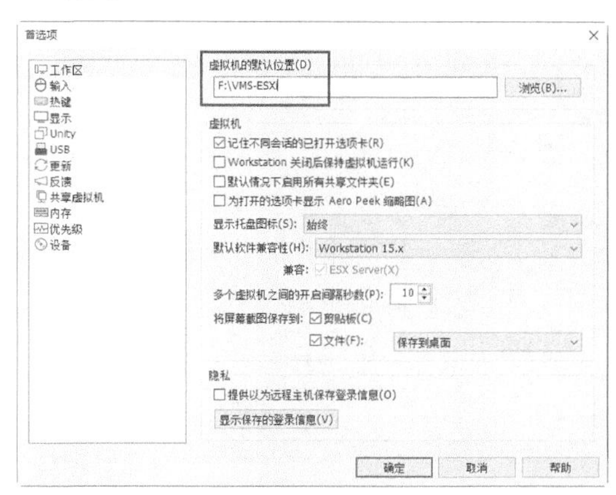

图 3-2-11 选择工作区

（3）在“内存”中修改虚拟机使用内存的方式。如果主机有足够的内存，可以选中“调整所有虚拟机内存使其适应预留的主机”，如图 3-2-12 所示。如果主机内存较小，又需要创建较多（或需要较大内存）的虚拟机，可以选中“允许交换部分虚拟机内存”或“允许交换大部分虚拟机内存”。“预留内存”不建议修改，使用系统默认值即可。例如，在作者的实验主机中有 32GB 内存，预留了大约 28GB 内存。

（4）配置之后单击“确定”按钮，返回 VMware Workstation，在“编辑”菜单选择“虚拟网络编辑器”，打开“虚拟网络编辑器”对话框。为了统一，将 VMnet1 网络地址改为 192.168.10.0，将 VMnet8 网络地址改为 192.168.80.0，然后单击“确定”按钮，如图 3-2-13 所示。

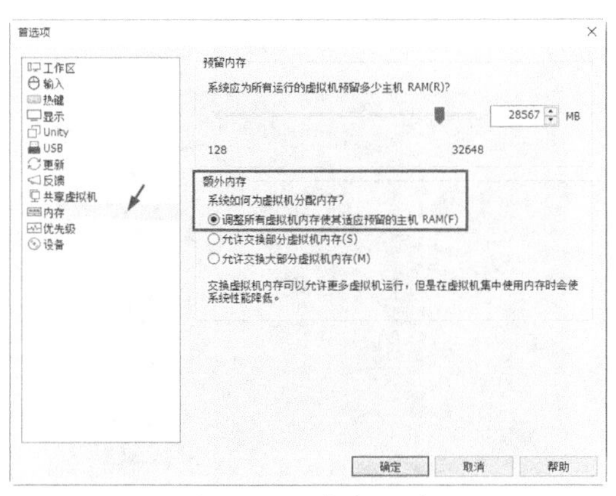

图 3-2-12 内存配置

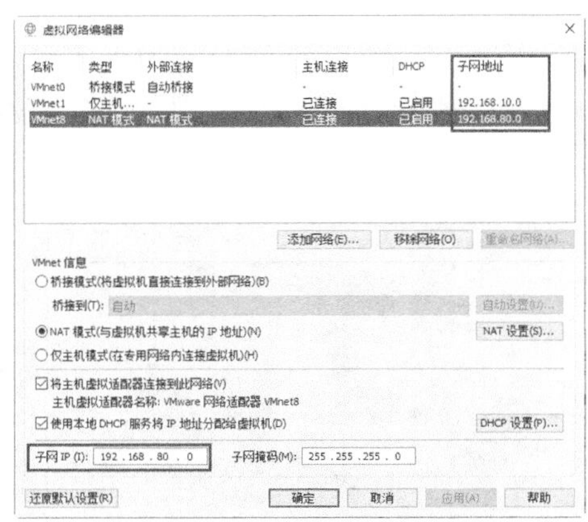

图 3-2-13 虚拟网络配置

3.2.3 在 VMware Workstation 中创建 ESXi 虚拟机

在下面的步骤中将创建 1 台 ESXi 6.7.0 的虚拟机，为该虚拟机分配 16GB 内存、2 个 CPU、2 块虚拟硬盘，虚拟硬盘大小一个为 20GB，另一个为 500GB。如果主机没有这么大的内存，至少要为 ESXi 6.7.0 虚拟机分配 8GB 的内存，而硬盘大小则根据规划与设计定制。在 VMware Workstation 中创建 ESXi 6 实验虚拟机的步骤如下。

（1）在 VMware Workstation 中从“文件”菜单选择“新建虚拟机”，或按 Ctrl+N 组合键进入“新建虚拟机向导”。

（2）在“欢迎使用新建虚拟机向导”中选中“自定义（高级）”，如图 3-2-14 所示。

（3）在“选择虚拟机硬件兼容性”中选择默认值（使用 Workstation 15.x），如图 3-2-15 所示。

图 3-2-14 新建虚拟机向导

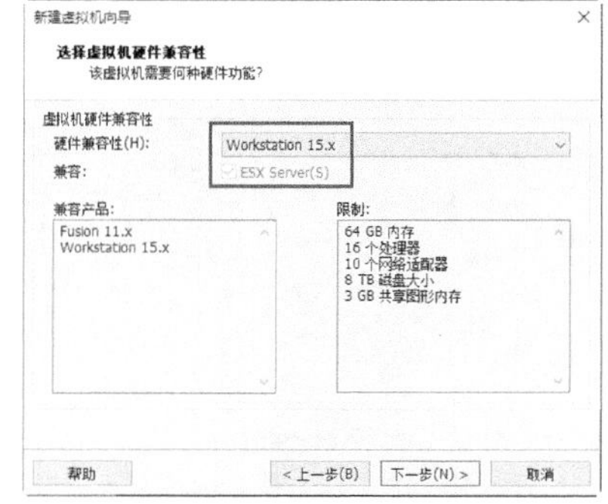

图 3-2-15 虚拟机硬件兼容性

（4）在“安装客户机操作系统”中选中“稍后安装操作系统”，如图 3-2-16 所示。

（5）在“选择客户机操作系统”中选中“VMware ESX”，并从下拉列表中选择“ESXi 6.x”，如图 3-2-17 所示。

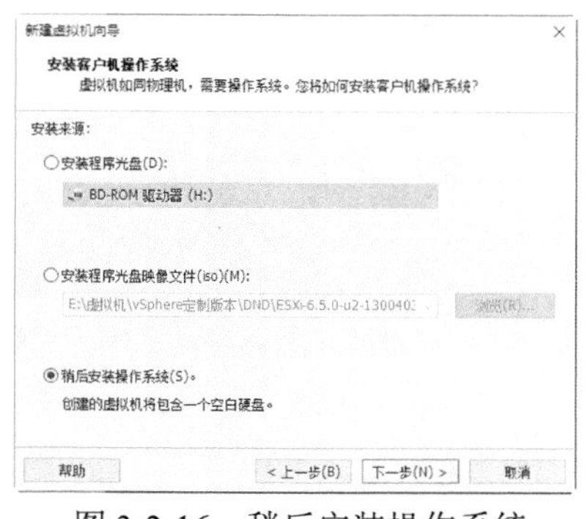

图 3-2-16 稍后安装操作系统

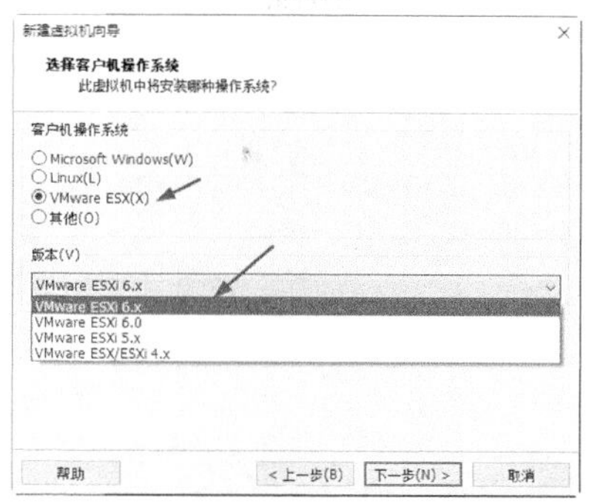

图 3-2-17 选择客户机操作系统

（6）在“命名虚拟机”中设置虚拟机的名称为“ESXi 6.7.0-13006603”，如图 3-2-18 所示。

（7）在“处理器配置”中选择 2 个处理器。在“此虚拟机的内存”对话框中为 ESXi 6.7.0 虚拟机选择至少 8GB 内存，本次实验中选择 16GB（16384MB），如图 3-2-19 所示。

图 3-2-18 命名虚拟机

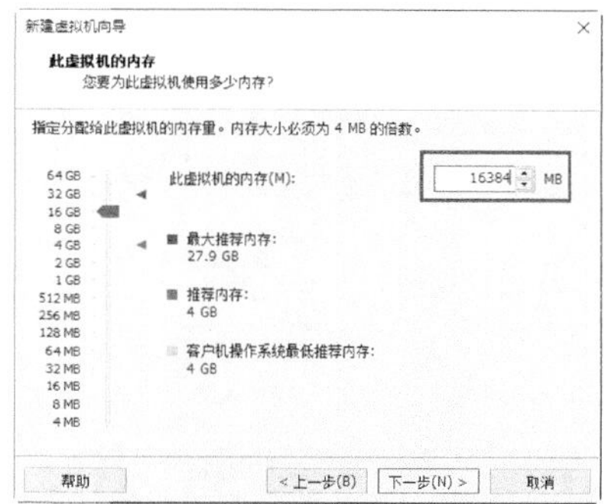

图 3-2-19 为虚拟机分配内存

（8）在“网络类型”中选中“使用网络地址转换（NAT）”，如图 3-2-20 所示。如果这台 ESXi 的虚拟机需要被网络中的其他计算机访问，需要选中“使用桥接网络”。

（9）在“选择 I/O 控制器类型”中选中默认值“准虚拟化 SCSI”，如图 3-2-21 所示。

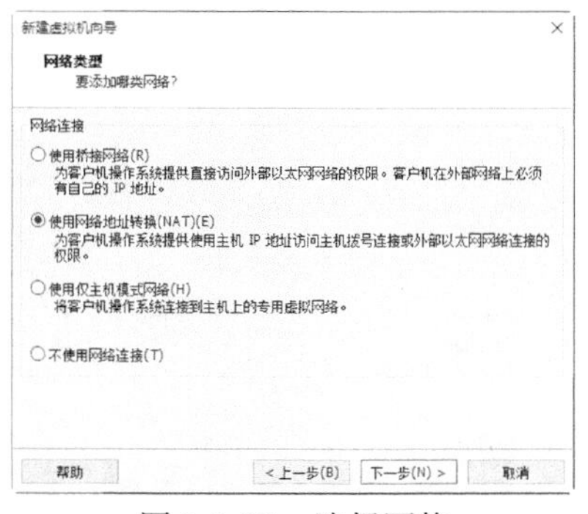

图 3-2-20 选择网络

图 3-2-21 选择 I/O 控制器类型

（10）在“选择磁盘类型”中选择“SCSI”。在“选择磁盘”中选中“创建新虚拟磁盘”，如图 3-2-22 所示。

（11）在“指定磁盘容量”中设置磁盘大小为 20GB，并且选中“将虚拟磁盘存储为单个文件”，如图 3-2-23 所示。

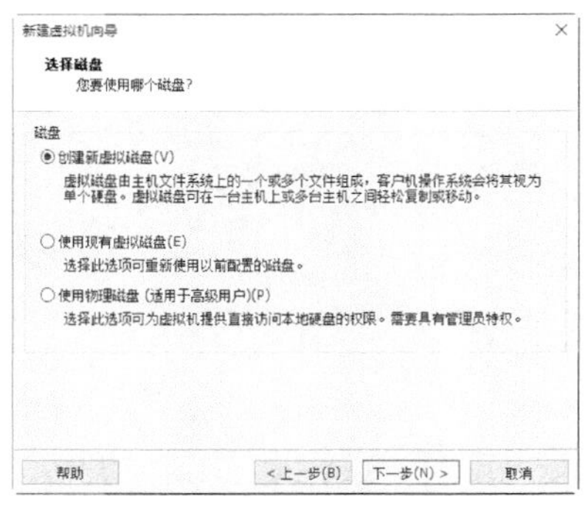

图 3-2-22　创建新虚拟磁盘

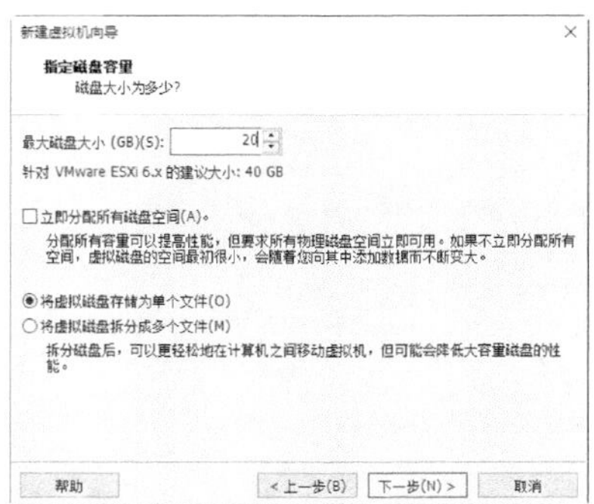

图 3-2-23　设置磁盘大小

（12）在“指定磁盘文件”中设置磁盘文件名称，本示例中设置文件名称为“ESXi 6.7.0-13006603-os-20gb.vmdk”，如图 3-2-24 所示。

（13）在“已准备好创建虚拟机”中单击“完成”按钮，如图 3-2-25 所示。

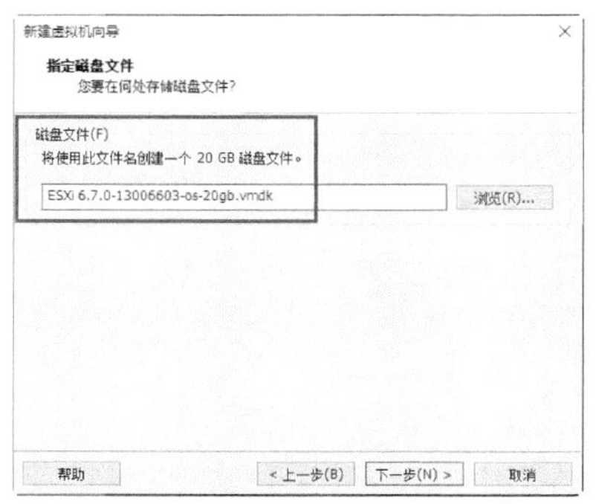

图 3-2-24　设置磁盘文件名称

图 3-2-25　创建虚拟机完成

在创建完虚拟机之后，需要修改虚拟机的配置，为虚拟机添加 1 块 500GB 大小的虚拟硬盘，并修改虚拟机光驱。本示例使用 ESXi 6.7.0 U2 的安装镜像作为虚拟机的光驱，主要步骤如下。

（1）单击“编辑虚拟机设置”，打开“虚拟机设置”对话框，单击“添加”按钮，如图 3-2-26 所示。

（2）在“添加硬件向导”对话框中选择“硬盘”，如图 3-2-27 所示。

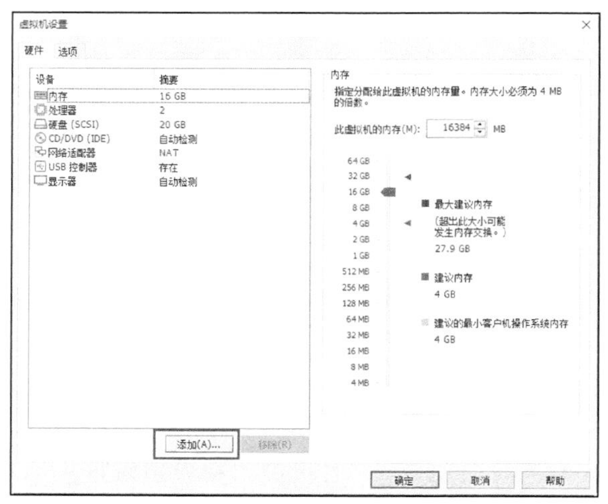

图 3-2-26　虚拟机配置

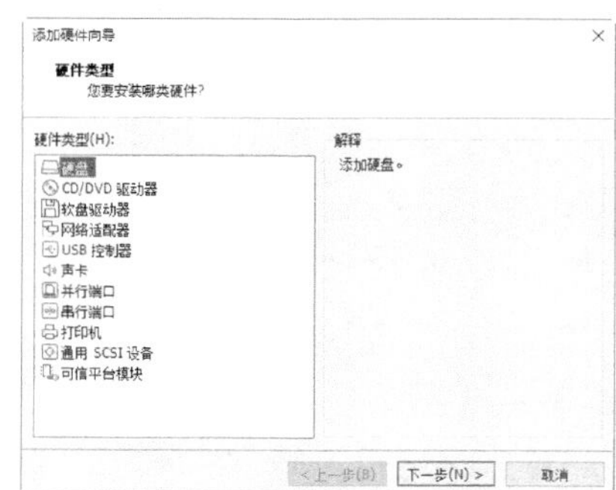

图 3-2-27　选择硬盘

（3）在“选择磁盘类型”中选择“SCSI”，在“选择磁盘”中选中“创建新虚拟磁盘”。

（4）在“指定磁盘容量”中，设置磁盘大小为 500GB，并且选中“将虚拟磁盘存储为单个文件”，如图 3-2-28 所示。

（5）在“指定磁盘文件”中，设置磁盘文件名称，可以在这块硬盘文件名称后面加上 500GB 的标识，表示这是一个 500GB 的虚拟磁盘。本示例名称为 ESXi 6.7.0-13006603-500GB.vmdk，如图 3-2-29 所示。

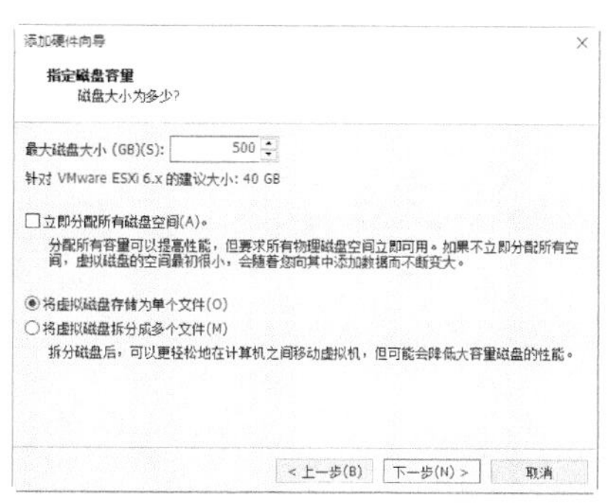

图 3-2-28　设置 500GB 磁盘容量

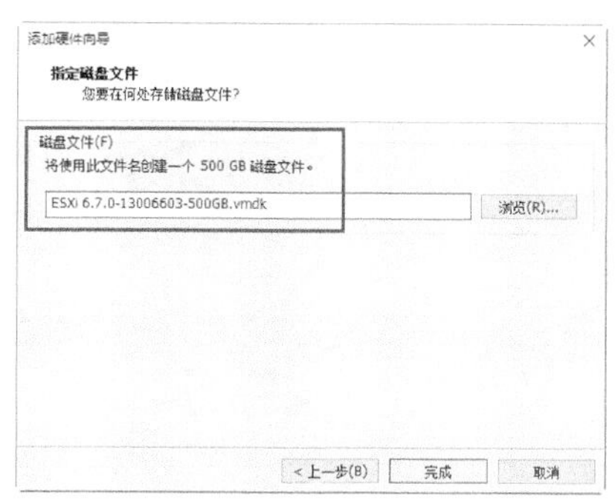

图 3-2-29　指定磁盘文件

（6）返回“虚拟机设置”对话框，在“CD/DVD”中，浏览选择 ESXi 6.7.0 的安装光盘镜像作为虚拟机的光驱，确认“设备状态”为“启动时连接”，如图 3-2-30 所示。设置完成之后，单击“确定”按钮，完成虚拟硬盘的添加以及启动光盘的配置。

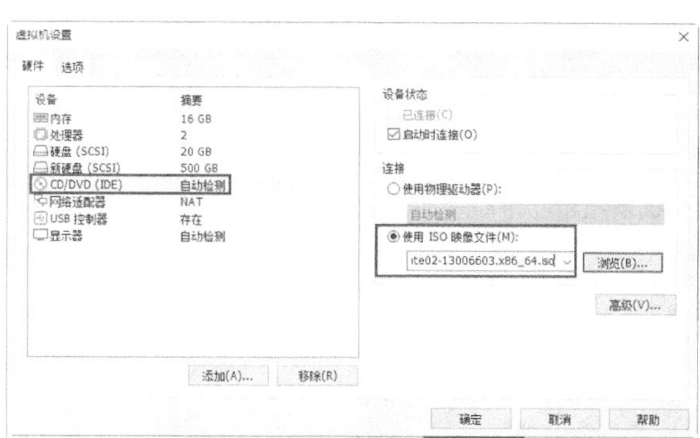

图 3-2-30　选择 ESXi 安装光盘镜像作为虚拟机光驱

3.2.4　在虚拟机中安装 ESXi 6.7

启动 ESXi 6.7 的虚拟机，开始 ESXi 6.7.0 的安装，主要步骤如下。

（1）打开虚拟机的电源开始 ESXi 的安装。在安装的过程中，ESXi 会检测当前主机的硬件配置并显示出来，如图 3-2-31 所示，当前主机（指正在运行 ESXi 安装程序的虚拟机）是型号为 Intel i5-4690K 的 CPU、16GB 内存。

（2）在“Welcome to the VMware ESXi 6.7.0 Installation”对话框中按回车键开始安装，如图 3-2-32 所示。

（3）在“End User License Agreement (EULA)”对话框中按 F11 键接受许可协议，如图 3-2-33 所示。

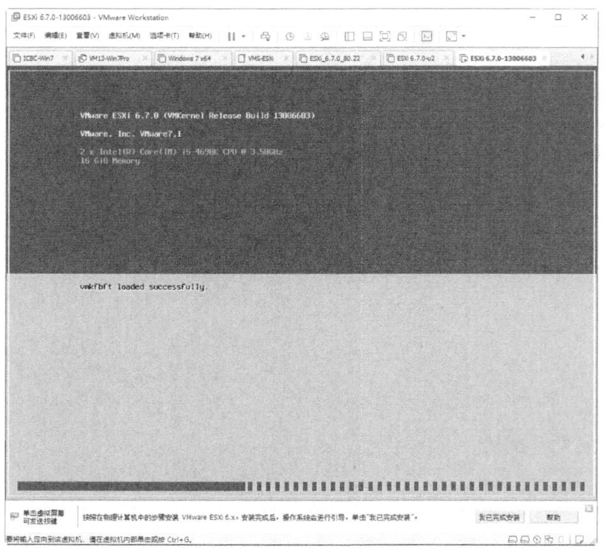

图 3-2-31 检测当前主机的硬件配置

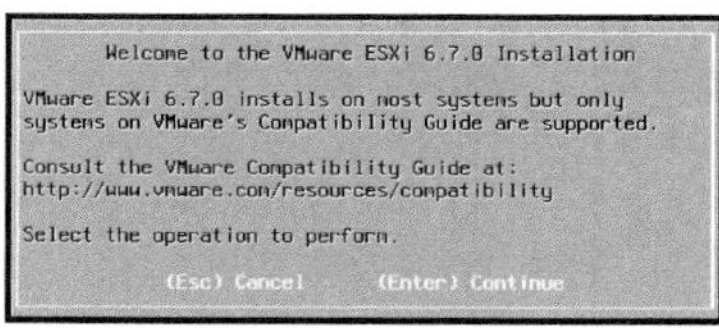

图 3-2-32 开始安装

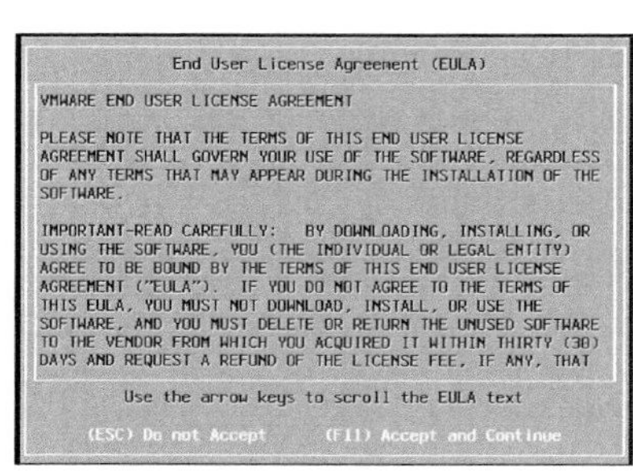

图 3-2-33 接受许可协议

（4）在“Select a Disk to Install or Upgrade”对话框中选择安装位置，在本例中将 ESXi 安装到 20GB 的虚拟硬盘上，如图 3-2-34 所示。

（5）在“Please select a keyboard layout”对话框中选择“US Default”，然后按回车键，如图 3-2-35 所示。

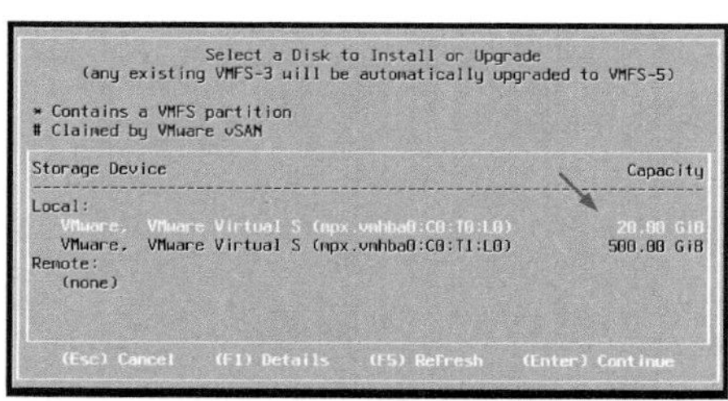

图 3-2-34 选择安装位置

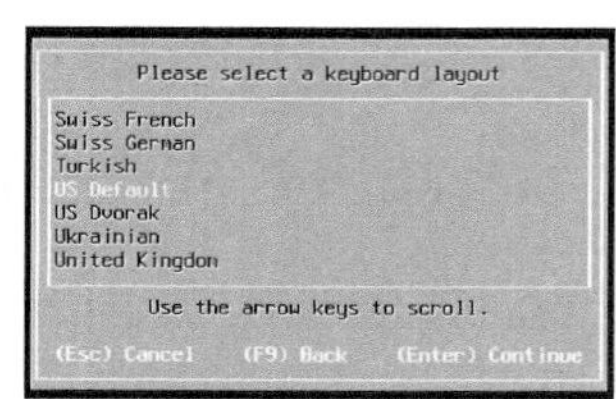

图 3-2-35 选择默认键盘

（6）在“Enter a root password”对话框中，设置管理员密码（默认管理员用户是 Root）。从 ESXi 6.7 开始，ESXi 必须设置复杂密码，例如 qazWSX12#之类的密码，如图 3-2-36 所示。ESXi 6.5 及以前的版本要求最少密码长度为 7 位，可以设置类似 1234567 的简单密码。如果密码不符合要求会弹出“Password does not have enough character types”或“Password must not contain common sequences”的提示，如图 3-2-37 所示。

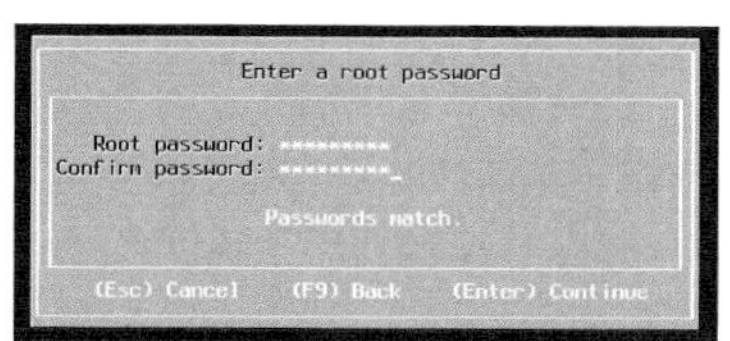

图 3-2-36　设置密码

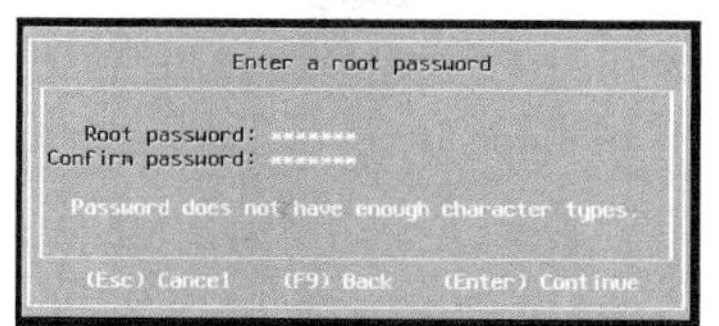

图 3-2-37　密码没有足够的字符类型

（7）如果是在一台新的服务器上安装，或者是在一块刚刚初始化过的硬盘上安装，则会弹出“Confirm Install”对话框，提示这块硬盘会重新分区，而该硬盘上的所有数据将会被删除，如图 3-2-38 所示。

（8）开始安装 ESXi，并显示安装进度，如图 3-2-39 所示。在物理主机上，如果安装进度到 5%时出错，一般是所选磁盘分区表有问题，使用 DiskGenius 之类的分区软件清除磁盘分区之后重新安装就可以完成。

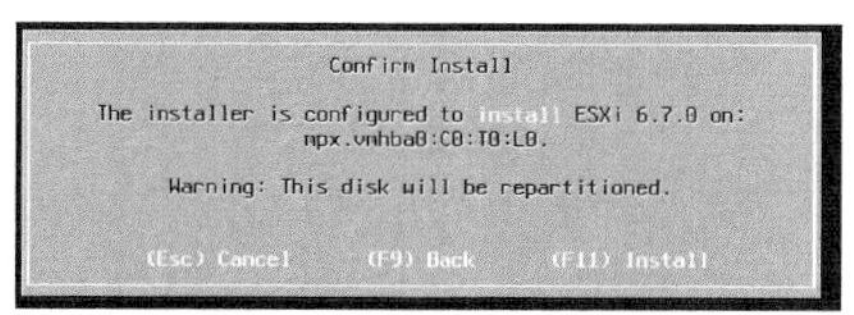

图 3-2-38　确认安装

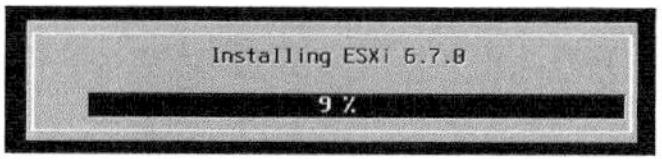

图 3-2-39　安装进度

（9）ESXi 安装比较快，安装过程为 4～5 分钟的时间，在安装完成后，将会弹出“Installation Complete”对话框，如图 3-2-40 所示，按回车键将重新启动。在该对话框中提示，在重新启动之前需要取出 ESXi 6.7 安装光盘介质。如果在生产环境中安装 ESXi，可以取下安装 U 盘。

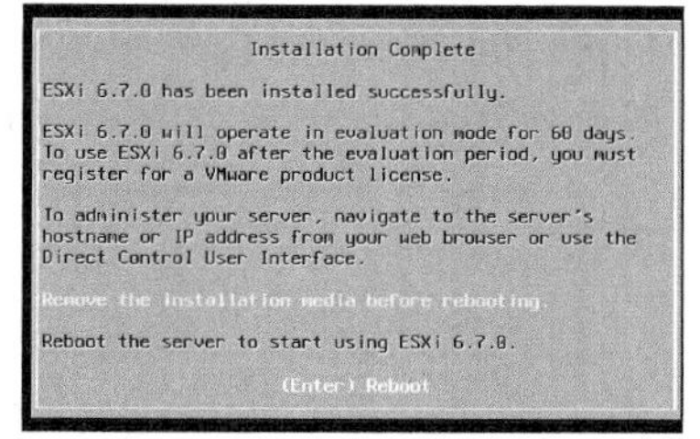

图 3-2-40　安装完成

（10）当 ESXi 启动成功后，在控制台窗口可以看到当前服务器信息，如图 3-2-41 所示。在图中显示了 ESXi 6.7.0 当前运行服务器的 CPU 型号、主机内存大小与管理地址。在本例中，当前 CPU 为 Intel i5-4690K，主频大小为 3.50GHz，内存大小为 16GB，管理地址为 192.168.80.131（如果获得 169.254.x.x 的地址，则表示当前网络中没有启用 DHCP 服务器）。

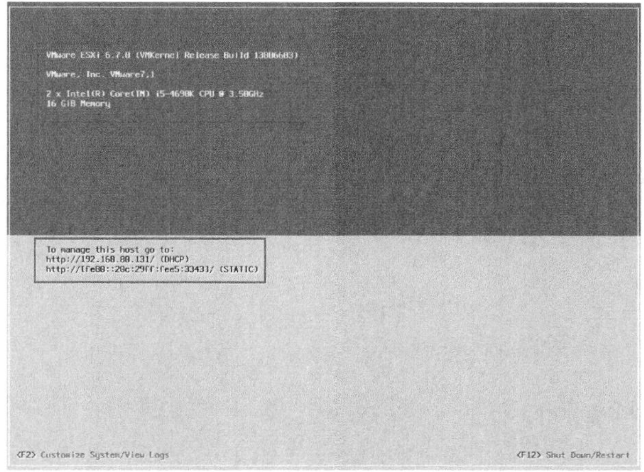

图 3-2-41　控制台信息

说明

在 ESXi 中，默认的控制台管理地址是通过 DHCP 分配的，如果网络中没有 DHCP 或者 DHCP 没有可用的地址，其控制台的管理地址可能为 0.0.0.0 或 169.254.x.x。如果是这种情况，需要在控制台中设置（或修改）管理地址才能使用 vSphere 客户端进行管理。

3.3　在普通 PC 中安装 ESXi

除了可以在 VMware Workstation 虚拟机中安装 ESXi，也可以在较高配置的 PC 上安装 ESXi。本节以华硕 B250 主板、型号为 Intel I5-7500 的 CPU、32GB 内存、1 块 128GB 的 M.2 SSD 硬盘、1 块 4TB 的硬盘为例进行介绍。在本示例中将系统安装在 128GB 的 SSD 硬盘上。其他主板可以参考本节内容。

3.3.1　在 PC 中安装 ESXi 的注意事项

在普通 PC 中安装 ESXi，需要注意以下内容。

（1）大多数计算机集成的网卡不支持 ESXi，如果使用从 VMware 官网下载的 ESXi 安装镜像，在安装 ESXi 时会给出“No Network Adapters”，提示没有找到网卡，如图 3-3-1 所示。

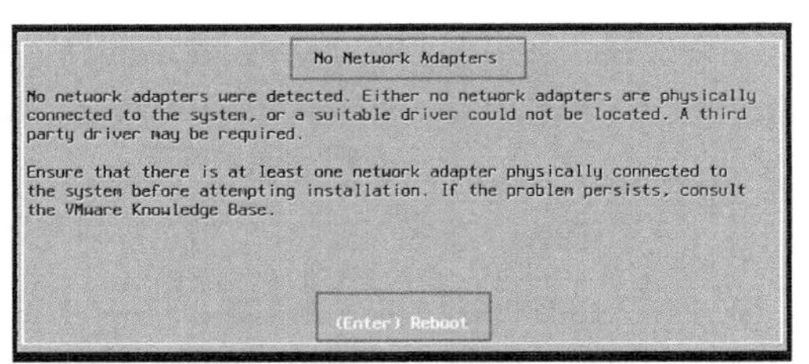

图 3-3-1　没有找到网卡

说明

如果 ESXi 主机内存过小，例如只有 4GB 内存也可能出现图 3-3-1 所示的错误提示。

（2）因为计算机集成的网卡不支持 ESXi，如果要安装 ESXi，可以有两种办法：将网卡驱动程序集成到 ESXi 安装程序中，或者在计算机上安装 1 块或多块支持 ESXi 的网卡。例如 Qlogic NetXtreme II BCM 5709（见图 3-3-2）、Broadcom NetXtreme BCM 5721（见图 3-3-3）。BCM 5709 是双端口 1Gbit/s 网卡，PCIe x4 接口，价格较贵，大约 200 元；BCM 5721 是单端口 1Gbit/s 网卡，PCIe x1 接口，价格比较便宜，大约 50 元。这两款网卡都支持 ESXi，PCIe 接口，现在大多数主板及服务器都有 PCIe 接口。

图 3-3-2　PCIe x4 接口的 BCM 5709 网卡

图 3-3-3　PCIe x1 接口的 BCM 5721 网卡

（3）在 PC 的主板上有 PCIe x1、PCIe x4、PCIe x16 接口，其中 PCIe x1 接口的网卡也可以插在 PCIe x4、PCIe x16 的插槽上。如图 3-3-4 所示，这是某品牌 PC 主板 PCIe x1、PCIe x4、PCIe x16 接口的示例。

说明

PCIe 不同的版本之间相同通道数下的传输速率是不同的。PCIe 2.0 x16 的传输速率为 16GB/s，PCIe 3.0 x16 的传输速率能达到 32GB/s。PCIe 设备可以向下兼容，例如 PCIe 3.0 的显卡可以插在 2.0 的主板插槽上使用，工作在 2.0 版本。

（4）在安装之前进入 CMOS 设置。在 SATA 模式设置中，如果芯片组支持 RAID，需要选择 RAID；如果芯片组不支持 RAID，需要选择 AHCI，不能选择 IDE。如图 3-3-5 所示，这是华硕 Z97-K 主板，其他 Intel 芯片的主板与此类似。

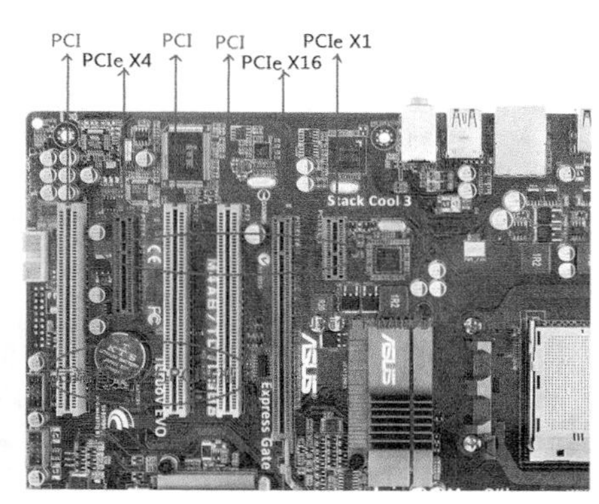

图 3-3-4　主板 PCIe 接口示例

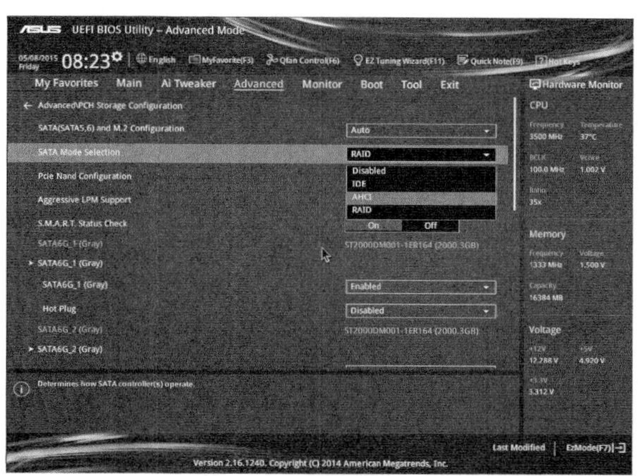

图 3-3-5　SATA 模式选择

（5）如果选择了 RAID 模式（实际上并不使用主板集成的 RAID，因为这种“软”RAID 并不被 ESXi 支持），在保存 CMOS 设置之后，重新启动计算机，按 Ctrl+I 组合键进入 RAID 设置，查看状态。必须注意，不要创建 RAID，将所有磁盘标记为非 RAID 磁盘即可。可以进入 RAID 配置界面之后，选择“Reset Disks to Non-RAID”，如图 3-3-6 所示。将硬盘重置为非 RAID 磁盘之后，移动光标到 Exit 按 Enter 键退出。

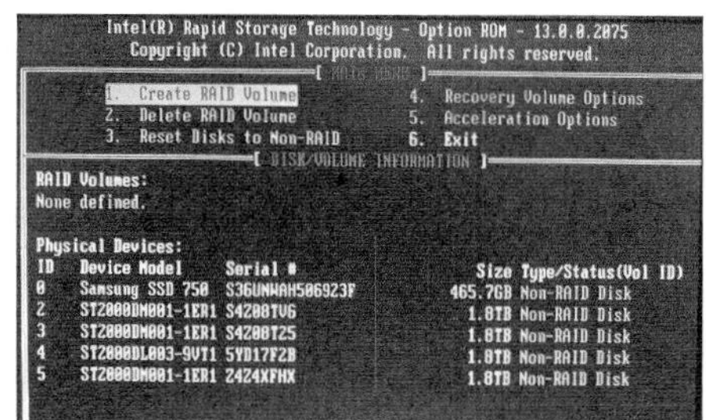

图 3-3-6　重置磁盘为非 RAID 磁盘

说明

即使使用主板集成的 RAID，创建了逻辑卷，在安装 ESXi 的过程中，也会“跳过”该 RAID 盘，直接识别成每个单独的物理磁盘。

3.3.2　下载 ESXi 网卡驱动程序

对于 ESXi 的安装包中没有包含的设备（例如 RAID 卡、网卡），可以下载该设备的 ESXi 驱动程序，使用工具软件将驱动程序打包到 ESXi 的安装包中。对于 RAID 卡驱动程序，可以在 ESXi 兼容列表网页查找下载；对于网卡驱动程序，可以在 https://vibsdepot.v-front.de/ 网站下载。

（1）浏览 https://vibsdepot.v-front.de/网站，单击“List of currently available ESXi packages”

链接（见图 3-3-7），列出该网站提供了 ESXi 驱动的网卡清单（见图 3-3-8）。

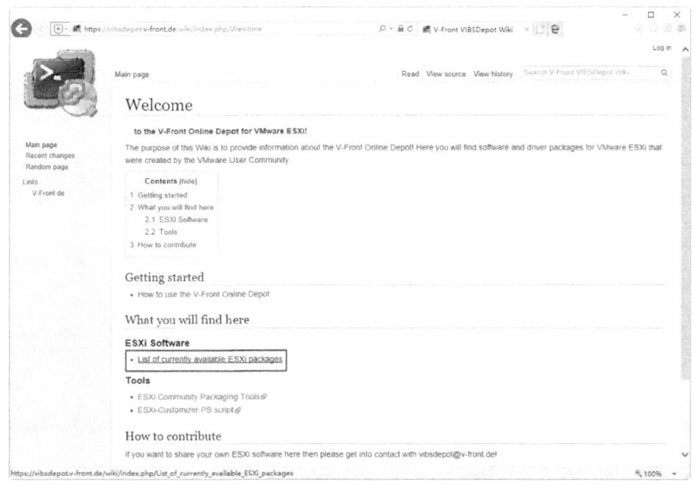

图 3-3-7　ESXi 软件包

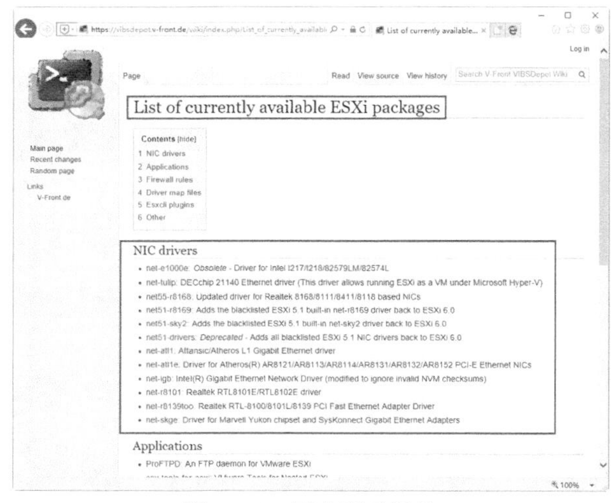

图 3-3-8　网卡驱动清单

（2）在“NIC Drivers”列表中选择并单击一个链接，打开该网卡驱动下载网页。在新打开的网页中，显示了驱动的名称（例如 net55-r8168）、描述信息（表示当前驱动程序用于哪个网卡及型号，本示例中显示该驱动用于 Realtek 8168/8111/8411/8118 等型号），如图 3-3-9 所示。

（3）在“Supported Devices”列表中显示了该驱动支持的网卡芯片组的型号；在“Dependencies and Restrictions”中显示了当前驱动程序支持的 ESXi 的版本，例如当前的示例显示该驱动支持 ESXi 5.5、ESXi 6.0、ESXi 6.5、ESXi 6.7；在“Direct Download links”中则包括了下载链接，其中有 VIB 文件下载链接及 zip 文件下载链接，如图 3-3-10 所示。如果要将网卡驱动程序集成到ESXi的安装ISO中，只需要单击“VIB File of version 8.045a”下载扩展名为.vib 的驱动程序即可（下载的文件名为 net55-r8168-8.045a-napi.x86_64.vib，大小为 1116KB）。

（4）下载了 net55-r8168 网卡的驱动程序之后，返回到主页继续下载其他所需要的网卡的驱动程序，这些不再一一介绍。

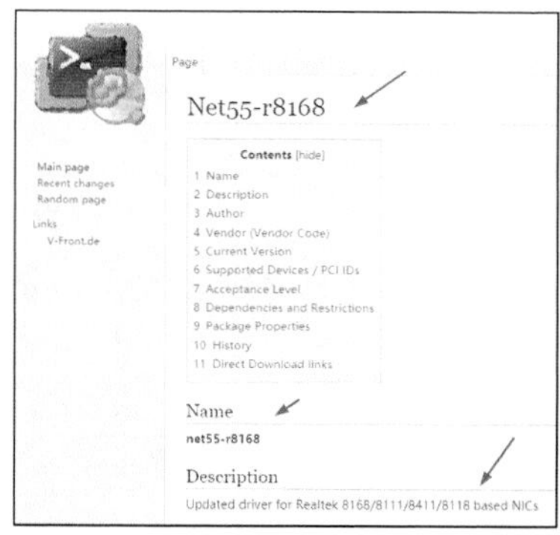

图 3-3-9 驱动名称及描述信息

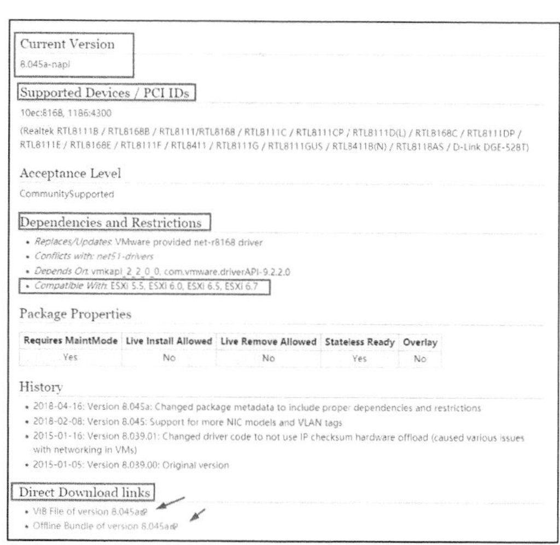

图 3-3-10 支持的 ESXi 版本及下载链接

3.3.3 下载 RAID 卡驱动程序

ESXi 安装程序不支持大多数 PC 的网卡驱动程序，而对于有些服务器来说，ESXi 也没有集成该服务器的 RAID 卡或 SAS 卡驱动程序，如果要在这些服务器上安装或升级 ESXi，需要将 RAID 卡、SAS 卡驱动程序集成到 ESXi 的安装包中。本节以浪潮 TS850 为例，介绍查找下载 RAID 卡驱动程序的方法。

浪潮 TS850 使用的是 Adaptec RAID 6805 的 RAID 卡，ESXi 6.0 的安装 ISO 中没有集成该 RAID 卡的驱动程序。如果使用 VMware 官网下载的 ESXi 6.0 的 ISO，在将 ESXi 安装到该服务器的本地硬盘时，会找不到本地硬盘。对于这种问题，先在 VMware 兼容列表中查看 Adaptec RAID 6805 的 RAID 卡是否在 ESXi 6.0 的兼容列表中并获得该 RAID 卡的 ESXi 驱动。

（1）打开 VMware 兼容列表网站（https://www.vmware.com/resources/compatibility/search.php），在“查找的内容”中选择“IO Devices”，在“产品发行版本”中选择“ESXi 6.0”，在“关键字”中输入 6805 并单击“更新并查看结果”按钮，如图 3-3-11 所示。

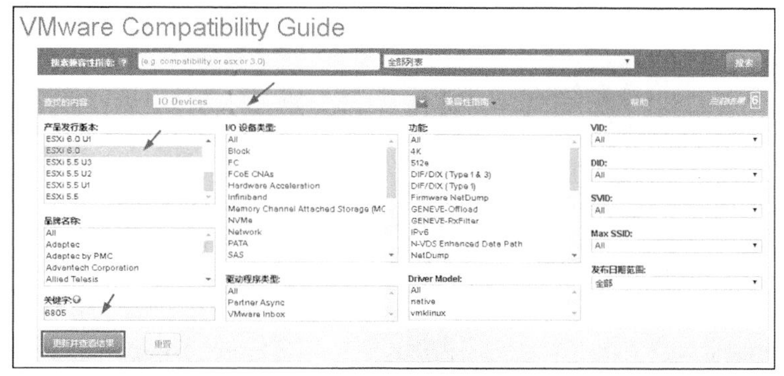

图 3-3-11 查找兼容列表

（2）在“I/O 设备和型号信息”列表中返回和 6805 相关的信息，在“型号”一列中可以看到“Adaptec RAID 6805”，单击这个链接，如图 3-3-12 所示。

I/O 设备和型号信息

详细列表显示实际的供应商设备，这些设备已经过物理测试或与经 VMware 或 VMware 合作伙伴测试的设备相似。VMware 仅为本文档中列出的设备提供支持。
单击“型号”查看详细信息并订阅 RSS 源。

加为书签 | 打印 | 导出为 CSV

搜索结果：搜索" IO Devices " 返回 6 results 回到顶部 Turn_Off_Auto_Scroll 显示 10

品牌名称	型号	设备类型	支持的版本	
Adaptec by PMC	Adaptec 6805H	SAS	ESXi	6.0
Adaptec by PMC	Adaptec RAID 6805	SAS-RAID	ESXi	6.0
Adaptec by PMC	Adaptec RAID 6805E	SAS-RAID	ESXi	6.0
Adaptec by PMC	Adaptec RAID 6805Q	SAS-RAID	ESXi	6.0
Adaptec by PMC	Adaptec RAID 6805T	SAS-RAID	ESXi	6.0
Adaptec by PMC	Adaptec RAID 6805TQ	SAS-RAID	ESXi	6.0

图 3-3-12 I/O 设备和型号信息

（3）在“型号版本详细信息”中展开 ESXi 6.0 获得 Adaptec RAID 6805 驱动下载链接，如图 3-3-13 所示。下载的驱动程序保存备用。

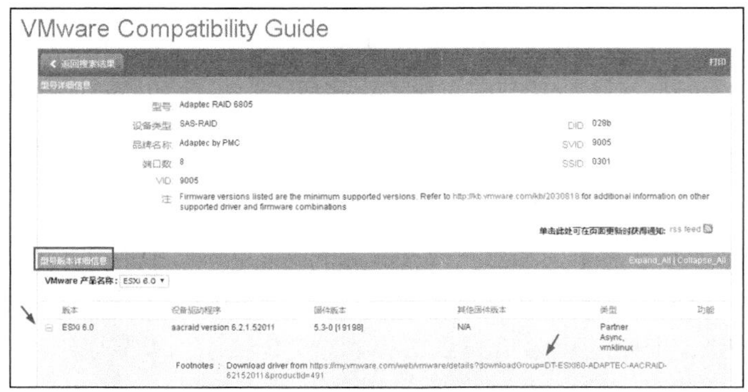

图 3-3-13 获得驱动下载链接

3.3.4 使用 ESXi-Customizer-PS 集成驱动程序到 ESXi 6.7.0

对于 ESXi 安装程序包中没有的驱动程序，例如网卡、RAID 卡驱动程序，可以使用 ESXi-Customizer-v2.7.2.exe 进行整合，但这个程序最高只支持对 ESXi 6.7.0 及以下版本的 ISO 进行整合。对于 ESXi 6.7 U1 及以上的版本则不支持，如果使用该工具整合 ESXi 6.7.0 U1（见图 3-3-14）或以上的版本，则会出现图 3-3-15 所示的错误。

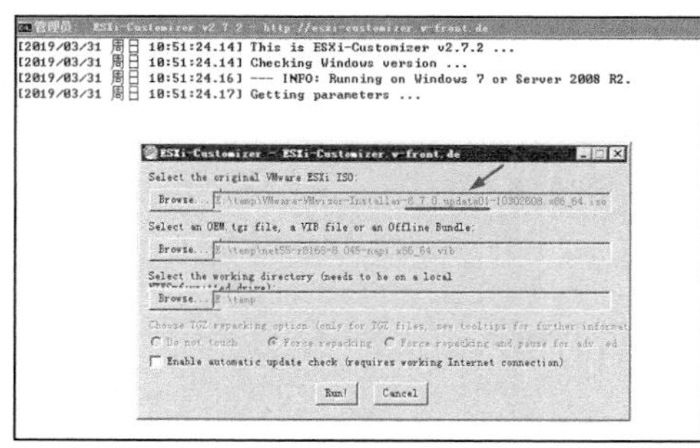

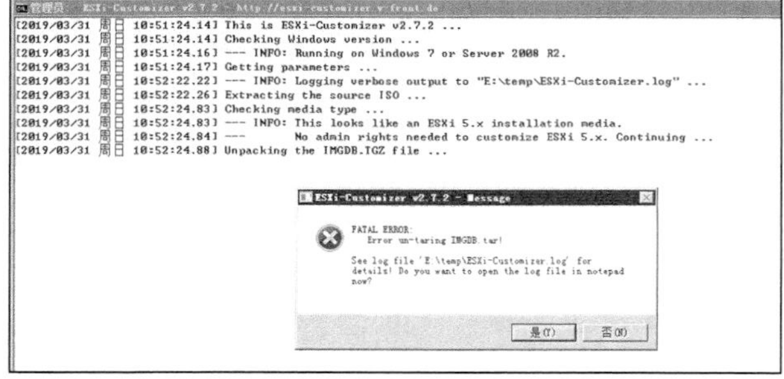

图 3-3-14 打开 ESXi 6.7.0 U1 图 3-3-15 整合时出错

ESXi-Customizer-v2.7.2.exe 只支持对 ESXi 的 ISO 文件进行打包整合，不支持 ESXi 的 zip 升级文件。例如，如果希望使用 ESXi 的 zip 补丁文件升级 ESXi 主机，则使用 ESXi-Customizer-v2.7.2.exe 将无法使相关主机的网卡驱动程序或 RAID 卡驱动程序集成到 zip 文件中。

ESXi-Customizer-PS 脚本程序是 ESXi-Customizer-v2.7.2.exe 程序的升级版本，当前最新版本是 2.6，主要功能如下。

（1）从 VMware Online 软件仓库创建 ESXi 安装 ISO 或脱机软件包（标准模式）。

（2）从本地 ESXi 脱机捆绑包创建 ESXi 安装 ISO 或脱机捆绑包（-izip 模式）。

（3）使用 VMware Online 软件仓库中的 ESXi 修补软件包更新本地 ESXi 脱机软件包（-izip - update 模式）。

下面介绍 ESXi-Customizer-PS 的安装配置与使用方法。

1. 安装 VMware PowerCLI version

可以在 ESXi-Customizer-PS 的官方网站查看产品介绍和下载软件。ESXi-Customizer-PS 的官方网站如下。

https://www.v-front.de/p/esxi-customizer-ps.html

ESXi-Customizer-PS 运行在 Windows XP 或更高版本的计算机中，需要 Windows Powershell 2.0 或更高版本和 VMware PowerCLI version 5.1 或更高版本。本示例先在一台可访问 Internet 的 Windows Server 2008 R2 的计算机上，安装 vSphere PowerCLI 5.8.0（见图 3-3-16），然后执行 ESXi-Customizer-PS 脚本。

图 3-3-16　安装 vSphere PowerCLI 5.8.0

安装完成后双击桌面上的"VMware vSphere PowerCLI"以执行 VMware vSphere PowerCLI，在首次运行时可能会出错，如图 3-3-17 所示。对于这种错误，执行 get-executionpolicy，查看返回的状态，然后使用 set-executionpolicy 将属性从 Restricted 更改为 remotesigned，即执行 set-executionpolicy　remotesigned 命令，如图 3-3-18 所示，完成后将此窗口关闭。

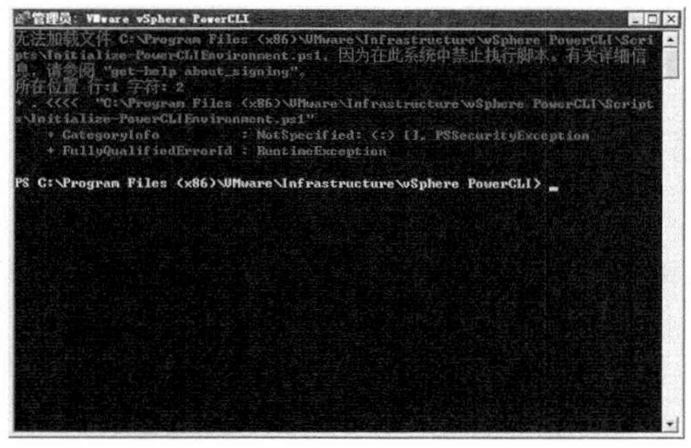

图 3-3-17　首次执行时出错

图 3-3-18　设置属性

再次双击桌面上的"VMware vSphere PowerCLI"以进入 VMware vSphere PowerCLI 界面，如图 3-3-19 所示。此时状态正常。

在配置好 vSphere PowerCLI 环境后，从 http://vibsdepot.v-front.de/tools/ESXi-Customizer-PS-v2.6.0.ps1 下载 ESXi-Customizer-PS 脚本，将脚本保存在一个文件夹中以便使用。

在本示例中，下载的 ESXi-Customizer-PS-v2.6.0.ps1 文件保存在 E 盘的 ESXi 文件夹中，

在 PowerCLI 中转到 E:\ESXi 文件夹中，执行./ESXi-Customizer-PS-v2.6.0.ps1 –help 命令获得该脚本的帮助，如图 3-3-20 所示。

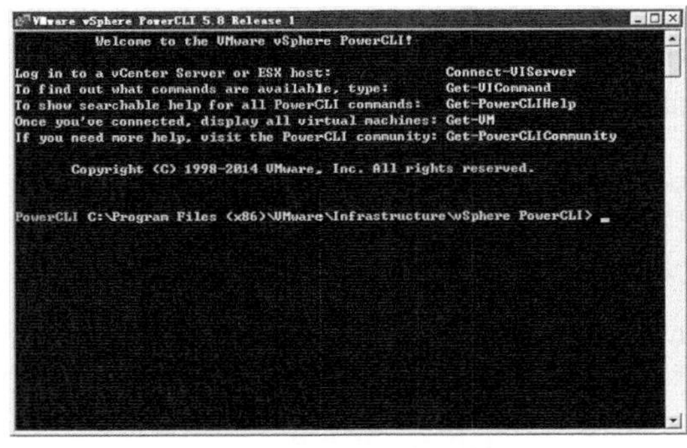

图 3-3-19 状态正常

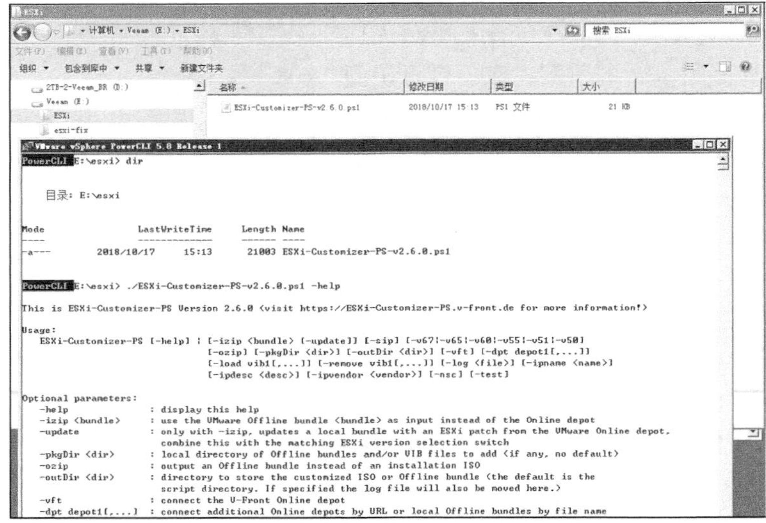

图 3-3-20 获得 ESXi-Customizer-PS-v2.6.0.ps1 参数

下面通过具体实例介绍 ESXi-Customizer-PS 的功能。

2. 获得最新补丁级别的 ESXi 安装 ISO 或升级 zip 包

命令示例：.\ESXi-Customizer-PS-v2.6.0.ps1。

在没有任何参数的情况下调用脚本将创建最新的 ESXi 版本（现在为 6.7）及其最新补丁级别的 ESXi 安装 ISO 文件。可以使用以下一个或多个参数来修改此行为。

-v67 | -v65 | -v60 | -v55 | -v51 | -v50：指定 ESXi 6.7/6.5/6.0/5.5/5.1/5.0 作为输入，忽略其他版本。

-outDir：将 ISO 文件写入自定义目录。如果使用此开关，则脚本的日志文件也将在此处移动，并以 Imageprofile 名称和时间戳命名。

-sip：不自动使用最新的镜像配置文件（相当于补丁级别），但在菜单中显示全部，最好选择一个特定的。菜单将按日期排序，从最新的菜单开始。它还将列出仅包含安全修复程序或不包含 VMware Tools 的映像配置文件。

-ozip：不输出安装 ISO，而是输出可用于导入 Update Manager 的 ESXi 脱机捆绑包，使用 esxcli 命令行修补或输入以进行进一步的自定义。

例如：执行.\ESXi-Customizer-PS-v2.6.0.ps1 -v67 -sip，将会获取所有 ESXi 6.7.0 的镜像配置文件，最新的配置文件序号在前，以前的配置文件序号在后。选择 1 并按回车键将在当前目录生成最新的 ISO 文件，此文件可以用于 ESXi 的安装与升级，如图 3-3-21 所示。

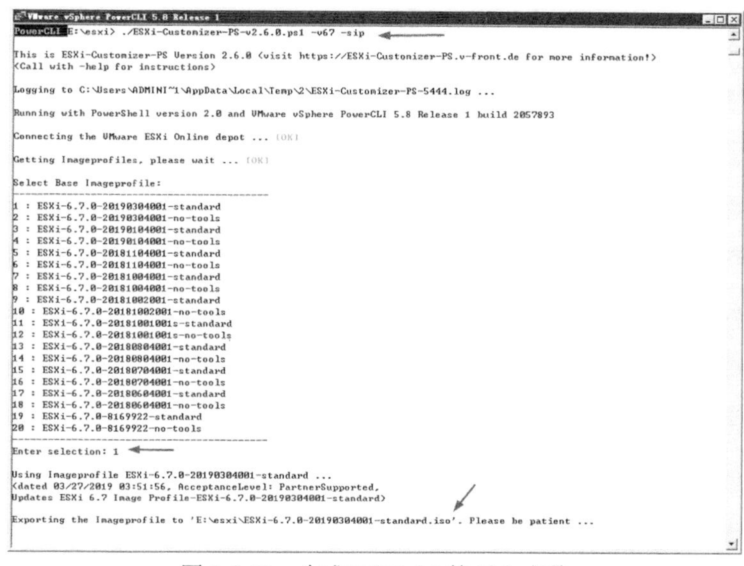

图 3-3-21 生成 ESXi 6.7 的 ISO 文件

如果执行\ESXi-Customizer-PS-v2.6.0.ps1 -v67 -ozip 将获得 ESXi 6.7 的 zip 升级包，此 zip 文件可以用于 ESXi 的升级。

3. 将 RAID 卡驱动程序集成到 ISO 安装包中

将 RAID 卡、SAS 卡或网卡驱动程序集成到 ISO 安装包中的方法都相同，只要将下载的驱动程序解压缩保存在一个空白文件夹中，然后执行 ESXi-Customizer-PS-v2.6.0.ps1 脚本即可。

下面通过具体的实例进行介绍。

将前文下载的 TS850 服务器的 RAID 卡驱动程序（该文件名是 aacraid-6.0.6.2.1.52011-4328774.zip）解压缩保存在一个空白文件夹中（例如 E:\ESXi\6805），保留.zip 或.vib 文件。然后执行如下命令将得到集成 Adaptec RAID 6805 驱动的 ESXi 6.0 安装包，如图 3-3-22 所示。

```
.\ESXi-Customizer-PS-v2.6.0.ps1 -v60 -pkgDir E:\ESXi\6805
```

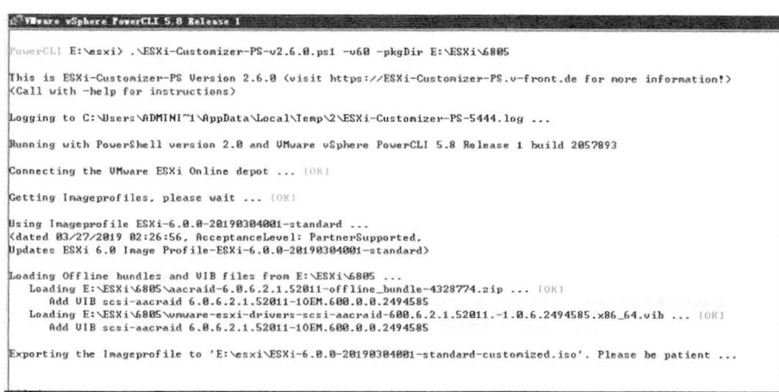

图 3-3-22 集成 RAID 驱动并生成新的 ISO 文件

生成的 ESXi 6.0 的 ISO 文件名为 ESXi-6.0.0-20190304001-standard-customized.iso，将其重命名为 ESXi6.0.0-20190304001-TS850-6805.iso。

如果要获得对应的 zip 文件用于 TS850 服务器的升级，例如从 ESXi 5.5 升级到 ESXi 6.0，除了使用上一步生成的 ISO 用于升级外，还可以生成对应的 zip 文件，此时命令如下。

```
.\ESXi-Customizer-PS-v2.6.0.ps1 -v60 -pkgDir  E:\ESXi\6805  -ozip
```

同样将生成的 ESXi-6.0.0-20190304001-standard-customized.zip 重命名为 ESXi6.0.0-20190304001-TS850-6805.zip。

说明

这种方式是在线获得较新的 ESXi 的安装程序，然后将驱动程序打包并生成本地的 ISO 文件或 zip 包。

下面介绍从本地已有 zip 包生成 ISO 文件的方法。

4. 将 RTL8111 网卡驱动程序集成到 ESXi 安装包中

对于大多数的读者来说，使用 ESXi-Customizer-PS 是想将 ESXi 不支持的网卡驱动程序（例如常用的 RTL8111 网卡）集成到 ESXi 安装包中，大多数情况下已经有 ISO 或 zip 的补丁包（使用在线下载得到对应的 zip 包，或者从 VMware 官网下载最新的 zip 补丁包），可以将驱动程序集成到该补丁包并生成对应的 ISO 文件。

在本示例中，已经从 VMware 官网获得了较新的 ESXi 的 zip 文件 update-from-esxi6.7-6.7_update02-13006603.zip，将该文件保存在 ESXi-Customizer-PS-v2.6.0.ps1 脚本所在文件夹，将前文下载的 RTL8111 网卡的驱动程序（文件名为 net55-r8168-8.045a-napi.x86_64.vib）保存到一个文件夹中，本示例为 E:\ESXi-Custom\RTL8111。

如果要将保存在 E:\ESXi-Custom\RTL8111 文件夹中的驱动程序集成到 update-from-esxi6.7-6.7_update02-13006603.zip 并生成对应的安装 ISO 文件，新生成的 ISO 文件保存在 E:\ESXi-Custom \ ESXi670 文件夹中，可执行如下命令（update-from-esxi6.7-6.7_update02-13006603.zip 与 ESXi-Customizer-PS-v2.6.0.ps1 保存在同一文件夹中）。

```
.\ESXi-Customizer-PS-v2.6.0.ps1  -izip  .\ update-from-esxi6.7-6.7_update02-13006603.zip  -pkgDir
E:\ESXi-Custom\RTL8111  -outDir  E:\ESXi-Custom\ESXi670
```

说明

需要在 E:\ ESXi-Custom 中提前创建 ESXi670 的文件夹。

命令执行后如图 3-3-23 所示。

如果要生成 zip 文件，则需要添加-ozip 参数，命令如下。

```
.\ESXi-Customizer-PS-v2.6.0.ps1  -izip  .\update-from-esxi6.7-6.7_update02-13006603.zip  -pkgDir
E:\ESXi-Custom\RTL8111  -outDir  E:\ESXi-Custom\ESXi670  -ozip
```

最后将生成的 ESXi-6.7.0-20190402001-standard-customized.iso 和 ESXi-6.7.0-20190402001-standard-customized.zip 重命名为 ESXi-6.7.0-u2-13006603-RTL8168_8111.iso、ESXi-6.7.0-u2-13006603-RTL8168_8111.zip，前者的 ISO 文件可以用于 RTL8111 系列网卡的 ESXi 的安装和升级，后者的 zip 文件可以通过上传到 ESXi 主机，使用命令完成对 RTL8111 系列网卡的 ESXi 主机的升级。

```
VMware vSphere PowerCLI 5.8 Release 1
PowerCLI E:\esxi-custom> .\ESXi-Customizer-PS-v2.6.0.ps1  -izip  .\update-from-esxi6.7-6.7_update02-13006603.zip  -pkgDi
r E:\ESXi-Custom\RTL8111  -outDir  E:\ESXi-Custom\ESXi670

This is ESXi-Customizer-PS Version 2.6.0 (visit https://ESXi-Customizer-PS.v-front.de for more information!)
(Call with -help for instructions)

Temporarily logging to C:\Users\ADMINI~1\AppData\Local\Temp\2\ESXi-Customizer-PS-5008.log ...

Running with PowerShell version 2.0 and VMware vSphere PowerCLI 5.8 Release 1 build 2057893

Adding base Offline bundle .\update-from-esxi6.7-6.7_update02-13006603.zip ... [OK]

Getting Imageprofiles, please wait ... [OK]

Using Imageprofile ESXi-6.7.0-20190402001-standard ...
(dated 03/27/2019 04:46:55, AcceptanceLevel: PartnerSupported,
Updates ESXi 6.7 Image Profile-ESXi-6.7.0-20190402001-standard)

Loading Offline bundles and VIB files from E:\ESXi-Custom\RTL8111 ...
   Loading E:\ESXi-Custom\RTL8111\net55-r8168-8.045a-napi.x86_64.vib ... [OK]
      Add VIB net55-r8168 8.045a-napi [New AcceptanceLevel: CommunitySupported] [OK, added]

Exporting the Imageprofile to 'E:\ESXi-Custom\ESXi670\ESXi-6.7.0-20190402001-standard-customized.iso'. Please be patient
 ...

All done.

(Log file moved to E:\ESXi-Custom\ESXi670\ESXi-6.7.0-20190402001-standard-customized-201904221023.log)

PowerCLI E:\esxi-custom> _
```

图 3-3-23　生成 ISO 升级包

5. 更新本地的 zip 包

如果已经将 RAID 卡、网卡等驱动程序集成到.zip 文件中，也可以使用 ESXi-Customizer-PS 从 VMware Online 软件仓库更新 ESXi Offline 软件包。例如想将前面制作的 TS850 的 zip 文件升级到 6.7 的版本，命令如下（见图 3-3-24）。

```
.\ESXi-Customizer-PS-v2.6.0.ps1 -v67 -izip .\ ESXi-6.0.0-20190304001-TS850-6805.zip -update
```

通过此脚本调用，可以使用 VMware Online 软件仓库中的最新 ESXi 6.7 修补程序更新本地 ESXi Offline 软件包（在此示例中使用的是集成浪潮 TS850 的 RAID 卡驱动的 ESXi 6.0）。使用-update 时，还请指定与本地脱机软件包（-v65，-v60，-v55，-v51 或-v50）匹配的 ESXi 版本。在本次操作中，生成的文件名为 ESXi-6.0.0-20190304001-standard-customized-customized.iso。

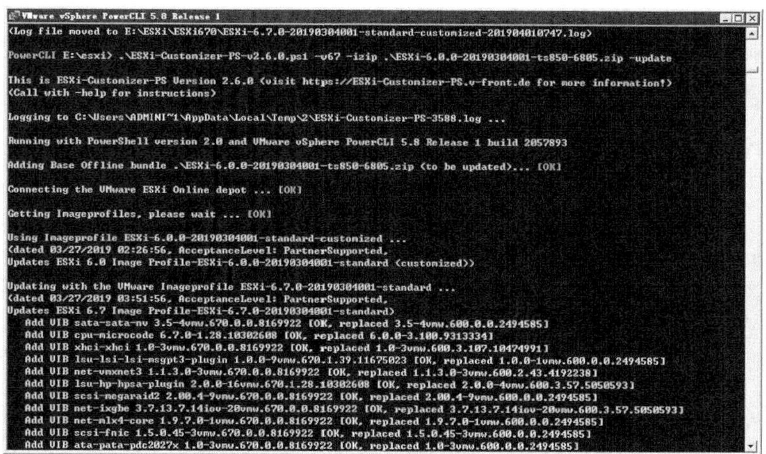

图 3-3-24　在线更新本地离线 zip 包并生成 ISO 文件

如果要生成.zip 文件，添加-ozip 参数即可，这些不再一一介绍。

3.3.5 在 PC 中安装 ESXi

本节将使用工具 U 盘安装 ESXi。本节使用的是“电脑店 U 盘启动工具 6.5”制作的启动 U 盘，将 ESXi 6.7.0 的安装光盘镜像复制到 U 盘 DND 文件夹。

说明

制作 ESXi 启动 U 盘时可以参考作者的文章“制作 Windows 与 ESXi 的系统安装工具 U 盘”，连接地址为 https://blog.51cto.com/wangchunhai/2104674。

（1）打开计算机的电源，插上启动 U 盘，根据屏幕提示按 F8 键进入“Boot Menu”界面，如图 3-3-25 所示。本示例中使用的是一个容量为 32GB 的 U 盘。

（2）在 U 盘启动界面中，选择“启动自定义 ISO/IMG 文件（Sratlf)”后按回车键，如图 3-3-26 所示。

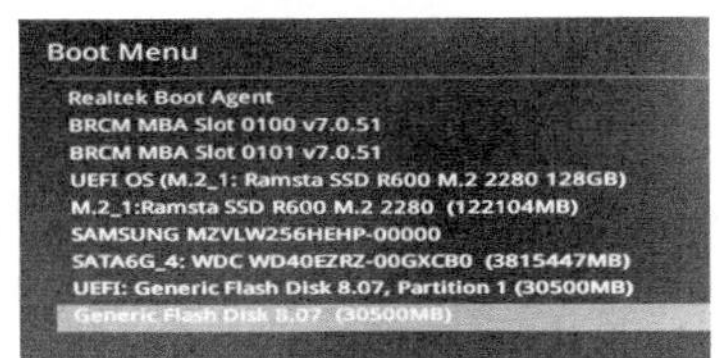

图 3-3-25　选择启动设备

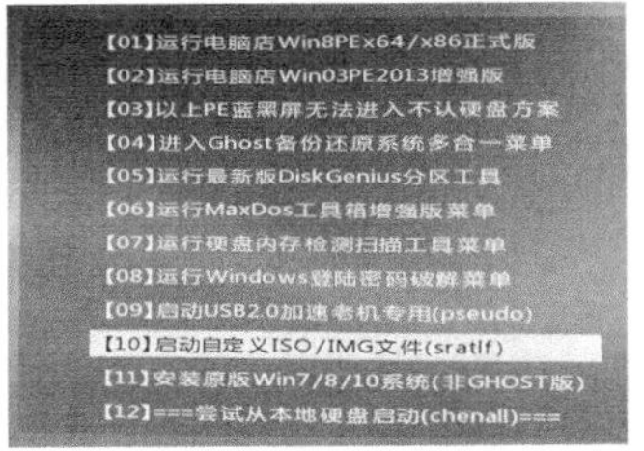

图 3-3-26　启动自定义 ISO 文件

（3）选择“自动搜索并列出 DND 目录下所有文件”，列出当前 U 盘 DND 目录中所有 ISO 文件后选择合适的安装镜像，本示例选择 ESXi-6.7.0-u2-13006603-RTL8168_8111.iso，如图 3-3-27 所示。

```
Automenu for (hd0,0)/DND/
[01] ..
[02] RUN Desktop.ini 51 B
[03] RUN ESXi-6.0.0-u3-13003896-RTL8168_8111.iso 359.24 MB
[04] RUN ESXi-6.5.0-u2-13004031-RTL8168_8111.iso 315.10 MB
[05] RUN ESXi-6.7.0-u1-11675023.x86_64-DellEMC_Customiz 318.23 MB
[06] RUN ESXi-6.7.0-u2-13006603-RTL8168_8111.iso 312.24 MB
[07] RUN ESXi_6.7.0-u2_13006603_LNV_20190405.iso 315.26 MB
[08] RUN Icon.ico 136.48 KB
[09] Back to Main Menu
```

图 3-3-27　选择 ESXi 6.7 安装镜像文件

（4）加载 ESXi 的安装程序。如图 3-3-28 所示，安装程序检测到的主机配置是：Intel i5-7500、63.9GB 内存。

（5）进入 ESXi 的安装程序，在“Select a Disk to Install or Upgrade”对话框中，选择要安装 ESXi 的磁盘。虽然当前主机支持 RAID，但这只是南桥芯片组支持的 RAID，相当于“软”RAID，所以 ESXi 会“跳过”这个 RAID，直接识别出每块硬盘。如图 3-3-29 所示，显示了 1 块 Ramsta 容量为 120GB 的 SSD、1 块 WDC 容量为 4TB 的硬盘、1 块 SAMSUNG 容量为 240GB 的 SSD、1 块容量为 32GB 的 U 盘。

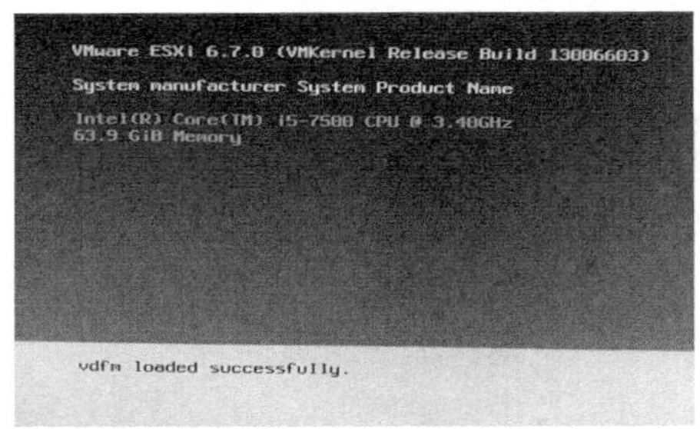

图 3-3-28　检测到的主机配置

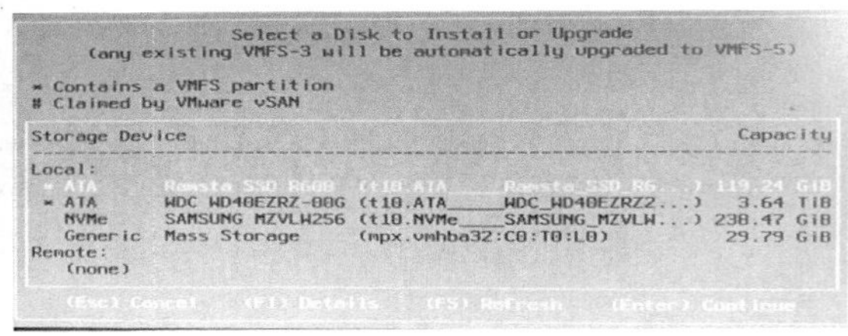

图 3-3-29　选择一块磁盘安装或升级 ESXi

（6）如果希望将 ESXi 安装在 U 盘并且在主机插上了 U 盘，在图 3-3-29 中可能会显示多个 U 盘。为了避免将系统安装在工具 U 盘，此时可以拔下启动计算机的工具 U 盘并按 F5 键，重新扫描设备之后列出当前可用的设备，如图 3-3-30 所示。在列表中选择一块合适的磁盘用于 ESXi 的安装，本示例中选择容量为 120GB 的 SSD。

说明

此时 ESXi 安装程序已经加载到内存，在以后的安装中将不再需要引导 U 盘。

（7）安装完成后重新启动计算机，再次进入系统后，为 ESXi 设置 IP 地址以用于后期的使用，如图 3-3-31 所示。

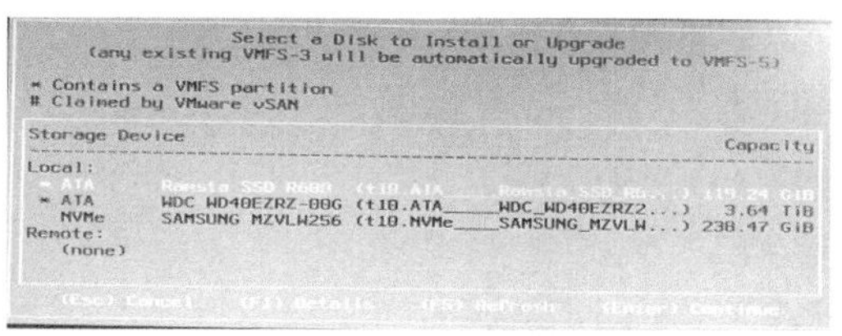

图 3-3-30 重新扫描设备

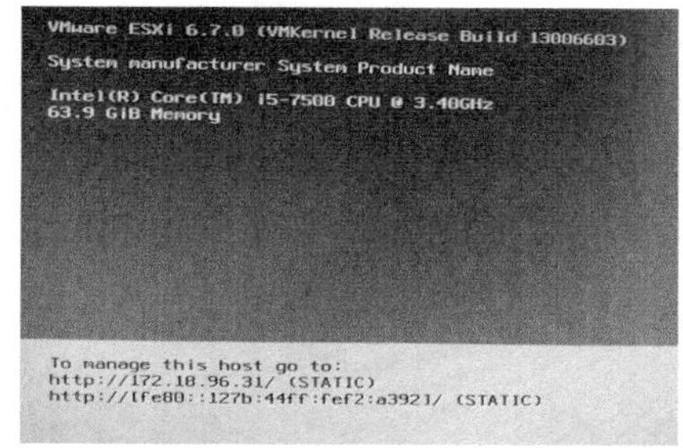

图 3-3-31 启动并进入 ESXi 控制台

在服务器中安装 ESXi 与在 PC 中的安装类似，本节不做介绍。

3.4 ESXi 控制台设置

虚拟化的 3 个特性（或者说 3 个需要注意的地方）是计算、存储、网络。“计算”为虚拟机提供 CPU 与内存资源，“存储”为虚拟机提供存储空间，“网络”为虚拟机或者 ESXi 主机管理提供网络流量。计算资源在服务器开机运行之后可直接使用，存储与网络资源则需要配置之后才能使用。

网络的配置可以在 ESXi 控制台进行基础的配置（包括选择管理网卡，设置管理 IP 地址、子网掩码、默认网关，设置 ESXi 主机名称、DNS 等），也可以使用 vSphere Client 对物理主机网络进行规划与配置。

存储的配置一般是通过 vSphere Client 进行的，不能在 ESXi 控制台中对存储进行配置与管理。

在安装好 ESXi 之后，需要在 ESXi 控制台中进行基本的配置， 包括选择管理网卡、设置管理 IP 地址等。这相当于安装了 Windows Server 操作系统之后，进入图形界面进行的基本配置，例如设置 IP 地址、修改计算机名称、开启远程桌面等操作。

本节介绍 ESXi 6.7.0 U2 控制台设置，这包括管理员密码的修改、控制台管理地址的设置与修改、ESXi 主机名称的修改、重启系统配置（恢复 ESXi 默认设置）等功能。VMware ESXi 的其他版本，例如 6.0.0、6.5.0 的控制台设置与 ESXi 6.7.0 的相同。

3.4.1 进入控制台界面

使用服务器远程管理工具（或 KVM）打开服务器显示界面，或者在服务器前按 F2 键，输入管理员密码（在安装 ESXi 时设置的密码）后按回车键，将进入“System Customization”（系统定制）对话框（本操作以 Dell RT630 服务器为例，使用 Dell iDRAC 登录进入，相当于在服务器前，使用服务器的键盘、鼠标、显示器进行的操作），如图 3-4-1 所示。

进入“System Customization”对话框后，如图 3-4-2 所示。在该对话框中能完成口令修改、管理网络配置、管理网络测试、网络设置恢复、键盘配置等操作。

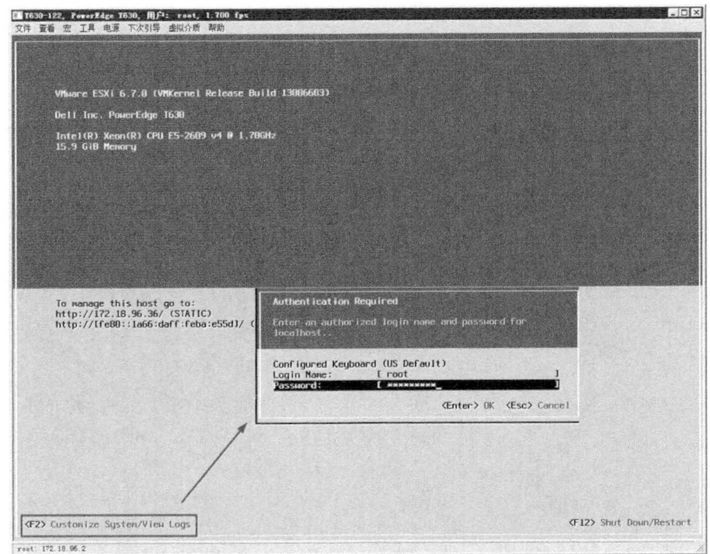

图 3-4-1 输入密码进入系统配置

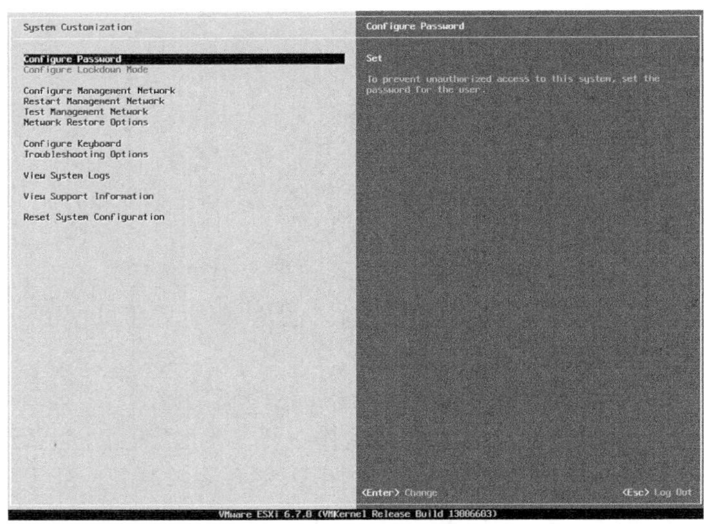

图 3-4-2 系统定制

3.4.2 修改管理员密码

如果要修改 ESXi 6.5 的管理员密码，在图 3-4-2 中移动光标到“Configure Password”处按回车键，在弹出的“Configure Password”对话框中，先输入原来的密码，然后分两次输入新的密码并按回车键完成密码的修改，如图 3-4-3 所示。

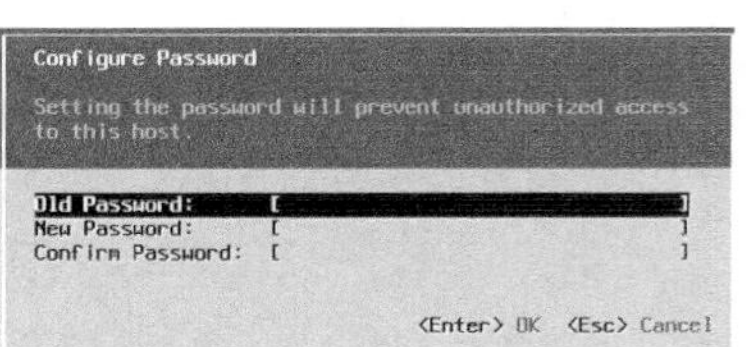

图 3-4-3 修改管理员密码

说明

在安装 ESXi 6.5.0 及其以前的版本的时候可以设置简单密码，如 1234567。而在安装之后的版本再修改密码时，必须设置复杂密码。

3.4.3 配置管理网络

在“Configure Management Network”选项中可以选择管理接口网卡（当 ESXi 主机有多块物理网卡时）、修改控制台管理地址、设置 ESXi 主机名称等。

（1）在图 3-4-2 中，将光标移动到“Configure Management Network”并按回车键，进入“Configure Management Network”对话框，如图 3-4-4 所示。

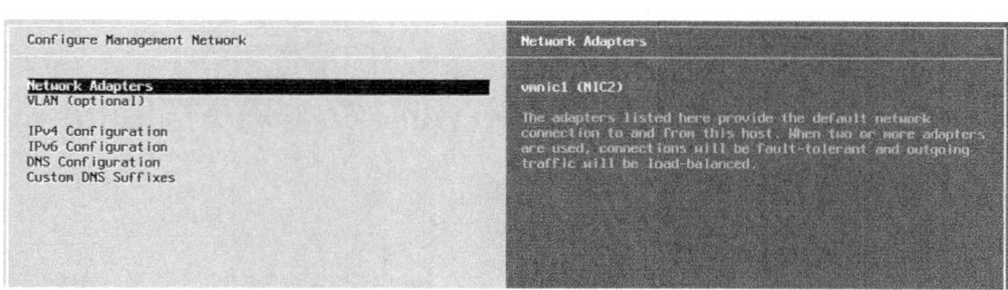

图 3-4-4 配置管理网络

（2）选择“Network Adapters”选项并按回车键，打开“Network Adapters”对话框，可以选择主机默认的管理网卡，如图 3-4-5 所示。当主机有多块物理网卡时，可以从中选择，并且在“Status”列表中显示出每块网卡的状态。当前服务器有 2 块网卡，本示例中将第二块网卡（标示为 vmnic1）用于管理网卡。

（3）在“VLAN（Optional）”选项中，可以为管理网络设置一个 VLAN ID，如图 3-4-6 所示。一般情况下不要对此进行设置与修改。

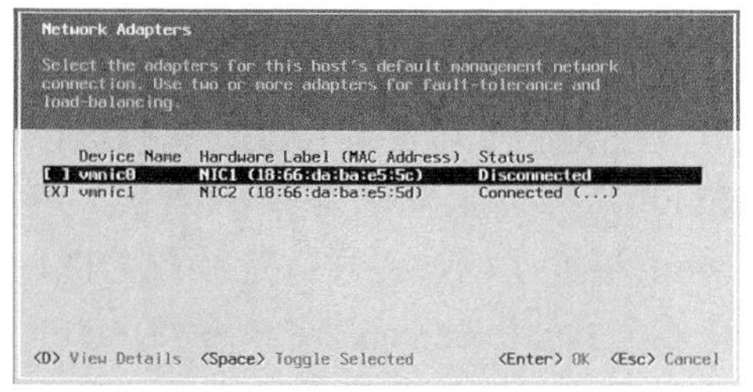

图 3-4-5 选择管理网卡

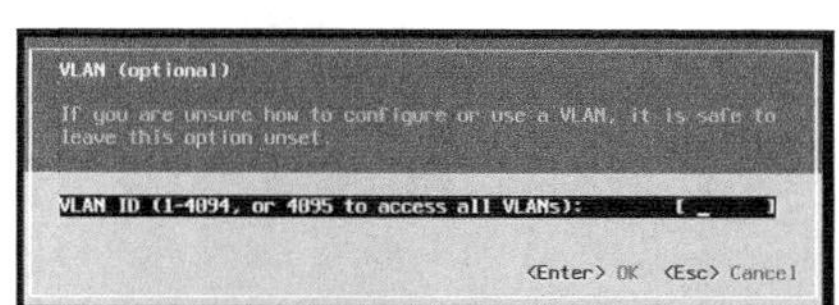

图 3-4-6 VLAN 设置

说明

当主机有多块网卡时，例如大多数服务器配置 4 端口网卡，一般是将 2 个端口用于物理主机的管理，另外 2 个端口用于虚拟机流量。一般情况下，用于管理的网卡连接交换机的 Access 端口，而用于虚拟机流量的网卡则连接到交换机的 Trunk 端口。在这种情况下，图 3-4-6 中的 VLAN 不需要设置，因为当前选择的网卡连接到的是虚拟机的 Access 端口。但是在另一种情况下，如果物理服务器网卡数比较少，例如只有 2 块，并且这 2 块网卡连接到交换机的 Trunk 端口，主机管理在一个 VLAN 、虚拟机流量在其他 VLAN 时，则需要在图 3-4-6 中设置 VLAN。例如为主机管理规划使用 VLAN2006 网段，则需要在图 3-4-6 中设置 VLAN 的数值为 2006。关于虚拟机网络将会在后文介绍。

（4）在“IPv4 Configuration”选项中可以设置 ESXi 的管理地址。在默认情况下，ESXi 在完成安装的时候，默认选择是“Use dynamic IPv4 address and network configuration”（使用 DHCP 分配网络配置），在实际使用中，应该为 ESXi 设置一个静态地址。在本例中，将为 ESXi 设置 172.18.96.36 的地址，如图 3-4-7 所示。选择“Set static IPv4 address and network configuration”，并在“IPv4 Address”中输入 172.18.96.36，为其设置子网掩码（Subnet Mask）与网关地址（Default Gateway）。

（5）在“DNS Configuration”选项中，可以设置 DNS 的地址与 ESXi 主机的名称。如果要让 ESXi 使用 Internet 的“时间服务器”进行时间同步，除了要在图 3-4-7 中设置正确的子网掩码、网关地址外，还要在此选项中设置正确的 DNS 服务器以能实现时间服务器的域名解析。如果使用内部的时间服务器并且是使用 IP 地址的方式进行时间同步，那么设置正确的 DNS 地址则不是必需的。在“Hostname”处则是设置 ESXi 主机的名称。当网络中有多台 ESXi 服务器时，为每台 ESXi 主机规划合理的名称有利于后期的管理。在本例中，为 ESXi 的主机命名为 esx36，如图 3-4-8 所示。

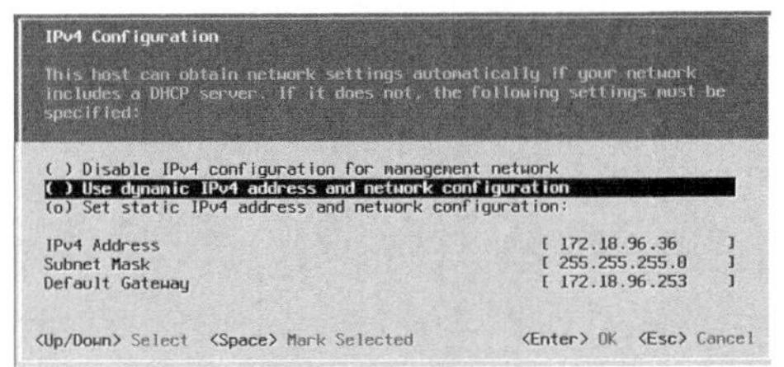

图 3-4-7　设置管理地址

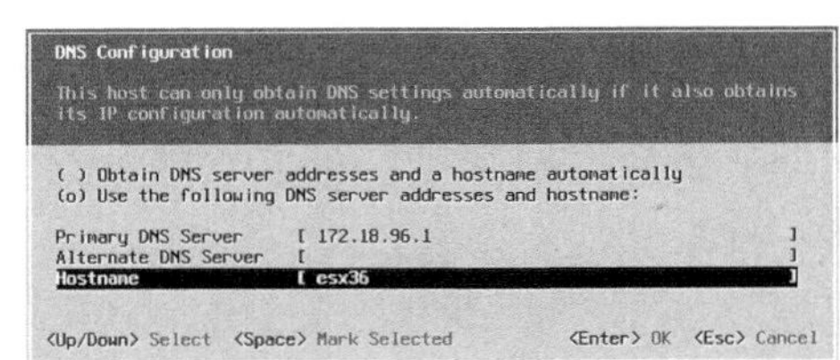

图 3-4-8　为 ESXi 设置 DNS 和主机名

说明

在为 ESXi 命名时，不建议在命名时加入 ESXi 的版本号，这是考虑未来升级 ESXi 时版本名称变了，但计算机名称并不会跟随改名。一般设置计算机名加数字序列来命令 ESXi 主机。例如，某单位初期有 3 台服务器安装了 ESXi，可以将每台服务器依次命名为 ESX11、ESX12、ESX13。以后再有新的服务器加入后可以依次命名为 ESX14、ESX15 等。在为 ESXi 主机设置名称时，如果所在的网络有内部的 DNS，可以直接为 ESXi 主机设置带域名的名称，例如当前示例网络中 DNS 域名是 heinfo.edu.cn，可以在图 3-4-8 中将 ESXi 主机修改为 esx36.heinfo.edu.cn（需要在 heinfo.edu.cn 的域中添加名为 esx36 的 A 记录，并且指向这台 ESXi 的地址为 172.18.96.36。），如图 3-4-9 所示。

例如，当前网络中 DNS 服务器的地址是 172.18.96.1，这个 DNS 所属的域是 heinfo.edu.cn，在 heinfo.edu.cn 的 DNS 中添加了 A 记录为 esx36，并指向 172.18.96.36，如图 3-4-10 所示。

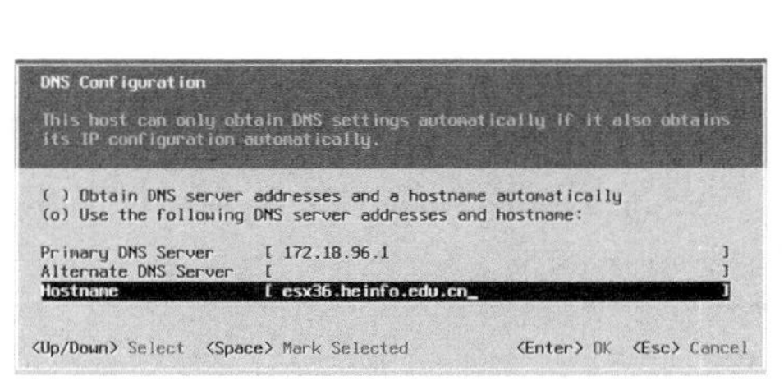

图 3-4-9　设置 ESXi 主机名称

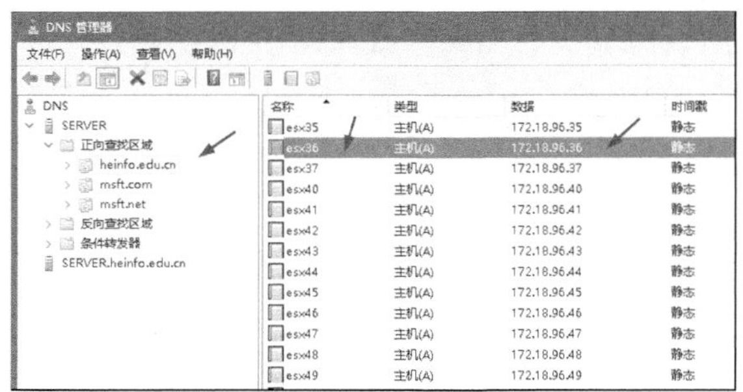

图 3-4-10　DNS 服务器配置

（6）在设置（或修改）完网络参数后，按 Esc 键，将弹出“Configure Management Network:

Confirm”对话框，提示是否更改并重启管理网络，按 Y 确认并重新启动管理网络，如图 3-4-11 所示。

（7）返回“System Customization”对话框后，在右侧的“Configure Management Network”中显示了设置后的地址，如图 3-4-12 所示。

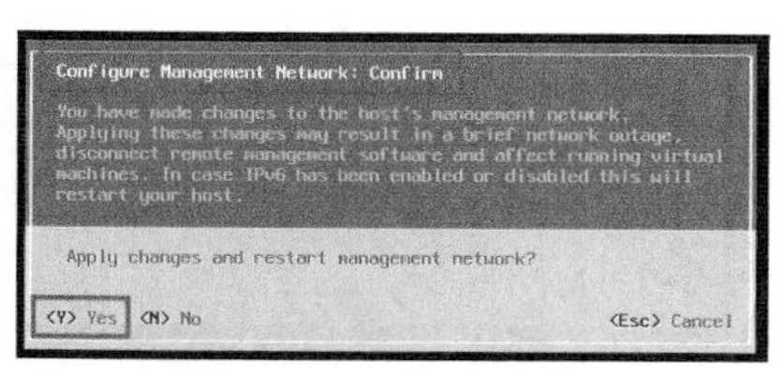

图 3-4-11　保存参数

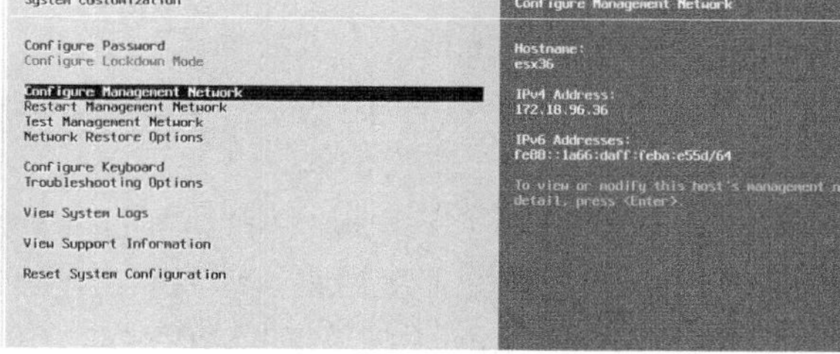

图 3-4-12　主机名称和管理地址

（8）在配置 ESXi 管理网络的时候，如果因为出现错误而导致 VMware vSphere Client 无法连接到 ESXi，可以在图 3-4-12 中选择“Restart Management Network”选项，在弹出的“Restart Management Network：Confirm”对话框中按 F11 键，将重新启动管理网络，如图 3-4-13 所示。

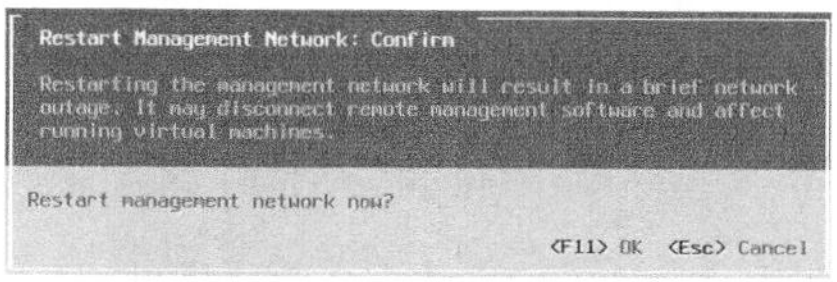

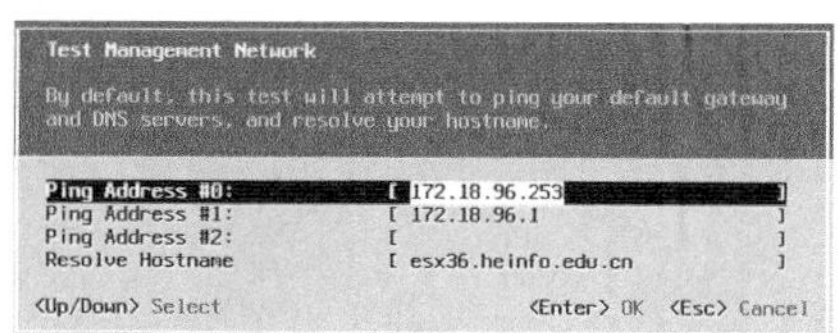

图 3-4-13　重新启动管理网络

如果希望测试当前 ESXi 的网络参数设置是否正确，可以选择“Test Management Network”选项，在弹出的“Test Management Network”对话框中测试到网关地址或者指定的其他地址的 ping 测试，如图 3-4-14 所示。

在使用 Ping 命令并且有回应时，在相应的地址后面会显示“OK”提示，如图 3-4-15 所示。

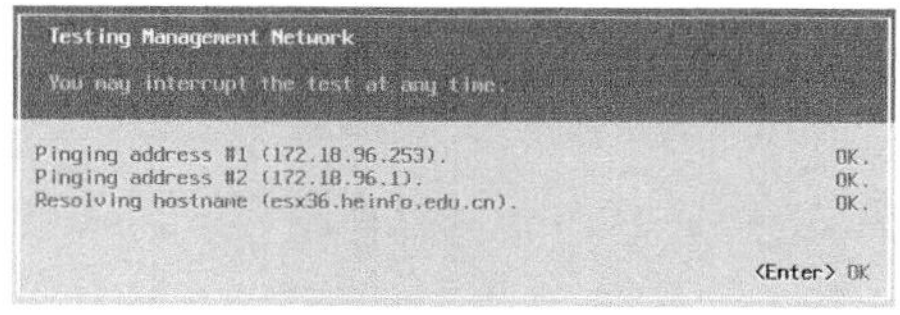

图 3-4-14　测试管理网络

图 3-4-15　测试通过

3.4.4　启用 ESXi Shell 与 SSH

除了可以使用控制台、vSphere Client 管理 ESXi 外，还可以通过网络、使用 SSH 的客户端连接到 ESXi 并进行管理。在默认情况下，ESXi 的 SSH 功能并没有启动（SSH 是 Linux 主机的一个程序，ESXi 与 VMware ESX Server 是基于 Red Hat Linux 的底层系统，也是可以使用 SSH 功能的）。如果要使用这一功能，可以选择“Troubleshooting Options”选项，在“Troubleshooting Mode Options”对话框中，启用 SSH 功能（将光标移动到 Disable SSH 处按回车键），当“SSH Support”显示为“SSH is Enabled”时，SSH 功能将被启用，如图 3-4-16 所示。

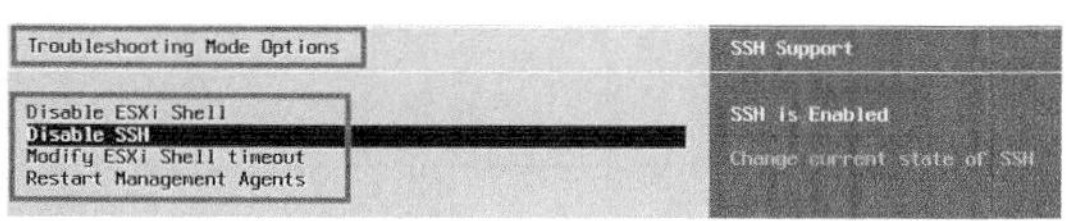

图 3-4-16　启用 SSH

在此还可以启用 ESXi Shell、修改 ESXi Shell 的超时时间等。

3.4.5　恢复系统配置

“Reset System Configuration”选项可以将 ESXi 恢复到默认设置，这些设置包括以下方面。

（1）ESXi 管理控制台地址恢复为“DHCP”，计算机名称恢复到刚安装时的名称。

（2）系统管理员密码被清空。

（3）所有正在运行的虚拟机将会被注销。

如果选择该选项，将会弹出“Reset System Configuration：Confirm”对话框，按 F11 键将继续，按 Esc 键将取消这个操作，如图 3-4-17 所示。

如果在图 3-4-17 中按下了 F11 键，将会弹出“Reset System Configuration”对话框，提示默认设置已经被恢复，按回车键后将重新启动主机，如图 3-4-18 所示。

在恢复系统设置之后，由于系统管理员密码被清空，所以管理员需要在第一时间重新启动控制台，进入“Configure Password”对话框，设置新的管理员密码（在控制台界面，按 F2 键后，在提示输入密码时直接按回车键即可进入），如图 3-4-19 所示。

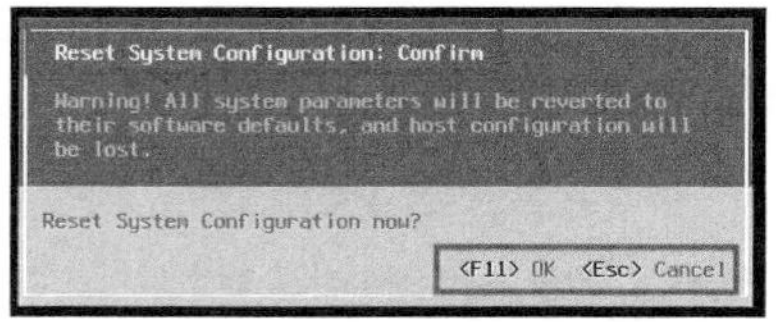

图 3-4-17　恢复系统配置

由于管理地址、主机名称都恢复到默认值，管理员还需要重新设置管理地址、设置主机地址，这些不再一一介绍。

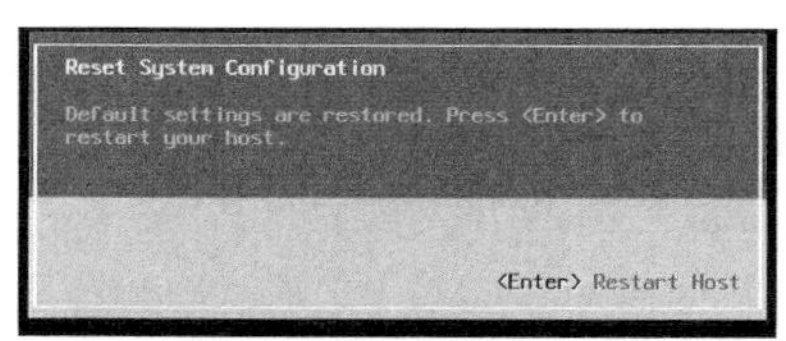

图 3-4-18　系统设置被恢复

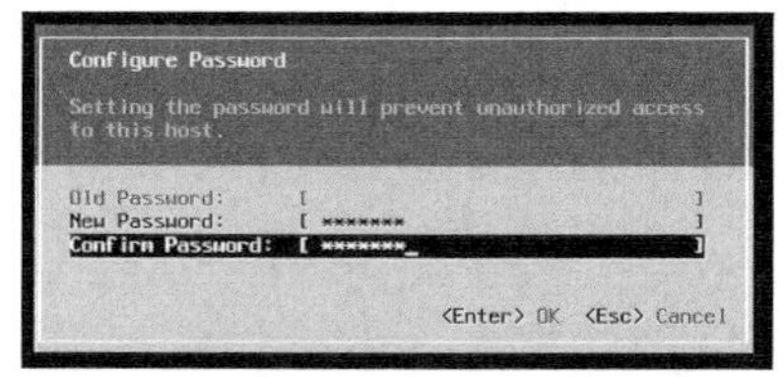

图 3-4-19　设置新的管理员密码

3.4.6　ESXi 的关闭与重启

如果要关闭 ESXi 主机或者重新启动 ESXi 主机，可以在 ESXi 控制台中，按 F12 键后，输入 ESXi 主机的管理员密码进入“Shut Down/Restart”对话框，如图 3-4-20 所示。如果要关闭 ESXi 主机，则按 F2 键；如果要重新启动 ESXi 主机，则按 F11 键；如果要取消关机或重启操作，则按 Esc 键。

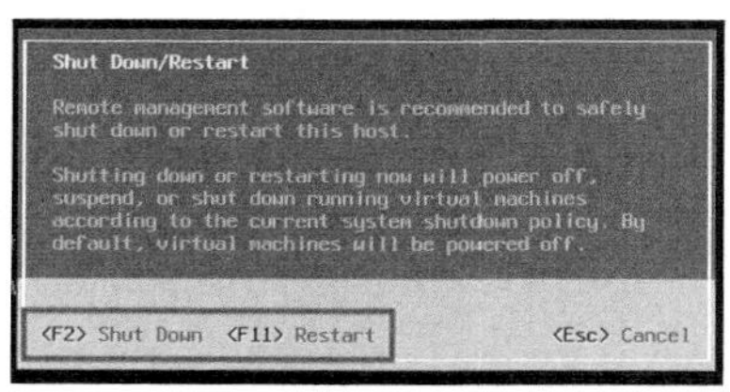

图 3-4-20　关机或重启对话框

说明

使用 vSphere Client 连接到 ESXi，也可以完成关机或重启 ESXi 主机的操作。

4 vSAN 项目中 RAID 卡与交换机配置

本章介绍 vSAN 项目中服务器 RAID 卡与交换机的配置，服务器以 Dell R730、联想 x3650 M5、H3C 6900 为例进行介绍，其他服务器可以参考本例。交换机以华为 S5720、华为 S6720 为例进行介绍。

4.1 Dell 服务器 H730 RAID 卡配置（适用于 vSAN）

Dell R730、R730XD、R740、R740XD 等服务器集成的 RAID 卡（HBA330、HBA730）支持 RAID-0、RAID-1、RAID-5、RAID-6、RAID-50 和 RAID-60，具体选择哪种 RAID 级别要看服务器配置的磁盘数量及管理规划。在 vSAN 环境中，要求将 vSAN 中的每块磁盘配置为直通模式、JBOD 模式或 RAID-0 模式。Dell HBA330、HBA730 卡支持“Non RAID”配置，可以将指定的磁盘配置为类似 HBA 直通的模式。本节以 Dell R730XD 服务器（配置 H730 RAID 卡）为例进行介绍，Dell 其他型号配置与此类似。

说明

一般情况下配置 RAID，是指配置 RAID-5、RAID-50、RAID-10 等。服务器出厂时的标配，大多是只支持 RAID-0、RAID-1、RAID-10，不支持 RAID-5。如果要支持 RAID-5，需要为服务器添加缓存（需要 RAID 卡）和电池（需要 RAID 卡，但并不是必需的）。在服务器只有 1 块磁盘时，如果阵列卡只支持 RAID-1、RAID-0、RAID-10，不支持 RAID-5，此时一般不需要配置，服务器即可以“认出”这块磁盘。如果阵列卡已经升级到支持 RAID-5，单独的 1 块磁盘也必须配置成 RAID-0 才能使用（Dell RAID 卡可以将磁盘标记为“Non RAID”模式）。例如，某台服务器有 5 块磁盘，其中 1 块是 120GB 的固态磁盘，4 块是 600GB 的 SAS 磁盘。如果支持 RAID-5 的阵列卡，则需要创建 2 个阵列：第一个阵列是 1 块 120GB 的磁盘，使用 RAID-0；第二个阵列则是 4 块 600GB 的磁盘，可以配置为 RAID-5 或其他 RAID 方式。

在本示例中，以 Dell R730XD 服务器为例，介绍用于 vSAN 的 RAID 配置。为了介绍这一功能，当前服务器配置了 4 块 2TB 的 SATA 硬盘、1 块 120GB 的 SSD 硬盘。

（1）开机启动 Dell 服务器，当出现“PowerEdge Expandable RAID Controller BIOS”时，按 CTRL+R 组合键，如图 4-1-1 所示。

说明

如果不能出现图 4-1-1 的 RAID 配置界面，应重新启动服务器，按 F2 键后进入 BIOS 设置，在“Boot Settings”中将“Boot Mode”改为“BIOS”后保存并退出即可。如果安装 ESXi，则需要改为 UEFI 模式，如图 4-1-2 所示。

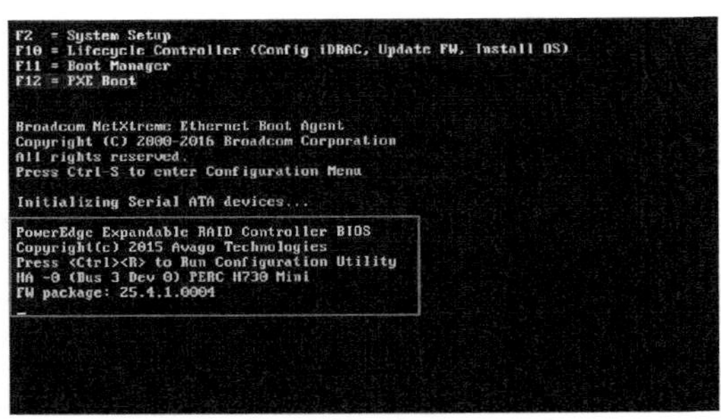

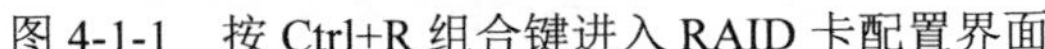

图 4-1-1 按 Ctrl+R 组合键进入 RAID 卡配置界面

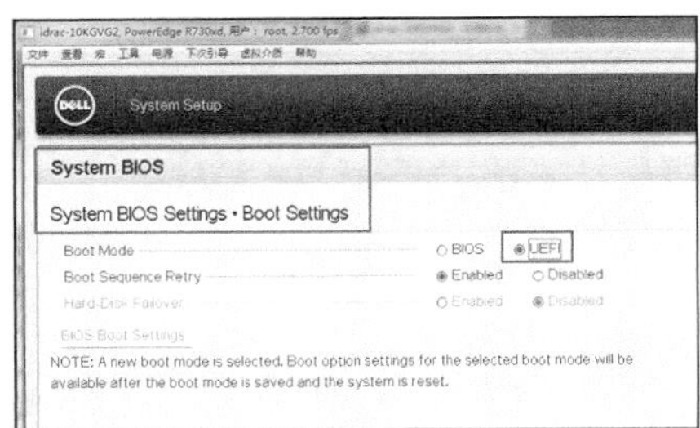

图 4-1-2 BIOS 设置

（2）进入 RAID 卡配置界面之后，可以看到当前有 4 块 2TB 的 SATA 硬盘、1 块 120GB 的 SSD 硬盘。当前没有 RAID 卡配置信息（显示“No Configuration Present !”），如图 4-1-3 所示。在屏幕的上方显示当前 RAID 卡为 PERC H730 Adapter。

（3）移动光标到“No Configuration Present !”这一行，按 F2 键（屏幕下面有提示）后，将会弹出快捷菜单，如图 4-1-4 所示。

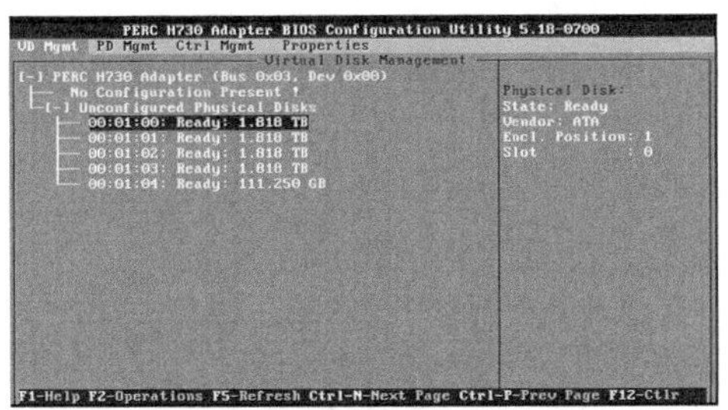

图 4-1-3 没有配置 RAID 信息

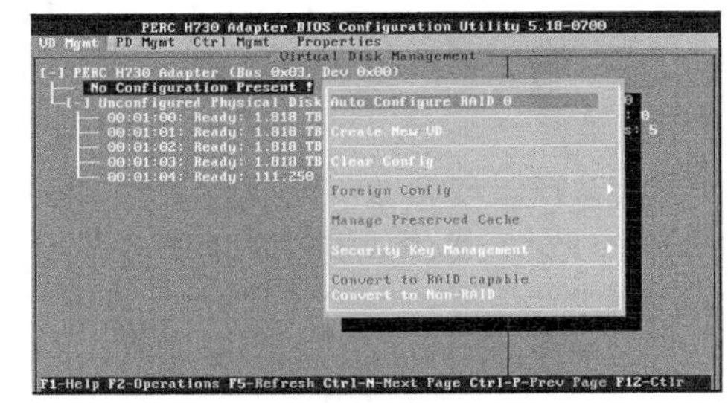

图 4-1-4 快捷菜单

在该快捷菜单中常用的命令有以下几项。

Auto Configure RAID 0：选择此项，将会把所有磁盘都配置为 RAID-0（每块磁盘一个配置）。

Create New VD：创建新的 Virtual Disk（虚拟磁盘）。

Clear Config：清除当前 RAID 配置。

Convert to RAID capable：将配置为 Non RAID 模式的磁盘设置为 RAID 模式。

Convert to Non-RAID：将指定的磁盘配置为 Non-RAID 磁盘（类似 HBA 直通模式）。

（4）如果选择“Auto Configure RAID 0”，将会把所有磁盘都配置为 RAID-0（每块磁盘一个配置），如图 4-1-5 所示。

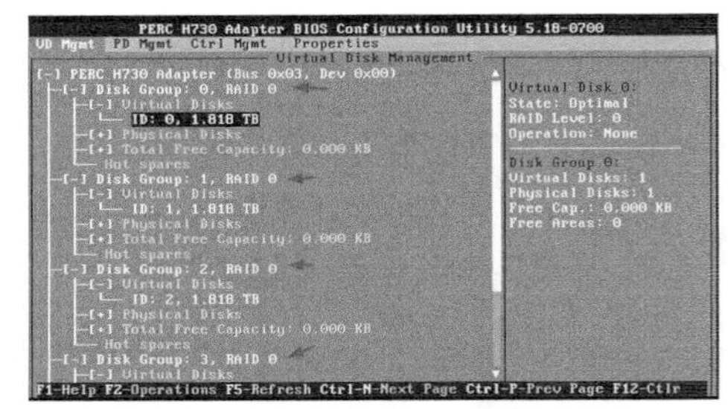

图 4-1-5 每块磁盘都配置为 RAID-0

说明

在其他品牌服务器中配置 vSAN 磁盘，如果 RAID 卡不支持 JBOD 或 Non-RAID 模式时，需要将每块磁盘配置为 RAID-0。本示例只是演示将 Dell 服务器的每块磁盘配置为 RAID-0 的方法。在 Dell 服务器中用于 vSAN，需要将每块磁盘配置为 Non-RAID 模式。

（5）在练习配置 RAID 的过程中，如果希望重新配置，可以移动光标到“PERC H730 Adapter”，按 F2 键后在弹出的快捷菜单中选择“Clear Config”清除当前 RAID 配置，如

图 4-1-6 所示。清除配置之后如图 4-1-7 所示。

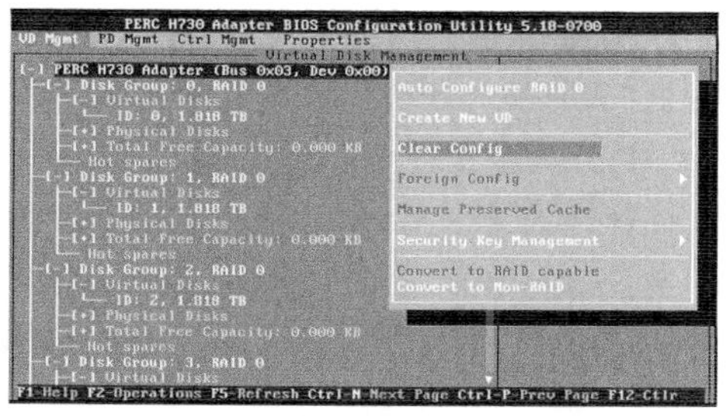

图 4-1-6　清除配置

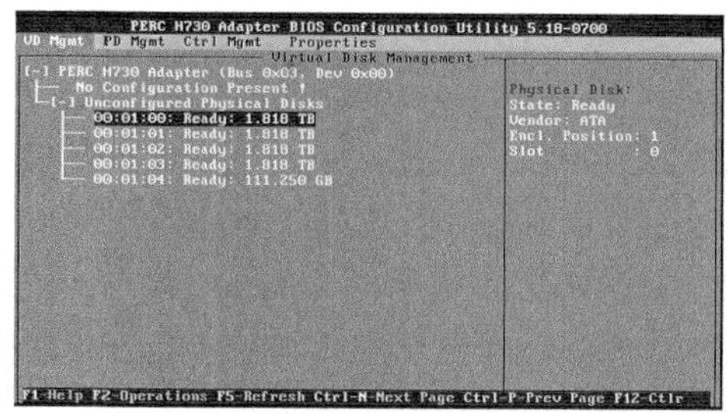

图 4-1-7　清除配置之后

说明

只有在实验中，或者确认当前 RAID 信息不需要保留时，才执行这一操作。如果在已有数据的环境中执行 Clear Config 操作，数据将会丢失。

（6）移动光标到“No Configuration Present !”这一行，按 F2 键后，在弹出快捷菜单中，如果选择“Convert to Non-RAID”，如图 4-1-8 所示。

（7）弹出“Convert RAID Capable Disks to Non-RAID”对话框，选择要转换为 Non-RAID 的磁盘，在 vSAN 项目中，需要将每块磁盘配置为 Non-RAID，在此按空格键选择每块磁盘，然后移动光标到“OK”并按回车键确认即可，如图 4-1-9 所示。

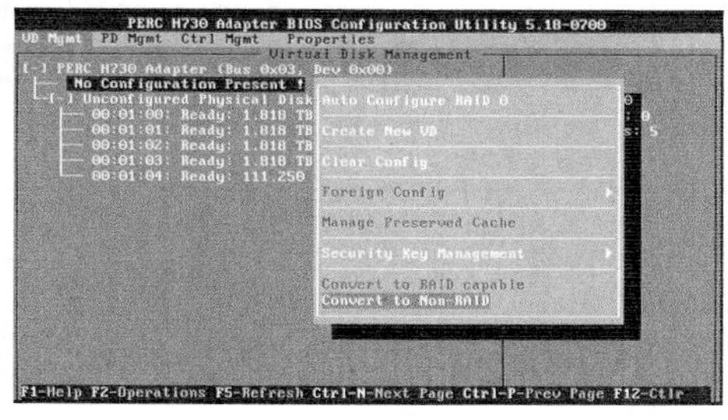

图 4-1-8　转换到 Non-RAID 模式

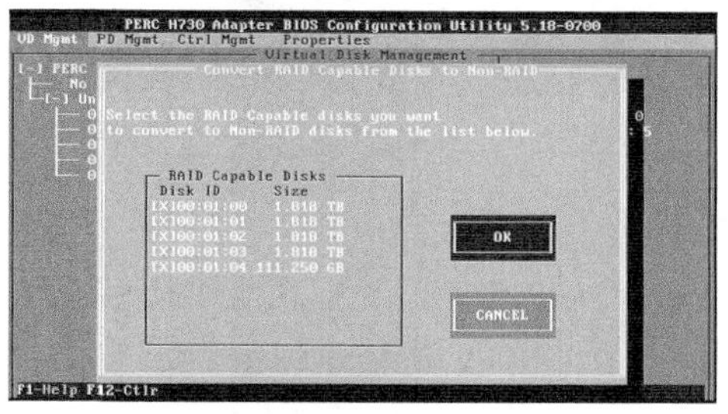

图 4-1-9　转换为 Non-RAID 模式

（8）在执行 Convert RAID Capable Disks to Non-RAID 命令之后，在“VD Mgmt”中配置为 Non-RAID 的磁盘将不会在此显示，如图 4-1-10 所示。

（9）按 Ctrl + N 组合键，在“PD Mgmt”中可以看到每块物理磁盘的现状，当前是 4 块 2TB 的硬盘、1 块 120GB 的硬盘，这些磁盘已经配置为 Non-RAID 模式，如图 4-1-11 所示。至此，用于 vSAN 的磁盘配置完毕。

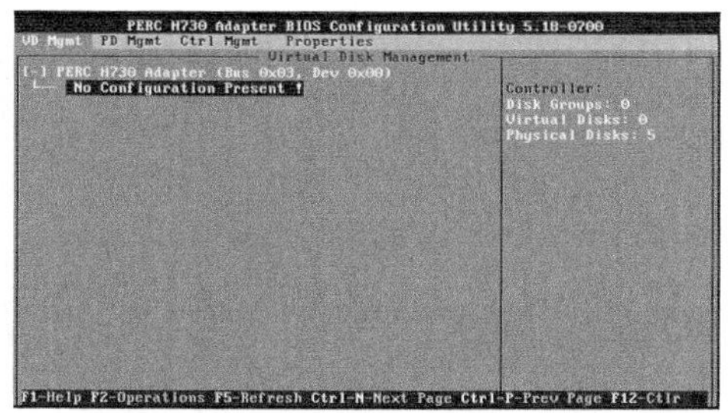

图 4-1-10　VD Mgmt 中不显示 Non-RAID 模式磁盘

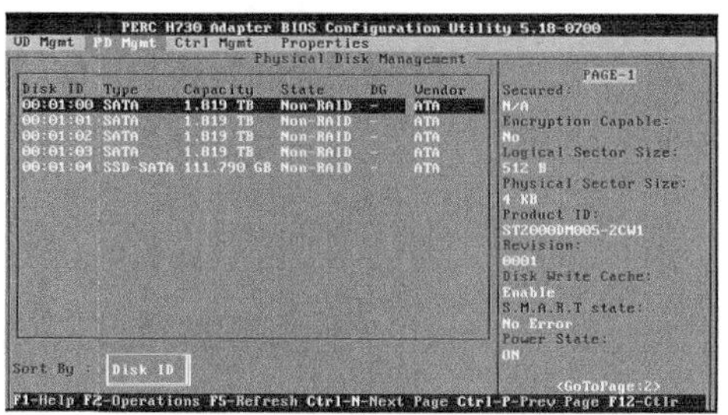

图 4-1-11　查看物理磁盘

说明

在同一台服务器中，用于 ESXi 的引导盘与用于 vSAN 的磁盘，应该配置相同的 RAID 模式。例如，在本次配置中将用于 ESXi 的系统盘（120GB 的硬盘）、用于 vSAN 的磁盘都配置为 Non-RAID 模式。不建议将用于 ESXi 的系统盘、用于 vSAN 的磁盘配置为不同的 RAID 模式。例如，有的用户将用于 ESXi 的 2 块系统盘配置为 RAID-1，将用于 vSAN 的磁盘配置为 JBOD 或 Non-RAID，这是不合适的。如果要将系统盘配置为 RAID-1，则需将用于 vSAN 的每块磁盘配置为 RAID-0。但 RAID-0 又不是 vSAN 的最优选择。在实际的生产环境中，为 ESXi 选择单块磁盘安装系统即可满足需求，没必要为 ESXi 配置 2 块磁盘。

（10）配置完成之后，按 Esc 键，在“Are you sure you want to exit?”对话框中按回车键，如图 4-1-12 所示。

（11）在“Press Control + Alt + Delete to reboot”提示中，按 Ctrl + Alt + Delete 组合键重新启动服务器，配置完成，如图 4-1-13 所示。

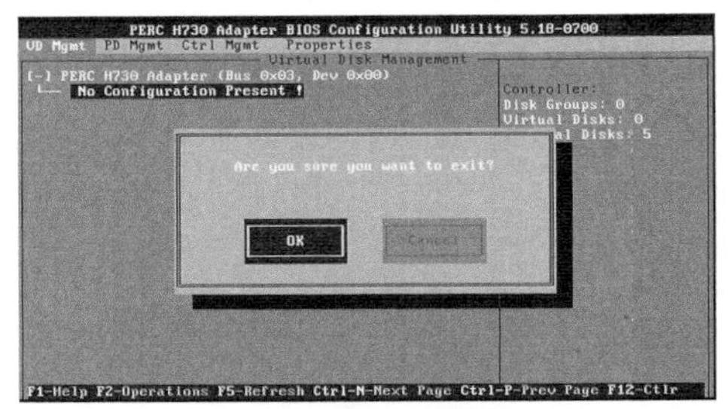

图 4-1-12　配置完成，保存并退出

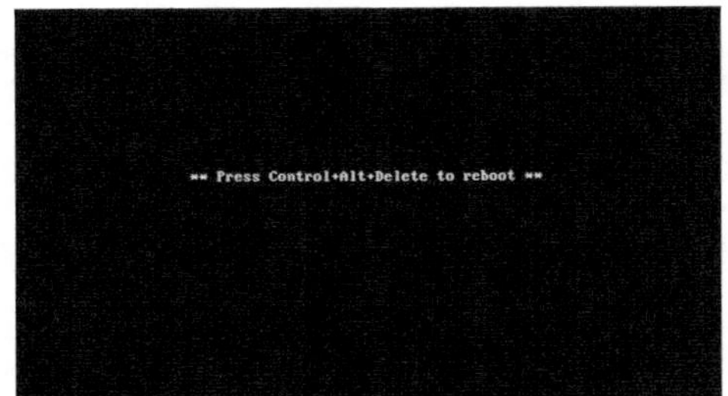

图 4-1-13　重新启动服务器

说明

在 Dell 服务器中，在有多块 Non-RAID 磁盘的前提下，建议在 RAID 卡中指定启动磁盘。在“Mail Menu→Controller Management”的“Select Boot Device”中选择 500GB 的 Non-RAID SSD 磁盘用作系统启动，如图 4-1-14 所示。

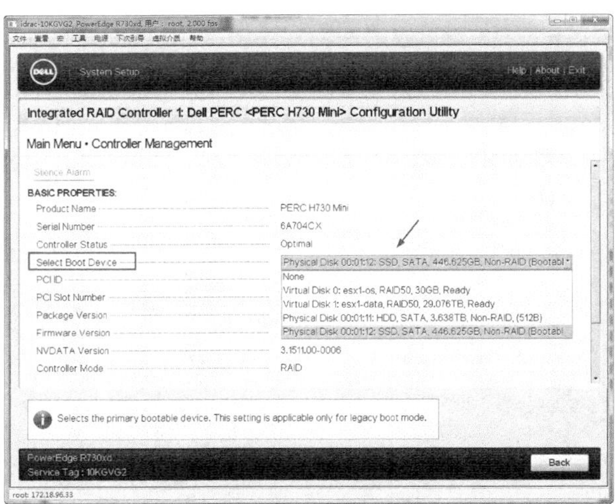

图 4-1-14　选择引导磁盘

如果要将 ESXi 安装到 U 盘，要修改 U 盘最先引导，则需要在“System BIOS Settings→Boot Settings→BIOS Boot Settings”的“Hard-Disk Drive Sequence”中调整 U 盘、RAID 卡的启动顺序，如图 4-1-15 所示。

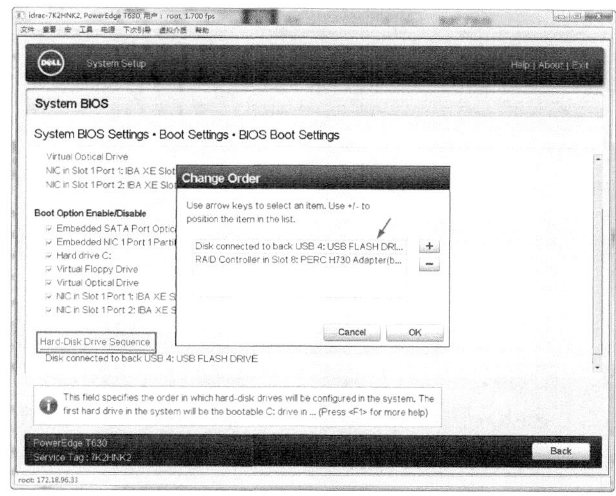

图 4-1-15　调整磁盘顺序

配置完 RAID 磁盘之后，在服务器上安装 VMware ESXi 即可，这些不再介绍。

4.2　为联想 x3650 M5 配置 JBOD 模式（适用于 vSAN）

联想 x3650 M5 服务器默认只带一个硬盘背板，最多支持 8 块硬盘。在 vSAN 的项目中，通常配置的磁盘会多于 8 块，这个时候就需要为服务器添加硬盘背板。在本节中将通过两个真实的 vSAN 案例，介绍联想 x3650 M5、联想 x3850 X6 配置 JBOD 模式的方法。

说明

全新配置的 vSAN 推荐使用联想 x3650 M5、SR650。如果是使用现有服务器组建 vSAN，也可以使用 x3850 X6，但不推荐，因为 x3850 X6 最多只支持 8 块磁盘。

4.2.1　某 4 节点标准 vSAN 群集案例

某虚拟化项目，采用 4 台联想 x3650 M5，使用 vSAN 架构组成虚拟化环境，网络拓扑如图 4-2-1 所示。

每台主机配置了 2 个型号为 E5-2620 V4 的 CPU、256GB 内存、1 个 300GB 的 SAS 磁盘（用于 ESXi 系统安装）、2 个 400GB 的 Intel 数据中心级固态硬盘 S3710、10 个 900GB 的 SAS 磁盘，所有磁盘都是 2.5 英寸，HDD 磁盘转速都是 10000 转/分钟。每台主机配置了 1 块 2 端口 10Gbit/s 的 Intel D520 网卡，10Gbit/s 网卡分别连接到 2 台华为 S6720（10Gbit/s）交换机，2 台 10Gbit/s 交换机使用 40Gbit/s 的 QSFP+光纤组成堆叠方式。每台主机有 4 个 1Gbit/s 端口，分别连接到 2 台华为 S5720 交换机，其中 2 个 1Gbit/s 端口用于管理，另外 2 个 1Gbit/s 端口连接到交换机的 Trunk 端口，用于虚拟机的流量。

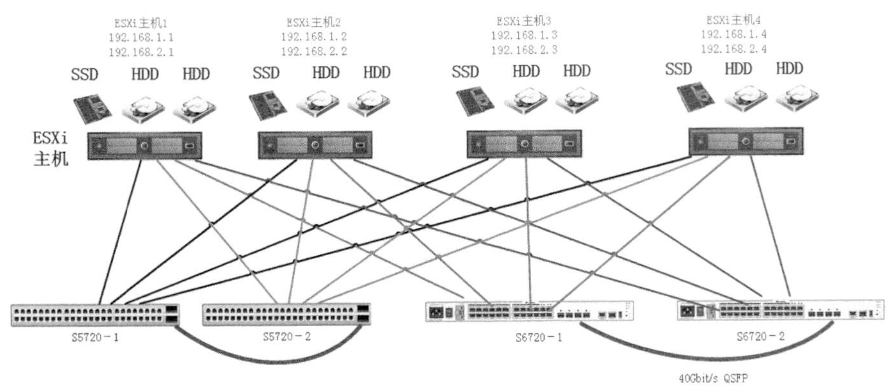

图 4-2-1　由 4 台联想 x3650 M5 组成 vSAN 架构

使用联想 x3650 M5 服务器组建 vSAN 架构，可以将每块硬盘配置为 RAID-0，这是 VMware 官方兼容列表中提供的参数。但如果将磁盘配置为 RAID-0，则不利于后期的管理与维护。经过实际测试，可以将联想 x3650 M5 阵列卡的缓存模块移除，然后将每块磁盘配置为 JBOD 模式即可。下面介绍安装硬盘扩展背板、移除阵列卡缓存模块、将每块磁盘配置为 JBOD 模式的内容。

4.2.2　安装硬盘扩展背板

本案例中有 2 台服务器是新采购的，另外 2 台服务器是去年购买的。300GB 硬盘是原来 2 台服务器上的，本次案例中将为每台服务器配置 1 块 300GB 的硬盘用于安装 ESXi 的系统。

因为每台服务器安装了 13 个 2.5 英寸的磁盘（2 个 SSD、11 个 HDD），但联想 x3650 M5 只有前 8 个盘位能用，如果使用另外 8 个盘位，需要添加 1 块 2.5 英寸盘体 8 盘位的 x3650 M5 系列硬盘扩展背板，如图 4-2-2、图 4-2-3 所示。

图 4-2-2　x3650 M5 硬盘扩展背板硬盘接口图

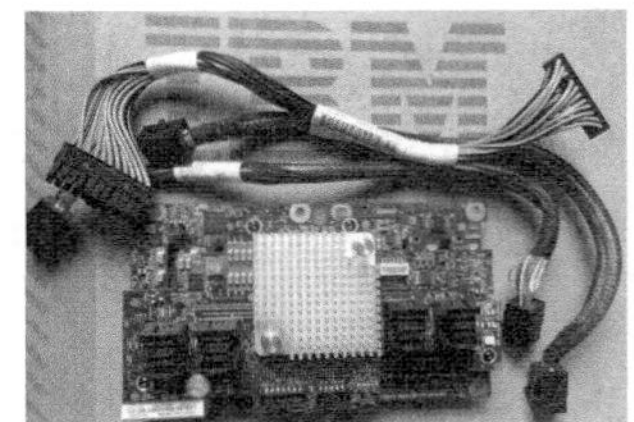

图 4-2-3　x3650 M5 硬盘扩展背板正面图

关闭服务器的电源，打开服务器的机厢，在第 2 个空闲的硬盘槽位安装硬盘扩展背板，如图 4-2-4 所示，这是安装了第 2 个硬盘扩展背板之后的截图。

在图 4-2-4 中，线标为 01 的接线原来插在 BP1 接口板的 1 口，线标为 02 的接线原来插在 BP1 接口板的 2 口，01 与 02 接到服务器机厢中的 RAID 卡上。在安装了 BP2 的硬盘扩展板之后，将 BP1 的 01、02 线拔下，将购买硬盘扩展板时带的 2 条 SAS 线，按照图 4-2-4 的方式连接到一起（即 1 接 1、2 接 2），然后将 01 插到 BP1 的右侧接口上，02 插到 BP2 的左侧接口上。

在服务器的机厢背面，印有硬盘扩展背板连接示意图，如图 4-2-5 所示。

图 4-2-4 为联想 x3650 M5 安装第 2 个硬盘扩展背板

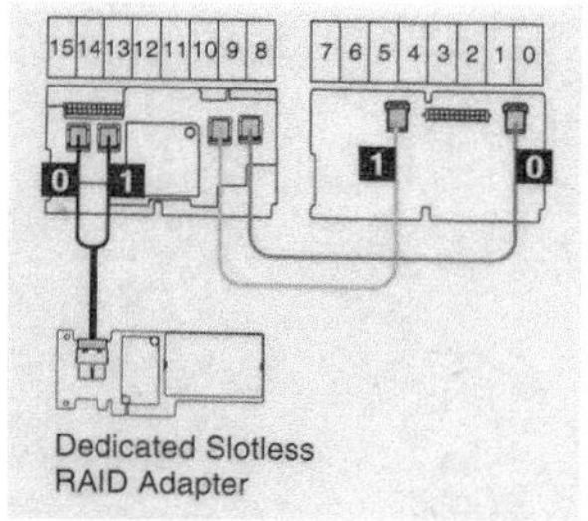

图 4-2-5 硬盘扩展背板连接示意图

4.2.3 移除 RAID 卡缓存模块并启用 JBOD 模式

因为本案例需要组建 vSAN，需要将每块硬盘配置为 RAID-0 或配置为直通模式。联想 X3650 M5 支持将磁盘配置为直通模式，但只有在不配备缓存 RAID 卡的情况下才支持 JBOD/硬盘直通模式功能，如果服务器中配置了带缓存模块的 M5210 RAID 卡，必须手动移除缓存模块。

注意

下面的操作将导致 RAID 及数据丢失，强烈建议先清除 RAID 信息并恢复 RAID 卡出厂设置再行操作。如果操作不当可能导致 RAID 卡锁定安全模式，甚至损坏硬件，请酌情谨慎操作。同时需要注意，由于涉及硬件插拔操作，请注意遵守操作规范。因为本案例中除了 300GB 硬盘外，其他硬盘都是新配置的，不涉及数据的备份，所以在清除了 300GB 硬盘的 RAID 信息后，关闭服务器的电源，打开服务器的机厢，即可移除缓存模块。

（1）在服务器完全断开之后，打开服务器的机厢，找到 RAID 卡，其中 RAID 卡 PCB 板上面的小块子板即缓存模块，由两侧的黑色卡扣固定，如图 4-2-6 所示。

（2）拔出 RAID 卡后取下缓存模块，然后将阵列卡插回原位。移除缓存模块后的 RAID 卡如图 4-2-7 所示。其中标为 1 的是 RAID 卡，标为 2 的是缓存模块。如果不再使用缓存模块，可以直接移除缓存模块及线缆、电容组件。

图 4-2-6 RAID 卡及缓存模块

图 4-2-7 移除缓存模块之后的 RAID 卡

（3）将机厢盖板盖回，重新通电并开机。在看到“Lenovo System x”Logo 的时候按 F1 键，准备进入 BIOS，如图 4-2-8 所示。

（4）等待过程中会出现“Critical Message”的错误窗口，提示缓存模块丢失或者损坏，如图 4-2-9 所示。

（5）先按回车键，输入 D，再按回车键，降级到 iMR 模式，如图 4-2-10 所示。注意，请勿输入其他字符或者直接按回车键，错误操作会导致 RAID 卡锁定安全模式。

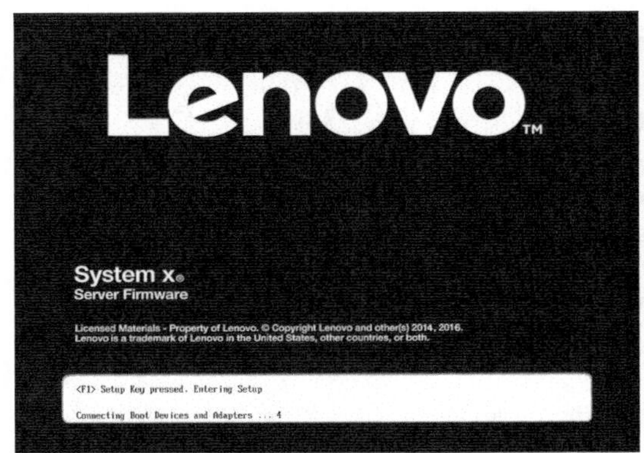

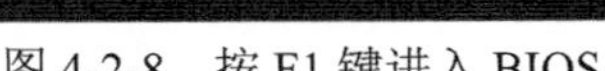
图 4-2-8　按 F1 键进入 BIOS

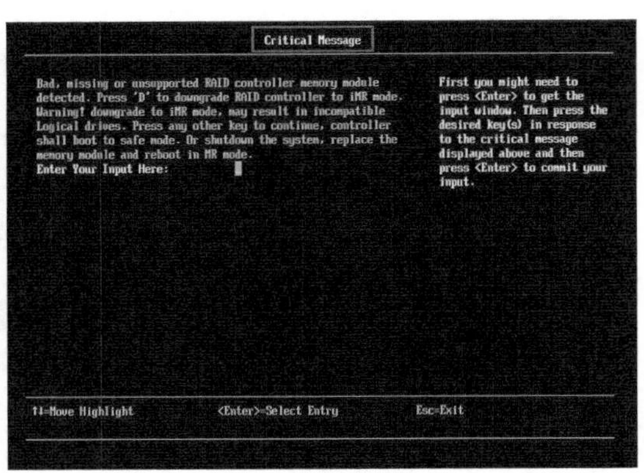

图 4-2-9　提示缓存模块丢失或损坏

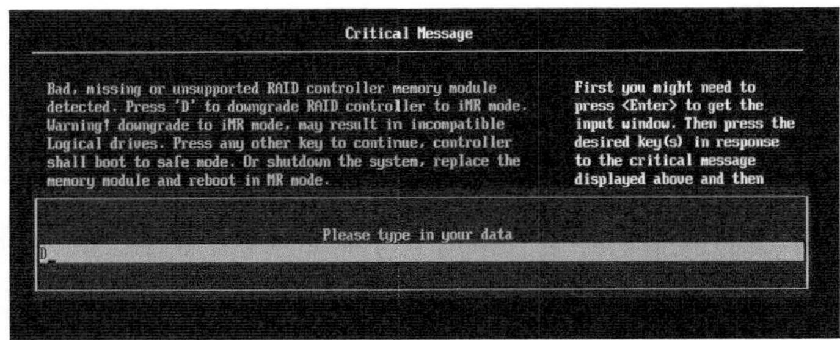

图 4-2-10　降级到 iMR 模式

（6）错误处理完成，按 Esc 键退出。然后按 Y 键继续退出，如图 4-2-11 所示。

（7）进入 BIOS 会提示无法找到 RAID 卡，左下角会提示需要重启服务器，如图 4-2-12 所示。

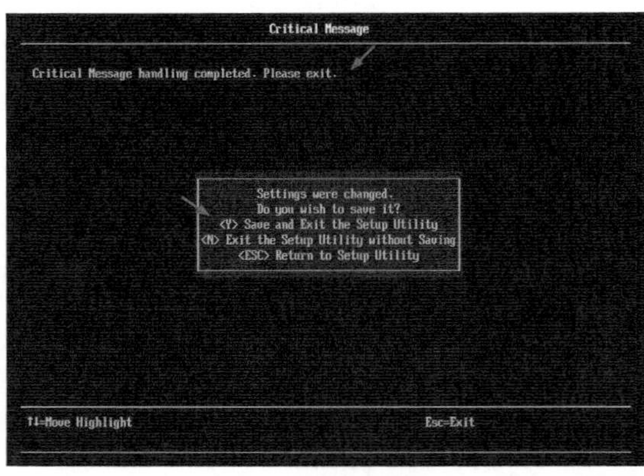

图 4-2-11　保存并退出

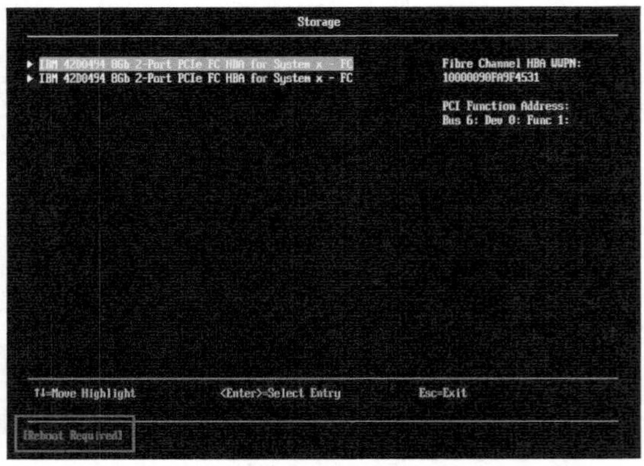

图 4-2-12　需要重新启动

（8）重启服务器后再次进入 BIOS，在“System Configuration and Boot Management”菜单中，移动光标到“System Settings”处并按回车键，如图 4-2-13 所示。

（9）在“System Settings”菜单中，移动光标到“Storage”并按回车键，如图 4-2-14 所示。

（10）在“Storage”菜单中进入 RAID 卡，一般配备的是 ServeRAID M5210 或 M1215 RAID 卡，如图 4-2-15 所示。

（11）在“Dashboard View”菜单中，移动光标到“Main Menu”并按回车键，如图 4-2-16 所示。

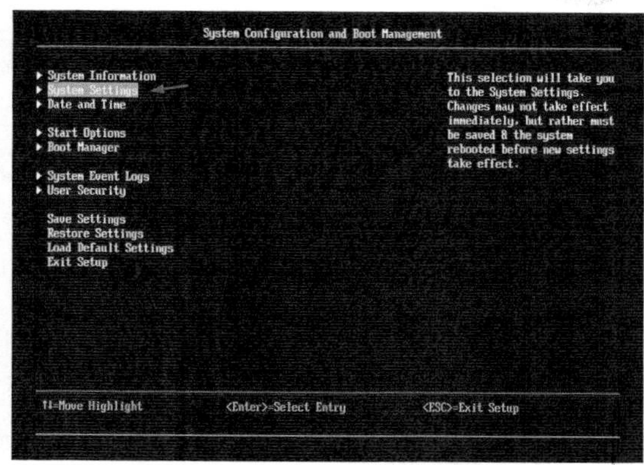

图 4-2-13　系统设置

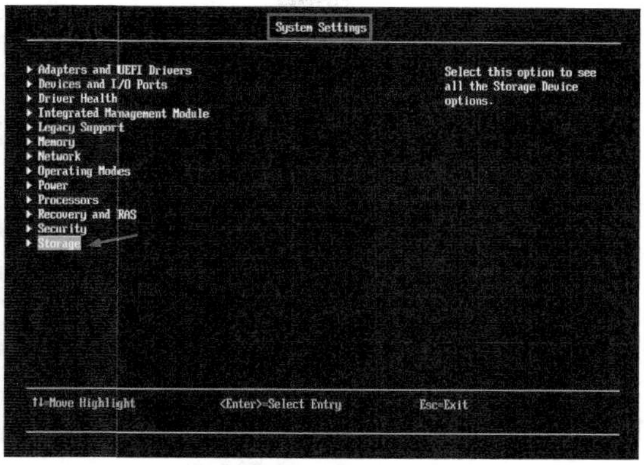

图 4-2-14　存储设置

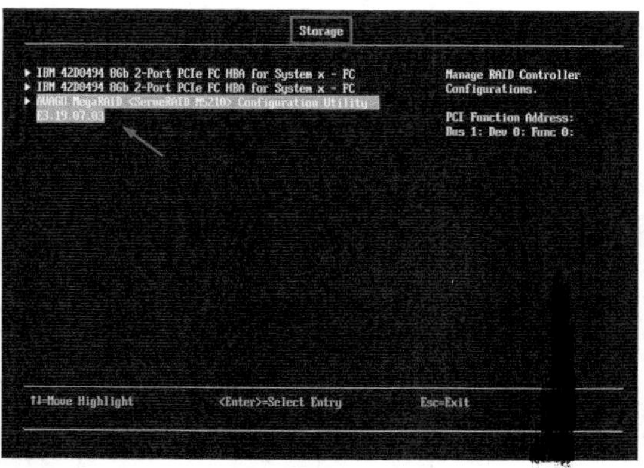

图 4-2-15　选择 RAID 卡

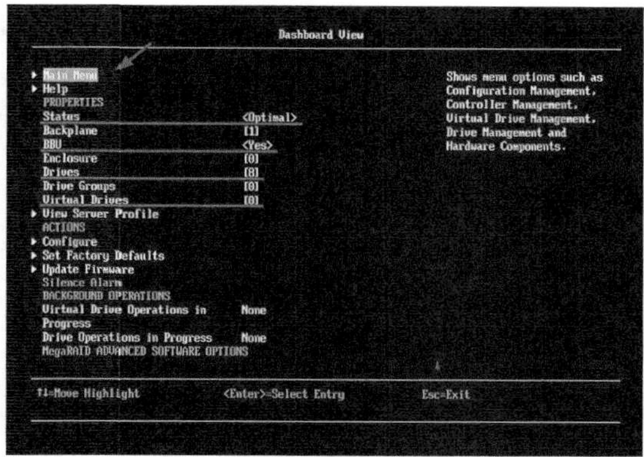

图 4-2-16　主菜单

（12）在“Main Menu”菜单中，移动光标到“Controller Management”并按回车键，如图 4-2-17 所示。

（13）在“Advanced Controller Properties”菜单中，查看“JBOD Mode”项目的状态，如果是“Enabled”状态，则表示已经支持 JBOD 模式，如图 4-2-18 所示。

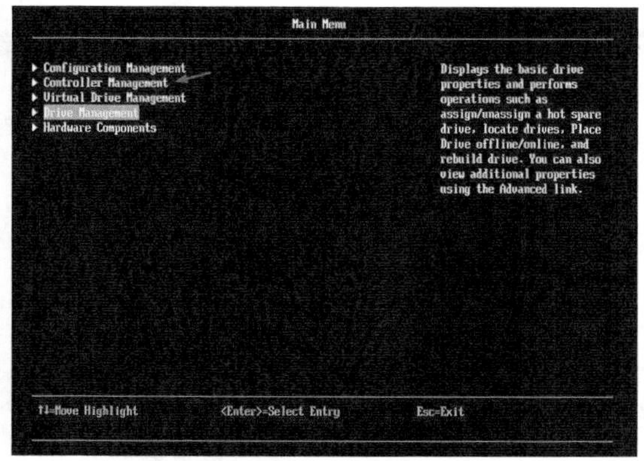

图 4-2-17　Controller Management

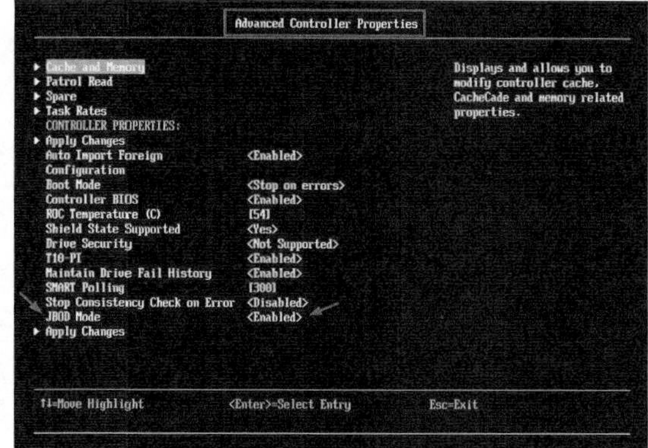

图 4-2-18　JBOD 模式已经支持

如果“JBOD Mode”是“Disabled”状态，请将其改为“Enabled”，保存并退出，重新启动服务器并再次进入图 4-2-18 的“Advanced Controller Properties”菜单，如果“JBOD Mode”仍然是“Disabled”状态（见图 4-2-19），则表示当前 RAID 卡不支持 JBOD 模式，或者当前

RAID 卡的缓存模块没有被移除，应移除缓存模块后再次检查。

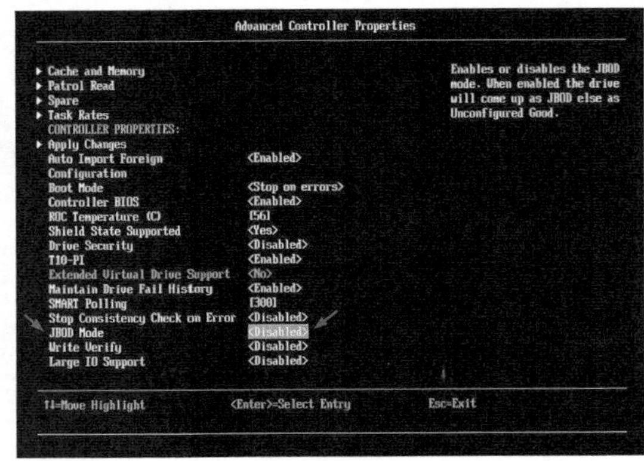

图 4-2-19 JBOD 模式禁用

4.2.4 将磁盘配置为 JBOD 模式

在确认支持 JBOD 模式之后，可以将每个磁盘标记为 JBOD 模式。“Unconfigured Good”状态和“JBOD”状态的硬盘可以相互转换，在“Drive Management”界面中选中“Unconfigured Good”状态的硬盘，在“Operation”中选择“Make JBOD”，如图 4-2-20 所示。

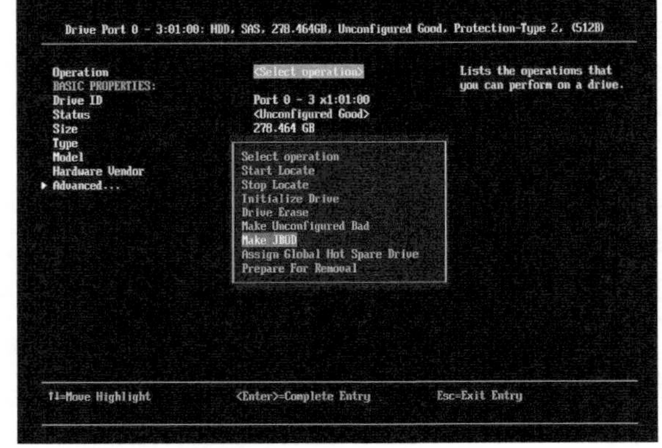

图 4-2-20 标记为 JBOD 的磁盘

在“Main Menu”菜单中，移动光标到“Configuration Management”并按回车键。在“Configuration Management”菜单中，移动光标到“Make Unconfigured Good”并按回车键，如图 4-2-21 所示。

进入“Make Unconfigured Good”菜单，在此可以查看已经设置为 JBOD 模式的磁盘及数据，如图 4-2-22 所示，当前已经有 13 块磁盘标记为 JBOD 模式并在列表中显示了每块磁盘的信息，这包括磁盘的容量大小、端口位置等。

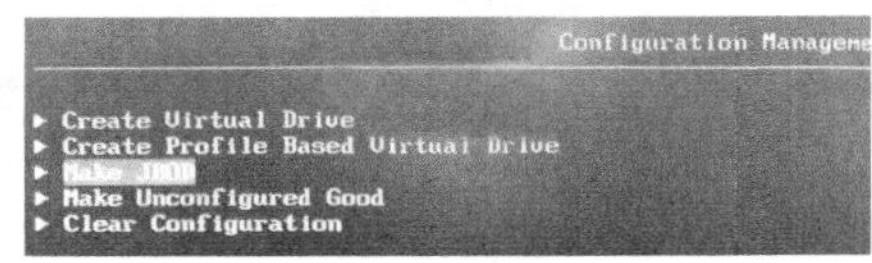

图 4-2-21 Make Unconfigured Good

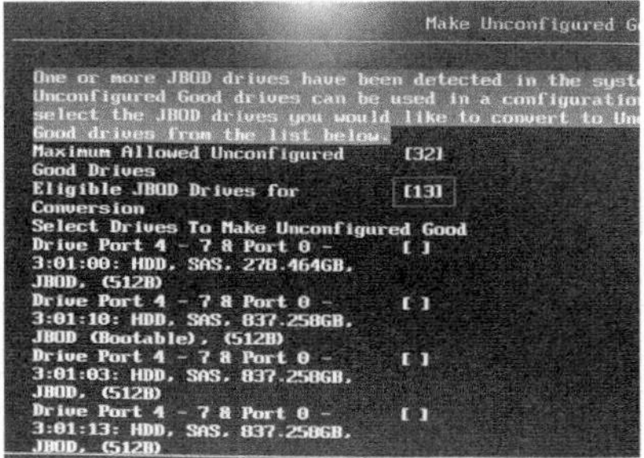

图 4-2-22 查看 JBOD 模式的磁盘信息

4.2.5 设置引导磁盘

因为本案例中每台服务器有 13 块磁盘，要将 ESXi 安装在 300GB 的磁盘中，需要将

300GB 的磁盘设置为引导磁盘。

（1）进入 BIOS 系统设置（System Settings→Storage→Main Menu→Controller Management），在“Controller Management”菜单中，移动光标到“Select Boot Device”并按回车键，如图 4-2-23 所示。

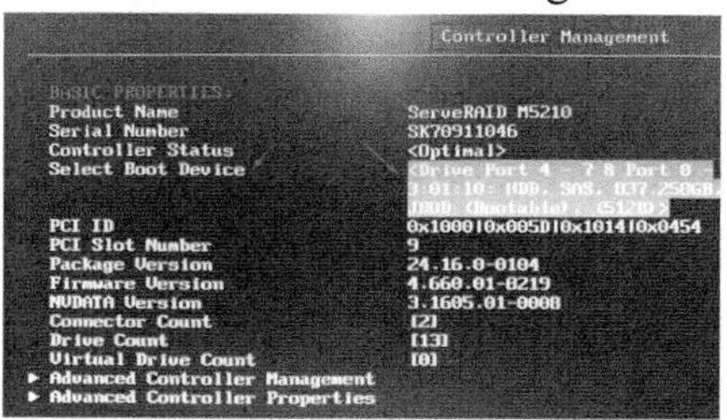

图 4-2-23　选择引导设置

（2）在弹出的对话框中，选择 300GB 的磁盘，如图 4-2-24 所示。引导磁盘的后面会有 Bootable 的字符。

（3）返回“Controller Management”菜单，可以看到当前引导磁盘已经设置为 300GB 的磁盘，如图 4-2-25 所示。

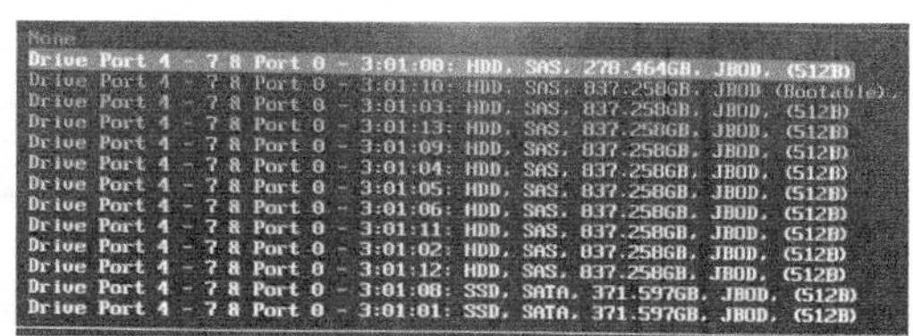

图 4-2-24　选择引导磁盘

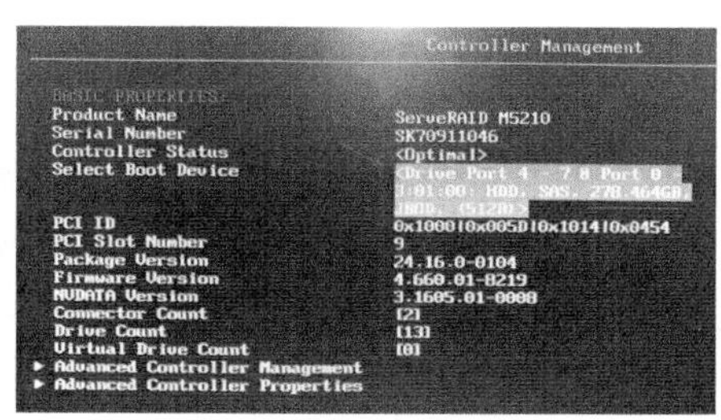

图 4-2-25　查看引导磁盘

最后保存设置并退出。

4.2.6　将 ESXi 安装到 300GB 的磁盘

在将服务器设置为 JBOD 模式并设置了每块磁盘之后，使用 ESXi 安装光盘启动服务器（或使用工具 U 盘），安装 VMware ESXi。在选择磁盘安装 ESXi 的时候，选择容量大小为 300GB 的磁盘（实际识别为 279.40GB），如图 4-2-26 所示。

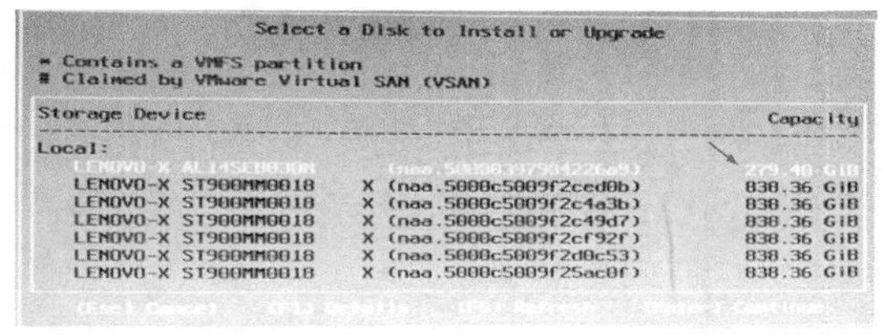

图 4-2-26　选择安装磁盘

关于 ESXi 的系统安装以及 vSAN 群集的配置，本节不做过多介绍。图 4-2-27 是配置好 vSAN 群集后的情况，当前群集中有 4 台主机（一共有 64 个 CPU、1TB 内存、33.81TB 存储空间）。

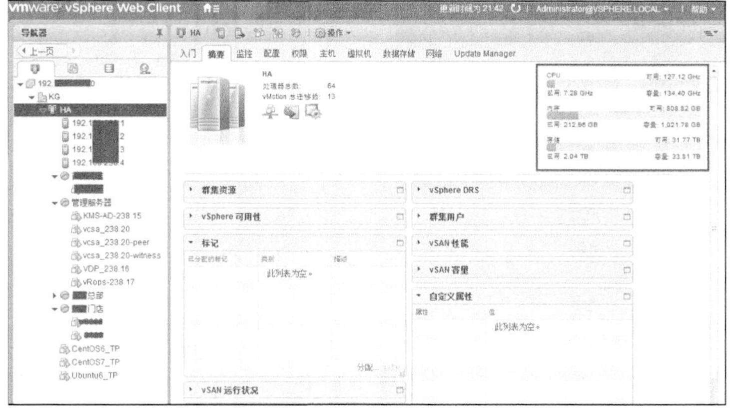

图 4-2-27　配置好的 vSAN 群集

4.3 联想 x3850 X6 移除缓存模块并配置 JBOD 模式

在另一个项目中使用联想 x3850 X6 组建 vSAN。联想 x3850 X6 支持将磁盘配置为 JBOD 模式，但需要将 RAID 卡缓存模块移除。联想 x3850 X6 服务器移除 RAID 卡缓存模块的步骤与方法如下。

（1）图 4-3-1 所示是联想 x3850 X6 服务器的正面图，将机厢前面左侧的扳手拉出，取出硬盘模块。

（2）将硬盘模块取出后，将其 RAID 卡取出，如图 4-3-2 所示。

图 4-3-1 联想 x3850 X6 服务器正面图

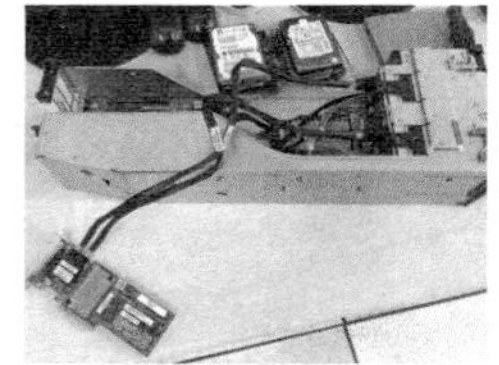

图 4-3-2 硬盘模块及 RAID 卡

（3）将缓存模块拆下（移除缓存模块前后如图 4-3-3、图 4-3-4 所示），然后将硬盘模块插回主机。

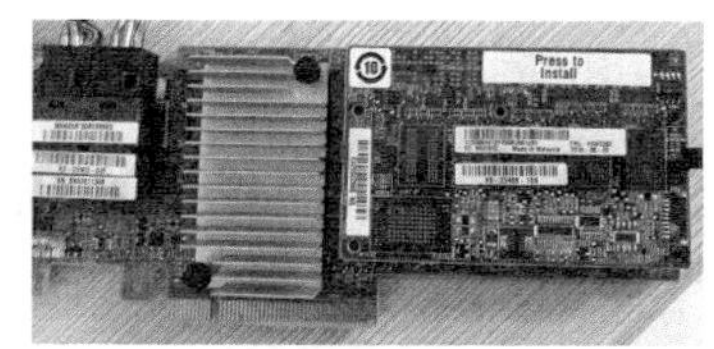

图 4-3-3 带有缓存模块的 RAID 卡

图 4-3-4 移除缓存模块后的 RAID 卡

（4）打开服务器的电源，等待过程中会出现“Critical Message”的错误窗口，提示缓存模块丢失或者损坏，如图 4-3-5 所示。

（5）先按回车键，输入 D，再按回车键，降级至 iMR 模式，如图 4-3-6 所示。注意，请勿输入其他字符或者直接按回车键，错误操作会导致 RAID 卡锁定安全模式。

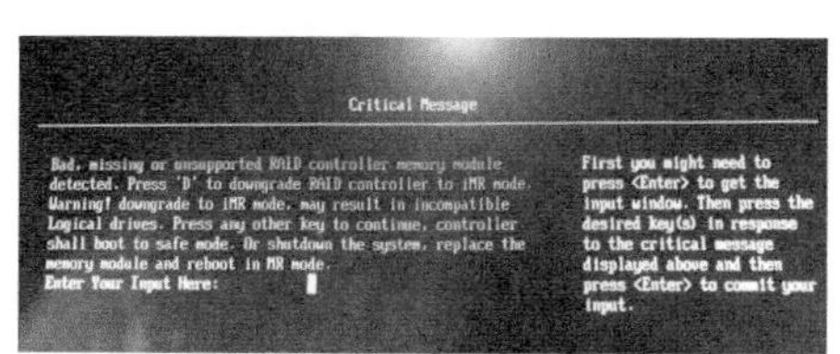

图 4-3-5 提示缓存模块丢失或损坏

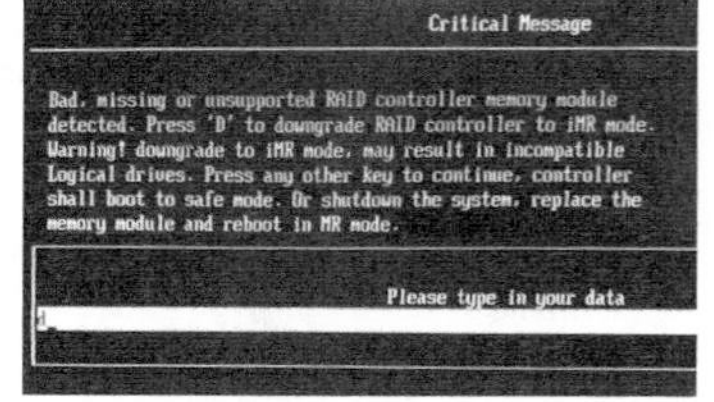

图 4-3-6 降级到 iMR 模式

（6）错误处理完成后按 Esc 键退出。然后按 Y 键继续退出，如图 4-3-7 所示。

（7）此时进入 BIOS，无法找到 RAID 卡，左下角会提示需要重启服务器，如图 4-3-8 所示。

（8）重启服务器后再次进入 BIOS，检查 JBOD 模式是否可用，然后将每个磁盘设置为 JBOD 模式，这与联想 x3650 M5 的配置相同，具体可参看上一节内容，本节不再赘述。配置完成之后保存设置并退出。

在配置好 RAID 之后安装 ESXi，这些不再介绍。

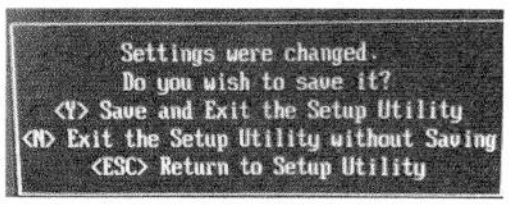

Settings were changed.
Do you wish to save it?
<Y> Save and Exit the Setup Utility
<N> Exit the Setup Utility without Saving
<ESC> Return to Setup Utility

图 4-3-7 保存并退出

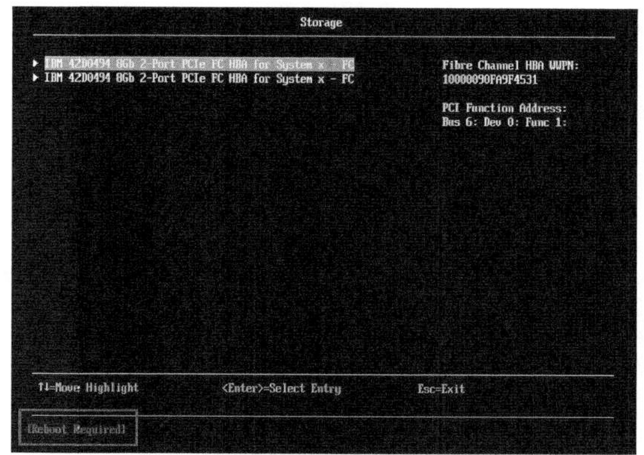

图 4-3-8 需要重新启动

4.4 H3C 6900 服务器 RAID 卡配置

H3C 6900 服务器最多支持 4 个 CPU、48 块 2.5 英寸硬盘，最多 20 个 PCIe 插槽，最多 48 根 DDR4 内存条（最大内存容量为 1536GB）。某项目中配置了 6 台 H3C 6900 组成 vSAN 群集，每台主机配置了 2 个型号为 Intel Gold 5110 的 CPU、512GB 内存、1 块 480GB 的 SSD（用于 ESXi 系统引导）、3 块 PCIe 接口 Intel P3700 的 800GB 的 SSD、15 块 1.2TB 的 2.5 英寸的 SAS 磁盘。

图 4-4-1 项目中使用到的服务器

本节以一台服务器为例，介绍将 H3C 6900 服务器的硬盘配置为 JBOD 模式的方法。如图 4-4-1 所示，这是项目中的一台服务器截图，其中 480GB 的 SSD 安装在第一排第一个位置，第一排其他的位置安装了 7 块 1.2TB 的 SAS 磁盘，第二排安装了 8 块 1.2TB 的 SAS 磁盘。第一排、第二排分别使用了一块 RAID 卡（共 2 块 RAID 卡），在将硬盘配置为 JBOD 模式时，每块 RAID 卡都需要进行配置。

H3C 6900 服务器集成了 HDM 管理控制台用于远程管理，H3C 6900 服务器 HDM 的默认 IP 地址是 192.168.1.2，默认用户名和密码分别是 admin 和 Password@_，在服务器的机厢盖上贴有管理地址、用户名和密码的标签纸。

（1）在网络中找一台计算机，使用网线连接到 H3C 6900 服务器的 HDM 接口，设置 IP 地址为 192.168.1.100（或其他 IP 地址），在浏览器中登录 192.168.1.2，使用默认用户名和密码登录，如图 4-4-2 所示。

（2）登录后进入 H3C HDM 控制台，如图 4-4-3 所示。

（3）在“网络配置→专用网口”中的“IPv4 配置”选项卡中，设置服务器 HDM 的 IPv4 地址、子网掩码、默认网关，如图 4-4-4 所示。为了后期管理方便，需要为每台 H3C 6900 服务器配置 HDM 管理地址。

（4）在“远程控制→远程控制台”中单击“H5 KVM”按钮打开服务器自检界面，如图 4-4-5 所示。

下面介绍将 H3C 6900 服务器的硬盘配置为 JBOD 模式的方法。因为这台服务器配置了

2 块 AVAGO MegaRAID 卡，所以每块 RAID 卡都需要进行配置。

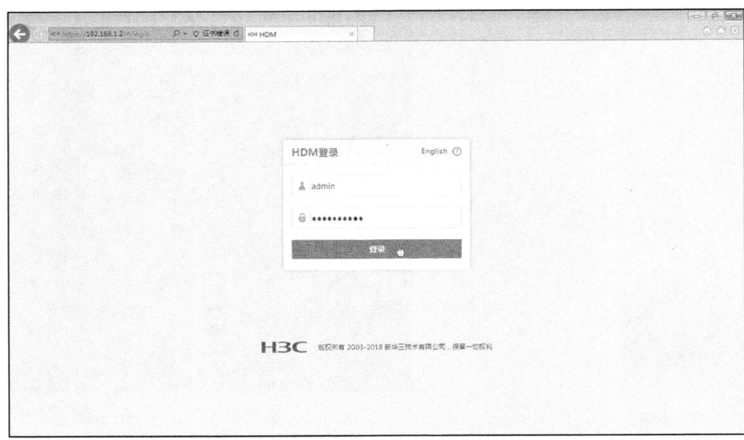

图 4-4-2 登录 HDM 管理控制台

图 4-4-3 H3C HDM 控制台

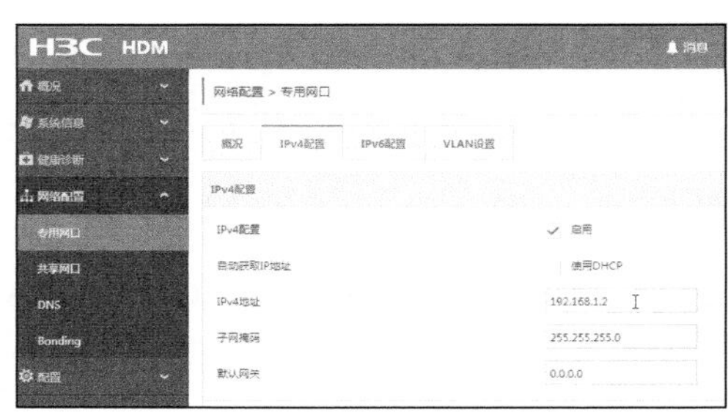

图 4-4-4 IPv4 配置

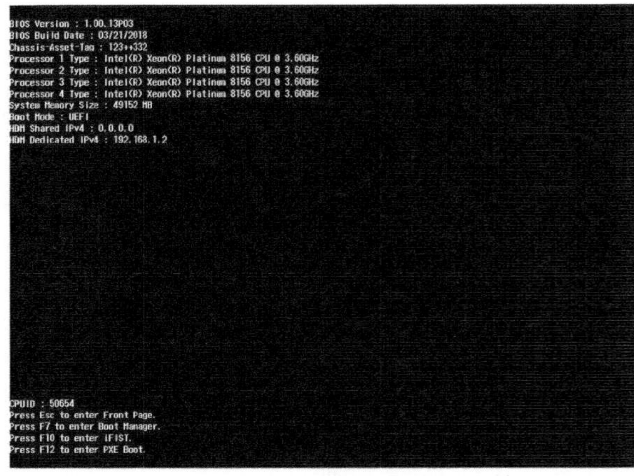

图 4-4-5 服务器自检界面

4.4.1 设置 JBOD 模式

打开服务器的电源，在图 4-4-5 的界面中按 Esc 键进入“Front Page”，移动光标到“Device

Management”这一行并按回车键进入设备管理界面，如图 4-4-6 所示。

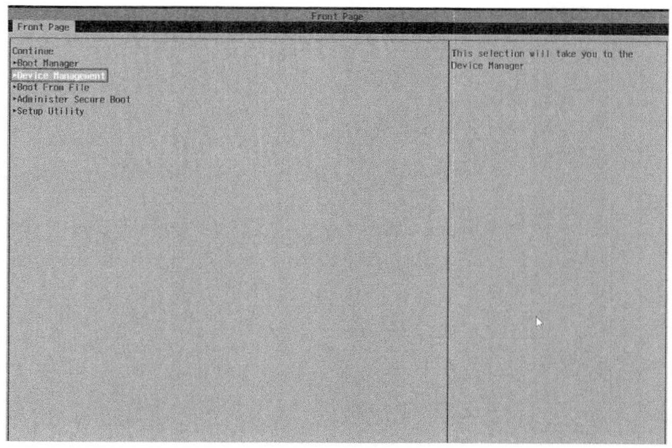

图 4-4-6　设备管理

（1）移动光标到 RAID 卡这一行并按回车键，因为当前服务器配置了 2 块 RAID 卡，先配置第 1 块，配置完成之后按 Esc 键返回到设备管理界面选中第 2 块再进行配置，如图 4-4-7 所示。

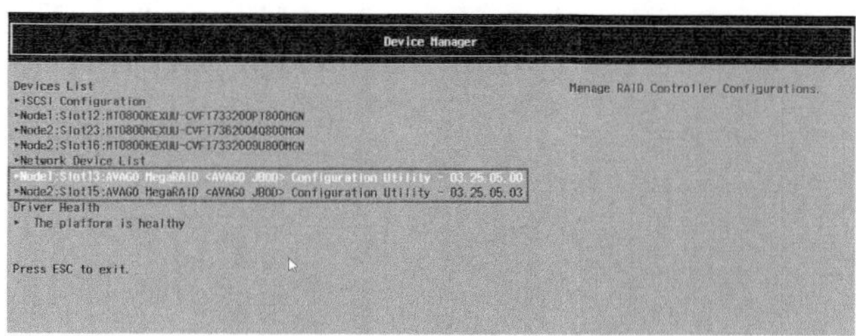

图 4-4-7　选择要配置的 RAID 卡

（2）在“AVAGO MegaRAID Configuration Utility”界面中，移动光标到“Main Menu”这一行并按回车键，如图 4-4-8 所示。

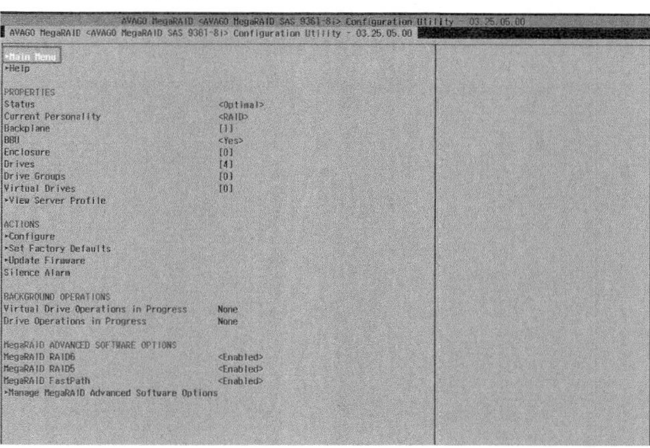

图 4-4-8　主菜单

（3）移动光标到“Controller Management”这一行并按回车键，如图 4-4-9 所示。

（4）移动光标到“Advanced Controller Management”这一行并按回车键，如图 4-4-10 所示。

（5）移动光标到“Switch to JBOD mode”这一行并按回车键，将当前模式切换到 JBOD 模式，如图 4-4-11 所示。

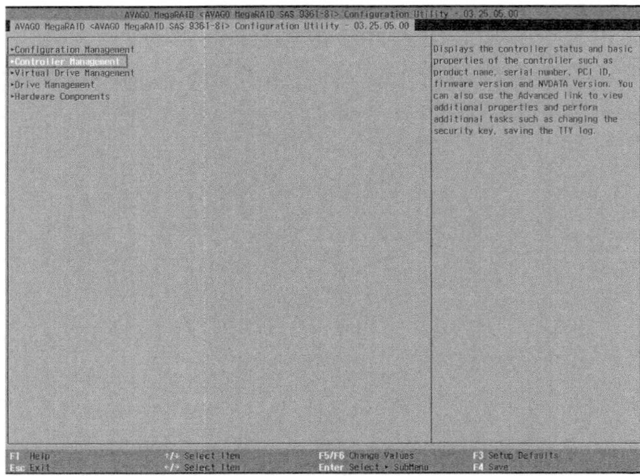

图 4-4-9　控制器管理

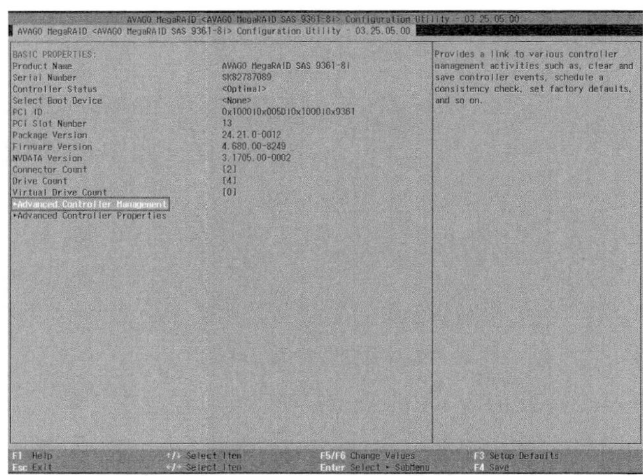

图 4-4-10　高级控制器管理

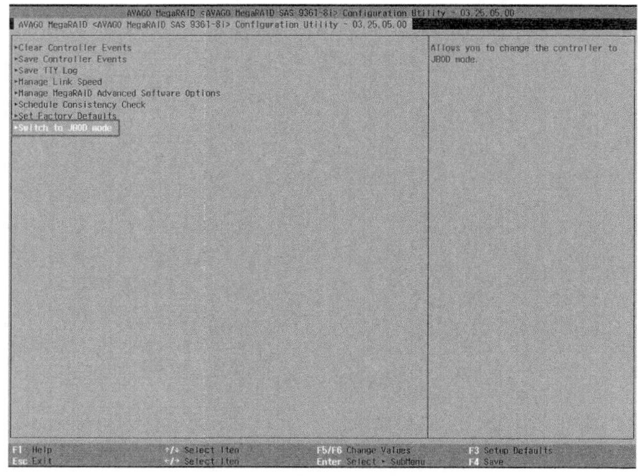

图 4-4-11　切换到 JBOD 模式

（6）移动光标到“OK”这一行并按回车键确认设置，如图 4-4-12 所示。

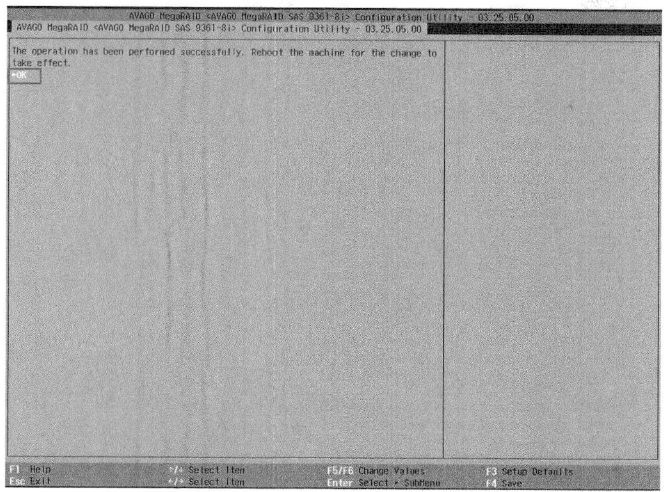

图 4-4-12 确认设置

（7）设置完成后返回到 RAID 卡配置界面，此时最后一行显示为 Switch to RAID mode，表示当前模式被设置为 JBOD，如图 4-4-13 所示。然后按 F4 键，在弹出的“Save Changes”对话框中按回车键保存设置。

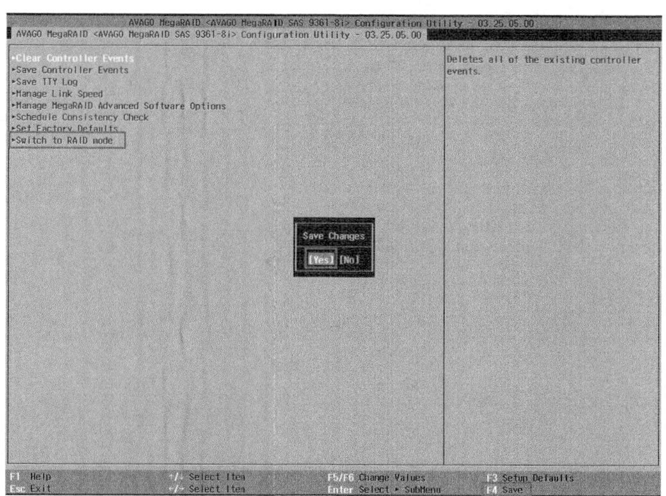

图 4-4-13 成功切换到 JOBD 模式

4.4.2 在 Advanced Controller Properties 中允许 JBOD 模式

将 RAID 卡设置为 JBOD 模式后，按 Esc 键后返回“Controller Management”界面，继续后续的配置。

（1）在“Controller Management”界面中，移动光标到“Advanced Controller Properties”并按回车键，如图 4-4-14 所示。

（2）移动光标到“JBOD Mode”中，当前状态为“Disabled”，按回车键后在弹出的“JBOD Mode”对话框中移动光标到“Enabled”并按回车键，允许 JBOD 模式，如图 4-4-15 所示。

（3）当 JBOD Mode 状态为 Enabled 时，按 F4 键保存更改，如图 4-4-16 所示。

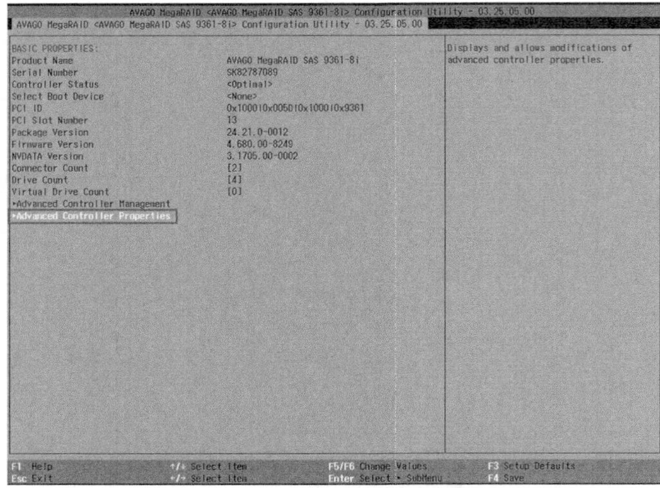

图 4-4-14 高级控制器属性

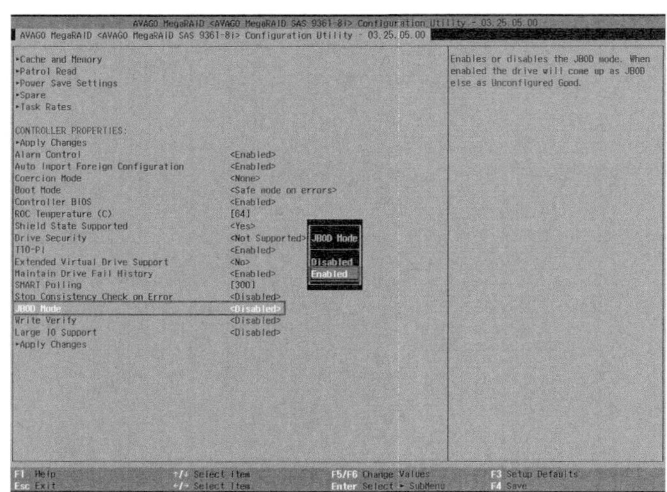

图 4-4-15 允许 JBOD 模式

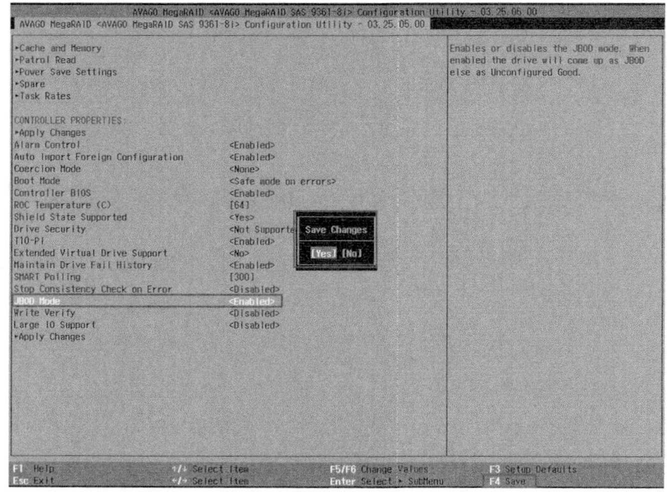

图 4-4-16 按 F4 键保存更改

按 Esc 键返回到图 4-4-7 的设备管理界面，移动光标到第 2 块 RAID，按回车键进入第 2 块 RAID 卡配置界面，将 RAID 卡切换到 JBOD 模式，并在 Advanced Controller Properties 中允许 JBOD 模式，设置完成后按 F4 键保存，并按 Ctrl + Alt + Delete 组合键重新启动服务器。

4.4.3　设置引导磁盘

服务器重新启动后，按 Esc 键进入“Front Page”设置界面，检查 RAID 卡配置并设置引导磁盘。

（1）在“AVAGO MegaRAID Configuration Utility”界面中，移动光标到“Main Menu”这一行并按回车键。

（2）移动光标到“Drive Management”这一行并按回车键，如图 4-4-17 所示。

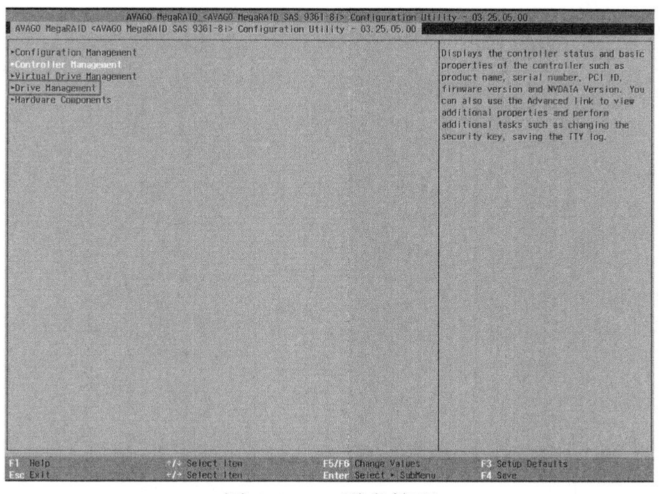

图 4-4-17　磁盘管理

（3）在磁盘管理界面中可以看到当前 RAID 卡所配置的磁盘都已经设置为 JOBD 模式，当前显示有 1 块容量为 446.625GB（厂商标示 480GB）的 SSD，7 块 1.091TB（厂商标示为 1.2TB）的 HDD，如图 4-4-18 所示。在此显示的是图 4-4-1 所示服务器第一排槽位所安装的硬盘。

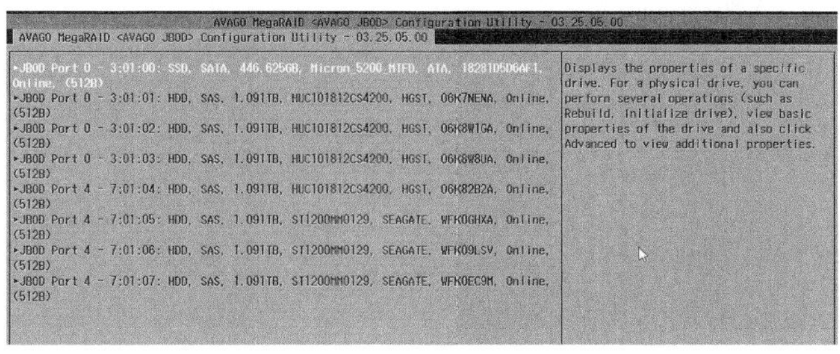

图 4-4-18　当前硬盘为 JBOD 模式

（4）第 2 块 RAID 卡连接的硬盘显示为 8 块 1.2TB 的 HDD，如图 4-4-19 所示。在此显示的是图 4-4-1 所示服务器第二排槽位所安装的硬盘。

（5）检查无误之后设置引导磁盘。按 Esc 键返回到图 4-4-17 所示的界面，移动光标到“Controller Management”并按回车键。

（6）移动光标到“Select Boot Device”并按回车键，在“Select Boot Device”列表中选

择 480GB 的 SSD 并按回车键，如图 4-4-20 所示。

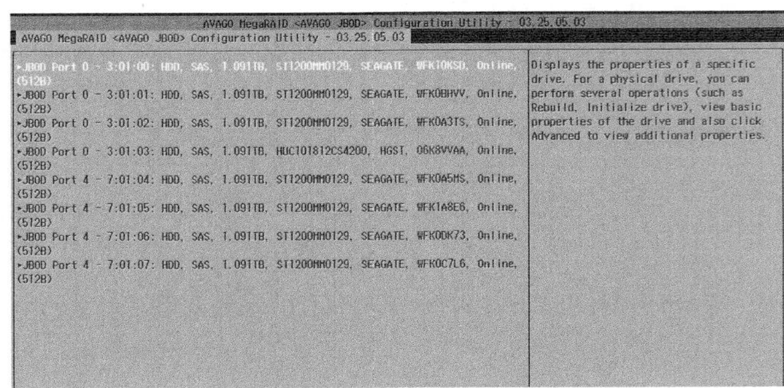

图 4-4-19　一共有 8 块 1.2TB 的 HDD

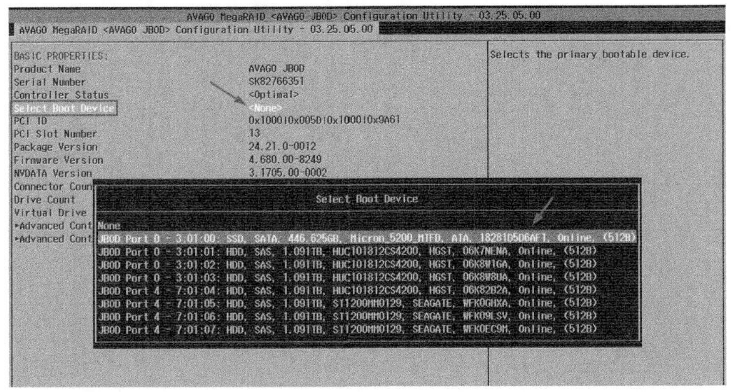

图 4-4-20　选择 SSD 为引导磁盘

（7）设置之后如图 4-4-21 所示，此时容量为 480GB 的 SSD 被设置为引导磁盘。设置完成后按 F4 键保存，然后按 Esc 键退出。另一块 RAID 卡无须设置。最后按 Ctrl + Alt + Delete 组合键重新启动服务器。

（8）在安装 ESXi 的时候选择 480GB 的 SSD，如图 4-4-22 所示。这些内容不再介绍

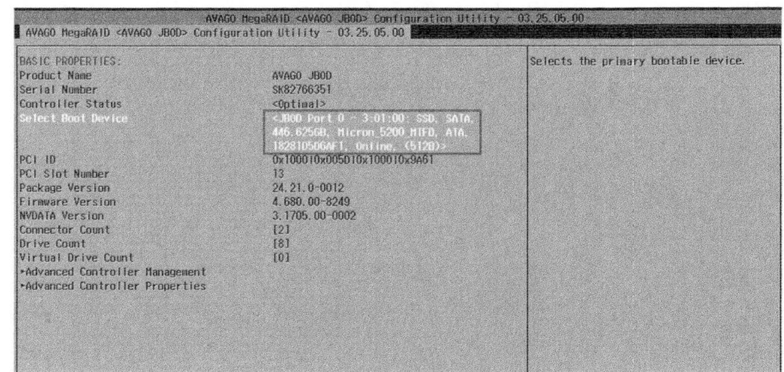

图 4-4-21　设置引导磁盘

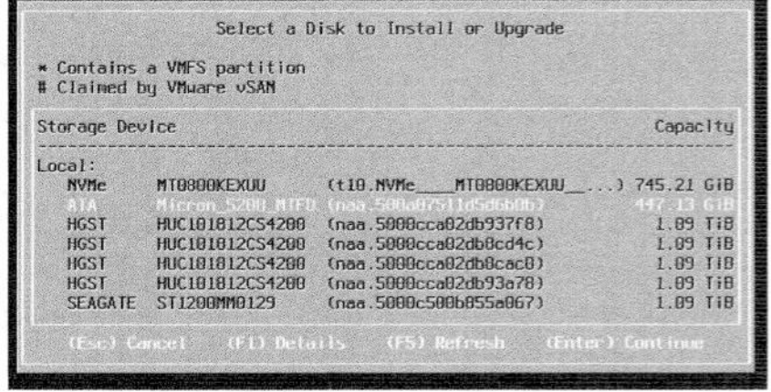

图 4-4-22　选择系统磁盘

4.5　vSAN 中网络规划与交换机配置

前文介绍过标准 vSAN 群集中网络拓扑与交换机的选择，总结之后主要有以下 3 种，如图 4-5-1、图 4-5-2、图 4-5-3 所示。

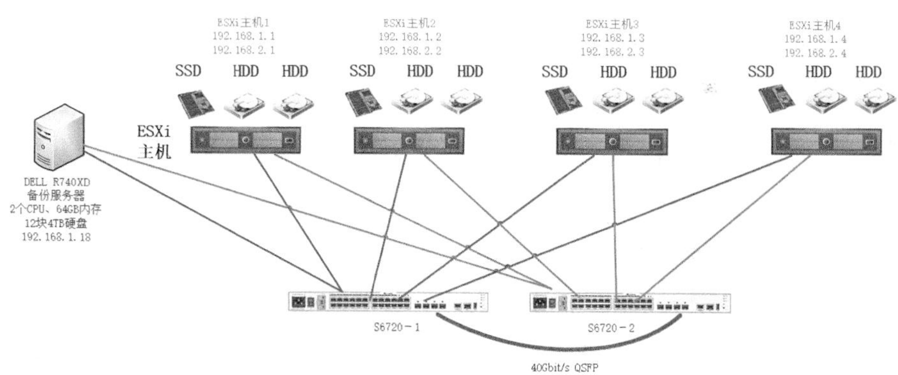

图 4-5-1 所有流量使用一组交换机

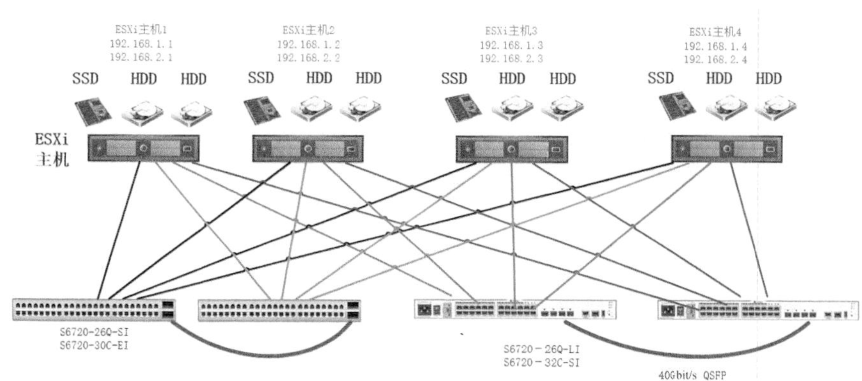

图 4-5-2 管理与虚拟机流量使用 S6720，vSAN 流量使用 2 台 S6720

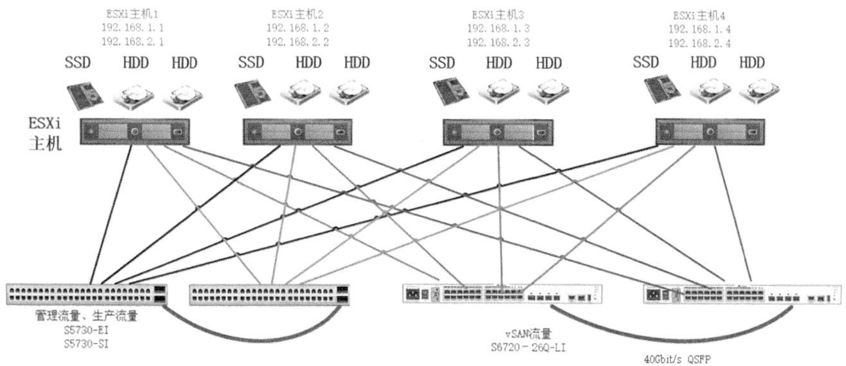

图 4-5-3 管理与虚拟机流量使用 S5720，vSAN 流量使用 2 台 S6720

虽然这 3 种拓扑图交换机的数量不同、型号可能不同，但设计都是遵循如下的原则。

（1）冗余原则：同一用途的交换机有 2 台，条件允许的时候采用“堆叠”的方式连接在一起，如果交换机不支持堆叠则需要级联在一起。

（2）流量分离原则：vSAN 流量、管理 ESXi 与 vCenter Server 的流量、虚拟机（生产）流量分离。在分离的时候，有条件可以使用物理交换机进行分离（例如图 4-5-2 与图 4-5-3 中的 vSAN 流量配置了单独的交换机），没有条件可以使用 VLAN 进行逻辑分离，例如图 4-5-1 中的 vSAN 流量与管理流量、虚拟机流量，图 4-5-2 与图 4-5-3 中的管理流量与虚拟机流量。

对于虚拟化中的交换机的配置，主要有以下几点。

（1）规划与划分 VLAN，为不同的流量划分不同的 VLAN。

（2）规划 ESXi 主机物理网卡，要明确每台 ESXi 主机有几块网卡、使用几块网卡以及这些网卡将用作何种用途。明确使用网卡要连接到物理交换机的何种端口，例如是 Trunk 端口还是 Access 端口，如果是 Access 端口，还要明确连接到哪个 VLAN。

（3）划分交换机的物理端口，要明确了解 ESXi 主机一共需要多少物理端口，并且知道这些物理端口的属性（Trunk、Access）。

说明

在负载相对较轻的应用中，vMotion 流量可以与管理流量并用一个 VMkernel，如果负载较重，需要为 vMotion 流量配置单独 VLAN，或者配置端口组并配置单独的上行链路。

下面通过具体的实例进行介绍。

4.5.1 某 4 节点混合架构 vSAN 群集网络配置示例

在 vSAN 项目中，大多数情况推荐采用图 4-5-2 或图 4-5-3 的架构。在某个由 4 台 ESXi 主机组成的 vSAN 虚拟化案例中，每台主机集成 4 端口 1Gbit/s 网卡，另配了一块 2 端口 10Gbit/s 网卡。该项目配置了 2 台华为 S5720-SI、S6720-EI 的交换机。因为该单位地址有限（专线网络），ESXi 主机与虚拟机都规划在同一个网段（管理使用 192.168.238.0/255.255.255.192；vSAN 流量使用 192.168.238.192/255.255.255.192）。网络规划如表 4-5-1 和表 4-5-2 所示。

表 4-5-1 总体网络规划（子网掩码为 255.255.255.192）

ESXi 主机	管理 IP 地址	vSAN 流量 IP 地址
ESXi 主机 1-IBM01	192.168.238.1	192.168.238.193
ESXi 主机 2-IBM02	192.168.238.2	192.168.238.194
ESXi 主机 3-IBM03	192.168.238.3	192.168.238.195
ESXi 主机 4-IBM04	192.168.238.4	192.168.238.196

表 4-5-2 划分的 VLAN 列表

IP 地址段	子网掩码	网关	VLAN
192.168.238.0	255.255.255.192	192.168.238.62	2381
192.168.238.192	255.255.255.192	192.168.238.254	2382
192.168.238.128	255.255.255.240	192.168.238.142	2383

每台 ESXi 主机物理网卡与虚拟交换机配置如表 4-5-3 所示（以第 1 台 ESXi 主机为例，其他主机与此类似），ESXi 主机 1 和 ESXi 主机 2 与物理交换机的对应关系如表 4-5-4 和表 4-5-5 所示。

表 4-5-3 ESXi 主机 1 物理网卡、虚拟交换机配置

主机物理网卡	连接物理交换机	虚拟端口组	VLAN 描述
1Gbit/s 网卡第 1、2 端口	VLAN2381	VMkernel 、VM Network	管理网络
1Gbit/s 网卡第 3、4 端口	Trunk 端口	VLAN2381	虚拟机流量
10Gbit/s 网卡第 1、2 端口	10Gbit/s 交换机	192.168.238.193	vSAN 流量

表 4-5-4 主机物理网卡与物理交换机对应关系（以 ESXi 主机 1 为例）

交换机	1Gbit/s 端口 1	1Gbit/s 端口 2	1Gbit/s 端口 3	1Gbit/s 端口 4	10Gbit/s 端口 1	10Gbit/s 端口 2
S5720-1	1		13			
S5720-2		1		13		
S6720-1					1	
S6720-2						1
所属 VLAN	2381	2381	Trunk	Trunk		

表 4-5-5 主机物理网卡与物理交换机对应关系（以 ESXi 主机 2 为例）

交换机	1Gbit/s 端口 1	1Gbit/s 端口 2	1Gbit/s 端口 3	1Gbit/s 端口 4	10Gbit/s 端口 1	10Gbit/s 端口 2
S5720-1	2		14			
S5720-2		2		14		
S6720-1					2	
S6720-2						2
所属 VLAN	2381	2381	Trunk	Trunk		

在本示例中，华为 S5720 为 24 端口 1Gbit/s 交换机，华为 S6720 为 24 端口 10Gbit/s 交换机。其中每台华为 S5720 的 1～12 端口为 VLAN2381，13～24 端口为 Trunk；因为华为 S6720 是专用交换机，所以 1～24 端口配置为 VLAN2382，只为 vSAN 流量提供服务。其中 2 台华为 S6720 采用了堆叠方式。

华为 S5720 未配置堆叠方式，主要配置命令如下（以第一台华为 S5720 为例，另一台与此类似）。

```
vlan  batch 2381 to 2383
sysname S5720-1
#
interface Vlanif2381
ip address  192.168.238.62  255.255.255.192
#
interface Vlanif2382
ip address  192.168.238.254  255.255.255.192
#
interface Vlanif2383
ip address  192.168.238.142  255.255.255.240
#
#将端口 G0/0/1 至 G0/0/12 配置为 Access，并划分到 VLAN2381。
port-group group-member  GigabitEthernet0/0/1  to GigabitEthernet0/0/12
port link-type access
port default vlan 2381
quit

#将端口 G0/0/13 至 G0/0/24 配置为 Trunk 并允许所有 VLAN 通过。
port-group group-member  GigabitEthernet0/0/13  to GigabitEthernet0/0/24
port link-type trunk
 port trunk allow-pass vlan 2 to 4094
quit
```

华为 S6720 的配置与此类似，如下所示。

```
vlan  2382
sysname S6720-1
port-group group-member  XGigabitEthernet0/0/1  to XGigabitEthernet0/0/24
port link-type access
port default vlan 2382
quit
```

关于为交换机配置堆叠方式，将在后文介绍。

4.5.2 某 8 节点全闪存架构 vSAN 群集网络配置示例

某虚拟化环境使用 8 台服务器组成，每台服务器使用 2 块 2 端口 10Gbit/s 网卡，配置了 2 台 S6720S-26Q-EI-24S 的交换机，网络拓扑如图 4-5-1 所示。

每台主机每块 10Gbit/s 网卡的第 1 端口连接到交换机的 Trunk 端口，用于 ESXi 的管理以及虚拟机的流量。

每台主机每块 10Gbit/s 网卡的第 2 端口连接到交换机的 Access 端口，用于 vSAN 流量。

2 台交换机使用 40Gbit/s 电缆组成堆叠方式。

本示例中 VLAN 规划如表 4-5-6 所示。

表 4-5-6 VLAN、IP 地址、网关及用途

VLAN	IP 地址	网关	备注
101	172.16.1.0	172.16.1.254	ESXi 主机管理地址
102	172.16.2.0	172.16.2.254	Dell 服务器 iDRAC 管理地址
103	172.16.3.0	172.16.3.254	其他服务器地址
106	172.16.6.0	172.16.6.254	VCSA 见证流量网段，专用
108	172.16.8.0	172.16.8.254	vSAN 流量网段，专用
110	172.16.10.0	172.16.10.254	虚拟机（生产）流量

本示例中，每台交换机的 1～10 端口配置为 Trunk，依次连接每块 10Gbit/s 网卡的端口 1；每台交换机的 15～24 端口配置为 VLAN108，依次连接每块 10Gbit/s 网卡的端口 2。交换机与主机连接关系如表 4-5-7 和表 4-5-8 所示。

表 4-5-7 华为 S6720S-26Q-EI-24S 交换机 1 的 VLAN 划分

服务器	交换机端口	VLAN	备注
ESXi01	XG0/0/1	Trunk	服务器 1，网卡 1，端口 1
ESXi02	XG0/0/2	Trunk	服务器 2，网卡 1，端口 1
ESXi03	XG0/0/3	Trunk	服务器 3，网卡 1，端口 1
ESXi04	XG0/0/4	Trunk	服务器 4，网卡 1，端口 1
ESXi05	XG0/0/5	Trunk	服务器 5，网卡 1，端口 1
ESXi06	XG0/0/6	Trunk	服务器 6，网卡 1，端口 1
ESXi07	XG0/0/7	Trunk	服务器 7，网卡 1，端口 1
ESXi08	XG0/0/8	Trunk	服务器 8，网卡 1，端口 1
	XG0/0/9	Trunk	
	XG0/0/10	Trunk	

续表

服务器	交换机端口	VLAN	备　注
ESXi01	XG0/0/15	108	服务器 1，网卡 1，端口 2
ESXi02	XG0/0/16	108	服务器 2，网卡 1，端口 2
ESXi03	XG0/0/17	108	服务器 3，网卡 1，端口 2
ESXi04	XG0/0/18	108	服务器 4，网卡 1，端口 2
ESXi05	XG0/0/19	108	服务器 5，网卡 1，端口 2
ESXi06	XG0/0/20	108	服务器 6，网卡 1，端口 2
ESXi07	XG0/0/21	108	服务器 7，网卡 1，端口 2
ESXi08	XG0/0/22	108	服务器 8，网卡 1，端口 2
	XG0/0/23	108	
	XG0/0/24	108	
	40GE0/0/1		
	40GE0/0/2		

表 4-5-8　　华为 S6720S-26Q-EI-24S 交换机 2 的 VLAN 划分

服务器	交换机端口	VLAN	备　注
ESXi01	XG0/0/1	Trunk	服务器 1，网卡 2，端口 1
ESXi02	XG0/0/2	Trunk	服务器 2，网卡 2，端口 1
ESXi03	XG0/0/3	Trunk	服务器 3，网卡 2，端口 1
ESXi04	XG0/0/4	Trunk	服务器 4，网卡 2，端口 1
ESXi05	XG0/0/5	Trunk	服务器 5，网卡 2，端口 1
ESXi06	XG0/0/6	Trunk	服务器 6，网卡 2，端口 1
ESXi07	XG0/0/7	Trunk	服务器 7，网卡 2，端口 1
ESXi08	XG0/0/8	Trunk	服务器 8，网卡 2，端口 1
	XG0/0/9	Trunk	
	XG0/0/10	Trunk	
ESXi01	XG0/0/15	108	服务器 1，网卡 2，端口 2
ESXi02	XG0/0/16	108	服务器 2，网卡 2，端口 2
ESXi03	XG0/0/17	108	服务器 3，网卡 2，端口 2
ESXi04	XG0/0/18	108	服务器 4，网卡 2，端口 2
ESXi05	XG0/0/19	108	服务器 5，网卡 2，端口 2
ESXi06	XG0/0/20	108	服务器 6，网卡 2，端口 2
ESXi07	XG0/0/21	108	服务器 7，网卡 2，端口 2
ESXi08	XG0/0/22	108	服务器 8，网卡 2，端口 2
	XG0/0/23	108	
	XG0/0/24	108	
	40GE0/0/1		
	40GE0/0/2		

交换机主要配置命令如下。

```
vlan  batch 101 to 110
#
interface Vlanif101
```

```
 ip address 172.16.1.254 255.255.255.0
#
interface Vlanif102
 ip address 172.16.2.254 255.255.255.0
#
interface Vlanif103
 ip address 172.16.3.254 255.255.255.0
#
interface Vlanif106
 ip address 172.16.6.254 255.255.255.0
#
interface Vlanif108
 ip address 172.16.8.254 255.255.255.0
#
interface Vlanif110
 ip address 172.16.10.254 255.255.255.0
#
#将 10Gbit/s 网卡的端口 1 至 10 配置为 Trunk，并允许所有 VLAN 通过。
port-group group-member  XGigabitEthernet0/0/1  to XGigabitEthernet0/0/10
port link-type trunk
 port trunk allow-pass vlan 2 to 4094
quit

#将 10Gbit/s 网卡的端口 15 至 24 配置为 Access，划分为 VLAN108。
port-group group-member  XGigabitEthernet0/0/15  to XGigabitEthernet0/0/24
port link-type access
port default vlan 108
quit
```

4.5.3 为交换机配置堆叠方式

本节介绍为交换机配置堆叠方式的方法。在本示例中，将 2 台 S6720S-26Q-EI-24S 的交换机，使用 2 条 40Gbit/s QSFP+电缆以“堆叠”方式连接在一起。配置为堆叠方式后，2 台交换机相当于“1 台”交换机使用。如图 4-5-4 所示，这是堆叠电缆以及 2 台交换机的连接方式。在本示例中，使用 2 条 40Gbit/s 的 QSFP+电缆将 2 台交换机的第 1 个、第 2 个 40GE 光口交叉连接在一起（交换机 1 的 40GE 端口 1 连接交换机 2 的 40GE 端口 2，交换机 1 的 40GE 端口 2 连接交换机 2 的 40GE 端口 1）。

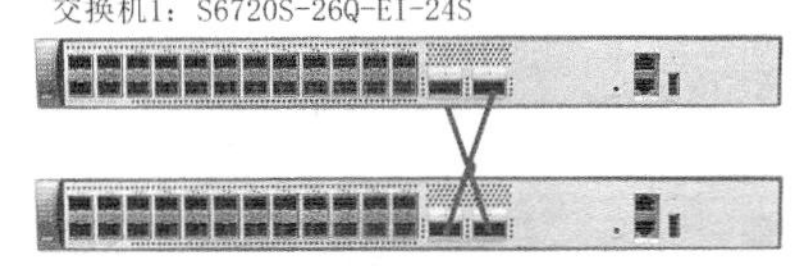

图 4-5-4 两台交换机组成堆叠方式

当 2 台交换机在同一个机柜中进行堆叠时，可以使用 1m、3m QSFP+无源电缆进行连接，不同机柜之间 2 台交换机堆叠时，可以使用 3m、5m QSFP+无源电缆进行连接。QSFP+无源电缆外形如图 4-5-5 所示。

当交换机放置在不同机柜，并且机柜之间连接距离超过 5m 时，堆叠端口可以配置 QSFP+光模块，然后通过光纤进行连接。QSFP+光模块和光纤外形如图 4-5-6 所示。

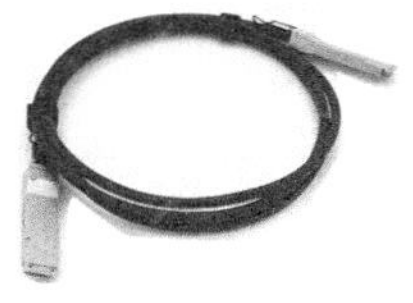
图 4-5-5 QSFP+无源电缆

图 4-5-6 QSFP+光模块和光纤

在配置“堆叠”之前，先不要连接 40Gbit/s QSFP+电缆。下面是每台交换机的具体配置。

```
# 配置交换机 1 的业务口 40GE0/0/1、40GE0/0/2 为物理成员端口，并加入相应的逻辑堆叠端口。
<HUAWEI> system-view
[HUAWEI] sysname SwitchA
[SwitchA] interface stack-port 0/1
[SwitchA-stack-port0/1] port interface 40GE0/0/1  enable
[SwitchA-stack-port0/1] quit
[SwitchA] interface stack-port 0/2
[SwitchA-stack-port0/2] port interface 40GE0/0/2  enable
[SwitchA-stack-port0/2] quit

# 配置交换机 2 的业务口 40GE0/0/1、40GE0/0/2 为物理成员端口，并加入相应的逻辑堆叠端口。
<HUAWEI> system-view
[HUAWEI] sysname SwitchB
[SwitchB] interface stack-port 0/1
[SwitchB-stack-port0/1] port interface 40GE0/0/1  enable
[SwitchB-stack-port0/1] quit
[SwitchB] interface stack-port 0/2
[SwitchB-stack-port0/2] port interface 40GE0/0/2  enable
[SwitchB-stack-port0/2] quit
```

下面配置堆叠 ID 和堆叠优先级。堆叠 ID 默认值为 0，堆叠优先级默认值为 100。

```
[SwitchA] stack slot 0 priority 200 //修改主交换机的堆叠优先级为 200，大于其他成员交换机。堆叠 ID 采用默认值 0。
[SwitchB] stack slot 0 renumber 1 //堆叠优先级采用默认值 100。修改堆叠 ID 为 1。
```

关闭交换机电源开关，将 2 台交换机下电，按照图 4-5-4 所示，使用 40Gbit/s QSFP+电缆连接后再上电。

采用堆叠之后，交换机 1 的 1～24 端口用 XGigabitEthernet0/0/1～XGigabitEthernet0/0/24 代表；交换机 2 的 1～24 端口用 XGigabitEthernet1/0/1～XGigabitEthernet1/0/24 代表；交换机 1 的 2 个 40Gbit/s 用 40GE0/0/1、40GE0/0/2 代表；交换机 2 的 2 个 40Gbit/s 用 40GE1/0/1、40GE1/0/2 代表。

使用 dis stack 命令查看堆叠状态，如图 4-5-7 所示。

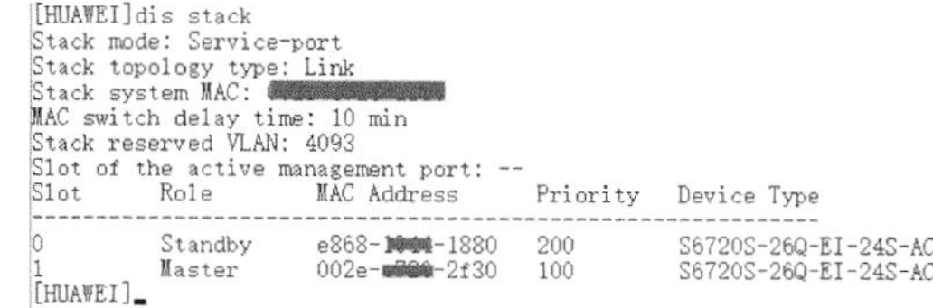

```
[HUAWEI]dis stack
Stack mode: Service-port
Stack topology type: Link
Stack system MAC: [illegible]
MAC switch delay time: 10 min
Stack reserved VLAN: 4093
Slot of the active management port: --
Slot      Role        MAC Address       Priority   Device Type
-------------------------------------------------------------------
0         Standby     e868-[illegible]-1880    200        S6720S-26Q-EI-24S-AC
1         Master      002e-[illegible]-2f30    100        S6720S-26Q-EI-24S-AC
[HUAWEI]
```

图 4-5-7 查看堆叠状态

4.5.4 2 台华为 S5720S-LI-28P-AC 配置示例

有 2 台华为 S5720S-LI-28P-AC 的交换机，其中一台命名为 S5720S-28P-LI-A11，另一台命名为 S5720S-28P-LI-A12。将这 2 台交换机配置为堆叠的方法如下。

登录每台交换机的配置，为每台交换机配置 stack-port 0/1、stack-port 0/2 堆叠端口，分别将 GigabitEthernet0/0/27 加入 stack-port 0/1、将 GigabitEthernet0/0/28 加入 stack-port 0/2，设置其中一台为主，配置 stack slot 0 priority 200；另一台为从，配置 stack slot 0 renumber 1。保存配置并退出之后，将 2 台交换机下电，然后将这 2 台交换机的 GigabitEthernet0/0/27、GigabitEthernet0/0/28 交叉连接(即一台交换机的 GigabitEthernet0/0/27 端口连接另一台交换机的 GigabitEthernet0/0/28 端口)，连接示意如图 4-5-8 所示。交换机再次加电之后堆叠成功。

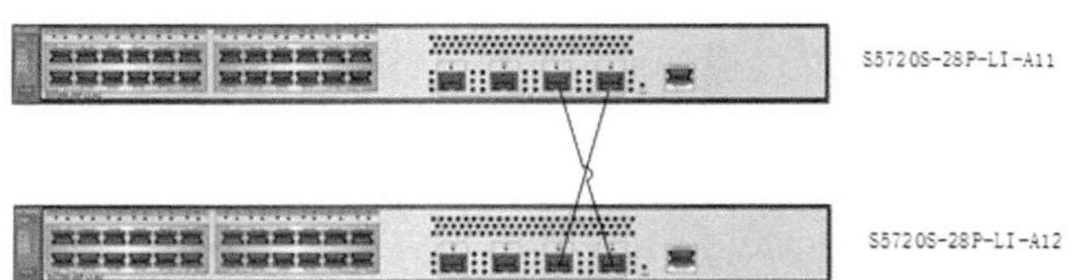

图 4-5-8　2 台华为 S5720S 堆叠示意

下面是每台交换机的具体配置，主要步骤如下。

```
sysname S5720S-28P-LI-A11
interface stack-port 0/1
 port interface GigabitEthernet0/0/27 enable
Y
quit
interface stack-port 0/2
 port interface GigabitEthernet0/0/28 enable
Y
quit
stack slot 0 priority 200
#保存配置之后，下电，配置第 2 台交换机。
sysname S5720S-28P-LI-A12
interface stack-port 0/1
 port interface GigabitEthernet0/0/27 enable
Y
quit
interface stack-port 0/2
 port interface GigabitEthernet0/0/28 enable
Y
quit
stack slot 0 renumber 1
```

将 2 台交换机的堆叠端口连接起来，再次打开交换机的电源，堆叠成功。

4.5.5　修改堆叠端口配置命令

在配置交换机堆叠时，如果错误配置了交换机的堆叠端口，需要将端口清除配置，可以采用如下的命令。

例如，将交换机的 GE1/0/25 与 GE1/0/26 添加到 stack-port 1/1，命令如下。

```
interface stack-port 1/1
 port interface GigabitEthernet1/0/25 enable
 port interface GigabitEthernet1/0/26 enable

interface stack-port 1/2
 port interface GigabitEthernet1/0/27 enable
 port interface GigabitEthernet1/0/28 enable
```

如果要清除这个配置，需要执行如下的命令。

```
interface stack-port 1/1
shutdown interface GigabitEthernet1/0/25
shutdown interface GigabitEthernet1/0/26
undo port interface GigabitEthernet1/0/25 enable
undo port interface GigabitEthernet1/0/26 enable

interface GigabitEthernet1/0/25
```

```
undo shutdown
interface GigabitEthernet1/0/26
undo shutdown
```

清除配置之后重新配置即可。

说明

关于华为交换机的常用配置，可以参考作者博客文章“华为 5700 系列交换机常用配置示例”，链接地址为 https://blog.51cto.com/wangchunhai/1959724。

4.5.6 将华为交换机配置为 NTP

在虚拟化项目中，服务器的时间需要一致。许多使用 ESXi 的用户会发现虚拟机及主机的时间不对，一般都会有些差异。如果要为 ESXi 服务器设置一致的时间，则需要在网络中配置 NTP 服务器。如果 ESXi 主机能连接到 Internet，可以使用 VMware 提供的 NTP 服务器，一共有 4 个，地址如下。

```
0.vmware.pool.ntp.org
1.vmware.pool.ntp.org
2.vmware.pool.ntp.org
3.vmware.pool.ntp.org
```

如果 ESXi 服务器不能访问 Internet，可以在内部配置一台 NTP。一个简单有效的方式是将交换机、防火墙配置为 NTP。本节介绍将华为交换机配置为 NTP 的内容。

先设置交换机的时区和正确时间，中国使用北京时间，设置本地时区名称为 BJ。系统默认的 UTC 时间，需要加 8。

```
<HUAWEI> clock timezone BJ add 08:00:00
```

设置时区并在现在的 UTC 基础上偏移 8。

```
<HUAWEI> clock datetime 12:36:58 2019-04-28
```

设置时间为 2019 年 4 月 28 日 12 点 36 分 58 秒。

```
<HUAWEI>sys
# 使能 NTP 服务器功能，开启 NTP 服务（默认关闭）
[HUAWEI]undo ntp server disable
# 配置 NTP 主时钟，层数为 2
[HUAWEI]ntp refclock-master 2
 [HUAWEI]quit
<HUAWEI>save
```

注意

部分华为交换机断电之后时间变为 2000 年 4 月 1 日，如果交换机断电并重新加电后应重新设置交换机的日期和时间。

经过这样设置，就可以将交换机用作 NTP。图 4-5-9 是某 vSAN 群集中检查 ESXi 主机与 vCenter Server 时间是否是一致的，从图中可以看到，vCenter Server 与 ESXi 的时间差异为 0 秒，这个 vSAN 群集中的 ESXi 主机的 NTP 就是使用的华为交换机。

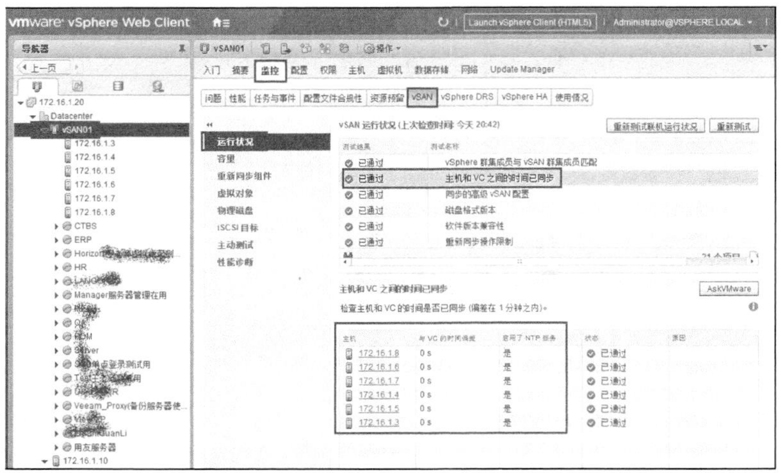

图 4-5-9　主机和 VC 之间的时间已同步

在 vSphere 6.7.0 U2 中，如果为 ESXi 主机配置了 NTP，但在“运行状况”检查中提示“主机和 VC 之间的时间偏差超过了 1 分钟”时（见图 4-5-10），使用浏览器登录每台 ESXi 主机，在“主机→管理→系统→时间和日期”中单击“操作”菜单选择“NTP 服务→重新启动”（见图 4-5-11），重新启动 NTP 服务之后，时间即可同步，如图 4-5-12 所示。

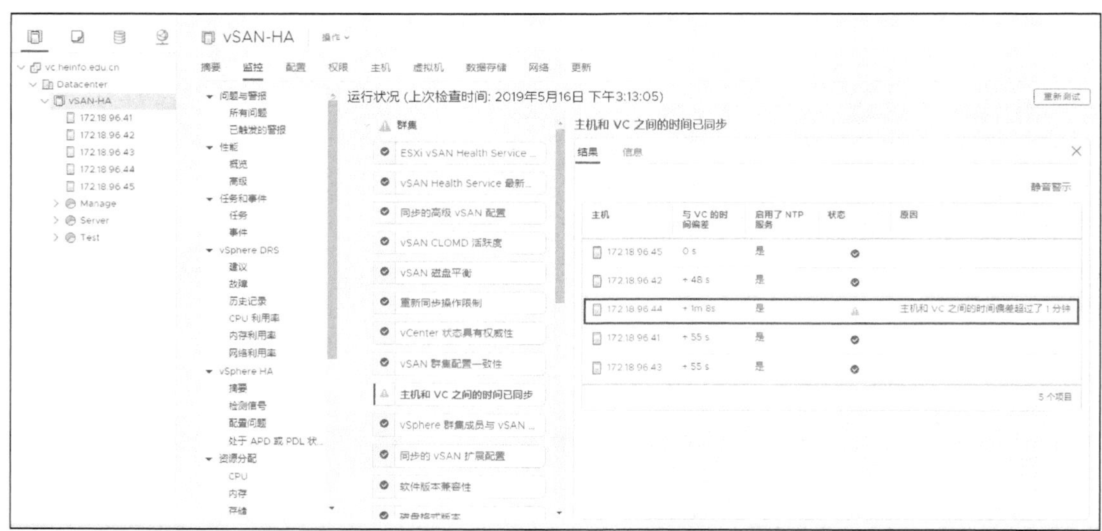

图 4-5-10　主机和 VC 之间的时间偏差超过了 1 分钟

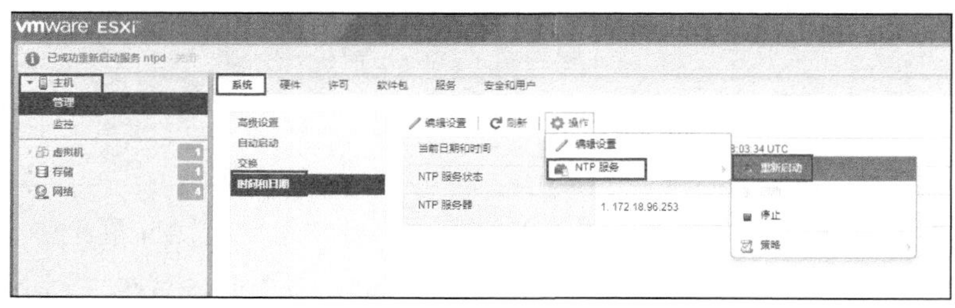

图 4-5-11　重新启动 NTP 服务

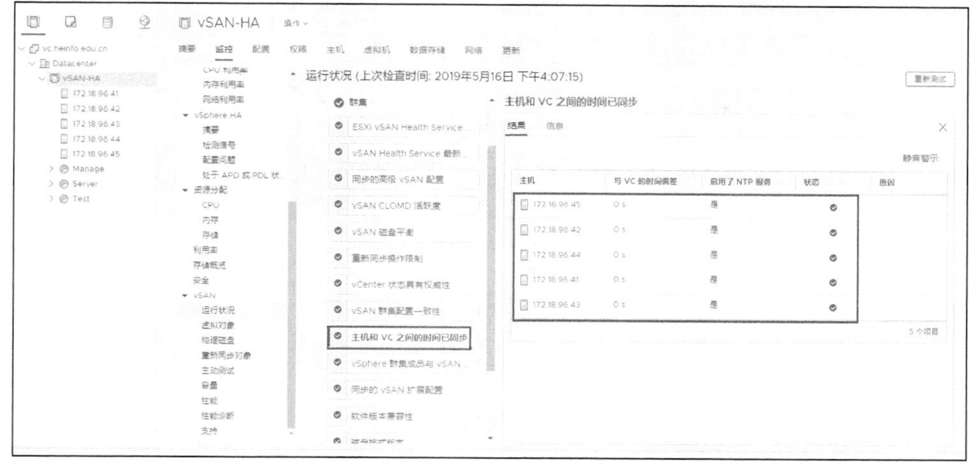

图 4-5-12 主机和 VC 之间的时间同步

4.6 关于华为交换机的 MTU 数值介绍

MTU 是 Maximum Transmission Unit（最大传输单元）的简称，在网络通信设备中或常规操作系统中，MTU 具体含义是指网络层可交付给数据链路层的分组的最大长度。

一般以太网的 MTU 是 1500 字节，这也就是说明，一个 IP 分片的最大长度为 1500 字节。

检测当前网络中配置的 MTU，可以使用 ping 命令测试。

在本机打开 dos 窗口，执行 ping -f -l 1472 192.168.0.1，其中 192.168.0.1 是网关 IP 地址，1472 是数据包的长度。请注意，上面的参数是“-l”（小写的 L），而不是“-1”。 如果能 ping 通，表示数据包不需要拆包，可以通过网关发送出去，如图 4-6-1 所示。

如果执行 ping -f -l 1473 192.168.0.1，则会出现“需要拆分数据包但是设置 DF”或“Packet needs to be fragmented but DF set”，表示数据包需要拆开来发送，如图 4-6-2 所示。

```
C:\Users\WangChunHai>ping -f -l 1472 192.168.0.1

正在 Ping 192.168.0.1 具有 1472 字节的数据:
来自 192.168.0.1 的回复: 字节=1472 时间=1ms TTL=63
来自 192.168.0.1 的回复: 字节=1472 时间<1ms TTL=63
来自 192.168.0.1 的回复: 字节=1472 时间=1ms TTL=63
来自 192.168.0.1 的回复: 字节=1472 时间=6ms TTL=63

192.168.0.1 的 Ping 统计信息:
    数据包: 已发送 = 4，已接收 = 4，丢失 = 0 (0% 丢失)，
往返行程的估计时间(以毫秒为单位):
    最短 = 0ms，最长 = 6ms，平均 = 2ms
```

图 4-6-1 测试通过

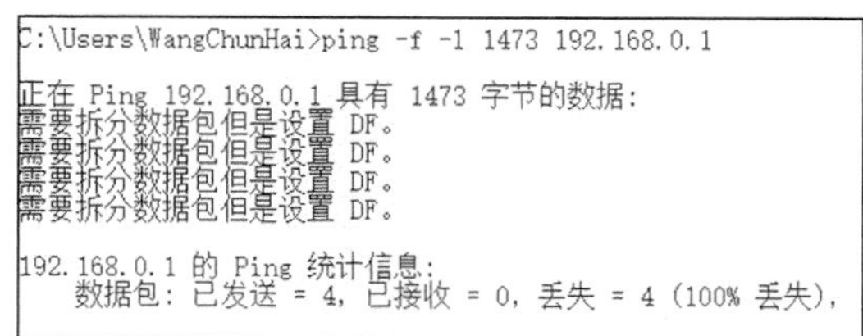

```
C:\Users\WangChunHai>ping -f -l 1473 192.168.0.1

正在 Ping 192.168.0.1 具有 1473 字节的数据:
需要拆分数据包但是设置 DF。
需要拆分数据包但是设置 DF。
需要拆分数据包但是设置 DF。
需要拆分数据包但是设置 DF。

192.168.0.1 的 Ping 统计信息:
    数据包: 已发送 = 4，已接收 = 0，丢失 = 4 (100% 丢失)，
```

图 4-6-2 需要拆包

数据包长度加上数据包头 28 字节（IP 首部 20 字节+ICMP 包头 8 字节），就得到 MTU 的值。以 ping 报文来举例，当 ping 1473，MTU = 1500 时，1473+8（ICMP）+20（IP）= 1501 超过了 MTU 的值，那么 IP 层将对此数据报进行分片。

4.6.1 华为 S5700 系列交换机默认是 1600

华为 S5700 系列交换机默认是 1600，可以登录交换机配置页，执行 dis int 查看 MTU 数据，如图 4-6-3 所示，“The Maximum Frame Length is”后面是 1600。

```
Telnet 172.30.5.254
     The current login time is 2008-10-11 20:13:35-05:13.
<HW5748>dis int
Eth-Trunk1 current state : UP
Line protocol current state : UP
Description:
Switch Port, PVID :    1, Hash arithmetic : According to SA-XOR-DA,Maximal BW:
G, Current BW: 4G, The Maximum Frame Length is 1600
IP Sending Frames' Format is PKTFMT_ETHNT_2, Hardware address is 5439-df19-3540
Current system time: 2008-10-11 20:13:37-05:13
Last 300 seconds input rate 115744 bits/sec, 34 packets/sec
Last 300 seconds output rate 197152 bits/sec, 57 packets/sec
Input:  2917211735 packets, 4165926833155 bytes
```

图 4-6-3 查看 MTU

4.6.2 华为 S5720S 系列交换机默认是 9216

华为 S5720S 系列交换机默认是 9216，登录交换机配置，执行 disk int 查看可以看到，该交换机各端口默认 MTU 数据是 9216，如图 4-6-4 所示。

```
Telnet 3.39.130.1
     of current UTY users on line is 1.
     The current login time is 2018-05-23 14:04:24+00:00.
<S5720S-52X-11_F5_LQZF>dis int
GigabitEthernet0/0/1 current state : UP
Line protocol current state : UP
Description:TO-HPDL380G5
Switch Port, Link-type : access(configured),
PVID :  129, TPID : 8100(Hex), The Maximum Frame Length is 9216
IP Sending Frames' Format is PKTFMT_ETHNT_2, Hardware address is 488e-ef6c-8180
Last physical up time   : 2018-05-16 10:23:15
Last physical down time : 2018-05-16 10:22:44
Current system time: 2018-05-23 14:04:29
Port Mode: COMMON COPPER
Speed : 1000,   Loopback: NONE
Duplex: FULL,   Negotiation: ENABLE
Mdi   : AUTO,   Flow-control: DISABLE
Last 300 seconds input rate 0 bits/sec, 0 packets/sec
```

图 4-6-4 查看 MTU

4.6.3 修改华为交换机的 MTU 数据

华为盒式交换机的 MTU 数据取值范围是 1600～10224，在端口配置下执行 jumboframe enable ?可以获得该参数。如果要修改该参数，在端口配置下（或链路聚合端口），执行 jumboframe enable 9216 即可。

4.6.4 为 vSAN 流量启用巨型帧支持

如果要为 vSphere 虚拟交换机启用巨型帧支持，需要先在物理交换机上启用巨型帧支持（建议为每个端口启用，如果端口配置了链路聚合，则为链路聚合端口启用），然后在 vCenter Server 管理 vSphere 中，为 vSAN 流量所在的虚拟交换机启用巨型帧支持，再为 VMkernel 启用巨型帧支持。

附（华为 S5700 交换机巨型帧的配置）

```
#
interface Eth-Trunk1
 port link-type trunk
 port trunk allow-pass vlan 2 to 4094
 mode lacp
 jumboframe enable 9216
#
interface Eth-Trunk2
 port link-type trunk
 port trunk allow-pass vlan 2 to 4094
 mode lacp
 jumboframe enable 9216
```

```
#
interface GigabitEthernet0/0/1
 port link-type access
 port default vlan 2006
 jumboframe enable 9216
#
interface GigabitEthernet0/0/2
 port link-type access
 port default vlan 2006
 jumboframe enable 9216

#
interface GigabitEthernet0/0/21
 eth-trunk 2
#
interface GigabitEthernet0/0/22
 eth-trunk 2
#
interface GigabitEthernet0/0/23
 combo-port fiber
 eth-trunk 1
#
interface GigabitEthernet0/0/24
 combo-port fiber
 eth-trunk 1
```

如果 vSAN 流量属于 Distributed vSwitch（分布式交换机），用鼠标右键单击分布式交换机，在弹出的快捷菜单中选择“设置→编辑设置”，如图 4-6-5 所示。

在弹出的“DSwitch-编辑设置”对话框中的“高级”选项中，修改 MTU 为 9000，如图 4-6-6 所示。

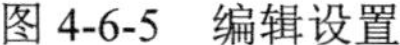
图 4-6-5 编辑设置

图 4-6-6 修改 MTU

如果 vSAN 流量属于标准交换机，先在导航窗格中选中一台 ESXi 主机，然后在“配置→网络→虚拟交换机”中选择对应的虚拟交换机，单击“编辑”按钮，如图 4-6-7 所示。

在弹出的“vSwitch0-编辑设置”对话框的“属性”选项中，修改 MTU 为 9000，如图 4-6-8 所示。

在修改了虚拟交换机的 MTU 之后，修改启用 vSAN 流量的 VMkernel。

（1）在导航窗格中选中一台 ESXi 主机，在“配置→网络→VMkernel 适配器”中选择启用了 vSAN 流量的 VMkernel，单击“编辑”，如图 4-6-9 所示。

（2）在“vmk1-编辑设置”对话框的“端口属性”选项中，修改 MTU 为 9000，如图 4-6-10

所示。

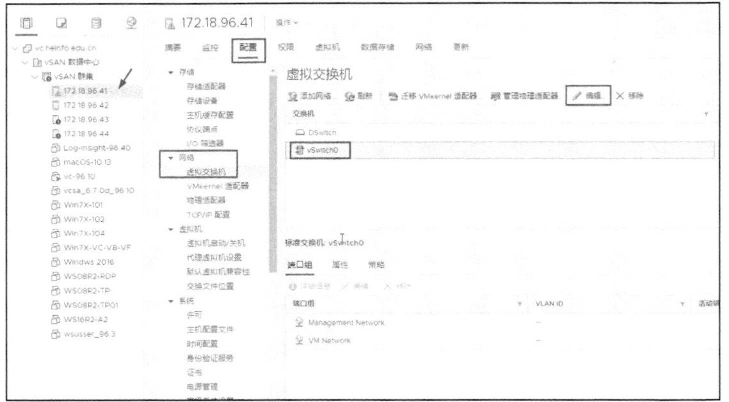

图 4-6-7 编辑虚拟交换机

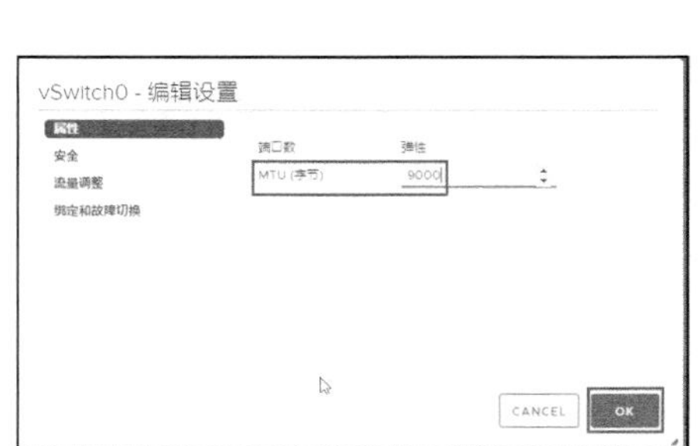

图 4-6-8 修改 MTU

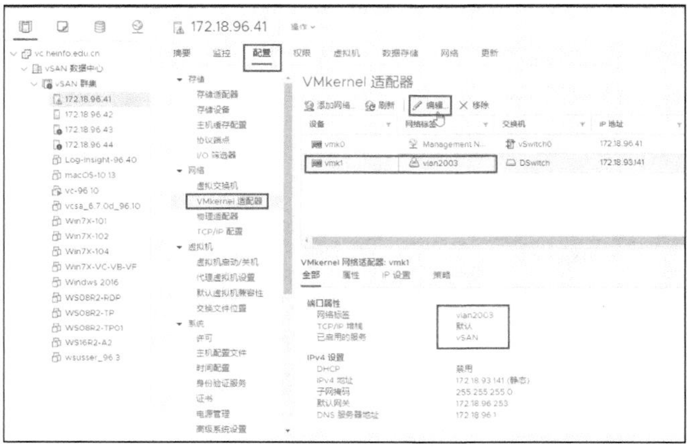

图 4-6-9 编辑 VMkernel

图 4-6-10 修改 MTU 参数

在配置了物理交换机、vSphere 虚拟交换机及 vSAN 流量的 VMkernel 之后，登录到连接 vSAN 流量物理网卡的物理交换机，在交换机上测试。在本示例中这台物理交换机的 vSAN 流量所属网段的管理地址为 172.18.93.253，要测试的启用了巨型帧的 vSAN 流量的 VMkernel 的 IP 地址是 172.18.93.143，测试是否支持 MTU 为 9000 的巨型帧，命令如下。

```
[HW5700]ping -a 172.18.93.253 -c 3 -s 9000 172.18.93.143
  PING 172.18.93.143: 9000  data bytes, press CTRL_C to break
```

```
    Reply from 172.18.93.143: bytes=9000 Sequence=1 ttl=64 time=14ms
    Reply from 172.18.93.143: bytes=9000 Sequence=2 ttl=64 time=14ms
    Reply from 172.18.93.143: bytes=9000 Sequence=3 ttl=64 time=14ms

  --- 172.18.93.143 ping statistics ---
    3 packet(s) transmitted
    3 packet(s) received
    0.00% packet loss
    round-trip min/avg/max = 14/14/14ms

[HW5700]
```

测试结果如图 4-6-11 所示。

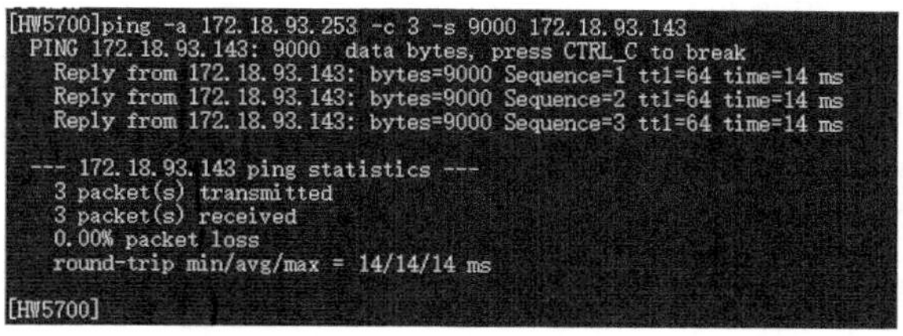

```
[HW5700]ping -a 172.18.93.253 -c 3 -s 9000 172.18.93.143
  PING 172.18.93.143: 9000  data bytes, press CTRL_C to break
    Reply from 172.18.93.143: bytes=9000 Sequence=1 ttl=64 time=14 ms
    Reply from 172.18.93.143: bytes=9000 Sequence=2 ttl=64 time=14 ms
    Reply from 172.18.93.143: bytes=9000 Sequence=3 ttl=64 time=14 ms

  --- 172.18.93.143 ping statistics ---
    3 packet(s) transmitted
    3 packet(s) received
    0.00% packet loss
    round-trip min/avg/max = 14/14/14 ms

[HW5700]
```

图 4-6-11　支持 MTU 为 9000 的巨型帧

如果不支持巨型帧，例如测试 172.18.93.1 是否支持，如果不支持，结果如图 4-6-12 所示。

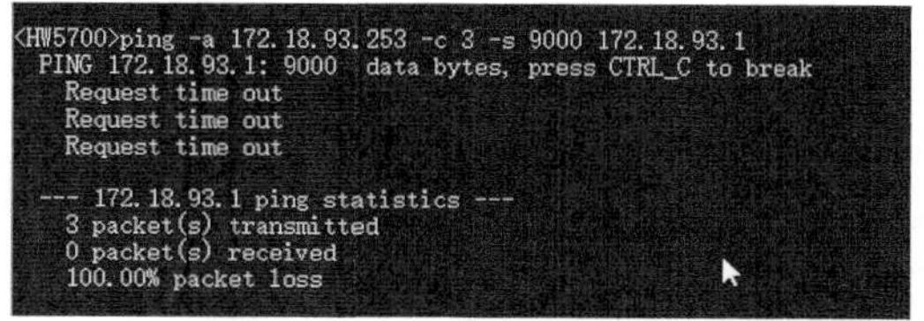

图 4-6-12　不支持巨型帧

5 单台主机组建 vSAN

在 vSAN 出现之前，要组建企业级的虚拟化环境，实现 HA、FT、vMotion 等功能，必须配置价格昂贵的共享存储，这就要求系统集成工程师也要了解存储的选型与基本配置。现在使用 vSAN，只需要了解 ESXi 主机的选型与配置就可以了。从这点来看，VMware vSAN 降低了企业虚拟化的门槛。本章介绍单台主机组建 vSAN，主要想要说明以下 2 个问题。

（1）对于 VMware 产品初学者或爱好者，只需要使用一台主机就能组成 vSAN 实验环境，体验 vSAN 存储带来的高性能，完成虚拟机创建与管理、虚拟机模板等一系列与虚拟机有关的实验，以及完成部分虚拟机网络实验。

（2）单台主机组建 vSAN 也是组建其他 vSAN 群集的基础。在组建其他的 vSAN 群集之前，使用单台主机安装 ESXi，并通过部署 vCenter Server Appliance 的方式将单台主机组成 vSAN 是安装的第一步。在部署好 vCenter Server Appliance 及单节点 vSAN 群集之后，将其他主机添加到 vSAN 群集从而组成所需要的环境，例如组成 2 节点直连 vSAN 群集、标准 vSAN 群集、基于延伸群集的双活数据中心 vSAN。

在前文已经介绍了一些 VMware 虚拟化以及 vSAN 的基础知识，本章将深入介绍 vSAN 群集组成方式、vCenter Server 与 vSAN 关系，然后通过具体的操作介绍单节点 vSAN 群集的安装与配置。

5.1 vSAN 群集组成方式

VMware vSAN 是革命性的产品，开创了一个全新的时代。vSAN 使用 x86 服务器的本地硬盘组成分布式软件存储，vSAN 磁盘组中通过高 IO 低延迟的固态硬盘（SSD）提供读写缓存，以多块小容量的 HDD 组成较大容量的存储磁盘，实现了速度、容量的双提升。

VMware vSAN 组件集成于 ESXi 内核，不需要第三方软件，兼容性好、资源占用低。以前要安装配置 ESXi，如果不使用共享存储而是使用服务器本地硬盘，还需要为服务器配置带缓存的 RAID 卡，使用 RAID-5、RAID-6、RAID-10、RAID-50 或 RAID-60 等方式配置磁盘阵列。而现在使用 vSAN 不需要为服务器配置带缓存的 RAID 卡，vSAN 直接处理磁盘组中的每块磁盘，对每块磁盘直接读写。

在组建 vSAN 群集前，每台节点主机的磁盘建议配置为 JBOD 模式或直通模式，如果节点主机不支持这两种模式，则每块磁盘要配置为 RAID-0 并关闭 RAID 缓存。

根据用户的需求不同，组建 vSAN 群集所需要的主机数也会有所不同，下面是几种 vSAN 组成方式。

（1）需要 1 台主机。单台主机组成的 vSAN 群集，其允许的故障数为 0，这属于强制置备 vSAN，在此种情况下虚拟机没有容错方式，这种配置一般用于测试或实验，也用在标准 vSAN 群集中在第 1 台 ESXi 中安装 vCenter Server Appliance。

（2）需要 3 台主机。2 节点直连 vSAN 延伸群集，需要 2 台较高配置主机、1 台较低配置主机，组建最小的 2 节点直连的 vSAN 延伸群集，可以实现类似“双机热备”功能的虚拟化系统。

（3）最少需要 3 台主机。这是标准 vSAN 延伸群集，最少需要 3 台主机（推荐至少 4 台）。对于大多数的中小企业环境，使用 4～10 台主机组成的 vSAN 延伸群集，每台主机可以承载 10～30 台左右虚拟机同时运行（视主机配置、虚拟机提供的服务而定）。

（4）最少需要 7 台主机。这是 vSAN 延伸群集组成双活数据中心的应用，最少需要 3+3+1 即 7 台主机（推荐至少 4+4+1 即 9 台主机），最多 15+15+1 即 31 台主机。即主、备数据中心最少需要各 3 台主机，最多各 15 台主机，另外 1 台主机用作见证虚拟机。

无论是几台主机组成 vSAN，都需要使用 vCenter Server 进行管理与配置。下面介绍 vCenter Server 与 vSAN 的关系。

5.2 vCenter Server 与 vSAN 的关系

VMware vCenter Server 是 vSphere 的管理中心，要启用 vSAN 群集，需要在 vCenter Server 中进行配置。

要使用 vSAN，就需要讨论将 vCenter Server 安装在何处的问题。vCenter Server 虚拟机可以保存在 vSAN 群集中，但没有 vCenter Server 就无法直接配置 vSAN。这就是一个先有鸡还是先有蛋的问题。在最初的时候，部署 vCenter Server 及 vSAN 的流程如下。

（1）安装配置 ESXi 主机，如果 vSAN 由多台主机组成，则需要在每台主机安装 ESXi，并且推荐安装同一版本的 ESXi。

（2）在其中一台 ESXi 主机添加本地存储，将 vCenter Server 部署在这台主机的本地存储。

（3）vCenter Server 部署完成后，创建数据中心、群集，将其他 ESXi 主机添加到 vCenter Server 并配置 vSAN 群集。

（4）在配置好 vSAN 群集及 vSAN 存储之后，使用 Storage vMotion 功能，将 vCenter Server 从本地存储迁移到 vSAN 存储。

在新版本的 vCenter Server Appliance（从 6.5.0 版本开始）中，可以采用强制置备的方式，在部署 vCenter Server Appliance 时将所在主机设置成单节点 vSAN 群集，等 vCenter Server Appliance 部署完成后，将其他主机添加到 vSAN 群集即可。使用这一功能，初学者可以在单台主机配置 vSAN 群集，学习测试 vSphere。

通常情况下，使用单台主机组成 vSAN，一般是用于实验（较长时间使用单台主机组成的 vSAN），或者是为了部署 vCenter Server Appliance 临时置备。

无论是何种情况置备单台主机的 vSAN，都需要先在主机安装 ESXi 之后再部署 vCenter Server Appliance，并且在部署 vCenter Server Appliance 的向导中配置 vSAN。

5.3 单节点主机部署 vSAN

单节点主机组成 vSAN，其硬件需求与多节点主机组成 vSAN 的硬件需求相同。考虑到大多数读者的实际情况，如果要部署单节点 vSAN 群集，需要一台配置有型号为 Intel i3 及更高规格的 CPU、至少 16GB 内存、1 个 U 盘用来安装系统、1 块 SSD 用作缓存磁盘、1

块 HDD 用作容量磁盘、1 块 1Gbit/s 网卡及相关的网络环境就可以组成。

【对比】

虚拟化相当于用重型货车、卡车同时运很多货物。在企业中需要的就是重型货车、卡车这一级别的车辆。

做虚拟化实验可以用较高配置 PC，这相当于用面包车，虽然载重不够，但空间较大。

做虚拟化实验尤其是 vSAN 实验，不推荐用笔记本电脑，虽然配置比较高，但磁盘性能较低。这就相当于家用的轿车，只有速度，既没有货车的载重量和空间，也没有面包车的空间。

5.3.1 实验环境介绍

本节实验所用计算机的配置如表 5-3-1 所示，所用软件如表 5-3-2 所示，ESXi、vCenter 的 IP 地址规划如表 5-3-3 所示。

表 5-3-1 实验计算机的配置

配件	型号与参数
主板	1 块 ASUS B250-Plus
CPU	1 个 Intel i5-7500
内存	64GB，4 条 16GB 内存
系统磁盘	1 个 16GB U 盘
缓存磁盘	2 块 256GB SSD，1 块 PCIe NVMe SSD，1 块 SATA 硬盘
数据磁盘	2 块 2TB SATA 硬盘，1 块 4TB SATA 硬盘

表 5-3-2 实验软件清单

软件名称	安装文件名	文件大小	说明
ESXi 安装程序	VMware-VMvisor-Installer-6.7.0.update02-13006603.x86_64.iso	311MB	用于大多数服务器、安装了 ESXi 支持的网卡的 PC
vCenter Server	VMware-VCSA-all-6.7.0-13010631.iso	3.96GB	
集成 RTL8111 网卡驱动程序的定制版本	ESXi-6.7.0-u2-13006603-RTL8168_8111	312MB	用于 RTL8111 系列网卡的 PC
64 位 Windows 10 安装程序	cn_windows_10_business_editions_version_1903_x64_dvd_e001dd2c.iso	4.48GB	在虚拟机中安装 64 位 Windows 10
32 位 Windows 10 安装程序	cn_windows_10_business_editions_version_1903_x86_dvd_645a847f.iso	3.25GB	在虚拟机中安装 32 位 Windows 10

表 5-3-3 单节点 vSAN 主机与 vCenter Server Appliance 的 IP 地址规划

主机或虚拟机名称	IP 地址	说明
esx67	172.18.96.67	ESXi 主机，安装 ESXi 6.7.0
vcsa-96.60	172.18.96.60	vCenter Server Appliance 6.7.0

在本次实验中，将 ESXi 6.7.0 安装在 16GB 的 U 盘中。在安装 vCenter Server Appliance 时强制置备单节点 vSAN 群集，创建 2 个磁盘组，磁盘组 1 使用 1 块 SSD、1 块 4TB HDD，

磁盘组 2 使用 1 块 SSD、2 块 2TB HDD。

用于 vSAN 的磁盘，无论是将要用作缓存盘还是容量盘，都应该是没有分区没有数据的“空白”磁盘。在安装 ESXi 之前，建议使用工具U盘启动计算机，使用 DiskGenius 检查一下，是否每个分区都是空白磁盘，如图 5-3-1 所示。

如果磁盘有数据，在确认数据不再需要之后，删除所有分区并保存更改。对于已经创建有分区的磁盘将不能用于 vSAN。

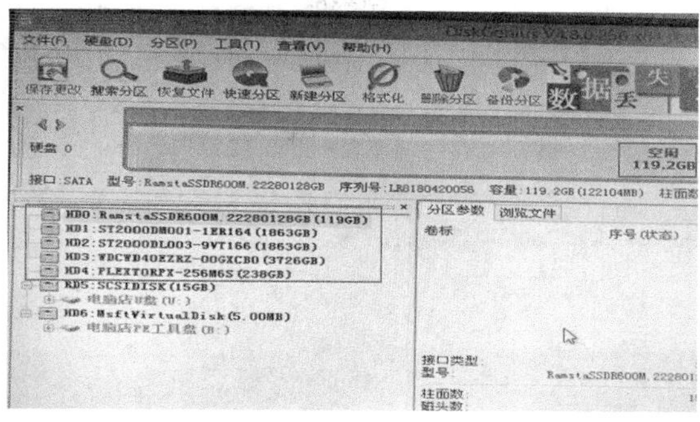

图 5-3-1 检查磁盘是否为空白磁盘

5.3.2 在实验机中安装 ESXi

关于 ESXi 的安装已经在前文有过详细介绍，所以本章只介绍一些关键的步骤。

（1）在实验计算机插上安装 ESXi 的工具 U 盘，此时先不要插上用于 ESXi 系统引导的 U 盘，以避免两个 U 盘互相混淆，影响实验进度。然后打开计算机的电源，根据屏幕提示先按 Delete 键，再按 F8 键进入“Boot Menu”菜单，移动光标到启动 U 盘并按回车键，从 U 盘启动计算机，如图 5-3-2 所示。

（2）在工具 U 盘中加载 ESXi 6.7.0 的安装镜像，如图 5-3-3 所示。

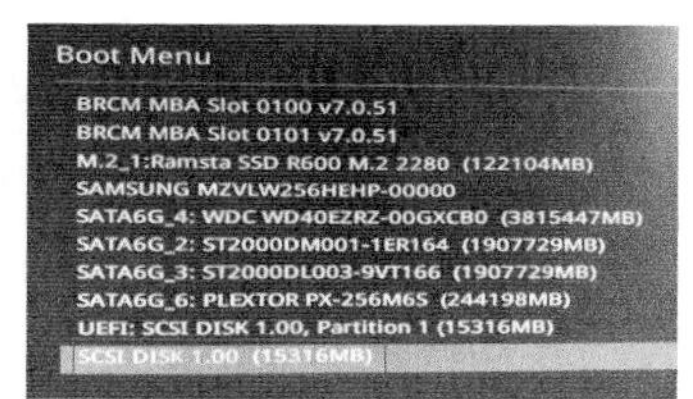

图 5-3-2 从工具 U 盘启动计算机

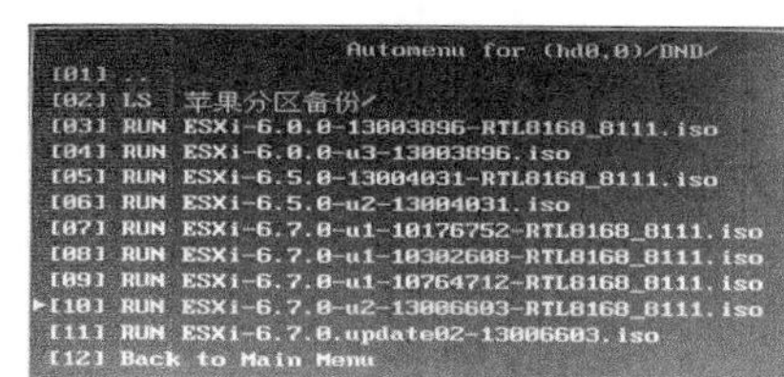

图 5-3-3 加载 ESXi 的安装镜像

（3）加载 ESXi 6.7.0 的镜像启动计算机，当出现“Select a Disk to Install or Upgrade”界面时，从计算机中取下安装 U 盘，插上用作 ESXi 系统引导的工具 U 盘，按 F5 键刷新。在本示例中，列出了 1 块 128GB 的 SSD、2 块 2TB 的 HDD、1 块 4TB 的 HDD、2 块 256GB 的 SSD、1 个 16GB 的 U 盘。选择 16GB 的 U 盘并按回车键，系统将安装在这个 U 盘上，如图 5-3-4 所示。

（4）安装完成之后，根据提示重新启动计算机，进入 BIOS 设置，在“Boot Options Priorities”中设置 16GB 的 U 盘为第一个引导设备，如图 5-3-5 所示。然后按 F10 键保存并退出。

（5）ESXi 引导进入系统之后，设置 ESXi 主机的 IP 地址为 172.18.96.67，即安装 ESXi 6.7.0，如图 5-3-6 所示。

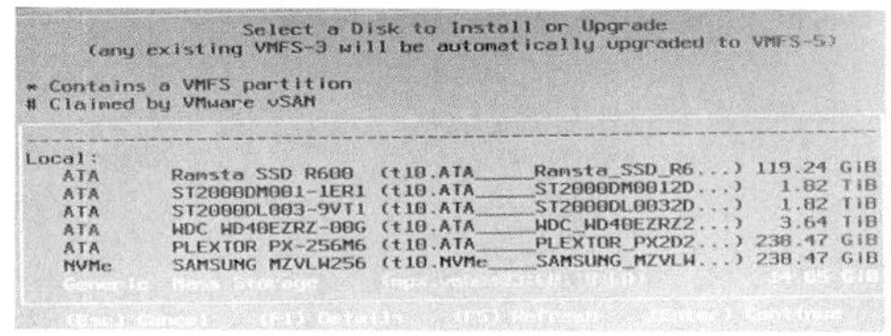

图 5-3-4 选择 ESXi 的安装位置

说明

在本示例中，将 ESXi 安装在一个 16GB 的 SSD 中。再次提醒，在配置 vSAN 的时候，只有在实验情况下才建议将 ESXi 安装在 U 盘中，用以减少一个驱动器的占用。而在生产环境中，建议将 ESXi 安装在容量较小的电子盘（例如 32GB 或 64GB 的 SATA DOM 盘）或小容量固态硬盘（例如 120GB 的 SATA 的固态硬盘）中。

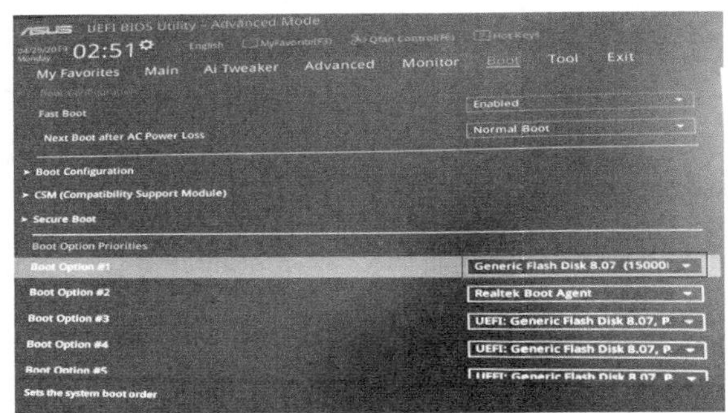

图 5-3-5 引导顺序和引导设备

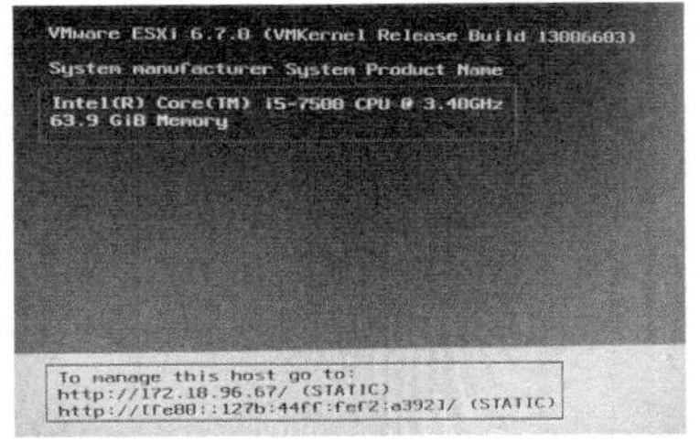

图 5-3-6 安装 ESXi 6.7.0

安装完成后，使用 Chrome 浏览器登录 ESXi，输入 root 账户及密码登录，登录之后在导航窗格中选择“存储”，在右侧窗格的“设备”选项卡中可以看到当前服务器安装的设备，单击“容量”可以根据容量的大小排序，在“队列深度”中可以看出当前设备的队列深度，如图 5-3-7 所示。

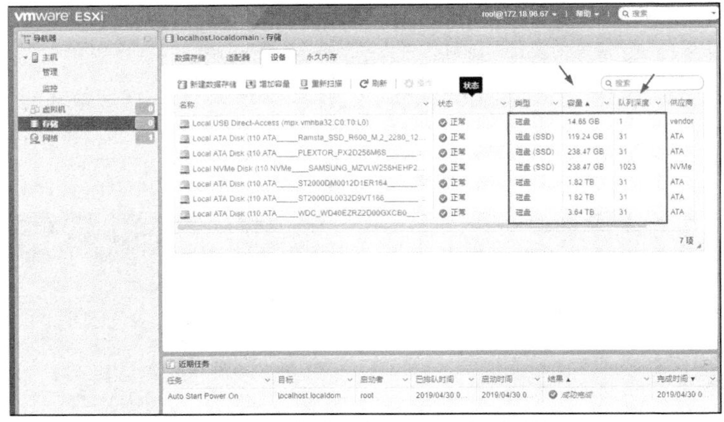

图 5-3-7 查看设备容量与队列深度

从图 5-3-7 中可以看到当前实验 PC 存储设备的队列深度，USB 设备的队列深度为 1，普通 SATA 接口的 SSD 硬盘和 SATA 接口的硬盘队列深度均为 31，NVMe 接口的 SSD 硬盘的队列深度为 1023。在实际的生产环境中，使用的 SSD 硬盘的队列深度一般为 64，所用数据中心级 PCIe NVMe 的 SSD 硬盘的队列深度为 2046，如图 5-3-8 所示（当前环境为 vSphere 6.5.0 U2）。

图 5-3-8 某单位服务器所用设备的队列深度

另一个 vSAN 环境中使用了 SATA 接口的 Intel S3710 SSD 作为缓存磁盘，其队列深度为 32，如图 5-3-9 所示（当前环境为 vSphere 6.5.0 U2）。

名称	类型	状态	容量 ▲	队列深度	供应商
Local HL-DT-ST CD-ROM (mpx.vmhba0:C0:T0:L0)	CDROM	正常	未知	不可用	HL-DT-ST
Local LENOVO-X Disk (naa.5000c5009ea8cfe3)	磁盘	正常	279.4 GB	64	LENOVO-X
Local ATA Disk (naa.55cd2e404b7c7f75)	磁盘 (SSD)	正常	372.61 GB	32	ATA
Local ATA Disk (naa.55cd2e414de38f65)	磁盘 (SSD)	正常	372.61 GB	32	ATA
Local LENOVO-X Disk (naa.5000c50097190323)	磁盘	正常	838.36 GB	64	LENOVO-X
Local LENOVO-X Disk (naa.5000c5009718a87f)	磁盘	正常	838.36 GB	64	LENOVO-X
Local LENOVO-X Disk (naa.5000c500971a7ea7)	磁盘	正常	838.36 GB	64	LENOVO-X
Local LENOVO-X Disk (naa.5000c500971aad33)	磁盘	正常	838.36 GB	64	LENOVO-X
Local LENOVO-X Disk (naa.5000c5009718e993)	磁盘	正常	838.36 GB	64	LENOVO-X
Local LENOVO-X Disk (naa.5000c500971c424f)	磁盘	正常	838.36 GB	64	LENOVO-X
Local LENOVO-X Disk (naa.5000c5009718e047)	磁盘	正常	838.36 GB	64	LENOVO-X
Local LENOVO-X Disk (naa.5000c500971aa5d7)	磁盘	正常	838.36 GB	64	LENOVO-X
Local LENOVO-X Disk (naa.5000c5009718e7eb)	磁盘	正常	838.36 GB	64	LENOVO-X

图 5-3-9 SATA 接口的 SSD 的队列深度

5.3.3 以强制置备方式安装 vCenter Server Appliance

vCenter Server 有两个版本，一个是运行在 Windows Server 平台上的 Windows 版本的 vCenter Server，另一个是预发行的安装在 Linux 中的 vCenter Server Appliance。vSphere 6.7 是最后一个同时发行 vCenter Server 与 vCenter Server Appliance 的版本。在以后的版本中，vSphere 将只发行 vCenter Server Appliance。

从 vSphere 6.5.0 开始，推荐使用 vCenter Server Appliance。

要部署 vCenter Server Appliance，需要在一台 Windows 计算机中，运行 vCenter Server Appliance 的安装程序，通过安装向导部署。

（1）在网络中的一台 Windows 计算机中（本实验中所用计算机操作系统为 Windows 10 1809），加载 VMware-VCSA-all-6.7.0-13010631.iso 的镜像，执行光盘\ vcsa-ui-installer\win32\ 目录中的 installer.exe 程序，进入安装界面，在右上角选择“简体中文”，然后单击“安装”开始安装，如图 5-3-10 所示。

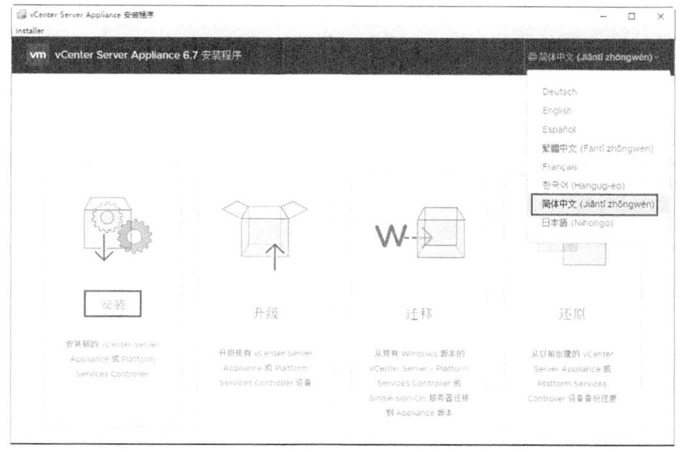

图 5-3-10 安装 vCenter Server Appliance

（2）在“选择部署类型”中选中“具有嵌入式 Platform Services Controller 部署的 vCenter Server”，如图 5-3-11 所示。

（3）在“设备部署目标”中输入要承载的 ESXi 主机。在本示例中为 172.18.96.67 的 ESXi 主机，输入这台主机的用户名及密码，单击“下一步”按钮，在弹出的“证书警告”对话框中单击“是”按钮确认证书指纹，如图 5-3-12 所示。

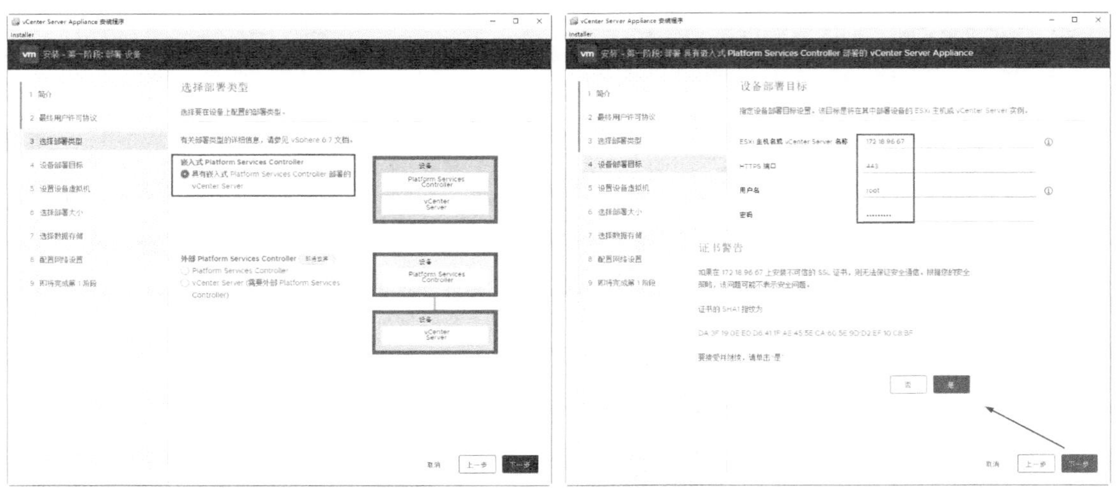

图 5-3-11 选择部署类型　　图 5-3-12 设备部署目标

（4）在“设置设备虚拟机”中设置要部署设备的虚拟机名称和 root 密码，如图 5-3-13 所示。本示例中虚拟机名称为 vcsa-96.60。密码需要同时包括大写字母、小写字母、数字、特殊符号并且长度至少为 8 位、最多 20 位，仅允许使用 A-Z、a-z、0-9 和标点符号，不允许使用空格。

（5）在“选择部署大小”中为此具有嵌入式 Platform Services Controller 部署的 vCenter Server 选择部署大小。有的读者很疑惑，使用 vCenter Server Appliance 能管理多少台虚拟机、能管理多大的环境？在此部署大小中可以看到，如果选择“超大型”部署，则最多支持 2000 台主机、3.5 万台虚拟机。这一部署足以满足大多数企业的需求。在本示例中选择“微型”部署、“大型”存储，此部署支持 10 台主机、100 台虚拟机，可以满足实验需求，如图 5-3-14 所示。如果以后 vCenter Server Appliance 要管理更多的主机，增加 vCenter Server Appliance 虚拟机的内存与 CPU 即可。

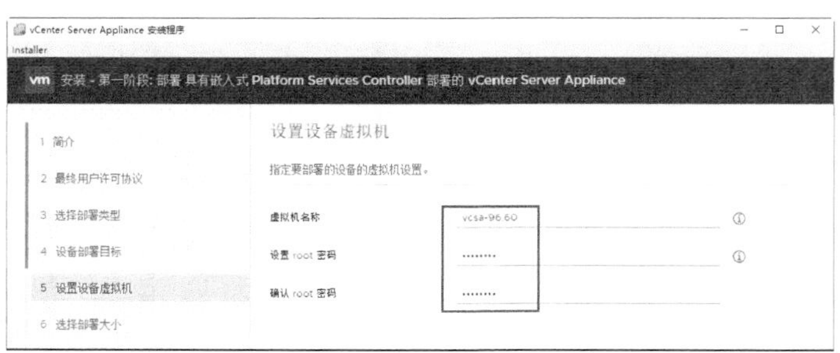

图 5-3-13 设置设备虚拟机

（6）在“选择数据存储”中为此 vCenter Server 选择存储位置，在此选中“安装在包含目标主机的新 vSAN 群集上”，如图 5-3-15 所示。

（7）在“选择数据存储”中选中“安装在包含目标主机的新 vSAN 群集上”，数据中心名称和群集名称保持默认（以后可以随时修改），如图 5-3-16 所示。

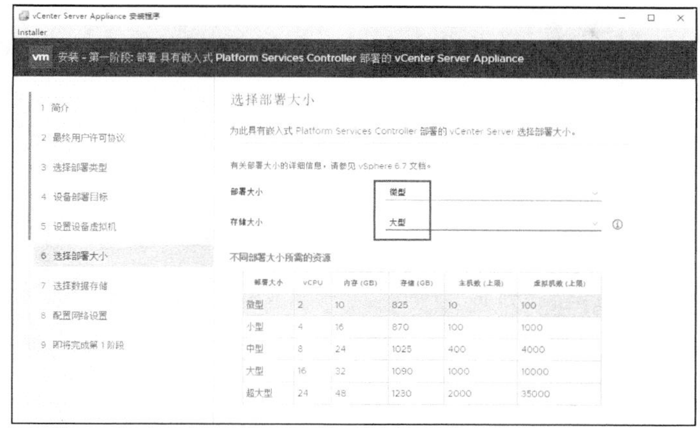

图 5-3-14 选择部署大小

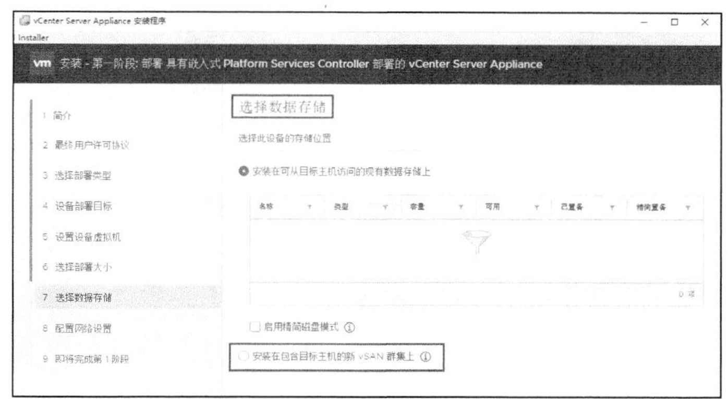

图 5-3-15 选择数据存储

（8）在“声明磁盘以供 vSAN 使用”中声明“缓存层”磁盘与“容量层”磁盘。在本示例中，将 2 块 256GB 的 SSD 磁盘声明为缓存层磁盘，将 2 块 2TB、1 块 4TB 的磁盘声明为容量层磁盘，将容量为 128GB 的 SSD 设置为“不声明”，如图 5-3-17 所示。同时选择“启用精简磁盘模式”，如果是全闪存架构，可以选择“启用去重和压缩”。但在混合架构中，“启用去重和压缩”为灰色，不能选择。

图 5-3-16 设置数据中心与群集名称

（9）在“配置网络设置”中为将要部署的 vCenter 配置网络参数，这包括 IP 地址、子网掩码、默认网关与 DNS 服务器。在生产环境中要为 vCenter Server 规划一个 DNS 名称，如果网络中没有 DNS 服务器也可以使用 IP 地址注册 vCenter Server。但采用 IP 地址之后，vCenter Server 在安装配置完成之后将不能修改 IP 地址，修改 IP 地址之后 vCenter Server 服务将不能启动。在本示例中，vCenter Server 的 FQDN 名称使用 IP 地址，本示例 IP 地址为 172.18.96.60，如图 5-3-18 所示。

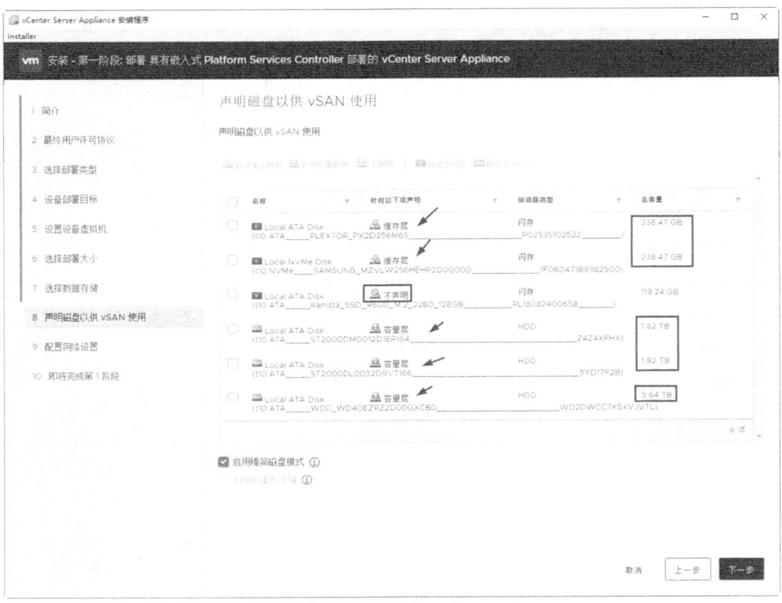

图 5-3-17　声明磁盘供 vSAN 使用

图 5-3-18　配置网络设置

（10）在“即将完成第 1 阶段”中显示了部署详细信息，检查无误之后单击“完成”按钮，如图 5-3-19 所示。

（11）开始部署 vCenter Server Appliance，直到部署完成，单击“继续”按钮开始第 2 阶段部署，如图 5-3-20 所示。

（12）开始第 2 阶段的部署，在“设备配置”中设置时间同步模式以及是否启用 SSH 访问，在本示例中选择“与 ESXi 主机同步时间”和“已启用”，如图 5-3-21 所示。

图 5-3-19　即将完成第 1 阶段部署

图 5-3-20　第 1 阶段部署完成

（13）在“SSO 配置”中设置 SSO 域名（在此设置为 vsphere.local）、用户名（默认为 administrator）和密码（至少需要设置 1 个大写字母、1 个小写字母、1 个数字、1 个特殊字符，并且长度至少为 8 个字符且不超过 20 个字符），如图 5-3-22 所示。

（14）在“即将完成”中显示第 2 阶段的设置，检查无误之后单击“完成”按钮，如图 5-3-23 所示。

图 5-3-21　设备配置

图 5-3-22　SSO 配置

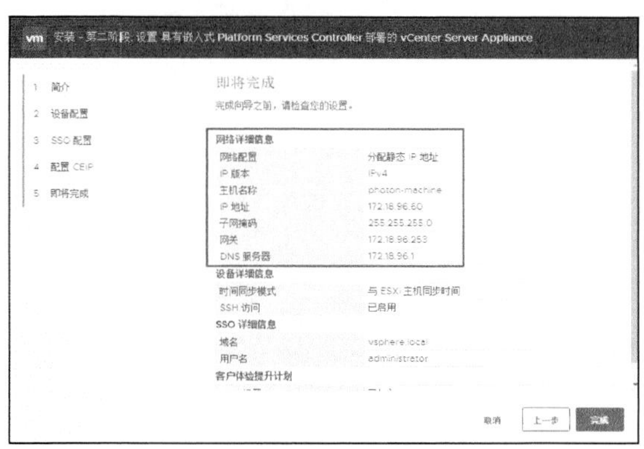

图 5-3-23　即将完成第 2 阶段部署

说明

在图 5-3-18 中，设置的 FQDN 名称是 172.18.96.60。如果当前网络中有 DNS 服务器，并且在 vCenter Server Appliance 中指定了 DNS 服务器的地址，同时在 DNS 服务器中能将 172.18.96.60 反向解析出域名，vCenter Server Appliance 安装程序向导会自动获得这一名称。如果没有解析出相应的域名将会用 photon-machine 代替。

（15）单击“完成”按钮之后开始设置 vCenter Server Appliance，设置完成之后显示设备入门页面，如图 5-3-24 所示。至此 vCenter Server Appliance 部署完成。单击展开“vSAN 配置指令”可以看到后续的任务。

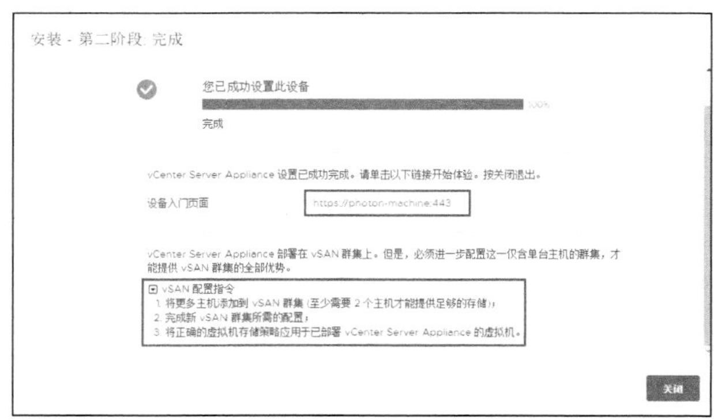

图 5-3-24　部署 VCSA 完成

部署完成后登录 vSphere Web Client 页面，第一次登录时需要添加 vCenter Server、ESXi，添加 vCenter Server 与 ESXi 许可证等，并创建数据中心、群集。

5.3.4　登录 vCenter Server

在安装完 vCenter Server Appliance 之后，在浏览器中输入 vCenter Server 的 IP 地址（如果安装的时候配置了域名则输入域名），打开 vCenter Server 界面，如图 5-3-25 所示。

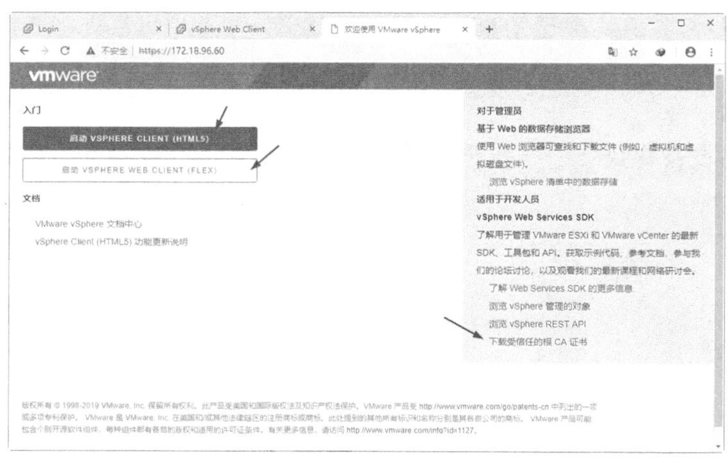

图 5-3-25　vCenter Server 界面

在 vCenter Server 界面（当前环境是 vCenter Server 6.7.0 U2）中提供了两个客户端，分

别是“启动 vSphere Client（HTML5）”和“启动 vSphere Web Client（FLXE）”，单击不同的链接将会启动不同的管理客户端。从 vSphere 6.7 开始，基于 HTML5 的客户端（称为 vSphere Client）将逐渐取代 vSphere Web Client（需要 Adobe Flash 支持）。在下一个 vSphere 版本中将不再提供 vSphere Web Client。在 Windows 10 操作系统中，如果启动 vSphere Web Client 需要使用 IE；如果使用 vSphere Client（HTML5）可以使用 IE、Edge、Chrome 等浏览器。在 vCenter Server 界面的右侧还提供了浏览 vSphere 清单中的数据存储、浏览 vSphere 管理的对象、下载受信任的根 CA 证书等内容。

在 Windows 10 中使用 vSphere Web Client 时，如果显示英文界面，可以在“所有设置→隐私”中的“常规”选项中关闭“允许网站通过访问我的语言列表来提供本地相关内容”，如图 5-3-26 所示。

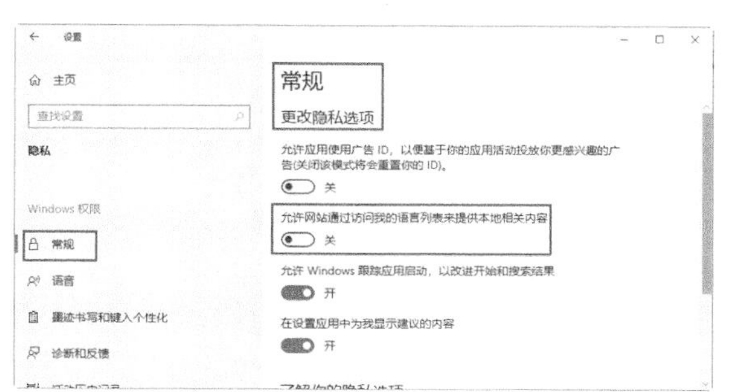

图 5-3-26 更改隐私选项

在版本号为 6.7.0 U2 的 vCenter Server 中，无论是 vSphere Web Client 还是 vSphere Client，其登录界面都统一为同一个界面，如图 5-3-27 所示。

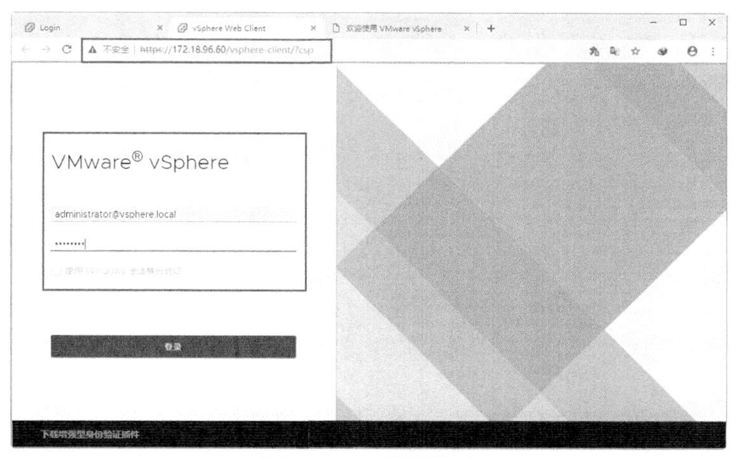

图 5-3-27 登录界面

基于 HTML5 的 vSphere Client 登录之后如图 5-3-28 所示（当前管理计算机使用 Windows 10 操作系统，使用 Chrome 浏览器）。

基于 Adobe Flash 的 vSphere Web Client 登录之后如图 5-3-29 所示（当前所用的计算机操作系统是 Windows Server 2008 R2，如果在 Windows 10 中启用 vSphere Web Client 会显示乱码）。

如果使用 vCenter Server 6.7.0 U2 及以后的版本，建议使用 vSphere Client。如果使用 vSphere 6.5.0 及以前的版本，建议使用 vSphere Web Client。本书 vSphere 是 6.7.0 U2，在介绍的时候主要使用 vSphere Client，只有在必要的时候才使用 vSphere Web Client。

使用 vSphere Client 登录 vCenter Server，在“主机和群集→vSAN 群集→配置→vSAN→磁盘管理”中可以看到两个磁盘组，其中第一个磁盘组有 1 块 SSD、1 块 2TB 的 HDD（见

图 5-3-30），第 2 个磁盘组有 1 块 SSD、1 块 2TB、1 块 4TB 的 HDD（见图 5-3-31）。

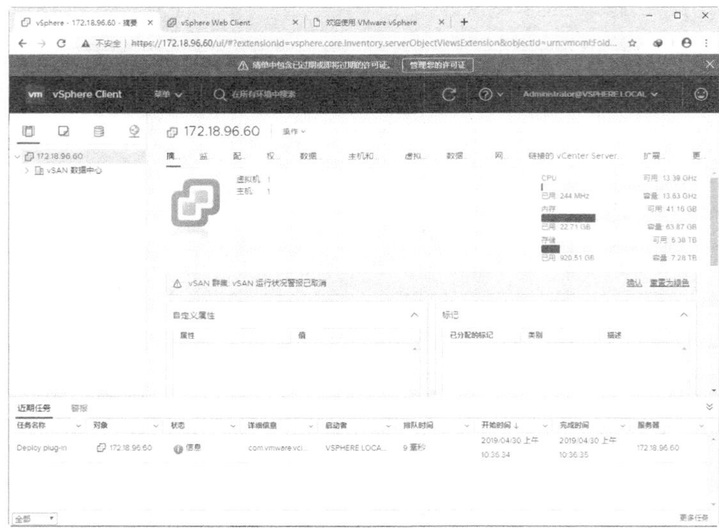

图 5-3-28 vSphere Client

图 5-3-29 vSphere Web Client

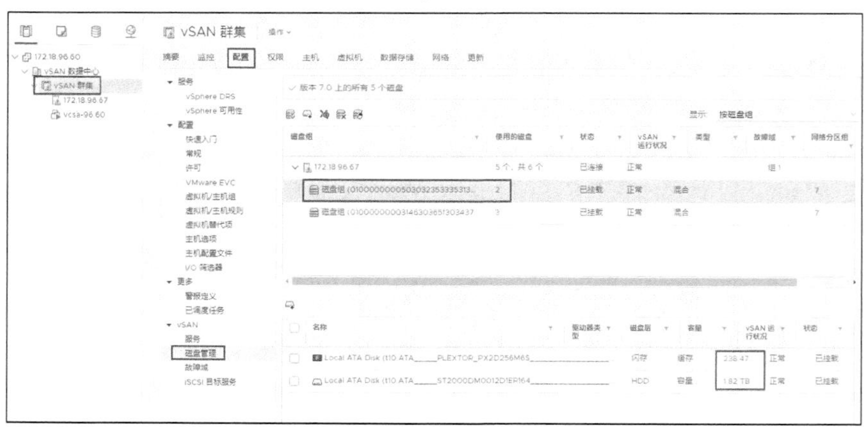

图 5-3-30 第 1 个磁盘组

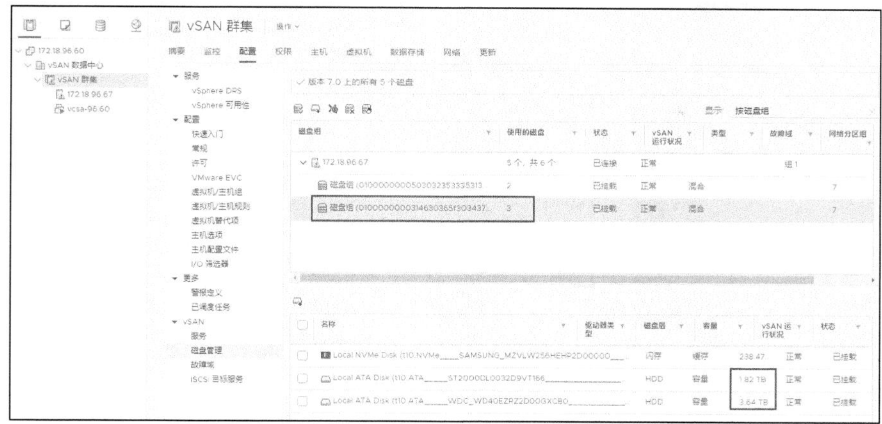
图 5-3-31　第二个磁盘组

在实际的生产环境中，每台 ESXi 主机的 SSD 与 HDD 的数量都会有合理的配置，例如配置 2 块 SSD、10 块 HDD，这种情况下 vSAN 的向导能很合理地分配磁盘组中的磁盘：1 块 SSD 对应 5 块 HDD。如果出现本示例中 SSD 与 HDD 容量比例不匹配的情况时，1 块 SSD 对应 1 块 2TB 的 HDD，另 1 块 SSD 对应 1 块 2TB、1 块 4TB 的 HDD，则可以从第二个磁盘组中删除 1 块 2TB 的 HDD，然后将其添加到第一个磁盘组。调整之后每个磁盘组有 1 块 SSD 对应 4TB 的 HDD。操作步骤如下。

（1）在第二个磁盘组中选中要移除的磁盘，单击工具栏上的“ ”图标，从磁盘组中移除选定的磁盘，如图 5-3-32 所示。

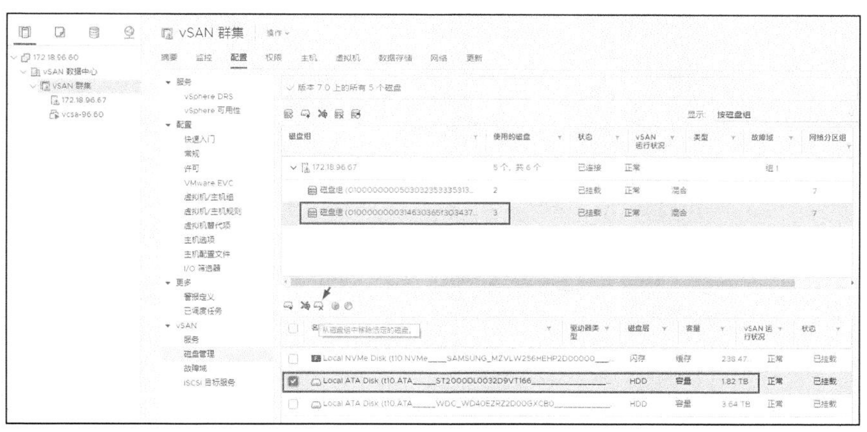
图 5-3-32　从磁盘组中移除选定的磁盘

（2）在弹出的“移除磁盘”对话框中，在 vSAN 数据迁移中选择“迁移全部数据”，单击“删除”按钮，如图 5-3-33 所示。

图 5-3-33　迁移全部数据

（3）在“vSAN 群集→监控→vSAN→重新同步对象”中显示了正在迁移与重新同步的数据，如图 5-3-34 所示。此时图 5-3-32 中选中的要删除磁盘中的数据会迁移到其他磁盘，在这个过程中应用都不受影响。

（4）数据同步完成后，选中的磁盘从第二个磁盘组移除。此时第二个磁盘组剩余 2 块磁盘。选中第一个磁盘组，单击“ ”图标向磁盘组中添加磁盘，如图 5-3-35 所示。

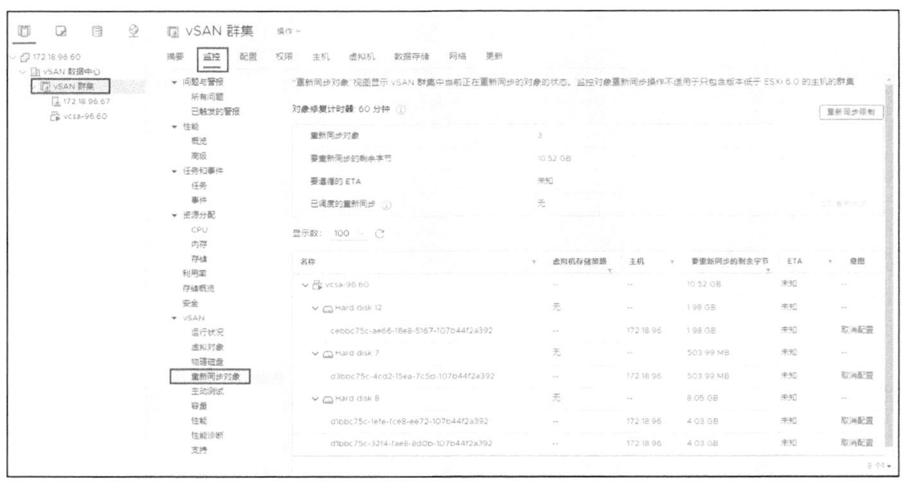

图 5-3-34　重新同步对象

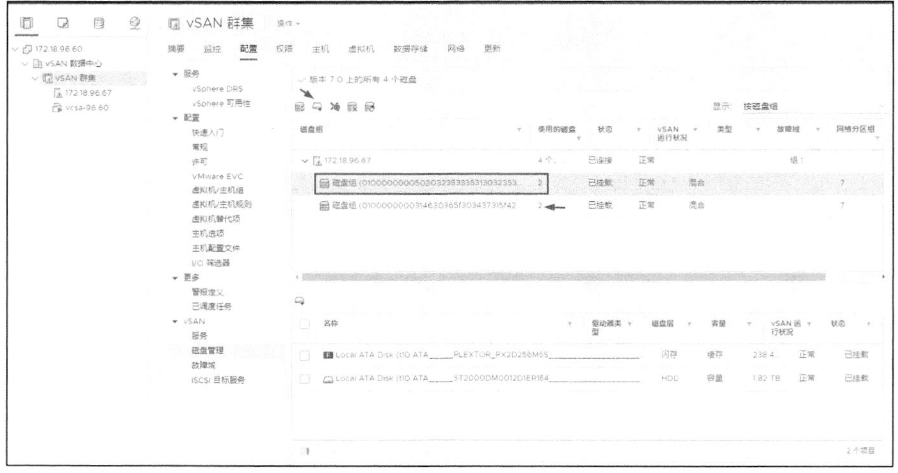

图 5-3-35　向选中的磁盘组添加磁盘

（5）在“添加容量磁盘”对话框中选中一个或多个磁盘作为容量磁盘，然后单击“添加”按钮，如图 5-3-36 所示。

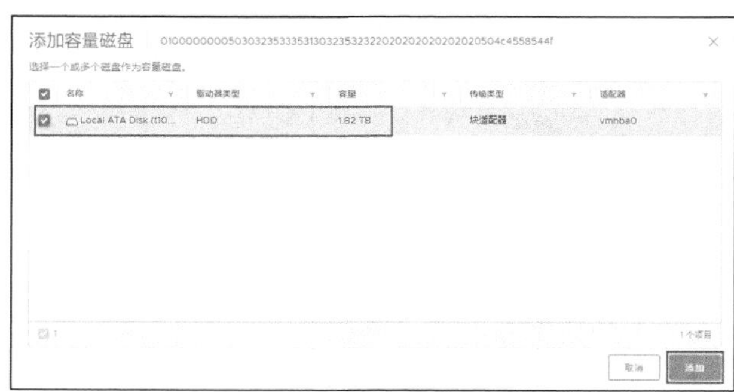

图 5-3-36　添加容量磁盘

（6）添加之后如图 5-3-37 所示，这是本实验所规划的情况。

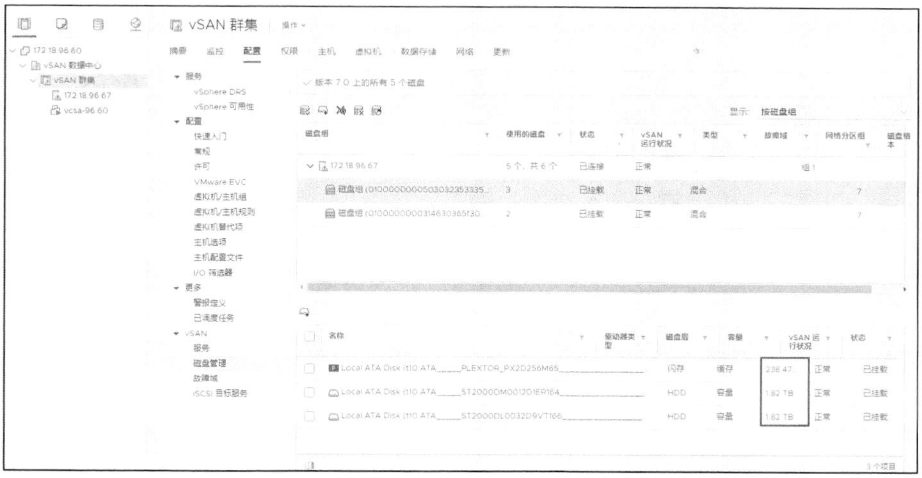

图 5-3-37 磁盘添加完成

（7）在“vSAN 群集→配置→服务”的“vSphere 可用性”及“vSphere DRS”中分别启用 HA 与 DRS，启用之后如图 5-3-38 所示。

图 5-3-38 启用 HA 与 DRS

现在可以使用单主机的 vSAN 进行虚拟机的测试。

5.4 vCenter Server 首要配置

本节将使用上一节安装配置好的 vCenter Server（IP 地址为 172.18.96.60）及单节点 vSAN（ESXi 主机 IP 地址为 172.18.96.67），介绍使用 vCenter Server Appliance 6.7 的一些注意事项，以及 vSAN 中的虚拟机存储策略。

5.4.1 信任 vCenter Server 根证书

在 Chrome 浏览器输入 vCenter Server 的 IP 地址 172.18.96.60 并按回车键，进入 vCenter

Server 界面，如图 5-4-1 所示。

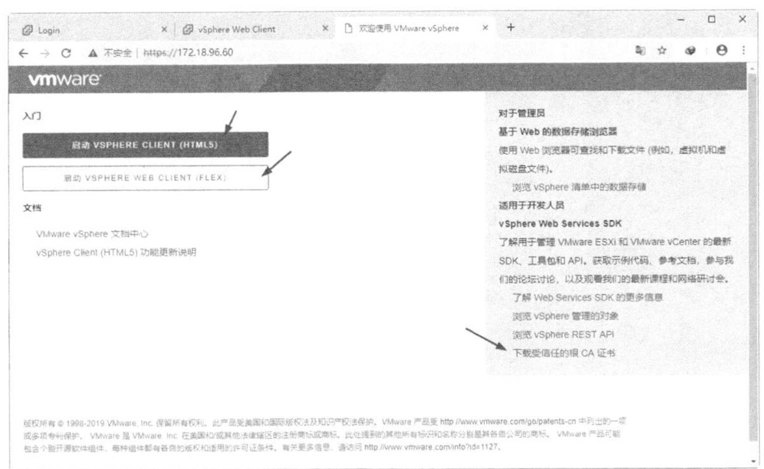

图 5-4-1　vCenter Server 界面

在地址栏中会看到“不安全”（Chrome 浏览器）或“证书错误”（IE）的红色警报信息，如果要取消证书的警报，需要证书被信任并下载根证书，并使用 vCenter Server 安装时注册的名称（IP 地址或域名）登录。

（1）单击“不安全”，在弹出的下拉列表中单击“证书（无效）”，打开“证书”对话框查看证书的名称，当前证书的名称为 172.18.96.60，如图 5-4-2 所示。然后单击“确定”按钮关闭证书。

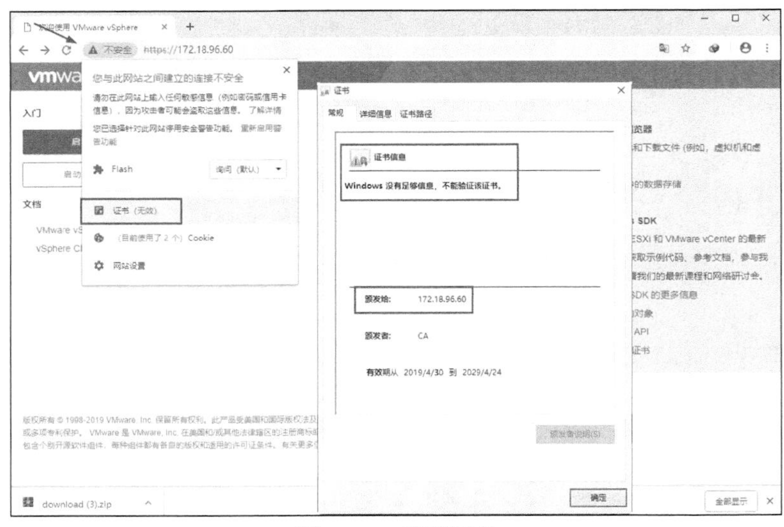

图 5-4-2　查看证书

说明

如果使用 IE，则单击“证书错误”，在弹出的“不受信任的证书”对话框中单击“查看证书”。

（2）在图 5-4-1 中单击右侧的“下载受信任的根 CA 证书”链接以下载根证书文件，在弹出的“要打开或保存来自 172.18.96.60 的 download.zip”对话框中单击“打开”按钮，在证书文件的 certs\win 目录中，双击扩展名为.crt 的根证书文件，在弹出的“证书”对话框的“常规”选项卡中可以看到证书信息为“此 CA 根目录证书不受信任……”，单击“安装证书”按钮，如图 5-4-3 所示。

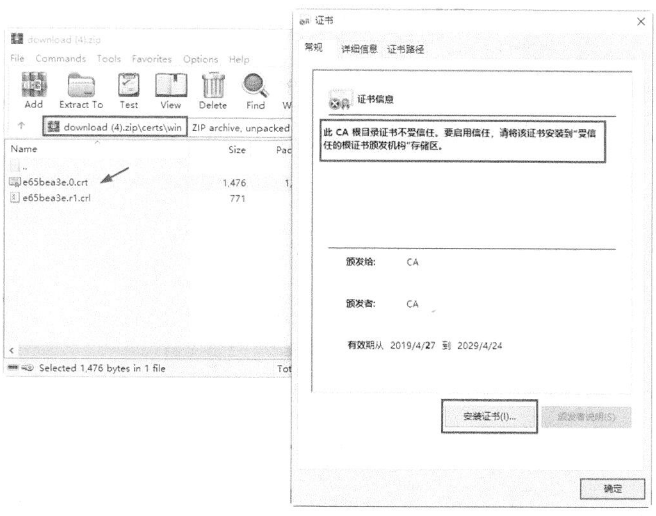

图 5-4-3　安装证书

（3）如果当前操作系统是 Windows 10、Windows Server 2016 等，则会有“存储位置”选择，选择“当前用户”即可。在“证书导入向导→证书存储”中选中“将所有的证书都放入下列存储”，单击“浏览”按钮选择“受信任的根证书颁发机构”，如图 5-4-4 所示。

（4）在“安全警告”对话框中单击“是”按钮（见图 5-4-5），完成根证书的信任。

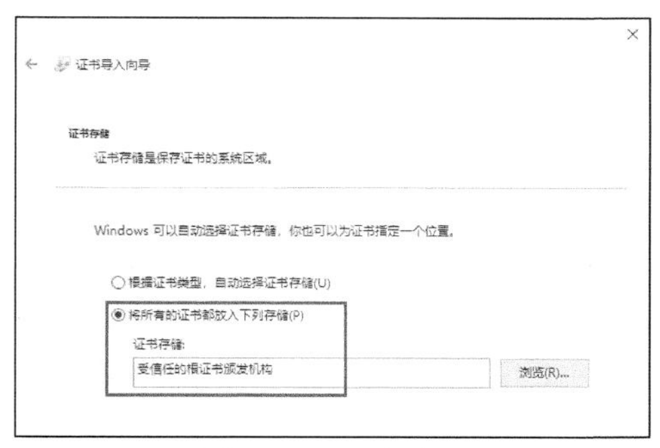

图 5-4-4　证书存储

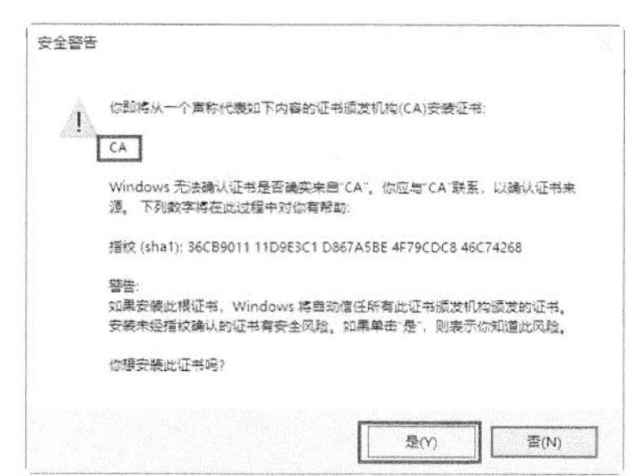

图 5-4-5　确认安装

（5）关闭浏览器，重新打开 vSphere Client 并登录，此时可以看到证书已经被信任，如图 5-4-6 所示。

说明

如果将文件上传到 ESXi 的存储，需要使用 vSphere Web Client 的管理工作站完成“证书信任”的操作。

【事件回放】在一次为企业实施 vSAN 的时候，重新以相同的名称安装了 vCenter Server Appliance，并且将所有主机加入新的 vCenter Server 之后，因为没有“信任”新的 vCenter Server 的“根证书”，在浏览器中输入 vSphere Web Client 的登录地址时，由于没有“信任”

根证书会提示“此网站的安全证书存在问题。”，只能单击“单击此处关闭该网页。”关闭该网页，如图 5-4-7 所示。

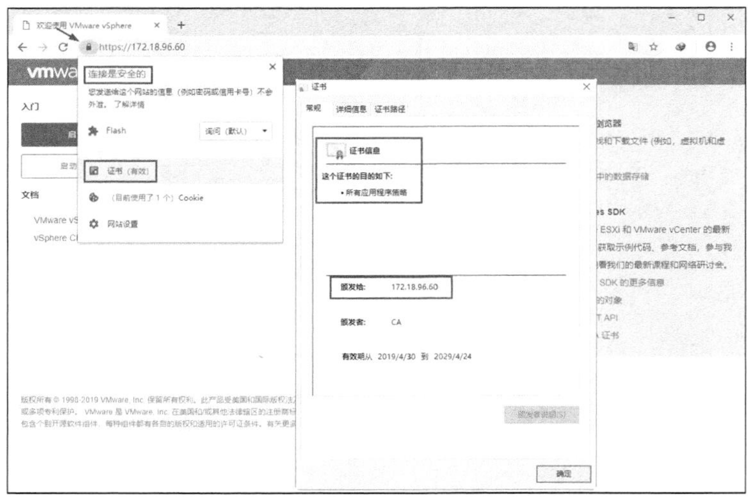

图 5-4-6 安装证书完成

因为知道根证书的下载地址（https://vc.heinfo.edu.cn/certs/download.zip，其中 vc.heinfo.edu.cn 是 vCenter Server 服务器的 IP 地址），直接下载并信任了根证书之后，vSphere Web Client 即可登录。如果你的企业中碰到类似问题，在浏览器中输入 https://vc_ip 地址/certs/download.zip 下载根证书并导入信任列表即可解决问题。

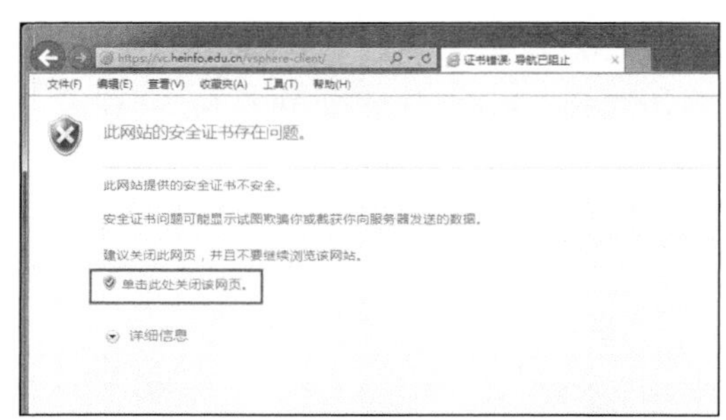

图 5-4-7 此网站的安全证书存在问题

如果在下载根证书文件时（示例为 https://vc.heinfo.edu.cn/certs/download.zip）出现图 5-4-7 的错误提示，应使用 MMC（管理控制台插件）添加“证书（本地计算机）”管理单元，在“受信任的根证书颁发机构”中删除所有颁发者名为 CA、颁发给名为 CA 的所有根证书即可，如图 5-4-8 所示。

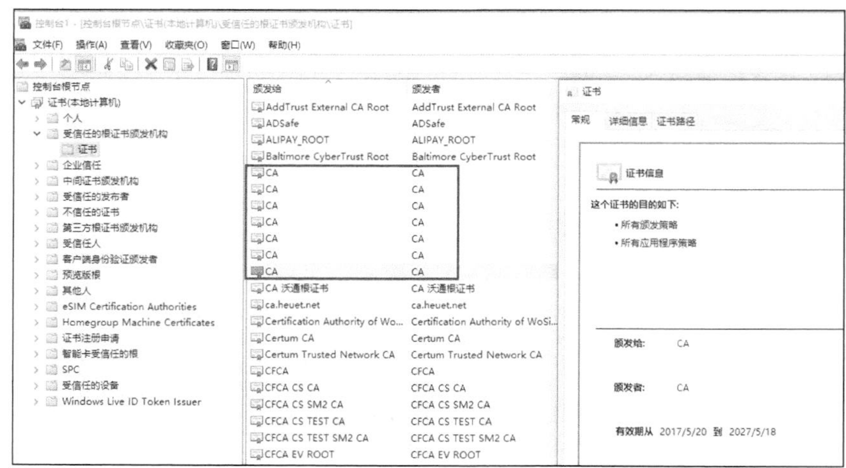

图 5-4-8 删除颁发者为 CA 及颁发给名为 CA 的根证书

5.4.2 为 vSphere 分配许可证

在安装 vCenter Server 并向 vCenter Server 添加了 ESXi 主机之后，如果是在生产环境中则需要添加许可证。如果是测试环境，在不添加许可证的情况下可以免费测试 60 天。超过 60 天之后，不能启动新的虚拟机，只能在添加许可证之后才可以继续使用。

（1）在“系统管理→许可→许可证”中单击“添加新许可证”添加序列号，每个产品的序列号在一行输入。添加之后会显示许可的产品（vCenter Server、vSphere、vSAN 等）以及产品的数量，如图 5-4-9 所示。

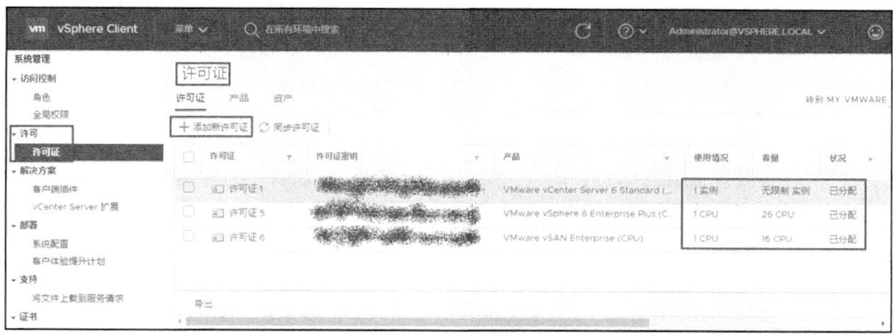

图 5-4-9 添加许可证

（2）添加许可证之后，在“资产”中单击每个产品，然后单击“分配许可证”，为产品分配许可证，通常要为 vCenter Server、ESXi 主机、vSAN 群集分配许可证，如图 5-4-10、图 5-4-11、图 5-4-12 所示。

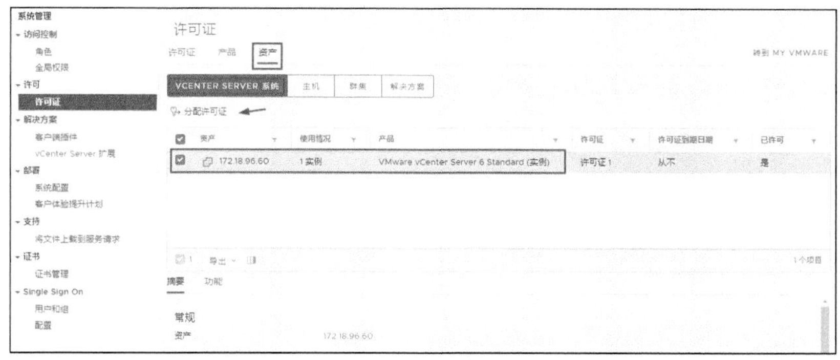

图 5-4-10 为 vCenter Server 分配许可证

图 5-4-11 为 ESXi 主机分配许可证

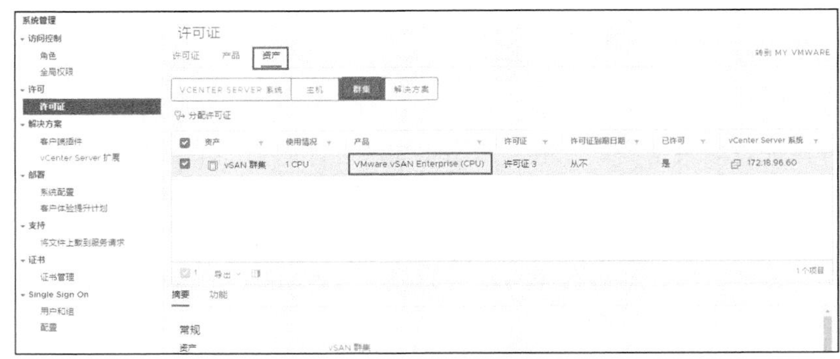

图 5-4-12　为 vSAN 群集分配许可证

5.4.3　修改 SSO 与 root 账户密码过期策略

在默认情况下，从 vCenter Server Appliance 5.5 Update 1 开始，vCenter Server Appliance 版强制执行密码策略，该策略会导致 SSO 账户密码在 90 天后过期。当密码到期后会将账号锁定。

vCenter Server Appliance 6.0 的 root 账户密码默认 365 天有效，vCenter Server Appliance 6.5、6.7 的 root 账户密码默认 60 天有效。在安装完 vCenter Server Appliance 之后，需要修改 SSO 与 root 账户密码过期策略。

（1）登录 vSphere Client，使用 SSO 账户（默认为 administrator@vsphere.local）登录。登录后在导航窗格中单击“系统管理”，在“系统管理→Single Sign-On→配置”中，在“策略”选项卡可以看到最长生命周期为“密码必须每 90 天更改一次”，单击“编辑”按钮，如图 5-4-13 所示。

（2）在弹出的“编辑密码策略”对话框中，将最长生命周期修改为 0 天，这表示密码永不过期，如图 5-4-14 所示，然后单击“保存”按钮。在“密码格式要求”中，还可以修改密码的最大长度、最小长度、字符要求等，这些要求比较简单，每个管理员都能理解其字面意思，在此不再介绍。

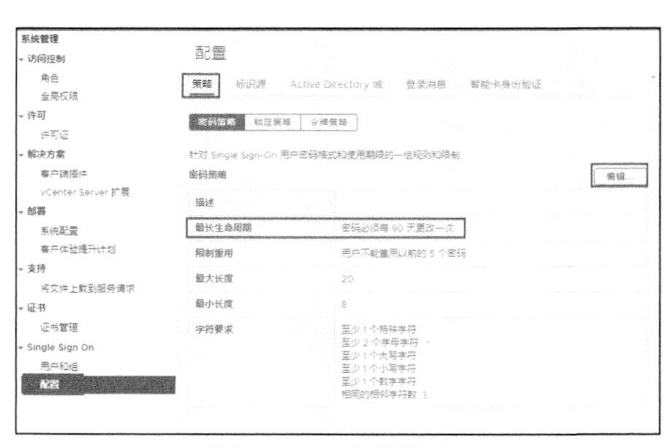

图 5-4-13　密码策略

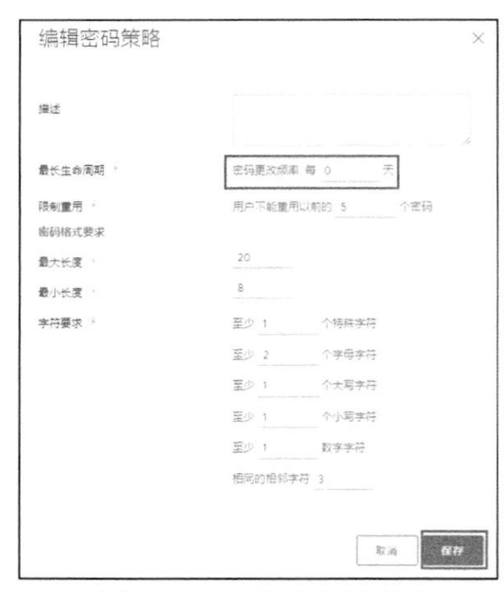

图 5-4-14　编辑密码策略

（3）登录 VMware 设备管理，本示例中登录地址为 https://172.18. 96.60:5480，使用用户名 root 及密码登录，如图 5-4-15 所示。

（4）在“系统管理”中的“密码过期设置”中可以看到密码有效期为 90 天，单击右侧的“编辑”按钮，在弹出的“密码过期设置”中选择“否”，单击“保存”按钮退出，设置之后如图 5-4-16 所示。

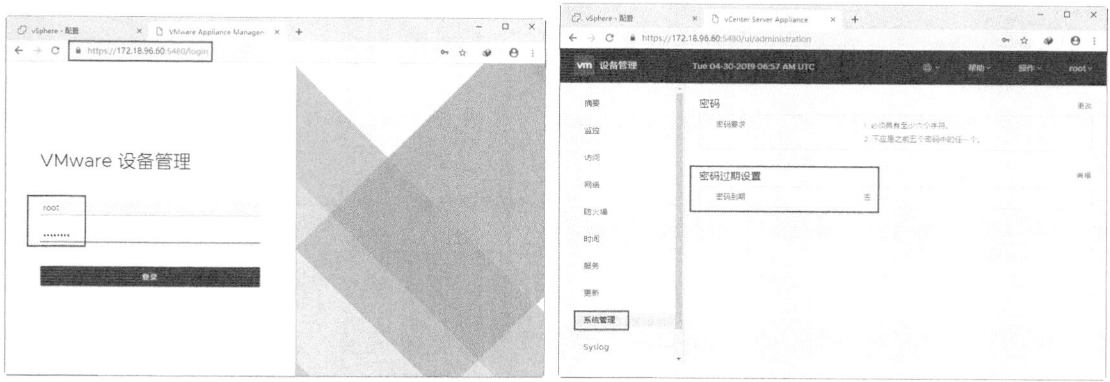

图 5-4-15 登录 VMware 设备管理　　图 5-4-16 密码永不过期

5.4.4 使用 root 账户管理 vCenter Server

vCenter Server 默认的管理员账户（SSO 账户）是 administrator@vsphere.local，每次登录时输入这么“长”的用户名比较麻烦。管理员可以在 vCenter Server 系统管理中，将本地的 root 账户添加到 SSO 管理员组中，使用 root 账户管理 vCenter Server。

（1）使用 administrator@vsphere.local 登录 vCenter Server，在“系统管理→Single Sign-On→用户和组”的“组”选项卡中单击“Administrators”，单击“添加成员”，如图 5-4-17 所示。

（2）在“编辑组”对话框中“添加成员”的右侧下拉列表中选择“localos”，在下一行输入 root 并按回车键添加，如图 5-4-18 所示，然后单击“保存”按钮。

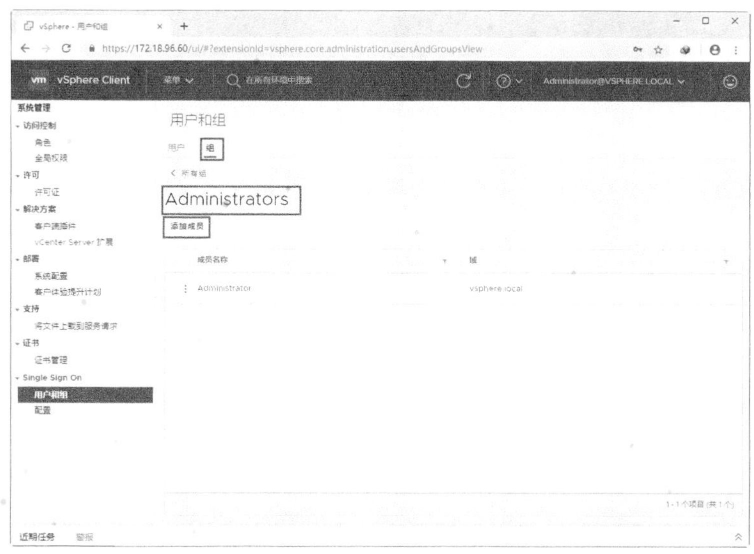

图 5-4-17 添加成员

（3）返回到“用户和组”中，可以看到 root 账户已经添加到列表中，如图 5-4-19 所示。

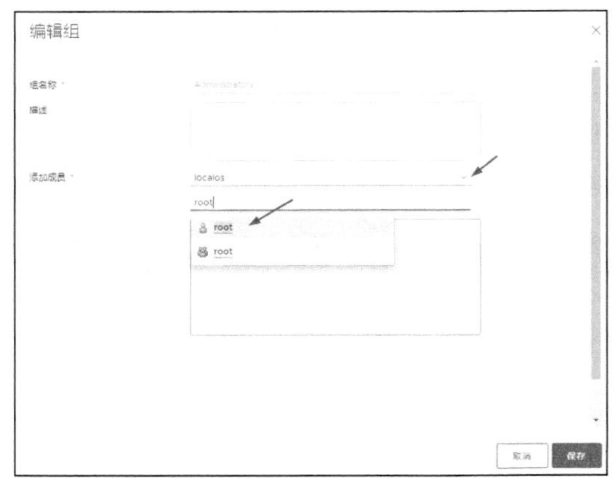

图 5-4-18 添加 root 账户

图 5-4-19 添加完成

（4）注销当前用户，使用 root 账户及密码即可完成登录。登录之后在右上角会显示 root@localos 用户信息，如图 5-4-20 所示。此后可以直接使用 root 账户管理 vCenter Server。

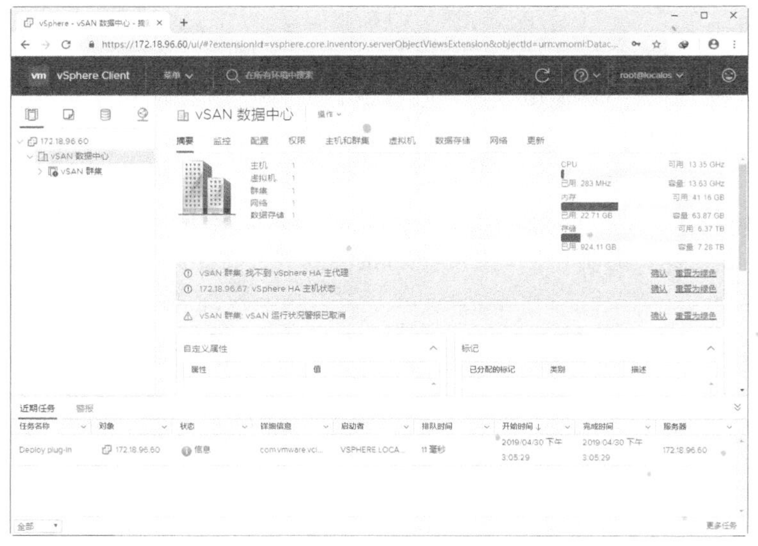

图 5-4-20 登录成功

5.4.5 vSAN 数据存储与存储提供程序

使用 vSAN 时，可以采用策略的形式定义虚拟机的存储要求，例如性能和可用性。vSAN 可确保为已部署到 vSAN 数据存储的虚拟机至少一台分配虚拟机存储策略。

分配后，在创建虚拟机时，这些存储策略要求会被推送至 vSAN 层。虚拟设备分布在 vSAN 数据存储之间，以满足性能和可用性要求。

在主机群集上启用 vSAN 后，将创建一个 vSAN 数据存储，默认数据存储名称为 vsanDatastore，如果使用同一个 vCenter Server 管理多个 vSAN 群集，则第 2 个 vSAN 群集的数据存储名称为 vsanDatastore2，第 3 个 vSAN 群集的数据存储名称为 vsanDatastore3 并依次排序，如图 5-4-21 所示，并且会自动创建默认存储策略。启用 vSAN 会配置并注册 vSAN

存储提供程序。

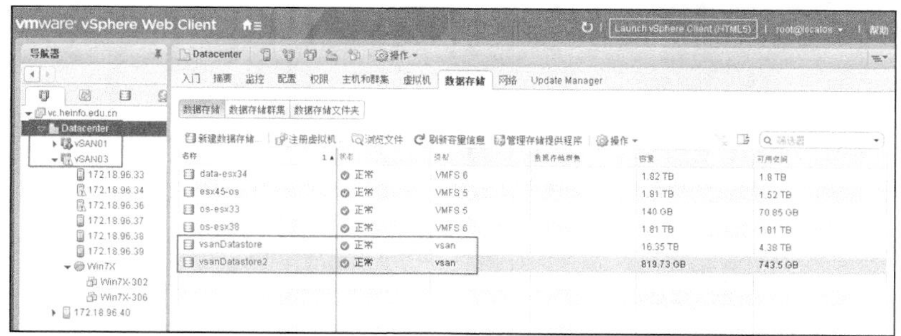

图 5-4-21 有 2 个 vSAN 群集

在 vSphere Client 中，在左侧导航窗格中选中 vCenter Server（当前实验环境中 vCenter Server 计算机名称为 172.18.96.60），在右侧单击“配置→更多→存储提供程序”，在“存储提供程序”中可以看到当前每个主机注册的存储提供程序，如图 5-4-22 所示。如果某个主机的存储提供程序有问题，你可以单击“同步存储提供程序”链接将所有 vSAN 存储提供程序与环境的当前状态进行同步。

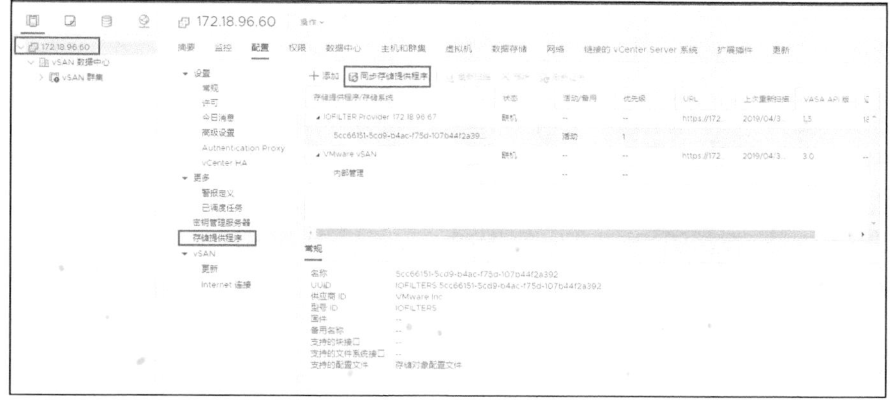

图 5-4-22 存储提供程序

说明

在 vSphere 6.0 的一些版本中，如果使用 vSAN，有的时候存储程序会有问题，需要单击图标将所有 vSAN 存储提供程序与环境的当前状态进行同步。vSphere 6.5.0 U2 及以后的版本中，vSAN 已经非常稳定。

vSAN 存储提供程序是内置的软件组件，用于将数据存储的功能通知给 vCenter Server。存储提供程序 URL 是类似于 https://172.18.96.67:8080/version.xml 格式，vSAN 会自动为每个主机注册，单击选中某个主机，在“存储提供程序→常规”中可以看到这些，如图 5-4-23 所示。

可以创建多个策略以捕获不同类型或类别的要求。在创建或修改策略后，可以在创建虚拟机时选择不同的存储策略，或者在创建虚拟机后，通过编辑虚拟机选择并应用不同的存储策略。

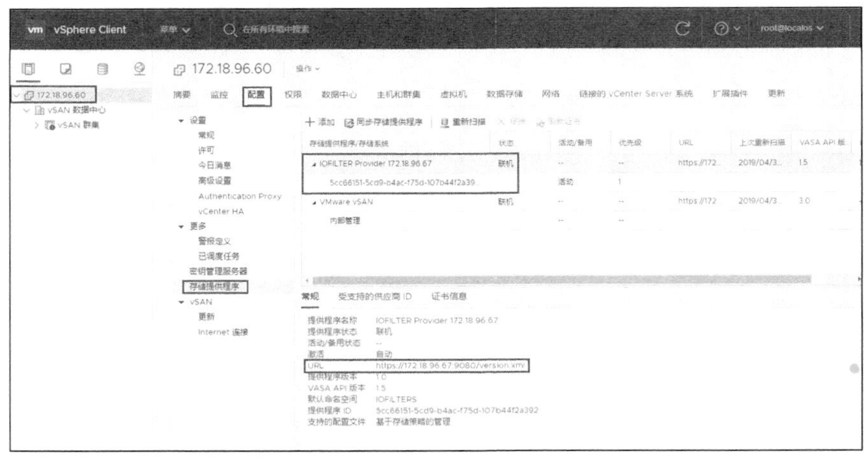

图 5-4-23　存储提供程序详细信息

注意

如果未向虚拟机应用存储策略，则虚拟机将使用默认的 vSAN 策略，该默认策略规定了允许的故障数配置为 1、每个对象具有一个磁盘带数以及精简置备的虚拟磁盘。

5.5　单台主机实验应用

在组建了单节点 vSAN 群集之后，可以使用这一台主机做大多数的实验，这些实验包括但不限于以下这些。

（1）创建虚拟机存储策略，创建适合于单节点 vSAN 群集的虚拟机存储策略。

（2）虚拟机实验：创建虚拟机、在虚拟机中安装操作系统、在虚拟机中安装应用软件。

（3）虚拟机模板实验：将虚拟机转换/克隆为模板、从模板部署虚拟机、定制虚拟机规范。

（4）虚拟网络实验：添加虚拟交换机，这包括标准交换机、分布式交换机，向虚拟交换机添加虚拟端口组等内容。

在单节点 vSAN 群集中，不能在 vSAN 存储创建文件夹或向 vSAN 存储上传文件，如果上传，则会有以下提示。

```
无法完成文件创建操作。
There are currently 1 usable fault domains. The operation requires 2 more usable fault domains.
Failed to create object.
```

这是因为默认的虚拟机存储策略允许的故障数为 1，这至少需要 3 台主机，但当前只有 1 台主机。

下面简要介绍在单节点 vSAN 群集的主要内容。

5.5.1　创建虚拟机存储策略

在单节点 vSAN 群集中，默认的虚拟机存储策略其允许的故障数为 1，在创建虚拟机时使用该策略将会因为没有可用的存储而导致失败。为了在单节点 vSAN 群集中创建虚拟机，需要创建允许的故障数为 0 的虚拟机存储策略。

（1）使用 vSphere Client 登录到 vCenter，在“菜单”中选择“策略和配置文件”，在“策略和配置文件”中单击“虚拟机存储策略”，然后单击“创建虚拟机存储策略”，如图 5-5-1 所示。

（2）在“名称和描述”中的“名称”文本框中输入新建策略的名称，本示例为 FTT = 0，如图 5-5-2 所示。

图 5-5-1 创建虚拟机存储策略

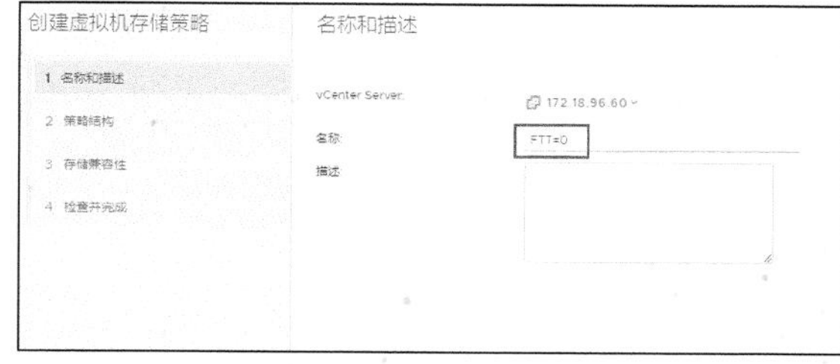

图 5-5-2 设置策略名称

（3）在“策略结构”中选中“为 vSAN 存储启用规则”，如图 5-5-3 所示。

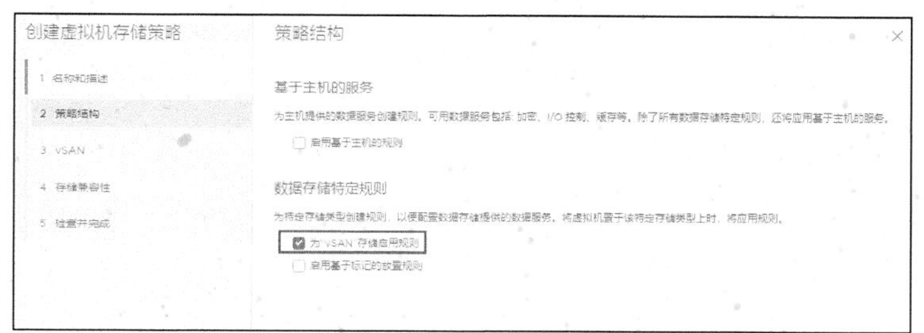

图 5-5-3 选择策略结构

（4）在“vSAN”对话框的“可用性”选项卡中的“站点容灾”可供选择的内容有：无-标准群集、无-具有嵌套故障域的标准群集、双站点镜像（延伸群集）、无-将数据保留在首选站点上（延伸群集）、无-将数据保留在非首选站点上（延伸群集）、无-延伸群集（见图 5-5-4）。在单节点 vSAN 延伸群集中选择“无-标准群集”。在“允许的故障数”下拉列表中可供选择的有：无数据冗余、1 个故障-RAID-1（镜像）、1 个故障-RAID-5（纠删码）、2 个故障-RAID-1（镜像）、2 个故障-RAID-6（纠删码）、3 个故障-RAID-1（镜像）（见图 5-5-5），在单节点 vSAN 延伸群集选择“无数据冗余”。

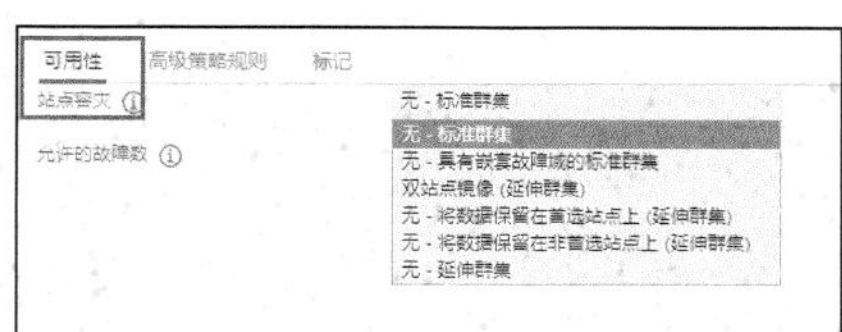

图 5-5-4 站点容灾

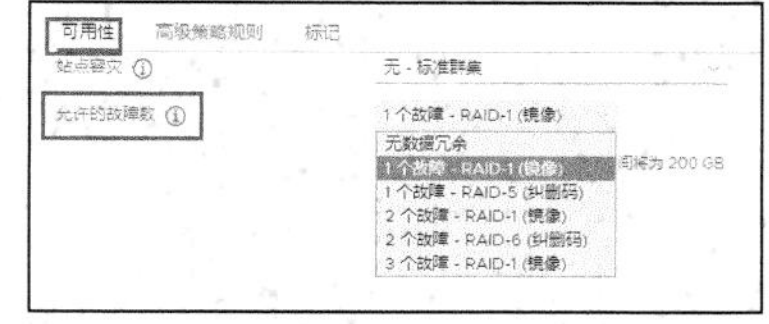

图 5-5-5 允许的故障数

说明

本节只介绍应用于单节点 vSAN 群集的内容，更多虚拟机存储策略的内容将在后文介绍。

（5）在“存储兼容性”中显示与当前配置的虚拟机存储策略相兼容的存储，如果配置的策略当前环境不能满足，则兼容的存储显示为 0B。当前单节点 vSAN 群集配置的策略是允许的故障数为 0，当前单节点 vSAN 存储可以满足需求，如图 5-5-6 所示。

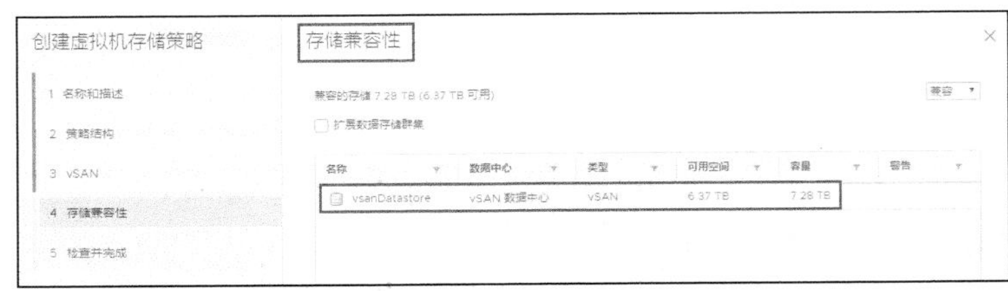

图 5-5-6　存储兼容性

（6）在“检查并完成”中显示了当前创建的策略，检查无误之后单击“完成”按钮，如图 5-5-7 所示。

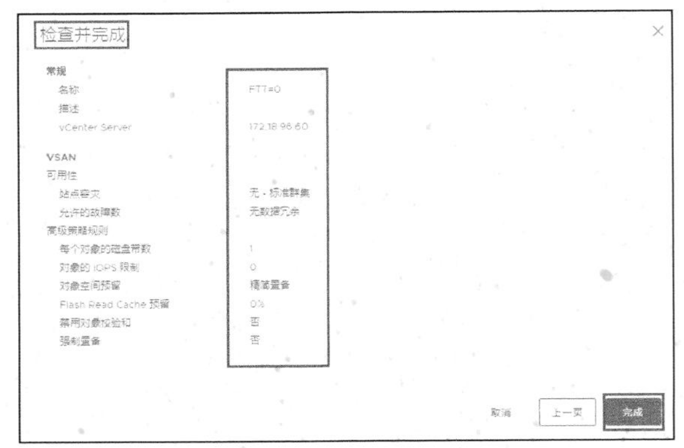

图 5-5-7　检查并完成

（7）创建虚拟机存储策略完成后如图 5-5-8 所示。在此可以创建虚拟机存储策略、修改选中的虚拟机存储策略或者删除不再使用的虚拟机存储策略，这些将在后文介绍。

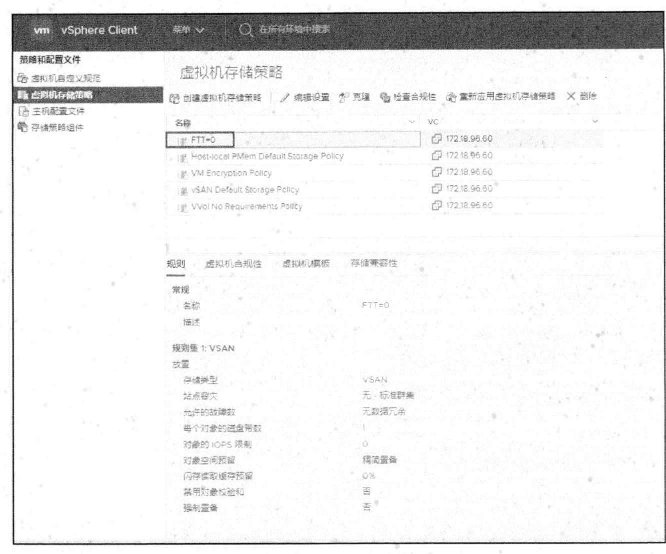

图 5-5-8　虚拟机存储策略

5.5.2 启用 vMotion 与 vSAN 流量

在有多台主机组成的 vSphere 群集中，需要为虚拟机在不同主机之间迁移启用 vMotion 流量，在 vSAN 群集中还需要为主机启用 vSAN 流量。本节介绍启用 vMotion 流量与 vSAN 流量的方法。如果在实际的生产环境中，需要为 vSAN 流量规划配置单独的虚拟交换机并采用单独的上行链路（主机物理网卡），推荐为 vMotion 配置单独的 VLAN。在 vSphere 中还会用到其他的流量，后文会介绍这些内容。

（1）使用 vSphere Client 登录到 vCenter Server，在“菜单”中单击“主机和群集”，在导航窗格中选中主机，在“摘要”中可以查看选中主机的安装的 ESXi 管理程序版本号、查看主机的硬件信息（包括 CPU、内存、网卡）、创建的虚拟机、正常运行时间等，还可以查看主机的警告或故障信息，如图 5-5-9 所示。

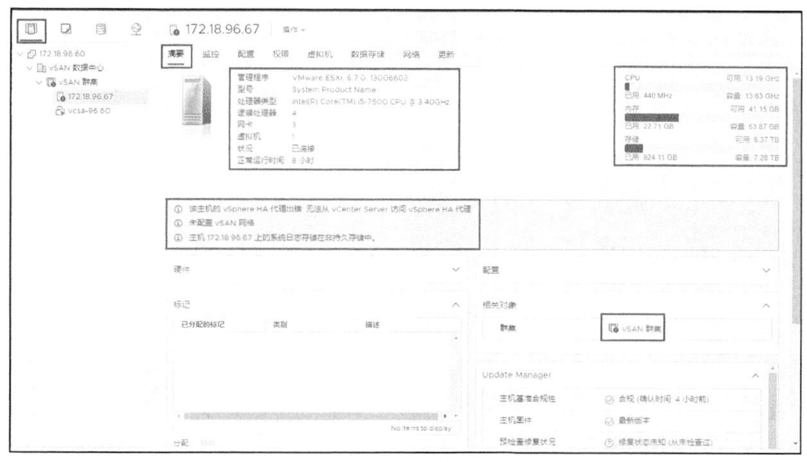

图 5-5-9 摘要

在 vSphere 中，红色的为故障信息，需要立刻解决；黄色的为警告信息，管理员可根据具体的警告内容进行合适的处理。

（2）在“配置→网络→VMkernel 适配器”中选中 vmk0，单击“编辑”按钮，如图 5-5-10 所示。

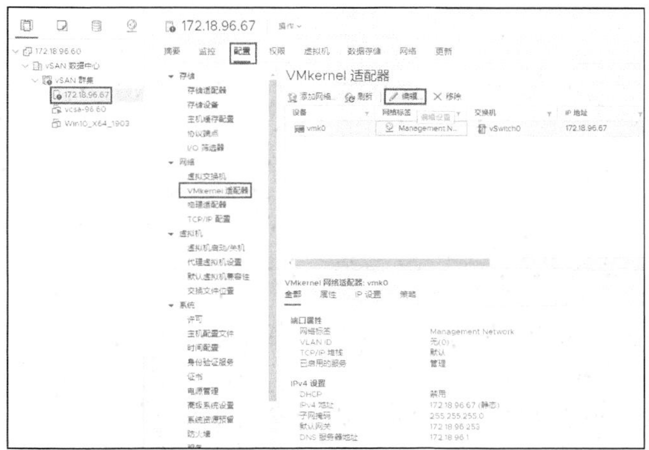

图 5-5-10 编辑 vmk0

（3）在“vmk0-编辑设置”对话框的“端口属性”中，为 vmk0 选择 vMotion、置备、管理、vSAN 等流量，如图 5-5-11 所示。单击“OK”保存。只有在实验环境中才将 vMotion、管理、vSAN 等流量配置在一个 VMkernel 中，在实际的生产环境中这些流量应该分离。

（4）在配置了这些服务之后，用鼠标右键单击 ESXi 主机，在弹出的快捷菜单中选择“重新配置 vSphere HA”，重新配置 vSphere HA 服务，如图 5-5-12 所示。

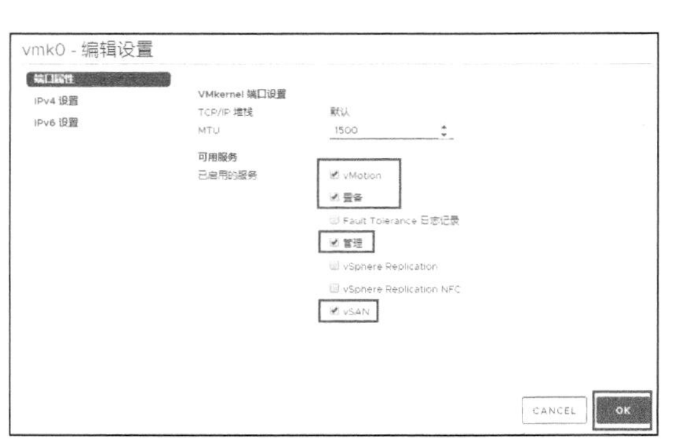

图 5-5-11　选择要启用的服务

图 5-5-12　重新配置 vSphere HA

5.5.3　创建虚拟机使用 FTT = 0 的虚拟机存储策略

下面介绍使用 vSphere Client 创建虚拟机，因为是单节点 vSAN 实验环境，在创建虚拟机的时候，选择使用 FTT = 0 的虚拟机存储策略。

（1）在 vSphere Client 的导航窗格中用鼠标右键单击 ESXi 主机，在弹出的快捷菜单中选择“新建虚拟机”，如图 5-5-13 所示。

（2）在“新建虚拟机”对话框中选择“创建新虚拟机”，如图 5-5-14 所示。

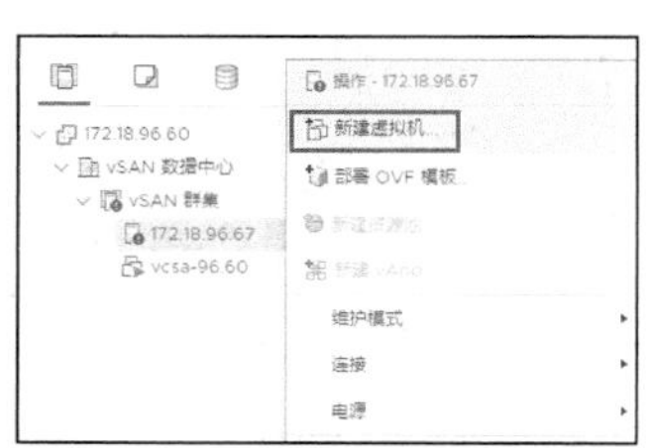

图 5-5-13　新建虚拟机

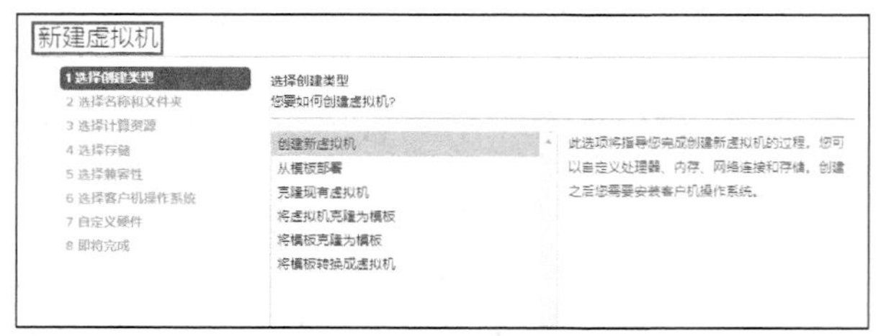

图 5-5-14　创建新虚拟机

（3）在“选择名称和文件夹”的“虚拟机名称”文本框中为新建的虚拟机设置名称，本示例为 Win10_X64_1903，如图 5-5-15 所示。注意，在生产环境中，为了后期管理方便，建议为虚拟机的命名设置统一的规范。例如，可以使用“操作系统的名称_位数_版本_用途_IP 地址的后两位”来定义规范。

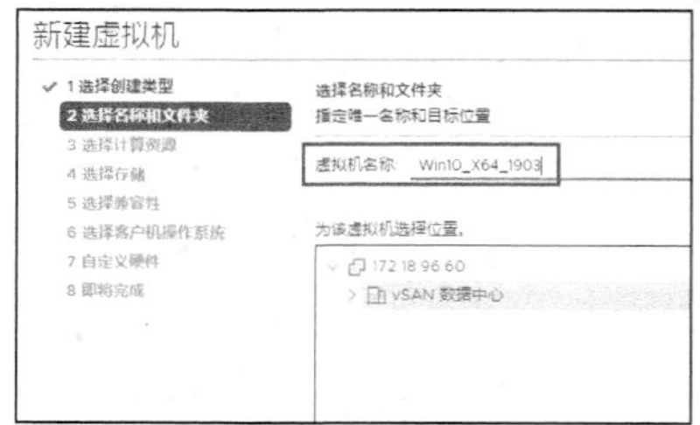

图 5-5-15　设置虚拟机名称

（4）在“选择计算资源”中选择 IP 地址为 172.18.96.67 的主机。

（5）在“选择存储”中，默认的虚拟机存储策略为“数据存储默认值”，此时“兼容性”列表中提示“数据存储与当前虚拟机策略不匹配”，如图 5-5-16 所示。

（6）在“虚拟机存储策略”中选择“FTT = 0”的策略可以满足，如图 5-5-17 所示。此时“兼容性”列表中提示“兼容性检查成功”。

图 5-5-16 数据存储与当前虚拟机策略不匹配

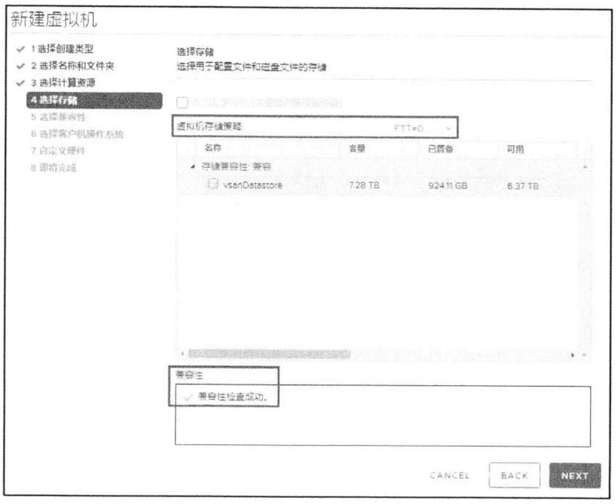

图 5-5-17 兼容性检查成功

（7）在“选择兼容性”中选择 ESXi 6.7 及更高版本。

（8）在“选择客户机操作系统”中选择“Microsoft Windows 10（64 位）”。

（9）在“自定义硬件”中，设置虚拟机的 CPU、内存、硬盘的大小，本示例中选择 2 个 CPU、4GB 内存、32GB 硬盘，显卡为“自动检测设置”，如图 5-5-18 所示。

（10）在“即将完成”中显示了将要创建虚拟机的名称及配置信息，检查无误之后单击“FINISH”按钮，完成虚拟机的创建，如图 5-5-19 所示。

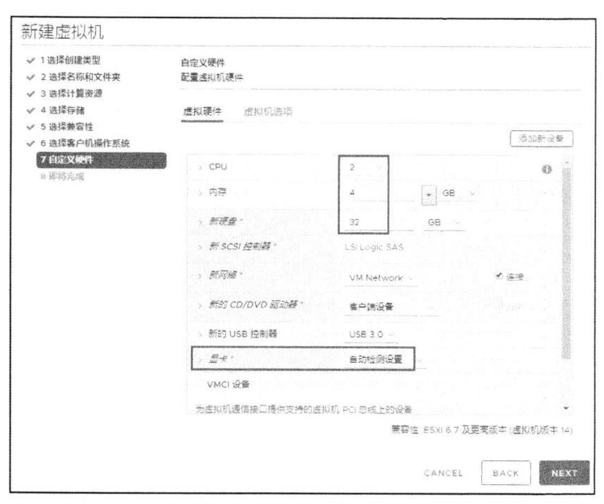

图 5-5-18 自定义硬件

图 5-5-19 即将完成

5.5.4 安装 VMRC 控制台

在 vSphere Client 中，启动虚拟机之后，如果要查看虚拟机的窗口，可以在 Web 控制台和远程控制台查看。Web 控制台不需要安装软件直接在浏览器中即可查看，但效果不好。如果要使用远程控制台则需要安装 VMware Remote Console 软件。

（1）创建完第一台虚拟机之后在导航窗格中选中，在“摘要”选项卡中单击“启动 Remote Console”，在弹出的“启动 Remote Console”对话框中单击“下载 Remote Console”链接，进入 VMware Remote Console（简称 VMRC）下载页，如图 5-5-20 所示。

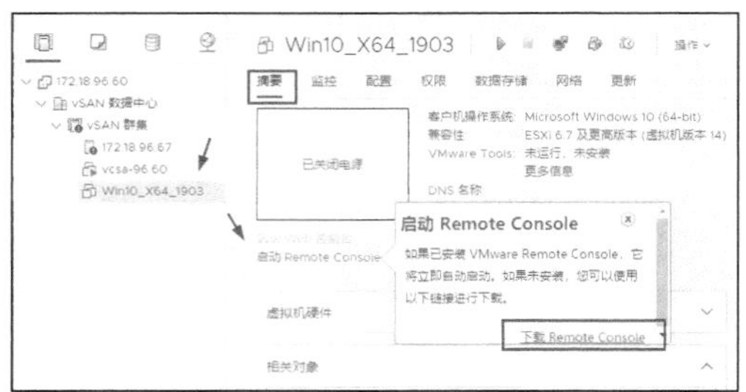

图 5-5-20　摘要

（2）打开“Download VMware Remote Console”下载页后，可以看到当前最新版本是 10.0.4，VMware Remote Console 软件有 Windows、Linux、Mac 版本，根据需要下载相应的版本，如图 5-5-21 所示。

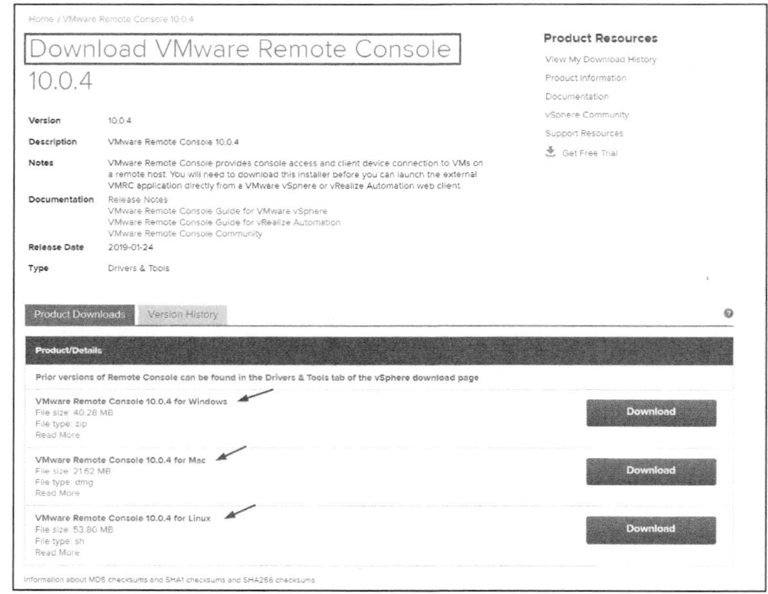

图 5-5-21　下载 VMware Remote Console

说明

进入 VMware Remote Console 下载页需要有 VMware 的账户，下载地址是 https://my.vmware.com/en/web/vmware/details?downloadGroup=VMRC1004&productId=742。

（3）下载之后关闭当前所有打开的浏览器软件，在安装 VMware Remote Console 软件之后再打开浏览器重新登录 vSphere Client。

（4）参照上文的内容再次创建一台名为 Win10_X86_1903 的虚拟机。启动该虚拟机之后，在“摘要”中单击“启动 Remote Console”，在弹出的“启动控制台”对话框中选中“VMware Remote Console (VMRC)”，并单击选中“记住我的选择”，单击“确定”按钮，如图 5-5-22 所示。

图 5-5-22　启动 VMRC 控制台

5.5.5　在虚拟机中安装操作系统

现在实验环境中已经创建了两台虚拟机，分别准备安装 32 位与 64 位的 Windows 10 操作系统。在虚拟机中安装操作系统有多种方法，但最简单的就是使用 Windows 部署服务通过网络启动的方式安装操作系统，或者是为虚拟机加载（映射）操作系统的 ISO 文件引导加载。本节介绍后者，此时需要有对应的操作系统的安装镜像文件（ISO 格式）。

（1）启动虚拟机的电源，使用 VMRC 控制台打开虚拟机，单击“VMRC”菜单选择“可移动设备→CD/DVD 驱动器 1→连接磁盘映像文件（iso）”，如图 5-5-23 所示。在实际的生产环境中，通常都是将常用的镜像文件上传到共享存储。如果使用共享存储中的镜像文件，则在图 5-5-23 中选择“设置”，然后根据向导浏览选择。

（2）在“选择映像”对话框中浏览选择 32 位 Windows 10 操作系统的安装 ISO 文件，如图 5-5-24 所示。本示例中使用的镜像文件名为 cn_windows_10_business_editions_version_1903_x86_dvd_645a847f.iso，大小为 3.25GB。

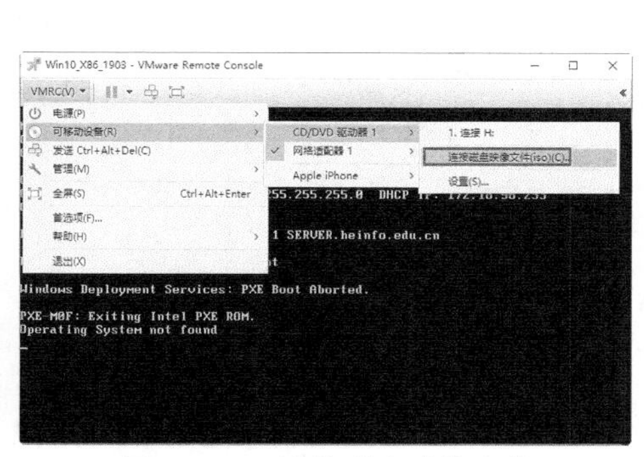

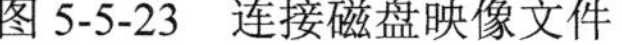

图 5-5-23　连接磁盘映像文件

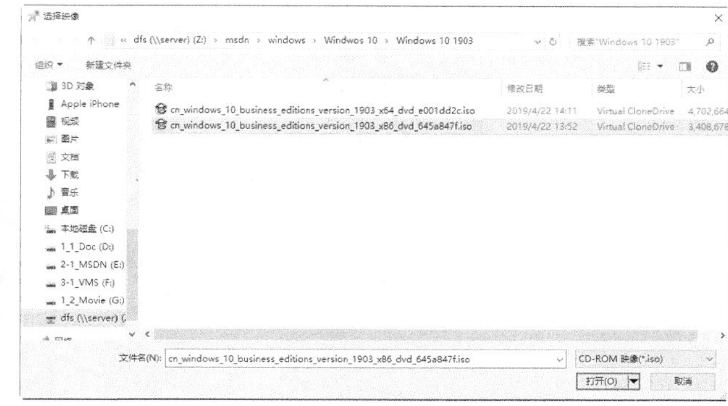

图 5-5-24　选择镜像文件

（3）加载镜像文件之后进入 Windows 安装界面，本示例中选择 Windows 10 企业版，如

图 5-5-25 所示。当前是 32 位的 Windows 10 操作系统。

（4）在安装 32 位 Windows 10 企业版的过程中，启动 64 位的 Windows 10 虚拟机，加载 64 位 Windows 10 的安装镜像。在本示例中，在 64 位的 Windows 10 虚拟机中选择 Windows 10 专业工作站版，如图 5-5-26 所示。

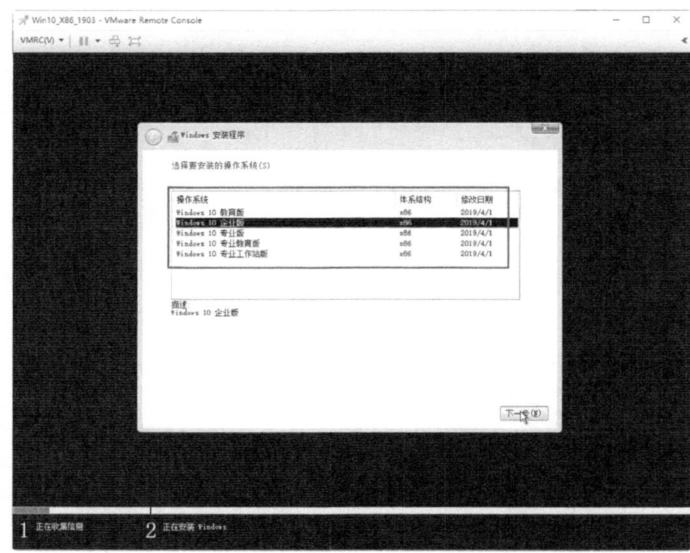

图 5-5-25 安装 32 位 Windows 10 操作系统

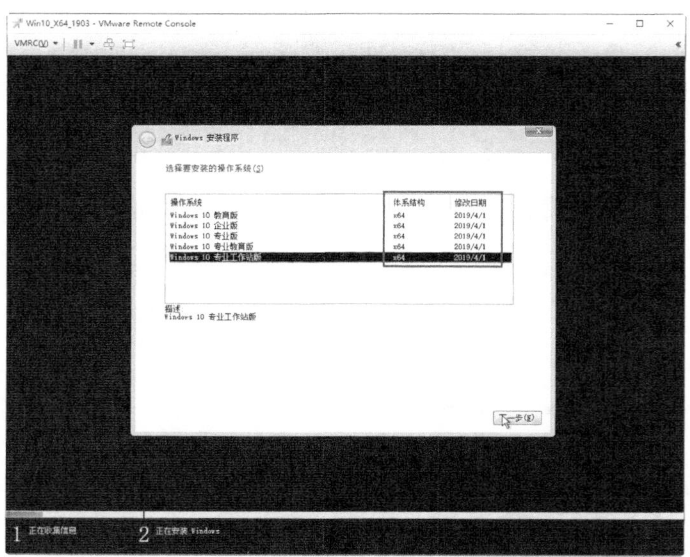

图 5-5-26 安装 64 位 Windows 10 操作系统

（5）安装完操作系统之后，在“VMRC”菜单中选择“管理→安装 VMware Tools”，如图 5-5-27 所示。

（6）安装完 VMware Tools 之后，重新启动虚拟机。再次进入虚拟机后，在虚拟机中安装应用软件，激活 Windows 10 操作系统，如图 5-5-28、图 5-5-29 所示。

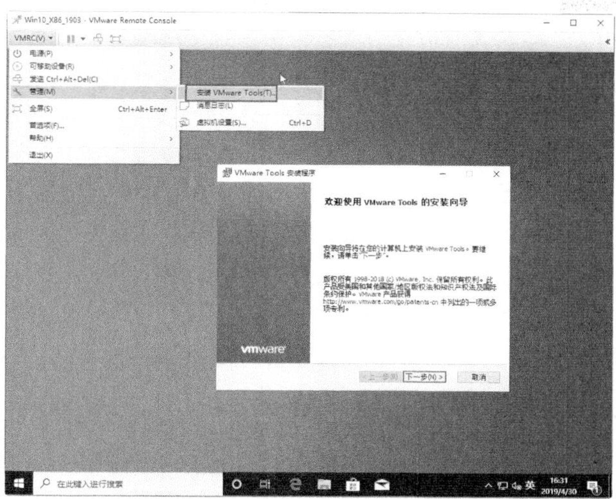

图 5-5-27 安装 VMware Tools

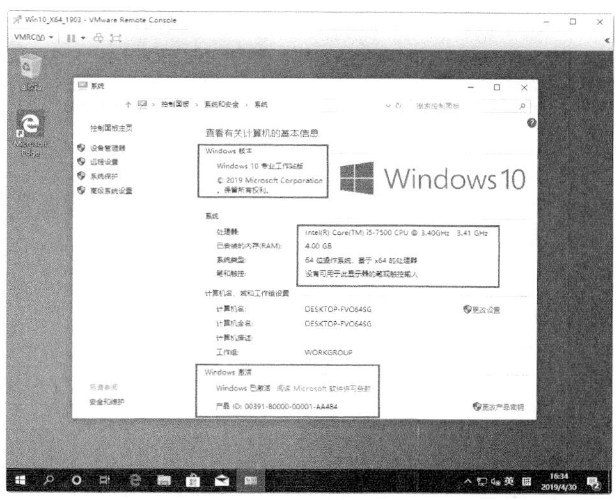

图 5-5-28 安装好的 64 位 Windows 10 操作系统

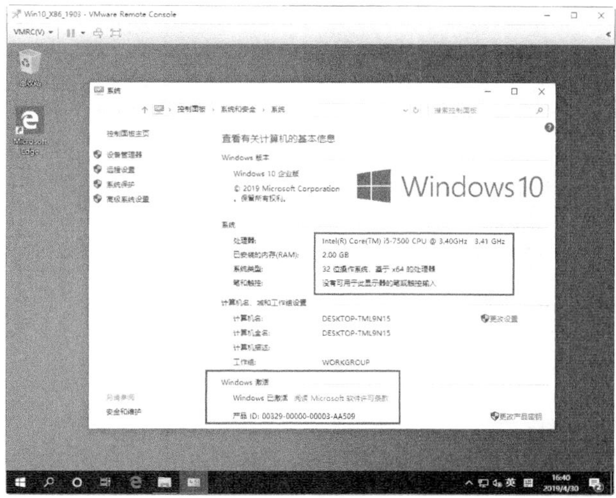

图 5-5-29 安装好的 32 位 Windows 10 操作系统

（7）之后在虚拟机中进行各种测试，测试完成之后将虚拟机关机。

5.5.6　从模板置备虚拟机

将上一节创建的虚拟机转换为模板，然后从模板部署虚拟机。

（1）关闭上一节创建的虚拟机（以名为 Win10_X64_1903 虚拟机为例），用鼠标右键单击虚拟机，在弹出的快捷菜单中选择“模板→转换成模板”，如图 5-5-30 所示。在弹出的“确认转换 Win10_X64_1903”对话框中单击“是”按钮。

（2）在 vSphere Client 中用鼠标右键单击 ESXi 主机，在弹出的快捷菜单中选择“新建虚拟机”，在“选择创建类型”中选择“从模板部署”，如图 5-5-31 所示。

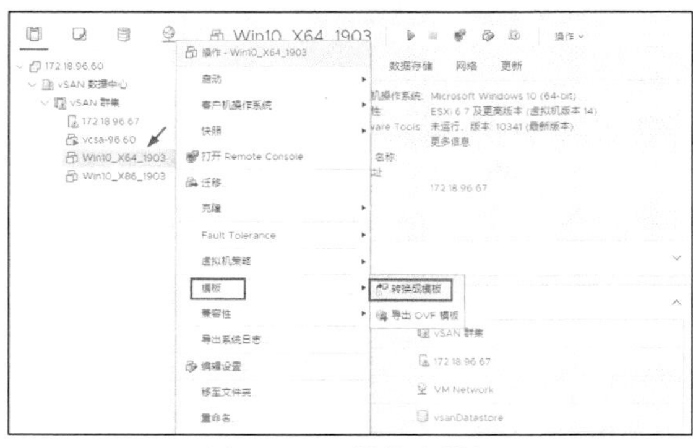

图 5-5-30　转换成模板

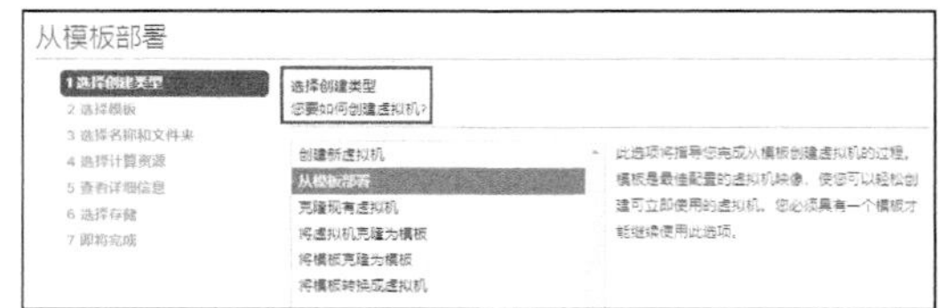

图 5-5-31　从模板部署虚拟机

（3）在“选择模板”的“数据中心”中选择模板，本示例为 Win10_X64_1903，如图 5-5-32 所示。

（4）在“选择名称和文件夹”中设置新建虚拟机的名称，本示例为 Win10_X64_001，如图 5-5-33 所示。

图 5-5-32　选择模板

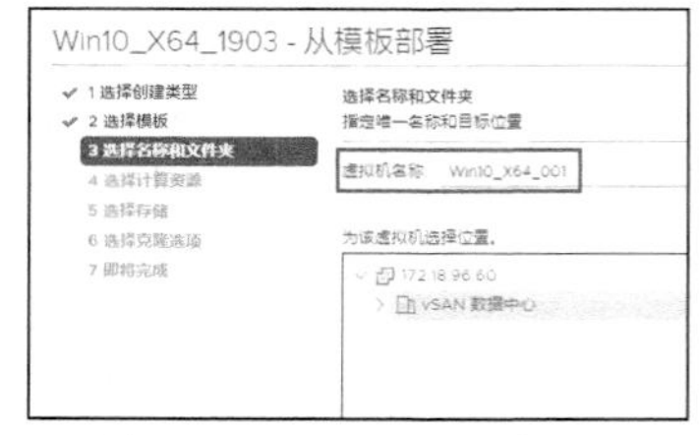

图 5-5-33　设置虚拟机名称

（5）在“选择存储”的“虚拟机存储策略”中选择“保留现有虚拟机存储策略”，或者选择“FTT = 0”的策略，如图 5-5-34 所示。

（6）在“选择克隆选项”中，根据需要选择克隆的选项，在本示例中选择“自定义操作系统、自定义此虚拟机的硬件、创建后打开虚拟机电源”，如图 5-5-35 所示。

（7）在“自定义硬件”中，为虚拟机选择 CPU、内存和硬盘容量等参数，如图 5-5-36 所示。

（8）在“即将完成”中，显示了将要部署的虚拟机的信息，检查无误之后单击“FINISH”按钮，如图 5-5-37 所示。

（9）从模板部署虚拟机完成后，打开虚拟机的控制台，等待虚拟机完成部署，如图 5-5-38 所示。

图 5-5-34 选择存储

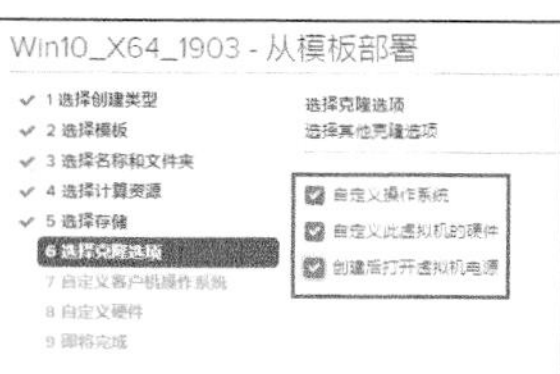

图 5-5-35 选择克隆选项

图 5-5-36 自定义硬件

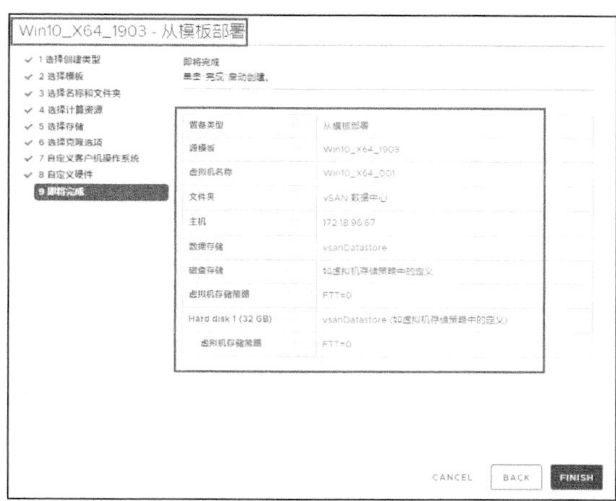

图 5-5-37 即将完成

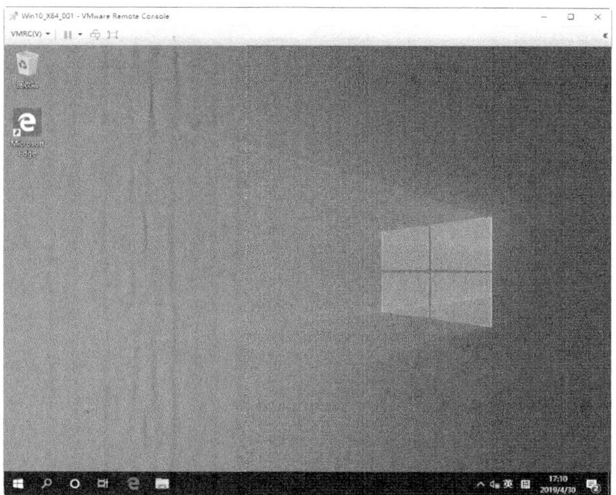

图 5-5-38 从模板部署虚拟机完成

5.5.7 虚拟网络

在单节点 vSAN 群集中，也可以做虚拟网络的实验，例如创建虚拟交换机、创建 VMkernel、创建端口组、创建分布式交换机等，这些与其他的 vSphere 环境没有区别，关于虚拟网络的实验本章不做过多的介绍。

（1）在导航窗格中选中 ESXi 主机，在“配置→网络→物理适配器”中可以查看当前主机配置的物理网卡，以及物理网卡所关联到的虚拟交换机，如图 5-5-39 所示。

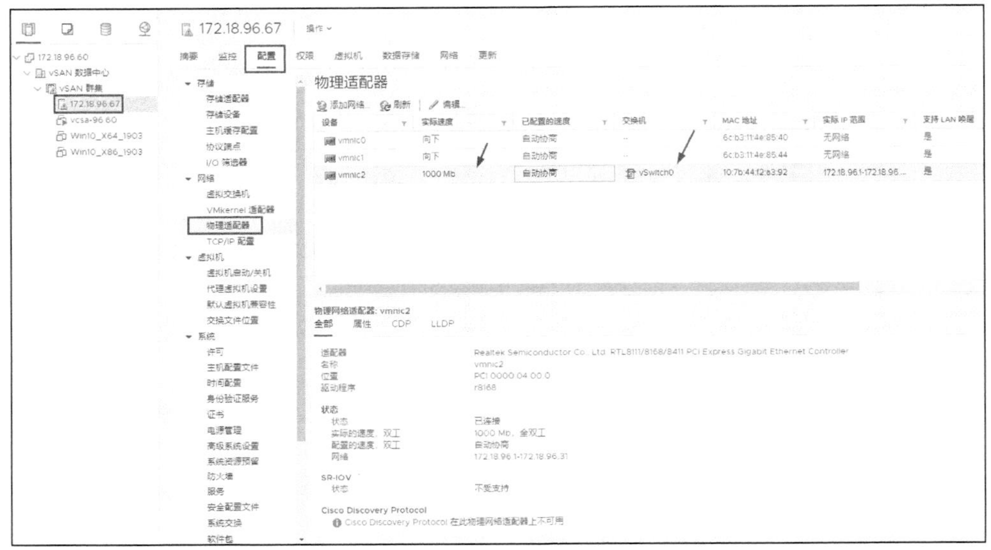

图 5-5-39 物理适配器

（2）在“配置→网络→虚拟交换机”中可以看到当前主机已经配置的虚拟交换机、虚拟端口组，如图 5-5-40 所示。并且可以在此创建、删除虚拟交换机或端口组，修改上行链路。

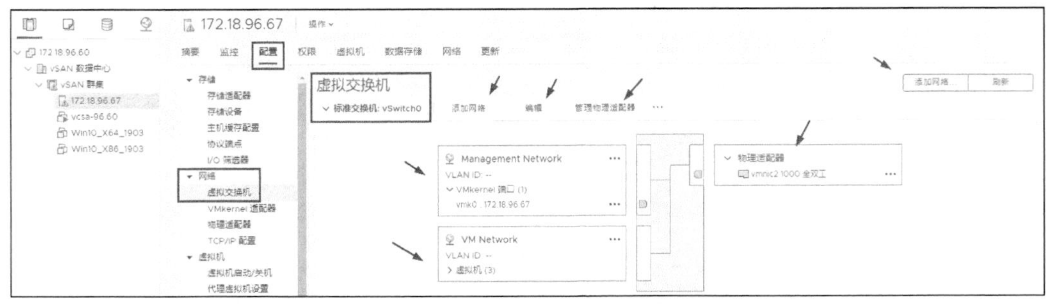

图 5-5-40 虚拟交换机

（3）在“配置→网络→Vmkernel 适配器”中可以查看配置的 VMkernel 适配器，以及 VMkernel 适配器所启用的服务，如图 5-5-41 所示。在此可以配置 Vmkernel 适配器，以及修改 VMkernel 适配器所启用的服务，例如 vMotion、vSAN 流量。

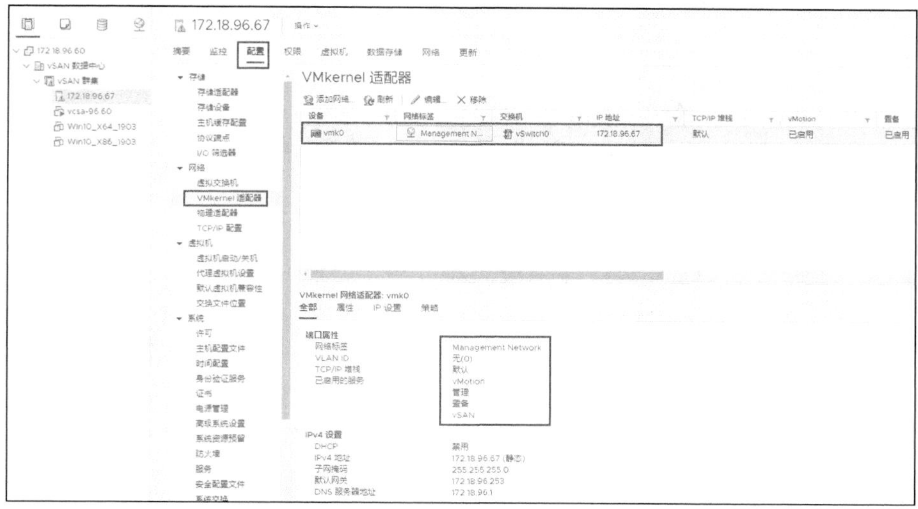

图 5-5-41　VMkernel 适配器

在创建虚拟交换机及虚拟端口组后，可以修改虚拟机配置，为虚拟机选择合适的虚拟端口，相关操作本章不做介绍。

6 组建标准 vSAN 群集

标准 vSAN 群集是 vSAN 的主流应用。在规划实施标准 vSAN 群集之前，需要考虑以下问题。

（1）当前 vSAN 群集有几台主机组成，未来将要扩展到什么规模。最基本的事项是需要为 ESXi 主机管理地址、vSAN 流量规划连续的 IP 地址，其中包括 vCenter Server 的 IP 地址。

（2）每台主机配置几块网卡，虚拟机网络怎样配置。建议将 ESXi 主机管理地址、vCenter Server 管理 IP 地址规划在同一网段，使用标准交换机。主机数量较少时，vMotion 与 ESXi 管理共用同一个 VMkernel。在较大的网络中为 vMotion 配置单独的 VMkernel 并启用单独的 VLAN，为 vSAN 流量配置单独的上行链路、单独的物理交换机（建议），并启用巨型帧，这需要与物理交换机一同配置。

（3）是否在 vSphere 环境中启用巨型帧（一旦启用，后期不容易更改，尤其是为 vSAN 流量启用巨型帧）。

（4）每台主机使用多少 PCIe 设备。在 vSAN 环境中，通常每台主机有 2 块 2 端口 10Gbit/s 网卡、2 块 PCIe 接口的 NVMe SSD。在产品选型阶段，要考虑主机的 PCIe 接口数量能否满足当前需求，同时要为后期扩容预留 1～2 个 PCIe 接口。

（5）在规划虚拟化环境时，产品寿命一般是按照 6～8 年来进行规划。如果业务增长迅速，当前环境不能满足需求时，则需要进行主机的扩容。在正常的使用情况下，从产品上线第 6 年开始考虑升级问题。因此在产品规划时要考虑后期的扩容与升级问题。

本章以案例的方式介绍标准 vSAN 群集的组建。

6.1 某 5 节点标准 vSAN 群集实验环境介绍

本章通过一个由 5 台主机组成的标准 vSAN 群集实验环境为例，完整地介绍标准 vSAN 群集的规划、安装配置，并介绍虚拟机存储策略、vSphere 网络的配置。

6.1.1 实验主机配置

为了详细介绍标准 vSAN 群集，本章准备了 5 台主机组成实验环境，这 5 台主机配置如表 6-1-1 所示。

表 6-1-1　　5 节点标准 vSAN 群集实验主机配置

参数	主机 1	主机 2	主机 3	主机 4	主机 5
CPU	i7-4790	i7-4790	i7-4790	i7-4790	i7-4790K
内存/GB	16	16	16	16	32
系统盘（SATA）	1TB	1TB	1TB	1TB	250GB

续表

参数	主机 1	主机 2	主机 3	主机 4	主机 5
缓存盘（SATA）	120GB SSD	120GB SSD	120GB SSD	120GB SSD	120GB SSD
容量盘	2 块 2TB	1 块 1TB，1 块 2TB	2 块 2TB	1 块 1TB，1 块 2TB	2 块 2TB
集成网卡	172.18.96.41	172.18.96.42	172.18.96.43	172.18.96.44	172.18.96.45
2 端口网卡	172.18.93.141	172.18.93.142	172.18.93.143	172.18.93.144	172.18.93.145

在本实验中，4 台配置了 16GB 内存，1 台配置了 32GB 内存（在这台 PC 部署 vCenter Server），每台配置了一块 SATA 用于 ESXi 系统安装，一块 120GB 的固态硬盘用作缓存，另外配置了 2 块 HDD 用作容量磁盘。

6.1.2 实验主机网络配置

本次实验将用到 2 台以太网交换机，这 2 台交换机使用 2 条光纤以链路聚合方式连接到一起。每台主机有一块集成的网卡，每台主机另外安装了一块 2 端口网卡。集成的网卡连接到 S5700-24TP-SI 交换机的 Access 端口，用于 ESXi 主机管理，配置标准交换机 vSwitch0，设置管理地址依次是 172.18.96.41～172.18.96.45。另外，安装的 2 端口网卡连接到 S5720S-28P-SI 的 Trunk 端口，用于 vSAN 流量与虚拟机流量。其中为 vSAN 流量的 VMkernel 配置的 IP 地址是 172.18.93.141～172.18.93.145。这 5 台主机连接拓扑如图 6-1-1 所示。

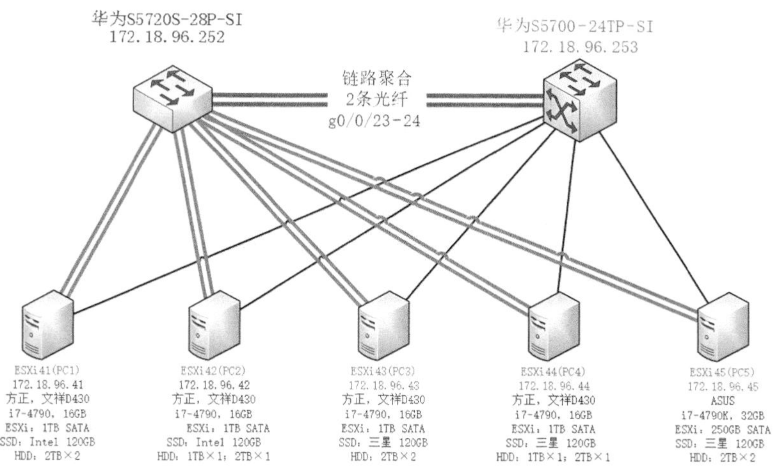

图 6-1-1 实验主机连接拓扑

5 台实验主机的 2 端口网卡连接到 S5720S-28P-SI 交换机的端口 1～端口 10，5 台实验主机集成的网卡连接到 S5700-24TP-SI 的端口 1～端口 5。华为 S5720S-28P-SI 交换机端口划分如表 6-1-2 所示，华为 S5700-24TP-SI 交换机端口划分如表 6-1-3 所示。

表 6-1-2 华为 S5720S-28P-SI 交换机端口划分

交换机端口	IP	VLAN	备注
g0/0/1-2	允许所有 VLAN	Trunk	PC1，ESXi41
g0/0/3-4	允许所有 VLAN	Trunk	PC2，ESXi42

续表

交换机端口	IP	VLAN	备注
g0/0/5-6	允许所有 VLAN	Trunk	PC3，ESXi43
g0/0/7-8	允许所有 VLAN	Trunk	PC4，ESXi44
g0/0/9-10	允许所有 VLAN	Trunk	PC5，ESXi45
g0/0/11-12	允许所有 VLAN	Trunk	
g0/0/13-24	172.18.96.0/24	2006	
g0/0/25-26			未配置
g0/0/27-28	允许所有 VLAN	Eth-Trunk1	链路聚合，光纤

表 6-1-3 华为 S5700-24TP-SI 交换机端口划分

交换机端口	IP	VLAN	备注
g0/0/1	172.18.96.0/24	2006	PC1，ESXi41，集成网卡
g0/0/2	172.18.96.0/24	2006	PC2，ESXi42，集成网卡
g0/0/3	172.18.96.0/24	2006	PC3，ESXi43，集成网卡
g0/0/4	172.18.96.0/24	2006	PC4，ESXi44，集成网卡
g0/0/5	172.18.96.0/24	2006	PC5，ESXi45，集成网卡
g0/0/6	172.18.96.0/24	2006	
g0/0/7-8	172.18.96.0/24	2006	
g0/0/9-10	172.18.91.0/24	2001	
g0/0/11-12	172.18.92.0/24	2002	
g0/0/13-14	172.18.93.0/24	2003	
g0/0/15-22	允许所有 VLAN	Trunk	
g0/0/23-24	Eth-Trunk1	Eth-Trunk1	连接到 S5720S 的 27、28 端口

华为 S5720S-28P-SI 交换机主要配置如下。

```
<S5720S-28P>dis cur
#
sysname S5720S-28P
#
vlan batch  2001 to 2006

telnet server enable

interface Vlanif2001
 ip address 172.18.91.252 255.255.255.0
 dhcp select global
#
interface Vlanif2002
 ip address 172.18.92.252 255.255.255.0
 dhcp select global
#
interface Vlanif2003
 ip address 172.18.93.252 255.255.255.0
```

```
 dhcp select global
#
interface Vlanif2004
 ip address 172.18.94.252 255.255.255.0
 dhcp select global
#
interface Vlanif2005
 ip address 172.18.95.252 255.255.255.0
 dhcp select global
#
interface Vlanif2006
 description Server
 ip address 172.18.96.252 255.255.255.0
 dhcp select global
#
interface Eth-Trunk1
 port link-type trunk
 port trunk allow-pass vlan 2 to 4094
 mode lacp
#
interface GigabitEthernet0/0/1
 port link-type trunk
 port trunk allow-pass vlan 2 to 4094
 loopback-detect enable
#
interface GigabitEthernet0/0/12
 port link-type trunk
 port trunk allow-pass vlan 2 to 4094
 loopback-detect enable
#
interface GigabitEthernet0/0/13
 port link-type access
 port default vlan 2006
 loopback-detect enable
#
interface GigabitEthernet0/0/24
 port link-type access
 port default vlan 2006
 loopback-detect enable
#
interface GigabitEthernet0/0/27
 eth-trunk 1
#
interface GigabitEthernet0/0/28
 eth-trunk 1
#
```

交换机的每个端口、链路聚合的 MTU 都设置为 9216，如下。

```
<S5720S-28P> dis int
Eth-Trunk1 current state : UP
Line protocol current state : UP
PVID :    1, Hash arithmetic : According to SIP-XOR-DIP,Maximal BW: 2G, Current BW: 2G, The Maximum
Frame Length is 9216
-----------------------------------------------------
PortName                      Status         Weight
-----------------------------------------------------
GigabitEthernet0/0/27         UP             1
GigabitEthernet0/0/28         UP             1
-----------------------------------------------------
The Number of Ports in Trunk : 2
```

```
The Number of UP Ports in Trunk : 2

GigabitEthernet0/0/2 current state : UP
Line protocol current state : UP
Description:
Switch Port, Link-type : trunk(configured),
PVID :    1, TPID : 8100(Hex), The Maximum Frame Length is 9216
```

华为 S5700-24TP-SI 交换机主要配置如下。

```
<S5700-24TP-SI>dis cur
#
sysname S5700-24TP-SI
#
vlan batch 2001 to 2006
#

interface Vlanif2001
 ip address 172.18.91.253 255.255.255.0
 dhcp select global
#
interface Vlanif2002
 ip address 172.18.92.253 255.255.255.0
 dhcp select global
#
interface Vlanif2003
 ip address 172.18.93.253 255.255.255.0
 dhcp select global
#
interface Vlanif2004
 ip address 172.18.94.253 255.255.255.0
 dhcp select global
#
interface Vlanif2005
 ip address 172.18.95.253 255.255.255.0
 dhcp select global
#
interface Vlanif2006
 description Server
 ip address 172.18.96.253 255.255.255.0
 dhcp select global
#
interface Eth-Trunk1
 port link-type trunk
 port trunk allow-pass vlan 2 to 4094
 mode lacp
 jumboframe enable 9216
#
interface GigabitEthernet0/0/1
 port link-type access
 port default vlan 2006
 jumboframe enable 9216
#
interface GigabitEthernet0/0/8
 port link-type access
 port default vlan 2006
 jumboframe enable 9216
#
interface GigabitEthernet0/0/9
 port link-type access
 port default vlan 2001
 jumboframe enable 9216
```

```
#
interface GigabitEthernet0/0/11
 port link-type access
 port default vlan 2002
 jumboframe enable 9216
#
interface GigabitEthernet0/0/13
 port link-type access
 port default vlan 2003
 jumboframe enable 9216
#
interface GigabitEthernet0/0/15
 port link-type trunk
 port trunk allow-pass vlan 2 to 4094
 jumboframe enable 9216
#
interface GigabitEthernet0/0/22
 port link-type trunk
 port trunk allow-pass vlan 2 to 4094
 jumboframe enable 9216
#
interface GigabitEthernet0/0/23
 combo-port fiber
 eth-trunk 1
#
interface GigabitEthernet0/0/24
 combo-port fiber
 eth-trunk 1
```

6.1.3　vCenter 与 ESXi 的 IP 地址规划

本次实验中 5 台 ESXi 主机、vCenter Server 的 IP 地址规划如表 6-1-4 所示。

表 6-1-4　标准 vSAN 群集主机与 vCenter Server 的 IP 地址规划

主机或虚拟机名称	ESXi 管理 IP 地址	vSAN 流量 IP 地址	说明
esx41	172.18.96.41	172.18.93.141	ESXi 主机 1，安装 ESXi 6.7.0
esx42	172.18.96.42	172.18.93.142	ESXi 主机 2，安装 ESXi 6.7.0
esx43	172.18.96.43	172.18.93.143	ESXi 主机 3，安装 ESXi 6.7.0
esx44	172.18.96.44	172.18.93.144	ESXi 主机 4，安装 ESXi 6.7.0
esx45	172.18.96.45	172.18.93.145	ESXi 主机 5，安装 ESXi 6.7.0，放置 vCenter Server Appliance 6.7
vcsa-96.10	vc.heinfo.edu.cn 172.18.96.10		vCenter Server Appliance 6.7.0

本次实验用到了 ESXi 安装程序、vCenter Server Appliance 安装程序，还有 Windows 10 操作系统的安装程序，具体所用软件清单如表 6-1-5 所示。

表 6-1-5　标准 vSAN 群集实验软件清单

软件名称	安装文件名	文件大小	说明
ESXi 安装程序	VMware-VMvisor-Installer-6.7.0.update02-13006603.x86_64.iso	311MB	用于大多数服务器、安装了 ESXi 支持的网卡的 PC

续表

软件名称	安装文件名	文件大小	说明
vCenter Server	VMware-VCSA-all-6.7.0-13010631.iso	3.96GB	vCenter Server Appliance 安装程序
集成 RTL8111 网卡驱动程序的定制版本	ESXi-6.7.0-u2-13006603-RTL8168_8111	312MB	用于 RTL8111 系列网卡的 PC
64 位 Windows 10 安装程序	cn_windows_10_business_editions_version_1903_x64_dvd_e001dd2c.iso	4.48GB	在虚拟机中安装 64 位 Windows 10
32 位 Windows 10 安装程序	cn_windows_10_business_editions_version_1903_x86_dvd_645a847f.iso	3.25GB	在虚拟机中安装 32 位 Windows 10

6.2　安装 ESXi 与 vCenter Server

在规划完成并且硬件到位之后，依次安装每台 ESXi 主机。因为 ESXi 主机的详细安装在第 5 章已经介绍过，本章只介绍关键步骤。

6.2.1　安装 ESXi45 主机

在本次实验中，标记为 ESXi45 的主机配置比较高，首先安装好这台主机，然后再在这台主机安装 vCenter Server Appliance 6.7.0。另外 4 台主机可以在安装 ESXi45 与 vCenter Server Appliance 的间隙之间安装。

说明

在做实验的过程中，这 5 台主机上的所有数据都将被清除。如果仿照本书进行类似的实验，在安装 ESXi 之前应将主机上的数据备份到其他安全的位置。

（1）使用工具 U 盘启动 ASUS 的计算机，清除系统磁盘、缓存磁盘、容量磁盘的分区，如图 6-2-1 所示。当前这台实验主机有 1 块 250GB 的硬盘、1 块 120GB 的固态硬盘、2 块 2TB 的磁盘。

（2）清除分区之后重新启动计算机，再次用工具 U 盘启动，在选择安装系统的对话框中，选择容量大小为 250GB 的硬盘，如图 6-2-2 所示。

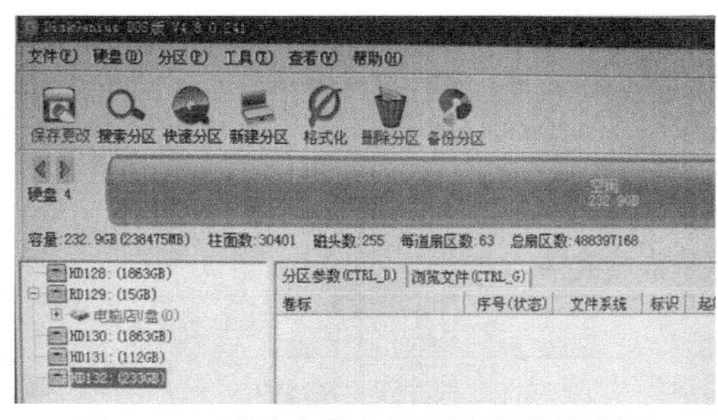

图 6-2-1　清除实验中用到的磁盘的分区

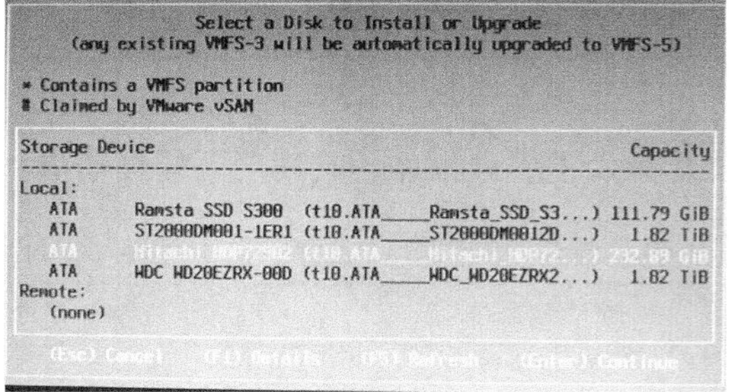

图 6-2-2　选择系统磁盘

（3）安装完成之后重新启动计算机，按 Delete 键进入 BIOS 设置界面，在“启动→启动选项”中，将 250GB 的硬盘设置为最先引导的设备，如图 6-2-3 所示。

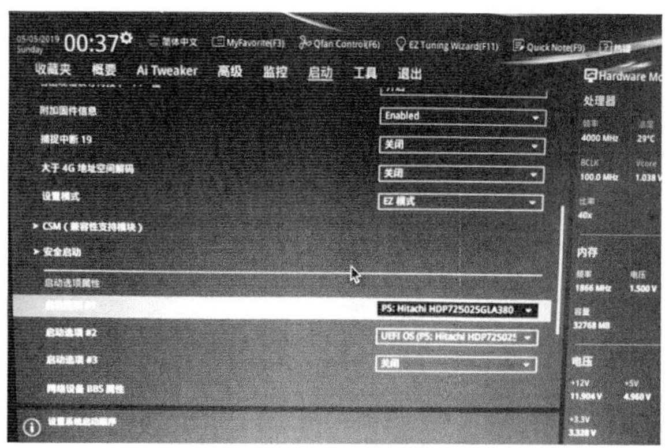

图 6-2-3　设置最先引导设备

（4）进入系统设置管理地址为 172.18.96.45，如图 6-2-4 所示。在选择网卡时，选择主板集成的网卡为管理网卡，如图 6-2-5 所示。

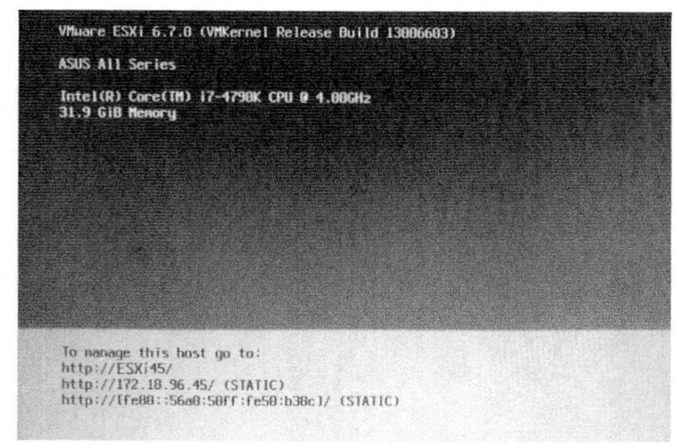

图 6-2-4　设置管理地址

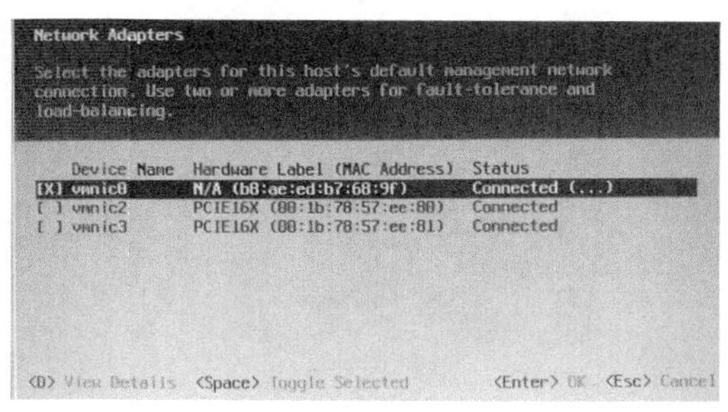

图 6-2-5　选择管理网卡

6.2.2　安装其他主机

另外 4 台主机除了配置的容量磁盘不一样外，其他的配置相同。以其中一台为例进行介绍。

（1）使用工具 U 盘启动计算机，清除系统磁盘、容量磁盘、缓存磁盘上的所有分区（启动 U 盘除外），如图 6-2-6 所示。

（2）在安装 ESXi 的时候选择容量大小为 1TB 的硬盘，如图 6-2-7 所示。在本次实验中选择 1TB 的硬盘用作系统盘，但在实际的生产环境中应选择小容量 SSD 或 SATA DOM 作系统盘。

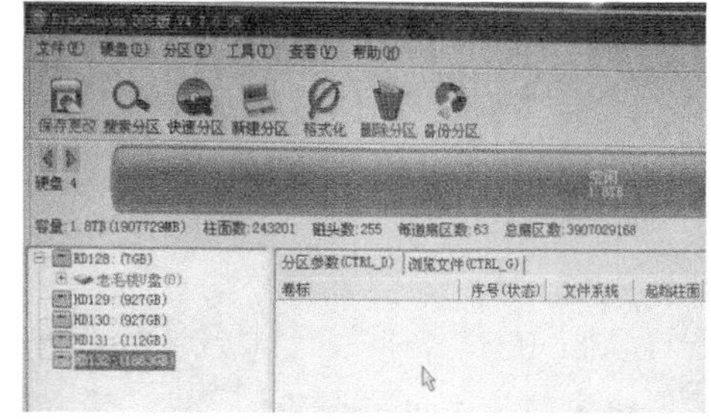

图 6-2-6　清除所有磁盘分区

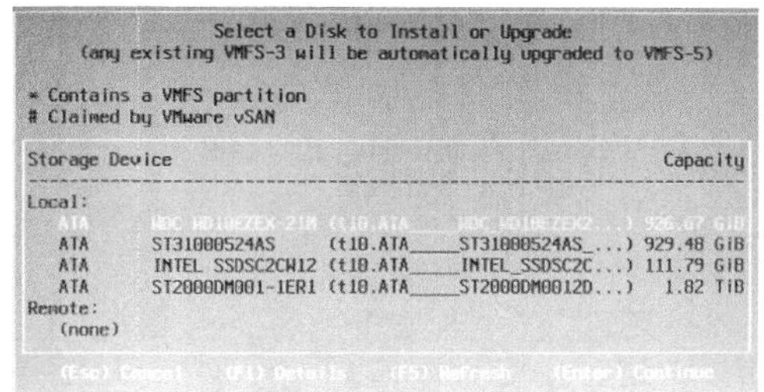

图 6-2-7　选择系统磁盘

（3）安装完成之后重新启动计算机，按 Delete 键进入 BIOS 设置，选择图 6-2-7 中的 1TB 的硬盘作为第一个引导设备，如图 6-2-8 所示。

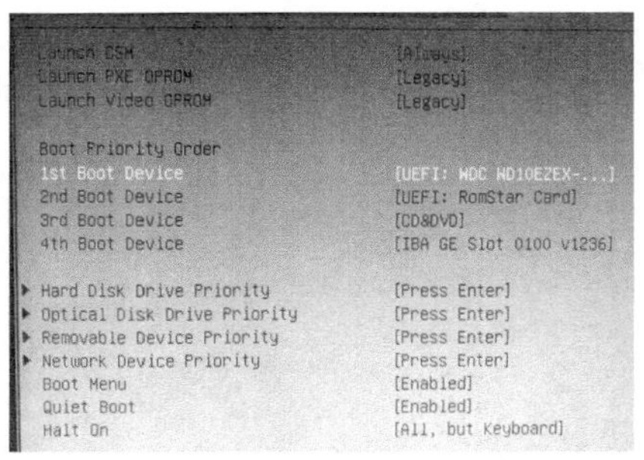

图 6-2-8 选择第一个引导设备

（4）再次进入系统之后，为 ESXi 选择管理网卡（与图 6-2-5 相同），设置每台 ESXi 的管理地址分别是 172.18.96.41、172.18.96.42、172.18.96.43、172.18.96.44，如图 6-2-9～图 6-2-12 所示。

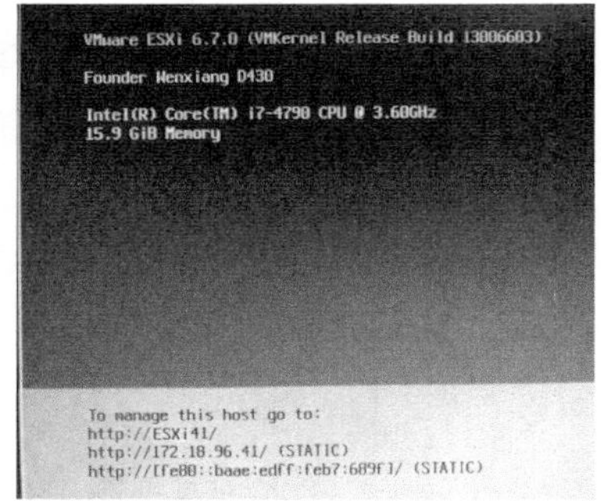

图 6-2-9 ESXi41

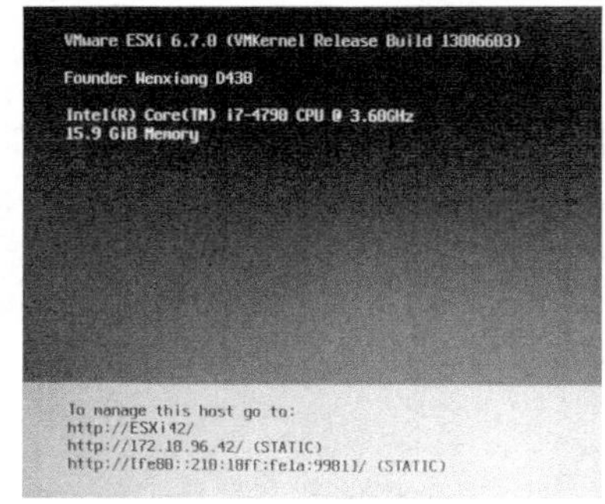

图 6-2-10 ESXi42

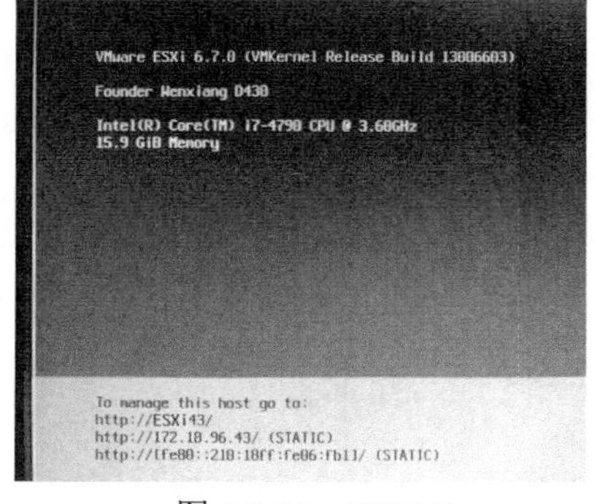

图 6-2-11 ESXi43

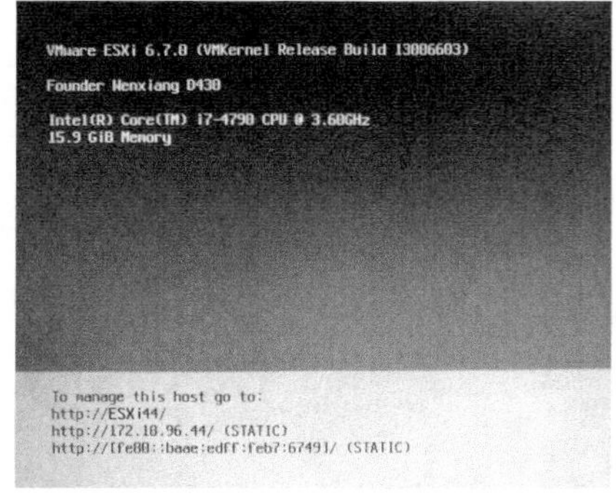

图 6-2-12 ESXi44

注意

如果 ESXi 主机启动出错并且出现“UEFI Secure Boot failed”的错误信息（见图 6-2-13），应重新启动计算机并进入 BIOS 设置，将 UEFI 引导模式改为 Legacy 模式。

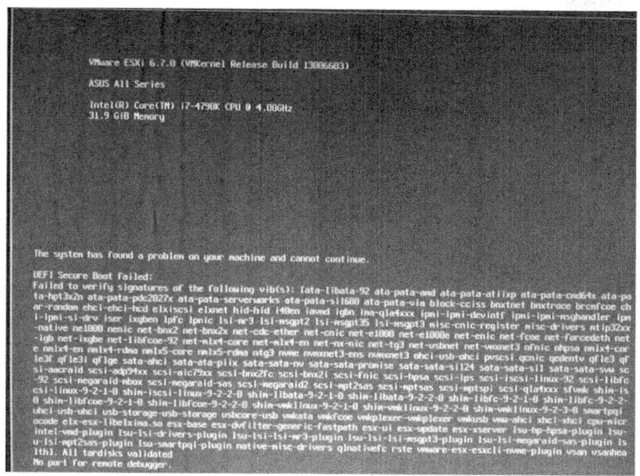

图 6-2-13　UEFI 启动引导失败

6.2.3　安装 vCenter Server Appliance 6.7

当 ESXi45 安装好之后，在网络中的一台 Windows 计算机中加载 vCenter Server Appliance 6.7.0 的 ISO 镜像文件，运行安装程序，将 vCenter Server Appliance 6.7.0 部署到 172.18.96.45 的计算机中。因为在第 5 章详细介绍过安装配置，本节只介绍关键步骤。

（1）在网络中的一台 Windows 计算机中（本实验中所用计算机操作系统为 Windows 10 1809），加载 VMware-VCSA-all-6.7.0-13010631.iso 的镜像，执行光盘\ vcsa-ui-installer\win32\目录中的 installer.exe 程序，进入安装界面，在右上角选择“简体中文”，然后单击“安装”开始安装，如图 6-2-14 所示。

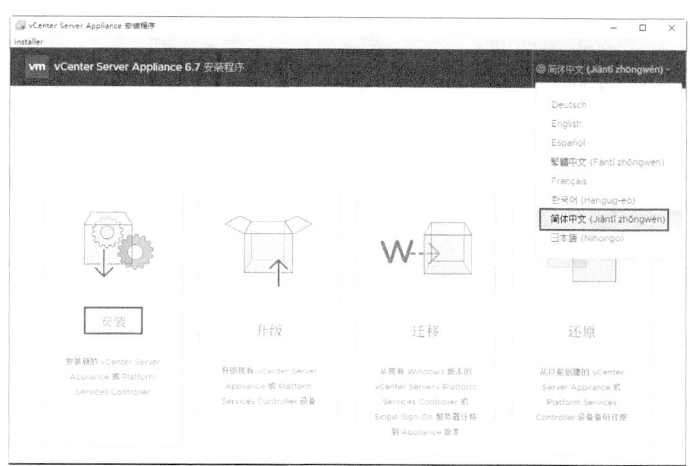

图 6-2-14　安装 vCenter Server Appliance

（2）在“选择部署类型”中选中“具有嵌入式 Platform Services Controller 部署的 vCenter Server”。

（3）在“设备部署目标”中输入要承载的 ESXi 主机。在本示例中为 172.18.96.45 的 ESXi 主机，输入这台主机的用户名及密码，如图 6-2-15 所示。

（4）在“设置设备虚拟机”中设置要部署设备的虚拟机名称、root 密码，如图 6-2-16

所示。本示例虚拟机名称为 vc.heinfo.edu.cn_96.10。密码需要同时包括大写字母、小写字母、数字、特殊符号，并且长度至少为 8 位、最多 20 位，仅允许使用 A～Z、a～z、0～9 和标点符号，不允许使用空格。

图 6-2-15 设备部署目标

图 6-2-16 设置设备虚拟机

（5）在“选择部署大小”中为此具有嵌入式 Platform Services Controller 部署的 vCenter Server 选择部署大小。本示例中选择部署大小为“小型”，存储大小为“大型”。

（6）在“选择数据存储”中为此 vCenter Server 选择存储位置，在此单击选中“安装在包含目标主机的新 vSAN 群集上”。

（7）在“选择数据存储”中，选中“安装在包含目标主机的新 vSAN 群集上”，数据中心名称和群集名称保持默认（以后可以随时修改）。

（8）在“声明磁盘以供 vSAN 使用”中声明“缓存层”磁盘与“容量层”磁盘。在本示例中，自动将容量为 120GB 的 SSD 声明为缓存层磁盘，将 2 块 2TB 的磁盘声明为容量层磁盘，如图 6-2-17 所示。

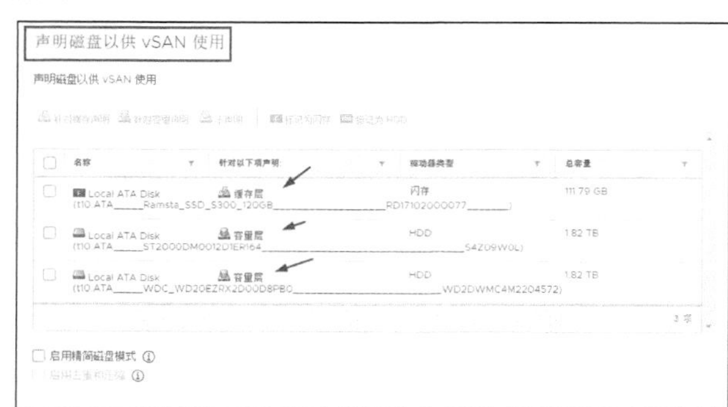

图 6-2-17 声明磁盘供 vSAN 使用

（9）在“配置网络设置”中为将要部署的 vCenter 配置网络参数。在本示例中，vCenter Server 的 FQDN 名称使用 IP 地址 172.18.96.10，FQDN 为 vc.heinfo.edu.cn，DNS 服务器为 172.18.96.1，如图 6-2-18 所示。在本示例中，IP 地址为 172.18.96.1 的计算机是 DNS 服务器，域名是 heinfo.edu.cn，名为 vc 的 A 记录已经在 heinfo.edu.cn 的区域中注册并指向 172.18.96.10，如图 6-2-19 所示。

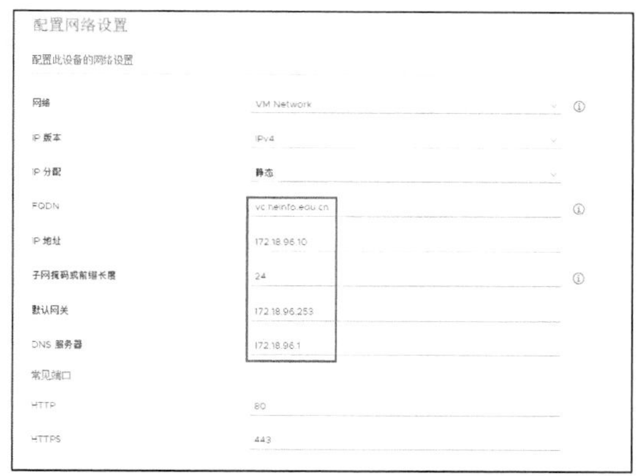

图 6-2-18 配置网络设置

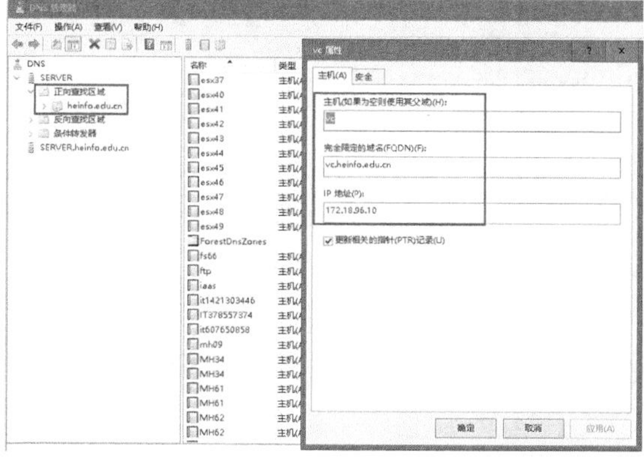

图 6-2-19 域名解析

（10）在“即将完成第 1 阶段”中显示了部署详细信息，检查无误之后单击“完成”按钮，如图 6-2-20 所示。

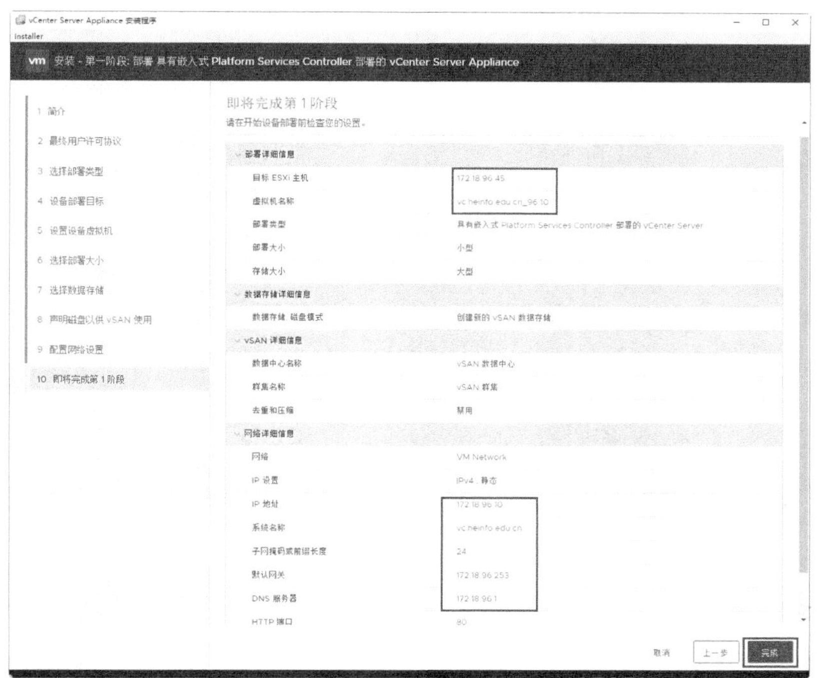

图 6-2-20 即将完成第 1 阶段部署

（11）开始部署 vCenter Server Appliance，直到部署完成，如图 6-2-21 所示。单击“继续”按钮开始第二阶段部署。

图 6-2-21　第一阶段部署完成

（12）在“SSO 配置”中设置 SSO 域名（在此设置为 vsphere.local）、用户名（默认为 administrator）和密码。

（13）在“即将完成”中显示第二阶段的设置，检查无误之后单击“完成”按钮，如图 6-2-22 所示。

（14）单击“完成”按钮之后开始设置 vCenter Server Appliance，设置完成之后显示设备入门页面，如图 6-2-23 所示。至此 vCenter Server Appliance 部署完成。单击展开“vSAN 配置指令”可以看到后续的任务。

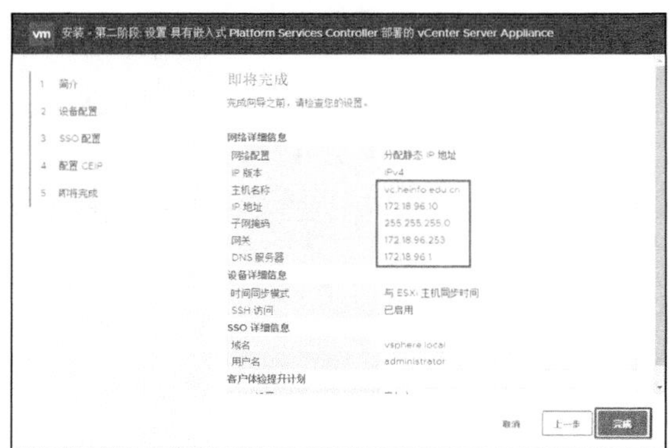

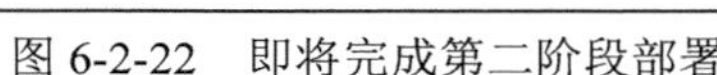
图 6-2-22　即将完成第二阶段部署

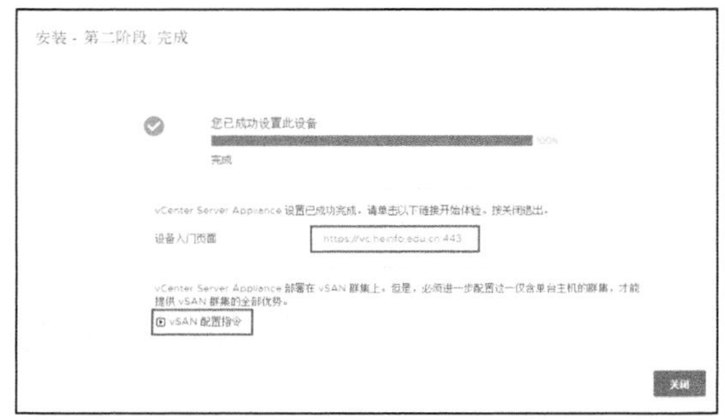
图 6-2-23　部署 VCSA 完成

部署完成后登录 vSphere Web Client 页面，第一次登录时需要添加 vCenter Server、ESXi，添加 vCenter Server 与 ESXi 许可证等，并创建数据中心、群集。

安装 vCenter Server 之后的操作内容主要有以下几点。

（1）修改 SSO 与 root 密码为永不过期。

（2）登录 vCenter Server，信任根证书，添加许可证，将 ESXi 主机添加到 vCenter Server。

（3）为启用 vSAN 配置网络。

（4）启用 vSAN，添加磁盘组到 vSAN。

（5）修复 vCenter Server Appliance 虚拟机。

（6）为虚拟机流量创建端口组。

（7）创建虚拟机、配置模板等。

下面一一介绍。

6.2.4　添加主机到 vCenter Server

使用浏览器登录到 vCenter Server，添加其他主机到群集中，步骤如下。

（1）用鼠标右键单击“vSAN 群集”，在弹出的快捷菜单中选择“添加主机”，如图 6-2-24 所示。

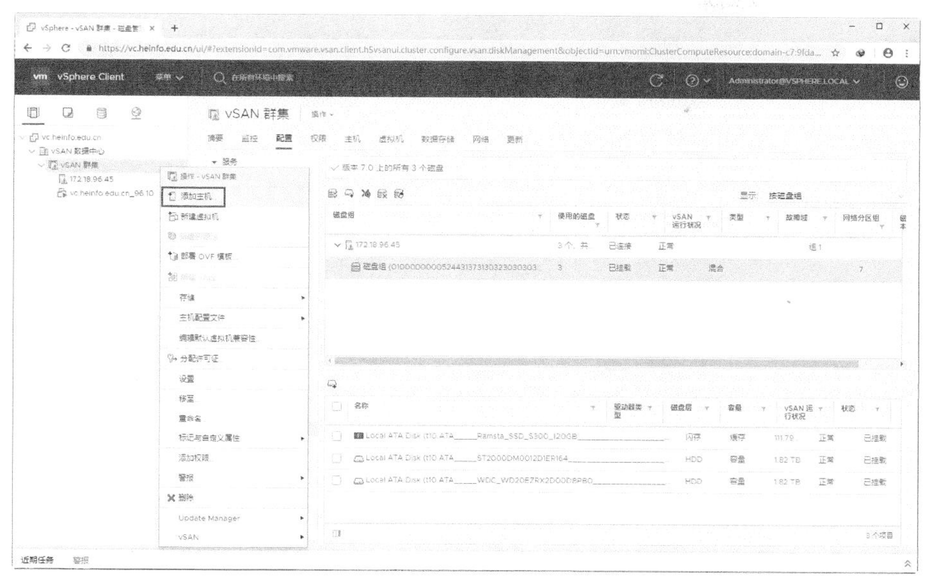

图 6-2-24　添加主机

（2）在“将新主机和现有主机添加到您的群集”中，将要添加的主机添加到列表中，如图 6-2-25 所示。这是 vSphere Client 的新功能，可以批量添加主机。以前的 vSphere Web Client 只能一次添加一台主机。如果每台主机的管理员账户的密码相同，可以选中“对所有主机使用相同凭据”。

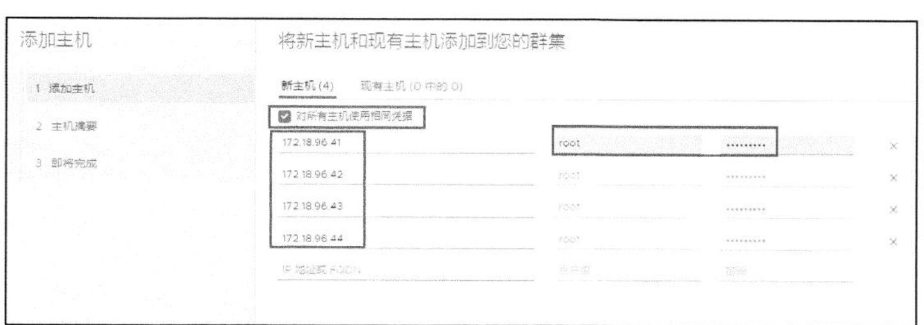

图 6-2-25　将主机添加到群集

（3）在“安全警示”对话框中选中所有主机，单击“确定”按钮，如图 6-2-26 所示。

（4）在“主机摘要”中显示了将要添加的主机版本、型号，如图 6-2-27 所示。

（5）在“检查并完成”中提示将主机添加到群集后，新添加的主机将进入维护模式，如图 6-2-28 所示。确认无误之后单击“完成”按钮。

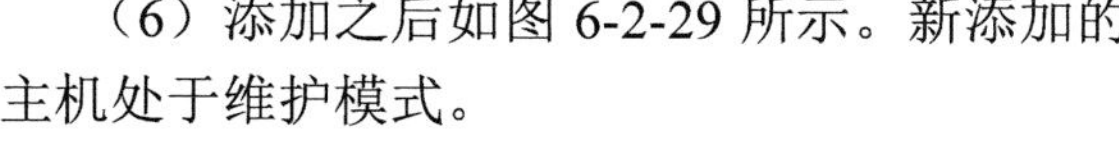

（6）添加之后如图 6-2-29 所示。新添加的主机处于维护模式。

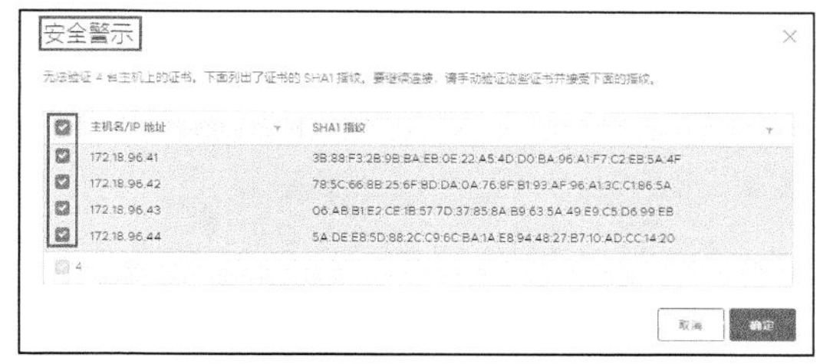

图 6-2-26　安全警示

（7）在导航窗格中选中每台主机，在“配置→系统→时间配置”中，为每台主机启用 NTP 并指定 NTP 服务器。本示例中使用交换机作为 NTP 服务器，其中 IP 地址为 172.18.96.44 的主机配置如图 6-2-30 所示。其他主机与此配置相同。

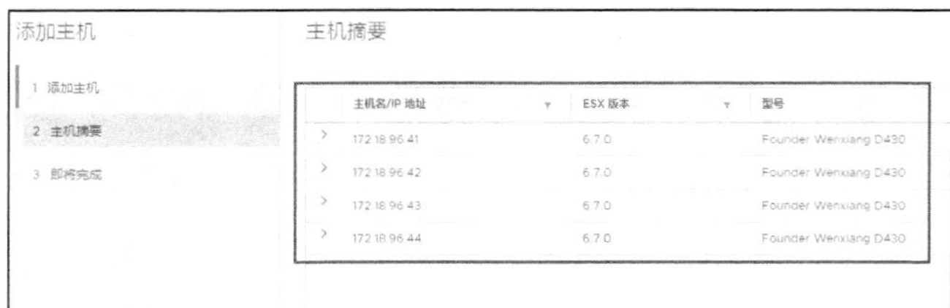

图 6-2-27　主机摘要

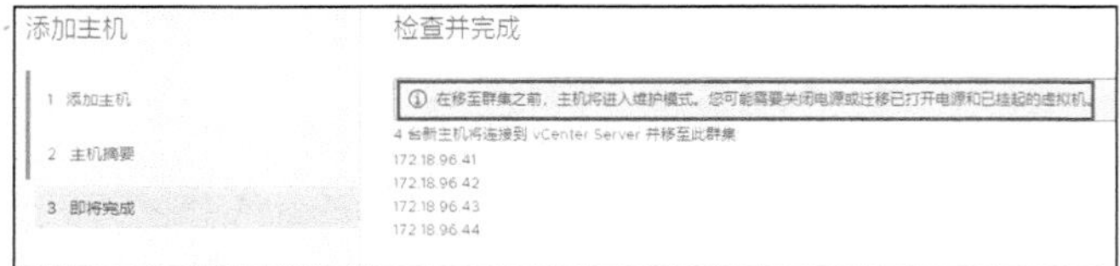

图 6-2-28　检查并完成

图 6-2-29　主机添加到群集

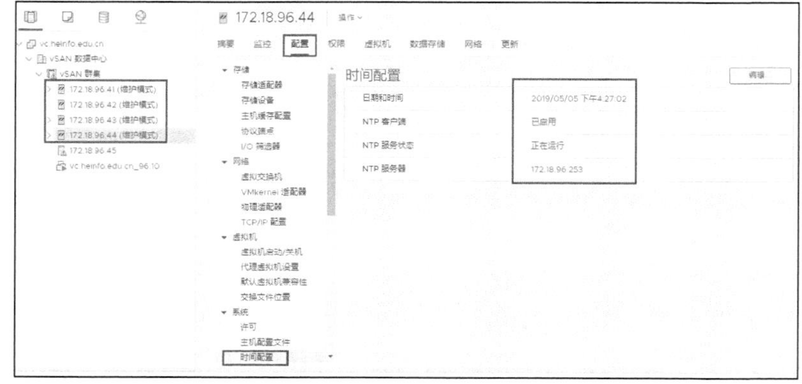

图 6-2-30　为 ESXi 主机配置 NTP

6.3　启用 vSAN 群集

在安装好 ESXi 与 vCenter Server 并将 ESXi 添加到 vCenter Server 之后，下面的任务是为 vSAN 流量创建分布式交换机、启用 vSAN 流量、启用 vSAN 并向 vSAN 中添加磁盘组。

6.3.1　创建分布式交换机

本节为 5 台主机的 vSAN 流量配置 VMkernel。在本实验环境中，用于 vSAN 流量的 2 端口网卡连接到一台独立的物理交换机的 Trunk 端口，并且主机数量达到 5 台。为了简化配置，可以为 vSAN 流量配置一台分布式交换机，并在此分布式交换机中为每台主机配置用于 vSAN 流量的 VMkernel。

（1）使用 vSphere Client 登录到 vCenter Server，单击“ ”图标，用鼠标右键单击“vSAN 数据中心”，在弹出的快捷菜单中选择“Distributed Switch→新建 Distributed Switch”，如图 6-3-1 所示。

（2）在“新建 Distributed Switch”对话框的“名称和位置→名称”处输入新建交换机的名称，在此使用默认值 DSwitch，如图 6-3-2 所示。

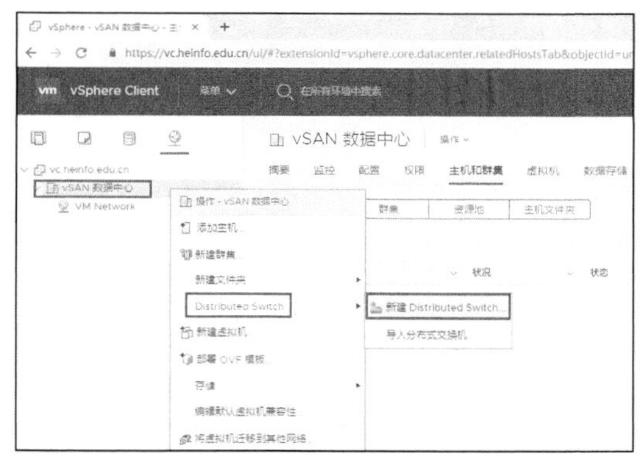

图 6-3-1　新建分布式交换机

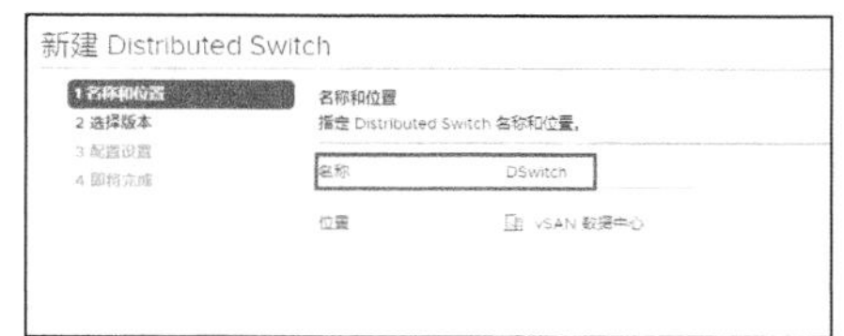

图 6-3-2　设置交换机名称

（3）在“选择版本”中选中“6.6.0 - ESXi 6.7 及更高版本”，如图 6-3-3 所示。

（4）在“配置设置”的“上行链路数”中选择“2”（每台主机使用了 2 端口 1Gbit/s 网卡），不选中“创建默认端口组”，如图 6-3-4 所示。

图 6-3-3　选择分布式交换机的版本

图 6-3-4　配置设置

（5）在“即将完成”中显示了新建分布式交换机的信息，检查无误之后单击“FINISH”

按钮，如图 6-3-5 所示。

图 6-3-5　即将完成

6.3.2　为分布式交换机分配上行链路

在创建了分布式交换机后需要添加上行链路，操作方法和步骤如下。

（1）在 vSphere Client 的“网络”选项中，用鼠标右键单击新建的分布式交换机 DSwitch，在弹出的快捷菜单中选择“添加和管理主机”，如图 6-3-6 所示。

（2）在“DSwitch-添加和管理主机→选择任务”中选中“添加主机”，如图 6-3-7 所示。

图 6-3-6　添加和管理主机

图 6-3-7　添加主机

（3）在“选择主机”中单击“新主机”，在弹出的“选择新主机”对话框中选中所有的主机，如图 6-3-8 所示。

（4）在“选择主机”的“主机”列表中显示了添加的主机，如图 6-3-9 所示。

图 6-3-8　选择新主机

图 6-3-9　主机列表

（5）在“管理物理适配器”中为此分布式交换机添加或移除物理网络适配器。在“主机/物理网络适配器”中选中每个未分配的端口，单击“分配上行链路”（见图 6-3-10），在弹出的“选择上行链路”对话框中选择“上行链路 1”或“上行链路 2”，如图 6-3-11 所示。如果每台主机的网络配置相同，可以选中“将此上行链路分配应用于其余主机”。当每台主机的配置不同时不要选中这一项，而是手动一一选择。

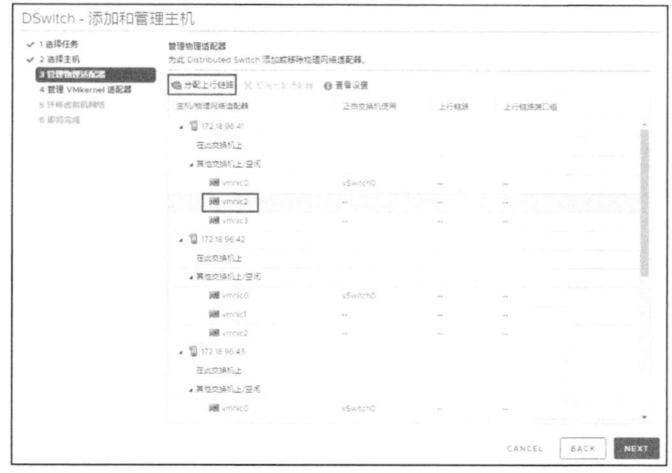

图 6-3-10 分配上行链路

图 6-3-11 选择上行链路

（6）在“主机/物理网络适配器”列表中为每台主机剩余的 2 个端口分配上行链路 1、上行链路 2，分配之后如图 6-3-12 所示。注意，不要将已经分配给 vSwitch0 的 vmnic0 重新分配为上行链路 1 或上行链路 2。

（7）在“管理 VMkernel 适配器”中，单击“NEXT”按钮，如图 6-3-13 所示。

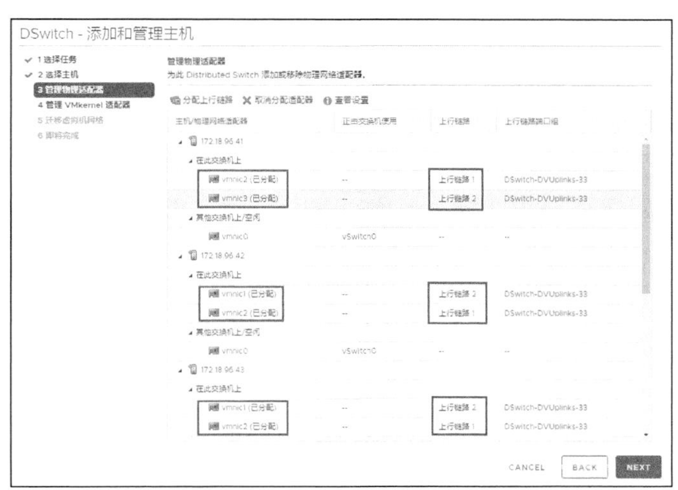

图 6-3-12 分配上行链路

（8）在“迁移虚拟机网络”中单击“NEXT”按钮，如图 6-3-14 所示。

（9）在“即将完成”中单击“FINISH”按钮完成上行链路的分配，如图 6-3-15 所示。

图 6-3-13　管理 VMkernel 适配器

图 6-3-14　迁移虚拟机网络

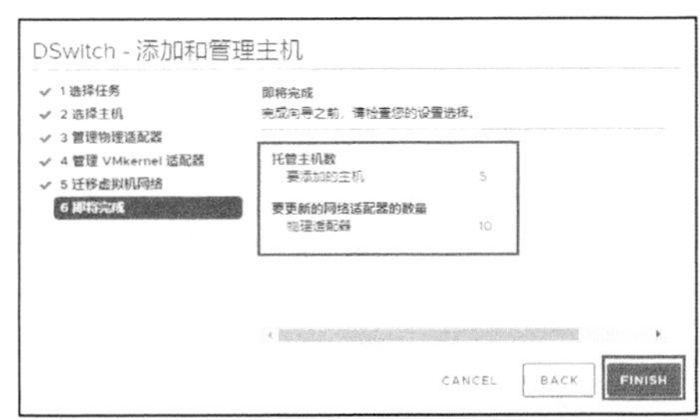

图 6-3-15　即将完成

6.3.3　创建分布式端口组

在创建了分布式交换机并为分布式交换机分配了上行链路之后，需要创建分布式端口组。本示例中创建名为 vlan2003、VLAN ID 为 2003 的分布式端口组，该端口组可以用于虚拟机流量和 vSAN 流量。

（1）在 vSphere Client 的“网络”选项中，用鼠标右键单击名为 DSwitch 的分布式交换机，在弹出的快捷菜单中选择“分布式端口组→新建分布式端口组”，如图 6-3-16 所示。

（2）在“名称和位置”中的“名称”处输入新建端口组的名称，本示例为 vlan2003，如图 6-3-17 所示。

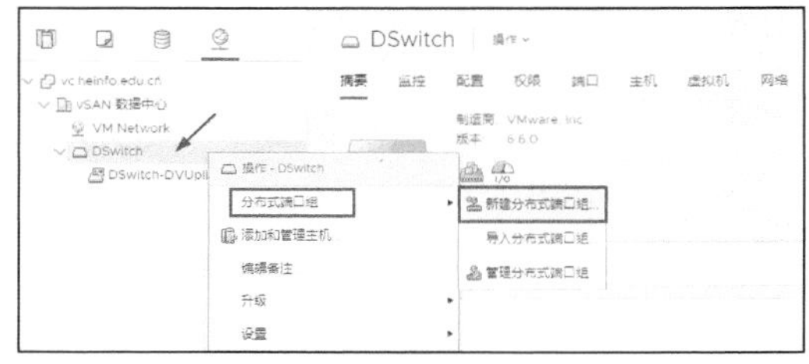

图 6-3-16　新建分布式端口组

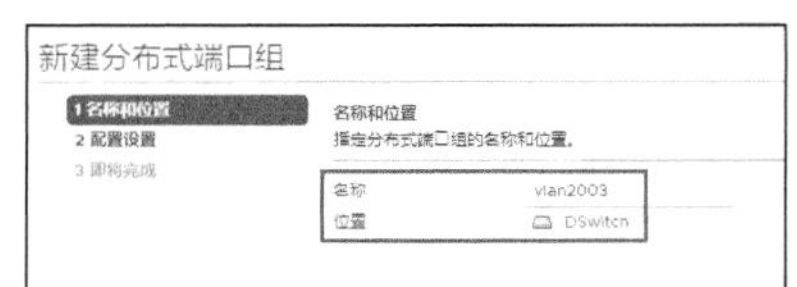

图 6-3-17　设置端口组名称

（3）在“配置设置”中的“VLAN 类型”下拉列表中选择 VLAN，在 VLAN ID 中输入 2003，如图 6-3-18 所示。

（4）在“即将完成”中显示了新建端口组的名称及其他参数，检查无误之后单击“FINISH”按钮，如图 6-3-19 所示。

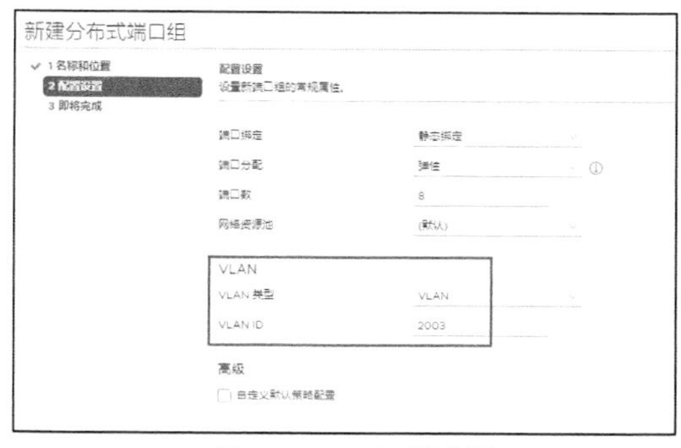

图 6-3-18　配置设置

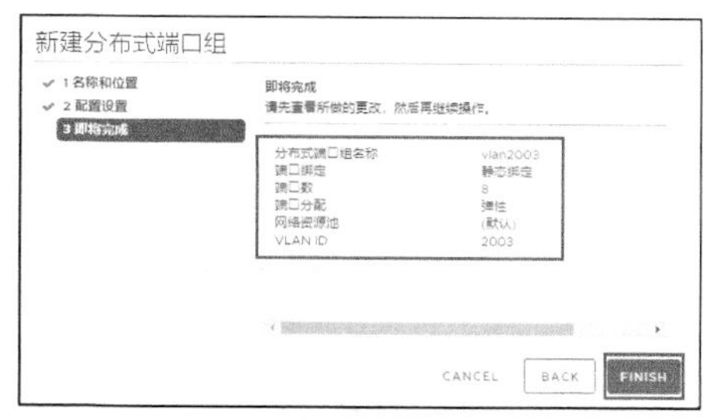

图 6-3-19　即将完成

6.3.4　修改 MTU 为 9000

在本实验环境中已经为物理交换机配置了巨型帧支持。默认创建的虚拟交换机的 MTU 值为 1500，本示例中将其修改为 9000。注意，在 vSAN 中启用巨型帧之后，如果没有特别的需求不要再进行修改，以后新添加的节点主机也应该启用巨型帧。在启用 vSAN 之后修改 MTU 参数可能会导致 vSAN 流量中断，造成虚拟机离线的故障。

（1）在 vSphere Client 中的“网络”选项中单击 DSwitch，在“配置→设置→属性”中可以看到 MTU 为 1500 字节，单击“编辑”按钮，如图 6-3-20 所示。

（2）在“DSwitch - 编辑设置”对话框的“高级”选项中修改 MTU 为 9000，单击“OK”按钮完成设置，如图 6-3-21 所示。使用域名登录 vCenter Server 有时候不会出现左侧的“常规、高级”等选项，如果出现这种情况，应该换用 vCenter 的 IP 地址登录 vCenter Server。在本示例中 vCenter Server 的登录方式为 https://172.18.96.10/ui。

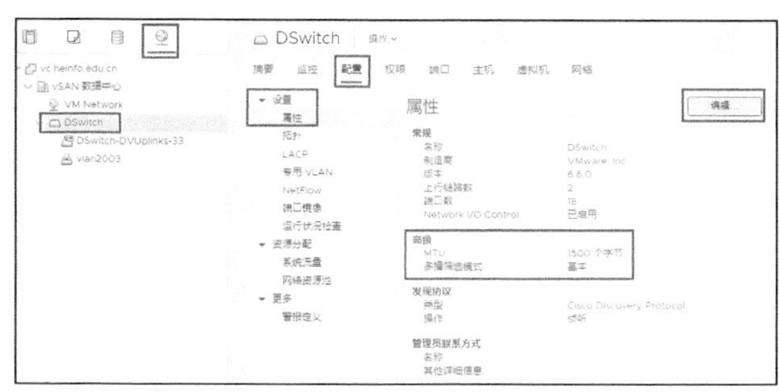

图 6-3-20　编辑

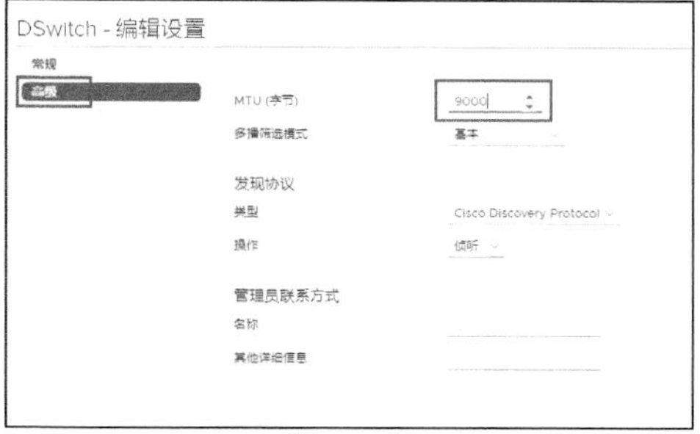

图 6-3-21　修改 MTU

（3）修改 MTU 之后在“DSwitch→配置→设置→属性”中可以看到，MTU 已经更改为 9000 字节，如图 6-3-22 所示。

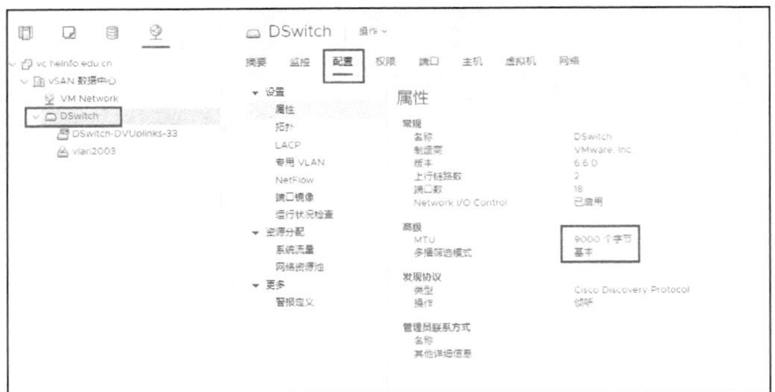

图 6-3-22 MTU 已经更改

6.3.5 为 vSAN 流量添加 VMkernel

下面为每台主机添加一个用于 vSAN 流量的 VMkernel。根据本实验的规划，vSAN 流量使用 VLAN2003 的网段，故需要在启用了 vlan2003 的端口组上配置。

（1）在 vSphere Client 的“网络”选项中，用鼠标右键单击 DSwitch 分布式交换机名为 vlan2003 的端口组，在弹出的快捷菜单中选择“添加 VMkernel 适配器”，如图 6-3-23 所示。

（2）在“选择主机”中添加 172.18.96.41～172.18.96.45 的所有主机，如图 6-3-24 所示。

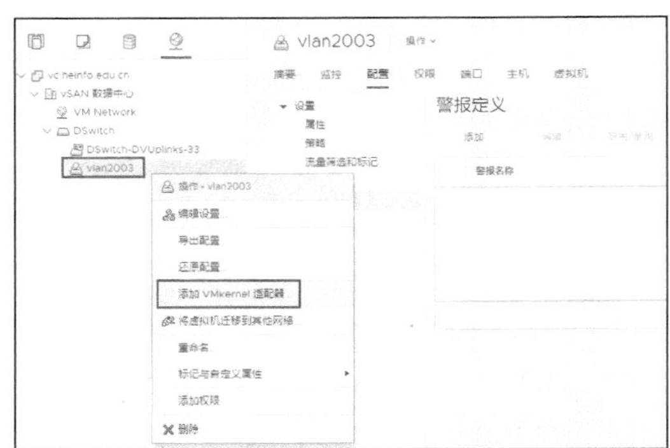

图 6-3-23 添加 VMkernel 适配器

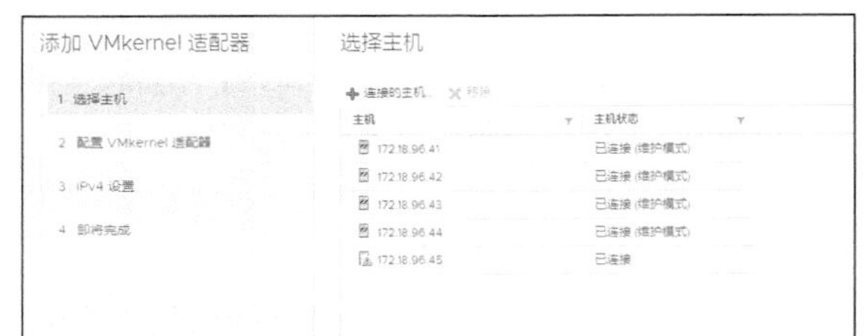

图 6-3-24 选择要添加 VMkernel 的主机

（3）在“配置 VMkernel 适配器”的“可用服务”中选择 vSAN，如图 6-3-25 所示。在 MTU 中可以看到从交换机获取的 MTU 为 9000。

（4）在“IPv4 设置”中为每台主机设置新配置的 VMkernel 的 IP 地址。本示例中选中“使用静态 IPv4 设置”，在为第一台 ESXi 主机添加了 VMkernel 的 IP 地址、子网掩码后，如果其他主机的 VMkernel 的地址也是连续分配的，配置向导会自动填充其他地址，如图 6-3-26 所示。

（5）在“即将完成”中显示了每台主机的 IP 地址及新添加的 VMkernel 的 IP 地址，检查无误之后单击“完成”按钮，如图 6-3-27 所示。

（6）为每台主机添加了用于 vSAN 的 VMkernel 之后，在导航窗格中选中 ESXi 主机，在右侧的“配置→网络→VMkernel 适配器”中单击名为 vmk1 的设备，可以看到新配置的 VMkernel 的 IP 地址及启用的 vSAN 服务，如图 6-3-28 所示。

图 6-3-25 启用 vSAN

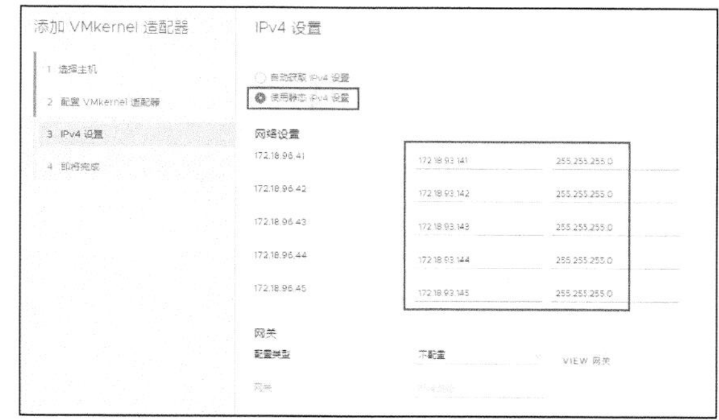

图 6-3-26 为每台主机配置 VMkernel 的 IP 地址

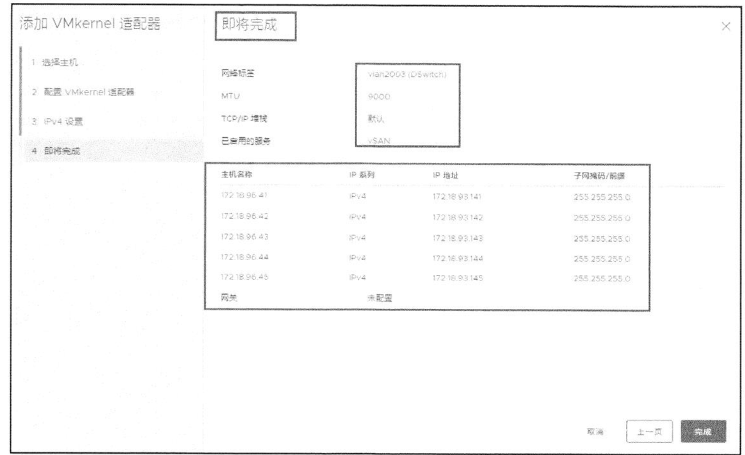

图 6-3-27 即将完成

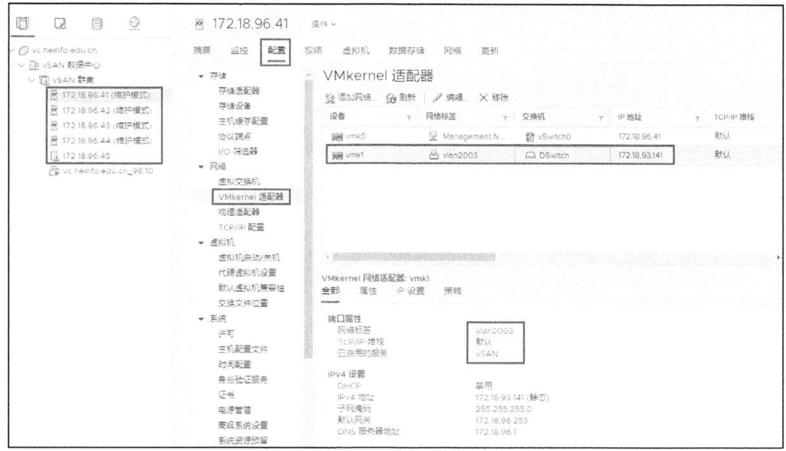

图 6-3-28 检查 VMkernel

最后为每台主机启用 vMotion 流量、置备流量与管理流量。当网络中主机数量较少时，vMotion 流量、置备流量、管理流量可以使用同一个 VMkernel。

（1）在 vSphere Client 的导航窗格中选中一台主机，在“配置→网络→VMkernel 适配器”中选中名为 vmk0 的 VMkernel，单击“编辑”按钮，如图 6-3-29 所示。

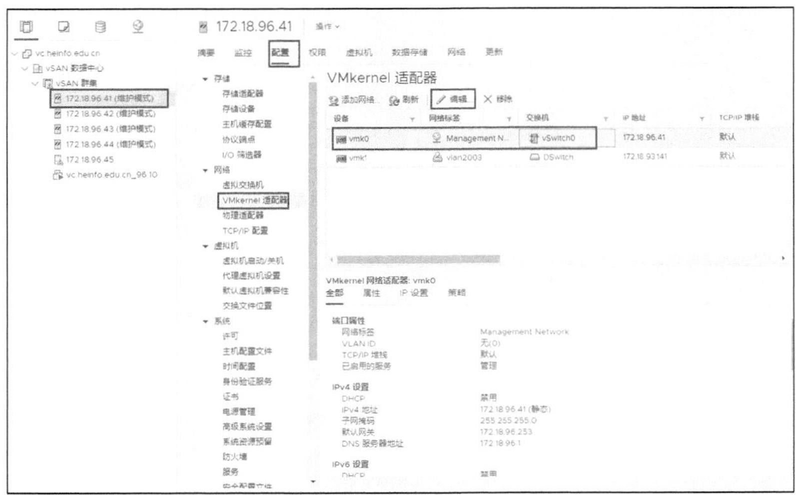

图 6-3-29 编辑 vmk0

（2）在“vmk0-编辑设置”对话框中确认选中 vMotion、置备、管理，单击“OK”按钮完成设置，如图 6-3-30 所示。

图 6-3-30 启用 vMotion、置备与管理流量

（3）为网络中的每台 ESXi 主机进行相同的配置，配置完成之后一一进行检查，如图 6-3-31 所示。

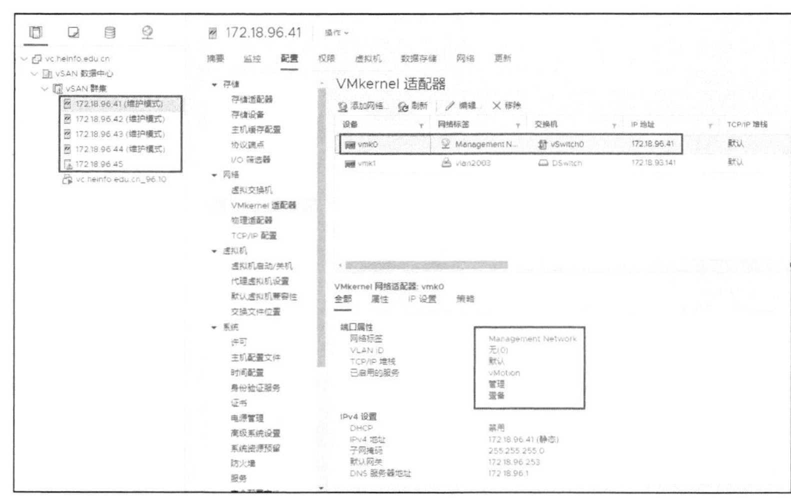

图 6-3-31 检查 vMotion、置备与管理流量

说明

在同一个群集中，相同的流量应该使用相同的网段并且在不同主机之间可以互相通信。如果同一流量选择了不同网段的 VMkernel 则有可能造成相对应的服务无法使用。

6.3.6　向标准 vSAN 群集中添加磁盘组

在启用 vSAN 流量之后可以配置磁盘组。

（1）在 vSphere Client 的“主机和群集”选项中单击名为“vSAN 群集”的群集，在“配置→vSAN→磁盘管理”中可以看到当前只有 IP 地址为 172.18.96.45 的主机有一个磁盘组。另外 4 台主机各有 3 个磁盘（显示 0 个使用，表示这 3 个磁盘都未分配）。单击图标声明未使用的磁盘以供 vSAN 使用，如图 6-3-32 所示。

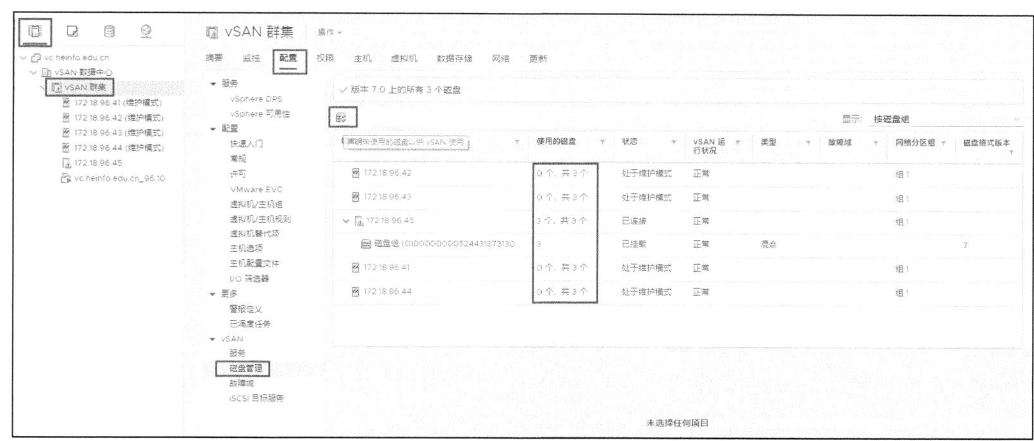

图 6-3-32　声明磁盘

（2）在“声明未使用的磁盘以供 vSAN 使用”对话框的“磁盘型号/序列号”中将闪存磁盘声明为“缓存层”，将 HDD 声明为“容量层”。在右上角“已声明的容量”“已声明的缓存”中显示了已经声明为容量磁盘和缓存磁盘的总容量。单击右侧的滑动条向下翻页，将未使用的每块磁盘都进行声明，声明之后单击“确定”按钮，如图 6-3-33 所示。

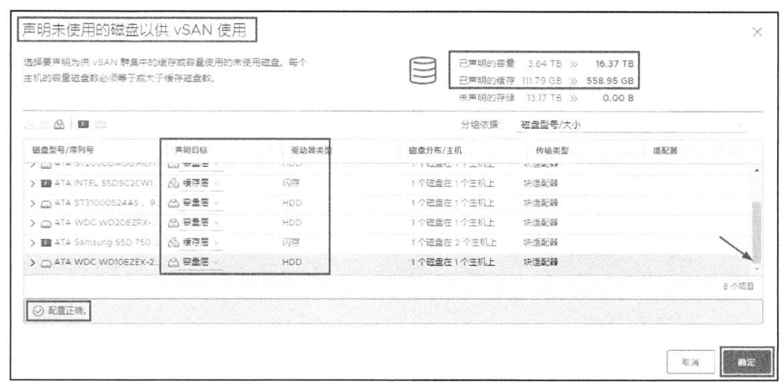

图 6-3-33　声明未使用的磁盘

（3）添加磁盘之后，在“配置→磁盘管理”中可以看到每台主机都配置了一个磁盘组，在“vSAN 运行状况”中可以看到每台主机状况正常；在“网络分区组”中可以看到同一个群集都在“组 1”；在“磁盘格式版本”中显示了 vSAN 磁盘的格式，当前版本为 7，如图 6-3-34 所示。

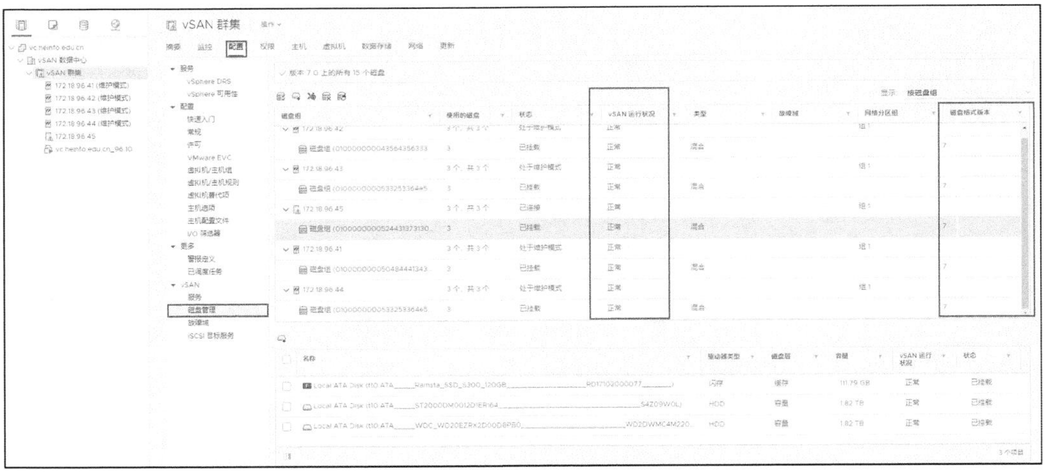

图 6-3-34 磁盘管理

6.3.7 将 ESXi 主机批量退出维护模式

当前有 4 台主机处于维护模式。在启用 vSAN 流量并添加了磁盘组之后，将这 4 台主机退出维护模式。

（1）在导航窗格中选中“vSAN 群集”，在右侧单击“主机”选项卡，在“主机”列表中显示了选中群集中所有的主机，选中 172.18.96.41～172.18.96.44 共 4 台处于维护模式的主机用鼠标右键单击，在弹出的快捷菜单中选择“维护模式→退出维护模式”，如图 6-3-35 所示。

（2）在弹出的“退出维护模式”对话框中单击“是”按钮，如图 6-3-36 所示。

图 6-3-35 退出维护模式

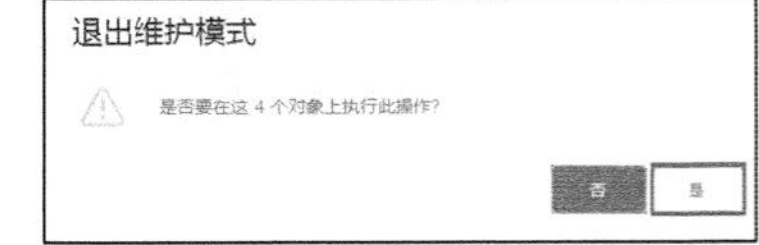

图 6-3-36 确认退出维护模式

（3）主机退出维护模式，如图 6-3-37 所示。

图 6-3-37 主机状态正常

6.3.8　修复 vCenter Server Appliance

当 vSAN 群集中主机状态正常并配置了磁盘组之后，需要修复 vCenter Server Appliance，因为当前的 vCenter Server 的磁盘并无冗余。

（1）在 vSphere Client 中用鼠标右键单击 vCenter Server 的虚拟机，在弹出的快捷菜单中选择“虚拟机策略→编辑虚拟机存储策略”，如图 6-3-38 所示。

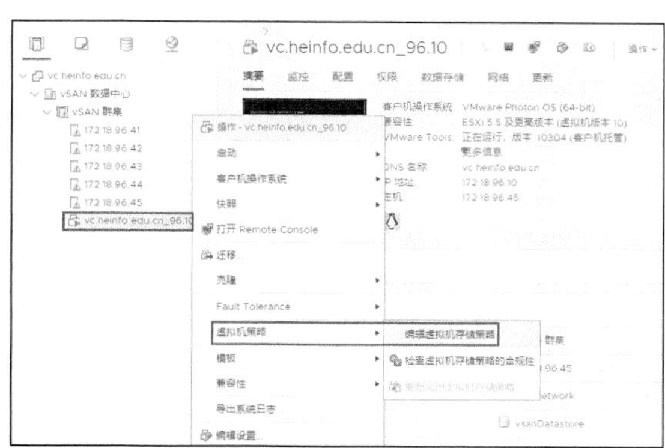

图 6-3-38　编辑虚拟机存储策略

（2）在“编辑虚拟机存储策略”对话框中的“虚拟机存储策略”下拉列表中选择“vSAN Default Storage Policy”（vSAN 默认存储策略），单击“确定”按钮，如图 6-3-39 所示。

图 6-3-39　编辑虚拟机存储策略

（3）在“监控→vSAN→重新同步对象”中显示了 vCenter Server 虚拟机的磁盘正在其他磁盘组重建，如图 6-3-40 所示。

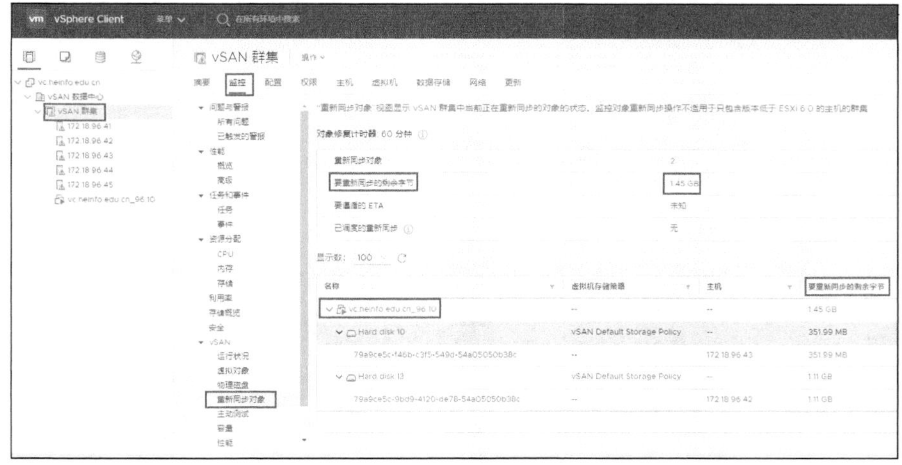

图 6-3-40　重新同步对象

（4）重新同步完成之后，在“监控→vSAN→虚拟对象”中选中 vCenter 的虚拟机，在“放置和可用性”中显示“正常”，如图 6-3-41 所示。

图 6-3-41　虚拟对象

6.4　vSAN 群集后续配置

在启用 vSAN 群集之后，后续任务一般是为群集启用 HA、DRS、EVC。如果 ESXi 主机与 vSAN 存储使用同一个 RAID 卡，建议删除系统卷所在 VMFS 存储卷。

6.4.1　卸载并删除系统卷本地存储

在 vSAN 群集中，如果 ESXi 主机的系统磁盘与 vSAN 磁盘使用同一 RAID 卡，则系统磁盘在安装 ESXi 的时候被格式化为 VMFS（本地磁盘），而 vSAN 磁盘组成 vSAN 存储。

vSAN 和非 vSAN 工作负载在处理磁盘管理 IO、重试和报错等物理存储方面，采用的是不同的管理方式。

如果 vSAN 和非 vSAN 磁盘用于在同一存储控制器上执行大容量操作，或控制器采用 JBOD+RAID 混合模式，则会因磁盘误报故障而导致 vSAN 群集中的数据不可用。在最坏的情况下，还可能导致 vSAN 群集中的数据丢失。为避免冲突或有关 vSAN 基础架构的其他问题，当同一存储控制器同时支持 vSAN 和非 vSAN 磁盘时，应考虑以下几点。

（1）不要为 vSAN 和非 vSAN 磁盘混合使用不同的控制器模式。

- 如果 vSAN 磁盘采用直通/JBOD 模式，非 vSAN 磁盘也必须采用直通/JBOD 模式。
- 如果 vSAN 磁盘采用 RAID 模式，非 vSAN 磁盘也必须采用 RAID 模式。
- 混合使用不同的控制器模式意味着存储控制器会通过不同的方式处理各种磁盘，这样会导致影响一个磁盘配置的问题也会影响另一个磁盘，为 vSAN 带来不利影响。

（2）如果非 vSAN 磁盘用于 VMFS，应仅将 VMFS 数据存储用于暂存、日志记录和核心转储。不要在与 vSAN 磁盘组共享其控制器的磁盘或 RAID 组运行虚拟机。

（3）不要将非 vSAN 磁盘作为裸设备映射（RDM）直通给虚拟机客户机。

当前的 vSAN 环境有 5 台主机，每台主机有 1 块 SATA 硬盘安装 ESXi 并被格式化为本地 VMFS 卷。在实际的生产环境中，这些本地 VMFS 卷的空间较小，为了避免在这些卷上创建、保存虚拟机引发问题，可以卸载并删除这些安装了 ESXi 系统的 VMFS 卷。删除这些 VMFS 卷不影响 ESXi 主机的重新引导、系统使用。

（1）在 vSphere Client 导航窗格中选中“vSAN 群集”，在“数据存储”选项卡的“数据存储”列表中显示了当前主机所有的存储，在本示例中有 1 个名为 vsanDatastore 的 vSAN 存储，另外 5 个为本地 VMFS 卷，用鼠标选中一个卷，例如名称为 datastore1 的卷，在弹出的快捷菜单中选择“卸载数据存储”，如图 6-4-1 所示。

（2）在“卸载数据存储”对话框中选择存储所在的主机，单击“确定”按钮，如图 6-4-2 所示。

图 6-4-1　卸载数据存储

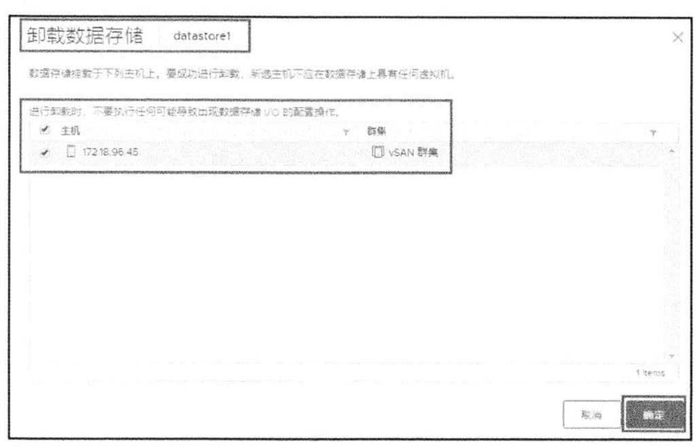

图 6-4-2　选择存储所在主机

（3）当存储卸载后，存储名称后面添加了不可访问的标识信息。参照（1）～（2）步骤，卸载另外 4 台主机的本地存储，名称依次为 datastore1(1)、datastore1(2)、datastore1(3)、datastore1(4)。卸载完成后，先用鼠标左键同时选中这 5 个存储，然后用鼠标右键单击，在弹出的快捷菜单中选择“删除数据存储”（见图 6-4-3），将选中的存储删除。

（4）在“确认删除数据存储”对话框中单击“是”按钮，如图 6-4-4 所示。

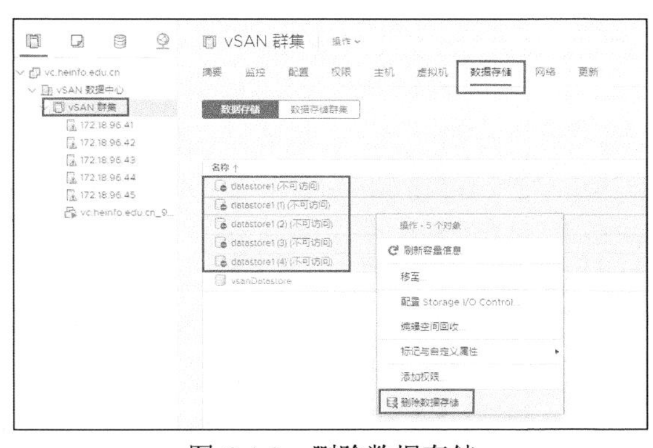

图 6-4-3　删除数据存储

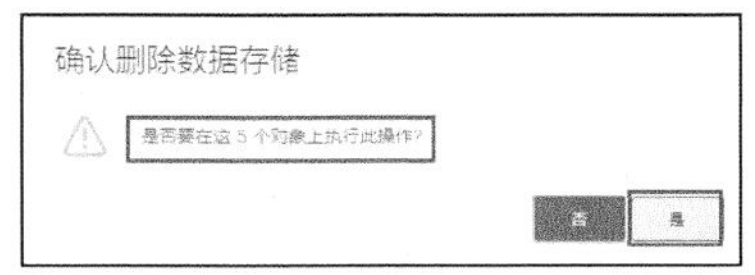

图 6-4-4　确认删除数据存储

（5）删除之后在数据存储中只剩下名为 vsanDatastore 的 vSAN 存储，如图 6-4-5 所示。以后数据上传以及虚拟机都会保存在 vSAN 数据存储中。

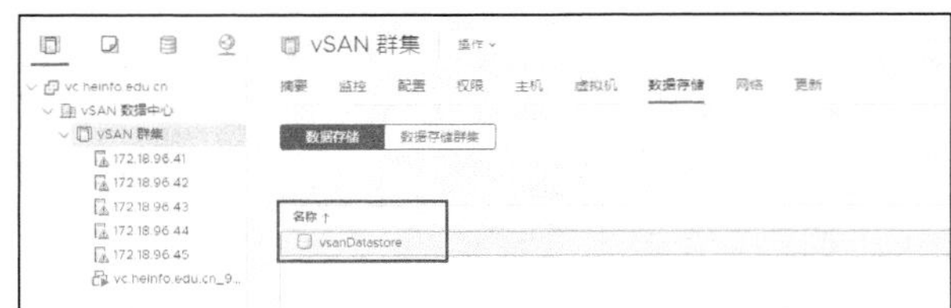

图 6-4-5 vSAN 数据存储

6.4.2 修复 CVE-2018-3646 提示

在启用 vSAN 群集之后，群集中每台主机前面都有一个黄色的感叹号，表示有警告信息。在导航窗格中选中一台主机，在“摘要”中可以查看具体的警报信息，此时的警报信息内容为“This host is potentially vulnerable to issues described in CVE-2018-3646, please refer to https://kb.vmware.com/s/article/55636 for details and VMware recommendations KB 55636”，如图 6-4-6 所示。

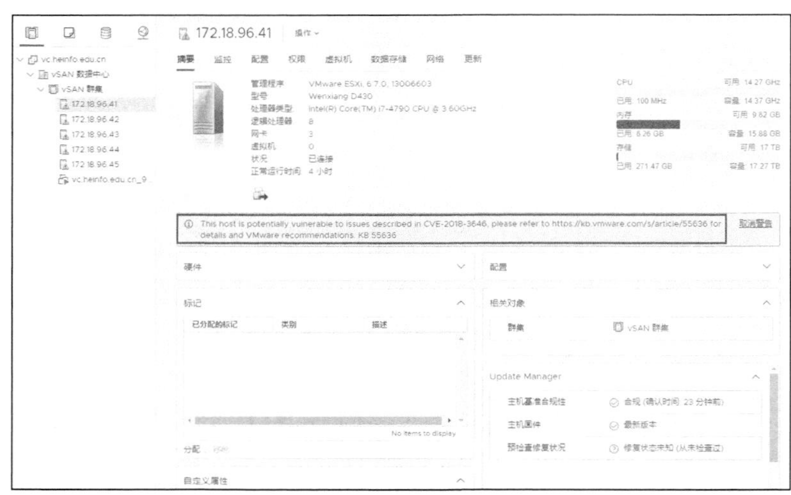

图 6-4-6 警报信息

缓解 CVE-2018-3646 需要针对在 Intel 硬件上运行的主机的特定于 Hypervisor 的缓解措施。VMware 为 CVE-2018-3646 提供了特定于虚拟机管理程序的缓解措施。

vCenter Server 6.0 Update 3h 和 ESXi 6.0 修补程序版本 ESXi600-201808001、vCenter Server 6.5 Update 2c 和 ESXi 6.5 修补程序版本 ESXi650-201808001、vCenter Server 6.7.0d 和 ESXi 6.7 修补程序版本 ESXi670-201808001 引入了 ESXi 高级配置选项 VMkernel.Boot.hyperthreadingMitigation，将此项设置为“已启用”后重新启动 ESXi 主机即可生效。启用此选项后，将根据需要限制同一超线路核心同时使用多个逻辑处理器以缓解安全漏洞。此选项可缓解 CVE-2018-3646 中所述的漏洞。如果不启用这个参数而是想取消这个警告提示，可以在 ESXi 高级系统设置中将 UserVars.SuppressHyperthreadWarning 的值设置为 1 以取消此警示。在 vSphere 6.7.0 U2 中可以在图 6-4-6 中单击“取消警告”取消这个提示。本节以 172.18.96.41 为例，介绍通过修改 VMkernel.Boot.hyperthreadingMitigation 参数解决这一安全问题，其他主机也要进行同样的操作。

（1）在 vSphere Client 的导航窗格中选中 ESXi 主机，在“配置→系统→高级系统设置”中单击“编辑”按钮，如图 6-4-7 所示。

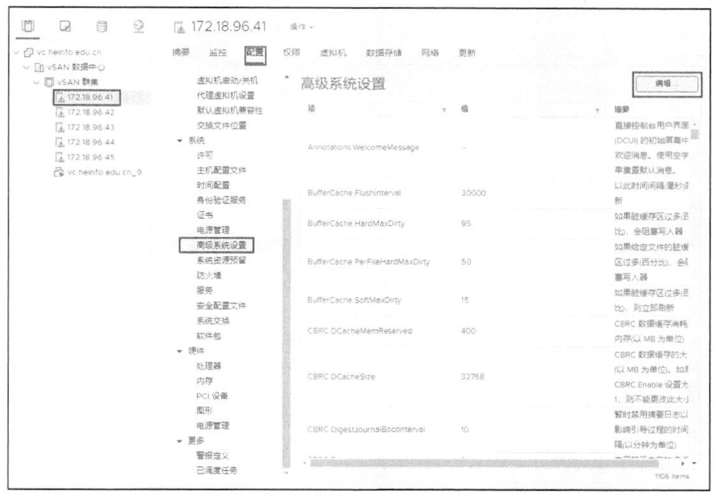

图 6-4-7 编辑

（2）搜索 VMkernel.Boot.hyperthreadingMitigation，将此项设置为“true”，如图 6-4-8 所示。

（3）修改完成后重新引导 172.18.96.41 的主机，如图 6-4-9 所示。注意，当前环境中只有 172.18.96.45 的主机运行了虚拟机，所以重新启动计算机时可以不将主机置于维护模式。如果在生产环境中，或者当前主机运行着虚拟机，应需将主机置于维护模式之后再重新启动，等 ESXi 主机再次进入系统后退出维护模式。

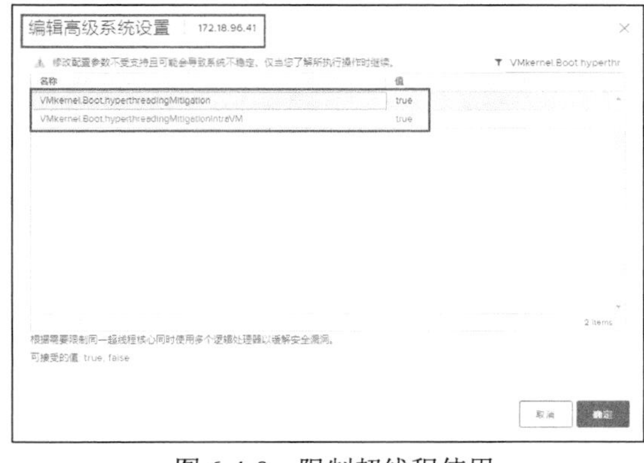

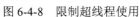

图 6-4-8 限制超线程使用

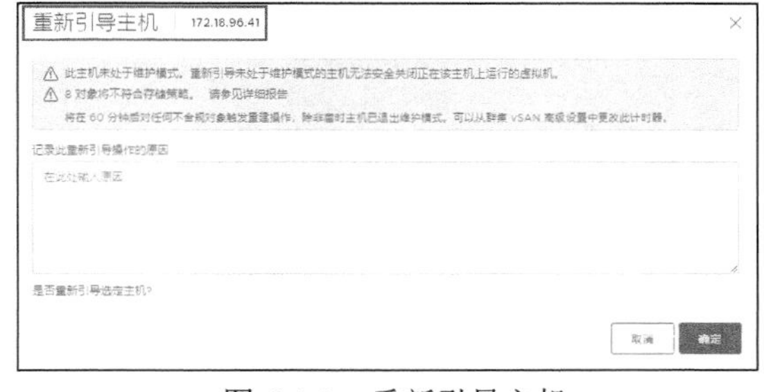

图 6-4-9 重新引导主机

（4）等 172.18.96.41 重新上线之后，依次修改剩余的主机，修改之后重新启动。需要注意，在 vSAN 环境中，如果需要重新启动主机，不要同时启动多台主机，正确的做法是将其中的一台置于维护模式之后，将置于维护模式的主机重新启动，完成重新启动并再次上线之后，将主机退出维护模式之后再操作下一台主机。

（5）在修改了 172.18.96.45 的主机后，因为这台主机运行着 vCenter Server，需要将 vCenter Server 虚拟机迁移到其他主机。用鼠标右键单击 vCenter Server 的虚拟机，在弹出的快捷菜单中选择“迁移”，如图 6-4-10 所示。

（6）在“vc.heinfo.edu.cn_96.10 - 迁移”对话框的“选择迁移类型”中选择“仅更改计算资源”，如图 6-4-11 所示。

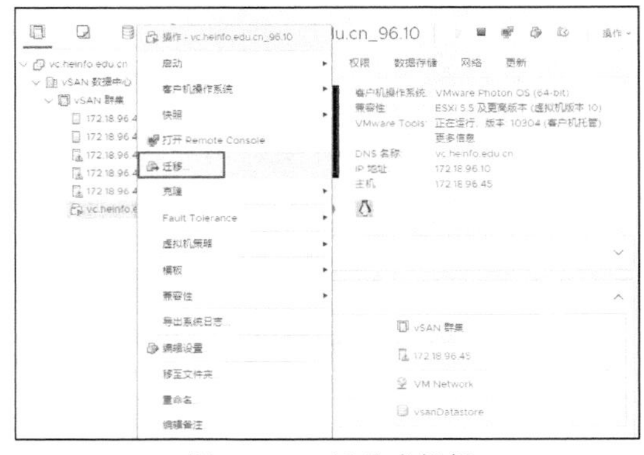

图 6-4-10 迁移虚拟机

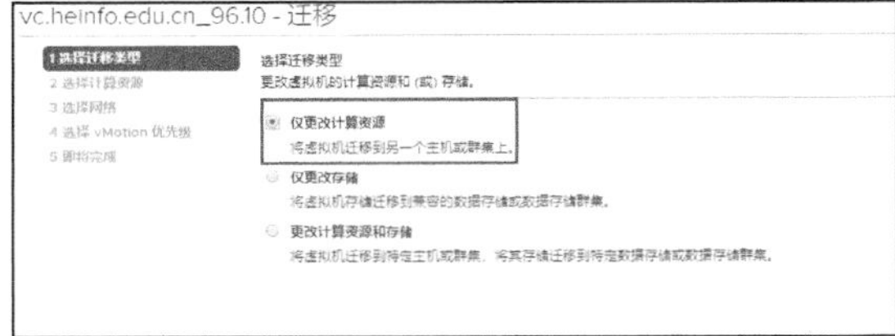

图 6-4-11 仅更改计算资源

（7）在“选择计算资源”中选择已经完成参数修改的主机，本示例选择 172.18.96.41（可以看每台主机前面是否有黄色的感叹号，或者看每台主机的“状态”信息），如图 6-4-12 所示。

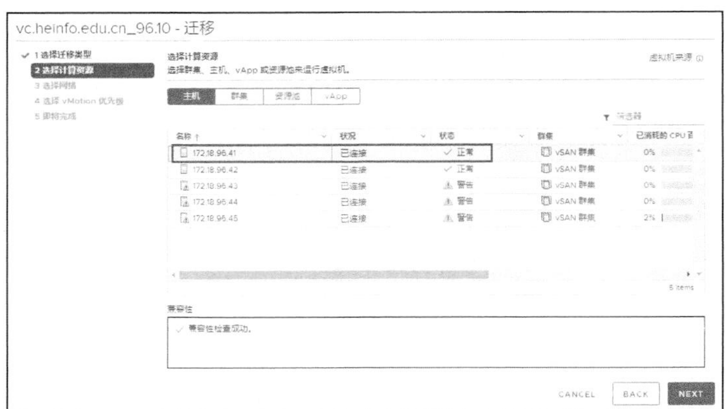

图 6-4-12 选择计算资源

（8）在“选择网络”中选择用于虚拟机迁移的目标网络，如图 6-4-13 所示。

图 6-4-13 选择网络

（9）在“选择 vMotion 优先级”中选中“安排优先级高的 vMotion（建议）”，如图 6-4-14 所示。

（10）在“即将完成”中单击“FINISH”按钮，如图 6-4-15 所示。

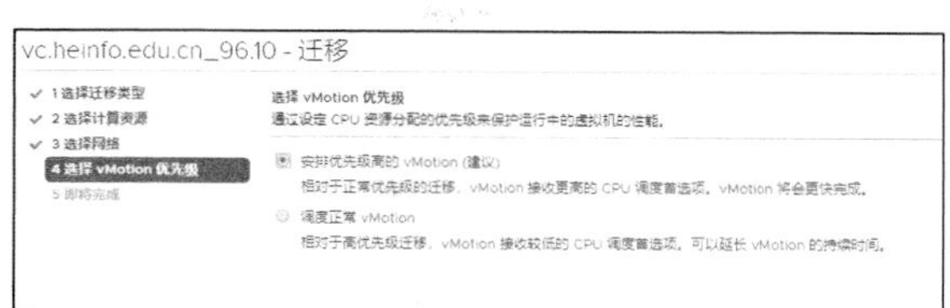

图 6-4-14 选择 vMotion 优先级

图 6-4-15 即将完成

（11）当 vCenter Server 虚拟机迁移到 172.18.96.41 的主机后，将 172.18.96.45 置于维护模式，在“vSAN 数据迁移”中选择“确保可访问性”，如图 6-4-16 所示。单击“请参见详细报告”，可以查看受到影响的组件。

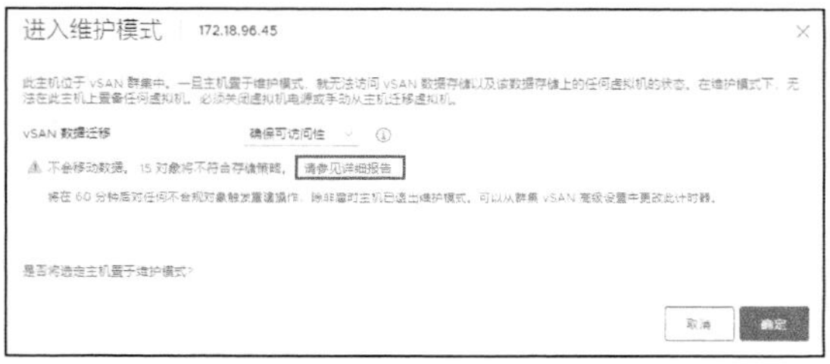

图 6-4-16 置于维护模式

（12）将 172.18.96.45 置于维护模式之后，用鼠标右键单击 172.18.96.45 的主机，在弹出的快捷菜单中单击“电源→重新引导”，如图 6-4-17 所示。

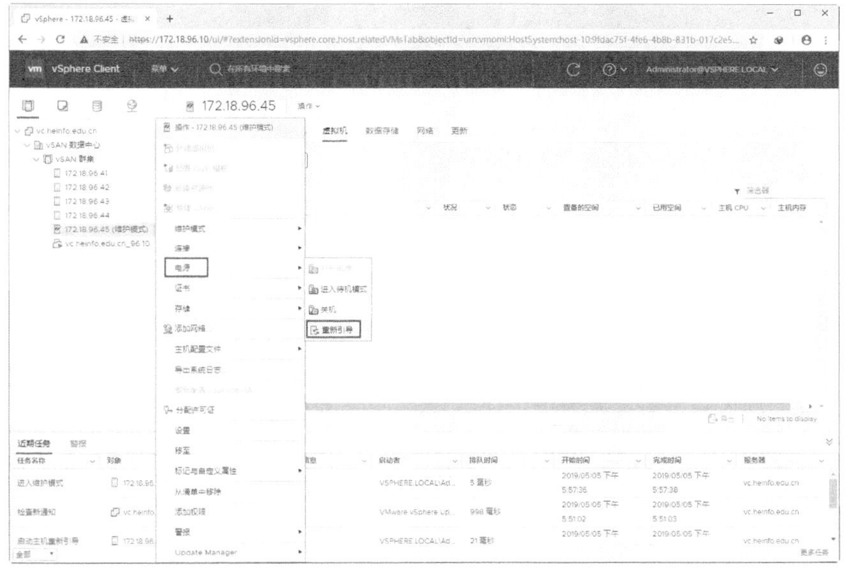

图 6-4-17 重新引导

（13）等 172.18.96.45 重新引导完成并再次上线之后，用鼠标右键单击 172.18.96.45 的主机，在弹出的快捷菜单中选择“维护模式→退出维护模式”，如图 6-4-18 所示。这样 CVE-2018-3646 提示就能被修复。

图 6-4-18 退出维护模式

6.4.3 启用 HA、DRS 与 EVC

最后为群集启用 HA、DRS 与 EVC，以获得高可靠性、动态资源调度和 vMotion 兼容性（EVC）。

（1）在 vSphere Client 的导航窗格中单击 vSAN 群集，在“配置→服务→vSphere 可用性”中可以看到，当前 vSphere HA 是关闭状态，单击“编辑”按钮，如图 6-4-19 所示。当前主机 172.18.96.41 前面有红色的感叹号是由于当前主机运行了 vCenter Server，而这台主机只有 16GB 内存，这是内存不足的警报。在实际的生产环境中，每台主机都有足够的资源，因此不会出现这种情况。在稍后的操作中将 vCenter Server 虚拟机迁移到 172.18.96.45 将取消这个警报。或者在配置 HA 与 DRS 之后，vSphere 会自动将 vCenter Server 迁移到 172.18.96.45 的主机。

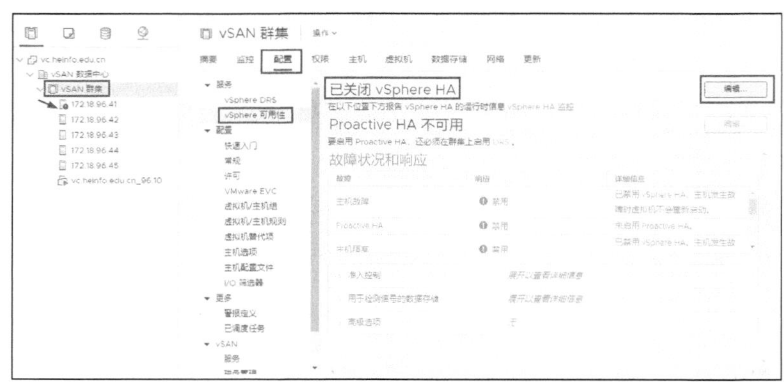

图 6-4-19 编辑

（2）在“编辑群集设置”对话框中启用 vSphere HA 和主机监控，如图 6-4-20 所示。

（3）在“配置→服务→vSphere DRS”中单击“编辑”按钮，打开“编辑群集设置”对话框以启用 vSphere DRS，如图 6-4-21 所示。

（4）默认情况下 EVC 为禁用，在“配置→配置→VMware EVC”中单击“编辑”按钮，如图 6-4-22 所示。

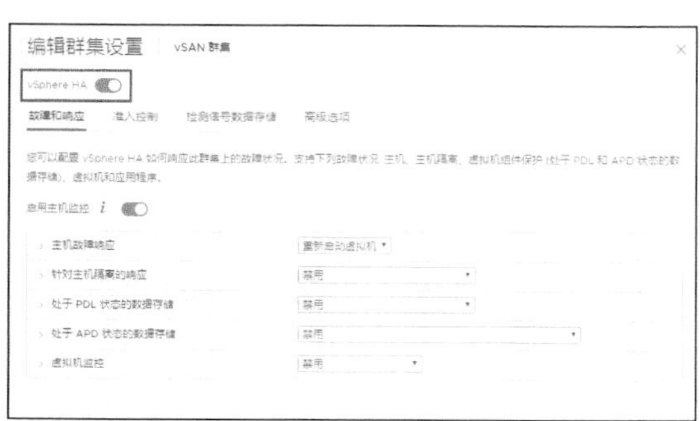

图 6-4-20 启用 vSphere HA

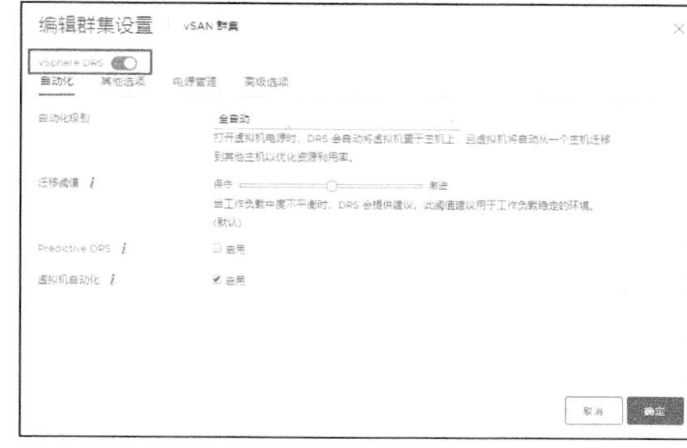

图 6-4-21 启用 vSphere DRS

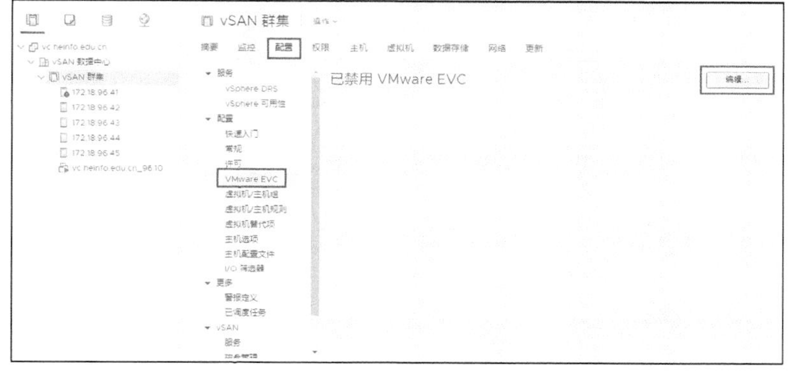

图 6-4-22 编辑 EVC

（5）在“更改 EVC 模式”对话框中选中“为 Intel®主机启用 EVC”，并在“VMware EVC 模式”中选择合适的选项，当选择正确时在“兼容性”列表中会显示“验证成功”，如图 6-4-23 所示。

（6）如果选择错误会提示“主机的 CPU 硬盘不支持群集当前的增强型 vMotion 兼容性模式。主机 CPU 缺少该模式所需的功能。”，如图 6-4-24 所示。

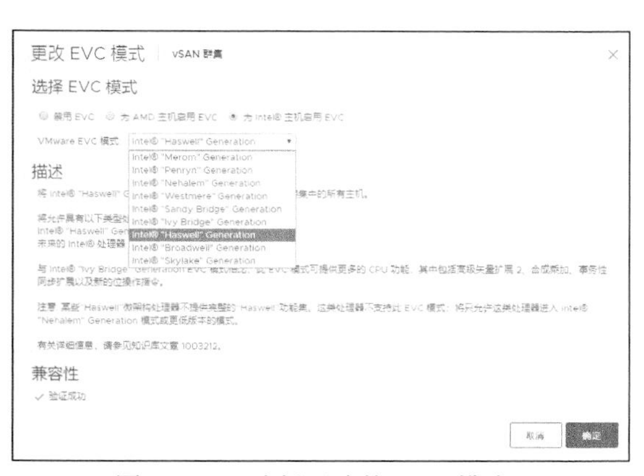

图 6-4-23 选择正确的 EVC 模式

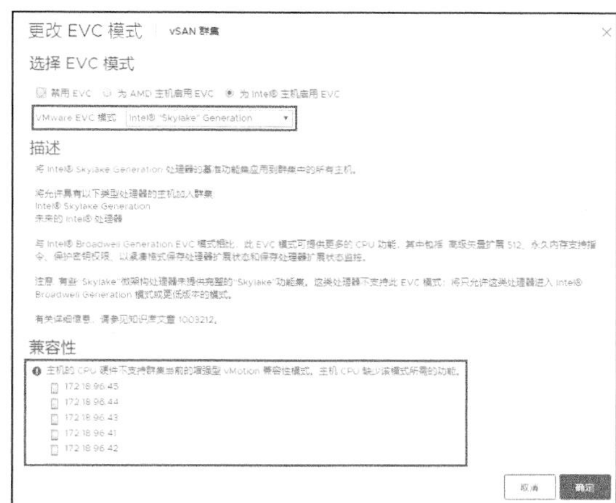

图 6-4-24 EVC 选择不正确

（7）如果要查看每台主机的 EVC 模式，在导航窗格中选中主机，在“摘要”选项卡的

“配置→EVC 模式”中查看主机支持的 EVC 模式，最后一行为当前主机 CPU 所能支持的最高项，如图 6-4-25 所示。在同一个群集中 EVC 的配置是以群集中支持的 EVC 最低的主机为基准的。

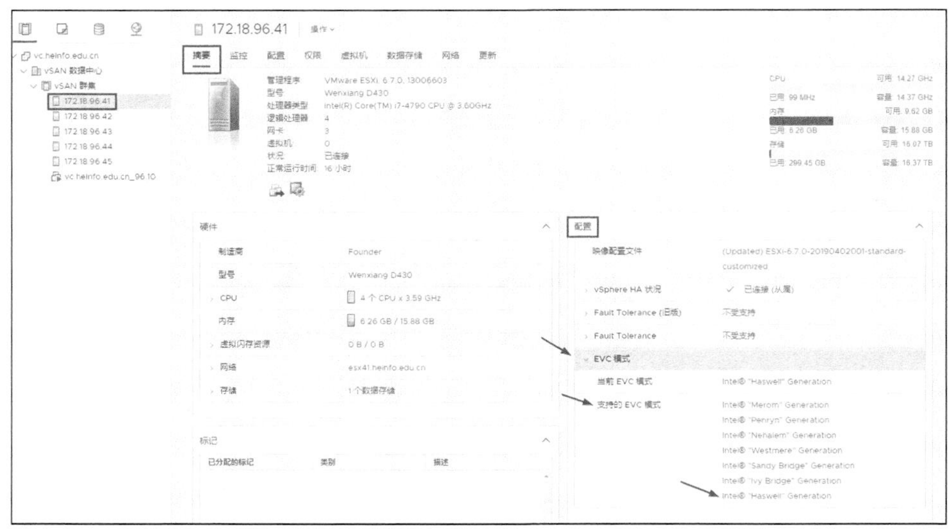

图 6-4-25 查看主机支持的 EVC 模式

说明

关于在不同主机配置 EVC 的内容可以查看作者的文章“在 vSphere 群集中配置 EVC 的注意事项”，链接地址为 https://blog.51cto.com/wangchunhai/2084434。

（8）启用 EVC 之后如图 6-4-26 所示。

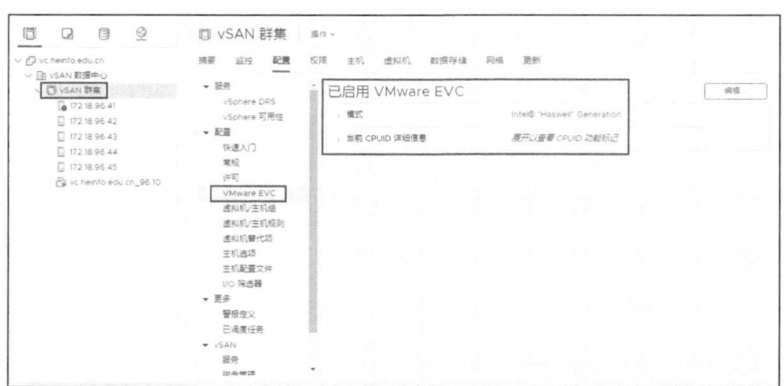

图 6-4-26 已启用 EVC

（9）在启用 HA 与 DRS 之后，vCenter Server 的虚拟机会迁移到 172.18.96.45 的主机（该主机资源足够），迁移之后如图 6-4-27 所示。

（10）在“vSAN 群集→主机”列表中，如果希望显示其他的参数，例如主机内存大小，可以单击显示列并在弹出的“显示/隐藏列”下拉列表中选择要显示的内容，或者取消要显示的内容，如图 6-4-28 所示。

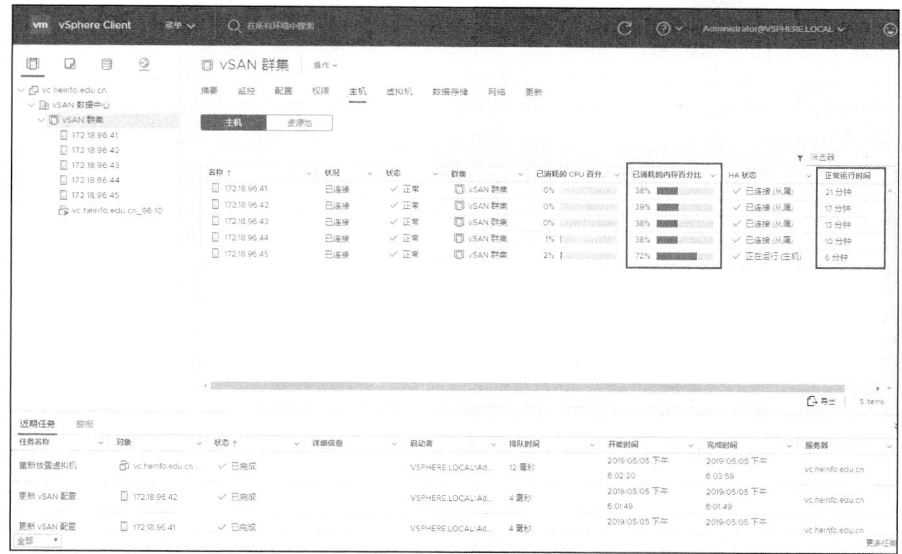

图 6-4-27 查看主机使用资源

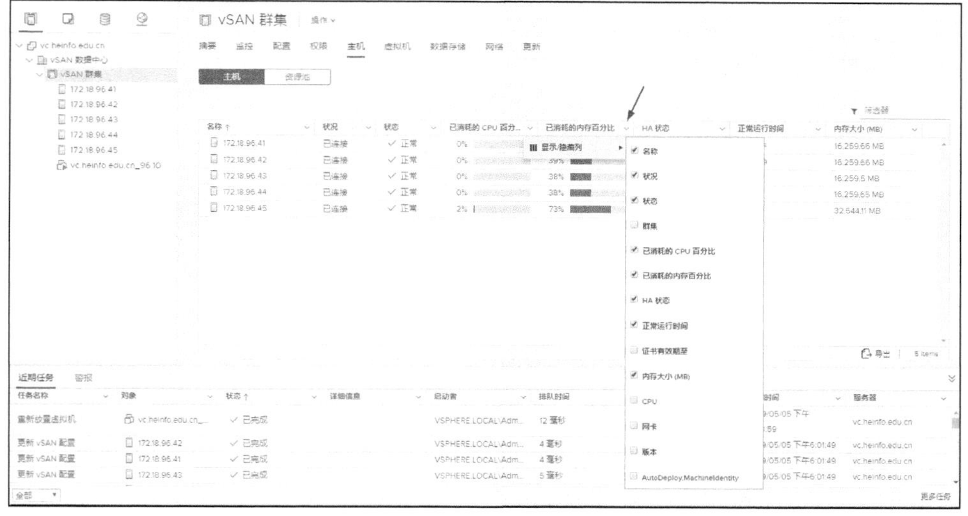

图 6-4-28 显示/隐藏列

6.5 理解虚拟机存储策略

vSAN 要求已部署到 vSAN 数据存储的虚拟机至少分配有一个存储策略。置备虚拟机时，如果没有向虚拟机明确分配存储策略，虚拟机会应用系统定义的默认存储策略，该策略名为“vSAN Default Storage Policy”。默认存储策略包含 vSAN 规则集和一组基本存储功能，通常用于放置已部署到 vSAN 数据存储上的虚拟机。

6.5.1 vSAN 存储策略参数

使用 vSphere Web Client 与 vSphere Client 登录 vCenter Server，创建或修改虚拟机存储

策略时显示的部分参数名称不一致。相对来说，在 vSphere Web Client 中看到的参数更专业、更具体一些，本节使用 vSphere Web Client 客户端登录 vCenter Server，介绍虚拟机存储策略。

（1）使用 vSphere Web Client 登录到 vCenter Server，在“主页”中单击“策略和配置文件”（见图 6-5-1），在导航窗格中单击“虚拟机存储策略”，如图 6-5-2 所示。

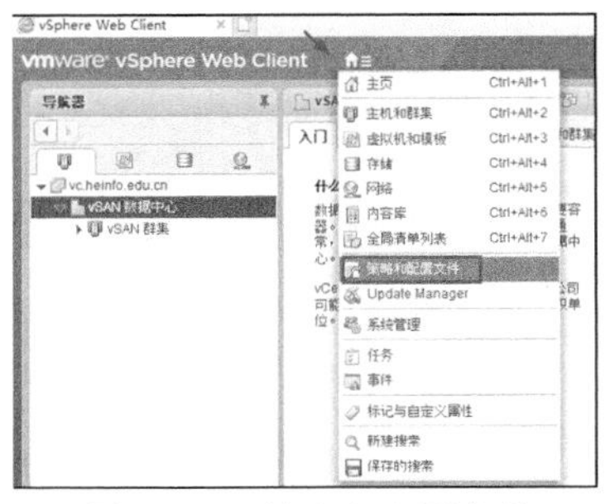

图 6-5-1 策略和配置文件

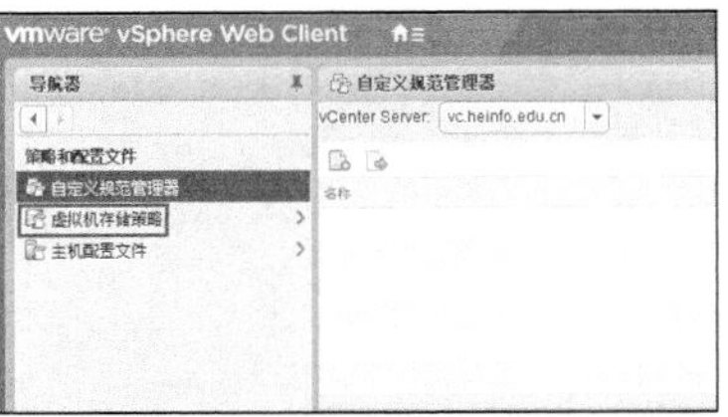

图 6-5-2 虚拟机存储策略

（2）在“虚拟机存储策略”中显示了系统默认创建的策略，一共有 4 个，分别是 vSAN Default Storage Policy（这就是默认的虚拟机存储策略，在创建虚拟机的时候默认使用的就是这个策略）、Wol No Requirements Policy、Host-local PMem Default Storage Policy、VM Encryption Policy，如图 6-5-3 所示。

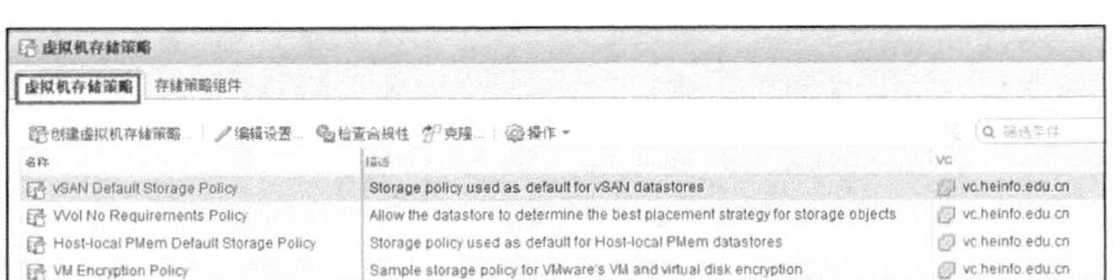

图 6-5-3 系统默认创建的存储策略

（3）在图 6-5-3 中可以新建虚拟机存储策略，选中已有的虚拟机存储策略进行修改、删除、克隆等操作。下面通过新建虚拟机存储策略，介绍 vSAN 存储策略参数。在图 6-5-3 中单击“创建虚拟机存储策略”，打开“创建新虚拟机存储策略”对话框，在“名称和描述”的“名称”中使用默认的名称“新建虚拟机存储策略”；在“规则集 1”的“存储类型”下拉列表中选择“VSAN”；在“<添加规则>”下拉列表中，选中一个规则进行添加，如图 6-5-4 所示。

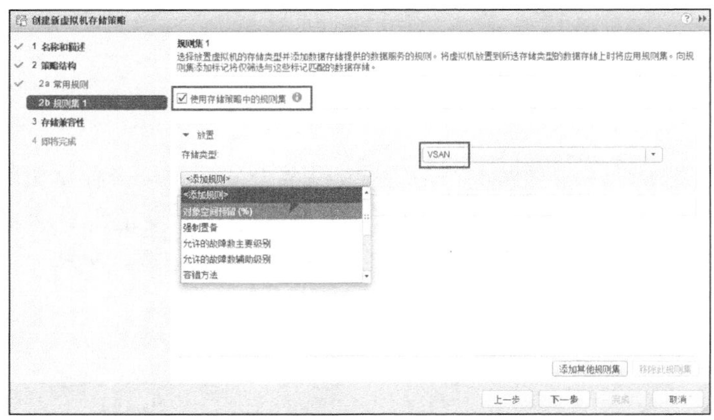

图 6-5-4 创建新虚拟机存储策略

（4）在图 6-5-4 中的“<添加规则>”选项中，将每个规则都添加到列表中，如图 6-5-5 所示。单击每条规则后面的“ⓘ”图标将显示该规则的详细信息，如图 6-5-6 所示。

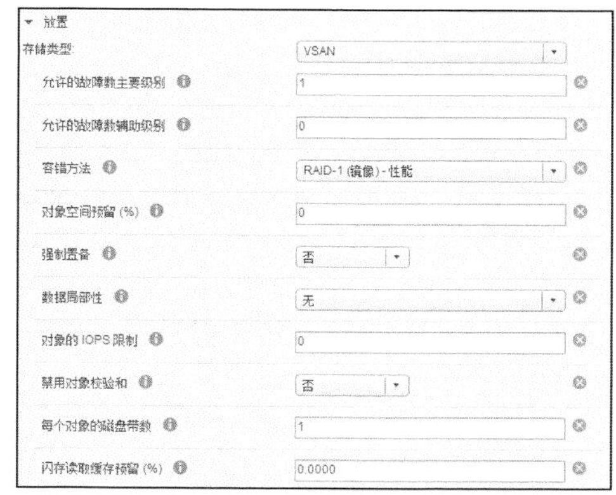

图 6-5-5 添加所有的规则

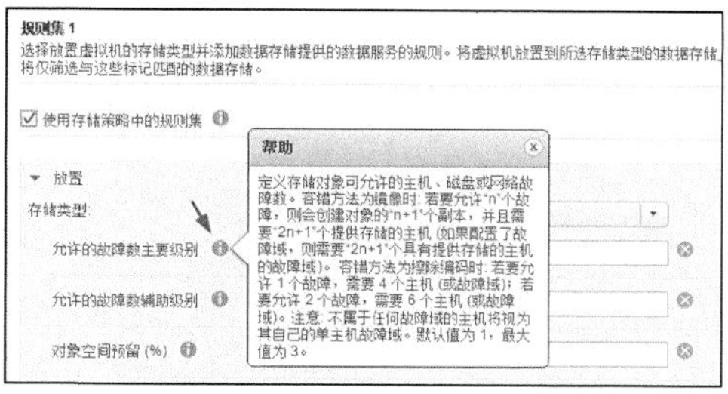

图 6-5-6 显示详细信息

vSAN 存储策略规则如表 6-5-1 所示。

表 6-5-1 vSAN 存储策略规则

规则	描述
允许的故障数主要级别（PFTT）	定义虚拟机对象允许的主机和设备故障的数量。 在标准 vSAN 群集中，用于主机。取值为 0、1、2、3，默认值为 1。 在延伸群集与配置了故障域的 vSAN 群集中，此规则定义虚拟机对象可允许的站点故障数量。 延伸群集 PFTT 的最大值为 1。在配置了故障域的 vSAN 群集中，取值为 0、1、2、3。 结合使用 PFTT 和 SFTT，以向数据站点内的对象提供本地故障保护。 PFTT 参数需要与“容错方法”配合使用。 如果容错方法为 RAID-1（镜像），可选参数 n 为 0、1、2、3。如果 PFTT 为 n，则创建的虚拟机对象副本数为 n+1，见证对象的个数为 n，这样所需的用于存储的主机数（或故障域）为副本数+见证数 = $n+1+n=2n+1$。 如果容错方法为 RAID-5/6，可选参数 n 为 1、2，则需要的主机数（或故障域）分别为 4、6。 置备虚拟机时，如果未选择存储策略，则 vSAN 将指定此策略作为默认虚拟机存储策略。 如果不希望 vSAN 保护虚拟机对象的单一镜像副本，则可指定 PFTT = 0。但是，主机在进入维护模式时，可能会出现异常延迟。发生延迟的原因是 vSAN 必须将该对象从主机中撤出才能成功完成维护操作。设置 PFTT = 0 意味着数据不受保护，当 vSAN 群集出现设备故障时可能会丢失数据。 在创建存储策略时，如果没有为 PFTT 指定一个值，vSAN 将为虚拟机对象创建一个镜像副本，只允许出现一个故障。但是，如果多个组件出现故障，数据可能会存在风险
允许的故障数辅助级别（SFTT）	此规则只有在延伸群集中生效，不能在非 vSAN 延伸群集（标准 vSAN 群集）中应用。此规则定义在达到 PFTT 定义的站点故障数量后对象可允许的额外主机故障数量。如果 PFTT = 1、SFTT = 2，且有一个站点不可用，则群集可允许 2 个额外主机故障。 可选参数 n 为 0、1、2、3，默认值为 1。 在延伸群集中，SFTT 用于首选站点和辅助站点。例如，当 PFTT = 1，SFTT = 2 时，要求每个站点最少有 5 台主机。 配置了故障域的 vSAN 群集，实际上仍然相当于标准 vSAN 群集，所以不应该为此群集配置 SFTT = 0 以外的其他参数

续表

规则	描述
数据局部性	在延伸群集中，仅当 PFTT 设置为 0 时，该规则才可用。可以将数据局部性规则设置为无、首选或辅助。使用该规则可以将虚拟机对象限制到延伸群集中的某个选定站点或主机。 默认值为“无”
容错方法	指定数据复制方法针对性能还是容量进行优化。性能优化是指采用 RAID-1，容量优化是指采用 RAID-5 或 RAID-6。RAID-1 用于混合架构或全闪存架构的 vSAN 群集，RAID-5 或 RAID-6 只能用于全闪存架构的 vSAN 群集。 如果选择 RAID-1（镜像），vSAN 将使用较多磁盘空间来放置对象的组件，但提供的对象访问性能较高。如果选择 RAID-5/6（纠删码），vSAN 将使用较少磁盘空间，但性能会下降。 使用 RAID-1：允许的故障数级别为 1，需要具有 4 个或更多故障域的群集。 使用 RAID-5/6：允许的故障数级别为 2，需要具有 6 个或更多故障域的群集。 在配置了允许的故障数辅助级别的延伸群集中，该规则仅适用于允许的故障数辅助级别
每个对象的磁盘带数（SW）	虚拟机对象的每个副本在其上进行条带化的容量设备的最低数量。值如果大于 1，则可能产生较好的性能，但也会导致使用较多的系统资源。默认值为 1。最大值为 12。请勿更改默认的虚拟机存储策略的条带化值。 在混合环境中，磁盘带分散在磁盘中。在全闪存配置中，会在构成容量层的闪存设备中进行条带化。在使用每个对象的磁盘带数参数时，确保 vSAN 环境提供了足够的容量设备以容纳请求
闪存读取缓存预留（%）	闪存读取缓存预留（Flash Read Cache Reservation）是指作为虚拟机对象的读取缓存预留的闪存容量，数值为该虚拟机磁盘（VMDK）逻辑大小的百分比，这个百分比的数值最多可以精确到小数点后 4 位。例如 2TB 的 VMDK，如果预留百分比为 0.1%，则缓存预留的闪存容量是 2.048GB。预留的闪存容量无法供其他对象使用。未预留的闪存容量在所有对象之间公平共享。此规则仅用于解决特定性能问题。全闪存配置不支持此规则，因此在定义虚拟机存储策略时，不应更改其默认值。vSAN 仅支持将此规则用于混合配置，无须设置预留即可获取缓存。默认情况下，vSAN 将按需为存储对象动态分配读取缓存。这是最灵活、最优化的资源利用。因此，通常无须更改此规则的默认值 0。 如果在解决性能问题时要增加该值应小心谨慎。如果在多台虚拟机之间过度分配缓存预留空间，则需小心是否可能导致 SSD 空间因超额预留而出现浪费，且在给定时间无法用于需要一定空间的工作负载。这可能会影响一些性能。 默认值为 0%，最大值为 100%
强制置备	强制置备（Force Provisioning）：如果强制置备设置为是（yes），则即使现有存储资源不满足存储策略，也会置备该对象。 强制置备允许 vSAN 在虚拟机初始部署期间违反 FTT、条带宽度和闪存读取缓存预留的策略要求。vSAN 将尝试找到符合所有要求的位置。如果找不到，它将尝试找一个更加简单的位置，即将要求降低到 FTT=0、条带宽度=1、闪存读取缓存预留=0%。这意味着 vSAN 将尝试创建仅具有 1 份副本的对象。不过，对象依然遵守对象空间预留的策略要求。 vSAN 在为对象查找位置时，不会仅仅降低无法满足的要求。例如，如果对象要求 FTT=2，但该要求得不到满足，那么 vSAN 不会尝试 FTT=1，而是直接尝试 FTT=0。同样，如果要求是 FTT=1、条带宽度=10，但 vSAN 没有足够的持久化容量盘容纳条带宽度=10，那么它将退回到 FTT=0、条带宽度=1，即使策略 FTT=1、条带宽度=1 能成功也不会选择该策略。 使用强制置备虚拟机的管理员需要注意，一旦附加资源在群集中变得可用，如添加新主机或新磁盘，或者处于故障或维护模式的主机恢复正常，vSAN 可能会立即占用这些资源，以尝试满足虚拟机的策略设置，也即朝着合规的方向努力。 强制置备默认设置为否（no），这对于大多数生产环境都是可接受的。当不满足策略要求时，vSAN 可以成功创建用户定义的存储策略，但无法置备虚拟机

续表

规则	描述
对象空间预留（%）	对象空间预留（Object Space Reservation）是指，部署虚拟机时应预留或厚置备的虚拟机磁盘（VMDK）对象的逻辑大小百分比。默认值 0%意味着部署在 vSAN 上的所有对象都是精简置备的，一开始不占任何空间，只有当数据写入后，才会按存储策略动态占据 vsanDatastore 的空间。 对象空间预留最大值为 100%。当对象空间预留设置为 100%时，虚拟机存储对空间的要求会被设为厚置备延迟置零（Lazy Zeroed Thick，LZT）格式。 对象空间预留设置为 0%时，在默认情况下精简置备虚拟磁盘，但管理员可以在置备虚拟机硬盘时选择“厚置备延迟置零”或“厚置备置零”选项，强制立刻分配空间
禁用对象校验和	如果该规则设置为否，该对象将计算校验和信息来确保其数据的完整性。如果该规则设置为是，该对象不计算校验和信息。 vSAN 使用端到端校验和来确保数据的完整性，即确认文件的每个副本都与源文件完全相同。系统会在读取/写入操作期间检查数据的有效性，如果检测到错误，vSAN 将修复数据或报告错误。 如果检测到校验和不匹配，vSAN 将使用正确数据覆盖错误数据来自动修复数据。校验和计算和错误更正作为后台操作执行。 群集中所有对象的默认设置为否，表示启用校验和
对象的 IOPS 限制	定义对象（例如 VMDK）的 IOPS 限制。IOPS 使用加权大小计算，表示为 I/O 操作数。如果系统使用的默认基本大小为 32KB，则 64KB I/O 表示 2 个 I/O 操作。 计算 IOPS 时，读取和写入同等对待，但不考虑缓存命中率和顺序性。如果磁盘的 IOPS 超过此限制，将限制 I/O 操作。如果对象的 IOPS 限制设置为 0，将不会强制执行 IOPS 限制。 vSAN 允许对象在操作的第一秒或一段时间不活动后 IOPS 达到限制速率的 2 倍

虚拟机存储策略中不容易理解的参数是允许的故障数主要级别、允许的故障数辅助级别，与此配置使用的参数是容错方法。下面对这些参数展开介绍。

（1）允许的故障数（FTT）、允许的故障数主要级别（PFTT）、允许的故障数辅助级别（SFTT）。

在 vSAN 6.6 以前的版本，虚拟机存储策略的参数名称是“允许的故障数，number of Failures To Tolerate，简写为 FTT），允许的故障数定义了虚拟机对象允许的主机和设备故障的数量。如果 FTT 为 n，则创建的虚拟机对象副本数为 $n+1$，见证对象的个数为 n，这样所需的用于存储的主机数为副本数+见证数 $=n+1+n=2n+1$。

允许的故障数默认为 1，表示副本数为 2，最多允许一台主机出故障，此时主机数最少为 3。

在标准 vSAN 群集中，容错方式为镜像（即 RAID-1）时允许的故障数最大为 3。在全闪存架构中，容错方式为 RAID-5/6（擦除编码或称为纠删码）时，允许的故障数最大为 2。允许的故障数、容错方法与需要的主机数如表 6-5-2 所示。

表 6-5-2　标准 vSAN 群集中允许的故障数、容错方法与需要的主机数

允许的故障数（FTT）	容错方法	需要的主机数	推荐的主机数	架构支持
0	RAID-1	1	1	混合架构、全闪存架构
1	RAID-1	3	4	混合架构、全闪存架构
2	RAID-1	5	6	混合架构、全闪存架构

续表

允许的故障数（FTT）	容错方法	需要的主机数	推荐的主机数	架构支持
3	RAID-1	7	8	混合架构、全闪存架构
1	RAID-5/6	4	5	全闪存架构
2	RAID-6/6	6	7	全闪存架构

从 vSAN 6.6 开始，“允许的故障数”这个参数重命名为“允许的故障数主要级别”（PFTT），新增加了“允许的故障数辅助级别（SFTT）”参数。PFTT 参数的意义、作用不变。新增加的 SFTT 参数用于故障域、站点内的主机数。

在标准的 vSAN 群集中，PFTT 参数有意义，可选参数为 0、1、2、3，分别应用于至少 1、3、5、7 台主机的环境。如图 6-5-7 所示的 4 节点 vSAN 群集，PFTT 最大为 1，最小为 0。

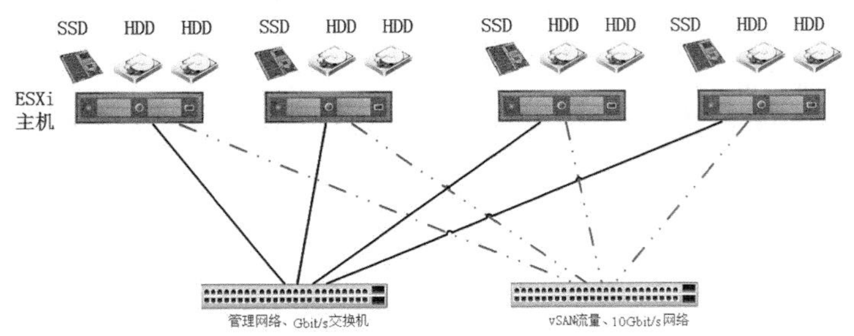

图 6-5-7 标准 vSAN 群集

划分了故障域的 vSAN 群集属于非延伸群集。所以在有故障域的 vSAN 群集中，只有 PFTT 参数有意义。PFTT 用于故障域的数量，不应在划分了故障域的 vSAN 群集中配置 SFTT 参数。如果在有故障域的 vSAN 群集中配置了 SFTT = 0 以外的参数，则无法应用虚拟机存储策略。在有故障域的 vSAN 群集中，PFTT 最大为 3，SFTT 不设置或设置为 0。如图 6-5-8 所示，这是一个有 4 个故障域、每个故障域有 3 台主机的 vSAN 群集，此配置中 PFTT 最大为 1，SFTT 不设置或设置为 0。

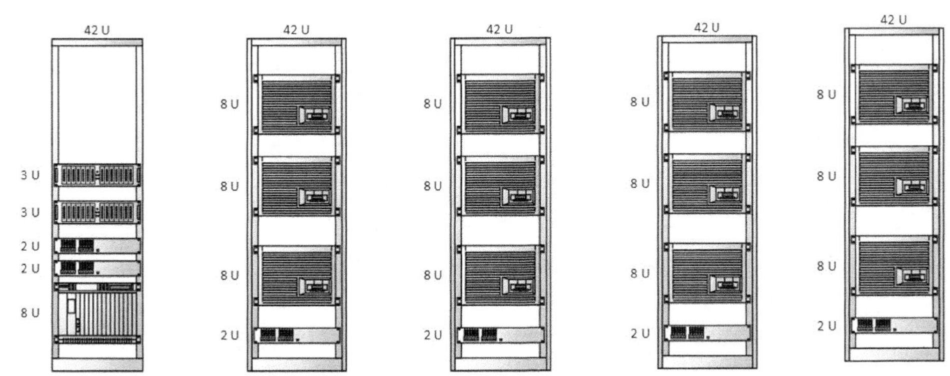

图 6-5-8 有故障域的 vSAN 群集（嵌套 vSAN 群集）

在延伸群集中可以应用 PFTT 与 SFTT。在延伸群集中，PFTT 最大为 1，可选为 0。SFTT 用于首选站点或辅助站点的主机数量。在图 6-5-9 所示的拓扑中，首选站点与辅助站点各有 6 台主机，在此配置情况下，PFTT 可以设置为 0 或 1，SFTT 最大设置为 2。

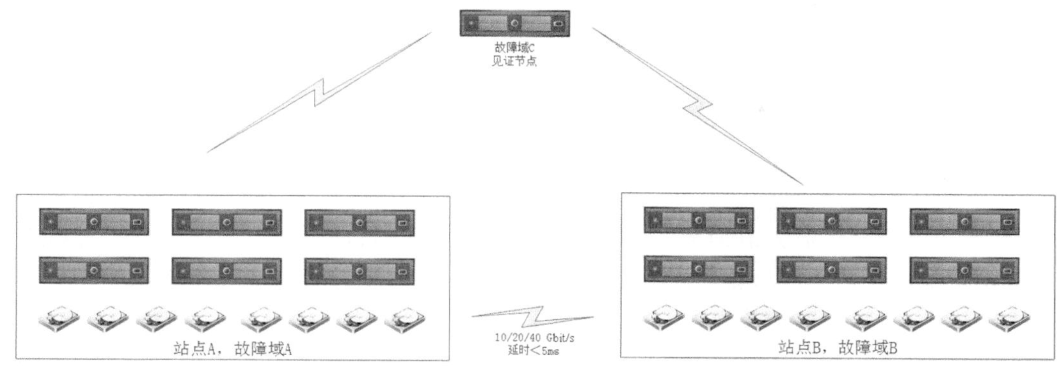

图 6-5-9 延伸群集

2 节点直连 vSAN 群集相当于首选站点、辅助站点的主机数量为 1 的延伸群集，在此配置中 PFTT 为 1，SFTT 为 0，拓扑如图 6-5-10 所示。

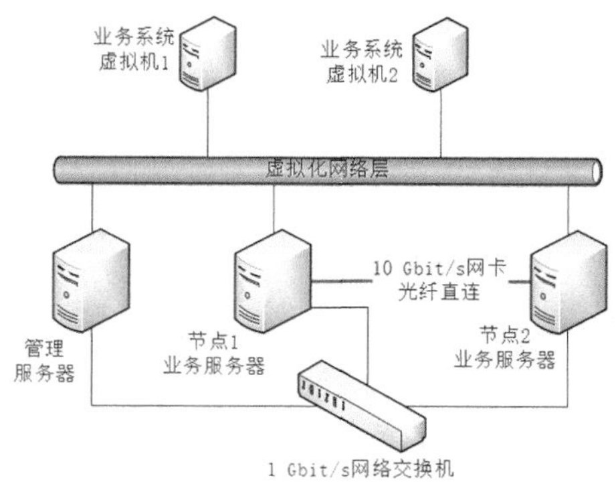

图 6-5-10 2 节点直连的 vSAN 群集

SFTT 的参数与容错方式有关。在延伸群集中，首选站点与辅助站点各需要的主机数如表 6-5-3 所示。

表 6-5-3 延伸群集首选站点与辅助站点中各需要的主机数

SFTT	容错方法	首选/辅助站点的主机数	推荐的主机数	架构支持
1	RAID-1	3	4	混合架构、全闪存架构
2	RAID-1	5	6	混合架构、全闪存架构
3	RAID-1	7	8	混合架构、全闪存架构
1	RAID-5	4	5	全闪存架构
2	RAID-6	6	7	全闪存架构

（2）每个对象的磁盘带数（Stripe Width，SW）设置为 1。

每个对象的磁盘带数是指，虚拟机对象的每个副本所横跨的持久化层（容量层）的磁盘数量，也即每个副本的条带宽度。该参数默认值为 1。如果修改该参数大于 1，则可能产生较好的性能，但也会导致使用较多的系统资源。

在混合配置中，条带分散在磁盘中。在全闪存配置中，可能会在构成持久化层的 SSD 中进行条带化。

需要强调的是，vSAN 目前主要是靠缓存层的 SSD 来确保性能。所有的写操作都会先写入缓存层的 SSD，因此增大条带宽度，不一定就带来性能的提升。只有混合配置下的两种情况能确保增加条带宽度可以增加性能：一是写操作时，如果存在大量的数据从 SSD 缓存层写到 HDD；二是读操作时，如果存在大量的数据在 SSD 缓存层中没有命中。因为多块 HDD 并不能在这两种情况下提升性能。

SW 默认值为 1，最大值为 12。VMware 不建议更改默认的条带宽度。

容错方法、允许的故障数、磁盘带数与 vSAN 中容量磁盘的关系如下：

当磁盘带数为 1、容错方法为 RAID-1 时，（2 × 允许的故障数 + 1）≤vSAN 群集中所有容量磁盘总数。

当磁盘带数大于 1、容错方法为 RAID-1 时，（允许的故障数 + 1）× 磁盘带数≤vSAN 群集中所有容量磁盘总数。

例如，5 台主机组成 vSAN 群集，每台主机具有 1 个磁盘组，每个磁盘组具有 1 块缓存磁盘、2 块容量磁盘时，当前 vSAN 群集一共有 10 块容量磁盘。在这种情况下可以创建如下的虚拟机存储策略。

- 当 PFTT＝1 时，允许创建 SW＝1、SW＝2、SW＝3、SW＝4、SW＝5 的虚拟机存储策略。
- 当 PFTT＝2 时，允许创建 SW＝1、SW＝2、SW＝3 的虚拟机存储策略。

当容错方法为 RAID-5（允许的故障数为 1）时，磁盘带数 × 4≤vSAN 中所有容量磁盘总数。

当容错方法为 RAID-6（允许的故障数为 2）时，磁盘带数 × 6≤vSAN 中所有容量磁盘总数。

例如，在混合架构中，容错方法为“镜像（RAID-1）”时，如果允许的故障数为 1，要满足磁盘带数为 2 的条件，该 vSAN 群集中所有容量磁盘总数至少为 6 块；如果允许的故障数为 2，要满足磁盘带数为 2 的条件，该 vSAN 群集中所有容量磁盘总数至少需要 10 块。

在 vSphere Client 中的虚拟机存储策略的参数名称与在 vSphere Web Client 中的参数名称不太一致。下面使用 vSphere Client 界面查看虚拟机存储策略。

（1）使用 vSphere Client 登录 vCenter Server，在“菜单”中选择“策略和配置文件”，在左侧导航窗格中选择“虚拟机存储策略”，在右侧单击“创建虚拟机存储策略”，如图 6-5-11 所示。

图 6-5-11 虚拟机存储策略（HTML5 界面）

（2）在“创建虚拟机存储策略→名称和描述”中使用默认的名称，单击“下一页”。

（3）在“策略结构”中选中“为 vSAN 存储启用规则”，如图 6-5-12 所示。

（4）在“vSAN”中查看策略，在 HTML5 的设置界面中，每个策略有可用性、高级策略规则、标记三个选项卡。在“可用性”选项卡中有站点容灾和允许的故障数。其中“站点容灾”下拉列表中可供选择的参数有无-标准群集、无-具有嵌套故障域的标准群集、双站点镜像（延伸群集）、无-将数据保留在首选站点上（延伸群集）、无-将数据保留在非首选站点上（延伸群集）、无-延伸群集（见图 6-5-13），“允许的故障数”下拉列表中可供选择的参数有无数据冗余、1 个故障-RAID-1（镜像）、1 个故障-RAID-5（纠删码）、2 个故障-RAID-1（镜像）、2 个故障-RAID-6（纠删码）、3 个故障-RAID-1（镜像），如图 6-5-14 所示。

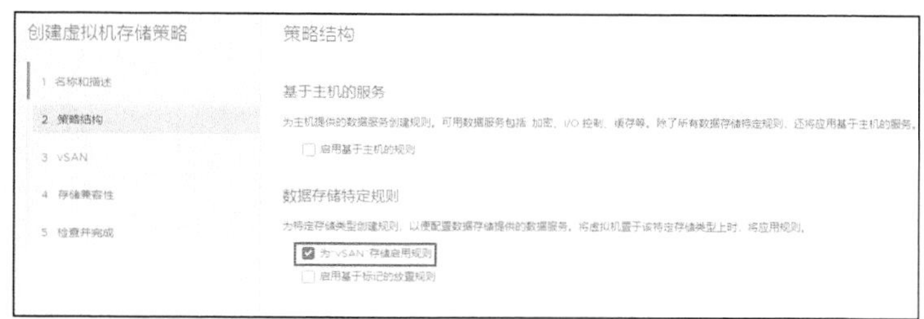

图 6-5-12 策略结构

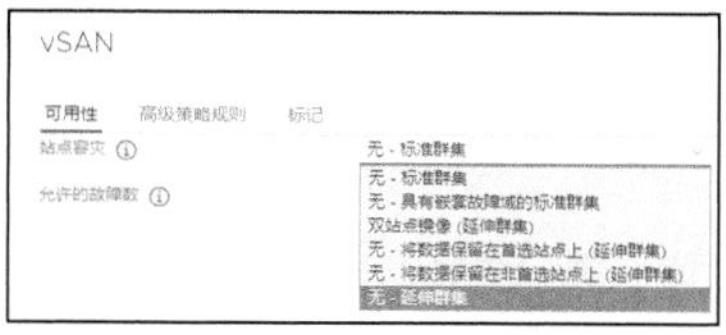

图 6-5-13 站点容灾

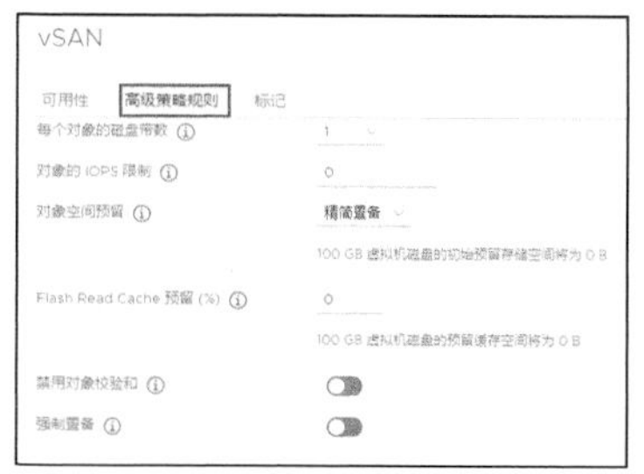

图 6-5-14 允许的故障数

图 6-5-15 高级策略规则

（5）在“高级策略规则”选项卡中的参数有每个对象的磁盘带数、对象的 IOPS 限制、对象空间预留、Flash Read Cache 预留、禁用对象校验和、强制置备，如图 6-5-15 所示。这些参数与 vSphere Web Client 中的参数相同。

在创建虚拟机存储策略时，如果使用允许的故障数主要级别、允许的故障数辅助级别，建议使用 vSphere Web Client。

6.5.2 添加虚拟机存储策略

在大多数情况下使用默认的虚拟机存储策略即可以获得较好的性能、较高的安全性。但在实际的生产环境中，为了不同的需求，可以根据 vSAN 架构（混合架构或全闪存架构）、vSAN 主机数量、每台主机的磁盘组数及每个磁盘组中容量磁盘的数量，添加多台虚拟机存储策略。

例如，在混合架构或全闪存架构中，某些虚拟机需要更高的安全性，这时候就可以考虑为该虚拟机添加并应用允许的故障数为 2 或 3 的虚拟机存储策略。

在全闪存架构中，为了节省磁盘空间，可以添加容错方式为 RAID-5、允许的故障数为 1 的虚拟机存储策略；或者添加容错方式为 RAID-6、允许的故障数为 2 的虚拟机存储策略。

如果 vSAN 中每台节点主机至少有 2 个磁盘组，每个磁盘组有多块磁盘，可以添加磁盘带数大于 1 的虚拟机存储策略。应注意，在大多数情况下，单一虚拟机磁盘会在容量超过 255GB 时进行拆分，此拆分类似于磁盘带数但与磁盘带数并不完全一样。在配置磁盘带数规则时，虚拟机硬盘（VMDK 文件）会在多个不同的磁盘或多个不同的磁盘组进行拆分，但虚拟机磁盘容量在超过 255GB 进行拆分时，有可能在同一硬盘进行多次拆分（即拆分后的文件保存在同一磁盘）。

下面介绍添加虚拟机存储策略的方法，在添加虚拟机存储策略之前，查看当前 vSAN 中的主机数、磁盘组数、容量磁盘数，如图 6-5-16 所示。

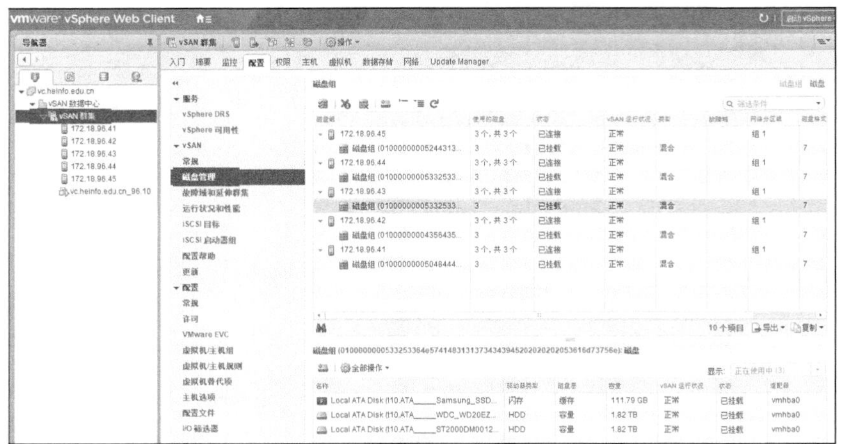

图 6-5-16 查看磁盘组

在本示例中为 5 节点标准 vSAN 群集，当前群集中有 5 台主机，每台主机有 1 个磁盘组，每个磁盘组有 2 块容量磁盘，合计一共有 10 块容量磁盘。根据前面介绍的知识，当前 vSAN 群集能支持的虚拟机存储策略如下。

策略 1：允许的故障数主要级别 PFTT = 2，磁盘带数为 2。应用此策略的虚拟机在 5 台主机创建 3 份副本、2 份见证文件，每块虚拟磁盘保存在 2 个不同的物理硬上。

策略 2：允许的故障数主要级别 PFTT = 1，磁盘带数为 4。应用此策略的虚拟机在其中 3 台主机创建 2 份副本、1 份见证文件，每块虚拟磁盘保存在 4 个不同的物理硬盘上。

如果创建超过这 2 个参数的策略，策略可以创建成功但没有支持该策略的存储。例如，创建 PFTT = 3 或创建 SW = 5 的策略都没有支持的存储。下面分别创建 PFTT = 2、SW = 2，PFTT = 1、SW = 4 与 PFTT = 3 等几个策略。

（1）在 vSphere Web Client 中打开“虚拟机存储策略”，单击“创建虚拟机存储策略”，在“名称和描述”的“名称”中输入新建存储策略的名称，可以使用中、英文名称。一般情况下，输入的策略名称与规则相关。例如，本示例要创建的策略是允许的故障数主要级别为 2、磁盘带数为 2，则输入名称为“PFTT=2，SW=2”，如图 6-5-17 所示。

（2）在“规则集 1”的“存储类型”下拉列表中选择“VSAN”，在“<添加规则>”下拉列表中，依次选择将要添加的规则，本示例为“允许的故障数主要级别”和“每个对象的磁盘带数”，如图 6-5-18 所示。设置允许的故障数主要级别为 2、磁盘带数为 2。

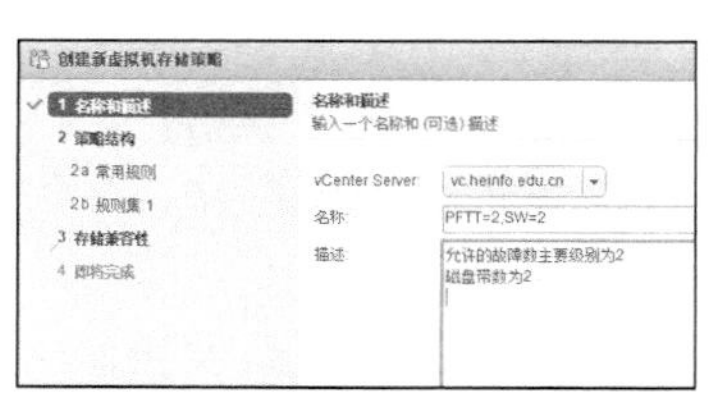

图 6-5-17 输入存储策略名称

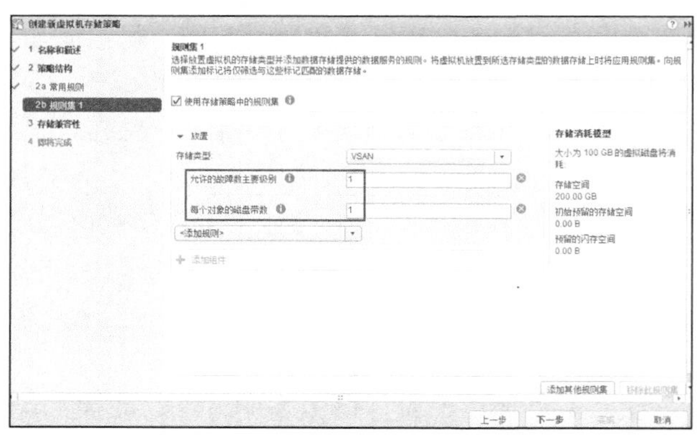

图 6-5-18 规则集 1

（3）在“存储兼容性”中显示了当前的虚拟机存储策略相匹配的存储。如果创建的虚拟机存储策略的规则超过了当前 vSAN 中所能支持的级别，则可用容量将是 0。只有创建的规则没有超出当前 vSAN 所支持的级别时，在“兼容的存储”列表中才会显示可用的存储。而在“不兼容”一行则显示不兼容的存储。在本示例中当前环境中的 vSAN 存储可以满足要求，如图 6-5-19 所示。

（4）在“即将完成”中确认信息正确无误，单击“完成”按钮，添加规则完成，如图 6-5-20 所示。添加之后，返回到“虚拟机存储策略”。

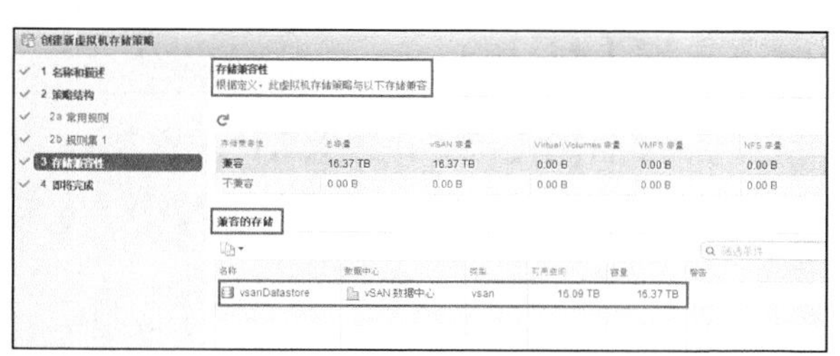

图 6-5-19　存储兼容性

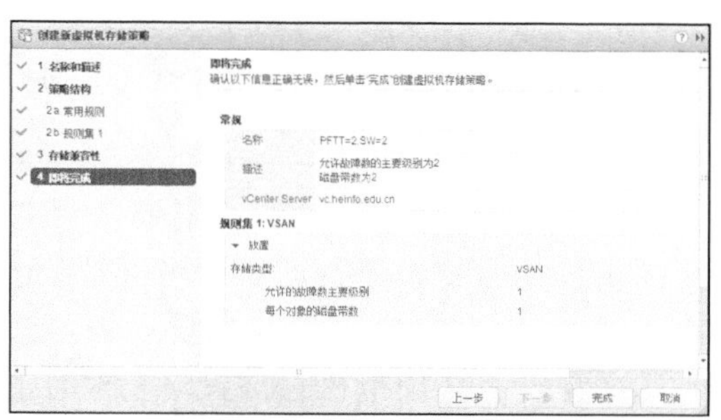

图 6-5-20　即将完成

参照（1）～（4）的步骤，创建 PFTT = 1，SW = 4 与 PFTT = 3 等策略。主要步骤如下。

（1）创建新的虚拟机存储策略，设置策略名称为“PFTT = 1，SW = 4”（见图 6-5-21）；在“规则集 1”中添加允许的故障数主要级别为 1、每个对象的磁盘带数为 4（见图 6-5-22），在这种规则情况下当前有兼容的存储，如图 6-5-23 所示。创建策略完成后保存该策略。

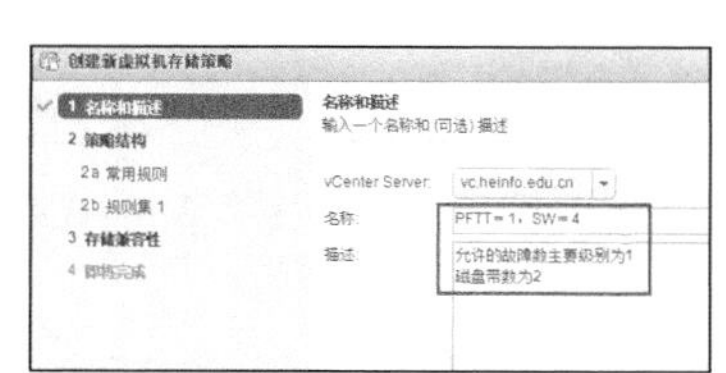

图 6-5-21　存储策略名称

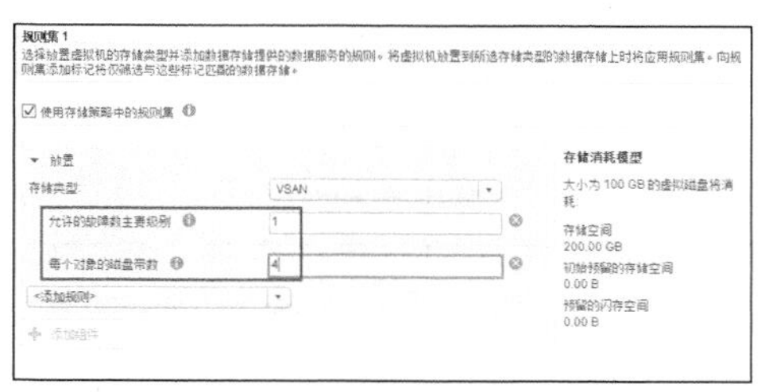

图 6-5-22　磁盘带数为 4

（2）再次创建新的虚拟机存储策略，设置策略名称为“PFTT = 3”（见图 6-5-24）；在“规则集 1”中添加允许的故障数主要级别为 3（见图 6-5-25），在这种规则情况下当前没有兼容的存储，如图 6-5-26 所示。创建策略完成后保存该策略。

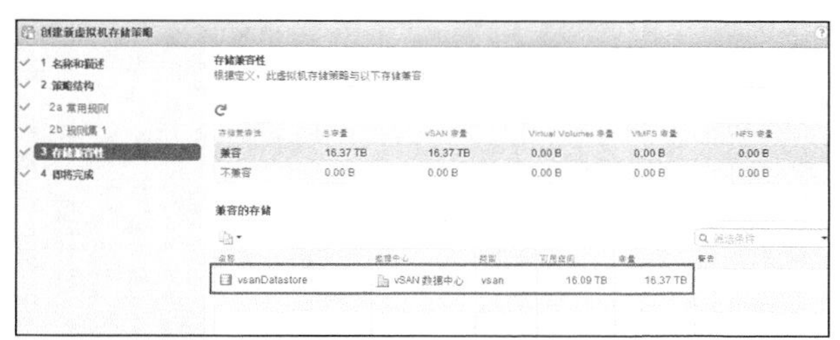

图 6-5-23　存储兼容性

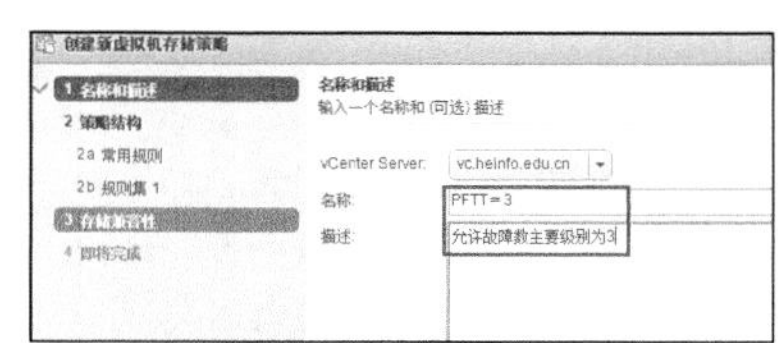

图 6-5-24　创建 PFTT = 3 的策略

还可以创建其他的策略，例如 PFTT = 1，SW = 2 等策略。这些不再一一介绍。

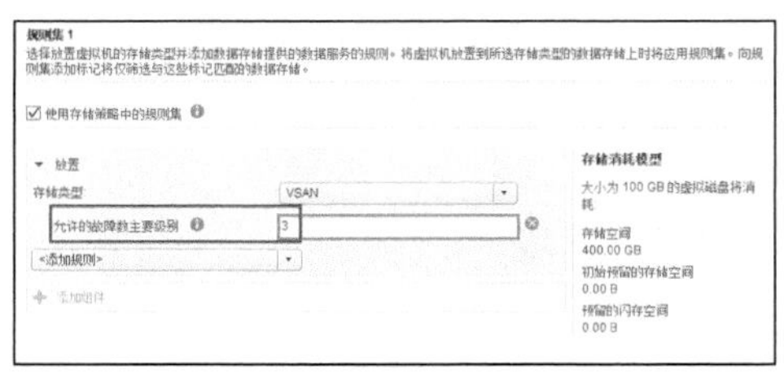
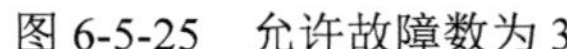

图 6-5-25　允许故障数为 3

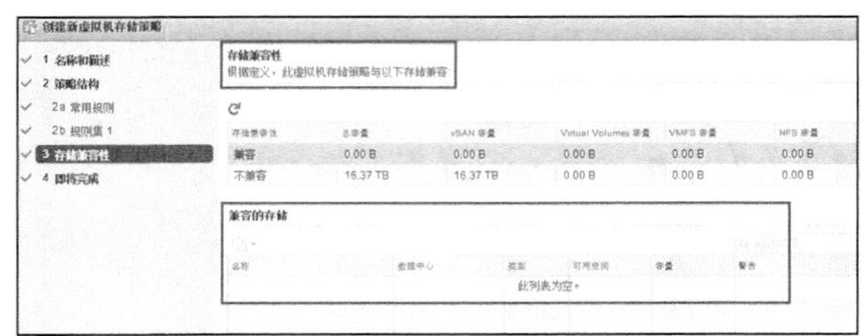

图 6-5-26　没有兼容的存储

说明

虚拟机存储策略规则集，一般要同时满足两个条件：提供容量磁盘的主机数量符合要求、容量磁盘总数符合要求，其中任何一个条件不能满足，即表示没有兼容的存储。

例如：配置 FTT = 3 至少需要 7 台主机，并且这 7 台主机都要有磁盘组；配置 RAID-5 至少需要 4 台主机并且这 4 台主机是全闪存的磁盘组；配置 RAID-1、FTT = 1、SW = 2 至少需要 3 台主机，一共至少需要 6 块容量磁盘。

如果没有与虚拟机存储策略相兼容的存储，则虚拟机存储策略将不能应用于虚拟机，除非"强制置备"。

6.5.3　部署虚拟机应用虚拟机存储策略

上文创建了若干虚拟机存储策略，本节学习怎样使用这些策略。可以在新建虚拟机的时候选择使用虚拟机存储策略，也可以选择已有虚拟机、通过修改存储策略的方式，为虚拟机选择新的存储策略。

新建虚拟机，既可以使用向导新建虚拟机，也可以直接从 OVF 模板导入。无论使用何种方式，在选择存储器时都会选择虚拟机存储策略。

（1）登录 vSphere Client，在导航窗格中选择数据中心、群集或某台 ESXi 主机，用鼠标右键单击，在弹出的快捷菜单中选择"新建虚拟机"，设置虚拟机名称为"Win10X64-TP"，如图 6-5-27 所示。

（2）在"选择存储"的"虚拟机存储策略"中选择"PFTT = 1，SW = 4"，如图 6-5-28 所示。

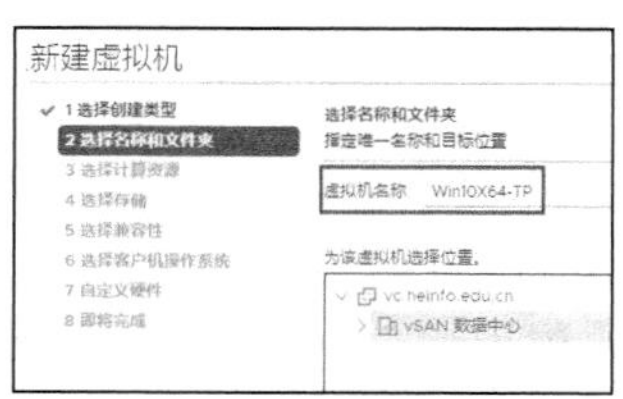

图 6-5-27　新建虚拟机

图 6-5-28　选择虚拟机存储策略

（3）在“自定义硬件”中，为虚拟机选择 2 个 CPU、4GB 内存、60GB 的硬盘空间，显卡选择“自动检测设置”，如图 6-5-29 所示。其他根据需求选择。

（4）在“即将完成”中显示了新建虚拟机的参数，检查无误之后单击“FINISH”按钮，如图 6-5-30 所示。

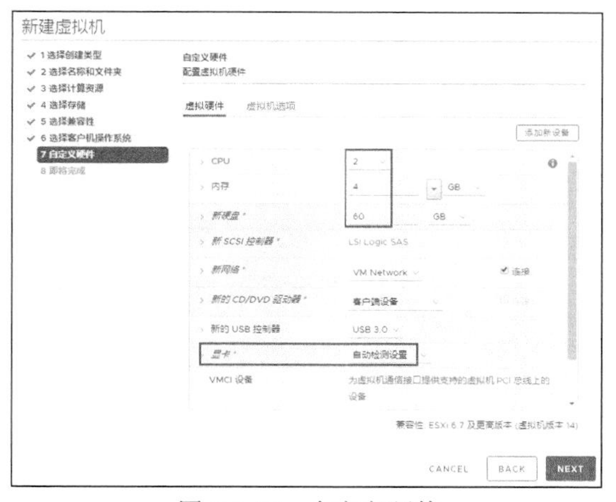

图 6-5-29 自定义硬件

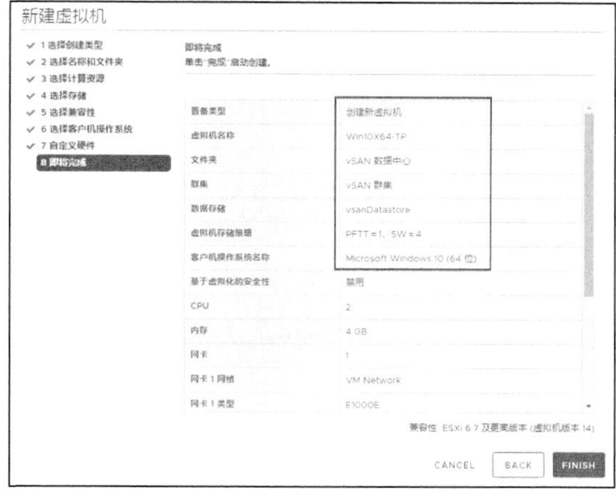

图 6-5-30 创建虚拟机完成

6.5.4 查看虚拟磁盘 RAID 方式

在部署了虚拟机之后，在导航窗格中选中“主机和群集→vSAN 群集”，选择“监控→vSAN→虚拟对象”，先在列表中选择虚拟机的虚拟磁盘，然后单击“查看放置详细信息”，如图 6-5-31 所示。

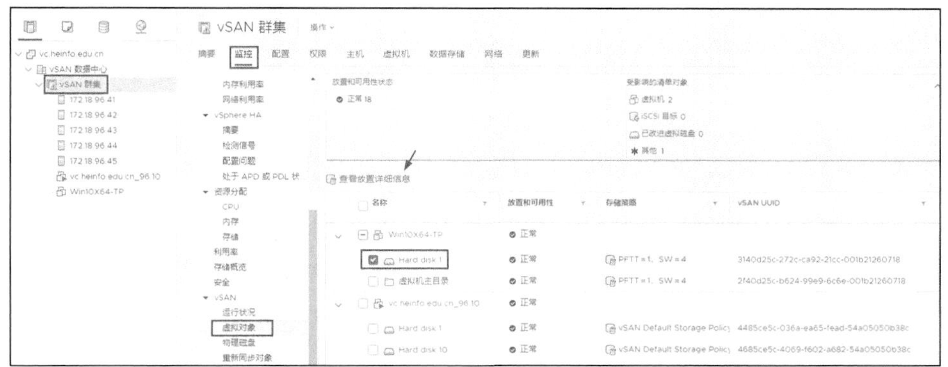

图 6-5-31 查看放置详细信息

在“物理放置”对话框中显示了当前磁盘的组成，如图 6-5-32 所示。

在此可以看到，当 PFTT = 1 时整体相当于 RAID-1，有 2 份相同的磁盘文件组成镜像。当设置了 SW = 4 时，每台虚拟机硬盘保存在 4 块不同的 ESXi 主机物理硬盘上，相当于 4 块硬盘组成 RAID-0 的方式。在图 6-5-32 的缓存磁盘中可以看到，数据是保存在不同的磁盘组中。

如果使用 vSphere Web Client 登录，在“vSAN 群集→监控→vSAN→虚拟对象”中，可以看到同样的信息，如图 6-5-33 所示。

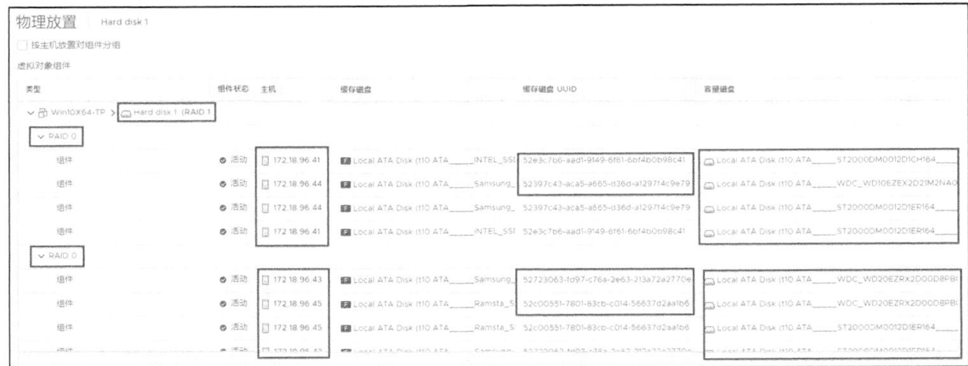

图 6-5-32 物理放置

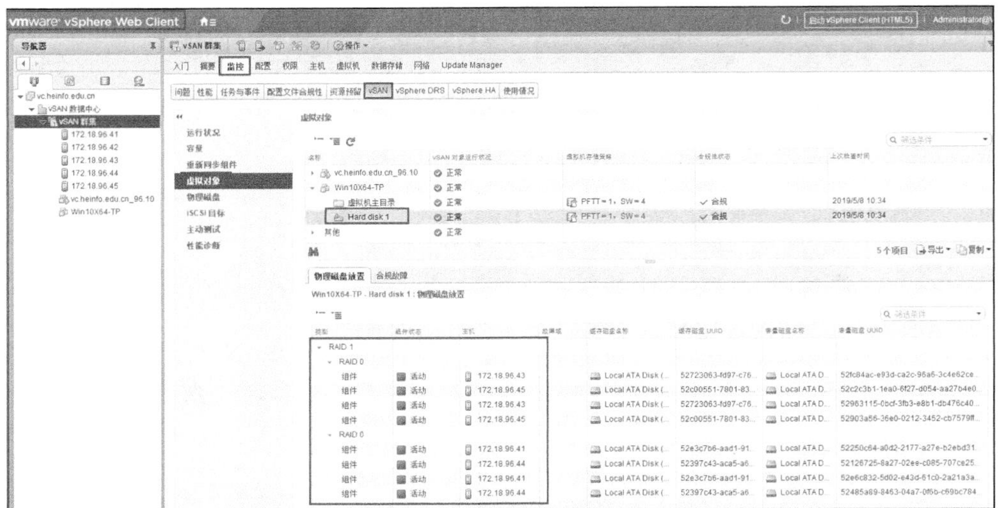

图 6-5-33 查看虚拟对象

再次创建一台虚拟机（名称为 Win10X86），使用默认的虚拟机存储策略，在“虚拟对象”中检查物理磁盘放置，可以看到虚拟机硬盘保存在 2 台主机中（以 RAID-1 的方式），见证文件保存在另一台主机中，如图 6-5-34 所示。

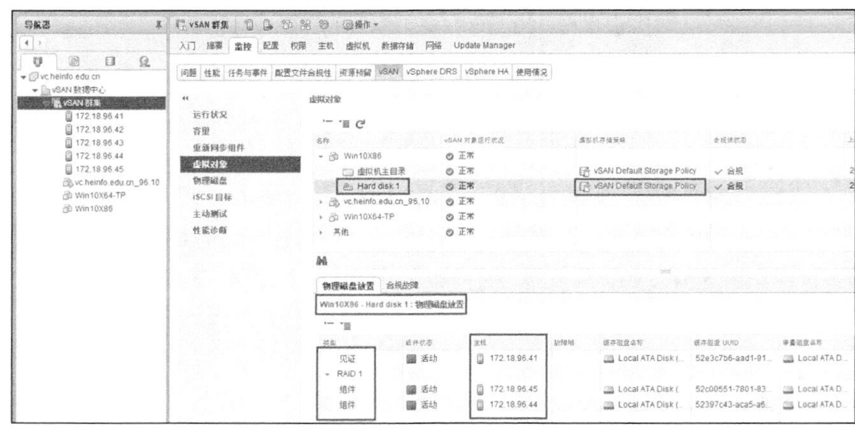

图 6-5-34 使用默认虚拟机存储策略

在此可以创建更多的虚拟机并为其分配不同的虚拟机存储策略，也可以创建大于 255GB 的虚拟机硬盘查看拆分关系。例如修改 Win10X86 虚拟机的配置，为其添加一块 6TB 的虚拟硬盘（使用默认的虚拟机存储策略），查看这块 6TB 的虚拟硬盘存储策略，如图 6-5-35 所示。根据虚拟硬盘大小超过 255GB 进行拆分，6TB 的硬盘拆分数据计量为 $6 \times 1024 \div 255 \approx 24.09$，即每一块硬盘需要拆分为 25 个。因为 PFTT = 1，有 2 份副本，一共会拆分为 50 个。在列表中统计为 53 个项目，因为还有 1 个 RAID-1、2 个 RAID-0 的行，合计为 53 个。

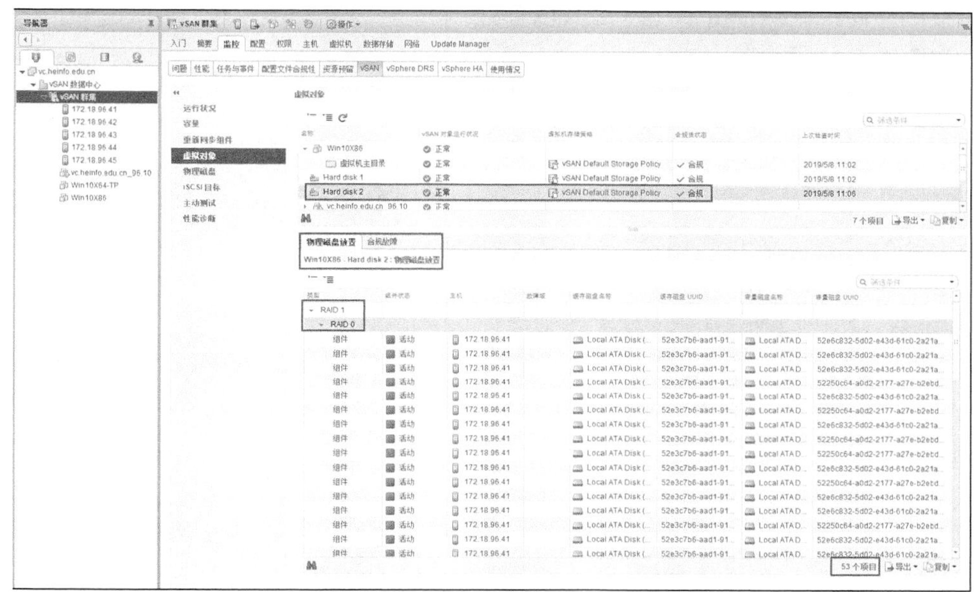

图 6-5-35 6TB 的硬盘保存位置

6.5.5 修改虚拟机存储策略

在大多数时候（在 vSAN 架构中），选择默认的虚拟机存储策略即可满足需求。但是，管理员也可以根据规划或需求，修改虚拟机存储策略，例如有以下需求。

（1）减小磁盘空间占用：在全闪存架构中，虚拟机默认的存储策略是 RAID-1、允许的故障数为 1，此时虚拟机会占用 2 倍的磁盘空间；在创建了容错方式为 RAID-5 或 RAID-6 的虚拟机存储策略后，可以更改虚拟机存储策略为 RAID-5 或 RAID-6，以减少磁盘空间的占用。

（2）获得更高安全性：对于安全性要求特别高的虚拟机，可以为其选择允许的故障数为 2 或 3 的虚拟机存储策略，以获得更高的数据安全性。

（3）获得较高性能：在有多个磁盘组或磁盘组中有较多数量的容量磁盘时，可以创建磁盘带数较大的虚拟机存储策略，用以获得较高的性能。

管理员可以更改虚拟机的存储策略，为虚拟机重新配置磁盘。注意，不要更改默认的虚拟机存储策略，而是根据需要，添加新的虚拟机存储策略，并修改需要进行调整的虚拟机的存储策略。

在当前的实验环境中创建了多台虚拟机存储策略，本节介绍修改虚拟机存储策略的方法，操作步骤如下。

（1）在 vSphere Client 中，在导航窗格中用鼠标右键单击虚拟机，在弹出的快捷菜单中选择“虚拟机策略→编辑虚拟机存储策略”，如图 6-5-36 所示。

（2）在“虚拟机存储策略”对话框中显示了当前的存储策略，在右侧的下拉列表中选择新的虚拟机存储策略，单击“ ∨ ”展开以查看应用，如图 6-5-37 所示。

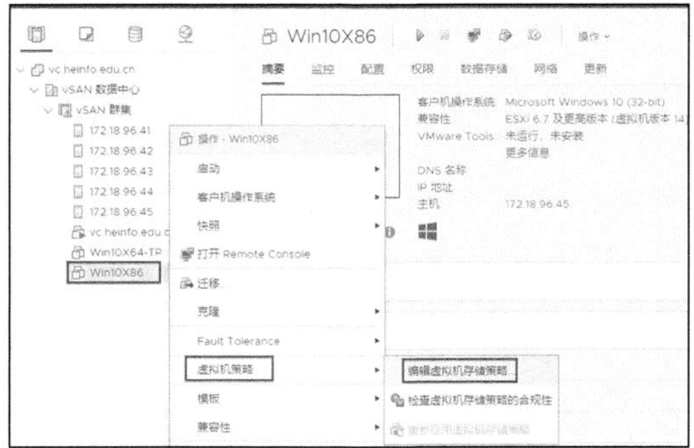

图 6-5-36　编辑虚拟机存储策略

图 6-5-37　选择新的虚拟机存储策略

（3）如果虚拟机有多块磁盘，可以针对不同的磁盘选择不同的虚拟机存储策略。选中“按磁盘配置”，在列表中为磁盘选择不同的虚拟机存储策略，如图 6-5-38 所示。

图 6-5-38　为磁盘选择不同的虚拟机存储策略

（4）重新应用新的虚拟机存储策略之后，如果涉及副本数量的增加，在“vSAN 群集→监控→vSAN→重新同步对象”中可以看到需要同步的数据。在应用新的虚拟机存储策略之后，在“虚拟对象”中可查看应用新的虚拟机存储策略之后的组件，这些前文已经有过介绍，不再赘述。

6.6 为生产环境配置业务虚拟机

在搭建好虚拟化环境之后，如果是生产环境，就需要创建业务所用的虚拟机。此时需要注意以下两点。

（1）规划业务虚拟机所使用的网络。通常情况下要做到管理与应用分离，即管理 ESXi 主机的网络与提供服务的网络最好是在不同的网段。这就需要为虚拟机规划单独的网段（VLAN）。

（2）虚拟化环境中提供业务的虚拟机，来源有两种，一种是使用 P2V 工具将原来的物理机迁移到虚拟化环境中，另一种是新上业务，为业务系统配置新的虚拟机。

在规划虚拟化环境之前，应该考虑现有的网络环境。一般情况下不对现有的网络环境做大的变动，尤其是正在运行的业务系统的 IP 地址，这些都要保留不变。所以，为了做到管理与业务系统分离，可以为 ESXi 的管理新规划一个 VLAN。例如，大多数单位的服务器使用了 192.168.0.0/24 或 192.168.1.0/24 的地址段，在为 ESXi 主机规划新的管理地址时，可以避开这两个地址段，还要避开单位中工作站计算机使用的地址段。如果单位虚拟化规模较少，采用虚拟化之后运行的虚拟机数量较小，ESXi 主机的管理与虚拟机的流量可以仍然沿用现有的地址段，只要使用当前网络中空闲的 IP 地址即可。

在本节中演示的是管理网络与虚拟机网络相分离的内容。当前 ESXi 主机与 vCenter Server 使用 172.18.96.0/24 的地址段。当时配置的时候，网络中交换机配置了 VLAN2001～VLAN2006 的网段，本示例中为虚拟化环境配置这些网段并在虚拟机中分配。

关于物理机到虚拟机的迁移将在第 7 章介绍。

6.6.1 在虚拟交换机中添加端口组

在当前实验环境中，每台主机有 3 个上行链路连接到物理交换机，其中第一个上行链路用于 ESXi 主机的管理，第二、第三个上行链路用于 vSAN 流量与虚拟机的流量。在实际的生产环境中要根据实际情况进行规划，但配置的方法、步骤都类似。在本示例中是在第二、第三个上行链路虚拟交换机创建端口组，用于虚拟机流量。

（1）使用 vSphere Client 登录到 vCenter Server，在导航窗格中选择 ESXi 主机，在“配置→网络→虚拟交换机”中查看所选主机上配置的虚拟交换机以及虚拟交换机的端口组，如图 6-6-1 所示。

（2）在本示例中需要在名为 DSwitch 的分布式交换机上添加端口组。在导航窗格中单击“”图标，用鼠标右键单击 DSwitch，在弹出的快捷菜单中选择“分布式端口组→新建分布式端口组”，如图 6-6-2 所示。

（3）在“名称和位置”的“名称”处输入新建端口组的名称，本示例为 vlan2001，如图 6-6-3 所示。

（4）在“配置设置”的“VLAN 类型”下拉列表中选择“VLAN”，在“VLAN ID”中输入 2001，如图 6-6-4 所示。

（5）在“即将完成”中显示了新建端口组的名称及其他参数，检查无误之后单击“FINISH”

按钮，如图 6-6-5 所示。

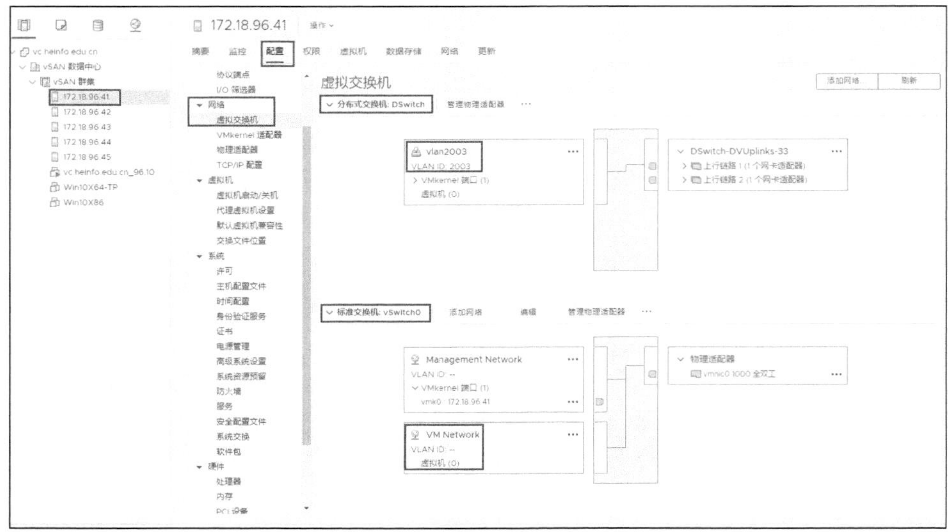

图 6-6-1 查看虚拟交换机

图 6-6-2 新建分布式端口组

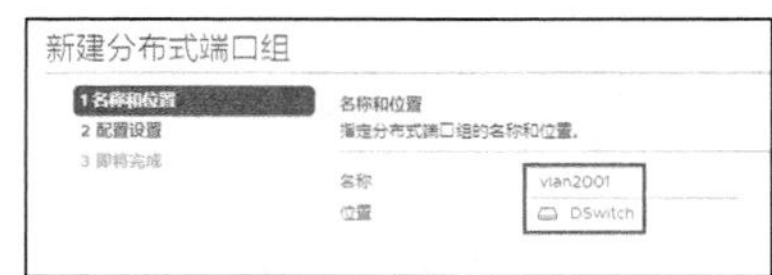

图 6-6-3 设置端口组名称

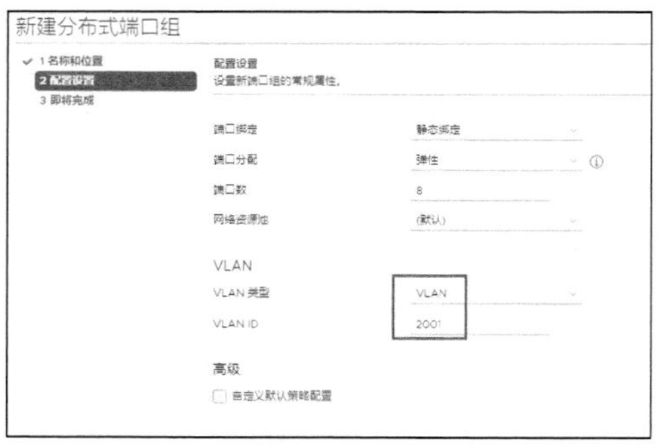

图 6-6-4 配置设置

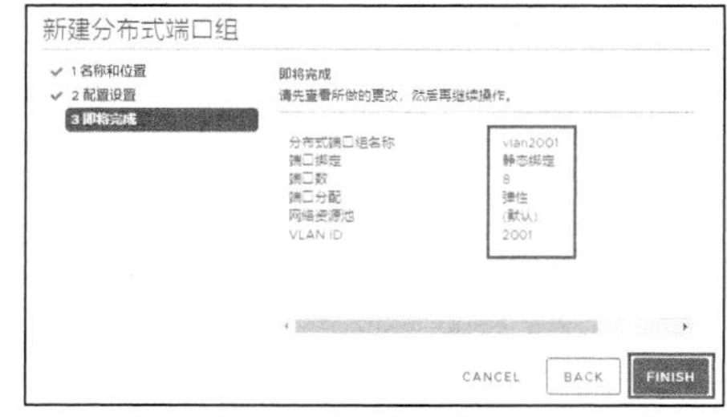

图 6-6-5 即将完成

参照（1）～（5）的步骤，创建名为 vlan2002、VLAN ID 为 2002 的端口组。其他的端口组根据需要创建。需要注意，在虚拟交换机创建的端口组，在物理交换机上应该有对应的 VLAN ID。

在分布式交换机上创建端口组时，只需要创建一次即可。如果是在标准虚拟机上创建端口组，则需要在每台主机创建。

说明

关于 vSphere 虚拟交换机的更多内容，可以参考作者的博客文章“理解 vSphere 虚拟交换机中的 VLAN 类型”，链接地址为 https://blog.51cto.com/wangchunhai/ 1857192。

如果要为虚拟机选择不同的 VLAN，可以修改虚拟机的配置，在“网络适配器 1”中单击下拉列表选择“浏览”（见图 6-6-6），在弹出的“选择网络”对话框中选择端口组即可，如图 6-6-7 所示。

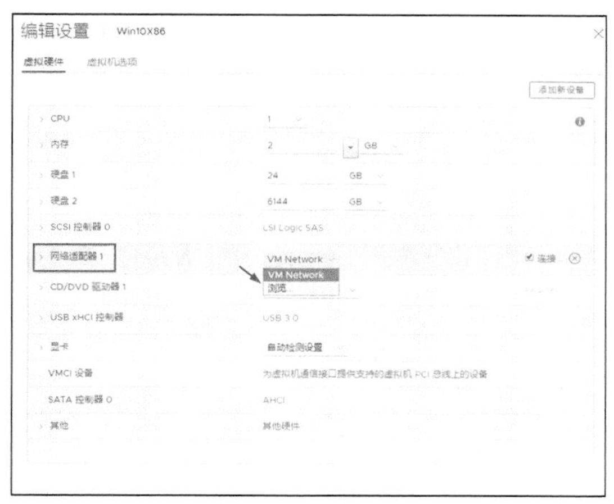

图 6-6-6 编辑设置

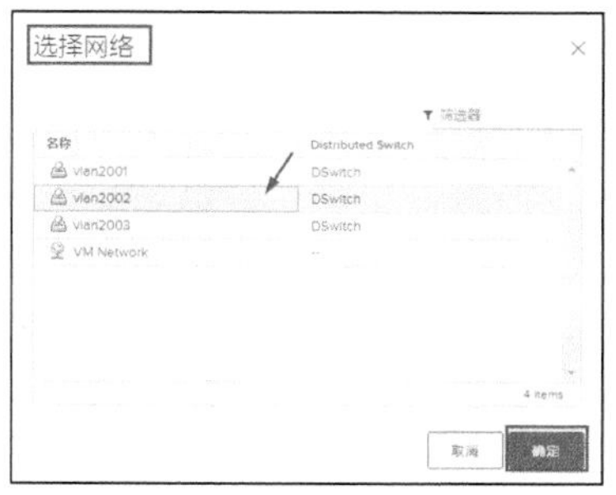

图 6-6-7 选择网络

6.6.2 为企业规划虚拟机模板

“模板”是 VMware 为虚拟机提供的一项功能，可以让用户在其中一台安装好操作系统、应用软件并进行了适当配置的虚拟机上，很方便地“克隆”出多台虚拟机，这减轻了管理员的负担。在配置好 vSphere 虚拟化环境后，通常将企业经常用的操作系统和应用环境配置为虚拟机模板，在需要的时候直接从模板部署虚拟机。

在使用模板之前，需要安装样板虚拟机，并且将该虚拟机转化（或克隆）成“模板”，以后再需要此类虚拟机时，可以以此为模板派生或克隆出多台虚拟机。

VMware ESXi 支持安装了 VMware Tools 的 Windows 及 Linux 等操作系统作为模板。

管理员可以为常用的操作系统创建一个模板备用。对于管理员来说，同一类系统创建一个模板即可通用。对于大多数情况，可供创建的模板有以下这些。

（1）WS03R2 模板，安装 32 位的 Windows Server 2003 R2 企业版，该模板可以满足 Windows Server 2003 标准版、企业版，Windows Server 2003 R2 标准版、企业版与 Web 版的需求。

（2）WS08X86 模板，安装 32 位的 Windows Server 2008 企业版，该模板可满足 32 位 Windows Server 2008 标准版、企业版的需求。

（3）WS08R2 模板，安装 Windows Server 2008 R2 企业版（只有 64 位版本），该模板可以满足 64 位 Windows Server 2008 与 Windows Server 2008 R2 的需求。

（4）WS12R2 模板，安装 Windows Server 2012 R2 数据中心版，该模板可以满足 64 位 Windows Server 2012、Windows Server 2012 R2 的需求。

（5）WS16 模板，安装 Windows Server 2016 数据中心版，该模板可以满足 64 位 Windows Server 2016 的需求。

（6）WS19 模板，安装 Windows Server 2019 数据中心版，该模板可以满足 64 位 Windows Server 2019 的需求。

（7）Linux 模板，安装符合企业需要的 Linux 操作系统，例如 CentOS、Ubuntu 等。如果需要多种不同的 Linux 发行版，模板名称可以根据安装的操作系统设置为 RHEL-TP、CentOS7X64-TP、Ubuntu-TP 等。

此外还需要创建一些安装了工作站操作系统的虚拟机模板。例如 Windows XP、Windows 7、Windows 10 等操作系统的虚拟机环境。

在创建虚拟机模板时，要考虑所创建的虚拟机的用途，并考虑将来虚拟机的扩展性。例如，如果创建的虚拟机模板的 C 盘空间太小，在许多时候可能不能满足需求。通常情况下，为 Windows XP、Windows 2003 等操作系统的 C 盘分配 40～60GB 可以满足需求，为 Windows 7、Windows 10、Windows Server 2008 R2、Windows Server 2016、Windows Server 2019 等操作系统的 C 盘分配 80～120GB 可以满足需求。在虚拟化环境中，不建议为虚拟硬盘划分多个分区，而是创建多个硬盘、每个硬盘划分一个分区。大多数情况下，只需为虚拟机模板分配一个硬盘，并且在这一个硬盘上安装操作系统。从模板部署虚拟机后，如果需要数据分区，应该修改虚拟机的配置、添加虚拟机硬盘，将数据保存在第 2 块硬盘上。使用这种多硬盘的优点是可以随时根据需要，增加或扩展虚拟机硬盘的空间，方便后期的使用与管理。

关于创建虚拟机、在虚拟机中安装操作系统、将虚拟机转换为模板、从模板置备虚拟机在上一章已经有过介绍。本节不介绍这些内容。

在本实验环境中，分别创建 Windows Server 2019 与 CentOS 7 的虚拟机模板。下面介绍关键的步骤。

（1）使用 vSphere Client 登录到 vCenter，新建虚拟机，设置虚拟机名称为 WS19-TP，如图 6-6-8 所示。

（2）在“自定义硬件”中，为 Windows Server 2019 虚拟机分配 2 个 CPU、4GB 内存、显卡选择“自动检测设置”，网卡使用 VMXNET3，CPU 与内存启用热插拔功能，如图 6-6-9 所示。

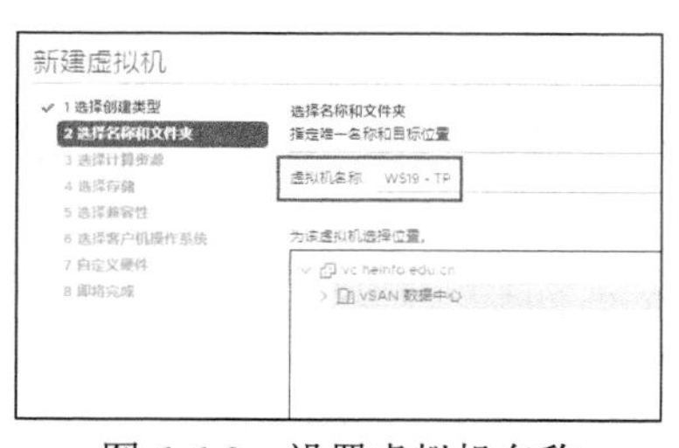

图 6-6-8 设置虚拟机名称

图 6-6-9 自定义硬件

（3）创建虚拟机完成后，在虚拟机中安装 Windows Server 2019 数据中心版。安装完成后，再安装 VMware Tools，如图 6-6-10 所示。

（4）对于 Windows Server 操作系统，需要进行优化。执行 gpedut.msc，在“本地计算机策略→计算机配置→Windows 设置→安全设置→账户策略→密码策略”中，将“密码最长使用期限”从默认的 42 天改为 0 天，如图 6-6-11 所示。

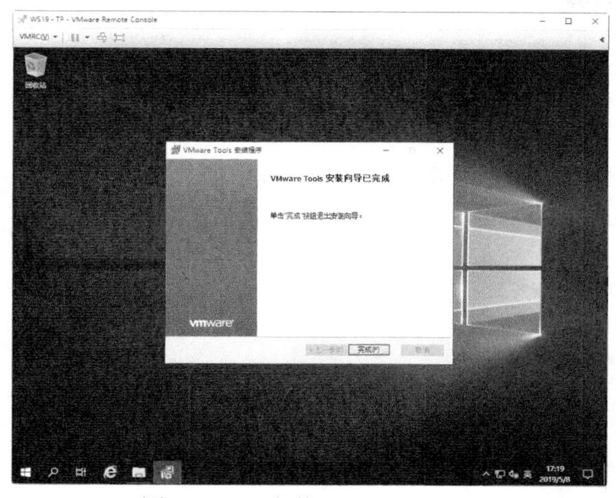

图 6-6-10　安装 VMware Tools

（5）在“本地计算机策略→计算机配置→Windows 设置→安全设置→本地策略→安全选项”中，将“交互式登录：无须按 Ctrl + Alt + Del”设置为“已启用”，如图 6-6-12 所示。

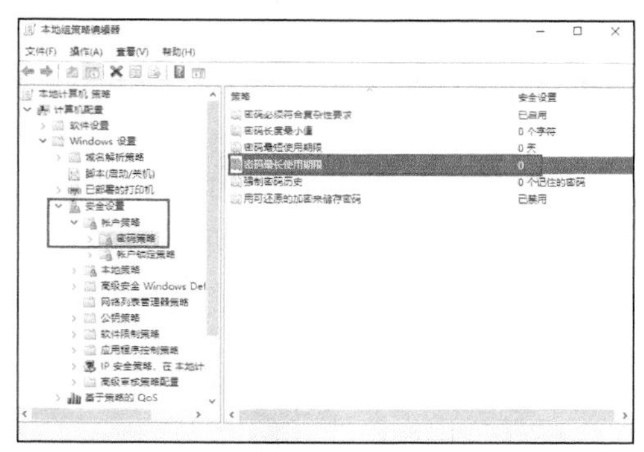

图 6-6-11　设置密码永不过期

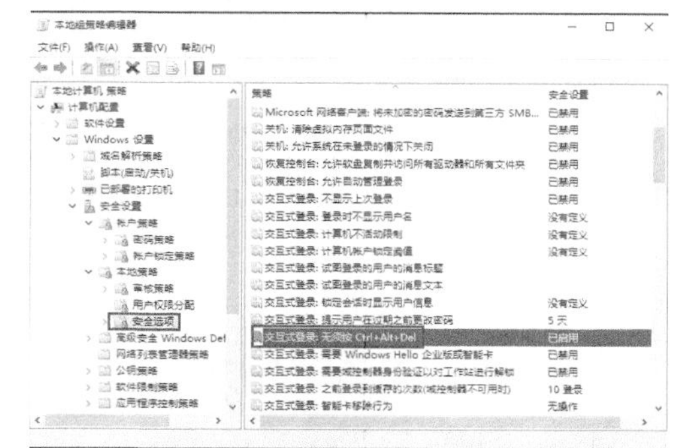

图 6-6-12　交互式登录

（6）在“计算机管理”的“存储→磁盘管理”中，将光驱盘符从默认的 D 调整为一个比较靠后的盘符，例如为 G，这样将为以后的数据盘或其他磁盘预留 D、E、F 等盘符，如图 6-6-13 所示。

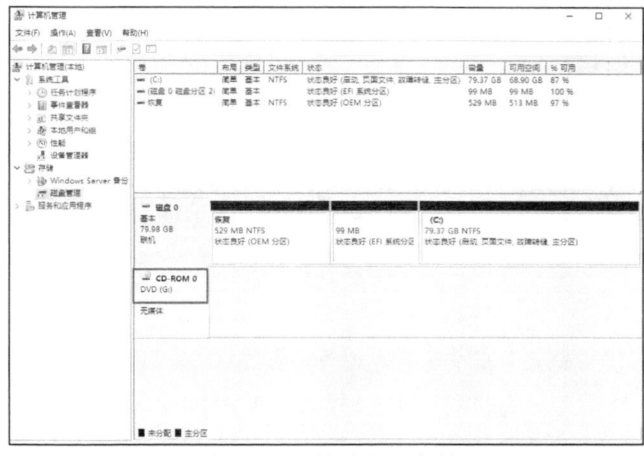

图 6-6-13　修改光驱盘符

（7）修改完成后重新启动虚拟机，再次进入操作系统后打开“网络连接”，查看网卡信息是否是 vmxnet3，可以看到该网卡支持 10Gbit/s 网络，如图 6-6-14 所示。

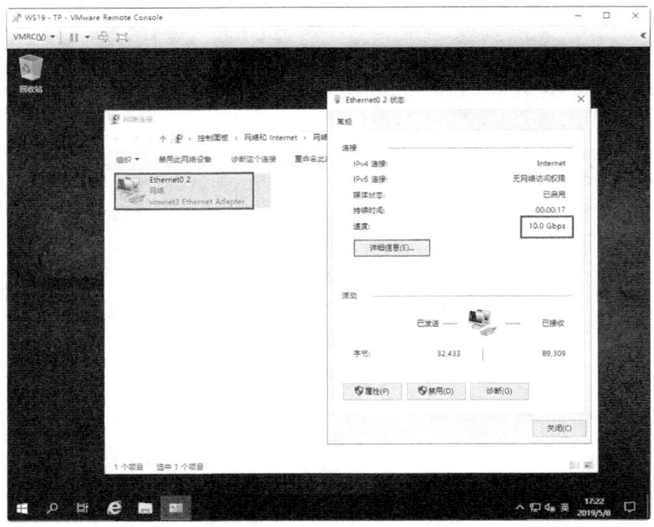

图 6-6-14 检查网卡

（8）在企业网络中，需要为 Windows 配置 KMS 服务器用来激活网络中的 Windows 操作系统和 Office 软件。本节中的 Windows Server 2019 也是通过 KMS 激活的，如图 6-6-15 所示。最后在这台服务器中安装常用软件，安装完成后关闭虚拟机，将这台计算机转换为模板。

图 6-6-15 激活 Windows

说明

关于 KMS 服务器的配置，可以参考作者的博客文章“为 Windows 与 Office 安装配置 KMS 批量激活服务器”，链接地址为 https://blog.51cto.com/wangchunhai/ 1976822。

创建 CentOS 7 的虚拟机模板的主要步骤如下。

（1）在 vSphere Client 中新建虚拟机，设置虚拟机名称为 CentOS7X64-TP，如图 6-6-16 所示。

（2）在“选择客户机操作系统”中选择 Linux、CentOS 7（64 位），如图 6-6-17 所示。

图 6-6-16 设置虚拟机名称

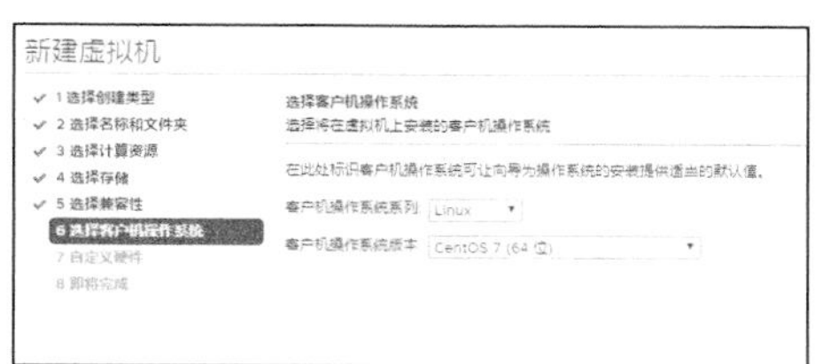

图 6-6-17 选择客户机操作系统

（3）在“自定义硬件”中为 CentOS 7 的虚拟机分配 2 个 CPU、2GB 内存、60GB 虚拟硬盘，显卡选择“自动检测设置”，启用 CPU 与内存的热插拔功能，如图 6-6-18 所示。

（4）创建完虚拟机之后，打开虚拟机的电源，加载 CentOS 7 的 ISO 启动虚拟机，进入 CentOS 7 的安装界面，如图 6-6-19 所示。

图 6-6-18 自定义硬件

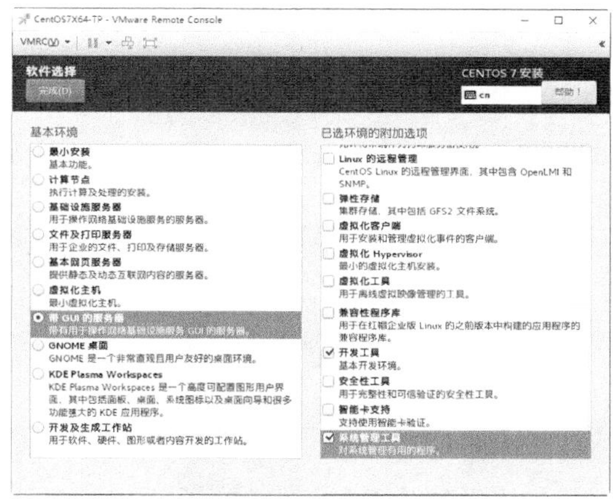

图 6-6-19 选择组件进行安装

（5）根据需要选择安装组件，然后开始安装 CentOS 7（见图 6-6-20），直到安装完成（见图 6-6-21）。安装完成后关闭 CentOS 7 的虚拟机，将其转换为模板。

图 6-6-20 安装 CentOS 7

图 6-6-21 安装完成

如果要查看虚拟机和模板，可以在 vSphere Client 导航窗格中选中 vSAN 数据中心或 vCenter Server 根目录，然后单击“ ”图标，在“虚拟机→文件夹中的虚拟机模板”中查看当前环境中的模板，如图 6-6-22 所示。

图 6-6-22 虚拟机模板

用鼠标右键单击某个模板，在弹出的快捷菜单中可以进行从此模板新建虚拟机、将模板转换为虚拟机、克隆为模板等操作，如图 6-6-23 所示。

图 6-6-23 对模板的操作

下面从实际需求的角度介绍模板的使用。

6.6.3 创建自定义规范

从模板创建虚拟机的时候，可以定制计算机的名称和 IP 地址，这需要使用自定义规范。本节分别为 Windows 与 Linux 的虚拟机创建自定义规范。首先为分配 VLAN2001 的 IP 地址的 Windows 计算机创建自定义规范。

（1）使用 vSphere Client 登录到 vCenter Server，在“主页”菜单中选择“策略和配置文件”，在“虚拟机自定义规范”中单击“新建”，如图 6-6-24 所示。

（2）在“名称和目标操作系统”的“名称”中，设置规范名称为“Windows-VLAN2001”，在“目标客户机操作系统”中选中“Windows”，并选中“生成新的安全身份（SID）”，如图 6-6-25 所示。

（3）在“注册信息”中输入所有者名称和所有者组织，如图 6-6-26 所示。

（4）在“计算机名称”中选中“在克隆/部署向导中输入名称”，如图 6-6-27 所示。

（5）在“Windows 许可证”中选中“包括服务器许可证信息（需要用来自定义服务器客户机操作系统）”，“最大连接数”根据需要设置，例如设置为 200，“产品密钥”一行留空，这样将使用模板虚拟机的序列号，如图 6-6-28 所示。

（6）在“管理员密码”中设置虚拟机的 Administrator 账户的密码，如图 6-6-29 所示。

对于 Windows Server 2008 R2 及其以后操作系统的部署，在从模板部署成功之后都需要重新设置密码，所以在此设置的密码意义不大。

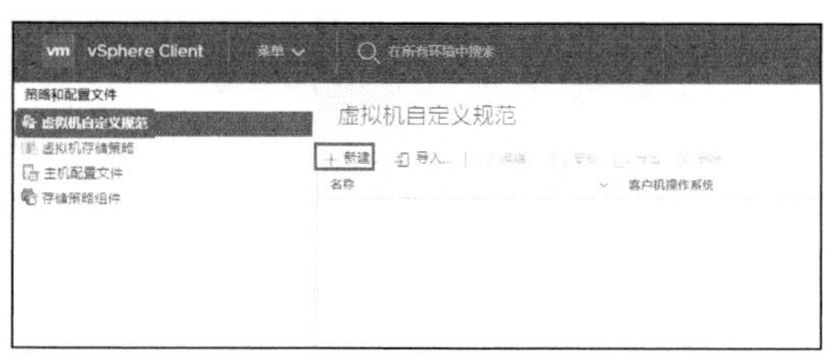
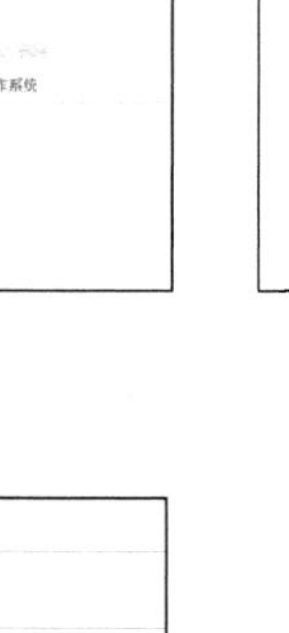

图 6-6-24　新建自定义规范

图 6-6-25　设置规范名称

图 6-6-26　注册信息

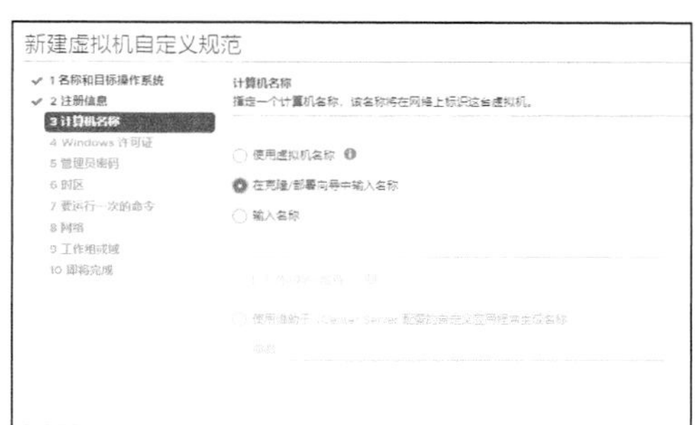

图 6-6-27　计算机名称

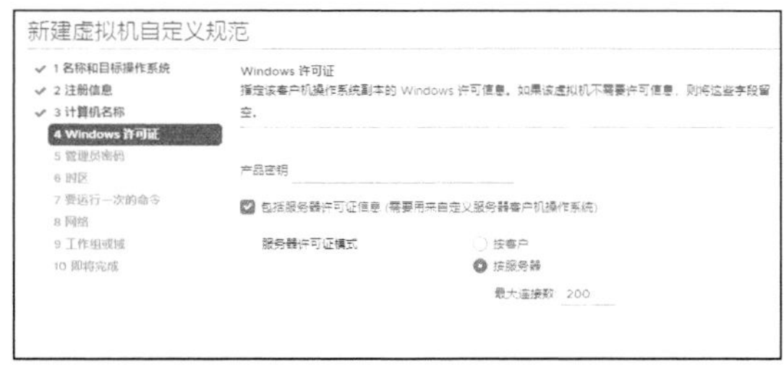

图 6-6-28　Windows 许可证

图 6-6-29　设置管理员密码

（7）在“时区”中选择“北京，重庆，香港特别行政区，乌鲁木齐”时区，如图 6-6-30 所示。

（8）在“要运行一次的命令”中保留默认值。

（9）在“网络”中选中“手动选择自定义设置”，单击“⋮”图标编辑网络设置，如图 6-6-31 所示。

（10）在“编辑网络”对话框的“IPv4”选项卡中，选中“当使用规范时，提示用户输入 IPv4 地址”，在“子网和网关”选项中输入 VLAN2001 网段的子网掩码、默认网关、备用网关地址，如图 6-6-32 所示。

（11）在“IPv6”选项卡中选中“不使用 IPv6”。在“DNS”选项卡中，设置 DNS 服务器和添加 DNS 后缀，本示例中 DNS 服务器地址是 172.18.96.1、172.18.96.4，DNS 后缀是 heinfo.edu.cn，如图 6-6-33 所示。设置完成后单击“确定”按钮。

图 6-6-30　时区

图 6-6-31　编辑网络设置

图 6-6-32　IPv4 设置

（12）在“工作组或域”中选中“工作组”，如图 6-6-34 所示。如果当前计算机需要加入域，应选中“Windows 服务器域”，并输入域名、指定具有将计算机添加到域中权限的用户账户。

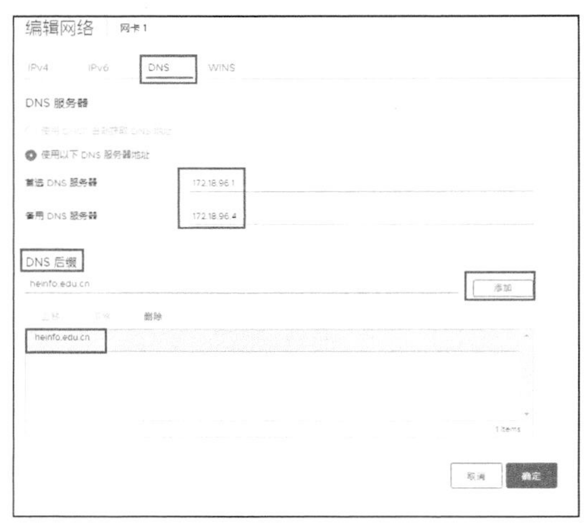

图 6-6-33　编辑网络

图 6-6-34　工作组或域

（13）在“即将完成”中显示了创建的自定义规范的信息，检查无误之后单击“FINISH”按钮，如图 6-6-35 所示。

在为 VLAN2001 创建了自定义规范后，还可以将该规范复制为一个新规范，通过修改规范为其他 VLAN 服务。

（1）在“虚拟机自定义规范”中选中名为“Windows-VLAN2001”的规范，单击“复制”，如图 6-6-36 所示。

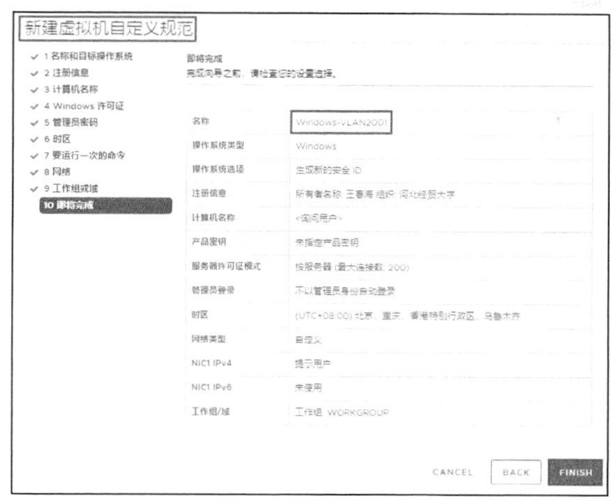

图 6-6-35　创建自定义规范完成

（2）在弹出的“复制虚拟机自定义规范”对话框的“名称”中为新的规范命令，本示例命名为 Windows-VLAN2002，如图 6-6-37 所示。单击“确定”按钮。

图 6-6-36　复制规范

图 6-6-37　为新规范命名

（3）选中新复制的规范，单击“编辑”按钮，如图 6-6-38 所示。

（4）在“Windows-VLAN2002-编辑”对话框中单击“网络”，然后单击“⋮”图标编辑网络设置，如图 6-6-39 所示。

图 6-6-38　编辑规范

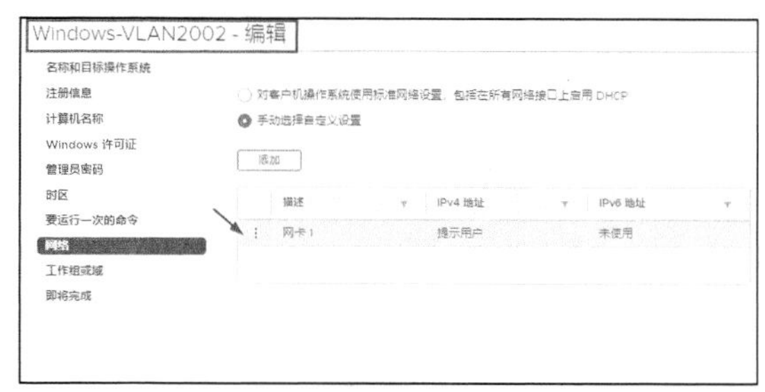

图 6-6-39　编辑网络

（5）在“编辑网络”对话框的“IPv4”选项卡中的“子网和网关”中，将子网掩码、默认网关和备用网关改为 VLAN2002 的设置，如图 6-6-40 所示。设置完成后单击“确定”按钮。

在修改了 Windows-VLAN2002 的自定义规范之后，为 Linux 操作系统创建规范。

（1）在“名称和目标操作系统”的“名称”中输入“Linux”，在“目标客户机操作系统”

中选中“Linux”，如图 6-6-41 所示。

图 6-6-40 修改为 VLAN2002 的网关地址

（2）在“计算机名称”中选中“在克隆/部署向导中输入名称”，如图 6-6-42 所示。

图 6-6-41 为 Linux 创建自定义规范

图 6-6-42 计算机名称

（3）在“时区”的“区域”中选择亚洲，在“位置”下拉列表中选择“上海”，如图 6-6-43 所示。

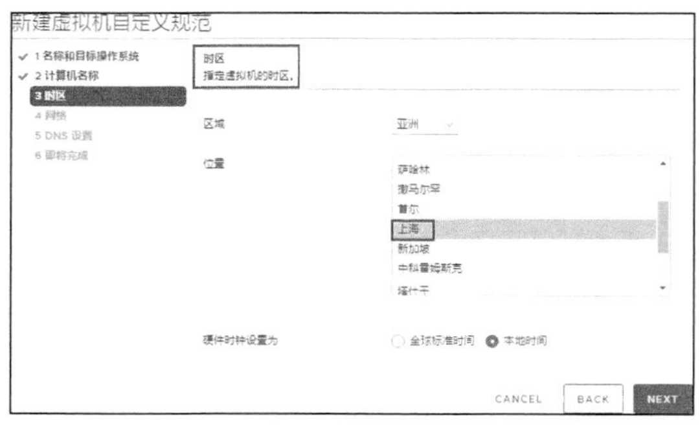

图 6-6-43 时区

（4）在“网络”中选中“手动选择自定义设置”，单击“⋮”图标编辑网络设置。

（5）在“编辑网络”对话框的“IPv4”选项卡中，选中“当使用规范时，提示用户输入 IPv4 地址”，在“子网和网关”选项中输入 VLAN2003 网段的子网掩码、默认网关、备用网关地址，如图 6-6-44 所示。本示例中将 Linux 部署在 VLAN2003 的网段中。

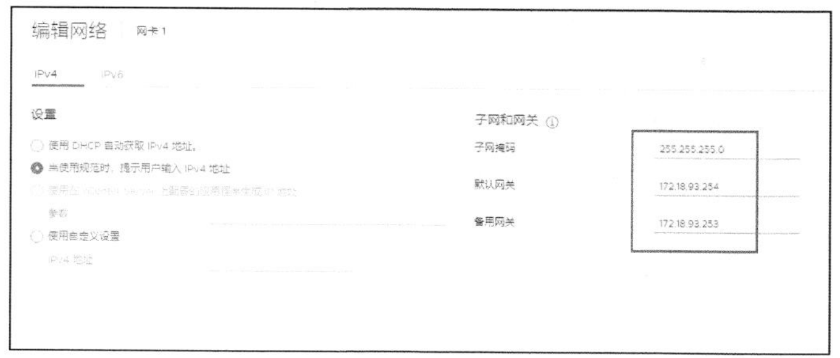

图 6-6-44 IPv4 设置

（6）在“DNS 设置”中，设置 DNS 服务器和添加 DNS 搜索路径，本示例中 DNS 服务器地址是 172.18.96.1，DNS 搜索路径是 heinfo.edu.cn，如图 6-6-45 所示。设置完成后单击“确定”按钮。

（7）在“即将完成”中显示了创建的自定义规范的信息，检查无误之后单击“FINISH”按钮，如图 6-6-46 所示。

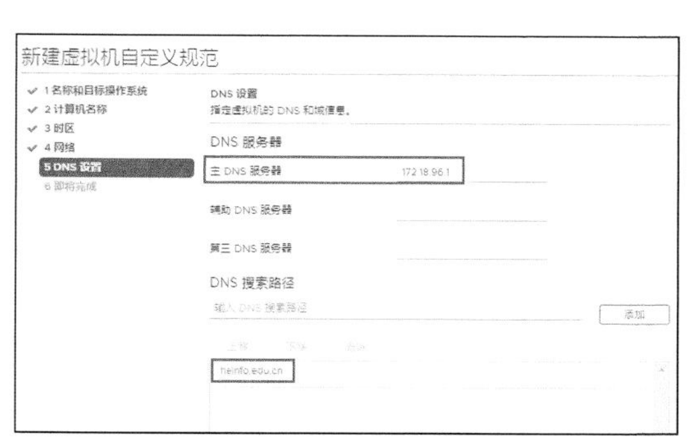

图 6-6-45 DNS 设置

图 6-6-46 创建自定义规范完成

6.6.4 从模板定制置备虚拟机

作者总结在企业中使用虚拟化的经验发现，虽然在为企业规划虚拟化环境时，已经预留了足够的资源（规划时是根据企业当前的实际使用需求，再乘 5～10 倍的资源来进行规划），但使用不久后发现，资源尤其是内存会有警报。除了一些无用的虚拟机运行占用资源外，另一个主要的原因就是用户在创建虚拟机、为虚拟机分配资源时超量分配了。例如，一些企业的应用，在物理机运行时，其物理机是 2 个 CPU、32GB 内存，实际使用中 CPU 使用率在 5%以下、内存在 4GB 以下、硬盘使用空间在 200GB 以下。将这种配置的物理机使用 P2V 工具虚拟化后，为虚拟机分配 4 个 vCPU、8GB 内存、500GB 硬盘已经足够，但用户还是按照使用物理机情况进行分配，动辄为虚拟机分配 16 或 32 个 CPU、32GB 甚至 64GB、128GB 内存，这严重浪费了虚拟机的资源。在虚拟化中，CPU 过量分配，如果虚拟机使用的 CPU 很低，不使用的 CPU 资源实际上并不占用主机 CPU 资源。但为虚拟机分配的内存即使虚拟机用不了，只要虚拟机启动，这些内存也会从 ESXi 主机总的内存资源池中分配出去。

为了避免过度分配资源，为虚拟机分配 CPU、内存与硬盘空间时，建议内存与硬盘空间按照最高使用量的 2 倍进行分配，CPU 可以适当的多分配一些，但也不要过度。大多数情况下为虚拟机分配 4～8 个 CPU 可以满足需求。同时，由于虚拟机支持内存、硬盘、CPU 的热插拔，当资源不够时可以通过修改虚拟机的配置来增加这些参数，所以更没必要超量配置虚拟机。下面通过具体的需求介绍从模板置备虚拟机的方法。

示例：当前配置了 Windows Server 2019 的虚拟机，虚拟机模板有一个硬盘，大小为 80GB，划分为一个分区并安装了 Windows Server 2019 的操作系统。

需求：用户需要配置一台 Windows Server 2019 的虚拟机，安装 SQL Server 数据库，要求为虚拟机配置 8 个 CPU、128GB 内存，数据磁盘需要 500GB 的硬盘空间。

Windows 操作系统运行的时候，交换文件占用的空间是内存容量的 1～1.5 倍，交换文件默认保存在系统磁盘。在使用 Windows 操作系统的虚拟机时要考虑这个问题。如果虚拟机内存为 128GB，系统文件的空间应该在 80GB 的基础上扩展 128～192GB，所以系统磁盘需要在 208～272GB，取个整数可以扩大到 300GB。数据磁盘需要 500GB，初期可以分配 800～1000GB。考虑到后期的容量扩充可能超过 2TB，在创建数据磁盘的时候使用 GPT 分区。

（1）在 vSphere Client 中用鼠标右键单击数据中心、群集或某台主机，在弹出的快捷菜单中选择“新建虚拟机”，如图 6-6-47 所示。

（2）在“选择创建类型”中选择“从模板部署”，如图 6-6-48 所示。

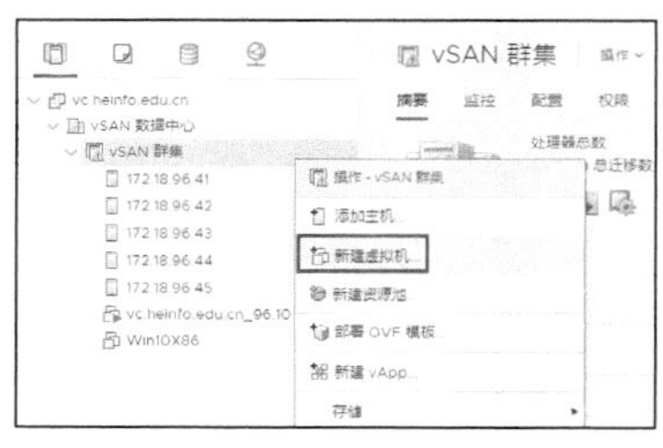

图 6-6-47 新建虚拟机

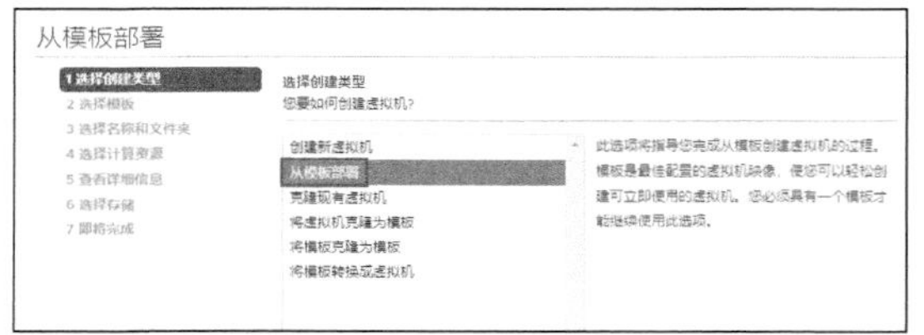

图 6-6-48 从模板部署

（3）在“选择模板”中的“数据中心”选项组中，选择名为“WS19-TP”的模板，如图 6-6-49 所示。

（4）在“选择名称和文件夹”的“虚拟机名称”文本框中输入虚拟机的名称，本示例为 WS19_SQL_91.101，如图 6-6-50 所示。这表示创建的是一台操作系统为 Windows Server 2019、准备安装 SQL Server 数据库、计算机的 IP 地址为 172.18.91.102 的虚拟机。

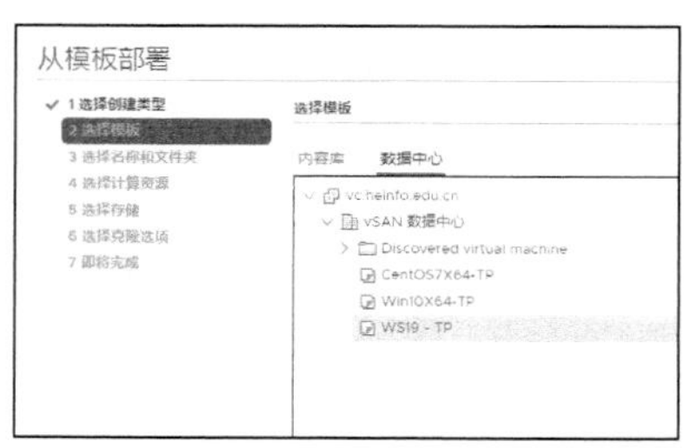

图 6-6-49 选择模板

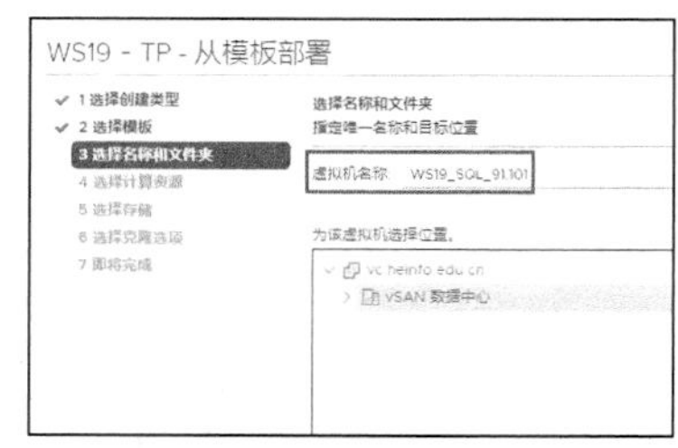

图 6-6-50 设置虚拟机名称

（5）在“选择克隆选项”中选中“自定义操作系统”“自定义此虚拟机的硬件”“创建

后打开虚拟机电源”，如图 6-6-51 所示。

（6）在“自定义客户机操作系统”中选择名为 Windows-VLAN2001 的自定义规范，如图 6-6-52 所示。

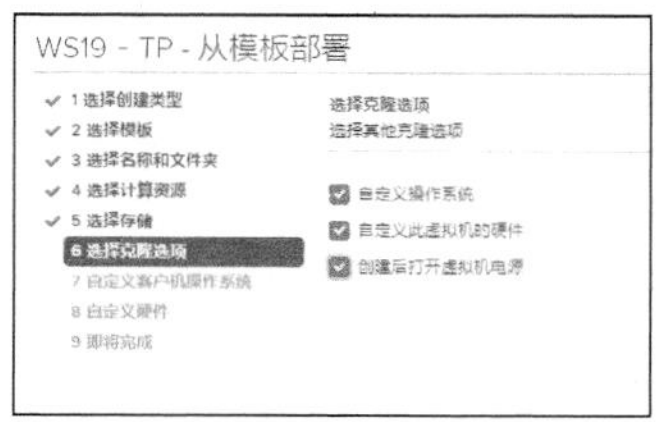

图 6-6-51 选择克隆选项

图 6-6-52 选择自定义规范

（7）在“用户设置”的“计算机名称”中设置计算机名称，本示例为 SQLSer01，在“网络适配器设置”中的“IPv4 地址”中输入为虚拟机规划的 IP 地址 172.18.91.101，如图 6-6-53 所示。

（8）在“自定义硬件”中，为虚拟机选择 2 个 CPU、4GB 内存，修改 Hard Disk1 为 300GB，修改 Network adapter 1 为 vlan2001，然后选择“添加新设备→硬盘”，添加一个新硬盘并设置新硬盘大小为 800GB，如图 6-6-54 所示。

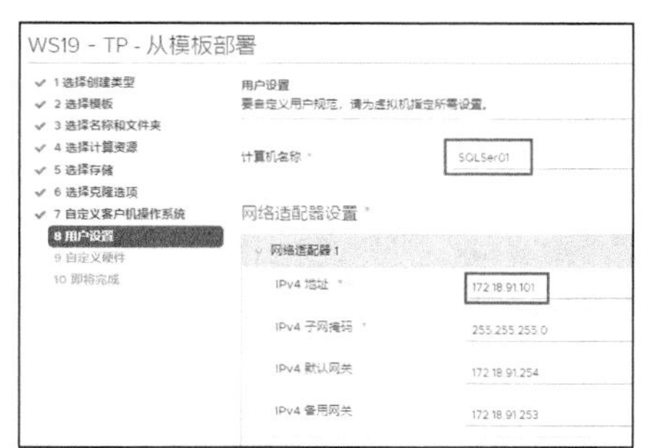

图 6-6-53 设置计算机名称和 IP 地址

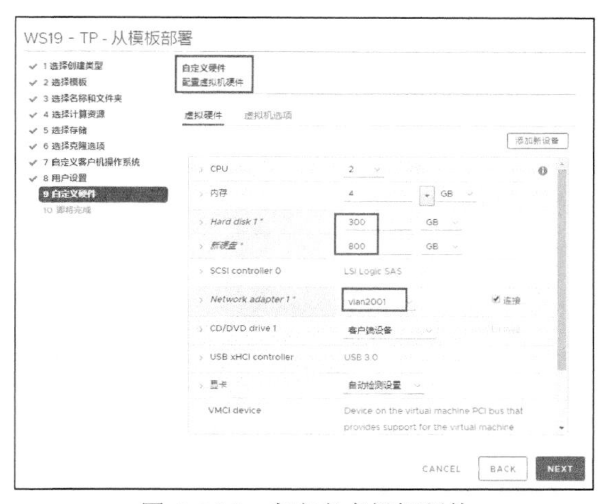

图 6-6-54 自定义虚拟机硬件

（9）在“即将完成”中显示了从模板新建虚拟机的选项，检查无误之后单击“FINISH”按钮，如图 6-6-55 所示。

（10）当虚拟机置备完成后，打开虚拟机控制台，在第一次登录时直接使用空密码登录，此时系统提示必须更改密码，如图 6-6-56 所示。为新置备的虚拟机设置新的管理员密码。

（11）进入系统之后打开“控制面板→系统和安全→系统”查看计算机名称是置备虚拟机时指定的名称，打开“网络连接详细信息”查看 IP 地址也是置备虚拟机时规划的 IP 地址，如图 6-6-57 所示。

（12）在“运行”中执行 diskmgmt.msc 进入“磁盘管理”，当前有两块磁盘，一块是 300GB 磁盘，另一块为 800GB 磁盘。磁盘 0 是从 80GB 扩展到 300GB，所以在 C 分区后面有 220GB 的空闲空间，磁盘 1 是新添加的还没有配置，所以是脱机状态，如图 6-6-58 所示。

图 6-6-55　即将完成

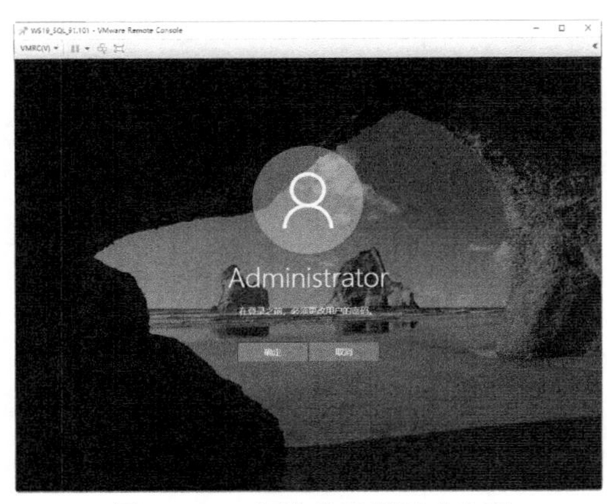

图 6-6-56　初次登录须更改密码

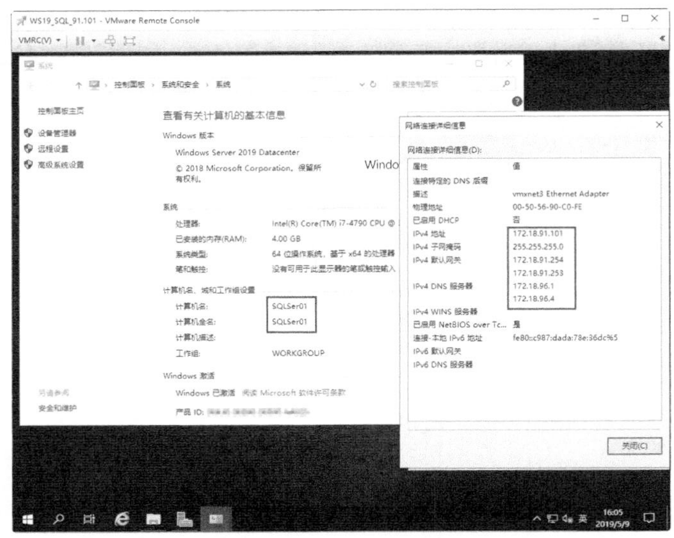

图 6-6-57　查看计算机名称和 IP 地址

（13）用鼠标右键单击 C 盘，在弹出的快捷菜单中选择“扩展卷”，然后按照向导将 C 盘扩展到 300GB。

（14）用鼠标右键单击磁盘 1，在弹出的快捷菜单中选择“联机”；等磁盘联机之后再次用鼠标右键单击，在弹出的快捷菜单中选择“初始化磁盘”，在弹出的“初始化磁盘”对话框中为所选磁盘选择 GPT 分区，如图 6-6-59 所示。

（15）在初始化磁盘之后为磁盘 1 新建卷并为其分配盘符为 D，如图 6-6-60 所示，这是扩展 C 盘、创建 D 盘之后的截图。

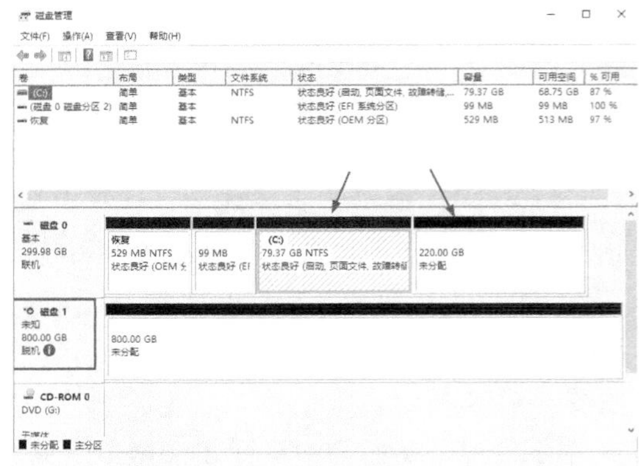

图 6-6-58　系统部署完的现状

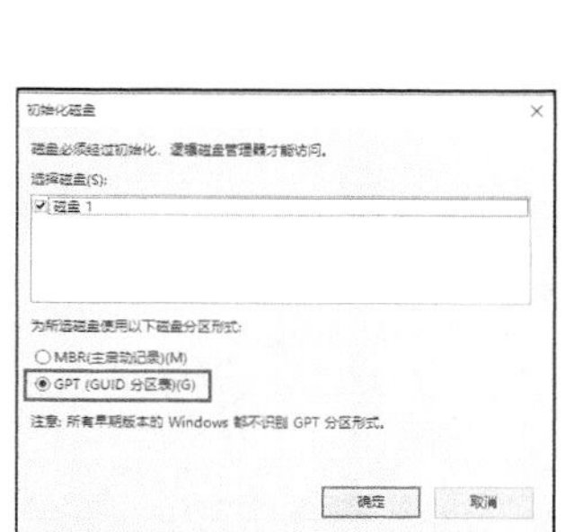

图 6-6-59 使用 GPT 分区初始化磁盘

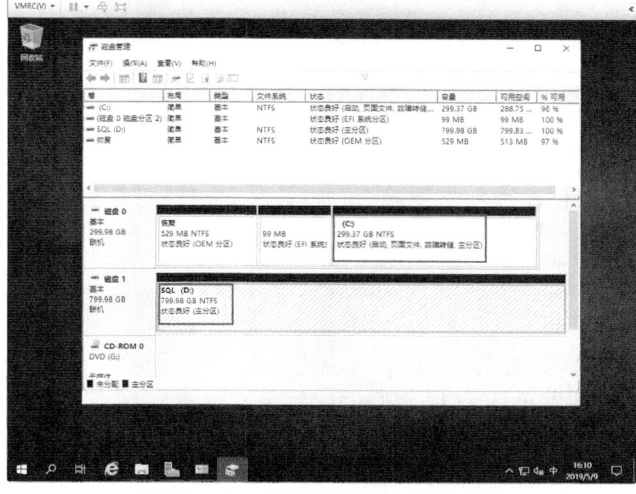

图 6-6-60 配置完磁盘之后的截图

6.6.5 在虚拟机运行期间扩展内存、CPU 与硬盘空间

需求：使用一段时间之后发现 CPU、内存不足，硬盘需要进一步扩容。当硬盘容量在 2TB 以内时，可以在第 2 块磁盘扩容；当容量超过 2TB 后，将当前数据磁盘扩容到 2TB 后，添加新的磁盘组成扩展卷方式进行扩容。在配置模板的时候，如果为虚拟机启用了 CPU 与内存的热插拔功能，则在虚拟机中运行的时候可以添加内存和 CPU。需要注意，在添加 CPU 的时候只能添加 CPU 的插槽数量（相当于物理机的 CPU 个数），不能修改 CPU 的内核数（每个 CPU 内核）。

（1）在 vSphere Client 中用鼠标右键单击名为 WS19_SQL_91.101 的虚拟机，在弹出的快捷菜单中选择“编辑设置”，单击 CPU 选项前的箭头展开 CPU 选项，可以看到“CPU 热插拔”右侧的“启用 CPU 热添加”已经被选中；当前虚拟机配置为 2 个 vCPU（插槽数为 1，每个插槽内核数为 2），如图 6-6-61 所示。

（2）查看 CPU、内存、硬盘的配置，当前为 2 个 CPU、4GB 内存、硬盘 1 容量为 300GB、硬盘 2 容量为 800GB，如图 6-6-62 所示。

图 6-6-61 CPU 选项

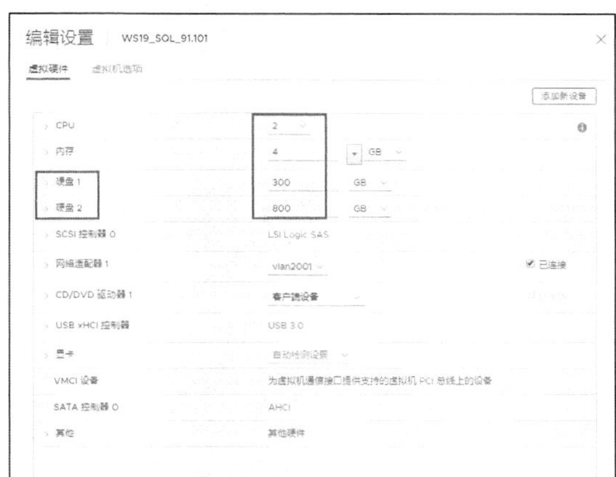

图 6-6-62 当前虚拟机配置

（3）本示例中将为虚拟机中的 D 盘从 800GB 扩展到 3TB。将硬盘 2 容量修改为 2TB，再添加一块硬盘，新添加的硬盘容量设置为 1TB，同时修改 CPU 为 4、内存为 6GB，如图 6-6-63 所示。修改完成后单击“确定”按钮完成设置。

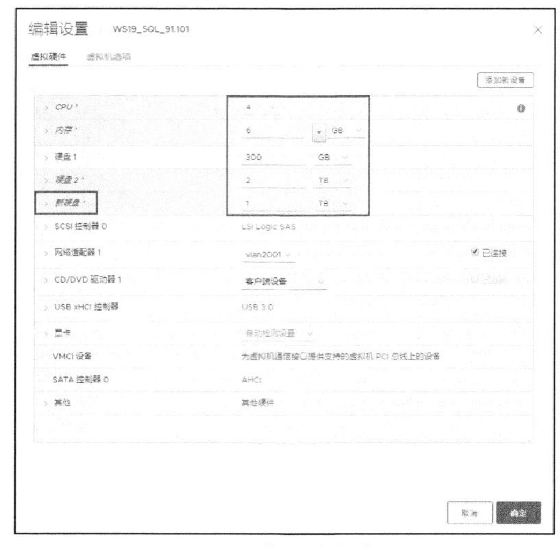

图 6-6-63　修改虚拟机配置

（4）打开虚拟机控制台，在“计算机管理”中展开到“存储→磁盘管理”，可以看到修改虚拟机配置之后的参数，如图 6-6-64 所示。

（5）将磁盘 2 联机、初始化（使用 GPT 分区），然后扩展 D 盘的空间，将磁盘 1 后面的 1248GB、磁盘 2 的 1023.98GB 扩展到 D 盘，如图 6-6-65 所示。扩展之后 D 盘为 3TB。

（6）打开“任务管理器”查看扩展 CPU、内存之后的参数，如图 6-6-66 所示。可以看到 CPU 与内存已经被扩展。

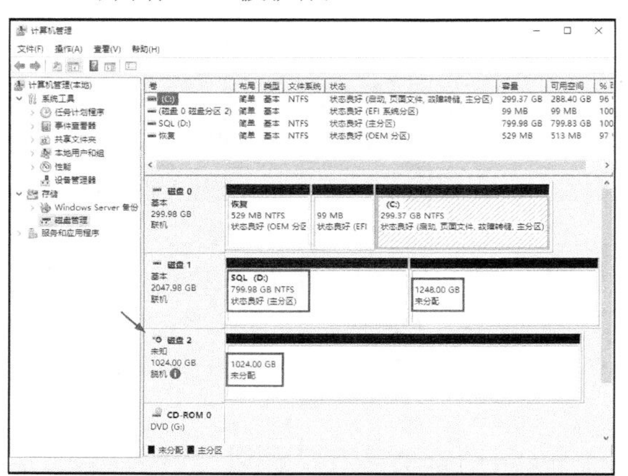

图 6-6-64　扩展硬盘之后的参数

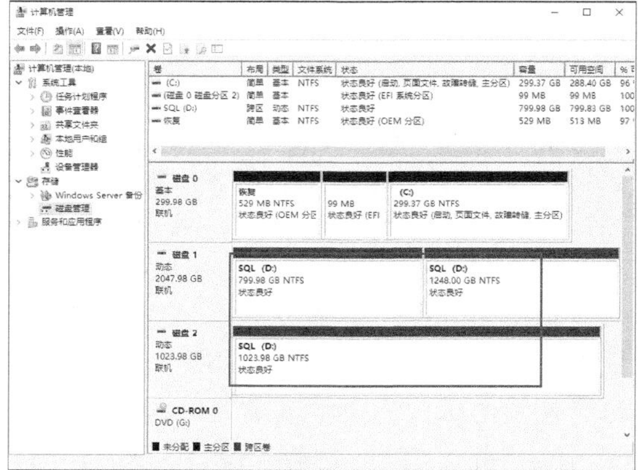

图 6-6-65　扩展 D 盘

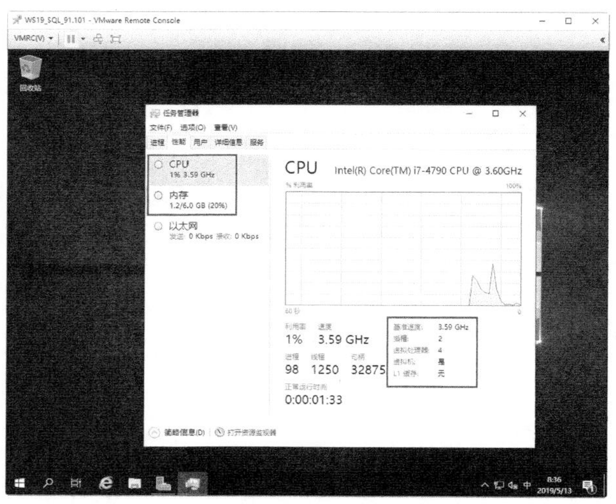

图 6-6-66　查看 CPU 与内存

6.6.6 为虚拟机分配外设

需求：在虚拟机中使用加密狗，将虚拟机固定在有加密狗的主机。

除了可以在 VMRC 控制台添加 USB 控制器、连接 USB 设备外，还可以在 vSphere Client 中进行。在下面的演示中，将在某台 ESXi 主机插上一个 U 盘，然后将该 U 盘映射到运行在当前主机的一台虚拟机中。本节使用 vSphere Client 进行操作。

（1）在 vSphere Client 中用鼠标左键单击选中要添加外部设置的虚拟机，本示例为 WS19_SQL_91.101 虚拟机；在“摘要”中查看当前虚拟机所在的主机，本示例中该虚拟机运行在 172.18.96.43 的 ESXi 主机中，如图 6-6-67 所示。然后将 U 盘插在 172.18.96.43 的主机中。

图 6-6-67 查看虚拟机所在主机

（2）用鼠标右键单击需要连接 USB 设备的虚拟机，在弹出的快捷菜单中选择“编辑设置”，在打开的“编辑设置”对话框中查看当前虚拟机是否有 USB 控制器，如果当前虚拟机还没有添加 USB 控制器，应先添加 USB 控制器，再添加 USB 设备。如果没有 USB 控制器应单击右上角的“添加新设备”并在下拉列表中选择 USB 控制器；如果该虚拟机已经有 USB 控制器，则在下拉列表中选择“主机 USB 设备”，如图 6-6-68 所示。

（3）在“新主机 USB 设备”列表中选择主机中已有的设备，然后单击“确定”按钮，完成 USB 设备的映射，如图 6-6-69 所示。

图 6-6-68 添加主机 USB 设备

图 6-6-69 选择主机设备

（4）打开当前虚拟机的远程控制台，在“资源管理器”中可以看到当前虚拟机已经映射并加载了主机的 U 盘，如图 6-6-70 所示。

（5）如果不再需要使用 ESXi 主机上的 USB 设备，可修改虚拟机设置，在“USB”后面单击叉号按钮，将连接的 USB 设备移除，如图 6-6-71 所示。

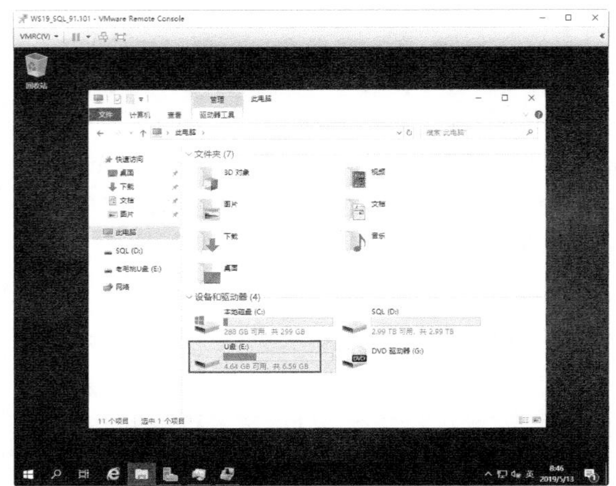

图 6-6-70　打开映射的主机 U 盘

图 6-6-71　移除不再使用的 USB 设备

说明

如果虚拟机不能识别 ESXi 主机的 USB 设备，可以使用直连的方式解决。详细可以参考作者写的“使用 USB 直连方式解决 ESXi 识别加密狗的问题”文章，链接地址为 https://blog.51cto.com/wangchunhai/1942197。

6.6.7　将虚拟机与主机对应

上一节中 WS19_SQL_91.101 虚拟机运行在 172.18.96.43 的主机上，并且使用该主机上的 USB 设备（例如加密狗）。在此情况下，虚拟机需要固定在该主机运行，避免由于 DRS 调整资源时将该虚拟机迁移到其他主机导致 USB 断开映射而无法连接。对于这种需求，可以通过创建虚拟机/主机规则将虚拟机固定在指定的主机运行。

（1）在 vSphere Client 左侧的导航窗格中单击 vSAN 群集，在右侧“配置→虚拟机/主机组”中单击“添加”按钮，如图 6-6-72 所示。

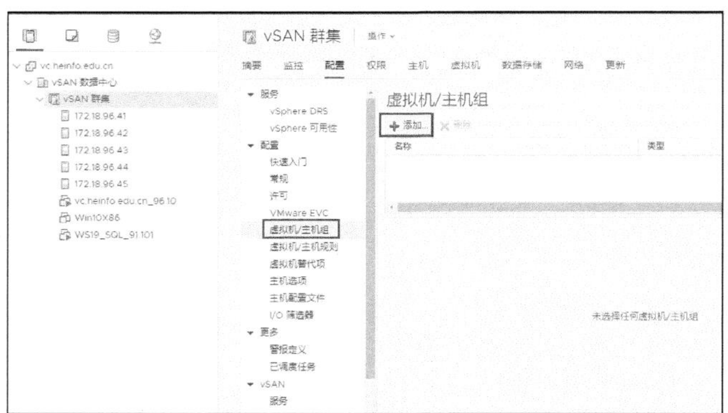

图 6-6-72　虚拟机/主机组

（2）在“创建虚拟机/主机组”对话框中，创建名为 SQL01 的虚拟机组，在“成员”中添加名为 WS19_SQL_91.101 的虚拟机（见图 6-6-73）。然后再创建名为 esx43、成员为 172.18.96.43 的主机组，如图 6-6-74 所示。

图 6-6-73 虚拟机组

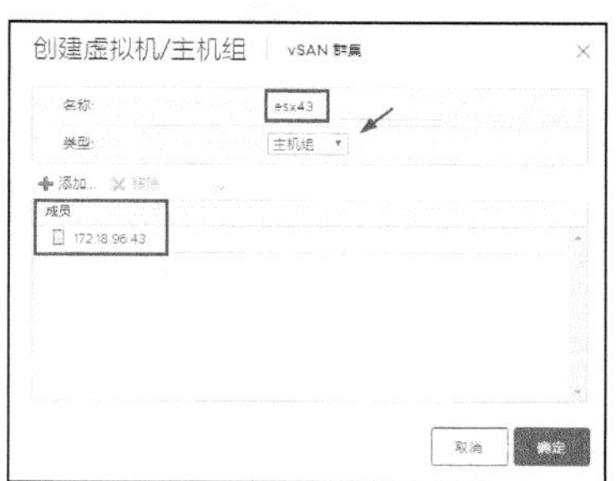
图 6-6-74 主机组

（3）创建之后如图 6-6-75 所示。

（4）在“虚拟机/主机规则”中单击“添加”按钮，如图 6-6-76 所示。

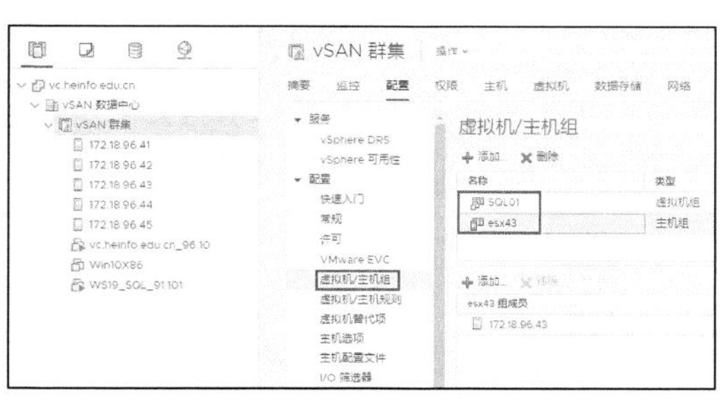
图 6-6-75 虚拟机组、主机组

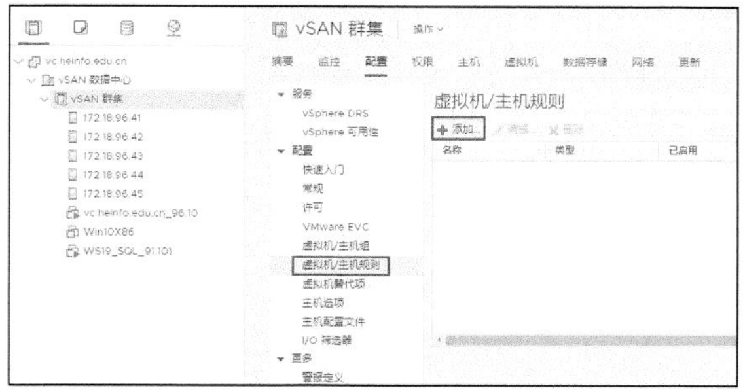
图 6-6-76 虚拟机/主机规则

（5）在“创建虚拟机/主机规则”对话框的“名称”文本框中，为新建规则设置名称，本示例为 SQL01-esx43，在“类型”下拉列表中选择“虚拟机到主机”；在“虚拟机组”中选择“SQL01”、在“主机组”中选择“esx43”，规则为“必须在组中的主机上运行”，如图 6-6-77 所示。

（6）设置之后如图 6-6-78 所示。在此可以继续添加其他规则，或者编辑、删除现有的规则。

图 6-6-77 虚拟机必须在组中的主机运行

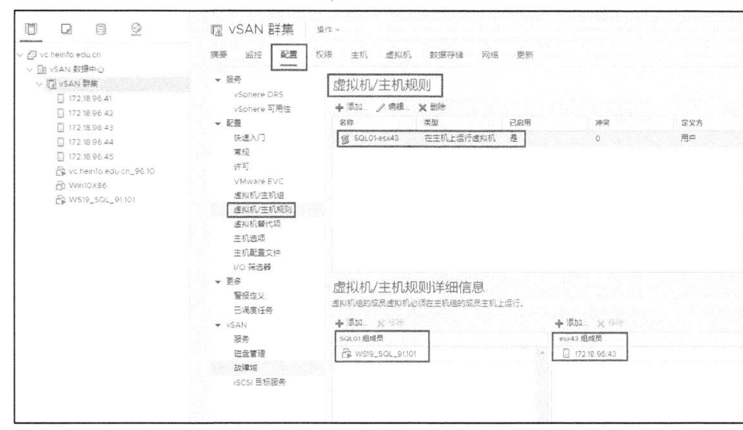
图 6-6-78 添加的虚拟机/主机规则

6.6.8 修复不能启动的虚拟机

在为企业实施虚拟化的过程中，用户还存在一个顾虑：如果虚拟机不能启动了怎么办？

从管理员和用户的角度来看，能分清物理机与虚拟机，但从应用程序的角度来看，无论是虚拟机还是物理机，都是计算机。因此，虚拟机出了问题的修复方法，和物理机的修复方法相同。

（1）如果物理机硬件损坏导致系统不能使用，将物理机的硬盘拆下来，装到另一台同型号的计算机就可以启动。如果只是读取数据，将硬盘装到另一台物理机当成从盘，进入系统之后在“资源管理器”中即可查看数据。

（2）如果物理机硬件没问题，只是操作系统的引导环境出了故障，可以使用同系统的 Windows 安装光盘引导修复，或者使用 Windows PE 工具修复引导环境。

对于虚拟机来说，修复方法也有两种。一是修复系统，二是新建虚拟机、附加原来的硬盘。因为系统与数据分离，如果系统不能启动了，从模板置备一台新的虚拟机，修改虚拟机配置，将原来不能启动的虚拟机硬盘添加到新虚拟机中，启动虚拟机，在“资源管理器”中将数据复制出来就可以。

下面先介绍修复虚拟机引导环境的方法。简单来说，上传 Windows PE 的 ISO 文件到存储中，修改不能启动的虚拟机的配置，加载 ISO 文件，并且使用 ISO 文件引导到 Windows PE 环境中，使用工具软件修复引导环境。本示例中使用的是电脑店启动盘制作工具 V6.5 生成的 ISO 文件。

（1）在 vSphere Client 中定位存储，将电脑店启动盘制作工具 V6.5 的 ISO 文件上传到 vSAN 存储中，如图 6-6-79 所示。

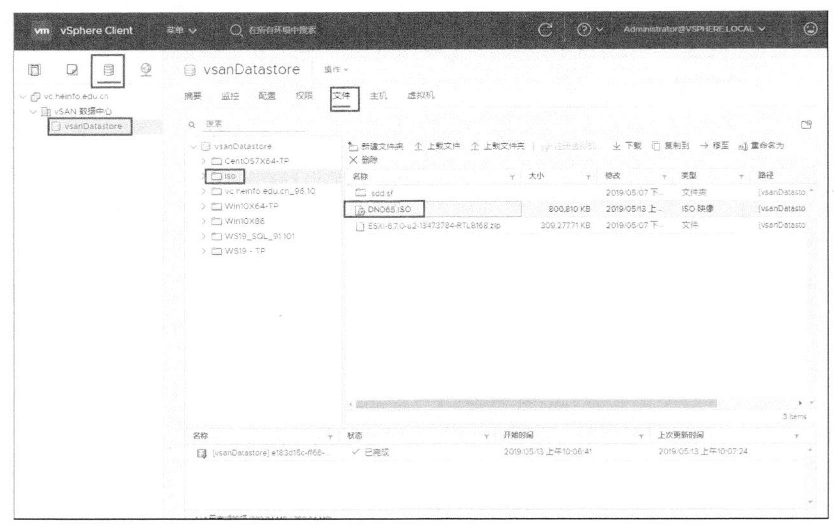

图 6-6-79　上传工具盘 ISO 映像文件

（2）当虚拟机不能启动时，关闭虚拟机电源，修改虚拟机配置，加载工具盘的 ISO 文件，如图 6-6-80 所示，确认“连接”选项选中。

（3）在“虚拟机选项”中的“引导选项”中，选中“下次引导期间强制进入 BIOS 设置屏幕”，如图 6-6-81 所示。

（4）打开虚拟机的电源，虚拟机启动后进入 BIOS。在控制台中，移动光标到“Boot”选项，调整 CD-ROM Drive 到第一个引导项（按+、–键更改顺序），按 F10 键保存并退出，如图 6-6-82 所示。

（5）进入 Windows PE 后，执行 Win 引导修复程序，单击“1.开始修复”（见图 6-6-83），修复完成之后单击“3.退出”，最后关闭 Windows PE 并关闭虚拟机。

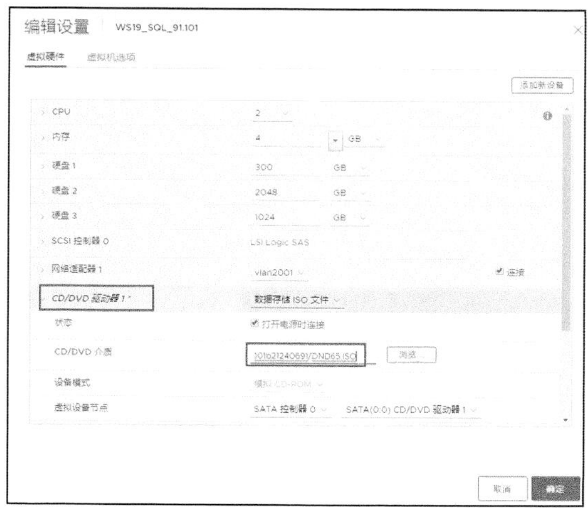

图 6-6-80 选择工具盘 ISO 文件

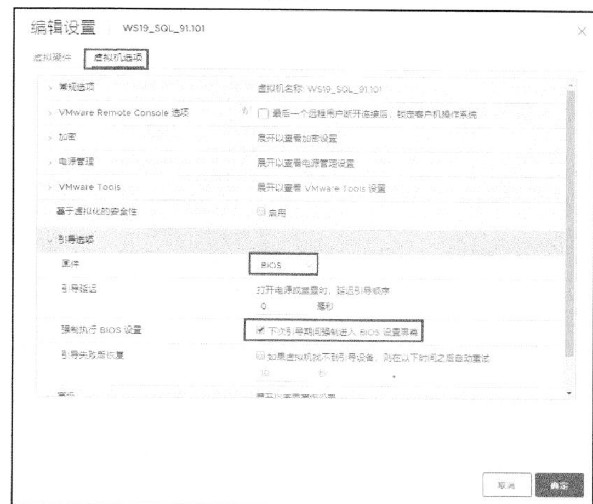

图 6-6-81 引导选项

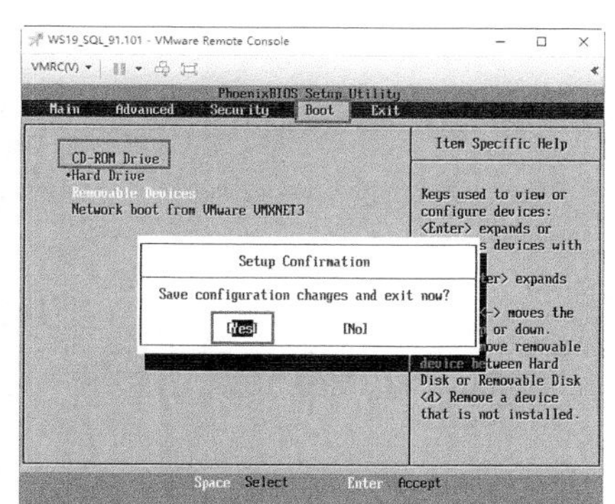

图 6-6-82 调整引导设备顺序

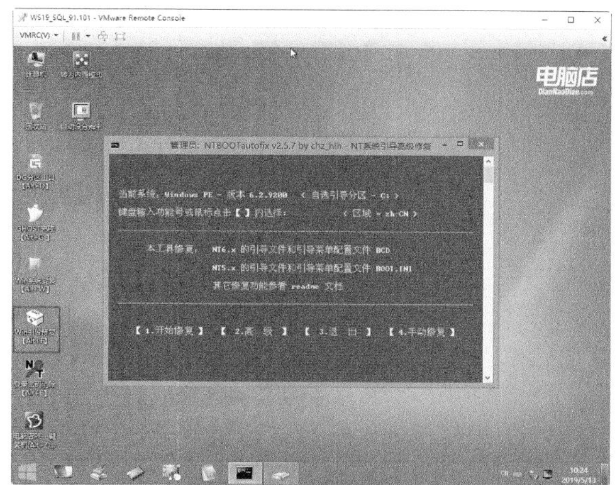

图 6-6-83 开始修复

（6）等虚拟机关闭后修改虚拟机配置，断开 ISO 文件的加载，如图 6-6-84 所示。

图 6-6-84 断开 ISO 文件的加载

经过这样修复虚拟机一般能启动并进入系统。如果不能进入系统（这种情况比较少），可以从模板新建一台虚拟机，在能启动的虚拟机中加载不能启动的虚拟机硬盘，将数据复制到新的虚拟机中。下面演示这方面的内容。

6.6.9　附加已经存在的虚拟机硬盘

当虚拟机不能启动后，关闭虚拟机，修改虚拟机配置，在“虚拟硬件”中查看虚拟机硬盘的文件名及保存位置，这是名为 WS19_SQL_19.101 的硬盘 2（见图 6-6-85）与硬盘 3（见图 6-6-86）的文件名。

图 6-6-85　硬盘 2 的文件名

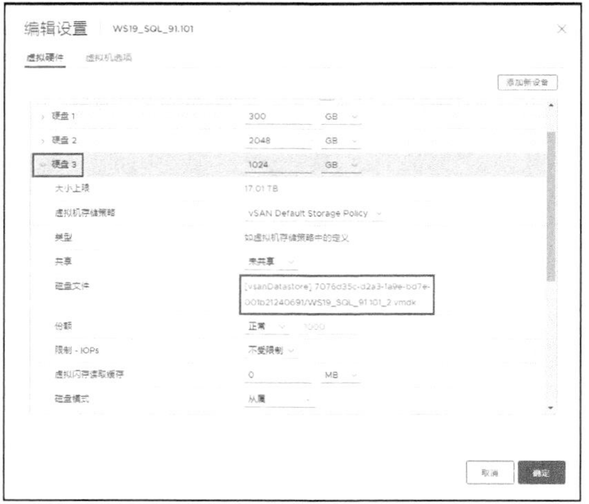

图 6-6-86　硬盘 3 的文件名

（1）使用 vSphere Client 从模板部署一台虚拟机，设置虚拟机名为 WS19-test。修改虚拟机配置，在“添加新设备”中选择“现有硬盘”，如图 6-6-87 所示。

（2）在“选择文件”对话框中，先选择 WS19_SQL_91.101 文件夹中的“WS19_SQL_91.101_1.vmdk”（见图 6-6-88），添加之后单击“确定”按钮。然后再添加现有硬盘，选择“WS19_SQL_91.101_2.vmdk”，添加之后如图 6-6-89 所示。

（3）打开 WS19-test 的虚拟机控制台，在“计算机管理→存储→磁盘管理”中看到新添加的硬盘 1、硬盘 2 是脱机状态，用鼠标右键单击，在弹出的快捷菜单中选择“导入外部磁盘”（见图 6-6-90），导入之后如图 6-6-91 所示。

图 6-6-87　添加现有硬盘

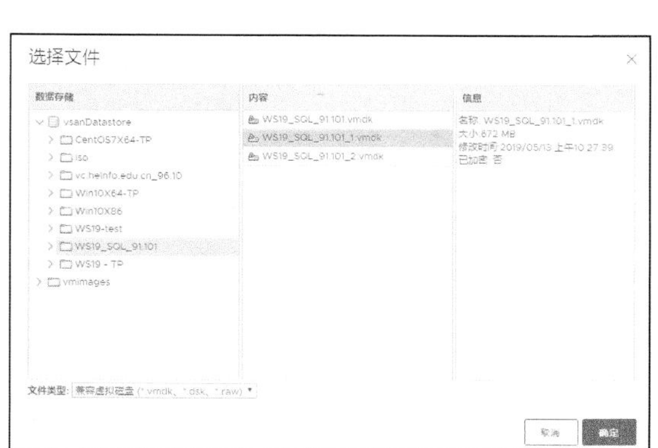

图 6-6-88　选择已有硬盘文件

图 6-6-89　添加硬盘文件

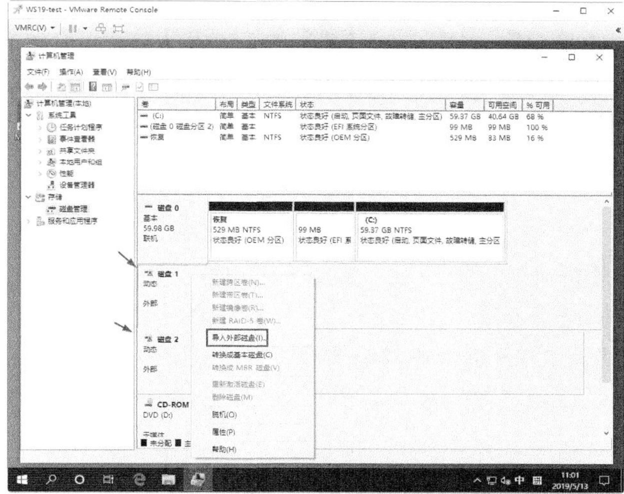

图 6-6-90　导入外部磁盘

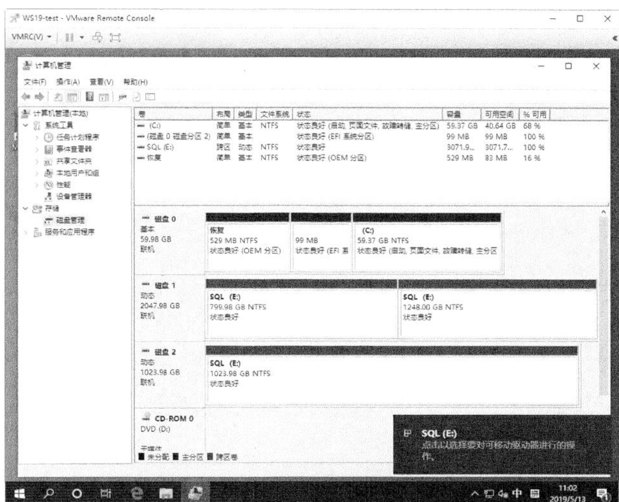

图 6-6-91　导入完成

（4）打开“资源管理器”可以看到导入的外部磁盘（见图 6-6-92），之后就可以通过复制等操作将不能启动的虚拟机中的硬盘中的数据复制到其他位置，这些不再介绍。

（5）当数据复制完成后，修改虚拟机设置以移除硬盘 2、硬盘 3，如图 6-6-93 所示。不要选中“从数据存储删除文件”，如果选中该项将会从存储中删除虚拟硬盘文件从而造成数据丢失。

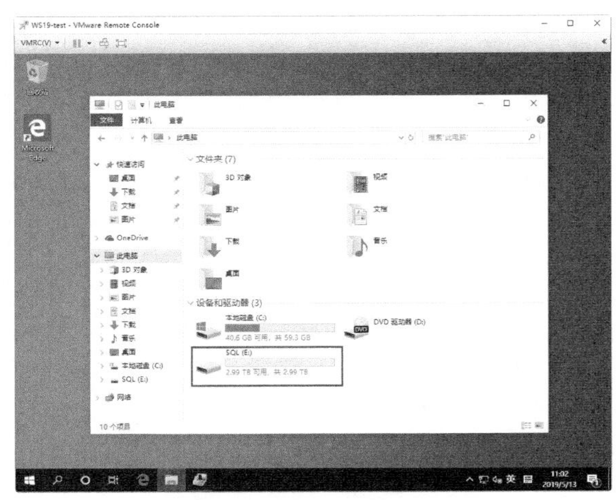

图 6-6-92　导入的磁盘

图 6-6-93　移除硬盘文件

6.6.10　资源池

资源池是灵活管理资源的逻辑抽象。资源池可以分组为层次结构，用于对可用的 CPU 和内存资源按层次结构进行分区。

每个独立主机和每个 DRS 群集都具有一个（不可见的）根资源池，此资源池对该主机或群集的资源进行分组。根资源池之所以不显示，是因为主机（或群集）与根资源池的资源总是相同的。

用户可以创建根资源池的子资源池，也可以创建用户创建的任何子资源池的子资源池。每个子资源池都拥有部分父级资源，然而子资源池也可以具有各自的子资源池层次结构，每个层次结构代表更小部分的计算容量。

一个资源池可包含多个子资源池或虚拟机。用户可以创建共享资源的层次结构。处于较高级别的资源池称为父资源池，处于同一级别的资源池和虚拟机称为同级。群集本身表示 root 资源池。如果不创建子资源池，则只存在根资源池。

对于每个资源池，均可指定预留、限制、份额以及预留是否应为可扩展。随后该资源池的资源将可用于子资源池和虚拟机。

1. 为何使用资源池

通过资源池可以委派对主机（或群集）资源的控制权，在使用资源池划分群集内的所有资源时，其优势非常明显。可以创建多个资源池作为主机或群集的直接子级，并对它们进行配置，然后便可向其他个人或组织委派对资源池的控制权。

使用资源池具有下列优点。

（1）灵活的层次结构组织。根据需要添加、移除或重组资源池，或者更改资源分配。

（2）资源池之间相互隔离，资源池内部相互共享。顶级管理员可向部门级管理员提供一个资源池。某部门资源池内部的资源分配变化不会对其他不相关的资源池造成不公平的影响。

（3）访问控制和委派。顶级管理员使资源池可供部门级管理员使用后，该管理员可以在当前的份额、预留和限制设置向该资源池授予的资源范围内进行所有的虚拟机创建和管理操作。委派通常结合权限设置一起执行。

（4）资源与硬件的分离。如果使用的是已启用 DRS 的群集，则所有主机的资源始终会分配给群集。这意味着管理员可以独立于提供资源的实际主机来进行资源管理。如果将 3 台 2GB 主机替换为 2 台 3GB 主机，则无须对资源分配进行更改。这一分离可使管理员更多地考虑聚合计算能力而非各个主机。

（5）管理运行多层服务的各组虚拟机。为资源池中的多层服务进行虚拟机分组，管理员无须对每台虚拟机进行资源设置。相反，通过更改所属资源池上的设置，管理员可以控制对虚拟机集合的聚合资源分配。

例如，假定一台主机拥有多台虚拟机。营销部门使用其中的三台虚拟机，QA 部门使用两台虚拟机。由于 QA 部门需要更多的 CPU 和内存，管理员为每组创建了一个资源池。管理员将 QA 部门资源池和营销部门资源池的 CPU 份额分别设置为高和正常，以便 QA 部门的用户可以运行自动测试。CPU 和内存资源较少的第二个资源池足以满足营销工作人员的较低负载要求。只要 QA 部门未完全利用所分配到的资源，营销部门就可以使用这些可用资源。

2. 创建资源池

在虚拟化环境中，主机和群集所提供的资源在大多数情况下都是足够的，所以不会出现资源争用的情况。只有当主机和群集提供的资源不够时，分配到每台虚拟机的资源是由虚拟机的配置、虚拟机所在资源池的份额、资源池中虚拟机的数量按比例分配。本节先介绍资源池的创建，以及将虚拟机移入资源池的方法，稍后介绍出现资源争用情况下资源的分配方式。

在生产环境中，一般是根据虚拟机的用途或所在部门创建资源池，简单来说，可以将资源池看成“文件夹”，将虚拟机分类放在不同的资源池中，方便管理与维护。

（1）在当前的实验环境中由 5 台主机组成 vSAN 群集，在群集中有 4 台虚拟机，如图 6-6-94 所示。

（2）用鼠标右键单击 vSAN 群集，在弹出的快捷菜单中选择“新建资源池”，如图 6-6-95 所示。

图 6-6-94　当前实验环境

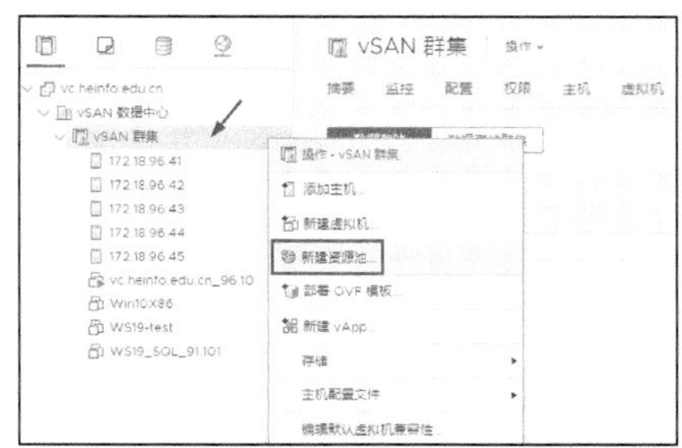

图 6-6-95　新建资源池

（3）在“新建资源池”对话框的“名称”文本框中为新建资源池命名，本示例中创建的第一个资源池名为 manage。资源池中的资源是 CPU 和内存，可以为资源配置份额：低、正常、高、自定义。其中低、正常、高的分配比为 1∶2∶4。还可以为资源设置预留和限制。在“预留”选项中为此资源池指定保证的 CPU 或内存分配量，默认值为 0。在设置了非零预留后将从父级（主机或资源池）的未预留资源中减去，这些资源是预留资源，无论虚拟机是否与该资源池关联都是如此。在“限制”选项中指定此资源池的 CPU 或内存分配量的上限，默认为无限制。本示例中 CPU 与内存都使用默认值，如图 6-6-96 所示。

（4）创建资源池之后，可以用鼠标选中虚拟机将其拖动到资源池中，如图 6-6-97 所示。本示例中将名为 vc.heinfo.edu.cn_96.10 的虚拟机移入名为 manage 的资源池，这个资源池用来放置管理用的虚拟机。

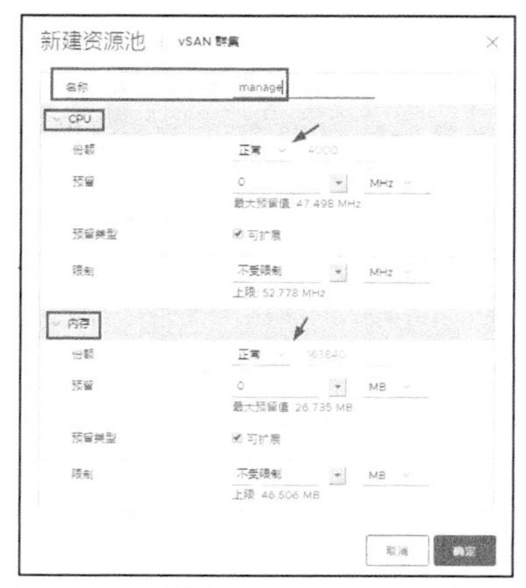

图 6-6-96 创建名为 manage 的资源池

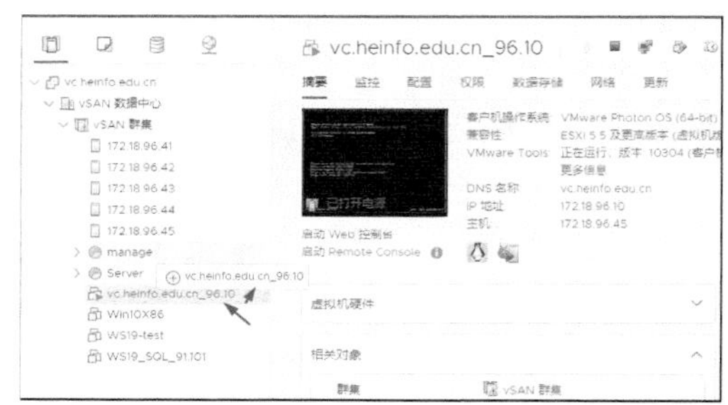

图 6-6-97 将虚拟机移动到资源池

（5）参照（2）～（3）的步骤再次创建名为 Server 与 Test 的资源池，将 Win10X86、WS19_SQL_91.101 移入名为 Server 的资源池，将 WS19-test 移入名为 Test 的资源池，如图 6-6-98 所示。

图 6-6-98 创建多个资源池

（6）图 6-6-99 是某 vSphere 虚拟化环境根据用途创建的多个资源池，将同一个应用放在同一个资源池中。

（7）除了可以为资源池设置份额与限制外，还可以为虚拟机设置份额。修改虚拟机的配置，在 CPU 与内存选项中有“份额”设置，默认为正常，可以在低、正常、高、自定义之间设置，如图 6-6-100 所示。可以为每台虚拟机的 CPU、内存分别设置份额。

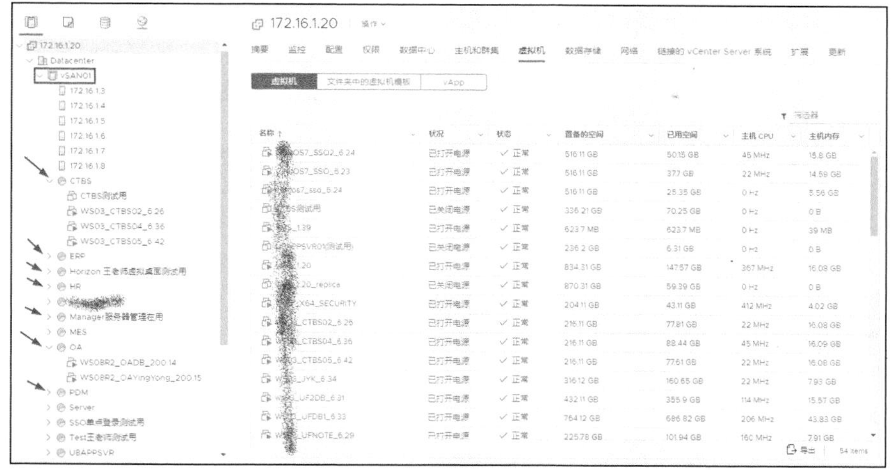

图 6-6-99 某虚拟化环境中的资源池

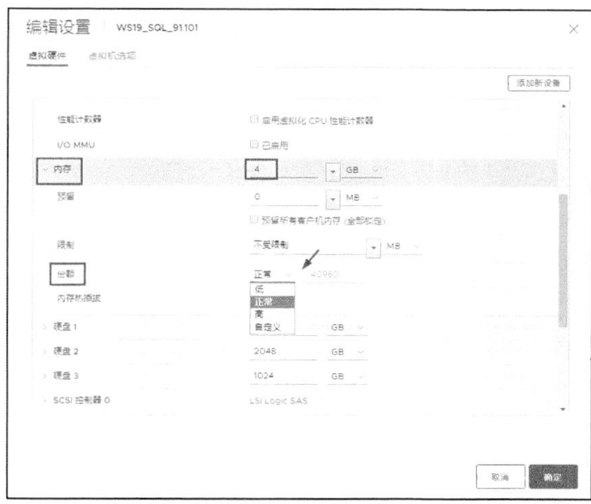

图 6-6-100 份额

3. 资源分配

本节通过具体的实例介绍资源池资源分配的方式。

（1）在 vSphere Client 中单击 vSAN 群集，在“摘要”中查看并记录当前可用资源，在当前的示例中，CPU 可用资源为 72.78GHz，内存可用资源为 44.6GB，如图 6-6-101 所示。

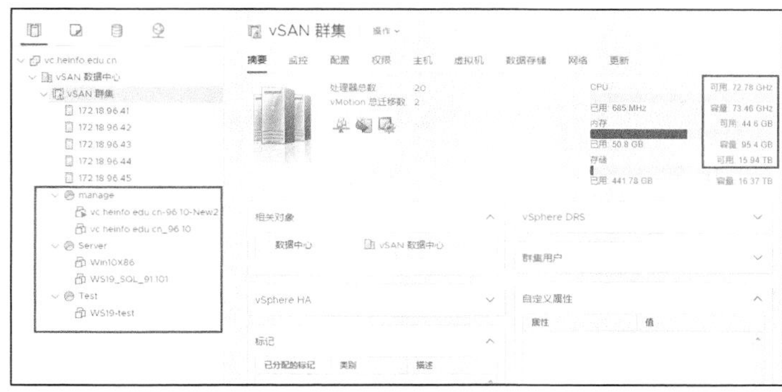

图 6-6-101 查看可用资源

（2）当前一共有 3 个资源池，每个资源池分配方式都是“正常”。在这种情况下每个资源池将平均获得所有可用资源，分配方式如图 6-6-102 所示。

对于图 6-6-102 所示环境中的 4 台虚拟机、3 个资源池，当虚拟机使用的资源没有超过所分配的资源时，每台虚拟机将获得所需要的资源；当资源不足时，每个资源池将获得 $\frac{1}{3}$ 的资源。每个资源池中的虚拟机，再根据当前资源池中虚拟机的数量、每台虚拟机分配的 CPU、内存资源及份额二次分配。

如果每个资源池的份额不同，例如 manage 的 CPU 与内存份额为高、Server 的 CPU 与内存份额为正常、Test 的 CPU 与内存份额为低，当资源不足时每个资源池获得的资源如图 6-6-103 所示。

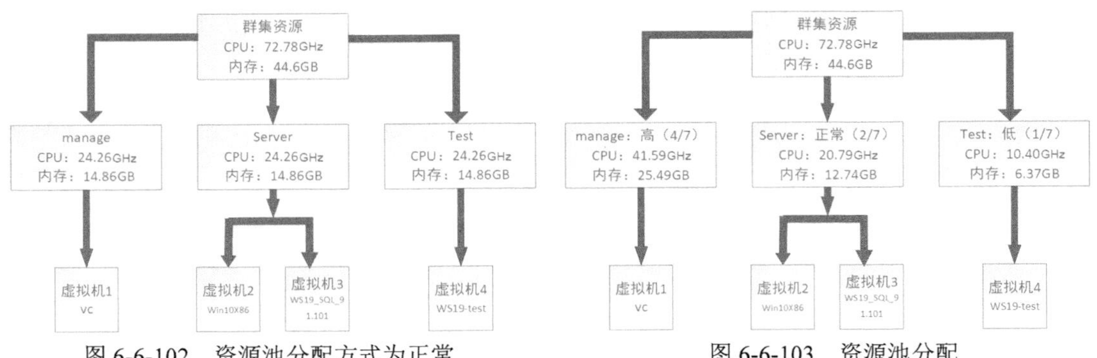

图 6-6-102　资源池分配方式为正常　　　　图 6-6-103　资源池分配

在图 6-6-103 的资源池分配中，如果为虚拟机 4 分配了 10GB 内存，其限制将是 6.37GB。

如果虚拟机 2 分配了 1 个 CPU、4GB 内存，虚拟机 3 分配了 2 个 CPU、8GB 内存，正常情况下都能获得所需要的资源。

如果虚拟机 2 分配了 1 个 CPU、8GB 内存，虚拟机 3 分配了 2 个 CPU、16GB 内存。因为资源不够，虚拟机 2 获得 12.74GB 的 $\frac{1}{3}$，大约 4.25GB 内存，虚拟机 3 获得 12.74GB 的 $\frac{2}{3}$，大约 8.49GB 内存。

如果虚拟机 2、3 都分配 1 个 CPU，16GB 内存，但虚拟机 3 的内存份额为“高”，虚拟机 2 的内存份额为“正常”。当资源不够时，虚拟机 2 获得 12.74GB 的 $\frac{1}{3}$，大约 4.25GB 内存，虚拟机 3 获得 12.74GB 的 $\frac{2}{3}$，大约 8.49GB 内存。

如果虚拟机 2、3 都分配 1 个 CPU，8GB 内存，但虚拟机 3 的内存份额为“高”，虚拟机 2 的内存份额为“正常”。当资源不够时，虚拟机 2 获得 12.74GB 的 $\frac{1}{3}$，大约 4.25GB 内存，虚拟机 3 获得 12.74GB 的 $\frac{2}{3}$，大约 8.49GB 内存。因为虚拟机 3 获得的资源超过为其所配置的资源，所以虚拟机 3 实际分配 8GB，虚拟机 2 实际分配剩余资源 4.74GB。

CPU 的分配也是如此。当 CPU 资源不够时，根据分配的 CPU 的数量、份额进行计划，每台虚拟机从资源池获得所需的配额。

6.7 vCenter Server Appliance 管理与维护

在虚拟化环境中需要有备份设备对重要的虚拟机进行备份。如果当前没有备份设备，建议定期对 vCenter Server Appliance 数据库进行备份，当出现问题时通过备份恢复安装。本节将演示这一内容。

当前的环境为 vCenter Server Appliance 6.7.0 U2，该 vCenter Server 是 172.18.96.45 中的一台虚拟机。在备份与恢复的过程中，需要用到一台 FTP 服务器，本示例中的 FTP 服务器的 IP 地址为 172.18.96.1。整个备份与恢复是通过网络中的一台 Windows 10 的工作站来完成的，当前实验拓扑如图 6-7-1 所示。

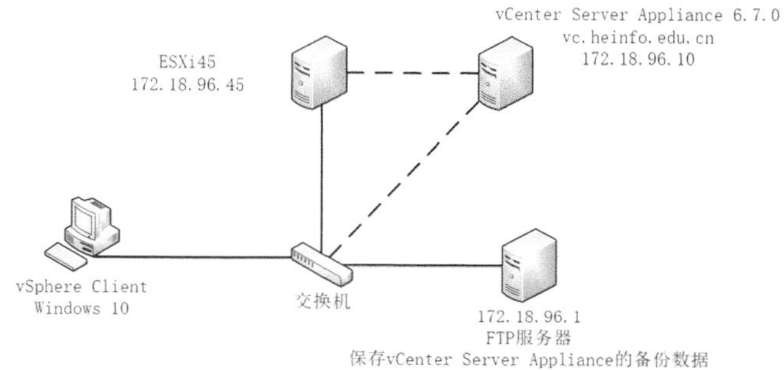

图 6-7-1 VCSA 备份与恢复实验拓扑

本实验完成如下的内容。

（1）登录 vCenter Server Appliance 管理界面，导出备份到 FTP 服务器。

（2）关闭 vCenter Server Appliance，使用 vCenter Server Appliance 6.5.0 的安装程序，从备份恢复（安装新的 vCenter Server Appliance，从备份恢复设置）。

6.7.1 FTP 服务器的准备

在 172.18.96.1 的 Windows Server 2016 计算机中，安装 Internet 信息服务管理器及 FTP 服务器，并配置 FTP 服务器，之后在 FTP 服务器中添加一个 VCSA 的虚拟目录，最后配置 FTP 身份验证与添加用户。

（1）在 FTP 服务器管理器界面，先双击“FTP 身份验证”，如图 6-7-2 所示。

（2）在“FTP 身份验证”中，添加“基本身份验证”并启用，如图 6-7-3 所示。

图 6-7-2 FTP 身份验证

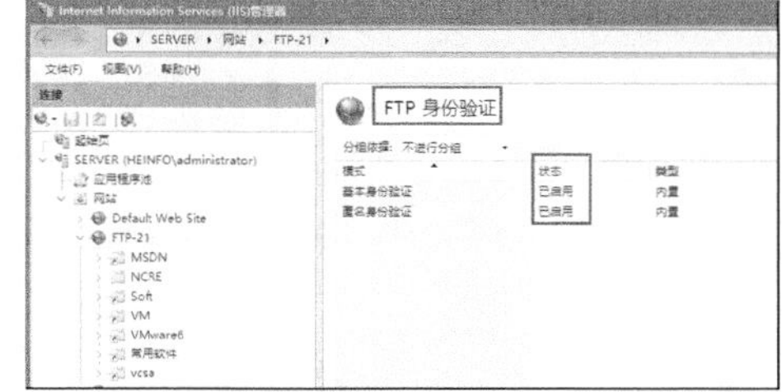

图 6-7-3 启用 FTP 身份验证

（3）返回到 FTP 服务器管理器，双击“FTP 授权规则”（见图 6-7-2），在“添加允许授权规则”对话框中，选中“指定的用户”，为 FTP 添加一个用户，例如 linnan（这是在 Windows Server

计算机管理中，本地用户中创建的)，并设置“权限”为“读取”“写入”，如图 6-7-4 所示。

(4) 添加之后 FTP 授权规则如图 6-7-5 所示。

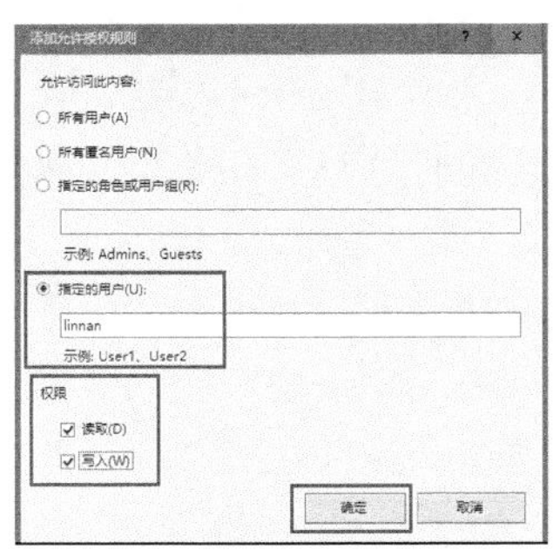

图 6-7-4　添加允许的授权规则

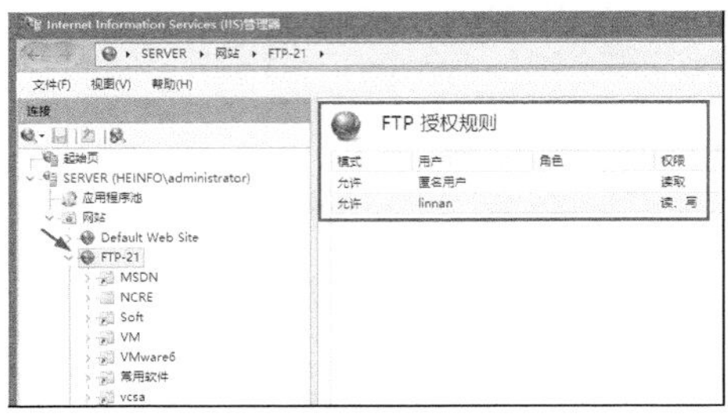

图 6-7-5　添加 FTP 授权规则

6.7.2　导出 vCenter Server Appliance 备份

登录 vCenter Server Appliance 6.7.0 的管理界面，然后导出备份。

(1) 打开 VCSA 的管理界面（本示例为 https://vc.heinfo.edu.cn:5480 或 https://172.18.96.10:5480)，使用 root 登录，如图 6-7-6 所示。

(2) 在导航中选择“备份”，在右侧窗格中单击“立即备份”按钮，如图 6-7-7 所示。

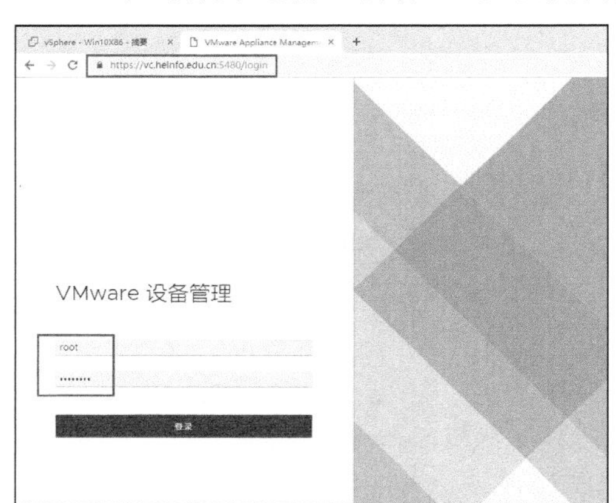

图 6-7-6　登录管理界面

图 6-7-7　备份

(3) 在“立即备份”对话框中，在“协议”下拉列表中选择“FTP”，然后输入 FTP 服务器的 IP 地址及备份路径，本示例为 172.18.96.1/vcsa/vcsa6.7u2-96.10。然后输入指定具有 FTP 目录“写入”权限的 FTP 用户名及密码，本示例为 linnan（图 6-7-4 中添加的)，单击“启动”按钮开始备份，如图 6-7-8 所示。

(4) 备份开始后显示进度和状态，备份完成后显示备份数据传输量、持续时间等，如图 6-7-9 所示。

图 6-7-8　立即备份

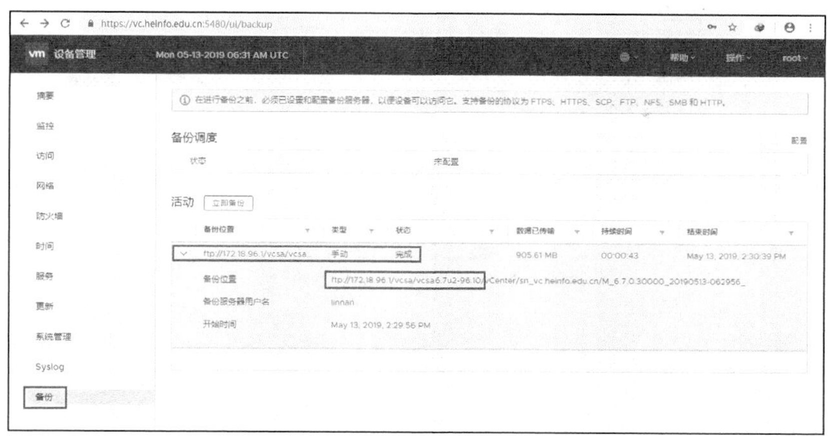

图 6-7-9 备份完成

6.7.3 从备份恢复 vCenter Server Appliance

如果要从备份恢复，请使用与备份相同版本的vCenter Server Appliance的ISO安装文件，在网络中的一台 Windows 计算机（可以是 Windows 7/8/10/2012/2016 等操作系统）上运行安装程序，执行恢复向导来恢复。下面介绍主要步骤。

说明

在做这个实验的时候，应关闭正在运行的 vCenter Server Appliance，因为恢复的时候使用的是原来 vCenter Server 的信息（计算机名称、IP 地址）。如果原有的 vCenter Server Appliance 仍然运行会导致恢复失败。

（1）在 Windows 计算机上，执行 vCenter Server Appliance 6.7.0 安装程序，单击“还原”，如图 6-7-10 所示。

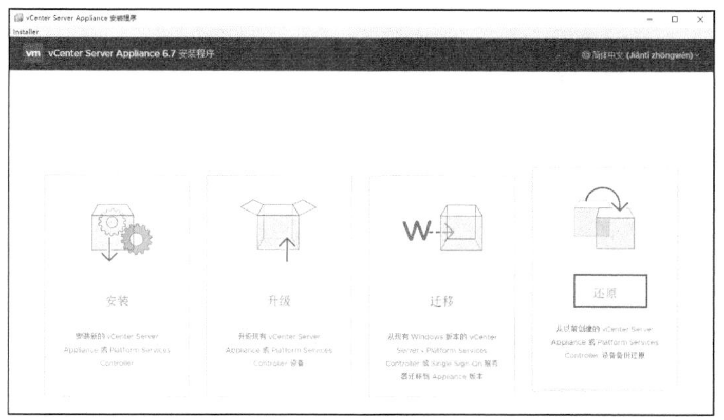

图 6-7-10 还原

（2）在“输入备份详细信息”的“位置或 IP/主机名”文本框中输入备份位置（本示例为 172.18.96.1/vcsa/vcsa6.7u2-96.10），输入 FTP 的用户名与密码，如图 6-7-11 所示。

（3）如果没有输入备份位置所在文件，会弹出“浏览文件”对话框，选择包含备份文件的有效文件夹，如图 6-7-12 所示。

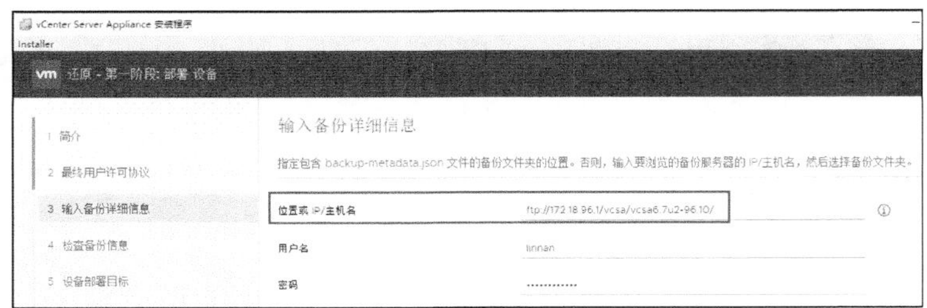

图 6-7-11　输入备份详细信息

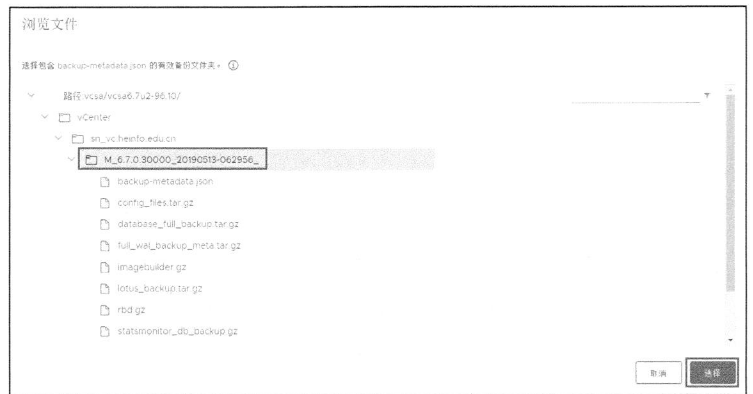

图 6-7-12　选择包含备份文件的文件夹

（4）在“设备部署目标”中，指定新部署的 vCenter Server Appliance 所在的 ESXi 主机或 vCenter Server 主机，并输入用户名和密码。在本示例中指定 172.18.96.45 的主机，如图 6-7-13 所示。

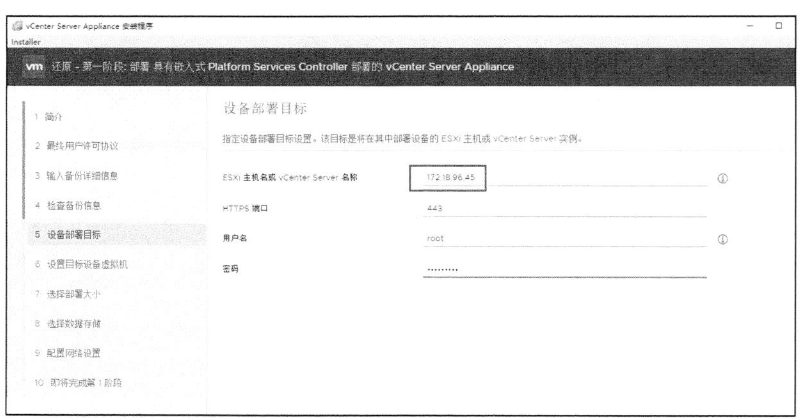

图 6-7-13　指定部署的目标

（5）在“设置目标设备虚拟机”中，输入将要部署的虚拟机的名称、root 密码，在本示例中设置虚拟机名称为 vc.heinfo.edu.cn-96.10-New2，如图 6-7-14 所示。

（6）在“选择部署大小”中，设置部署大小和存储大小，如图 6-7-15 所示。部署大小不能小于原有备份的大小。

（7）在“选择数据存储”中，选择部署位置，并选中“启用精简磁盘模式”，如图 6-7-16 所示。

图 6-7-14 设置目标虚拟机

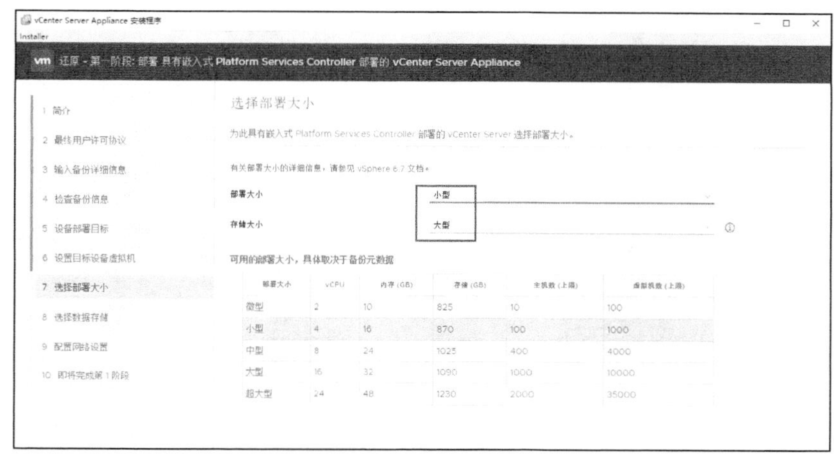

部署大小	vCPU	内存 (GB)	存储 (GB)	主机数 (上限)	虚拟机数 (上限)
微型	2	10	825	10	100
小型	4	16	870	100	1000
中型	8	24	1025	400	4000
大型	16	32	1090	1000	10000
超大型	24	48	1230	2000	35000

图 6-7-15 选择部署大小

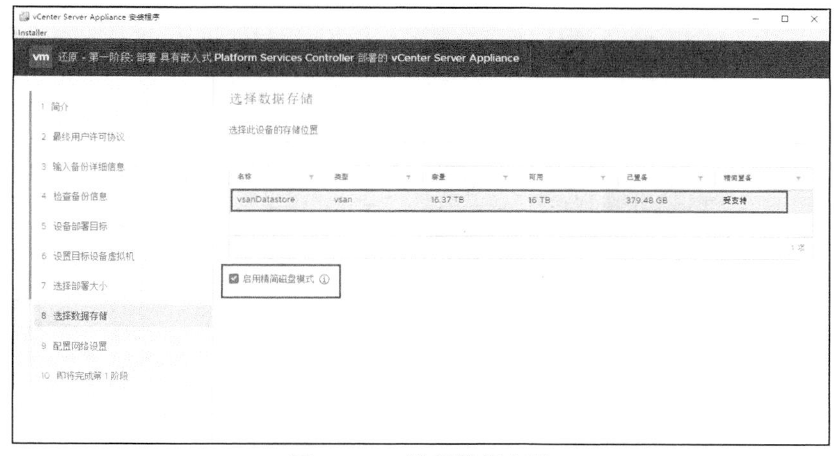

图 6-7-16 选择数据存储

（8）在“配置网络设置”中，为将要部署的 VCSA 的虚拟机选择网络，而 IP 地址、子网掩码、默认网关、DNS 服务器则是从配置中直接导入（原 vCenter Server Appliance 的配置），不需要输入，如图 6-7-17 所示。

（9）在“即将完成第 1 阶段”中显示了备份和还原详细信息，检查无误之后单击“完成”按钮，如图 6-7-18 所示。

（10）之后安装向导将会部署一台新的 vCenter Server Appliance，部署完成之后，单击“继续”按钮，如图 6-7-19 所示。

图 6-7-17　配置网络设置

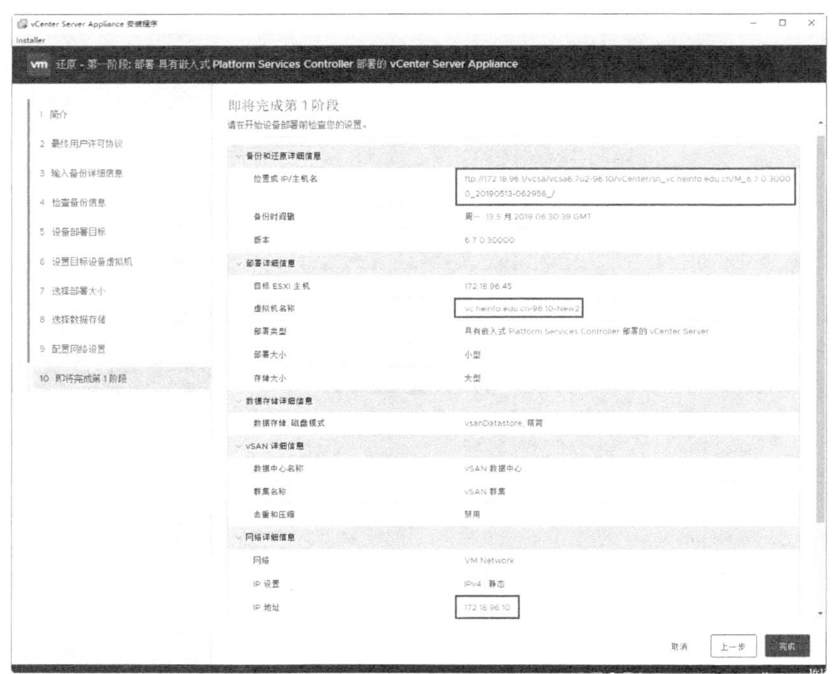

图 6-7-18　完成第一阶段

图 6-7-19　部署完成

之后开始第二阶段的任务。

（1）在“还原-第二阶段：具有嵌入式 Platform Services Controller 部署的 vCenter Server Appliance”对话框中，单击“下一步”按钮，如图 6-7-20 所示。

（2）在“备份详细信息”中，显示了将要检索备份详细信息，如图 6-7-21 所示。

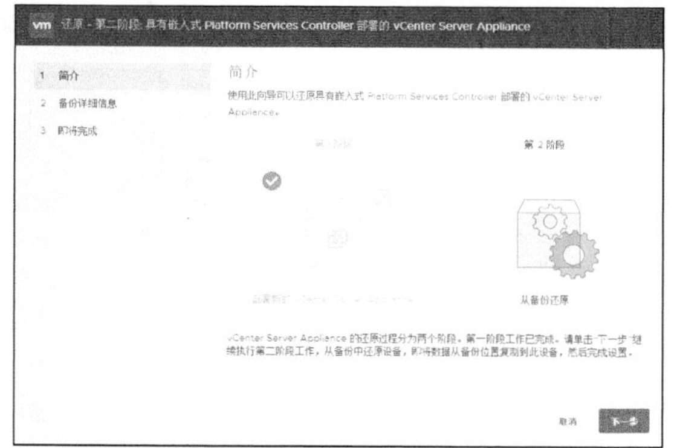

图 6-7-20 第二阶段

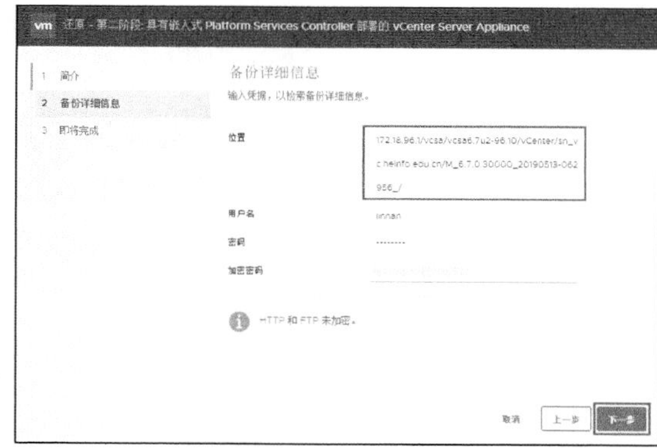

图 6-7-21 备份详细信息

（3）在“即将完成”中，提示要关闭原始 vCenter Server Appliance（FTP 备份数据的 vCenter Server Appliance 虚拟机），然后单击“完成”按钮，如图 6-7-22 所示。

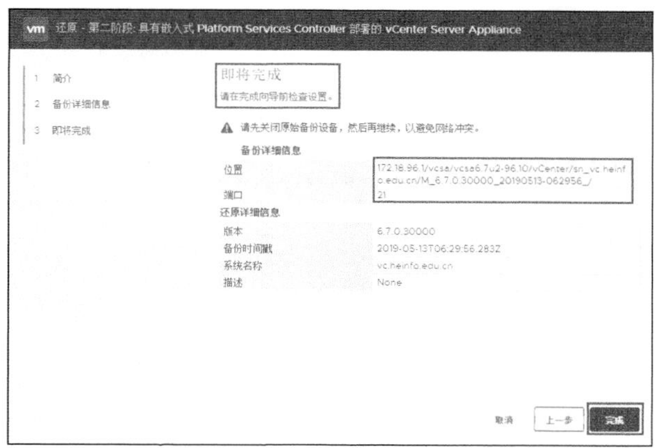

图 6-7-22 即将完成

（4）此时会弹出“警告”对话框，单击“确定”按钮继续，如图 6-7-23 所示。

（5）之后开始还原，直到还原完成，如图 6-7-24 所示。

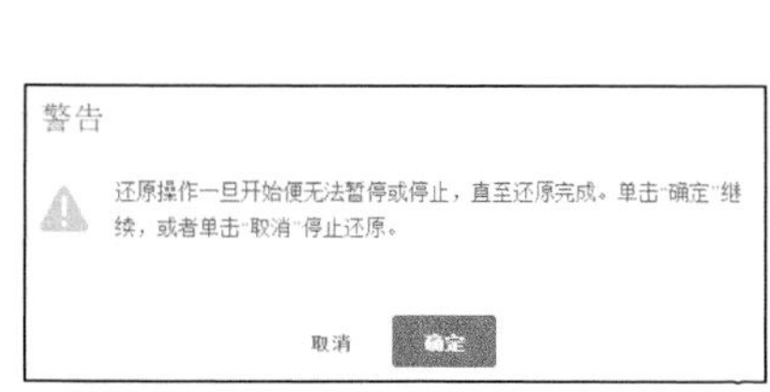

图 6-7-23 警告信息

图 6-7-24 还原完成

（6）之后登录 vCenter Server Appliance 管理界面，至此还原完成，如图 6-7-25 所示。

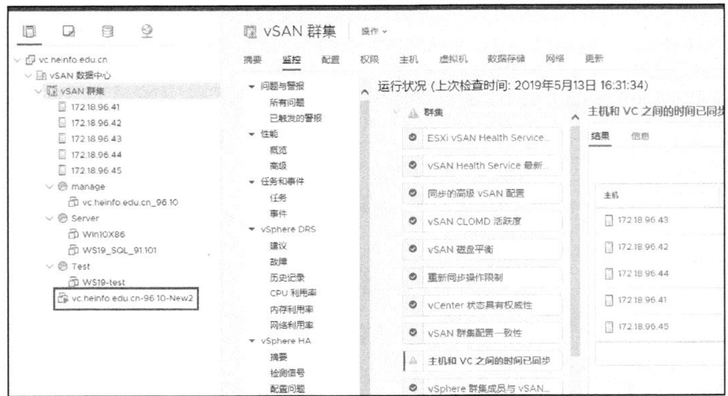

图 6-7-25 还原完成

6.7.4 重新安装 vCenter Server Appliance

在 vCenter Server Appliance 没有备份的情况下，如果 vCenter Server 出了问题，只能通过重新安装 vCenter Server Appliance，然后将 ESXi 主机添加到群集中。

说明

当 vCenter Server 停止时，不能修改虚拟机使用分布式虚拟交换机的端口组，但可以修改虚拟机的配置，将使用分布式虚拟交换机的端口组改为标准端口组。如果修改端口组为分布式端口组会弹出“不支持添加或重新配置连接到非临时分布式虚拟端口组的网络适配器”，如图 6-7-26 所示。

图 6-7-26 不能修改分布式端口组

本节介绍重新安装 vCenter Server Appliance 的方法，主要步骤如下。

说明

为了完成本节实验，需要将正在使用的 vCenter Server Appliance 虚拟机关机。关机之后再进行下面的实验。

vSAN 主机都正常工作，除了 vCenter Server Appliance 虚拟机出问题导致不能使用外，其他的虚拟机都正常工作。在无备份、修复无效的情况下，只能重新安装 vCenter Server Appliance。如果确认需要重新安装 vCenter Server Appliance，可以找同版本的 vCenter Server Appliance，也可以找较新版本的 vCenter Server，但不建议跨度太大（主版本号相同，次版本号可以高一些）。

在重新安装前，原来出故障的 vCenter Server 虚拟机可以关机或重命名。重新安装前要了解当前环境中有几台 ESXi 主机，每台主机的 IP 地址、管理员账户和密码，每台主机的配置、磁盘组、虚拟交换机、虚拟端口组等情况。在了解这些信息之后，在网络中的一台计算机中，加载 vCenter Server Appliance 安装镜像，开始 vCenter Server Appliance 的安装。在安装的时候可以使用原来的 IP 地址和域名，也可以使用新的 IP 地址和域名。因为前文介绍过 vCenter Server Appliance 的安装，所以本节只介绍关键步骤。

（1）运行 vCenter Server Appliance 安装程序，在“设备部署目标”的“ESXi 主机名或 vCenter Server 名称”文本框中，输入要放置 vCenter Server Appliance 虚拟机的 ESXi 主机的 IP 地址，本示例为 172.18.96.45，然后在用户名和密码中输入 172.18.96.45 的 root 账户和密码，如图 6-7-27 所示。

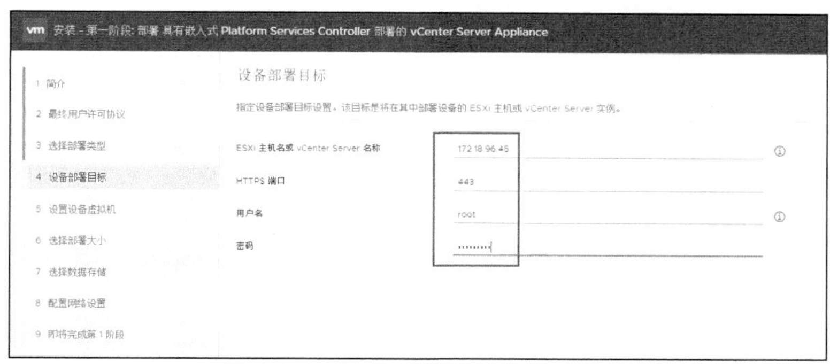

图 6-7-27 设备部署目标

（2）在“设置设备虚拟机”的“虚拟机名称”文本框中输入新部署的虚拟机名称，本示例为 vc.heinfo.edu.cn-96.10-New3，如图 6-7-28 所示。同时设置 root 密码。

（3）在“配置网络设置”中，为新部署的 vCenter Server 设置 FQDN 和 IP 地址等参数，本示例仍然使用 vc.heinfo.edu.cn 的域名和 172.18.96.10 的 IP 地址，如图 6-7-29 所示。

图 6-7-28 设置设备虚拟机

图 6-7-29 配置网络设置

（4）在“即将完成第 1 阶段”中显示了部署虚拟机的信息，如图 6-7-30 所示。

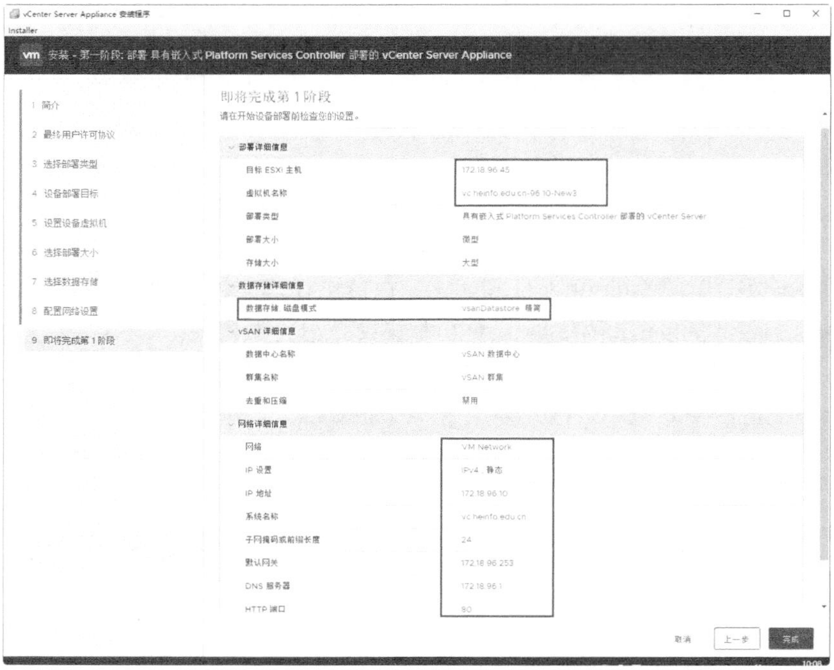

图 6-7-30 即将完成第 1 阶段

（5）然后根据向导完成第二阶段的部署，部署完成之后如图 6-7-31 所示。

（6）安装完成后登录 vCenter Server，如果以前信任过原来 vCenter Server Appliance 的证书，会弹出“此站点不安全”的提示，如图 6-7-32 所示。对于这种情况，删除原来名为 CA 的受信任的根证书、重新下载新的根证书并重新信任即可，前文已经介绍过解决方法，这里不再介绍。

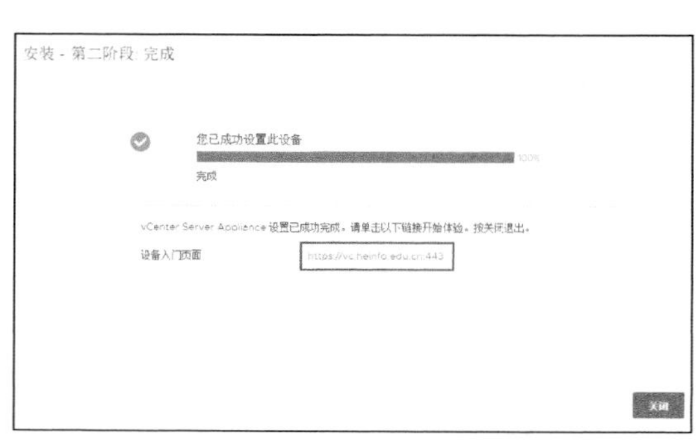

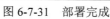

图 6-7-31 部署完成

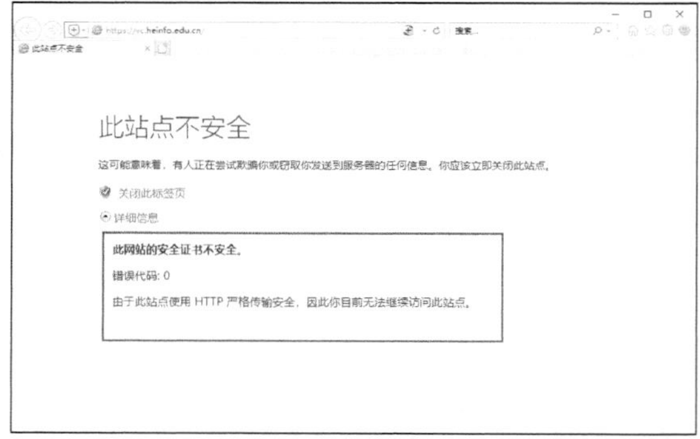

图 6-7-32 提示站点不安全

6.7.5 将 ESXi 主机添加到新的 vCenter Server

在重新安装了 vCenter Server Appliance 之后，需要在 vCenter Server 中新建数据中心、新建群集，并将 ESXi 主机添加到群集中，主要步骤如下。

（1）使用 vSphere Client 登录到 vCenter Server，在添加并分配许可证之后，用鼠标右键单击 vCenter Server 的名称，在弹出的快捷菜单中选择“新建数据中心”（如图 6-7-33 所示），在弹出的“新建数据中心”对话框的“名称”文本框中输入新建数据中心的名称，本示例使用默认名 Datacenter，如图 6-7-34 所示。

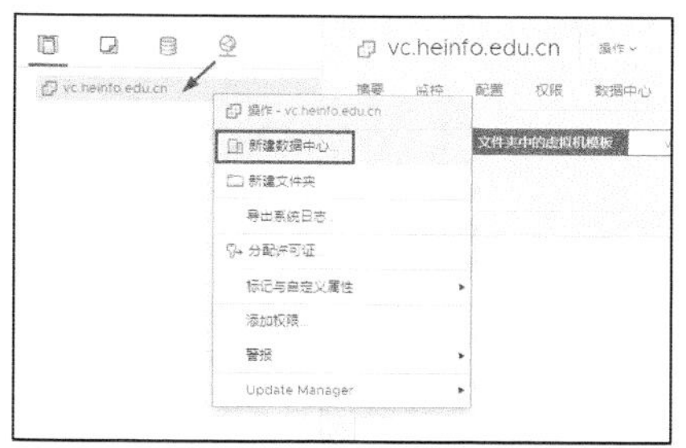

图 6-7-33　新建数据中心

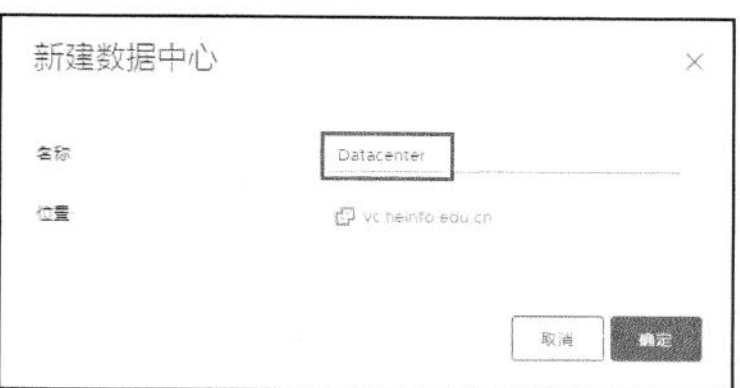

图 6-7-34　数据中心名称

（2）在创建数据中心之后，用鼠标右键单击新建的数据中心名称，在弹出的快捷菜单中选择“新建群集”（如图 6-7-35 所示），在弹出的“新建群集”对话框中的“名称”文本框中设置新建群集名称，本示例为 vSAN-HA，然后选择开启 DRS、vSphere HA、vSAN，如图 6-7-36 所示。

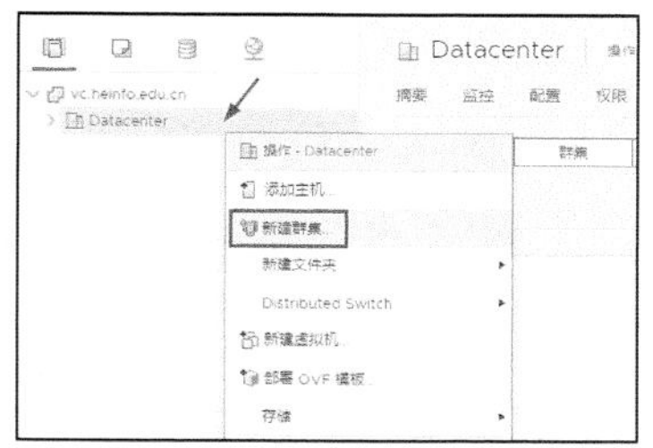

图 6-7-35　新建群集

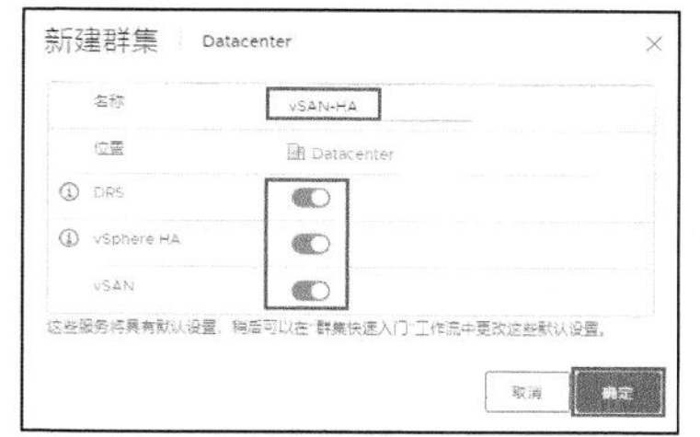

图 6-7-36　设置群集名称、开启群集功能

（3）创建群集之后，在“群集快速入门”中显示了后续任务，在“添加主机”选项中单击“添加”按钮，如图 6-7-37 所示。

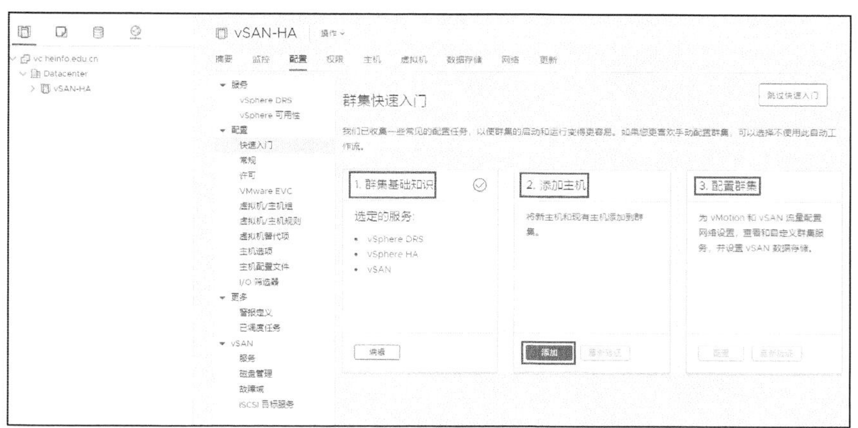

图 6-7-37　添加主机

（4）在“将新主机和现有主机添加到您的群集”中，将 172.18.96.41～172.18.96.45 共 5 台主机添加到群集，如图 6-7-38 所示。

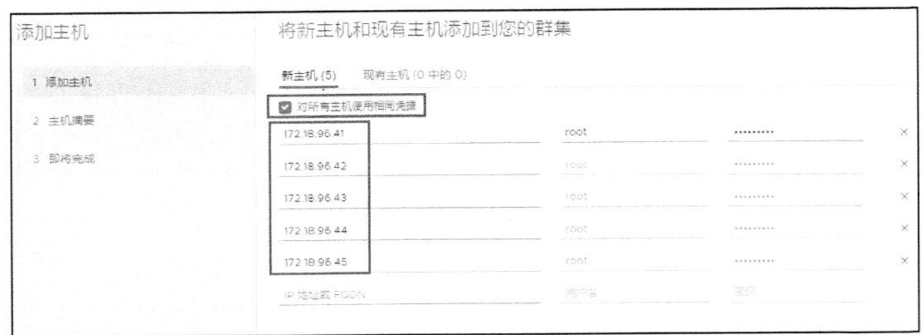

图 6-7-38　添加新主机

（5）添加之后只有部分主机在群集中，如图 6-7-39 所示。

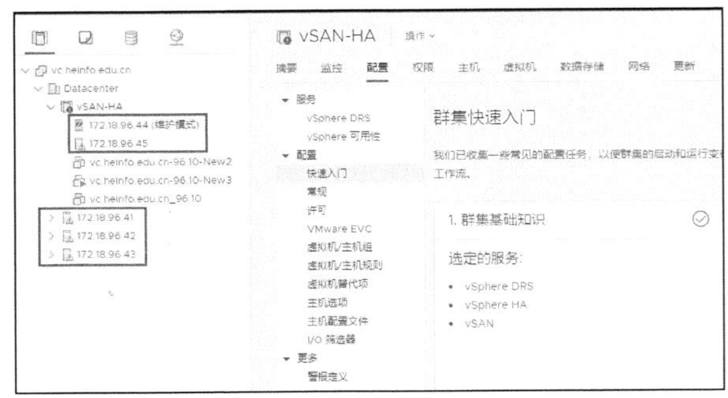

图 6-7-39　添加 5 台 ESXi 主机之后

（6）将其余主机移入群集，并将置于维护模式的主机退出维护模式。在导航窗格中选中主机，在“配置→网络→虚拟交换机”中看到分布式交换机不再位于 vCenter Server 中，如图 6-7-40 所示。

图 6-7-40　分布式交换机不再位于 vCenter Server 中

（7）此时 vSAN 数据存储正常，在“配置→vSAN→磁盘管理”中可以看到所有主机都在组 1 中，vSAN 磁盘挂载正常，如图 6-7-41 所示。但分布式交换机不正常，需要重新配置分布式交换机。

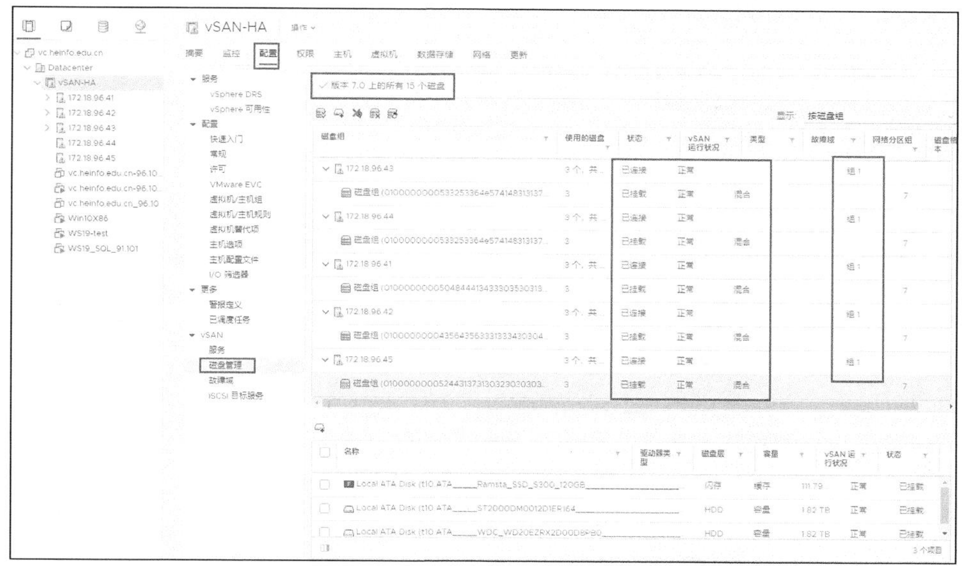

图 6-7-41 vSAN 存储正常

在 vSAN 存储正常之后，如果原来创建了虚拟机存储策略，还需要重新创建虚拟机存储策略，例如 SW = 2，FTT = 2 的虚拟机存储策略，这些不再介绍。

6.7.6 重新配置分布式交换机

如果 ESXi 主机配置的是标准交换机，在重新安装了 vCenter Server 之后，将 ESXi 主机添加到 vCenter Server 并配置 HA 即可完成设置，但如果 ESXi 主机使用的是分布式交换机，还需要重新配置分布式交换机。如果重新配置分布式交换机，需要通过以下步骤完成（以原来的分布式交换机至少有 2 个上行链路为例）。

（1）新建分布式交换机 DSwitch-B。假设原来的分布式交换机的名称为 DSwitch-A，新建分布式交换机的名称为 DSwitch-B，为其指定 2 个上行链路。

（2）修改 MTU。新建分布式交换机 DSwitch-B 后，修改 MTU 数据与原来 DSwitch-A 的数值相同。

（3）为 DSwitch-B 分配一条上行链路。修改 DSwitch-B，添加管理主机，为 DSwitch-B 分配一条上行链路，使用原来 DSwitch-A 的一条上行链路（即从原来 DSwitch-A 中移除一条上行链路，将其分配给 DSwitch-B）。这一步配置完成后，原来的 DSwitch-A、新配置的 DSwitch-B 各使用一条上行链路，保证迁移端口组前、后通信不中断。

（4）对照 DSwitch-A 创建端口组。在 DSwitch-B 创建与 DSwitch-A 对应的端口组，这需要有类似的名称以及相同的 VLAN 属性等。

（5）迁移原 DSwitch-A 的端口组、涉及的 VMkernel，如果 vSAN 流量在 DSwitch-A 上，迁移该 VMkernel 流量的端口组到 DSwitch-B。在迁移的过程中，原 DSwitch-A 的端口组、绑定在 DSwitch-A 端口组的 VMkernel 迁移到 DSwitch-B，这些端口组的上行链路从 DSwitch-A 剩余的一条链路切换到 DSwitch-B 的一条链路。因为这两条链路连接到物理交换机相同的端口及属性，所以迁移过程中网络不会中断。

在这一步中，如果虚拟机使用 DSwitch-A 的端口组，那么也在这一阶段将这些虚拟机的端口组从 DSwitch-A 迁移到 DSwitch-B 对应的端口组。

（6）修改 DSwitch-B 的上行链路 2 为原来 DSwitch-A 剩余的一条上行链路，这一步的操作是将原来 DSwitch-A 的上行链路移除，迁移到 DSwitch-B。

（7）到这一阶段，DSwitch-A 没有上行链路，其端口组也没有分配给虚拟机，DSwitch-A 会自动清除。如果没有从 ESXi 主机清除，一般是某台虚拟机或某个虚拟机模板分配了 DSwitch-A 的端口组，如果是虚拟机模板，将模板转换成虚拟机，修改虚拟机网络使用 DSwitch-B 的端口组后，可以手动将 DSwitch-A 移除。

在本节中需要涉及创建分布式交换机、为分布式交换机分配上行链路、创建分布式端口组等内容，这些内容在前文已经做过介绍。本节的操作涉及这些知识的灵活使用。下面介绍关键步骤。

（1）使用 vSphere Client 登录到 vCenter Server，单击“🌐”图标，用鼠标右键单击“Datacenter”，在弹出的快捷菜单中选择“Distributed Switch→新建 Distributed Switch”，如图 6-7-42 所示。

（2）在“新建 Distributed Switch”对话框的“名称和位置→名称”处输入新建交换机的名称，在此使用默认值 DSwitch，如图 6-7-43 所示。

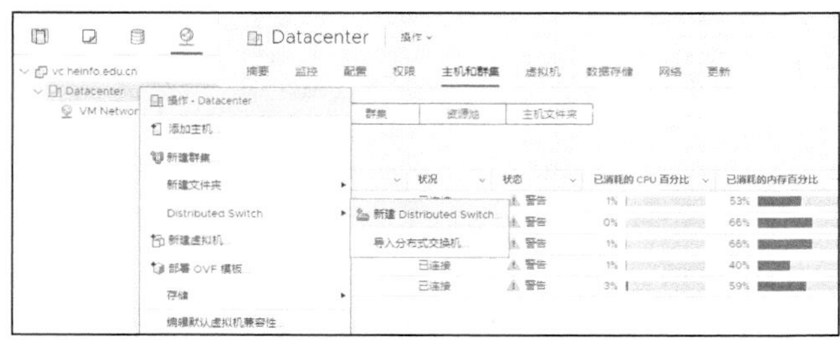

图 6-7-42　新建分布式交换机

图 6-7-43　设置分布式交换机名称

（3）在“配置设置”的“上行链路数”中选择“2”，选中“创建默认端口组”，设置端口组名称为 vlan2003，如图 6-7-44 所示。

（4）在“即将完成”中显示了新建分布式交换机的信息，检查无误之后单击“FINISH”按钮。

（5）创建分布式交换机及端口组完成后，用鼠标右键单击 vlan2003，在弹出的快捷菜单中选择“编辑设置”（见图 6-7-45），在弹出的“vlan2003-编辑设置”对话框的“VLAN”选项中，修改 VLAN 类型为 VLAN，VLAN ID 为 2003，如图 6-7-46 所示。

图 6-7-44　配置设置

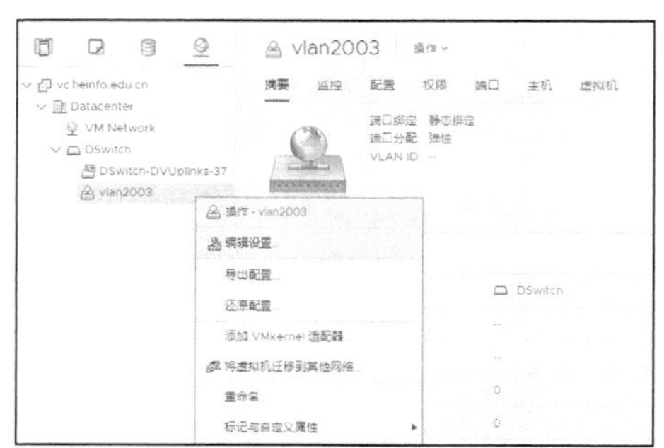

图 6-7-45　编辑设置

（6）参照 6.3.4 节“修改 MTU 为 9000”的内容，将 DSwitch 分布式交换机的 MTU 修

改为 9000（这与原来分布式交换机的 MTU 值相同）。

（7）然后添加 vlan2001、vlan2002 的分布式端口组，这些不再介绍。

下面参照 6.3.2 节“为分布式交换机分配上行链路”的内容，为新创建的分布式交换机添加上行链路，主要步骤如下。

（1）在 vSphere Client 的“网络”选项中，用鼠标右键单击新建的分布式交换机 DSwitch，在弹出的快捷菜单中选择“添加和管理主机”，在“DSwitch-添加和管理主机→选择任务”中选中“+新主机”，添加当前节点所有主机，如图 6-7-47 所示。

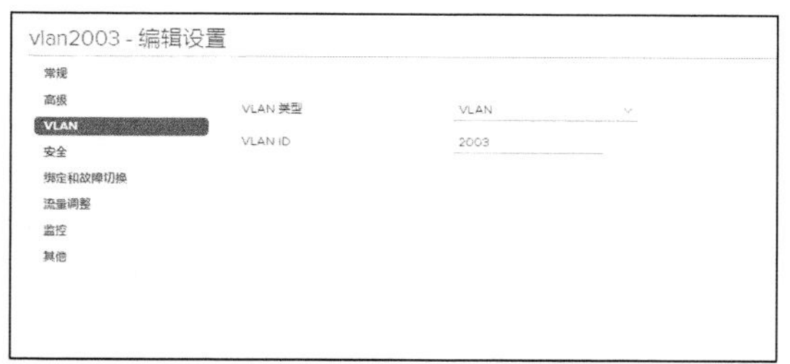

图 6-7-46 修改 VLAN 类型和 VLAN ID

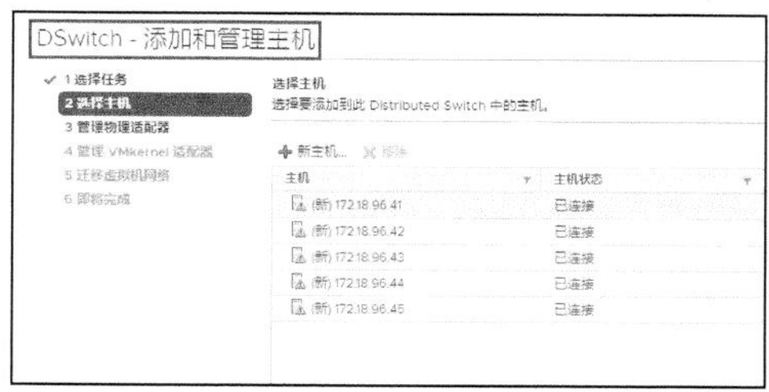

图 6-7-47 添加和管理主机

（2）在“管理物理适配器”中为此分布式交换机添加或移除物理网络适配器。虽然在重新安装 vCenter Server 之后，原来的分布式交换机不能重新配置，但原来分布式交换机的上行链路仍在使用。所以在此操作中，不要将所有的上行链路一次分配完，先从原来的 2 块物理网络适配器中选择其中一块，这样新配置的分布式交换机和原来的分布式交换机各使用一块上行链路，这样保证网络不会中断。在本示例中，将每台主机的 vmnic2 配置为上行链路 1，如图 6-7-48 所示。

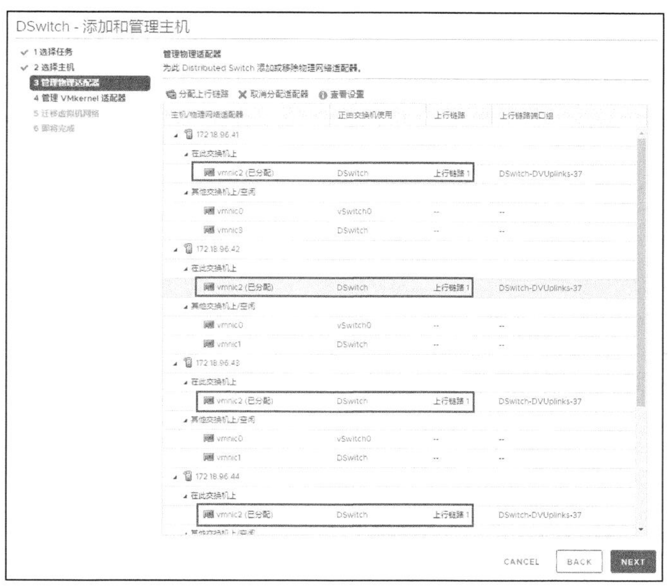

图 6-7-48 分配一条上行链路

（3）在添加了上行链路后，其他选择默认值，直到本次操作完成。

在添加了上行链路后，迁移 vSAN 流量的 VMkernel，主要步骤如下。

（1）用鼠标右键单击分布式交换机 DSwitch，在弹出的快捷菜单中选择“添加和管理主机”，在“选择任务”中选中“管理主机网络”，在“选择主机”中添加 172.18.96.41～172.18.96.45 的主机。

（2）在“管理 VMkernel 适配器”中，选中 vmk1 后单击“分配端口组”，如图 6-7-49 所示。在此示例中，由于 vCenter Server 重新安装导致原来的分布式交换机无法配置，所以在此图中 vmk1 有黄色的感叹号，其“原端口组”中无端口组信息。

（3）在“选择网络”对话框中选择 vlan2003，并选中“将此端口组分配应用于其余主机”，如图 6-7-50 所示。

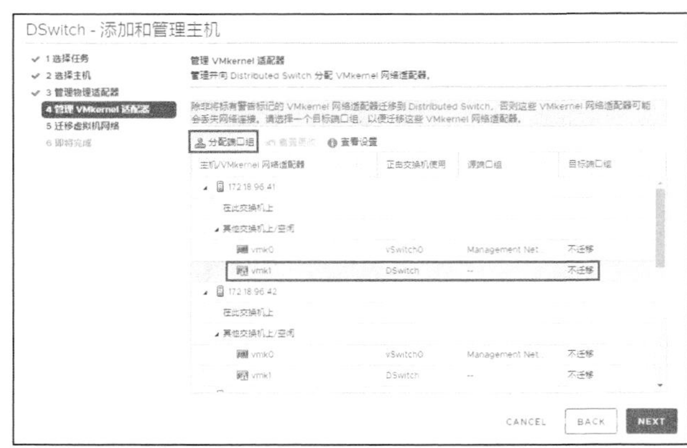

图 6-7-49 分配端口组

图 6-7-50 选择端口组

（4）为每台 ESXi 主机的 vmk1（用于 vSAN 流量的 VMkernel）分配新配置的 DSwitch 的 vlan2003 端口组，如图 6-7-51 所示。

（5）在“迁移虚拟机网络”中，将使用原来分布式交换机端口组的虚拟机迁移到新分布式交换机上对应的端口组。这些不一一介绍。

（6）在“即将完成”中单击“FINISH”按钮完成 VMkernel 的迁移，如图 6-7-52 所示。

图 6-7-51 为 vmk1 选择端口组

图 6-7-52 即将完成

然后再参照 6.3.2 节“为分布式交换机分配上行链路”的内容，将每台主机的另一个物理网络适配器端口分配到分布式交换机的“上行链路 2”，如图 6-7-53 所示。其他选项使用默认值。

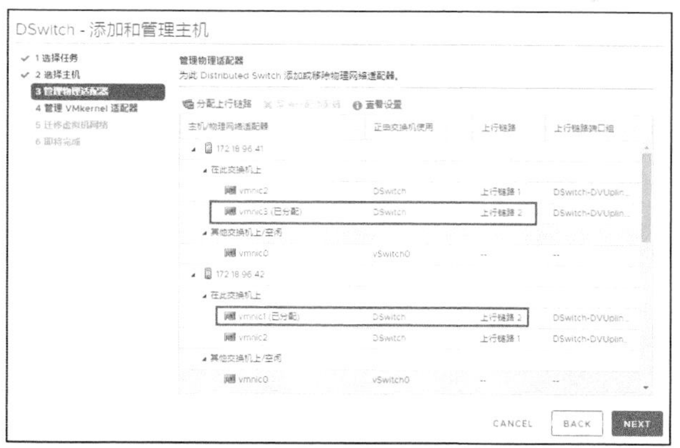

图 6-7-53　分配上行链路

说明

通过两次分配完 2 个上行链路是为了保证在重新配置虚拟交换机的过程中网络不会中断。

此时每台物理主机的原来遗留的分布式交换机应该已经自动移除，如果还有遗留的分布式交换机，一般是由于在 vCenter Server 故障期间（在原来的 vCenter Server 损坏之后、在重新安装新的 vCenter Server 之前）修改了虚拟机的端口组。对于这种情况，将涉及的虚拟机修改为新的分布式交换机的端口组，然后删除遗留的分布式交换机即可。

（1）在 vSphere Client 的导航窗格中选中每台主机，在“配置→网络→虚拟交换机”中检查是否有多余的分布式交换机，如果存在，选中故障的分布式交换机，单击“...”后在弹出的快捷菜单中选择“移除”，如图 6-7-54 所示。

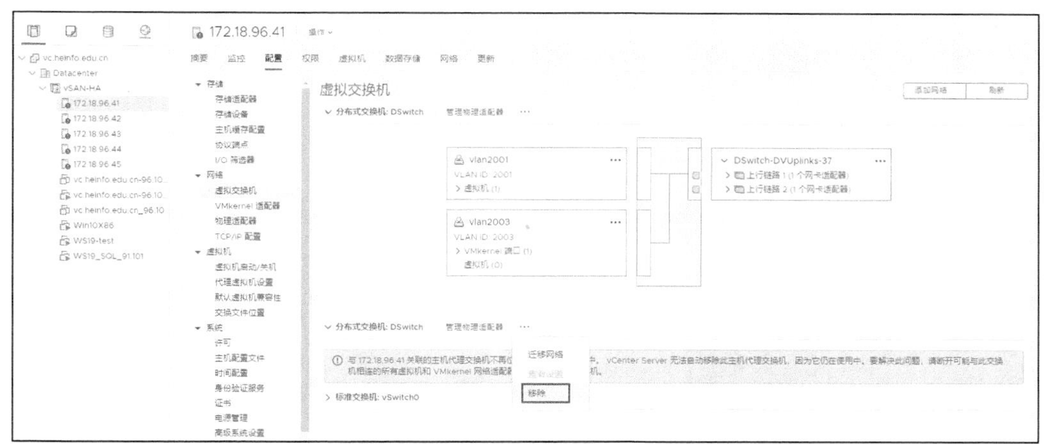

图 6-7-54　移除

（2）在“从 Distributed Switch 中移除主机”对话框中单击“是”按钮，如图 6-7-55 所示。

（3）移除之后，每台主机的配置如图 6-7-56 所示。

图 6-7-55 移除主机

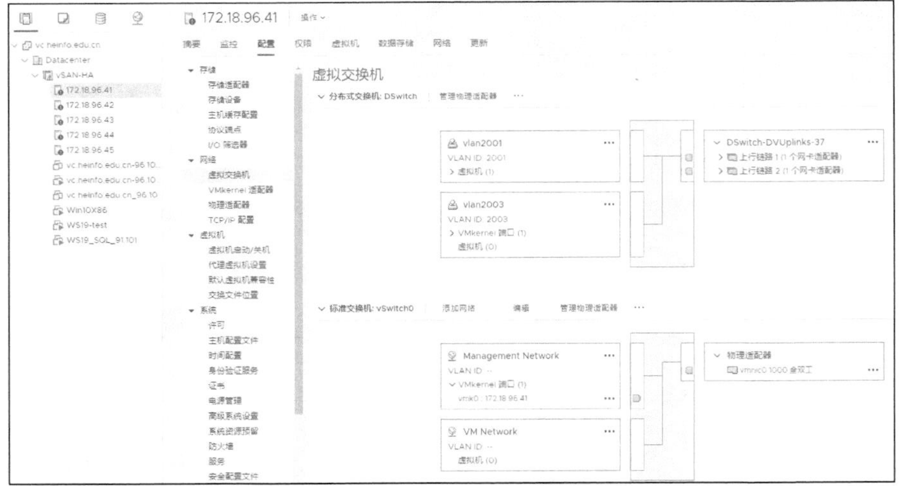

图 6-7-56 虚拟交换机

6.7.7 更新 ESXi 主机配置

因为重新配置了分布式交换机的上行链路（分两次完成），此时在 vSAN 监控中会有“网络连接丢失”的警报。另外，由于 ESXi 主机添加到新的 vCenter Server，也需要在 vCenter Server 中更新 ESXi 主机的信息。

（1）使用 vSphere Client 登录到 vCenter Server，在导航窗格中选中 vSAN 群集（本示例中群集名称为 vSAN-HA），在“监控→vSAN→运行状况”的“vCenter 状态具有权威性”中显示了未同步的主机，单击“更新 ESXi 配置”，如图 6-7-57 所示。

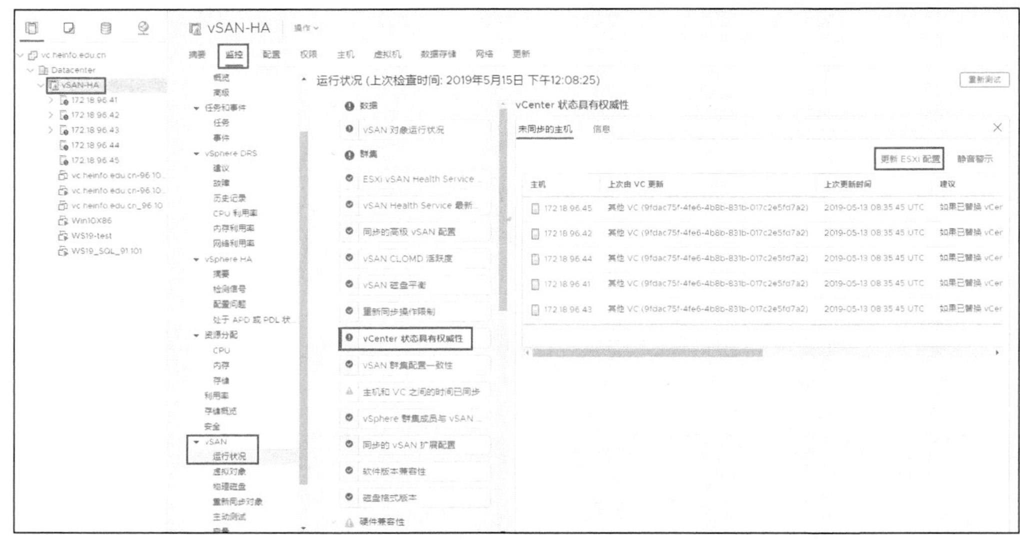

图 6-7-57 更新 ESXi 主机

（2）在“确认-更新 ESXi 配置”对话框中，单击“确定”按钮，如图 6-7-58 所示。

（3）更新之后显示“vSAN 群集配置一致性”，如图 6-7-59 所示。

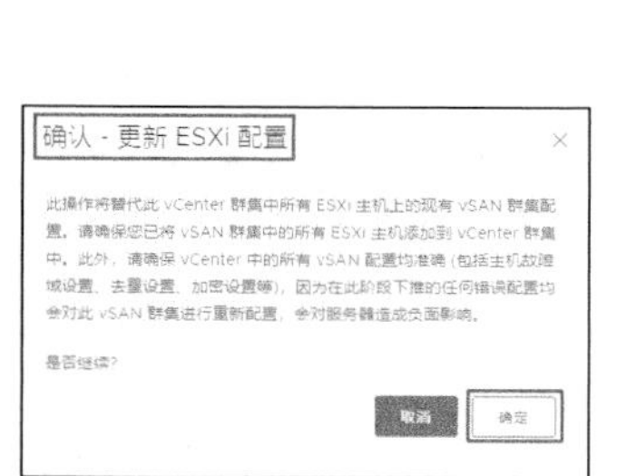

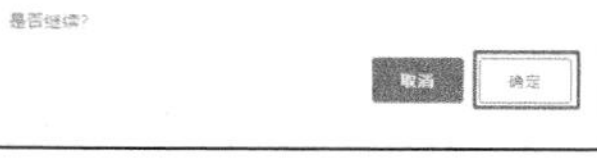

图 6-7-58　更新 ESXi 配置

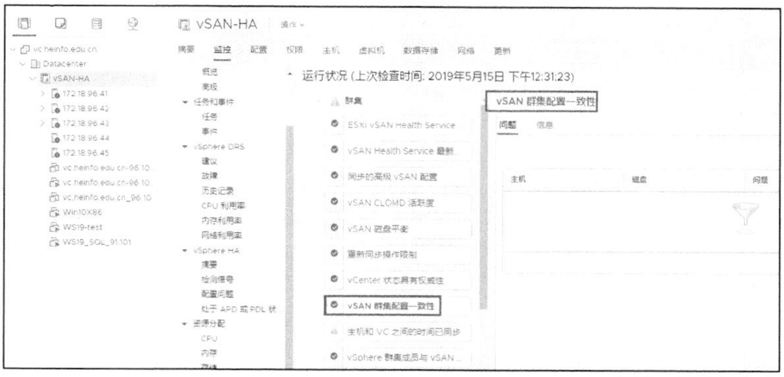

图 6-7-59　vSAN 群集配置一致性

在导航窗格中选择 vSAN 群集，在“监控→问题与警报→已触发的警报”中选中所有警报，单击“重置为绿色”，如图 6-7-60 所示。

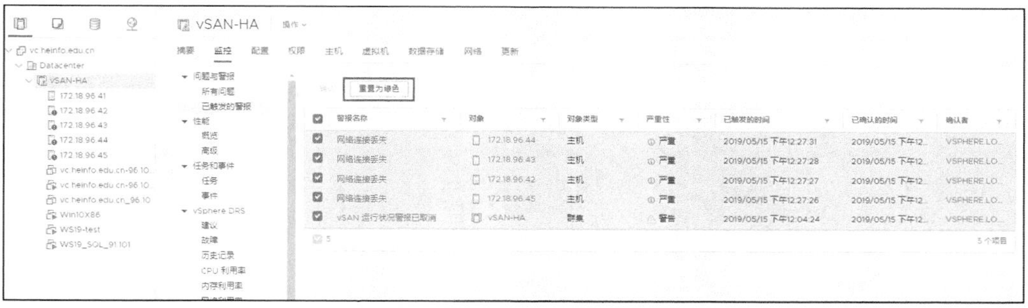

图 6-7-60　重置为绿色

重置之后，每台主机前面的红色警报取消，状态正常，如图 6-7-61 所示。

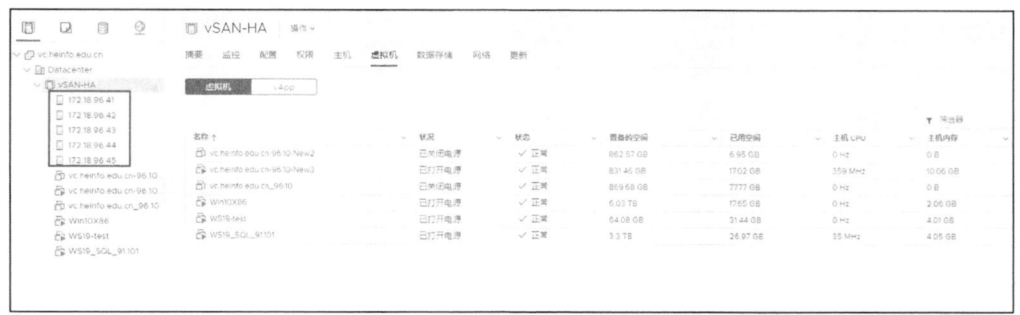

图 6-7-61　警报取消

最后还要重新创建资源池，将虚拟机根据原来的规划移入对应的资源池，这些不再赘述。

6.8 vSAN 日常检查与维护

在 vSAN 群集上线之后的检查与维护工作，包括例行检查、扩容、更换故障配件等。

6.8.1 启用性能服务

使用 vSAN 性能服务可以监控 vSAN 群集、主机、磁盘和虚拟机的性能。为支持性能服务，vSAN 将使用统计信息数据库对象来收集统计数据。该统计信息数据库是群集的 vSAN 数据存储中的一个命名空间对象。

只有 vSAN 群集中的所有主机运行 ESXi 6.5 或更高版本时才支持性能服务。在配置 vSAN 性能服务之前，确保群集已正确配置，并且所有运行状况问题均已解决。

（1）在“vSAN 群集”中，选择“监控→vSAN→运行状况→性能服务状态”，单击“启用”，如图 6-8-1 所示。

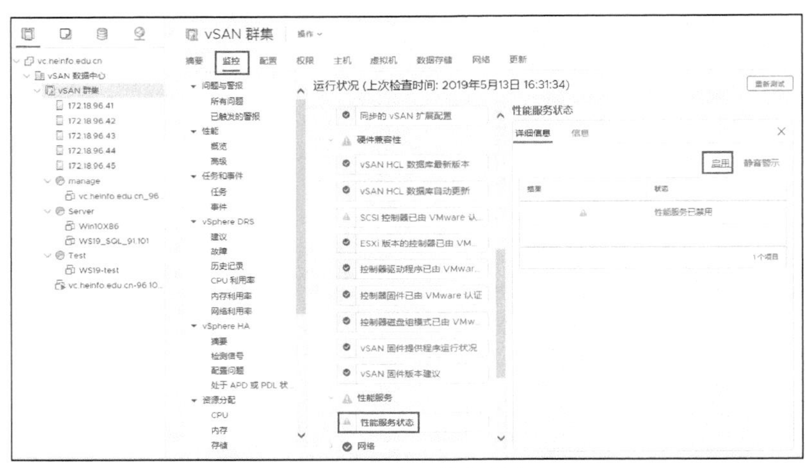

图 6-8-1　启用性能服务

（2）在“vSAN 性能服务设置”对话框中启用 vSAN 性能服务，单击“应用”按钮，如图 6-8-2 所示。

图 6-8-2　启用 vSAN 性能服务

（3）启用之后如图 6-8-3 所示。

在启用性能服务之后，可以统计群集、主机、虚拟机和磁盘的性能信息。本节只简单介绍，不深入介绍这些内容。

使用 vSAN 主机性能图表监控主机的工作负载并确定问题的根本原因。可以查看 vSAN 主机、磁盘组和单个存储设备的性能图表。

当性能服务处于启用状态时，主机摘要将显示每个主机及其附加磁盘的性能统计信息。在主机级别上，可以查看虚拟机消耗以及 vSAN 后端的详细统计信息图表，包括 IOPS、吞吐量、延迟和拥堵；可以使用其他图表查看本地客户端缓存读取 IOPS 和命中率。在磁盘组级别上，可以查看磁盘组的统计信息。在磁盘级别上，可以查看单个存储设备的统计信息。

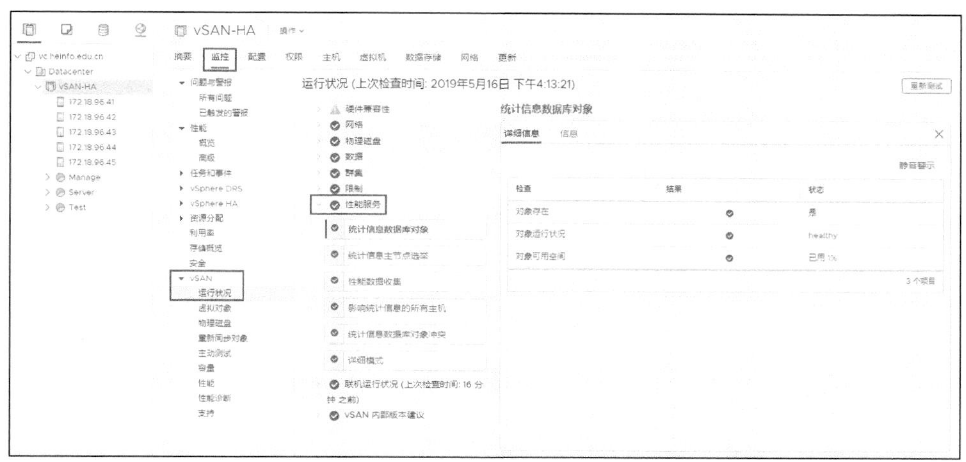

图 6-8-3 启用性能服务之后

（1）使用 vSphere Client 登录到 vCenter Server，在导航窗格中选中一台主机，在右侧“监控→vSAN→性能”中，可以检查虚拟机、后端、磁盘、物理适配器、主机网络、ISCSI 等性能。在“虚拟机”选项卡中可以显示主机上运行的客户端的性能图表，包括 IOPS、吞吐量、延迟、拥堵以及未完成 IO；在“时间范围”中可以调整需要统计的时间，如图 6-8-4 所示。

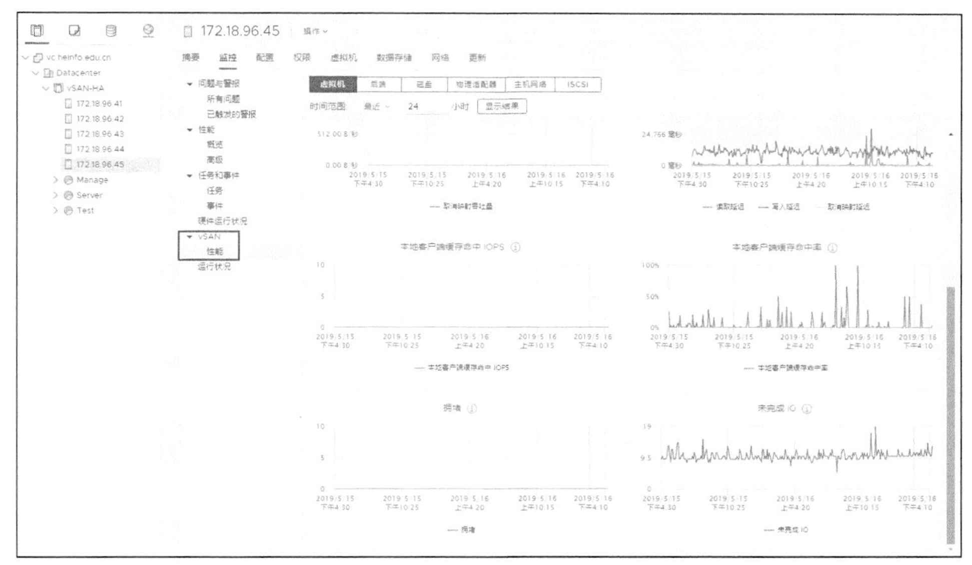

图 6-8-4 虚拟机

（2）在“后端”选项卡中，vSAN 可以显示主机后端操作的性能图表，包括 IOPS、吞吐量、延迟、拥堵、未完成 IO 以及重新同步 IO，如图 6-8-5 所示。

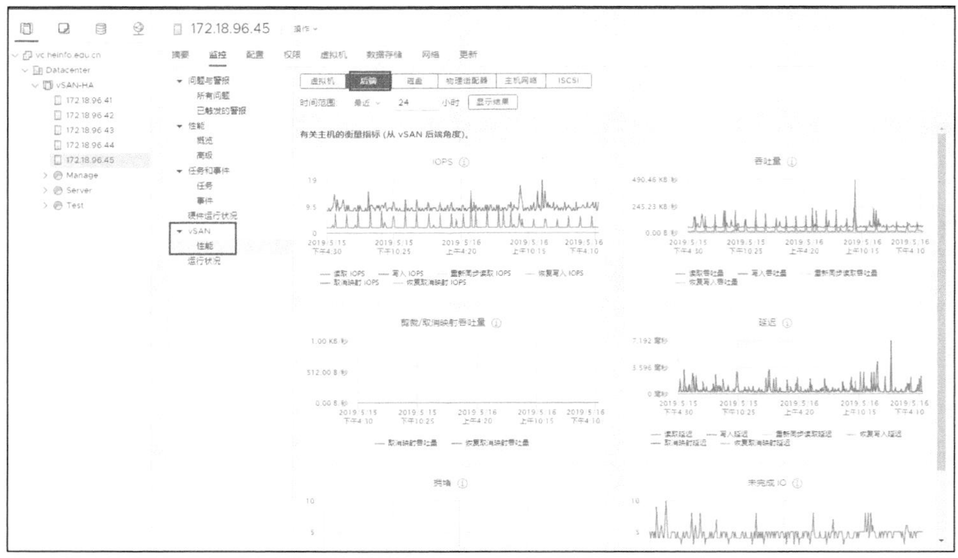

图 6-8-5　后端

（3）在“磁盘”选项卡中，选择磁盘组并选择查询的时间范围，vSAN 可以显示选中磁盘组的性能图表，包括前端（客户机）IOPS、吞吐量和延迟，以及开销 IOPS 和延迟；也可以显示读取缓存的命中率、逐出、写入缓冲区可用百分比、容量和使用情况、缓存磁盘离台率、拥堵、未完成 IO、未完成 IO 大小、延迟 IO 百分比、延迟 IO 平均延迟、内部队列 IOPS、内部队列吞吐量、重新同步 IOPS、重新同步吞吐量以及重新同步延迟。如图 6-8-6 所示，这是选中磁盘组的使用情况，图中显示了该磁盘组中容量磁盘读、写缓冲区的大小。

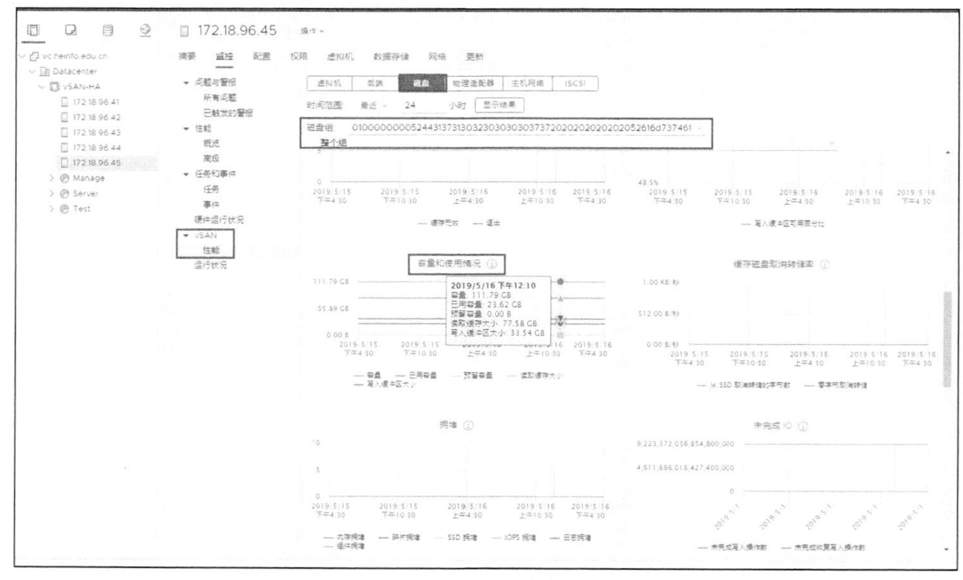

图 6-8-6　磁盘

（4）在“物理适配器”选项卡中选择一个物理适配器并选择查询的时间范围，vSAN 可以显示物理网卡（pNIC）的性能图表，包括吞吐量、每秒数据包数以及丢包率，如图 6-8-7 所示。

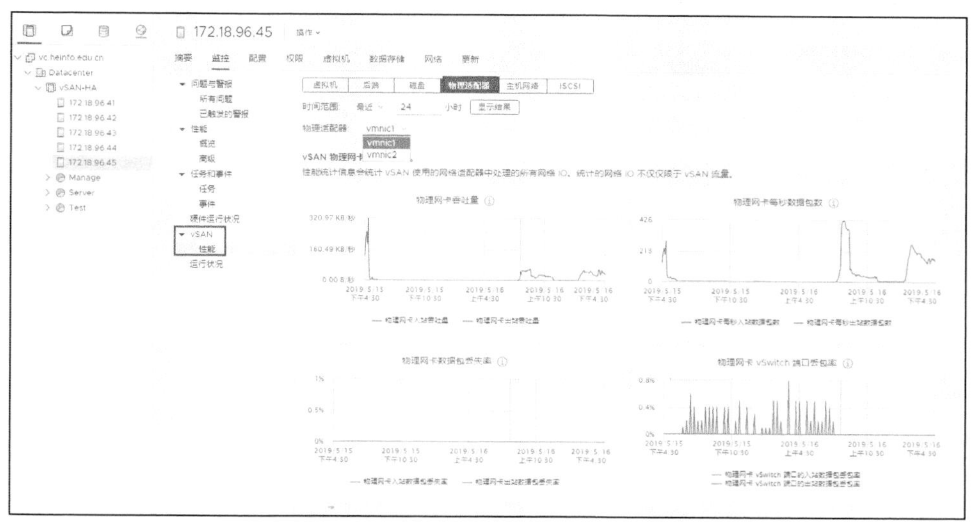

图 6-8-7 物理适配器

（5）在“主机网络”选项卡中选择一个 VMkernel 适配器并选择查询的时间范围，vSAN 可以显示 vSAN 使用的网络适配器中处理的所有网络 IO 的性能图表，包括吞吐量、每秒数据包数以及丢包率，如图 6-8-8 所示。

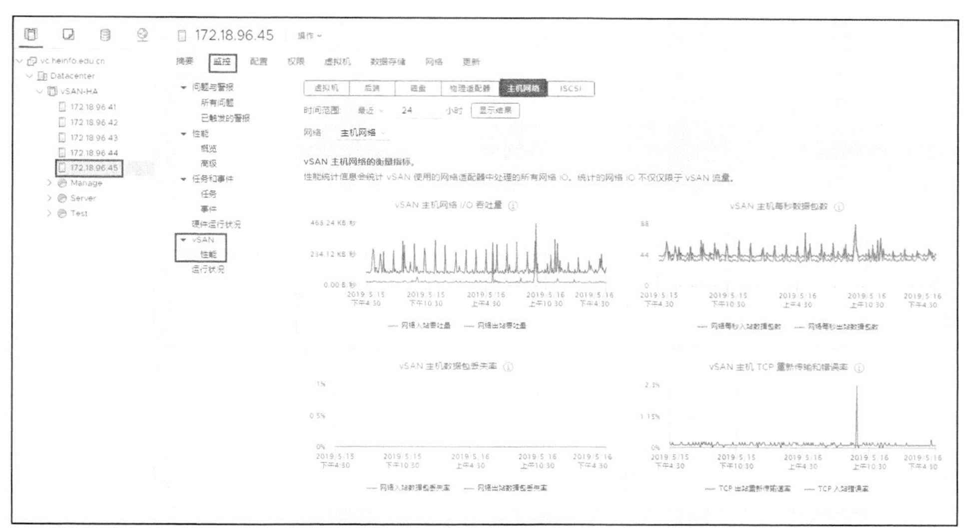

图 6-8-8 主机网络

（6）在“ISCSI”选项卡中，vSAN 可以显示主机上所有 iSCSI 服务的性能图表，包括 IOPS、带宽、延迟以及未完成 IO。

使用 vSAN 群集性能图表监控群集中的工作负载和确定问题的根本原因。在“监控→性能→概览”中，显示了 CPU、内存、虚拟机操作等信息，如图 6-8-9 所示。

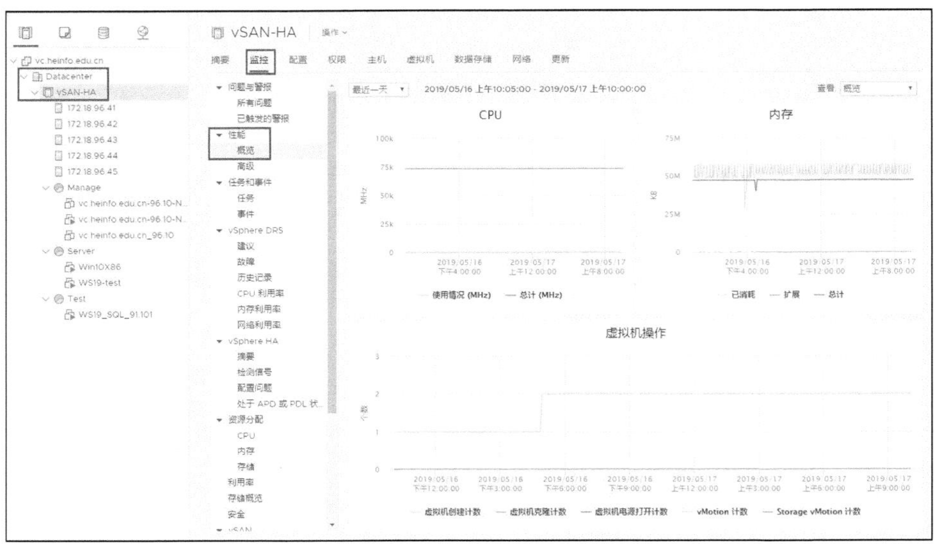

图 6-8-9 性能概览

6.8.2 日常检查

在 vSAN 群集中，一般需要检查磁盘管理、vSAN 运行状况。

（1）使用 vSphere Client 登录到 vCenter Server，在导航窗格中选中 vSAN 群集（本示例为 vSAN-HA），在“配置→vSAN→磁盘管理”中查看每台主机的磁盘组状态为“已连接”，网络分区组都为“组 1”；选中磁盘组之后，每块磁盘的 vSAN 运行状况为“正常”并且能显示正确的容量、状态为“已挂载”，如图 6-8-10 所示。

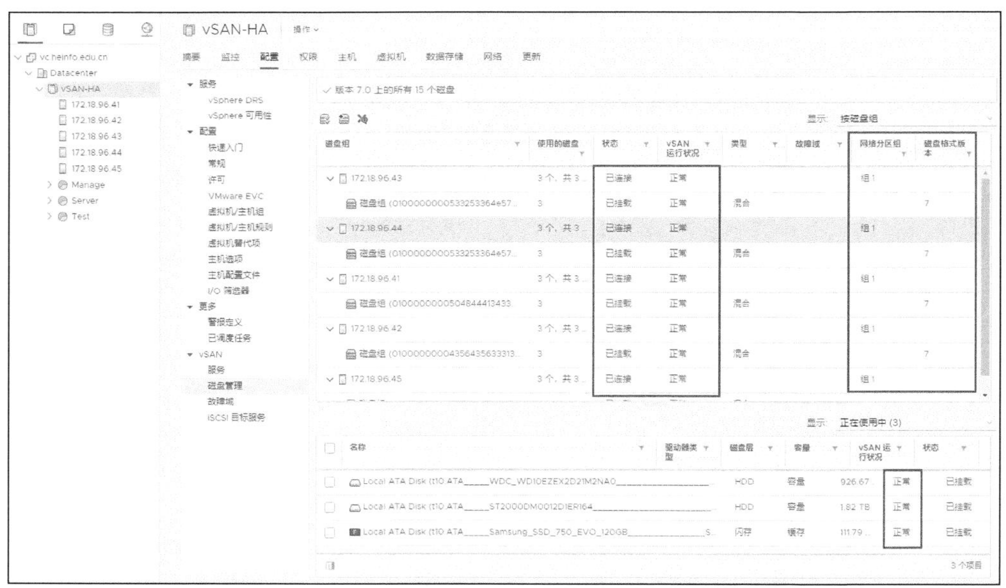

图 6-8-10 检查磁盘组

（2）在“监控→vSAN→运行状况”中检查，如果是绿色的对号则显示 vSAN 无问题；

如果有黄色的感叹号，可以选中警报的项目在详细信息中查看，如图 6-8-11 所示，这是提示“SCSI 控制器已由 VMware 认证”的警报。

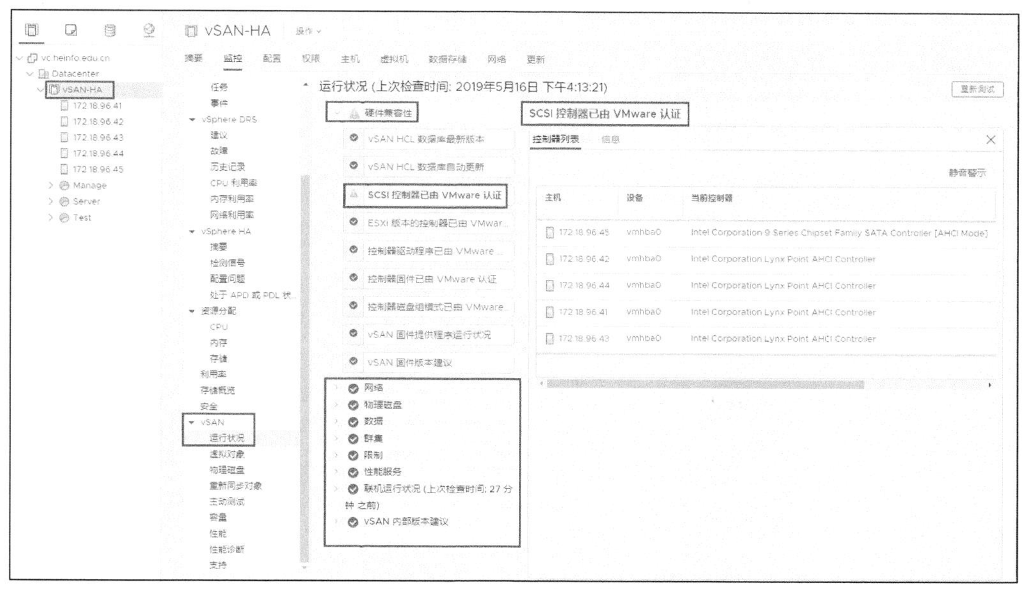

图 6-8-11 运行状况检查

（3）在“vSAN-HA→摘要”中可以查看当前群集的所有资源、已用资源、剩余资源，如图 6-8-12 所示。

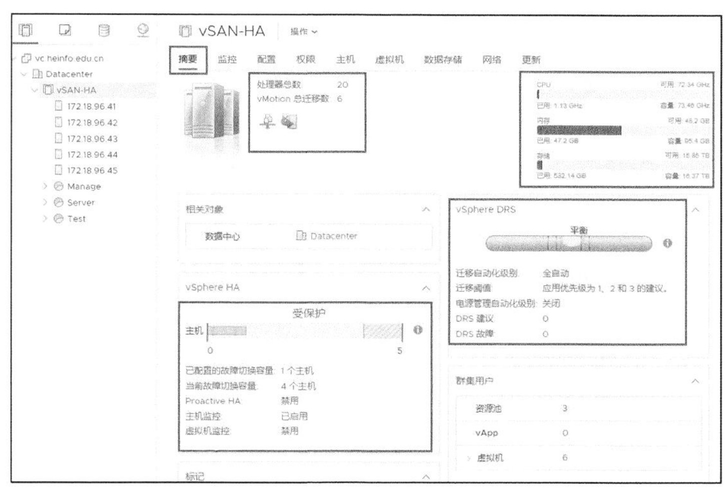

图 6-8-12 摘要

（4）在“监控→vSAN→容量”中可以查看 vSAN 存储的容量概览、已用容量细目（根据数据类型分组），如图 6-8-13 所示。在混合架构中，去重和压缩禁用，所以去重和压缩的信息无显示。

如果根据对象类型分组，会根据虚拟磁盘、虚拟机主对象等统计使用的容量，如图 6-8-14 所示。

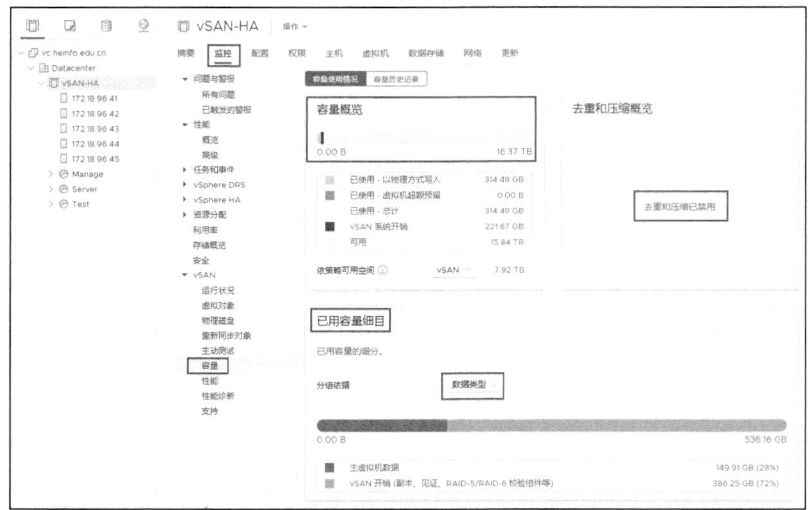

图 6-8-13 容量概览

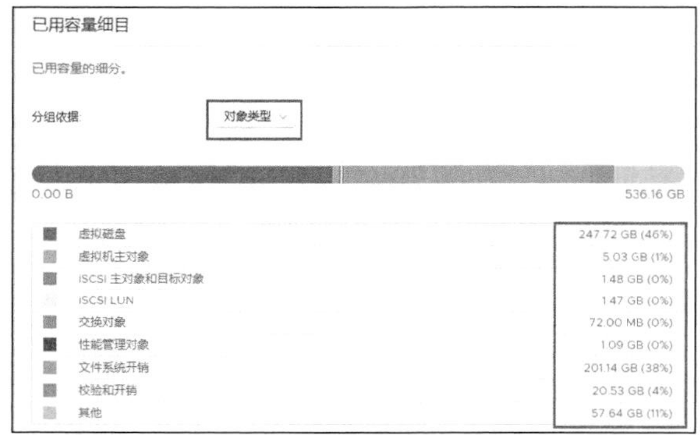

图 6-8-14 根据对象类型分组

6.8.3 使用 iSCSI 目标服务

使用 iSCSI 目标服务可使驻留在 vSAN 群集之外的主机和物理工作负载能够访问 vSAN 数据存储。通过此功能，远程主机上的 iSCSI 启动器可以将块级数据传输到 vSAN 群集存储设备上的 iSCSI 目标。vSAN 6.7 及更高版本支持 Windows Server 故障转移群集，因此 WSFC 节点能够访问 vSAN iSCSI 目标。

配置 vSAN iSCSI 目标服务后，可以从远程主机发现 vSAN iSCSI 目标。要发现 vSAN iSCSI 目标，应使用 vSAN 群集中任意一台主机的 IP 地址，以及 iSCSI 目标的 TCP 端口。要确保 vSAN iSCSI 目标的高可用性，应为 iSCSI 应用程序配置多路径支持，可以使用两个或更多主机的 IP 地址来配置多路径。

注意

vSAN iSCSI 目标服务不支持其他 vSphere、ESXi 客户端、启动器、第三方管理程序，或使用裸设备映射（RDM）的迁移。

在 vSAN 群集中允许有不提供存储容量的 vSAN 主机存储，如果其他 ESXi 主机都使用

vSAN 存储，应该将 ESXi 主机添加到 vSAN 群集并为该主机启用 vSAN 流量。后文将介绍这方面的应用。

本节介绍在 vSAN 群集中使用 iSCSI 目标服务的内容。

1. 启用 iSCSI 目标服务

要在 vSAN 群集中启用 iSCSI 目标服务，vSAN 群集应该有足够的空间。在“数据存储”中可以看到当前 vSAN 存储容量和可用空间，如图 6-8-15 所示。

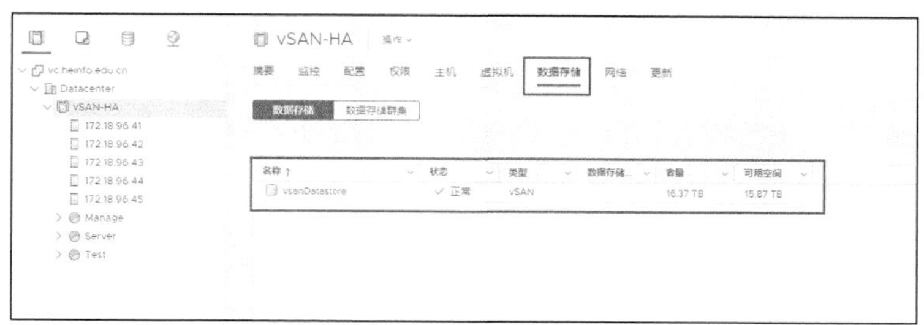

图 6-8-15 查看 vSAN 存储容量

vSAN iSCSI 目标服务默认为禁用状态，要使用这一功能需要启用该服务。

（1）在导航窗格中选中 vSAN 群集，在“配置→vSAN→iSCSI 目标服务”中可以看到，当前 vSAN iSCSI 目标服务已禁用，单击“启用”，如图 6-8-16 所示。

（2）在“编辑 vSAN iSCSI 目标服务”对话框中启用 vSAN iSCSI 目标服务，在“默认 iSCSI 网络”下拉列表中选择提供 iSCSI 服务的 VMkernel，本示例选择 ESXi 主机的管理接口 vmk0；在“身份验证”下拉列表中可以为 iSCSI 目标服务选择身份验证，本示例选择“无”，如图 6-8-17 所示。单击“应用”按钮启用服务。

图 6-8-16 启用服务

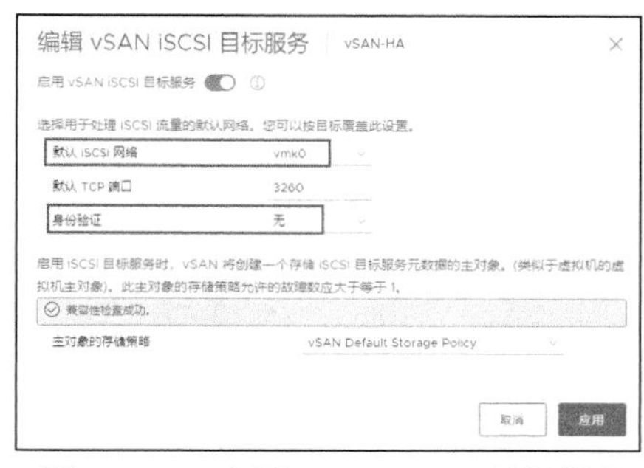

图 6-8-17 启用 vSAN iSCSI 目标服务

2. 添加 iSCSI 目标

在启用 vSAN iSCSI 目标服务之后，添加 vSAN iSCSI 目标。

（1）在“配置→iSCSI 目标服务”中单击“添加”，如图 6-8-18 所示。

（2）在“新建 iSCSI 目标”对话框的“IQN”中留空以使用系统生成的 IQN，在“别名”文本框中为新建的 iSCSI 目标设置一个名称，本示例设置为 BE2014，表示这是为名为 BE2014 的计算机提供的服务。在“网络”下拉列表中选择提供 iSCSI 目标服务的 VMkernel，本示例为 vmk0。设置之后单击“确定”按钮，如图 6-8-19 所示。

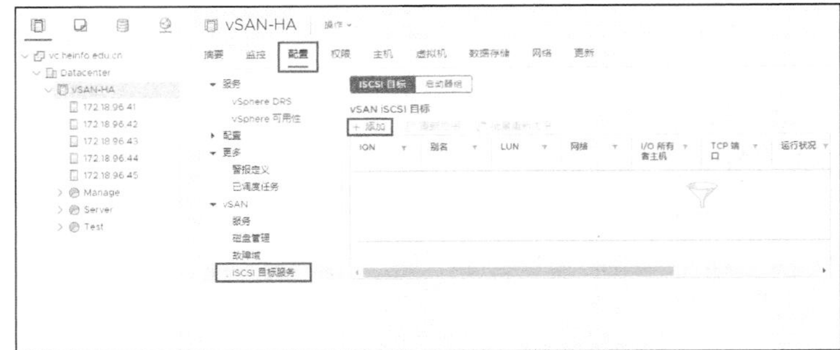

图 6-8-18 添加 vSAN iSCSI 目标

3. 为 iSCSI 目标添加 LUN

在创建了 vSAN iSCSI 目标后，可以为 iSCSI 目标添加 LUN。

图 6-8-19 新建 iSCSI 目标

（1）在“配置→vSAN→iSCSI 目标服务”的“vSAN iSCSI 目标”中选择一个目标，例如 BE2014，在“vSAN iSCSI LUN -BE2014”中单击“添加”，如图 6-8-20 所示。

（2）在“将 LUN 添加到目标”对话框的“别名”文本框中为新建的 LUN 设置一个名称，本示例为 iscsi-01；在“大小”文本框中为新建的 LUN 设置大小，本示例为 1000GB，如图 6-8-21 所示。单击“添加”按钮。

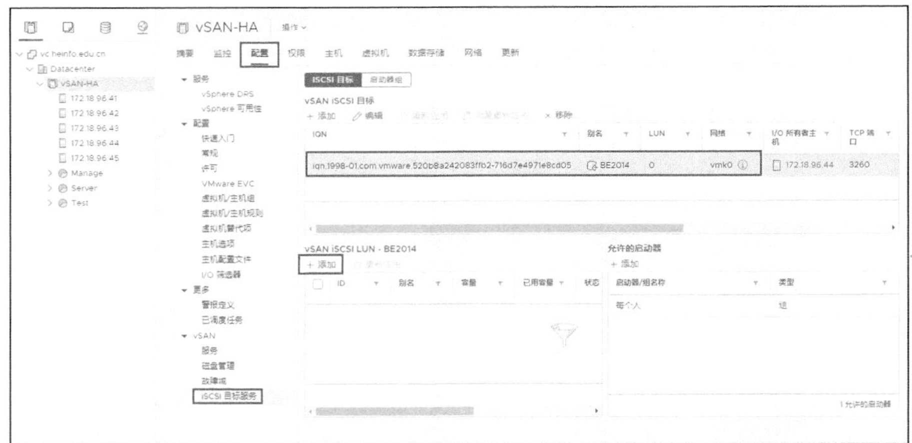

图 6-8-20 添加

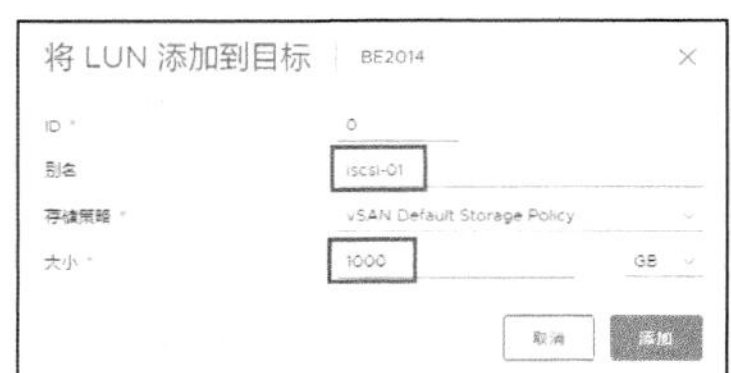

图 6-8-21 创建 LUN 并添加到目标

（3）创建之后在“vSAN iSCSI LUN - BE2014”中显示了当前创建的 LUN，如图 6-8-22 所示。

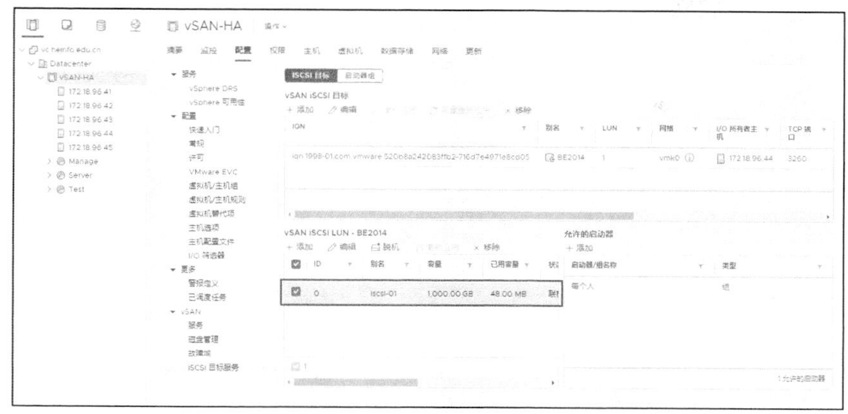

图 6-8-22 添加并分配的 LUN

4. iSCSI 发起程序

在客户端计算机中使用 iSCSI 发起程序连接到 iSCSI 服务器并使用其分配的磁盘。本示例在一台 Windows Server 2008 R2 计算机中完成测试。

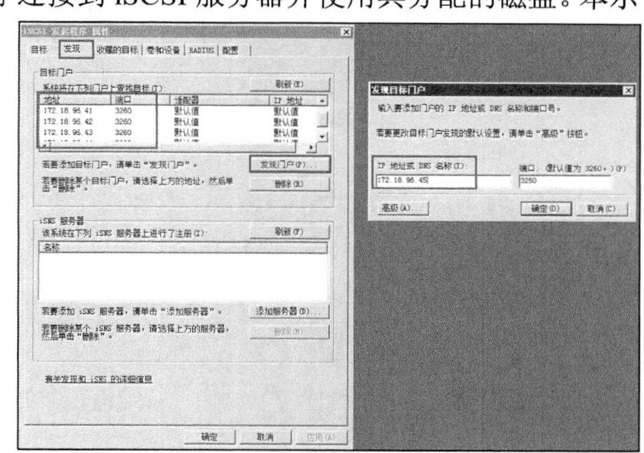

图 6-8-23 发现目标门户

（1）在“控制面板”中运行“iSCSI 发起程序”，在其“属性”页面的“发现”选项卡中单击“发现门户”按钮。在弹出的“发现目标门户”对话框中添加 iSCSI 服务器的 IP 地址，本示例由 vSAN 群集提供 iSCSI 服务，每台 vSAN 主机的管理地址都可以作为服务器端，为了使用冗余功能，将 172.18.96.41～172.18.96.45 添加到目标门户中，如图 6-8-23 所示。

（2）在“目标”选项卡中单击“连接”按钮，在弹出的“连接到目标”对话框中选中“启用多路径”，单击“确定”按钮，如图 6-8-24 所示。

（3）连接之后在“已发现的目标”中显示了到 vSAN iSCSI 目标服务的连接，如图 6-8-25 所示。单击“确定”按钮。

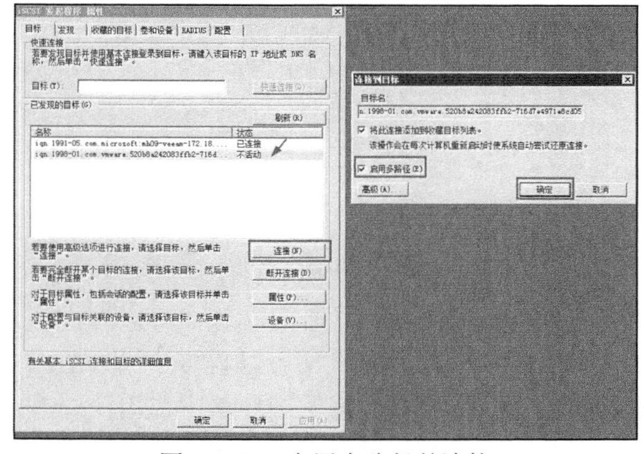

图 6-8-24 启用多路径并连接

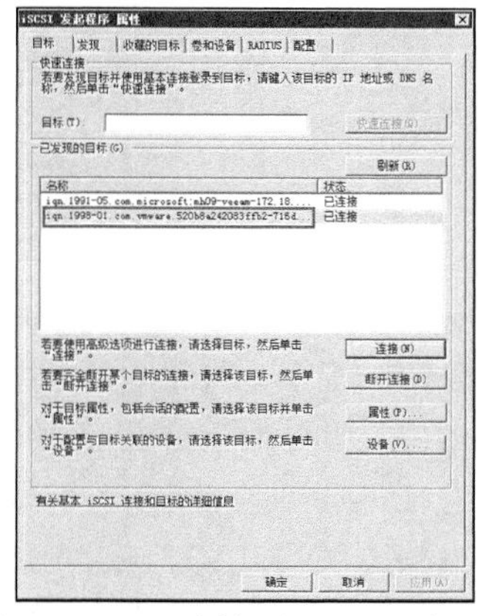

图 6-8-25 已连接到 iSCSI 目标服务

（4）在“计算机管理→存储→磁盘管理”中，用鼠标右键单击“磁盘管理”，在弹出的快捷菜单中选择“重新扫描磁盘”，扫描之后发现 vSAN iSCSI 目标服务分配给该计算机的 1000GB 的磁盘，如图 6-8-26 所示。

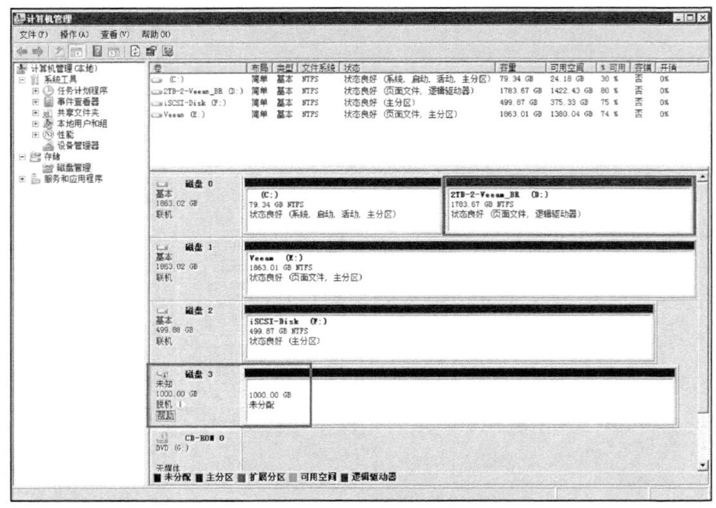

图 6-8-26 发现磁盘

（5）因为这是新创建的 LUN，故磁盘未分区。将新发现的磁盘联机、初始化、分区、格式化，如图 6-8-27 所示。这样 vSAN iSCSI 目标服务分配给当前计算机的 LUN 就可以使用。

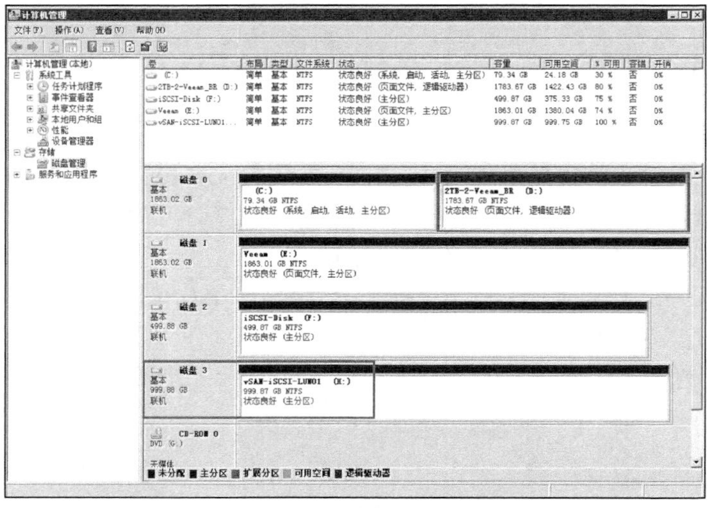

图 6-8-27 磁盘可以使用

5. 启用 CHAP 身份验证

回顾一下 vSAN iSCSI 目标服务的流程，可以发现，vSAN iSCSI 目标服务并没有像其他的 iSCSI 服务器一样验证 iSCSI 客户端的 IP 地址、MAC 地址等标识。可以这样说，在没有启用 CHAP 身份验证的前提下，网络中的任意一台计算机都可以直接使用 vSAN iSCSI 目标服务提供的 LUN，这无疑是不安全的。所以，如果要在生产环境中启用 vSAN iSCSI 目标服务，建议启用 CHAP 身份验证。启用 CHAP 身份验证可以在创建 vSAN iSCSI 目标的时候配置，也可以在创建 vSAN iSCSI 目标之后进行修改并启用 CHAP 身份验证。

（1）使用 vSphere Client 登录到 vCenter Server，在导航窗格中选中 vSAN 群集，在“配置→vSAN→iSCSI 目标服务”的“vSAN iSCSI 目标”列表中选择要编辑的目标，本示例选择别名为 BE2014 的 iSCSI 目标，单击“编辑”按钮，如图 6-8-28 所示。

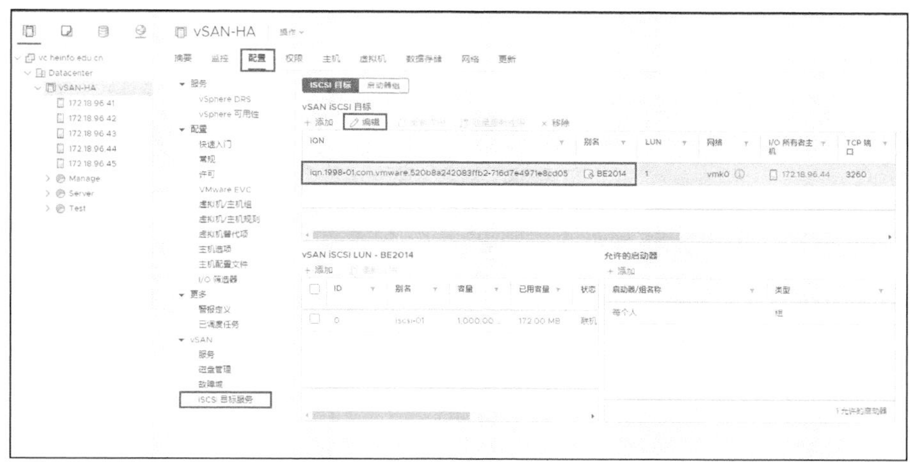

图 6-8-28 编辑 iSCSI 目标

（2）在“编辑 iSCSI 目标”对话框中的“身份验证”下拉列表中选择“CHAP”，在“入站 CHAP 用户”中为当前 iSCSI 目标设置一个用户名，在“入站 CHAP 密钥”密码框中设置密钥，设置之后单击“确定”按钮完成设置，如图 6-8-29 所示。

需要注意，入站 CHAP 密钥必须满足以下的要求。

- 长度为 12～16 个字符，不能以空格开头或结尾。
- 最少 1 个大写字母。
- 最少 1 个小写字母。
- 最少 1 个数字。
- 最少 1 个特殊字符（!、@、#、$、%、^、*）。

（3）在启用身份验证之后，在“iSCSI 发起程序”属性页面的“目标”选项卡中，选中到 vSAN iSCSI 目标服务器的连接，先单击“断开连接”，然后单击“连接”。在弹出的“连接到目标”对话框中单击“高级”按钮，在“高级设置”对话框中选中“启用 CHAP 登录”，并在名称及目标机密中输入图 6-8-29 所设置的入站 CHAP 用户和入站 CHAP 密钥，如图 6-8-30 所示。设置之后单击“确定”按钮完成。

图 6-8-29 启用身份验证

在启用 vSAN iSCSI 目标服务之后，在“配置→vSAN→服务”中可以查看 vSAN iSCSI 目标服务的状态，如图 6-8-31 所示。在此可以启用或禁用 vSAN iSCSI 目标服务。

在启用了 vSAN iSCSI 目标服务之后，在“监控→vSAN→性能”的“ISCSI”选择卡中，可以看到 vSAN iSCSI 目标服务的衡量指标，如图 6-8-32 所示。

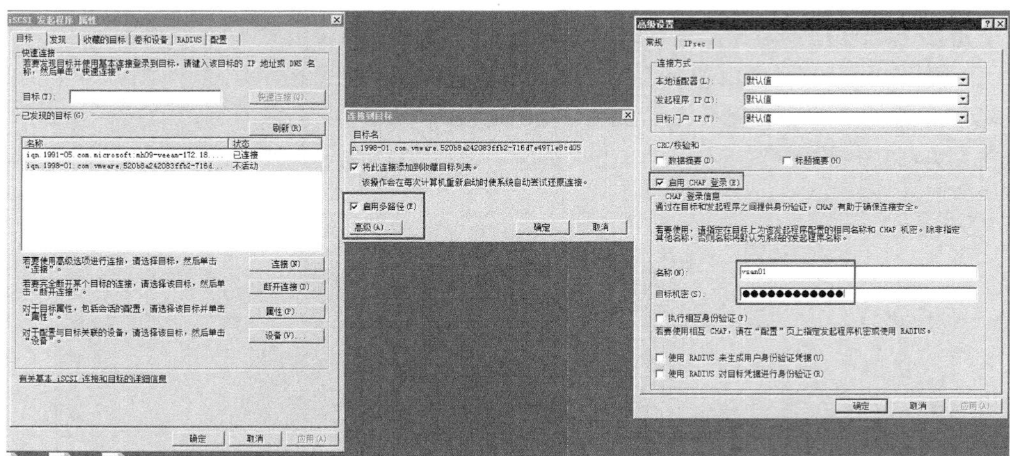

图 6-8-30 启用 CHAP 登录

图 6-8-31 vSAN iSCSI 目标服务

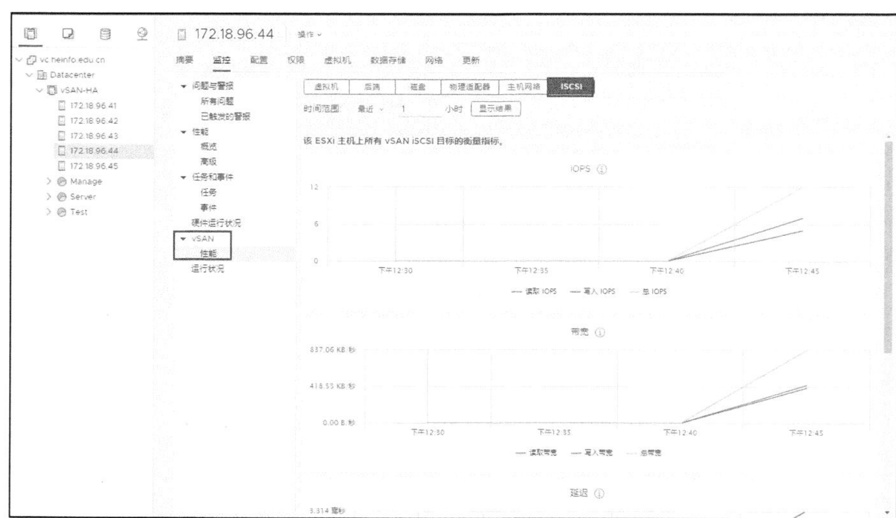

图 6-8-32 vSAN iSCSI 目标服务的衡量指标

关于 vSAN iSCSI 目标服务的使用就介绍到此。

6.8.4　横向扩展-向 vSAN 群集中添加节点主机

vSAN 的突出优点是其扩容方便，可以通过纵向扩展或横向扩展的方式向群集添加资源。所谓横向扩展，是指通过向 vSAN 群集添加节点主机的方式进行扩容；纵向扩展，是在现有 vSAN 群集的基础上，通过为群集中的节点主机扩容（包括 CPU、内存、存储）的方式增加资源。vSAN 群集除了可以扩容还可以收缩，在群集资源足够的前提下，可以从群集中移除节点主机，也可以从群集主机中移除存储等实现群集的收缩。无论是群集扩容还是收缩都不会中断任何正在进行的操作。

在本节的操作中，将通过向现有 5 节点 vSAN 群集添加 1 台主机的方式，介绍 vSAN 群集横向扩展的方法。

（1）使用 vSphere Client 登录到 vCenter Server，在“数据存储”中查看当前 vSAN 存储总容量为 16.37TB，如图 6-8-33 所示。

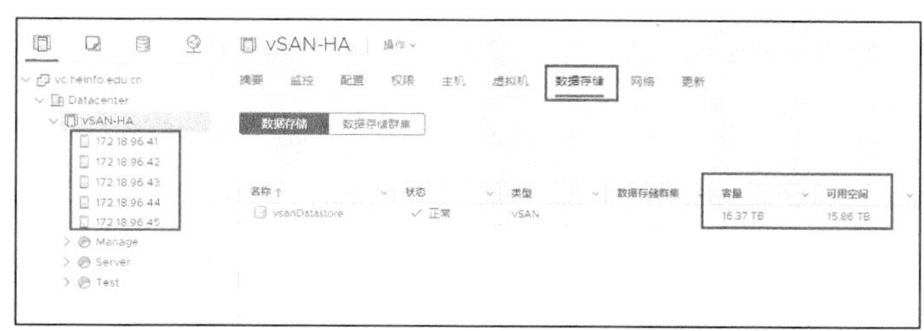

图 6-8-33　查看 vSAN 存储

（2）当前 vSAN 群集一共有 5 台主机。在“主机”选项卡中可以查看每台主机的资源使用情况、正常运行时间、ESXi 版本等，如图 6-8-34 所示。

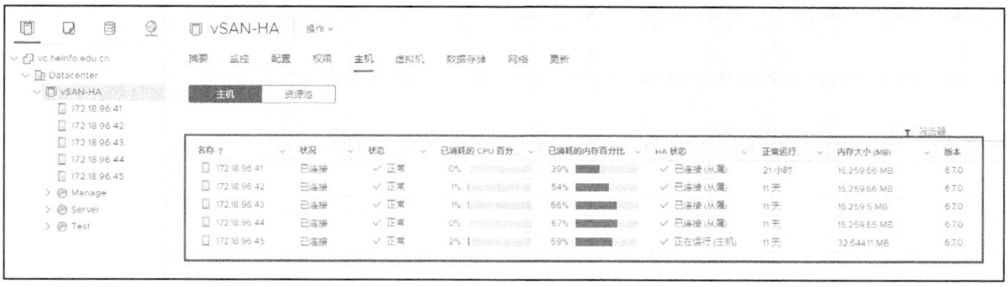

图 6-8-34　查看主机

此时网络中有 1 台主机安装了与图 6-8-34 的主机同版本的 ESXi 系统，这台主机的网络配置与当前节点 5 台主机相同（3 块网卡，1 块网卡用于 ESXi 主机管理，另外 2 块网卡用于 vSAN 流量及虚拟机流量），网络连接关系与另外 5 台主机相同。这台主机的 IP 地址设置为 172.18.96.46。

向 vSAN 群集添加主机，主要内容是添加节点主机、配置新添加的节点主机网络、添加磁盘组等内容，这些操作前文已经有过详细的介绍，所以本节只介绍关键步骤。

（1）添加节点主机。使用 vSphere Client 登录到 vCenter Server，将 IP 地址为 172.18.96.46 的主机添加到当前群集，添加之后会有一个警报，如图 6-8-35 所示。主要信息有：主机无法与已启用 vSAN 的群集中的其他一个或多个节点通信、未配置 vSAN 网络、vSphere

HA 代理出错。

（2）为新添加的节点主机配置网络。在“网络”选项中用鼠标右键单击 DSwitch 分布式交换机，在弹出的快捷菜单中选择“添加和管理主机”（见图 6-8-36），在“选择主机”中添加 172.18.96.46 的主机，如图 6-8-37 所示。

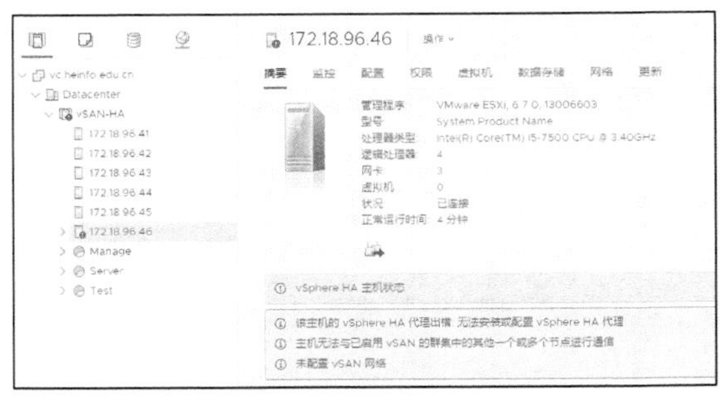

图 6-8-35 将新 ESXi 主机添加到群集

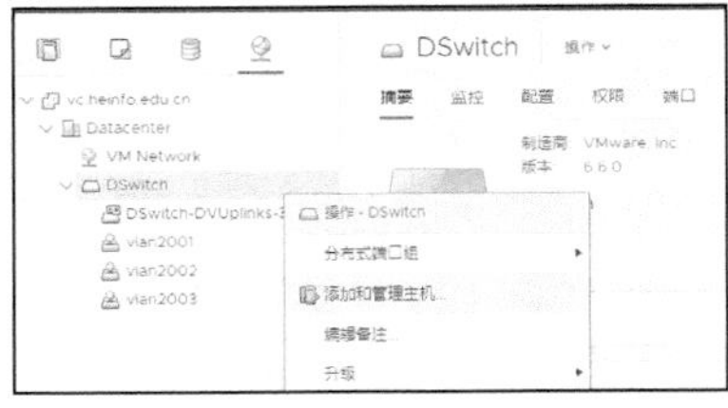

图 6-8-36 添加和管理主机

（3）在“管理物理适配器”中为 172.18.96.46 的主机分配上行链路，如图 6-8-38 所示。

图 6-8-37 添加主机

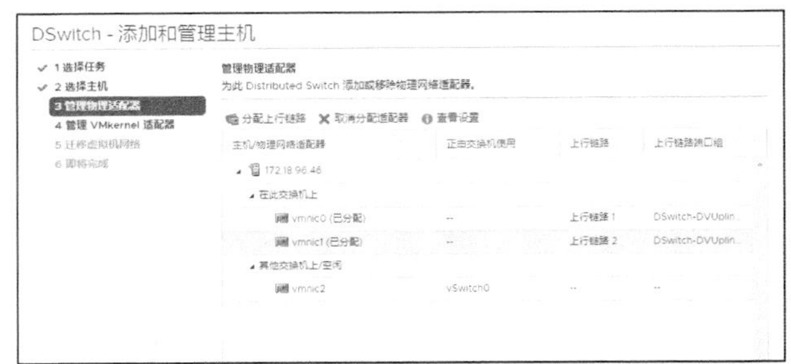

图 6-8-38 分配上行链路

（4）为 vSAN 流量添加 VMkernel。用鼠标右键单击 vlan2003 端口组，在弹出的快捷菜单中选择“添加 VMkernel 适配器”（见图 6-8-39），在“选择主机”中添加 172.18.96.46 的主机，如图 6-8-40 所示。

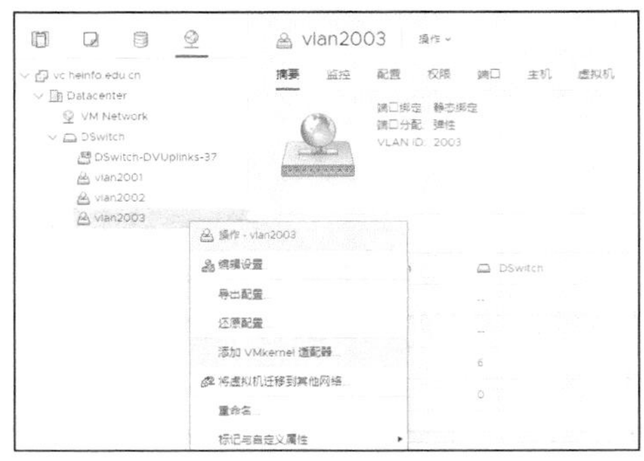

图 6-8-39 添加 Vmkernel

图 6-8-40 添加主机

（5）在“配置 VMkernel 适配器”中选中“vSAN”，如图 6-8-41 所示。

（6）在“IPv4 设置”中选中“使用静态 IPv4 设置”，为 vSAN 流量的 VMkernel 设置 IP 地址，本示例为 172.18.93.146，如图 6-8-42 所示。

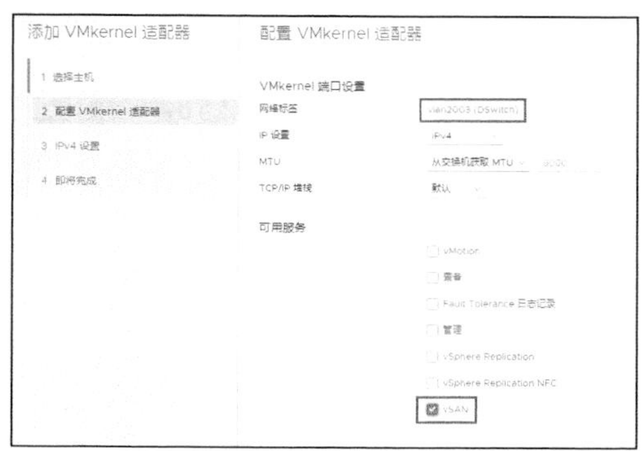

图 6-8-41 启用 vSAN 流量

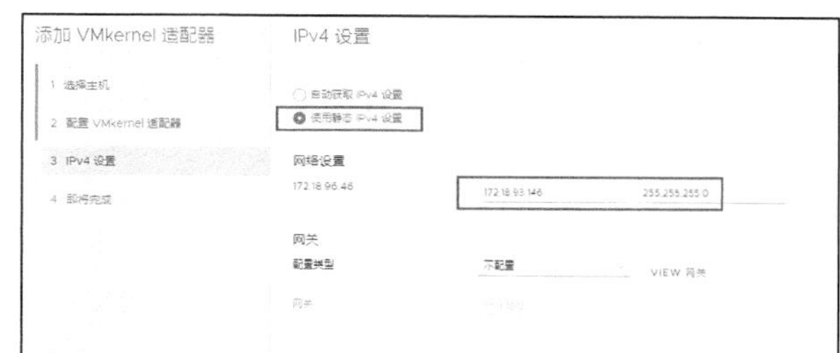

图 6-8-42 设置管理地址

（7）为新添加的主机配置了网络并添加了 VMkernel 之后，在“配置→网络→VMkernel 适配器”中检查配置，如图 6-8-43 所示。同时还要将该主机的 vmk0 启用 vMotion 等流量。

（8）在配置了 VMkernel 流量之后，用鼠标右键单击 172.18.96.46 的主机，在弹出的快捷菜单中选择“重新配置 vSphere HA”，如图 6-8-44 所示。在新添加主机之后还要为主机分配许可证、配置 NTP 等。

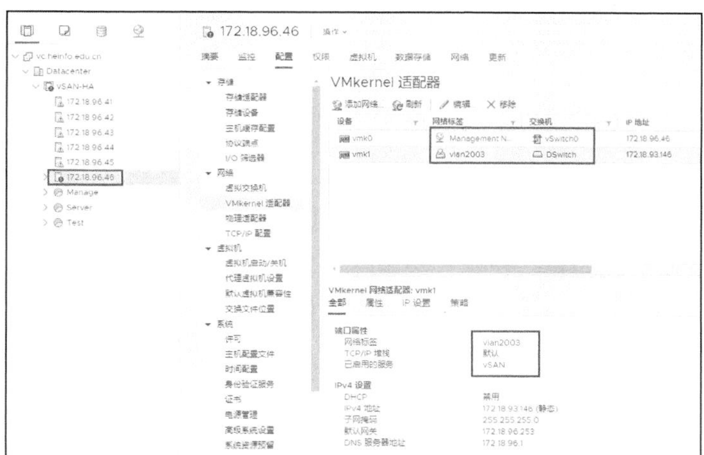

图 6-8-43 检查 VMkernel 适配器

图 6-8-44 重新配置 vSphere HA

现在 vSAN 群集有 6 台主机，其中 IP 地址为 172.18.96.41～172.18.96.45 的主机提供存储资源和计算资源，而新添加的 IP 地址为 172.18.96.46 的主机只提供了计算资源。可以将运行在其他主机的虚拟机（数据保存在 vSAN 存储中）迁移到 IP 地址为 172.18.96.46 的主机，这没有任何的问题，如图 6-8-45 所示。这也验证了 vSAN 群集的一个特点：在 vSAN 群集中，允许有不提供存储容量的节点主机存在。

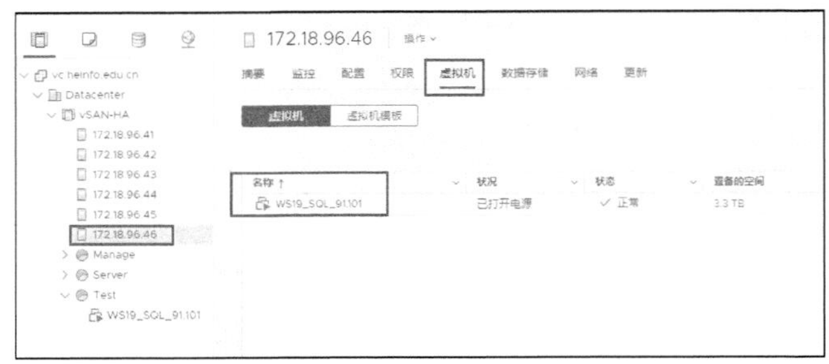

图 6-8-45 查看 172.18.96.46 运行的虚拟机

在本示例中，新添加的节点主机配置了一块 SSD、一块 HDD，将这两个磁盘创建为磁盘组，为 vSAN 存储扩容。

（1）在 vSphere Client 的导航窗格中选中 vSAN 群集，在“配置→vSAN→磁盘管理”中选中 172.18.96.46 的主机，在“使用的磁盘”列表中检查到该主机有 2 个磁盘，其中 0 个使用。单击“ ”图标添加磁盘组，如图 6-8-46 所示。

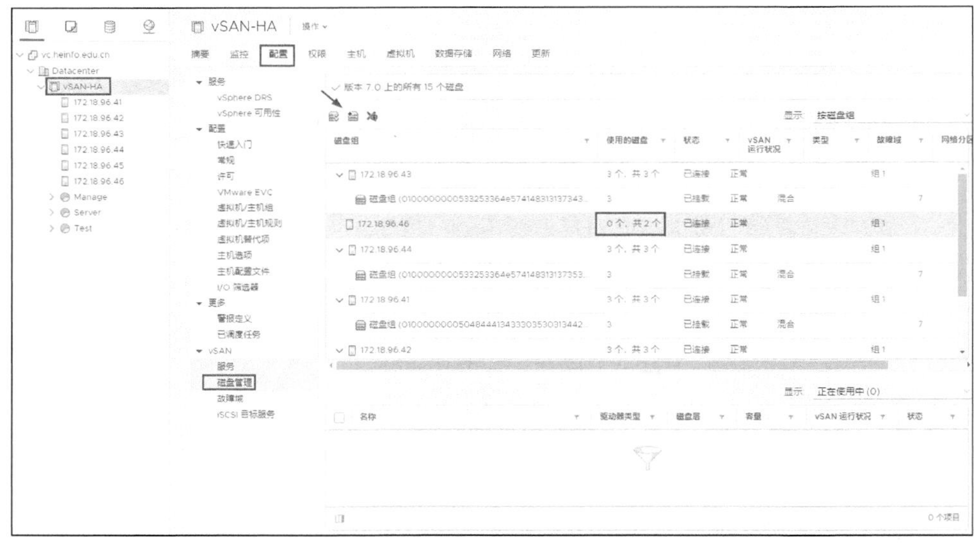

图 6-8-46 添加磁盘组

（2）在“创建磁盘组”对话框中选择缓存磁盘与容量磁盘，单击“创建”按钮，如图 6-8-47 所示。

（3）添加之后如图 6-8-48 所示，从图中可以看到，新添加的磁盘组 SSD 容量为 238.47GB，HDD 容量为 1.82TB。

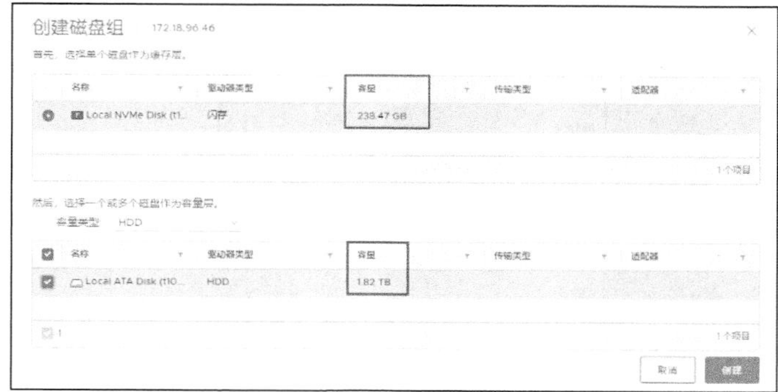

图 6-8-47 创建磁盘组

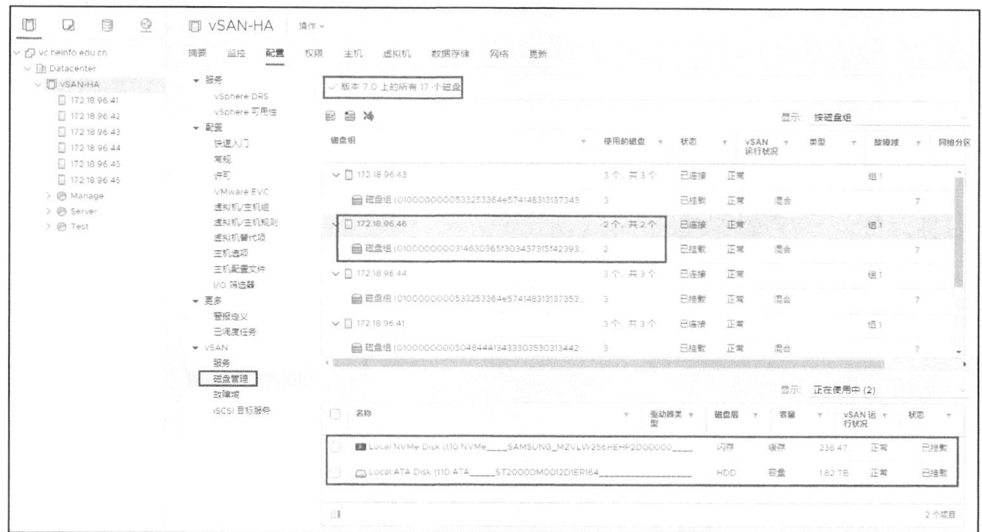

图 6-8-48 创建磁盘组完成

（4）在“数据存储”中可以看到，vSAN 存储总容量上升到 18.19TB，如图 6-8-49 所示。对比图 6-8-33，这增加了约 2TB 的空间大小。

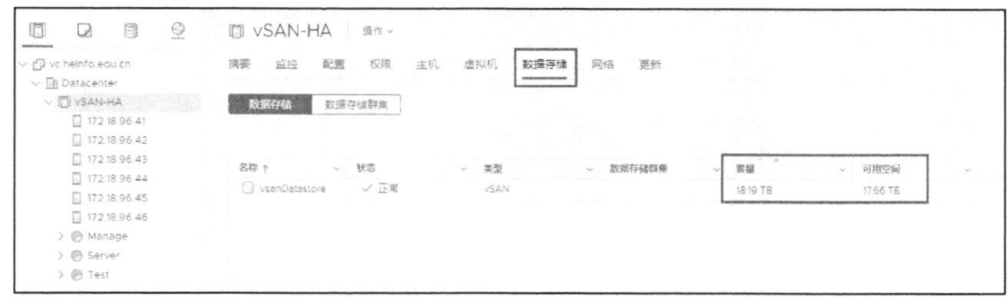

图 6-8-49 查看 vSAN 存储容量

在 vSAN 存储完成扩容之后，部分虚拟机磁盘在使用的过程中会迁移到新添加节点主机的磁盘中，这些都是系统在后台完成的，一般不需要刻意进行管理。只有当原有 vSAN

群集可用空间不足时，可以在“监控→运行状况”中手动执行磁盘平衡操作，立刻重新同步数据。

在前文中为 5 节点 vSAN 群集启用了 vSAN iSCSI 目标服务，在 vSAN 群集新添加了节点主机之后，新添加的节点主机的 vSAN iSCSI 目标服务是“禁用”的。在“监控→vSAN→运行状况”中可以看到这一信息，如图 6-8-50 所示。

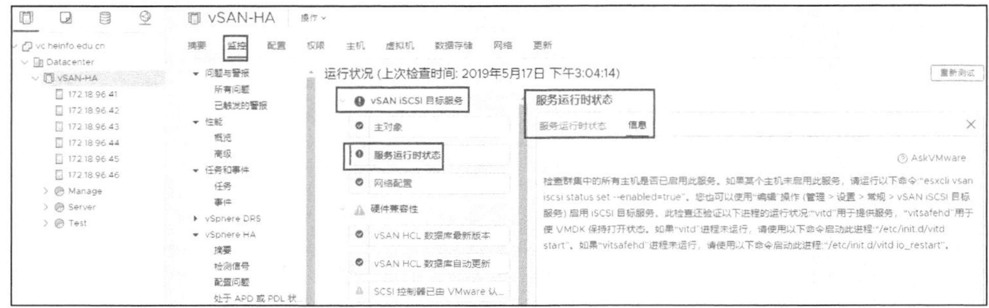

图 6-8-50 新添加节点主机 vSAN iSCSI 目标服务为禁用

对于这种情况，使用 SSH 客户端登录到新添加的服务器上，运行以下命令启用 vSAN iSCSI 目标服务。运行过程如图 6-8-51 所示。

```
esxcli vsan iscsi status set --enabled=true
./etc/init.d/vitd start
```

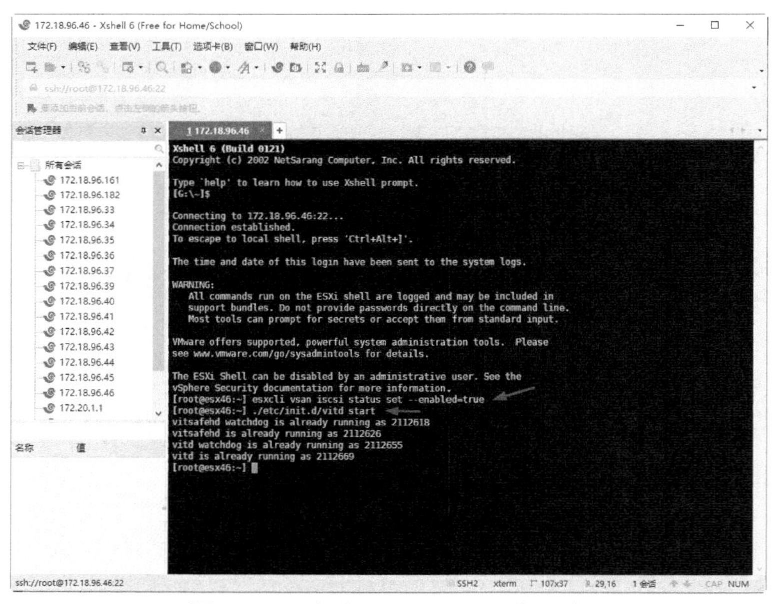

图 6-8-51 启动 vSAN iSCSI 目标服务

启用 vSAN iSCSI 目标服务之后，在“监控→vSAN→运行状况→服务运行时状态”检查到 vSAN iSCSI 目标服务已经运行，如图 6-8-52 所示。

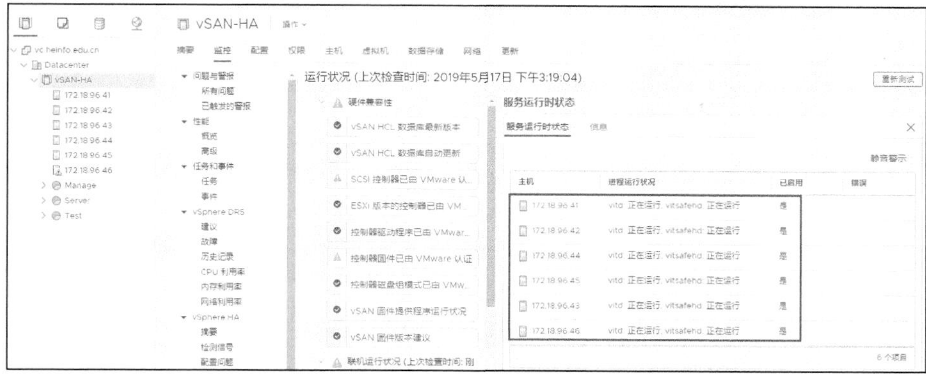

图 6-8-52 服务运行时状态

6.8.5 纵向扩展-为 vSAN 群集中的节点主机添加容量磁盘

本节介绍纵向扩展的内容，通过为 vSAN 节点主机添加存储设备的方式对 vSAN 存储进行扩容。在纵向扩展时，可以通过向节点中的一台或多台主机的一个或多个磁盘组中添加容量设备的方式进行扩容，也可以通过添加磁盘组的方式进行扩容。但不要超过每台主机的上限：每台主机最多 5 个磁盘组，每个磁盘组最多 1 个缓存磁盘、7 个容量磁盘。

在本示例中，172.18.96.46 的主机有 1 块 256GB 的 SSD、1 块 2TB 的 HDD，这 2 块磁盘创建了一个磁盘组，如图 6-8-53 所示。

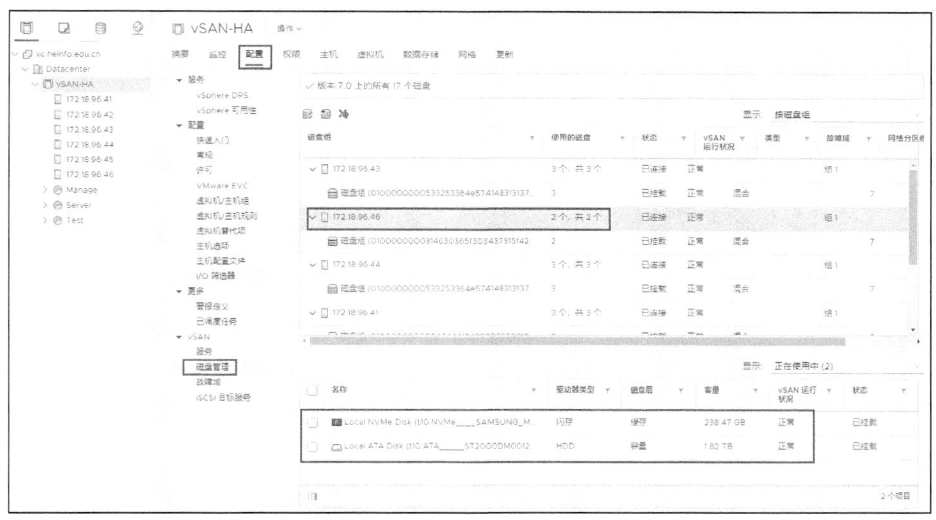

图 6-8-53 当前磁盘组

本示例的第一个实验是向该主机添加一块 2TB 的磁盘，为这个磁盘组再添加一个容量磁盘。

（1）为 172.18.96.46 的主机添加一块 2TB 的磁盘，重新扫描该主机的存储设备之后发现该磁盘，如图 6-8-54 所示（在使用的磁盘中显示“2 个，共 3 个”，原来是“2 个，共 2 个”，如图 6-8-53 所示），选中磁盘组，单击“ ”图标向磁盘组添加磁盘。

（2）在“添加容量磁盘”对话框中，选中新添加的容量磁盘，单击“添加”按钮，如图 6-8-55 所示。

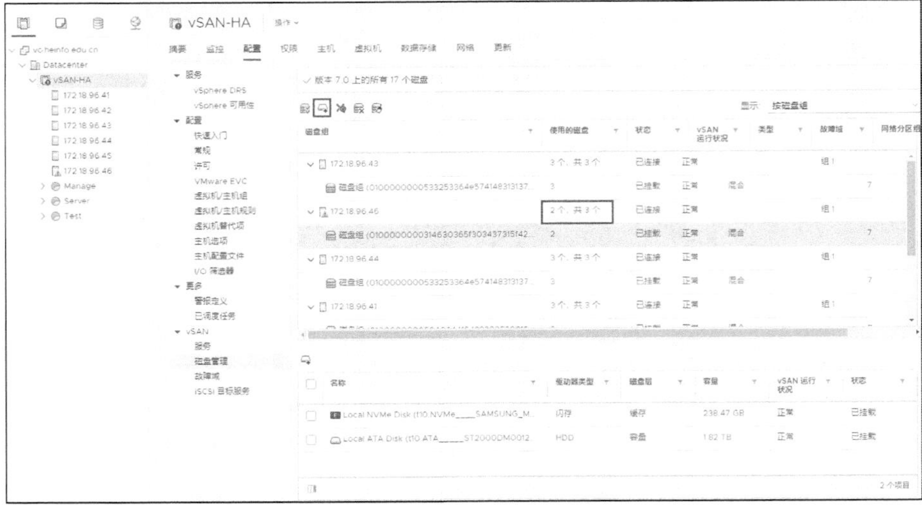

图 6-8-54 向磁盘组添加磁盘

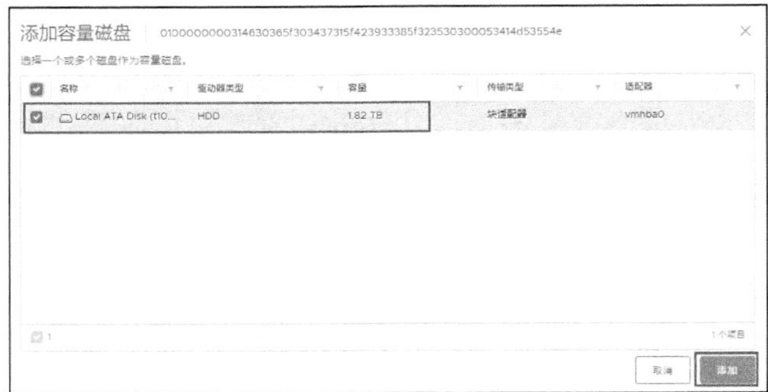

图 6-8-55 添加容量磁盘

（3）添加完成之后，在磁盘组中显示“3 个，共 3 个”，如图 6-8-56 所示。

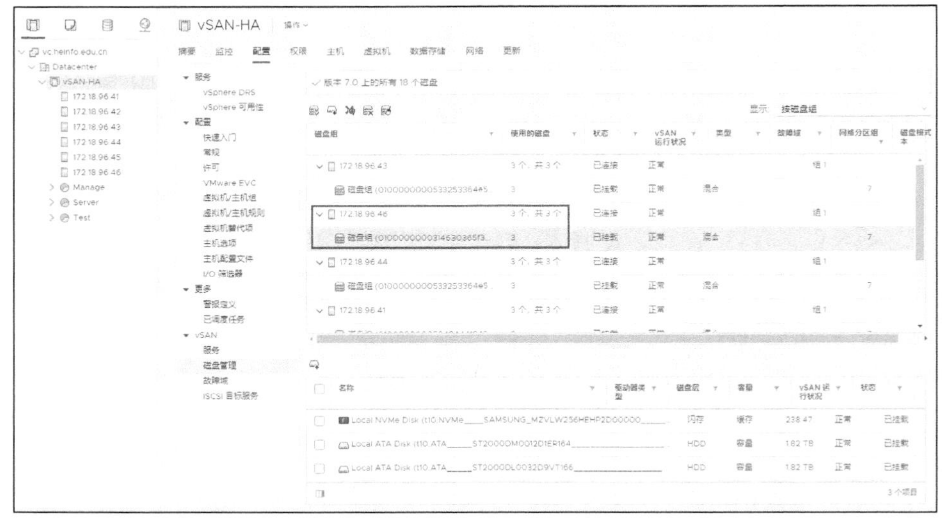

图 6-8-56 向磁盘组添加容量磁盘完成

（4）在“数据存储”中可以看到，vSAN 存储容量从 18.19TB 扩展到 20.01TB，如图 6-8-57 所示。

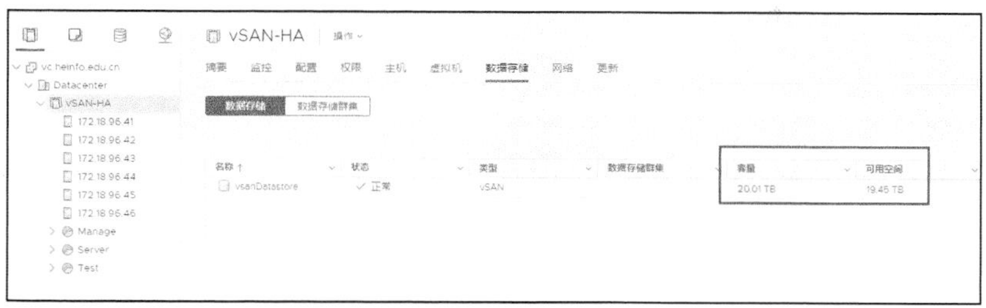

图 6-8-57　检查 vSAN 存储容量

下面的第二个实验是为 172.18.96.46 的主机添加一个磁盘组。

（1）为该主机添加 1 块容量为 256GB 的 SSD、1 块容量为 4TB 的 HDD，重新扫描之后在“磁盘管理”中发现该主机使用的磁盘为“3 个，共 5 个”，如图 6-8-58 所示。选中 172.18.96.46 的主机，单击“![icon]”图标向主机添加磁盘组。

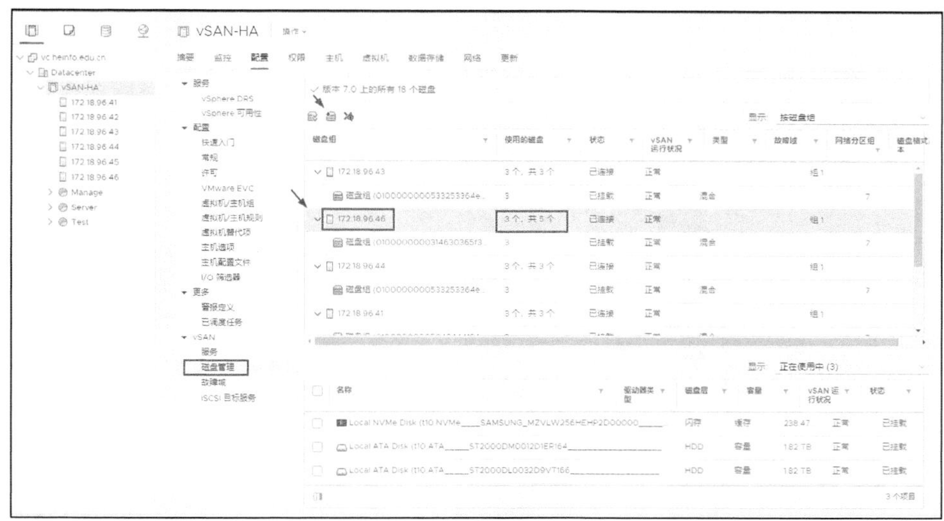

图 6-8-58　添加磁盘组

（2）在弹出的“创建磁盘组”对话框中，选中新添加的缓存磁盘和容量磁盘，单击“创建”按钮，如图 6-8-59 所示。

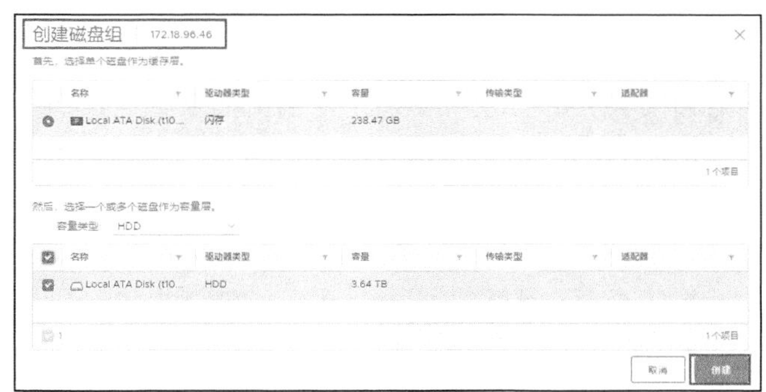

图 6-8-59　创建磁盘组

（3）创建磁盘组完成后，在 172.18.96.46 中有 2 个磁盘组，如图 6-8-60 所示。

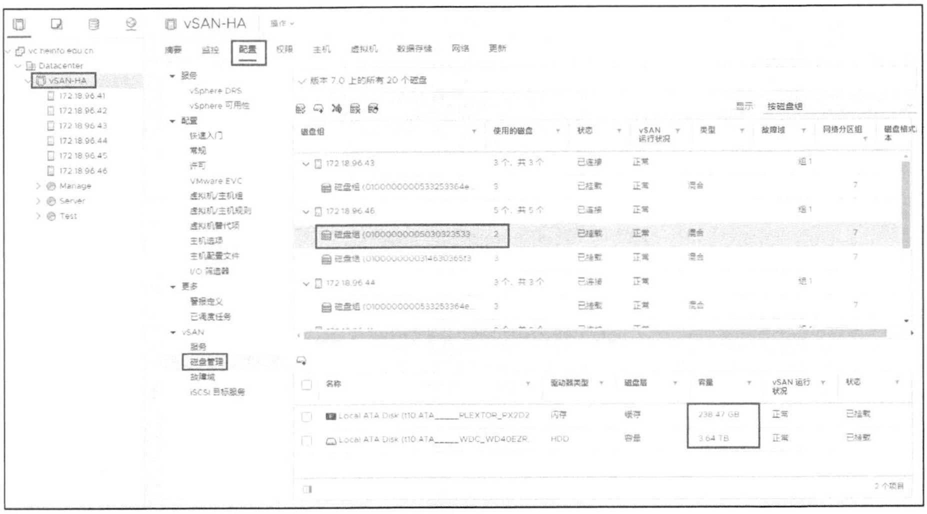

图 6-8-60　主机有 2 个磁盘组

（4）在“数据存储”中可以看到，vSAN 存储容量从 20.01TB 扩展到 23.64TB，如图 6-8-61 所示。

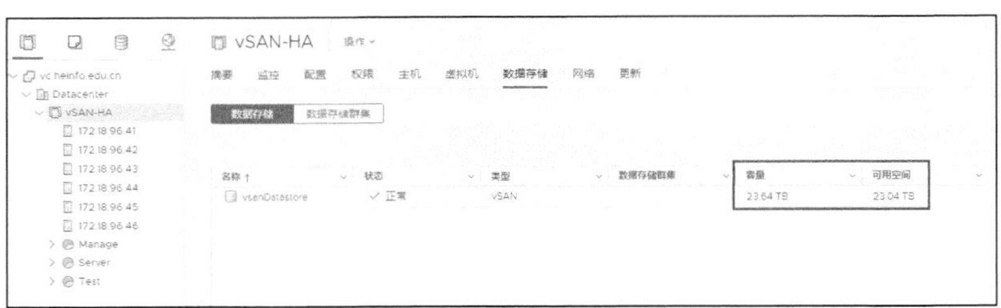

图 6-8-61　存储容量扩展到 23.64TB

说明

在实际的生产环境中，如果要为 vSAN 存储扩容，一般是为节点中每台主机扩容，并且扩容前、扩容后每台主机的配置尽量保持一致。

6.8.6　更换故障磁盘

vSAN 存储是一个可以在线扩容、在线收缩的分布式软件共享存储。vSAN 对于主机或磁盘的故障有良好的“自愈合”性。举例来说，在当前的实验环境中，使用 5 台主机组成的标准 vSAN 群集，如果某台节点主机出现故障，在启用了 HA 与 DRS 的前提下，出故障的这台节点主机上正在运行的虚拟机，会在其他节点主机重新注册、重新启动，一般情况下 2～3 分钟即可完成重新启动。因为 vSAN 是分布式软件存储，节点中某台主机下线，肯定会有一些虚拟机的数据冗余受到影响，此时受到影响的虚拟机会启动一个 60 分钟的计时器，如果 60 分钟内故障主机重新上线，则虚拟机的数据冗余恢复；如果超过 60 分钟故障主机未上线，受到影响的虚拟机的数据会在其他主机重建。

在 vSAN 群集中，如果节点主机正常，但是某台主机的一块或多块缓存磁盘出现故障时，在故障磁盘上保存冗余数据的虚拟机同样会启动 60 分钟的计时器，超过 60 分钟未恢复时，受影响的虚拟机的数据会在其他主机重建。

在 vSAN 的磁盘组中，如果故障磁盘属于容量磁盘，则受到影响的只是保存在这块故障磁盘的数据；如果故障磁盘属于缓存磁盘，则这个缓存磁盘所在的整个磁盘组都会受到影响。

在 vSAN 项目中，节点主机故障或磁盘故障属于非预期的故障，此时受到影响的虚拟机可能会重新启动，这是正常的。在故障出现之后虚拟机会启用 60 分钟的计时器，在此期间受影响的虚拟机的数据是完整的，但是没有冗余。如果管理员发现磁盘故障，在正常的操作下进行故障磁盘的更换或节点主机的关机维护则是一个正常的操作。在此期间受到影响的虚拟机会启动正常的 vMotion 操作并在其他主机重新注册，此时不会发生虚拟机重新启动的现象。

在本节的操作中分别模拟容量磁盘故障、缓存磁盘故障，并且进行更换。本节在 172.18.96.46 的节点主机中进行实验。这台主机当前有 2 个磁盘组，为了完成实验，先将磁盘组 2（1 块 256GB 的 SSD、1 块 4TB 的 HDD）从 vSAN 中移除（这相当于节点的纵向收缩），在此迁移的过程中业务不会受到影响。

（1）使用 vSphere Client 登录到 vCenter Server，在导航窗格中选中 vSAN 群集，在“配置→vSAN→磁盘管理”中浏览选中 172.18.96.46 的磁盘组 2（有 2 块磁盘，1 块 256GB 的 SSD、1 块 4TB 的 HDD），单击“![]”图标从主机中移除磁盘组，如图 6-8-62 所示（当前显示共有 20 块磁盘：其中 5 台主机各有 3 块磁盘、1 台主机有 5 块磁盘）。

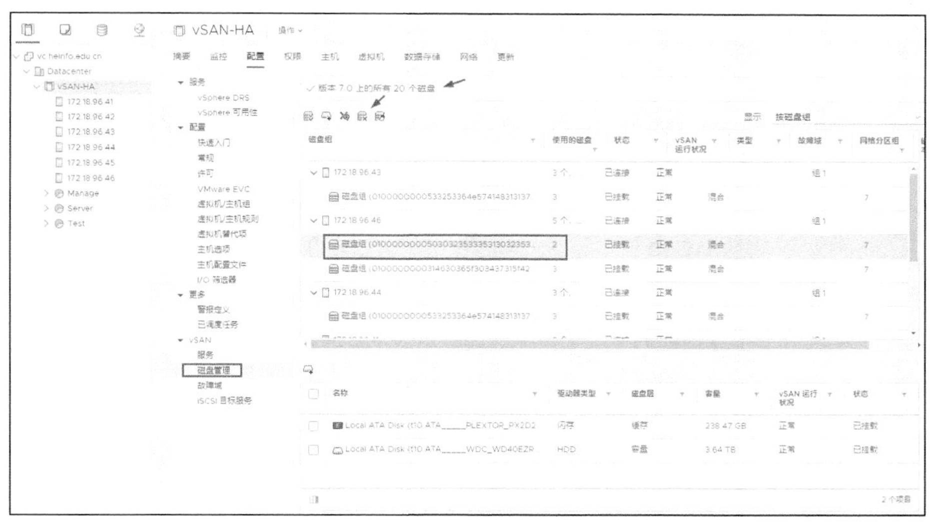

图 6-8-62 从主机移除磁盘组

（2）在“移除磁盘组”对话框中选择“迁移全部数据”，单击“删除”按钮，如图 6-8-63 所示。

（3）在“监控→vSAN→重新同步对象”中查看受到影响的虚拟机及正在同步的数据，如图 6-8-64 所示。

（4）在“近期任务”中显示当前的操作，等磁盘组移除之后，在“配置→vSAN→磁盘管理”中看到 172.18.96.46 剩下 1 个磁盘组，如图 6-8-65 所示。

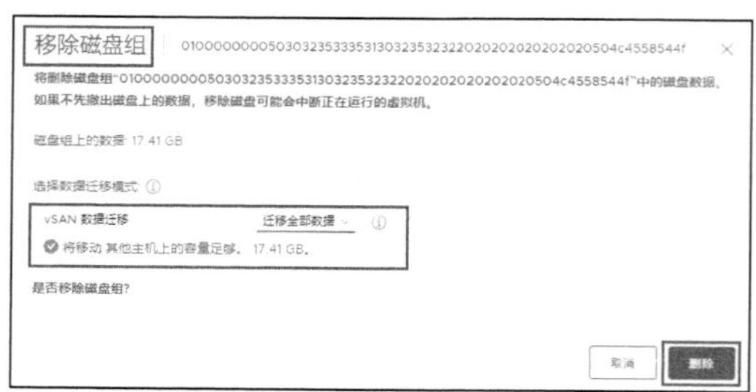

图 6-8-63 移除磁盘组

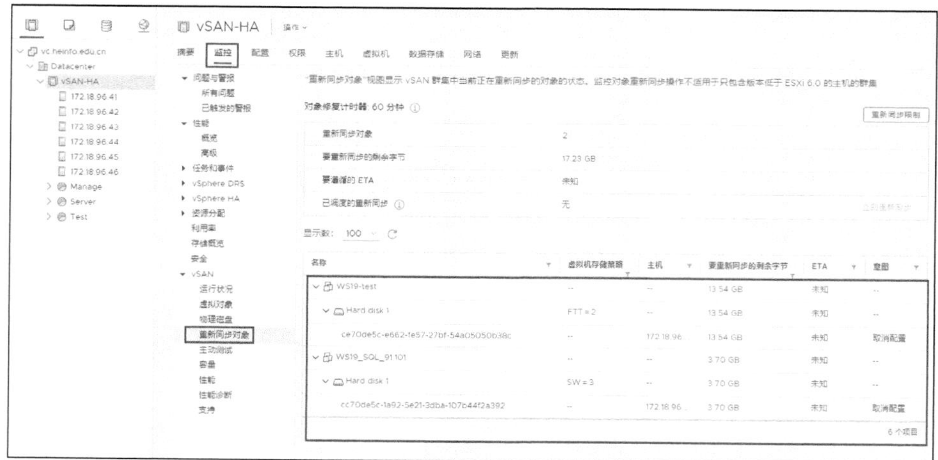

图 6-8-64 重新同步对象

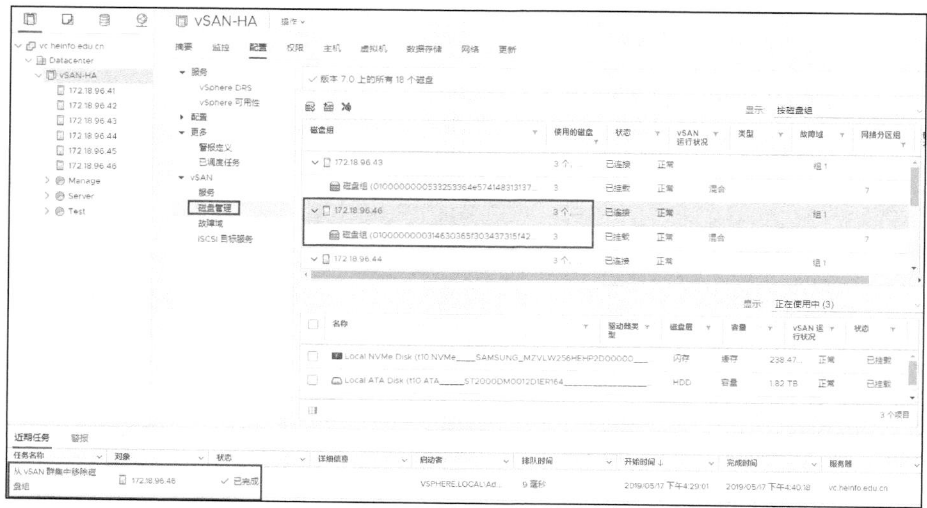

图 6-8-65 磁盘组移除完成

在移除了 256GB 的 SSD 与 4TB 的 HDD 之后，172.18.96.46 的主机还有 1 个磁盘组（1 块 256GB 的 SSD、2 块 2TB 的 HDD），在下面的实验中先直接拔下 1 块 2TB 的 HDD，模拟这块 2TB 的 HDD 出故障，然后用 4TB 的 HDD 代替这块 2TB 的 HDD。

（1）从 172.18.96.46 的主机拔下 1 块 2TB 的磁盘，在“配置→vSAN→磁盘管理”中选中 172.18.96.46 的主机，此时看到有一块磁盘的容量为 0、状态为不活动，如图 6-8-66 所示。

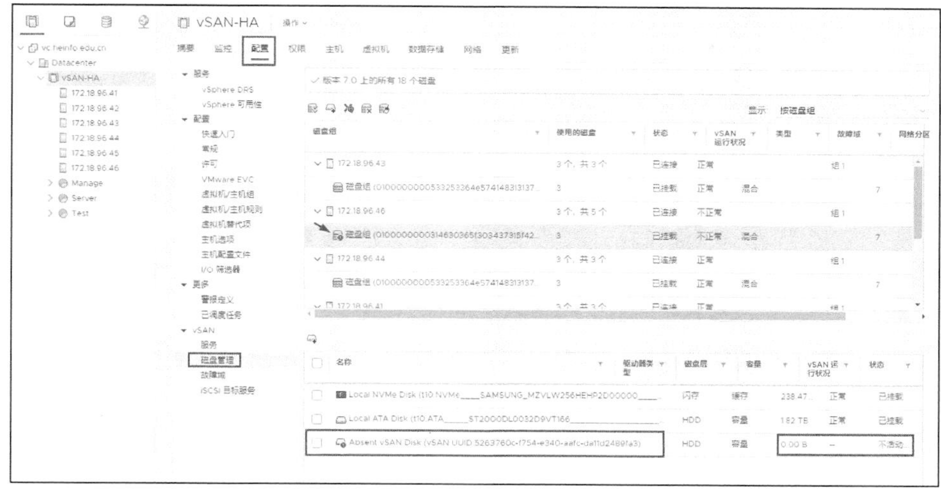

图 6-8-66　主机警报

（2）在“监控→vSAN→虚拟对象”中可以看到部分虚拟机受到影响，提示“可用性降低但未重建-延迟计时器”，如图 6-8-67 所示。

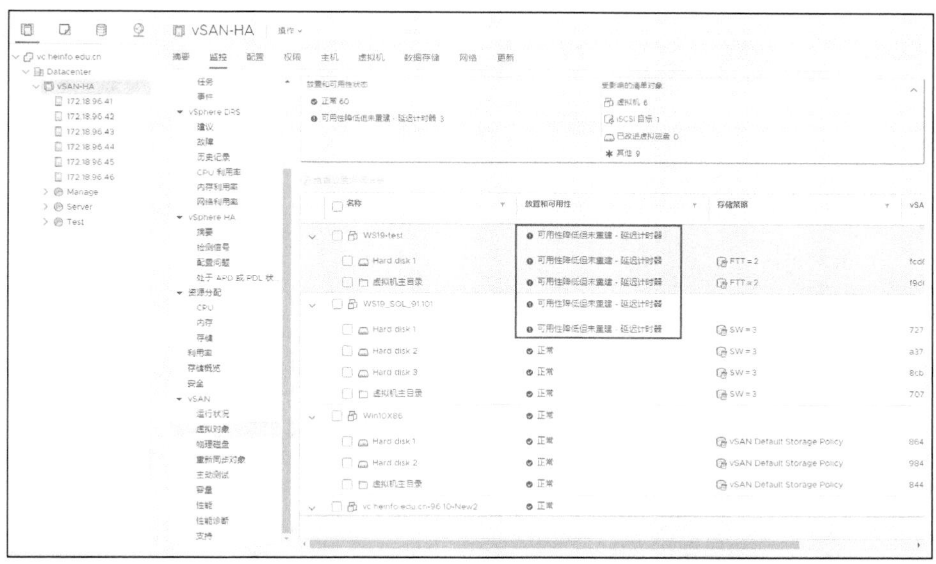

图 6-8-67　可用性降低

（3）如果将拆下的硬盘重新插上，此时磁盘组状态正常（如图 6-8-68 所示），受影响的虚拟机也会恢复，如图 6-8-69 所示。

（4）如果已经确认磁盘无法恢复，需要删除这些故障磁盘，然后更换新的磁盘并将新的磁盘添加到磁盘组中完成替换。在“配置→vSAN→磁盘管理”中选中有故障磁盘的磁盘组，选中预移除磁盘，单击“”或“”图标开启或关闭所选磁盘警示灯（开启的时候一般是橘黄色或橘红色 LED 灯闪烁，关闭的时候闪烁的指示灯也会关闭），确认故障磁盘之后，单击“”图标移除磁盘，如图 6-8-70 所示。

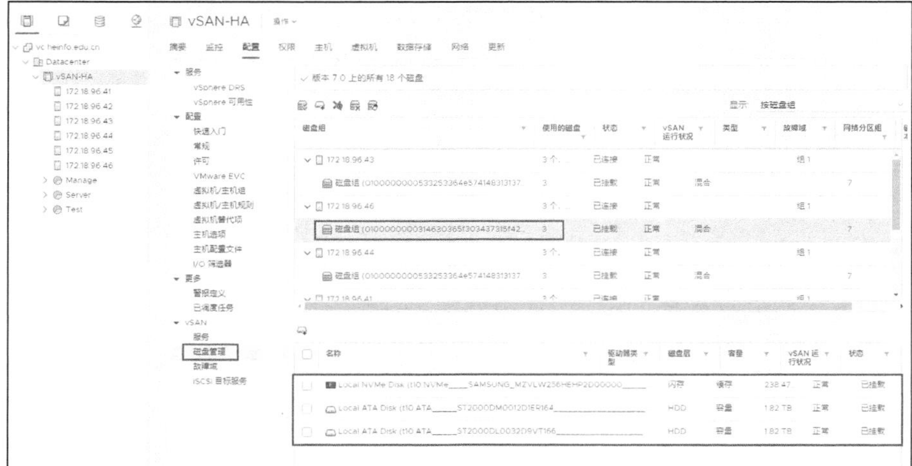

图 6-8-68 磁盘组恢复

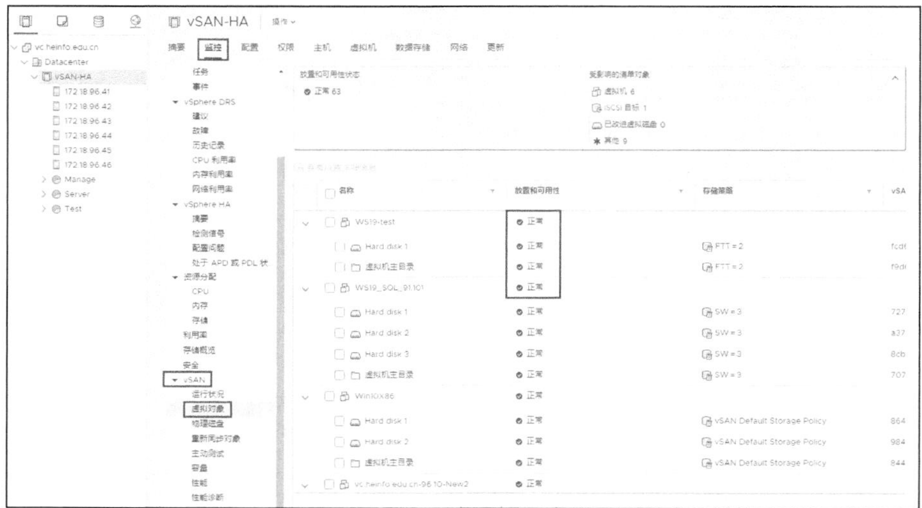

图 6-8-69 虚拟机可用性恢复

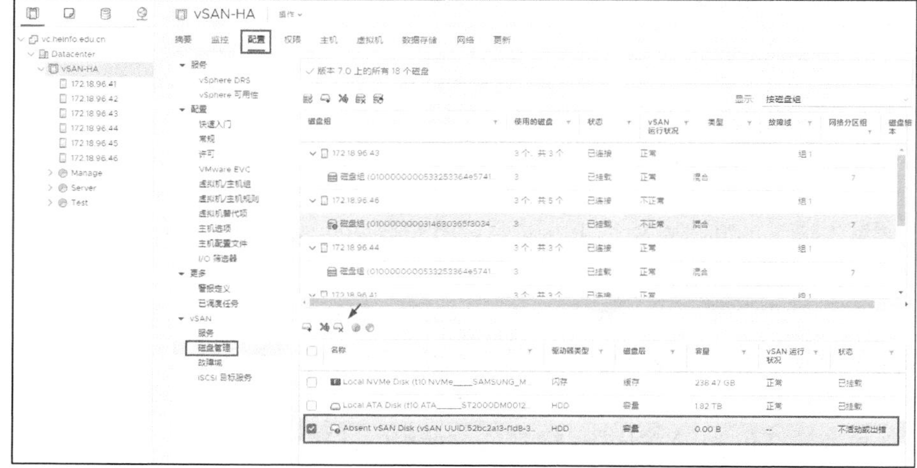

图 6-8-70 从磁盘组移除磁盘

（5）在“移除磁盘”对话框中单击“删除”按钮，如图 6-8-71 所示。因为所选磁盘已经出现故障所以无法再迁移故障磁盘数据，原来保存在故障磁盘上的数据将使用现有的虚拟机在其他磁盘上重建（标准 vSAN 群集中，每台虚拟机数据相当于 RAID-1 或 RAID-10，在其他主机的磁盘还有一份完整的数据，故障磁盘上的数据属于冗余数据）。

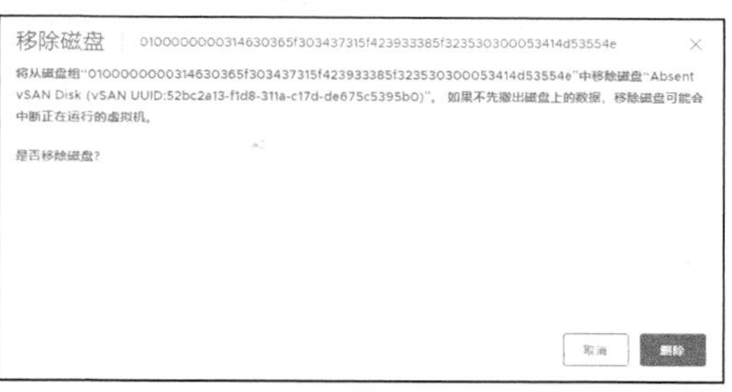

图 6-8-71　删除磁盘

（6）在移除磁盘之后，拆下故障磁盘，更换新的磁盘。在磁盘组中单击“”图标向选中磁盘组添加磁盘，如图 6-8-72 所示。

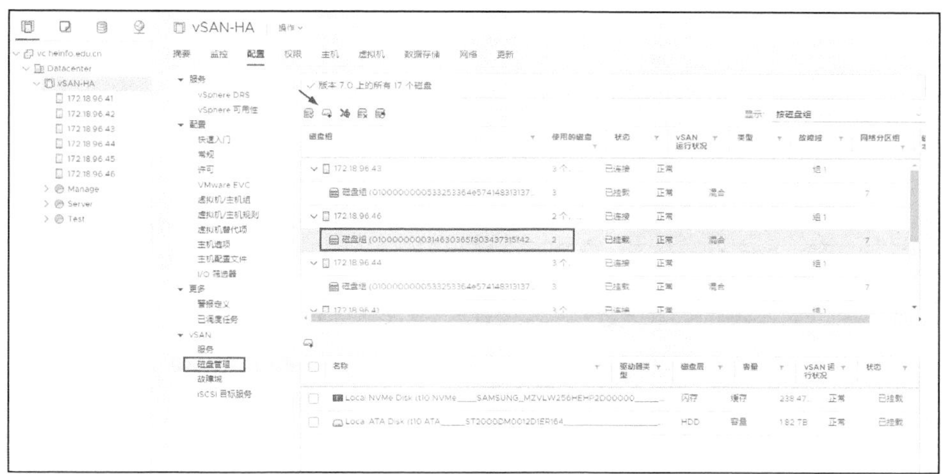

图 6-8-72　添加磁盘

（7）在“添加容量磁盘”对话框中选择新添加的磁盘，单击“添加”按钮，如图 6-8-73 所示。

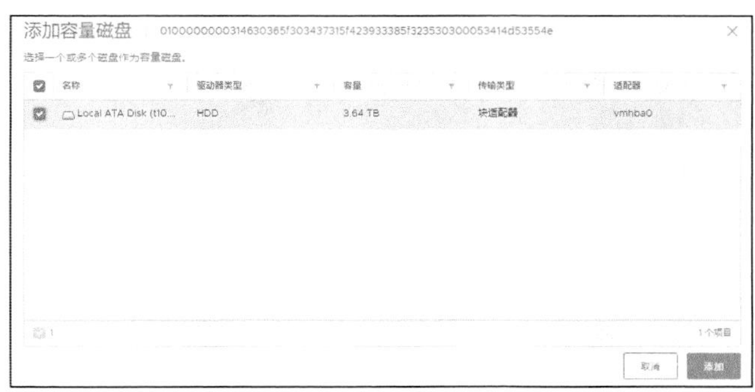

图 6-8-73　添加容量磁盘

（8）在“近期任务”中看到初始化 vSAN 群集中的磁盘完成并将磁盘添加到磁盘组，如图 6-8-74 所示。

（9）虽然更换了容量磁盘，但受影响的虚拟机还是需要等待 60 分钟达到计时才会重建。如果要立刻重建受影响的数据，在“监控→vSAN→重新同步对象”中看到提示“3 个对象将于今天下午 5:54 开始重新同步”，单击“立即重新同步”将立刻同步，如图 6-8-75 所示。

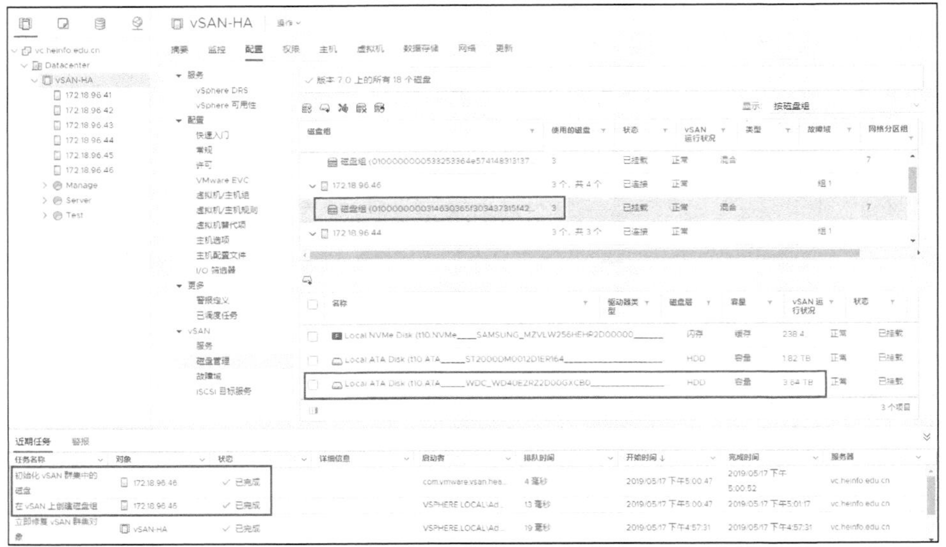

图 6-8-74 更换容量磁盘完成

图 6-8-75 立即重新同步

（10）数据开始同步之后显示同步的数据量，如图 6-8-76 所示。

（11）数据开始同步之后，在“监控→vSAN→虚拟对象”中显示“可用性降低”，这表示数据已经开始同步，如图 6-8-77 所示。在同步完成后“放置和可用性”显示“正常”。

最后直接拔下现在磁盘组 1 中的 256GB 的 SSD，模拟缓存磁盘故障，然后更换这块故障的 SSD。

（1）将 172.18.96.46 的 SSD 移除后，在“配置→vSAN→磁盘管理”中选中 172.18.96.46 的主机，可以看到该主机不再显示“磁盘组”，该主机的闪存状态提示“不活动或出错”，同一磁盘组中的两块容量磁盘虽然有容量、状态为“已挂载”，但“vSAN 运行状况”为--，如图 6-8-78 所示。这表示这个磁盘组都不可用。如果 SSD 重新插上，该磁盘组可以恢复；如果 SSD 确认已经损坏，选中故障的 SSD，单击“”图标移除选中的 SSD。

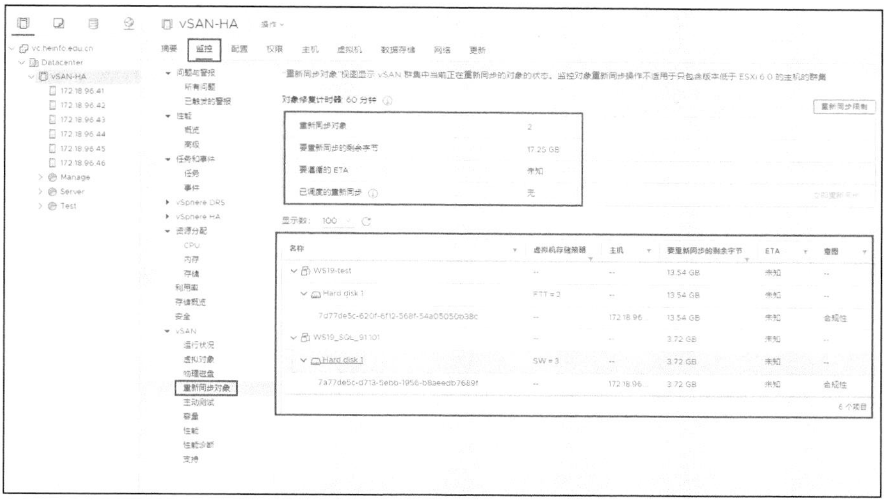

图 6-8-76 数据同步

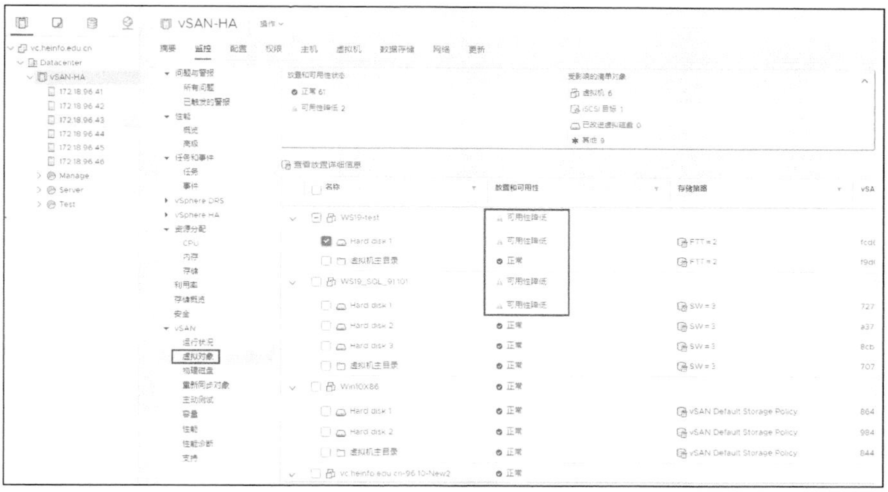

图 6-8-77 可用性降低

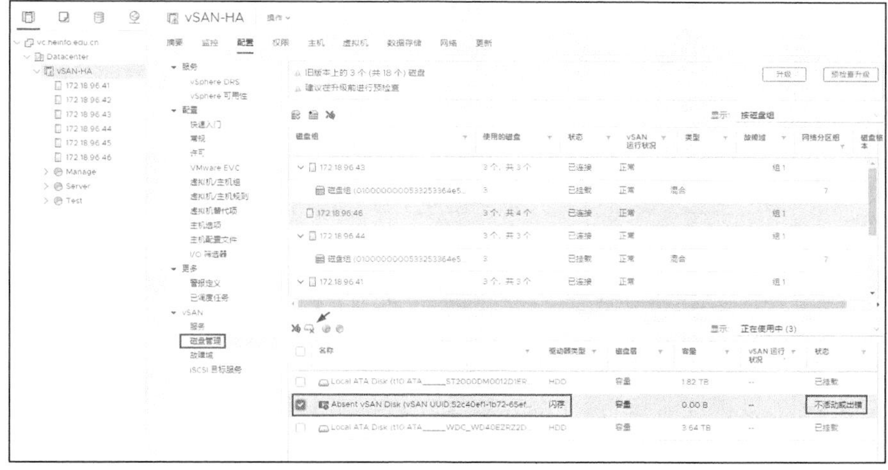

图 6-8-78 移除磁盘

（2）在“移除磁盘”对话框中单击“删除”按钮，如图 6-8-79 所示。

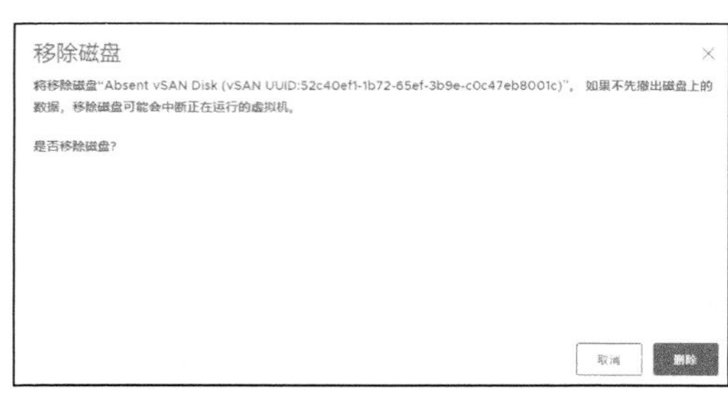

图 6-8-79　删除磁盘

（3）等 SSD 被删除之后，原来 SSD 所在的磁盘组也一同被删除。在更换 SSD 之后，需要重新创建磁盘组。单击“ ”图标添加磁盘组，如图 6-8-80 所示。

（4）在“创建磁盘组”对话框中，选择缓存磁盘和容量磁盘，单击“创建”按钮，如图 6-8-81 所示。

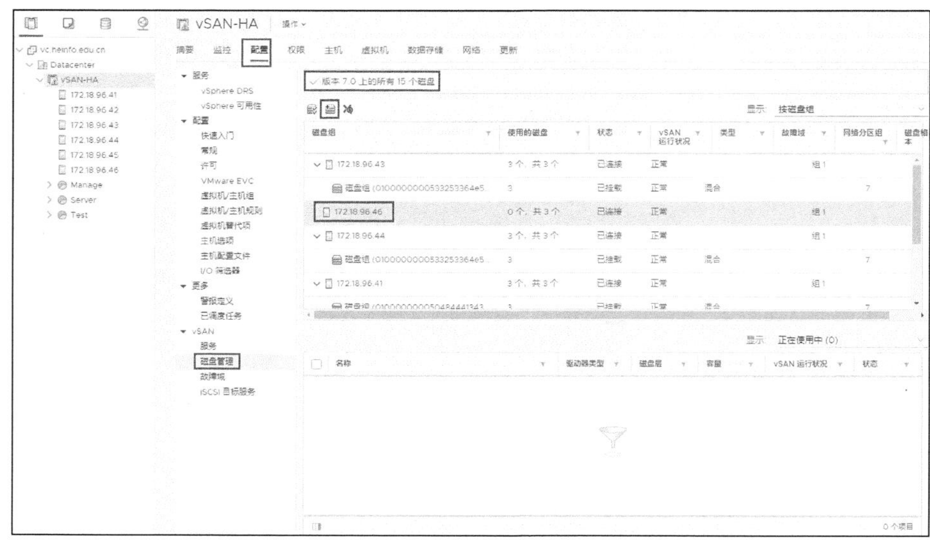

图 6-8-80　添加磁盘组

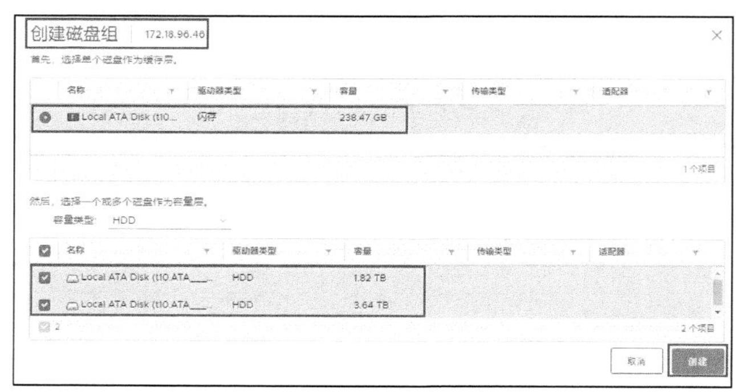

图 6-8-81　创建磁盘组

（5）创建磁盘组完成后，在“配置→vSAN→磁盘管理”中选中 172.18.96.46 的主机，可以看到新创建的磁盘组，如图 6-8-82 所示。

（6）在“监控→vSAN→虚拟对象”中可以看到有部分虚拟机受到影响，此时提示“可用性降低但未重建-延迟计时器”，如图 6-8-83 所示。

（7）在“监控→vSAN→重新同步对象”中单击“立即重新同步”，如图 6-8-84 所示。vSAN 将立刻开始重建冗余数据，这些不再介绍。

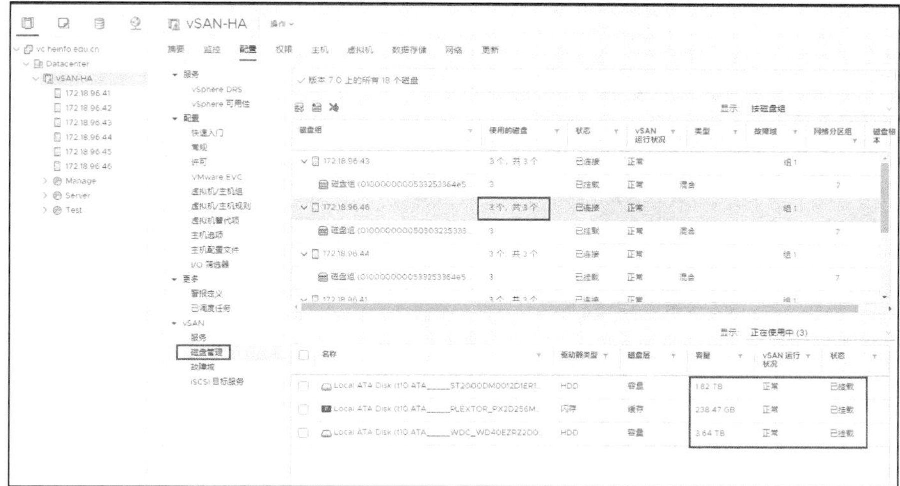

图 6-8-82 更换 SSD 后新添加的磁盘组

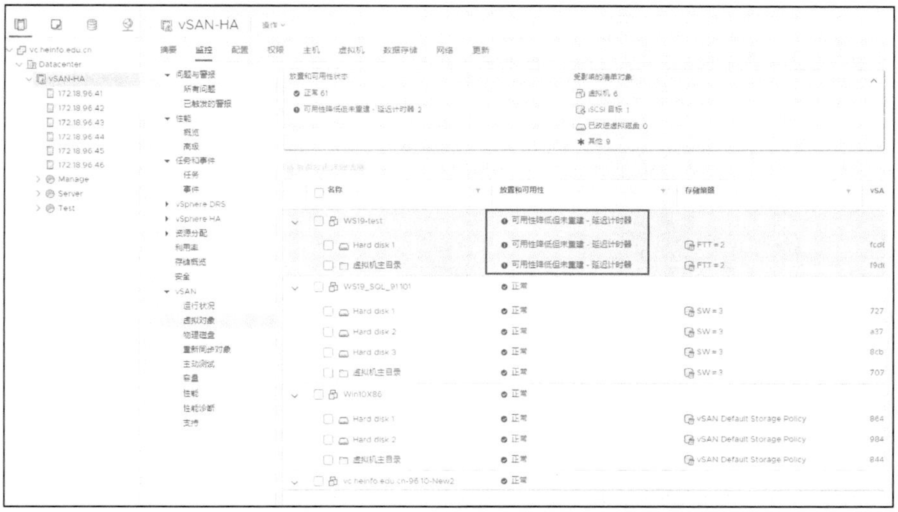

图 6-8-83 可用性降低

图 6-8-84 重新同步对象

6.8.7 vSAN 群集收缩−移除节点主机

vSAN 除了支持扩容，还支持收缩。如果 vSAN 群集中有足够的资源，在有需求时，可以从 vSAN 群集中移除不需要使用的主机。要从 vSAN 群集中移除节点主机，主要步骤如下。

（1）移除磁盘组，并迁移所有的数据。

（2）将主机进入维护模式，迁移所有虚拟机到其他主机。

（3）如果该主机使用标准交换机，没有使用分布式交换机，从群集中移除该主机即可。

（4）如果该主机使用分布式交换机，先从分布式交换机中移除该主机，再从群集中移除该主机即可。

下面介绍主要步骤。

（1）当前有一个 6 节点主机组成的 vSAN 群集，群集中有足够的资源，这可以在“摘要”中查看，如图 6-8-85 所示。

图 6-8-85 查看群集资源

（2）在本示例中准备移除 172.18.96.46 的主机。先删除该主机的磁盘组，在删除磁盘组时选择迁移所有数据。删除之后如图 6-8-86 所示。

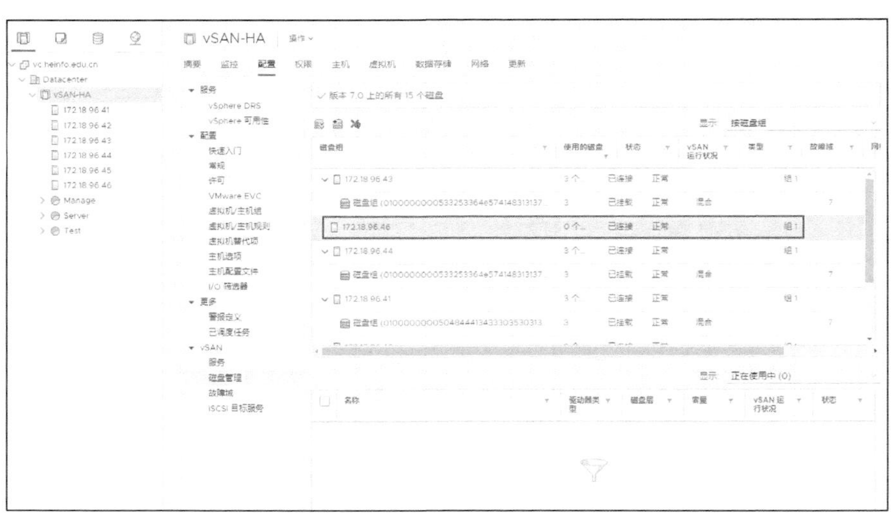

图 6-8-86 删除磁盘组

（3）等数据迁移完成并删除磁盘组后，用鼠标右键单击 172.18.96.46 的主机，在弹出的快捷菜单中选择“维护模式→进入维护模式”，如图 6-8-87 所示。

（4）等进入维护模式后，在“配置→网络→VMkernel 适配器”中，选中 vSAN 流量所用的 VMkernel 适配器 vmk1，单击“移除”，如图 6-8-88 所示。如果有其他分布式交换机使用的 VMkernel 应一同移除。

（5）在“移除 VMkernel 适配器”对话框中单击“移除”按钮，如图 6-8-89 所示。

（6）移除之后如图 6-8-90 所示。

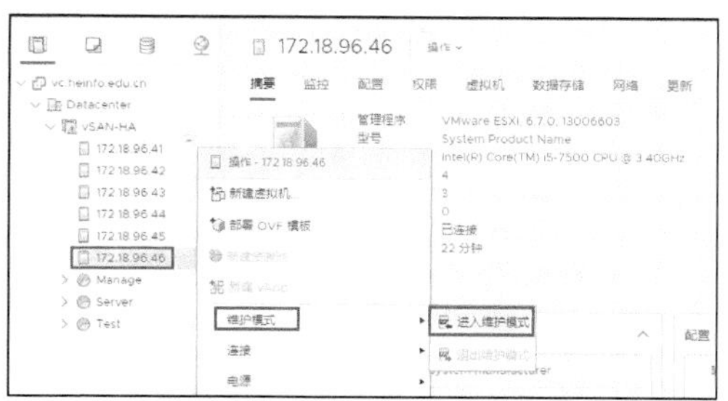

图 6-8-87　进入维护模式

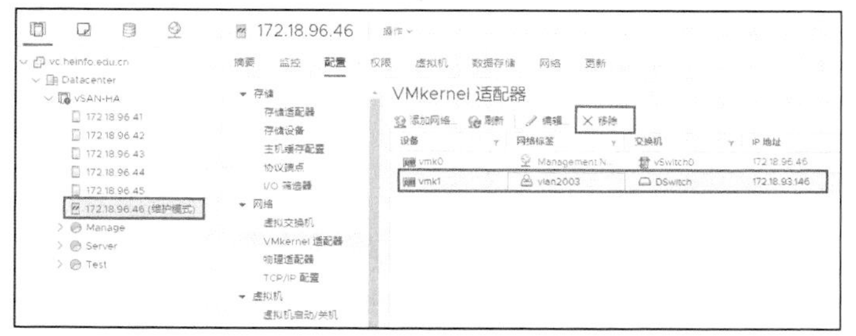

图 6-8-88　移除 VMkernel 适配器

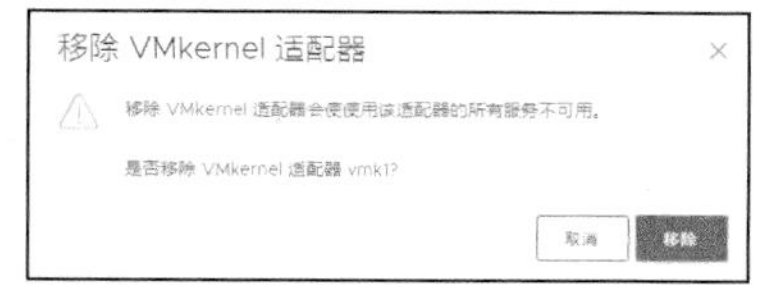

图 6-8-89　确认移除 VMkernel 适配器

（7）在“网络”中选中 DSwitch，用鼠标右键单击，在弹出的快捷菜单中选择“添加和管理主机”，如图 6-8-91 所示。

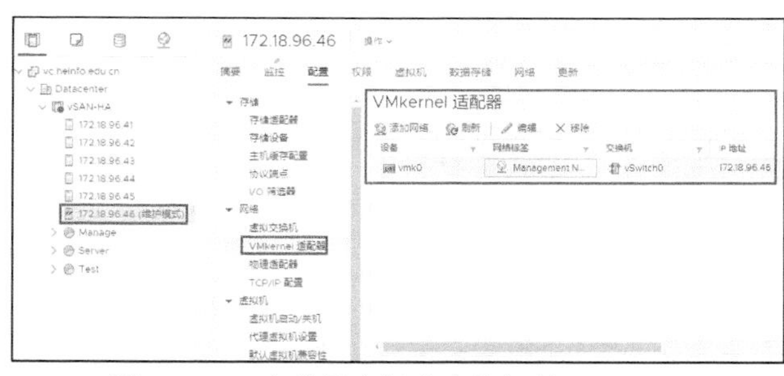

图 6-8-90　当前只有标准交换机的 VMkernel

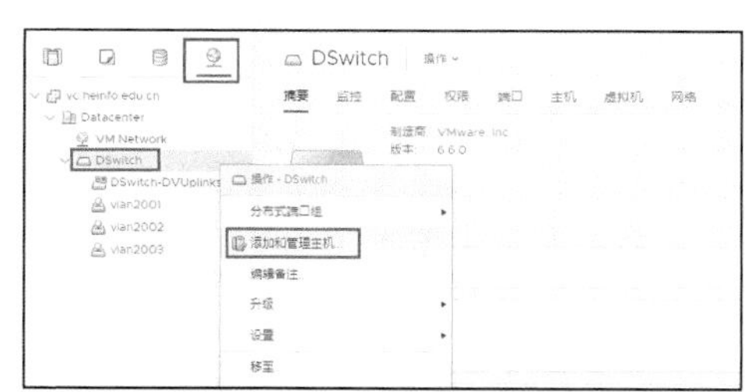

图 6-8-91　添加和管理主机

（8）在“DSwitch-添加和管理主机”对话框中选中“移除主机”，如图 6-8-92 所示。

（9）在“选择主机”中添加 172.18.96.46 的主机，如图 6-8-93 所示。在“即将完成”中单击“FINISH”按钮。

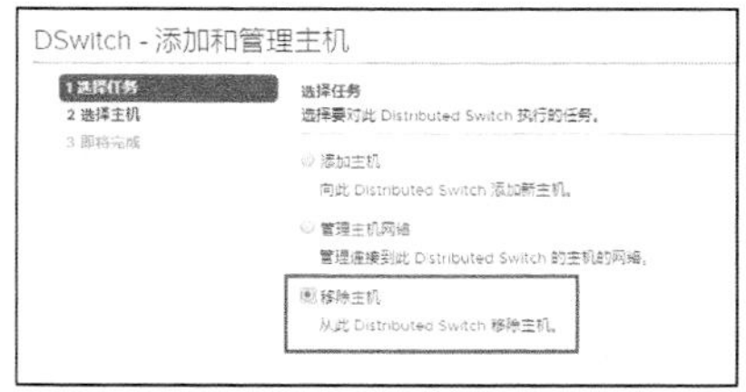

图 6-8-92　移除主机

图 6-8-93　选择要移除的主机

（10）在“主机和群集”中用鼠标右键单击 172.18.96.46 的主机，在弹出的快捷菜单中选择“从清单中移除”，如图 6-8-94 所示。

（11）在“移除主机”对话框中单击“是”按钮，如图 6-8-95 所示。

图 6-8-94 从清单中移除

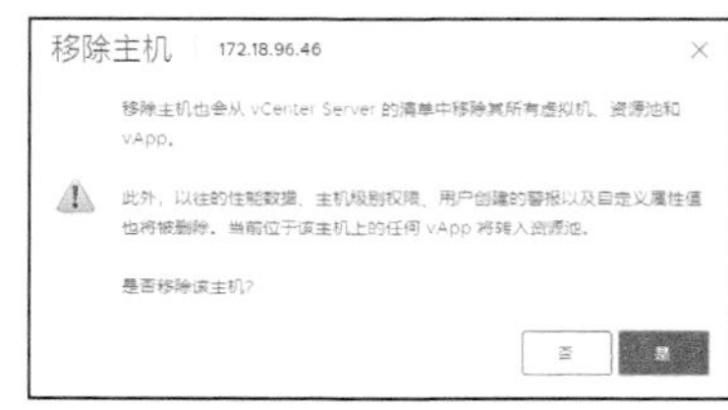

图 6-8-95 确认移除主机

（12）最后在“摘要”中可以看到当前节点共有 5 台主机，查看这 5 台主机提供的资源和使用的资源，如图 6-8-96 所示。至此，从 vSAN 群集中移除主机完成收缩的任务。如果群集仍然有足够的资源，在有需要的情况下可以继续收缩，但建议在生产环境中，标准 vSAN 群集至少需要有 4 台提供存储容量的主机。

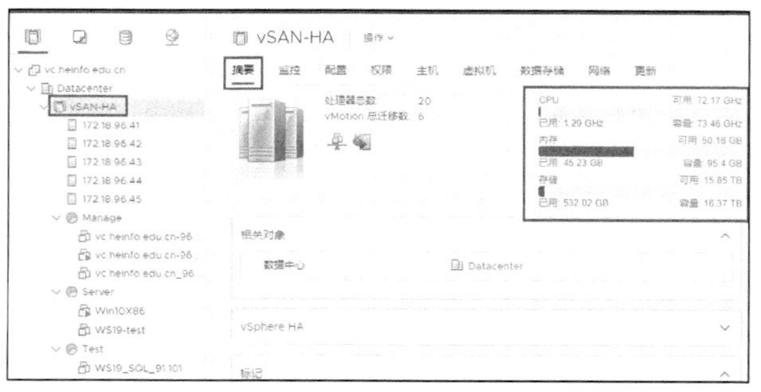

图 6-8-96 查看收缩后的群集资源

6.9 权限管理

vCenter Server 默认管理员账户是 administrator@vsphere.local，此账户对 vCenter Server 及 vCenter Server 下的数据中心、群集、ESXi 主机、虚拟机、虚拟机网络、存储等具有所有权限。在日常的管理中使用此账户，因为该账户权限“过大”，如果配置不当或者误操作可能会对系统造成影响。在企业虚拟化环境的日常管理中，应该将管理员分级，为不同的管理配置不同的管理员并分配不同的权限。vCenter Server 提供的角色分以下几类。

（1）管理员。对 vSphere 具有完全的权限，默认账户为 administrator@vsphere.local。

（2）只读。可以浏览、查看 vSphere 中所有对象，不能更改对象的状态。

（3）虚拟机用户。与虚拟机交互的权限，包括打开与关闭虚拟机的电源、安装 VMware Tools、控制台交互、配置 CD 媒体、挂起或重置虚拟机、修改任务、创建任务、移除任务、运行任务、取消任务等操作。

（4）虚拟机超级管理员。除了虚拟机用户权限外还包括快照管理、更改虚拟机配置、浏览数据存储权限。

（5）资源池管理员。包括警报、修改权限、浏览数据存储、文件夹管理、资源、调度任务、虚拟机超级管理员、虚拟机置备等权限。

（6）数据存储使用者。在存储中有分配空间的权限。

（7）网络管理员。分配网络的权限。

（8）虚拟机控制台用户。与虚拟机交互的权限。

使用 administrator@vsphere.local 账户登录 vCenter Server，在“系统管理→访问控制→角色”中查看 vCenter 默认创建的角色及分配的权限，如图 6-9-1 所示。

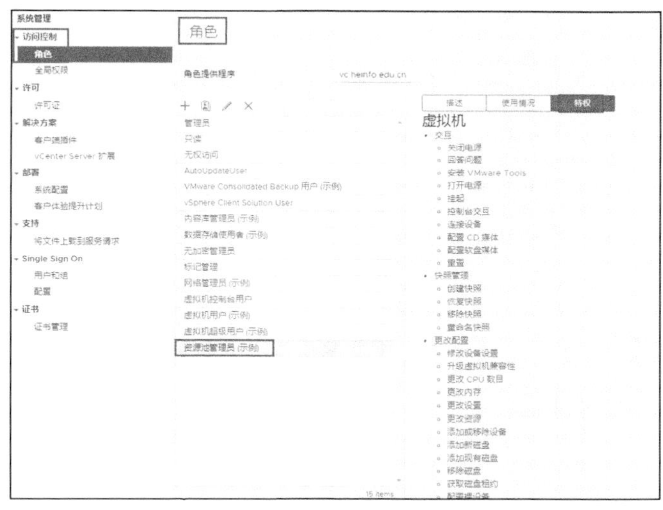

图 6-9-1　查看角色

vCenter Server 允许通过权限和角色对授权进行精细控制。向 vCenter Server 对象层次结构中的对象分配权限时，请指定哪个用户或组对该对象具有哪些特权。要指定特权，应使用角色（即特权集）。

最初仅 vCenter Single Sign-On 域的管理员用户（默认为 administrator@vsphere.local）有权登录到 vCenter Server 系统。授权后，该用户可以执行如下操作。

（1）将在其中定义了用户和组的标识源添加到 vCenter Single Sign-On 中。

（2）向用户或组授予特权，方法是选择虚拟机或 vCenter Server 系统等对象并将针对该对象的角色分配给相应的用户或组。

可以将 vCenter Server 加入 Active Directory 中，然后在 Active Directory 中创建用户，并添加到 vCenter Server 中，为其分配权限；也可以使用 vCenter Server 所在系统创建本地用户并为其分配权限。

vSphere 清单层次结构如图 6-9-2 所示。vCenter Server 管理员可以为这些对象分配权限。

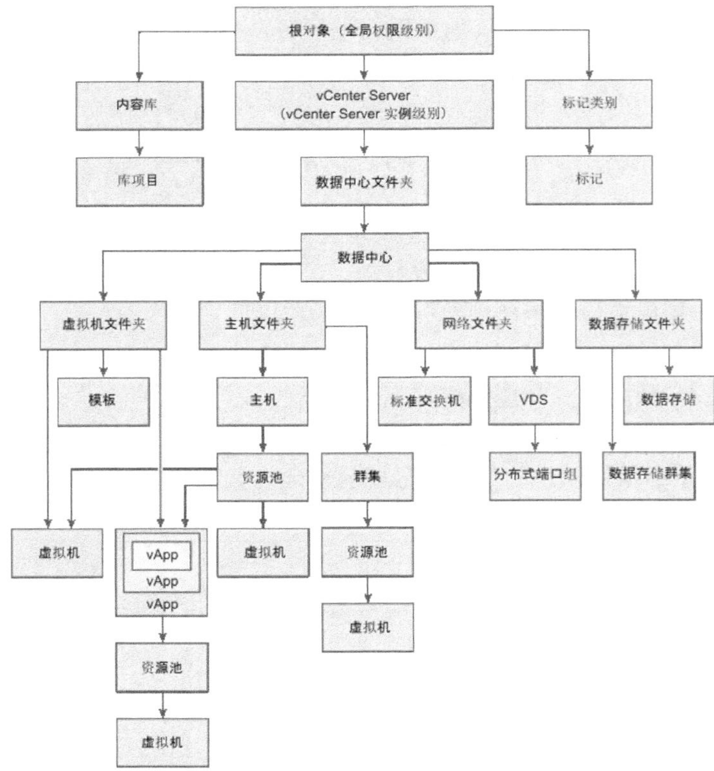

图 6-9-2 vSphere 清单层次结构

许多任务需要清单中多个对象的权限。如果尝试执行任务的用户仅具有一个对象的特权，则无法成功完成该任务。vSphere 权限较多，本节通过案例的方式进行介绍。

6.9.1 创建本地用户账户

要为不同的用户分配权限，需要有不同的用户和用户组。在分配用户时，可以使用 vCenter Server 所依赖的操作系统的用户账户，也可以将 vCenter Server 添加到 Active Directory，使用 Active Directory 的用户账户。

如果 vCenter Server 安装在 Windows 操作系统，可以使用 Windows 操作系统的本地计算机账户；如果 vCenter Server 运行在 Linux 操作系统上，可以使用所属的 Linux 用户账户。在 vCenter Server 中，可以使用其本身的 Linux 系统账户。首先介绍在 vCenter Server 中创建用户账户的方法和步骤。

（1）使用 vSphere Client 登录到 vCenter Server，在“系统管理→Single Sign-On→用户和组”中“用户”选项卡的“域”下拉列表中选择“vSphere.local”，单击“添加用户”按钮，如图 6-9-3 所示。

（2）在“添加用户”对话框中的“用户名”中输入新添加的用户名，本示例为 view；在“密码”与“确认密码”密码栏中为新建用户设置密码（需要是复杂密码）；在“名字”文本框中为新建用户设置名字，本示例为只读管理员，设置之后单击“添加”按钮完成用户的创建，如图 6-9-4 所示。

（3）参照（1）～（2）的步骤，再次创建三个用户，本示例为 admin-mg、admin-ser、

admin-test，这三个用户准备用于 Manage、Server、Test 三个资源池，如图 6-9-5 所示。

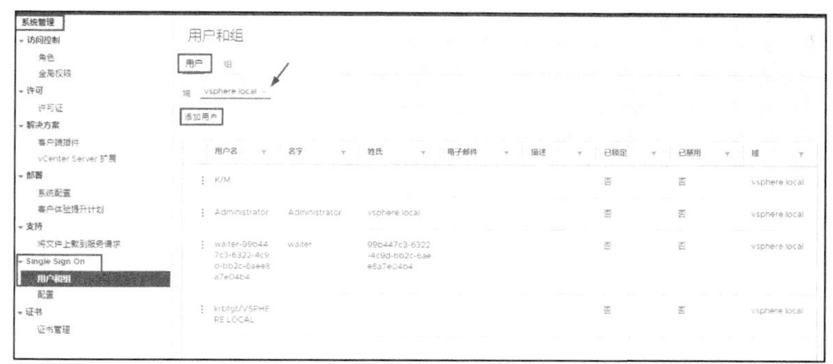

图 6-9-3 添加用户

图 6-9-4 新建用户

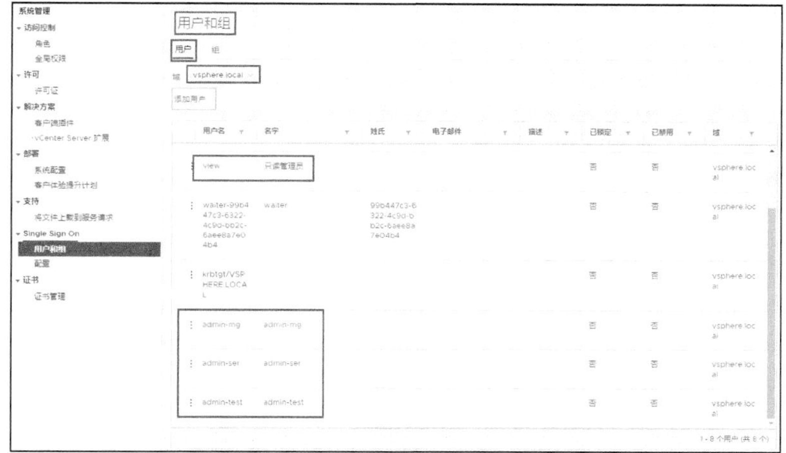

图 6-9-5 创建的用户

6.9.2 全局只读管理员账户

vSphere 中的权限较多、划分较细。本章从管理与使用的角度，通过案例的方式介绍 vSphere 的权限管理内容。本节先介绍第一个案例：某用户可以从全局的角度“看”到当前的虚拟化架构，但不能对任何虚拟机、网络、数据做任何的更改。简单来说，创建一个全局“只读”管理员用户。在图 6-9-4 中创建了一个名为 view 的用户，本示例中将把这个用户添加为“只读”管理员。

（1）使用 vSphere Client 登录到 vCenter Server，在“主机和群集”选项中选中“vc.heinfo.edu.cn”（vCenter Server 根域）这一级，在“权限”选项卡中单击“+”，如图 6-9-6 所示。

图 6-9-6 添加用户

（2）在“添加权限”对话框中，在“用户”下拉列表中选择“vsphere.local”，在“🔍”

后面输入要添加的用户名，本示例为 view，在“角色”下拉列表中选择“只读”，选中“传播到子对象”，单击“确定”按钮，如图 6-9-7 所示。

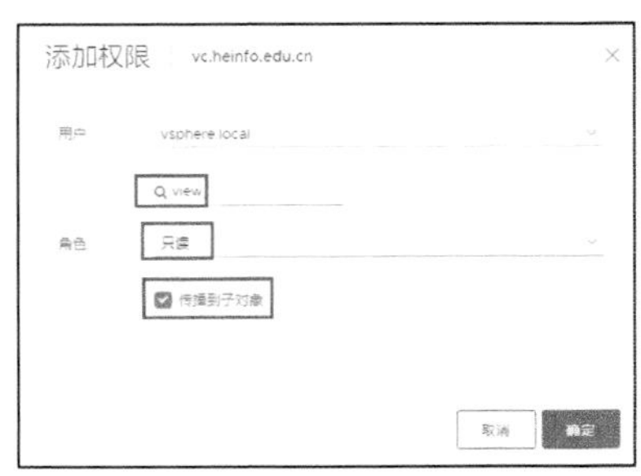

图 6-9-7　添加权限

（3）添加之后如图 6-9-8 所示。可以单击“＋”继续添加，也可以选择添加的用户，单击“✏”进行修改，或者单击“×”删除选定的用户。

在添加了权限之后，注销当前的 SSO 管理员账户 administrator@vsphere.local，使用 view@vsphere.local 登录，如图 6-9-9 所示。

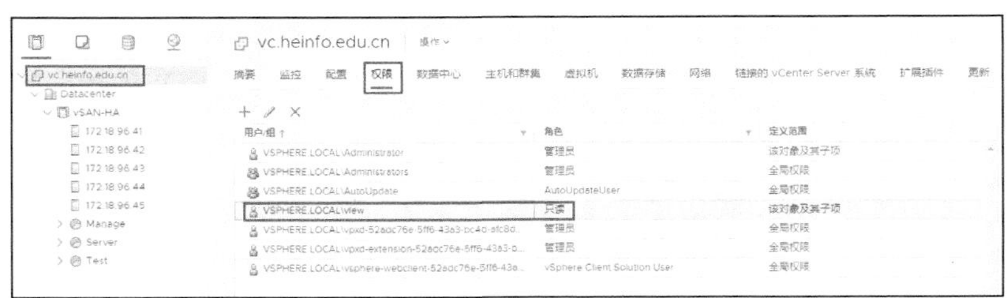
图 6-9-8　权限

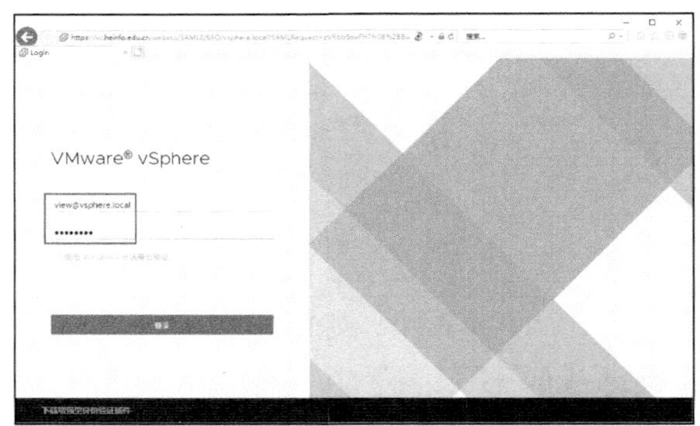

图 6-9-9　使用 view 用户名登录

登录之后可以看到，当前登录的用户 view@vsphere.local 可以查看到所有的资源，但不能操作任何具体的资源，如图 6-9-10 所示。

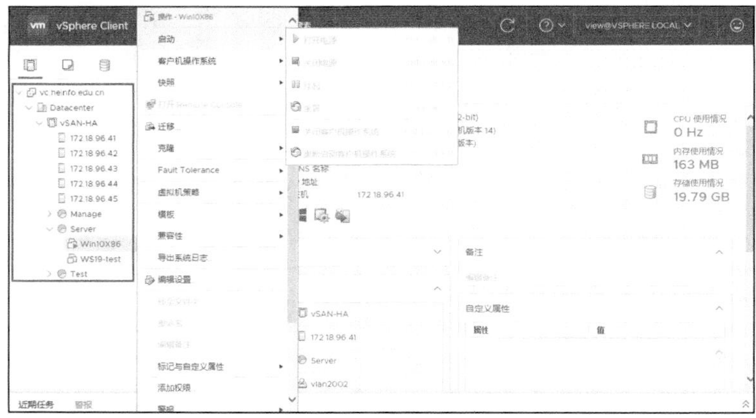

图 6-9-10　只读管理员

6.9.3 资源池超级管理员账户

在当前的演示环境中有 5 台 ESXi 主机组成 vSphere 群集，在群集中创建了 3 个资源池，分别是 Manage、Server、Test。在本示例中将名为 admin-ser 的用户分配给 Server 资源池，对该资源池有完全的控制权，并且能启动、关闭、删除该资源池中的虚拟机，在资源池创建虚拟机、修改虚拟机的配置，并为这个资源池的虚拟机分配 vlan2001、vlan2002 网络。下面介绍配置的方法。

（1）使用 vSphere Client 登录到 vCenter Server，在“主机和群集”中单击名为 Server 的资源池，在“权限”中添加名为 admin-ser 的用户，为其分配“管理员”角色，并选中“传播到子对象”，添加之后如图 6-9-11 所示。

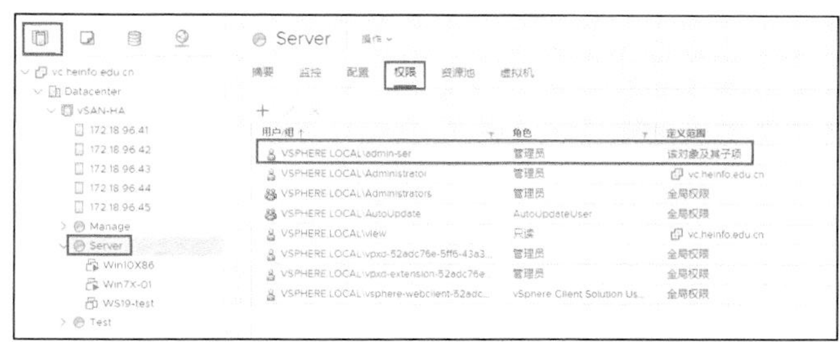

图 6-9-11 为 Server 资源池添加用户

（2）在“虚拟机和模板”选项中用鼠标右键单击名为 Datacenter 的数据中心，在弹出的快捷菜单中选择“新建文件夹→新建虚拟机和模板文件夹”（见图 6-9-12），创建一个名为 VM-Server 的文件夹用于资源池。

（3）选中 VM-Server 的文件夹，在“权限”中添加名为 admin-ser 的用户，为其分配“管理员”角色，并选中“传播到子对象”，添加之后如图 6-9-13 所示。

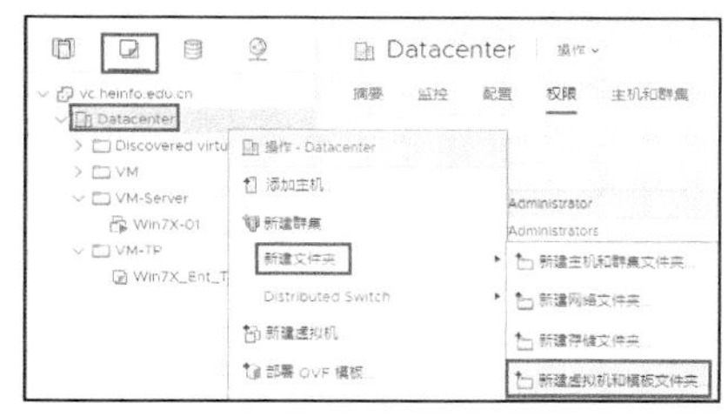

图 6-9-12 新建虚拟机和模板文件夹

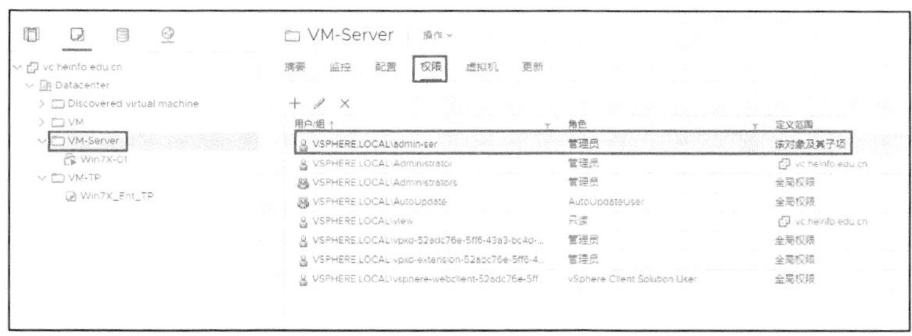

图 6-9-13 为文件夹分配权限

（4）如果要允许用户使用模板、从模板部署虚拟机，需要为模板所在的文件夹分配“只读”角色并允许“传播到子对象”。在本示例中，名为 Win7X_Ent_TP 保存在 VM-TP 的文件夹中，在“权限”中添加名为 admin-ser 的用户，为其分配“只读”角色，并选中“传播到子对象”，添加之后如图 6-9-14 所示。

（5）选中名为 Win7X_Ent_TP 的模板，在“权限”中添加名为 admin-ser 的用户，为其分配“管理员”角色，并选中“传播到子对象”，添加之后如图 6-9-15 所示。

图 6-9-14 为模板所在文件夹分配只读角色

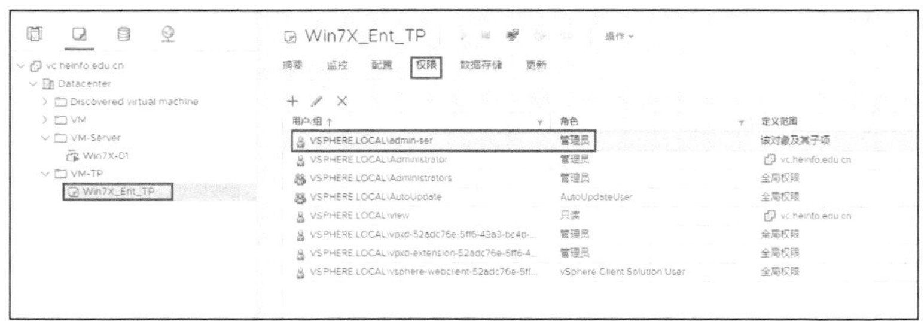

图 6-9-15 为模板分配管理员角色

（6）在“存储”选项中选中 vsanDatastore 存储，在“权限”中添加名为 admin-ser 的用户，为其分配“数据存储使用者”角色，并选中“传播到子对象”，添加之后如图 6-9-16 所示。

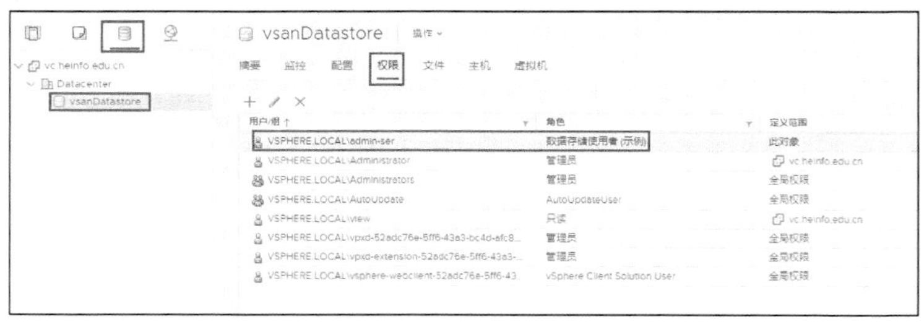

图 6-9-16 为数据存储分配权限

（7）在“网络”选项中选中 vlan2001 的分布式端口组，在“权限”中添加名为 admin-ser 的用户，为其分配“网络管理员”角色，并选中“传播到子对象”，添加之后如图 6-9-17 所示。

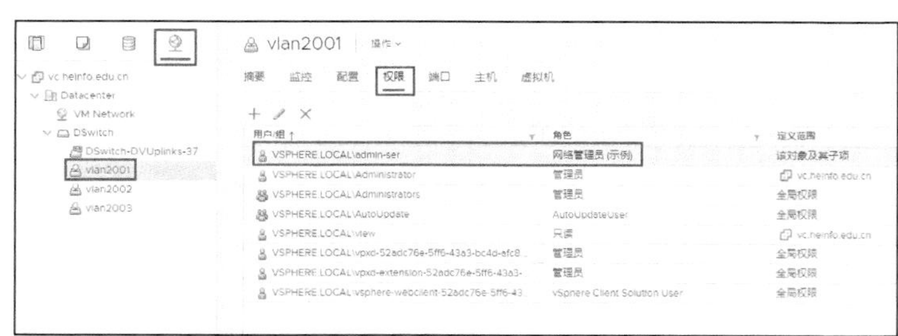

图 6-9-17 为 vlan2001 端口组分配权限

（8）选中 vlan2002 的分布式端口组，在“权限”中添加名为 admin-ser 的用户，为其分配“网络管理员”角色，并选中“传播到子对象”，添加之后如图 6-9-18 所示。

在为 admin-ser 分配权限之后，注销当前管理员账户 administrator@vsphere.local 并换用 admin-ser@vsphere.local 登录，登录之后可以看到，当前用户可以对 Server 资源池的虚拟机进行所有操作，包括开、关机，修改虚拟机删除，添加或删除虚拟机，新建虚拟机、从模板部署虚拟机、修改虚拟机配置等操作，如图 6-9-19 所示。

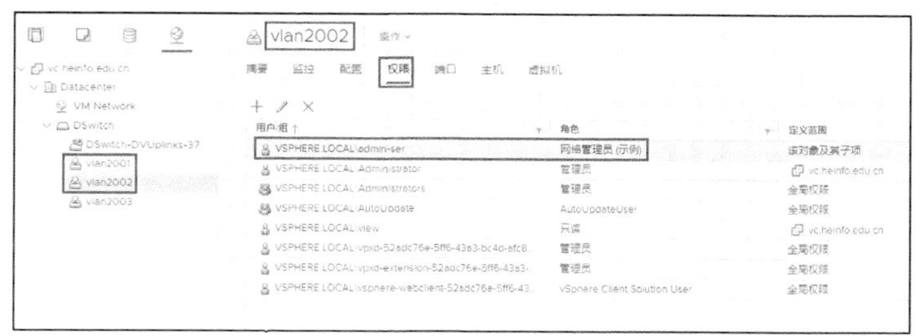

图 6-9-18 为 vlan2002 端口组分配权限

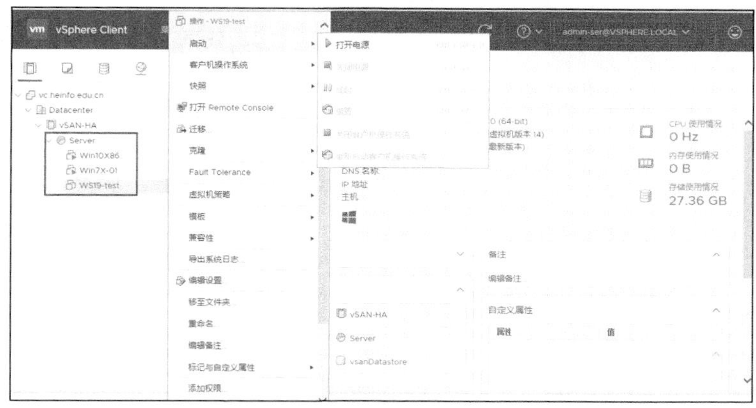

图 6-9-19 查看资源池

下面测试从模板创建虚拟机的功能，主要步骤如下。

（1）选择从模板部署虚拟机，在“选择模板”的“数据中心”选项卡中，在“VM-TP”文件夹中选择“Win7X_Ent_TP”的虚拟机模板，如图 6-9-20 所示。

（2）在“选择名称和文件夹”的“虚拟机名称”文本框中，为新建虚拟机设置名称，本示例为 Win7X-02，在“为该虚拟机选择位置”中选择“VM-Server”文件夹，如图 6-9-21 所示。

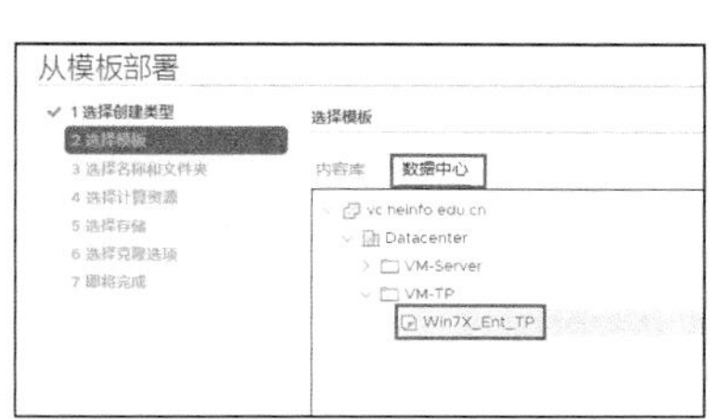

图 6-9-20 选择模板

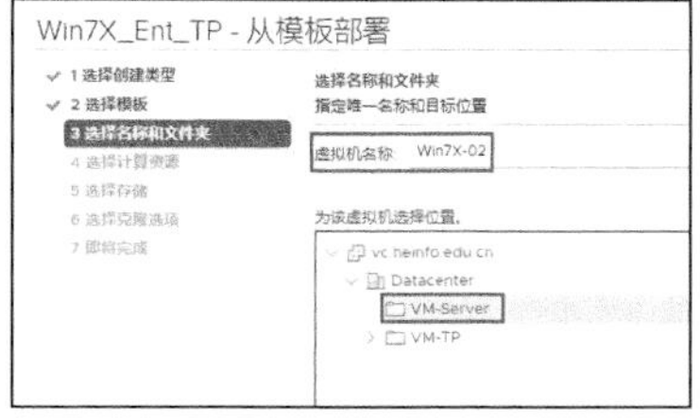

图 6-9-21 选择名称和文件夹

（3）在“自定义硬件”中为虚拟机选择网络（本示例为 vlan2001）、为虚拟机分配 CPU、内存与硬盘空间，如图 6-9-22 所示。

（4）在“即将完成”中显示了从模板部署虚拟机的选项，检查无误之后单击“FINISH”按钮，如图 6-9-23 所示。

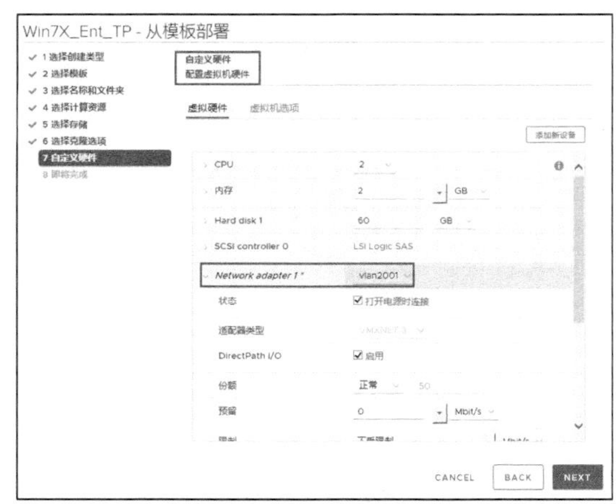

图 6-9-22 自定义硬件

图 6-9-23 从模板部署虚拟机完成

（5）部署虚拟机之后如图 6-9-24 所示。

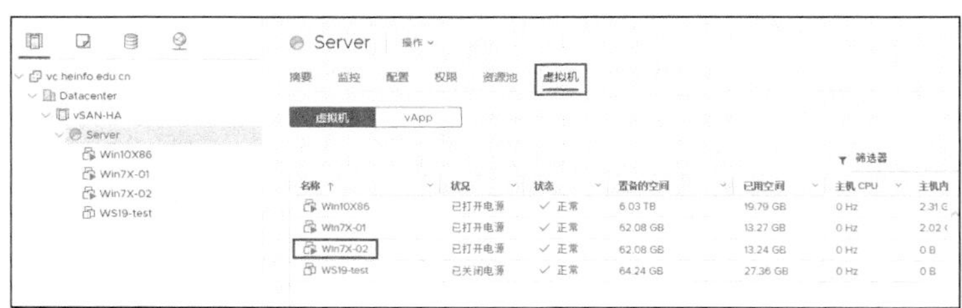

图 6-9-24 虚拟机清单

6.9.4 资源池管理员账户

在本示例中将名为 admin-mg 的用户分配给 Manage 资源池，对该资源池中的虚拟机有管理员权限：打开、关闭虚拟机电源、重置、挂起虚拟机，可以修改虚拟机的 CPU、内存，不能修改虚拟机网络。

使用 vSphere Client 登录到 vCenter Server，在“主机和群集”中选中名为 Manage 的资源池，在“权限”中添加名为 admin-mg 的用户，为其分配“虚拟机超级用户”角色，并选中“传播到子对象”，添加之后如图 6-9-25 所示。对于虚拟机和模板、存储、网络文件夹不需要分配权限。

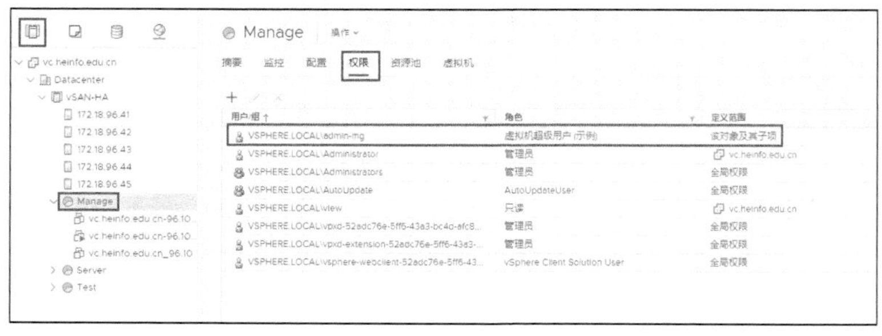

图 6-9-25 为 Manage 资源池添加用户

分配权限之后，使用 admin-mg@vsphere.local 登录进行验证（见图 6-9-26），这些不再一一介绍。

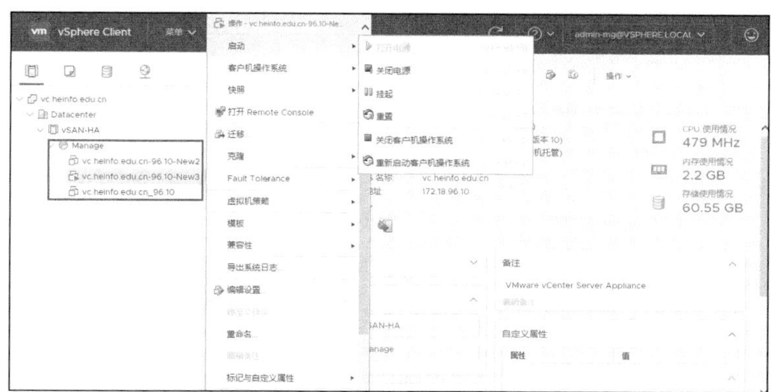

图 6-9-26 查看 Manage 资源池

除了对资源池进行分配外，还可以选择某台虚拟机对其分配权限，其分配方式与为资源池分配类似，本例不再介绍。

6.10 vSphere 与 vSAN 的升级

在 vSphere 虚拟化环境中，无论是物理服务器硬件升级还是 ESXi 虚拟化软件升级，都可以在不影响现有应用的前提下进行。当前虚拟化数据中心，硬件产品规划设计寿命为 6～8 年，从第 6 年开始硬件的升级，只要将新的服务器添加到现有环境，正在运行的生产环境的虚拟机会在不中断应用的前提下迁移到新的硬件平台，旧的硬件服务器下架即可，整个过程可以平滑的完成。

6.10.1 添加与更换内存、CPU

如果服务器添加内存、CPU 等操作，只要将 ESXi 主机置于维护模式，并将 ESXi 主机关机并断电后就可以添加或更换内存、CPU 等操作，在更换完成后打开电源，将 ESXi 主机退出维护模式。在这一过程中，业务不受影响。

注意

由于当前环境是 vSAN 架构，任何一台 ESXi 主机从关机到再次开机进入系统，必须在 60 分钟内完成。如果超过 60 分钟，这台主机上的数据会在其他主机重建。

6.10.2 硬盘添加或更换

在 vSAN 架构中，如果是向系统中添加硬盘，在当前服务器配置情况下，直接将硬盘添加到服务器中然后再在磁盘管理中添加新的硬盘即可，这一过程服务器不需要重启、关机。如果是更换故障磁盘，则需要在磁盘管理中，将故障磁盘删除，然后再从服务器上拆下故障磁盘，添加新硬盘后，再在磁盘管理中添加磁盘。

6.10.3 vSphere 环境升级

要对 vSphere 环境进行升级，需要先升级 vCenter Server，再升级 ESXi。在升级 vCenter Server

之前，需要对 vCenter Server 进行备份，或者为 vCenter 创建快照，在升级之后再删除快照。

在升级 vSphere 环境之后，可以根据需要升级虚拟机的硬件版本及 VMware Tools。

关于 vCenter Server、ESXi 的升级将在后文介绍。

6.10.4 vCenter Server HA

vCenter High Availability (vCenter HA)可防止 vCenter Server Appliance 发生主机和硬件故障。修补 vCenter Server Appliance 时，解决方案的主动-被动架构还有助于显著缩短停机时间。

在启用与配置 vCenter HA 后会创建一个包含主动节点、被动节点和见证节点的 3 节点群集。

要完成 vCenter HA 配置，vCenter HA 群集需要拥有两个网络，第一个为虚拟网卡上的管理网络和第二个为虚拟网卡上的 vCenter HA 网络。

管理网络是原来 vCenter Server Appliance 的管理 IP 地址（例如本章中规划的 172.18.96.10 的 IP 地址），以及为管理 vCenter HA 的 vCenter HA 网络。vCenter HA 网络可连接到主动节点、被动节点和见证节点，并复制设备状态。它还可以监控检测信号。主动节点、被动节点和见证节点的 vCenter HA 网络 IP 地址必须为静态地址。

vCenter HA 网络与管理网络必须位于不同的子网。本示例中，管理网络属于 vlan2003，为 vCenter HA 网络规划采用 vlan2004。主动节点、被动节点和见证节点之间的网络延迟必须小于 10 毫秒。下面介绍 vCenter HA 的配置。

（1）使用 vSphere Client 登录到 vCenter Server，在“网络”选项中为分布式交换机创建名为 vlan2004、VLAN ID 为 2004 的分布式端口组，如图 6-10-1 所示。

（2）为了后期管理方便，在 vSphere Client 中修改 vCenter Server 的虚拟机名称为 vcsa-96.10，如图 6-10-2 所示。同时在 manage 资源池中移除其他的虚拟机，只保留 vcsa-96.10 的虚拟机。

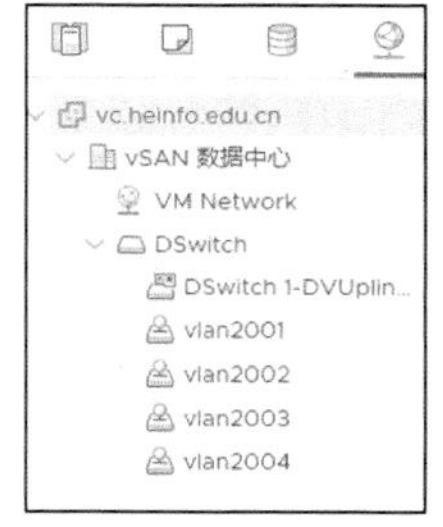

图 6-10-1 为 vCenter HA 创建网络

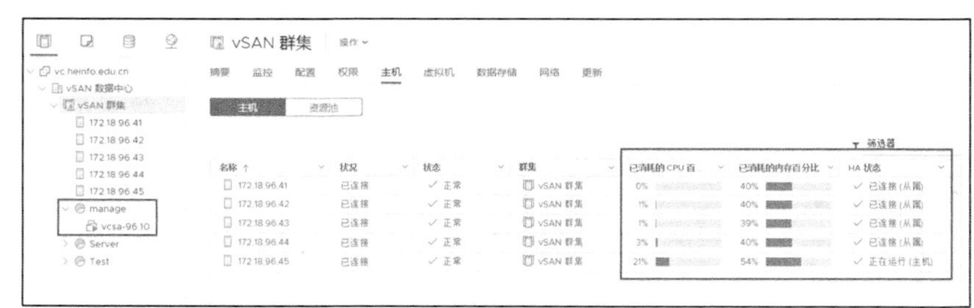

图 6-10-2 修改虚拟机名称

（3）在导航窗格中选择 vCenter Server 的根目录（本示例为 vc.heinfo.edu.cn），在“配置→设置→vCenter HA”中单击“设置 VCENTER HA”按钮，如图 6-10-3 所示。

（4）在“1.资源设置”对话框的“为主动节点选择 vCenter HA 网络”中单击“浏览”按钮选择“vlan2004”，选中“自动为被动节点和见证节点创建克隆”，在“主动节点（vcsa-96.10）”中的“网络”选项中，为管理网卡选择“VM Network”，为 vCenter HA 网卡选择“vlan2004”，如图 6-10-4 所示。主动节点保存在 vSAN 存储。

（5）在“被动节点（vcsa-96.10-被动）”选项中单击“编辑”按钮，为 vCenter 被动节点选择数据中心、名为 manage 的资源池，为管理网卡选择“VM Network”，为 vCenter HA 网卡选择“vlan2004”，如图 6-10-5 所示。被动节点保存在 vSAN 存储。

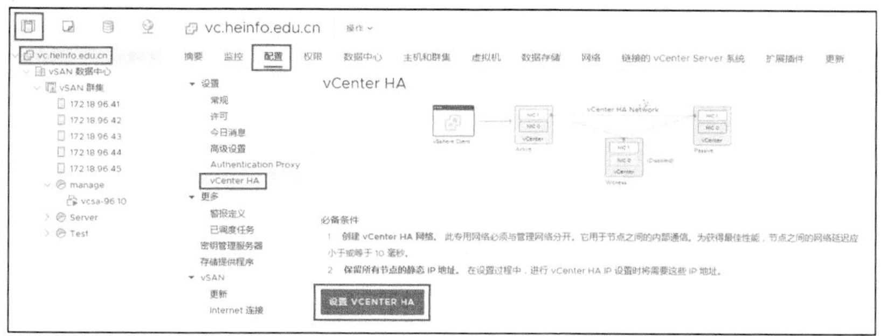

图 6-10-3　设置 vCenter HA

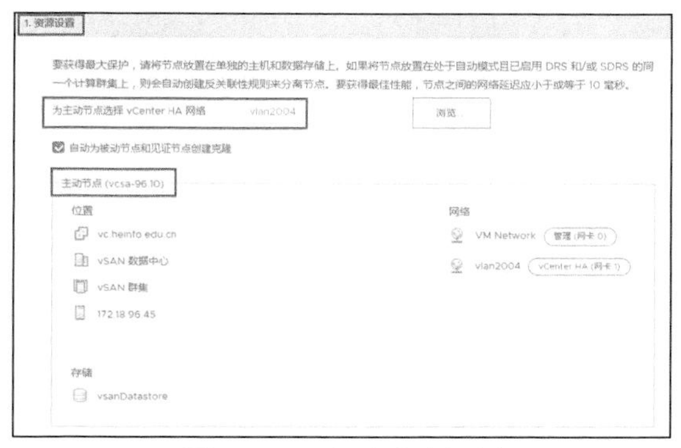

图 6-10-4　主动节点设置

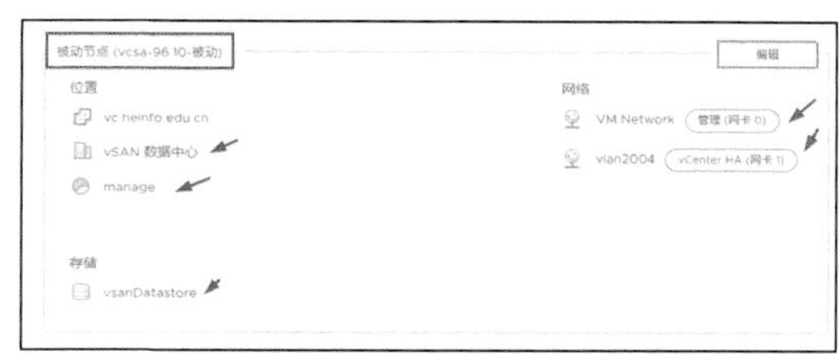

图 6-10-5　被动节点设置

（6）在“见证节点（vcsa-96.10-见证）”选项中单击“编辑”按钮，为 vCenter 见证节点选择数据中心、名为 manage 的资源池，为 vCenter HA 网卡选择“vlan2004”，如图 6-10-6 所示。被动节点保存在 vSAN 存储。配置完成后单击“下一页”按钮。

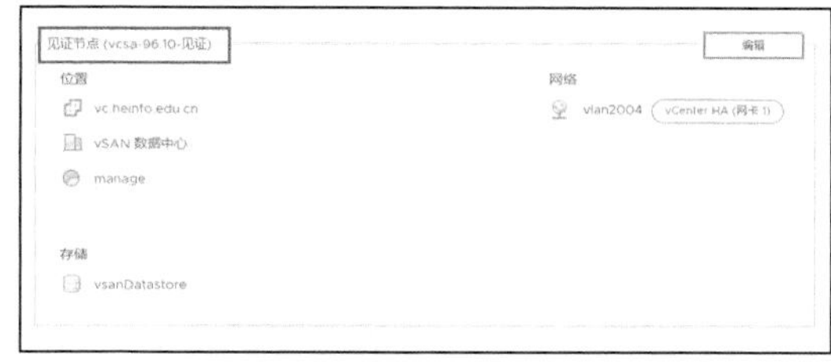

图 6-10-6　见证节点

（7）在“2.IP 设置”对话框中，为主动节点 vCenter HA 网络设置 IP 地址，本示例为 172.18.94.241，为被动节点 vCenter HA 网络设置 IP 地址为 172.18.94.242，如图 6-10-7 所示。这两个 IP 地址在 vlan2004 中是未分配使用的 IP 地址。注意，不要为 vCenter HA 网络添加默认的网关地址。

（8）在“见证节点”选项中，为见证节点 vCenter HA 网络设置 IP 地址为 172.18.94.243，如图 6-10-8 所示。注意，不要为 vCenter HA 网络添加默认的网关地址。设置之后单击“完成”按钮。

（9）配置 vCenter HA 完成后，在 manage 资源池中有 3 台虚拟机，分别是 vCenter 虚拟机、vCenter 被动节点虚拟机、vCenter 见证节点虚拟机。在“配置→设置→vCenter HA”中显示了 vCenter 各节点的状态，如图 6-10-9 所示。

当 vCenter Server HA 配置完成后，可以通过关闭 vCenter Server 主节点所在主机的方式，测试 vCenter HA。

（1）当前 vCenter Server 服务器的 IP 地址为 172.18.96.10，使用 ping 172.18.96.10 -t 测试这台服务器的网络连通性，如图 6-10-10 所示。

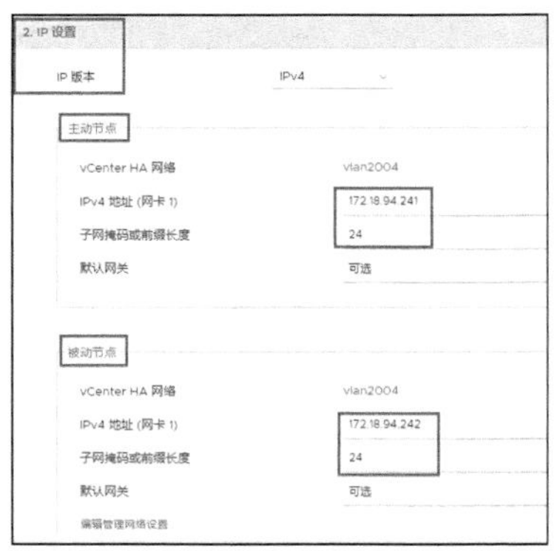

图 6-10-7 主动节点与被动节点 vCenter HA 地址

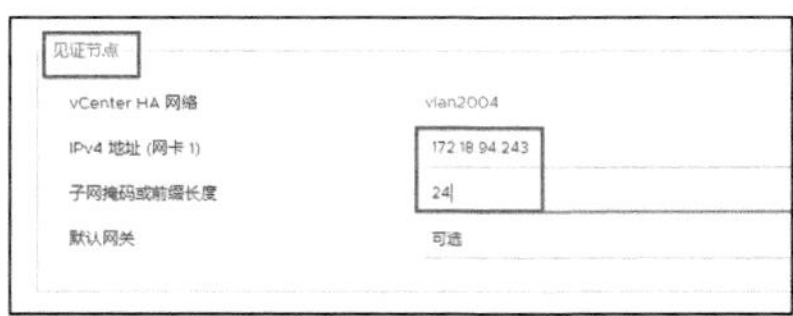

图 6-10-8 见证节点 vCenter HA 地址

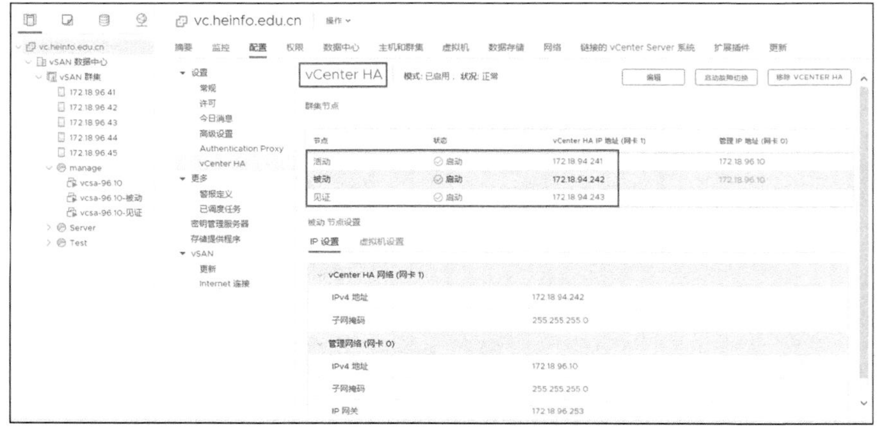

图 6-10-9 vCenter HA 配置完成

（2）当前 vCenter Server 的主节点运行在 IP 地址为 172.18.96.45 的主机上，将这台主机关机，如图 6-10-11 所示。

（3）切换到命令提示符窗口，可以看到与 172.18.96.10 的连接先是超时、无法访问目标主机，然后是连接恢复，如图 6-10-12 所示。

（4）此时 vCenter Server 已经无法访问，提示“无法显示此页”，如图 6-10-13 所示。

图 6-10-10 测试 vCenter 服务器的网络连通性

（5）等待一会之后刷新，提示“503 Service Unavailable”，如图 6-10-14 所示。此时 vCenter Server 的相关服务正在重新启动。

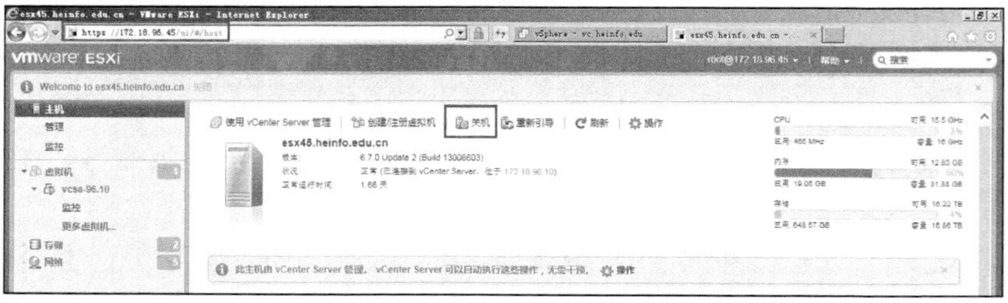

图 6-10-11 关闭 vCenter 主节点所在主机

```
管理员: 命令提示符 - ping 172.18.96.10 -t
来自 172.18.96.10 的回复: 字节=32 时间<1ms TTL=64
来自 172.18.96.10 的回复: 字节=32 时间<1ms TTL=64
来自 172.18.96.10 的回复: 字节=32 时间<1ms TTL=64
来自 172.18.96.10 的回复: 字节=32 时间<1ms TTL=64
来自 172.18.96.10 的回复: 字节=32 时间<1ms TTL=64
来自 172.18.96.10 的回复: 字节=32 时间<1ms TTL=64
来自 172.18.96.10 的回复: 字节=32 时间<1ms TTL=64
来自 172.18.96.10 的回复: 字节=32 时间<1ms TTL=64
来自 172.18.96.10 的回复: 字节=32 时间<1ms TTL=64
请求超时。
请求超时。
请求超时。
请求超时。
来自 172.18.96.2 的回复: 无法访问目标主机。
请求超时。
请求超时。
来自 172.18.96.2 的回复: 无法访问目标主机。
请求超时。
来自 172.18.96.2 的回复: 无法访问目标主机。
请求超时。
来自 172.18.96.10 的回复: 字节=32 时间<1ms TTL=64
来自 172.18.96.10 的回复: 字节=32 时间<1ms TTL=64
来自 172.18.96.10 的回复: 字节=32 时间<1ms TTL=64
来自 172.18.96.10 的回复: 字节=32 时间<1ms TTL=64
```

图 6-10-12 网络有短时的中断

图 6-10-13 vCenter Server 无法访问

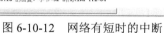

（6）再等待几分钟，vCenter Server 服务启动成功，访问正常，如图 6-10-15 所示。输入用户名与密码即可登录。

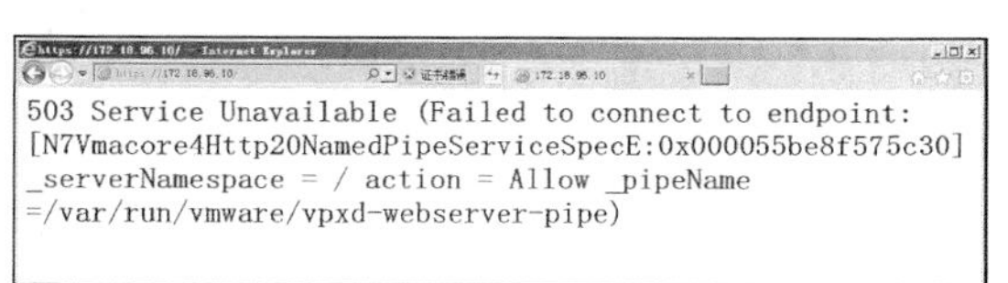

图 6-10-14 服务无法访问

图 6-10-15 登录到 vCenter Server

（7）此时在导航窗格中可以看到 172.18.96.45 的主机为“未响应”，如图 6-10-16 所示。

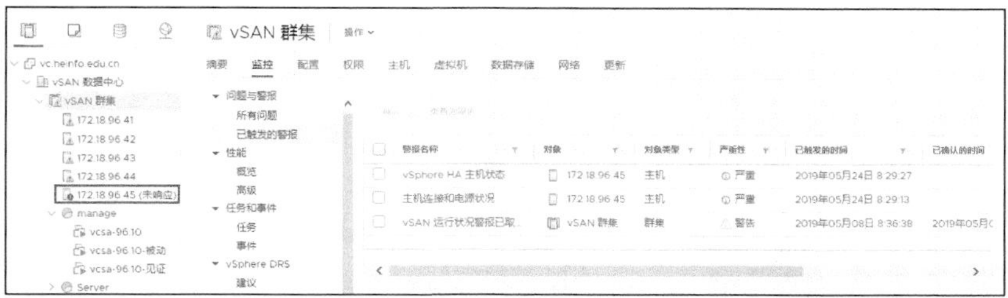

图 6-10-16 未响应

（8）在“配置→设置→vCenter HA”中提示“不允许自动故障切换。允许手动故障切换。”，单击“编辑”按钮，如图 6-10-17 所示。

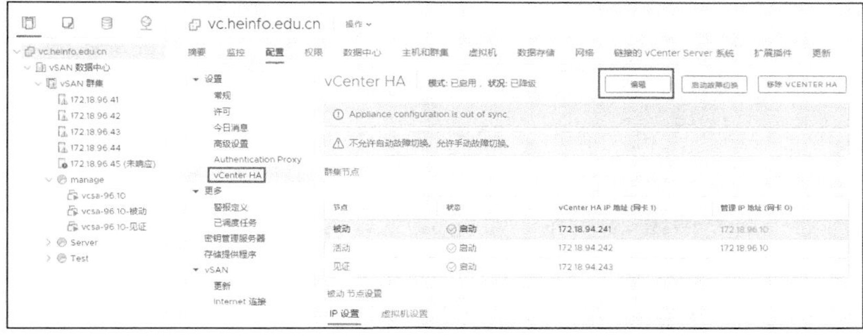

图 6-10-17 编辑

（9）在“编辑 vCenter HA”对话框中选中“启用 vCenter HA”，单击“确定”按钮，如图 6-10-18 所示。

（10）在“配置→设置→vCenter HA”中看到 vCenter HA 状况正常，如图 6-10-19 所示。

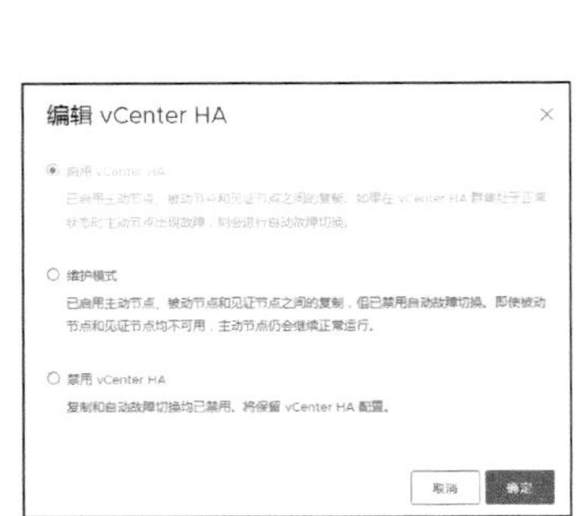

图 6-10-18　启用 vCenter HA

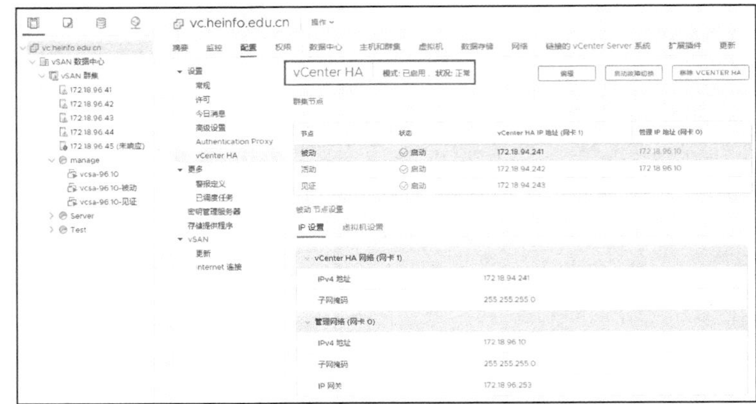

图 6-10-19　vCenter 状况正常

将 172.18.96.45 的主机打开电源，ESXi 主机恢复，如图 6-10-20 所示。

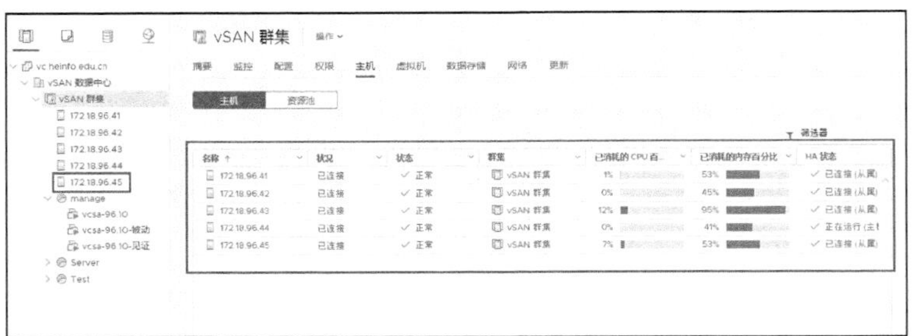

图 6-10-20　ESXi 主机恢复

6.10.5　重新安装 vSAN 群集中的 ESXi 主机

在使用共享存储的虚拟化架构中，如果 ESXi 主机系统出现问题，重新安装 ESXi 系统、将 ESXi 主机加入群集，原来保存在共享存储的虚拟机不受影响。但在 vSAN 架构中，如果 vSAN 群集中提供 vSAN 存储容量的 ESXi 主机系统不能启动，重新安装了 ESXi 系统，重新加入现有群集，数据是否不受影响呢？答案是肯定的。只要在 1 小时内恢复 ESXi 系统并重新加入群集，数据冗余性将不受影响。如果超过 1 小时，故障主机上的数据会在其他主机重建，以保证数据的冗余性不受影响。本节通过具体的实验进行验证。

（1）当前是一个由 5 台 ESXi 主机组成的 vSAN 群集，5 台节点主机的 IP 地址依次是 172.18.96.41、172.18.96.42、172.18.96.43、172.18.96.44、172.18.96.45，如图 6-10-21 所示。

（2）将其中一台主机关机，例如将 IP 地址为 172.18.96.41 的主机关机。在导航窗格中提示 172.18.96.41 的主机“未响应”，在“监控→vSAN→虚拟对象”中受到影响的虚拟机启动 60 分钟计时器，如图 6-10-22 所示。如果 60 分钟内故障主机恢复，数据不需要重建；如果超过 60 分钟数据会在其他主机重建。

（3）在确认故障主机系统无法修复，只能重新安装之后，从清单中移除故障主机，如图 6-10-23 所示。

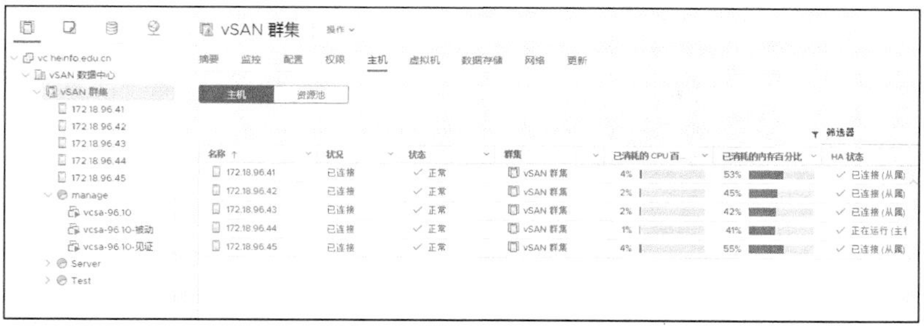

图 6-10-21　当前实验环境

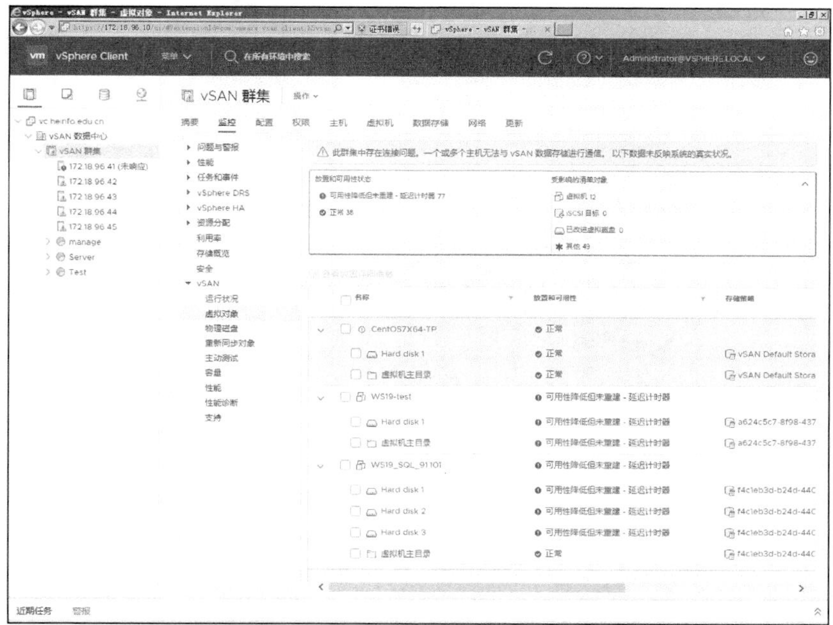

图 6-10-22　关闭一台主机

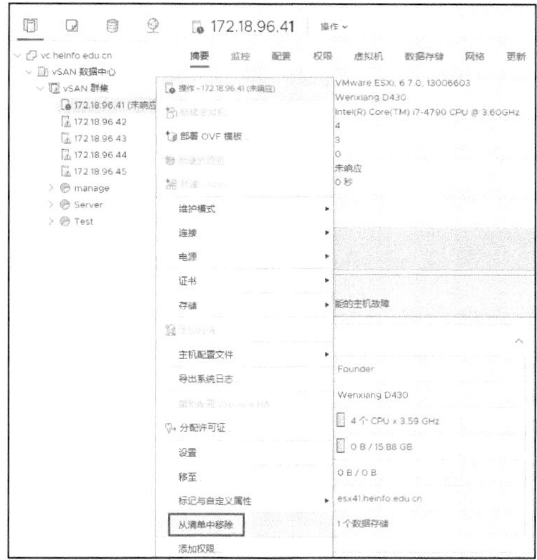

图 6-10-23　从清单中移除故障主机

（4）然后为故障主机更换系统磁盘，并重新安装 ESXi。安装 ESXi 的时候系统版本应该与群集中其他主机版本相同。

（5）故障主机重新安装 ESXi 之后，设置管理地址为 172.18.96.41，这与从清单中移除的主机 IP 地址相同。然后将新安装系统的主机添加到 vSAN 群集，添加之后主机处于维护模式，如图 6-10-24 所示。

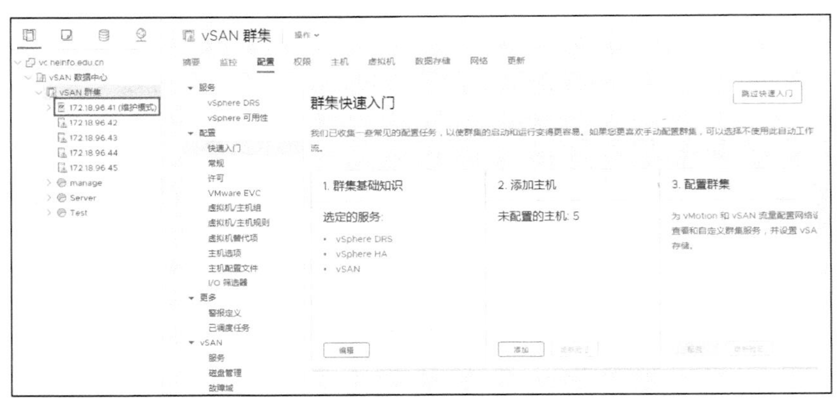

图 6-10-24 将新安装系统的 ESXi 主机添加到群集

（6）如果当前 vSAN 环境使用标准交换机，参照其他 ESXi 主机，为新安装 ESXi 系统的主机配置标准交换机、添加用于 vSAN 流量的 VMkernel、启用 vMotion 流量等，配置完成后，vSAN 群集恢复。

（7）如果当前 vSAN 环境使用分布式交换机，需要将新的 172.18.96.41 的主机添加到分布式交换机，分配上行链路、添加用于 vSAN 流量的 VMkernel。这些在前文都有过介绍，不再赘述。

（8）配置 vSAN、vMotion 流量之后，将主机退出维护模式，在“配置→vSAN→磁盘管理”中可以看到，172.18.96.41 的磁盘组自动添加到当前 vSAN 群集并且状态正常，如图 6-10-25 所示。

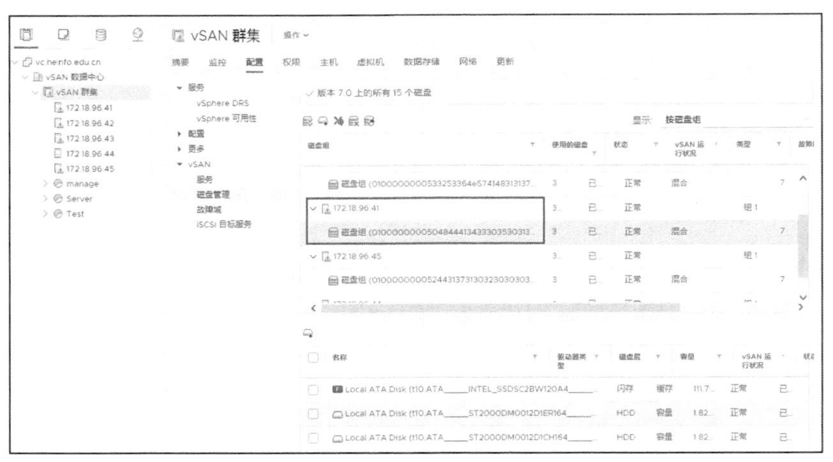

图 6-10-25 磁盘组恢复正常

（9）在“监控→vSAN→运行状况”中查看到 vSAN 状态正常。在“监控→vSAN→重新同步对象”中也看到修复计时器结束，如图 6-10-26 所示。

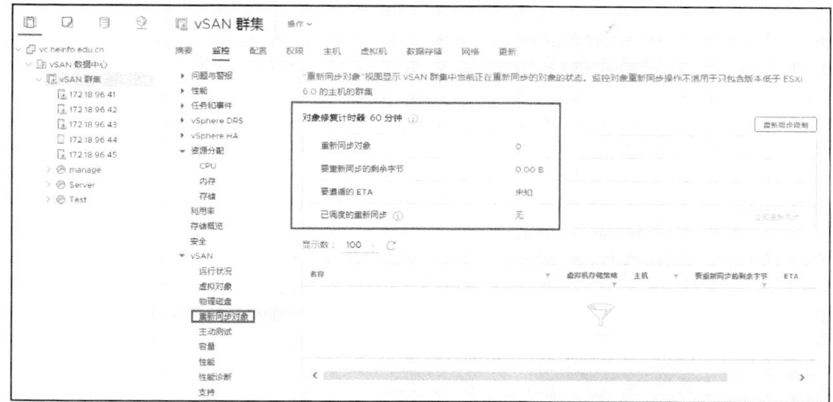

图 6-10-26 重新同步对象

说明

当前实验环境中，正在运行的虚拟机产生的新数据较少。如果在生产环境中，重新安装 ESXi 系统的主机中保存的数据有更新，有数据同步现象是正常的。

7 从物理机迁移到虚拟机

在搭建好 VMware 虚拟化平台之后，除了新建虚拟机提供服务外，对于原来的物理机，如果要迁移到虚拟化环境，主要有两种方案：一种是使用 VMware P2V 工具 vCenter Converter 将物理机迁移到虚拟机，另一种是依照现有物理机采用 1:1 的方式创建对应的虚拟机，然后复制数据到虚拟机。两者之间优缺点如下。

P2V 的优点：原来物理机的操作系统、应用程序、数据以 100%的方式克隆到虚拟机，可以保证业务系统的配置、数据一致性。

P2V 的缺点：大多数物理机及应用系统在使用多年之后，或多或少都存在一些问题。而 P2V 把这些“问题”也一同带到了虚拟机。另外，P2V 是对原物理机的克隆，但为了在虚拟机中应用，需要“替换”原物理机的 SCSI 卡、RAID 卡等驱动程序为虚拟机的驱动程序，但替换之后，原来的物理机的 RAID 卡、SCSI 卡、网卡、芯片组等驱动程序仍然留在虚拟机中。

按 1:1 的方式新建虚拟机并迁移数据：（1）兼容性最好，业务系统 100%可用；（2）可能需要原有软件厂商的支持；（3）迁移速度要远远快于 P2V。

本章介绍将物理机迁移到 VMware 虚拟机的方法。

7.1 P2V 方式介绍

为了实现从物理机到虚拟机的迁移，VMware 和第三方厂商提供了相应的软件。VMware 提供的迁移软件名称是 VMware vCenter Converter Standalone（以下简称 vCenter Converter），当前最新版本是 6.2.0。VMware vCenter Converter Standalone 提供了一种易于使用的解决方案，可以从运行 Windows 或 Linux 操作系统的物理机、其他虚拟机格式及第三方映像格式自动创建 VMware 虚拟机。通过简单易用的向导驱动界面和集中管理控制台，vCenter Converter 无须任何中断或停机便可快速而可靠地转换多台本地物理机和远程物理机。

使用 vCenter Converter 将物理机迁移到虚拟机，一般有 2 种方式。如果网络中有多台物理机需要进行迁移，可以在网络中的一台管理机 B 中安装 vCenter Converter 软件，在进行迁移的时候，在管理机 B 中运行 vCenter Converter 软件，通过网络连接到预迁移的物理机 A，并向物理机 A 中安装一个 vCenter Converter 代理软件，将正在运行的物理机 A 中的数据迁移到由 C（vCenter Server）管理的 ESXi 主机 D，或者直接迁移到 ESXi 主机 D，此种拓扑如图 7-1-1 所示。

说明

虽然提到的是“迁移”虚拟机，但在迁移的过程中并不会对源虚拟机进行任何的更改。实际上这是通过“克隆”或“复制”的方式，将源虚拟机（或物理机）通过网络，生成一个与源物理机内容相同的新的虚拟机。称为“迁移”是一个习惯性的叫法。

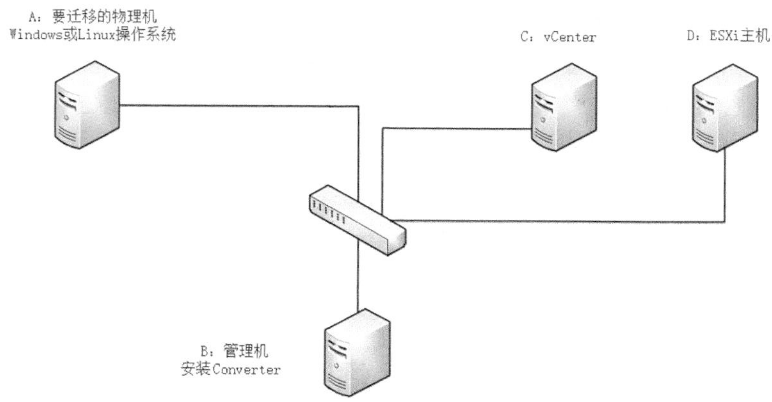

图 7-1-1　迁移方式 1

如果使用图 7-1-1 的方式迁移出错，或者要迁移的物理机数据比较少，或者要迁移的物理机操作系统是 Windows，也可以不配置管理机 B，在要迁移的 Windows 物理机安装 vCenter Converter，直接通过物理机 A 将其本身迁移到由 vCenter Server 管理的 ESXi 主机 D（或直接迁移到 ESXi 主机 D），如图 7-1-2 所示。对于操作系统是 Windows 的物理机，一般是通过这种方式。

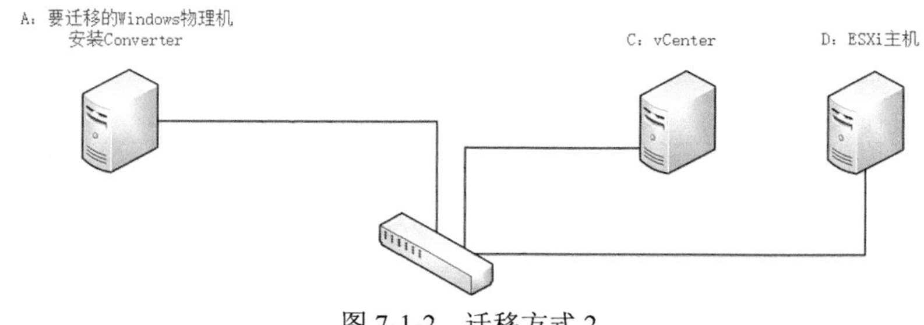

图 7-1-2　迁移方式 2

使用 P2V 工具将物理机系统及数据迁移到虚拟机，涉及以下几个时间点，如图 7-1-3 所示。

（1）T1：开始迁移的时间点。

（2）T2：迁移完成的时间点。在使用 vCenter Converter 迁移的时候，在 1Gbit/s 网络环境下，数据传输量为每小时大约 80～100GB。例如，物理机数据 320GB，从 T1 到 T2 所需要的时间大约是 4 小时。

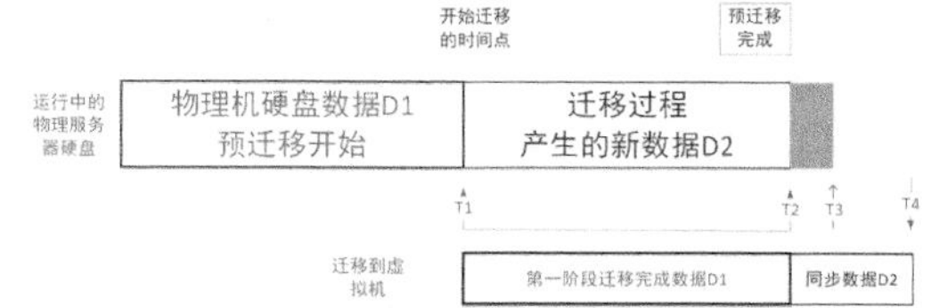

图 7-1-3　从物理机迁移到虚拟机的时间点

（3）在 T2 时间点完成从物理机到虚拟机的迁移后，原来的物理机从 T1 时间继续工作期间会有新的数据产生。如果决定正式迁移，选择一个新的时间点，例如从 T3 开始，通知大家不要再使用物理机了，从 T3 开始同步服务器数据，此时同步的数据是从 T1 到 T3 期间的数据。同步完成后，将物理机关机或断开网络，启动虚拟机代替物理机对外提供服务。此时虚拟机的数据与物理机的数据完全一致。

（4）测试使用：使用虚拟机对外提供服务一段时间，例如 1 天左右的时间，如果业务运行稳定，原物理机下架，虚拟机代替物理机。

在迁移 Windows 操作系统的物理机时，如果原来物理机硬盘分区大小不合适，在迁移的过程中可以调整迁移后目标虚拟机硬盘分区的大小。但迁移过程中调整硬盘分区大小后，不能执行迁移后的数据同步操作（不能同步从 T1～T3 期间的数据）。

为了介绍 P2V，本次实验准备了 2 台物理机：1 台浪潮物理机，配置了 2 块 300GB 的 SAS 硬盘，采用 RAID-1 划分了 1 个卷，安装了 Windows Server 2008 R2 操作系统；1 台 Dell T630 物理机，配置了 5 块 2TB 的硬盘，采用 RAID-5 划分了 1 个卷，安装了 Cent OS 7.0 操作系统，2 台物理机配置如表 7-1-1 所示。本章将把这 2 台物理机，使用 P2V 的方式，迁移到 vSphere 环境。下面先介绍 Windows 操作系统物理机的迁移，然后再介绍 Linux 操作系统物理机的迁移。本书所用软件如表 7-1-2 所示。

表 7-1-1 迁移物理机的情况列表

序号	操作系统	CPU	内存/GB	硬盘（分区）	IP 地址
1	Windows Server 2008 R2	E5410	4	300GB C：30 D：248	172.18.96.104
2	Cent OS 7		16		172.18.96.37

表 7-1-2 实现物理机迁移到虚拟机的软件

序号	软件名称	大小
1	VMware-converter-en-6.2.0-8466193.exe	171MB
2	System_Recovery_18.0.1_56582_Multilingual_Product.zip	806MB

本示例中 vSphere 环境使用上一章配置的环境：由 5 台 ESXi 主机组成的 vSAN 环境，由 IP 地址为 172.18.96.10 的 vCenter 进行管理。本示例中的物理机都迁移到 vSAN 存储中。

7.2 使用 vCenter Converter 迁移 Windows 物理机到虚拟机

vCenter Converter 可以通过网络将正在运行的 Linux 与 Windows 物理机或虚拟机，克隆转换成 VMware 虚拟机。本节在迁移的物理机上安装 vCenter Converter，以“转换本地计算机”的方式进行转换，这种转换方式的成功率会更高一些。在迁移前，查看并记录当前计算机的参数，主要包含以下这些内容。

（1）查看当前计算机的操作系统、计算机名称、CPU、内存的信息，如图 7-2-1 所示。

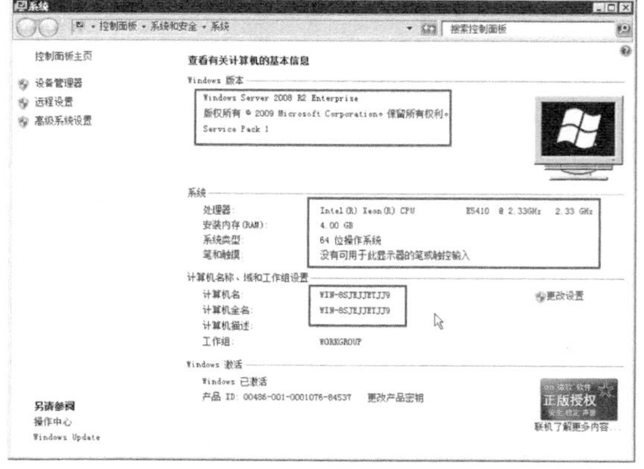

图 7-2-1 查看系统信息

（2）查看当前计算机有几块网卡、每块网卡的 IP 地址、子网掩码、默认网关、DNS 服务器等信息，如图 7-2-2、图 7-2-3 所示。

（3）查看当前计算机有几块硬盘，每块硬盘有几个分区，每个分区的大小。当前示例 Windows 环境有 1 块硬盘，有 2 个数据分区，其中 C 分区大小为 30GB，D 分区大小为 247.90GB，如图 7-2-4 所示。

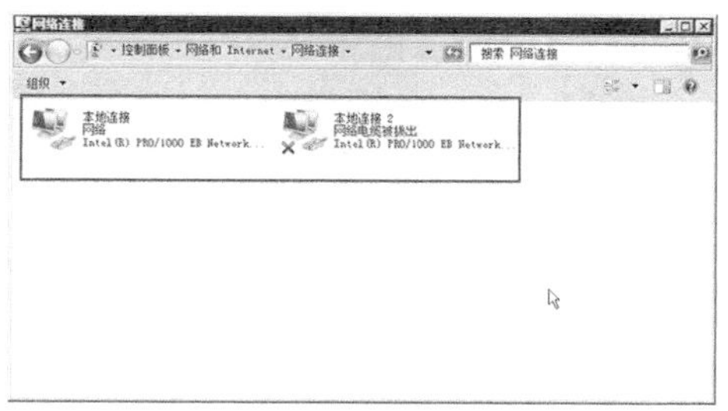
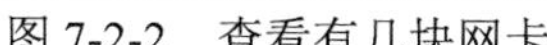

图 7-2-2　查看有几块网卡

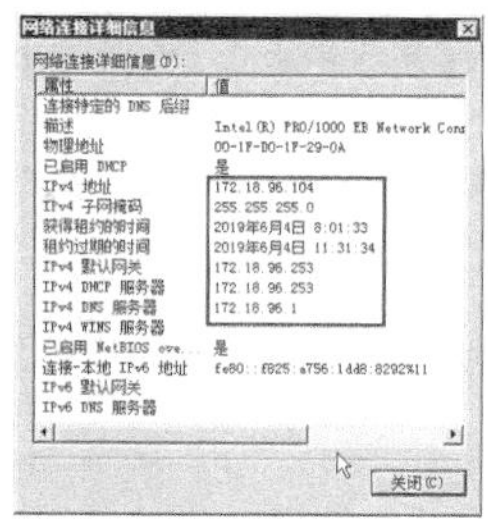

图 7-2-3　查看每块网卡的 IP 地址信息

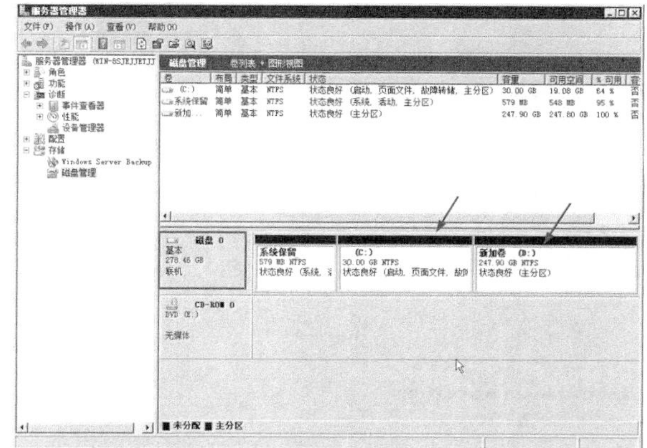

图 7-2-4　查看硬盘信息

在计算机上安装 vCenter Converter，开始执行从物理机到虚拟机的迁移。

7.2.1　在 Windows 上本地安装 vCenter Converter

vCenter Converter 当前最新版本是 6.2.0，推荐使用最新的版本。

管理员可以在网络中的一台工作站上安装 vCenter Converter，实现对本地计算机、网络中的其他 Windows 与 Linux 物理机到虚拟机的迁移工作，也可以实现将 VMware ESXi 中的虚拟机，由 VMware vCenter 管理的虚拟机迁移或转换成其他 VMware 版本虚拟机的工作，还可以实现将 Hyper-V 虚拟机迁移到 VMware 虚拟机的工作。管理员也可以将 vCenter Converter 安装在要迁移的物理机或虚拟机中。

不管使用哪种迁移或转换工作，vCenter Converter 的使用都类似，本节将在要迁移的 Windows Server 2008 R2 的物理机安装 vCenter Converter 6.2.0，并介绍 vCenter Converter 的使用方法。在本示例中，安装文件名为 VMware-converter-en-6.2.0-8466193.exe，大小为 171MB。vCenter Converter 的安装很简单，主要步骤如下。

（1）运行 vCenter Converter 安装程序，在“Setup Type”中选中“Local installation”（本地安装）单选按钮，如图 7-2-5 所示。

（2）其他选择默认值，直到安装完成，如图 7-2-6 所示。

（3）安装完成后，先不要运行 vCenter Converter。打开“资源管理器”，浏览并打开“C:\Program Files (x86)\VMware\VMware vCenter Converter Standalone”文件夹，用“记事本”打开 converter-client.xml 配置文件，如图 7-2-7 所示。

（4）将“<useSsl>true</useSsl>”修改为“<useSsl>false</useSsl>”并保存，如图 7-2-8

所示。在迁移的过程中取消使用加密将提高数据复制的速度。

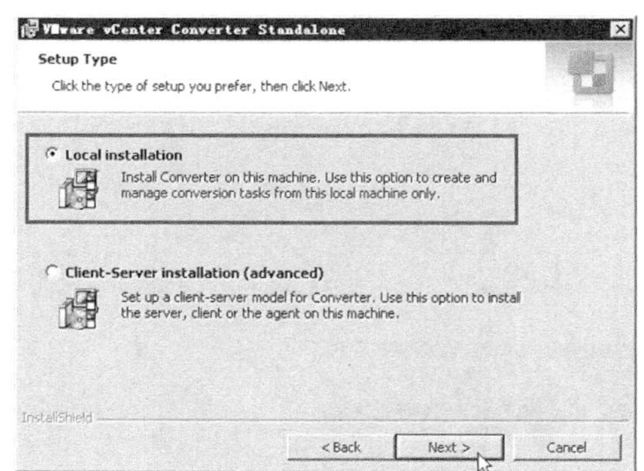

图 7-2-5 本地安装

图 7-2-6 安装完成

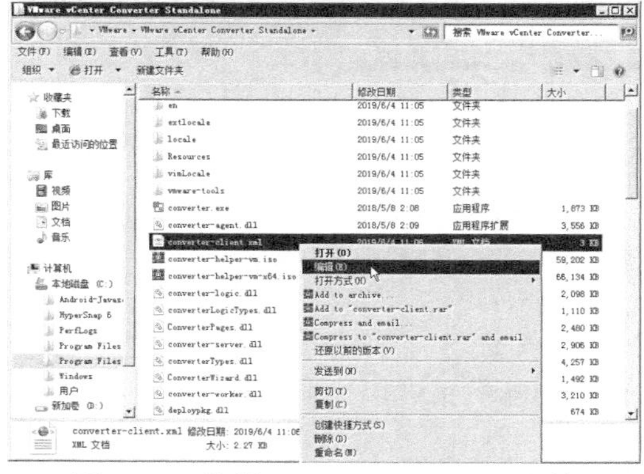

图 7-2-7 编辑 converter-client.xml 文件

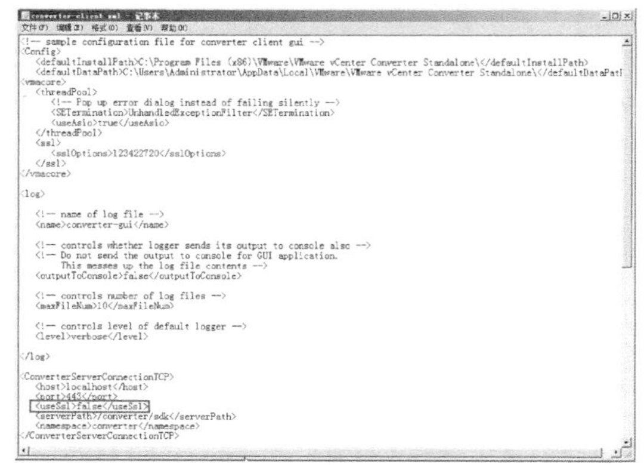

图 7-2-8 修改配置文件

（5）修改配置文件后在“管理工具→服务”中重新启动 vCenter Converter 相关的服务，如图 7-2-9 所示。

（6）然后运行 vCenter Converter，如图 7-2-10 所示。

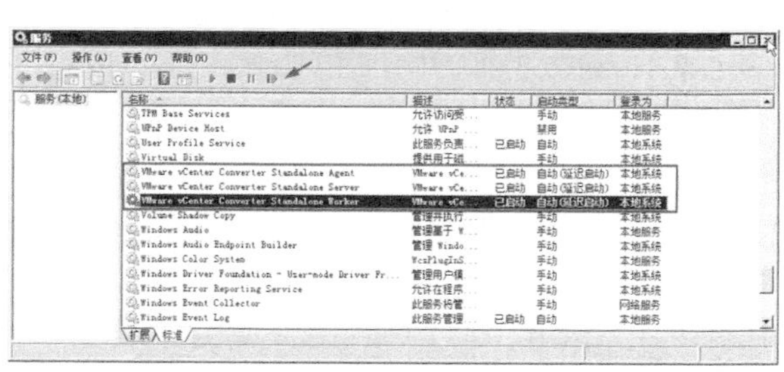

图 7-2-9 重新启动 vCenter Converter 相关服务

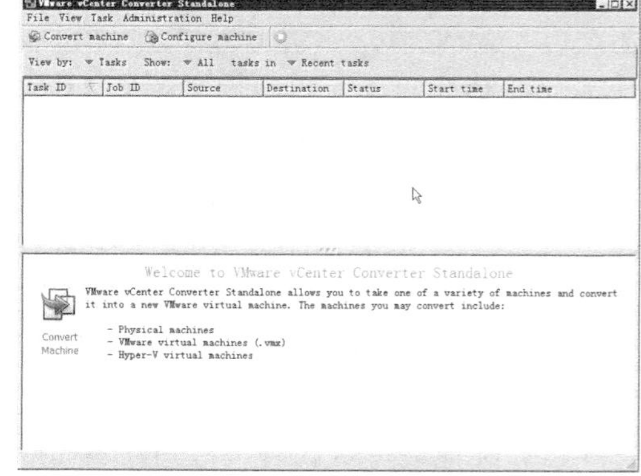

图 7-2-10 运行 vCenter Converter

7.2.2 迁移本地 Windows 物理机到虚拟机

在将物理机迁移到虚拟机的过程中，如果不执行迁移后的同步，可以修改目标虚拟机的分区大小。这种迁移是针对允许有较长时间停机窗口的服务器。如果用户的停机窗口时间很短就不能调整分区大小并执行迁移后的同步。两者的迁移步骤基本相同，只是在迁移过程中的选项不同。本节先介绍在迁移过程中修改分区大小的操作。

（1）在 vCenter Converter 界面中单击“Convert machine”按钮，如图 7-2-11 所示。

（2）在“Source System”（源系统）中，选择要转换的源系统。在此选中“Powered on→This local machine”（已打开电源的计算机→这台本地计算机），如图 7-2-12 所示。

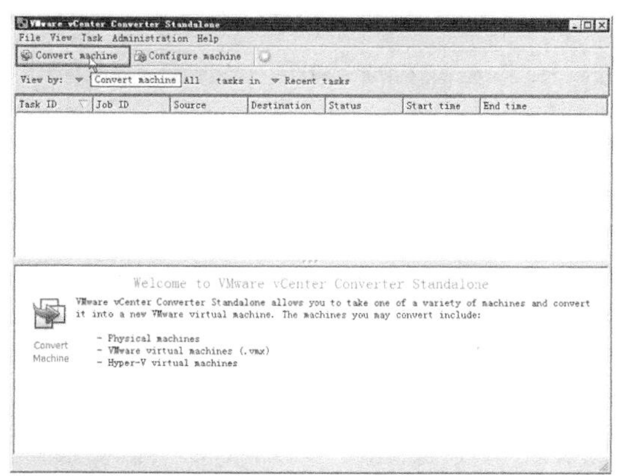

图 7-2-11　转换计算机

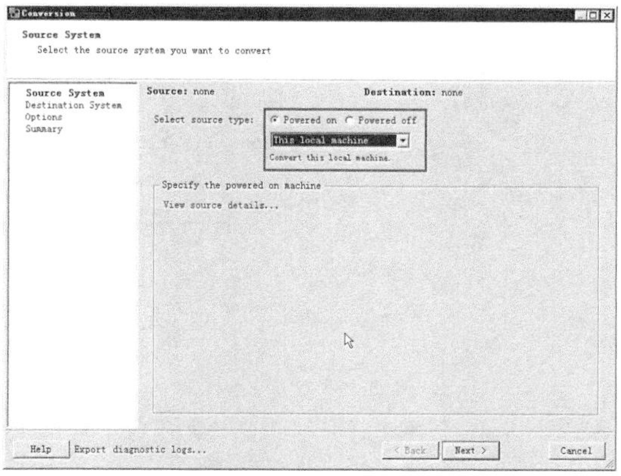

图 7-2-12　选择本地计算机

（3）在“Destination System”（目标系统）中，选择目标的属性，这可以选择 VMware 基础架构虚拟机或 VMware Workstation 或其他 VMware 格式虚拟机。如果选择“VMware Infrastructure virtual machine”，则会将源物理机的备份保存在 ESXi 主机或由 vCenter Server 管理的 ESXi 主机中；如果选择“VMware Workstation or other VMware virtual machine”，则会将虚拟机保存成 VMware Workstation 或其他 VMware 虚拟机格式。在此选择“VMware Infrastructure virtual machine”，然后在“Server”文本框中输入 vCenter Server 的 IP 地址，本示例中 vCenter Server 的 IP 地址是 172.18.96.10，然后输入 vCenter Server 的管理员账户及密码，如图 7-2-13 所示。

（4）在“Converter Security Warning”对话框中，选中“Do not display security warnings for 172.18.96.10”，单击“Ignore”按钮忽略证书警告，如图 7-2-14 所示。

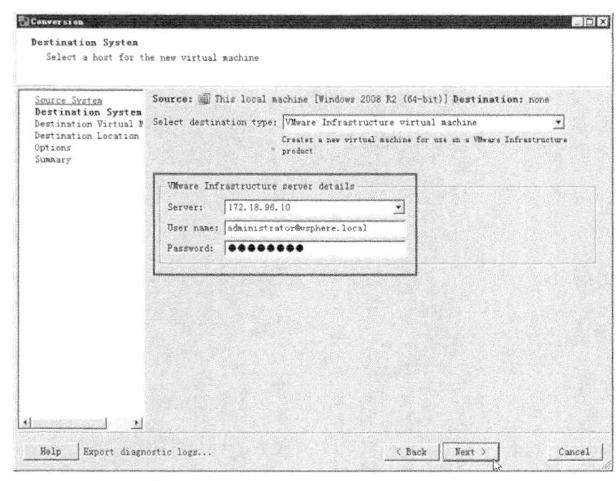

图 7-2-13　输入账户和密码

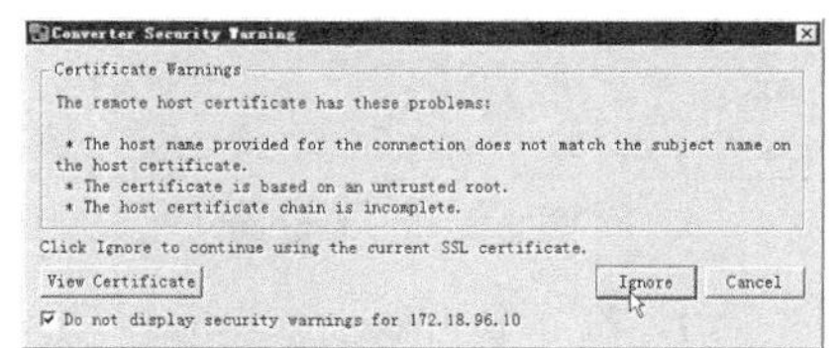

图 7-2-14　忽略证书警告

（5）在“Destination Virtual Machine”（目标虚拟机）的“Name”处为克隆后的虚拟机

设置一个名称，通常情况下，该虚拟机名称会默认使用源物理机的计算机名，为了后期管理维护方便建议对虚拟机进行统一命名，可以使用服务器的用途和 IP 地址进行标识，本示例为 WS08R2_96.104，如图 7-2-15 所示。

（6）在“Destination Location”的清单中选择目标群集或主机，并在“Datastore”（存储）下拉列表中，选择虚拟机位置的存储，在“Virtual machine version”（虚拟机版本）下拉列表中选择虚拟机的硬件版本（可以在 Version 4、7、8、9、10、11、12、13、14 之间选择），如图 7-2-16 所示。本示例中虚拟机保存在名为 vsanDatastore 的 vSAN 存储中，虚拟机硬件版本选择 Version 14。

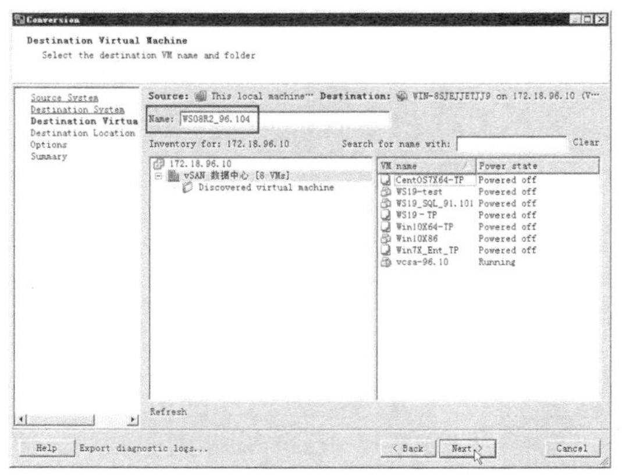

图 7-2-15　目标虚拟机名称

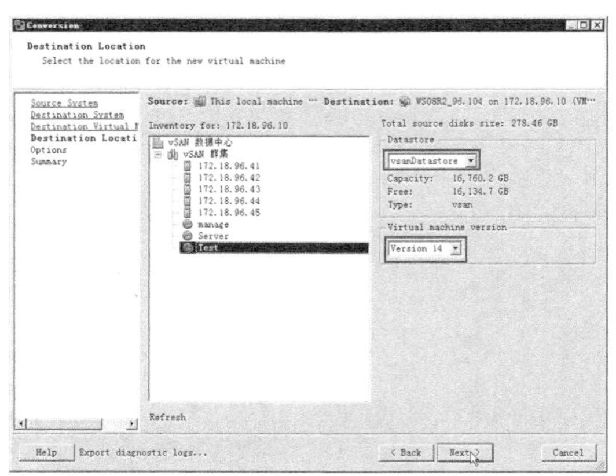

图 7-2-16　目标位置

（7）在“Options”中，配置目标虚拟机的硬件，这可以组织目标物理机上要复制的数据、修改目标虚拟机 CPU 插槽与内核数量、为虚拟机分配内存、为目标虚拟机指定磁盘控制器、配置目标虚拟机的网络设置等。

（8）在 “Data to copy”选项组中配置转换后的目标虚拟机硬盘分区及大小。在此先单击右侧的“Edit”，如图 7-2-17 所示。

（9）在“Data copy type”后面单击“Advanced”，如图 7-2-18 所示。

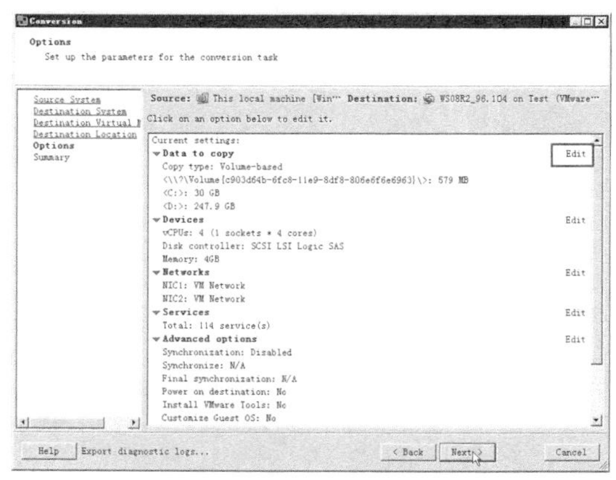

图 7-2-17　Options 选项

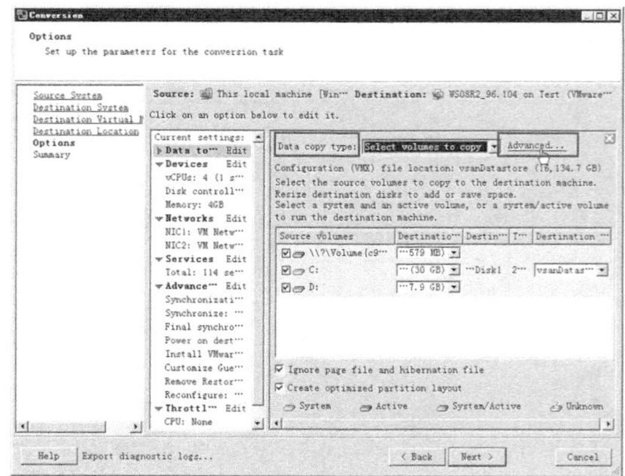

图 7-2-18　Advanced

（10）在“Source volumes”选项中选择要复制的源分区卷，如图 7-2-19 所示。在转换过程中也可以只复制其中一个或多个分区。例如，源服务器有 C、D、E、F 等多个分区，可以只复制 C，也可以根据实际情况选择要复制的分区，例如只复制 C、E。

（11）在“Destination layout”选项中，选择克隆后的目标虚拟机硬盘格式、分区大小，如图 7-2-20 所示。在使用 vCenter Converter 从物理机迁移到虚拟机的过程中，克隆后的目标虚拟机的硬盘分区容量、大小可以与源虚拟机保持一致，也可以在转换的过程中修改目标虚拟机硬盘分区大小。但需要注意一点，如果希望在转换后执行“数据同步”，只执行一次数据同步可以修改目标虚拟机硬盘分区大小，如果要执行多次数据同步则不能修改目标虚拟机硬盘分区大小而是与源物理机分区保持一致。

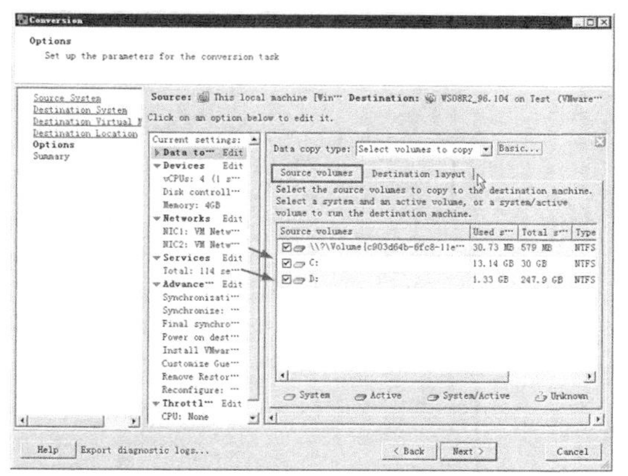

图 7-2-19　选择要复制的源分区卷

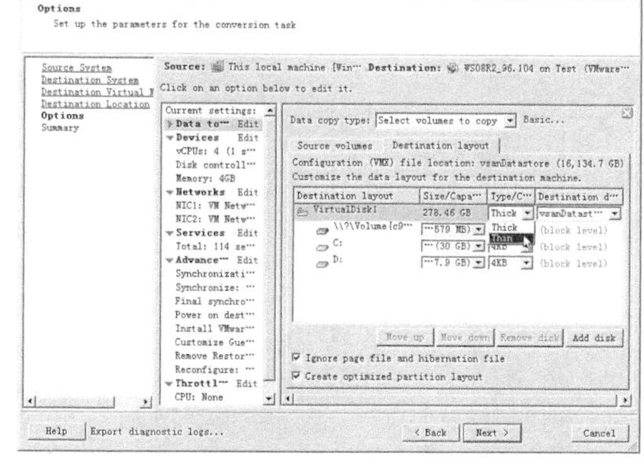

图 7-2-20　设置目标虚拟机硬盘参数

（12）其中选项“Ignore page file and hibernation file”（忽略页面文件与休眠文件）、“Create optimized partition layout”（创建优化分区布局）默认为选中状态。如果要调整目标虚拟机的硬盘大小，可以单击“Destination size”下拉列表。在下拉列表中，有 4 个选项“Maintain size”“Min size”“Type size in GB”“Type size in MB”，其中第一项为保持原来大小的空间，即源物理机分区容量多大，目标虚拟机硬盘分区容量就要保持同样大小；第二项为源物理分区已经使用的空间，即转换后目标虚拟机分区需要占用的最小空间；第三项为管理员手动指定目标分区空间，单位为 GB；第四项为管理员手动指定目标分区空间，单位为 MB，如图 7-2-21 所示。

（13）在本示例中，目标虚拟机硬盘为 Thin（精简置备），C 分区大小调整为 100GB，D 分区大小调整为 150GB，如图 7-2-22 所示。

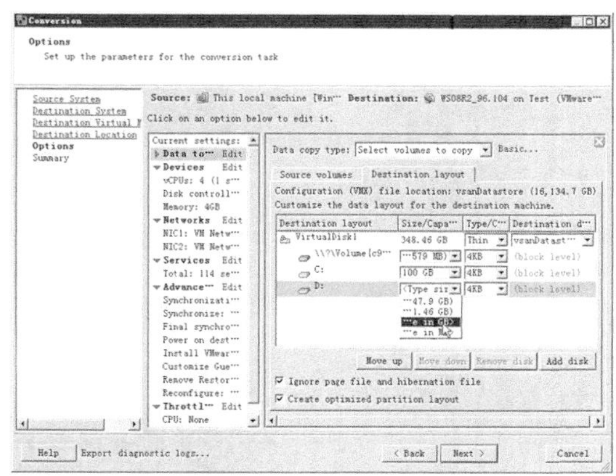

图 7-2-21　目标分区大小

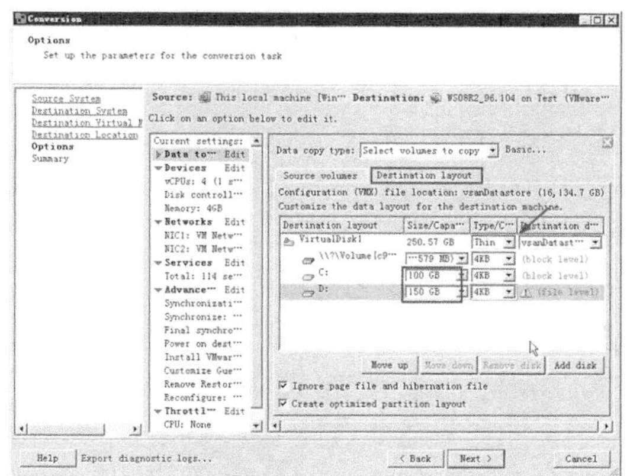

图 7-2-22　调整目标分区大小

（14）在“Devices→Memory”（设备→内存）中，可以更改分配给目标虚拟机的内存量。默认情况下，vCenter Converter 可识别源计算机上的内存量，并将其分配给目标虚拟机。管理员可以调整目标虚拟机的内存大小，单位选择是 MB 或 GB，如图 7-2-23 所示。

（15）在“Other”选项中，可以更改 CPU 插槽数目、每个 CPU 的内核数目，本示例为目标虚拟机分配 1 个插槽、每个插槽 2 个内核；在“Disk controller”下拉列表中，可以选择目标虚拟机磁盘控制器类型，一般选择默认值，如图 7-2-24 所示。

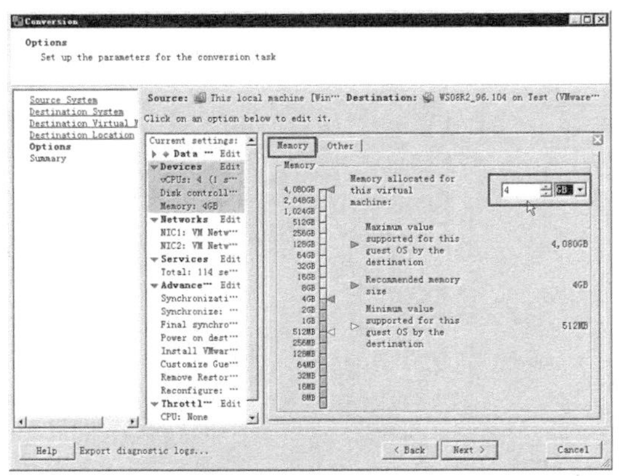

图 7-2-23　设置迁移后虚拟机内存

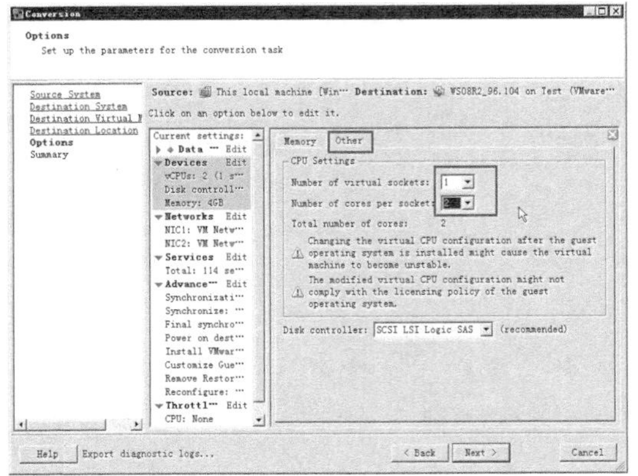

图 7-2-24　CPU 与磁盘控制器选择

说明

在从物理机迁移到虚拟机的过程中，原来物理机的 CPU 内存都比较大。在迁移到虚拟机后，应该根据源物理机需要的资源进行分配，通常情况下，分配的虚拟机的 CPU 资源是实际需求的 3 倍左右，分配的内存资源是实际需求的 2 倍左右。例如原来物理机使用内存大约需要 2GB 内存，为虚拟机分配 4GB 内存。对于一般的 OA、DHCP、Active Directory、文件服务器等应用，为虚拟机分配 2～4 个 vCPU 比较合适，如果是网站、数据库等应用，可以分配 8 个甚至更多的 vCPU 资源。在虚拟化项目中，即使为虚拟机分配许多的 CPU，如果实际用不到这么多 CPU，分配的资源也不会使用。但内存例外，例如虚拟机只需要 2GB 内存，如果为其分配 64GB 内存，这 64GB 内存会从主机分配给虚拟机，即使虚拟机只需要 2GB 内存。

（16）在“Networks”（网络）选项中，可以更改网络适配器的数量、选择目标虚拟机使用的网络、目标虚拟机虚拟网卡类型，如图 7-2-25 所示。此外，还可以将网络适配器设置为在目标虚拟机启动时连接到网络。如果希望为虚拟机分配 10Gbit/s 网络，在“Controller type”下拉列表中为虚拟机分配“VMXNET 3”虚拟网卡。在从物理机迁移到虚拟机的过程中，物理机一般有至少 2 块网卡，而迁移到虚拟机时一般只需要选择 1 块网卡。

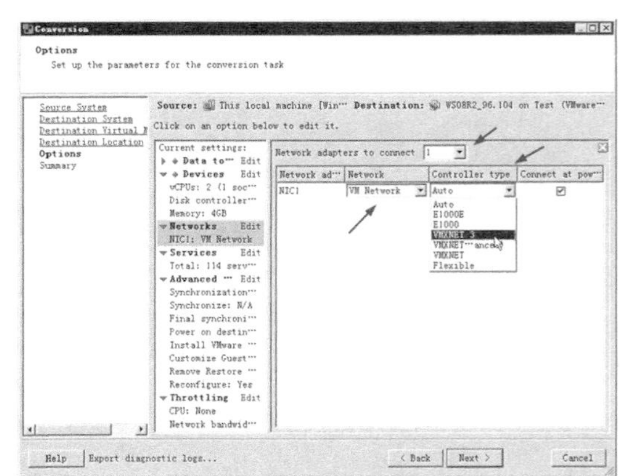

图 7-2-25　网络

（17）在“Advanced Options”（高级选项）

的“Synchronize”（同步）选项卡中，选择是否在克隆（转换）完成之后启用同步更改，如果在图 7-2-22 中调整了目标虚拟机硬盘大小应取消这个选项，如图 7-2-26 所示。

（18）在“Post-conversion”选项卡中设置转换完成后的操作，本示例选中“Install VMware Tools on the destination virtual machine”，这表示在转换完成后，当启动虚拟机后会自动安装 VMware Tools，如图 7-2-27 所示。

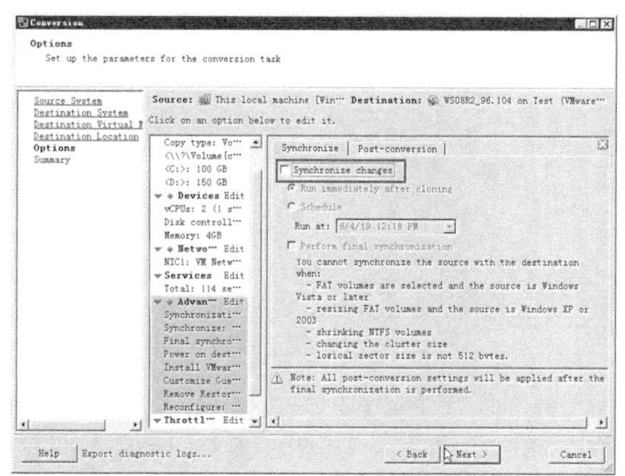

图 7-2-26　同步选项

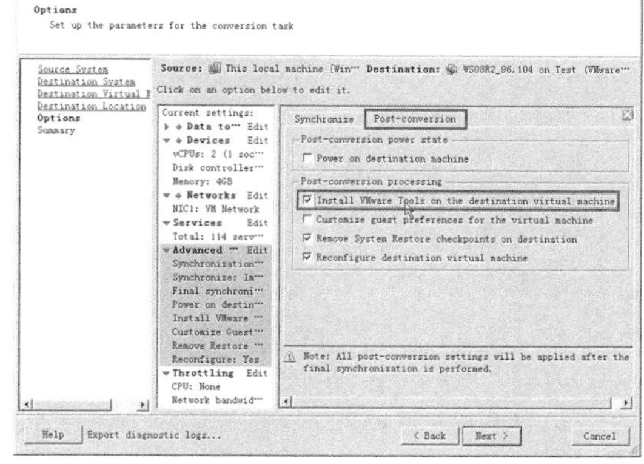

图 7-2-27　安装 VMware Tools

（19）在“Summary”中检查迁移选择，无误之后单击“Finish”按钮，如图 7-2-28 所示。

（20）vCenter Converter 开始迁移（克隆）物理机数据到虚拟机，迁移完成后如图 7-2-29 所示。在“Task progress”中显示本次迁移使用了 38 分钟。

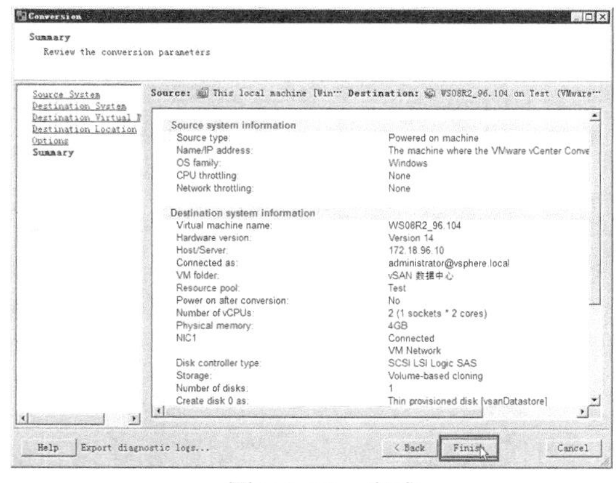

图 7-2-28　完成

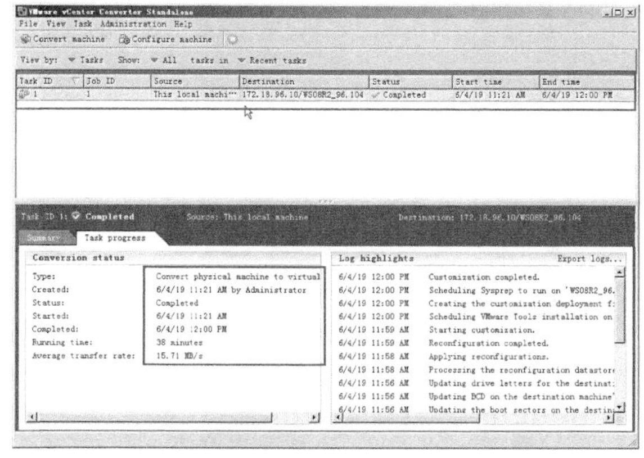

图 7-2-29　迁移完成

迁移完成后，使用 vSphere Client 登录到 vCenter Server，启动迁移之后的虚拟机，打开控制台，检查迁移是否成功。

（1）在第一次启动虚拟机之后，向导会自动安装 VMware Tools，并且完成最后配置，此时虚拟机会自动重新启动一次。

（2）再次进入系统后，打开“网络连接”，可以看到虚拟机的网卡为 vmxnet 3，网络速度为 10Gbit/s，如图 7-2-30 所示。如果要用虚拟机代替物理机，可以关闭物理机或断开物理机网络，修改虚拟机的 IP 地址为原来物理机的 IP 地址，让虚拟机对外提供服务。

（3）打开“服务器管理器→存储→磁盘管理”，在此可以看到 C 盘是 100GB、D 盘是

150GB，这是在图 7-2-22 中调整的大小，如图 7-2-31 所示。

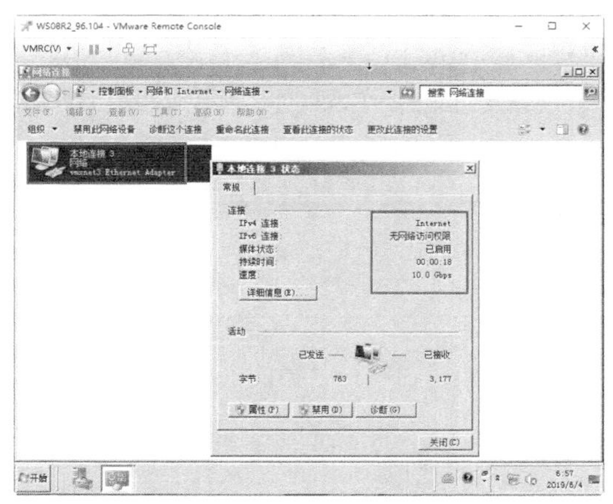

图 7-2-30 检查网络

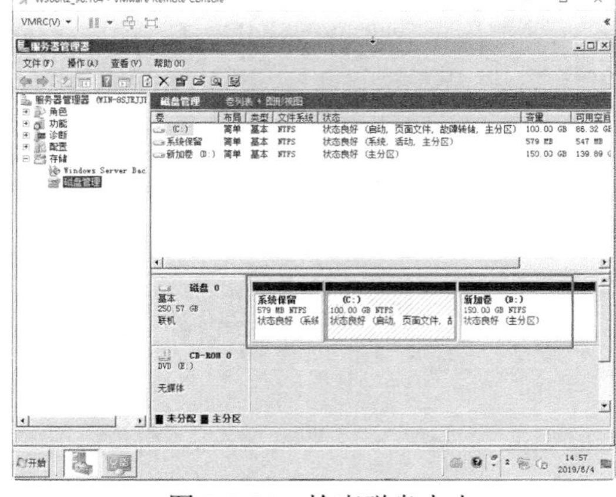

图 7-2-31 检查磁盘大小

（4）在“程序和功能”中卸载 vCenter Converter，如图 7-2-32 所示。

（5）打开“系统”属性，查看计算机的名称、CPU、内存，如图 7-2-33 所示。在从物理机迁移到虚拟机之后，操作系统需要重新激活。

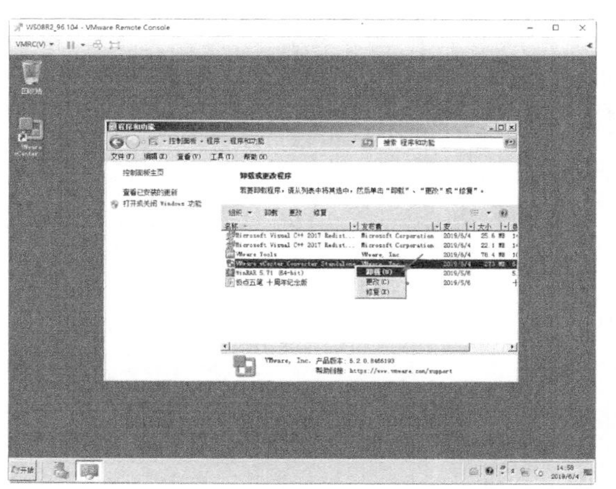

图 7-2-32 卸载 vCenter Converter

图 7-2-33 查看系统属性

如果物理机有加密狗，可以将加密狗插在虚拟机所在主机，修改虚拟机配置映射加密狗，这些操作步骤不再介绍。在实际的生产环境中，可以使用此虚拟机对外提供服务。在大多数情况下，只要迁移完成、虚拟机可以启动、里面的软件能正常工作，就表示从物理机到虚拟机的迁移成功。

在下面的操作中，关闭当前虚拟机，学习迁移后进行数据同步的操作。

7.2.3 使用同步更改功能

本节演示迁移过程中硬盘大小不变，迁移完成后执行数据同步。本节仍然使用 IP 地址为 172.18.96.104、操作系统为 Windows Server 2008 R2 的物理机进行操作。在执行物理机迁移到虚拟机的过程中，大多数的步骤设置与“7.2.2 迁移本地 Windows 物理机到虚拟机”一节相同，下面介绍不同之处。

（1）运行 vCenter Converter，迁移这台本地计算机。在“Name”文本框中为目标虚拟机设置名称，本示例为 WS08R2-96.104_New，如图 7-2-34 所示。

（2）在“Data copy type→Destination layout”中的“Type”下拉列表中选择“Thin”，硬盘各分区大小保持不变，如图 7-2-35 所示。其他的选择，为虚拟机分配 4GB 内存、1 个插槽、每插槽 2 个内核、1 块网卡等这些都不变。

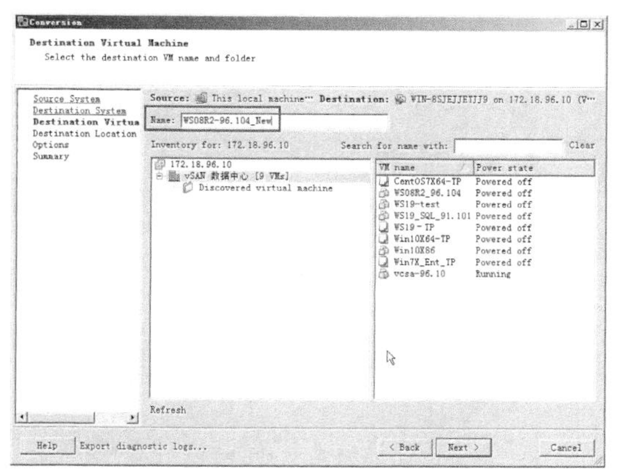

图 7-2-34　设置虚拟机名称

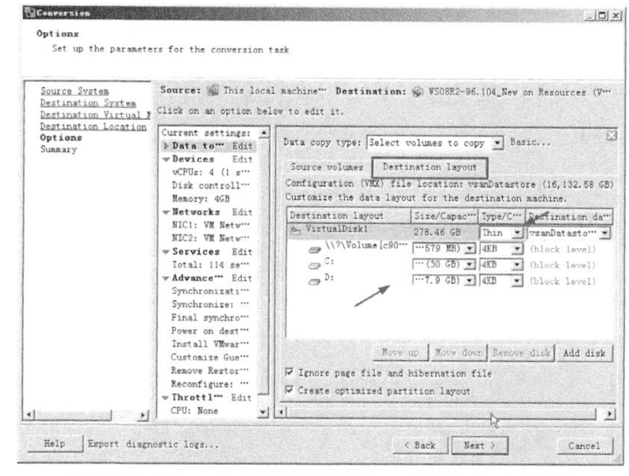

图 7-2-35　选择精简置备，硬盘大小不变

（3）在“Synchronize”选中“Synchronize changes”，如图 7-2-36 所示。

当转换已打开电源的 Windows 计算机时，vCenter Converter 会将数据从源计算机复制到目标计算机，而源计算机仍在运行并产生更改。此过程是数据的第一次传输。可以通过只复制第一次数据传输期间做出的更改进行第二次数据传输。此过程称为同步。同步只能用于 Windows XP 或更高版本的源操作系统。选中“Synchronize changes”允许同步更改，如果选中“Perform final synchronization”（执行最终同步）则只执行一次同步。如果要多次进行同步就要取消该项选择。对照图 7-2-37，在 T2 时间执行数据的第二次传输，在第二次传输开始时，如果源服务器的业务没有停止，在 T2 时间仍然会产生新的数据。所以就有了第三次甚至第四次同步。只有确定停机时间（业务中断时间），并从业务中断时间开始的同步才是最终的数据同步。

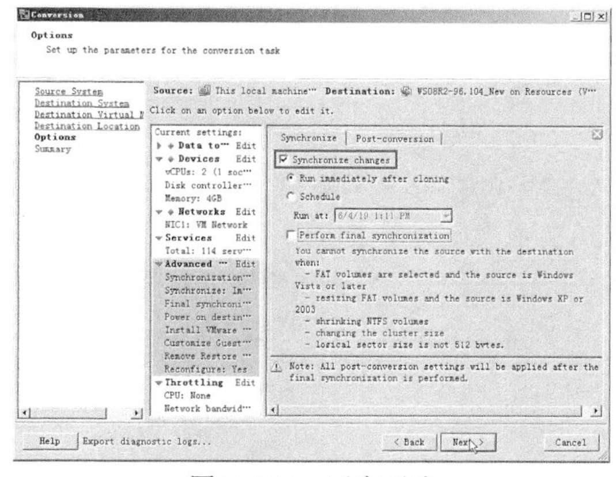

图 7-2-36　同步更改

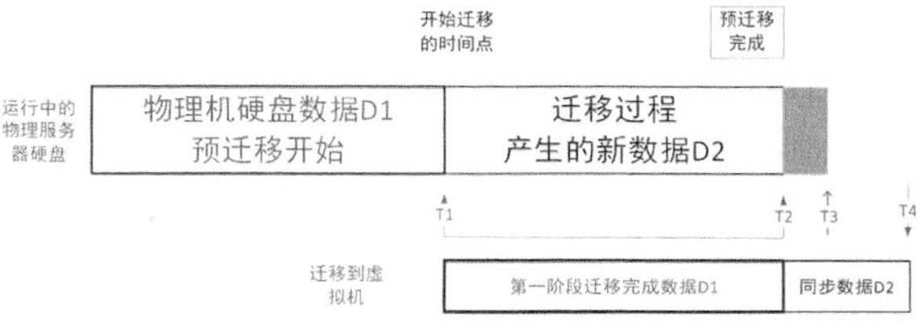

图 7-2-37　同步时间点说明

如果调整 FAT 卷大小或压缩 NTFS 卷大小，或更改目标卷上的群集大小，则不能使用同步选项。

不能添加或移除同步作业的两个克隆任务之间的源计算机上的卷，因为这可能导致转换失败。如果要启用这一功能，可停止各种源服务器以确保同步期间不生成更多更改，以免丢失数据。在实际的 P2V 的过程中，最好提前通知用户，暂时停止对服务器的后台操作，等 P2V 完成之后再使用新的虚拟化后的系统。如果在 P2V 的过程中仍然使用源服务器，有可能造成数据差异。

（4）在“Summary”中检查迁移选择，无误之后单击“Finish”按钮，如图 7-2-38 所示。

（5）设置完成后开始执行转换（实际上是数据的第一次传输），如图 7-2-39 所示。

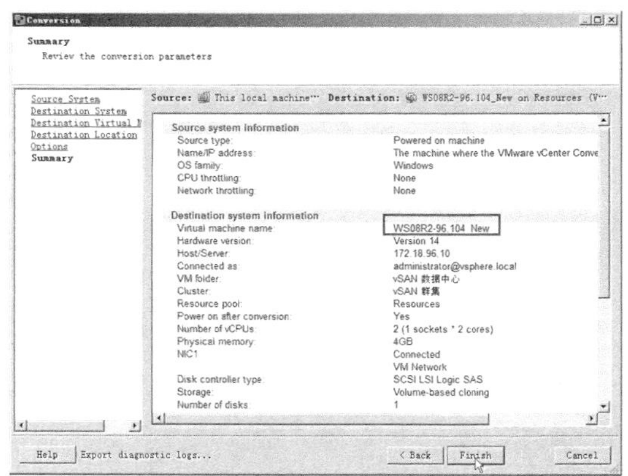

图 7-2-38　向导完成

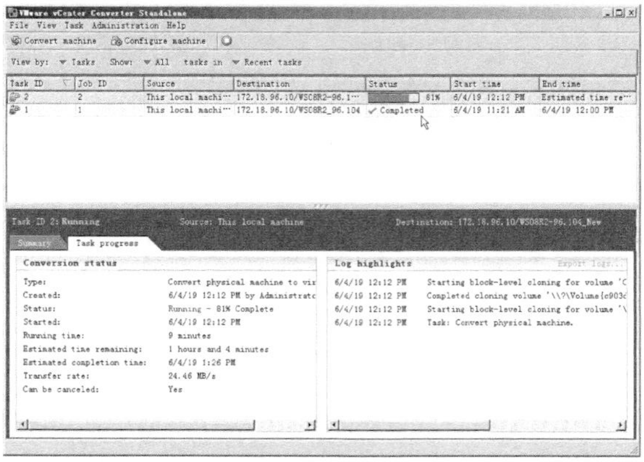

图 7-2-39　数据第一次传输

（6）等完成第一次传输之后，vCenter Converter 会开始第二次传输（数据同步），如图 7-2-40 所示。

（7）如果确定物理机停止使用，决定使用虚拟机代替物理机对外提供服务，在到达指定的窗口时间，源物理机对外服务停止后，在 vCenter Converter 中，单击工具栏上的“Tasks”切换到“Jobs”，如图 7-2-41 所示。

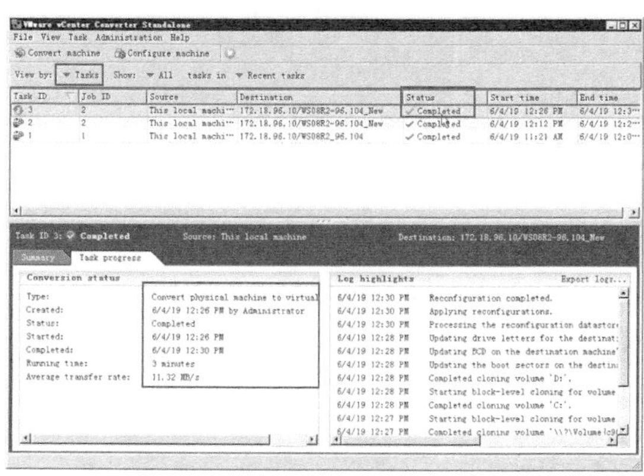

图 7-2-40　数据同步

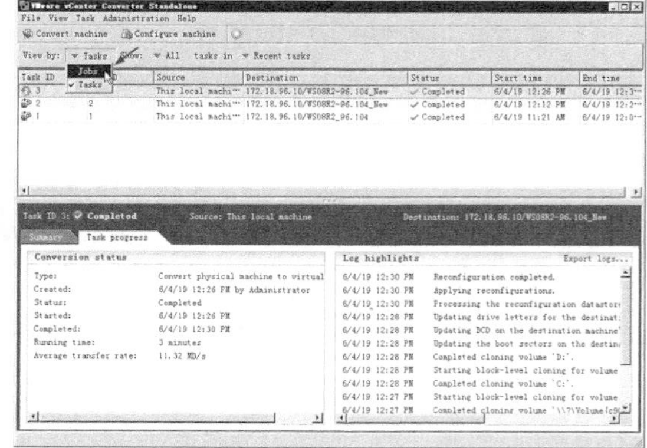

图 7-2-41　切换到 Jobs

（8）用鼠标右键单击同步计划任务，在弹出的快捷菜单中选择“Synchronize”开始数据同步，如图 7-2-42 所示。

（9）同步完成之后如图 7-2-43 所示。

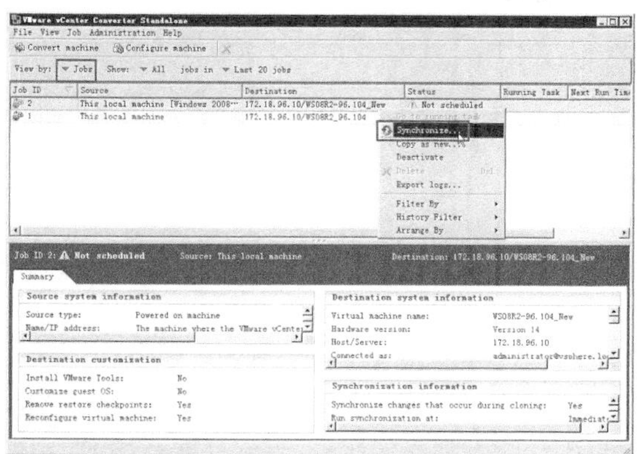

图 7-2-42　同步更改

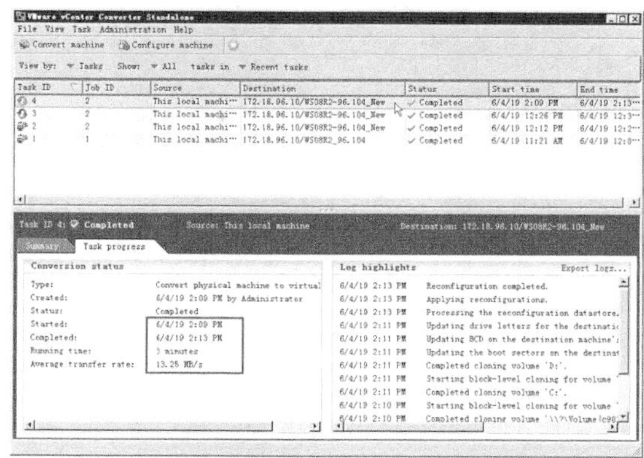

图 7-2-43　同步完成

（10）同步完成后，用鼠标右键单击任务可以执行多次同步，也可以选择“Deactivate”停止任务，如图 7-2-44 所示。

同步完成后，关闭物理机或者断开物理机对外的网络，使用 vSphere Client 登录到 vCenter Server，对迁移后的虚拟机执行如下的操作。

（1）启动迁移后的虚拟机，打开控制台，在“计算机管理→存储→磁盘管理”中查看磁盘的 C、D 分区大小与源物理机相同，如图 7-2-45 所示。

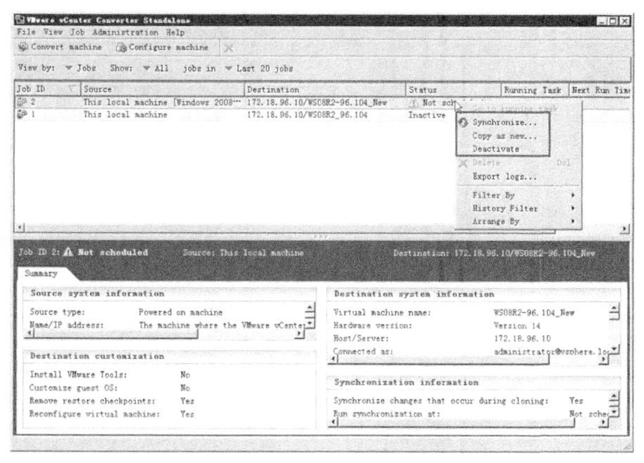

图 7-2-44　任务

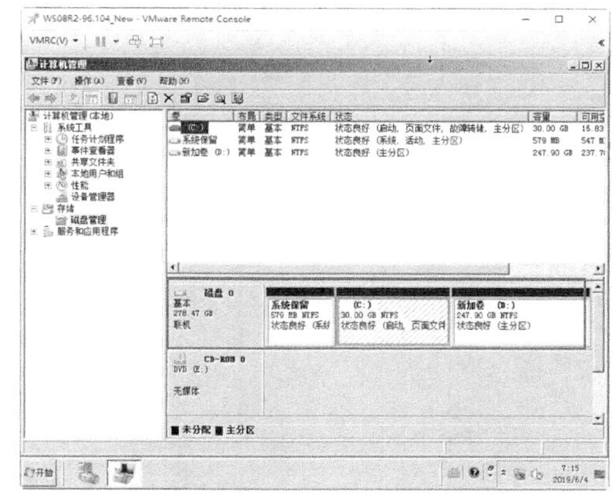

图 7-2-45　检查硬盘大小

（2）修改迁移后虚拟机的配置，对 CPU、内存、网卡、网络等进行近一步检查，检查无误之后打开虚拟机的电源，进入桌面之后修改网卡 IP 地址、子网掩码、默认网关、DNS 等参数与源物理机一致之后，启动对应的服务来代替源物理机对外提供服务。

（3）如果确认迁移后的虚拟机一切正常，用鼠标右键单击选择迁移后的虚拟机，在弹出的快捷菜单中选择“快照→管理快照”，如图 7-2-46 所示。

（4）在“管理快照”对话框中可以看到，当前虚拟机有两个快照，每个快照是执行同步的时候创建的。在确认迁移顺利完成之后，单击“全部删除”按钮，删除 vCenter Converter 同步过程中创建的快照，如图 7-2-47 所示。

如果源物理机有加密狗，需要将加密狗插到虚拟化主机上，并修改虚拟机配置映射连接插在主机上的加密狗。

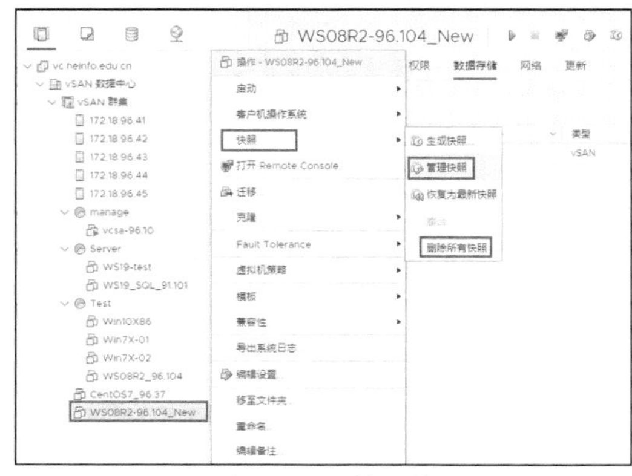

图 7-2-46　管理快照

图 7-2-47　删除快照

如果业务一切正常，在运行一段时间之后，源物理机下架，此台物理机到虚拟机的迁移顺利完成，可以继续迁移其他的物理机到虚拟机，这些不再一一介绍。

7.3　迁移 Cent OS 物理机到虚拟机

本节以图 7-3-1 为例，介绍迁移 Cent OS 操作系统的物理机到虚拟机的内容。在本示例中，IP 地址为 172.18.96.37 的服务器，安装了 Cent OS 7 的操作系统，该计算机配置有 16GB 内存、5 块 2TB 硬盘配置为 RAID-5 并且划分了 1 个卷，Linux 就安装在这个卷上。在迁移之后将数据卷大小调整为 1TB。

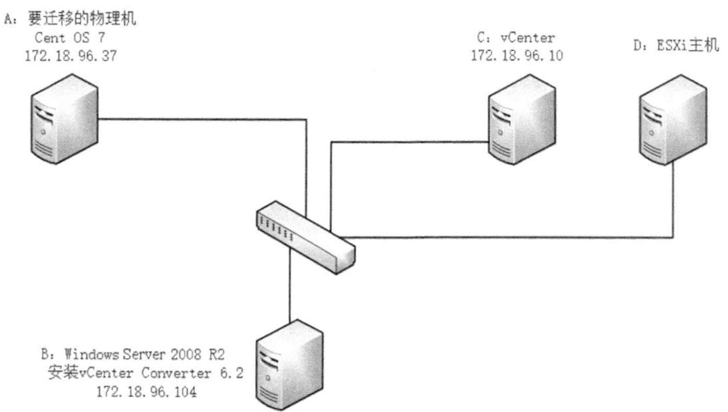

图 7-3-1　迁移 Linux 物理机到虚拟机的实验环境

要迁移 Linux 操作系统的物理机，需要在网络中的一台 Windows 操作系统的计算机上安装 vCenter Converter，通过网络进行迁移。同时在迁移的时候还需要用到一个临时的 IP 地址，本示例中要迁移的 Linux 物理机的 IP 地址是 172.18.96.37，临时 IP 地址采用 172.18.96.137（采用其他相同网段的没有使用的 IP 地址也可以）。在本示例中，vCenter Converter 6.2 已经安装好。下面介绍迁移 Linux 操作系统的物理机的方法和步骤。

（1）在安装了 vCenter Converter 的计算机上运行 vCenter Converter 软件，单击“Convert machine”按钮，如图 7-3-2 所示。

（2）在“Source System”的“Select source type”中选中“Powered on”，并在下拉列表

中选择“Remote Linux machine”（远程 Linux 服务器），在“IP address or name”中输入要迁移的 Linux 操作系统的物理机的 IP 地址（该物理机需要运行并且网络通信正常）；在“User name”中输入要迁移的 Linux 操作系统的物理机的管理员账户，本示例为 root；在“Password”中输入 root 账户的密码，单击“Next”按钮，如图 7-3-3 所示。

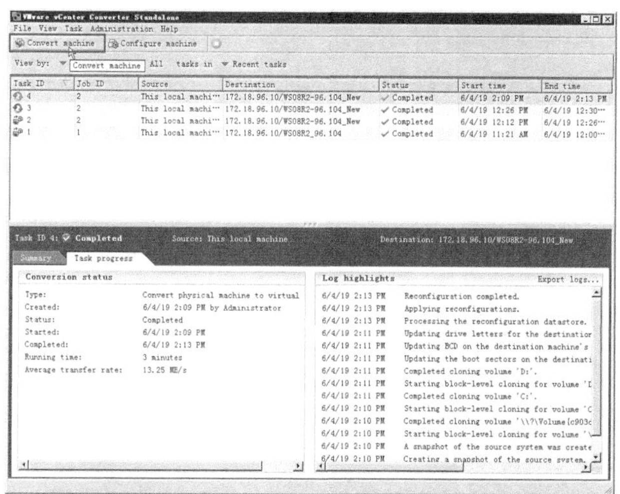

图 7-3-2 转换计算机

（3）在“Conveter Security Warning”对话框中，选中“Do not display security warnings for 172.18.96.37”，单击“Yes”忽略证书警告，如图 7-3-4 所示。

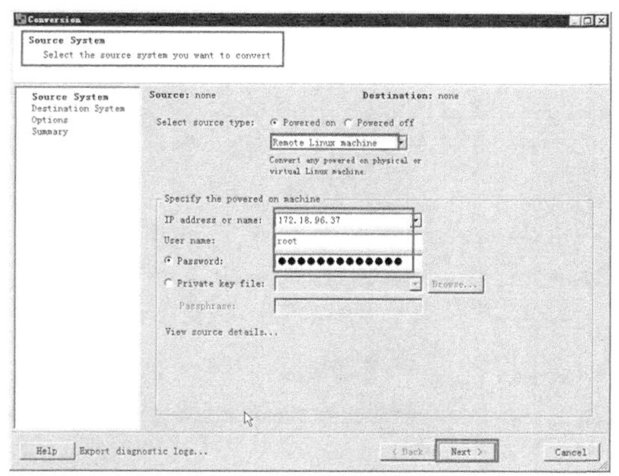

图 7-3-3 输入源 Linux 操作系统的信息

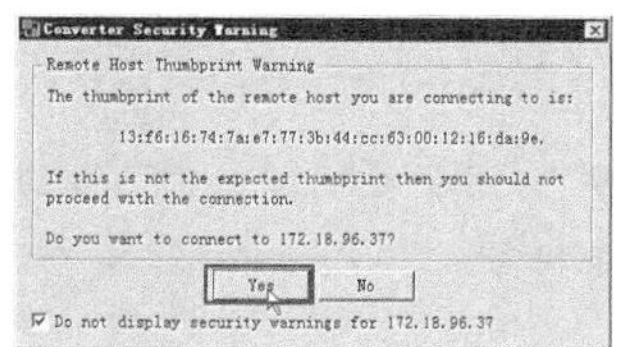

图 7-3-4 忽略证书警告

（4）在“Destination System”中选择“VMware Infrastructure virtual machine”，在“Server”文本框中输入 vCenter Server 的 IP 地址，本示例中 vCenter Server 的 IP 地址是 172.18.96.10，然后输入 vCenter Server 的管理员账户及密码，如图 7-3-5 所示。

（5）在“Destination Virtual Machine”的“Name”处为克隆后的虚拟机设置一个名称，本示例为 CentOS7_96.37，如图 7-3-6 所示。

（6）在“Destination Location”的清单中选择目标群集或主机，并在“Datastore”（存储）下拉列表中，选择虚拟机位置的存储，本示例中虚拟机保存在名为 vsanDatastore 的 vSAN 存储中，虚拟机硬件版本选择 Version 14。

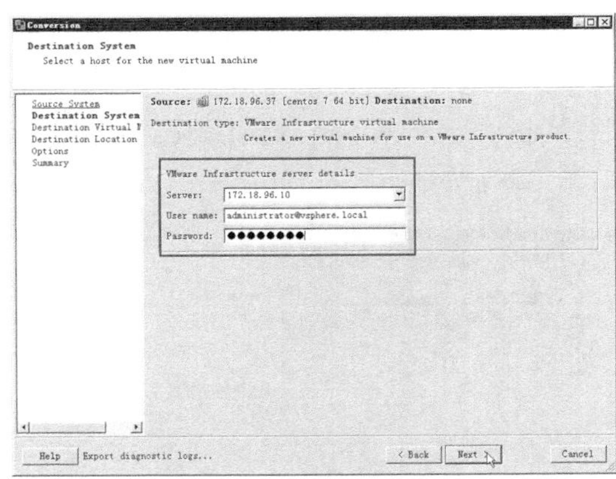

图 7-3-5　输入账户和密码

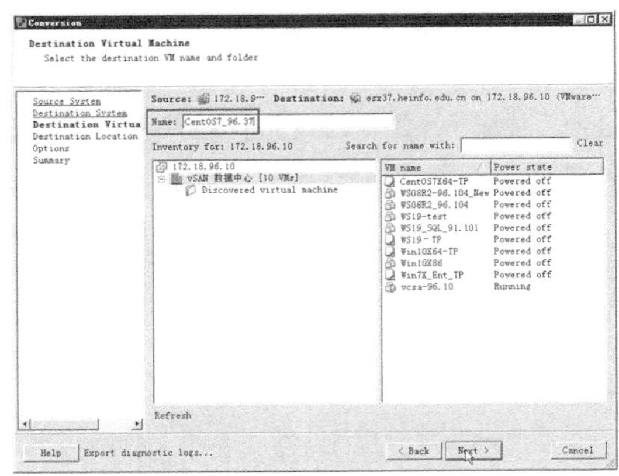

图 7-3-6　目标虚拟机名称

（7）在“Options”的“Data to copy”选项组中单击右侧的“Edit”，在“Data copy type”后面单击“Advanced”，在“Destination layout”选项中，选择克隆后目标虚拟机硬盘格式、分区大小。本示例中磁盘格式选择 Thin，修改/home 分区大小为 1000GB，如图 7-3-7 所示。

（8）在其他参数选择中，修改虚拟机内存为 4GB（见图 7-3-8）、修改 CPU 为 1 个插槽、每个插槽 2 个内核，如图 7-3-9 所示。

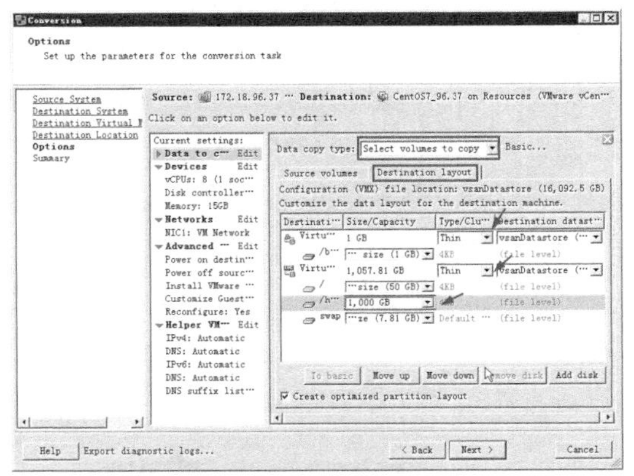

图 7-3-7　设置目标虚拟机硬盘参数

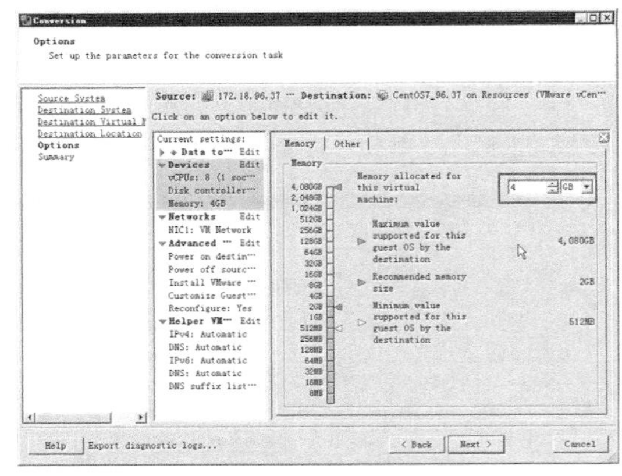

图 7-3-8　设置内存

（9）在网络配置参数中，选择 1 块网卡，并根据需要选择网络属性，如图 7-3-10 所示。

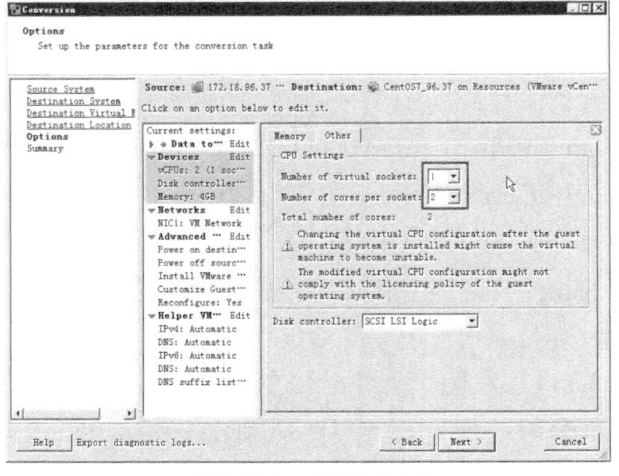

图 7-3-9　设置 CPU

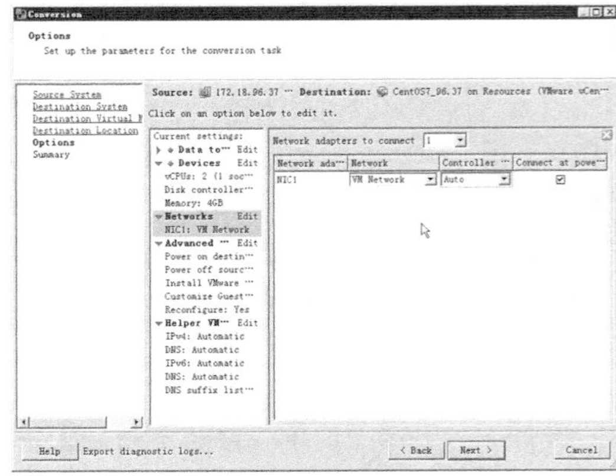

图 7-3-10　选择网络

（10）在“Helper VM network configuration”选项组的“IPv4”选项卡中，选中“Use IPv4→Use the following IP address”，在此输入迁移过程中规划的临时 IP 地址，本示例为 172.18.96.137，同时输入子网掩码、默认网关、DNS（见图 7-3-11），然后在“DNS”选项卡中添加 DNS 搜索后缀，本示例为 heinfo.edu.cn，如图 7-3-12 所示。

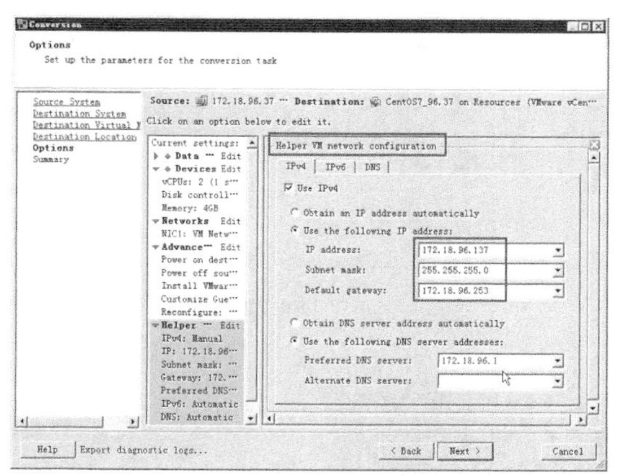

图 7-3-11 临时 IP 地址

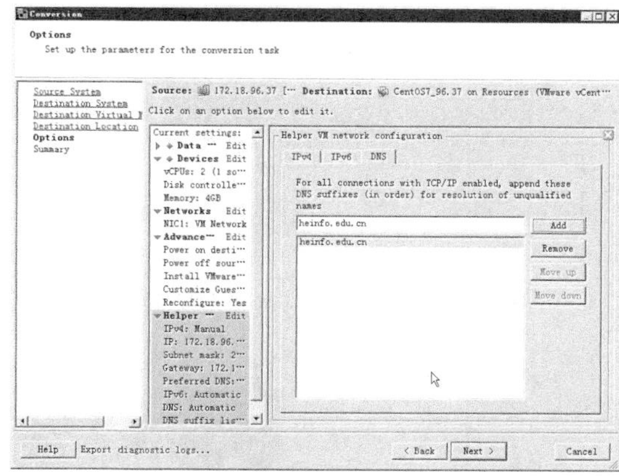

图 7-3-12 DNS 搜索后缀

（11）在“Summary”中检查设置，检查无误之后单击“Finish”按钮，完成迁移前的配置，如图 7-3-13 所示。

（12）vCenter Converter 开始迁移，如图 7-3-14 所示。

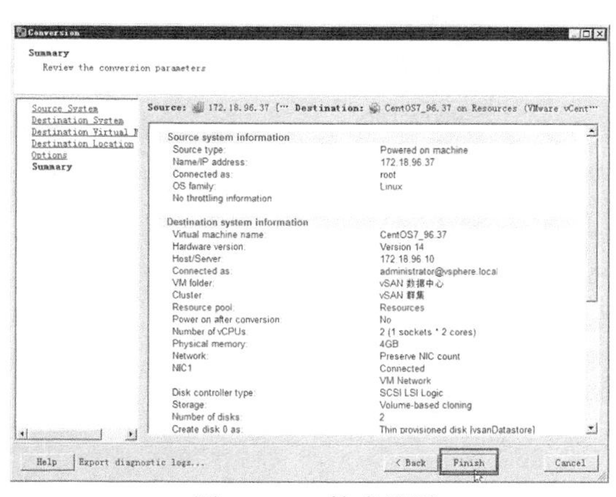

图 7-3-13 检查设置

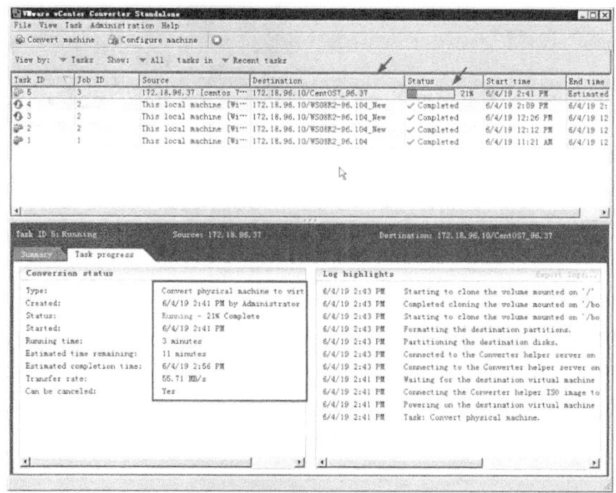

图 7-3-14 开始迁移

（13）在迁移开始后会在 vSphere 中创建名为 CentOS7_96.37 的虚拟机，并且打开该虚拟机的电源，在该虚拟机中配置 172.18.96.137 的临时地址，从源物理机向该虚拟机迁移数据。此时在命令窗口中使用 ping 命令检测 172.18.96.37（源物理机）、172.18.96.137（迁移后的虚拟机的临时 IP 地址），如图 7-3-15 所示。

（14）迁移完成后显示本次迁移所用时间、迁移速度等，如图 7-3-16 所示。

迁移完成后，CentOS7_96.37 的虚拟机关闭。如果要测试迁移后的虚拟机能否使用，可以关闭源物理机的电源或者断开源物理机的网络，启动迁移后的虚拟机，如图 7-3-17 所示。

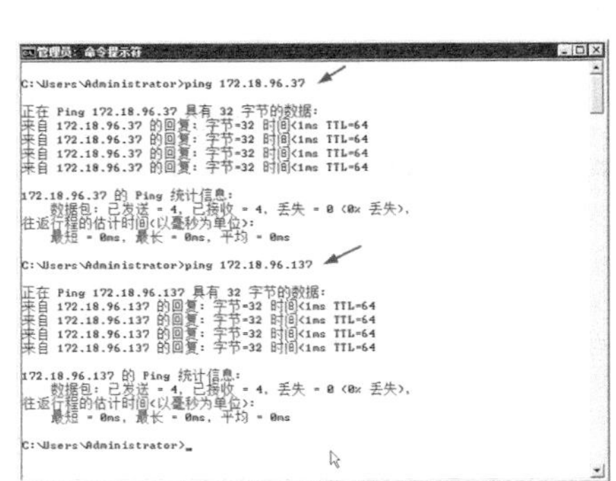

图 7-3-15 测试临时虚拟机地址

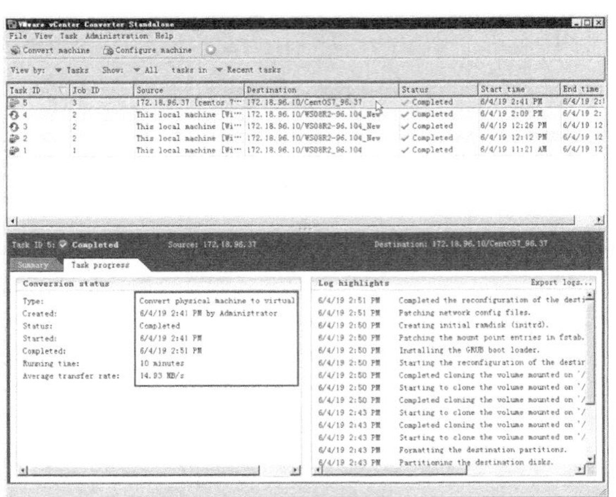

图 7-3-16 迁移完成

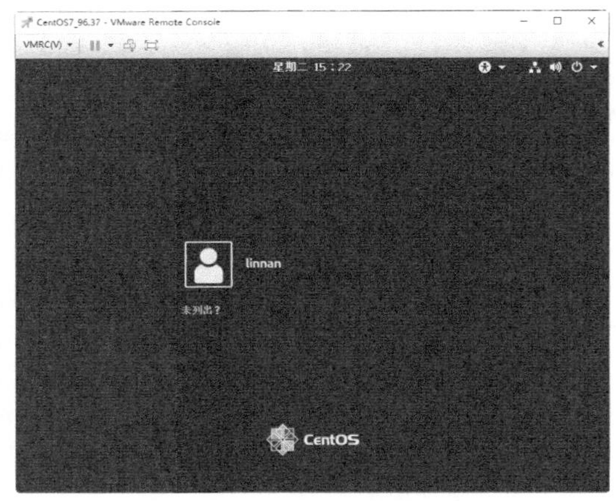

图 7-3-17 启动迁移后的虚拟机

（1）登录到 Cent OS 控制台后，在“设置→网络”中，修改虚拟机的 IP 地址为 172.18.96.37 以代替源物理机，如图 7-3-18 所示。

（2）打开终端，使用 ping 命令测试网络是否配置正常，如图 7-3-19 所示。网络正常后，迁移后的虚拟机可以代替源物理机对外提供服务，这些就不再介绍。

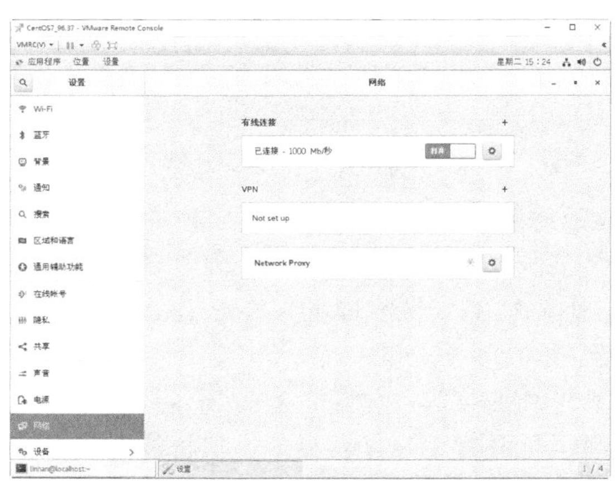

图 7-3-18 网络设置

图 7-3-19 测试迁移后的网络

7.4 使用备份恢复软件迁移物理机到虚拟机

从物理机到虚拟机的迁移是虚拟化项目中最重要的一环。在部署好虚拟化基础平台之后，通常使用 P2V 工具，例如 vCenter Converter 将原来运行业务系统的物理机整体迁移到虚拟化环境。但是，源物理机在使用多年之后，无论操作系统还是应用程序，可能会有一些小的问题，这导致 vCenter Converter 迁移不成功，常见的几个故障如下。

（1）在要迁移的物理机上安装 vCenter Converter 之后，vCenter Converter 服务无法启动，如图 7-4-1 所示。

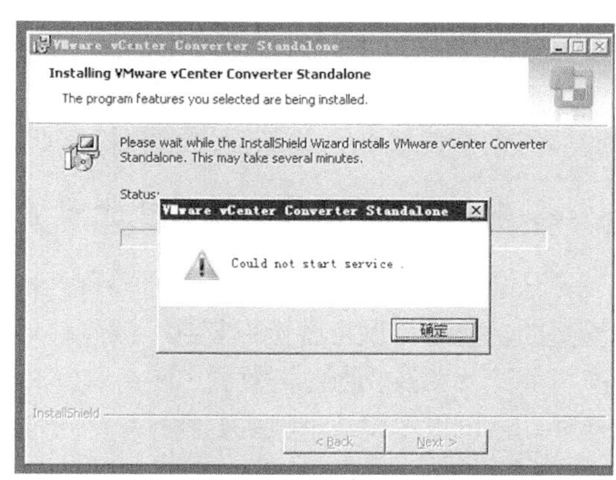

图 7-4-1　vCenter Converter 服务无法启动

（2）在使用 vCenter Converter 开始迁移之后，进行到一定阶段出错，如图 7-4-2 所示。

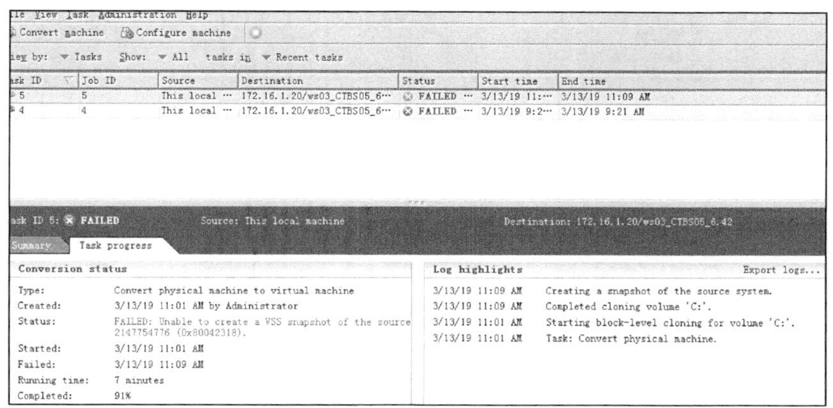

图 7-4-2　执行期间出错

（3）vCenter Converter 的低版本不支持 UEFI 引导分区的计算机，如图 7-4-3 所示。

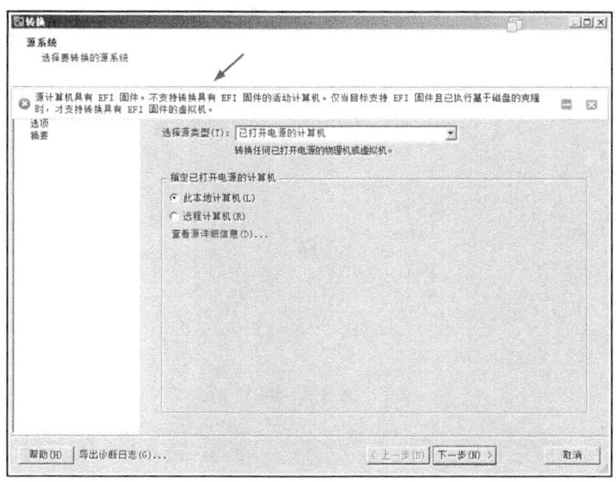

图 7-4-3　不支持 UEFI 引导分区

对于上述这几种情况，迁移将不能成功，此时可以使用另一款软件 Veritas System Recovery 将物理机备份，然后从备份恢复成 vSphere 虚拟机。为了便于描述，用 A、B、C、D 代表以下不同的设备。

A：要迁移到虚拟机中的源物理机。

B：vSphere 虚拟机环境。

C：用来保存 Veritas System Recovery 备份文件服务器，可以是虚拟机也可以是物理机。

D：用来代替 A 的虚拟机，此虚拟机的操作系统与数据来源于 A。

将 A 从物理机迁移到虚拟机的过程、步骤如下。

（1）在 A 安装 Veritas System Recovery，安装完成后，将 A 的数据备份到 C。

（2）在 B 上参照 A 的配置创建虚拟机 D，虚拟机不需要安装操作系统。使用 Veritas System Recovery 创建的恢复磁盘 ISO 镜像引导，然后启动恢复过程，通过网络将 A 的备份从 C 恢复到 D。

（3）恢复完成后重新启动虚拟机，此虚拟机即是 A 的克隆恢复。

7.4.1 在要迁移的物理机上安装 Veritas System Recovery 软件

Veritas System Recovery（以下简称 SSR）是一款优秀的系统备份恢复软件，该软件有一个重要的功能是可以将备份恢复到不同硬件环境的计算机运行。使用 SSR 可以实现从物理机到虚拟机的迁移（备份物理机数据、恢复到虚拟机），也可以实现从物理机到其他不同型号物理机的迁移，还可以实现从虚拟机到物理机的反向迁移（备份虚拟机数据、恢复到物理机）。

SSR 的使用比较简单，在需要备份的计算机（包括物理机与虚拟机）安装 SSR 软件，然后创建备份任务，备份计算机的数据，备份完成后，在 vSphere 环境中创建虚拟机，使用 SSR 恢复光盘启动虚拟机，将备份恢复到虚拟机中。虽然这种方式不是迁移，但通过备份（克隆物理机）、恢复到虚拟机，也实现了从物理机到虚拟机的迁移。另外，在使用 SSR 备份的时候，每个分区会克隆成一个单独的文件，恢复的时候每个文件恢复到一个硬盘。恢复的目标硬盘大小可以修改，这也实现了分区大小的调整。

本节先介绍 SSR 软件的安装，然后介绍创建 SSR 恢复磁盘镜像的内容，最后介绍使用 SSR 备份物理机的操作。

（1）解压缩 SSR 安装程序，当前使用的是 18.0.1 的版本，安装文件名为 System_Recovery_18.0.1_56582_Multilingual_Product.zip，解压缩之后，运行 browser.exe 程序，如果该程序执行出错，可以进入 SSR\SSR 目录中的 setup.exe 程序，进入安装程序，单击“立即安装”，安装向导如图 7-4-4 所示。

（2）在“安装类型”选项中选中“典型安装”，如图 7-4-5 所示。

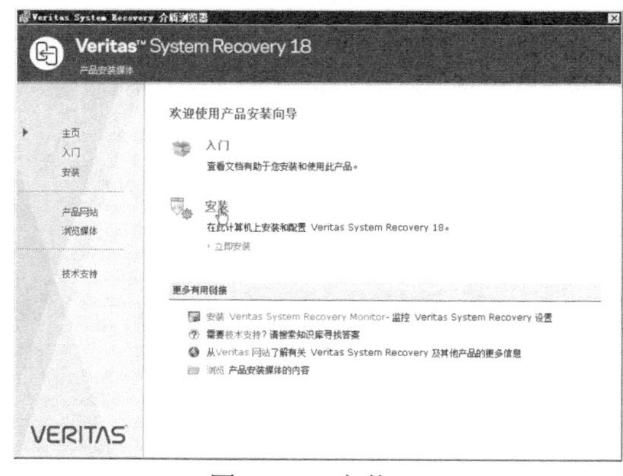

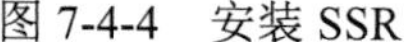
图 7-4-4 安装 SSR

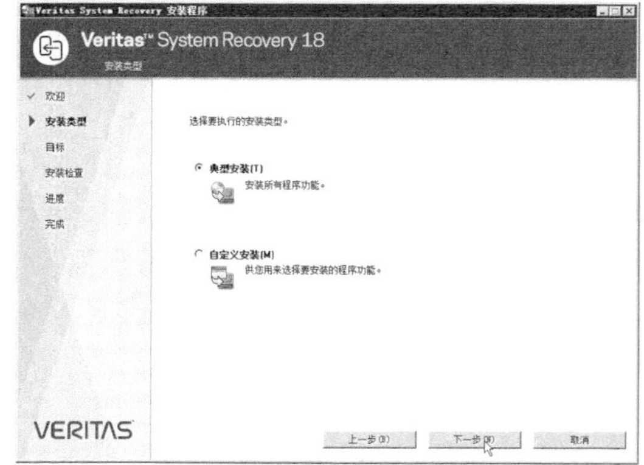

图 7-4-5 典型安装

（3）在“安装检查”选项中单击“安装”按钮，如图 7-4-6 所示。

（4）安装完成后，单击“完成”按钮后重新启动计算机，如图 7-4-7 所示。

（5）再次进入系统后，在“欢迎使用 Veritas System Recovery 18”中单击“下一步”按钮，如图 7-4-8 所示。

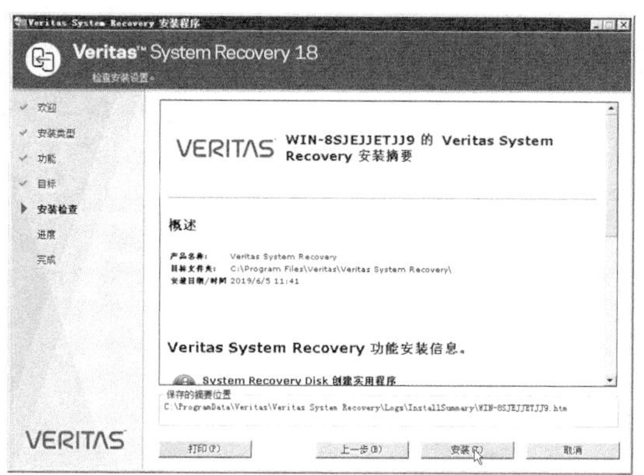

图 7-4-6　安装检查

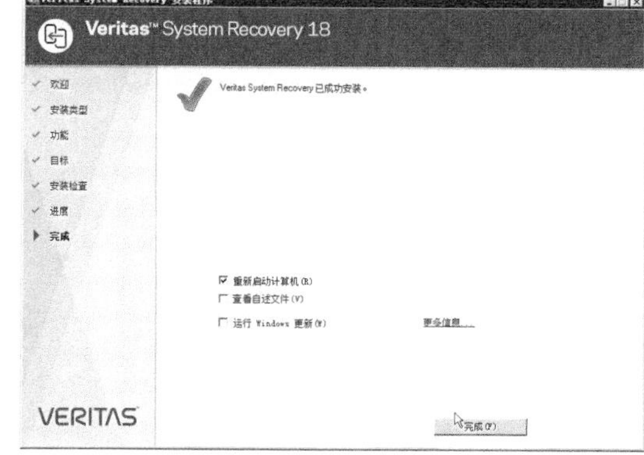

图 7-4-7　安装完成

（6）在“产品激活”中输入产品密钥以激活产品，如图 7-4-9 所示。

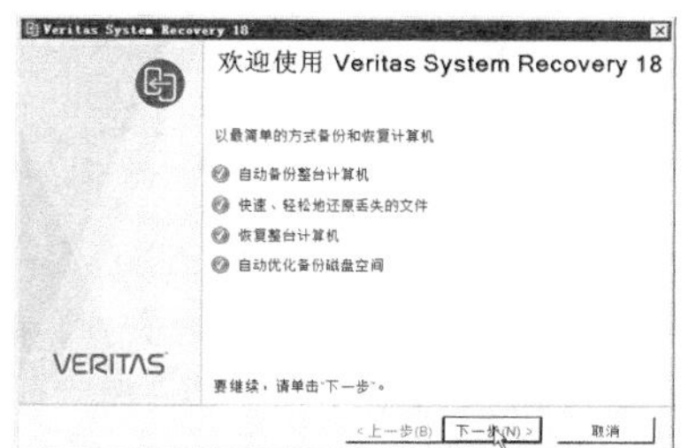

图 7-4-8　欢迎界面

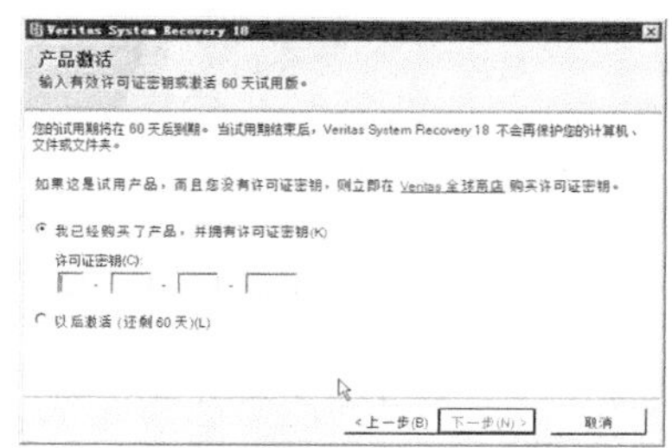

图 7-4-9　产品激活

7.4.2　制作 SSR 恢复磁盘镜像

在第一次运行 SSR 时，提示创建 SSR 恢复磁盘。

（1）在“Veritas System Recovery Disk”对话框中单击“立即创建”按钮，如图 7-4-10 所示。

（2）在“欢迎使用 Veritas System Recovery Disk 创建向导”中单击“下一步”按钮，如图 7-4-11 所示。

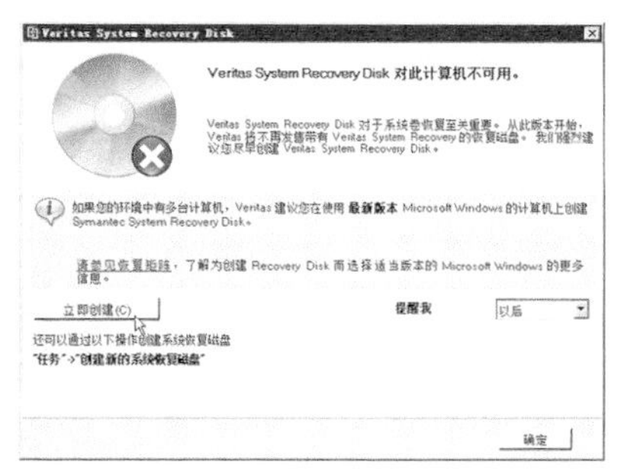

图 7-4-10　创建恢复磁盘

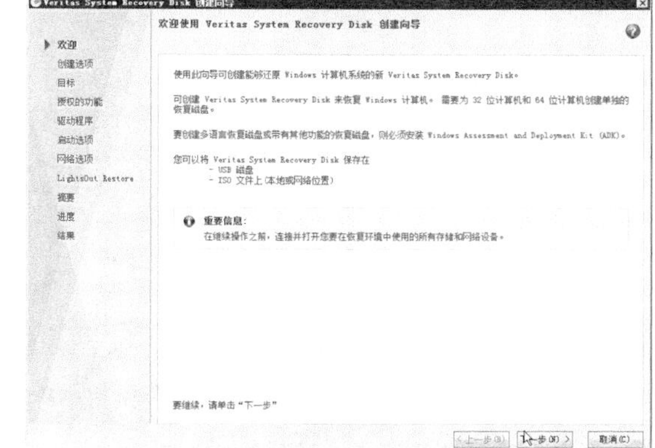

图 7-4-11　创建向导

（3）在“创建选项”中选中“典型”，如图 7-4-12 所示。

（4）在“目标”中选中“将 Veritas System Recovery Disk 创建为 ISO 文件”，并且选择保存 ISO 文件的位置和名称，如图 7-4-13 所示。记下此位置，在创建 ISO 文件完成后复制此文件备用。

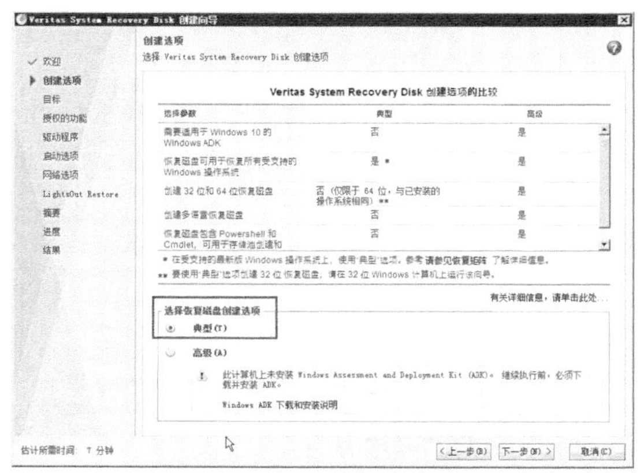

图 7-4-12 创建选项

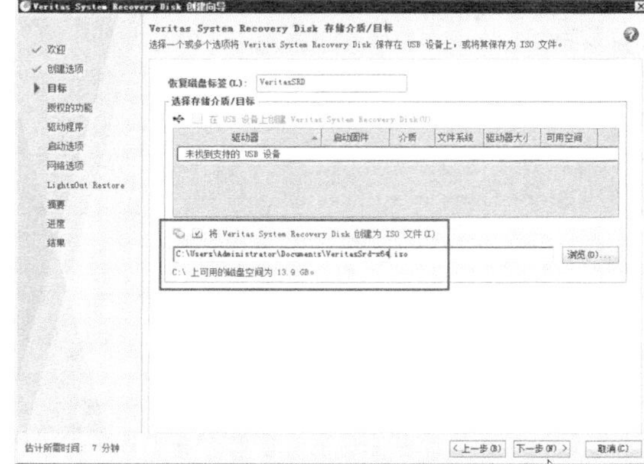

图 7-4-13 指定目标文件名

（5）在“授权的功能”中，选中“使用以下许可证密钥”并输入许可密钥，如图 7-4-14 所示。

（6）在“驱动程序”中显示了此计算机上可用存储和网络驱动程序的列表，也可以单击“添加”按钮添加其他 RAID 卡、SAS 卡及网卡的驱动程序，如图 7-4-15 所示。如果要将备份的操作系统恢复到与当前物理机不同的硬件环境中，需要添加目标物理机的 RAID 卡、SAS 卡及网卡驱动程序。SSR 支持恢复到不同硬件环境的物理机（或虚拟机），这也是本节使用 SSR 的备份物理机恢复到虚拟机的基础。

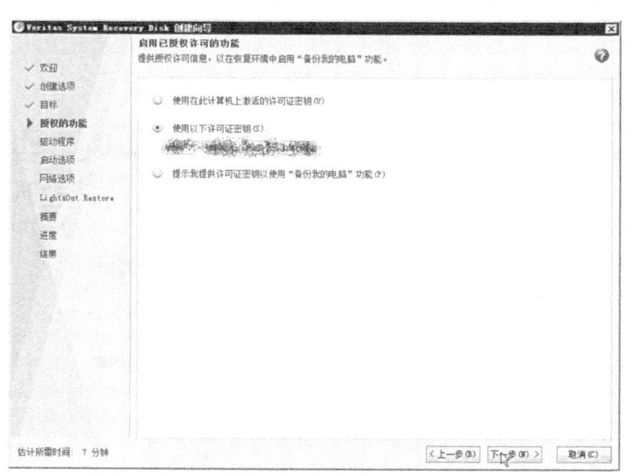

图 7-4-14 授权许可

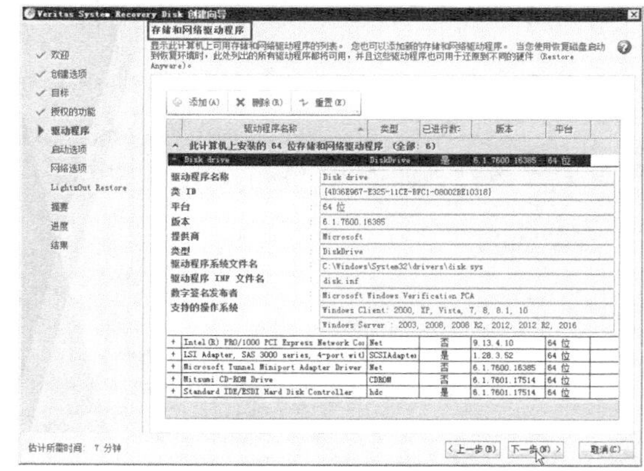

图 7-4-15 存储和网络驱动程序

（7）在“启动选项”中选择时区和语言，如图 7-4-16 所示。

（8）在“网络选项”中选中“自动启动网络服务”并且选中“动态 IP”，如图 7-4-17 所示。在实际使用时，如果网络中没有 DHCP 服务器可以手动指定静态 IP 地址。

（9）在“LightsOut Restore”中单击“下一步”按钮。

（10）在“摘要”中显示了创建 SSR 恢复磁盘的选项，检查无误之后单击“完成”按钮，如图 7-4-18 所示。

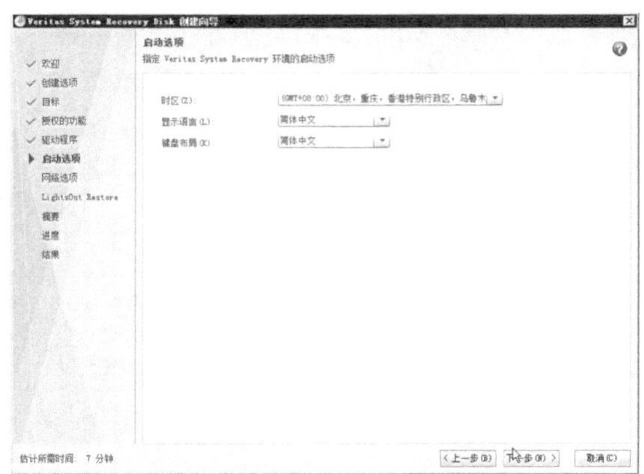

图 7-4-16　启动选项

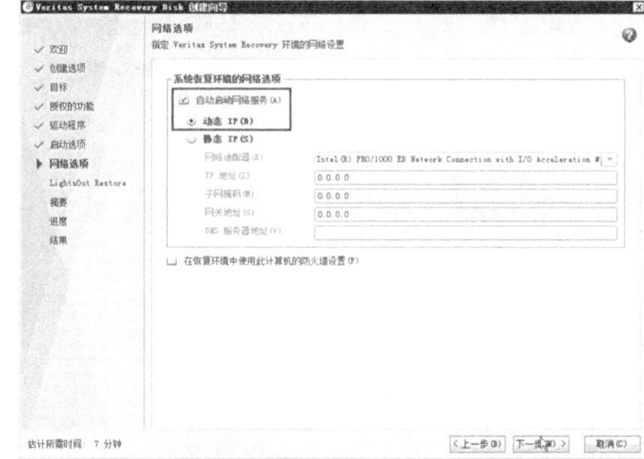

图 7-4-17　网络选项

（11）在“进度”中显示创建 SSR 恢复磁盘的进度。创建完成之后，在“结果”中显示任务已成功完成，如图 7-4-19 所示。

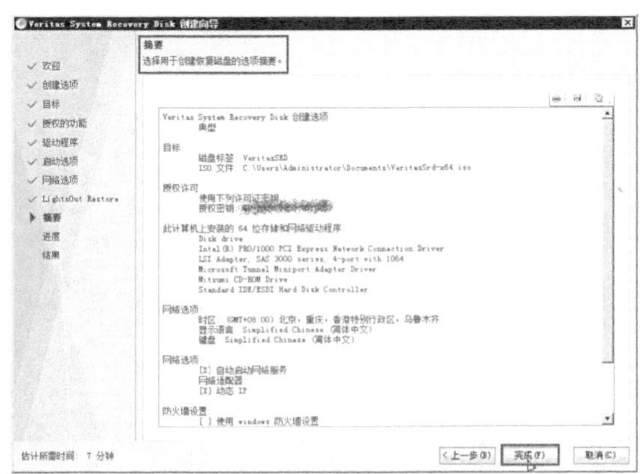

图 7-4-18　摘要

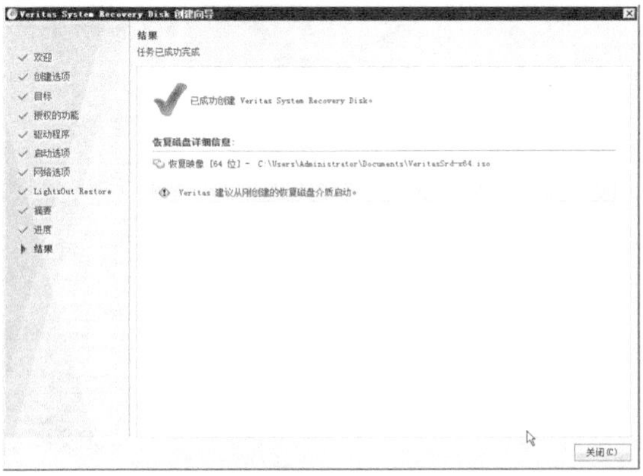

图 7-4-19　创建完成

在制作了 SSR 恢复磁盘镜像文件之后，复制该文件备用。

7.4.3　使用 SSR 备份物理机

下面介绍使用 Veritas System Recovery 备份物理机的内容。

（1）在要迁移的物理机上，运行 Veritas System Recovery，在“任务→备份”中选择“一次性备份”，如图 7-4-20 所示。

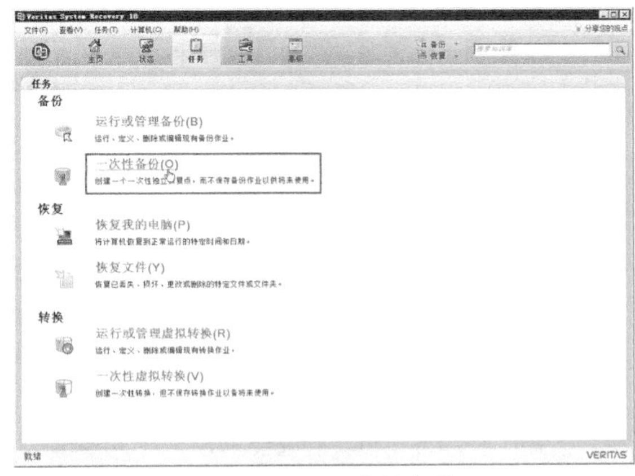

图 7-4-20　一次性备份

（2）在“一次性备份向导→驱动器”中，选择一个或多个要备份的驱动器。如果选择多个驱动器，应按 Ctrl 键并用鼠标单击选择，如图 7-4-21 所示。本示例中，当前服务器有 C、D 两个分区，本示例备份这两个分区。

（3）在“相关驱动器”中选中“添加所有相关驱动器”，如图 7-4-22 所示。

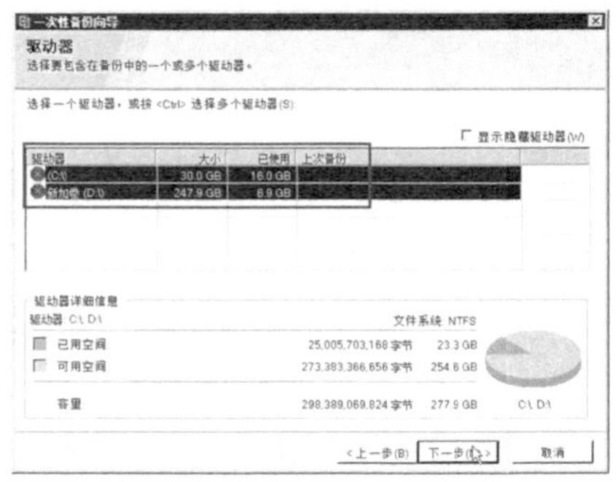

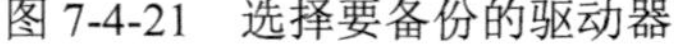

图 7-4-21　选择要备份的驱动器

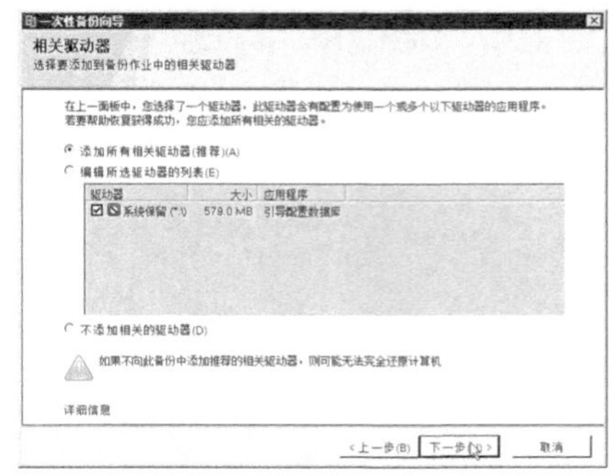

图 7-4-22　相关驱动器

（4）在“备份目标”中，选择一个具有可写权限的共享文件夹用来保存备份，本示例中将备份上传到 IP 地址为 172.18.96.2、共享文件夹为 SSR-backup 的服务器中，单击“编辑”按钮添加 172.18.96.2 的管理员账户和密码，如图 7-4-23 所示。

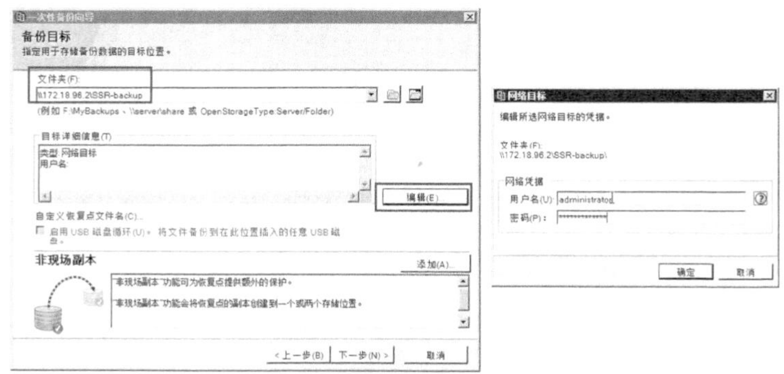

图 7-4-23　备份目标

（5）在“选项”的“压缩”下拉列表中选择“标准（推荐）”，如图 7-4-24 所示。

（6）在“安全选项”中，根据需要选择是否使用密码，如图 7-4-25 所示。本示例中不使用密码。

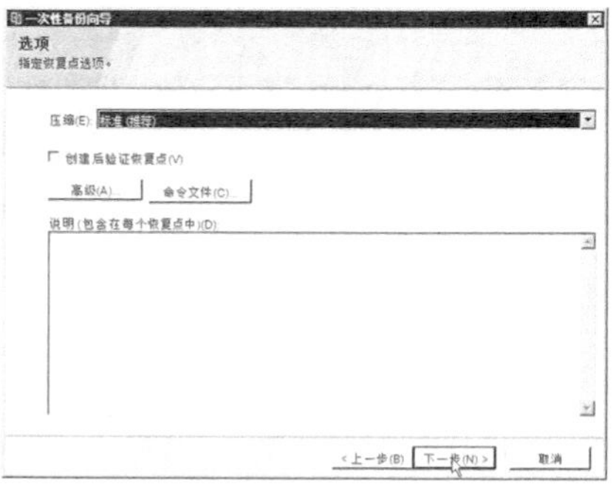

图 7-4-24　压缩

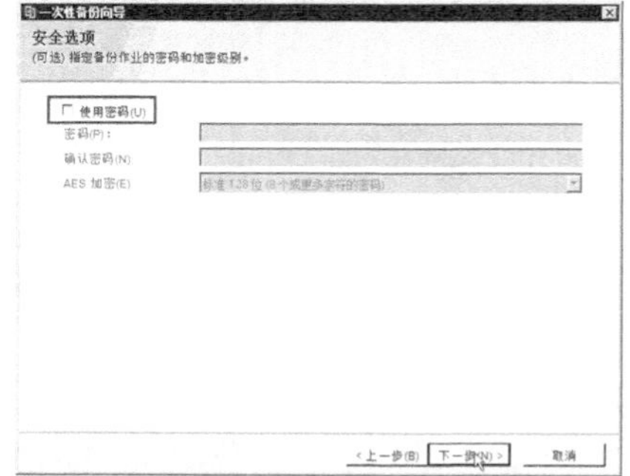

图 7-4-25　安全选项

（7）在“正在完成‘一次性备份向导’”中单击“完成”按钮，如图 7-4-26 所示。

（8）Veritas System Recovery 开始备份物理机到指定的共享文件夹，直到备份完成，如图 7-4-27 所示。

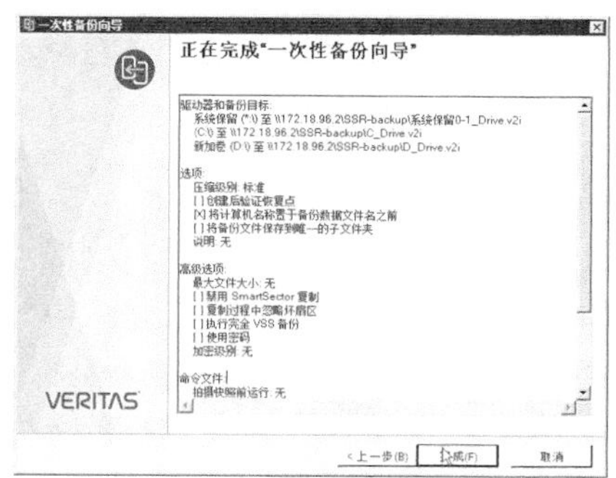

图 7-4-26 向导完成

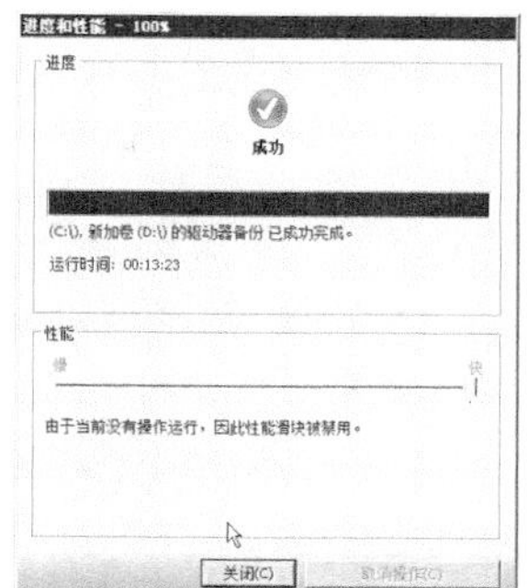

图 7-4-27 备份完成

打开备份共享文件夹，查看备份的文件，如图 7-4-28 所示。当前 C、D 分区各有一个备份文件，可以使用该备份文件恢复成虚拟机。

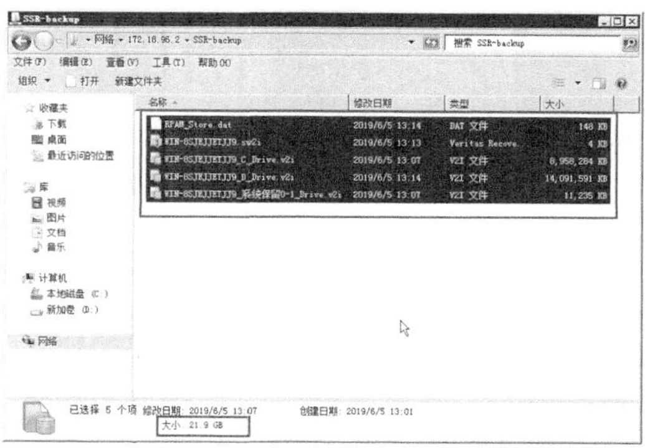

图 7-4-28 备份文件

7.4.4 从备份恢复到虚拟机

使用 SSR 将物理机备份成镜像文件之后，使用 vSphere Web Client 或 vSphere Client 登录到 vCenter Server，根据源物理机的配置、操作系统、硬盘分区容量大小创建对应的虚拟机，然后使用 SSR 的恢复磁盘 ISO 文件启动虚拟机，从保存备份的文件服务器读取镜像并恢复到新创建的虚拟机。主要操作步骤如下。

（1）新建虚拟机，根据迁移的物理机的配置，为新建虚拟机选择合适的配置。

（2）使用 SSR 恢复磁盘 ISO 启动虚拟机，将备份恢复到虚拟机。

（3）使用 Windows PE 工具光盘，修复引导环境。

在本示例中，备份的物理机安装的操作系统是 Windows Server 2008 R2，物理机配置了 1 个 CPU、4GB 内存，硬盘容量为 300GB 并划分了 2 个分区，每个分区的大小依次是 30GB、247.9GB，如图 7-4-29 所示。其中最前面的 579MB 是 Boot 分区。

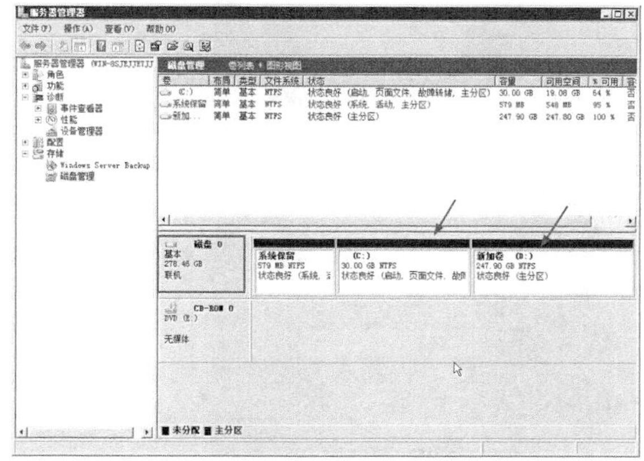

图 7-4-29 预迁移的源物理机分区

（1）使用 vSphere Client 登录到 vCenter Server，将第 7.4.2 节“制作 SSR 恢复磁盘镜像”中制作的 SSR 恢复磁盘镜像文件上传到 vSphere 共享存储中。本示例上传到名为 vsanDatastore 的 vSAN 存储中。

（2）新建虚拟机，本示例中新建虚拟机的名称为 WS08R2_SSR，如图 7-4-30 所示。该虚拟机用来恢复上一节备份的物理机数据，通过备份恢复的方式实现从物理机到虚拟机的迁移。

（3）在“自定义硬件”中，为新建虚拟机配置 2 个 CPU、4GB 内存，第一个硬盘大小为 100GB，第二个硬盘大小为 300GB（在实际的环境中根据需求进行配置），在“新的 CD/DVD 驱动器”中选择（1）上传的 SSR 恢复磁盘镜像文件作为虚拟机的光驱，显卡选择“自动检测设置”，如图 7-4-31 所示。

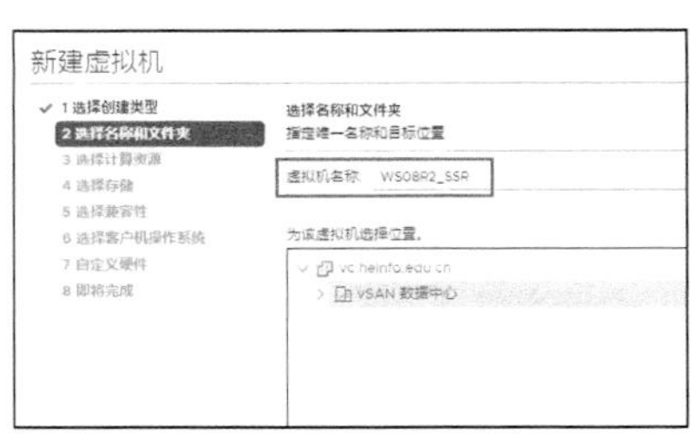

图 7-4-30　新建虚拟机

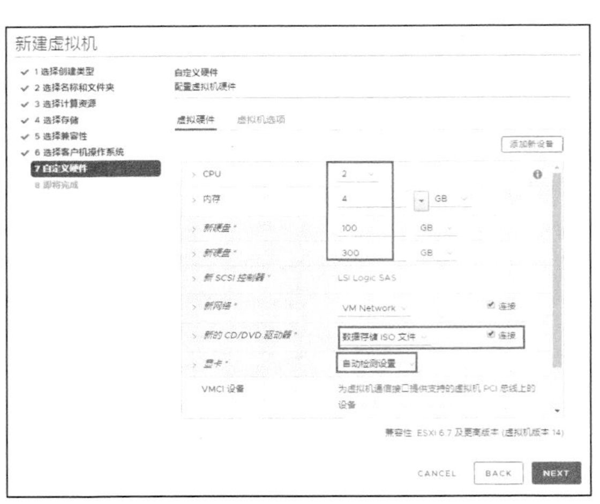

图 7-4-31　自定义硬件

（4）在创建虚拟机完成后，打开虚拟机控制台，打开虚拟机的电源，使用 SSR 恢复磁盘镜像启动虚拟机，在“最终用户授权许可协议”对话框中单击“接受”按钮，接受许可协议，如图 7-4-32 所示。

（5）进入 Veritas System Recovery 界面后，在“网络”中单击“配置网络连接设置”链接（见图 7-4-33），为虚拟机设置 IP 地址以连接保存备份的共享文件夹。

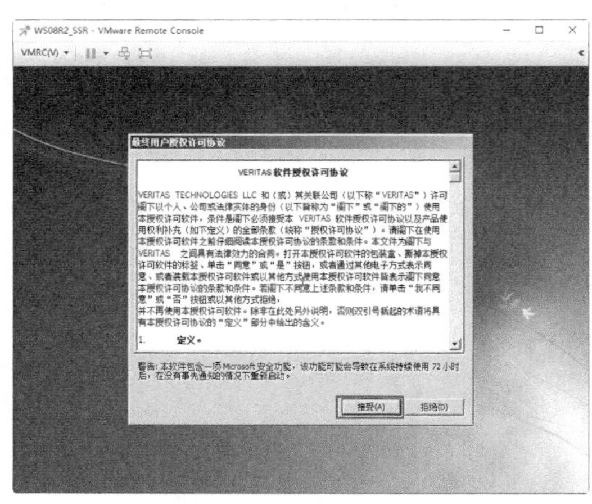

图 7-4-32　接受许可协议

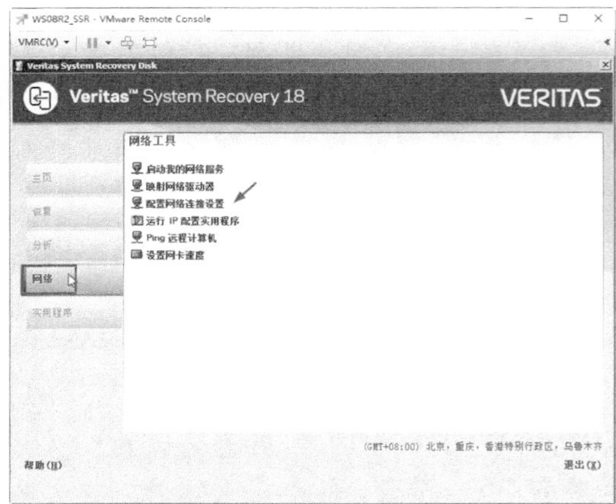

图 7-4-33　网络

（6）在“网络适配器配置”对话框中选中“使用以下 IP 地址”，然后根据当前的网络环境设置 IP 地址、子网掩码、默认网关，本示例为 IP 地址 172.18.96.180，如图 7-4-34 所示。如果网络中有 DHCP 服务器，使用默认选项“自动获取 IP 地址”，SSR 会自动从网络中的 DHCP 获得一个可用的 IP 地址。

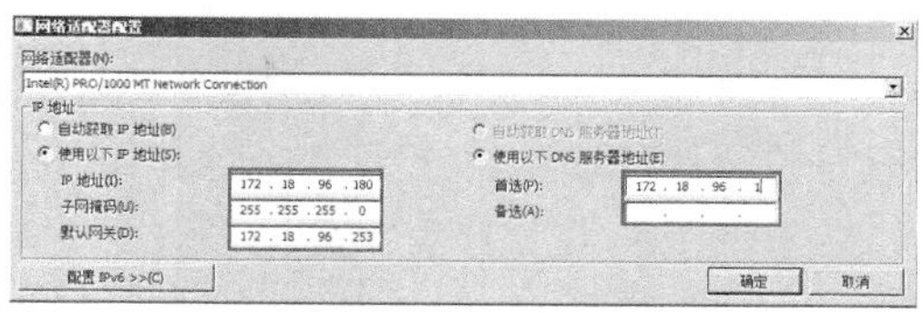

图 7-4-34　设置 IP 地址

（7）设置 IP 地址之后返回到图 7-4-33 的网络工具，单击“映射网络驱动器”链接，在弹出的“映射网络驱动器”对话框的“文件夹”中以 UNC 格式输入文件服务器的 IP 地址和提供的共享文件夹，本示例为\\172.18.96.2\ssr-backup（见图 7-4-35），然后单击“使用不同的用户名连接”，在弹出的“作为...进行连接”对话框中输入可以访问文件服务器的用户名和密码。输入完成后单击“确定”按钮，如果输入正确并且网络连通，会弹出“已成功映射网络驱动器”的提示。

（8）单击“恢复”按钮，在“恢复计算机上的数据”中单击“恢复计算机”，如图 7-4-36 所示。

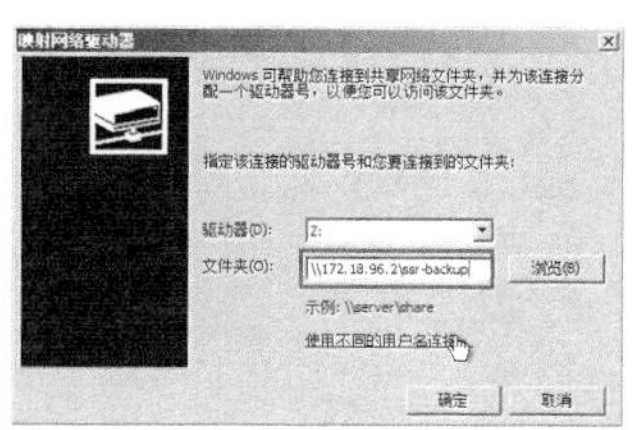

图 7-4-35　映射网络驱动器

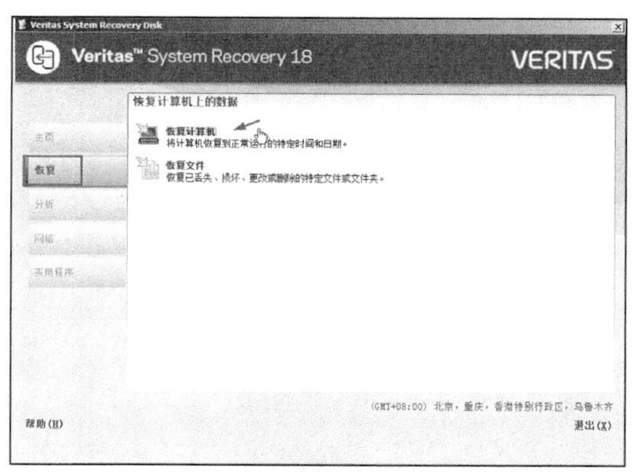

图 7-4-36　恢复

（9）在“欢迎使用恢复我的电脑向导”中单击“下一步”按钮，恢复向导会自动搜索当前计算机上是否有恢复点。如果没有检测到会弹出提示，单击“确定”按钮浏览选择，如图 7-4-37 所示。

（10）在“选择要还原的恢复点”中单击“浏览”按钮，从映射的网络驱动器（Z 盘）浏览选择 C 盘的备份文件，文件名是备份系统的计算机名_C_Drive.v2j，如图 7-4-38 所示。

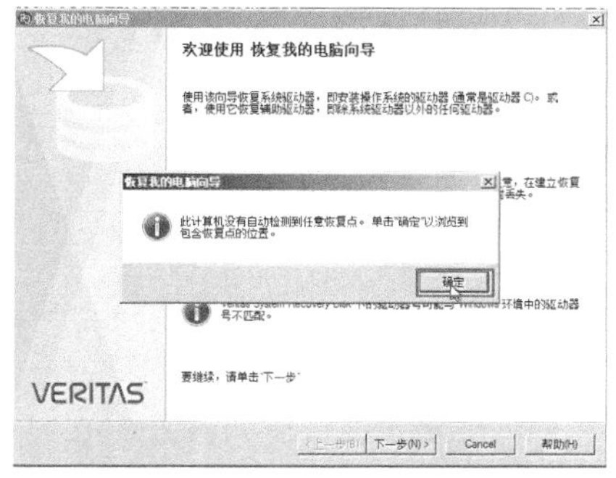

图 7-4-37　恢复向导

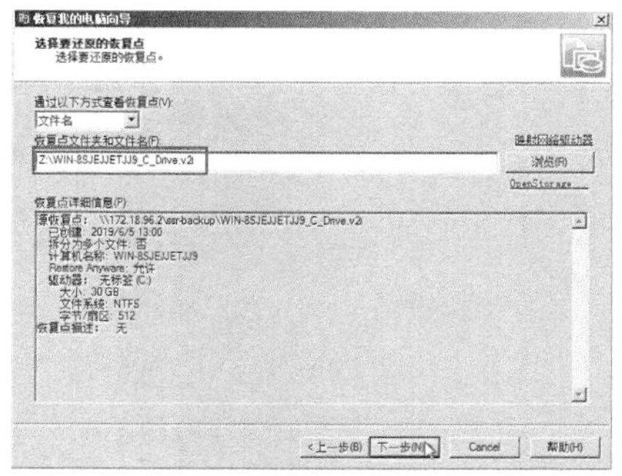

图 7-4-38　选择 C 盘的备份文件进行恢复

（11）在“初始化磁盘分区结构”中，选择磁盘 1 用以恢复 C 盘，如图 7-4-39 所示。以后恢复 D 盘到磁盘 2。在弹出的“恢复我的电脑向导”对话框中单击“是”按钮。

（12）在“要恢复的驱动器”中选择要恢复的驱动器，如果是将备份恢复到与源物理机不同的硬件环境中，选中“使用 Restore Anyware 还原到不同的硬件”，如图 7-4-40 所示。如果是恢复 D 盘、E 盘等数据分区就不需要选中这个选项。

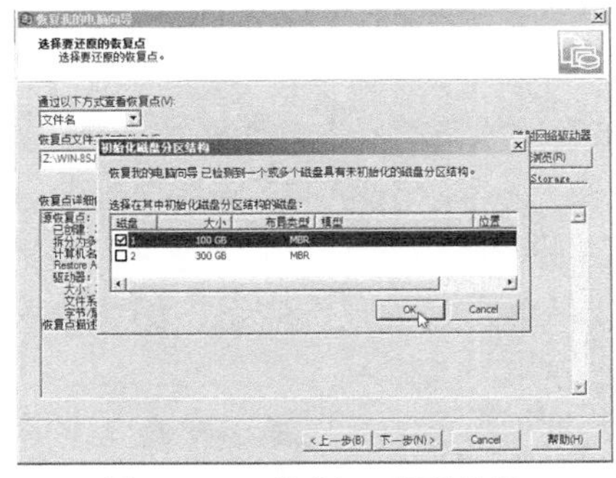

图 7-4-39　恢复 C 盘到磁盘 1

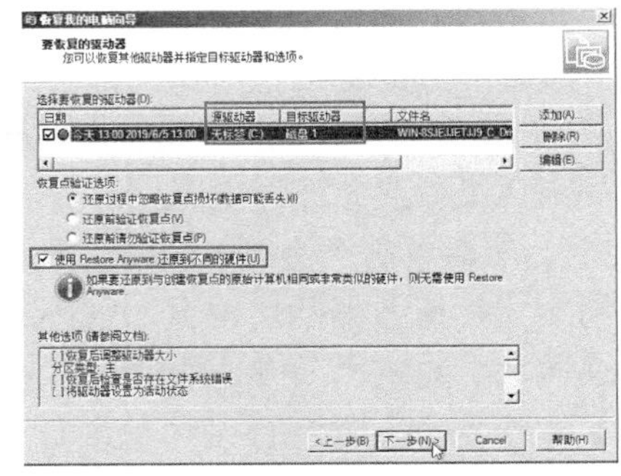

图 7-4-40　选择要恢复的驱动器

（13）在“正在完成 恢复我的电脑向导”中，单击“完成”按钮开始恢复，如图 7-4-41 所示。不要选中“完成时重新启动”。

（14）在弹出的“恢复我的电脑向导”对话框中单击“是”按钮，如图 7-4-42 所示。

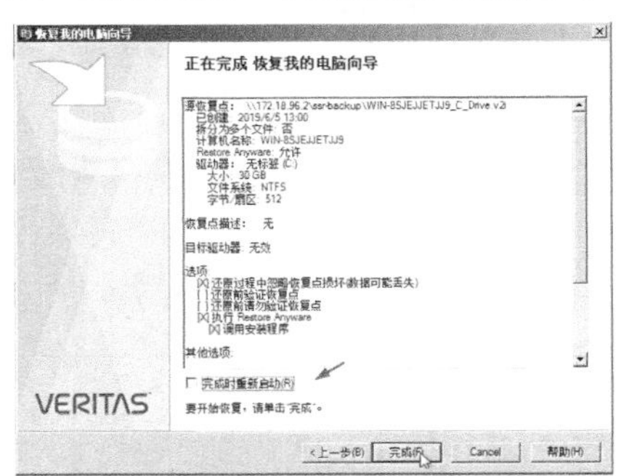

图 7-4-41　开始恢复

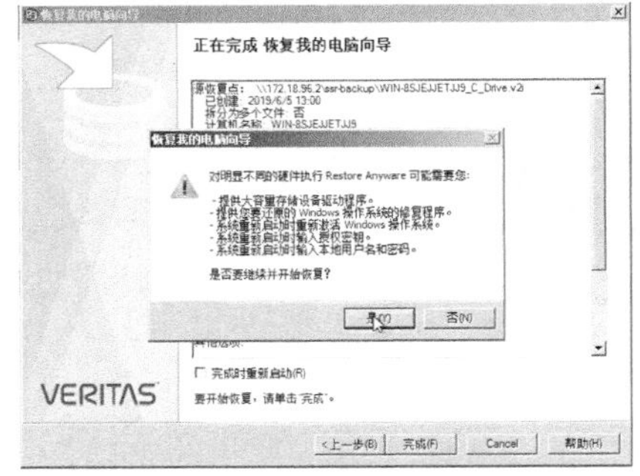

图 7-4-42　恢复向导提示

（15）SSR 的恢复速度比较快，请等待数据恢复完成，如图 7-4-43 所示。

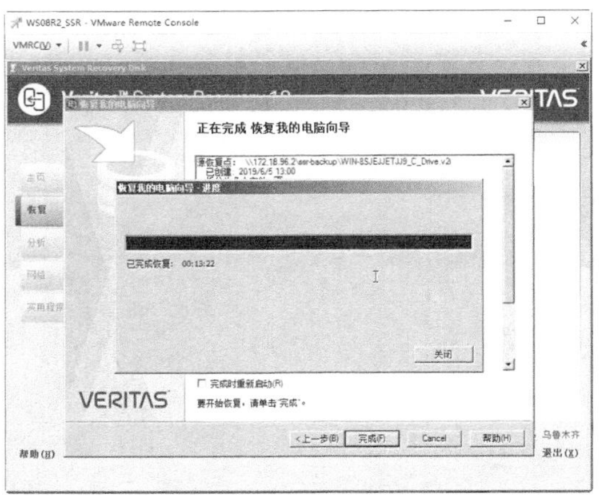

图 7-4-43　正在恢复

等 C 盘恢复完成后，继续恢复其他的硬盘。下面介绍关键步骤。

（1）在“选择要还原的恢复点”中浏览选择 D 盘备份文件，如图 7-4-44 所示。

（2）在“初始化磁盘分区结构”对话框中选择磁盘 2，如图 7-4-45 所示。

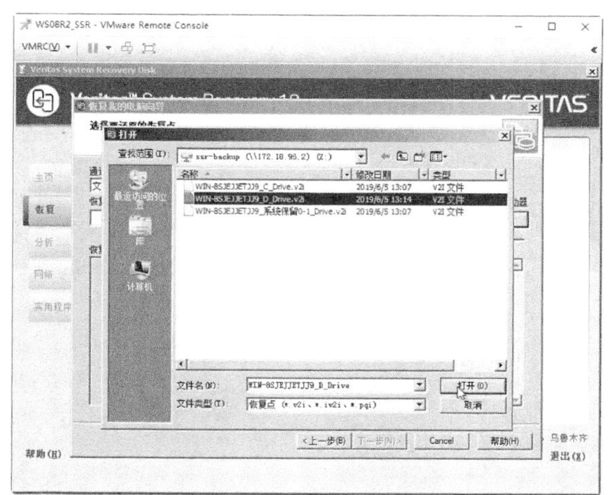

图 7-4-44 选择 D 盘备份文件进行恢复

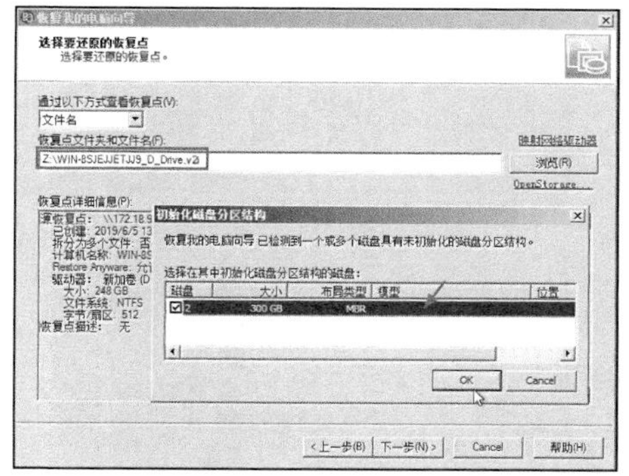

图 7-4-45 选择磁盘 2

（3）虽然选择了磁盘 2，但在“要恢复的驱动器”中，如果目标驱动器有可能仍然选择的是磁盘 1，对于这种情况，单击“编辑”按钮（见图 7-4-46），在弹出的“编辑目标驱动器和选项”对话框中选择磁盘 2，然后单击“OK”按钮，如图 7-4-47 所示。

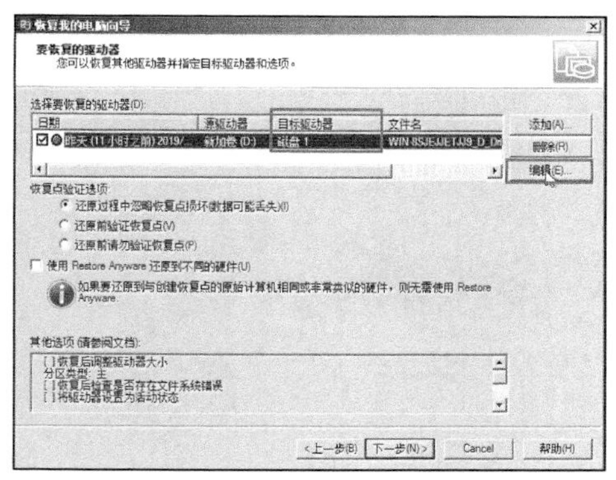

图 7-4-46 检查目标驱动器

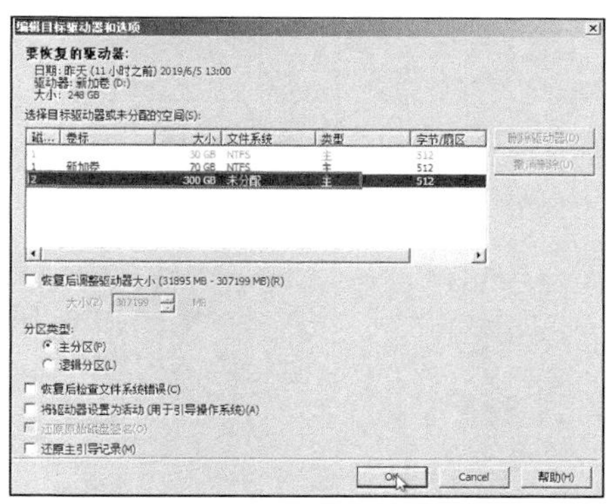

图 7-4-47 选择要恢复的驱动器

（4）在“正在完成 恢复我的电脑向导”中，不要选中“完成时重新启动”，如图 7-4-48 所示。

（5）当所有的备份都恢复到新的磁盘后，进入主页，在“VMRC”控制台中选择“管理→虚拟机设置”，如图 7-4-49 所示。

（6）浏览选择 Windows PE 修改光盘镜像文件（见图 7-4-50），单击“确定”按钮，如图 7-4-51 所示。

（7）在 SSR“主页”中单击“退出”按钮，重新启动计算机，如图 7-4-52 所示。

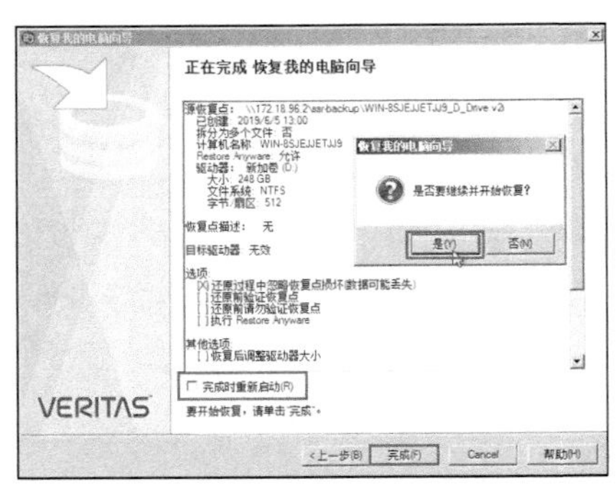

图 7-4-48　恢复向导

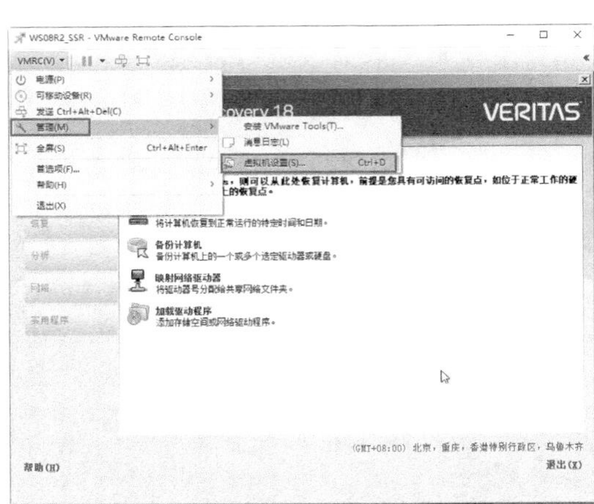

图 7-4-49　虚拟机设置

图 7-4-50　选择 PE 镜像

图 7-4-51　完成设置

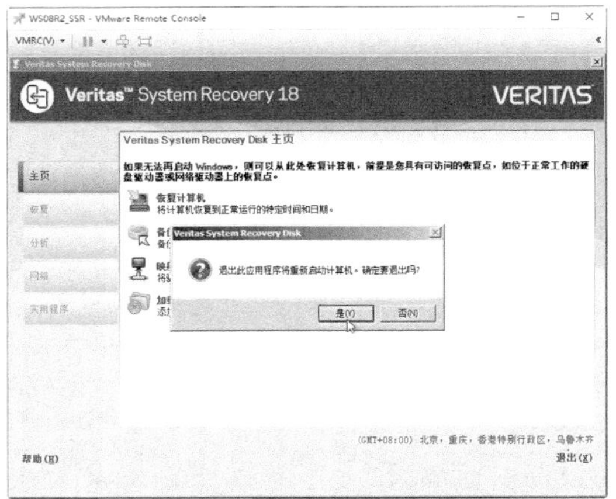

图 7-4-52　重新启动计算机

7.4.5　修复引导环境

在恢复完成之后，关闭虚拟机，修改虚拟机配置，取消加载 SSR 恢复光盘，加载 Windows

PE 的光盘镜像 ISO 文件，启动到 Windows PE，使用“修复 Windows 启动”功能，修复引导环境之后，迁移过程才算完成。

说明

本示例使用“电脑店 U 盘启动盘制作工具”6.5 版本的工具 ISO 光盘，作为 Windows PE 的启动 ISO 文件。

（1）使用电脑店 U 盘启动盘制作工具 6.5 的 ISO 镜像启动虚拟机，选择第一项进入 Windows PE，如图 7-4-53 所示。

（2）进入 Windows PE 后，双击桌面上的“Win 引导修复”程序，选择 C，如图 7-4-54 所示。

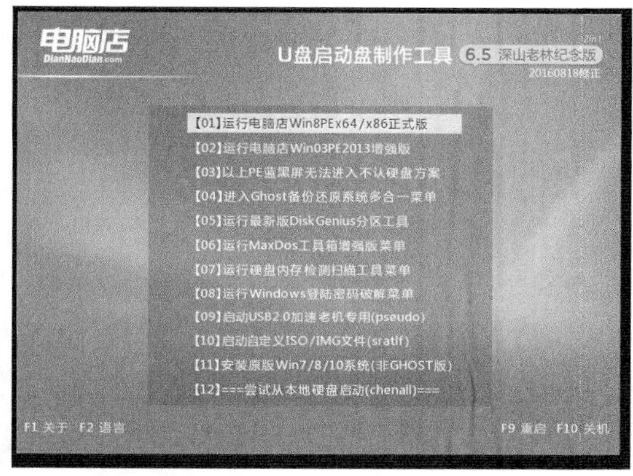

图 7-4-53 启动 Windows PE

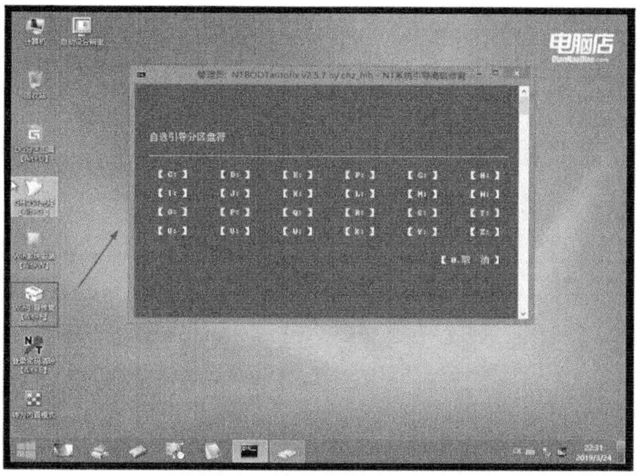

图 7-4-54 Windows 引导修复

（3）选择“1.开始修复”，如图 7-4-55 所示。修复完成之后单击“3.退出”。

（4）运行 DG 分区工具，提示“没有活动分区，不能用作启动盘”，单击“更正”按钮，如图 7-4-56 所示，将 C 盘设置为引导分区。然后按 F8 键保存设置。

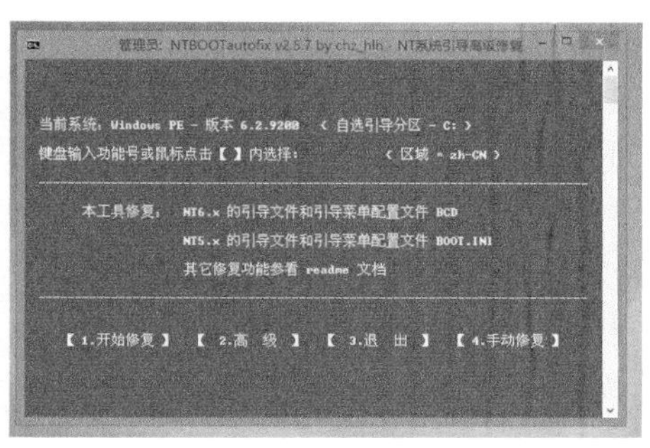

图 7-4-55 开始修复

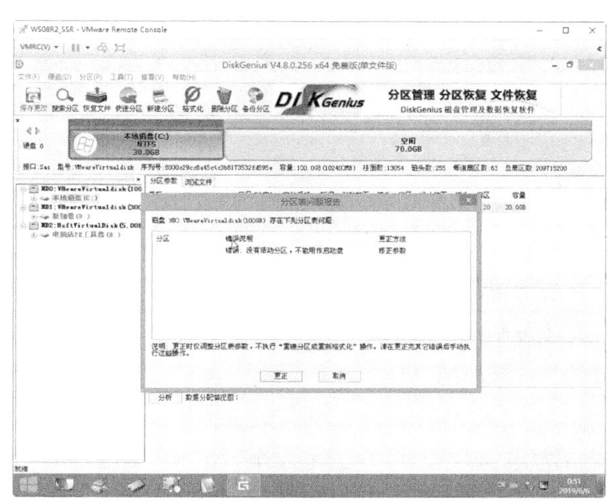

图 7-4-56 设置 C 盘为引导分区

（5）然后退出 Windows PE 程序，重新启动虚拟机并进入系统。打开“服务器管理器→

存储→磁盘管理"，此时其他磁盘为脱机状态，如图 7-4-57 所示。

（6）用鼠标右键单击，将脱机的磁盘联机。如果为虚拟机分配的硬盘大于源物理机对应的磁盘分区，此时在硬盘后面会有剩余空间，用鼠标右键单击分区，在弹出的快捷菜单中选择"扩展卷"，将剩余空间分配给对应的分区，这些不再一一介绍。扩展卷之后如图 7-4-58 所示。

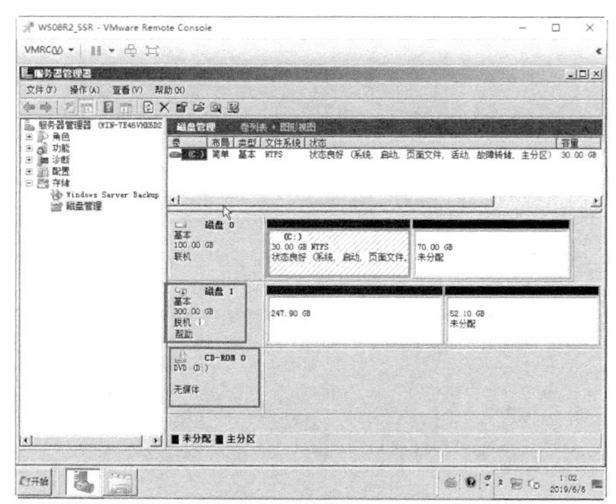

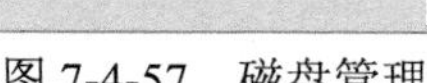

图 7-4-57　磁盘管理

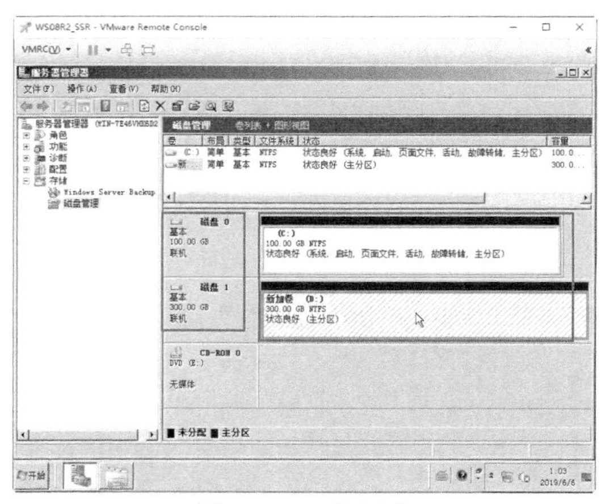

图 7-4-58　扩展卷

修改虚拟机网卡的 IP 地址，与迁移的物理机的 IP 地址设置相同，用虚拟机代替源物理机对外提供服务，这些将不再介绍。

如果在第一次进入桌面后提示执行"系统准备工具"（见图 7-4-59），单击"确定"按钮执行系统准备工具，并重新启动计算机即可。

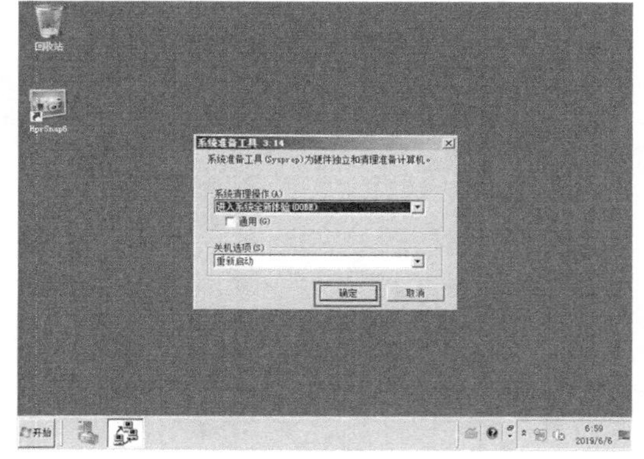

图 7-4-59　系统准备工具

7.4.6　制作 SSR 启动 U 盘

前文介绍的使用 SSR 备份物理机、恢复 SSR 备份到虚拟机，实现从物理机到虚拟机的迁移。其中的备份是在 Windows 操作系统完成的。实际上使用 SSR 磁盘镜像也能完成物理机的备份。本节介绍这方面内容。

在 Windows 操作系统安装 SSR 之后，可以创建 SSR 恢复磁盘。使用 SSR 恢复磁盘可以实现计算机的备份与恢复，所以如果只是为了迁移物理机到虚拟机（或虚拟机到物理机，或不同虚拟机之间的互相迁移），可以只使用 SSR 恢复磁盘完成这个任务。

对于服务器来说，可以使用 KVM 加载 ISO 格式的磁盘镜像文件引导服务器，或者使用具有 KVM 功能的服务器远程管理接口，例如 HP 服务器的 iLO、Dell 服务器的 iDRAC、IBM 服务器的 iMM 功能、H3C 服务器的 HDM 功能。如果没有 KVM 或者服务器的远程管理接口不支持 KVM 功能（没有购买相应的许可），可以使用光盘或 U 盘启动服务器。

考虑到现在服务器不配光驱或现在已经很少使用光盘，可以将 U 盘制作成工具盘启动服务器。下面介绍方法和主要步骤。

（1）在一台服务器上安装 Veritas System Recovery 18（可以在物理机上安装，也可以在虚拟机中安装）。安装之后创建 SSR 恢复磁盘 ISO 文件，文件名为 VeritasSrd.iso，如图 7-4-60 所示。

（2）当前版本生成的 SSR 恢复磁盘 ISO 镜像文件大小为 625MB，找一个 1GB 以上的 U 盘就可以满足需求。在制作启动 U 盘的时候会对 U 盘进行初始化操作，U 盘上原有的数据会被清空，所以如果 U 盘上有重要数据一定要备份到安全的位置。使用 UltraISO 工具软件，打开 VeritasSrd.iso，在“启动”菜单中选择“写入硬盘映像”，如图 7-4-61 所示。

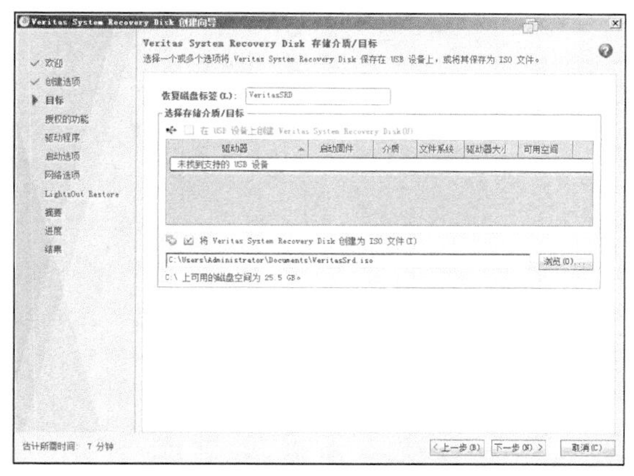

图 7-4-60　创建 SSR 恢复磁盘

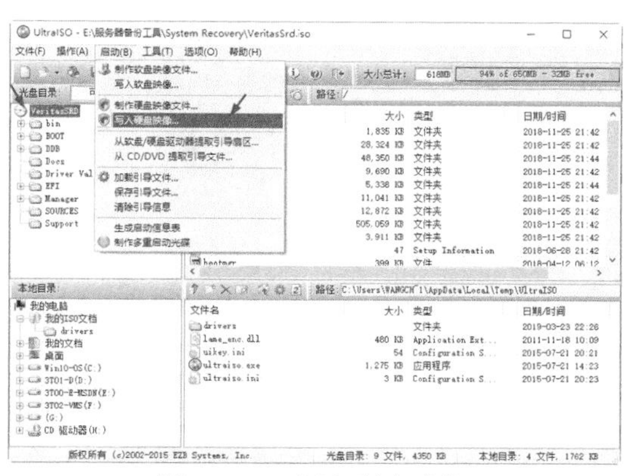

图 7-4-61　写入硬盘映像

（3）在“写入硬盘映像”对话框中的“硬盘驱动器”中会显示当前计算机上可用的 U 盘，如果有多个 U 盘可以从下拉列表中选择。选择了正确的 U 盘之后单击“写入”按钮，UltraISO 会将选择的 ISO 镜像文件写入 U 盘，如图 7-4-62 所示。因为 ISO 是可引导的，将 ISO 格式的文件展开并写入 U 盘之后，此 U 盘也是可引导的，和将 ISO 文件刻录成光盘并从光盘引导效果相同。

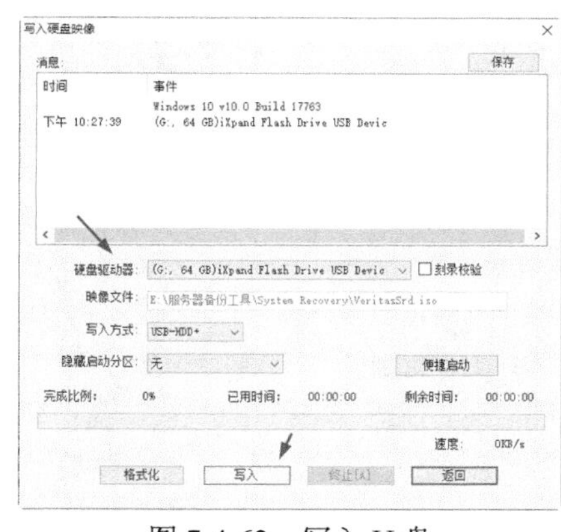

图 7-4-62　写入 U 盘

当 U 盘制作完成后，从计算机上拔下该 U 盘，用此 U 盘启动要进行迁移的服务器，实现物理机的备份与恢复。

7.4.7　使用 SSR 恢复磁盘备份物理机

在本节，可以将要进行 P2V 的物理机，使用上一步制作的 U 盘引导，将需要系统盘、数据盘备份成镜像文件，备份保存的位置可以是服务器本地空闲的分区，也可以是网络中另一台提供空间的文件服务器。

示例：要迁移的服务器 A 的 IP 地址是 192.168.200.200，提供空间的文件服务器 B 的 IP 地址是 172.16.6.3，共享文件夹是 backup，要将服务器 A 的 C、D、E 分区创建备份文件。

（1）使用 U 盘启动服务器，进入 Veritas System Recovery 界面后，在“网络”中单击“配置网络连接设置”链接（见图 7-4-63），为服务器设置 IP 地址以连接服务器 B 提供的共享文件夹。

（2）在“网络适配器配置”对话框中选中“使用以下 IP 地址”，然后根据当前的网络环境设置 IP 地址、子网掩码、默认网关，如图 7-4-64 所示。本节设置与服务器 A 同一网段中一个空闲的 IP 地址，本示例为 192.168.200.211。如果网络中有 DHCP 服务器，使用默认选项“自动获取 IP 地址”，SSR 会自动从网络中的 DHCP 获得一个可用的 IP 地址。

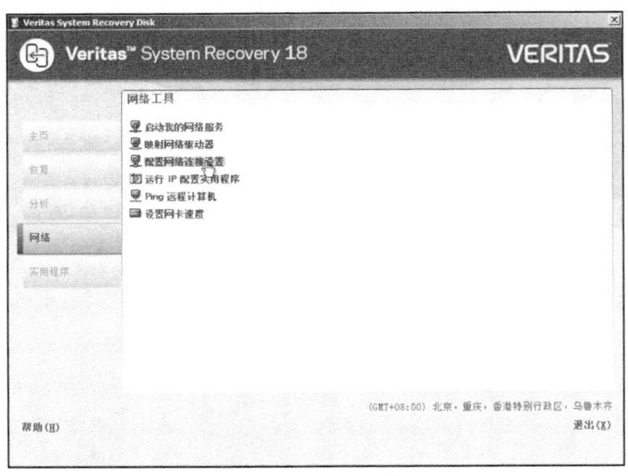

图 7-4-63 网络

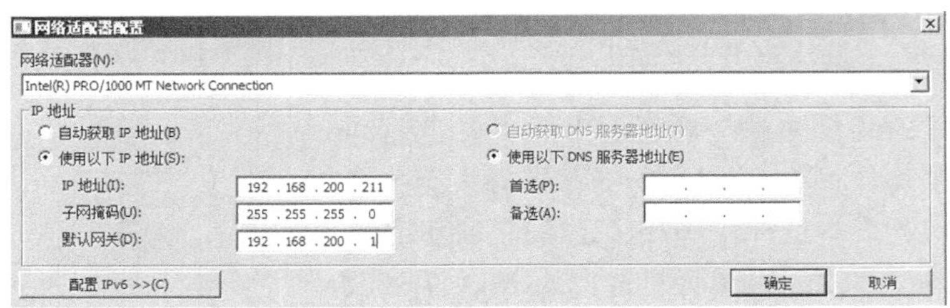

图 7-4-64 设置 IP 地址

（3）在设置了 IP 地址之后返回到图 7-4-63 的网络工具，单击“映射网络驱动器”链接，在弹出的“映射网络驱动器”对话框中的“文件夹”中以 UNC 格式输入文件服务器的 IP 地址和提供的共享文件夹，本示例为\\172.16.6.3\backup\A1_200.200（见图 7-4-65），然后单击“使用不同的用户名连接”，在弹出的“作为…进行连接”对话框中输入服务器 B 的用户名和密码，该用户名和密码需要对\\172.16.6.3\backup 共享文件夹有写入权限。输入完成后单击“确定”按钮，如果输入正确并且网络连通，会弹出“已成功映射网络驱动器”的提示。

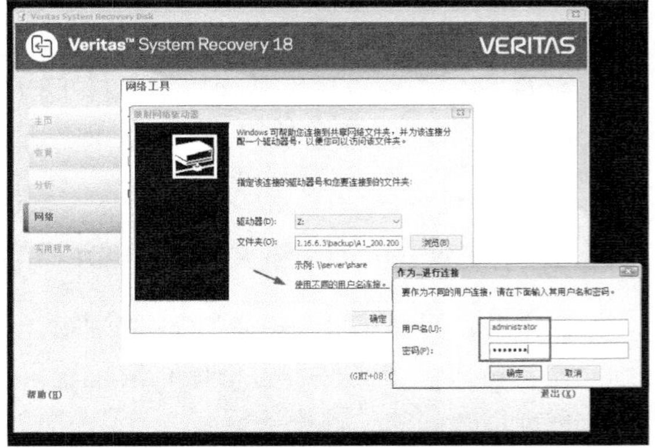

图 7-4-65 映射网络驱动器

说明

当需要迁移多台物理机时，在提供文件服务器的共享文件夹中为每台服务器创建一个共享文件夹，每个文件夹保存一台服务器的备份数据。文件夹名称一般是以服务器的功能与对应的 IP 地址进行命名。本示例中备份数据保存在 IP 地址为 172.16.6.3、共享文件夹为 backup 的 A1_200.200 子文件夹中。

（4）单击“主页”按钮，在此可以执行恢复计算机、备份计算机、映射网络驱动器等操作，如图 7-4-66 所示。在此选择“备份计算机”，开始备份向导。

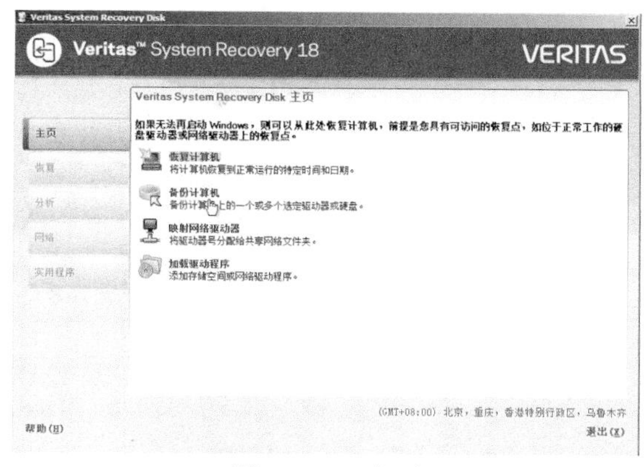

图 7-4-66　主页

（5）在“驱动器”中选择要备份的驱动器的盘符，如果备份的目的是在源服务器上进行恢复，需要备份“系统保留”分区；如果备份的目的是进行系统的迁移，不需要备份“系统保留”分区，而只是备份 C、D、E 等分区即可，如图 7-4-67 所示。如果业务系统主要运行在 C 盘或 C、D 盘，其他的磁盘只是备份，或者不需要使用备份、恢复的方式进行迁移，可以在将物理机迁移到虚拟机之后，通过网络共享文件夹的方式复制到虚拟机中。

（6）在“备份目标”中选择第（3）步中映射的驱动器，本示例为 Z 盘，每个备份的驱动器将保存为一个文件，如图 7-4-68 所示。

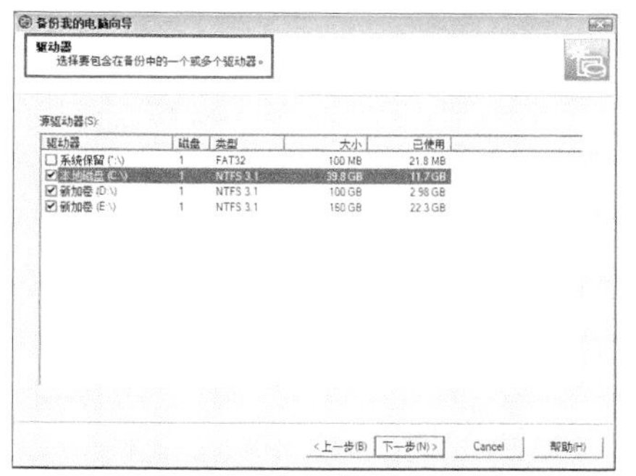

图 7-4-67　选择要备份的驱动器

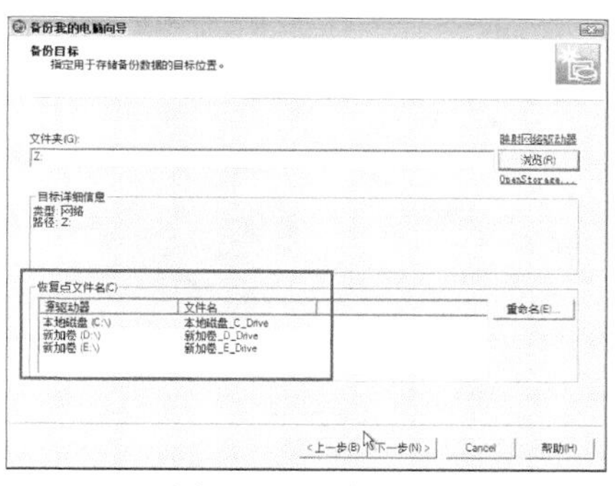

图 7-4-68　备份目标

（7）在“选项”中根据需要选择是否设置密码，如图 7-4-69 所示。

（8）在“正在完成 Back Up My Computer Wizard”中单击“完成”按钮。然后 SSR 开始备份选择的分区到远程的文件服务器指定目录中，如图 7-4-70 所示。备份完成后关闭服务器。

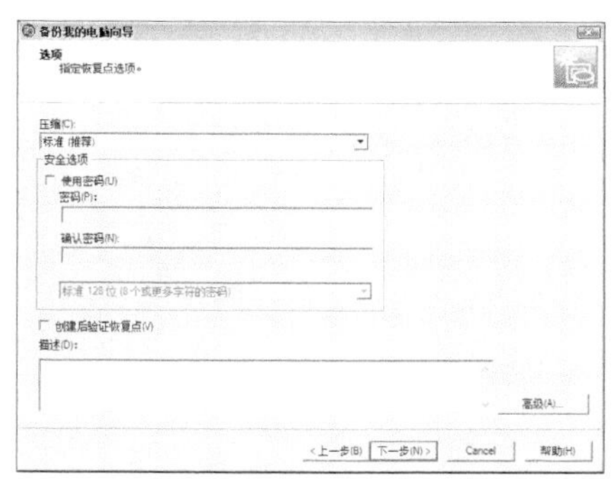

图 7-4-69　选项

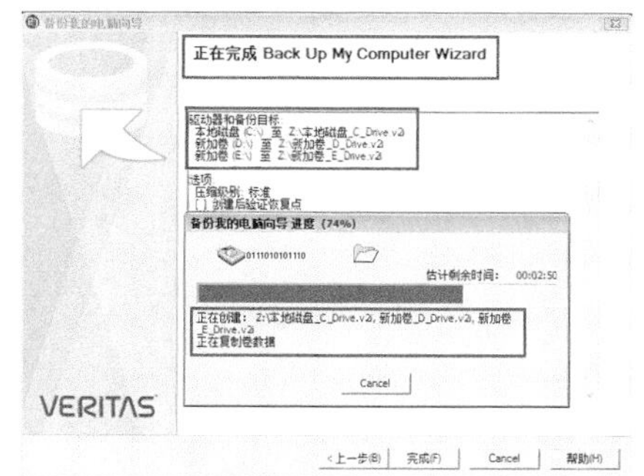

图 7-4-70　备份到远程服务器

（9）备份完成后，打开文件服务器可以看到有 3 个文件（见图 7-4-71），每个文件代表了一个分区（或一个硬盘），在恢复的时候，每个文件恢复到一个单独的硬盘而不是恢复到一个分区，这一点需要注意。

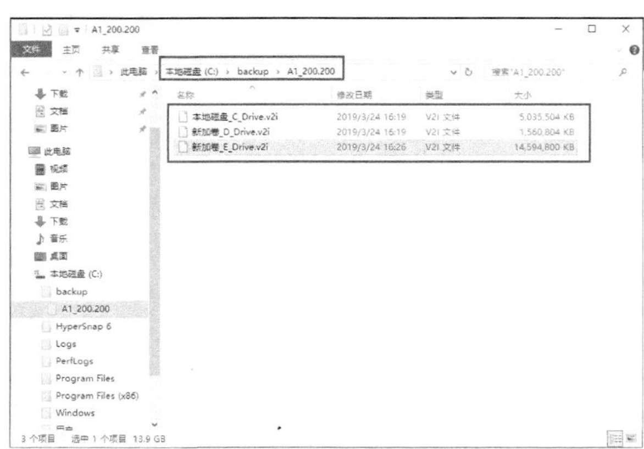

图 7-4-71　备份后的文件

最后参照第 7.4.4 节“从备份恢复到虚拟机”的内容，新建虚拟机、从备份恢复虚拟机并修改启动环境即可。这些不再一一介绍。

8　虚拟机备份与恢复

vSphere HA 提供了操作系统的高可用性，如果主机出现问题，故障主机上的虚拟机会在其他主机重新启动。vSAN 提供了数据的冗余性，单台主机或单块磁盘的故障不会影响数据的完整性。如果虚拟机保存在共享存储，共享存储所采用的 RAID-5、RAID-6、RAID-50、RAID-60、RAID-10 等技术保证了数据的冗余性。

虚拟化环境通过主机、网络设备、存储等硬件的冗余获得了系统及数据的高可用性，但病毒、误操作等人为或程序的故障并不能保证数据的安全性。要保证数据的安全性，对重要数据进行备份，是企业信息化中数据安全的必然选择。

8.1　数据备份概述

随着数据量越来越大以及数据重要性的提升，对中小企业来说，数据备份系统在 IT 系统中具有非常重要的地位。

8.1.1　勒索病毒影响数据安全

信息化高速发展的同时，信息系统的安全问题也十分突出，信息系统的重大漏洞和缺陷不断出现，计算机病毒、木马、僵尸网络、间谍软件、仿冒网站比较盛行，网络攻击、网络犯罪甚至网络恐怖主义也很严重。

勒索病毒是一种新型电脑病毒，主要以邮件、程序木马、网页挂马的形式进行传播。该病毒性质恶劣、危害极大，一旦感染将给用户带来无法估量的损失。这种病毒利用各种加密算法对文件进行加密，被感染者一般无法解密，必须拿到解密的私钥才有可能破解。

2017 年 5 月 12 日晚上 20 时左右，全球爆发大规模蠕虫勒索软件感染事件，用户只要开机上网就可能被攻击。5 小时内，包括整个欧洲、俄罗斯，以及我国国内多个高校校内网、大型企业内网和政府机构专网感染勒索病毒，需支付高额赎金才能解密恢复文件，相关单位损失较大。

勒索病毒带来了一个不好的开头。以往计算机或信息系统感染病毒，只是感染可执行程序，不影响数据，最多是重新安装系统和应用程序。而勒索病毒是加密用户数据，用户只有支付赎金才能恢复文件。

8.1.2　有备无患

数据备份顾名思义，就是将数据以某种方式加以保留，以便在系统遭受破坏或其他特定情况下，重新加以利用的一个过程。数据备份的根本目的是重新利用，备份工作的核心是恢复，一个无法恢复的备份，对任何系统来说都是毫无意义的。

数据备份作为存储领域的一个重要组成部分，其在存储系统中的地位和作用都是不容忽视的。对一个完整的企业 IT 系统而言，备份工作是其中必不可少的组成部分。其意义不仅在于防范意外事件的破坏，而且还是历史数据保存归档的最佳方式。即便系统正常工作，没有任何数据丢失或破坏发生，备份工作仍然具有非常大的意义——为企业进行历史数据查询、统计和分析，以及重要信息归档保存提供了便利。

数据备份作为保护信息数据安全的重要措施。当信息系统受到破坏时，数据备份是可以将损失降低到最小的行之有效的办法。数据备份的目的是将整个系统的数据和状态保存下来，这种方式不仅可以挽回硬件设备带来的损失，也可以挽回系统错误和人为恶意破坏带来的损失。

数据备份关键时刻是可以用来“救命”的，数据备份可能一直不用，但只要用到，必须是在业务系统及数据已经不能修复的情况下启用的。

8.1.3 备份产品与备份位置的选择

在选择备份产品的时候，可以根据功能、用途等进行选择。针对 VMware vSphere 虚拟化环境，可供选择的产品有下面这些。

（1）vSphere 6.5 及以前的版本，可以使用 VMware 提供的 VDP。但此产品已经不再升级，最高只支持到 vSphere 6.5，从 vSphere 6.7 开始将不再支持。

（2）第三方备份软件，例如 Veeam Backup & Replication，Veritas Backup Exec、Veritas NetBackup。这些备份软件安装在物理机或虚拟机中，将备份保存在服务器本地硬盘或共享存储。

（3）备份一体机。国内外有许多厂商都提供备份一体机，例如 NetBackup 备份一体机，浪擎 DX 备份一体机等。

在对虚拟机进行备份时，备份的位置有下列这些。

（1）与虚拟机保存在同一存储。虚拟机保存在本地存储或共享存储，备份也在同一存储。

（2）虚拟机与备份使用不同的存储。虚拟机在一个或多个 LAN，虚拟机备份在一个独立的 LAN。

（3）单独的备份设备，例如配置单独的备份服务器或备份一体机，备份保存在备份服务器本地硬盘。

在实际的生产环境中，建议将备份保存在单独的设备。如果备份与虚拟机保存在相同设备，由于设备故障导致虚拟机不能用时，备份也不能使用，此时备份没有意义。

8.1.4 备份服务器的选择

在采用共享存储架构的虚拟化环境中，或者是物理机的环境中，可以单独配置一台备份服务器用于数据的备份，网络拓扑如图 8-1-1 所示。

在图 8-1-1 中的备份设备连接到网络交换机，通过网络对备份服务器进行管理，通过网络对虚拟机或物理机进行备份，这就是 LAN 备份。也有一些备份软件或备份设备支持存储，此时为备份服务器添加一块 FC 或 SAS HBA 接口卡连接到共享存储，直接通过存储而不经过网络进行备份（称为 LAN Free 备份）。

在 vSAN 架构的虚拟化环境中，备份服务器需要连接到 ESXi 主机管理网络，通过 ESXi 主机管理网络对虚拟机或物理机进行备份，网络拓扑如图 8-1-2 所示。

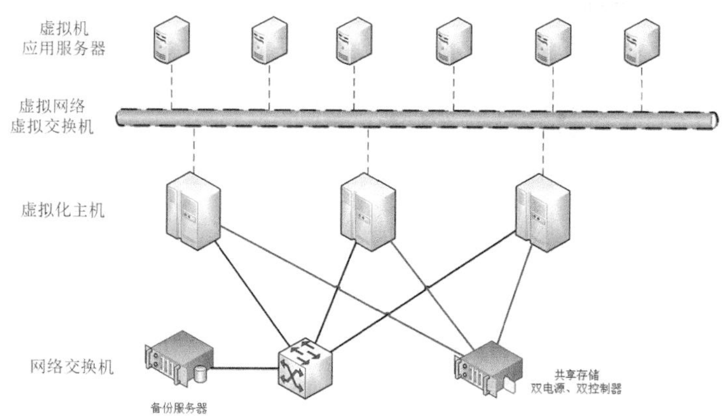

图 8-1-1 传统共享存储架构备份设备

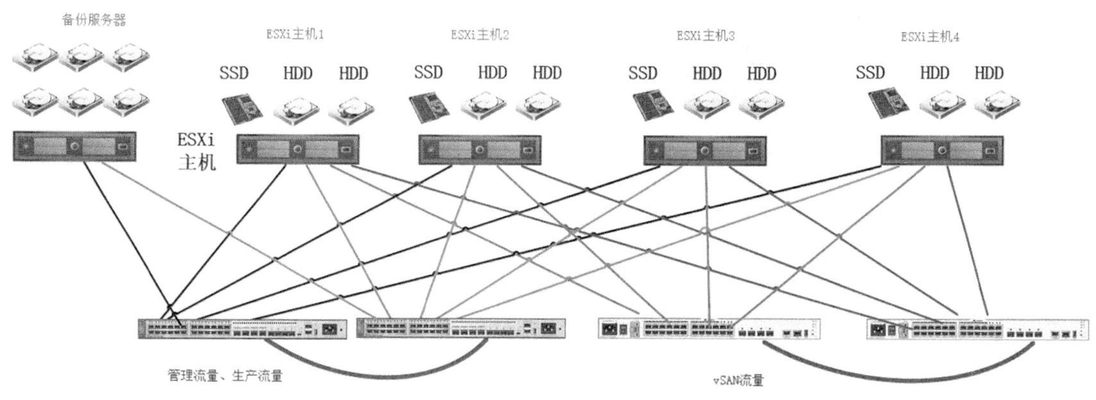

图 8-1-2 vSAN 架构备份设备

无论是传统架构还是 vSAN 架构，建议选择一台单独的服务器用作数据备份。根据用户当前需要备份的数据量选择备份设备及备份容量，还要考虑后期数据增长情况。可供选择的服务器有 1U、2U、4U 等多种配置。备份服务器不需要多高的性能，更多强调的是容量。在选择备份服务器的时候，优先选择支持较多 3.5 英寸盘位的服务器。下面推荐几款适合用作备份的服务器。

（1）1U 服务器可以选择 Dell R330 服务器，此款服务器可以支持 4 块 3.5 英寸或 8 块 2.5 英寸硬盘，推荐选择 3.5 英寸硬盘的型号，如图 8-1-3 所示。该服务器配置 1 个 Intel 至强 E3-1200 V5 系列 CPU、集成 2 块 1Gbit/s 电接口网卡，支持 2 个 PCIe 扩展插槽。如果需要 10Gbit/s 网络，可以单独添加一块 10Gbit/s 网卡。

图 8-1-3 Dell R330 服务器

Dell 服务器支持的 3.5 英寸硬盘容量较大，常见的有 4TB、6TB、8TB、10TB、12TB。如果配置 4 块 12TB 的硬盘，使用 RAID-5 划分之后的可用容量约 32.74TB。

说明

厂商采用十进制，计算机采用二进制。厂商的 $1T = 1\times10^{12}$，计算机的 $1T = 1\times2^{40}$。4 块 12TB 的硬盘，使用 RAID-5 划分之后实际是 3 块硬盘的容量，划分成计算机的容量 $= 36\times10^{12}/2^{40}$TB = 32.74TB。

（2）2U 服务器可以选择华为 RH2288、Dell R740XD 等服务器。这两款服务器都支持 12 块 3.5 英寸硬盘，支持双路 CPU。华为 RH2288 服务器外形如图 8-1-4 所示。

在配置 12 块 12TB 容量的 SAS 磁盘后，如果采用 RAID-50 技术（划分成 2 组，每组 6 块磁盘），实际可用容量 = 120×10^12/2^40 = 109.14TB。如果需要更多的备份容量，可以采用多台服务器的方式。

图 8-1-4　华为 RH2288 服务器

（3）如果单台服务器需要更多的容量，当前可供选择的服务器有华为 RH 5288 V5 机架式服务器，该服务器最多支持 2 个 CPU、40 块 3.5 英寸硬盘。华为 RH5288 外形如图 8-1-5、图 8-1-6 所示。

图 8-1-5　华为 RH5288 前面板

图 8-1-6　华为 RH5288 后面板

华为 RH5288 前面板支持 24 块 3.5 英寸硬盘，后面板支持 12 块 3.5 英寸硬盘，还能添加 2 个 2 盘位的托架，合计 40 块 3.5 英寸硬盘。如果配置 40 块 12TB 的硬盘，裸容量（不划分 RAID）可以达到 480×10^12/2^40 = 436.56TB。

8.2　Veeam Backup & Replication 功能概述

Veeam Backup & Replication 可帮助企业对所有虚拟、物理和云端工作负载实施全面的数据保护。借助单个控制台，管理员可快速灵活和可靠地备份、恢复及复制所有应用程序和数据。Veeam Backup & Replication 主要功能是备份、恢复、复制。下面详细介绍。

8.2.1　备份功能

Veeam Backup & Replication 可为所有工作负载提供快速、可靠的备份，可帮助用户缩短备份窗口并降低备份和恢复成本。

（1）借助 Veeam Cloud Tier（全新功能），使用与 Amazon S3、Azure Blob Storage、IBM 云对象存储、兼容 Amazon S3 的服务提供商或内部存储解决方案的原生对象存储集成，为长期数据保留提供无限容量。

（2）面向 SAP HANA（全新功能）和 Oracle RMAN（全新功能）的 Veeam 插件可提升可扩展性和运营效率，优化企业环境管理。

（3）借助支持 Veeam Agents for Linux 和 Microsoft Windows 的内置管理功能，用户可通过 Veeam Backup & Replication 控制台管理虚拟、物理和基于云端的备份。

（4）借助高级应用程序感知处理功能创建应用程序一致的映像级虚拟机（VM）备份。

（5）利用全球领先存储提供商的存储快照实施超快备份，帮助用户改进恢复点目标（RPO）。

（6）内建广域网加速功能可以多达 50 倍的速度获取异地数据。

（7）借助扩展式备份存储库（Scale-Out Backup Repository）（增强功能），简化备份存储管理，包括对象存储支持。

（8）Veeam Cloud Connect 和端到端加密实现快速、安全的云备份，从而保护备份中的动态和静态数据。

（9）借助 SureBackup 自动验证数据的可恢复性。

（10）使用 Veeam 的 Direct NFS Access，直接从基于文件（NFS）的主存储中备份。

（11）有效利用多个磁带支持选项（增强功能），包括将整个卷备份和恢复至 NDMP v4，并以 WORM 格式写入介质池。

8.2.2　恢复功能

Veeam Backup & Replication 支持快速可靠地恢复单个文件、整个 VM 和应用程序项目，应对每一个恢复场景，实现出色的恢复时间目标（RTO）。

说明

在本章的介绍中，VM 特指虚拟机。VM 备份、VM 复制表示虚拟机备份、虚拟机复制，VM 副本表示虚拟机副本。

借助 Instant VM Recovery（即时恢复），在数分钟内恢复整个 VM。Veeam Backup & Replication 直接从最新备份中运行 vSphere 或 Hyper-V 上的任何虚拟化应用程序，以免用户在供应存储、提取备份并将其复制到生产过程中还需等待。在恢复之后，管理员可使用 VMware Storage vMotion、Hyper-V Live Migration 或 Veeam 的专有 Quick Migration 将 VM 迁移到生产存储。

即时虚拟机恢复使用已获专利的 vPower 技术，可以在 2 分钟内恢复发生故障的虚拟机。其原理将经过压缩和去重的备份文件加载到运行的 vSphere 或 Hyper-V 主机存储文件，并从存储挂载启动虚拟机。由于无须从备份解压整台虚拟机并将其复制到生产存储设备，因此可以在短短几分钟内从任何还原点（增量或完整）重新启动虚拟机，而不是正常还原需要几小时，从而大大减少了恢复时间。

虚拟机的备份映像仍然保持为只读状态，以保存其完整性。任何更改都会单独存储，并在将虚拟机迁移到生产存储设备后进行合并。

Veeam Backup & Replication 的恢复功能还包括以下内容。

（1）使用即时文件级恢复，可以轻松恢复单个文件或文件夹。

（2）使用 Veeam Explorer for Microsoft Exchange 功能可以快速的恢复 Microsoft Exchange 项目，例如用户的邮箱。

（3）使用 Veeam Explorer for Microsoft Active Directory 功能可以恢复 Active Directory 对象、整个容器、OU 和用户账户。

（4）使用 Veeam Explorer for Microsoft SharePoint 功能可以恢复整个 SharePoint 站点和站点集，并将删除的项目恢复至生产环境中。

（5）借助 Veeam Cloud Mobility（全新功能），只需两步便可轻松将本地或云端工作负载迁移和恢复至 AWS、Azure 和 Azure Stack。

（6）Veeam DataLabs Secure Restore（全新功能）加入了安全、杀毒和入侵防御功能，Veeam DataLabs Staged Restore（全新功能）加入了 GDPR 与合规保护功能，可帮助用户恢复备份。

（7）借助 Veeam Explorer for Oracle 和 Veeam Explorer for Microsoft SQL Server，分别对 Oracle 数据库和 SQL Server 数据库实施快速的交易级恢复和时间点恢复。

（8）借助支持全球领先存储提供商技术的 Veeam Explorer for Storage Snapshots，快速恢复单个文件或整台虚拟机。

（9）借助基于角色的访问控制（RBAC）（全新功能），建立 VMware 的内部自助备份和恢复功能。

8.2.3 复制功能

Veeam Backup & Replication 提供一份处于就绪状态的虚拟机（VM）副本，如果一台虚拟机出现故障，可以立即切换到副本虚拟机。

（1）故障切换和故障回复。

复制是用户的安全保障。如果生产虚拟机发生故障，可以立即切换至虚拟机副本，在解决问题时用户仍可访问他们所需的服务和应用程序，从而将干扰降至最低。

在运行副本的同时将常规操作还原至新的位置，方法是：故障切换至生产虚拟机，或者只需将虚拟机副本作为新的生产虚拟机。Veeam 维持多个副本还原点，如果最近的副本损坏，则可以选择回滚至上一还原点。

全新的故障切换计划功能提前规划用户的整个故障切换，故障切换计划可一键启动。从副本添加虚拟机，移动虚拟机以设置启动顺序，以及为每台虚拟机设置延时，使它们不会在上一虚拟机启动之前启动。

利用全新的计划的故障切换功能促进数据中心迁移或对生产主机执行维护。计划的故障切换关闭源虚拟机，将任何更改复制到目标虚拟机并启动该虚拟机。所有这一切都不会造成数据丢失，而且停机时间很短。

（2）针对复制的内置广域网加速。

跨广域网获取副本极具挑战性，并且带宽成本高昂。借助 Veeam Backup & Replication 广域网加速功能，用户能够以比复制原始数据最多快 50 倍的速度选择性地异地复制副本。

Veeam Backup & Replication 的内置广域网加速可以利用高级数据精简技术显著削减通过广域网传输的数据量。它是内置功能，易于使用，帮用户省去了购买和维护第三方广域网加速技术的费用。而且，由于 Veeam 知道用户的备份和副本的内容（这一点不同于通用广域网加速器），因此 Veeam 可以提供更高的数据约简比（Data Reduction）。

8.2.4 Veeam Backup & Replication 部署方案

Veeam Backup & Replication 可用于任何规模和复杂程度的虚拟环境，该解决方案的体系结构支持本地和异地数据保护，支持跨远程站点和地理位置分散的位置的操作。Veeam Backup & Replication 提供灵活的可扩展性，可适应不同的虚拟环境需求。Veeam Backup & Replication 的部署方案有简单部署、高级部署、分布式部署 3 种。

1. 简单部署

在简单部署方案中，Veeam Backup & Replication 的一个实例安装在基于 Windows 的物理机或虚拟机上。此安装称为备份服务器。

简单部署意味着备份服务器执行以下角色。

（1）充当管理点，协调所有作业，控制其调度并执行其他管理活动。

（2）充当默认备份代理，用于处理作业和传输备份流量。备份代理功能所需的所有服务都在本地安装的备份服务器上。

（3）用作默认备份存储库。在安装过程中，Veeam Backup & Replication 会检查安装产品的计算机的卷，并标识具有最大可用磁盘空间量的卷。在此卷上，Veeam Backup & Replication 创建备份文件夹，该文件夹用作默认备份存储库。

（4）用作装入服务器和来宾交互代理。

如果计划仅备份和复制少量虚拟机或评估测试 Veeam Backup & Replication，此配置可以满足大多数用户需求。Veeam Backup & Replication 安装完成后即可使用。只要安装完成，用户就可以开始使用该解决方案执行备份和复制操作。要平衡备份和复制 VM 的负载，可以在不同时间安排作业。简单部署拓扑如图 8-2-1 所示。

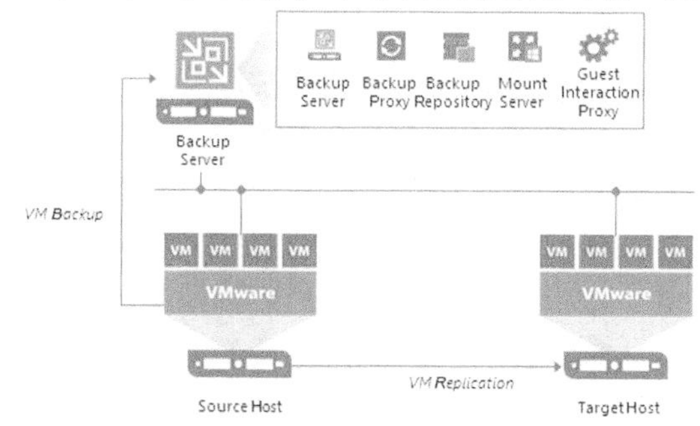

图 8-2-1 简单部署方案

如果决定使用简单部署方案，建议在 VM 上安装 Veeam Backup & Replication，这将能够使用虚拟设备传输模式，从而允许无 LAN 的数据传输。

简单部署方案的缺点是所有数据都在本地处理并存储在备份服务器上。对于中型或大型环境，单个备份服务器的容量可能不够。要减轻备份服务器的负载并在整个备份基础架构中进行平衡，建议使用高级部署方案。

2. 高级部署

在具有大量作业的大型虚拟环境中，备份服务器上的负载很重。在这种情况下，建议使用将备份工作负载移至专用备份基础架构组件的高级部署方案。此处的备份服务器充当“管理器”，用于部署和维护备份基础架构组件。

高级部署包括以下组件。

（1）虚拟基础架构服务器。用作备份、复制和 VM 复制的源和目标的 VMware vSphere 主机。

（2）备份服务器。备份基础架构的配置和控制中心。

（3）备份代理。一个“数据移动器”组件，用于从源数据存储中检索 VM 数据，处理它并传递到目标存储。

（4）备份存储库。用于存储备份文件、VM 副本和辅助副本的位置。

（5）专用安装服务器。用于将 VM Guest 虚拟机操作系统文件和应用程序项所需的组件还原到原始位置。

（6）专用 Guest 虚拟机交互代理。用于在 Microsoft Windows VM 中部署运行时进程的组件。

借助高级部署方案，用户可以满足当前和未来的数据保护要求。管理员可以在几分钟内横向扩展备份基础架构，以匹配要处理的数据量和可用的网络吞吐量。可以安装多个备份基础架构组件并在其中分配备份工作负载，而不是增加备份服务器的数量或不断调整作业调度。安装过程完全自动化，简化了虚拟环境中备份基础架构的部署和维护。

在具有多个代理的虚拟环境中，Veeam Backup & Replication 会在这些代理之间动态分配备份流量。作业可以显式映射到特定代理，管理员也可以让 Veeam Backup & Replication 选择最合适的代理。在这种情况下，Veeam Backup & Replication 将检查可用代理的设置，并为作业选择最合适的代理。要使用的代理服务器应该可以访问源主机和目标主机以及要写入文件的备份存储库。高级部署拓扑如图 8-2-2 所示。

高级部署方案是备份和复制异地的良好选择。管理员可以在生产站点中部署一个备份代理，在 DR 站点中部署另一个备份代理，更靠近备份存储库。执行作业时，双方的备份代理建立稳定的连接，因此该体系结构还允许通过慢速网络连接或 WAN 高效传输数据。

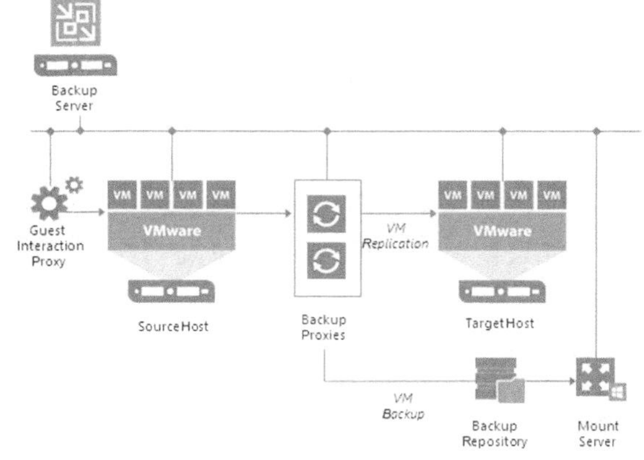

图 8-2-2 高级部署方案

要规范备份负载，可以指定每个代理的最大并发任务数，并设置限制规则以限制代理带宽。除了组合数据速率的值之外，还可以为备份存储库指定最大并发任务数。

高级部署方案的另一个优点是它有助于实现高可用性。如果其中一个代理过载或不可用，作业可以在代理之间进行迁移。

3. 分布式部署

对于在不同站点上安装了多个备份服务器的大型的地理位置分散的虚拟环境，建议使用分布式部署方案。这些备份服务器在 Veeam Backup Enterprise Manager 下联合（这是一个可选组件），通过 Web 界面为这些服务器提供集中管理和报告。

Veeam Backup Enterprise Manager 从备份服务器收集数据，使管理员能够通过单个管理平台在整个备份基础架构中运行备份和复制作业，使用单个作业作为模板编辑它们并克隆作业。它还提供各个区域的报告数据（例如，在过去 24 小时或 7 天内执行的所有作业，所有从事这些作业的 VM 等）。使用在一台服务器上整合的索引数据，Veeam Backup Enterprise Manager 提供了在所有备份服务器上创建的 VM 备份中检索 VM Guest 虚拟机操作系统文件的高级功能（即使它们存储在不同站点上的备份存储库中），并在单台服务器中恢复它们。通过 Veeam Backup Enterprise Manager 启用搜索 VM Guest 虚拟机操作系统文件本身。

如果在备份基础架构中使用 Veeam Backup Enterprise Manager ，则无须在部署的每个备份服务器上安装许可证。相反，管理员可以在 Veeam Backup Enterprise Manager 服务器上安装一个许可证，它将应用于备份基础架构中的所有服务器。此方法简化了跨多个备份服务器的许可证使用和许可证更新跟踪。

此外，VMware 管理员将受益于可以使用 Veeam Backup Enterprise Manager 安装的适用于 vSphere Web Client 的 Veeam 插件。他们可以直接从 vSphere 分析已使用和可用存储空间视图的累积信息以及已处理 VM 的统计信息，查看成功、警告、所有作业的故障计数，轻松识别未受保护的 VM 以及执行存储库的容量规划。分布式部署拓扑如图 8-2-3 所示。

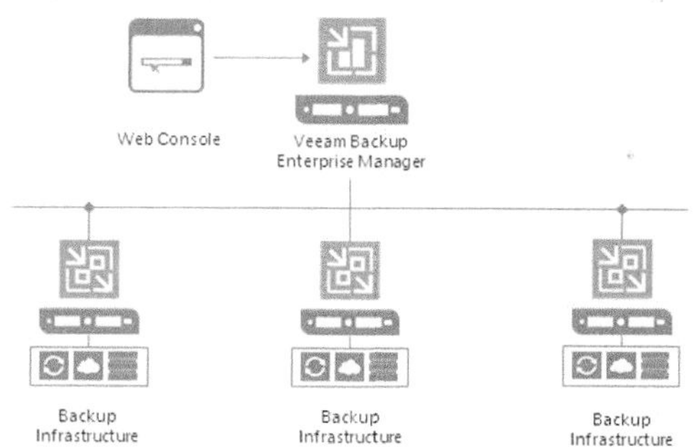

图 8-2-3 分布式部署方案

8.2.5 Veeam Backup & Replication 架构

Veeam Backup & Replication 由 Veeam Backup & Replication Console（备份和复制控制台）、Backup Proxy Server（备份代理服务器）、Backup Repository Server（备份库服务器）、WAN Accelerator（WAN 加速器或广域网加速器）、Backup Target（备份目标）、Storage Integration（存储集成）、Tape Server（磁带服务器）、Mount Server（装载服务器）、Veeam Backup Enterprise Manager（企业管理器）、Veeam Explorers（浏览器）等多个组件组成，在较小的环境中使用时，这些组件都安装在一台物理机或虚拟机中。在较大的环境中，除了安装一台 Veeam Backup & Replication Server 用于管理外，还可以在网络中其他的物理机或虚拟机中安装 Veeam Backup & Replication 的其他组件，分担 Veeam Backup & Replication 的功能及负担。Veeam Backup & Replication 备份架构如图 8-2-4 所示。

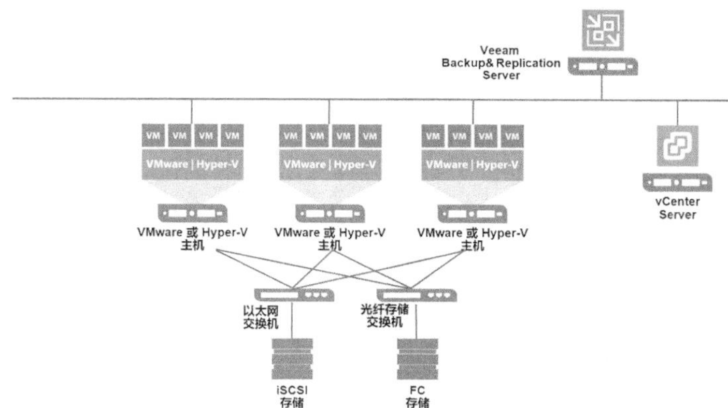

图 8-2-4 Veeam Backup & Replication 备份架构

建议不要在生产环境中的关键服务器上安装 Veeam Backup & Replication 及其组件，例如 vCenter Server、Active Directory 域控制器、Microsoft Exchange Server 等。如果可能，应在专用计算机上安装 Veeam Backup & Replication 及其组件。

下面介绍 Veeam 备份架构中的产品组件、用途及需要的配置。

1. 备份服务器

备份服务器（Backup Server）是安装了 Veeam Backup & Replication 的基于 Windows 的物理机或虚拟机。它是备份基础架构中的核心组件，可以充当“配置和控制中心”的角色。

备份服务器执行所有类型的管理活动。

- 协调备份、复制、恢复验证和还原任务。
- 控制作业调度和资源分配。
- 用于设置和管理备份基础架构组件，以及指定备份基础架构的全局设置。

除了主要功能外，新部署的备份服务器还执行默认备份代理和备份存储库（它管理数据处理和数据存储任务）的角色。

如果要在物理机或虚拟机中安装 Veeam Backup & Replication 及其组件，需要 4 核心的处理器，至少配置 5GB 的磁盘空间用于产品安装，至少配置 4GB 的内存。推荐选择 Windows Server 2008 R2、Windows Server 2012、Windows Server 2012 R2、Windows Server 2016、Windows Server 2019 等 64 位服务器操作系统。需要 SQL Server 2008、SQL Server 2008 R2、SQL Server 2012、SQL Server 2014、SQL Server 2016、SQL Server 2017 等数据库软件。

如果计划备份运行 Windows Server 2012 R2 或更高版本的 VM，并且为某些 VM 卷启用了重复数据删除，则建议在运行相同或更高版本的计算机上部署 Veeam Backup & Replication 控制台、并装入服务器启用了具有重复数据删除功能的 Microsoft Windows Server。否则，这些 VM 的某些类型的还原操作（例如 Microsoft Windows 文件级恢复）可能会失败。

由于其局限性，Microsoft SQL Server Express Edition 只能用于评估目的或小规模生产环境。对于具有大量 VM 的环境，必须安装功能完整的 Microsoft SQL Server 商业版本。

2. Veeam 备份和复制控制台

Veeam 备份和复制控制台是一个客户端组件，用于 Veeam Backup & Replication 的管理。控制台允许用户登录 Veeam Backup & Replication 并执行所有类型的数据保护和灾难恢复操作，就像在备份服务器上工作一样。

控制台无法直接访问备份基础架构组件和配置数据库。用户凭据、密码、角色和权限等数据存储在备份服务器端。要访问此数据，控制台需要连接到备份服务器并在工作会话期间定期查询此数据。

为了使用户尽可能不间断地工作，如果连接丢失，远程控制台会将会话保持 5 分钟。如果在此期间内重新建立连接，则无须重新登录控制台即可继续工作。

Veeam 备份和复制控制台可以安装在物理机或虚拟机中，最少需要 2GB 内存、500MB 硬盘空间。

3. Backup Proxy Server（备份代理服务器）

备份代理是位于备份服务器和备份基础结构的其他组件之间的体系结构组件。备份服务器管理任务时，代理处理作业并提供备份流量。

基本备份代理提供从生产存储中检索 VM 数据、压缩、重复数据删除、加密、将其发送到备份存储库（例如，如果运行备份作业）或其他备份代理（例如，如果运行复制作业）等任务。

如果 VM 磁盘位于存储系统，并且存储系统已添加到 Veeam Backup & Replication 控制台，则备份代理也可以使用“从存储快照备份”模式。

管理员可以明确选择传输模式，或让 Veeam Backup & Replication 自动选择模式。

根据备份代理的类型和备份体系结构，备份代理可以使用的传输模式为：直接存储访问、虚拟设备、网络模式。具体内容如表 8-2-1 所示。

表 8-2-1 Veeam 备份代理使用的传输模式

生产存储类型	直接存储访问	虚拟设备	网络模式
光纤通道（FC）SAN	在具有对 SAN 的直接 FC 访问权限的物理服务器上安装备份代理	在连接到存储设备的 ESXi 主机上运行的 VM 上安装备份代理	建议不要在 1Gbit/s 以太网上使用此模式，但适用于 10Gbit/s 以太网 在存储网络上的任何计算机上安装备份代理
iSCSI SAN	在物理机或虚拟机上安装备份代理		
NFS 存储	在物理机或虚拟机上安装备份代理		
本地存储	不支持	在每个 ESXi 主机的 VM 上安装备份代理	在存储网络中的任何计算机上安装备份代理
AWS 上的 VMware Cloud	不支持	在连接到 VSAN 存储设备的 ESXi 主机上运行的 VM 上安装备份代理	不支持

在默认情况下，代理的角色将分配给备份服务器本身。但是，这仅适用于流量负载较小的小型安装。对于大型安装，建议部署专用备份代理。

使用备份代理可以根据用户的需求轻松地上下调整备份基础架构。要优化多个并发作业的性能，可以使用多个备份代理。在这种情况下，Veeam Backup & Replication 将在可用备份代理之间分配备份工作负载。管理员可以在主站点和远程站点中部署备份代理。

要部署代理，管理员需要将基于 Windows 的服务器添加到 Veeam Backup & Replication，并将备份代理的角色分配给添加的服务器。备份代理运行轻量级服务，需要几秒钟才能部署。部署完全自动化。Veeam Backup & Replication 安装必要的组件并在其上启动所需的服务。

Veeam 安装程序服务是一种辅助服务，一旦将其添加到 Veeam Backup & Replication 控制台中的受管服务器列表，就会在任何 Windows 服务器上安装和启动。此服务根据为服务器选择的角色分析系统，安装和升级必要的组件和服务。

Veeam Data Mover 是代表 Veeam Backup & Replication 执行数据处理任务的组件，例如检索源 VM 数据，执行重复数据删除和压缩以及将备份数据存储在目标存储上。

执行备份代理角色的计算机必须满足以下要求。

- 计算机必须符合系统要求。
- 可以将备份代理的角色分配给专用的 Microsoft Windows 服务器（物理机或虚拟机）。
- 必须将计算机作为托管服务器添加到 Veeam Backup & Replication 控制台。

备份代理的主要作用是为备份流量提供最佳路由并实现高效的数据传输。因此，在部署备份代理时，需要分析备份代理与其工作的存储之间的连接。根据连接类型，可以使用以下方式之一配置备份代理（从最有效的方式开始）。

- 用作备份代理的计算机应该可以直接访问 VM 所在的存储或写入 VM 数据的存储。这样，备份代理将直接从数据存储中检索数据，绕过 LAN。
- 备份代理可以是具有对数据存储上的 VM 磁盘的虚拟设备（Hot Add）访问权限的 VM。此类代理还支持不依赖 LAN 的数据传输。
- 如果上述两种情况都不可能，则可以将备份代理的角色分配给网络中靠近源或代理将使用的目标存储的计算机上的计算机。在这种情况下，VM 数据将使用 NBD 协议通过 LAN 传输。

如果备份使用虚拟设备模式处理 VM 数据的代理，则禁用更改块跟踪机制（CBT）。

在启动数据保护或灾难恢复作业时，Veeam Backup & Replication 会分析添加到作业的 VM 列表，并为要处理的每个 VM 的每块磁盘创建单独的任务。然后，Veeam Backup & Replication 定义必须为作业使用哪些备份基础架构组件，检查当前可用的备份基础架构组件，并分配必要的组件来处理创建的作业任务。

每台备份代理服务器都有任务数量限制。最大并发任务数取决于备份代理上可用的 CPU 核心数。强烈建议为每个代理任务使用 1 个 CPU 核心。例如，如果备份代理具有 4 个 CPU 核心，则建议将此备份代理的并发任务数限制为 4。

可以在添加新备份代理的时候指定最大并发任务（见图 8-2-5），也可以在安装完成后修改最大并发任务。

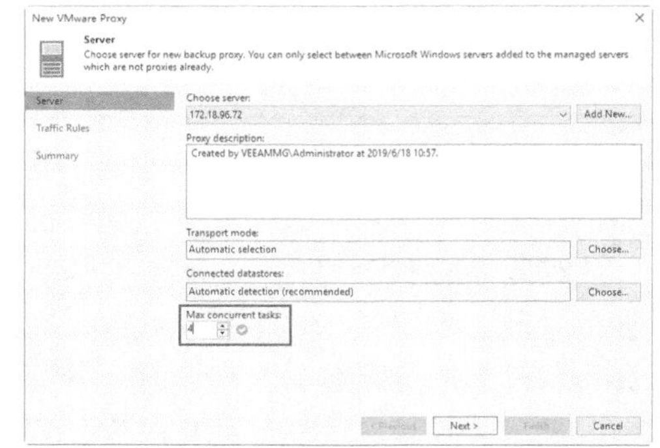

图 8-2-5 指定最大并发任务

备份基础架构组件通常同时处理多个任务。管理员可以限制备份基础架构组件必须同时处理的任务数。任务限制可平衡备份基础架构中的工作负载并避免性能瓶颈。

为备份基础架构组件设置的任务限制会影响作业性能。例如，将具有 4 块磁盘的 VM 添加到作业，并分配 1 个备份代理，如果该代理可以同时处理该作业的最多 2 个任务。在这种情况下，Veeam Backup & Replication 将创建 4 个任务（每块 VM 磁盘 1 个任务）并开始并行处理 2 个任务，其他 2 个任务将等待。

4. Backup Repository Server（备份库服务器）

备份存储库是 Veeam 为复制的 VM 保留备份文件、VM 副本和元数据的存储位置。要配置备份存储库，可以使用以下存储类型。

（1）直接附加存储（Direct Attached Storage）。可以添加虚拟机和物理机的 Microsoft Windows 服务器或 Linux 服务器作为备份存储库。

（2）网络附加存储（Network Attached Storage）。可以添加 CIFS（SMB）共享作为备份存储库。

（3）重复数据删除存储设备（Deduplicating Storage Appliances）。可以将 Dell EMC Data Domain、ExaGrid、HPE StoreOnce、Quantum DXi 等重复数据删除存储设备添加为备份存储库。

（4）使用云存储服务作为备份存储库。

5. WAN Accelerator（WAN 加速器或广域网加速器）

WAN 加速器是 Veeam Backup & Replication 用于 WAN 加速的专用组件。WAN 加速器负责全局数据缓存和重复数据删除。

异地备份和复制始终涉及在远程站点之间移动大量数据。备份管理员在异地备份和复制期间遇到的最常见问题是：网络带宽不足以支持 VM 数据流量，传输冗余数据。为解决这些问题，Veeam Backup & Replication 提供 WAN 加速技术，有助于优化 WAN 上的数据传输。WAN 加速器是一项内置功能，不会增加备份基础架构的复杂性和成本。

WAN 加速技术特定于远程作业：备份作业和复制作业。

注意

Veeam Backup & Replication 的企业版提供了 WAN 加速器。

---

6. Mount Server（装载服务器）

如果将 VM guest 虚拟机操作系统文件和应用程序项还原到原始位置或执行安全还原，则需要装载服务器。装载服务器以最佳方式路由 VM 流量，减少网络负载并加快还原过程。

在执行文件级、应用程序项或安全还原时，Veeam Backup & Replication 需要将备份文件的内容装载到 staging 服务器（或原始 VM 还原到 Microsoft SQL Server 和 Oracle VM）。挂载 VM 备份后，Veeam Backup & Replication 会通过此装入服务器或 VM 将文件或项目复制到其目标。

在默认情况下，将为每个备份存储库创建装载服务器并将其与之关联。配置备份存储库时，可以定义要用作此备份存储库的装载服务器的服务器。默认情况下，Veeam Backup & Replication 会将装载服务器角色分配给以下计算机。

（1）备份库。对于 Microsoft Windows 备份存储库，装载服务器角色将分配给备份存储库服务器本身。

（2）Veeam 备份服务器。对于 Linux 操作系统，共享文件夹备份存储库和重复数据删除存储设备，装载服务器角色将分配给 Veeam 备份服务器。

（3）Veeam 备份和复制控制台。装载服务器角色也分配给安装了 Veeam Backup & Replication 控制台的计算机。请注意，此类型的装载服务器未在 Veeam Backup & Replication 配置数据库中注册。

如果不想使用默认装载服务器，则可以将装载服务器角色分配给备份基础架构中的任何 64 位 Microsoft Windows 计算机。建议在每个站点中至少配置一个装载服务器，并将此装载服务器与驻留在此站点中的备份存储库相关联。装载服务器和备份存储库必须尽可能彼此靠近。

8.3 备份与恢复功能

本节先介绍 Veeam Backup & Replication 的安装，然后介绍使用 Veeam Backup & Replication 备份 vSphere 虚拟机的内容。本节使用的 Veeam Backup & Replication 软件版本为 9.5 U4a，软件相关信息如表 8-3-1 所示。

表 8-3-1 虚拟机备份与恢复所用软件清单

文件名	大小	备注
VMware-VMvisor-Installer-6.7.0.update02-13006603.x86_64-DellEMC_Customized-A00.iso	314MB	vSphere 6.7.0 U2，Dell 服务器 OEM 版本
VeeamBackup&Replication_9.5.4.2753.Update4a.iso	4.85GB	支持 vSphere 6.7 U2

8.3.1 实验环境介绍

本节在 5 台主机组成的 vSphere 虚拟化环境中添加 1 台备份服务器，安装 ESXi 并在 ESXi 中创建 Veeam 虚拟机，通过 Veeam 备份虚拟化环境中的虚拟机，在出现故障时通过 Veeam 的备份或虚拟机副本进行恢复，实验拓扑如图 8-3-1 所示。

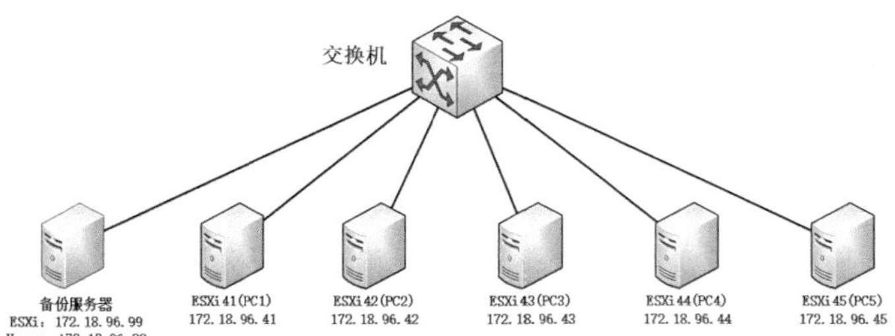

图 8-3-1 Veeam 备份与恢复实验拓扑

图 8-3-1 中 IP 地址为 172.18.96.41～172.18.96.45 的 5 台 ESXi 主机，是第 7 章中用到的实验环境，vCenter Server 与 ESXi 版本是 6.7.0 U2，各主机配置可以参看第 7 章。本节新添加的备份服务器是一台 Dell T630 的服务器，配置了 1 个型号为 E5-2609 V4 的 CPU、64GB 内存、4 块 2TB 硬盘。之所以先在备份服务器上安装 ESXi，再在虚拟机中安装 Veeam 备份软件，是想同时实现虚拟机的备份和复制。如果只需要数据备份，可以直接在物理机安装 Windows Server 操作系统及 Veeam 备份软件，不需要再安装 ESXi 软件。

8.3.2 备份服务器配置

本实验环境中备份服务器配置了 4 块 2TB 硬盘，使用 RAID-5 划分 2 个卷，第 1 个卷大小为 100GB，剩余空间划分为第 2 个卷，如图 8-3-2 所示。

本次实验环境使用的是 Dell 服务器，使用 VMware ESXi 6.7.0 U2 的 Dell 服务器定制版本镜像启动服务器，将 ESXi 6.7.0 U2 安装到 100GB 的硬盘上，如图 8-3-3 所示。

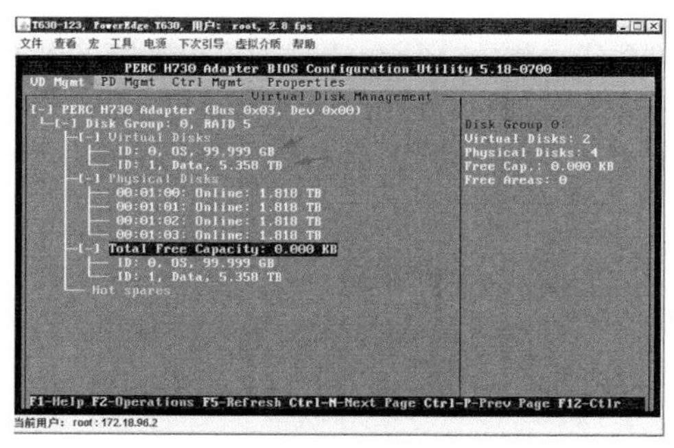

图 8-3-2 RAID 配置

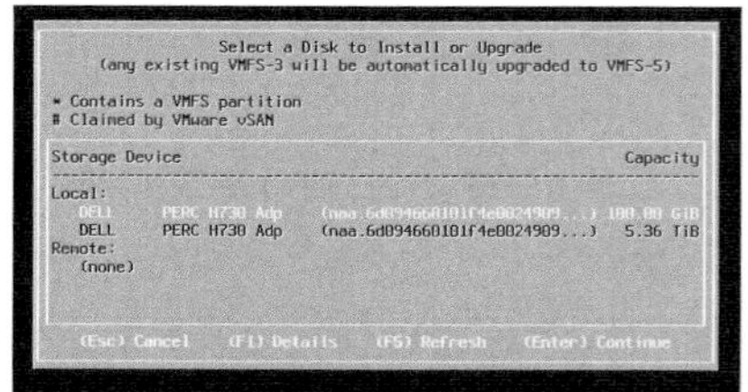

图 8-3-3 安装 ESXi

安装 ESXi 完成后，进入系统将 ESXi 管理地址设置为 172.18.96.99，如图 8-3-4 所示。

使用 vSphere Client 登录到 vCenter Server，将安装的 ESXi 主机添加到清单，在添加的时候，不要将该主机添加到现有的群集，而是在同一数据中心之内、vSAN 群集之外，如图 8-3-5 所示。

在导航窗格中选中新添加的 ESXi 主机，将该服务器第 2 个卷添加为存储，并格式化为 VMFS 6，修改存储名称为 Datastore-esx99，如图 8-3-6 所示。Veeam 备份虚拟机将保存在这个本地 VMFS 卷上。

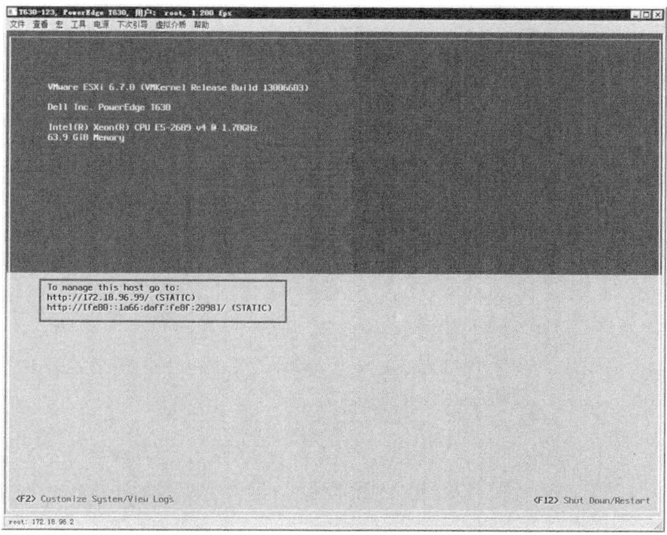

图 8-3-4 为 ESXi 设置管理地址

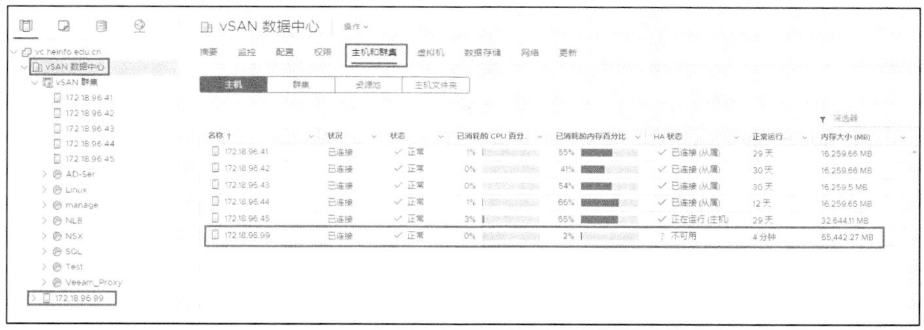
图 8-3-5 将备份主机添加到数据中心

图 8-3-6 添加 VMFS 卷

8.3.3 在 Windows 操作系统中安装 Veeam 9.5

使用 Veeam 9.5 备份 vSphere、Hyper-V 等环境，需要注意以下几点。

（1）Veeam 9.5 需要 64 位的 Windows 操作系统，建议选择较新、较高的版本，例如本示例中选择 Windows Server 2019 数据中心版。

（2）Veeam 9.5 需要 SQL Server 的支持，可以使用 Veeam 9.5 安装包中的 SQL Server Express 版本，这可以满足大多数的需求。但 SQL Server Express 支持的最大数据库大小是 10GB，在使用“应用程序感知功能”恢复 SQL Server 数据库文件时，超过 10GB 的数据库将无法恢复。如果有此类需要，建议安装 SQL Server 2016 企业版。

（3）Veeam 9.5 在大多数情况下配置 8 个 vCPU、8GB 内存即可满足需求。Veeam 9.5 主要是对磁盘空间及磁盘性能的占用。

（4）如果 Veeam 运行在虚拟机中，建议为保存 Veeam 备份的磁盘使用厚置备磁盘。

（5）建议在每台 ESXi 主机上安装一台 Veeam Backup Proxy（备份代理）的虚拟机，这可以减轻 Veeam 备份服务器的负担。在大多数情况下，为 Veeam Backup Proxy 的虚拟机分配 4 个 vCPU、2GB 内存即可满足需求。

（6）使用 Veeam 备份时，在默认情况下，每周六会合成一个“全备数据”，其他时间会有一个“差异备份数据”。差异备份数据不能单独使用，需要依赖于上一个全备数据。Veeam 在创建备份保留策略时，除了保存到指定时间的差异备份数据外，还要保存此差异备份数据所依赖的全备数据。所以，在创建虚拟机保存策略的时候，保存策略选择 14 天的时候，实际的备份可能会保留更长时间。如果某次周六合成全备数据没有成功，那么为了保证最后的备份能用，该差异备份数据的全备数据（可能是上上周的备份）及全备数据与该备份之间的差异备份数据同样保留。在周六完成差异备份数据后开始合成全备数据，此时备份进度会长时间停留在 99%，这是正常现象。等合成备份完成，并删除周六的差异备份文件后，进度才会到 100%。

在配置好服务器之后，为安装 Veeam 9.5 软件准备虚拟机。本示例中操作系统为 Windows Server 2019 数据中心版。在 vSphere 中创建虚拟机、在虚拟机中安装操作系统在前文已经做过介绍，本节只介绍关键步骤。

（1）使用 vSphere Client 登录到 vCenter Server，在新添加的 ESXi 主机（IP 地址为 172.18.96.99）新建虚拟机，本示例中从 Windows Server 2019 的模板新建虚拟机，设置虚拟机名称为 Veeam_96.38，如图 8-3-7 所示。

（2）为新建虚拟机选择空间较大的存储，并选择“精简置备”，如图 8-3-8 所示。

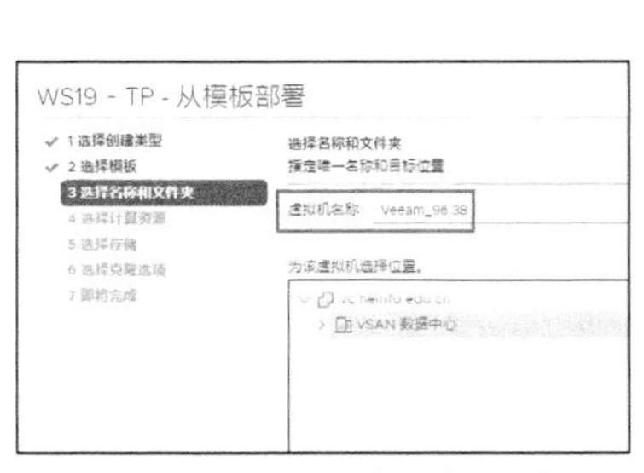

图 8-3-7 设置虚拟机名称

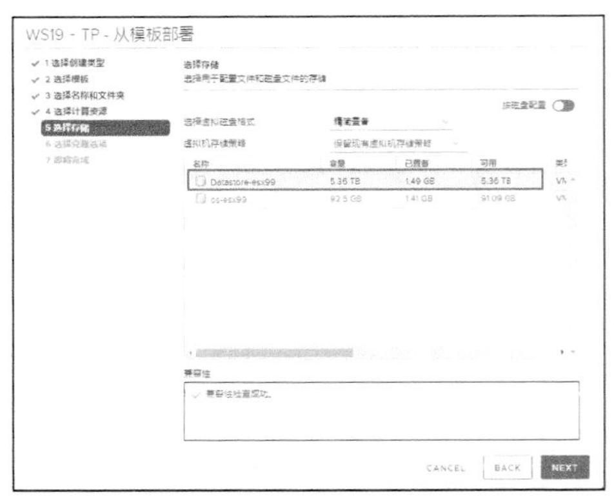

图 8-3-8 选择存储

（3）在“自定义硬件”中为虚拟机分配 2 个 CPU、8GB 内存，并添加一个新硬盘，本示例硬盘大小选择 2TB 并选择“厚置备延迟置零”，如图 8-3-9 所示。在实际的生产环境中，建议为 Veeam 的虚拟机分配 8 个 CPU，还要为用来保存备份数据的第 2 块磁盘设置合理的空间，空间大小以现有需要备份数据的 3～4 倍为宜。保存备份的磁盘推荐选择厚置备格式，不建议使用精简置备。如果备份虚拟机所在主机使用 10Gbit/s 网络，修改虚拟机的适配器类型为 VMXNET 3，如图 8-3-10 所示。

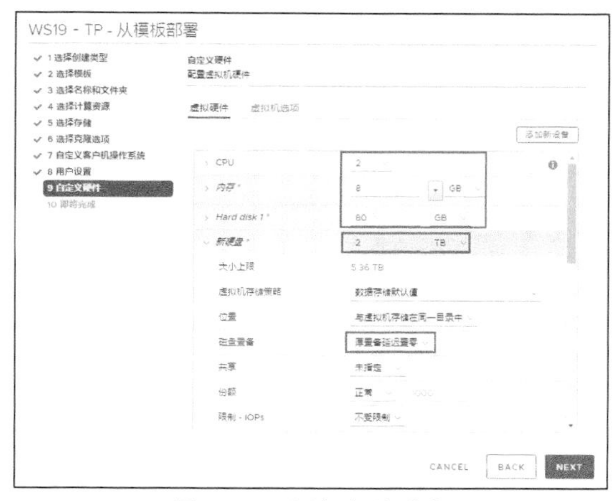

图 8-3-9 添加备份磁盘

图 8-3-10 选择适配器类型

（4）从模板部署虚拟机完成之后，打开虚拟机控制台，为备份虚拟机设置 IP 地址、子网掩码、默认网关、DNS，本示例中为备份虚拟机设置 172.18.96.38 的 IP 地址，如图 8-3-11 所示。

（5）打开“系统”设置界面，查看当前计算机的操作系统、内存、CPU 以及计算机名称，如图 8-3-12 所示。

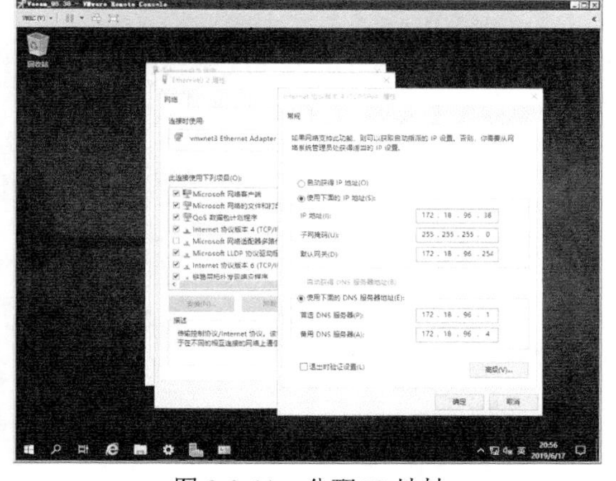

图 8-3-11 分配 IP 地址

图 8-3-12 查看系统信息

（6）打开“计算机管理→磁盘管理”，将新添加的 2TB 硬盘分区、格式化。在格式化的时候，使用 GPT 分区格式化，如图 8-3-13 所示。使用 GPT 分区格式化，以后扩展 D 盘分区时，单一分区容量可以很容易超过 2TB。如果使用 MBR 分区，分区大小将被限制为 2TB。

检查无误之后，加载 Veeam 9.5 的安装镜像，运行 Veeam 9.5 的安装程序，主要步骤如下。

（1）运行 Veeam 9.5 安装程序（见图 8-3-14），单击“Install”开始安装，如图 8-3-15 所示。

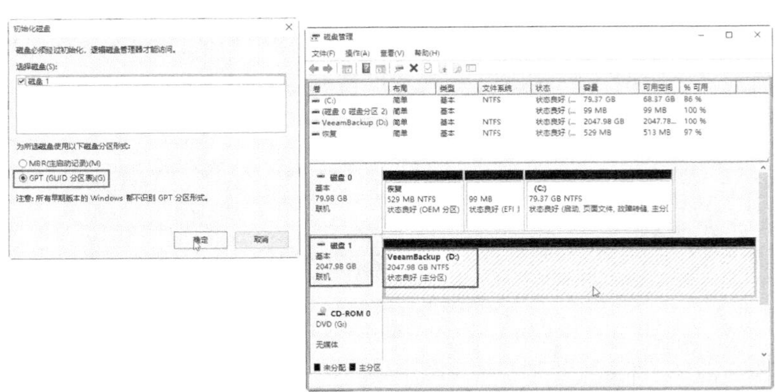

图 8-3-13　使用 GPT 分区

图 8-3-14　运行安装程序

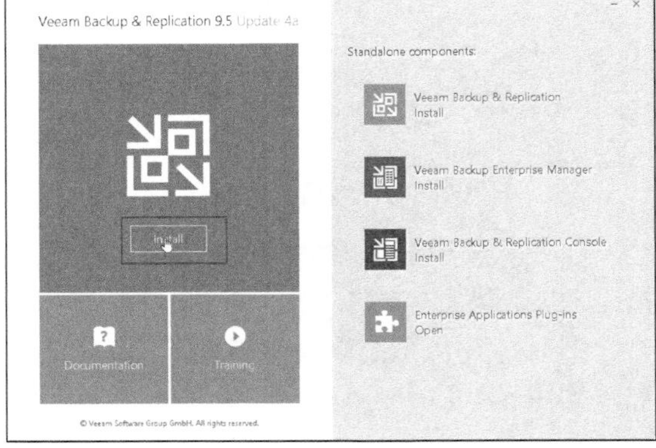

图 8-3-15　安装

（2）在“License Agreement”中单击选中“I accept the terms of theVeeam License agreement”“I accept the terms of the 3rd party components license agreements”，单击“Next”按钮，如图 8-3-16 所示。

（3）在“Provide License”中单击“Browse”按钮浏览选择 License 文件，也可以单击“Next”按钮直接安装，在安装完成后再导入 License 文件，如图 8-3-17 所示。

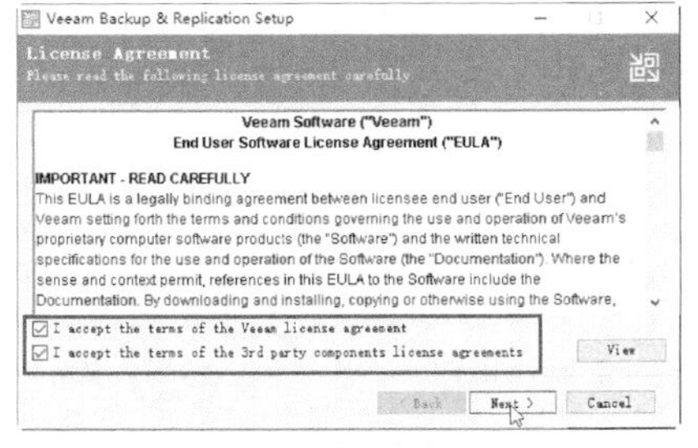

图 8-3-16　接受许可协议

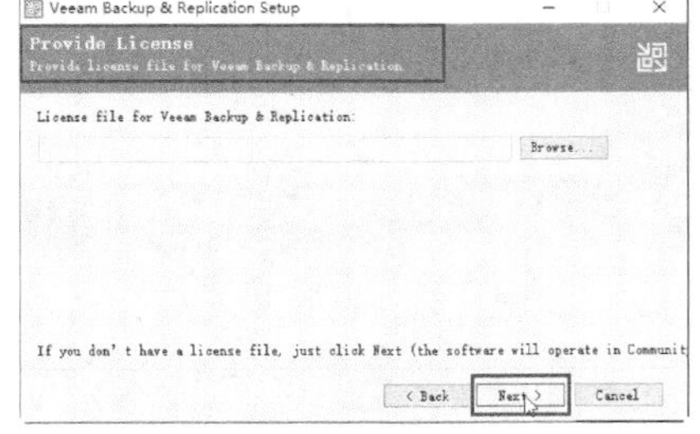

图 8-3-17　提供 License 文件

（4）在“Program features”中选择要安装的程序功能，单击“Next”按钮，如图 8-3-18 所示。

（5）在“System Configuration Check”中，安装程序会检测当前环境是否符合当前需求，对于缺少的组件或程序显示“Failed”，单击“Install”按钮会修复缺失的组件，如图 8-3-19 所示。

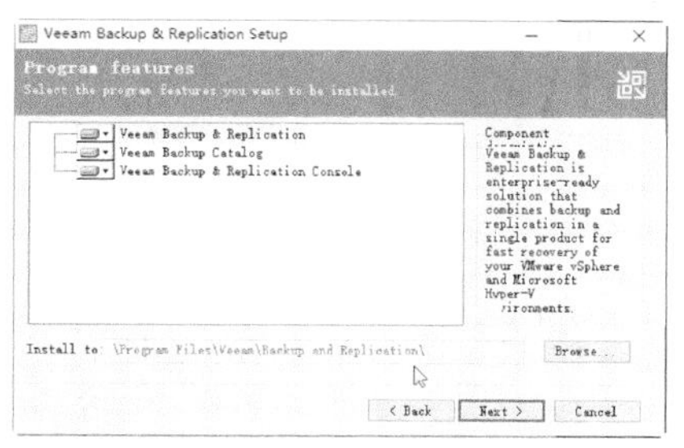

图 8-3-18　程序功能

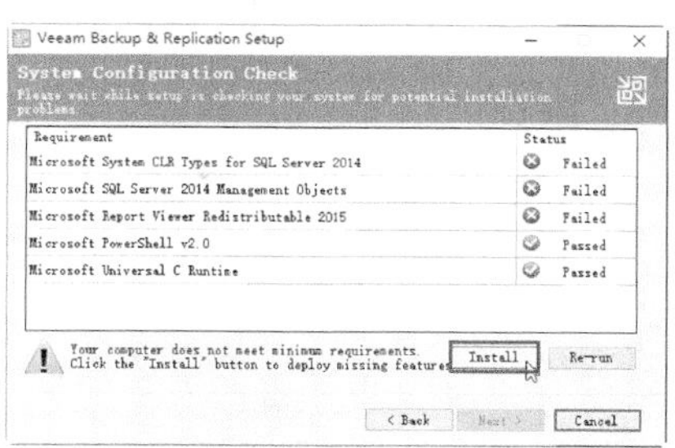

图 8-3-19　系统环境检查

（6）安装程序修复缺失的组件后，状态为“Passed”，单击“Next”按钮，如图 8-3-20 所示。

（7）在“Default Configuration”中，显示了默认情况下程序安装到的文件夹、vPower Cache 文件夹、Guest catalog 文件夹，如图 8-3-21 所示。通常情况下选择默认值。

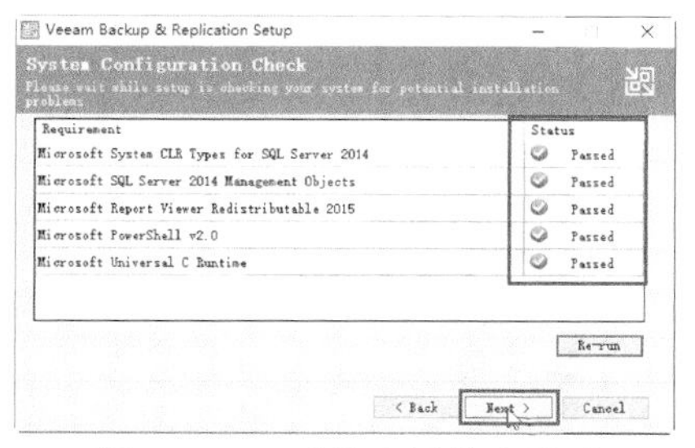

图 8-3-20　系统配置检查通过

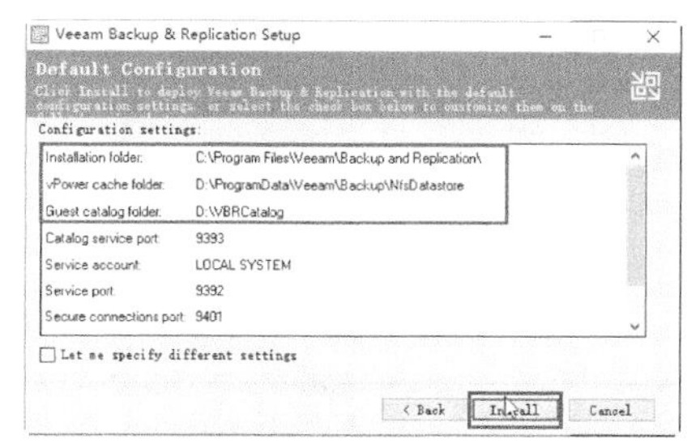

图 8-3-21　默认配置

（8）Veeam 安装程序开始安装，安装完成后更新 9.5 U4a 补丁（见图 8-3-22），更新补丁完成后，安装完成，如图 8-3-23 所示。

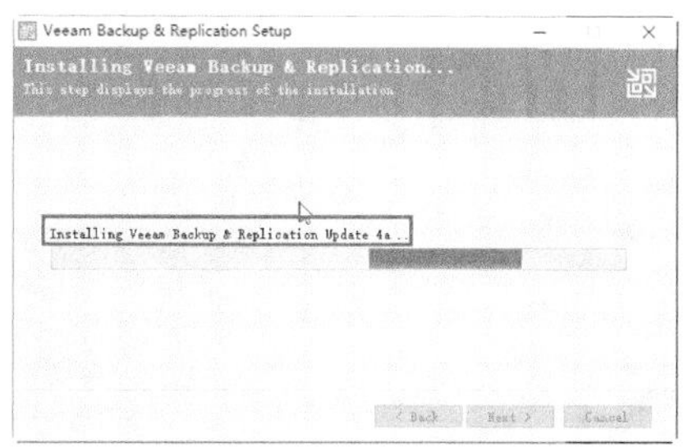

图 8-3-22　更新补丁

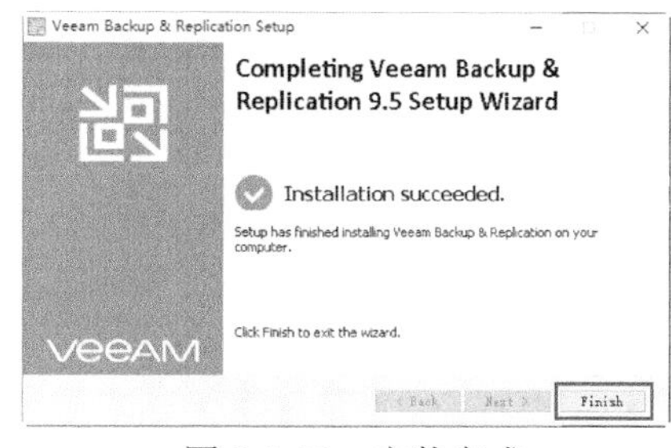

图 8-3-23　安装完成

安装完成后，双击桌面上的“Veeam Backup & Replication Console”，在“Veeam Backup & Replication 9.5”对话框中单击“Connect”按钮进入 Veeam 控制台，如图 8-3-24 所示。

图 8-3-24　登录进入 Veeam

在第一次登录进入 Veeam 的时候，会弹出“Components Update”对话框，单击“Apply”按钮（见图 8-3-25），更新完成后如图 8-3-26 所示，单击“Finish”按钮。

更新完成后进入 Veeam Backup & Replication 控制台界面，如图 8-3-27 所示。

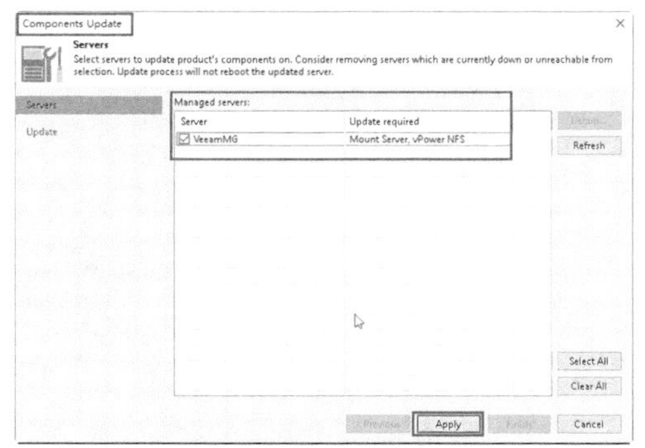

图 8-3-25　组件更新

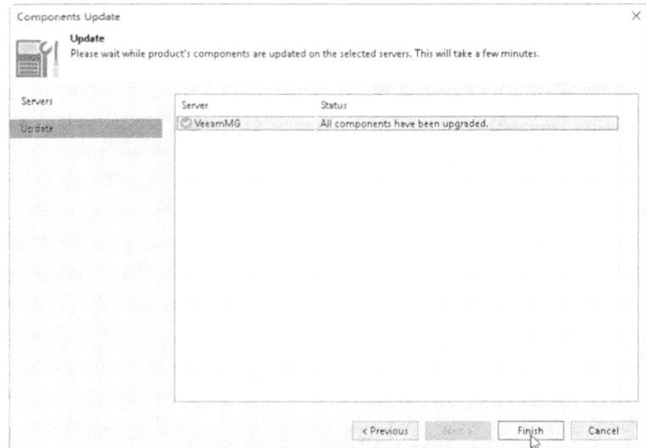

图 8-3-26　更新完成

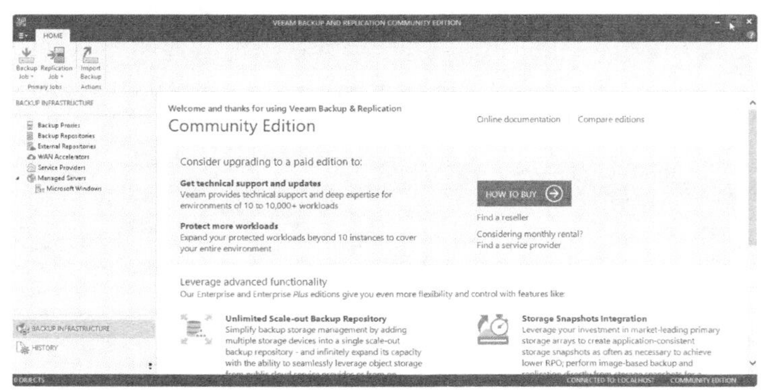

图 8-3-27　控制台界面

在 Veeam 9.5 中，在没有导入许可的情况下，该版本为社区版，限制 10 个实例（备份 10 台虚拟机），这可以在“LICENSE INFORMATION”中看到，如图 8-3-28 所示。在导入许可之后，会显示许可的软件版本、产品使用期限、支持期限、许可数量，如图 8-3-29 所示。

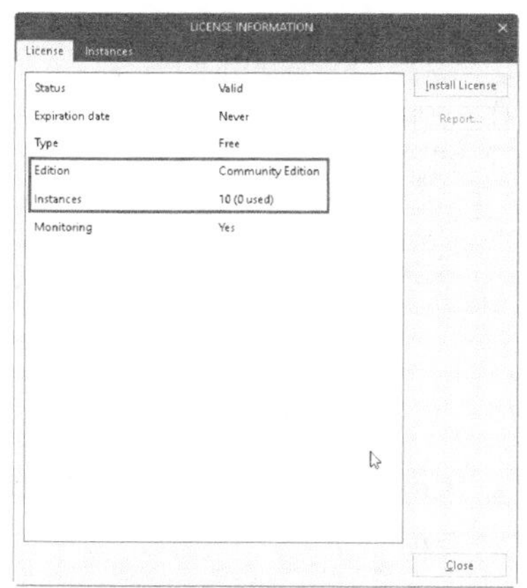

图 8-3-28　社区版

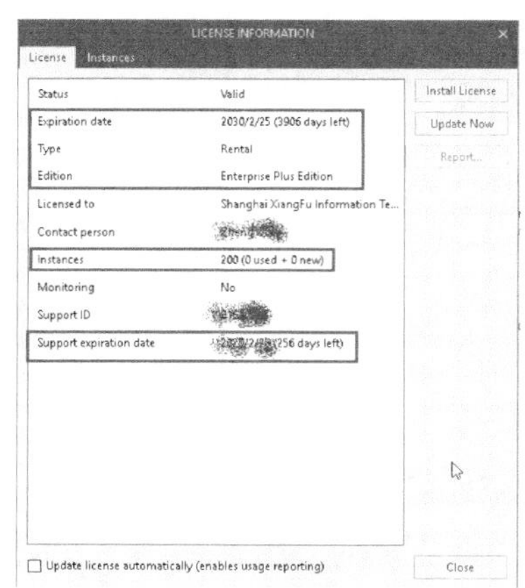

图 8-3-29　200 台虚拟机许可

8.3.4　添加 vSphere 到清单

如果要备份物理机或虚拟机，需要在“INVENTORY”中添加要备份的物理机或虚拟机。在本示例中，先向 Veeam 中添加 vSphere，然后再创建虚拟机备份与复制任务，最后从备份恢复。

（1）在 Veeam Backup & Replication 控制台界面左侧导航窗格中单击“INVENTORY”，在“Virtual Infrastructure”中单击“ADD SERVER”，如图 8-3-30 所示。

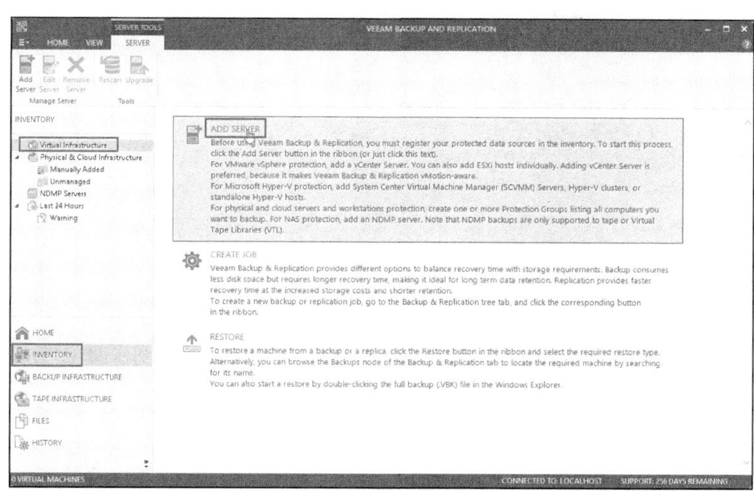

图 8-3-30　添加服务器

（2）在弹出的“Add Server”对话框中添加要备份的产品类型，可以添加 VMware vSphere、Microsoft Hyper-V、NDMP Server、Protection Group（备份物理机选择这一项），在本示例中选择 VMware vSphere，如图 8-3-31 所示。

（3）在“VMware vSphere”对话框中选择“vSphere”，如图 8-3-32 所示。

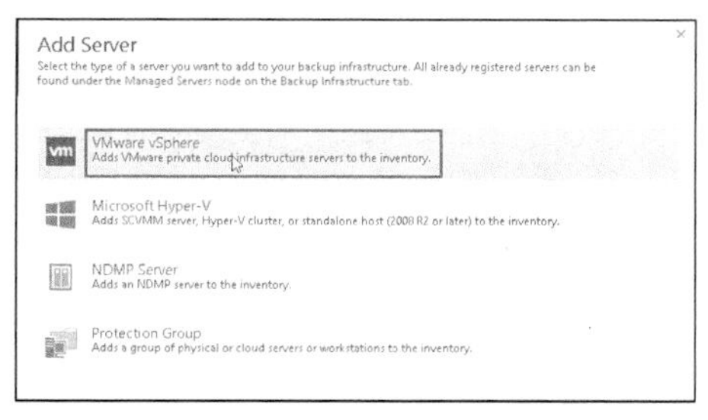

图 8-3-31　添加 VMware vSphere

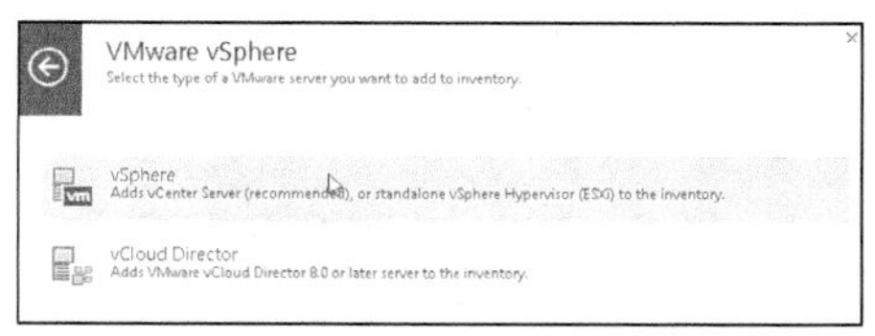

图 8-3-32　选择 vSphere

（4）在“New VMware Server→Name”的“DNS name or IP address”地址栏中输入要添加的 vCenter Server 或 ESXi 服务器的 IP 地址或 DNS 名称，本示例中添加要备份的 vCenter Server 的 IP 地址为 172.18.96.10，如图 8-3-33 所示。

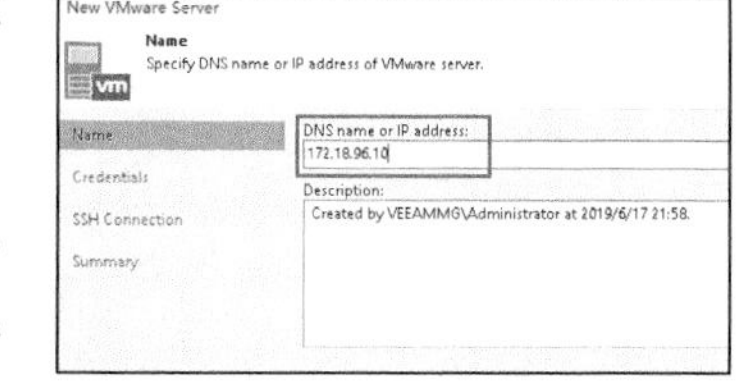

图 8-3-33　添加 vCenter Server 的 IP 地址

（5）在“Credentials”中，单击“Add”按钮，在弹出的“Credentials”对话框中输入要添加的 vCenter Server 服务器的管理员账户和密码，默认用户名为 administrator@vsphere.local（如图 8-3-34 所示），添加之后单击“OK”按钮选择该用户，选择之后如图 8-3-35 所示。在“Port”中指定要添加的 vCenter Server 服务器的管理端口，默认为 443。如果 vCenter Server 服务器使用其他端口进行管理应在此修改。

（6）在弹出的“Certificate Security Alert”对话框中单击“Continue”按钮以信任 vCenter Server 的根证书，如图 8-3-36 所示。

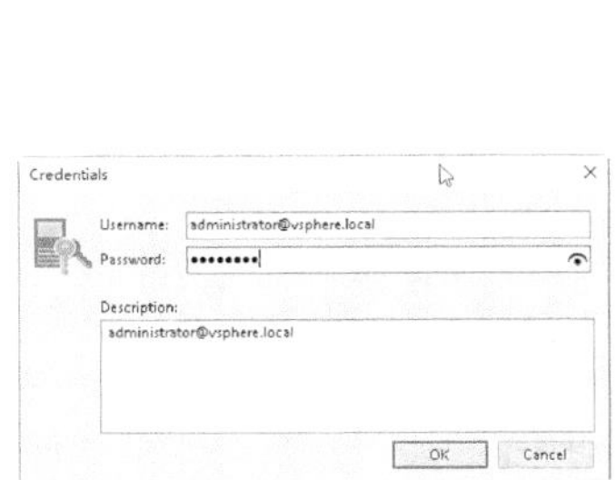

图 8-3-34　添加管理员账户和密码

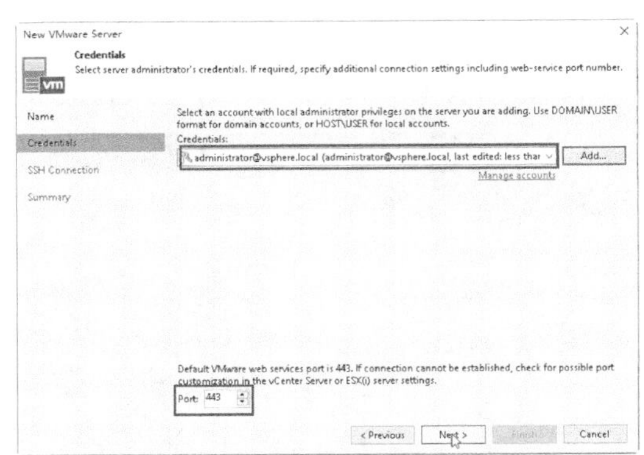

图 8-3-35　选择管理员账户

（7）在最后的“Summary”页面中单击“Finish”按钮，完成添加，如图 8-3-37 所示。

图 8-3-36　信任根证书

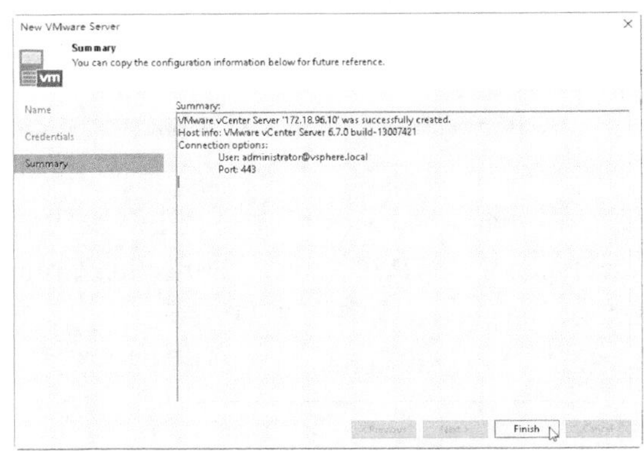

图 8-3-37　添加 vCenter Server 完成

在“Virtual Infrastructure”中添加了 vCenter Server 后，单击添加的 vCenter Server 并展开，可以看到当前 vCenter Server 所管理的虚拟机，如图 8-3-38 所示。可以继续向 INVENTORY 添加 vSphere，也可以添加 Hyper-V Server 虚拟化主机，或者添加 Windows 或 Linux 物理主机。

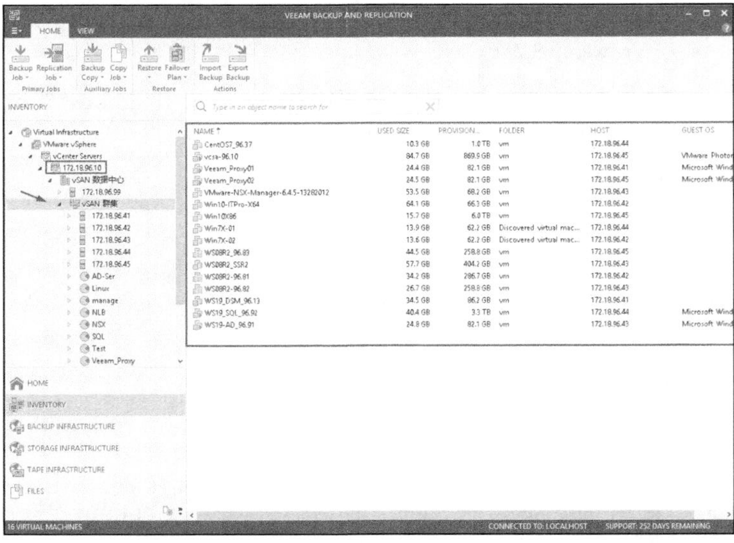

图 8-3-38　查看 vCenter 中的虚拟机清单

8.3.5 创建 vSphere 备份任务

在使用 Veeam Backup & Replication 创建备份任务时，备份的目标可以是数据中心、群集、ESXi 主机、资源池或指定的虚拟机，选择数据中心、群集、ESXi 主机或资源池时，当选中的对象中添加了新的虚拟机后，备份任务在下一次执行的时间将自动备份新添加的虚拟机。

使用 Veeam Backup & Replication 备份虚拟机的时候，可以将需要备份的虚拟机分成两类：支持或需要启用应用程序感知功能的虚拟机，不需要启用应用程序感知功能的虚拟机。

"应用程序感知"支持 SQL Server、Oracle、Active Directory、Exchange Server、SharePoint 的数据库。在启用应用程序感知功能后备份的虚拟机，可以恢复虚拟机里面的数据库文件。例如，如果备份 SQL Server、Oracle 的虚拟机，在从备份恢复时，可以只恢复 SQL Server 或 Oracle 的数据库而无须恢复整台虚拟机。在备份了 Active Directory 虚拟机后，可以恢复 Active Directory 的对象，例如 Active Directory 用户、用户组。对于 Exchange Server 来说，则可以恢复被删除的用户邮箱及邮箱数据。

所以，在使用 Veeam Backup & Replication 备份虚拟机的时候，可以创建两个备份任务，一个是备份没有安装 SQL Server、Oracle、Exchange Server、SharePoint、Active Directory 的虚拟机，另一个是安装了这些数据库的虚拟机。

为了完整介绍 Veeam Backup & Replication，本次实验准备了已安装 Active Directory 及 SQL Server 的虚拟机。其中 Active Directory 的虚拟机名称为 WS19-AD_96.91，该虚拟机保存在名为 AD-Ser 的资源池；SQL Server 的虚拟机名称为 WS19_SQL_96.92，该虚拟机保存在名为 SQL 的资源池中。两台虚拟机安装的操作系统都是 Windows Server 2019。另外，还根据不同的功能和用途，将虚拟机保存在不同的资源池中，如图 8-3-39 所示。

图 8-3-39 当前要进行备份的 vSphere 环境

在下面的操作中，将创建两个备份任务，第一个备份任务备份 Linux、manage、NLB、NSX、Test 资源池中的虚拟机，第二个备份任务备份 AD-Ser、SQL 资源池中的虚拟机。首先介绍第一个备份任务。

（1）在 Veeam Backup & Replication 控制台中单击"HOME"，用鼠标右键单击"Jobs"，

在弹出的快捷菜单中选择“Backup→Virtual machine”，如图 8-3-40 所示。

（2）在“New Backup Job→Name”的“Name”栏中输入新建备份的名称，本示例使用默认名称 Backup Job 1，如图 8-3-41 所示。

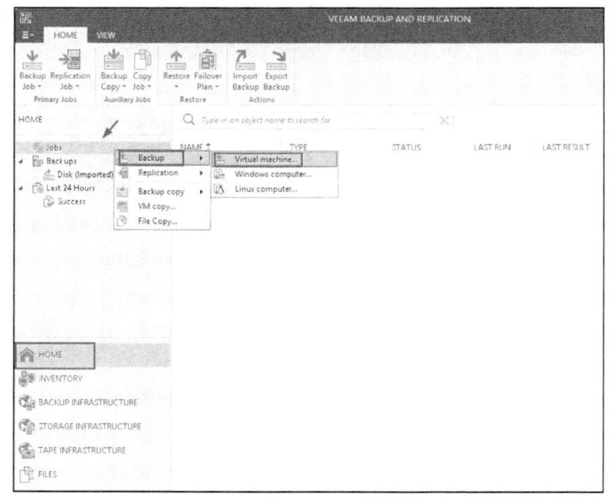

图 8-3-40 新建备份任务

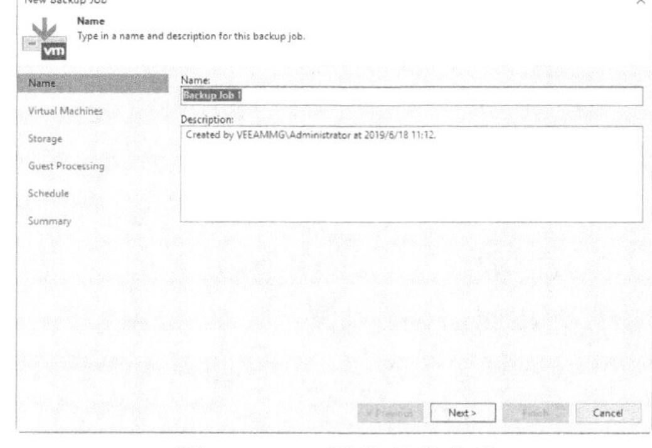

图 8-3-41 新建备份名称

（3）在“Virtual Machines”中，单击“Add”按钮添加要备份的虚拟机（见图 8-3-42），在弹出的“Add Objects”对话框中，在右上角的工具栏中可切换不同视图：主机和群集、虚拟机和模板、数据存储。根据选择的视图不同，某些对象可能不可用。例如，如果选择虚拟机和模板视图，列表中不会显示任何主机、群集或资源池。在要备份的虚拟机中，可以选择数据中心、群集、主机、资源池或虚拟机，可以按住 Shift 键，用鼠标右键单击进行多选。也可以选择存储，对存储中所有虚拟机进行备份。本示例中选择 Linux、manage、NLB、NSX、Test 资源池，如图 8-3-43 所示。如果要快速查找必要的，可以使用窗口底部的搜索字段。

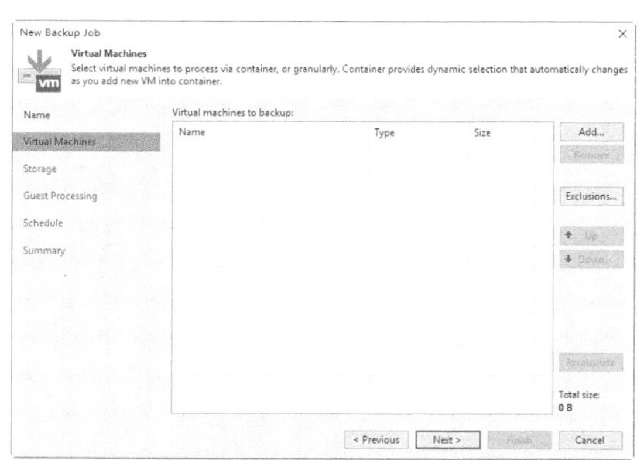

图 8-3-42 添加目标

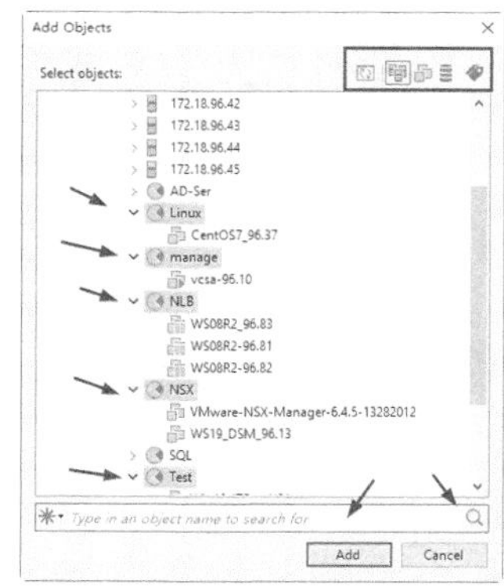

图 8-3-43 选择要备份的目标

（4）选择之后返回“Virtual Machines”，在“Virtual machines to backup”列表中显示了要备份的目标，以及备份目标已经使用的资源空间，当前示例中要备份的目标已经占用的磁盘空间是 404GB，如图 8-3-44 所示。可以单击“Add”按钮继续添加要备份的虚拟机，也可以选择目标单击“Remove”按钮从备份列表中移除。

（5）在“Storage”中指定备份代理，在“Restore points to keep on disk”中设置保留多少个备份恢复点，默认是 14 个，如图 8-3-45 所示。如果以前对当前备份任务列表中的虚拟机进行过备份，在删除了原来的备份任务、重新创建新的备份任务时，原来的备份文件夹没有删除的情况下，可以单击“Map backup”选择原来的备份，这样避免重复备份。

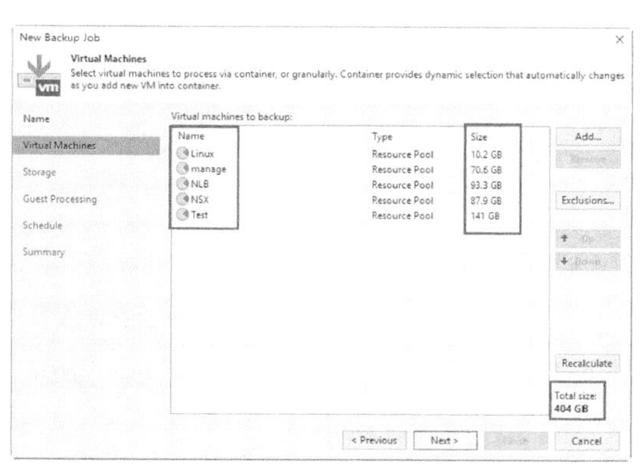

图 8-3-44　备份列表

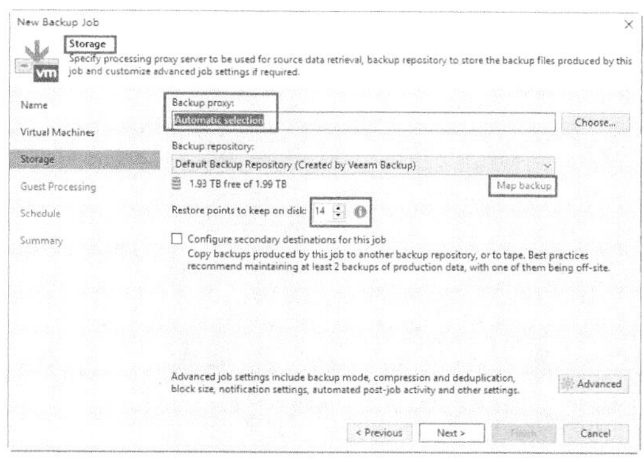

图 8-3-45　备份恢复点

（6）在“Guest Processing”中，如果要启用应用程序感知功能，需要单击选中“Enable application-aware processing”并为启用应用程序感知功能指定账户和密码，在下一个备份任务中将介绍这个功能，单击“Next”按钮，如图 8-3-46 所示。

（7）在“Schedule”中单击选中“Run the job automatically”以选择自动备份。自动备份时间间隔比较灵活，可以是按天、周、月为周期进行间隔或定制，也可以按时、分进行间隔，或者选择连续备份（完成一个备份之后立刻开始下一次备份）。对于大多数的数据，每天执行一次备份即可。如图 8-3-47 所示，当前的设置是每天 22 时开始备份。

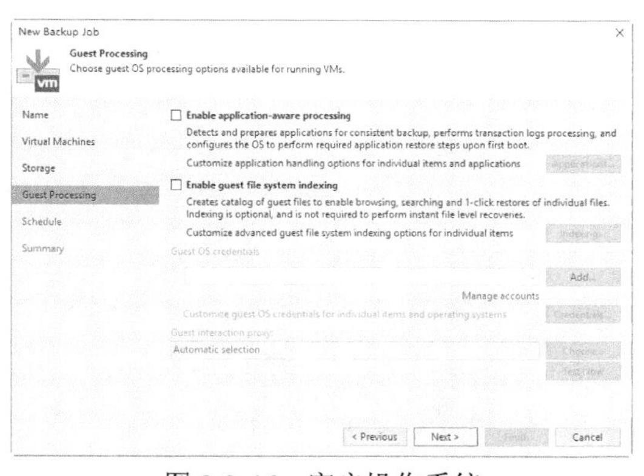

图 8-3-46　客户操作系统

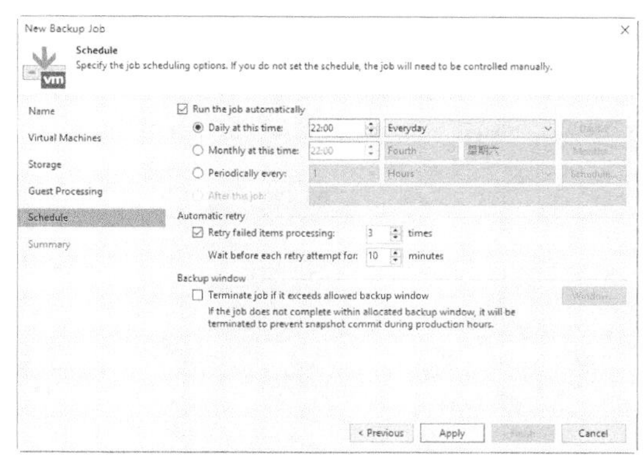

图 8-3-47　调度

可供选择的时间及间隔有以下几种。

（a）每天指定的时间，如图 8-3-48 所示。可供选择的时间是每天 0:00～23:59。

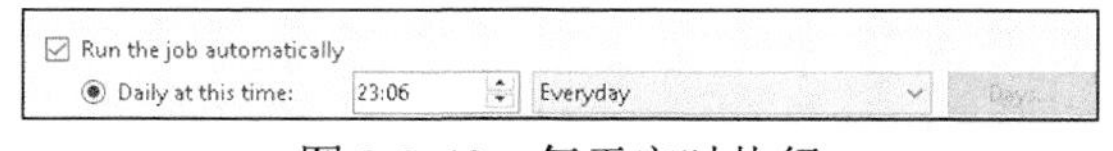

图 8-3-48　每天定时执行

（b）每周指定的时间，如图 8-3-49 所示。可供选择的时间是星期一到星期日，可以选择其中的一个或多个时间。

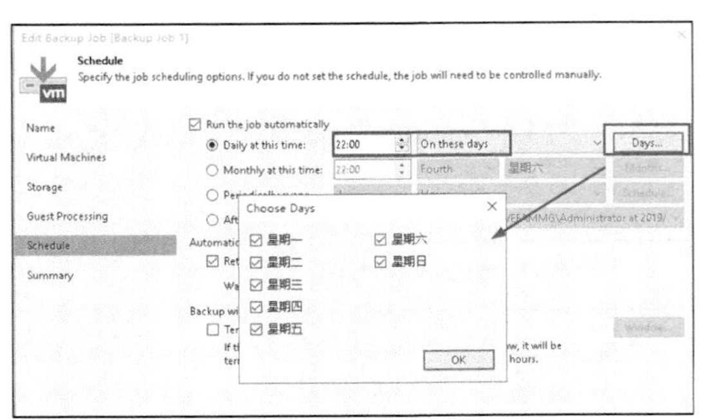

图 8-3-49 每周定时执行

（c）每月指定的时间。可以选择月份（1～12 月的一个或多个）、第几个星期（第一个星期、第二个星期、第三个星期、第四个星期、最后一个星期）的星期几（星期一到星期日的某一天），如图 8-3-50 所示。

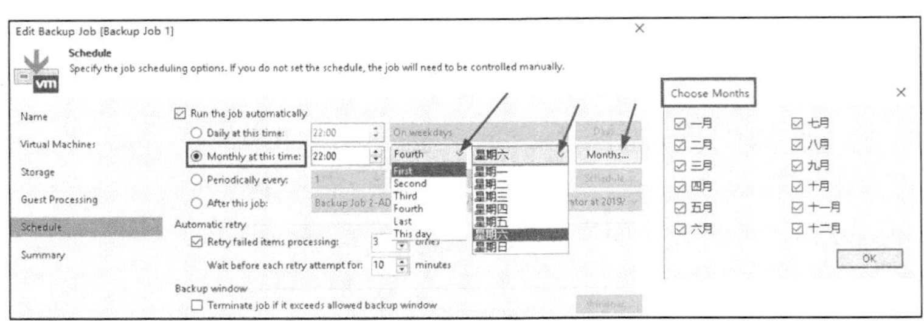

图 8-3-50 每月指定时间

（d）间隔指定的时间。可以选择 1、2、3、4、6、8、12、24 的间隔，单位可以是小时或分钟，如果选择“Continuously”表示连续执行。单击“Schedule”弹出“Time Periods”对话框，可以选择一年 12 个月份（1～12 月）的指定的星期几（星期一到星期日的某一天或多天）执行，如图 8-3-51 所示。

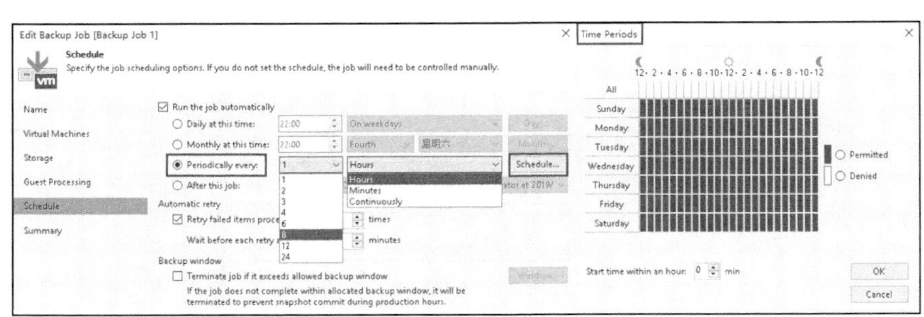

图 8-3-51 间隔指定时间

（e）在上一个任务完成之后，如果创建了多个备份任务，可以在上一个备份任务完成之后开始此次备份任务，如图 8-3-52 所示。

（8）在“Summary”页面中检查创建的备份任务，无误之后单击“Finish”按钮完成。如果选中“Run the job when I click Finish”，则在单击“Finish”按钮后开始执行当前这个任务，如图 8-3-53 所示。

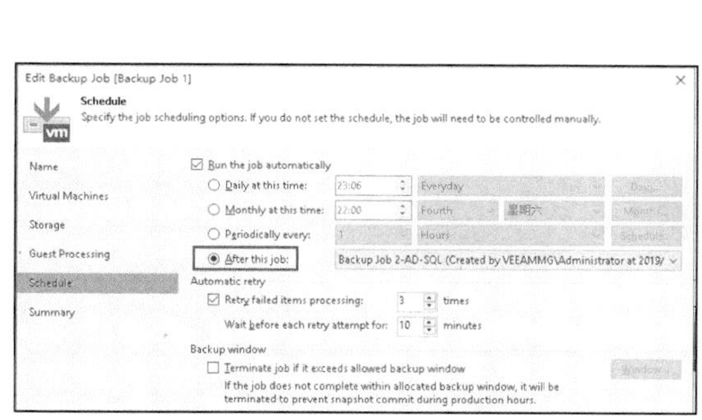

图 8-3-52　在某个任务完成之后

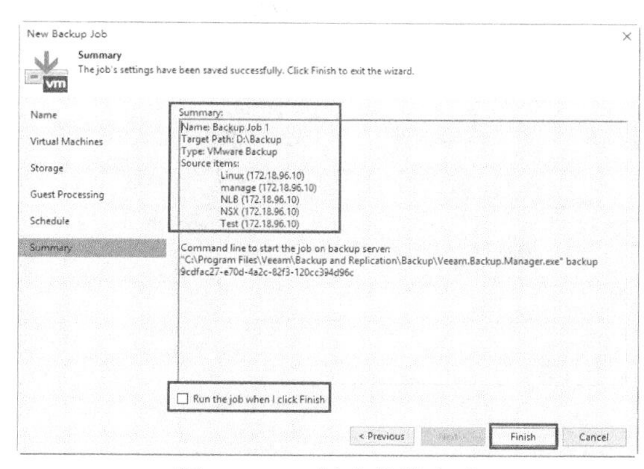

图 8-3-53　创建备份完成

8.3.6　使用应用程序感知功能

要使用应用程序感知功能备份虚拟机，需要知道要备份的目标虚拟机的具有管理员权限的账户和密码，还要为目录虚拟机启用“文件和打印机共享”功能并在防火墙开放“文件和打印机共享”功能对应的端口。为了简化配置，可以将具有同一类型（例如 SQL Server、Exchange Server、SharePoint、Oracle、Active Directory）的服务器放在同一个“资源池”中，同一资源池中的管理员账户和密码相同，也可以创建专用于备份的具有管理员权限的账户和密码。如果要备份的虚拟机管理员账户和密码各不相同，在添加备份目标的时候，可以选择虚拟机而不是根据资源池进行选择。在本示例中，创建一个备份任务备份 Active Directory 服务器与 SQL Server 服务器，这些服务器的管理员账户（默认使用 administrator）的密码相同，SQL Server 与 Active Directory 分别在不同的资源池中。

（1）在 Veeam Backup & Replication 中创建虚拟机备份任务，备份任务的名称为“Backup Job 2-AD-SQL”，如图 8-3-54 所示。

（2）在“Virtual Machines”中添加 AD-Ser、SQL 资源池，如图 8-3-55 所示。

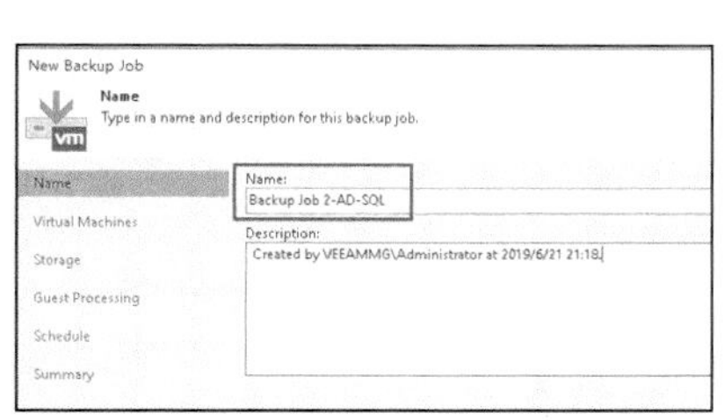

图 8-3-54　创建新的备份任务

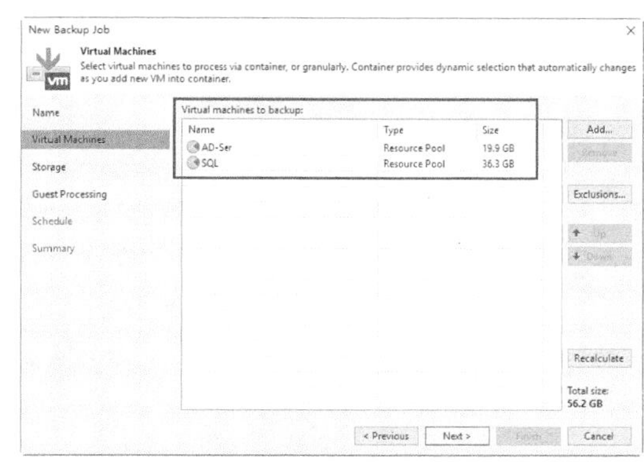

图 8-3-55　添加备份目标

（3）在“Guest Processing”中勾选“Enable application-aware processing”和“Enable guest file system indexing”复选框，在“Guest OS credentials”中单击“Add”按钮添加 administrator 账户和密码（即 Username 为 administrator，Password 为 administrator 账户的密码），添加之后选择该账户，如图 8-3-56 所示。

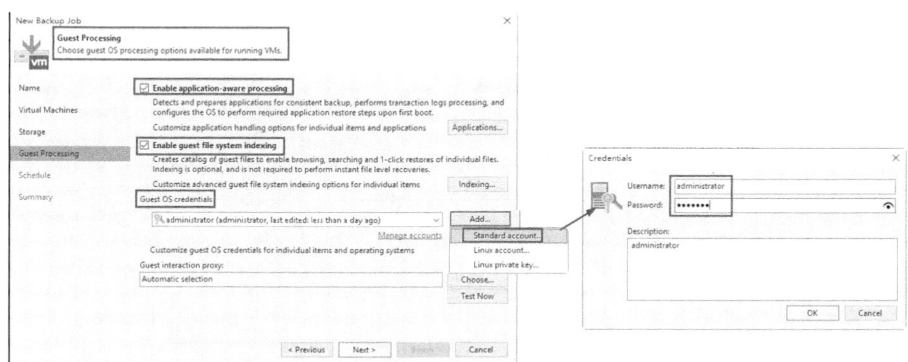

图 8-3-56　为客户操作系统选择账户

（4）默认情况下，Veeam Backup & Replication 对作业中的所有虚拟机使用相同的凭据。如果某些虚拟机需要不同的用户账户，应单击“Credentials”（凭据）并输入自定义凭据。

单击“Credentials”按钮（见图 8-3-57），在弹出的“Guest OS Credentials”对话框中为图 8-3-55 中备份目标中的虚拟机指定账户（见图 8-3-58），对于 Active Directory 的计算机或资源池，指定用户名的格式是域名\管理员账户。在当前示例中，Active Directory 的域名是 wangchunhai.cn，则在指定域管理员账户时，用户名格式为 wangchunhai\administrator，如图 8-3-59 所示。对于 SQL Server、Oracle 的虚拟机，使用管理员账户（图 8-3-56 右侧指定的用户格式）即可。

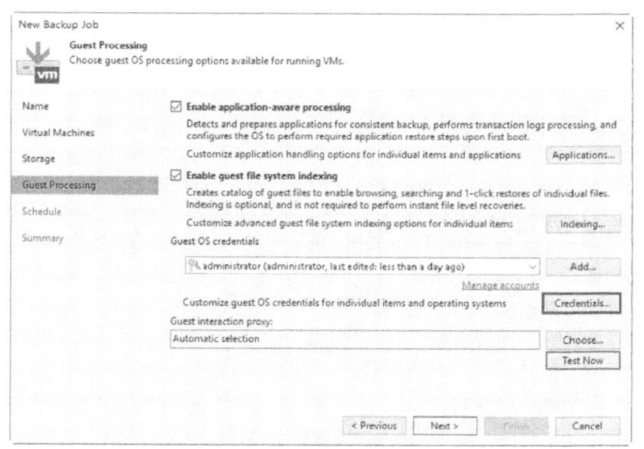

图 8-3-57　Credentials 页面

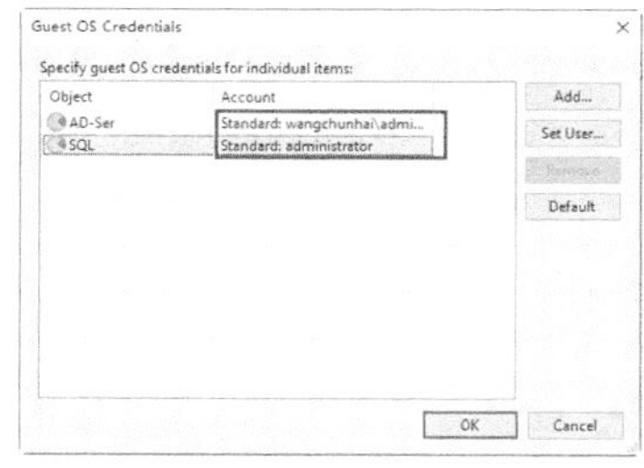

图 8-3-58　为目标指定账户

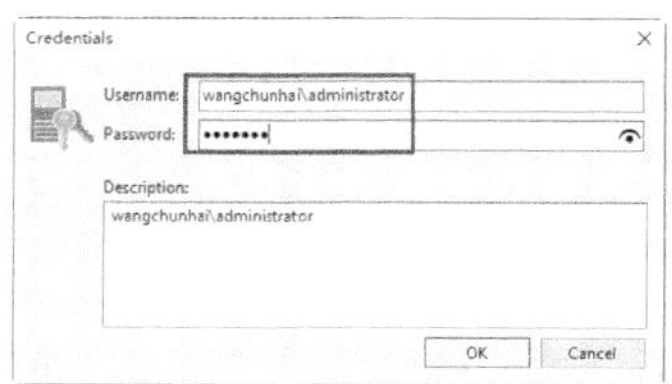

图 8-3-59　为 Active Directory 计算机指定域账户

（5）指定账户完成后返回图 8-3-57 的对话框，单击“Test Now”按钮测试账户，如果测试通过则返回 Success 的状态（见图 8-3-60）。如果在测试的时候提示“找不到网络路径”（见图 8-3-61），一般情况下是测试虚拟机的防火墙没有开放“文件和打印机共享”的端口，在虚拟机中进入“高级安全 Windows 防火墙”配置，允许“文件和打印机共享”端口通过即可。

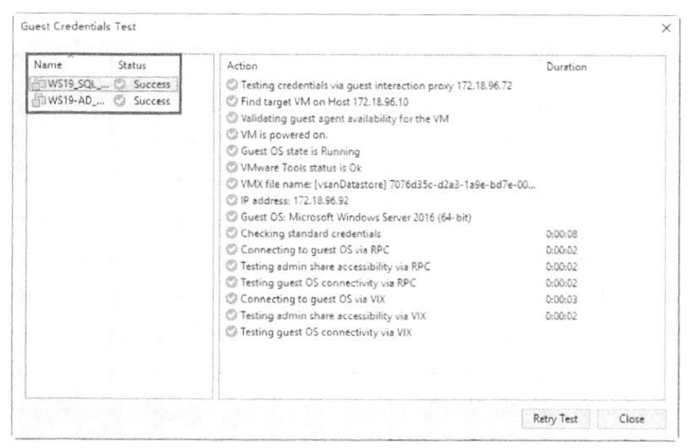

图 8-3-60 测试通过

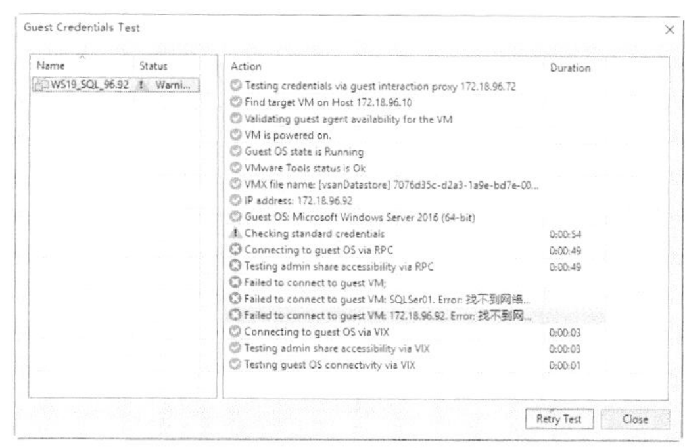

图 8-3-61 测试失败

（6）在“Schedule”中为新建任务选择备份执行的时间，如果第二个任务紧跟第一个任务执行，可以选中“After this job”并选择第一个任务，如图 8-3-62 所示。然后分别单击“Apply”和“Finish”按钮完成任务的创建。

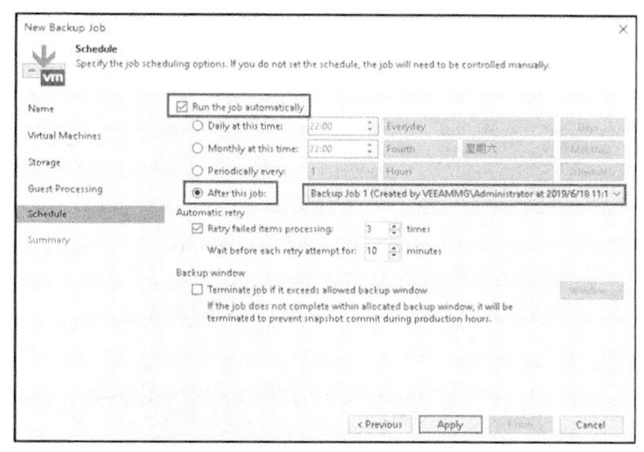

图 8-3-62 选择任务执行时间

在创建完备份任务之后，可以选择立刻执行新创建的任务，也可以到达任务执行的时间等待任务自动完成。当任务执行时，在“HOME→Last 24 Hours→Running”中显示当前正在执行的任务，包括任务的进度、处理的数据速率等。如果要查看任务的详细信息，用鼠标右键单击任务，在弹出的快捷菜单中选择“Statistics”，如图 8-3-63 所示。

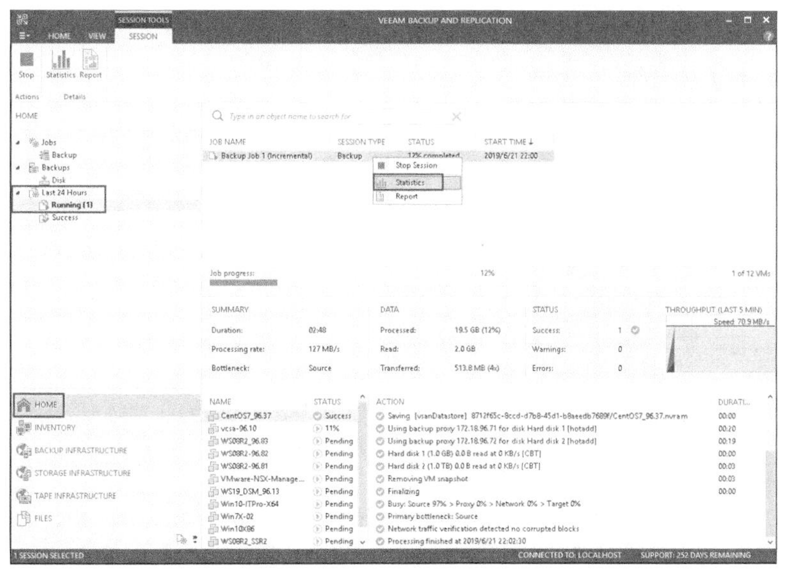

图 8-3-63 查看状态

在"Backup Job1（Incremental）"对话框中显示当前正在运行的任务的详细信息，如图 8-3-64 所示。

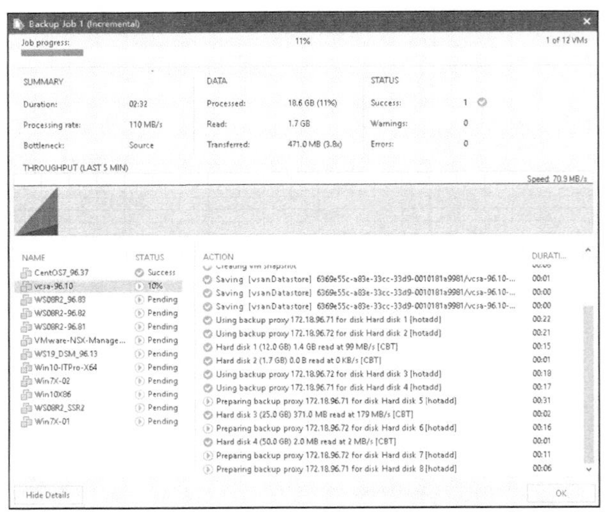

图 8-3-64 查看正在运行的任务的详细信息

在任务执行完成后，在"Backups→Disk"中显示了备份完成的任务、备份完成的虚拟机的名称、最后一次备份执行的时间、恢复点的数量，如图 8-3-65 所示。

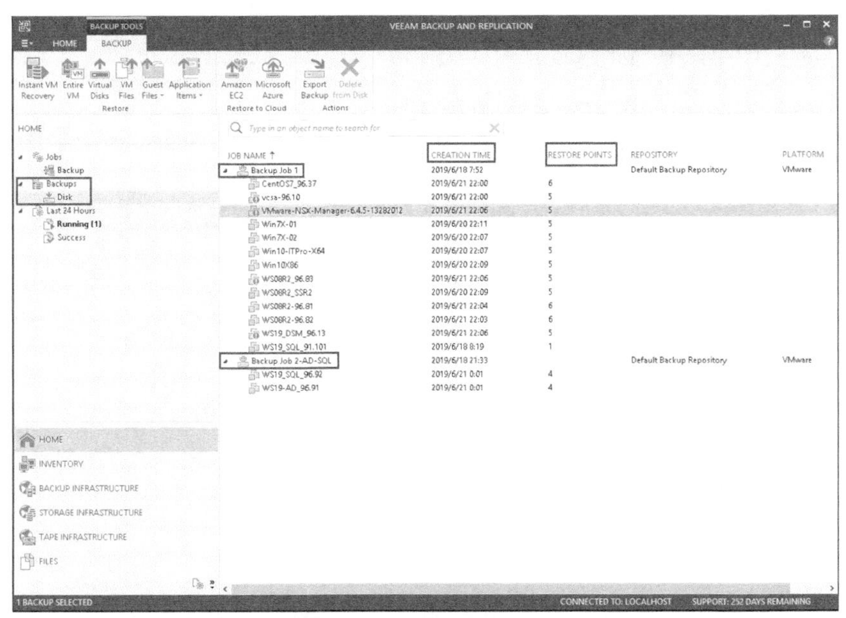

图 8-3-65 备份成功的虚拟机

在"Jobs→Backup"中单击备份任务选择"Report"（见图 8-3-66），可以查看备份的报告，如图 8-3-67 所示，在此报告中显示了备份虚拟机的任务名称、每次备份完成的时间、每次备份开始时间、结束时间、备份的数据量、压缩比等。备份报告中显示为绿色表示备份正常，如果显示红色表示备份不成功（见图 8-3-68）或有备份失败的虚拟机（见图 8-3-69）。

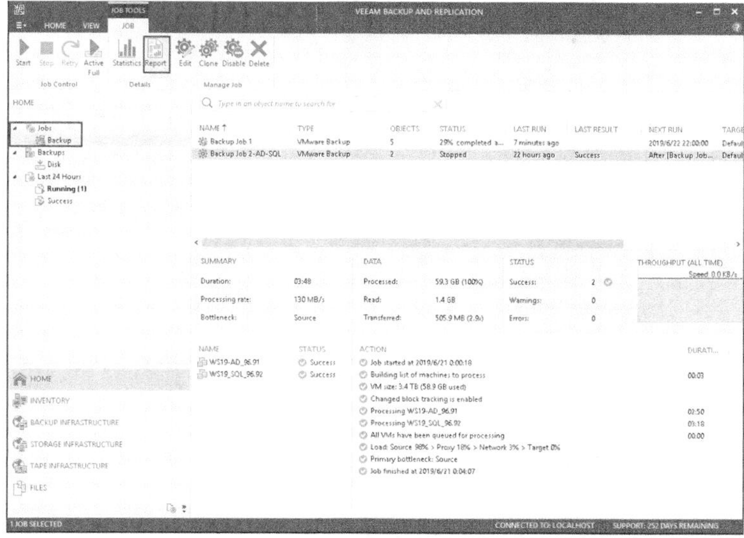

图 8-3-66 查看备份报告

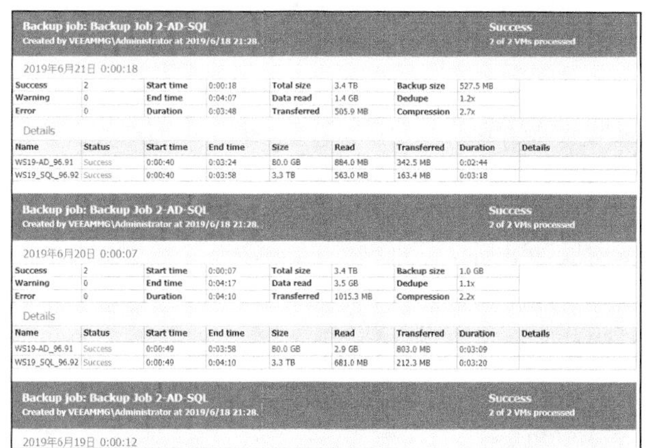

图 8-3-67 备份的报告

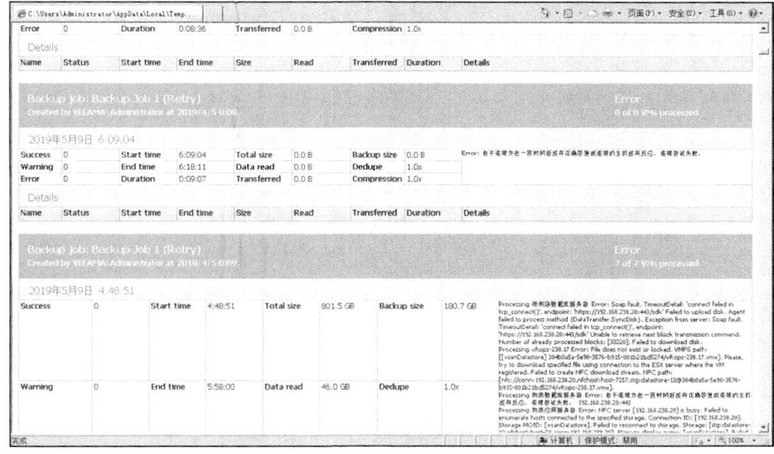

图 8-3-68 备份失败

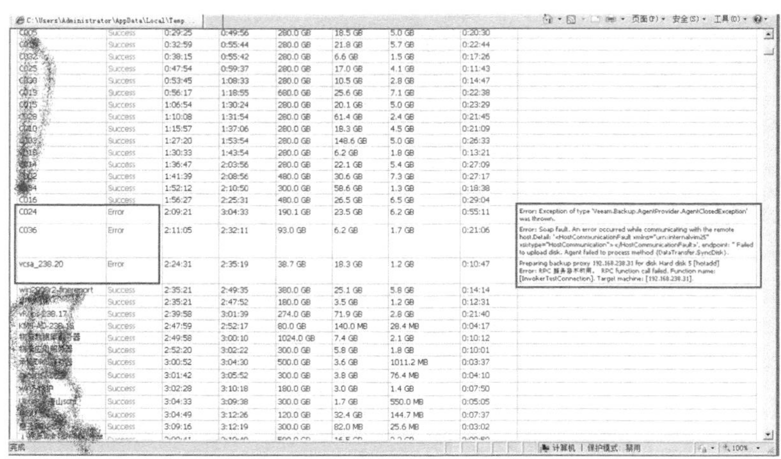

图 8-3-69　存在备份失败的虚拟机

8.3.7　恢复虚拟机：即时恢复

使用即时恢复（Instant VM Recovery），管理员可以通过直接从备份文件运行 VM 并立即将 VM 还原到生产环境中。即时 VM 恢复有助于缩短恢复时间目标，最大限度地减少生产 VM 的中断和停机时间。这就像为 VM 提供“临时备用”：用户可以保持高效，同时可以解决故障 VM 的问题。

执行即时 VM 恢复时，Veeam Backup & Replication 使用 Veeam vPower 技术直接从压缩和重复数据删除的备份文件将 VM 映像装载到 ESXi 主机。由于无须从备份文件中提取 VM 并将其复制到生产存储，因此管理员可以在几分钟内从任何还原点（增量或完整）还原 VM。

要完成即时 VM 恢复，可以执行以下的一种操作。

（1）使用 Storage vMotion 可以将已还原的 VM 快速迁移到生产存储，而不会出现任何停机。在这种情况下，原始 VM 数据将从 NFS 数据存储区提取到生产存储，并在 VM 仍在运行时与 VM 更改合并。但是，只有选择在 NFS 数据存储上保留 VM 更改而不重定向它们时，才能使用 Storage vMotion。

（2）使用 Veeam Backup & Replication 的复制功能。在这种情况下，可以创建 VM 的副本，并在下一个维护时段内将其故障转移到该 VM。与 Storage vMotion 相比，此方法要求在克隆或复制 VM 时为其安排一些停机时间，将其关闭然后再打开克隆的副本或副本。

（3）使用快速迁移。在这种情况下，Veeam Backup & Replication 将执行两个阶段迁移过程，它不是从 vPower NFS 数据存储中提取数据，而是从生产服务器上的备份文件中恢复 VM，然后移动所有更改并将其与 VM 数据合并。

在许多方面，Instant VM Recovery 提供的结果类似于 VM 副本的故障转移。

除灾难恢复事项外，Instant VM Recovery 还可用于测试目的。可以直接从备份文件运行 VM，启动它并确保 VM guest 虚拟机操作系统和应用程序正常运行，而不是将 VM 映像提取到生产存储以执行常规 DR 测试。

在执行即时 VM 恢复之前，应检查以下先决条件。

（1）可以从至少具有一个成功创建的还原点的备份还原计算机。

（2）如果将计算机还原到生产网络，请确保关闭原始计算机以避免冲突。

（3）如果要扫描计算机数据以查找病毒，请检查安全还原要求和限制。

（4）vPower NFS 数据存储上必须至少有 10GB 的可用磁盘空间，才能为还原的 VM 存储虚拟磁盘更新。

（5）默认情况下，Veeam Backup & Replication 将虚拟磁盘更新写入具有最大可用空间量的卷上的 NfsDatastore 文件夹，例如，C:\ProgramData\Veeam\Backup\NfsDatastore 。当管理员选择在 Instant VM Recovery 向导中将虚拟磁盘更新重定向到 VMware vSphere 数据存储时，不会使用 vPower 缓存。

下面通过具体的操作介绍即时 VM 恢复功能。

（1）在完成至少一次备份或复制后，在“HOME→Backups→Disk”的右侧会有备份完成的任务、已经备份成功的虚拟机的列表，如图 8-3-70 所示。

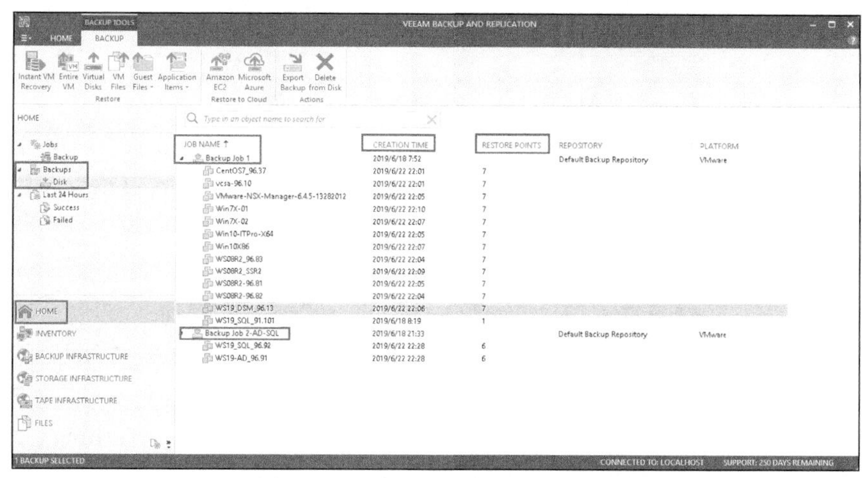

图 8-3-70　备份成功的虚拟机列表

在列表中显示了备份成功的虚拟机名称、最后一次备份的时间、当前虚拟机有多少个恢复点。例如，在图 8-3-70 中名为 WS19_DSM_96.13 的虚拟机最后一次备份的时间是 2019 年 6 月 22 日 22 时 6 分，该虚拟机有 7 个恢复点。

（2）如果某台虚拟机出现故障无法使用并且只能通过备份恢复时，用鼠标右键单击该虚拟机备份，从弹出的快捷菜单中选择恢复任务，如图 8-3-71 所示。本示例中选择名为 Win7X-01 的虚拟机，并在快捷菜单中选择“Instant VM recovery”。

“Instant VM recovery”：进入即时 VM 恢复向导，使用即时 VM 恢复功能，将虚拟机恢复到原位置或指定位置。

“Restore entire VM”：进入还原整台虚拟机向导，将虚拟机恢复到原位置或指定位置。

“Restore virtual disks”：进入还原虚拟机磁盘向导，还原虚拟机硬盘到原位置或其他虚拟机。

“Restore VM files”：恢复虚拟机文件到指定位置（默认为 Veeam 备份服务器的本地位置）。

“Restore guest files”：使用文件恢复功能，恢复虚拟机里面的文件或文件夹到指定位置（默认为 Veeam 备份服务器的本地位置）。

“Export backup”：导出虚拟机备份文件（默认为 Veeam 备份服务器的备份文件夹，与虚拟机同名并添加当前日期为后缀）。

“Delete from disk”：从备份中删除该虚拟机的备份文件。

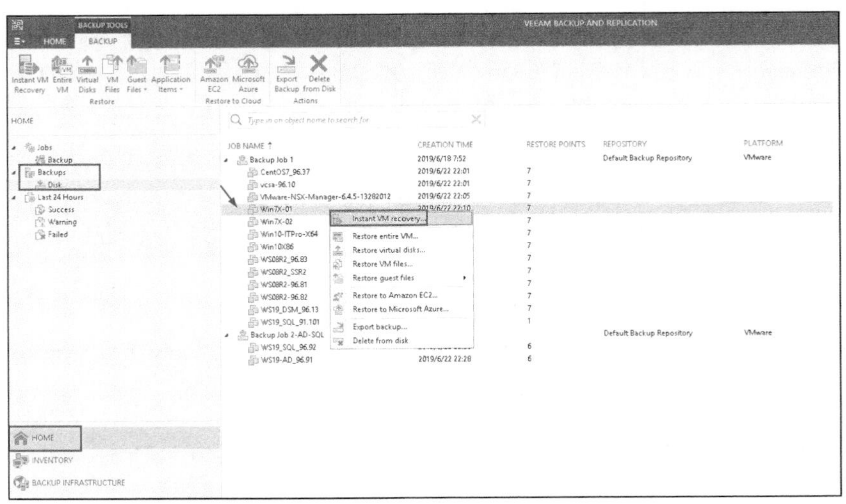

图 8-3-71　虚拟机恢复操作清单

（3）在“Restore Point”中列出了虚拟机的恢复点，类型为 Full 的为“全备份”，类型为 Increment 的为“增量备份”。无论选择全备份还是增量备份，都可以进行恢复。通常情况下选择最近的时间点进行恢复，也可以根据需要选择。本示例中选择 4 天以前的恢复点，如图 8-3-72 所示。

（4）在“Recovery Mode”中选择恢复到原来的位置还是恢复到一个新的位置，本示例选择“Restore to the original location”（恢复到原来的位置），如图 8-3-73 所示。在使用这一选项时需要注意，原来的虚拟机会被删除。如果原来的虚拟机有需要备份的数据，应将其备份到其他位置，或者选中“Restore to a new location , or with different settings”。

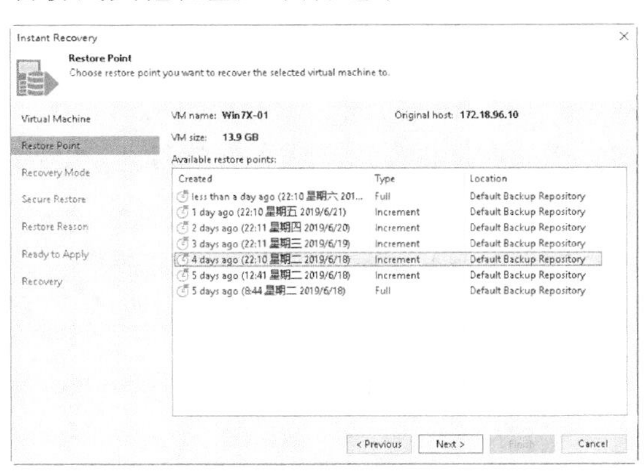

图 8-3-72　选择恢复时间点

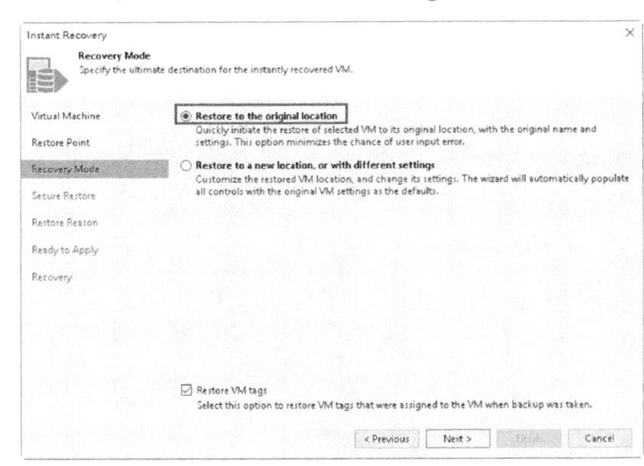

图 8-3-73　恢复到原来的位置

（5）在“Secure Restore”中提示，在执行恢复之前，是否扫描已还原的计算机中的恶意软件。要还原的计算机将由安装在 Mount Server（装载服务器）上的防病毒软件进行扫描，以防止恶意软件进入生产环境。本次操作不进行扫描，如图 8-3-74 所示。

（6）在“Restore Reason”中填写进行恢复操作的原因，可以根据需要选择填写，如图 8-3-75 所示。

（7）在“Ready to Apply”中复查要进行恢复的虚拟机及设置，可以根据需要选中“Connect VM to network”（连接虚拟机网络）、“Power on VM automatically”（打开虚拟机电源），如图 8-3-76 所示。

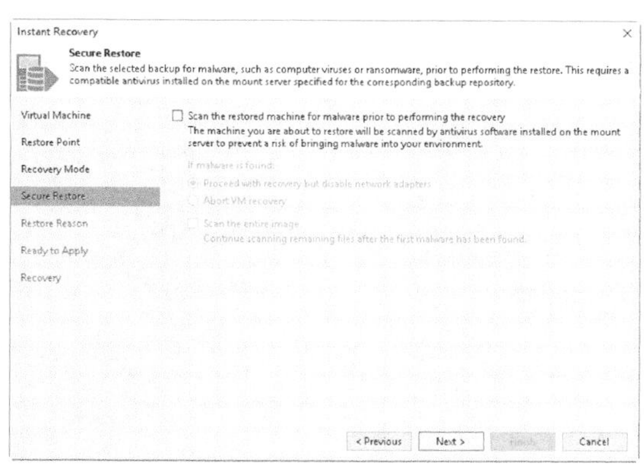

图 8-3-74　安全恢复

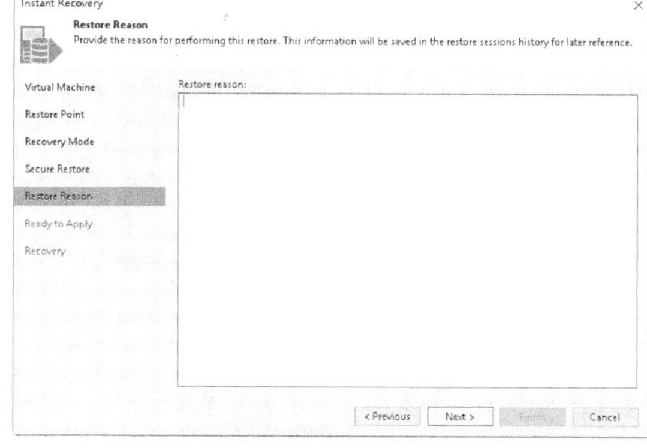

图 8-3-75　恢复原因

（8）如果在图 8-3-73 选择了恢复到原来的位置，则会弹出警告信息，提示原来的虚拟机仍然存储，继续将删除原来位置的虚拟机，单击“确定”按钮继续，如图 8-3-77 所示。如果原来的虚拟机有需要保存的数据，应将其保存到其他位置而不是仍然保存在该虚拟机。在删除原虚拟机后，原虚拟机中的所有数据将被删除并不能恢复。

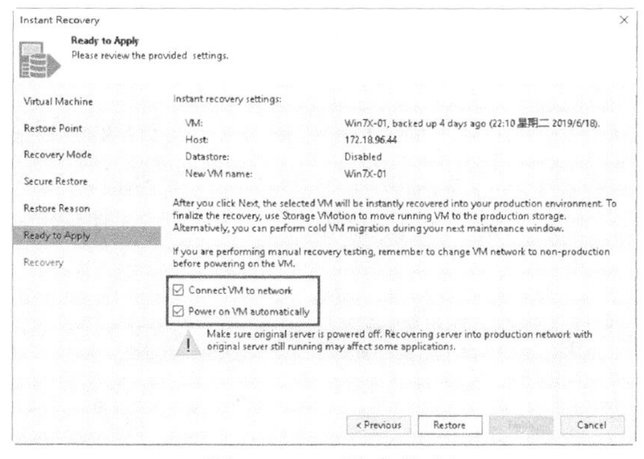

图 8-3-76　准备恢复

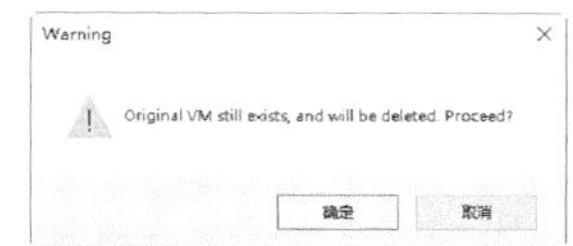

图 8-3-77　警告对话框

（9）在“Recovery”的 Log 列表中显示了当前正在执行的操作，如图 8-3-78 所示。单击“Finish”按钮。

使用即时 VM 恢复时，Veeam Backup & Replication 将把备份文件挂载成一个名为 VeeamBackup_VeeamMG（其中 VeeamMG 是安装 Veeam Mount Server 的计算机名称）的 NFS3 的存储到 ESXi 主机，然后从该存储启动虚拟机。使用 vSphere Client 登录到 vCenter Server，打开恢复的虚拟机，并进入该虚拟机编辑设置界面，可以看到当前虚拟机使用的是名为 VeeamBackup_VeeamMG 的存储，如图 8-3-79 所示。

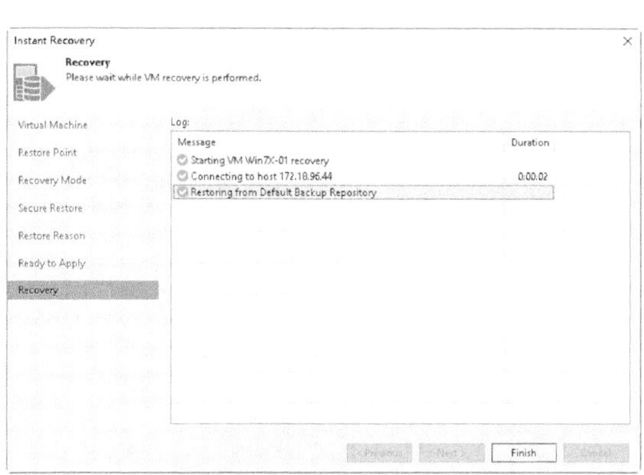

图 8-3-78　恢复

图 8-3-79　查看恢复的虚拟机

此时虚拟机可以对外提供服务，但此时该虚拟机还保存在 Veeam 的存储中，需要使用“存储迁移”功能，将该虚拟机从 Veeam 存储迁移到生产环境的共享存储中，本示例中的共享存储为 vSAN 存储。下面讲解具体步骤。

（1）在 Veeam Backup & Replication 控制台中用鼠标右键单击正在进行恢复的虚拟机，在弹出的快捷菜单中选择“Statistics”，在打开的“Restore Session”对话框的“Log”选项卡中，显示了当前的任务是“Waiting for user to start migration”（等待用户开始迁移），如图 8-3-80 所示。

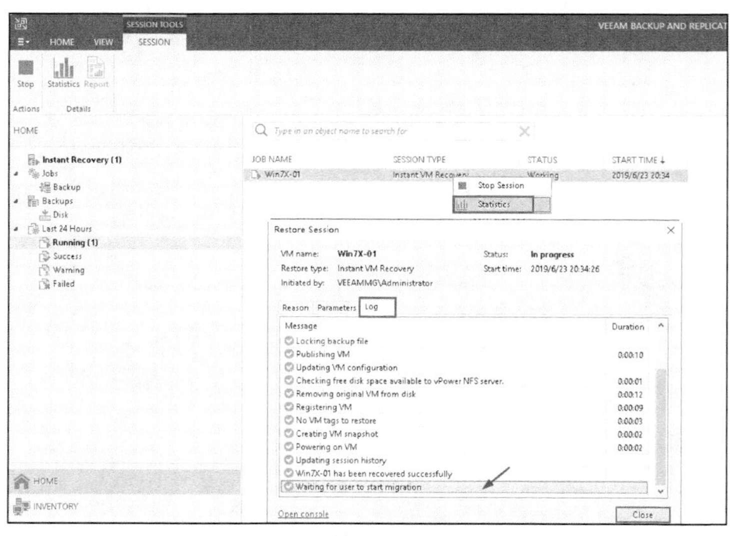

图 8-3-80　等待用户开始迁移

（2）在“HOME→Instant Recovery（1）”中用鼠标右键单击正在进行的任务，在弹出的快捷菜单中选择“Migrate to production”（迁移到生产环境），如图 8-3-81 所示。

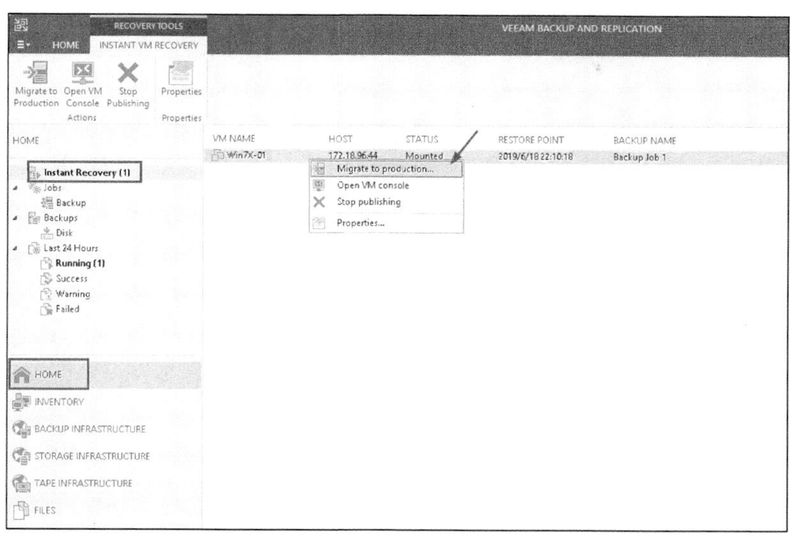

图 8-3-81 迁移到生产环境

（3）在“Destination”中选择目标主机和群集、资源池、虚拟机文件夹、共享存储，如图 8-3-82 所示。

（4）在“Transfer”中选择源和目标代理，通常选择“Automatic selection”（自动选择），如图 8-3-83 所示。

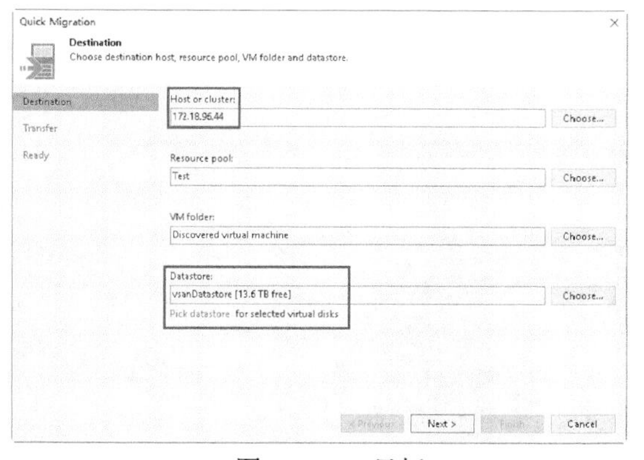

图 8-3-82 目标

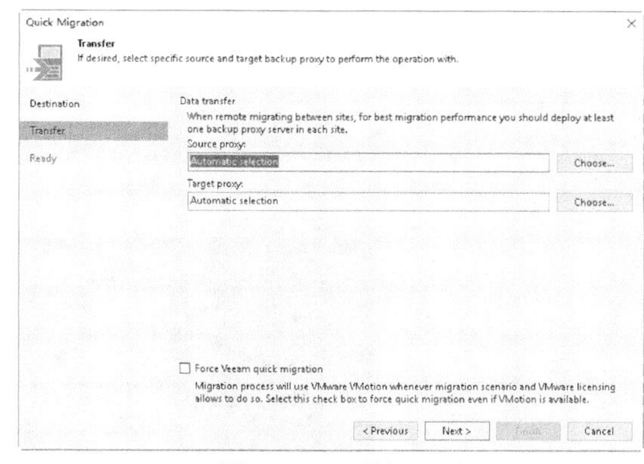

图 8-3-83 数据迁移

（5）在“Ready”中显示了当前准备进行的操作，检查无误之后，选中“Delete source VM files upon successful quick migration(does not apply to vMotion)”（成功快速迁移后删除源 VM 文件（不适用于 vMotion），如图 8-3-84 所示。

（6）快速迁移将把数据从 Veeam 加载的存储迁移到生产环境的存储，如图 8-3-85 所示。

（7）在“HOME→Instant Recovery（1）”中用鼠标右键单击正在进行的任务，在弹出的快捷菜单中选择“Open VM console”，在弹出的“Windows 安全中心”对话框中输入 vCenter Server 的账户和密码（见图 8-3-86），打开虚拟机控制台，如图 8-3-87 所示。

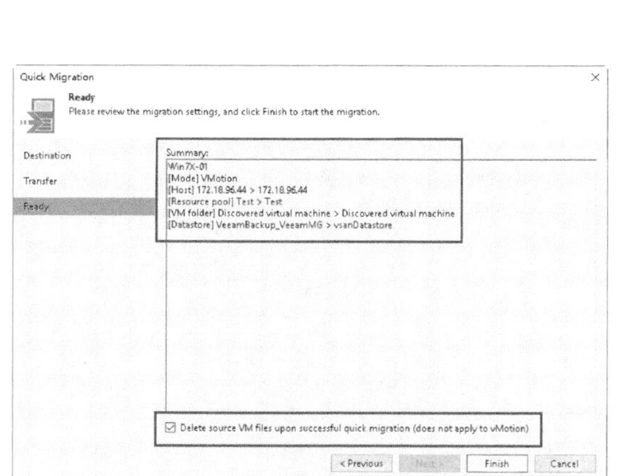

图 8-3-84　就绪

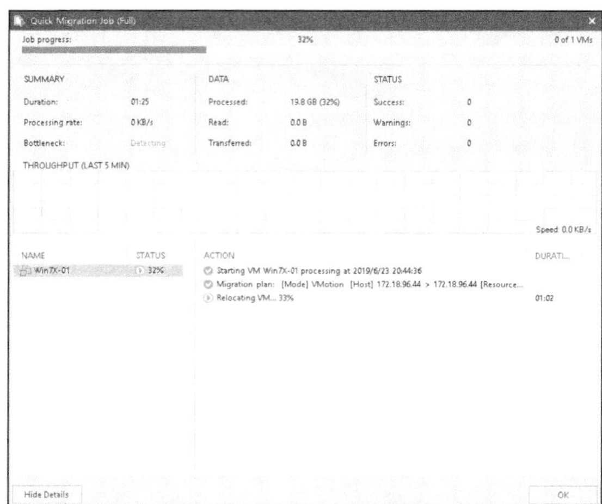

图 8-3-85　迁移进度

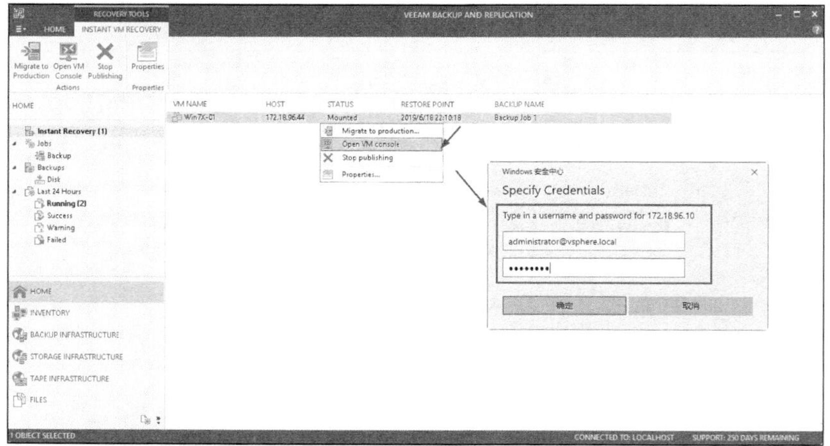

图 8-3-86　打开 VM 控制台

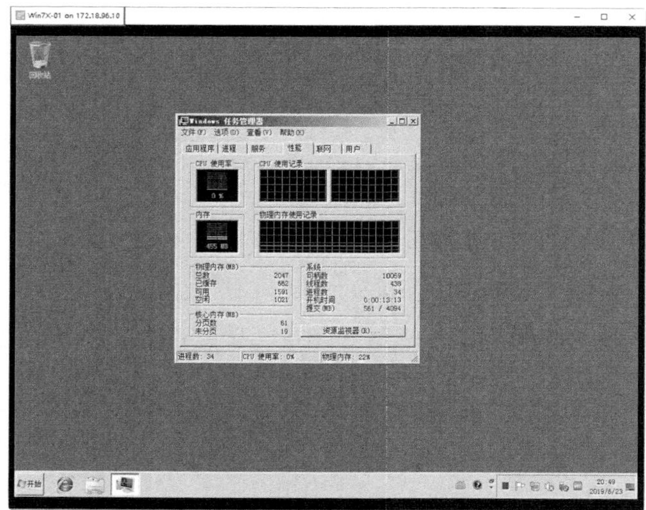

图 8-3-87　虚拟机控制台

（8）快速迁移完成后单击“OK”按钮关闭，如图 8-3-88 所示。

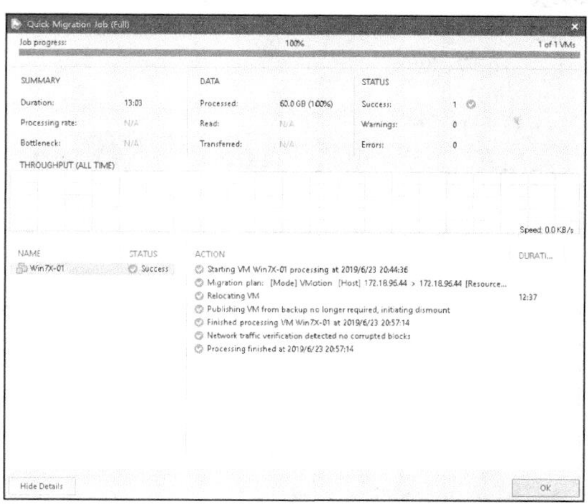

图 8-3-88 迁移完成

（9）在快速迁移完成后，HOME 中的 Instant Recovery 任务完成后将自动关闭，如图 8-3-89 所示。

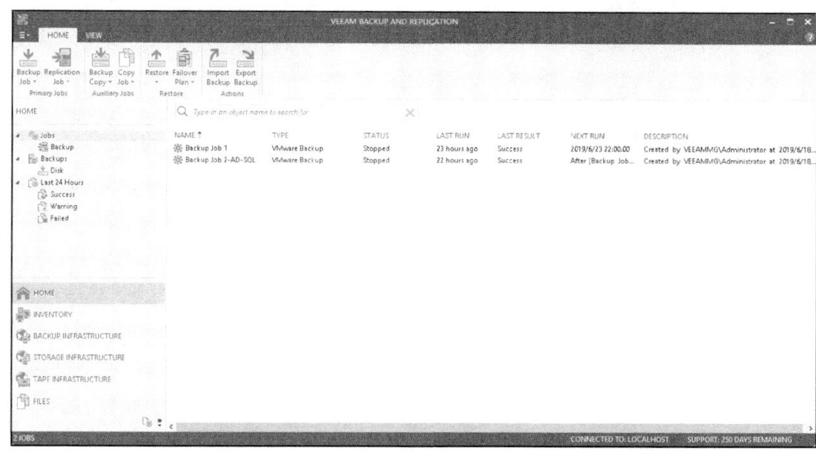

图 8-3-89 自动关闭

（10）再次编辑恢复的虚拟机，可以看到虚拟机的存储策略已经更改为 vSAN 存储，如图 8-3-90 所示。

图 8-3-90 恢复的虚拟机

8.3.8　恢复虚拟机：正常恢复

即时 VM 恢复用在需要立刻恢复原有业务的生产环境中。如果虚拟机不需要立刻恢复，而是将虚拟机恢复到另一个位置，与原有的虚拟机进行比较时，可以使用 Restore entire VM 功能。下面介绍这一功能。

（1）在 Veeam Backup & Replication 控制台的“HOME→Backups→Disk”中，从右侧的清单中选择要恢复的虚拟机用鼠标右键单击，在快捷菜单中选择“Restore entire VM”，如图 8-3-91 所示。

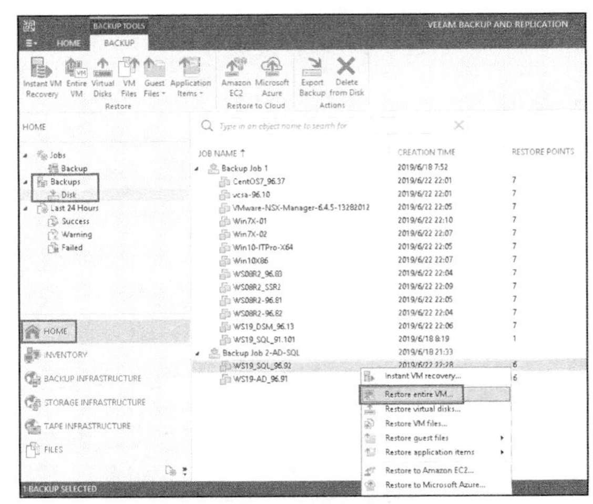

图 8-3-91　恢复整台虚拟机

（2）在“Virtual Machines”中选择恢复时间点，默认情况下选择最后一次备份的时间点，如图 8-3-92 所示。

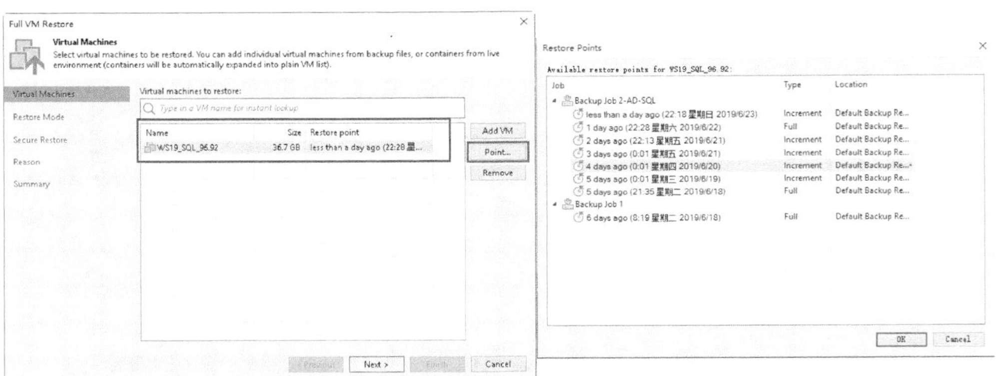

图 8-3-92　选择时间点进行恢复

（3）在“Restore Mode”（恢复模式）中选中“Restore to a new location, or with different settings”，如图 8-3-93 所示。

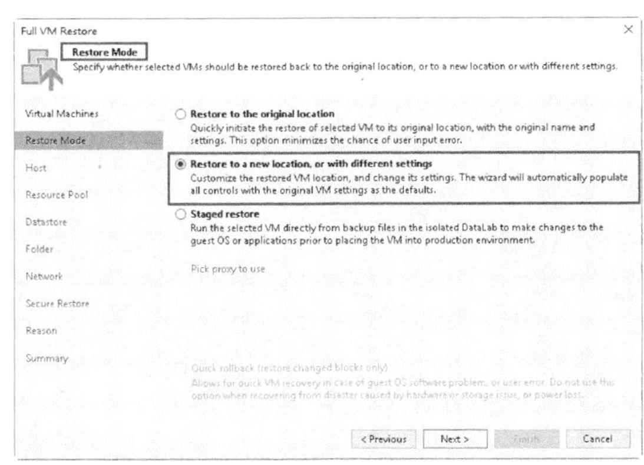

图 8-3-93　恢复到新位置

（4）在“Host”中选择恢复的目标主机，如图 8-3-94 所示。

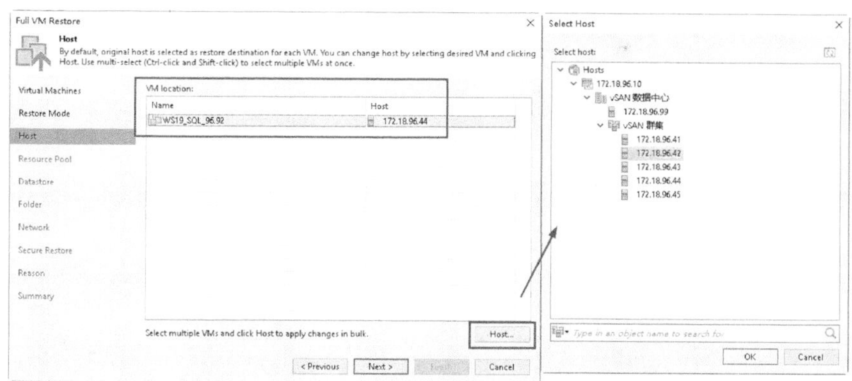

图 8-3-94　选择目标主机

（5）在“Resource Pool”中选择资源池，如图 8-3-95 所示。

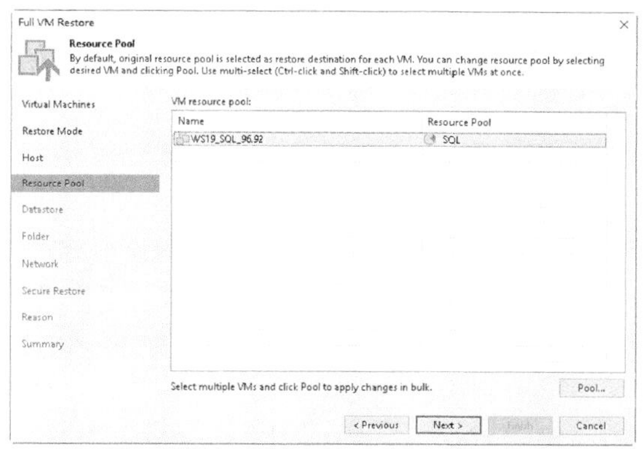

图 8-3-95　选择目标资源池

（6）在“Datastore”中选择目标存储，单击“Disk Type”按钮选择磁盘格式，本示例选择 Thin，如图 8-3-96 所示。

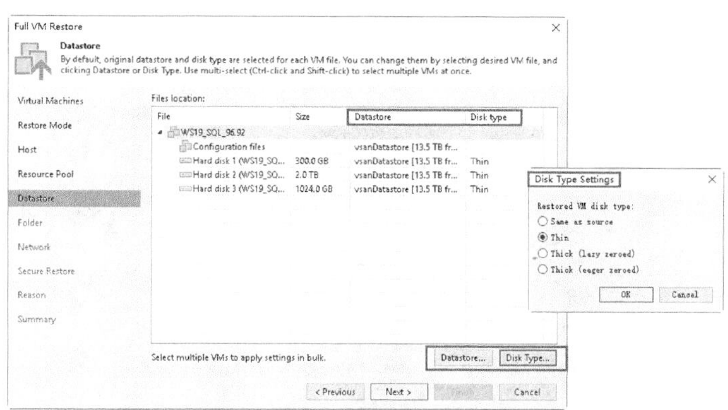

图 8-3-96　选择目标存储及磁盘格式

（7）在“Folder”中设置新恢复的虚拟机名称及文件夹，本示例中为新恢复的虚拟机添加_restored 的后缀，如图 8-3-97 所示。

（8）在“Network”中为恢复的虚拟机选择网络，如图 8-3-98 所示。

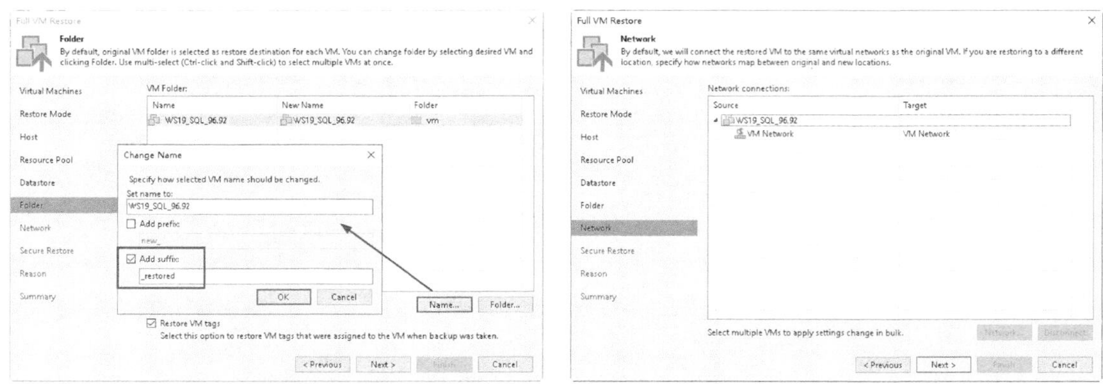

图 8-3-97 虚拟机名称和文件夹　　　　图 8-3-98 选择网络

（9）在“Summary”中显示了要恢复的虚拟机的设置，检查无误之后单击“Finish”按钮，如图 8-3-99 所示。

（10）在“VM restore”对话框的“Statistics”选项卡中显示了恢复的数据及进度，如图 8-3-100 所示。恢复完成后单击“Close”按钮。

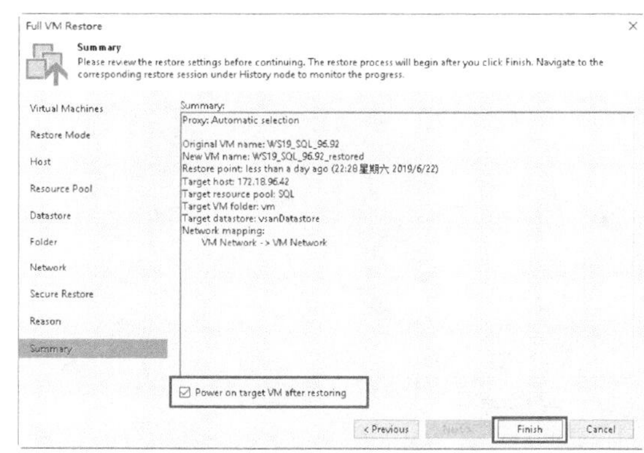

图 8-3-99 摘要

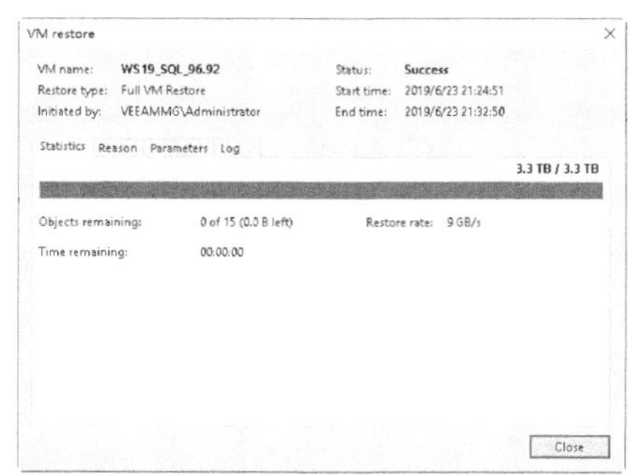

图 8-3-100 恢复进度

（11）恢复完成后，启动恢复的虚拟机，打开控制台，如图 8-3-101 所示。之后在恢复的虚拟机中进行操作或测试，这些不一一介绍。

图 8-3-101 恢复的虚拟机

8.3.9 应用程序恢复：恢复 SQL Server 数据库文件

在创建备份任务的时候，如果启用了应用程序感知功能，除了可以恢复整台虚拟机外，还可以单独恢复虚拟机中的数据库文件。本示例中使用这一功能恢复 SQL Server 数据库文件。

在本示例环境中，安装 SQL Server 的虚拟机名称为 WS19_SQL_96.92，在该虚拟机中安装了 SQL Server 2014（见图 8-3-102），在 SQL Server 管理器中创建了一个名为 DB20190618 的数据库，如图 8-3-103 所示。

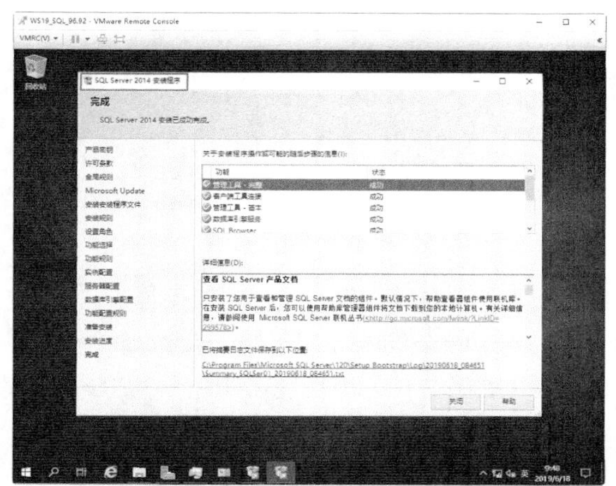
图 8-3-102 安装 SQL Server 完成

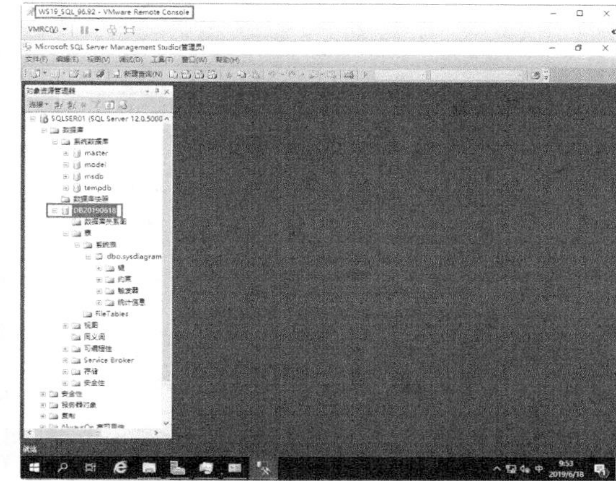
图 8-3-103 创建数据库

针对该虚拟机，已经在“8.3.6 使用应用程序感知功能”一节中创建了备份任务并启用了应用程序感知功能。在本示例中该虚拟机已经完成了多次备份，下面介绍恢复 SQL Server 数据库文件的操作。

（1）在 Veeam Backup & Replication 控制台的“HOME→Backups→Disk”中，从右侧的清单中选择要恢复的虚拟机，本示例为 WS19_SQL_96.92，用鼠标右键单击该虚拟机，在快捷菜单中选择“Restore application items→Microsoft SQL Server databases”，如图 8-3-104 所示。

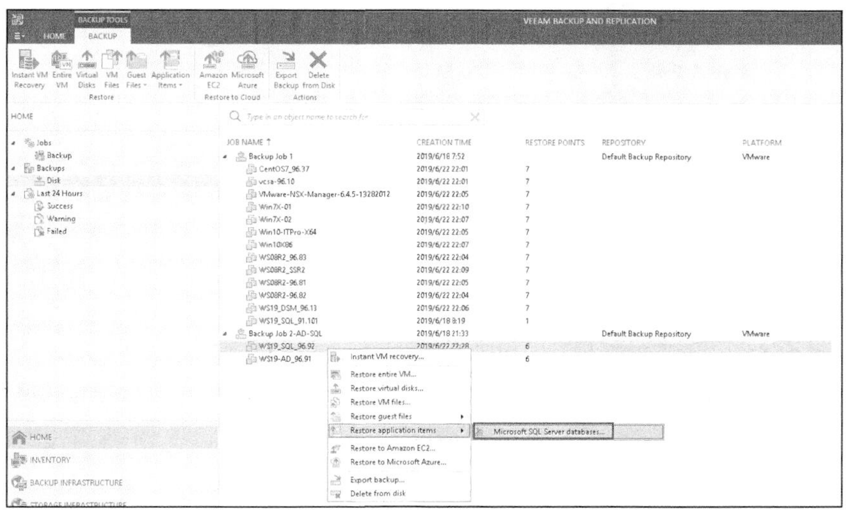
图 8-3-104 恢复 SQL Server 数据库

（2）在“Restore Point”中选择恢复点，默认情况下选择最后一个备份（最新的备份数据），如图 8-3-105 所示。

（3）在“Summary”中单击“Finish”按钮，如图 8-3-106 所示。

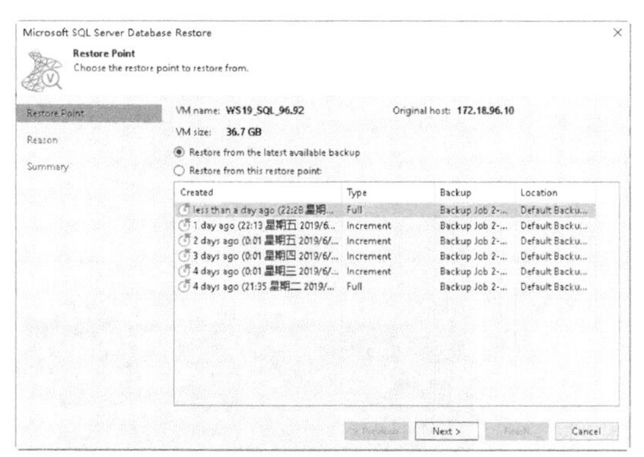
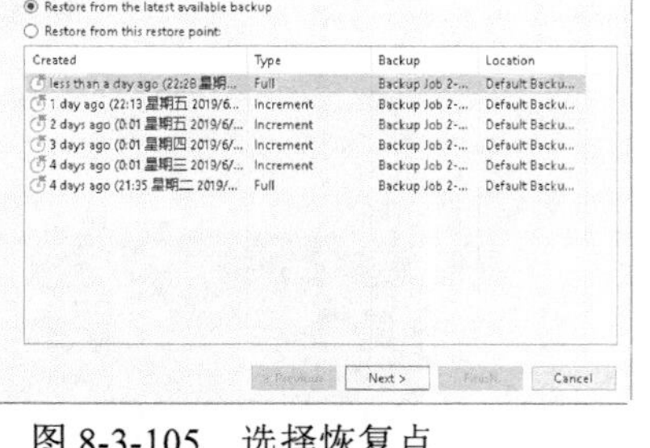

图 8-3-105　选择恢复点

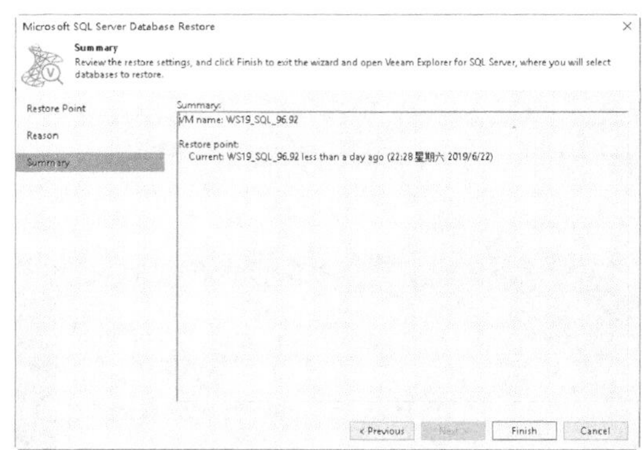

图 8-3-106　摘要

（4）打开 Veeam Explorer 对话框，在此浏览选择要恢复的 SQL Server 数据库并用鼠标右键单击，在弹出的快捷菜单中有“Publish database”（发布数据库）、“Restore database”（恢复数据库）、“Export backup”（导出备份）、“Export files”（导出文件）等功能，如图 8-3-107 所示。

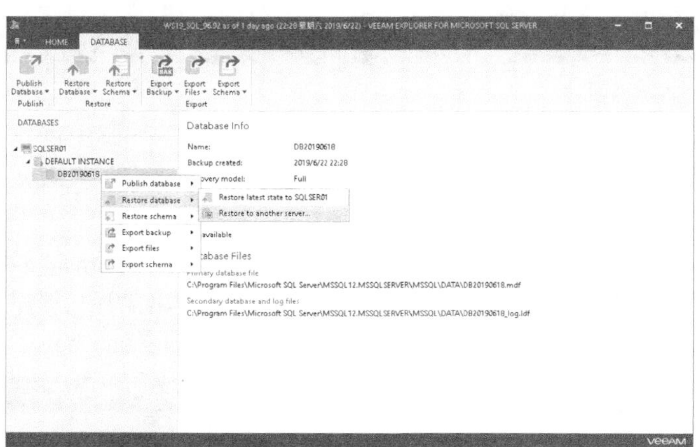

图 8-3-107　Veeam 资源管理器

Publish database：发布数据库允许管理员临时将大型 SQL 数据库附加到目标 Microsoft SQL Server，而无须实际还原它们。发布数据库通常比使用标准还原功能更快，并且在某些情况下可能很方便，例如，当管理员执行灾难恢复操作的时间有限时。在发布期间，Veeam 将 VM 磁盘从备份文件安装到目标计算机（在 C:\VeeamFLR 目录下），检索所需的数据库文件并将关联的数据库直接附加到 SQL 服务器，以便管理员可以使用 Microsoft SQL 工具执行所需的操作作为 Microsoft SQL Management Studio 。

Restore database：可以恢复单个或多个数据库到原来的 SQL Server 服务器或另一台 SQL Server 服务器。

Export backup：可以将备份导出为 MDF 或导出为 BAK 文件。

在本示例中选择“Restore database→Restore to another server”。

（5）在“Specify restore point”中选择时间点进行恢复，默认选中“Restore to the point in time of the selected image-level backup”，如图 8-3-108 所示。

（6）在“Specify target SQL Server connection parameters”中指定 SQL Server 名称、要恢复的数据库名称，在“Specify user account to connect to server”中指定连接 SQL Server 服务器的账户，如图 8-3-109 所示。本示例中恢复到 Veeam 所在的服务器，该服务器也安装了 SQL Server 服务。

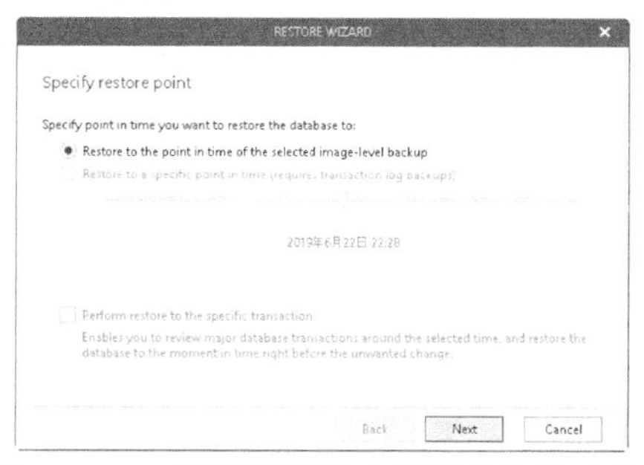

图 8-3-108　还原到所选映像级备份的时间点

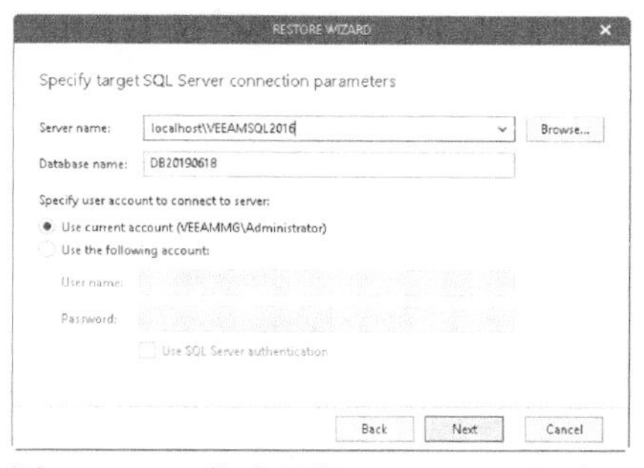

图 8-3-109　指定目标 SQL Server 服务器

（7）在“Specify database files target location”中显示了恢复的数据库文件和日志文件的目标位置，如图 8-3-110 所示。

（8）在“Specify recovery state”中选择恢复状态，可在“Default（RECOVERY）”、“NORECOVERY”和“STANDBY”三者之间选择，如图 8-3-111 所示。在此选择 Default（RECOVERY）。

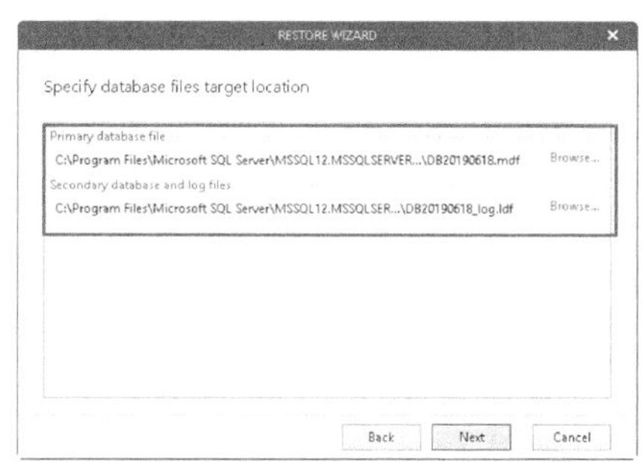

图 8-3-110　指定数据库文件目标位置

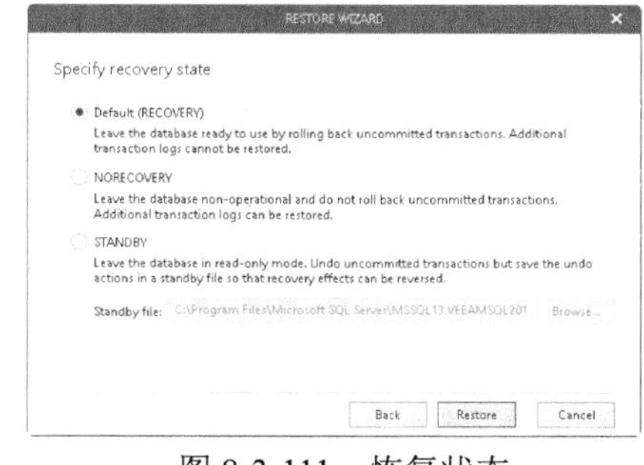

图 8-3-111　恢复状态

Default（RECOVERY）：回滚（撤销）任何未提交的更改。

NORECOVERY：跳过撤销阶段，以便保持未提交或未完成的事务处于打开状态。这允许进一步的恢复阶段从恢复点继续进行。应用此选项时，数据库将处于 norecovery 状态，用户无法访问。

STANDBY：数据库将处于待机状态，因此可用于读取操作。

（9）开始恢复数据库文件、日志文件到指定的位置，恢复完成后单击“OK”按钮（见图 8-3-112），打开资源管理器并打开图 8-3-110 所指定的位置，可以查看恢复的数据库文件和日志文件，如图 8-3-113 所示。

如果要将数据库文件导出为备份文件，可以执行如下的操作。

（1）在 Veeam Explorer 中用鼠标右键单击要导出的数据库文件，在快捷菜单中选择“Export backup→Export to another folder”，如图 8-3-114 所示。

图 8-3-112 恢复完成

图 8-3-113 恢复的文件

（2）在“Specify database export location”中选择导出备份文件的位置和备份文件名，如图 8-3-115 所示。

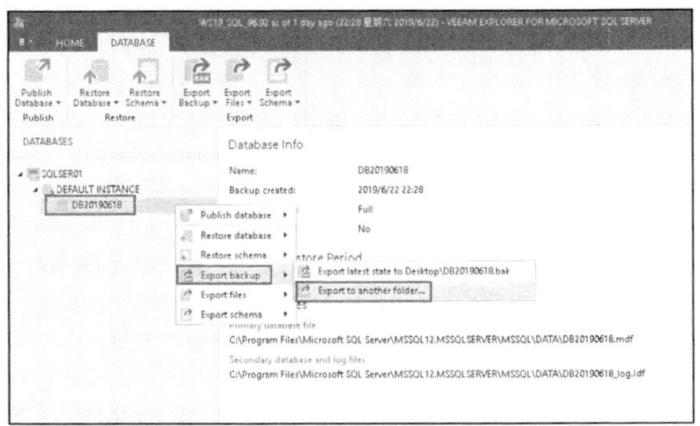

图 8-3-114 导出备份文件

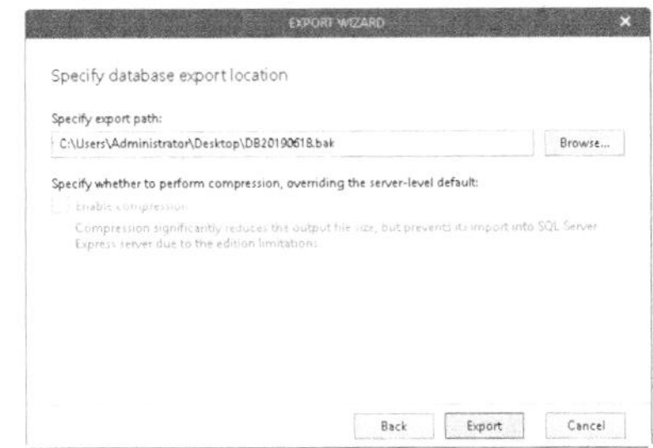

图 8-3-115 导出备份文件的位置

（3）导出完成之后单击“OK”按钮（见图 8-3-116），打开资源管理器可以查看导出的数据库备份文件，如图 8-3-117 所示。

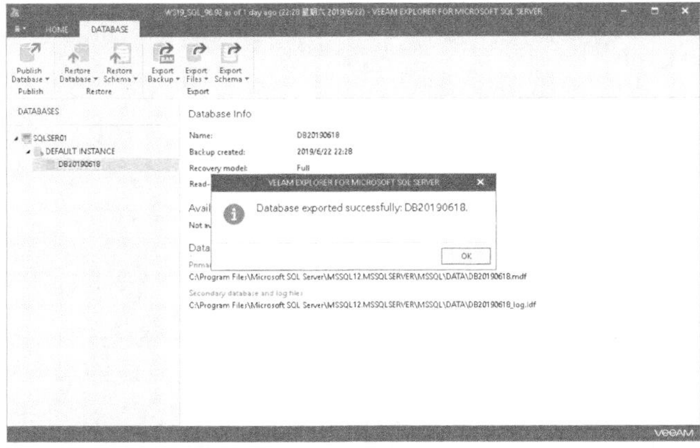

图 8-3-116 导出完成

图 8-3-117 查看导出的备份文件

完成数据库恢复后，单击右上角的“ ”按钮关闭 Veeam Explorer，如图 8-3-118 所示。

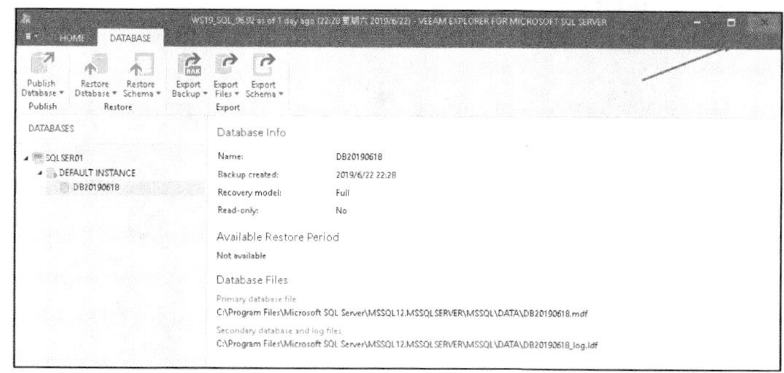

图 8-3-118 退出 SQL Server 数据库恢复程序

8.3.10 恢复 Active Directory 对象

使用 Veeam Explorer for Microsoft Active Directory 管理组件允许管理员从 Veeam Backup & Replication 创建的备份中恢复或导出 Active Directory 对象和容器。在本示例中，Active Directory 虚拟机的名称为 WS19-AD_96.91，IP 地址为 172.18.96.91（见图 8-3-119）。

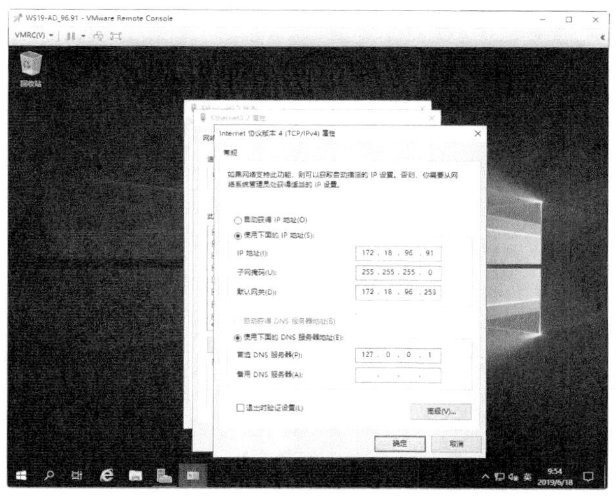

图 8-3-119 Active Directory 实验虚拟机

在这台虚拟机安装 Windows Server 2019 并升级到 Active Directory 服务器，域名为 wangchunhai.cn，在“Active Directory 用户和计算机”中创建了一个 OU（名称为 heinfo），然后在该 OU 中创建了张三、李四、王五、赵六共 4 个用户，创建了办公室、财务部 2 个用户组，如图 8-3-120 所示。

针对该虚拟机，已经在第 8.3.6 节“使用应用程序感知功能”中创建了备份任务并启用了应用程序感知功能。在本示例中该虚拟机已经完成了多次备份，下面介绍恢复 Active Directory 对象的操作。

（1）打开 WS19-AD_96.91 的虚拟机控制台，在“Active Directory 用户和计算机”中删除 2 个用户，例如张三、李四 2 个用户（见图 8-3-121），删除之后如图 8-3-122 所示。

（2）在 Veeam Backup & Replication 控制台的“HOME→Backups→Disk”中，从右侧的清单

中选择要恢复的虚拟机，本示例为 WS19-AD_96.91，用鼠标右键单击该虚拟机，在快捷菜单中选择“Restore application items→Microsoft Active Directory objects”，如图 8-3-123 所示。

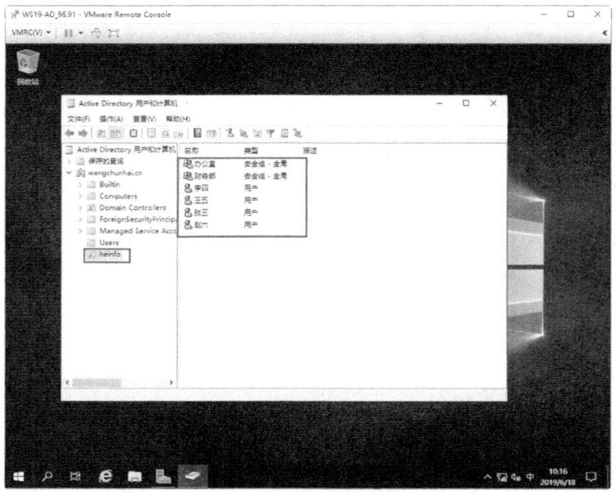

图 8-3-120　创建测试用户和用户组

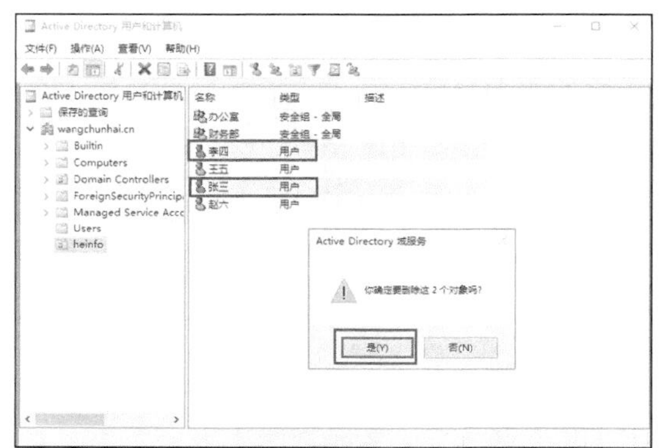

图 8-3-121　删除用户

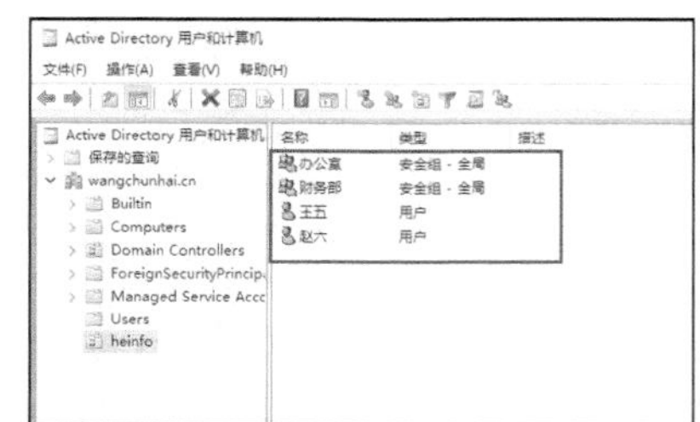

图 8-3-122　删除之后

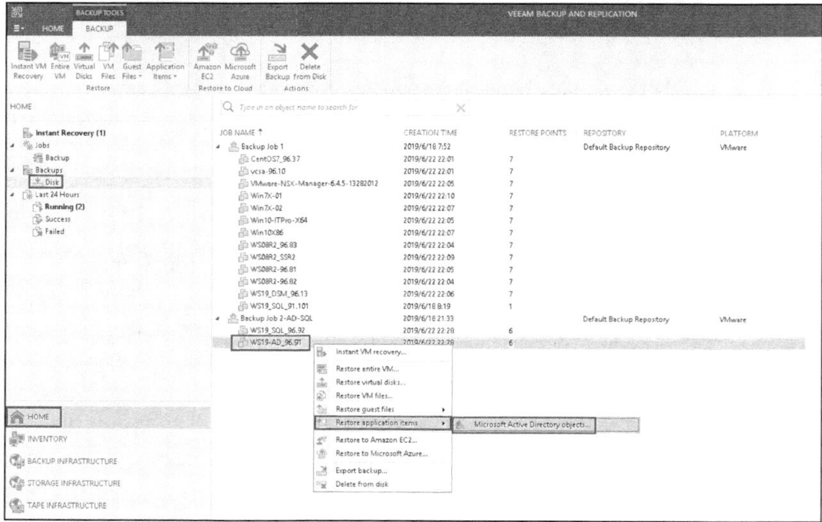

图 8-3-123　恢复 Active Directory 对象

（3）在“Restore Point”中选择恢复点，默认情况下选择最后一个备份（最新的备份数据），如图 8-3-124 所示。

（4）在“Summary”中单击“Finish”按钮，如图 8-3-125 所示。

图 8-3-124 选择恢复点

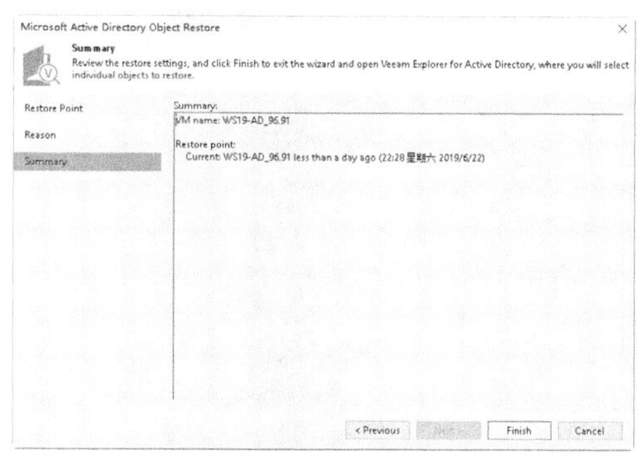

图 8-3-125 摘要

（5）打开 Veeam Explorer 对话框，在此浏览选择要恢复的 Active Directory 对象，例如名为张三的用户并用鼠标右键单击，在弹出的快捷菜单中选择“Restore objects to WS19ADSer. wangchunhai.cn”，如图 8-3-126 所示。

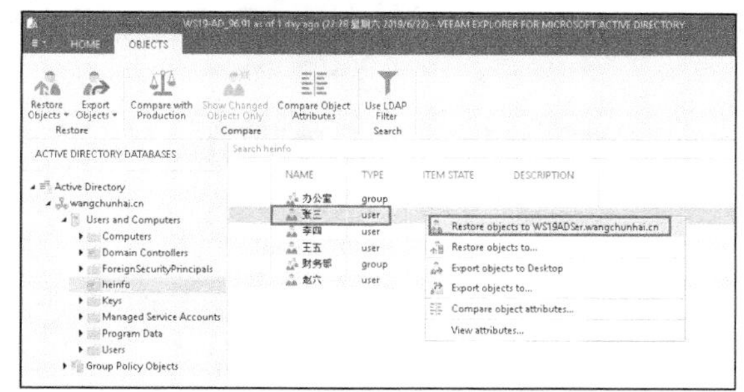

图 8-3-126 Veeam 资源管理器

（6）如果当前 Veeam 服务器能解析 WS19ADSer.wangchunhai.cn 域名并且该服务器在线，恢复很快就能成功并弹出提示，如图 8-3-127 所示。在此也可以选择多个对象进行恢复。

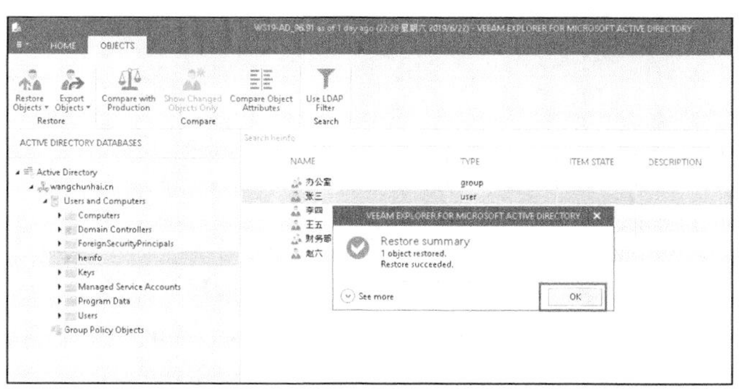

图 8-3-127 恢复完成

（7）切换到 WS19-AD_96.91 虚拟机，在“Active Directory 用户和计算机”中刷新当前界面，可以看到名为“张三”的用户已经恢复，如图 8-3-128 所示。在恢复“张三”用户之后，可以继续恢复其他用户。

（8）如果出现“LDAP 服务器不可用”的错误提示（见图 8-3-129），是由于当前 Veeam 计算机设置 DNS 不能解析要恢复的 Active Directory 服务器的计算机名称（本示例为

WS19ADSer.wangchunhai.cn）导致，只要将计算机的 DNS 设置为 WS19ADSer.wangchunhai.cn 域服务器的 IP 地址（本示例为 172.18.96.91，如图 8-3-130 所示），再次执行恢复即可。

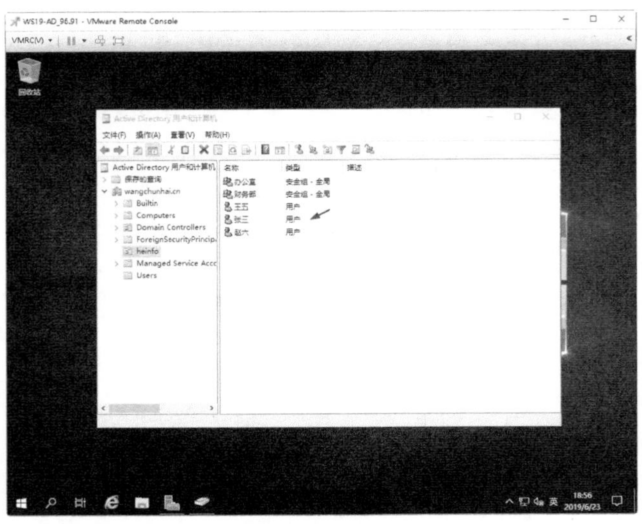

图 8-3-128　用户已经恢复

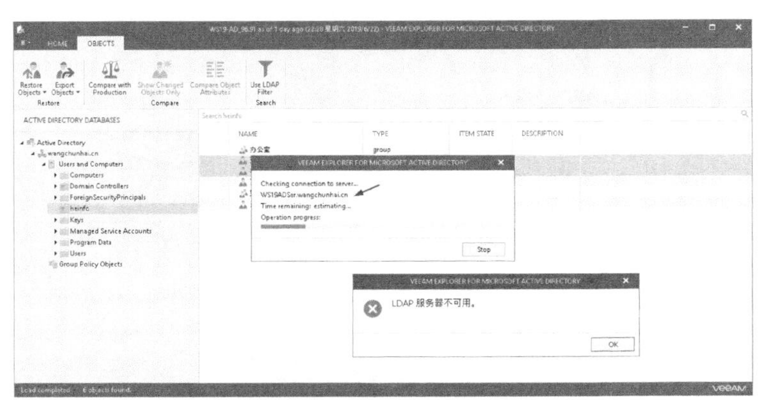

图 8-3-129　LDAP 服务器不可用

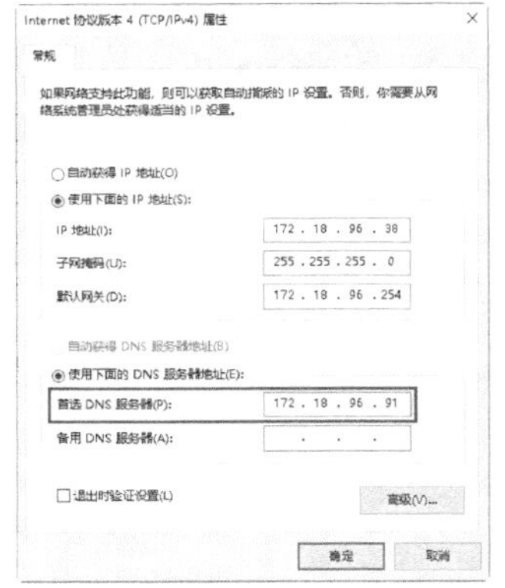

图 8-3-130　修改 DNS 服务器地址

8.3.11　恢复文件

Veeam Backup & Replication 还可以从备份中恢复文件。下面介绍这一功能。

（1）在 Veeam Backup & Replication 控制台的“HOME→Backups→Disk”中，从右侧的清单中选择要恢复的虚拟机，本示例为 WS19_SQL_96.92，用鼠标右键单击该虚拟机，在快捷菜单中选择“Restore guest files→Microsoft Windows”，如图 8-3-131 所示。

（2）在“Restore Point”中选择恢复点，默认情况下选择最后一个备份（最新的备份数据）。

（3）在“Summary”中单击“Finish”按钮。

（4）对于文件恢复操作，Veeam Backup & Replication 提供了 Microsoft Windows 用户熟悉的类似 Windows 资源管理器的用户界面，在左侧选择备份虚拟机的盘位（本示例选择 C），在右侧选中要恢复的文件或文件夹，在弹出的快捷菜单中选择对应的操作以执行恢复，如图 8-3-132 所示。如果选择“Restore→Overwrite”将把文件恢复到原始位置并覆盖原文件。

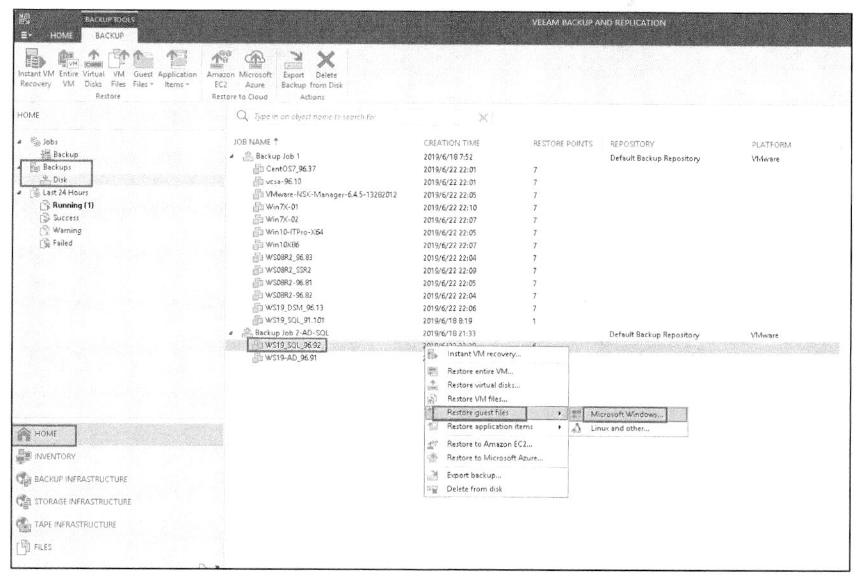

图 8-3-131　恢复客户机文件

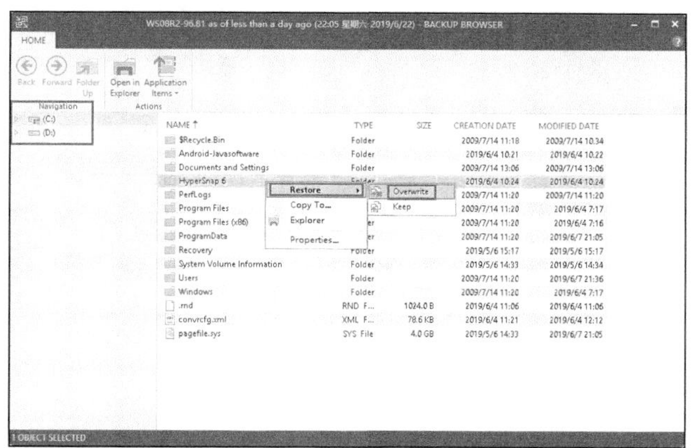

图 8-3-132　恢复

（5）如果选择“Copy To”操作，会浏览选择保存恢复位置的文件夹，本示例中将指定的文件恢复到 D 盘的 Tmp 文件夹，如图 8-3-133 所示。

（6）恢复进度对话框如图 8-3-134 所示。

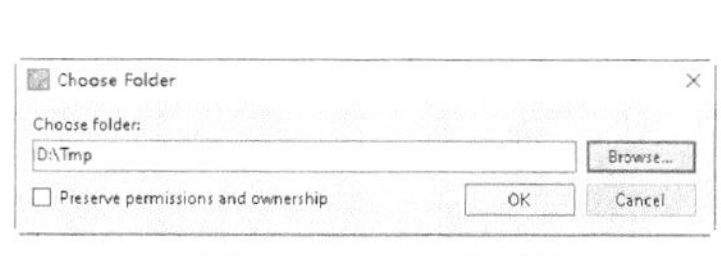

图 8-3-133　复制

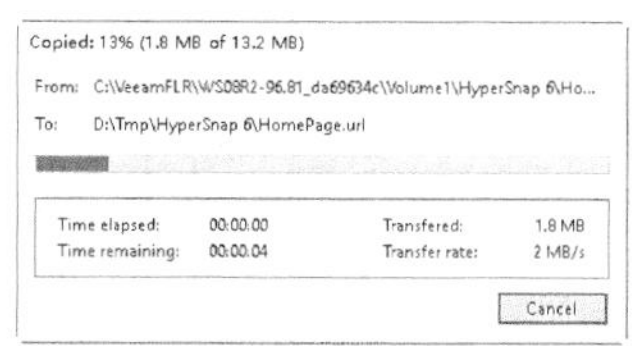

图 8-3-134　恢复进度

（7）打开图 8-3-133 指定的恢复文件夹可以查看恢复的文件，如图 8-3-135 所示。

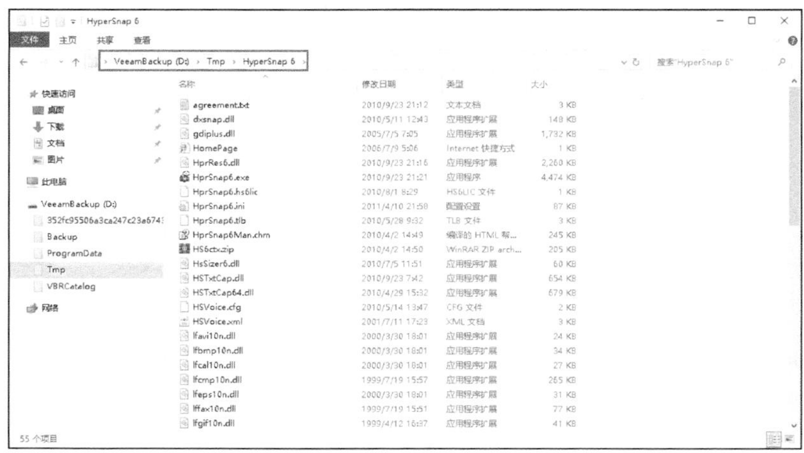

图 8-3-135　恢复后的文件

8.3.12　安装备份代理

使用 Veeam Backup & Replication 进行备份和恢复时，如果环境中 ESXi 主机数量较多，可以添加多台 Veeam 代理服务器，以提升备份恢复性能。本示例中创建 2 台 Windows Server 2019 的虚拟机用作 Veeam 代理，下面介绍主要步骤。

（1）使用 vSphere Client 登录到 vCenter Server，从模板新建虚拟机，设置第 1 台虚拟机名称为 Veeam_Proxy01（见图 8-3-136），在“用户设置”中，设置计算机名称为 proxy01，IP 地址为 172.18.96.71，如图 8-3-137 所示。

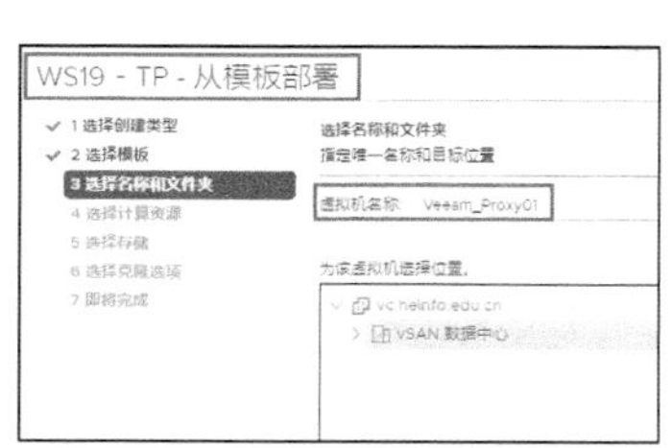

图 8-3-136　设置虚拟机名称

图 8-3-137　设置计算机名称和 IP 地址

（2）对于 Veeam 代理虚拟机，在生产环境中建议至少分配 4 个 CPU、2GB 内存。在本示例中为其分配 2 个 CPU、2GB 内存，如图 8-3-138 所示。

（3）对于第 2 台虚拟机，设置名称为 Veeam_Proxy02，设置计算机名称为 proxy02，设置 IP 地址为 172.18.96.72，为其分配 2 个 CPU、2GB 内存。

（4）这 2 台 Veeam 代理虚拟机部署完成后，打开虚拟机控制台，在“高级安全 Windows Defender 防火墙”中，开放“文件和打印机共享”端口，如图 8-3-139 所示。

（5）检查这 2 台计算机的名称分别是 proxy01、proxy02，如图 8-3-140、图 8-3-141 所示。

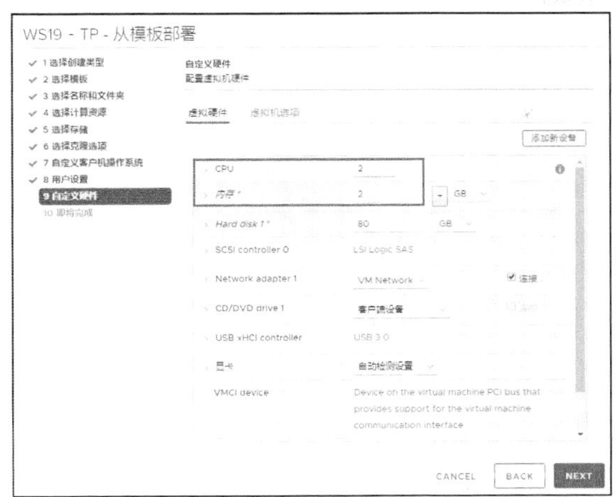

图 8-3-138　设置 CPU 和内存大小

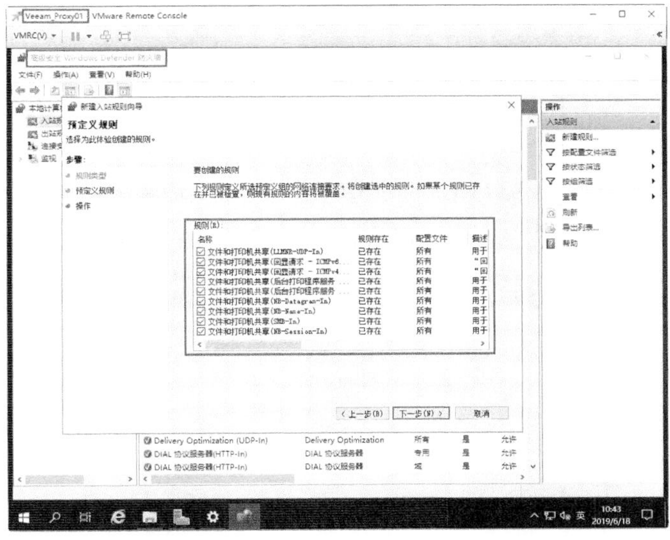

图 8-3-139　允许文件和打印机共享

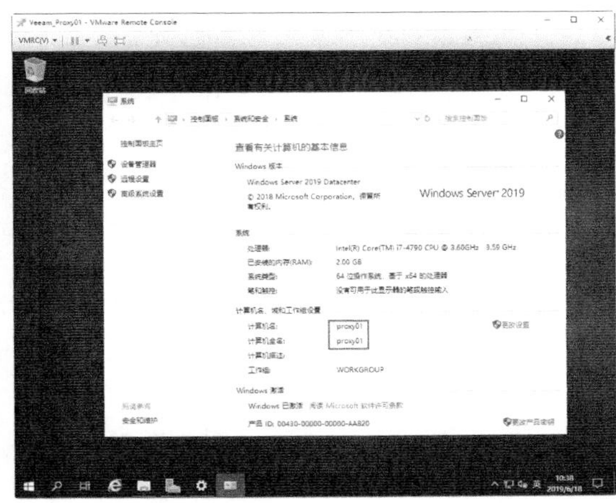

图 8-3-140　检查 proxy01 计算机名称

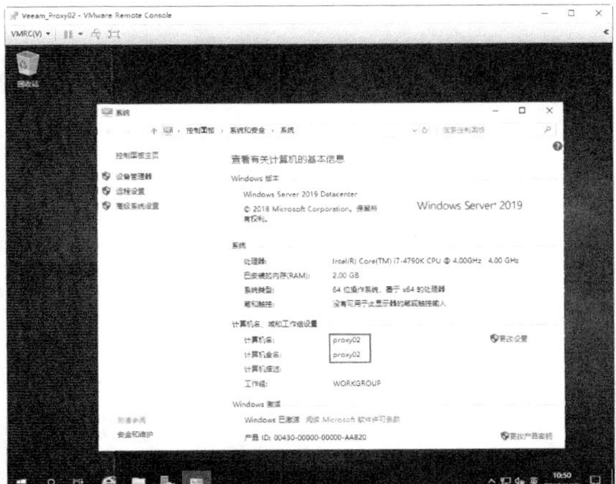

图 8-3-141　检查 proxy02 计算机名称

在“vSAN 群集→配置→配置→虚拟机/主机规则”中创建虚拟机/主机规则，Veeam_Proxy01 与 Veeam_Proxy02 在不同的主机上运行，如图 8-3-142 所示。

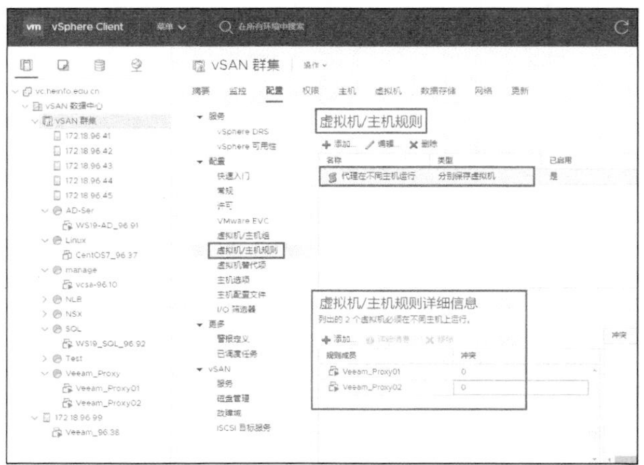

图 8-3-142 虚拟机/主机规则

在准备好 Veeam 备份代理的虚拟机之后，在 Veeam Backup & Replication 控制台添加备份代理服务，主要步骤如下。

（1）在“BACKUP INFRASTRUCTURE→Backup Proxies”中用鼠标右键单击，在弹出的快捷菜单中选择“Add VMware Backup Proxy”，如图 8-3-143 所示。

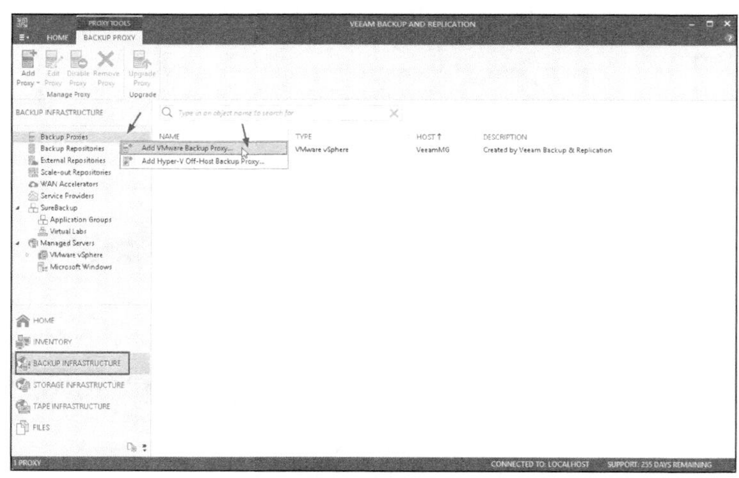

图 8-3-143 添加备份代理

（2）在“Server”中单击“Add New”按钮，如图 8-3-144 所示。

（3）在“Name”的“DNS name or IP address”中添加备份服务器的 IP 地址，本示例为 172.18.96.71，如图 8-3-145 所示。

（4）在“Credentials”中单击“Add”按钮添加用于第 1 台备份代理服务器的管理员账户，如果该计算机是加入域的计算机则使用 Domain\USER 格式，如果没有加入域则使用 HOST\USER 格式。当前计算机没有添加到域，该计算机名称为 proxy01，则添加的用户名为 proxy01\administrator，如图 8-3-146 所示。注意，不能直接输入 administrator。

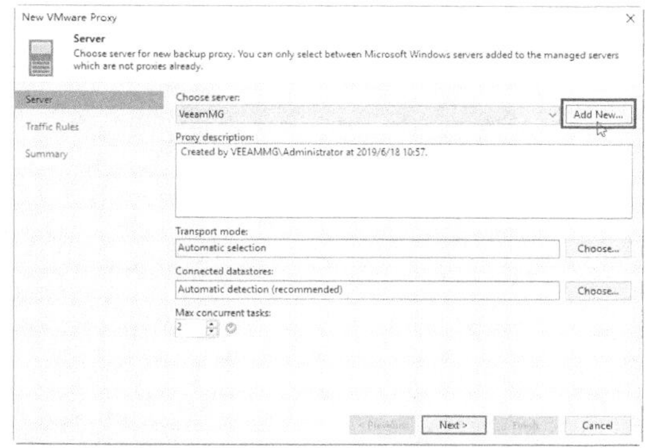

图 8-3-144　添加新服务器

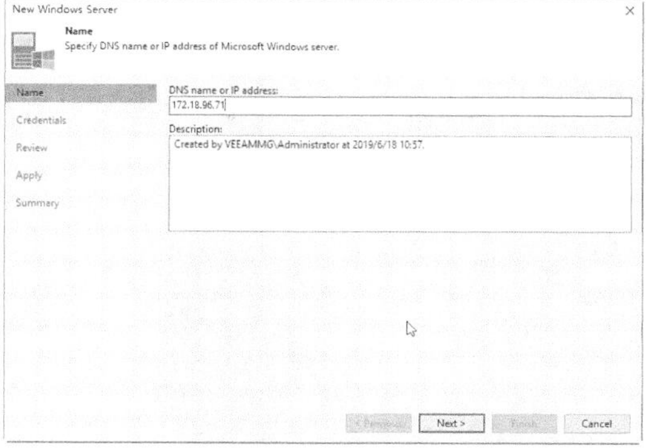

图 8-3-145　指定 IP 地址

（5）在“Review”中单击“Apply”按钮，如图 8-3-147 所示。

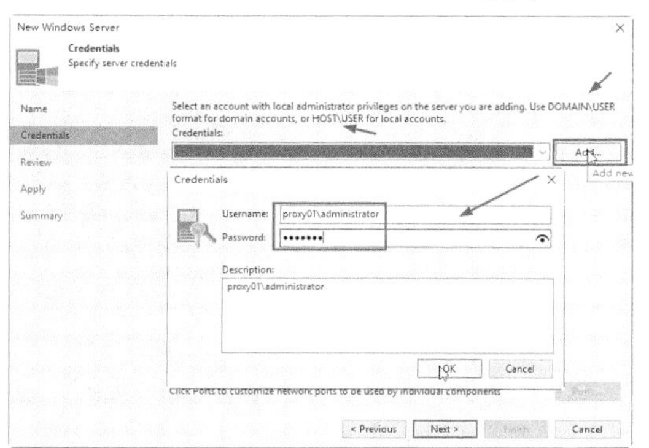

图 8-3-146　添加管理员账户

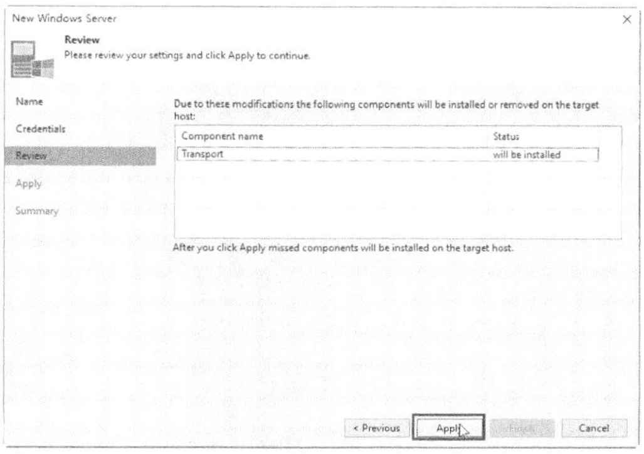

图 8-3-147　应用

（6）在“Apply”中显示了正在执行的操作，如图 8-3-148 所示。

（7）在“Summary”中显示了摘要信息，检查无误之后单击“Finish”按钮，如图 8-3-149 所示。

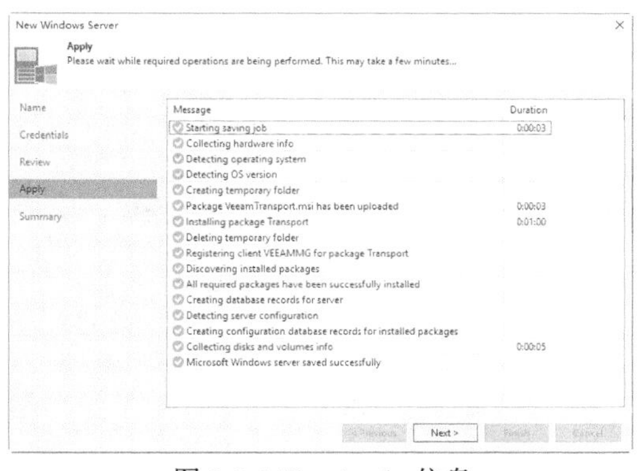

图 8-3-148　Apply 信息

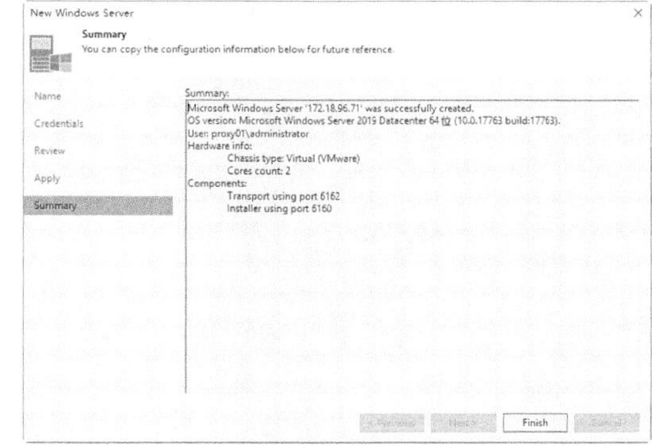

图 8-3-149　摘要

（8）在“Server”的“Choose server”列表中显示了刚才添加的备份代理服务器，在“Max concurrent tasks”显示了并发任务数，当前虚拟机有 2 个 CPU，所以默认并发任务数为 2，如图 8-3-150 所示。单击“Next”按钮。如果修改了虚拟机的 CPU 数量可以在此修改并发任务数。

（9）在“Traffic Rules”中单击“Apply”按钮，如图 8-3-151 所示。

（10）在“Summary”中单击“Finish”按钮，如图 8-3-152 所示。

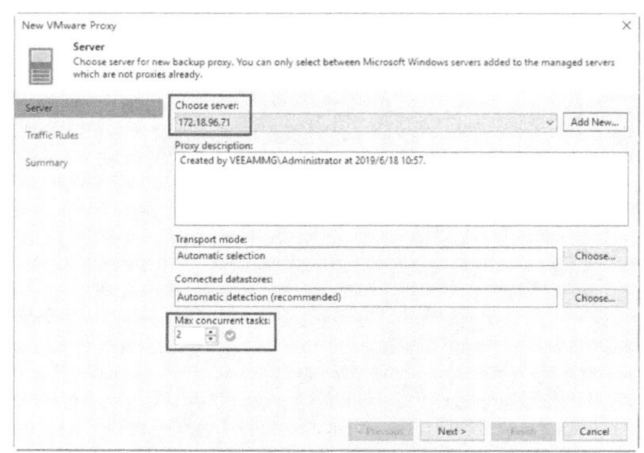
图 8-3-150 为备份代理指定并发任务数

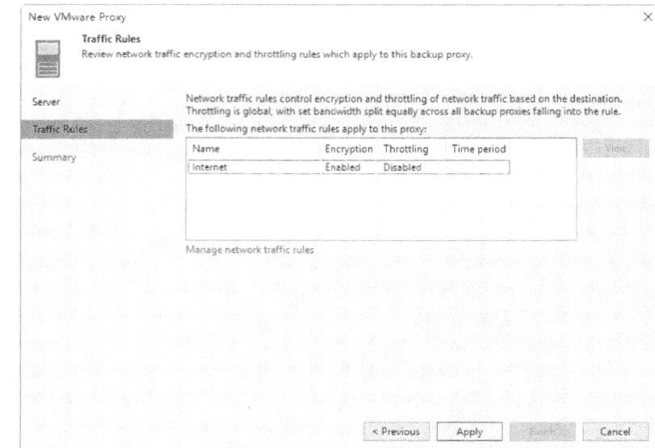
图 8-3-151 应用

参照（1）～（10）的步骤，将 IP 地址为 172.18.96.72 的虚拟机添加到备份代理服务器，在为该计算机指定管理员账户时，其管理员用户名为 proxy02\administrator（见图 8-3-153）。

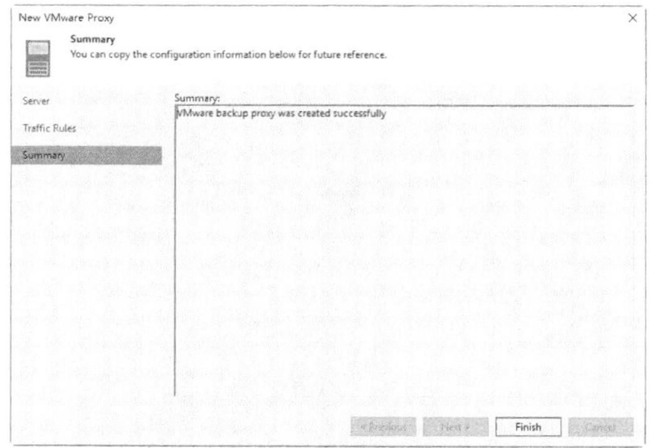
图 8-3-152 添加备份代理完成

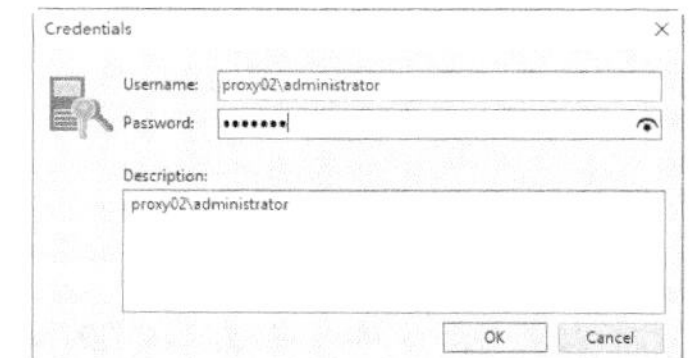
图 8-3-153 指定管理员账户

在“Backup Proxies”中显示添加了 2 台备份代理服务器，如图 8-3-154 所示，其中 VMware Backup Proxy 是在安装 Veeam 时添加的备份代理服务器。

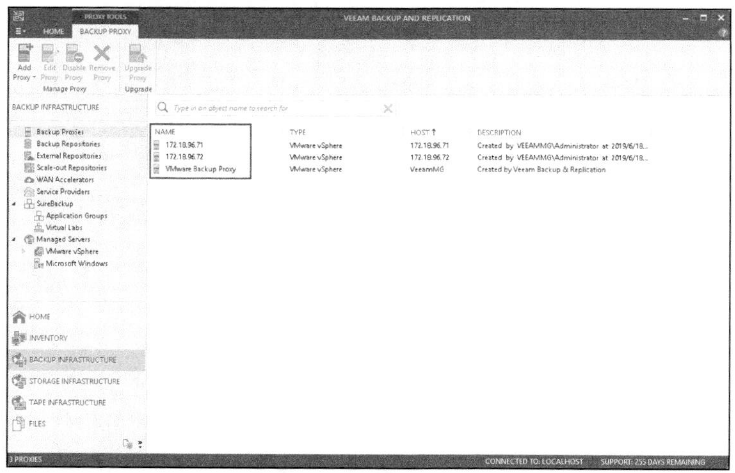
图 8-3-154 查看备份代理服务器

以后如果要修改备份代理服务器的并发任务数，用鼠标右键单击备份代理服务器，在弹出的快捷菜单中选择“Properties”，在弹出的“New VMware Proxy”对话框中修改即可，如图 8-3-155 所示。

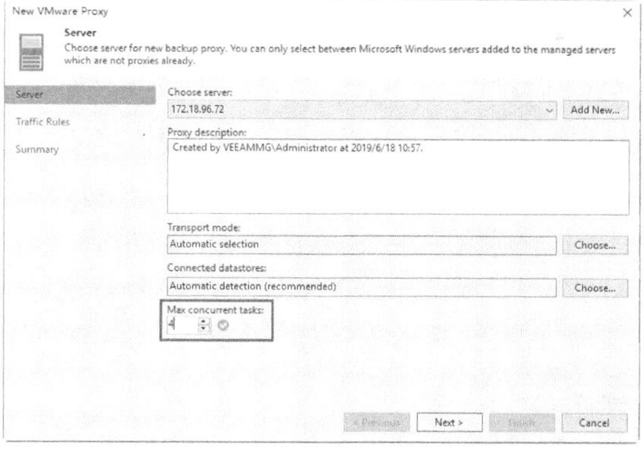

图 8-3-155　修改最大并发任务数

8.4　使用虚拟机复制功能（局域网环境）

除 VM 备份功能外，Veeam Backup & Replication 还提供了复制功能。复制 VM 时，Veeam Backup & Replication 会在备用主机上以本机 VMware vSphere 格式创建 VM 的精确副本，并使该副本与原始 VM 保持同步。复制提供了最佳的恢复时间目标（RTO）值，因为实际上有一个处于准备启动状态的 VM 副本。这就是为什么通常建议对需要最少 RTO 的最关键 VM 进行复制的原因。

8.4.1　VM 复制介绍

Veeam Backup & Replication 使用基于映像的方法进行 VM 复制。Veeam Backup & Replication 不会在 VM Guest 虚拟机操作系统中安装代理软件来检索 VM 数据。要复制 VM，会利用 VMware vSphere 快照功能。复制 VM 时，Veeam Backup & Replication 会要求 VMware vSphere 创建 VM 快照。VM 快照可以被视为 VM 的内聚时间点副本，包括其配置、操作系统、应用程序、关联数据、系统状态等。Veeam Backup & Replication 使用此时间点副本作为复制数据源。

在许多方面，复制与向前增量备份的工作方式类似。在第一个复制周期中，Veeam Backup & Replication 复制源主机上运行的原始 VM 的数据，并在目标主机上创建其完整副本。与备份文件不同，副本虚拟磁盘以其本机格式进行解压缩。所有后续复制周期都是递增的。Veeam Backup & Replication 仅复制自上次复制作业会话以来已更改的数据块。

通过 Veeam Backup & Replication，管理员可以针对灾难恢复（DR）方案执行高可用性（HA）和远程（异地）复制的现场复制。为了便于通过 WAN 进行复制或减慢连接，Veeam Backup & Replication 优化了流量传输。它过滤不必要的数据块，例如重复数据块、零数据块、交换文件块和排除的 VM 客户机操作系统文件块，并压缩副本流量。Veeam Backup & Replication 还允许管理员使用 WAN 加速器并应用网络限制规则，以防止复制作业占用整个网络带宽。

复制具有以下限制。

（1）由于 VMware vSphere 的限制，如果更改源 VM 上 VM 磁盘的大小，Veeam Backup &

Replication 会在下一次复制作业会话期间删除 VM 副本上的所有可用还原点（表示为 VM 快照）。

（2）如果将备份代理的角色分配给 VM，则不应将此 VM 添加到使用此备份代理的作业的已处理 VM 的列表中。这种配置可能导致工作性能下降。Veeam Backup & Replication 将分配此备份代理以首先处理作业中的其他 VM，并且此 VM 的处理将被暂停。Veeam Backup & Replication 将在作业统计信息中报告以下消息：VM 是备份代理，等待它停止处理任务。只有当 VM 上部署的备份代理完成其任务后，作业才会开始处理此 VM。

（3）如果使用标记对虚拟基础架构对象进行分类，请检查 VM 标记的限制。

（4）由于 Microsoft 的限制，无法使用 Microsoft Azure Active Directory 凭据在运行 Microsoft Windows 10 的 VM 上执行应用程序感知处理。

8.4.2　创建复制任务

使用虚拟机备份可以满足大多数需求。如果需要备份的虚拟机数量太多、数据量较大，并且备份存储性能较差时，可以使用虚拟机的复制功能。Veeam Backup & Replication 是运行在 Windows 操作系统上的应用软件，如果 Veeam Backup & Replication 所在的计算机感染了病毒，备份文件也可能会被加密，此时备份就失去意义。而使用虚拟机复制功能，复制出来的是虚拟机，并且虚拟机是处于关机状态，这些虚拟机不会受到病毒的影响。

无论是使用虚拟机备份还是虚拟机复制，保存备份文件或复制虚拟机的目标设备，应该独立于需要备份的虚拟机所在的主机及其存储之外。在使用虚拟机复制功能时，需要另外独立的 vSphere 群集或 ESXi 主机，如图 8-4-1 所示。在当前示例中，IP 地址为 172.18.96.41～172.18.96.45 的 5 台主机组成了一个群集，IP 地址为 172.18.96.99 的是一台独立的 ESXi 主机（为了管理方便可以将其添加到同一个 vCenter Server 进行管理，也可以单独运行，不需要添加到 vCenter Server 环境中），这台主机配置了 4 块 2TB 的磁盘，在这台主机安装了 ESXi 6.7.0，并在 ESXi 中安装了一台 Windows Server 2016 的虚拟机，在虚拟机中安装了 Veeam Backup & Replication 软件。

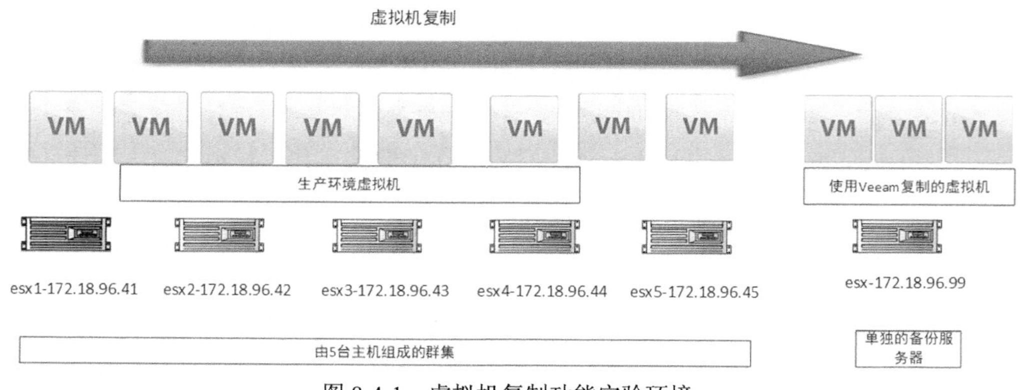

图 8-4-1　虚拟机复制功能实验环境

本节的示例是将 IP 地址为 172.18.96.41～172.18.96.45 群集中指定的虚拟机复制到 IP 地址为 172.18.96.99 的主机，并保存在 172.18.96.99 的本地存储中。当源主机中的虚拟机出现故障时可以使用复制的虚拟机恢复业务及数据。在本示例中，将资源池中 AD-Ser、manage、SQL 的虚拟机复制到 172.18.96.99 主机的名为 Replication 的资源池中，如图 8-4-2 所示。

图 8-4-2 将要创建备份任务的虚拟机

下面介绍在 Veeam Backup & Replication 中创建虚拟机复制任务的内容，步骤如下。

（1）在 Veeam Backup & Replication 控制台的 HOME 界面中，单击“Replication Job”，在弹出的快捷菜单中选择“Virtual machine”，如图 8-4-3 所示。

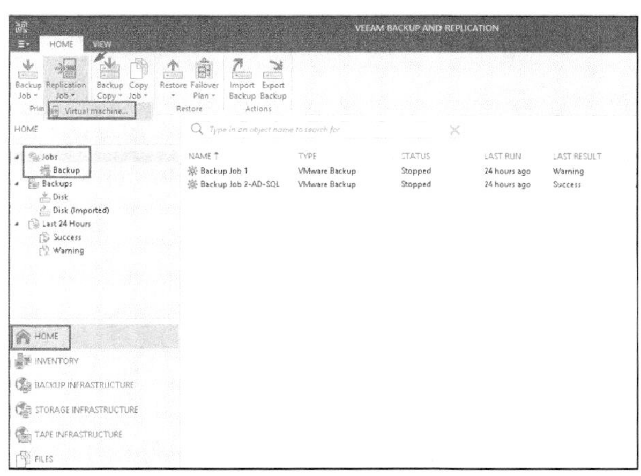

图 8-4-3 新建虚拟机复制任务

（2）在“Name”的“Name”文本框中为新建复制任务设置一个任务名称，默认为 Replication Job 1，可以根据需要修改。本示例选择默认值，如图 8-4-4 所示。

（3）在“Virtual Machines”中添加要复制的虚拟机，本示例中添加名为 AD-Ser、manage、SQL 的资源池，如图 8-4-5 所示。

（4）在“Destination”的“Host or cluster”中选择 IP 地址为 172.18.96.99 的 ESXi 主机，在“Resource pool”中选择名为 Replication 的资源池，在“Datastore”中选择 172.18.96.99 的空间较大的本地存储，如图 8-4-6 所示。

（5）在“Job Settings”的“Replica name suffix”中为复制的虚拟机添加后缀，本示例为_replica，在“Restore points to keep”中设置复制的虚拟机保存的时间点，本示例中设置为 7，这表示将为复制的虚拟机添加_replica，并保存最近的 7 个快照，如图 8-4-7 所示。

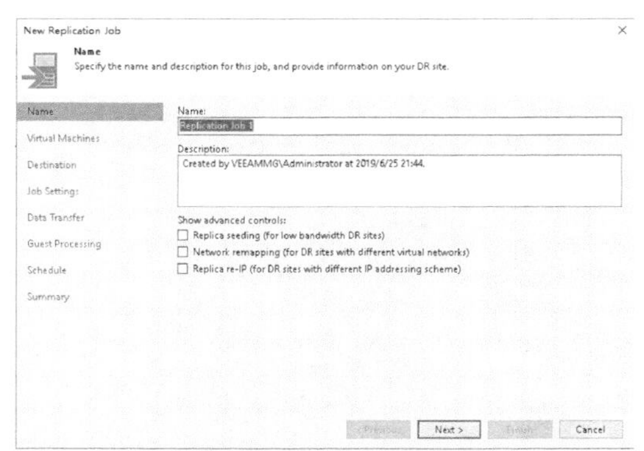

图 8-4-4　VM 复制任务名称

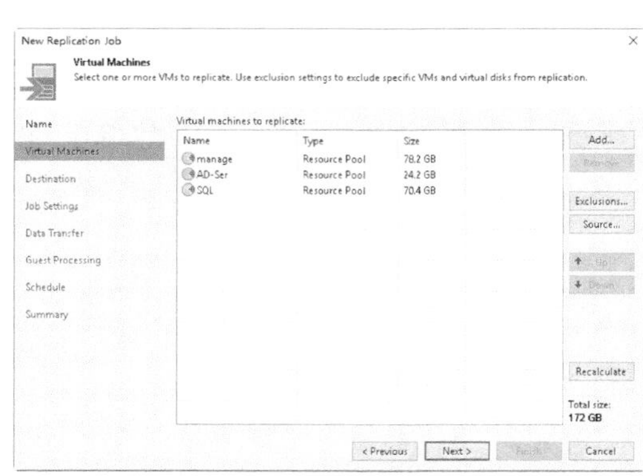

图 8-4-5　添加要复制的虚拟机

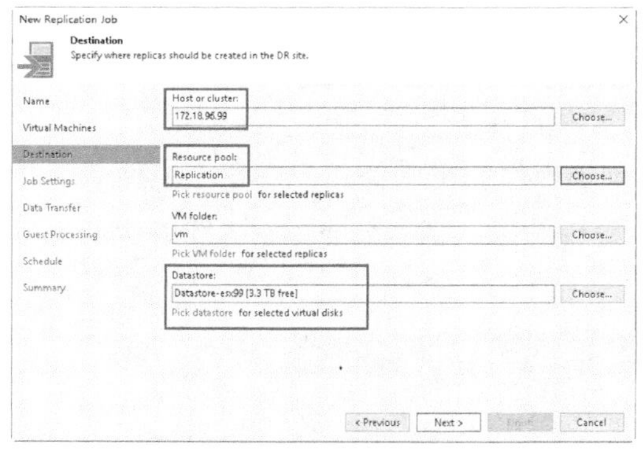

图 8-4-6　复制到的位置

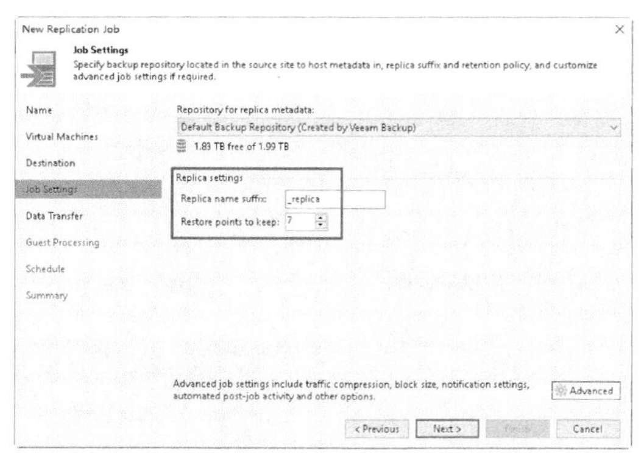

图 8-4-7　复制任务设置

（6）在“Data Transfer”（数据传输）中，选择必须用于复制过程的备份基础架构组件，并选择 VM 数据传输的路径，如图 8-4-8 所示。如果计划在一个站点内复制 VM 数据，同一备份代理可以充当源和目标备份代理。对于异地复制，管理员应在每个站点中至少部署一个备份代理，以便跨站点建立稳定的 VM 数据传输连接。

单击“Source proxy”（源代理）和“Target proxy”（目标代理）右侧的“Choose”按钮选择作业的备份代理。在弹出的“Backup Proxy”（备份代理）窗口中（见图 8-4-9）可以选择自动备份代理或明确分配备份代理。如果选中“Automatic selection”（自动选择），Veeam Backup & Replication 将检测有权访问源和目标数据存储的备份代理，并自动分配用于处理 VM 数据的最佳备份代理资源。

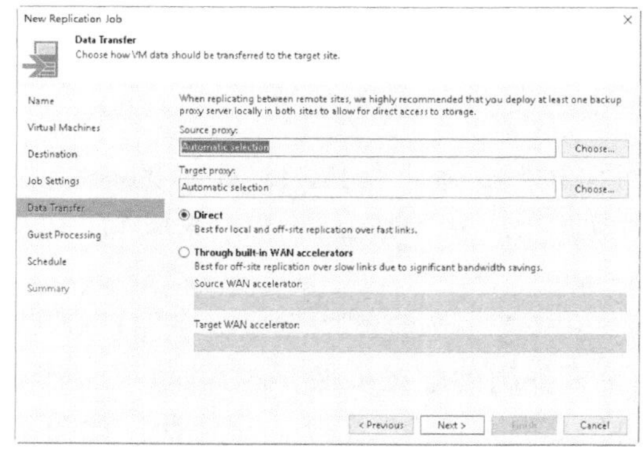

图 8-4-8　数据传输

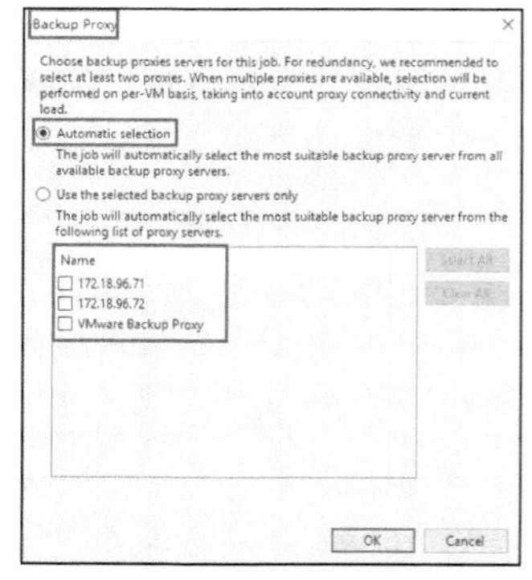

图 8-4-9　备份代理

Veeam Backup & Replication 将资源逐个分配给复制作业中包含的 VM。在从列表中处理新 VM 之前，Veeam Backup & Replication 会检查可用的备份代理。如果有多个备份代理可用，Veeam Backup & Replication 会分析备份代理可以使用的传输模式以及备份代理上的当前工作负载，以便为 VM 处理选择最合适的备份代理。

如果选中“Use the select backup proxy servers only”（仅使用选定的备份代理服务器），则可以显式选择作业可以使用的备份代理。建议至少选择两个备份代理，以确保在其中一个备份代理失败或丢失与源数据存储的连接时执行作业。

然后选择 VM 数据传输的路径。

要通过备份代理直接将 VM 数据传输到目标数据存储，应选中“Direct”（直接）。

要通过 WAN 加速器传输 VM 数据，应选中“Through built-in WAN accelerators”（通过内置 WAN 加速器）。从源 WAN 加速器列表中，选择源站点中配置的 WAN 加速器；从目标 WAN 加速器列表中，选择目标站点中配置的 WAN 加速器。

不应将一个源 WAN 加速器分配给计划同时运行的多个复制作业。源 WAN 加速器需要大量 CPU 和 RAM 资源，并且不会并行处理多个复制任务。管理员可以为计划通过一个源 WAN 加速器处理的所有 VM 创建一个复制作业。但是，目标 WAN 加速器可以分配给多个复制作业。

（7）在“Guest Processing”中可以启用应用程序感知功能，如图 8-4-10 所示。该功能在“8.3.6 使用应用程序感知功能”一节做过介绍。

（8）在“Schedule”中选择手动运行复制作业或安排定期运行作业，本示例选择复制作业在 Backup Job 2-AD-SQL 备份作业完成之后运行，如图 8-4-11 所示。

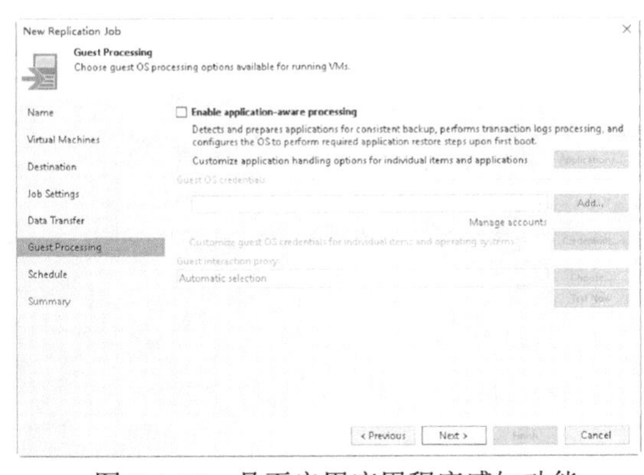

图 8-4-10 是否启用应用程序感知功能

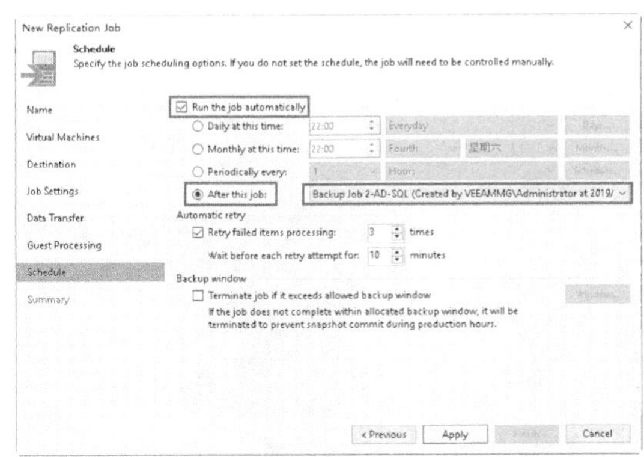

图 8-4-11 定义作业计划时间

（9）在“Summary”中显示了作业的详细信息，检查无误之后单击“Finish”按钮关闭向导，如图 8-4-12 所示。

（10）创建复制计划完成后，在 Jobs 中显示了新创建的复制计划任务，如图 8-4-13 所示。

在完成一次或多次复制任务之后，在“HOME→Jobs→Replication”中单击复制计划任务，可以看到上一次任务完成的进度，如果“STATUS”中显示“Success”表示复制成功完成，如图 8-4-14 所示。

单击“Report”按钮可以查看备份计划的详细信息，包括备份的开始与结束时间、传输的数据量，复制完成的虚拟机数量，复制的每台虚拟机的开始与结束时间、传输的数据量等，如图 8-4-15 所示。

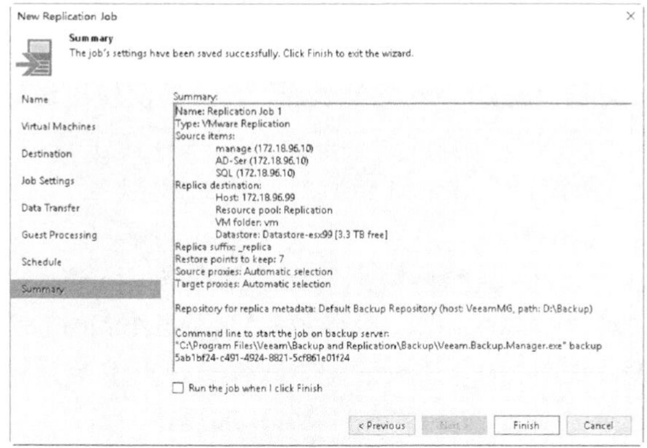

图 8-4-12　摘要

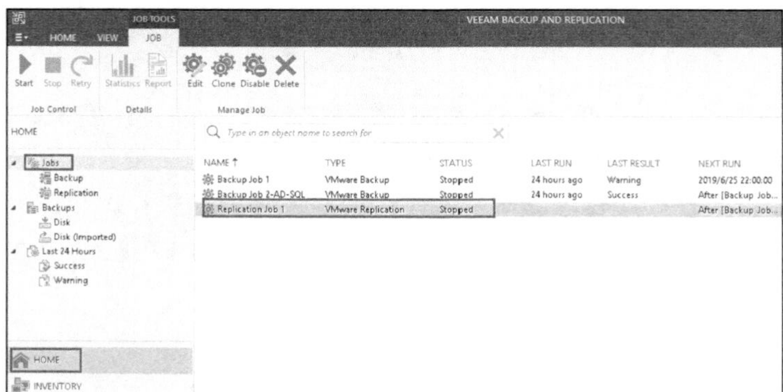

图 8-4-13　任务

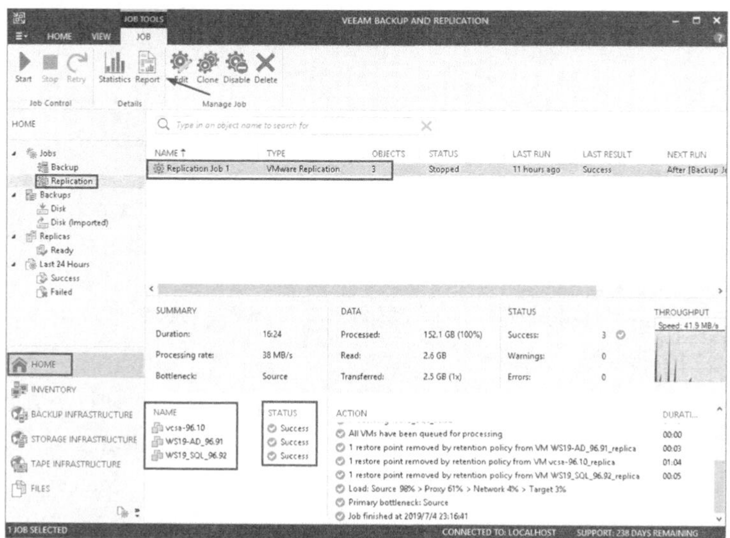

图 8-4-14　备份任务成功

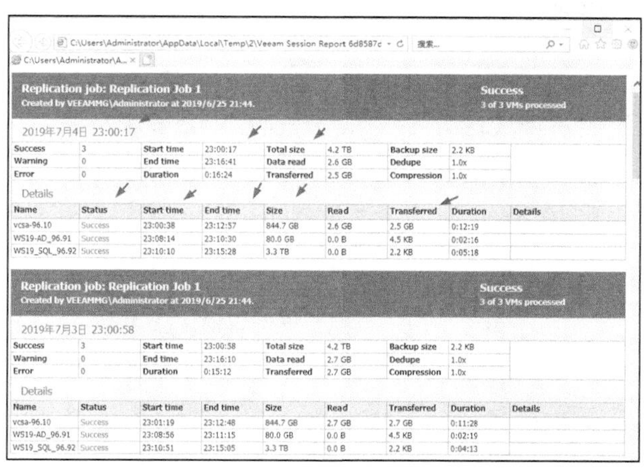

图 8-4-15 查看复制计划任务报告

8.4.3 使用副本故障转移和故障回复

如果软件或硬件出现故障，可以通过故障转移到其副本来快速恢复损坏的 VM。执行故障转移时，复制的 VM 将接管原始 VM 的角色。管理员可以使用故障转移恢复到副本的最新状态或其任何已知的还原点。

说明

Veeam Backup & Replication 的功能在英文中称为 Replica Failover and Failback，“Replica”指复制后的虚拟机副本，“Failover”一般翻译为故障转移或故障切换，“Failback”一般翻译为故障回复或故障回切。

在 Veeam Backup & Replication 中，故障转移是一个临时的中间步骤，应该进一步操作。Veeam Backup & Replication 为不同的灾难恢复方案提供以下选项。

（1）可以执行永久性故障转移以将工作负载留在目标主机上，并让副本 VM 充当原始 VM。如果源主机和目标主机在资源方面几乎相同且位于同一 HA 站点上，则永久性故障转移是合适的。

（2）可以执行故障回复以恢复源主机或新位置中的原始 VM。如果故障转移到不是用于连续操作的 DR 站点，并且希望在消除灾难后果时将操作移回生产站点，则使用故障回复。

Veeam Backup & Replication 支持一个 VM 和多个 VM 的故障转移和故障回复操作。如果一个或多个主机发生故障，可以使用批处理以最少的停机时间恢复操作。

初学者可能不容易理解故障转移和故障回复的区别，下面通过图示进行说明。故障转移示意如图 8-4-16 所示。

在图 8-4-16 的实验拓扑中，生产环境的虚拟机运行在 IP 地址为 172.18.96.41～172.18.96.45 的主机上，使用 Veeam Backup & Replication 复制功能复制后的虚拟机副本保存在 IP 地址为 172.18.96.99 的备份主机上。当生产环境中的某一台（或多台）虚拟机出现故障后，如果使用故障转移功能，将在 172.18.96.99 的主机上启动复制后的副本虚拟机，并代替原来的虚拟机对外提供服务。在启动副本虚拟机之前，因为副本虚拟机有多个快照，可以根据需要将虚拟机恢复到一个指定的快照时间点启动虚拟机。当虚拟机启动之后，检查无误确认可以代替原故障虚拟机对外提供服务后，启动“永久性故障转移”，副本虚拟机上的其他快照将被删除，副本虚拟机代替原来的虚拟机对外提供服务。从这一过程来看，故障转移是用副本虚拟机代替原虚拟机的一种工作方式。所以，保存副本虚拟机所在的 ESXi 主机应该与生产环境中的 ESXi 主机有相同的网络配置，例如故障虚拟机使用 vlan2006 的端口组（在网络中属于 VLAN2006），备份 ESXi 主机也应该有 vlan2006 的端口组并且同样属于 VLAN2006。

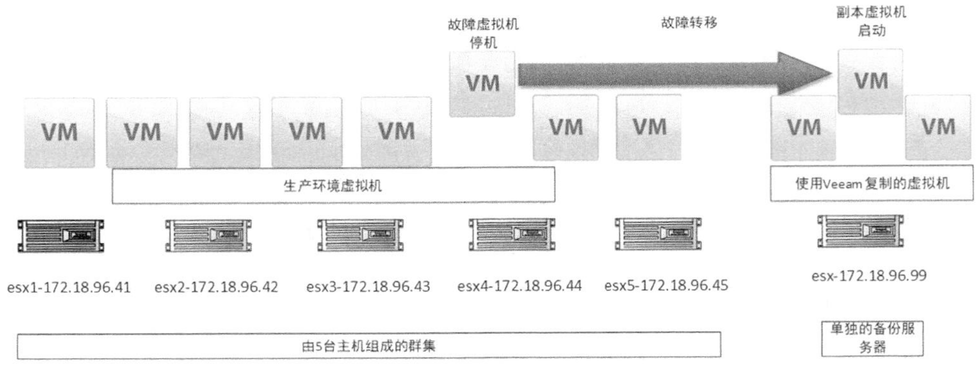

图 8-4-16　故障转移

使用故障回复，是将复制的虚拟机副本返回到原始虚拟机，将 I/O 和进程从目标主机转移到生产主机并返回到正常操作模式，如图 8-4-17 所示。

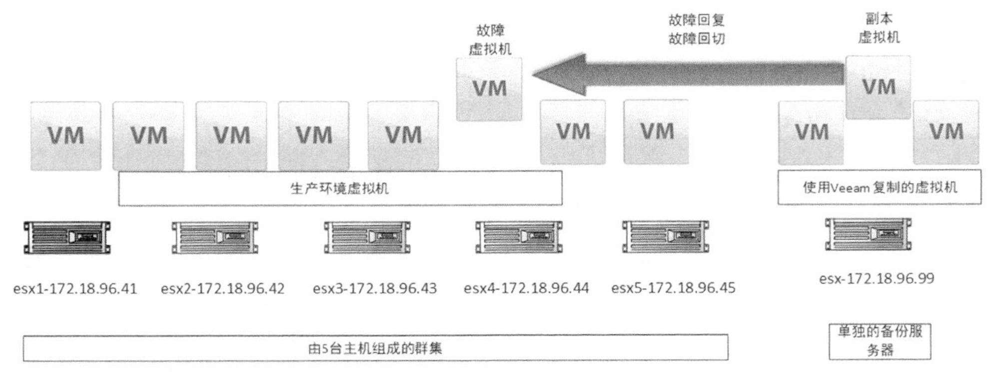

图 8-4-17　故障回复

故障回复可以从虚拟机副本切换到源主机上的原始虚拟机。如果源主机不可用，管理员可以将原始虚拟机还原到新位置并切换回它。Veeam Backup & Replication 提供 3 种故障回复选项。

（1）可以故障回复到源主机上原始位置的 VM。

（2）可以故障回复到已在新位置从备份中预先恢复的 VM。

（3）可以通过将所有虚拟机副本传输到所选目标来故障回复到全新位置。

前 2 个选项可帮助用户缩短恢复时间并减少网络流量的使用：Veeam Backup & Replication 只需传输原始 VM 和 VM 副本之间的差异。如果在执行故障回复之前无法使用原始 VM 或从备份还原 VM，则可以使用第 3 个选项。

如果故障回复到现有的原始虚拟机，Veeam Backup & Replication 将执行以下操作。

（1）如果原始 VM 正在运行，Veeam Backup & Replication 会将其关闭。Veeam Backup & Replication 在原始 VM 上创建有效的故障回复快照。

（2）Veeam Backup & Replication 计算故障转移状态下原始 VM 的磁盘与 VM 副本的磁盘之间的差异。差异计算有助于 Veeam Backup & Replication 了解需要将哪些数据传输到原始 VM 以使其与 VM 副本同步。Veeam Backup & Replication 将更改的数据传输到原始 VM。传输的数据将写入原始 VM 上工作故障回复快照的增量文件。

（3）Veeam Backup & Replication 可以关闭 VM 副本。在管理员提交故障回复或撤销故障回复操作之前，VM 副本将保持断电状态。

（4）Veeam Backup & Replication 为 VM 副本创建故障回复保护快照。快照充当新的还原点，并保存 VM 副本的故障回复前状态。管理员可以使用此快照在之后返回 VM 副本的故障回复前状态。

（5）Veeam Backup & Replication 再次计算 VM 副本与原始 VM 之间的差异，并将更改的数据传输到原始 VM。新的同步周期允许 Veeam Backup & Replication 复制在执行故障回复过程时在 VM 副本上进行的最后一分钟更改。

（6）Veeam Backup & Replication 删除原始 VM 上的工作故障回复快照。写入快照增量文件的更改将提交到原始 VM 的磁盘。

（7）虚拟机副本的状态从故障转移到故障回复。Veeam Backup & Replication 暂时将原始 VM 的复制活动置于保持状态。

（8）如果管理员选择在故障回复后启动原始 VM，Veeam Backup & Replication 将启动目标主机上已还原的原始 VM。

如果故障回复的虚拟机保存到一个全新的位置，Veeam Backup & Replication 将执行以下操作。

（1）Veeam Backup & Replication 传输所有 VM 副本并将其存储在目标数据存储上。

（2）Veeam Backup & Replication 在目标主机上注册新 VM。

（3）如果管理员选择在故障回复后启动原始 VM，Veeam Backup & Replication 将启动目标主机上已还原的原始 VM。

在 Veeam Backup & Replication 中，故障回复被认为是一个临时阶段，应该进一步完成。在测试恢复的原始 VM 并确保它正常工作之后，管理员应该提交故障回复。管理员还可以撤销故障回复并将 VM 副本返回到故障转移状态。

在本示例中，已经为名为 WS19-AD_96.91、vcsa-96.10、WS19_SQL_96.92 创建了虚拟机复制任务并且已经完成多次复制。在 vSphere Client 中可以看到备份的源虚拟机、备份后的虚拟机，用鼠标右键单击一台备份的虚拟机，在快捷菜单中选择“快照→管理快照”（见图 8-4-18），可以看到多个不同时间点的快照（见图 8-4-19），在当前的备份任务中保留了 7 个最近的快照。

在“管理快照”中可以选中一个快照然后单击“恢复为”按钮将复制后的虚拟机恢复到一个指定的快照并启动该虚拟机。在虚拟机启动之后可以使用 vMotion 和 Storage vMotion 技术将虚拟机从备份主机及备份主机所在的存储迁移到其他主机和其他存储，这是使用 VMware 的迁移技术实现。如果要使用 Veeam Backup & Replication 的故障回复功能，操作步骤如下。

（1）在“HOME→Replicas→Ready”的右侧显示了复制后的虚拟机副本，在“RESTORE POINTS”列表中显示了每台虚拟机能使用的恢复点的数量。用鼠标右键单击想要恢复的虚拟机，在弹出的快捷菜单中选择“Planned Failover”，如图 8-4-20 所示。

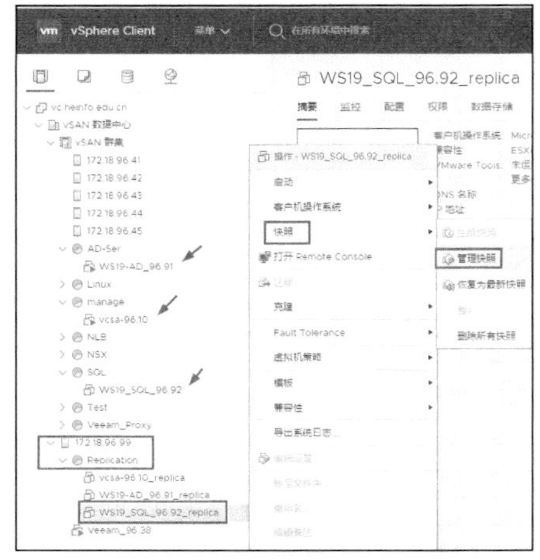
图 8-4-18　查看快照

图 8-4-19　查看快照点

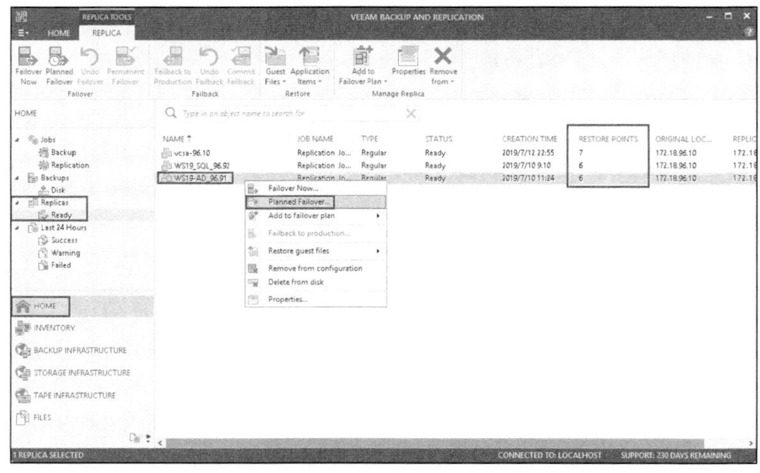
图 8-4-20　选择要恢复的虚拟机

（2）在“Virtual Machines”的“Virtual machines to failover”列表中双击要恢复的虚拟机，在弹出的“Restore Points”对话框中选择要将虚拟机恢复到哪一个时间点，如图 8-4-21 所示。

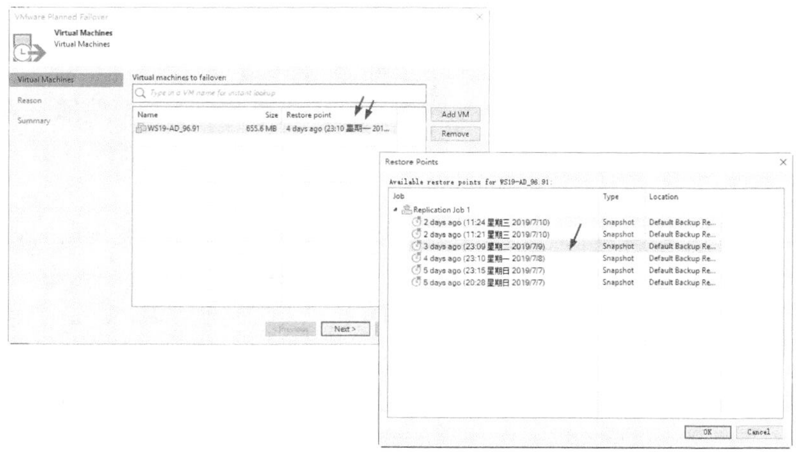
图 8-4-21　选择恢复点

（3）在“Summary”中显示了恢复的虚拟机的信息，检查无误之后单击“Finish”按钮，如图 8-4-22 所示。

（4）在“Last 24 Hours→Running (2)”中显示了两个任务，第一个任务的会话类型为“Planned Failover”，第二个任务的会话类型为“Replication”，在“STATUS”中显示了会话的状态信息，如图 8-4-23 所示。

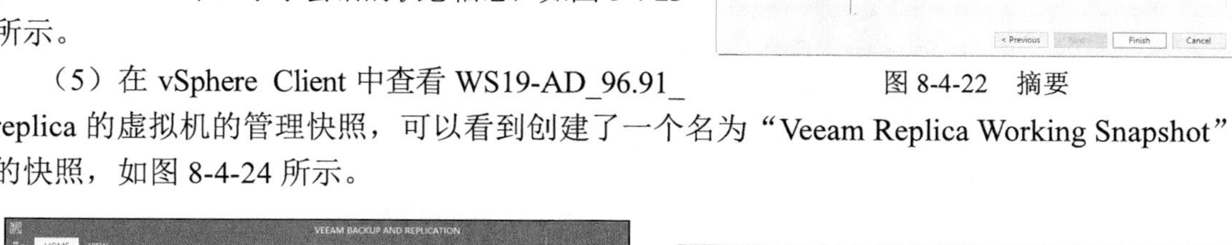

图 8-4-22 摘要

（5）在 vSphere Client 中查看 WS19-AD_96.91_replica 的虚拟机的管理快照，可以看到创建了一个名为“Veeam Replica Working Snapshot”的快照，如图 8-4-24 所示。

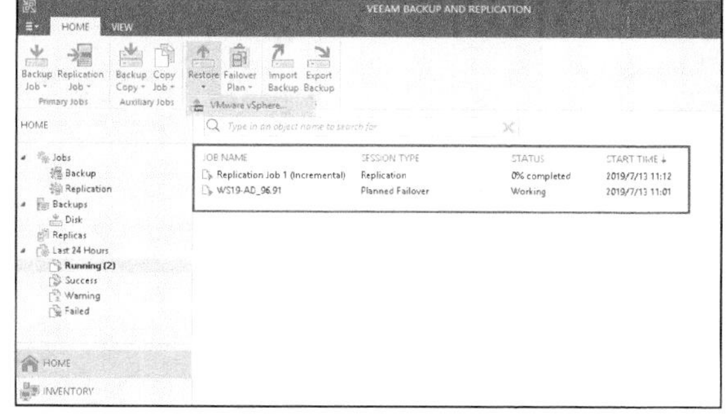

图 8-4-23 会话状态信息

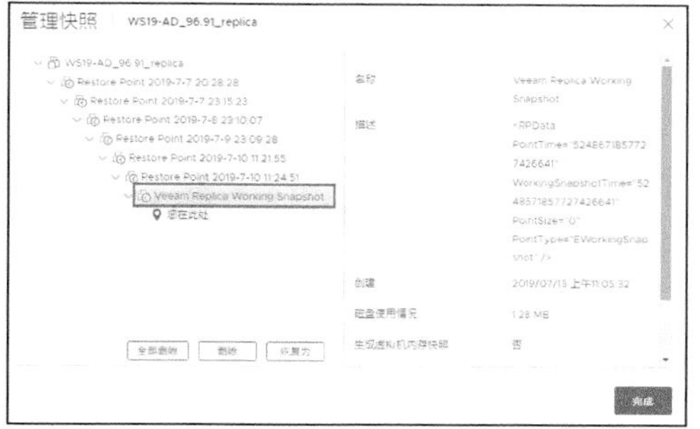

图 8-4-24 创建工作快照

（6）此时要恢复的虚拟机已经关机，而副本虚拟机开机，如图 8-4-25 所示。

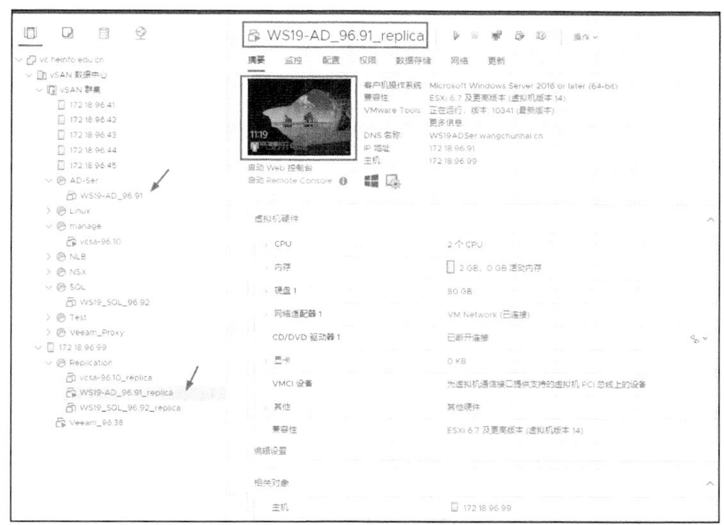

图 8-4-25 副本虚拟机开机

（7）打开副本虚拟机的控制台，如果备份主机的网络配置与生产环境中虚拟机网络配置相同，此时副本虚拟机可以对外提供服务。为了进行测试，可以通过网络复制一些文件到当前虚拟机的桌面上，如图 8-4-26 所示。

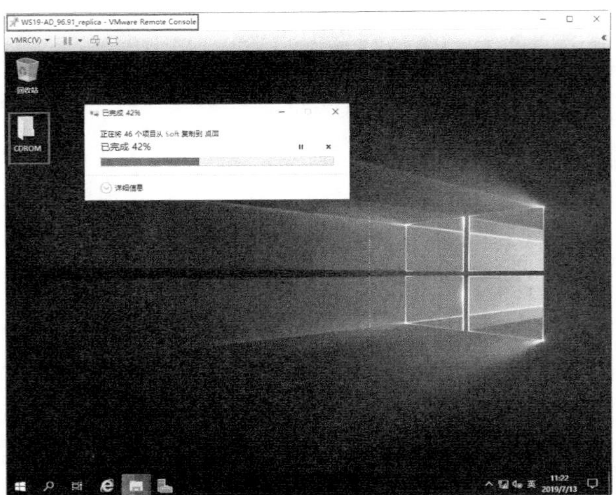

图 8-4-26 复制文件到桌面

（8）当 Veeam Backup & Replication 控制台的“HOME→Replicas→Active (1)”右侧的恢复任务类型为 Regular 时（见图 8-4-27），副本虚拟机与源虚拟机都关机（见图 8-4-28）。

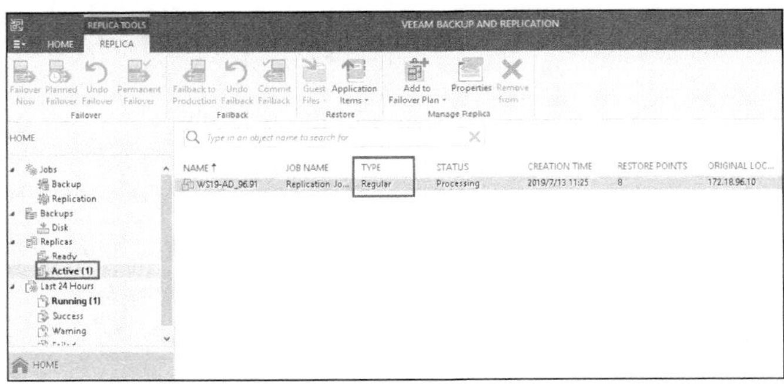

图 8-4-27 恢复任务类型为 Regular

图 8-4-28 副本虚拟机已经关机

（9）在 Veeam Backup & Replication 控制台的“HOME→Replicas→Active (1)”中选择“Restore→VMware vSphere”，如图 8-4-29 所示。

（10）在“Restore”对话框中选择“Restore from replica”，如图 8-4-30 所示。

（11）在“Restore from Replica”对话框中选择“Entire replica”，如图 8-4-31 所示。

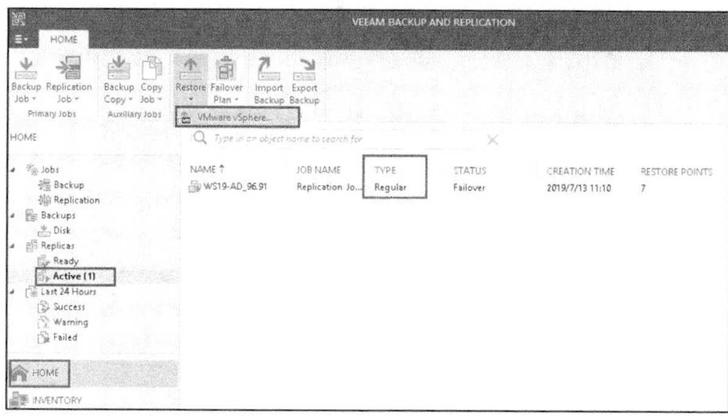

图 8-4-29　恢复 VMware vSphere

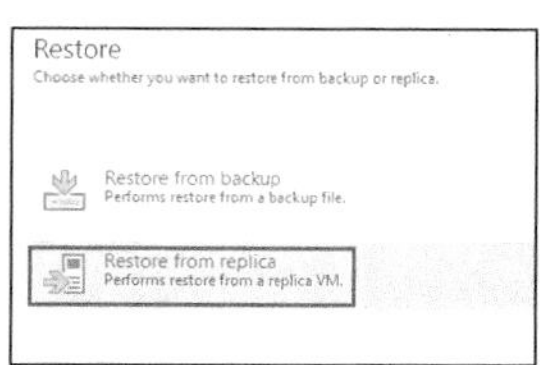

图 8-4-30　从副本还原

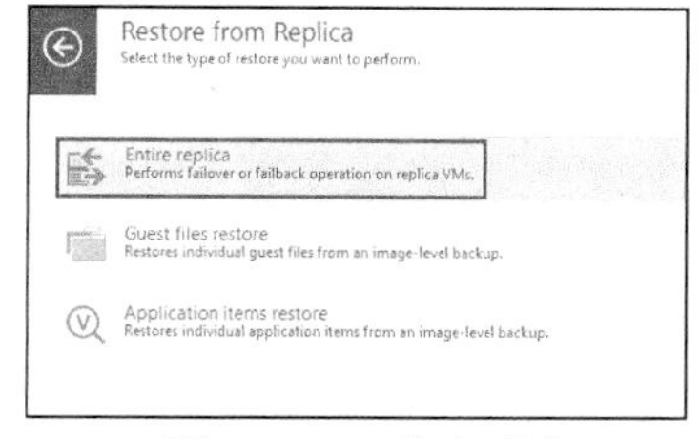

图 8-4-31　整个副本

（12）在“Entire replica”对话框中选择“Failback to production”（故障回复到生产环境），如图 8-4-32 所示。如果需要执行故障转移应选择“Failover to a replica”（故障转移到副本）。

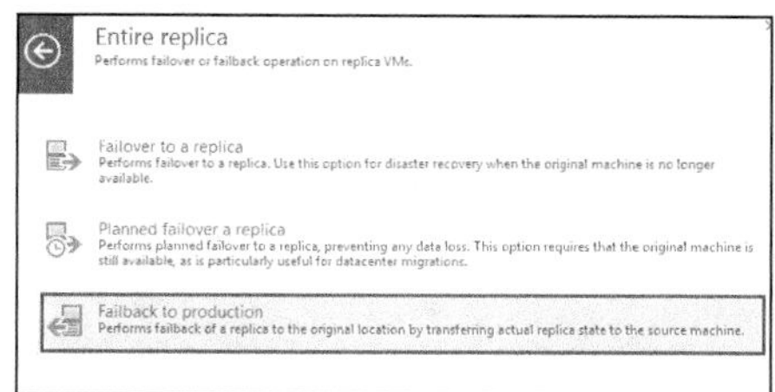

图 8-4-32　故障回复到生产环境

（13）在 Veeam Backup & Replication 控制台的“HOME→Replicas→Active (1)”中用鼠标右键单击任务，在弹出的快捷菜单中选择“Failback to production”，可以代替第（9）到第（12）步，如图 8-4-33 所示。

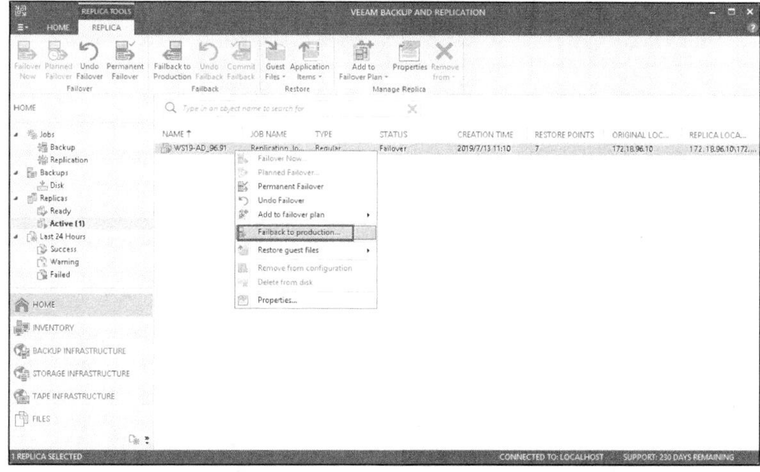

图 8-4-33　故障回复到生产环境

（14）在“Replica”中选择进行故障回复的副本，如图 8-4-34 所示。

（15）在“Destination”中选择故障回复的目标。

如果要故障回复到驻留在源主机上的原始 VM，应选中“Failback to the original VM”（故障回复到原始 VM）。Veeam Backup & Replication 会将原始 VM 还原到其副本的当前状态。

如果已从新位置的备份恢复原始 VM，并且要从副本切换到该 VM，应选中“Failback to the original VM restored in a different location”（故障回复到在其他位置还原的原始 VM）。在这种情况下，Veeam Backup & Replication 会将恢复的 VM 与副本的当前状态同步。

如果要从副本还原原始 VM，应选中“Failback to the specified location (advanced)”（故障回复到指定位置），并且在新位置使用不同设置（如 VM 位置、网络设置、虚拟磁盘和配置文件路径等）。

本示例中选中“Failback to the original VM”，并选中“Quick rollback (sync changed blocks only)”，如图 8-4-35 所示。

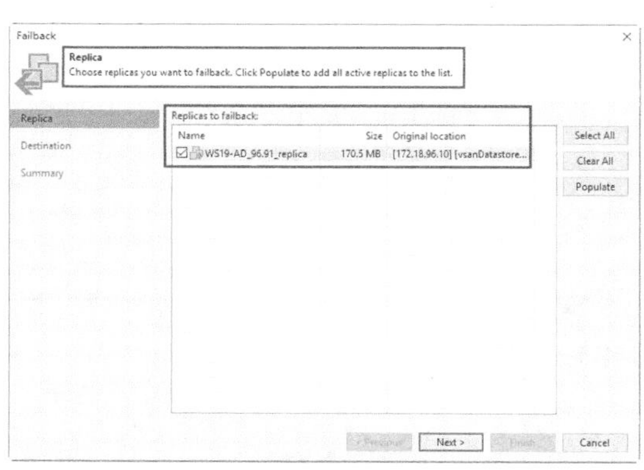

图 8-4-34 选择故障回复副本

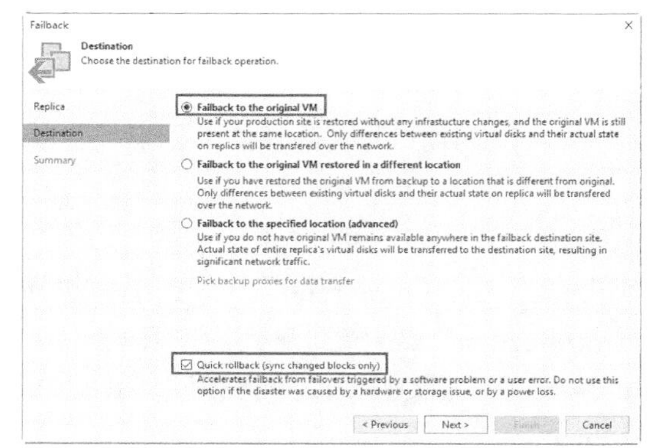

图 8-4-35 回复到原始位置

如果从 VM 副本故障回复到原始位置的 VM，则可以指示 Veeam Backup & Replication 执行快速回滚（Quick rollback）。快速回滚可显著缩短故障回复时间，对生产环境影响甚微。

在启用快速回滚选项的故障回复期间，Veeam Backup & Replication 不会计算整个 VM 副本磁盘的摘要，以获取原始 VM 和 VM 副本之间的差异。相反，它查询 CBT 以获取有关已更改的磁盘扇区的信息，并仅计算这些磁盘扇区的摘要。显然，摘要计算执行得更快。之后，Veeam Backup & Replication 以常规方式执行故障回复：将更改的块传输到原始 VM，关闭 VM 副本，并再次将原始 VM 与 VM 副本同步。

如果在 VM 副本的 Guest 虚拟机操作系统级别发生问题后故障回复到原始 VM，建议使用快速回滚。例如，出现应用程序错误或用户意外删除了 VM 副本客户操作系统上的文件。如果在 VM 硬件级别、存储级别或由于断电而发生问题，请勿使用快速回滚。

说明

要执行快速回滚，必须在原始位置对 VM 执行故障回复，必须为原始 VM 启用 CBT，必须使用“启用使用更改的块跟踪数据”选项创建 VM 副本。

在使用快速回滚进行故障回复后的第一个复制作业会话期间，将重置原始 VM 上的 CBT。Veeam Backup & Replication 将读取整个 VM 的数据。

可以在 Direct NFS 访问、虚拟设备、网络传输模式下执行快速回滚。由于 VMware 的限制，Direct SAN 访问传输模式不能用于快速回滚。

（16）在“Summary”中显示了故障回复的设置，如果要在故障回复完成后在目标主机上启动 VM，请勾选“Power on target VM after restoring”（还原后启动 VM）复选框，如图 8-4-36 所示。检查无误之后单击“Finish”按钮，Veeam Backup & Replication 会将原始 VM 还原到相应 VM 副本的状态。

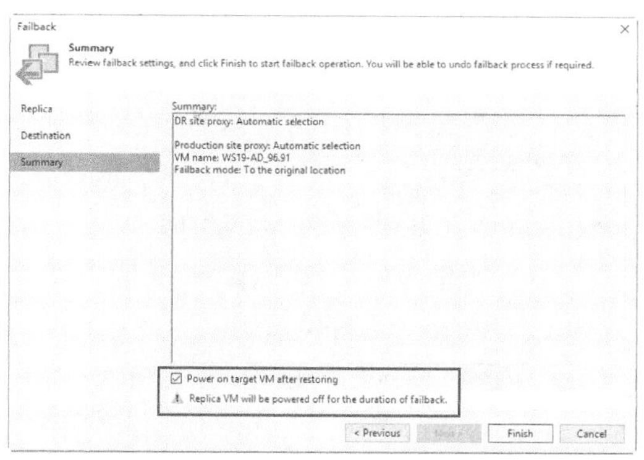

图 8-4-36 还原后启动 VM

（17）在“Restore Session”对话框中提示“Failback completed”时单击“Close”按钮，如图 8-4-37 所示。

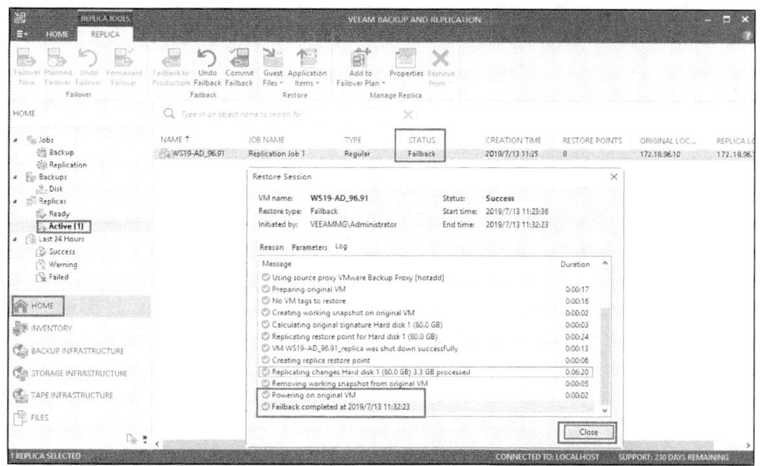

图 8-4-37 故障回复完成

（18）要确认故障回复并完成原始 VM 的恢复，需要由管理员提交故障回复。用鼠标右键单击恢复任务，在弹出的快捷菜单中选择“Commit Failback”（见图 8-4-38），在弹出的对话框中单击“Yes”按钮，如图 8-4-39 所示。

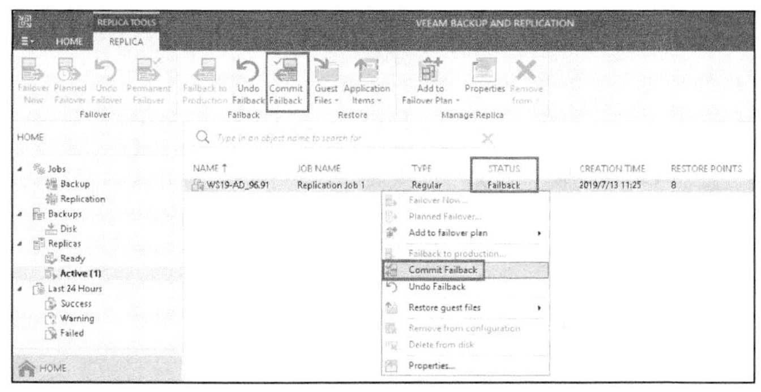

图 8-4-38 提交故障回复

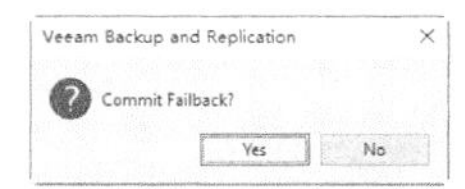

图 8-4-39 确认

在提交故障回复时，确认要返回到原始 VM。提交故障回复操作按以下方式执行。

（1）Veeam Backup & Replication 将 VM 副本的状态从 Failback 更改为 Normal。

（2）如果 VM 副本故障回复到新位置，Veeam Backup & Replication 还会重新配置复制作业，并将以前的原始 VM 添加到排除列表中。在新位置恢复的 VM 将扮演原始 VM 的角色，并包含在复制作业中，而不是排除在 VM 中。复制作业启动时，Veeam Backup & Replication 将处理新恢复的 VM，而不是原始 VM。

（3）如果 VM 副本故障回复到原始位置，则不会重新配置复制作业。复制作业启动时，Veeam Backup & Replication 将以正常操作模式处理原始 VM。

在故障回复提交期间，不会删除保存 VM 副本的故障回复前状态的故障回复保护快照。Veeam Backup & Replication 使用此快照作为 VM 副本的附加还原点。使用预故障回复快照，Veeam Backup & Replication 需要传输更少的更改，因此在恢复复制活动时应减少网络负载。

在确认故障回复后，在 Veeam Backup & Replication 控制台的“HOME→Replicas→Ready”中副本虚拟机状态为 Ready，如图 8-4-40 所示。

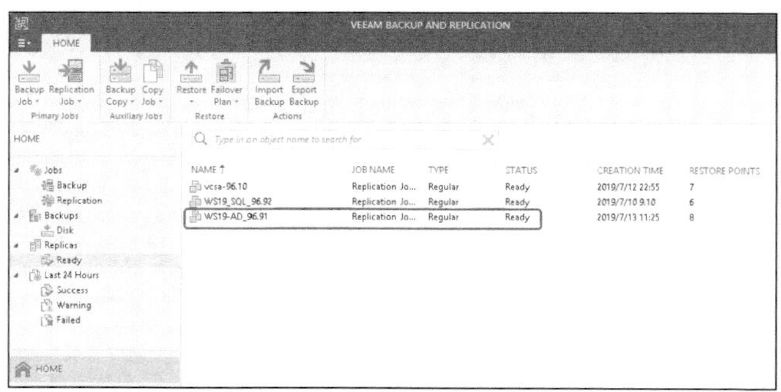

图 8-4-40 副本虚拟机状态

在完成故障回复之后，打开 WS19-AD_96.61_replica 副本虚拟机的快照，可以看到当前快照，如图 8-4-41 所示。

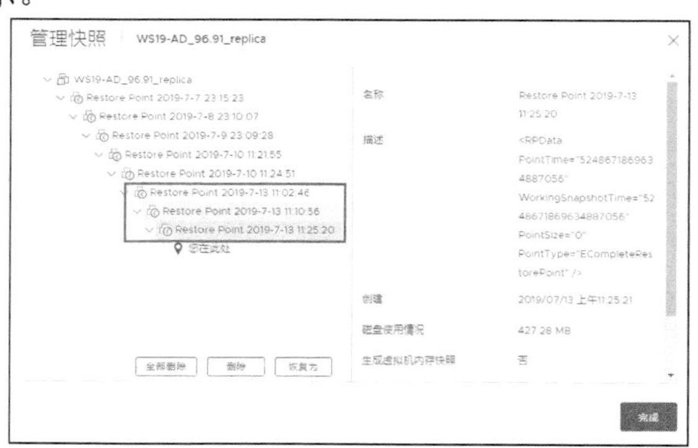

图 8-4-41 副本虚拟机的快照

8.5 故障处理

本节介绍 Veeam Backup & Replication 使用期间的故障处理，如果 vCenter Server 出了问题，在 vCenter Server 无法访问的情况下，怎样使用 Veeam Backup & Replication 恢复 vCenter Server。另外，如果 Veeam Backup & Replication 所在的系统不能使用或者重新安装 Veeam

Backup & Replication 后怎样导入已经创建的备份的内容。

8.5.1 删除备份任务并移除 vCenter Server

如果 vCenter Server 使用 Veeam Backup & Replication 的“复制”功能创建了虚拟机复制任务，如果需要着急恢复 vCenter Server 以外的其他虚拟机，可以直接登录到复制副本所在的 ESXi 主机，恢复快照到一个能用的时间点，然后启动 vCenter Server 副本虚拟机。当 vCenter Server 启动后，使用 Veeam Backup & Replication 可恢复其他的虚拟机。

如果其他虚拟机无须恢复，或者只需要恢复 vCenter Server。登录 Veeam Backup & Replication 控制台，在 Veeam Backup & Replication 中，移除 vCenter Server，然后添加一台 ESXi 主机（用于恢复 vCenter Server），将 vCenter Server 的虚拟机恢复到这台新添加的 ESXi 主机。然后再重新配置 vSphere 备份或复制任务。下面介绍这一方法。

在本示例中，为了模拟 vCenter Server 故障，登录到 vSphere Client，用鼠标右键单击 vCenter Server 虚拟机，在弹出的快捷菜单中选择“关闭客户机操作系统”，关闭 vCenter Server 虚拟机，如图 8-5-1 所示。

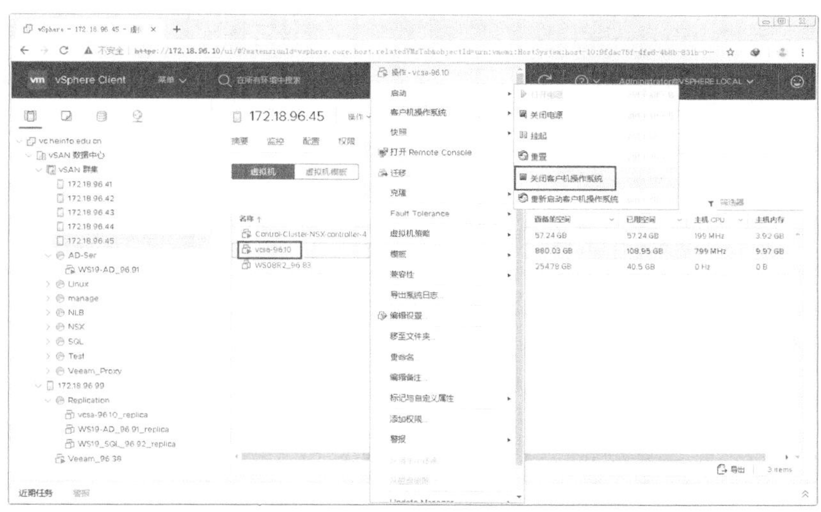

图 8-5-1　关闭 vCenter Server 虚拟机

等 vCenter Server 虚拟机关闭之后，登录 vSphere Client 会弹出“无法访问此网站”的提示，如图 8-5-2 所示。

图 8-5-2　vCenter 网站无法访问

当 vCenter Server 出现故障并且不能访问时，要想从备份恢复虚拟机，需要在 Veeam Backup & Replication 删除所有备份与复制任务，然后移除 vCenter Server，添加一台或多台 ESXi 主机用于恢复虚拟机。步骤如下。

（1）登录 Veeam Backup & Replication 控制台，在“HOME→Jobs”中用鼠标右键单击选中的所有备份与复制任务，在弹出的快捷菜单中选择“Delete”，删除所有的任务，如图 8-5-3 所示。

（2）在弹出的“Confirm Job Delete”对话框中单击“Yes”按钮确认，如图 8-5-4 所示。

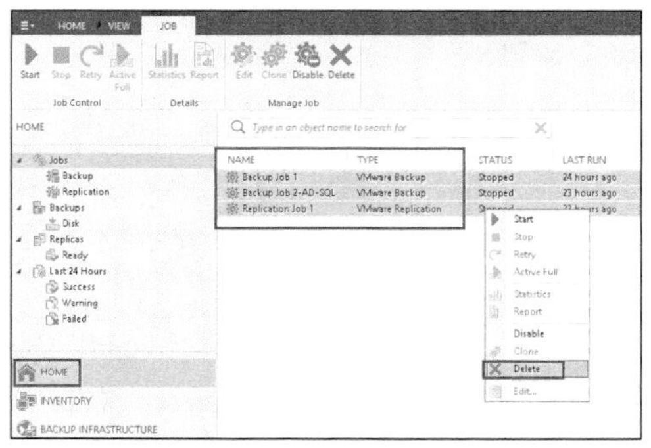

图 8-5-3　删除所有任务

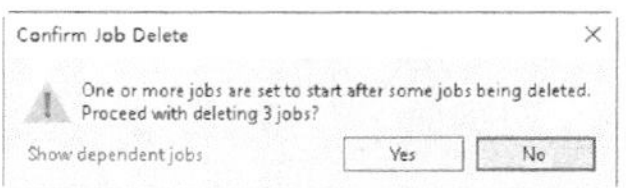

图 8-5-4　确认删除

（3）在“HOME→Replicas”中用鼠标右键单击选中的所有配置，在弹出的快捷菜单中选择“Remove from configuration”，如图 8-5-5 所示。在弹出的对话框中单击“Yes”按钮。

（4）在“INVENTORY→Virtual Infrastructure→VMware vSphere→vCenter Servers”中用鼠标右键单击 vCenter Server 的计算机名称或 IP 地址（本示例为 172.18.96.10），在弹出的快捷菜单中选择“Remove”，如图 8-5-6 所示。在弹出的对话框中单击“Yes”按钮。

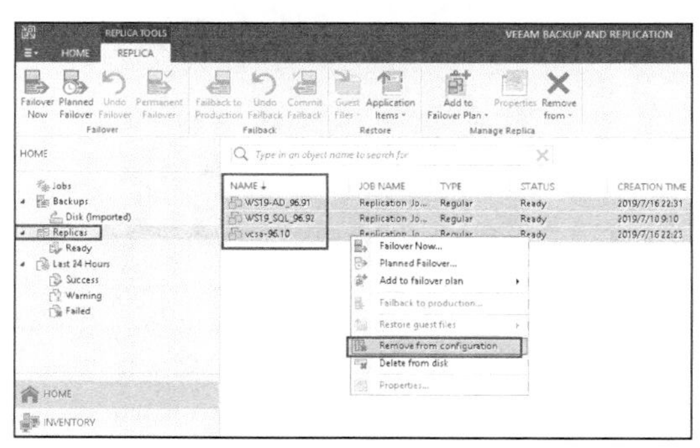

图 8-5-5　删除所有配置

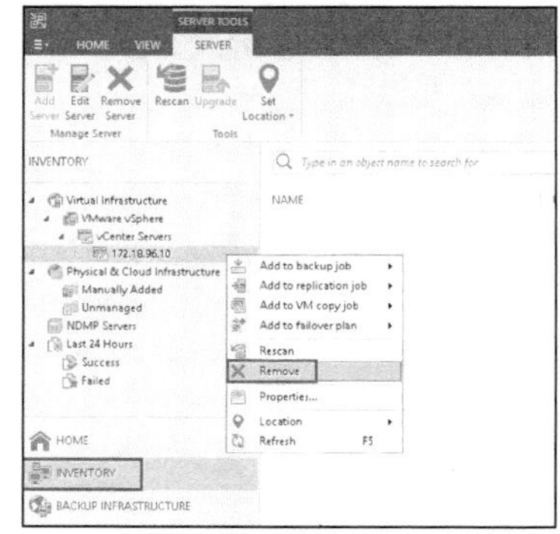

图 8-5-6　从清单中移除 vCenter

（5）在“INVENTORY”中单击“ADD SERVER”，如图 8-5-7 所示。

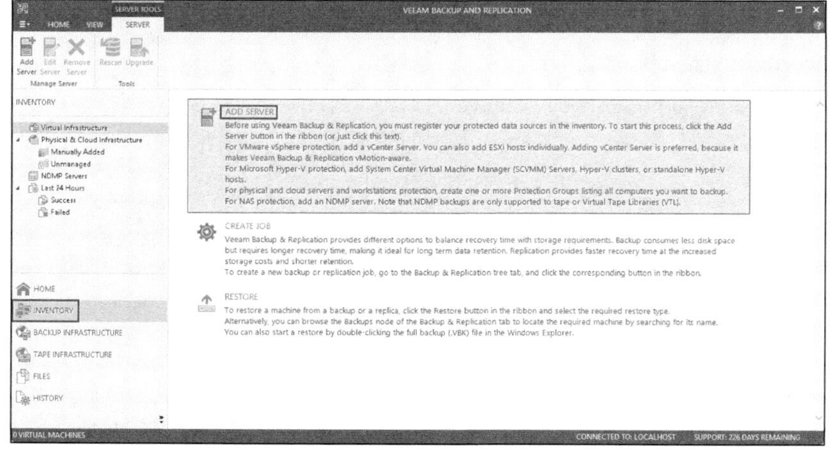

图 8-5-7　添加服务器

（6）在向导中选择添加“VMware vSphere→vSphere”。在“Name”的“DNS name or IP address”对话框中，添加要存放恢复的 vCenter Server 的 ESXi 主机的 IP 地址，本示例为 172.18.96.45，如图 8-5-8 所示。

（7）在“Credentials”中添加该主机的 root 账户和密码，如图 8-5-9 所示。

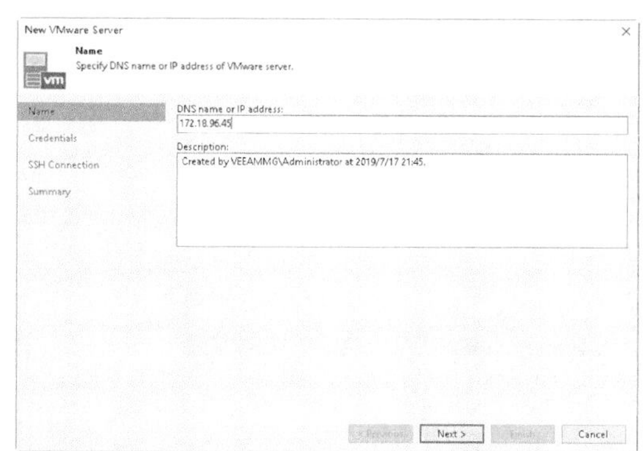

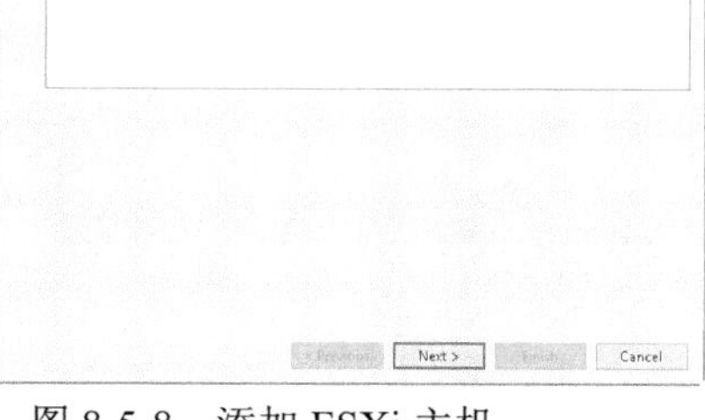

图 8-5-8 添加 ESXi 主机

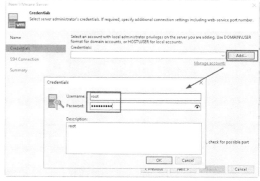

图 8-5-9 添加 root 账户和密码

（8）添加之后如图 8-5-10 所示，在此显示了该主机上所有的虚拟机。其中 vcsa-96.10 是为了测试关闭的 vCenter Server 的虚拟机。

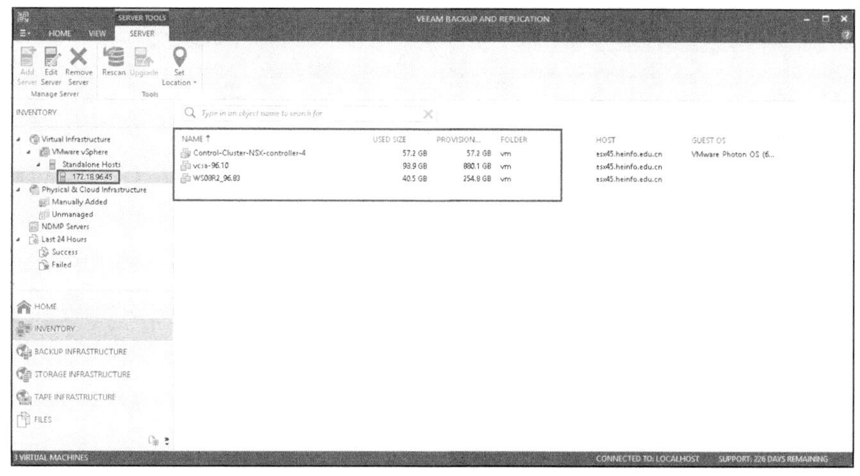

图 8-5-10 添加 ESXi 主机到清单

8.5.2 恢复 vCenter Server

在删除 vCenter Server 及备份任务之后，原来备份成功的虚拟机清单保存在“HOME→Backups→Disk(Imported)”清单中，用鼠标右键单击要恢复的虚拟机，例如 vCenter Server（本示例中 vCenter Server 虚拟机的名称为 vcsa-96.10），在弹出的快捷菜单中根据向导恢复虚拟机。下面介绍恢复的主要步骤。

（1）在 Veeam Backup & Replication 控制台的“HOME→Backups→Disk(Imported)”中，从右侧的清单中选中名为 vcsa-96.10 的虚拟机，用鼠标右键单击该虚拟机，在快捷菜单中选择“Restore entire VM”，如图 8-5-11 所示。

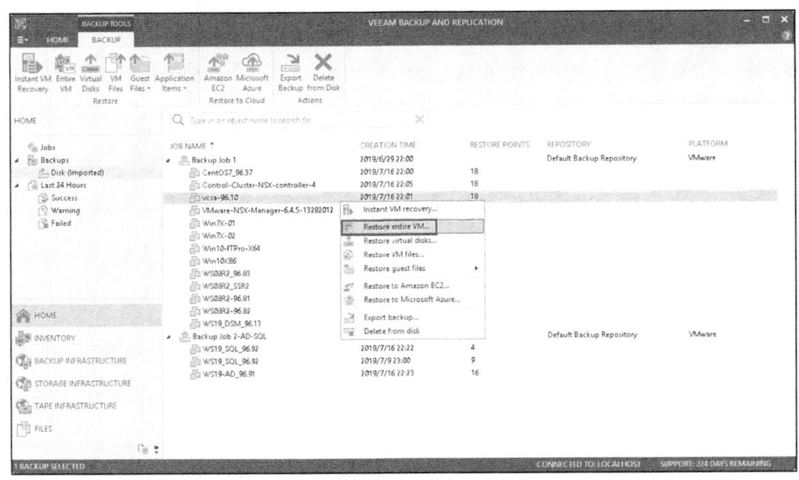

图 8-5-11　恢复整台虚拟机

（2）在“Virtual Machines”中选择恢复时间点，如图 8-5-12 所示。

（3）在“Restore Mode”（恢复模式）中选中“Restore to a new location, or with different settings”，如图 8-5-13 所示。

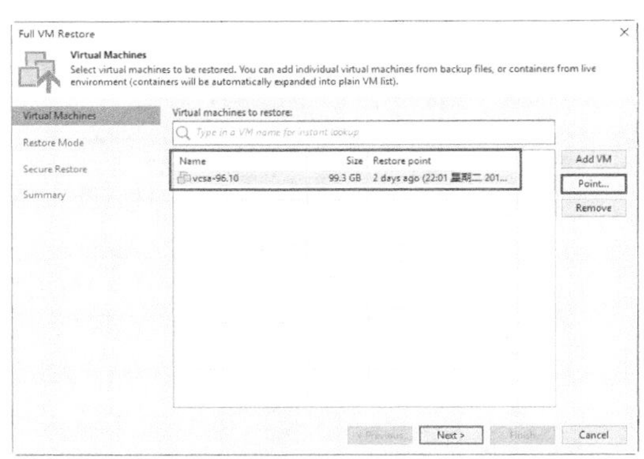

图 8-5-12　选择时间点进行恢复

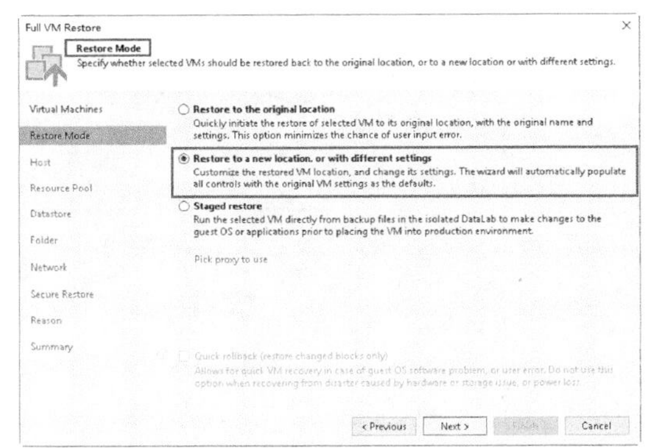

图 8-5-13　恢复到新位置

（4）在“Host”中选择恢复的目标主机，本示例为 172.18.96.45，如图 8-5-14 所示。

（5）在“Resource Pool”中选择资源池，如图 8-5-15 所示。

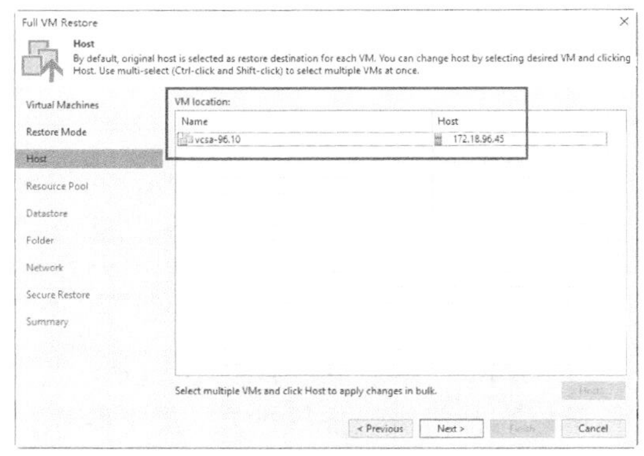

图 8-5-14　选择目标主机

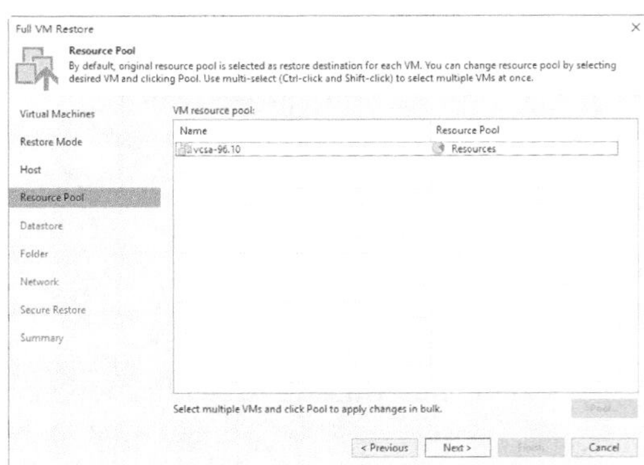

图 8-5-15　选择目标资源池

（6）在“Datastore”中选择目标存储，在本示例中选择 172.18.96.45 上的 vSAN 存储、磁盘格式为 Thin，如图 8-5-16 所示。

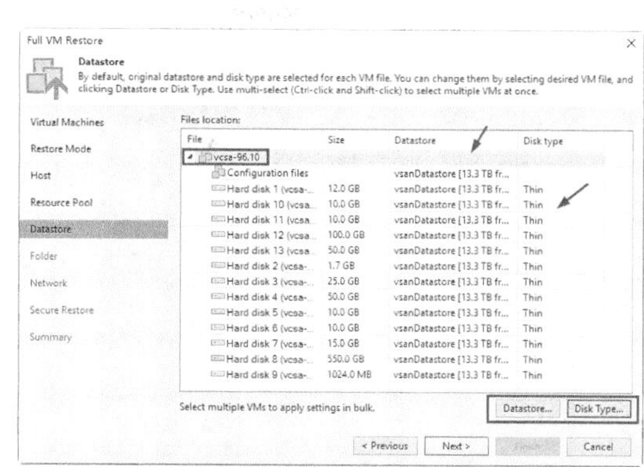

图 8-5-16 选择目标存储及磁盘格式

（7）在“Folder”中设置新恢复的虚拟机名称及文件夹，本示例中使用原来的名称，提示原来的虚拟机存储是否覆盖，单击“Yes”按钮覆盖原来的虚拟机，如图 8-5-17 所示。

（8）在“Network”中为要恢复的虚拟机选择网络，如图 8-5-18 所示。

（9）在“Summary”中显示了要恢复的虚拟机的设置，单击选中“Power on target VM after restoring”，检查无误之后单击“Finish”按钮，如图 8-5-19 所示。

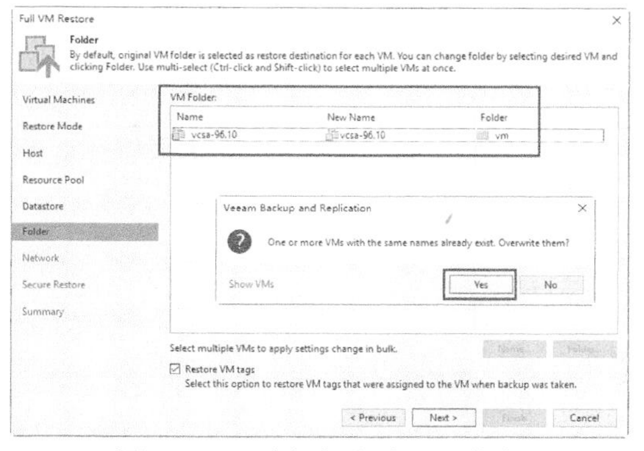

图 8-5-17 虚拟机名称和文件夹

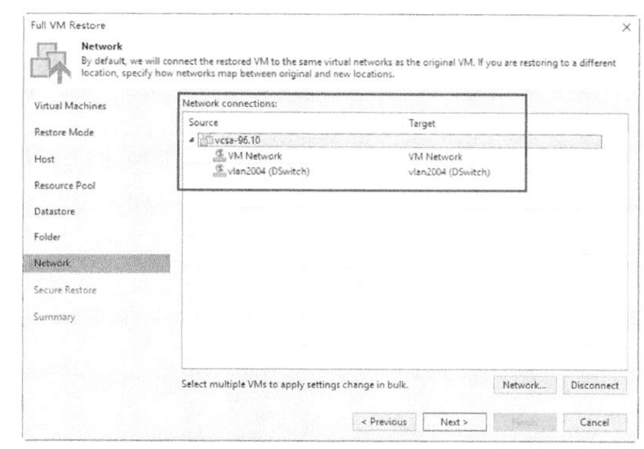

图 8-5-18 选择网络

（10）在“VM restore”对话框的“Log”选项卡中显示了恢复的数据及进度，恢复完成后单击“Close”按钮，如图 8-5-20 所示。

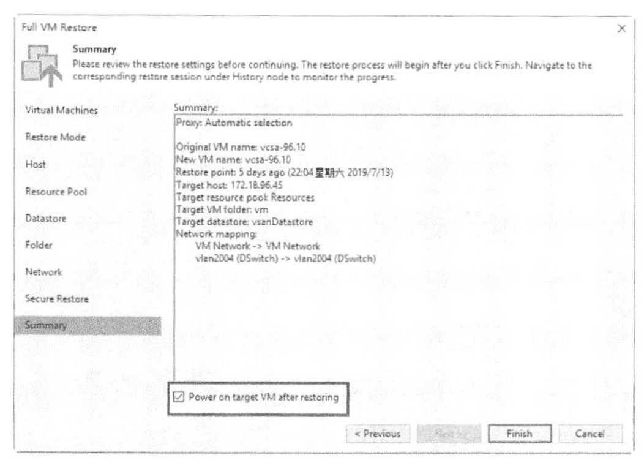

图 8-5-19 摘要

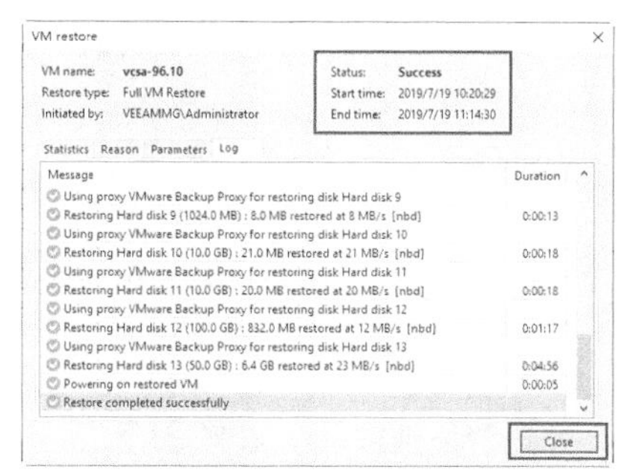

图 8-5-20 恢复进度

（11）恢复完成后，vCenter Server 虚拟机自动启动，使用 vSphere Client 登录到 vCenter Server。如果当前 vSphere 是 vSAN 环境，在“监控→vSAN→运行状况”的“vCenter 状态具有权威性”中，单击“更新 ESXi 配置”链接（见图 8-5-21），在弹出的“确认-更新 ESXi 配置”对话框中单击“确定”按钮更新 ESXi 配置，如图 8-5-22 所示。

图 8-5-21 更新 ESXi 配置

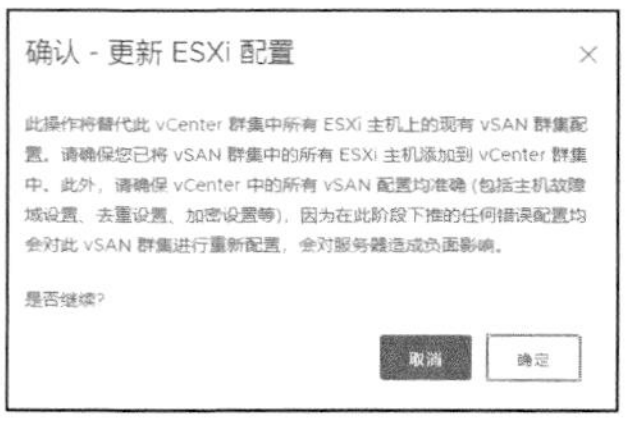

确认 - 更新 ESXi 配置

此操作将替代此 vCenter 群集中所有 ESXi 主机上的现有 vSAN 群集配置。请确保您已将 vSAN 群集中的所有 ESXi 主机添加到 vCenter 群集中。此外，请确保 vCenter 中的所有 vSAN 配置均准确（包括主机故障域设置、去重设置、加密设置等），因为在此阶段下推的任何错误配置均会对此 vSAN 群集进行重新配置，会对服务器造成负面影响。

是否继续？

取消 确定

图 8-5-22 确定更新 ESXi 配置

更新之后如图 8-5-23 所示。

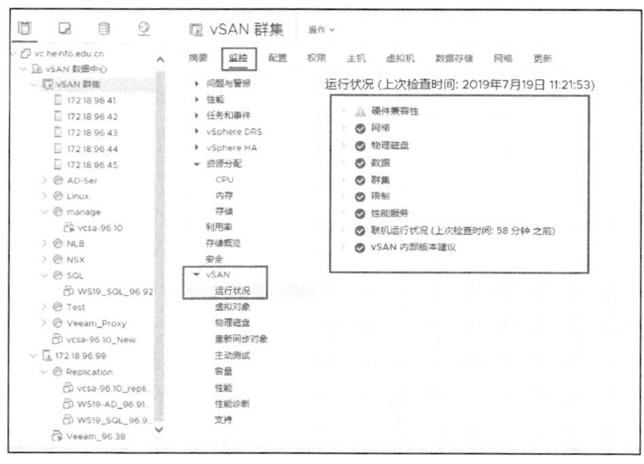

图 8-5-23 vCenter Server 状态正常

8.5.3 添加备份任务并映射备份数据

在恢复 vCenter Server 之后，从清单中移除临时添加的 ESXi 主机，重新添加 vCenter Server，然后创建任务并映射到现有备份数据。关于添加 vCenter Server 到清单的内容请参见第 8.3.4 节“添加 vSphere 到清单”的内容，关于创建备份任务请参见第 8.3.5 节“创建 vSphere 备份任务”的内容。下面介绍关键步骤。

（1）在 Veeam Backup & Replication 控制台创建备份任务，设置备份任务名称为“Backup Job 1”（见图 8-5-24），在“Virtual Machines”中选择要备份的虚拟机，这与第一次备份相同，选择 Linux、manage、NLB、NSX、Test 等资源池，如图 8-5-25 所示。

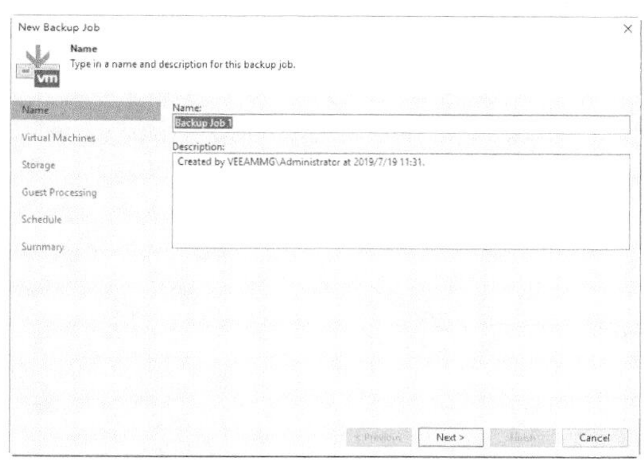

图 8-5-24 新建备份任务

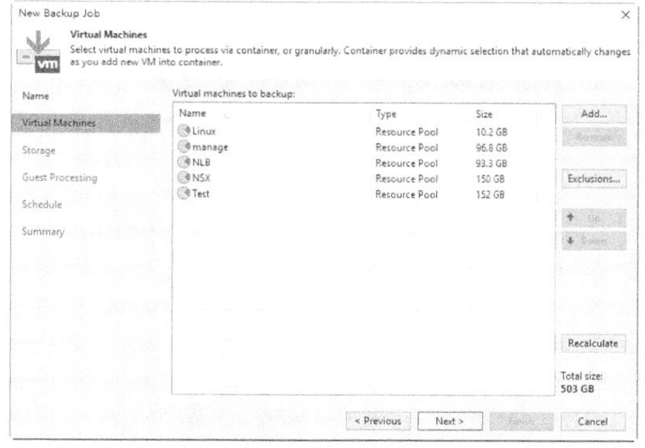

图 8-5-25 选择要备份的虚拟机

（2）在“Storage”中选择备份代理和备份库，在此选择默认值。单击“Map backup”，在弹出的“Select Backup”对话框中选择“Backup Job 1”备份库，如图 8-5-26 所示。该备份库保存的备份是图 8-5-25 中选择的虚拟机的以前的备份。

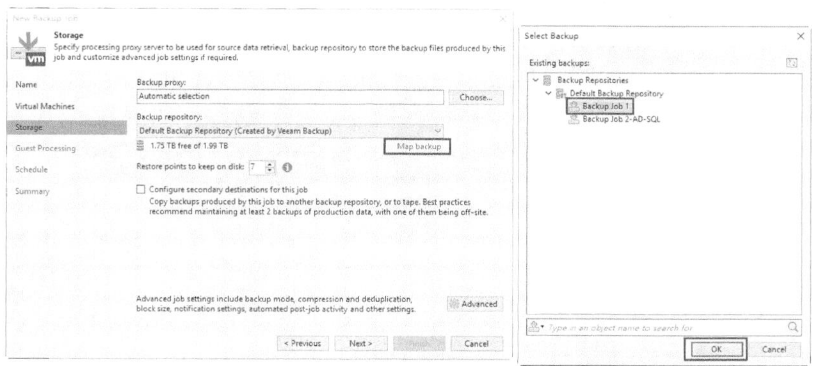

图 8-5-26 映射备份库

（3）备份向导的其他步骤根据需要选择，这些不再介绍。

（4）创建完第一个备份任务之后，再次创建一个备份任务，用于使用应用程序感知功能备份 SQL Server 与 Active Directory。本示例中创建的备份任务名称为“Backup Job 2-AD-SQL”（见图 8-5-27），在“Virtual Machines”中选择 SQL Server 与 Active Directory 虚拟机所在资源池，如图 8-5-28 所示。

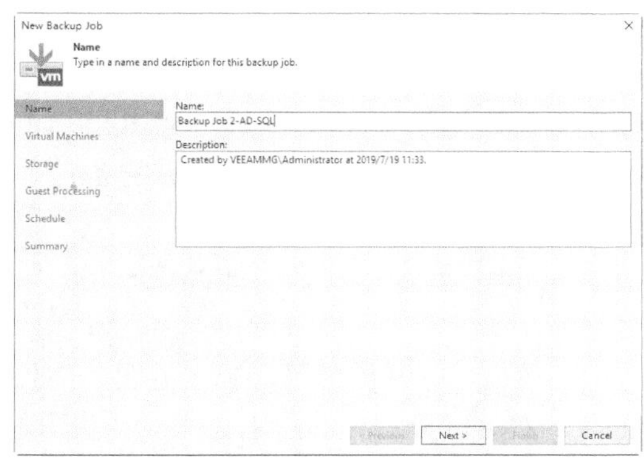

图 8-5-27 创建备份任务

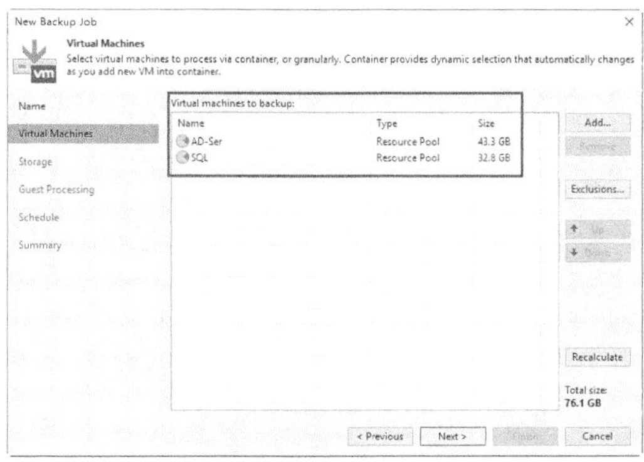

图 8-5-28 选择要备份的虚拟机

（5）在“Storage”中选择备份代理和备份库，在此选择默认值。单击“Map backup”，在弹出的“Select Backup”对话框中选择“Backup Job 2-AD-SQL”备份库，如图 8-5-29 所示。该备份库保存的备份是 SQL Server 与 Active Directory 的虚拟机的以前的备份。

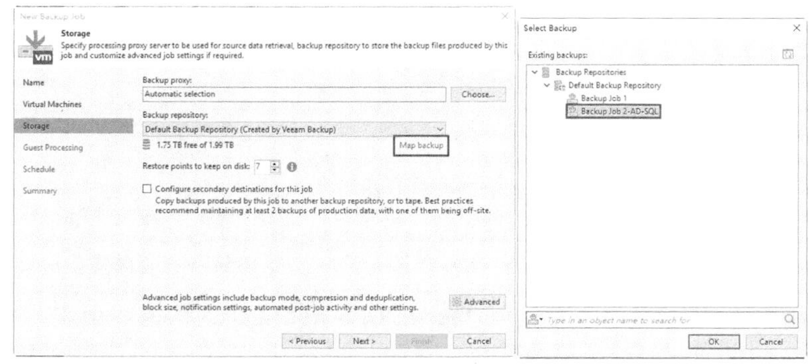

图 8-5-29 映射备份库

（6）备份向导的其他步骤根据需要选择，这些不再介绍。

创建完备份任务并映射备份库之后，在“HOME→Backups→Disk”中显示了当前备份任务及备份成功的虚拟机，如图 8-5-30 所示。至此恢复 vCenter Server 成功并重新添加备份任务完成。如果还有虚拟机复制任务，应根据需要添加，这些不再介绍。

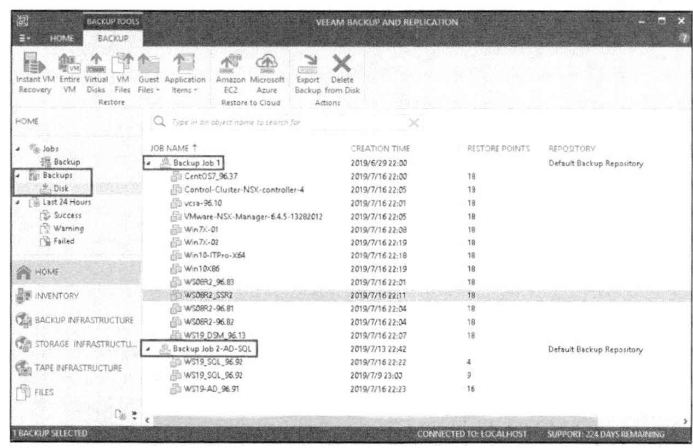

图 8-5-30 备份的虚拟机

8.5.4 重新安装 Veeam 后导入备份

如果 Veeam Backup & Replication 所在的物理机或虚拟机的操作系统出了问题，导致 Veeam Backup & Replication 无法使用，在重新安装了操作系统、Veeam Backup & Replication 软件之后，需要重新添加 vCenter Server、重新导入 Veeam Backup & Replication 的备份。在重新添加备份任务的时候选择并映射以前的备份。下面介绍这方面的内容。

（1）在重新安装操作系统和 Veeam Backup & Replication 之后，在“HOME→Jobs”中单击“Import Backup Actions”按钮，如图 8-5-31 所示。

（2）在“Import Backup”对话框中单击“Browse”按钮，打开资源管理器（见图 8-5-32），浏览选择保存备份的文件夹中扩展名为.vbm 的文件，然后回到“Import Backup”对话框，单击“OK”按钮，如图 8-5-33 所示。

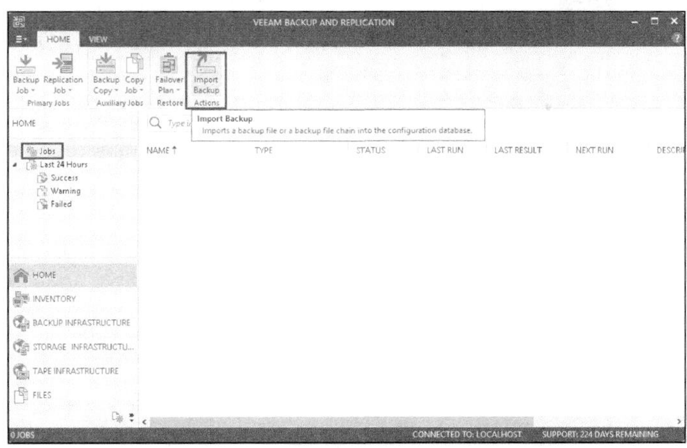

图 8-5-31　选择导入备份

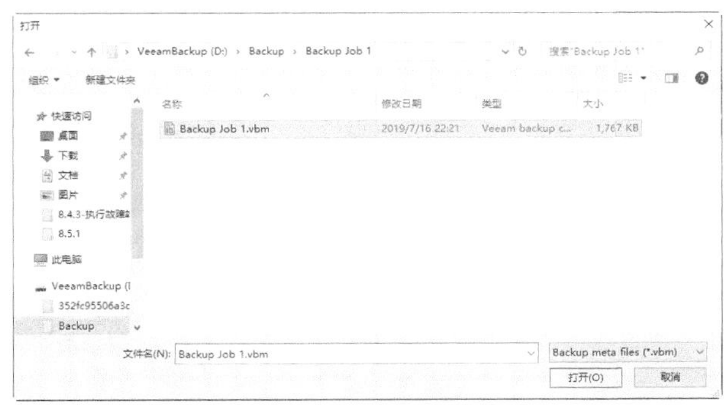

图 8-5-32　选择 vbm 文件

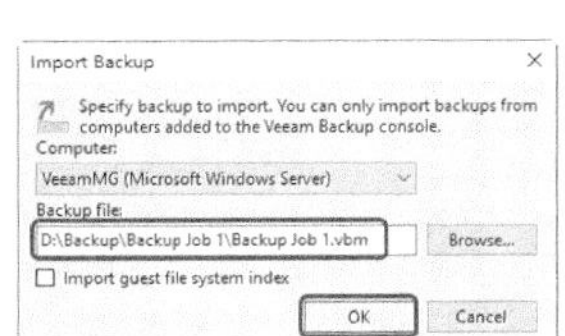

图 8-5-33　导入备份

（3）导入完成之后在“HOME→Backups→Disk(Imported)”中显示了导入的备份虚拟机清单和备份点，如图 8-5-34 所示。

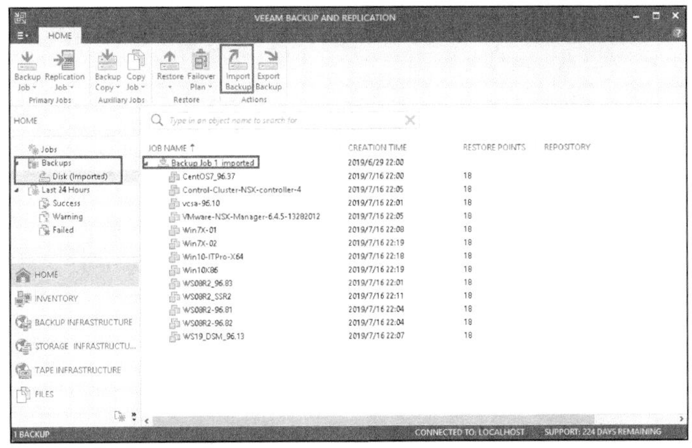

图 8-5-34　显示备份的虚拟机

（4）参照（1）～（3）的步骤，导入其他备份，直到所有备份导入完成，如图 8-5-35 所示。

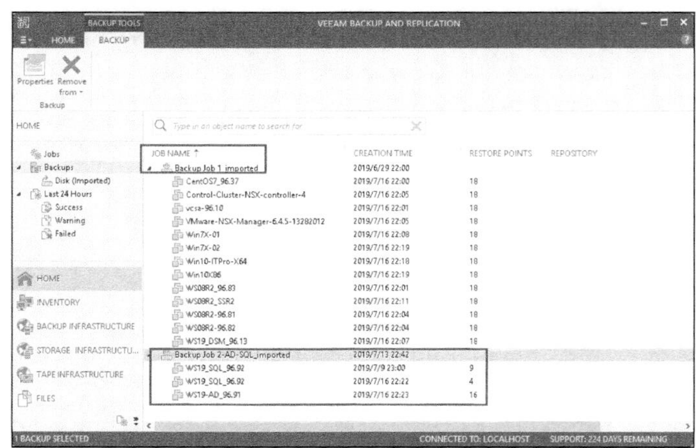

图 8-5-35 导入备份完成

在导入备份完成之后，可以添加备份任务、映射已经导入的备份，这些内容不再介绍。

9 使用 vSAN 延伸群集组建双机热备系统

2 节点直连 vSAN 是延伸群集应用的一个特例，主要用在同一机房组建最小的双机、双活、双热备系统。与传统的双机热备系统相比，基于 vSAN 延伸群集组成的 2 节点延伸群集具有组建成本低、安装配置简单、管理使用方便、维护成本低等一系列的优点。本章介绍使用 vSAN 延伸群集组建双机热备系统的内容。

9.1 基于 2 节点直连的双机热备系统组成概述

传统双机热备系统通常由 2 台服务器、1 台共享存储组成，2 台服务器安装相同版本的操作系统、数据库及应用程序，数据保存在后端共享存储中。在同一时间，一台服务器为“主”并对外提供服务，另一台服务器为“备”且不对外提供服务，主、备服务器互相检测对方是否在线。当主服务器出现问题时，备用服务器接管并对外提供服务。在传统的双机热备系统中，2 台服务器、1 台共享存储只能为 1 个应用提供高可用。传统双机热备系统的组成如图 9-1-1 所示。在传统双机热备系统中，共享存储是一个单点故障点，如果共享存储出现问题则会导致业务中断。

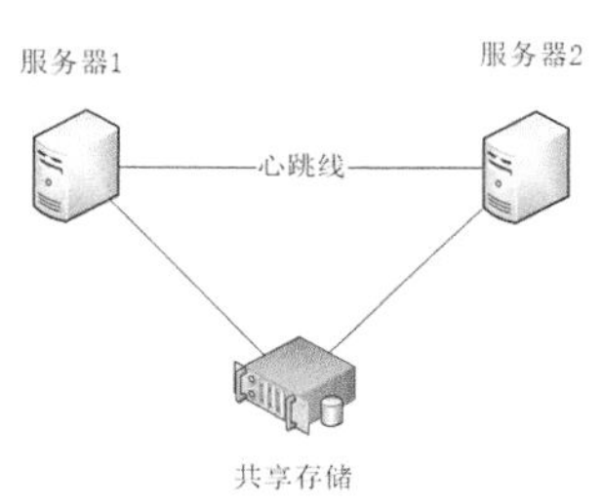

图 9-1-1　传统双机热备系统

9.1.1 使用共享存储组成的虚拟化

传统双机热备系统只能实现 1 个业务系统的高可用。虚拟化技术可以实现多个业务系统的高可用（见图 9-1-2）。在虚拟化方案中，业务系统迁移到“虚拟机”，在虚拟化层实现“高可用”。虚拟化架构下高可用有 2 种级别：HA 与 FT。下面分别进行介绍。

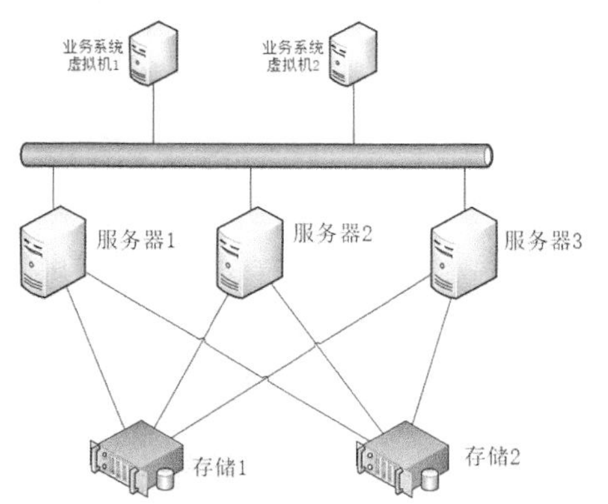

图 9-1-2　使用共享存储组成的虚拟化

（1）HA 级别。实现 HA 的虚拟机运行在其中一台主机中，当这台主机发生故障（如电源故障、网络故障、存储连接故障等）时，运行在这台主机上的虚拟机会在其他主机重新启动。在虚拟化环境下，虚拟机运行在某台主机，虚拟机数据保存在共享存储中。

（2）FT 级别。业务系统虚拟机有 2 个副本，每个副本运行在不同的主机中，当其中一台主机出现问题时，另一台主机的副本虚拟机接管业务，此时业务不中断。之后会在第 3 台主机创建新的副本，形成新的容错虚拟机。2 个副本保存在不同的存储中。此种方式实现了主机与存储的双活（全自动）。在 vSphere 6.0、vSphere 6.5 中，FT 虚拟机的 CPU 数量上限为 4。此方案的优点是适合业务较多的场合，缺点是成本比较高。

9.1.2 使用 vSAN 存储组成的虚拟化

采用图 9-1-2 的方案可以组成类似“双机热备”的效果，但初始组建成本较高。对于小型的企业，同时运行的虚拟机少于 25 台（一般少于 10 台），如果希望实现类似“双机热备”的效果，可以使用 2 节点延伸群集实现：由 2 台较高配置的服务器、1 台较低配置的服务器来实现。此时拓扑如图 9-1-3 所示。

本方案的优点是不需要共享存储，组建成本低，适合业务较少的企业采用。此架构很容易扩展，随着规模的增大、业务的增多，在添加新的 ESXi 主机或升级管理服务器后，将服务器直连改为光纤交换机连接，就可以将 2 节点直连 vSAN 延伸群集转换并升级到标准 vSAN 群集，此时拓扑如图 9-1-4 所示。

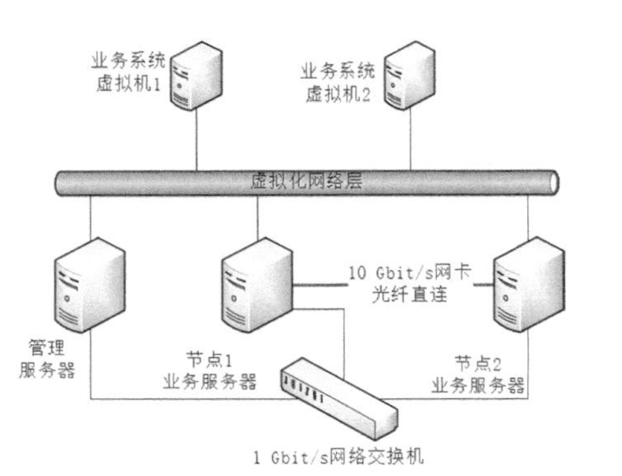

图 9-1-3 使用 vSAN 存储组成的虚拟化

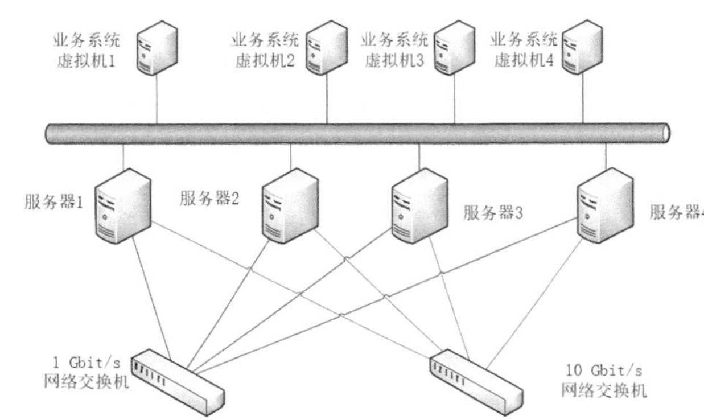

图 9-1-4 业务扩展

以上 3 种方案对比如表 9-1-1 所示。

表 9-1-1 传统双机热备、共享存储双机热备、vSAN 存储双机热备对比

方案	硬件配置	成本	安全可靠性	扩展性	升级维护
传统双机热备	2 主机、1 存储	★★★	★★	★★	★★
共享存储双机热备	3 主机、2 存储	★★★★★	★★★★★	★★★★★	★★★★★
vSAN 存储双机热备	3 主机、无存储	★★	★★★★★	★★★★★	★★★★★

对于小型或中小型企业，需要同时为 10～25 台虚拟机提供高可用、高安全性时，可以采用 2 节点直连 vSAN 延伸群集。大多数情况下，产品选型遵循如下原则即可。

（1）采用 2 台较高配置的 2U 机架式服务器，例如联想 x3650 M5、联想 SR650、Dell R730 XD 或 Dell R740XD（每台服务器配置 1 个或 2 个 CPU、128GB～512GB 内存、1 块 2 端口 10 Gbit/s 网卡、1 块 120GB 的 SSD、1 块或 2 块 400GB 的企业级 SSD、5～10 块 900GB 或 1.2TB 的 SAS 磁盘或 1TB、2TB、4TB 的 SATA 磁盘，具体选型视实际需求而定），选择的服务器具有较高的性能、较高的扩展性、较好的后期维护与较低的维修成本。

（2）采用 1 台较低配置的服务器用于管理，建议采用较低的内存、容量较小的硬盘、1Gbit/s

网卡的同型号服务器。这也是为了后期升级做准备，如果后期要升级到图 9-1-4 的方式，只要将这台服务器扩充到与另 2 台相同的配置并添加 10Gbit/s 网卡及 10Gbit/s 交换机，就可以将管理机用作业务机（在服务器组成 3 台之后，不再需要单独的管理机，管理机会自动融入业务主机之中）。

9.2 组建 2 节点直连的 vSAN 延伸群集

本节以一个由 3 台主机组成的 vSAN 延伸群集为例，介绍使用 2 节点直连的 vSAN 延伸群集实现双机热备系统的内容。

9.2.1 实验环境介绍

为了组建 2 节点 10Gbit/s 网络直连的 vSAN 延伸群集，我们准备了 3 台主机，其中 2 台 Dell T630 服务器用作业务主机，每台主机配置有 1 块 2 端口 10Gbit/s 网卡、1 块 PCIe 固态硬盘、1 块 300GB SAS 磁盘用于安装 ESXi 系统、3 块 2TB 硬盘用作容量磁盘，另外配置 1 台 PC 用作管理与备份，同时提供见证虚拟机。当前主机配置如表 9-2-1 所示。

表 9-2-1 主机的配置

项目/主机	ESXi31	ESXi32	ESXi33（见证）	ESXi35
管理地址 见证流量	172.18.96.31	172.18.96.32	172.18.96.33 172.18.96.34	172.18.96.35
服务器	Dell T630	Dell T630	见证虚拟机	Intel S1200BTL
CPU	Intel E5-2609	Intel E5-2609		Intel E3-1230 V2
内存	ECC，DDR4，96GB	ECC，DDR4，64GB		ECC，DDR3，32GB
系统盘	300GB，SAS	300GB，SAS		SSD 480GB
缓存盘（SSD）	金胜 NVMe 256GB	金胜 NVMe 256GB		无
容量盘（HDD）	3 块 2TB 硬盘	3 块 2TB 硬盘		1 块 4TB 硬盘
ESXi 管理网卡 管理地址	2 块 10Gbit/s 网卡 (vmnic0、vmnic1) 172.18.96.31	2 块 10Gbit/s 网卡 (vmnic0、vmnic1) 172.18.96.32		2 块 10Gbit/s 网卡 (vmnic0、vmnic1) 172.18.96.35
vSAN 网卡端口 1	vmnic2	vmnic2		无
vSAN 网卡端口 2	vmnic3	vmnic3		无
vSAN 流量地址	192.168.0.31	192.168.0.32		

本节实验拓扑如图 9-2-1 所示。

在图 9-2-1 中，规划 vCenter Server 的 IP 地址为 172.18.96.30；规划见证虚拟机管理地址为 172.18.96.33，见证流量地址为 172.18.96.34；规划 2 台 ESXi 主机的管理 IP 地址分别是 172.18.96.31、172.18.96.32；规划 2 台 ESXi 主机的 vSAN 流量的 IP 地址分别是 192.168.0.31、192.168.0.32。

对于 2 节点 vSAN 群集来说，2 台主机可以使用光纤直连，这样就可以省去 1 台或 2 台

10Gbit/s 交换机，降低了组建成本。2 台业务主机每台配置 2 端口 10Gbit/s 网卡，可以采用直连电缆（带模块）和光纤直连（网卡一端配模块），如图 9-2-2 所示，图中左侧带 2 个模块接口的为直连电缆，右侧各有 2 个 LC 接口的是光纤线，并且这是一条光纤直连线（一端是输入，另一端是输出，如图 9-2-3 所示）。

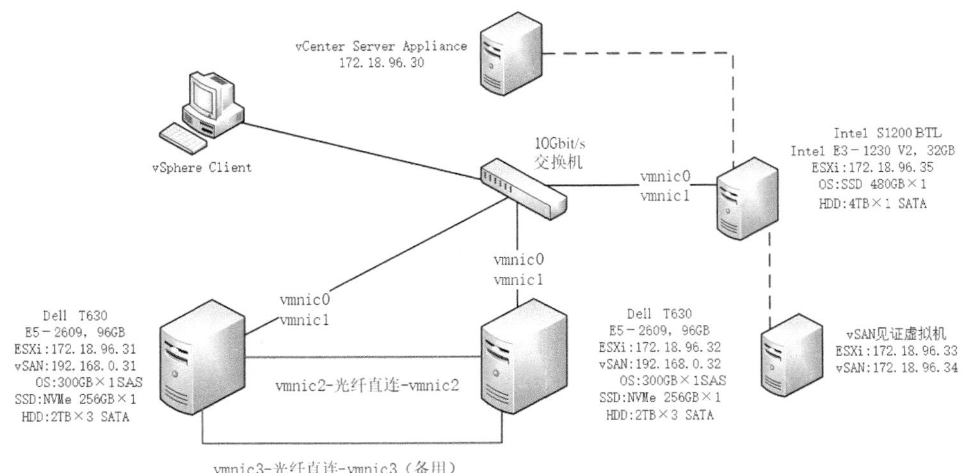

图 9-2-1　3 台主机组成 2 节点直连的 vSAN 延伸群集

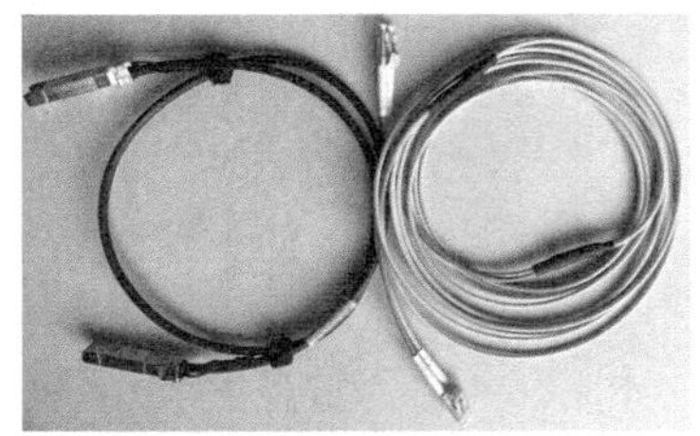

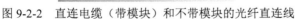

图 9-2-2　直连电缆（带模块）和不带模块的光纤直连线

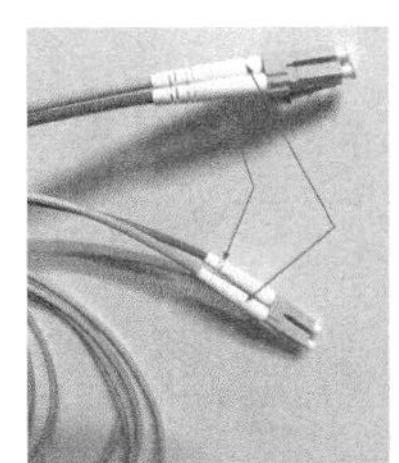

图 9-2-3　直连光纤

为了容易分辨，本次实验中分别采用了直连电缆和直连光纤，其中 10Gbit/s 网卡的端口 1 使用图 9-2-2 中的直连电缆连接，端口 2 采用图 9-2-3 中的直连光纤连接，如图 9-2-4 所示。在使用光纤连接的时候，网卡端口的一端需要安装光模块，并且要注意光纤的收发。如果插上之后（服务器开机之后），网卡端口指示灯不亮，应在其中一台服务器上的网卡一端交换光纤顺序。使用直连电缆则不存在这个问题。

图 9-2-4　使用直连电缆和光纤连接 2 台服务器的 10 Gbit/s 网卡

采用 2 条光纤（或直连电缆）连接是为了提供冗余，但因为没有光纤交换机，必须要将其中的一对链路配置为“备用”模式网络才通，如果 2 条链路都被激活则网络可能不通（后文会有配置截图）。

9.2.2　vCenter Server 与 ESXi 的 IP 地址规划

本次实验中 3 台 ESXi 主机及见证虚拟机、vCenter Server 的 IP 地址规划如表 9-2-2 所示。

表 9-2-2 vSAN 延伸群集主机与 vCenter Server 的 IP 地址规划

主机或虚拟机名称	ESXi 管理 IP 地址	vSAN 流量 IP 地址	说明
ESXi31	172.18.96.31	192.168.0.31	ESXi 主机 1，安装 ESXi 6.7.0
ESXi32	172.18.96.32	192.168.0.32	ESXi 主机 2，安装 ESXi 6.7.0
ESXi35	172.18.96.35		ESXi 主机 3，安装 ESXi 6.7.0 放置 vCenter Server Appliance 6.7，放置备份虚拟机
见证虚拟机	172.18.96.33	172.18.96.34	ESXi 主机 4，安装 ESXi 6.7.0
vcsa-96.30	172.18.96.30		vCenter Server Appliance 6.7.0
Veeam 备份	172.18.96.58		实现虚拟机的备份与复制功能

说明

在本示例中将 vCenter Server 放置在 172.18.96.35 的主机中。在实际的生产环境中也可以将 vCenter Server 放置在由 172.18.96.31、172.18.96.32 组成的延伸群集中。具体怎样使用应根据规划、实际需求选择。

在本次规划中为放置见证虚拟机的主机配置了一块 4TB 的硬盘，该硬盘用于生产环境中虚拟机的备份。本次规划中，使用 Veeam Backup & Replication 的复制功能，将 vCenter Server 虚拟机复制到 vSAN 存储中，将生产环境中的虚拟机使用虚拟机复制功能，复制到这个 4TB 硬盘的存储中。在实际的生产环境中，如果需要更多的 vSAN 容量或备份容量，应根据需要为 vSAN 主机和备份主机添加更多的容量磁盘。

本次实验用到了 ESXi 安装程序、vCenter Server Appliance 安装程序，还有 Windows Server 2016 操作系统和 Veeam Backup & Replication 的安装程序，具体所用软件清单如表 9-2-3 所示。

表 9-2-3 使用延伸群集组成双机热备系统的软件清单

安装文件名	文件大小	说明
VMware-VMvisor-Installer-6.7.0.update02-13006603.x86_64-DellEMC_Customized-A00.iso	314MB	vSphere 6.7.0 U2，Dell 服务器 OEM 版本
VMware-VMvisor-Installer-6.7.0.update02-13006603.x86_64.iso	311MB	ESXi 安装程序，用于大多数的服务器
VMware-VirtualSAN-Witness-6.7.0.update02-13006603.ova	459MB	见证虚拟机导入文件，需要与 ESXi 主机版本相同
VMware-VCSA-all-6.7.0-13010631.iso	3.96GB	vCenter Server Appliance 安装程序
cn_windows_server_2016_x64_dvd_9327743.iso	5.60GB	Windows Server 2016 安装程序
VeeamBackup&Replication_9.5.4.2753.Update4a.iso	4.85GB	Veeam Backup & Replication 安装程序

本书前面章节已经介绍过 VMware ESXi、vCenter Server Appliance 的安装配置，本章只介绍关键步骤。

9.2.3 在 Dell T630 服务器安装 ESXi

首先介绍在 2 台 Dell T630 服务器上安装配置 ESXi 的内容，以其中的一台为例进行介绍。主要步骤如下。

（1）打开服务器的电源，按 Ctrl+R 组合键进入 RAID 配置界面，将本次实验中的 1 块 300GB 的 SAS 磁盘、3 块 2TB 的 SATA 磁盘转换为 Non-RAID 模式，转换之后如图 9-2-5 所示。然后退出 RAID 配置界面，重新启动服务器。

（2）服务器再次启动后进入 BIOS 设置界面，在“System Setup Main Menu→Device Settings→RAID Console in Slot→Controller Management”的“Select Boot Device”中选择 300GB 的磁盘为系统引导磁盘，如图 9-2-6 所示。设置之后保存退出。

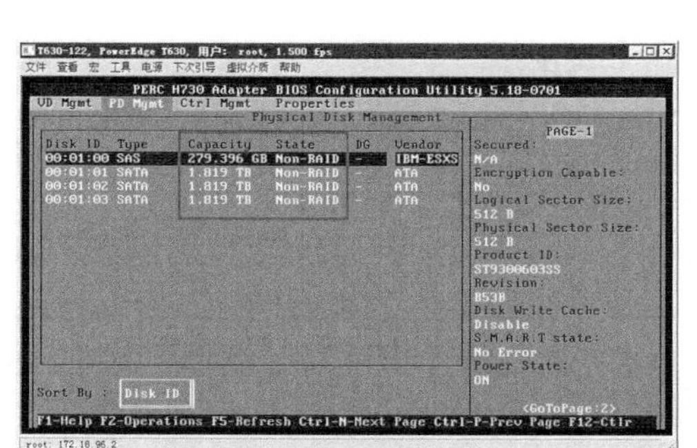

图 9-2-5　转换为 Non-RAID 模式

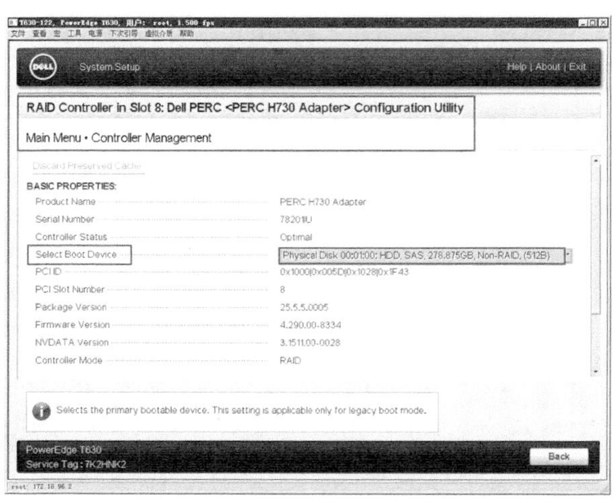

图 9-2-6　选择引导磁盘

（3）使用 VMware-VMvisor-Installer-6.7.0.update02-13006603.x86_64-DellEMC_Customized-A00.iso 引导服务器（可通过刻录光盘、制作启动 U 盘、使用 Dell 服务器 iDRAC 加载该 iso 作为虚拟光驱），在“Select a Disk to Install or Upgrade”对话框中选择要安装 ESXi 的位置，在本示例中选择大小为 300GB 的磁盘，如图 9-2-7 所示。

（4）安装完成之后进入控制台，选择管理网卡，对于 2 台 Dell 服务器（本示例中管理 IP 地址分别为 172.18.96.31、172.18.96.32）来说，其管理网卡是 vmnic0、vmnic1，如图 9-2-8 所示。

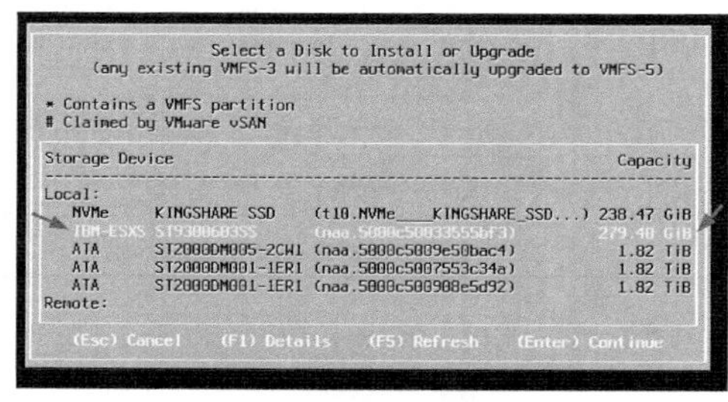

图 9-2-7　选择安装位置

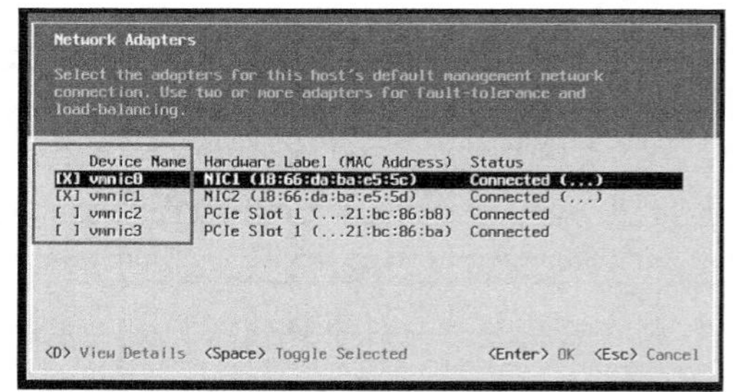

图 9-2-8　选择管理网卡

（5）将第一台 Dell T630 服务器的管理地址设置为 172.18.96.31（见图 9-2-9），将第二台服务器的管理地址设置为 172.18.96.32，如图 9-2-10 所示。

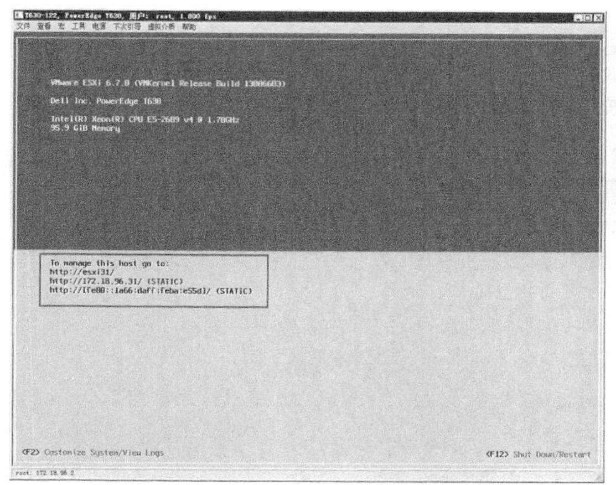

图 9-2-9 第一台服务器的管理地址

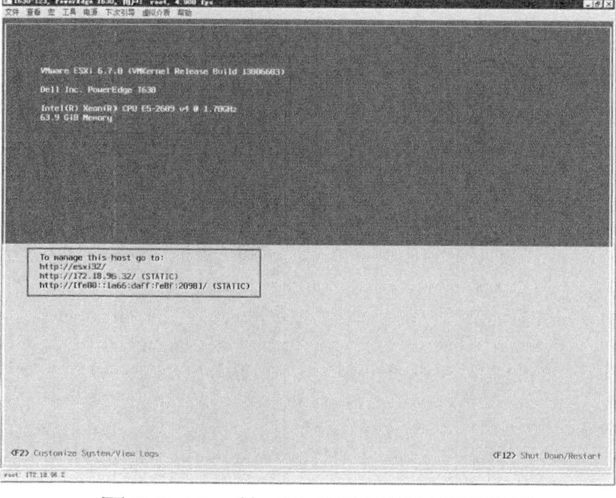

图 9-2-10 第二台服务器的管理地址

9.2.4 在见证主机安装 ESXi

放置见证虚拟机的 ESXi 主机，如果只放置见证虚拟机而不承担其他用途，一般选择配置 1 块 CPU、32GB 内存、容量为 240GB 以上的固态硬盘的服务器即可；如果这台 ESXi 主机除了放置见证虚拟机外还承担其他用途，例如用作备份服务器，应在这台主机上安装多块硬盘并采用 RAID-5、RAID-50 方式划分，此时配置 32GB 内存也能满足需求（备份软件采用 Veeam 9.5）。下面介绍见证主机安装 ESXi 的主要步骤。

（1）打开服务器的电源，进入 RAID 配置界面，将本示例中用到的 2 块硬盘设置为 Non-RAID 模式，如图 9-2-11 所示。

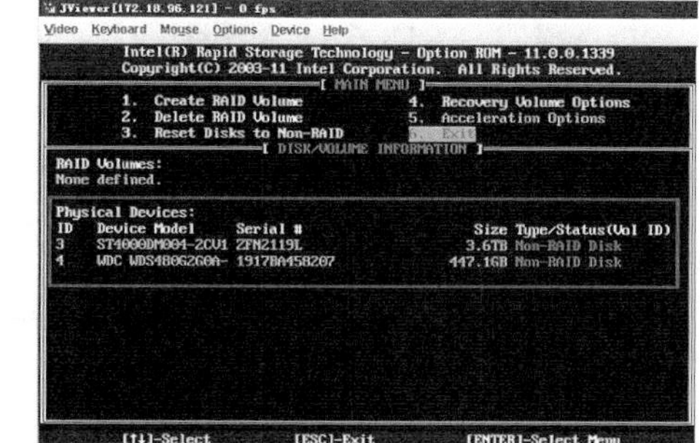

图 9-2-11 将磁盘设置为 Non-RAID 模式

（2）加载 ESXi 6.7 安装镜像启动服务器，在“Select a Disk to Install or Upgrade”对话框中选择要安装 ESXi 的位置，在本示例中选择大小为 480GB 的磁盘，如图 9-2-12 所示。

（3）安装完成之后进入控制台，选择管理网卡，本示例中管理网卡是 vmnic0、vmnic1，如图 9-2-13 所示。

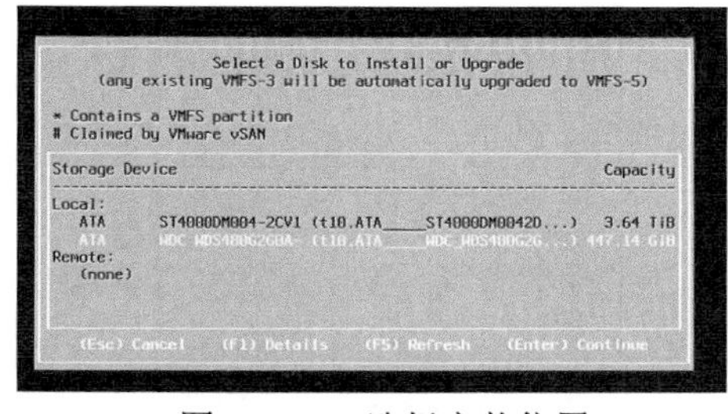

图 9-2-12 选择安装位置

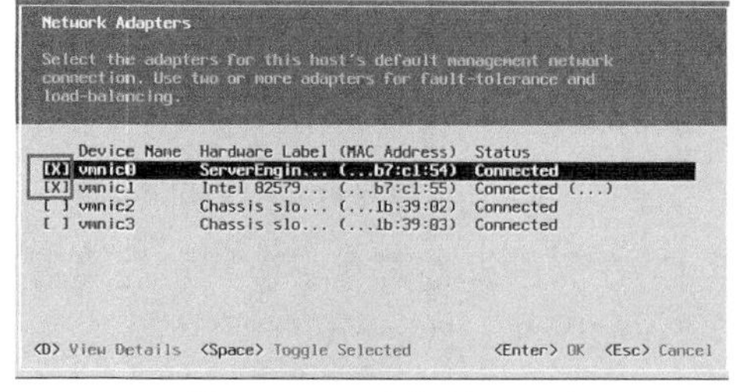

图 9-2-13 选择管理网卡

（4）将见证主机的管理地址设置为 172.18.96.35，如图 9-2-14 所示。

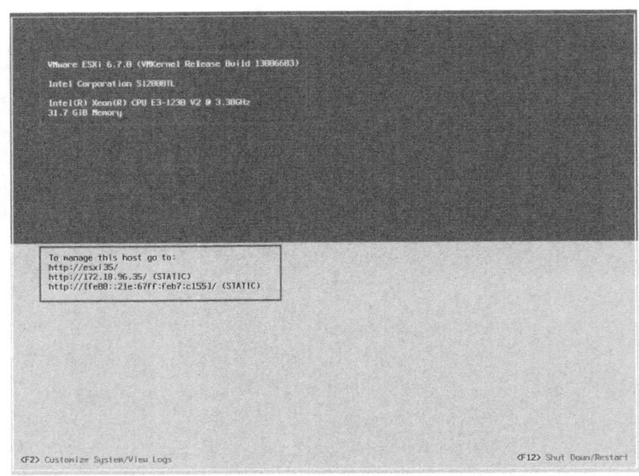

图 9-2-14　设置见证主机管理地址

9.2.5　安装 vCenter Server Appliance

本节将在 IP 地址为 172.18.96.35 的主机上安装 vCenter Server Appliance。因为 vCenter Server Appliance 的安装前面章节已经做过介绍，本节只介绍关键步骤。

（1）在本示例中 IP 地址为 172.18.96.35 的主机有 2 块硬盘，其中容量大小为 480GB 的 SSD 安装了 ESXi 6.7，容量大小为 4TB 的 HDD 用作数据备份。为了提升 vCenter Server 的运行速度，可以将 vCenter Server Appliance 的虚拟机部署在 480GB 的 SSD 硬盘中。

在网络中的一台 Windows 计算机中（当前为 Windows 10），加载 VMware-VCSA-all-6.7.0-13010631.iso 的镜像，执行光盘\vcsa-ui-installer\win32\目录中的 installer.exe 程序，进入安装界面，在右上角选择“简体中文”，然后单击“安装”开始安装。

（2）在“设备部署目标”中输入要承载的 ESXi 主机。在本示例中为 172.18.96.35 的 ESXi 主机，输入这台主机的用户名及密码，如图 9-2-15 所示。

（3）在“设置设备虚拟机”中设置要部署设备的虚拟机名称、root 密码，如图 9-2-16 所示。本示例中虚拟机名称为 vcsa-96.30。

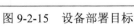

图 9-2-15　设备部署目标

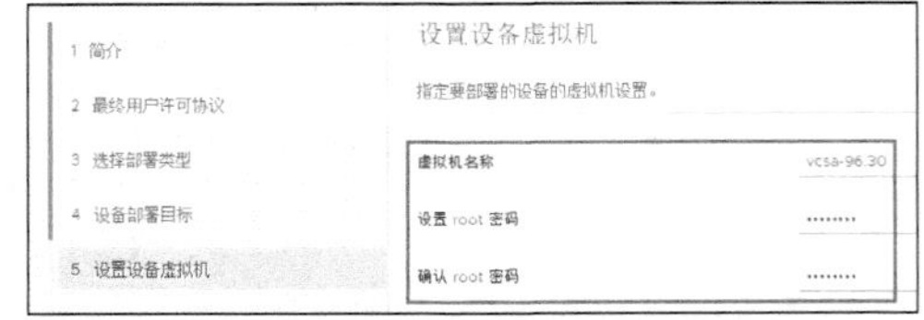

图 9-2-16　设置设备虚拟机

（4）在“选择部署大小”中根据需要选择，在此选择部署大小为“微型”、存储大小为“大型”，如图 9-2-17 所示。

（5）在“选择数据存储”中选中“安装在可从目标主机访问的现有数据存储上”，并选中“启用精简磁盘模式”，如图 9-2-18 所示。

（6）在“配置网络设置”中为将要部署的 vCenter Server 配置网络参数。在本示例中，

vCenter Server 的 FQDN 名称使用 IP 地址，即 172.18.96.30，如图 9-2-19 所示。

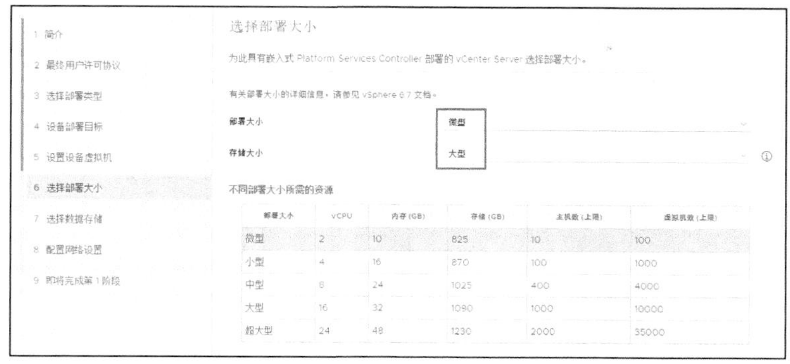

图 9-2-17 选择部署大小

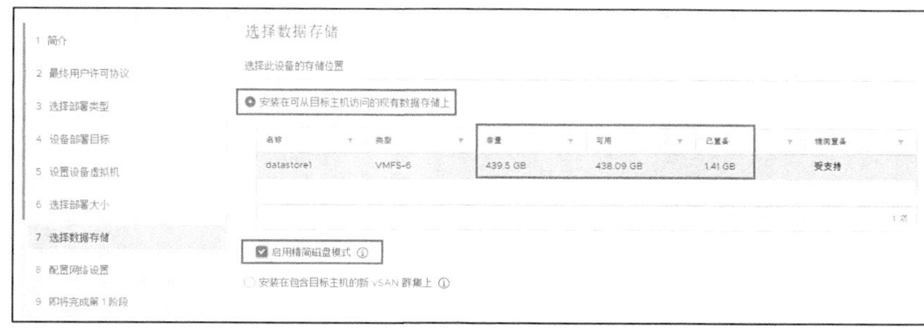

图 9-2-18 选择数据存储

（7）vCenter Server Appliance 的其他配置可参考第 3 章的相关内容，此处不再介绍。在“安装-第二阶段：完成”对话框中，如图 9-2-20 所示，因为部署设置的是 IP 地址，此时显示 photon-machine 信息不需要理会，实际管理中使用安装中配置的 IP 地址 172.18.96.30 访问即可。

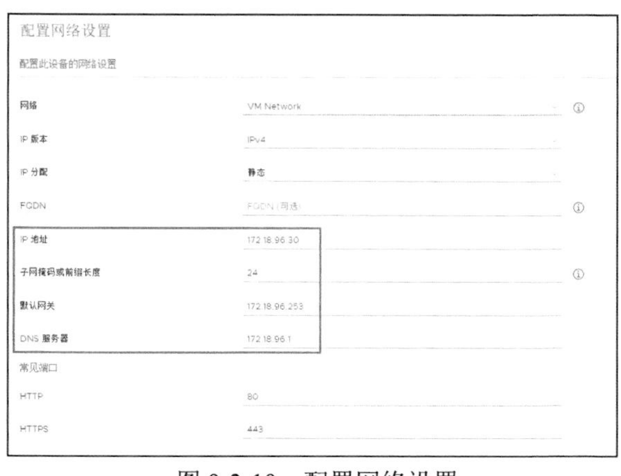

图 9-2-19 配置网络设置

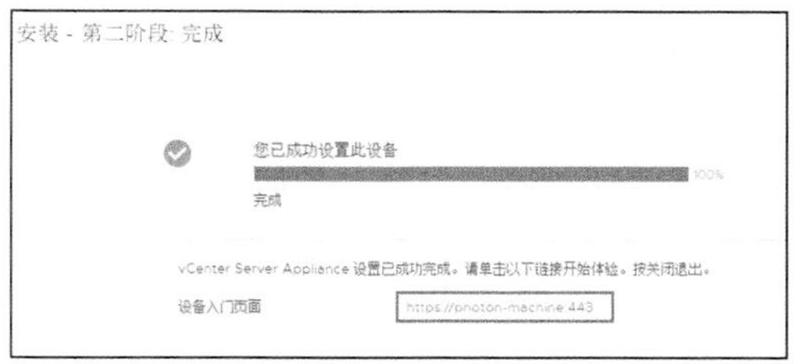

图 9-2-20 部署 VCSA 完成

9.2.6 将主机添加到 vCenter Server

在部署 vCenter Server Appliance 完成之后，使用 IE 登录（本示例中登录的 IP 地址为 https://172.18.96.30），选择登录到 vSphere Client，然后将 172.18.96.31、172.18.96.32、172.18.96.35

（承载见证虚拟机的 ESXi 主机）的主机添加到数据中心。然后查看每台主机的 EVC 模式并创建 vSAN 群集，将 172.18.96.31、172.18.96.32 的主机移入群集。下面介绍主要步骤。

（1）使用 vSphere Client 登录到 vCenter Server，在“系统管理→许可→许可证”中添加 vCenter Server、ESXi 主机、vSAN 许可证，并为 vCenter Server 分配许可证；在“系统管理→Single Sign-On→配置”中设置密码永不过期（稍后登录 https://172.18.96.30:5480 设置 root 密码永不过期）。

（2）创建数据中心，本示例中使用默认名称 Datacenter。然后将 172.18.96.31、172.18.96.32、172.18.96.35 的主机添加到数据中心，并查看 172.18.96.31、172.18.96.32 两台主机支持的 EVC 模式。这两台主机配置了型号为 Intel E5-2609 v4 的 CPU，其支持的 EVC 模式最高为 Intel®“Broadwell”Generation，如图 9-2-21 所示。

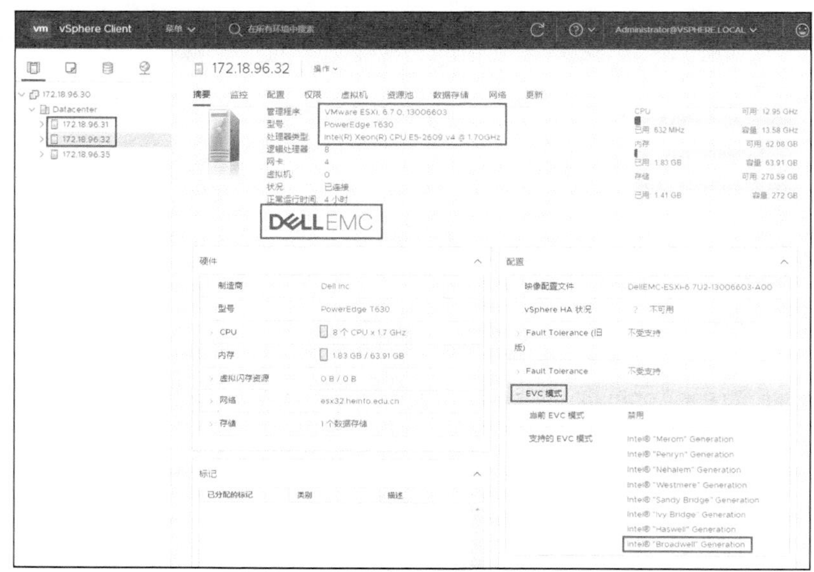

图 9-2-21　查看主机 CPU 支持的 EVC 模式

（3）用鼠标右键单击名为 Datacenter 的数据中心，在弹出的快捷菜单中选择“新建群集”，如图 9-2-22 所示。

（4）在“新建群集”对话框的“名称”文本框中输入新建群集的名称，本示例为 vsan01，并开启 DRS 和 vSphere HA，vSAN 暂不开启，如图 9-2-23 所示。

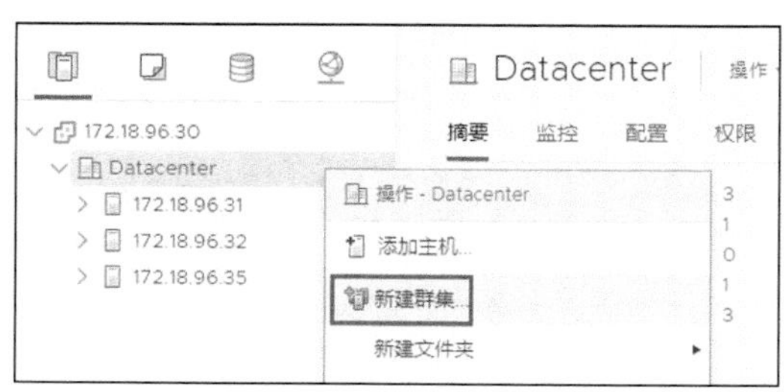

图 9-2-22　新建群集

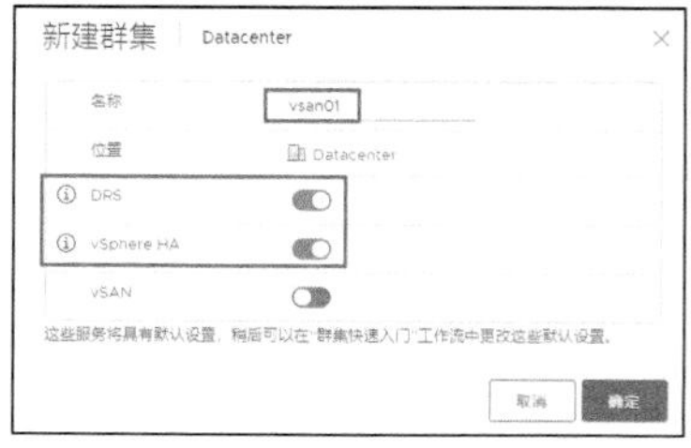

图 9-2-23　创建群集

（5）创建群集之后，在导航窗格中选中新建的群集，在“配置→配置→VMware EVC”中单击“编辑”按钮，如图 9-2-24 所示。

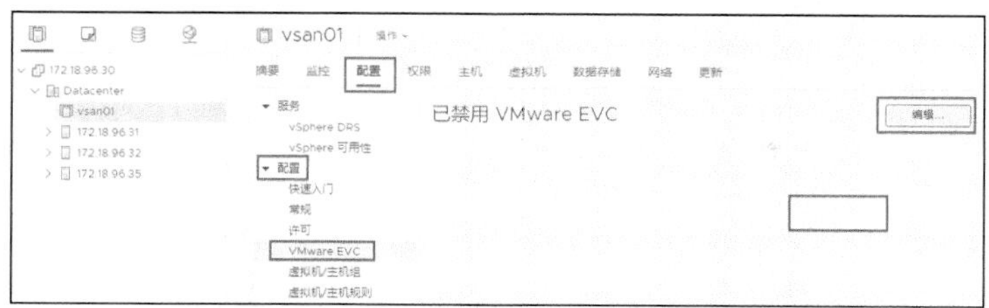

图 9-2-24 编辑 EVC 设置

（6）在“更改 EVC 模式”对话框中单击选中“为 Intel®主机启用 EVC”，并在“VMware EVC 模式”下拉列表中选择“Intel® ‘Broadwell’ Generation”，单击“确定”按钮，如图 9-2-25 所示。

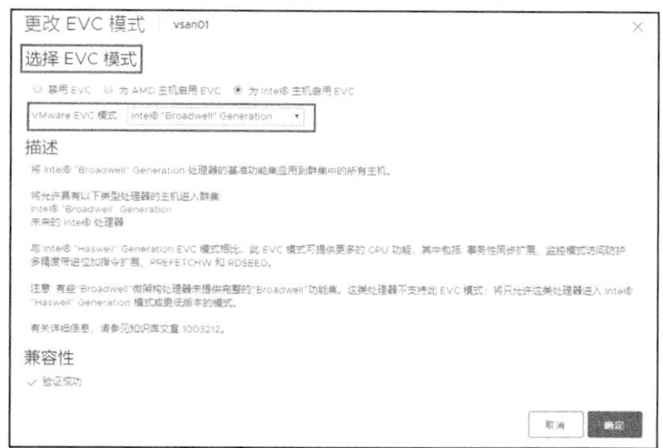

图 9-2-25 更改 EVC 模式

（7）更改 EVC 模式之后如图 9-2-26 所示。

（8）用鼠标左键选中 172.18.96.31、172.18.96.32 的主机，将其移入名为 vsan01 的群集，如图 9-2-27 所示。至此 2 台节点主机、1 台承载见证虚拟机的主机添加到清单，此时 172.18.96.31 与 172.18.96.32 的主机在名为 vsan01 的群集中，172.18.96.35 的主机在名为 Datacenter 的数据中心中。

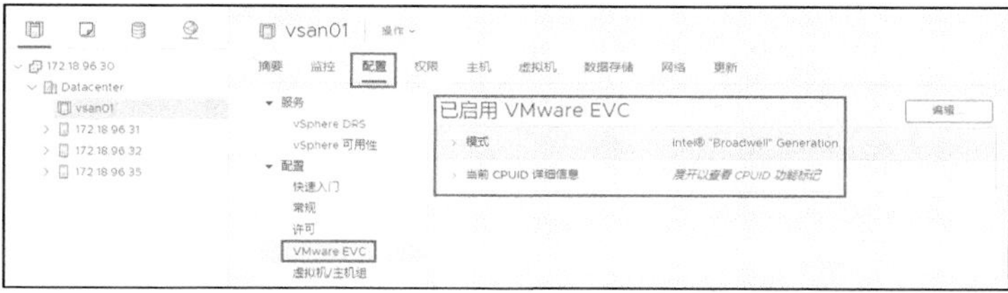

图 9-2-26 已启用 VMware EVC

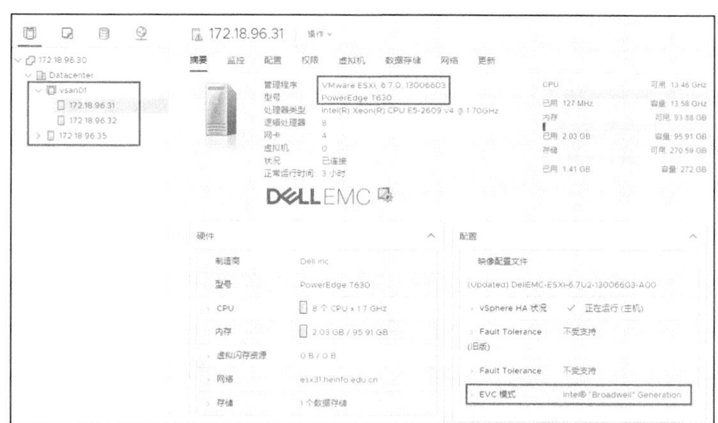

图 9-2-27 数据中心中的主机

9.2.7 部署见证虚拟机

VMware 为 vSAN 延伸群集提供了见证虚拟机。在配置 vSAN 延伸群集时，见证虚拟机的版本应该与节点主机版本相同。在本示例中，节点主机版本是 6.7.0-13006603，部署的见证虚拟机的版本也应该是 6.7.0-13006603。

注意

见证虚拟机绝对不能部署在 vSAN 群集节点主机中，应该部署在 vSAN 群集节点主机之外的其他主机中。如果将见证虚拟机部署在某台节点主机中，虽然可以配置成功，但如果放置见证虚拟机的节点主机出现问题，整个 vSAN 群集中虚拟机组件将少于 50%，从而导致所有虚拟机数据失效。

说明

有个读者碰到的一个案例，公司部署 2 节点 vSAN 群集，但见证虚拟机是部署在其中一台节点主机中。运行一段时间之后，某台节点主机的缓存 SSD 磁盘损坏，从而导致 vSAN 群集失效、所有虚拟机数据无效，损失较重。

（1）用鼠标右键单击 172.18.96.35 的主机，在弹出的快捷菜单中选择“部署 OVF 模板”，如图 9-2-28 所示。

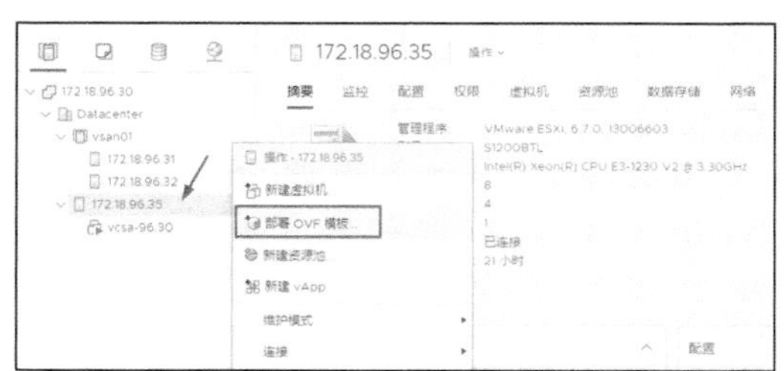

图 9-2-28　部署 OVF 模板

（2）在“选择 OVF 模板”中选中“本地文件”并单击“选择文件”按钮，在“打开”中选择要部署的见证文件，本示例中文件名为 VMware-VirtualSAN-Witness-6.7.0.update02-13006603.ova，大小为 450MB，如图 9-2-29 所示。

图 9-2-29　选择要部署的文件

（3）返回到“1　选择 OVF 模板”中，文件已经被选中，如图 9-2-30 所示。

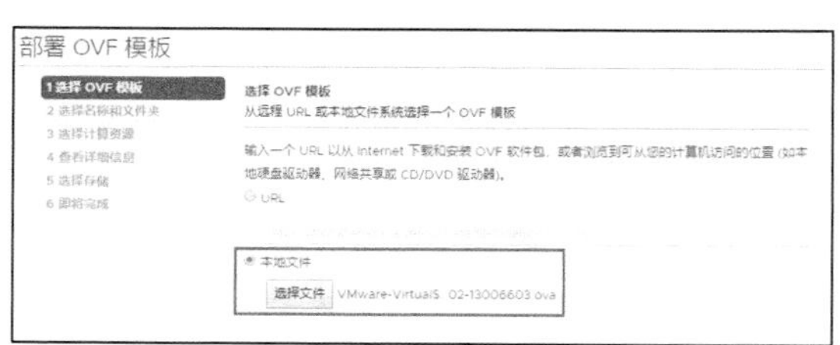

图 9-2-30　文件已经被选中

（4）在“2　选择名称和文件夹”的“虚拟机名称”文本框中，为将要部署的虚拟机设置名称，默认名称为 VMware-VirtualSAN-Witness-6.7.0.update02-13006603，本示例中名称为 Witness-6.7.0.u2-13006603_96.33，如图 9-2-31 所示。

（5）在“3　选择计算资源”的“Browse”

选项卡中，选择运行已部署模板的位置，本示例为 172.18.96.35，如图 9-2-32 所示。

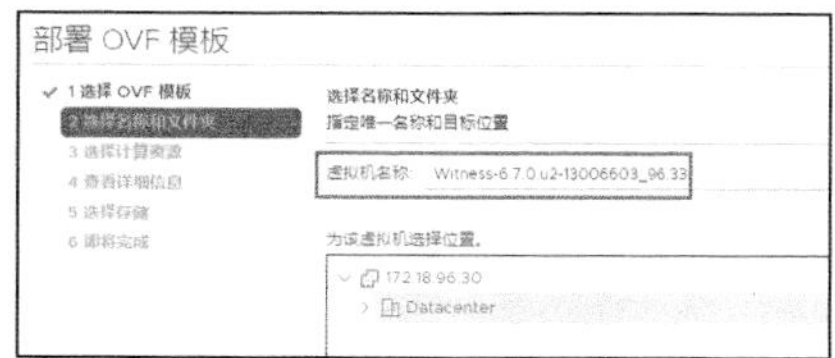

图 9-2-31　选择名称和文件夹

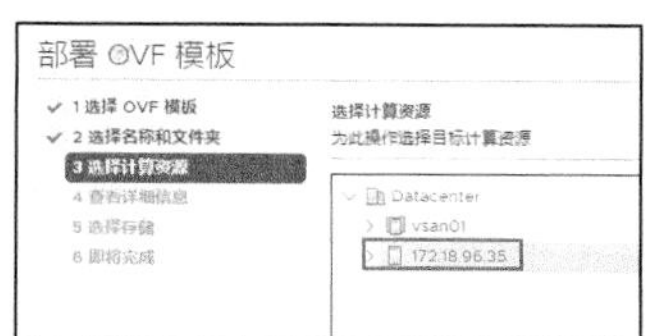

图 9-2-32　选择资源

（6）在“4　查看详细信息”中显示了要部署的模板的版本及磁盘大小，如图 9-2-33 所示。

（7）在“5　许可协议”中选中“我接受所有许可协议。”，接受许可协议，如图 9-2-34 所示。

图 9-2-33　查看详细信息

图 9-2-34　接受许可协议

（8）在“6　配置”的“配置”下拉列表中选中“Medium（up to 500 VMs）”（中等），如图 9-2-35 所示。中等配置的见证虚拟机占用 2 个 CPU、16GB 内存，创建的虚拟硬盘大小为 350GB，可以提供 2.1 万个组件，上限支持 500 台虚拟机。

（9）在“7　选择存储”的“选择虚拟磁盘格式”下拉列表中选择磁盘格式，如果虚拟机保存在 SSD 存储中应选择“精简置备”；如果虚拟机保存在普通磁盘中应选择“厚置备”，如图 9-2-36 所示。

图 9-2-35　选择配置

图 9-2-36　选择存储及虚拟磁盘格式

（10）在“8　选择网络”中，选择见证流量、管理流量的目标网络，如图 9-2-37 所示。通常情况下，见证虚拟机的见证流量、管理流量都使用 ESXi 主机管理网络。

图 9-2-37　选择网络

（11）在“9　自定义模板”中，在“密码”“确认密码”中为见证虚拟机 root 账户设置密码，如图 9-2-38 所示。

（12）在“10　即将完成”中显示了部署见证虚拟机的配置，检查无误之后单击“FINISH”按钮开始部署，如图 9-2-39 所示。

图 9-2-38　自定义模板

图 9-2-39　即将完成

（13）部署虚拟机完成之后，打开见证虚拟机电源，如图 9-2-40 所示。

图 9-2-40　打开虚拟机电源

（14）打开虚拟机控制台界面，为虚拟机设置管理地址，本示例为 172.18.96.33，如图 9-2-41 所示。说明，当前见证虚拟机有 2 块网卡，不要修改管理主机的网卡，使用默认的设备名称为 vmnic0 的网卡，设备名称为 vmnic1 的网卡用于见证流量。

（15）见证虚拟机配置完成之后，用鼠标右键单击“Datacenter”，在弹出的快捷菜单中选择“添加主机”，将 172.18.96.33 的 ESXi 主机添加到清单。在添加见证虚拟机时，在“分配许可证”中，为要添加的 ESXi 主机分配许可证。VMware 为见证虚拟机提供了许可证，许可证信息为 NH2HM-XXXXX-XXXXX-XXXXX-28DNP，如图 9-2-42 所示。其他选择默认值。

（16）在导航窗格中选中 172.18.96.33 见证虚拟主机，在“配置→网络→VMkernel 适配器”中选中 vmk1，在“已启用的服务”中看到当前启用了 vSAN 流量。因为当前网络有

DHCP，vmk1 分配的 IP 地址为 172.18.96.173，如图 9-2-43 所示，单击“编辑”。

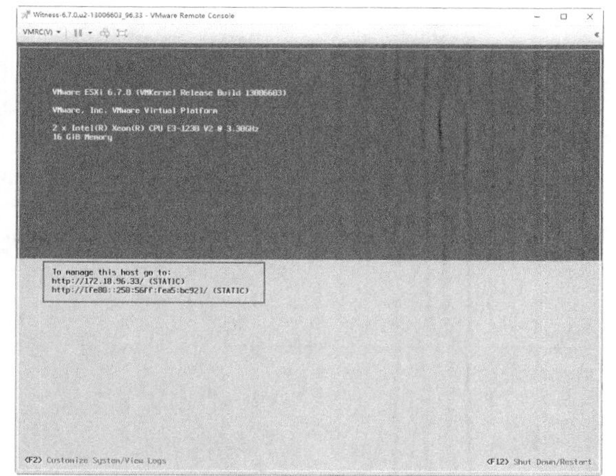

图 9-2-41　设置管理地址

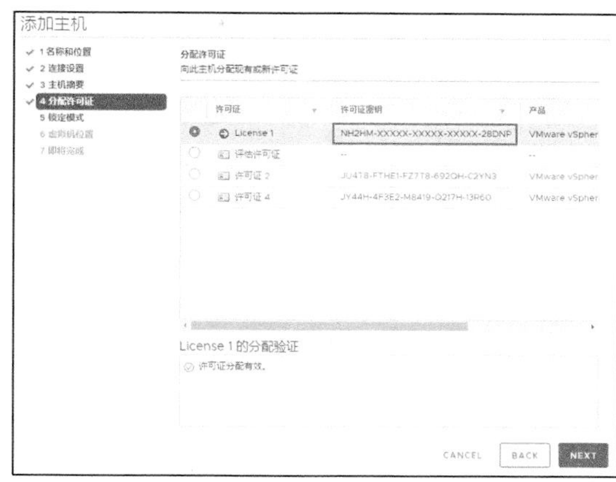

图 9-2-42　vSAN 见证虚拟机的许可证

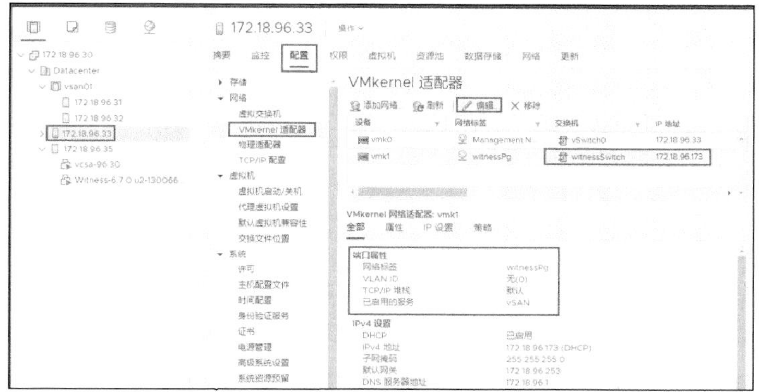

图 9-2-43　修改 VMkernel

（17）在“vmk1-编辑设置”对话框的“IPv4 设置”中，选中“使用静态 IPV4 设置”，在本示例中设置 VMkernel 的 IP 地址是 172.18.96.34，如图 9-2-44 所示，单击“OK”按钮完成设置。

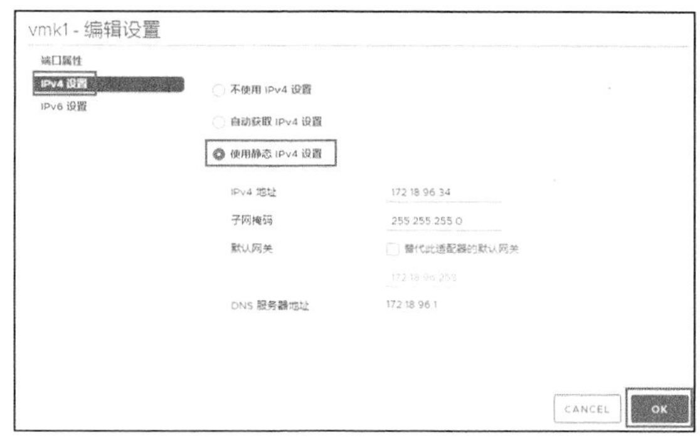

图 9-2-44　设置 IP 地址

（18）设置之后在“配置→网络→VMkernel 适配器”中看到，vSAN 流量的 VMkernel 适配器的 IP 地址设置为 172.18.96.34，如图 9-2-45 所示。

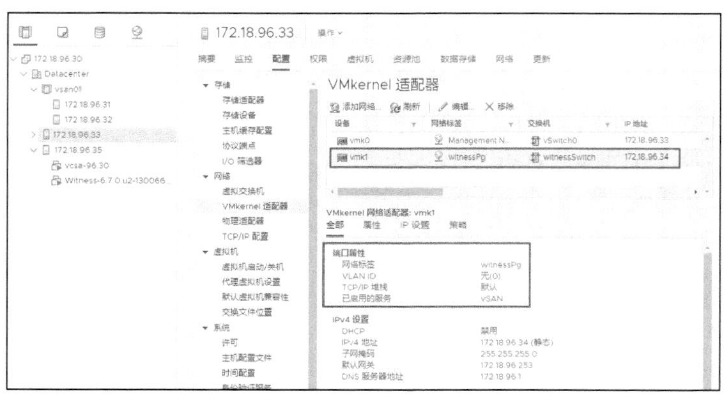

图 9-2-45　VMkernel 适配器

9.2.8　为 2 节点直连 vSAN 群集配置网络

在配置好见证虚拟机之后，为节点主机添加用于 vSAN 流量的 VMkernel。本节以 IP 地址为 172.18.96.31 的主机为例。

（1）使用 vSphere Client 登录 vCenter Server，在导航窗格中选中 172.18.96.31 的主机，在“配置→网络→VMkernel 适配器”中单击“添加网络”，如图 9-2-46 所示。

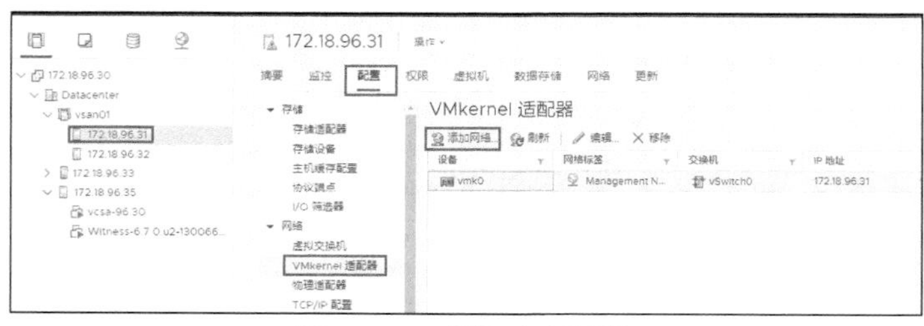

图 9-2-46　添加主机网络

（2）在“1　选择连接类型”中选中“VMkernel 网络适配器”，如图 9-2-47 所示。

（3）在“2　选择目标设备”中选中“新建标准交换机”，在“MTU（字节）”后面设置 MTU 数值为 9000，如图 9-2-48 所示。说明，默认情况下虚拟交换机的 MTU 为 1500，对于大多数物理交换机都支持这个数值。如果修改了虚拟交换机的 MTU 数值，该虚拟交换机上行链路所连接的物理交换机也应该支持这个数值才行。本节采用 2 节点直连，不使用物理交换机，只要物理网卡支持即可。如果要从 2 节点延伸群集升级到标准 vSAN 群集，网卡直连改成连接交换机时，需要对应的物理交换机支持该数值才行。

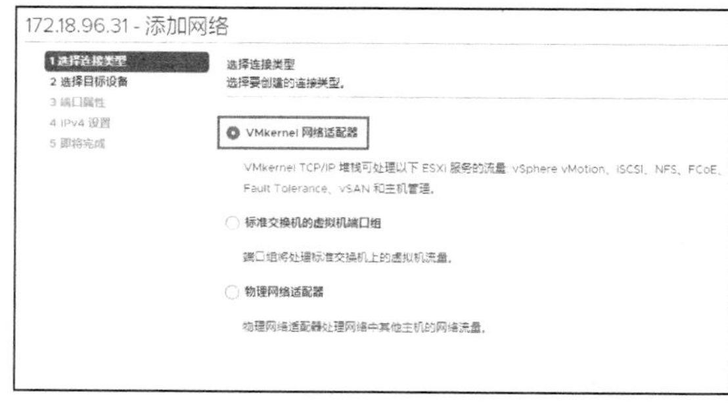

图 9-2-47　添加 VMkernel 网络适配器

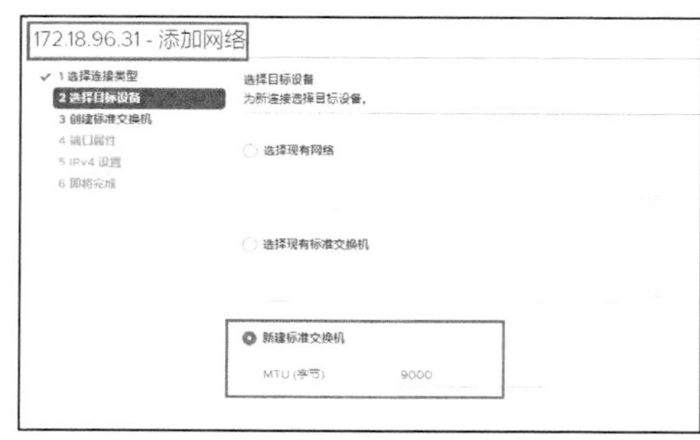

图 9-2-48　新建标准交换机

（4）在“3 创建标准交换机”中单击“➕”图标，添加 vmnic2、vmnic3 网卡（这是 2 个 10Gbit/s 网卡端口），并将 vmnic2 调整到“活动适配器”、将 vmnic3 调整到“备用适配器”的位置，如图 9-2-49 所示。

（5）在“4 端口属性”的“网络标签”文本框中为新建的 VMkernel 设置端口组名称，默认为 VMkernel，本示例中修改为 vSAN，在“已启用的服务”中选中“vSAN”服务，如图 9-2-50 所示。

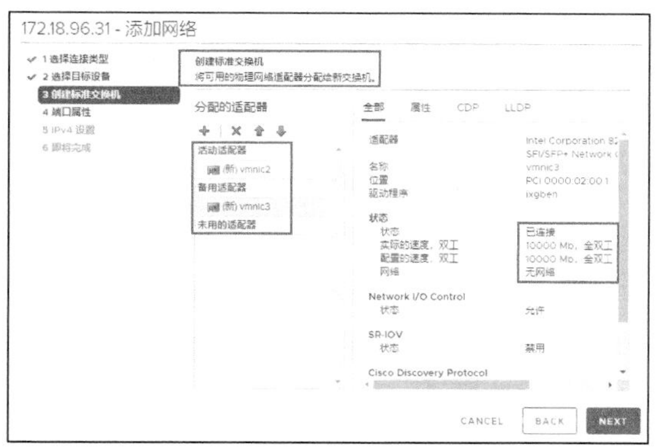

图 9-2-49 添加活动适配器

图 9-2-50 设置端口属性

（6）在“5 IPv4 设置”中选中“使用静态 IPv4 设置”，设置 vSAN 流量的 IPv4 地址为 192.168.0.31，子网掩码为 255.255.255.0，如图 9-2-51 所示。

（7）在“6 即将完成”中显示了当前创建的标准交换机及 VMkernel 端口组，检查无误之后单击“FINISH”按钮，如图 9-2-52 所示。

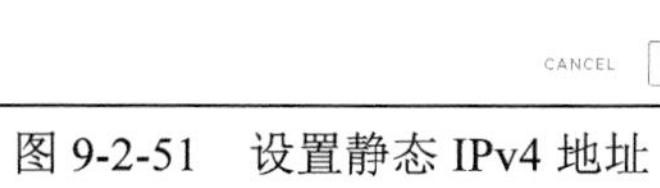

图 9-2-51 设置静态 IPv4 地址

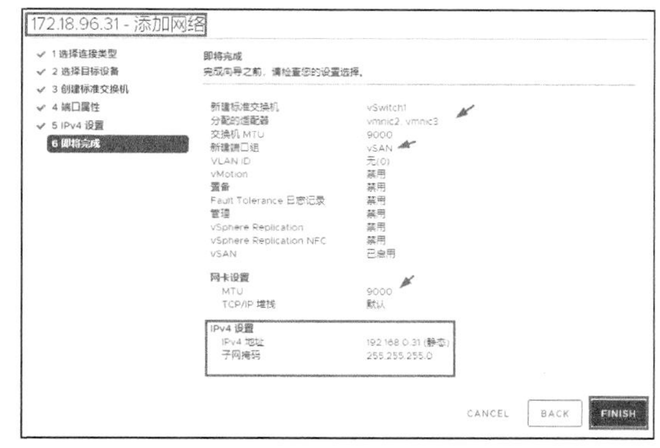

图 9-2-52 即将完成

（8）在“VMkernel 适配器”中可以看到新建的名为 vmk1 的 VMkernel，并且 VMkernel 已经启用了 vSAN 流量服务，如图 9-2-53 所示。

参照（1）～（8）的步骤，为 IP 地址是 172.18.96.32 的 ESXi 主机添加 VMkernel。新建标准交换机并设置 MTU 为 9000（见图 9-2-54），使用 vmnic2 为活动适配器、vmnic3 为备用适配器（见图 9-2-55），设置端口组名称为 vSAN 并启用 vSAN 服务（见图 9-2-56），为 VMkernel 设置 192.168.0.32 的 IP 地址（见图 9-2-57）。

最后为 172.18.96.31、172.18.96.32 两台主机启用 vMotion 流量。本示例以 172.18.96.32 的主机为例。

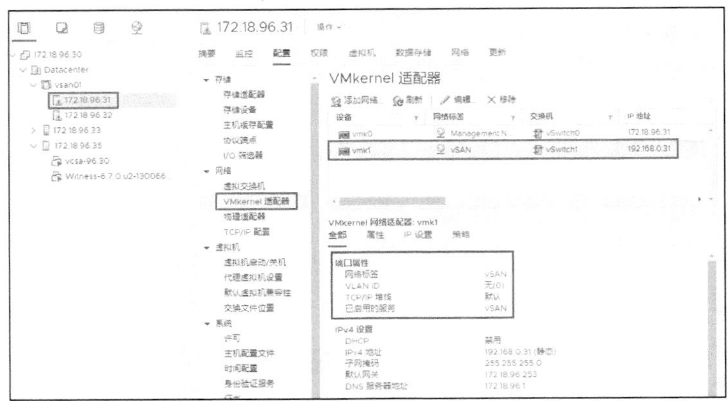

图 9-2-53 查看新建的 VMkernel

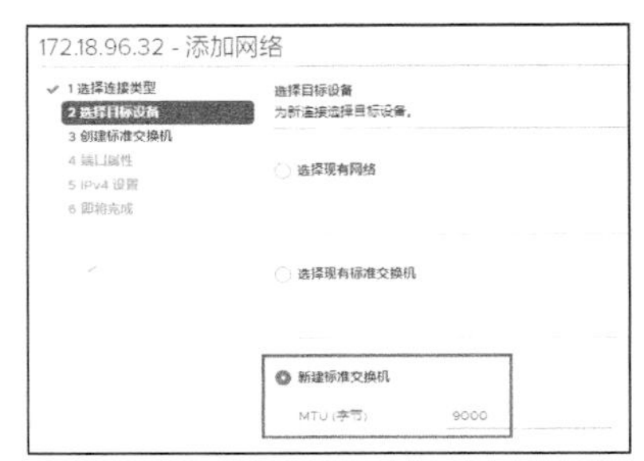

图 9-2-54 新建标准交换机

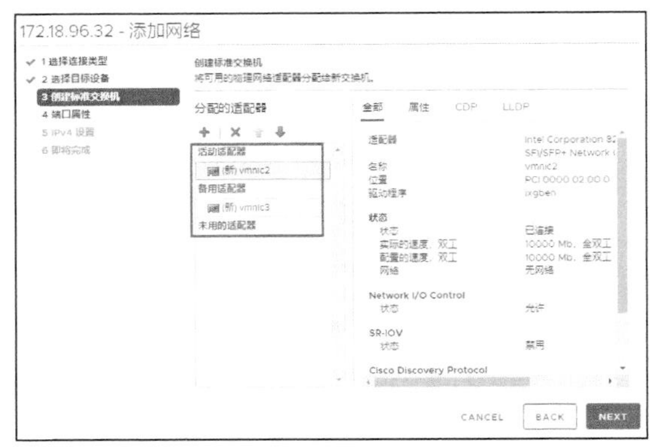

图 9-2-55 分配适配器

图 9-2-56 启用 vSAN 服务

图 9-2-57 为 VMkernel 设置 IP 地址

（1）在导航窗格中选中 172.18.96.32 的主机，在“配置→网络→VMkernel 适配器”中选中 vmk0，单击“编辑”，如图 9-2-58 所示。

（2）在“VMkernel 端口设置”中选中“vMotion”“置备”“管理”，如图 9-2-59 所示，然后单击“确定”按钮。

（3）设置之后如图 9-2-60 所示。172.18.96.31 的主机也参照（1）～（2）的步骤启用 vMotion 流量。

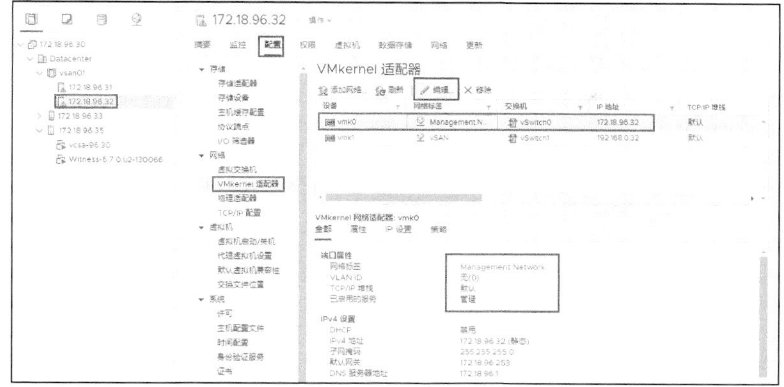

图 9-2-58　修改 VMkernel 配置

图 9-2-59　启用的服务

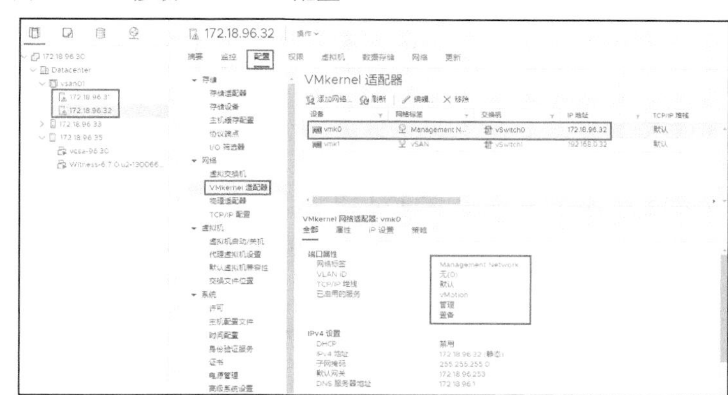

图 9-2-60　启用 vMotion 流量

说明

在 2 节点直连 vSAN 延伸群集中，见证主机（本示例 IP 地址为 172.18.96.33 的计算机）上不放置虚拟机，只有群集节点主机放置虚拟机，所以只需要在群集节点主机启用 vMotion 流量。

9.2.9　为节点主机启用 vSAN 见证流量

下面的任务是将 vSAN 见证流量与 vSAN 数据流量分离。下面再看一下当前的拓扑图，根据拓扑进行介绍，如图 9-2-61 所示。

在标准 vSAN 群集中，vSAN 数据流量、vSAN 见证流量使用同一个 VMkernel。而在 vSAN 延伸群集中，vSAN 数据流量与 vSAN 见证流量分离，vSAN 数据流量使用一个 VMkernel，vSAN 见证流量使用另一个 VMkernel。

在图 9-2-61 中，有 2 台节点主机 172.18.96.31、172.18.96.32，这 2 台主机的 vSAN 数据流量使用 vSwitch1 虚拟交换机的名为 vmk1 的 VMkernel 端口，相关的 IP 地址分别是 192.168.0.31 与 192.168.0.32。见证流量需要使用名为 vmk0 的 VMkernel 端口。

vSAN 延伸群集需要见证虚拟机，在本示例中见证虚拟机的 IP 地址是 172.18.96.33，其 vSAN 见证流量绑定的 VMkernel 的 IP 地址是 172.18.96.34。

在默认情况下 vSAN 数据流量、vSAN 见证流量在同一个 VMkernel。如果要在 172.18.96.31、172.18.96.32 的 vSwitch0 虚拟交换机的 vmk0 上启用 vSAN 见证流量服务，需要为这 2 台 ESXi 主机启用 SSH 服务，使用 xShell 等工具登录到 ESXi 主机，使用 esxcli 命令为 vmk0 启用见证流量。下面以 1 台主机为例进行介绍。

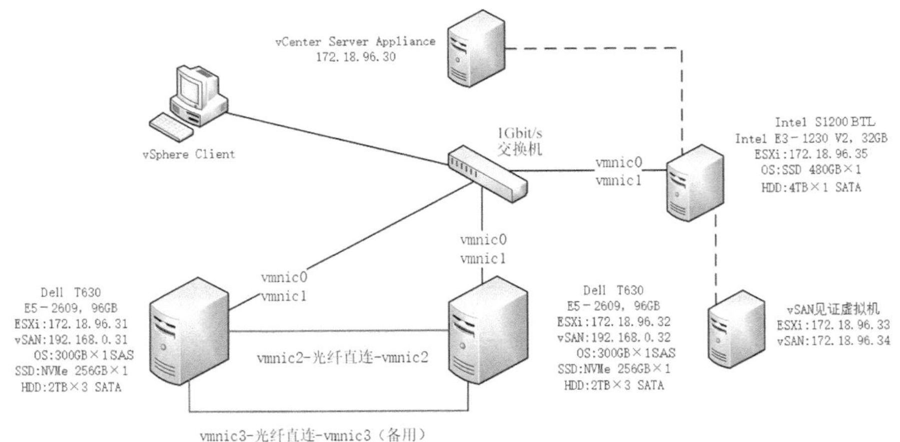

图 9-2-61　2 节点直连 vSAN 延伸群集

（1）在导航窗格选中 172.18.96.32 的主机，在“配置→系统→服务”中选中 SSH 服务，如图 9-2-62 所示，单击“启动”按钮为主机启动 SSH 服务。

图 9-2-62　为主机启用 SSH 服务

（2）使用 xShell 登录到 172.18.96.32 的主机，执行以下命令为主机启用见证流量。

```
esxcli vsan network ip add -i vmk0 -T=witness
```

然后执行 esxcli vsan network list 命令查看设置是否正确，如图 9-2-63 所示。

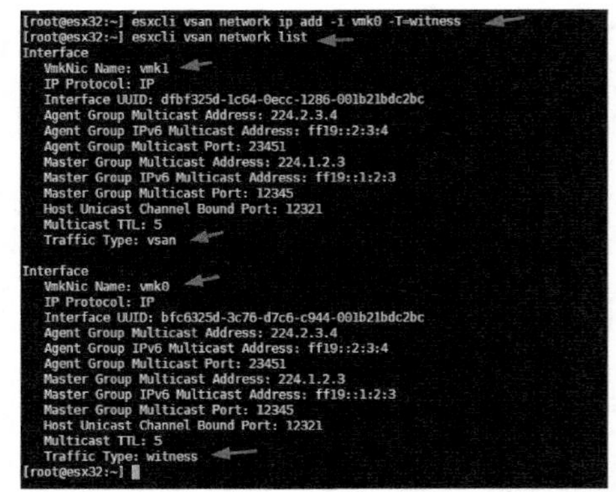
```
[root@esx32:~] esxcli vsan network ip add -i vmk0 -T=witness
[root@esx32:~] esxcli vsan network list
Interface
   VmkNic Name: vmk1
   IP Protocol: IP
   Interface UUID: dfbf325d-1c64-0ecc-1286-001b21bdc2bc
   Agent Group Multicast Address: 224.2.3.4
   Agent Group IPv6 Multicast Address: ff19::2:3:4
   Agent Group Multicast Port: 23451
   Master Group Multicast Address: 224.1.2.3
   Master Group IPv6 Multicast Address: ff19::1:2:3
   Master Group Multicast Port: 12345
   Host Unicast Channel Bound Port: 12321
   Multicast TTL: 5
   Traffic Type: vsan

Interface
   VmkNic Name: vmk0
   IP Protocol: IP
   Interface UUID: bfc6325d-3c76-d7c6-c944-001b21bdc2bc
   Agent Group Multicast Address: 224.2.3.4
   Agent Group IPv6 Multicast Address: ff19::2:3:4
   Agent Group Multicast Port: 23451
   Master Group Multicast Address: 224.1.2.3
   Master Group IPv6 Multicast Address: ff19::1:2:3
   Master Group Multicast Port: 12345
   Host Unicast Channel Bound Port: 12321
   Multicast TTL: 5
   Traffic Type: witness
[root@esx32:~]
```

图 9-2-63　为 vmk0 启用 vSAN 见证流量

参照（1）～（2）的步骤，在 172.18.96.31 的主机上也执行该命令，为 vmk0 启用 vSAN 见证流量。而 172.18.96.33 的见证虚拟机无须设置。

9.2.10　启用 vSAN 延伸群集

在添加节点主机与见证虚拟机并配置 VMkernel 之后，下面就可以启用 vSAN 延伸群集，主要步骤如下。

（1）在启用 vSAN 功能之前需要先关闭 vSphere HA，如图 9-2-64 所示。在启用 vSAN 之后再开启 vSphere HA。

（2）在导航窗格中选中名为 vsan01 的群集，在“配置→vSAN→服务”中单击“配置”按钮，如图 9-2-65 所示。

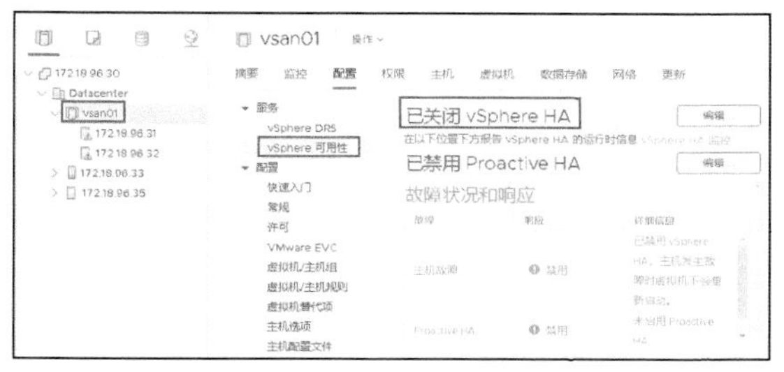

图 9-2-64 关闭 vSphere HA

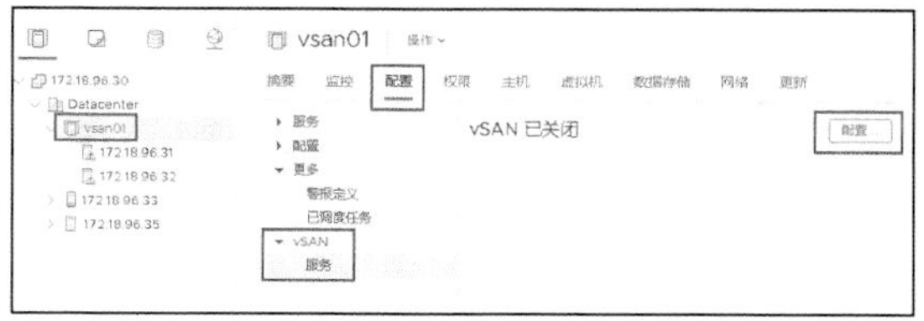

图 9-2-65 配置

（3）在“配置类型”中选中“双主机 vSAN 群集”，如图 9-2-66 所示。

（4）在“服务”中选择要启用的服务。如果是全闪存架构，可以选择“去重和压缩”。在混合架构中不支持去重和压缩。单击“下一步”按钮继续，如图 9-2-67 所示。

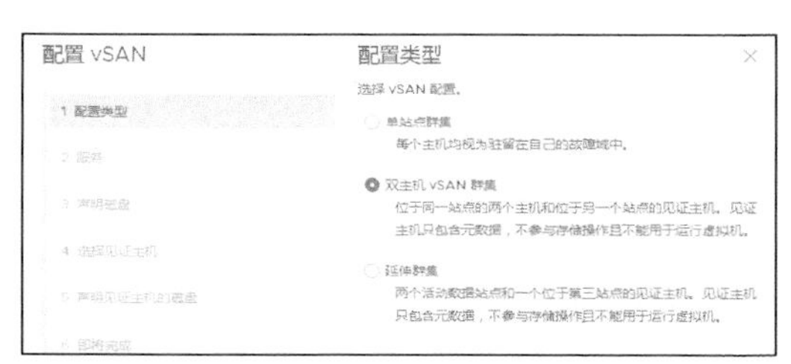

图 9-2-66 双主机 vSAN 群集

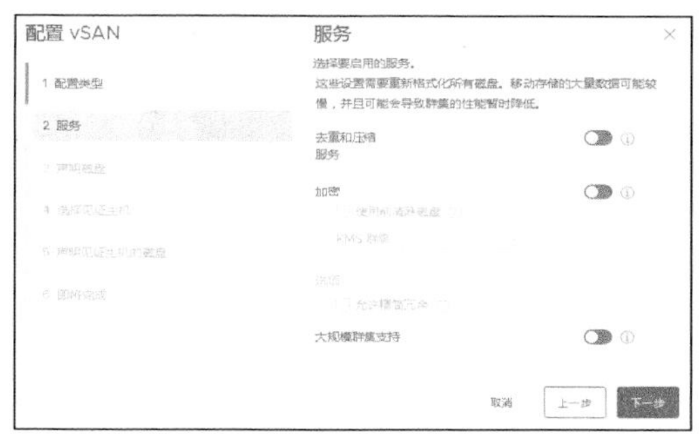

图 9-2-67 选择要启用的服务

（5）在“声明磁盘”的“分组依据”中选择“主机”，在每台主机的列表中显示了可用的磁盘，将 SSD 声明为“缓存层”磁盘，将 HDD 声明为“容量层”磁盘。在本示例中每台主机有 1 块 256GB 的 SSD、3 块 2TB 的 HDD，如图 9-2-68 和图 9-2-69 所示。

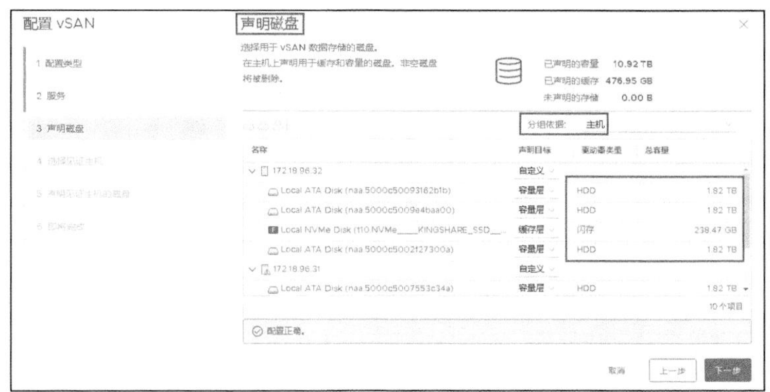

图 9-2-68 查看并声明磁盘

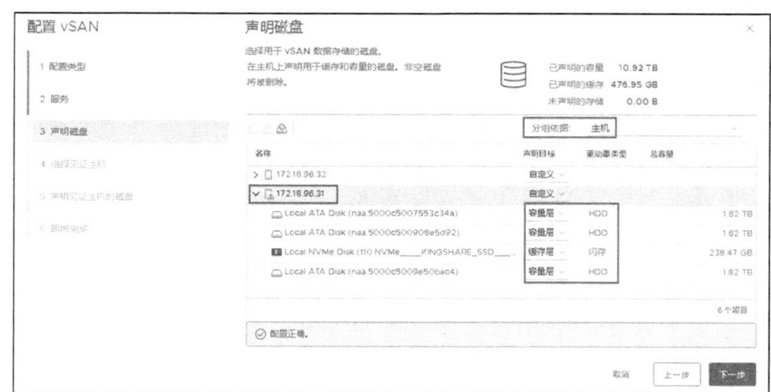

图 9-2-69　查看并声明磁盘

说明

如果磁盘的数量不对，应该是某块磁盘已经被使用或有数据，可以使用浏览器登录到 ESXi 主机，在“存储→设备”中选择没有发现的磁盘（根据磁盘的名称查找），在“操作”中选择“清除分区表”，将没有发现的磁盘分区表清除之后就可以用在 vSAN 中，如图 9-2-70 所示。

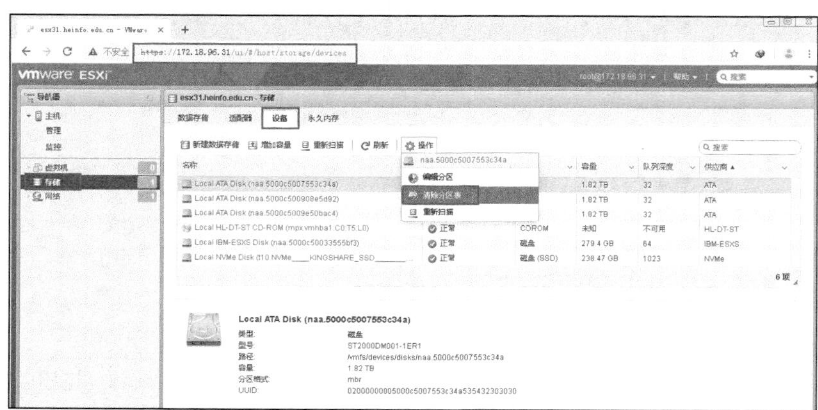

图 9-2-70　清除分区表

（6）在“选择见证主机”中选择 172.18.96.33 的主机，如图 9-2-71 所示。

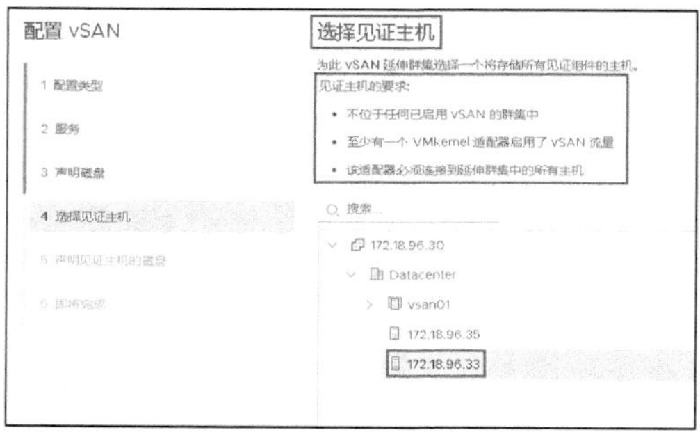

图 9-2-71　选择见证主机

说明

仔细观察，见证主机的图标颜色与普通的 ESXi 主机颜色不同。

（7）在“声明见证主机的磁盘”中先选择大小为 10GB 的磁盘作为缓存磁盘，然后选择大小为 350GB 的磁盘作为容量磁盘，如图 9-2-72 所示。

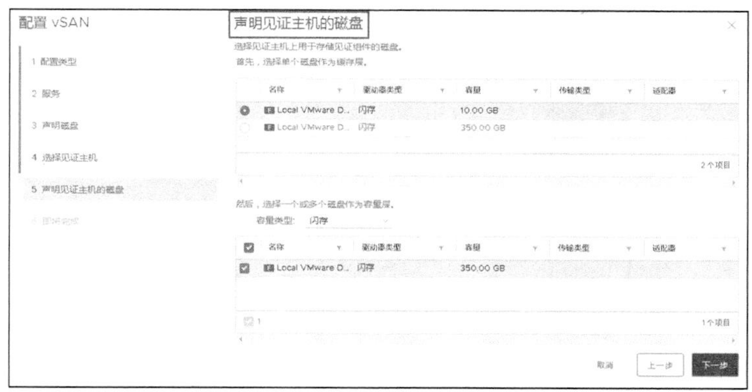

图 9-2-72　声明见证主机的磁盘

（8）在“即将完成”中显示了延伸群集的配置，检查无误之后单击“完成”按钮，如图 9-2-73 所示。

（9）配置完成后修改并启用 vSphere HA，在“准入控制”选项卡的“主机故障切换容量的定义依据”下拉列表中选择“禁用”，如图 9-2-74 所示。

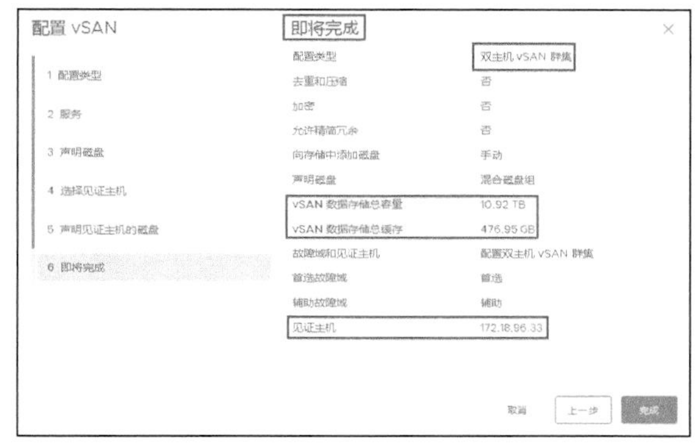

图 9-2-73　即将完成

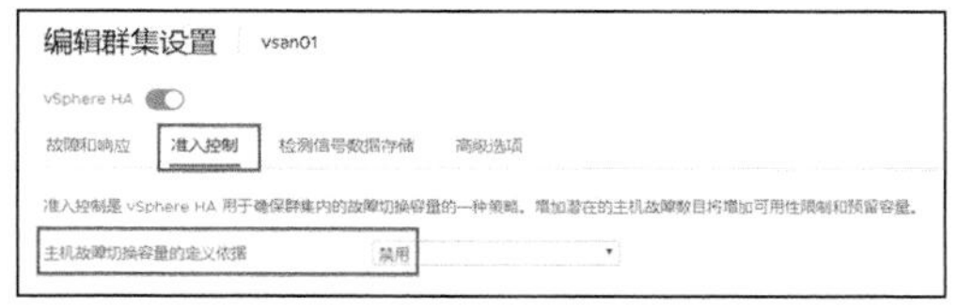

图 9-2-74　启用 vSphere HA 并禁用准入控制

（10）在“配置→vSAN→磁盘管理”中可以看到有 2 台主机、1 台见证主机，这些主机都在“组 1”中，如图 9-2-75 所示。

（11）在“配置→vSAN→故障域”中可以看到首选主机、辅助主机、见证主机，如图 9-2-76 所示。

（12）在“配置→配置→许可”中为 vSAN 分配许可证，如图 9-2-77 所示。至此 2 节点直连 vSAN 延伸群集配置完成。

在配置好 2 节点直连 vSAN 延伸群集后，就可以为生产环境配置业务虚拟机。如果需要虚拟机备份与复制，可以安装 Veeam 备份软件，将生产环境中的虚拟机使用虚拟机复制功能复制到 172.18.96.35 的存储（如图 9-2-78 所示，需要将虚拟机复制到 4TB 容量的存储中，需要管理员将 172.18.96.35 主机的 4TB 硬盘添加并格式化为 VMFS 存储并命名为 Datastore-esx35），将 vCenter Server 的虚拟机从 172.18.96.35 的主机复制到 vsan01 的群集的 vSAN 存储中。关于 Veeam 软件的安装、配置与使用，可以参见本书第 8 章内容。

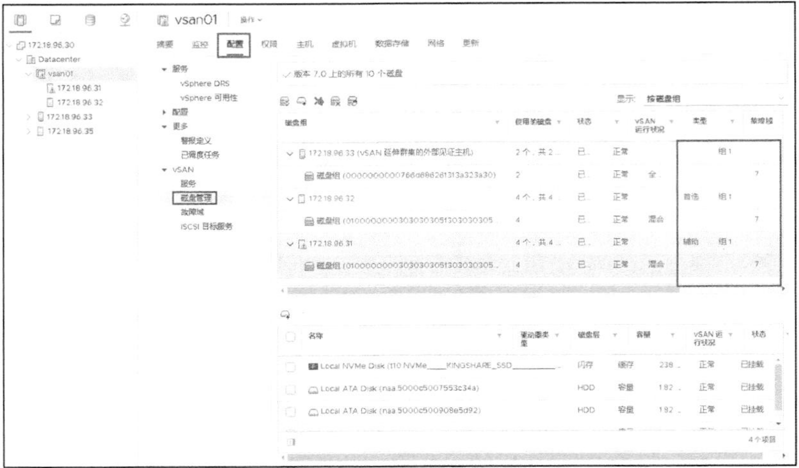

图 9-2-75　查看磁盘组

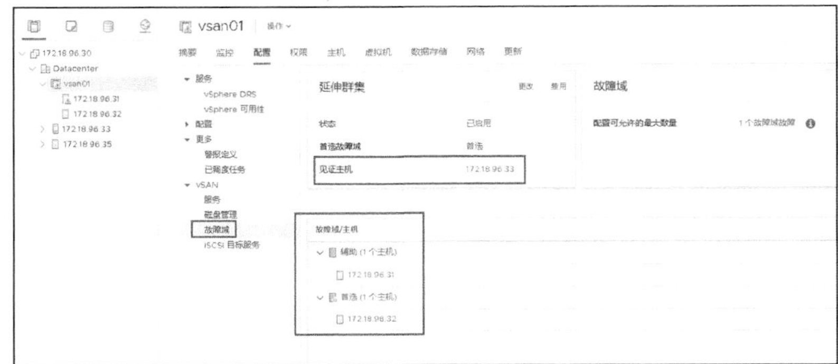

图 9-2-76　查看各主机

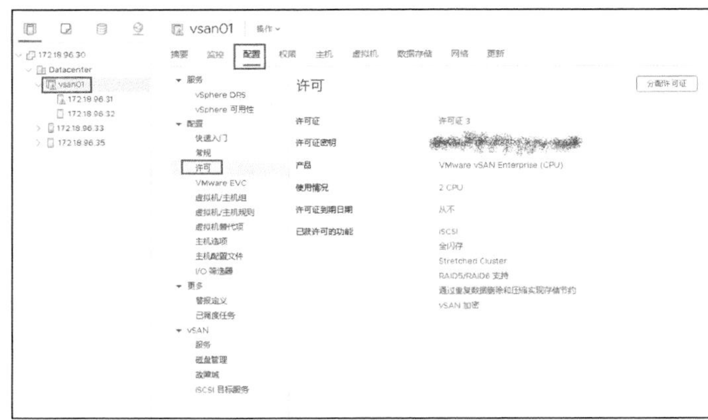

图 9-2-77　分配许可证

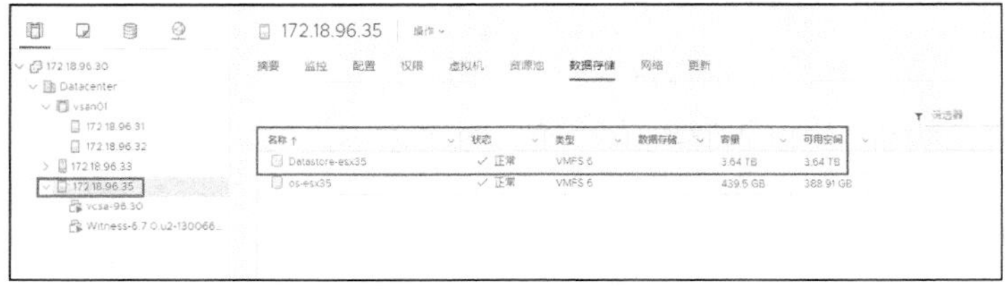

图 9-2-78　为 172.18.96.35 添加存储

如果生产环境中的虚拟机需要多个网络，在 ESXi 主机有多个网卡的前提下，可以根据需要创建虚拟交换机。从本质上来看，2 节点直连 vSAN 延伸群集也是 vSphere 虚拟化环境，对于虚拟机、网络的支持与普通 vSphere 环境没有区别。

9.3 创建虚拟机与配置 FT

在为群集启用了 vSphere HA 功能之后，默认情况下群集中的所有虚拟机都已经具有了“高可用”功能，如果主机死机、关机或与群集失去联系（例如网络中断），则故障主机上所有正在运行的虚拟机将会在其他主机重新注册并重新启动。大多数的虚拟机会在 3～5 分钟内重新启动完毕，这一级别即可满足大多数的应用。对于本章的主题应用“双机热备”已经完成了任务的需求。但是如果更重要的应用需要达到或接近“零中断”需求，应为虚拟机启用“FT”功能以达到这一目标。

9.3.1 FT 的工作方式

可以为大多数任务的关键虚拟机使用容错（Fault Tolerance，FT）。FT 通过创建和维护与此类虚拟机相同且可在发生故障切换时随时替换此类虚拟机的重复虚拟机来确保此类虚拟机的连续可用性。

受保护的虚拟机称为主虚拟机。重复虚拟机即辅助虚拟机，在其他主机上创建和运行。由于辅助虚拟机与主虚拟机的执行方式相同，并且辅助虚拟机可以无中断地接管任何时间点的执行，因此可以提供容错保护。

主虚拟机和辅助虚拟机会持续监控彼此的状态以确保维护 FT。如果运行主虚拟机的主机发生故障，系统将会执行透明故障切换，此时会立即启用辅助虚拟机以替换主虚拟机，并自动重新建立 FT 冗余。如果运行辅助虚拟机的主机发生故障，则该主机也会立即被替换。在任何一种情况下，用户都不会遭遇服务中断和数据丢失的情况。

主虚拟机及其辅助虚拟机不允许在相同主机上运行，此限制可确保主机故障不会导致两台虚拟机都丢失。

vSphere 6 中的 FT 可容纳最多具有 4 个 vCPU 的对称多处理器（SMP）虚拟机。早期版本的 vSphere 使用不同的 FT 技术（现称为旧版 FT），该技术具有不同要求和特性（包括旧版 FT 虚拟机的单个 vCPU 的限制）。

为虚拟机启用 FT 的要求如下。

（1）启用 FT 的虚拟机，除了需要配置 HA、vMotion 流量的 VMkernel 之外，还需要配置启用 FT 日志记录的 VMkernel。

（2）启用 FT 的虚拟机，不能启用 CPU 与内存的“热插拔”功能。虚拟机不能加载光驱或 ISO 文件。

（3）启用 FT 的虚拟机，CPU 不能超过 4 个，即可以分配 1、2、3、4 个。

9.3.2 为 VMware ESXi 主机配置网络

在生产环境中，如果要启用 FT，需要为 FT 流量配置专门的虚拟交换机，为承载 FT 流量的虚拟交换机分配专门的上行链路（即主机物理网卡）。在 2 节点直连 vSAN 延伸群集中，可以将 FT 容量与 vSAN 流量使用同一 VMkernel。

（1）使用 vSphere Client 登录到 vCenter Server，从左侧选中一台主机，例如 172.18.96.31，在右侧定位“配置→网络→VMkernel 适配器”，选中 vmk1，单击“编辑”，如图 9-3-1 所示。

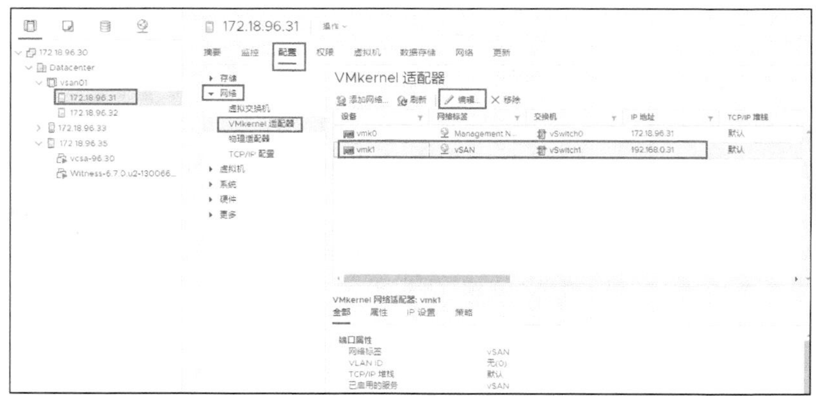

图 9-3-1 VMkernel 属性

（2）在“vmk1-编辑设置”对话框的“端口属性”中单击选中“Fault Tolerance 日志记录”，然后单击“OK”按钮，如图 9-3-2 所示。

图 9-3-2 启用 FT 日志记录

参照（1）～（2）步骤，为 172.18.96.32 的主机启用 FT 日志记录。在另一台主机 172.18.96.32 启用 FT 日志记录之后如图 9-3-3 所示。

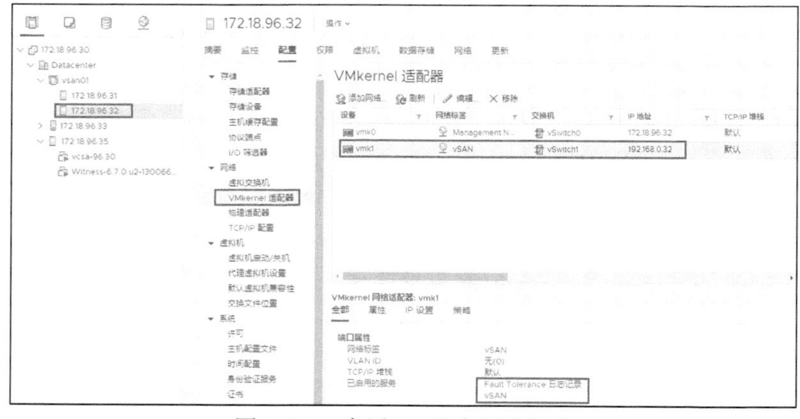

图 9-3-3 启用 FT 日志记录完成

9.3.3 使用 vSphere Client 为虚拟机启用 FT

本节创建一台名为 WS16-Ser01 的虚拟机，为虚拟机分配 4 个 CPU、2GB 内存，安装 Windows Server 2016 操作系统。在本示例中为这台虚拟机启用虚拟机 FT 功能。在启用之前需要关闭虚拟机，并且修改虚拟机配置，取消 CPU 与内存的热插拔功能，如图 9-3-4、图 9-3-5 所示。

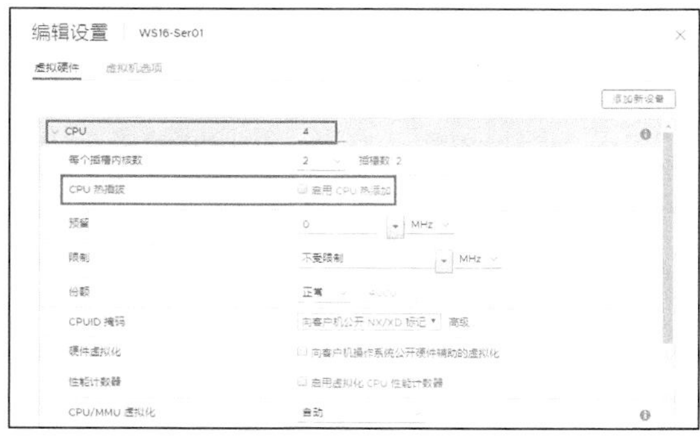

图 9-3-4 取消 CPU 热插拔功能

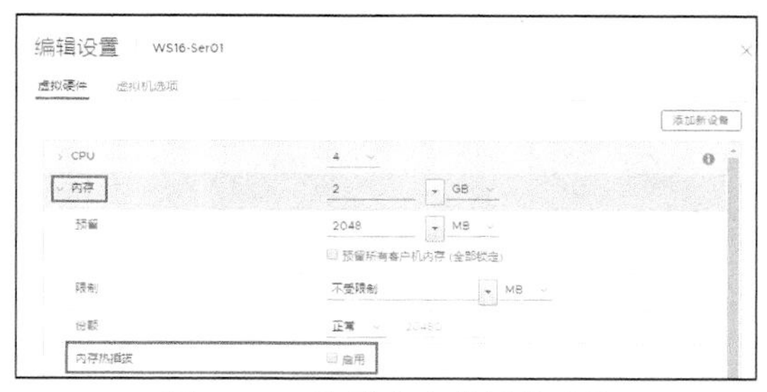

图 9-3-5 取消内存热插拔功能

（1）在 vSphere Client 中用鼠标右键单击 WS16-Ser01 的虚拟机，在弹出的快捷菜单中选择“Fault Tolerance→打开 Fault Tolerance”，如图 9-3-6 所示。

（2）在“选择数据存储”中为辅助虚拟机选择数据存储。在新版本的 FT 中，主虚拟机与辅助虚拟机可以放置在不同的数据存储中，这进一步提高了“容错”的安全性。在本示例中选择 vSAN 群集，如图 9-3-7 所示。

图 9-3-6 打开 FT

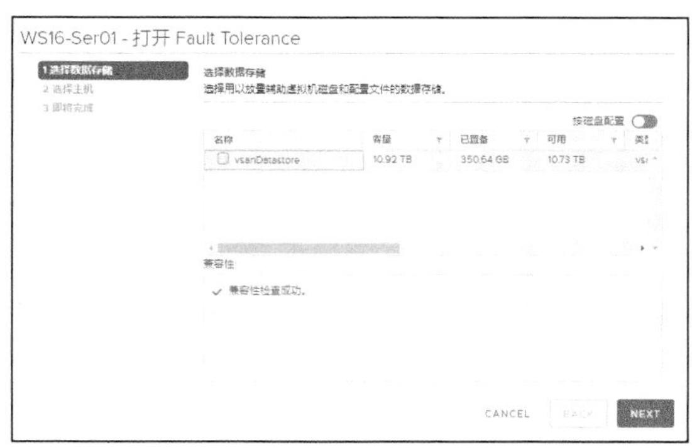

图 9-3-7 为辅助虚拟机选择数据存储

（3）在“选择主机”中为辅助虚拟机选择主机，如图 9-3-8 所示。辅助虚拟机、主虚拟机要运行在不同的主机上。如果主虚拟机与辅助虚拟机选择同一台主机，会在“兼容性”列表提示。

（4）在“即将完成”中显示了辅助虚拟机详细信息，如图 9-3-9 所示。

（5）为虚拟机启用 FT 之后，打开虚拟机的电源，启动虚拟机，如图 9-3-10 所示。

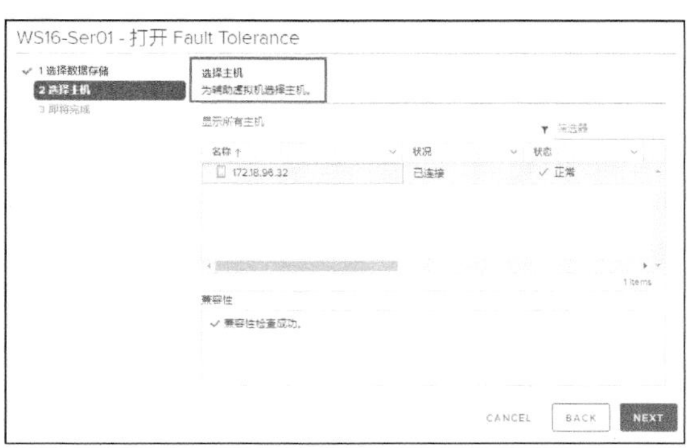

图 9-3-8 为辅助虚拟机选择主机

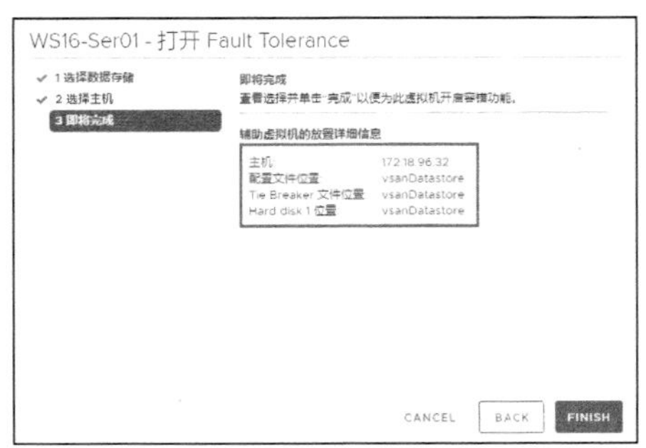

图 9-3-9　即将完成

图 9-3-10　启动虚拟机

（6）分别浏览 172.18.96.31、172.18.96.32 主机的“虚拟机”列表，可以看到启用 FT 功能的主、辅助虚拟机运行在不同的主机上，如图 9-3-11、图 9-3-12 所示。

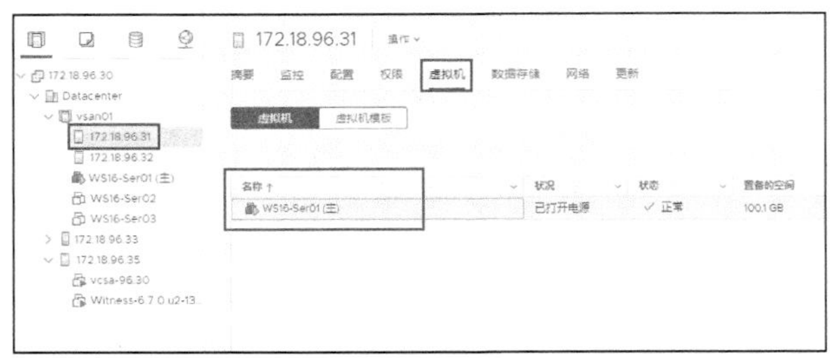

图 9-3-11　主虚拟机运行在 172.18.96.31

（7）如果要查看虚拟机的运行界面，可以打开主虚拟机的控制台，不能打开辅助虚拟机的控制台，如图 9-3-13 所示，这是尝试打开辅助虚拟机的控制台的出错信息，这是正常的。

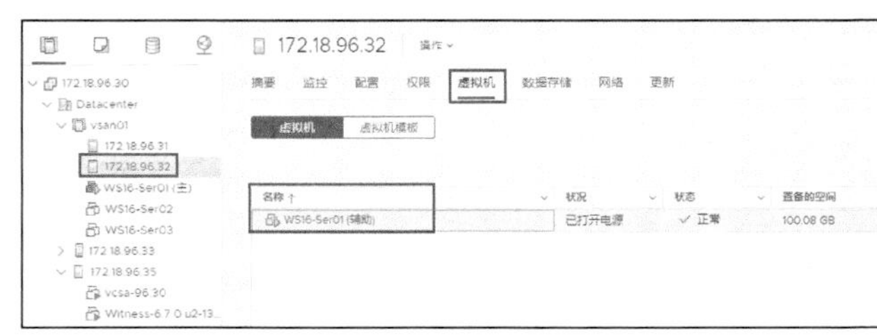

图 9-3-12　辅助虚拟机运行在 172.18.96.32

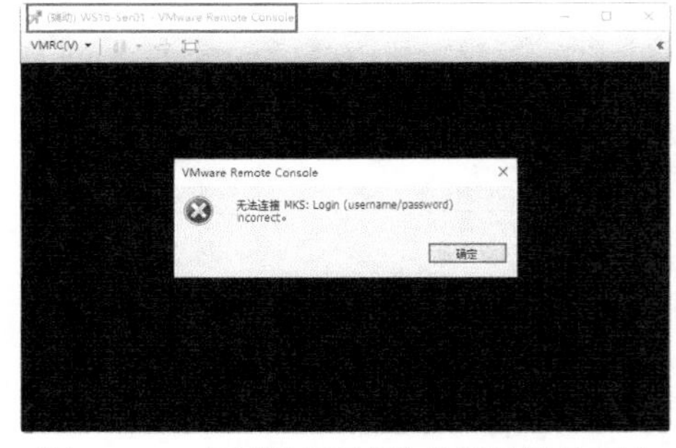

图 9-3-13　不能打开辅助虚拟机的控制台

最后查看一下启用 FT 功能的虚拟机的保存内容。

在“监控→vSAN→虚拟对象”中浏览选中名为 WS16-Ser01 的虚拟机，看到有两个硬盘文件和两个虚拟机主目录，这是同样的内容保存了两份，如图 9-3-14 所示。

浏览 vSAN 数据存储可以看到，对于启用 FT 的虚拟机除了有个同名的文件夹外（名为 WS16-Ser01，这是从模板部署虚拟机后的保存位置），还有一个添加了_1 的文件（本示例名为 WS16-Ser01_1），这个文件是为虚拟机启用 FT 功能后创建的“辅助”虚拟机，如图 9-3-15 所示。

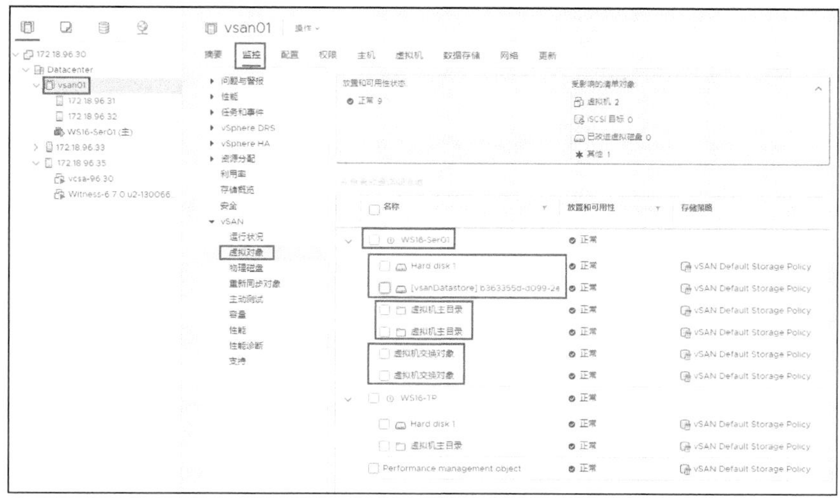

图 9-3-14 查看虚拟对象

图 9-3-15 查看为虚拟机启用 FT 功能后的保存位置

浏览查看这两个文件夹，发现主要的内容 VMDK、VMX 等都相同，如图 9-3-16、图 9-3-17 所示。

图 9-3-16 主虚拟机文件夹内容

虚拟机启用 FT 功能后，在运行的过程中不能修改 CPU、内存与硬盘的大小。如果要修改其大小，应关闭虚拟机并关闭 FT 功能，修改为所需要的大小之后，再重新启用 FT、重新启动虚拟机，这也是目前 FT 虚拟机不太“灵活”的一个问题。关于 FT 虚拟机的测试，将在下节介绍。

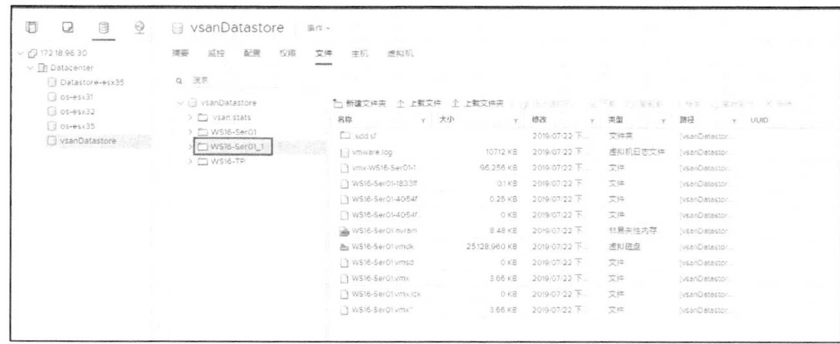

图 9-3-17　辅助虚拟机文件夹内容

9.4　在 2 节点直连延伸群集中演示主机故障

在启用 HA 后，如果所在主机出现故障（例如突然断电），受 HA 保护的虚拟机会在其他主机重新注册并重新启动。大多数的情况下，虚拟机的启动会在 1～5 分钟完成。HA 保护的虚拟机，如果主机出现故障，其业务中断时间就是虚拟机重新注册、重新启动的时间。如果想实现零中断，就需要使用 FT 功能。

如果为虚拟机启用 FT 功能，启用 FT 功能的虚拟机会创建一个副本虚拟机，主虚拟机与副本虚拟机会运行在两台不同的主机中。如果一台主机出现故障，另一台主机上启用 FT 功能的虚拟机会立刻接管，此时启用 FT 功能的虚拟机其业务将不受影响。本节将对此进行验证。

9.4.1　查看虚拟机的现状

在当前的环境中创建 3 台测试虚拟机，名称分别为 WS16-Ser01、WS16-Ser02、WS16-Ser03。打开这 3 台虚拟机的电源，在导航窗格中选中群集，在右侧“虚拟机”列表中单击任何一个显示列表右侧的“⌄”下拉按钮，在弹出的快捷菜单中选择“显示/隐藏列”并选中“主机”和“IP 地址”，查看每台虚拟机所在的主机及每台虚拟机的 IP 地址，如图 9-4-1 所示。

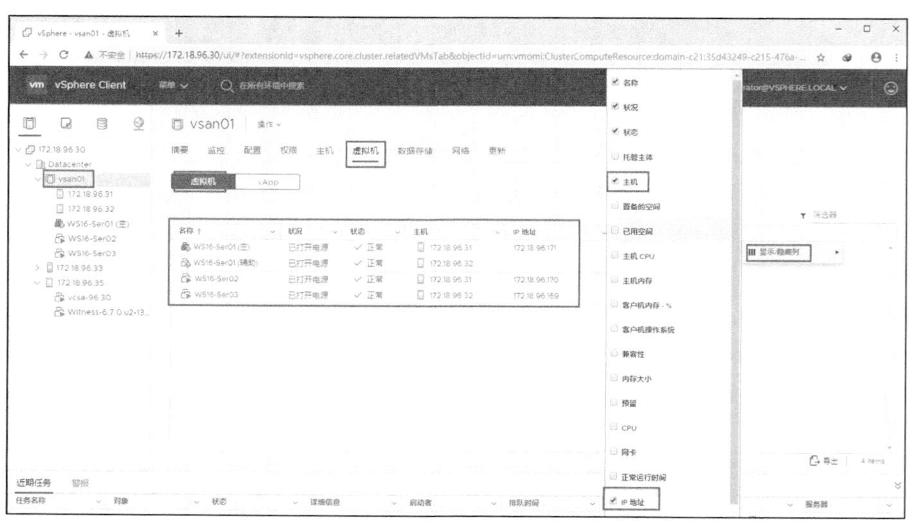

图 9-4-1　查看每台主机上运行的虚拟机

本示例中主机、虚拟机及虚拟机的 IP 地址统计如表 9-4-1 所示。

表 9-4-1 当前实验环境中虚拟机信息列表

序号	虚拟机名称	虚拟机 IP 地址	所在主机
1	WS16-Ser01（主）	172.18.96.171	172.18.96.31
2	WS16-Ser01（辅助）		172.18.96.32
3	WS16-Ser02	172.18.96.170	172.18.96.31
4	WS16-Ser03	172.18.96.169	172.18.96.32

在本示例中名为 WS16-Ser01 的虚拟机启用了 FT，另外 2 台虚拟机没有启用 FT 而是使用系统默认的 vSphere HA 功能进行保护。

在 vSphere Client 所在主机打开 3 个命令提示符窗口，分别执行以下命令。

```
ping 172.18.96.171 -t
ping 172.18.96.170 -t
ping 172.18.96.169 -t
```

开始 Ping 这 3 台虚拟机，如图 9-4-2 所示。当前为 Ping 通状态并且没有丢包现象。

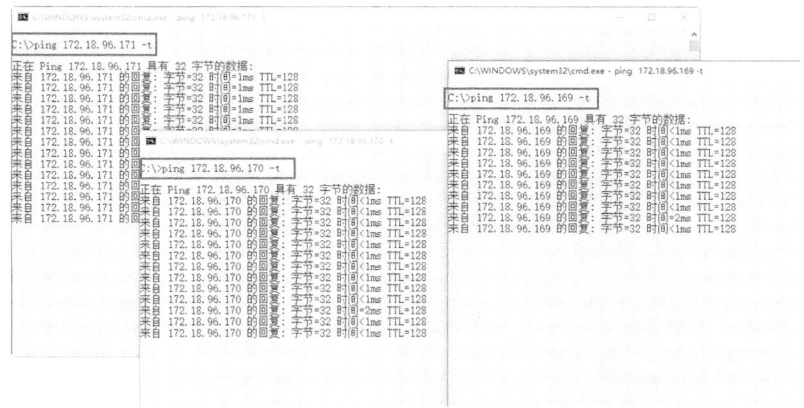

图 9-4-2 使用 Ping 命令测试 3 台虚拟机的连通性

9.4.2 断开 172.18.96.31 主机的电源

如果强制断开 172.18.96.31 主机的电源，此时在 vSphere Client 管理控制台的命令提示符窗口，可以看到 172.18.96.170 的虚拟机返回“请求超时”的提示，表示这台虚拟机已经中断。这表示原来运行在 172.18.96.31 上的名为 WS16-Ser02 的（默认启用 vSphere HA 功能）虚拟机已经无法访问。对于启用 FT 的虚拟机，在命令提示符窗口中可以看到只有一个“请求超时”的返回，然后网络就恢复通信，这表示启用 FT 的虚拟机基本没有受到影响。WS16-Ser03 的虚拟机在 172.18.96.32 的主机不受影响。各虚拟机测试情况如图 9-4-3 所示。

在 vSphere Client 控制台可以看到 172.18.96.31 的主机没有响应，在“虚拟机”列表中可以看到 WS16-Ser02 的虚拟机已经在 172.18.96.32 的主机重新注册并重新启动，如图 9-4-4 所示。原来的辅助虚拟机变为主虚拟机，原来的主虚拟机变为辅助虚拟机，但因为没有第 3 台主机故辅助虚拟机没有开机（状态为“已断开连接，辅助”）。

此时 172.18.96.170 的虚拟机已经能 Ping 通，如果 9-4-5 所示。

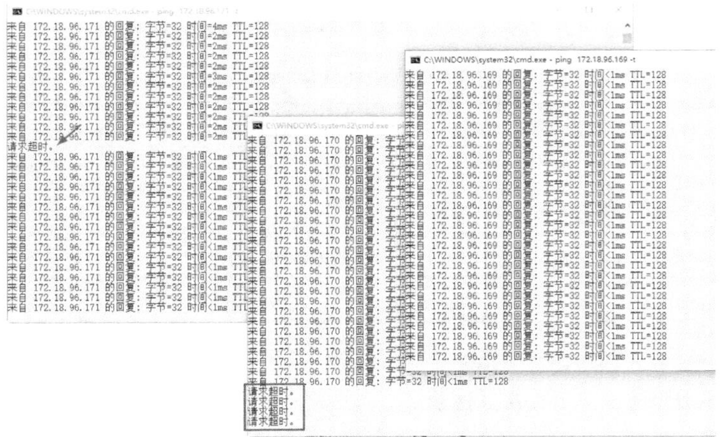

图 9-4-3　启用 FT 功能的虚拟机基本没有受到影响

图 9-4-4　查看存活主机的虚拟机状态

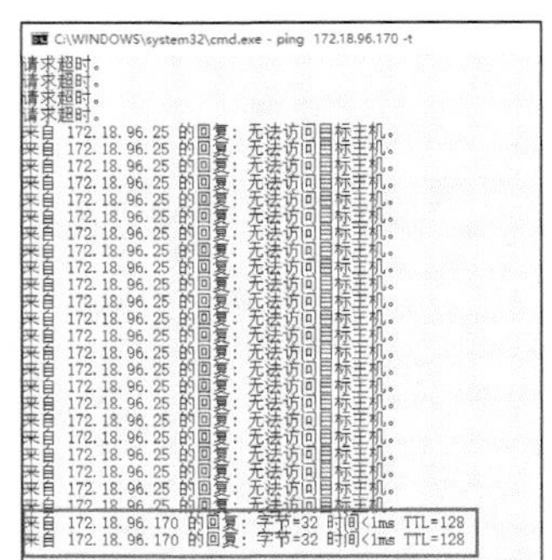

图 9-4-5　虚拟机已经重新启动并恢复访问

9.4.3　查看状态

在“配置→vSAN→磁盘管理”中可以看到 172.18.96.31 的主机状态为“未响应”，此时无法看到该主机的磁盘组，如图 9-4-6 所示。

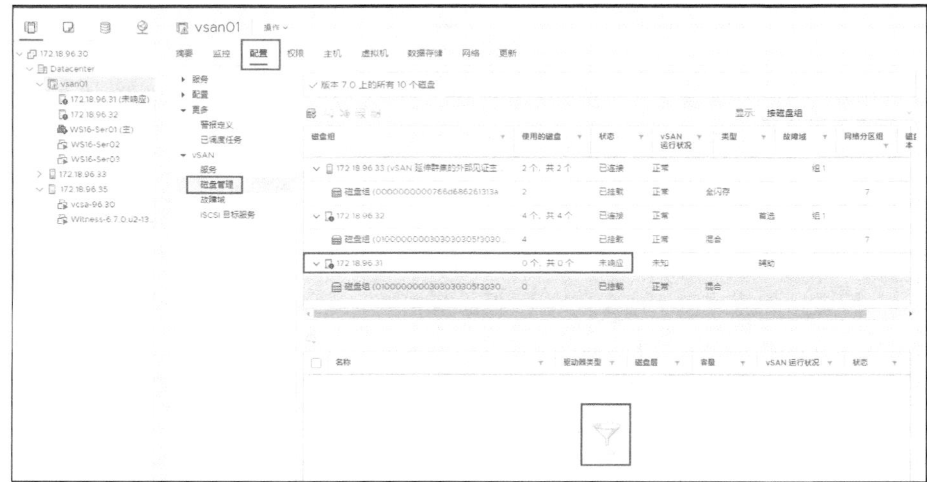

图 9-4-6　172.18.96.31 的主机状态为未响应

在“监控→vSAN→虚拟对象”中查看 WS16-Ser01 的虚拟机的组件状态。vSAN 对象运行状况为“可用性降低但未重建-延迟计时器”，如图 9-4-7 所示。

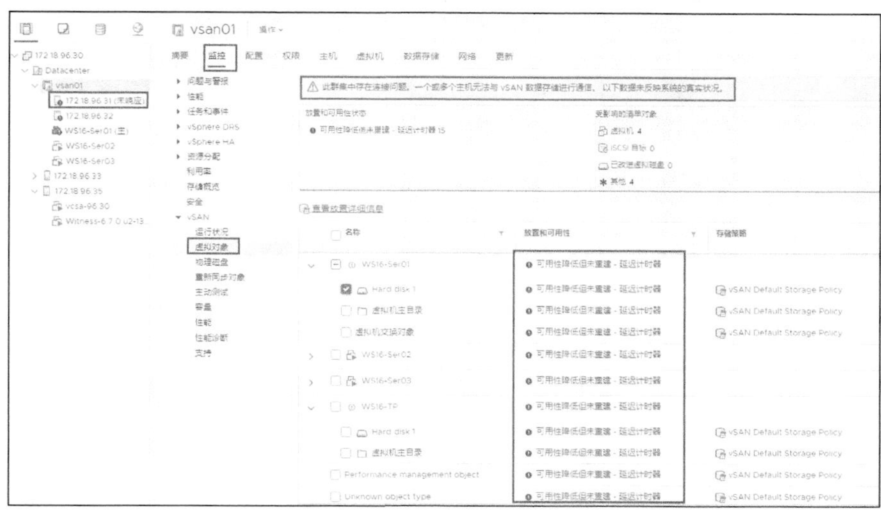

图 9-4-7　可用性降低

打开 WS16-Ser02 虚拟机的控制台并登录进入桌面，会有一个“关闭事件跟踪程序”的对话框，如图 9-4-8 所示。此提示表示该计算机（虚拟机）由于意外突然关闭。

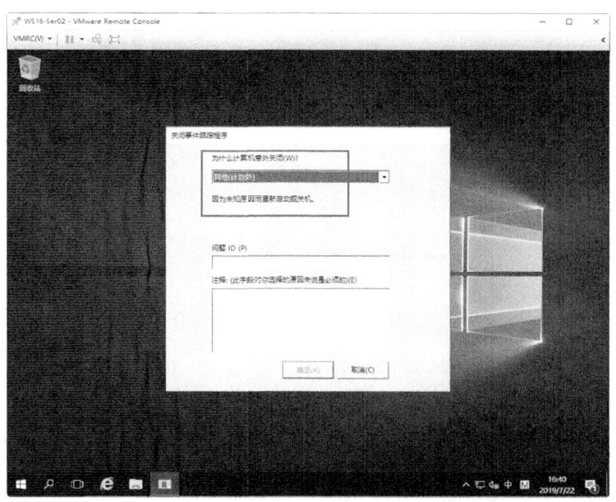

图 9-4-8　关闭事件跟踪程序

9.4.4　向运行虚拟机复制数据

在生产环境中运行的虚拟机会持续有新数据产生。为了模拟这一过程，打开虚拟机控制台，通过网络向虚拟机 C 盘复制一些文件，如图 9-4-9 所示。

然后恢复 172.18.96.31 主机的供电并打开该主机的电源，等待主机上线后，在“监控→vSAN→重新同步对象”中，可以看到有组件进行同步，如图 9-4-10 所示。

在 172.18.96.31 主机停机的过程中，如果虚拟机没有新的数据产生，172.18.96.31 主机恢复后虚拟机组件不需要重新同步，只有在关机期间有新数据产生的虚拟机才需要重新同步。

图 9-4-9　在虚拟机中复制文件

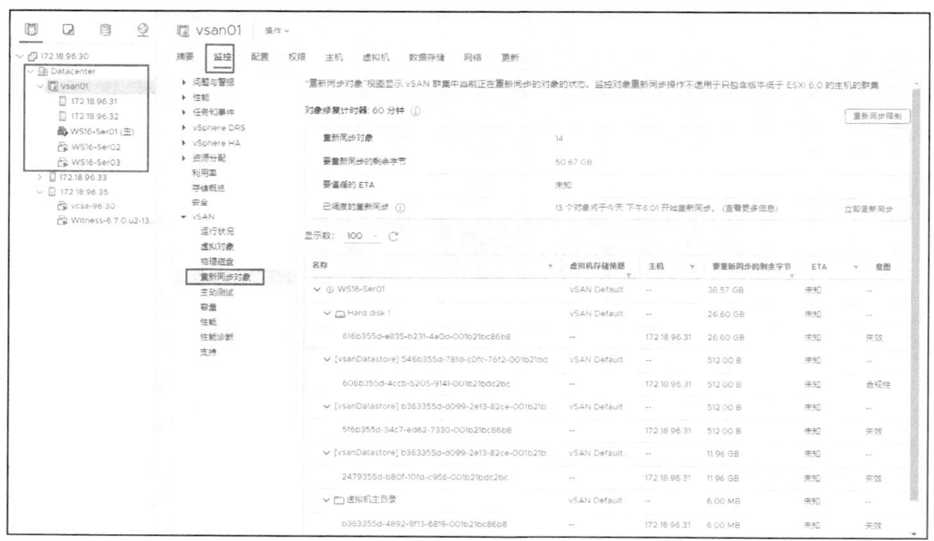

图 9-4-10　重新同步对象

如果 vCenter Server 虚拟机也保存在 vSAN 存储并且运行在节点主机中，则 vCenter Server 的虚拟机与其他的虚拟机一样受 vSphere HA 的保护。如果运行 vCenter Server 虚拟机的主机关机，刚开始的时候 vSphere Client 将不能访问，等 vCenter Server 在另一台主机重新注册并重新启动完成后，vSphere Client 才能恢复访问。

9.4.5　主机全部断电

在本示例中，由于 172.18.96.35 的主机没有配置群集，所以当 172.18.96.35 的主机突然断电并再次加电后，vCenter Server 与见证虚拟机在默认情况下不能自动启动，需要修改配置才能让虚拟机跟随主机自动启动。

（1）使用 vSphere Client 登录到 vCenter Server，在导航窗格中选中 172.18.96.35 的主机，

在“配置→虚拟机→虚拟机启动/关机”的右侧中看到当前主机上的虚拟机的“启动”状态为“禁用”，单击“编辑”按钮，如图 9-4-11 所示。

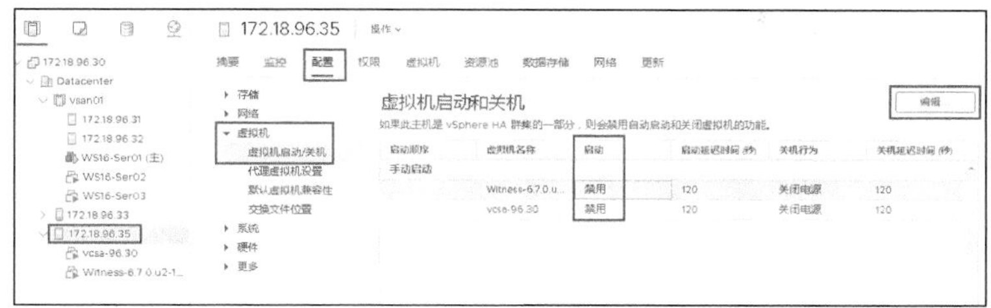

图 9-4-11 编辑

（2）在“编辑虚拟机启动/关机配置”对话框中选中“与系统一起自动启动和停止虚拟机”“如果已启动 VMware Tools，则继续操作”，在“关机操作”下拉列表中选择“客户机关机”，分别选中 vcsa-96.30、Witness-6.7.0.u2-13006603_96.33 的虚拟机，单击“上移”按钮将其移动到“启动顺序”列表中，如图 9-4-12 所示。单击“确定”按钮完成设置。

图 9-4-12 设置 vCenter Server 虚拟机与见证虚拟机自动启动

（3）设置完成后，在“虚拟机启动和关机”的“启动顺序”中显示已经设置为自动启动的虚拟机，如图 9-4-13 所示。

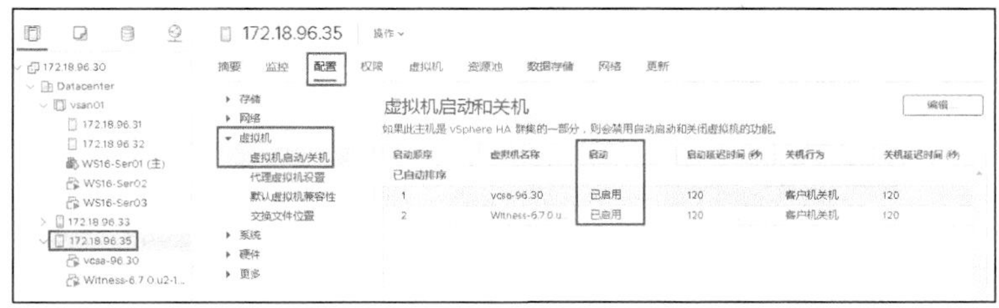

图 9-4-13 自动启动的虚拟机

在设置 vCenter Server 虚拟机与见证虚拟机跟随主机自动启动后，如果当前环境中 2 节点主机（IP 地址为 172.18.96.31、172.18.96.32）、承载见证虚拟机、vCenter Server 的虚拟机所在的主机（IP 地址为 172.18.96.35）与网络全部断电，在恢复供电后，网络设备，例如交换机、服务器会加电重新开机，断电前正在运行的虚拟机会一一开机恢复，如果打开虚拟机控制台，会有非正常关机的提示信息。大多数情况下，虚拟机会在 ESXi 主机重新运行后开机启动，虚拟机的数据不会丢失，只是可能会丢失断电前一刻的数据。

9.5 见证主机故障与更改见证主机

在 2 节点直连 vSAN 延伸群集中，如果见证主机出现故障，可以部署新的见证虚拟机并使用“更改见证主机”配置选型，选择新的见证主机。在应用新的见证主机后，在新的见证主机生成见证文件。在此过程中 vSAN 存储会出现“已降级”的提示，但 vSAN 存储的容量不变，正在运行的虚拟机也不受影响。下面通过具体的实验来模拟这个过程。

9.5.1　关闭见证虚拟机模拟见证主机故障

当前 2 节点直连 vSAN 延伸群集状态正常时，在“配置→vSAN→磁盘管理”中可以看到 2 台节点主机、1 台见证主机状态为“已连接”，这些主机都在“组 1”中，如图 9-5-1 所示。

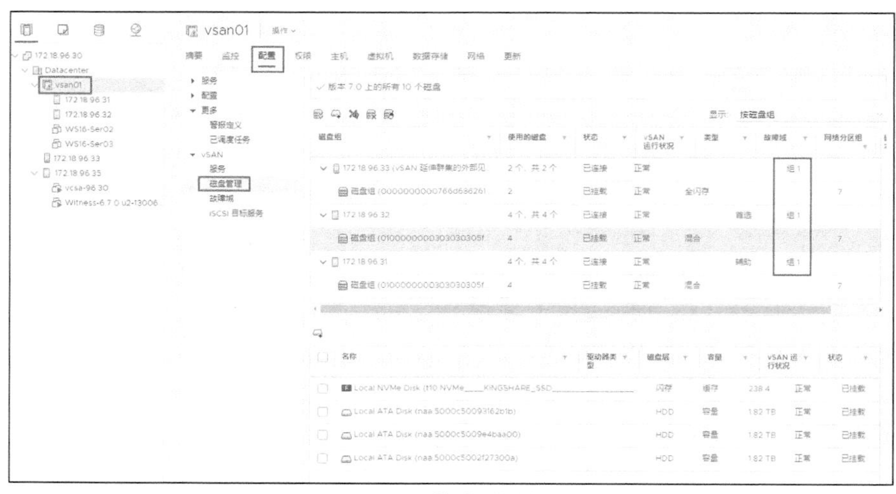

图 9-5-1　检查磁盘管理

检查之后关闭见证虚拟机并检查各个主机的状态，主要步骤如下。

（1）在 vSphere Client 中用鼠标右键单击见证虚拟机（其所在主机为 172.18.96.35），在弹出的快捷菜单中选择“启动→关闭客户机操作系统”，如图 9-5-2 所示。

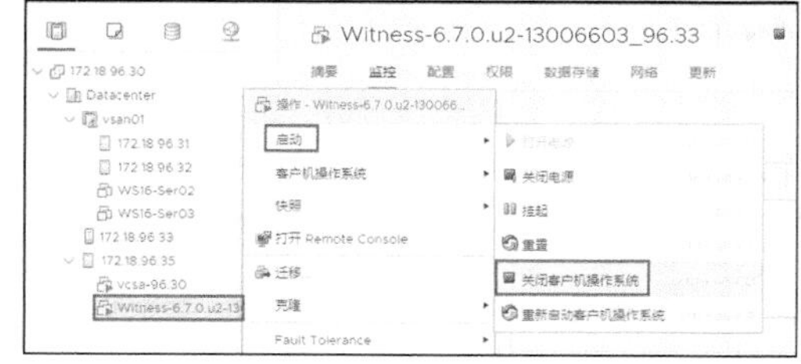

图 9-5-2　关闭见证虚拟机

（2）等见证虚拟机关闭之后，在“配置→vSAN→磁盘管理”中可以看到见证主机的状态为“未响应”，如图 9-5-3 所示。此时虚拟机运行正常。

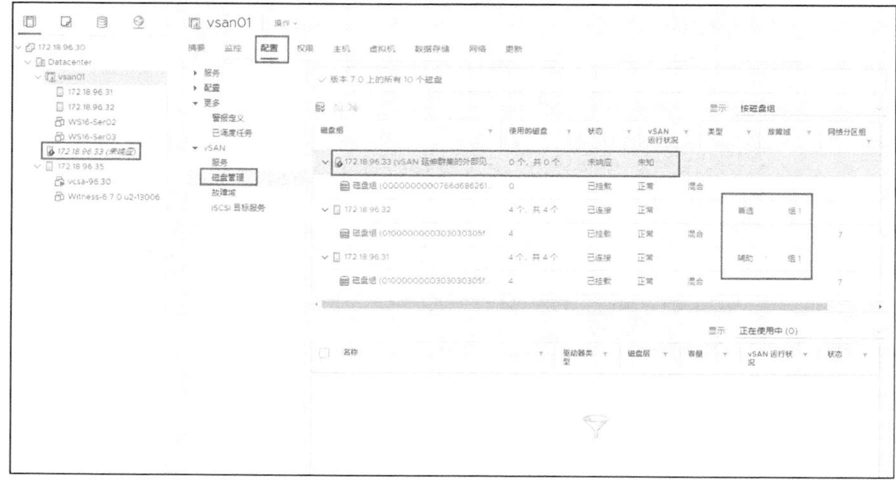

图 9-5-3　见证主机未响应

（3）在“监控→vSAN→运行状况”的“网络→主机已从 VC 断开连接”中可以看到，172.18.96.33 的见证主机已经从 vCenter Server 断开连接，如图 9-5-4 所示。

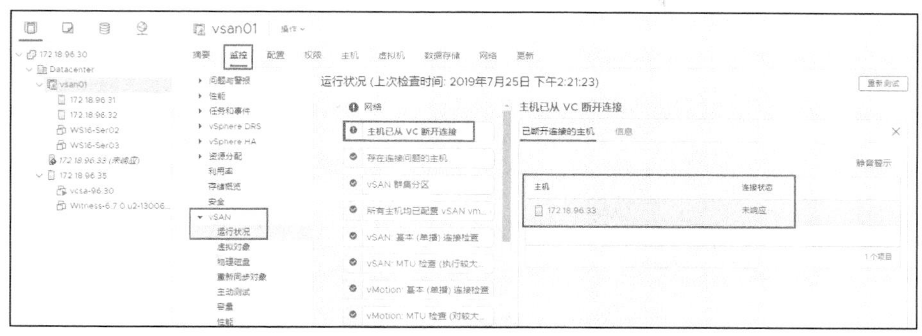

图 9-5-4　见证主机已从 vCenter Server 断开连接

（4）在“数据存储→数据存储”中可以看到 vSAN 存储的容量是 10.92TB，容量大小未变，如图 9-5-5 所示。

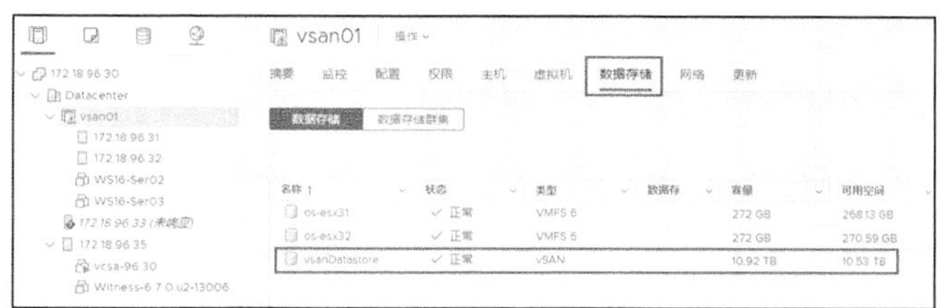

图 9-5-5　容量大小未变

9.5.2　安装新的见证虚拟机

如果见证虚拟机能恢复，启动见证虚拟机并且见证虚拟机上线之后，vSAN 的故障就可以解决。如果已经确认 vSAN 的见证虚拟机出现故障并且无法修复时，可以部署一台新的见证虚拟机代替已经出故障的见证虚拟机。

关于见证虚拟机的部署可以参考 9.2.7 节的内容。下面介绍安装新的见证虚拟机的关键步骤。

（1）用鼠标右键单击承载见证虚拟机的主机（本示例中见证虚拟机将要放置在 172.18.96.35 的主机中），在弹出的快捷菜单中选择“部署 OVF 模板”，在“选择 OVF 模板”中选择名为 VMware-VirtualSAN-Witness-6.7.0.update02-13006603.ova 的文件。

（2）在“选择名称和文件夹”的“虚拟机名称”文本框中，为将要部署的虚拟机设置名称，本示例中名称为 Witness-6.7.0.u2-13006603_96.36，表示新创建的见证虚拟机的 IP 地址为 172.18.96.36（原来是 172.18.96.33），如图 9-5-6 所示。

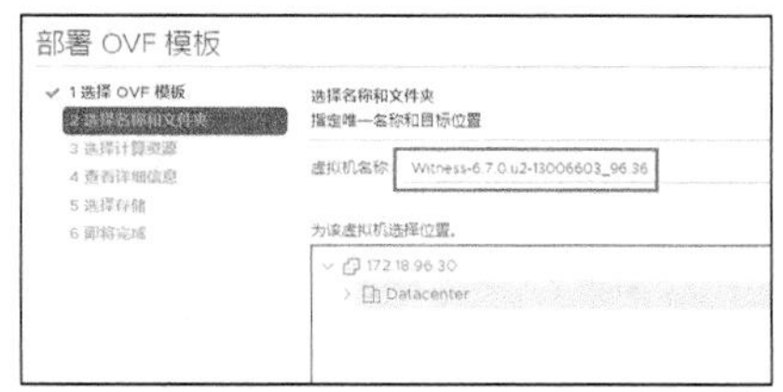

图 9-5-6　选择名称和文件夹

（3）部署见证虚拟机完成之后，打开见证虚拟机电源，打开见证虚拟机控制台界面，为见证虚拟机设置管理地址，本示例为 172.18.96.36，如图 9-5-7 所示。

（4）等见证虚拟机配置完成之后，用鼠标右键单击“Datacenter”，在弹出的快捷菜单中选择“添加主机”，将 172.18.96.36 的 ESXi 主机添加到清单中。在导航窗格中选中该主机，在“配置→网络→VMkernel 适配器”中，选中 vmk1，在“已启用的服务”中可以看到当前启用了 vSAN 流量，设置 vmk1 的 VMkernel 的 IP 地址是 172.18.96.37，如图 9-5-8 所示。

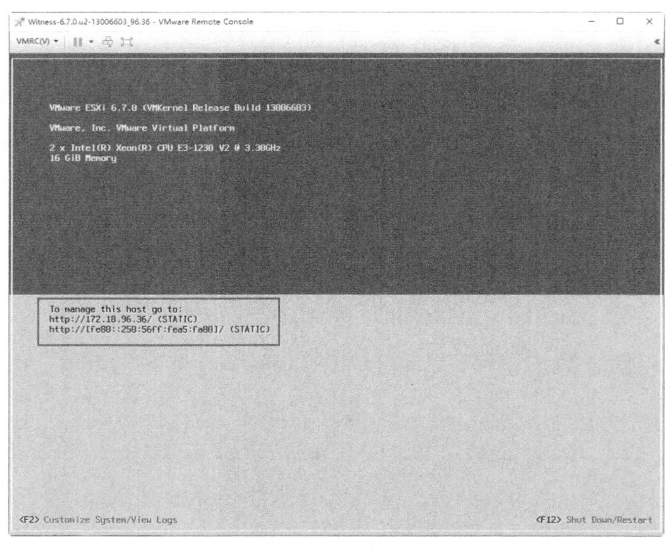

图 9-5-7　设置管理地址

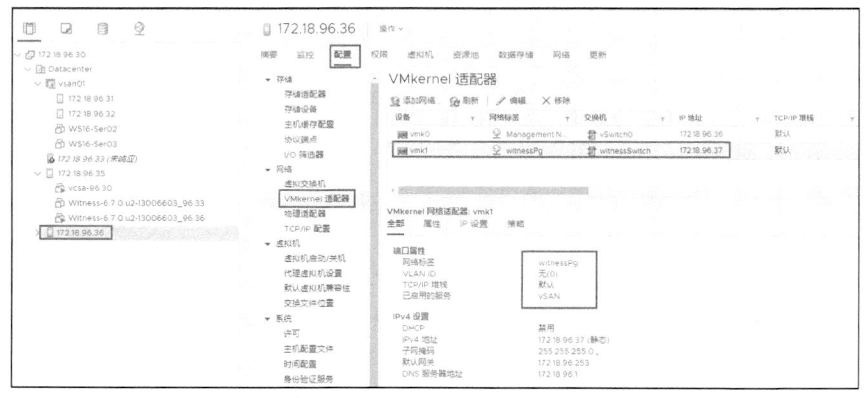

图 9-5-8　VMkernel 适配器

9.5.3　更改见证主机

下面介绍更改见证主机的方法，主要步骤如下。

（1）在 vSphere Client 导航窗格中选中 vSAN 群集，在“配置→vSAN→故障域”中的“延伸群集”列表中看到的见证主机仍然是 172.18.96.33，单击“更改”按钮，如图 9-5-9 所示。

（2）在“选择见证主机”中选择 172.18.96.36 的主机，如图 9-5-10 所示。

（3）在“声明见证主机的磁盘”中先选择大小为 10GB 的磁盘作为缓存磁盘，然后选择大小为 350GB 的磁盘作为容量磁盘，如图 9-5-11 所示。

（4）在“即将完成”中显示了延伸群集的配置，检查无误之后单击“完成”按钮，如图 9-5-12 所示。

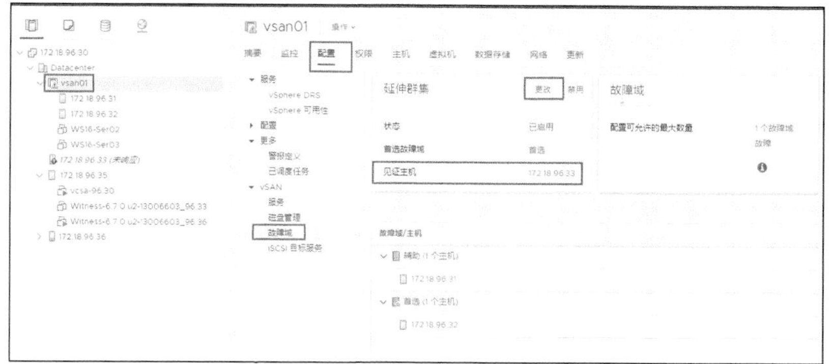

图 9-5-9 更改见证主机

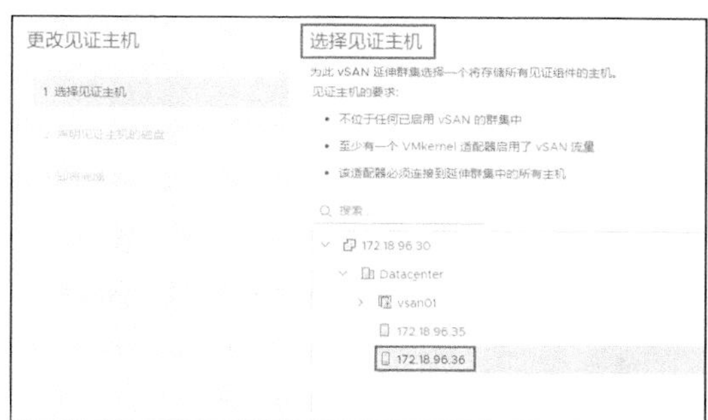

图 9-5-10 选择见证主机

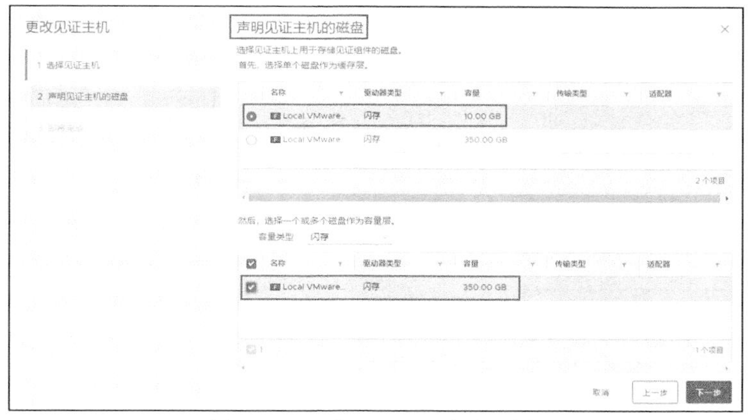

图 9-5-11 声明见证主机的磁盘

（5）配置完成后在“故障域”和“延伸群集”中显示了配置信息，在“延伸群集”的见证主机一栏已更改为172.18.96.36，如图 9-5-13 所示。

（6）在“配置→vSAN→磁盘管理”中可以看到有 2 台节点主机、1 台见证主机，这些主机都在“组 1”中，如图 9-5-14 所示。

（7）在 vSphere Client 中用鼠标右键单击原来的见证主机 172.18.96.33，在弹出的快捷菜单中选择“从清单中移除”，如图 9-5-15 所示。

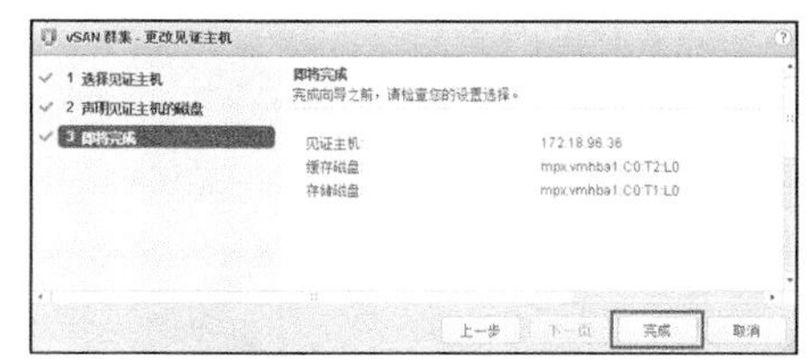

图 9-5-12 即将完成

（8）在 172.18.96.35 的清单中选中原来的见证虚拟机，用鼠标右键单击，在弹出的快捷菜单中选择“从磁盘删除”，如图 9-5-16 所示，从磁盘删除不再使用的见证虚拟机。

图 9-5-13　延伸群集配置完成

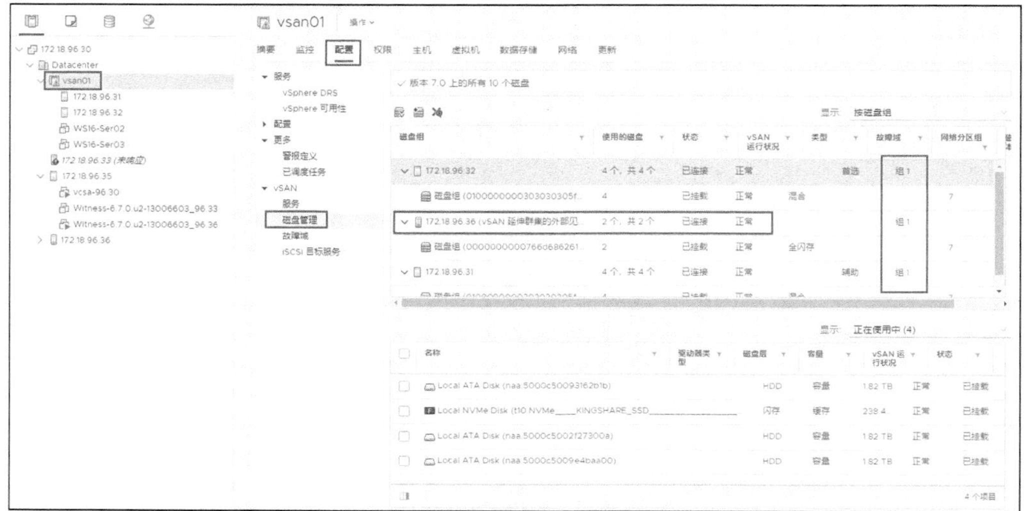

图 9-5-14　检查磁盘组

图 9-5-15　从清单中移除原来的见证主机

图 9-5-16　从磁盘删除不再使用的见证虚拟机

（9）在 172.18.96.35 的主机的“配置→虚拟机→虚拟机启动/关机”中将新建的见证虚拟机设置为自动启动，如图 9-5-17 所示。

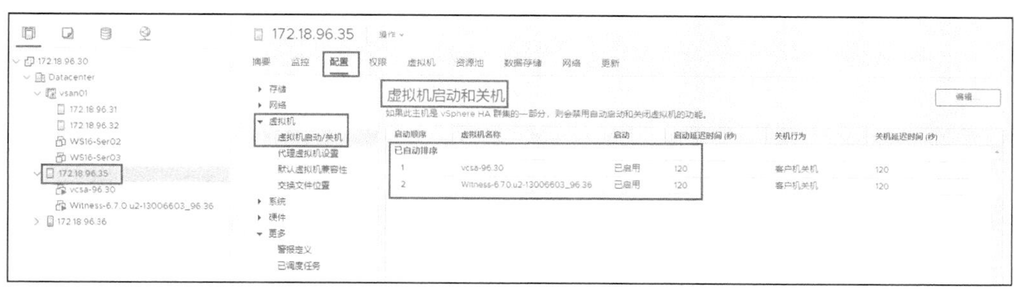

图 9-5-17　设置见证虚拟机跟随主机自动启动

9.5.4　修复组件

在更改见证主机之后，保存在原来见证主机上的见证文件会在 1 小时后开始修复，如果希望立刻修复，可以参照下面的步骤。

（1）在 vSphere Client 的导航窗格中选中 vSAN 群集，在“监控→vSAN→虚拟对象”中可以看到，vSAN 对象运行状况为“可用性降低但未重建-延迟计时器”（见图 9-5-18），如果选中磁盘然后单击“查看放置详细信息”，在“物理磁盘放置”选项卡中看到缺少的是见证文件。

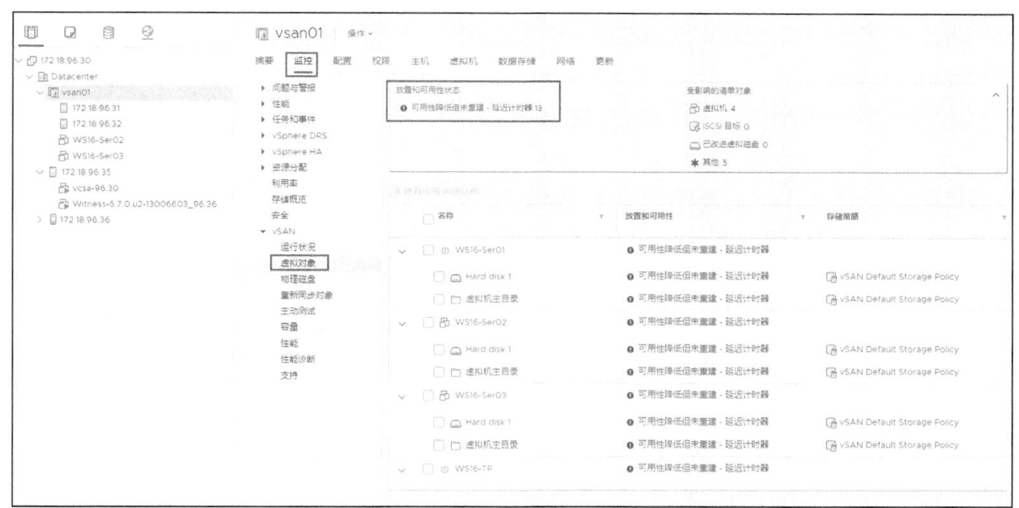

图 9-5-18　缺少见证文件

（2）在“监控→vSAN→运行状况”的“数据→vSAN 对象运行状况”中单击“立即修复对象”链接，如图 9-5-19 所示，

（3）因为修复的是见证组件，修复比较快。稍等一下，返回到“监控→vSAN→虚拟对象”中按一下刷新按钮，就可以看到“放置和可用性”显示“正常”的信息，如图 9-5-20 所示。至此更改见证主机的实验完成。

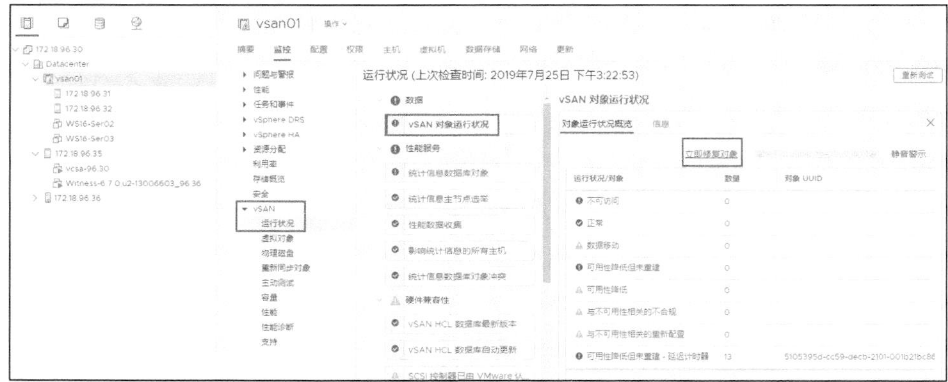

图 9-5-19 立即修复对象

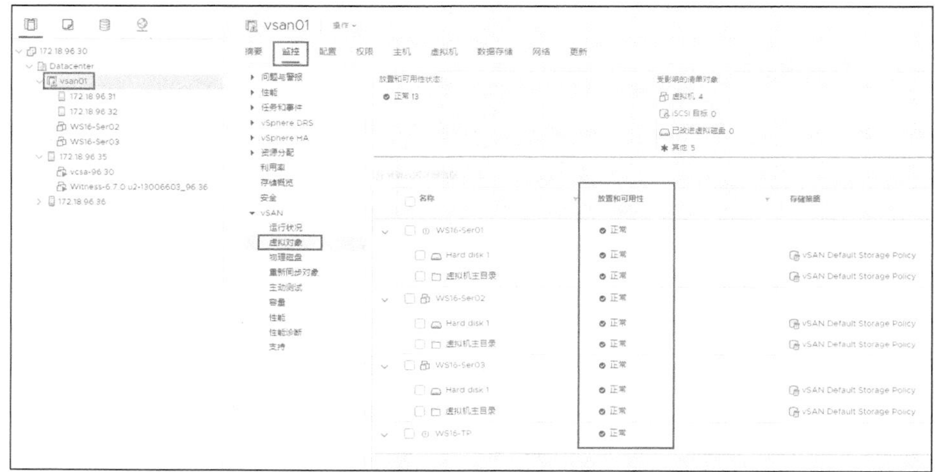

图 9-5-20 修复完成

9.6 将 2 节点直连 vSAN 延伸群集升级到标准 vSAN 群集

如果要将 2 节点直连 vSAN 延伸群集升级到标准 vSAN 群集，需要向现有节点添加一台 ESXi 主机，并为新添加的 ESXi 主机配置管理网络（vMotion 流量、管理流量、vSAN 流量），添加磁盘组，然后禁用 vSAN 延伸群集、删除首选故障域、辅助故障域，最后修复组件即可。对于 2 节点直连 vSAN 延伸群集，如果希望升级到标准 vSAN 群集，可以参考如下的步骤。

（1）准备新的节点主机（安装的 ESXi 版本与当前节点主机 ESXi 版本相同），新的节点主机要有用于缓存磁盘的固态硬盘、用于提供容量的磁盘。

（2）为 vSAN 流量准备网络交换机，在原有的 2 节点直连 vSAN 延伸群集中，需要将使用光纤直连的网卡连接到 10Gbit/s 网络交换机，将新的节点主机准备用于 vSAN 流量的网卡也连接到 10Gbit/s 网络交换机。

（3）禁用延伸群集，添加节点主机并配置 vSAN 流量，然后修复组件。

为了更容易的说明问题，本节采用图 9-6-1、图 9-6-2 的两个拓扑进行介绍。其中图 9-6-1 是现有 2 节点直连 vSAN 延伸群集，图 9-6-2 是将 2 节点直连 vSAN 延伸群集升级为标准

vSAN 群集的拓扑。下面详细介绍。

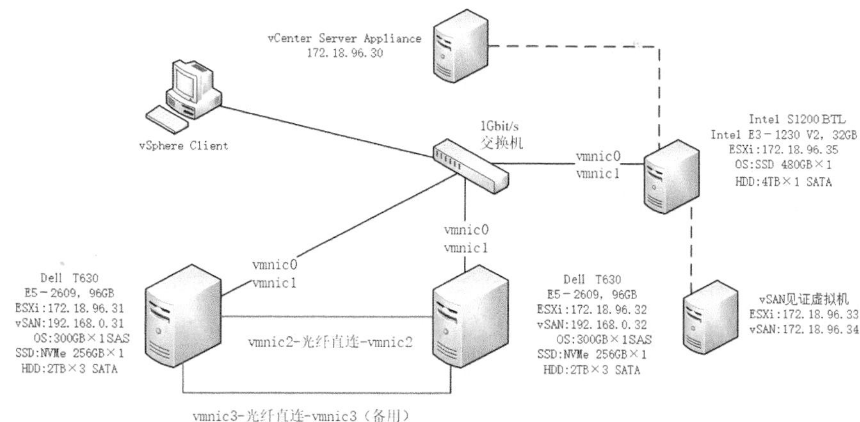

图 9-6-1 现在 2 节点直连 vSAN 延伸群集

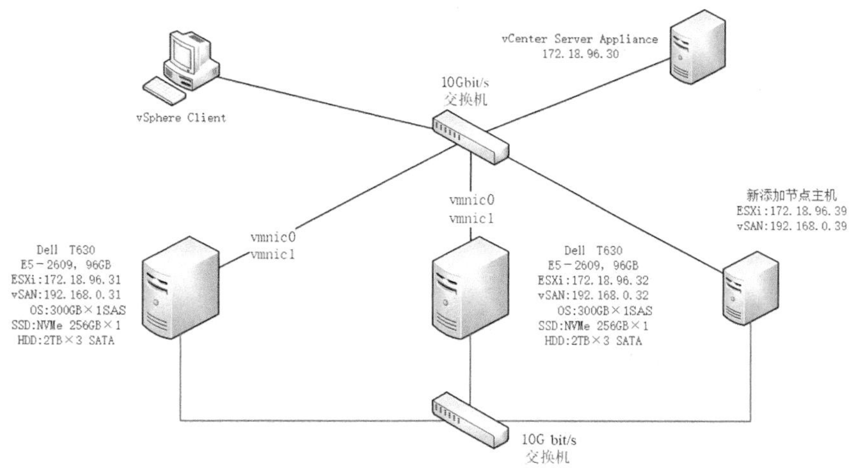

图 9-6-2 升级成标准 vSAN 群集

9.6.1 为新主机配置网络

原来 2 节点直连 vSAN 延伸群集没有配置 10Gbit/s 网络交换机，在本实验中要将 2 节点直连延伸群集升级到标准 vSAN 群集，至少需要 3 台主机使用 10Gbit/s 网络互联，所以这时候就需要配置 10Gbit/s 网络交换机。在配置了 10Gbit/s 网络交换机之后，采用如下的顺序和步骤操作，以保证网络切换的过程中不会造成中断。

（1）为新添加的节点主机（IP 地址为 172.18.96.39）添加 10Gbit/s 网卡并将该 10Gbit/s 网卡连接到 10Gbit/s 网络交换机。

（2）将 172.18.96.31、172.18.96.32 的一条直连线断开，此时 2 节点直连 vSAN 延伸群集仍然是正常的。

（3）将 172.18.96.31、172.18.96.32 使用光纤连接到 10Gbit/s 网络交换机，这个时候 2 台主机的 vSAN 流量，一条链路是通过直连的光纤连接的，另一条链路是通过 10Gbit/s 网络交换机连接的。因为 vSAN 流量是一主一备的方式，所以 vSAN 流量正常。

（4）将 172.18.96.31、172.18.96.32 的另一条直连线断开，然后将这两台主机的 10Gbit/s 网卡连接到 10Gbit/s 网络交换机。此时这 2 台主机的 vSAN 流量都是通过 10Gbit/s 网络交换机进行。此时 3 台主机的 vSAN 流量网卡都连接到 10Gbit/s 网络交换机。因为本实验中 10Gbit/s 网络交换机只用于 vSAN 流量，所以 10Gbit/s 网络交换机使用默认配置或不配置即可。

在更改了这 3 台 ESXi 主机的 10Gbit/s 网卡连接方式后，为 172.18.96.39 主机的 10Gbit/s 网卡配置 VMkernel 并启用 vSAN 流量，主要步骤如下。

（1）使用 vSphere Client 登录到 vCenter Server，将 172.18.96.39 的主机添加到名为 vsan01 的群集。然后在导航窗格中选中 172.18.96.39 的主机，在"配置→网络→虚拟交换机"中添加标准交换机 vSwitch1，绑定并使用 2 块 10Gbit/s 网卡，如图 9-6-3 所示。

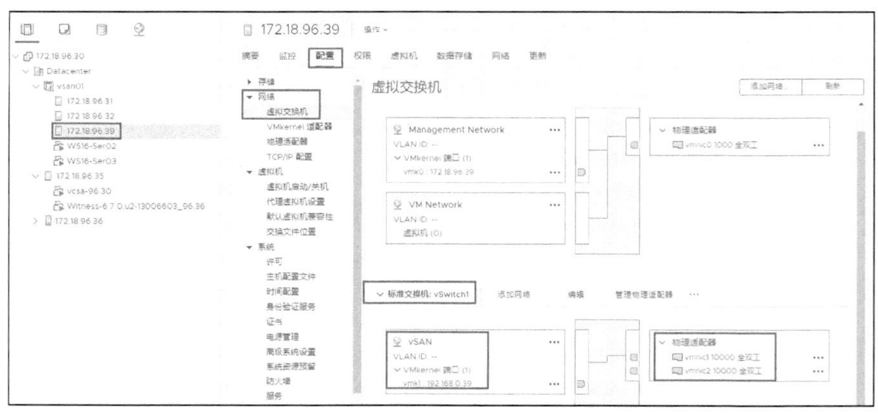

图 9-6-3 添加标准交换机

（2）在"配置→网络→VMkernel 适配器"中，为 vmk0 启用 vMotion、管理、置备流量，如图 9-6-4 所示。

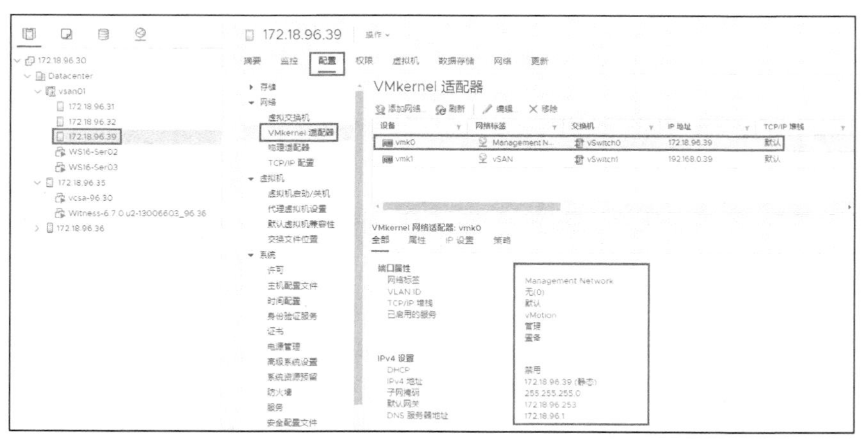

图 9-6-4 为 vmk0 设置管理、置备、vMotion 流量

（3）"配置→网络→VMkernel 适配器"中，在 vSwitch1 虚拟交换机添加 VMkernel，新添加的 VMkernel 的名称为 vmk1，启用了 vSAN 流量，设置管理地址为 192.168.0.39，如图 9-6-5 所示。

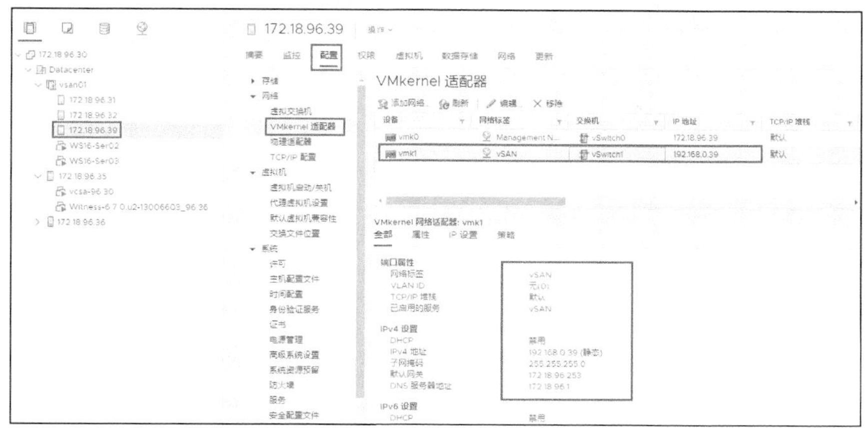

图 9-6-5 新主机启用了 vSAN 流量

（4）在“配置→vSAN→磁盘管理”中，为新主机添加磁盘组。在本示例中，新主机配置了 2 块 SSD，将其中容量为 128GB 的 SSD 设置为缓存磁盘，将 256GB 的 SSD 设置为容量磁盘，如图 9-6-6 所示。

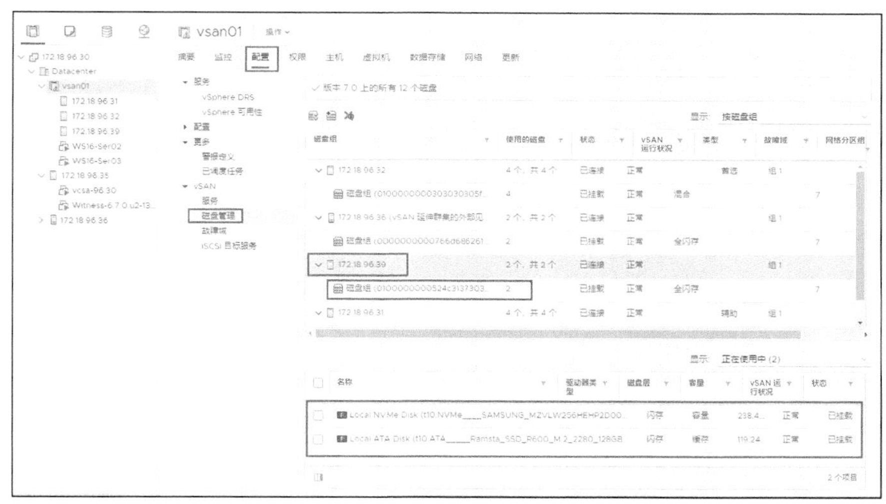

图 9-6-6 添加磁盘组

9.6.2 禁用 vSAN 延伸群集

在向延伸群集中添加了新的节点主机之后，禁用 vSAN 延伸群集，主要步骤如下。

（1）在 vSphere Client 的导航窗格中选中 vSAN 群集，在“配置→vSAN→故障域”中单击“禁用”按钮，如图 9-6-7 所示。

（2）在“移除见证主机”对话框中单击“移除”按钮，如图 9-6-8 所示。

（3）移除之后延伸群集状态为“已禁用”，在“故障域”中选中“首选（1 个主机）”，单击“操作”并从下拉列表中选择“删除”命令，如图 9-6-9 所示。

（4）在“删除故障域”对话框中单击“是”按钮，如图 9-6-10 所示。

（5）参照（3）～（4）步骤将辅助故障域删除，移除完成之后如图 9-6-11 所示。

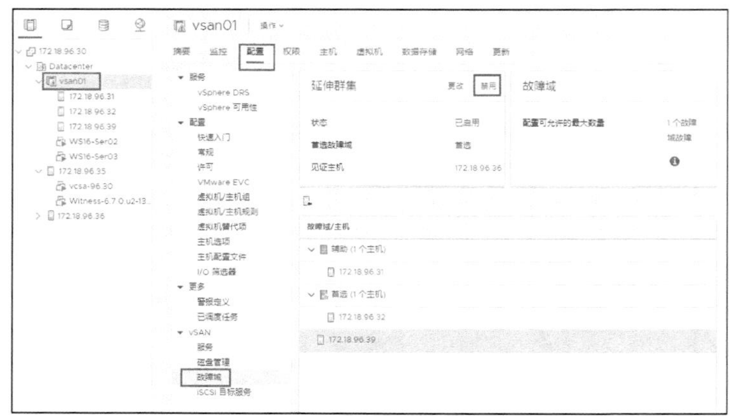

图 9-6-7　禁用延伸群集

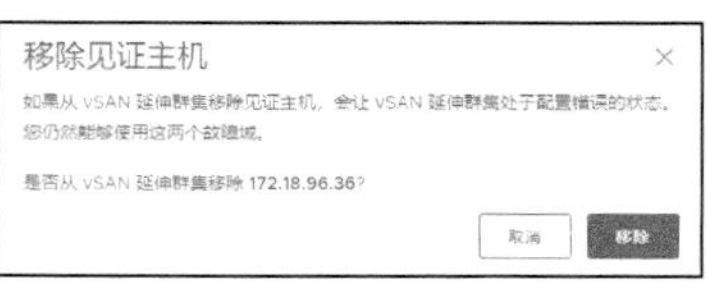

图 9-6-8　确认移除见证主机

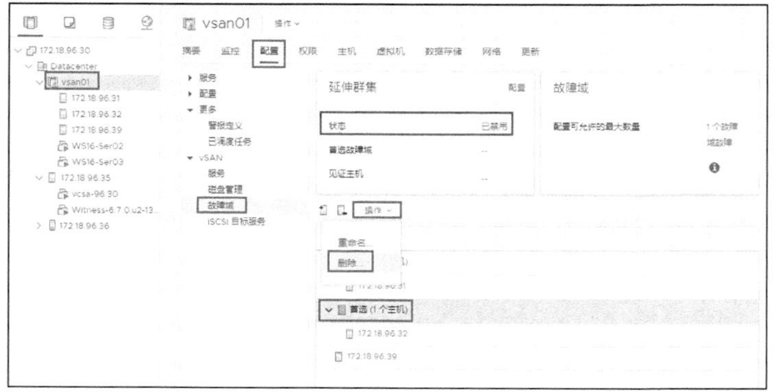

图 9-6-9　移除选定的故障域

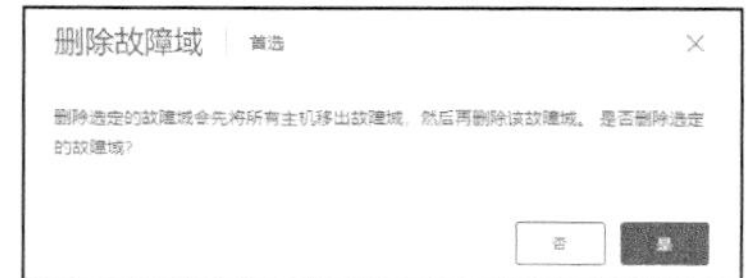

图 9-6-10　删除故障域

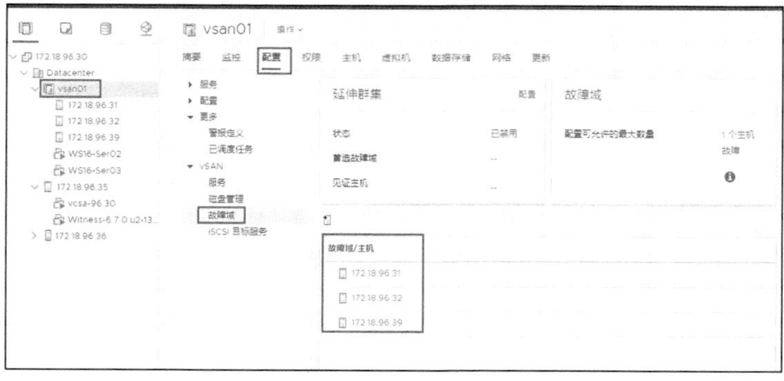

图 9-6-11　移除故障域之后

（6）在“监控→vSAN→运行状况”的“vSAN 对象运行状况”选项中单击“立即修复对象”链接，修复组件，如图 9-6-12 所示。

（7）在本示例中 vCenter Server 虚拟机运行在 172.18.96.35 的主机中。当 2 节点直连 vSAN 延伸群集升级到标准 vSAN 群集之后，建议将 vCenter Server 虚拟机迁移到 vSAN 群集中。用鼠标右键单击选中的 vCenter Server 虚拟机，在弹出的快捷菜单中选择“迁移”，如图 9-6-13 所示。

（8）在“选择迁移类型”中选中“更改计算资源和存储”，如图 9-6-14 所示。

（9）在“选择计算资源”中选择 vSAN 群集，如图 9-6-15 所示。

图 9-6-12 修复对象

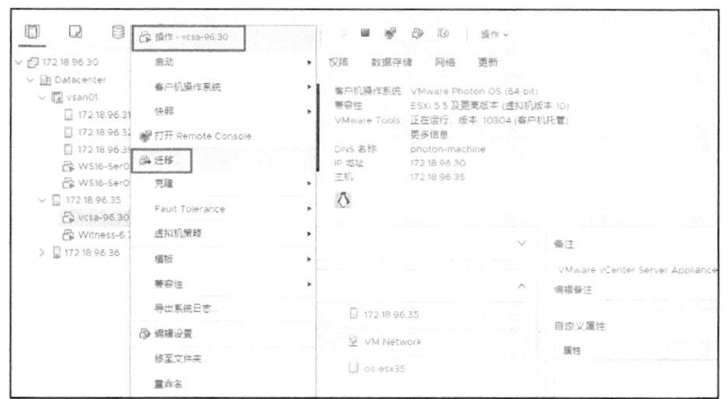
图 9-6-13 迁移 vCenter Server 虚拟机

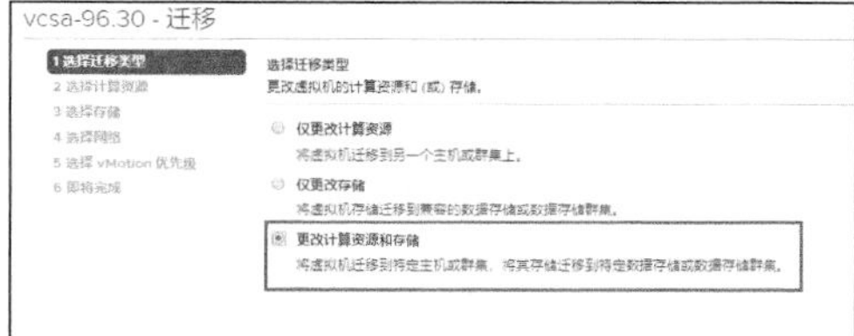
图 9-6-14 更改计算资源和存储

（10）在“选择存储”中选择 vSAN 存储，如图 9-6-16 所示。

（11）其他选项根据实际情况选择，直到“即将完成”，单击“FINISH”按钮开始迁移 vCenter Server 虚拟机，如图 9-6-17 所示。

（12）在 172.18.96.35 的主机中关闭见证虚拟机，在清单中移除 172.18.96.36 的见证主机。移除之后如图 9-6-18 所示。

（13）当 vCenter Server 虚拟机迁移到 vSAN 群集之后，虚拟机名称为 vcsa-96.30 的 vCenter Server 虚拟机显示在 vsan01 的群集中，如图 9-6-19 所示。至此从 2 节点直连 vSAN 延伸群集升级到标准 vSAN 群集完成。

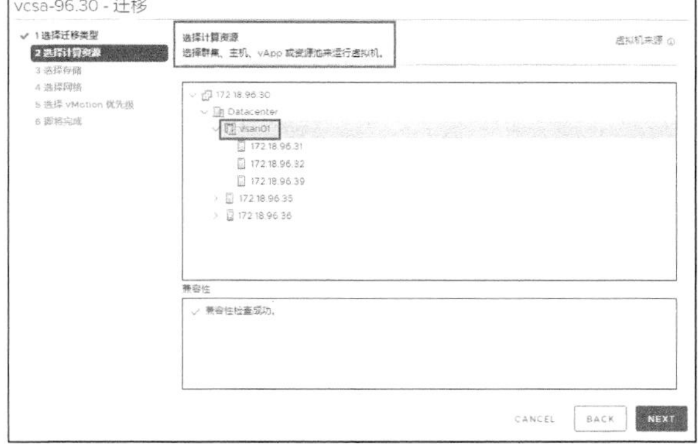
图 9-6-15 迁移计算资源

说明

在实际生产环境中，标准 vSAN 群集最少需要配置 4 台提供容量的主机。

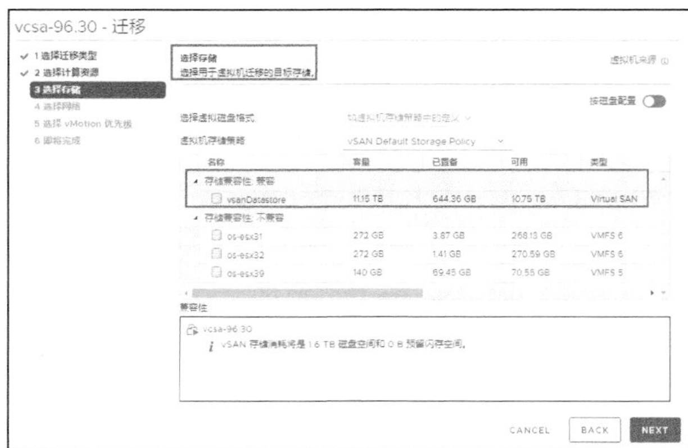

图 9-6-16　选择存储

图 9-6-17　即将完成

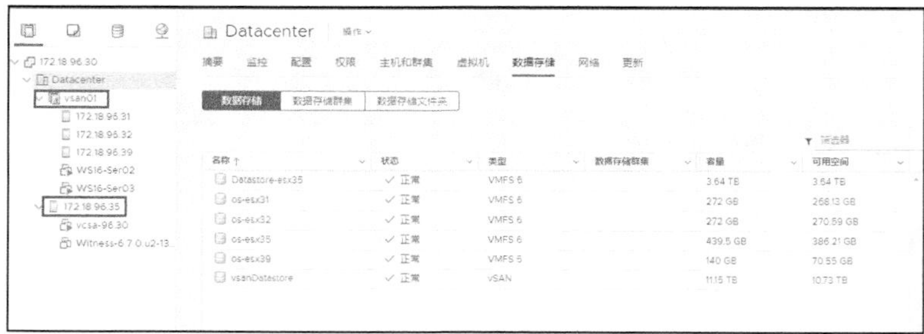

图 9-6-18　从清单中移除见证主机

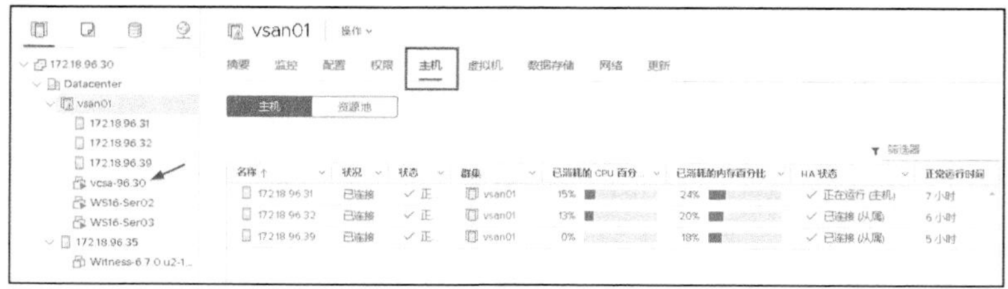

图 9-6-19　vCenter Server 虚拟机迁移完成

10 使用 vSAN 延伸群集组建双活数据中心

本章介绍使用 vSAN 延伸群集组建双活数据中心的内容。使用 vSAN 延伸群集组建双活数据中心，要定义 3 个站点，每个站点要放置一定数量的主机。vSAN 延伸群集组建双活数据中心除了需要对主机进行选型外，主要内容是需要对双活数据中心网络进行规划。本章主要介绍 vSAN 延伸群集的网络规划，然后通过实验的方式介绍双活数据中心的组建。

10.1 使用 vSAN 延伸群集实现双活数据中心概述

为了承担重要与关键业务应用，出于灾备（Disaster Recovery）的目的，一般会建设 2 个（或多个）数据中心。一个主数据中心用于承担用户的业务，一个备用数据中心用于备份主数据中心的数据、配置、业务等。数据中心的数据进行实时同步。主备数据中心之间一般有热备、冷备、双活 3 种备份方式。

10.1.1 存储镜像实现数据的冗余

在热备的情况下，只有主数据中心承担用户的业务，此时备用数据中心对主数据中心进行实时的备份。当主数据中心挂掉以后，备用数据中心可以自动接管主数据中心的业务，用户的业务不会中断，所以用户也感觉不到数据中心的切换。

在冷备的情况下，也是只有主数据中心承担用户的业务，但是备用数据中心不会对主数据中心进行实时备份，这时可能是周期性地进行备份或者干脆不进行备份，如果主数据中心挂掉了，用户的业务就会中断。

双活是用户觉得备用数据中心只用于备份太浪费了，所以让主备两个数据中心都同时承担用户的业务，此时，主备两个数据中心互为备份，并且进行实时备份。一般来说，主数据中心的负载可能会多一些，比如分担 60%～70%的业务，备用数据中心只分担 40%～30%的业务。

组建双活数据中心，需要综合考虑主机系统、网络系统、数据存储系统，最主要的是存储双活。简单来说，组成双活数据中心的 A、B 两地，如果以 A 地为主，则 B 地也应该与 A 地有相同的主机（数量可以少一些）、相同的网络，最主要的是 A、B 两地的数据要能做到同步，最好是做到“实时”的数据同步，如果不能做到实时，做成异步也可以。

主机与网络做到冗余很容易，关键是数据系统的冗余与同步，一个最简单的存储双活如图 10-1-1 所示。在这个示例中画出了 3 台 ESXi 主机、2 台光纤存储交换机、2 台 Dell MD8320F 的存储进行数据镜像。

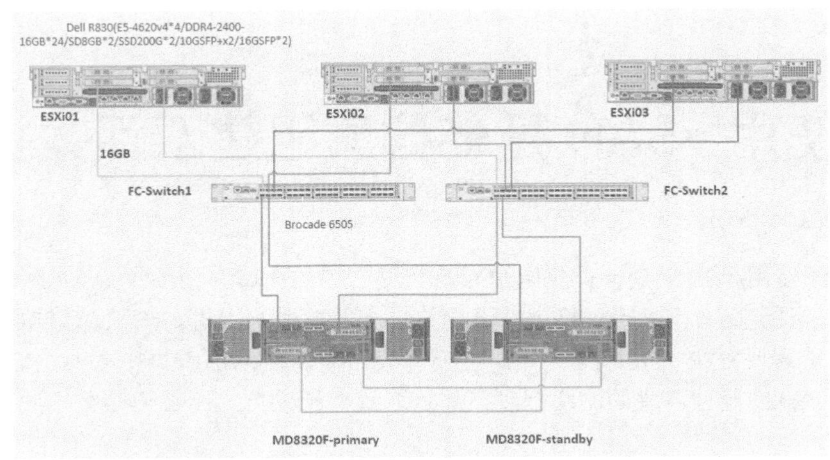

图 10-1-1　存储双活（存储镜像）

10.1.2　故障域与延伸群集概述

本节不做过多其他架构双活数据中心的介绍，主要介绍基于 VMware vSAN 延伸群集组成双活数据中心的内容。

要了解 vSAN 延伸群集组建双活数据中心的原理，先要了解 vSAN 故障域及故障域可以解决的问题。如图 10-1-2 所示环境，这是由 5 台 ESXi 主机组成的标准 vSAN 群集，当 SW = 1 时，虚拟机的多个副本及见证文件保存在其中的 3 台主机中：在其中 1 台主机上保存虚拟机的一个副本，在另 1 台主机保存另一个副本，而在第 3 台主机上保存见证文件。这 5 台节点主机的作用是对等的，并不存在主、从之分。

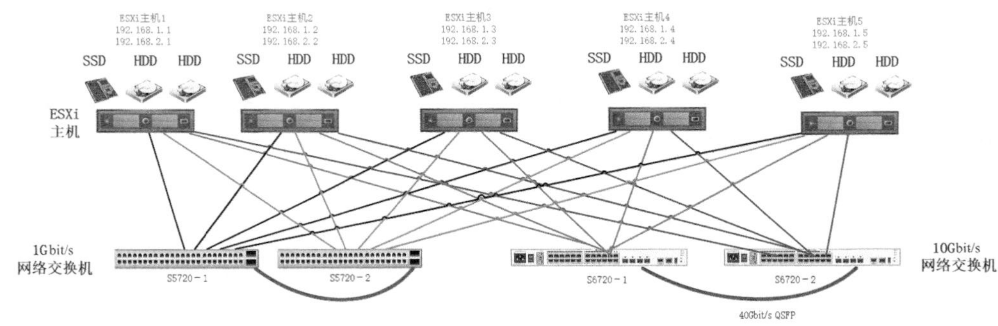

图 10-1-2　一个标准 vSAN 群集

在同一个 vSAN 群集中，虚拟机的存储会根据 vSAN 存储策略自动配置，相对来说，多台虚拟机会均衡地分布在每台主机中，vSAN 存储策略不会有偏好地选择是否将虚拟机保存在某些主机。但在实际的生产环境中，管理员可能需要将主机分区或划片，让某些虚拟机优先保存在那些主机上，vSAN 群集故障域会达到类似目的。例如，在一个数据中心中，有两个机架，每个机架各放置了一批主机，这两个机架中的主机组成一个 vSAN 群集。考虑到机架供电、网络或其他可能，管理员会根据机架将主机分组，虚拟机的两个副本保存在不同机架的主机上，当某个机架由于电力或网络中断等问题引起整个机架不可访问时，由于有另一个完全相同的副本在另一个机架，这样可以获得较高的可靠性。

vSAN 故障域指示 vSAN 将冗余组件分散到各个计算机架中的服务器上，因此可以保护环境，避免出现机架级故障，如断电或连接中断。如果指定了故障域，vSAN 永远不会将同一对象的多个副本放置在同一故障域中。如图 10-1-3 所示，可以将每个机架中的 ESXi 主机放入同一个故障域，不要将不同机架中的主机放入相同的故障域，这样可以避免机架供电或网络出错而引发的潜在问题。

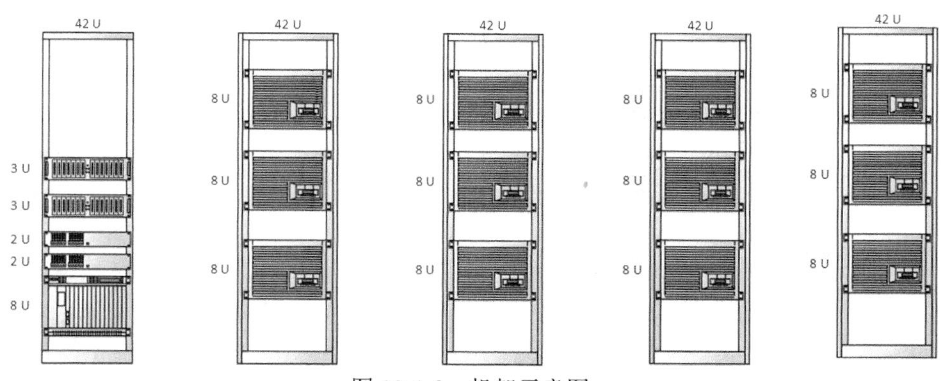

图 10-1-3 机架示意图

考虑一个包含 4 台服务器机架的群集，每个机架包含 2 台主机。如果允许的故障数等于 1 并且未启用故障域，vSAN 可能会将对象的两个副本与主机存储在同一个机架中。因此，发生机架级故障时应用程序可能有潜在的数据丢失风险。当将可能一起发生故障的主机配置为故障域时，vSAN 将确保每个保护组件（副本和见证文件）置于单独的故障域上。

如果要添加主机和容量，可以使用现有的故障域配置或创建一个新配置。

要通过使用故障域获得平衡存储负载和容错，应考虑以下准则。

（1）提供足够的故障域以满足在存储策略中配置的允许的故障数。

（2）至少定义 3 个故障域。要获得最佳保护，应至少定义 4 个故障域。

（3）向每个故障域分配相同数量的主机。

（4）使用具有统一配置的主机。

（5）如果可能，应在出现故障后将一个具有可用容量的故障域专用于重新构建数据。

在图 10-1-3 中，将每个机架中的 ESXi 主机定义为一个故障域，虚拟机的多个副本及见证文件会放置在不同机架的主机上，这可以避免出现机架级故障。在采用故障域的时候，多台虚拟机的副本及见证文件会保存在不同机架的不同主机中。

故障域用于解决同一机房不同机架中服务器的问题（即解决机架级故障）。如果有更高的需求，例如需要跨园区、不同的楼，或者同一个城市因距离受限制的园区，可以使用 vSAN 延伸群集，通过延伸群集跨两个地址位置（或站点）扩展数据存储，延伸群集是对故障域的进一步定义应用。在 vSAN 延伸群集中，有 3 个故障域，其中定义 A、B 两个站点（故障域）用于放置数据（即虚拟机的副本），定义站点 C（第 3 个故障域）用于放置见证文件，如图 10-1-4 所示。

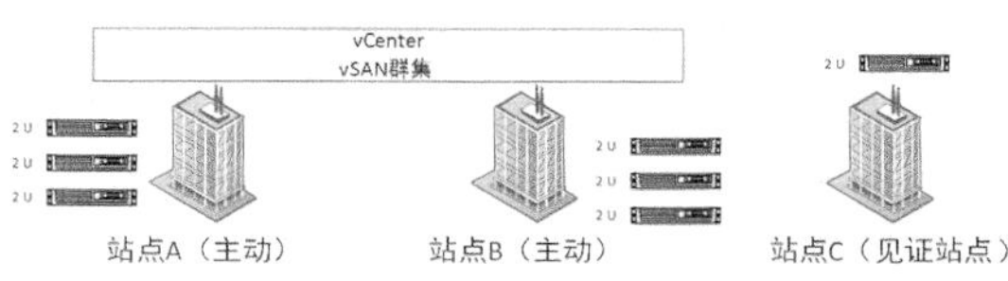

图 10-1-4 vSAN 延伸群集

从本质上来讲，同一个机房，采用了故障域的 vSAN 群集，仍然是标准 vSAN 群集。

但 vSAN 延伸群集，其应用的虚拟机存储策略不属于标准 vSAN 群集。

使用 vSAN 延伸群集时，应注意下列准则。

（1）为延伸群集配置 DRS 设置。必须在群集上启用 DRS。将 DRS 置于半自动模式后，可以控制将哪些虚拟机迁移到各个站点。

（2）创建两台主机组，一个用于首选站点，另一个用于辅助站点（在配置并启用延伸群集时通过向导选择，配置完成后也可以将主机从一个站点移动到另一个站点）。

（3）为延伸群集配置 HA 设置。在配置延伸群集时，必须在 vSAN 群集上启用 HA，并禁用 HA 数据存储检测信号。

（4）延伸群集需要磁盘格式 2.0 或更高版本。

（5）在 vSAN 6.5 及以前版本的延伸群集中，定义允许的故障数参数。在 vSAN 延伸群集中允许的故障数（Number Of Failures To Tolerate，FTT）最大值为 1，而在标准 vSAN 群集中，允许的故障数最大值为 3。

（6）从 vSAN 6.6 开始，允许的故障数（Failures To Tolerate，FTT）重命名为允许的故障数主要级别（Primary Failures to Tolerate，PFTT），新增加允许的故障数辅助级别（Secondary Failures to Tolerate，SFTT）。SFTT 用于 vSAN 延伸群集，PFTT 用于标准 vSAN 群集，SFTT 在标准 vSAN 群集中不能被定义或者不能配置。

（7）在 vSAN 延伸群集中还有一个参数：数据局部性。在延伸群集中，仅当允许的故障数主要级别设置为 0 时，该规则才可用。可以将数据局部性规则设置为无、首选或辅助，默认值为无。使用该规则可以将虚拟机对象限制到延伸群集中的某个选定站点或主机。

（8）从 vSAN 6.6 开始，为延伸集群提供了本地和跨站点的双重数据保护机制。简单地说，就是一般的本地故障尽可能在数据中心本地得到恢复，只有发生站点级故障时（如整个数据中心站点断电了），才跨数据中心进行恢复。这样可以尽可能地减少不必要的跨数据中心网络流量，此功能不需要购买额外的灾备硬件和软件就可以实现双活数据中心的高可靠性。

10.1.3　详解允许的故障数主要级别与允许的故障数辅助级别

在虚拟机存储策略规则中，允许的故障数辅助级别只用于延伸群集，在标准 vSAN 群集中该参数无意义，或者说不能为标准 vSAN 群集的存储选择定义 SFTT = 0 以外的其他参数。

在 vSAN 延伸群集中，允许的故障数主要级别最大值为 1。

在 vSAN 延伸群集中，允许的故障数辅助级别定义站点故障数量后对象可允许的额外主机故障数量。如果 PFTT = 1 且 SFTT = 1，且有一个站点不可用时，则群集可允许一台额外主机故障；如果 PFTT = 1 且 SFTT = 2，且有一个站点不可用时，则群集可允许两台额外主机故障。

在 vSAN 延伸群集中，vSAN 提供的是数据存储层面的高可靠性机制，它把 FTT 分为 2 个层级。

（1）允许的故障数主要级别，指定跨站点的 FTT 策略，取值可以是 0～1，0 表示没有跨站点的数据保护，1 表示在另一个站点保存一份数据副本。

（2）允许的故障数辅助级别，指定站点内的 FTT 策略，取值可以是 0～3。允许的故障数辅助级别通过本地故障保护实现增强的延伸群集可用性。可以在延伸群集中的单个站点内为虚拟机对象提供本地故障保护。当一个站点不可用时，vSAN 会在可用站点中保持可用性和本地冗余。

如果某台虚拟机不需要进行跨站点的保护，管理员就可以把虚拟机对象的 PFTT 值设为

0（配合使用数据局部性参数将虚拟机限制到某个选定站点或主机），这样就不会进行跨站点的数据复制，从而节省了不必要的存储和网络开销。一些关键应用本身已经具备了跨站点的保护功能，如 Exchange DAG、SQL Availability Groups 等，它们也不需要跨站点保护。

允许的故障数主要级别，在 vSAN 延伸群集中最大值为 1。当容错方式（Failure Tolerance Method，FTM）为镜像（RAID-1）时，要允许 1 个故障，会创建对象的 2 个副本、1 个见证文件。其中 2 个副本分别放置在站点 A、站点 B，见证文件放置在站点 C。在 vSAN 延伸群集中，允许的故障数主要级别只支持容错方式为镜像，不支持擦除编码（RAID-5/6）。

允许的故障数辅助级别，定义为首选站点或辅助站点存储对象可允许的主机、磁盘或网络故障数。容错方法为镜像时，若要允许 *n* 个故障需要创建 *n*+1 个副本，首选站点与辅助站点各需要 2*n*+1 台提供存储的主机；容错方法为擦除编码时，若要允许 1 个故障需要 4 台提供存储的主机，允许 2 个故障需要 6 台提供存储的主机。取值范围为 0、1、2、3。

关于 vSAN 延伸群集、允许的故障数主要级别、允许的故障数辅助级别，下面通过示例来进行说明。

（1）PFTT = 1，SFTT = 0，即允许的故障数主要级别设置为 1，允许的故障数辅助级别设置为 0。该参数用于 1+1+1 或 2+2+1 组成的 vSAN 延伸群集。在这种配置下，某台虚拟机的副本、见证文件保存如下。

延伸群集：1 台节点主机+1 台节点主机+1 台见证主机。

数据保存：副本+副本+见证。

简单来说，创建 100GB 的虚拟硬盘，会占用整个延伸群集 200GB 的空间。

（2）PFTT = 1，SFPP = 0 或 1，即允许的故障数主要级别设置为 1，允许的故障数辅助级别可以设置为 0 或 1。该参数用于 3+3+1、4+4+1 组成的 vSAN 延伸群集。当 PFTT = 1，SFTT = 0 时数据保存与 1+1+1 保存相同。

当 PFTT = 1，SFTT = 1（容错方式为镜像）时，虚拟机除了在站点 A（3 或 4 台主机）、站点 B（3 或 4 台主机）保存副本，在站点 C 保存见证文件外，还会在站点 A 的 3 台（或 4 台）主机中，按照副本+副本+见证的方式进行保存；在站点 B 的 3 台（或 4 台）主机中，按照副本+副本+见证的方式保存。简单来说，创建 100GB 的虚拟硬盘，会占用延伸群集 400GB 的空间。

当 PFTT = 1、SFTT = 1（容错方式为 RAID-5/6）时，创建 100GB 的虚拟硬盘会占用延伸群集 266GB 的空间。

（3）5+5+1、6+6+1 组成的 vSAN 延伸群集，PFTT = 1，SFTT 取值范围为 0、1、2。

当 PFTT = 1、SFTT = 2（容错方式为镜像）时，创建 100GB 的虚拟硬盘会占用延伸群集 600GB 的空间。

当 PFTT = 1、SFTT = 2（容错方式为 RAID-5/6）时，创建 100GB 的虚拟硬盘会占用延伸群集 300GB 的空间。

（4）7+7+1 及以上组成的 vSAN 延伸群集，PFTT = 1，SFTT 取值范围为 0、1、2、3。当 PFTT = 1、SFTT = 3（容错方式为镜像）时，创建 100GB 的虚拟硬盘会占用延伸群集 800GB 的空间。

为保证完全可用性，VMware 建议用户在整个 vSAN 延伸群集中使用的资源不超过 50%。如果整个站点发生故障，所有虚拟机都可以在正常站点上运行。

在规划 vSAN 时，有些用户希望在运行时利用接近 80%甚至 100%的资源，因为用户不希望将一部分资源仅用于预防极少出现的整个站点故障这一情形。但用户要明白，在此情况下，出现问题时虚拟机并非都能在正常站点中重新启动。

初学者会问到的一个问题是，延伸群集与容错域有何区别。容错域（故障域）是随 vSAN 6.0 引入的一种 vSAN 功能。容错域支持机架感知能力，即虚拟机组件可以分布在多个机架的多台主机上，如果某个机架发生故障，虚拟机仍可继续使用。但是，这些机架通常托管在同一个数据中心，如果整个数据中心发生故障，容错域将不能保证虚拟机可用性。

延伸群集实质上是基于容错域构建的，只不过它现在可提供数据中心感知能力。即使数据中心发生灾难性故障，vSAN 延伸群集也可保证虚拟机的可用性。这主要通过跨数据站点和见证主机智能放置虚拟机对象组件来实现。

10.1.4　再谈故障域

在 vSAN 延伸群集中，允许的故障数主要级别最大值为 1。如果在一个数据中心中有多个机柜（将每个机柜定义为一个故障域）、每个机柜中有多台 ESXi 主机，如图 10-1-5 所示。此时这种群集仍然属于标准 vSAN 群集。所以只有 PFTT 参数有效，该参数值才可以在 1、2、3 之间进行选择；SFTT 参数无意义，如果为设置了多个故障域的标准 vSAN 群集设置 SFTT≠0 的参数会提示资源不够而无法选择 vSAN 存储。

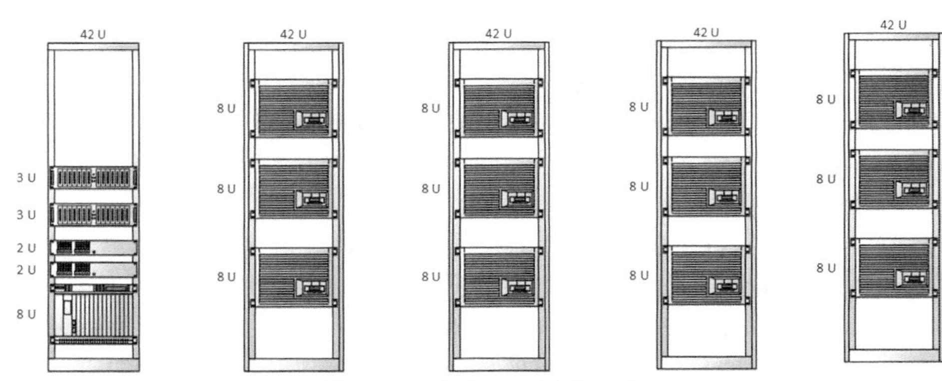

图 10-1-5　机柜与主机示意图

在图 10-1-5 组成的标准 vSAN 群集中，如果有 7 个及 7 个以上的机柜，则可以定义 PFTT 的参数值为 3，此时会在 7 个机柜中保存虚拟机的 4 个副本、3 个见证文件。如果有 5 个及 5 个以上的机柜，则可以定义 PFTT 的参数值为 2，此时会在其中 5 个机柜中保存虚拟机的 3 个副本、2 个见证文件。

10.2　双活数据中心网络规划示例

在使用 vSAN 延伸群集实现“双活数据中心”时，主要的难点在于网络规划，而主机的硬件选型相对简单。

在使用 vSAN 延伸群集规划 A、B、C 站点时，需要规划 vSAN 主机管理流量、vMotion 流量、vSAN 流量、虚拟机网络（一般是虚拟机对外提供服务的网络）。本节通过具体的案例进行介绍。在图 10-2-1 中有 A、B、C 三个站点，其中站点 C 有 1 台主机，站点 A、站点

B 各有一组主机。

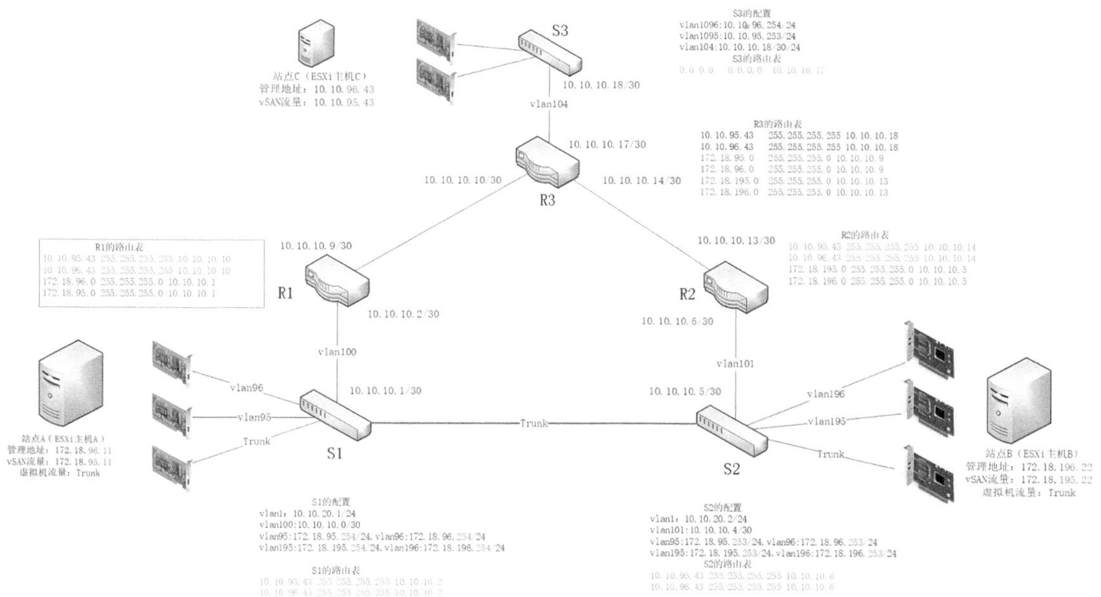

图 10-2-1　vSAN 6.1/6.2 双活数据中心拓扑示意

10.2.1　路由与交换机配置

在图 10-2-1 的拓扑示意中，S1 与 S2 是站点 A、站点 B 中的两台交换机，站点 A、站点 B 采用一条“裸”光纤直连，站点 A、B 与见证站点 C 通过路由器（广域网、低速线路）互连。站点 A、B、C 的管理地址及 vSAN 流量、网关如下。

站点 A：

管理地址可用 172.18.96.1～172.18.96.252，子网掩码 255.255.255.0，网关地址 172.18.96.254（设置在 S1 交换机上）；

vSAN 流量地址可用 172.18.95.1～172.18.95.252，子网掩码 255.255.255.0，网关地址 172.18.95.254（设置在 S1 交换机上）。

站点 B：

管理地址可用 172.18.196.1～172.18.196.252，子网掩码 255.255.255.0，网关地址 172.18.196.253（设置在 S2 交换机上）；

vSAN 流量地址可用 172.18.195.1～172.18.195.252，子网掩码 255.255.255.0，网关地址 172.18.195.253（设置在 S2 交换机上）。

站点 C：

管理地址可用 10.10.96.1～10.10.96.253，子网掩码 255.255.255.0，网关地址 10.10.96.254（设置在 S3 交换机上）；

vSAN 流量地址可用 10.10.95.1～10.10.95.253，子网掩码 255.255.255.0，网关地址 10.10.95.254（设置在 S3 交换机上）。

在站点 A 的交换机 S1 上，添加如下的路由表。

```
ip route-static  10.10.95.0  255.255.255.0  10.10.10.2
ip route-static  10.10.96.0  255.255.255.0  10.10.10.2
```

在站点 A 的路由器 R1 上，添加如下的路由表。

```
ip route-static  10.10.95.0    255.255.255.0    10.10.10.10
ip route-static  10.10.96.0    255.255.255.0    10.10.10.10
ip route-static  172.18.96.0   255.255.255.0  10.10.10.1
ip route-static  172.18.95.0   255.255.255.0  10.10.10.1
```

在站点 B 的交换机 S2 上，添加如下的路由表。

```
ip route-static  10.10.95.0  255.255.255.0  10.10.10.6
ip route-static  10.10.96.0  255.255.255.0  10.10.10.6
```

在站点 B 的路由器 R2 上，添加如下的路由表。

```
ip route-static  10.10.95.0    255.255.255.0    10.10.10.14
ip route-static  10.10.96.0    255.255.255.0    10.10.10.14
ip route-static  172.18.196.0   255.255.255.0  10.10.10.5
ip route-static  172.18.195.0   255.255.255.0  10.10.10.5
```

在站点 C 的交换机 S3 上，添加如下的路由表。

```
ip route-static  0.0.0.0     0.0.0.0  10.10.10.17
```

在站点 C 的路由器 R3 上，添加如下的路由表。

```
ip route-static  10.10.95.0    255.255.255.0    10.10.10.18
ip route-static  10.10.96.0    255.255.255.0    10.10.10.18
ip route-static  172.18.95.0   255.255.255.0  10.10.10.9
ip route-static  172.18.96.0   255.255.255.0  10.10.10.9
ip route-static  172.18.195.0  255.255.255.0  10.10.10.13
ip route-static  172.18.196.0  255.255.255.0  10.10.10.13
```

在配置好交换机与路由器的路由之后，分别在站点 A、站点 B 安装 ESXi，在站点 C 安装见证主机，下面分别为站点 A、站点 B、站点 C 的 ESXi 主机添加静态路由，以访问其他各个网段。在为各主机配置好静态路由之后，配置 vSAN 延伸群集即可。至于 vCenter Server，可以放置在站点 A 或站点 B。

10.2.2　为首选站点 ESXi 主机添加静态路由

在 ESXi 中只能添加一条默认路由，为 vSAN 流量 VMkernel 配置的 IP 地址与用于 ESXi 主机管理的 IP 地址没有在同一个网段，默认路由一般配置为 ESXi 主机管理 IP 的网关地址。所以需要为 vSAN 流量添加静态路由。用于添加静态路由的命令如下。

```
esxcli network ip route ipv4 add -n REMOTE-NETWORK  -g LOCAL-GATEWAY
```

对于图 10-2-1 示例中首选站点上的 ESXi 主机，需要添加从首先站点主机到辅助站点主机的静态路由，命令如下。

```
esxcli network ip route ipv4 add -n 172.18.195.0.0/24 -g 172.18.95.254
```

在每台首选站点主机，添加从首先站点主机到见证主机的静态路由，命令如下。

```
esxcli network ip route ipv4 add -n 10.10.95.0/24  -g 172.18.95.254
```

10.2.3　为辅助站点 ESXi 主机添加静态路由

在每台辅助站点主机，添加从辅助站点主机到首选站点主机的静态路由，命令如下。

```
esxcli network ip route ipv4 add -n 172.18.95.0.0/24 -g 172.18.195.253
```

在每台辅助站点主机，添加从辅助站点主机到见证主机的静态路由，命令如下。

```
esxcli network ip route ipv4 add -n 10.10.95.0/24  -g 172.18.195.253
```

10.2.4 为见证站点 ESXi 主机添加静态路由

在见证站点主机，添加从见证站点主机到首选站点主机的静态路由，命令如下。

```
esxcli network ip route ipv4 add -n 172.18.95.0/24  -g 10.10.95.254
```

在见证站点主机，添加从见证站点主机到辅助站点主机的静态路由，命令如下。

```
esxcli network ip route ipv4 add -n 172.18.195.0/24  -g 10.10.95.254
```

在为首选站点、辅助站点、见证主机添加了静态路由之后，可以使用 Ping 命令，检查 vSAN 流量是否能通信，当 vSAN 流量能通信时，可以启用配置 vSAN 延伸群集。

10.3 安装配置双活数据中心

如果在同一个园区的不同建筑物中组建双活数据中心，可以采用图 10-3-1 所示的网络拓扑进行组建。在本示例中，站点 A、站点 B、站点 C 属于不同的建筑物，因为在同一个园区，所以建筑物之间可以采用裸光纤进行连接。站点 A 与站点 B 各配置 2 台交换机，这 4 台交换机使用光纤以堆叠方式进行连接，其中 S11 连接 S12，S12 连接 S21，S21 连接 S22，S22 连接 S11。站点 A 与站点 B 之间采用 2 条光纤。站点 C 配置 2 台交换机，这 2 台交换机采用堆叠方式进行连接，站点 C 的 2 台交换机通过 2 条光纤分别连接到站点 A 的 2 台交换机，再通过另 2 条光纤分别连接到站点 B 的 2 台交换机。即 S31、S32 连接到 S11、S12、S21、S22，级联端口配置为“链路聚合”方式。

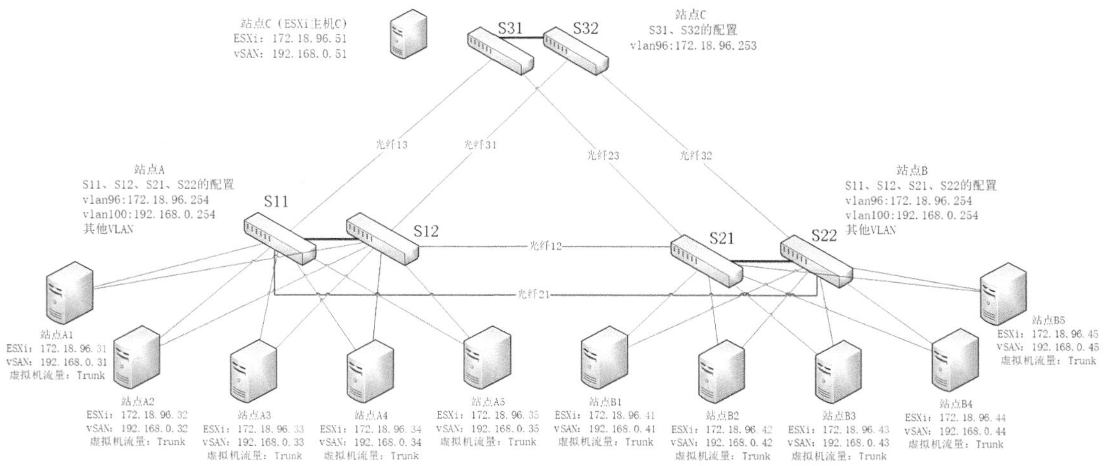

图 10-3-1 双活数据中心实验拓扑

本节准备了 11 台物理主机按照图 10-3-1 所示方式进行连接，每台主机 IP 地址规划如表 10-3-1 所示。

表 10-3-1　　双活数据中心实验环境主机配置

站点	主机或虚拟机名称	ESXi 管理 IP 地址	vSAN 流量 IP 地址
站点 A 主机	esx31	172.18.96.31	192.168.0.31
	esx32	172.18.96.32	192.168.0.32
	esx33	172.18.96.33	192.168.0.33
	esx34	172.18.96.34	192.168.0.34
	esx35	172.18.96.35	192.168.0.35
站点 B 主机	esx41	172.18.96.41	192.168.0.41
	esx42	172.18.96.42	192.168.0.42
	esx43	172.18.96.43	192.168.0.43
	esx44	172.18.96.44	192.168.0.44
	esx45	172.18.96.45	192.168.0.45
站点 C 主机	esx51	172.18.96.51	192.168.0.51

vCenter Server Appliance、ESXi 的安装与配置在本书前面章节都已经进行过详细地介绍，本章介绍组建双活数据中心的关键内容，主要步骤如下。

（1）在图 10-3-1 所示的环境中，在站点 A、B、C 的主机安装 VMware ESXi 6.7.0 U2。

（2）在站点 A 的一台主机上安装 vCenter Server Appliance 6.7.0，将站点 A 的 5 台主机添加到 vSAN 群集，将站点 B 的 5 台主机添加到 vSAN 群集。

（3）为每台主机配置 vSAN 流量。

（4）将见证虚拟机添加到数据中心。

（5）配置 vSAN 延伸群集。

下面一一介绍。

10.3.1　添加节点主机并配置 vSAN 流量

在安装了 vCenter Server Appliance 之后，使用 vSphere Client 登录到 vCenter Server，将站点 A、站点 B 的每台主机添加到群集中，为每台主机配置 vSAN 流量，主要步骤如下。

（1）使用 vSphere Client 登录到 vCenter Server。将站点 A、站点 B 的所有主机添加到 vSAN 群集，为每台主机创建标准交换机 vSwitch1，该虚拟交换机用于 vSAN 流量，如图 10-3-2 所示。

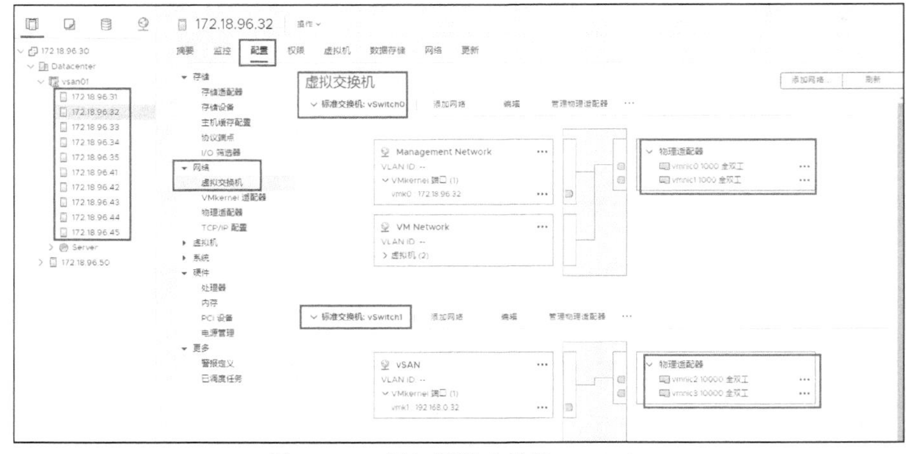

图 10-3-2　添加标准交换机 vSwitch1

（2）在每台主机的 vSwitch1 上添加 VMkernel 并启用 vSAN 服务（见图 10-3-3），每台主机 vSAN 流量的 VMkernel 的 IP 地址参见表 10-3-1。

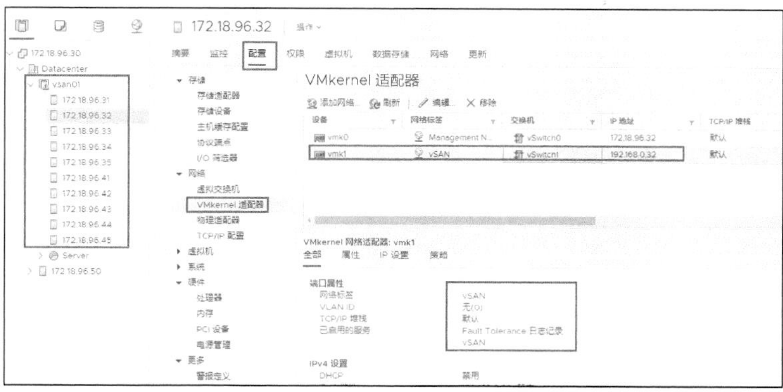

图 10-3-3 创建用于 vSAN 流量的 VMkernel

（3）将每台主机 vmk0 启用管理流量、置备流量、vMotion 流量，如图 10-3-4 所示。

（4）将见证节点 172.18.96.51 加入数据中心，并配置 vSAN 流量的 VMkernel 使用 192.168.0.51 的 IP 地址，如图 10-3-5 所示。

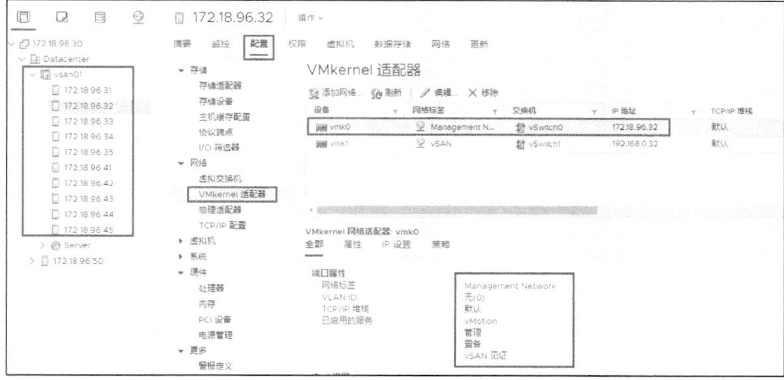

图 10-3-4 设置每台主机管理流量

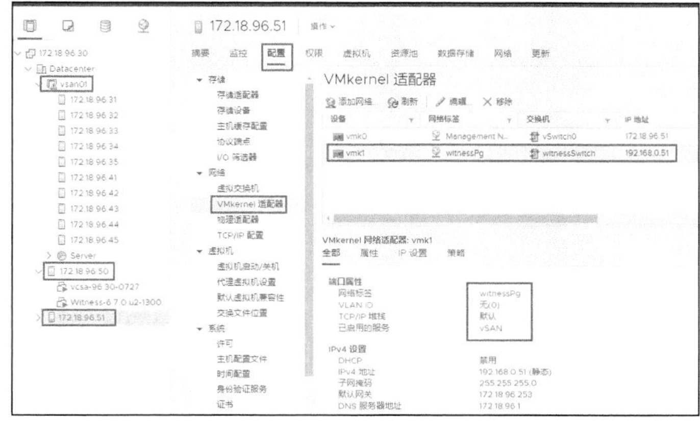

图 10-3-5 添加见证节点

（5）在“配置→vSAN→磁盘管理”中，为每台主机添加磁盘组，添加之后如图 10-3-6

所示，此时所有主机都在“组 1”。

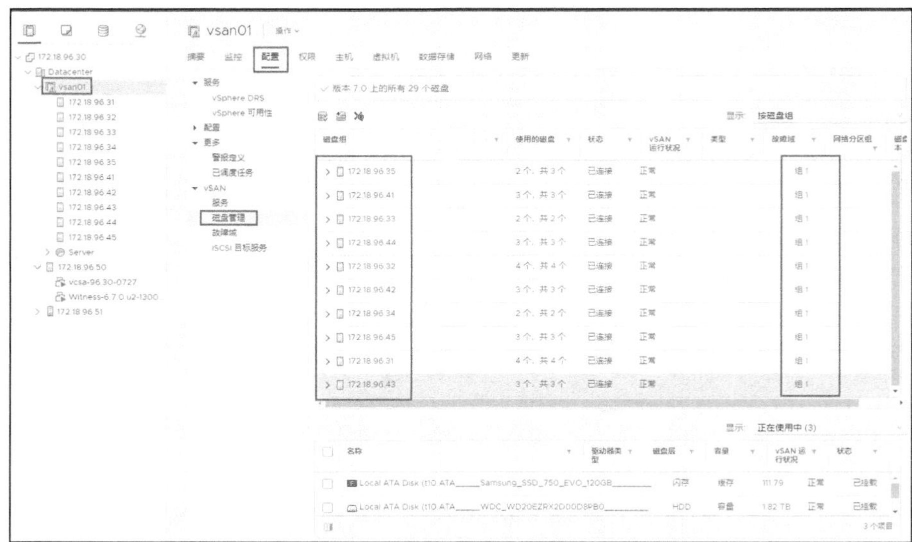

图 10-3-6　添加磁盘组

10.3.2　配置 vSAN 延伸群集

在配置好 vSAN 群集、为每台数据主机配置见证流量之后就可以启用延伸群集。在本示例中将 172.18.96.31、172.18.96.32、172.18.96.33、172.18.96.34、172.18.96.35 5 台主机放置在首选站点，将 172.18.96.41、172.18.96.42、172.18.96.43、172.18.96.44、172.18.96.45 另外 5 台主机放置在辅助站点。

（1）使用 vSphere Client 登录到 vCenter Server，在导航窗格中选中 vSAN 群集，在“配置→vSAN→故障域”中可以看到，延伸群集状态为“已禁用”，当前有 10 台主机，允许有 3 个主机故障，单击“配置”按钮，如图 10-3-7 所示。

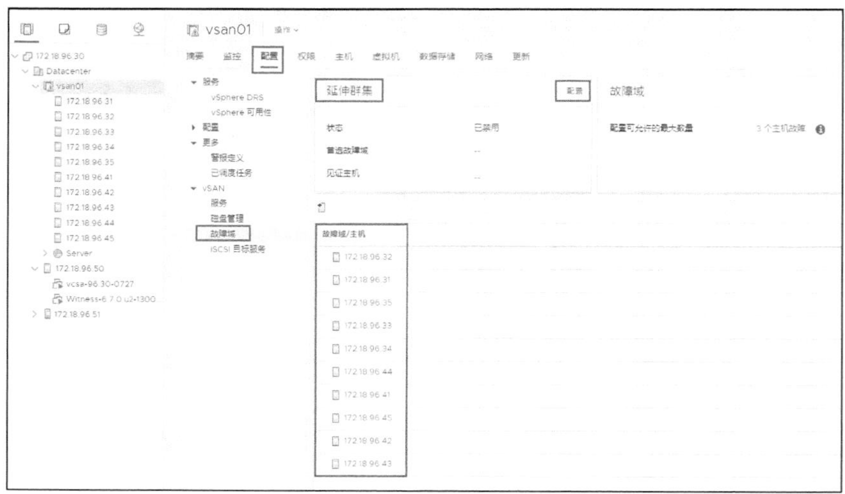

图 10-3-7　配置延伸群集

（2）在“配置故障域”中为首选故障域、辅助故障域分配主机。在本示例中将 172.18.96.31、172.18.96.32、172.18.96.33、172.18.96.34、172.18.96.35 主机放置在“首选域”，将 172.18.96.41、172.18.96.42、172.18.96.43、172.18.96.44、172.18.96.45 主机放置在“辅助域”，如图 10-3-8 所示。

（3）在“选择见证主机”中选择 172.18.96.51 的节点主机，如图 10-3-9 所示。

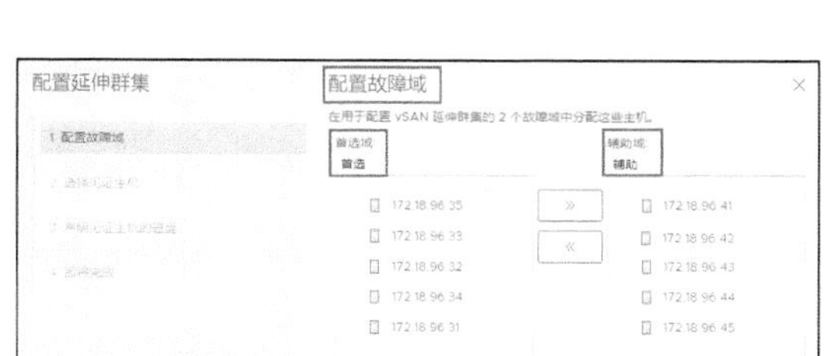

图 10-3-8　配置故障域

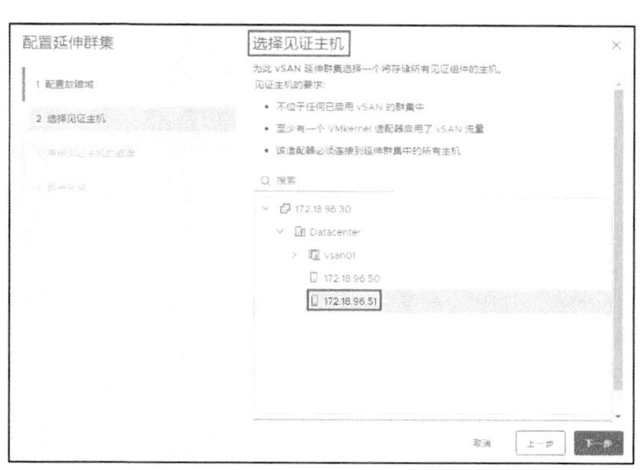

图 10-3-9　选择见证主机

（4）在“声明见证主机的磁盘”中，为见证主机选择缓存磁盘和容量磁盘，如图 10-3-10 所示。

（5）在“即将完成”中显示了配置 vSAN 延伸群集的详细信息，检查无误之后单击“完成”按钮，如图 10-3-11 所示。

图 10-3-10　声明见证主机的磁盘

（6）配置完成之后如图 10-3-12 所示。

（7）在“配置→vSAN→磁盘管理”中可以看到见证主机、首选故障域、辅助故障域，当前群集在“组 1”中，表示配置正确，如图 10-3-13 所示。

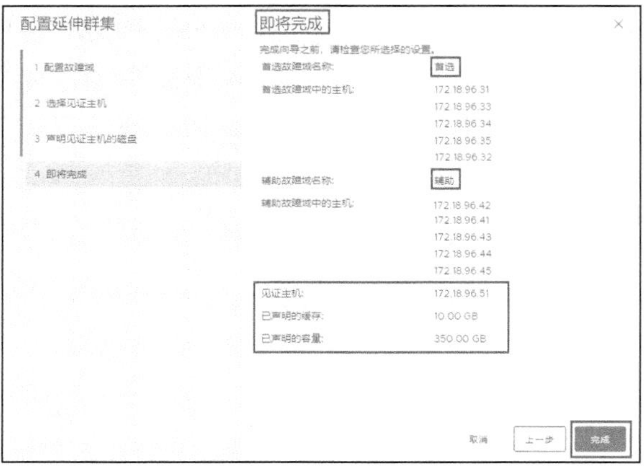

图 10-3-11　即将完成

图 10-3-12　延伸群集配置完成

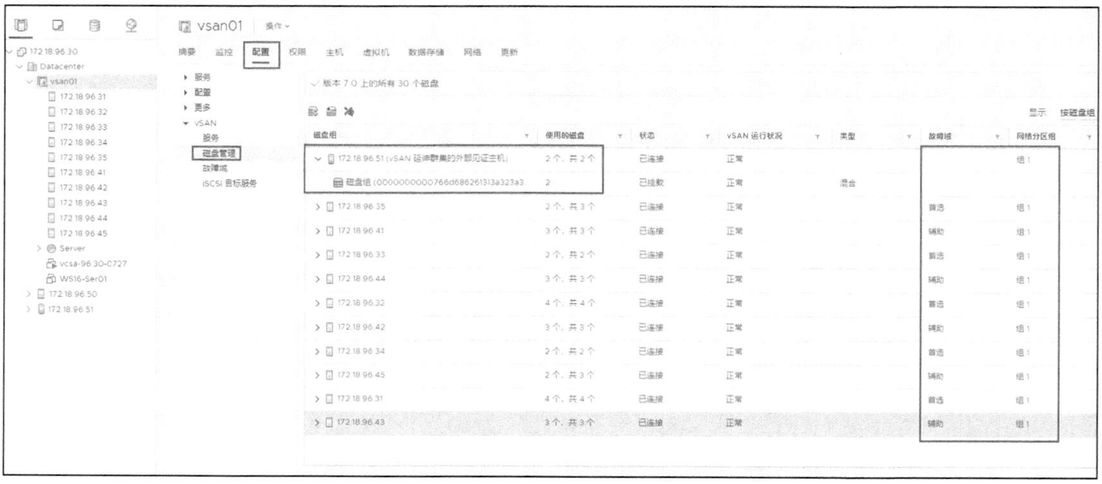

图 10-3-13　查看磁盘组

（8）在“数据存储→数据存储”中可以看到当前 vSAN 延伸群集总容量为 29.56TB，如图 10-3-14 所示。

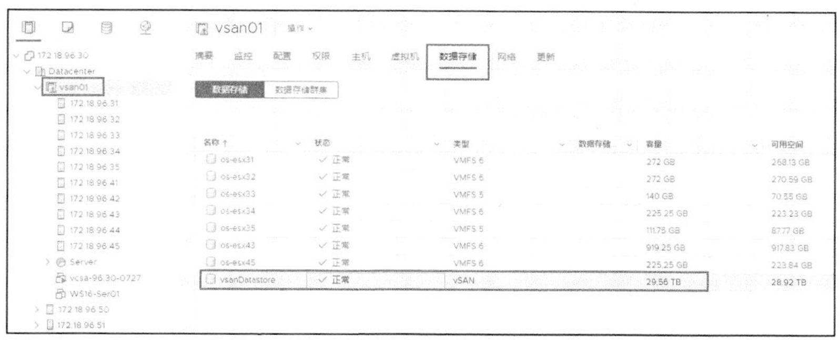

图 10-3-14 查看 vSAN 存储容量

vSAN 延伸群集配置完成，下一节介绍 vSAN 延伸群集中的虚拟机存储策略。

10.4 为延伸群集的虚拟机应用 PFTT 与 SFTT 策略

当前配置的 vSAN 延伸群集由 10 台主机、1 台见证主机组成，其中首选节点有 5 台主机，辅助节点有 5 台主机，这相当于 5+5+1 的延伸群集。在这个延伸群集中，默认虚拟机存储策略是 PFTT = 1，SFTT = 0，如果要获得更高的安全性，可以创建“PFTT = 1，SFTT = 1”或“PFTT = 1，SFTT = 2”的虚拟机存储策略。

10.4.1 创建虚拟机存储策略

使用 vSphere Client 登录 vCenter Server，在“策略和配置文件”中创建“PFTT = 1，SFTT = 1”和“PFTT = 1，SFTT = 2”的虚拟机存储策略，并检查适合该虚拟机存储策略的存储。

（1）在 vSphere Client 中单击“主页”，选择“策略和配置文件”，在“虚拟机存储策略”中单击“创建虚拟机存储策略”，如图 10-4-1 所示。

（2）在“1 名称和描述”的“名称”中输入新建策略的名称，本示例为“PFTT = 1，SFTT = 1”，如图 10-4-2 所示。

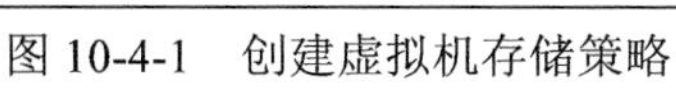

图 10-4-1 创建虚拟机存储策略

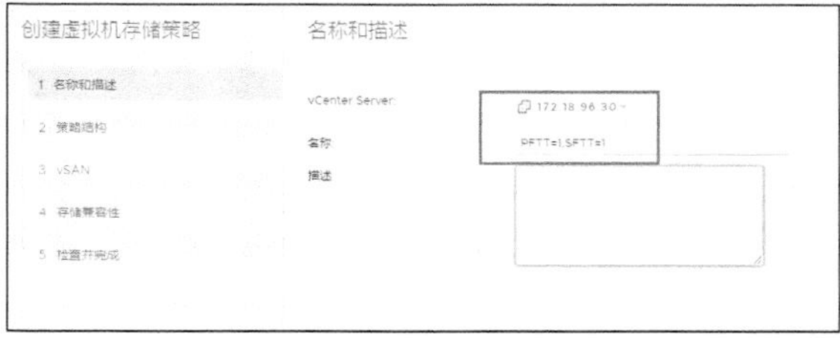

图 10-4-2 虚拟机存储策略名称

（3）在“2 策略结构”中选中“为‘vSAN’存储启用规则”，如图 10-4-3 所示。

（4）在“3 vSAN”的“可用性”选项卡中，在“站点容灾”下拉列表中选择“无-具有嵌套故障域的标准群集”；在“允许的故障域故障数”下拉列表中选择“1 个故障-RAID-1（镜像）”；在“允许的故障数”下拉列表中选择“1 个故障-RAID-1（镜像）”，如图 10-4-4 所示。

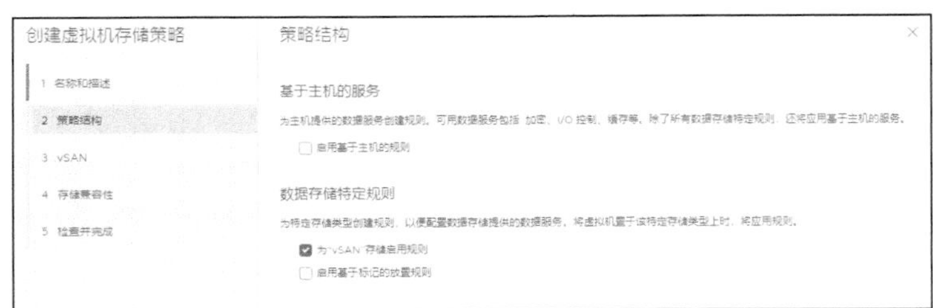
图 10-4-3　编辑虚拟机存储策略

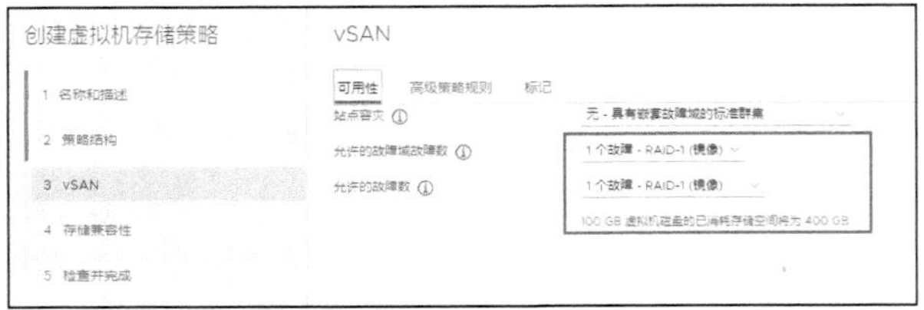
图 10-4-4　vSAN 可用性

（5）在“4　存储兼容性”中显示兼容的存储名称为 vsanDatastore，如图 10-4-5 所示，这是 vSAN 延伸群集的存储名称。

图 10-4-5　存储兼容性

（6）在“5　检查并完成”中显示了创建策略的名称及策略内容，检查无误之后单击“完成”按钮，如图 10-4-6 所示。

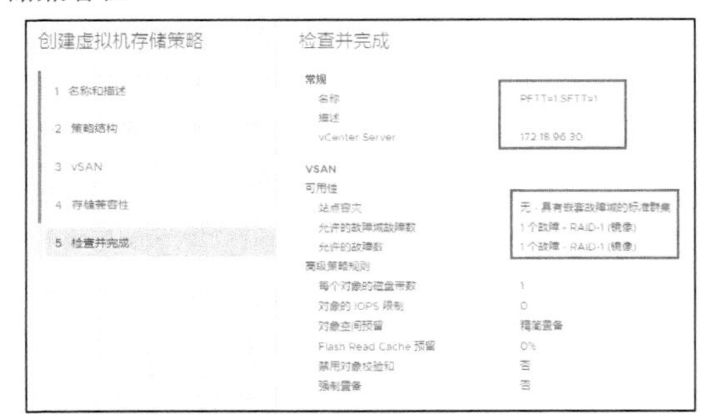
图 10-4-6　创建虚拟机存储策略完成

参照（1）～（6）的步骤，创建“PFTT＝1，SFTT＝2”的虚拟机存储策略，主要步骤如下。

（1）创建新的虚拟机存储策略，设置新策略的名称为“PFTT＝1，SFTT＝2”，如图 10-4-7 所示。

（2）在“3　vSAN”的“可用性”选项卡中，在“站点容灾”下拉列表中选择“无-具有嵌套故障域的标准群集”；在“允许的故障域故障数”下拉列表中选择“1 个故障-RAID-1（镜像）”；在“允许的故障数”下拉列表中选择“2 个故障-RAID-1（镜像）”，如图 10-4-8 所示。

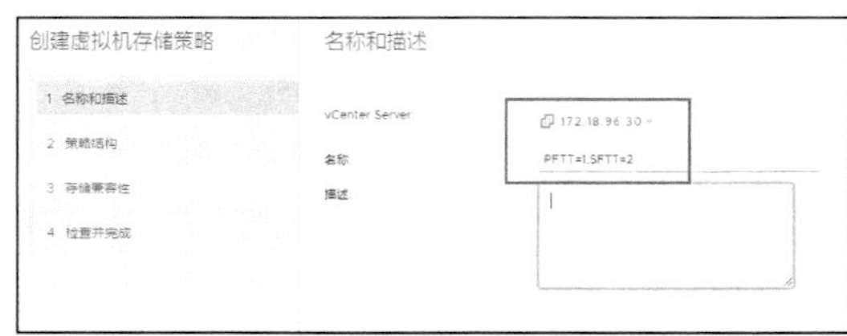
图 10-4-7　虚拟机存储策略名称

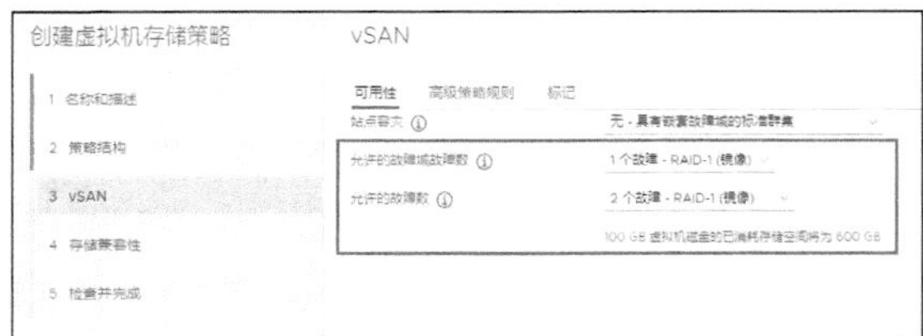
图 10-4-8　vSAN 可用性

在本示例中一共创建了两条虚拟机存储策略，如图 10-4-9 所示。

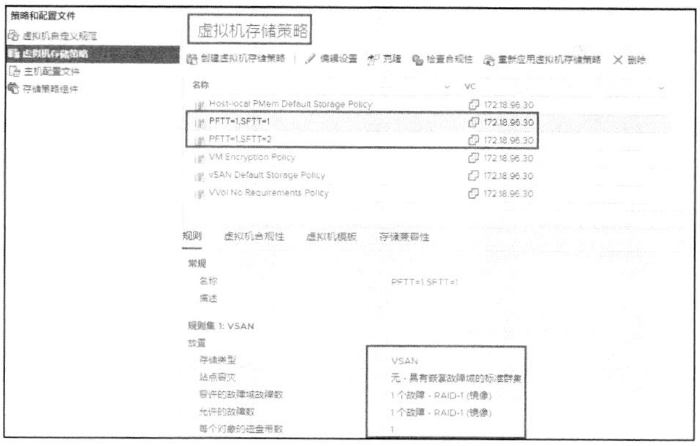

图 10-4-9　虚拟机存储策略

10.4.2　为虚拟机应用虚拟机存储策略

当前实验环境中有 3 台虚拟机，虚拟机名称分别为 WS16-Ser01、WS16-Ser02、WS16-Ser03。本示例中为 3 台虚拟机分别使用以下的虚拟机存储策略。

WS16-Ser01 的虚拟机使用默认的虚拟机存储策略，策略为 PFTT = 1，SFTT = 0。

WS16-Ser02 的虚拟机使用 PFTT = 1，SFTT = 1 的虚拟机存储策略。

WS16-Ser03 的虚拟机使用 PFTT = 1，SFTT = 2 的虚拟机存储策略。

下面一一介绍。

（1）使用 vSphere Client 登录到 vCenter Server，用鼠标右键单击名为 WS16-Ser02 的虚拟机，在弹出的快捷菜单中选择“虚拟机策略→编辑虚拟机存储策略”，如图 10-4-10 所示。

图 10-4-10　编辑虚拟机存储策略

（2）在“编辑虚拟机存储策略”对话框的“虚拟机存储策略”下拉列表中选择“PFTT = 1，SFTT = 1”，如图 10-4-11 所示，然后单击“确定”按钮完成策略修改。

图 10-4-11　应用新的虚拟机存储策略

（3）参照（1）～（2）的步骤，为 WS16-Ser03 应用 PFTT = 1，SFTT = 2 的虚拟机存储策略，如图 10-4-12 所示。

在应用虚拟机存储策略之后，在“监控→vSAN→虚拟对象”中可以看到 WS16-Ser02、

WS16-Ser03 的虚拟机提示“可用性降低”，如图 10-4-13 所示。此时 vSAN 会根据新的虚拟机存储策略同步虚拟机的副本。

图 10-4-12　应用新的虚拟机存储策略

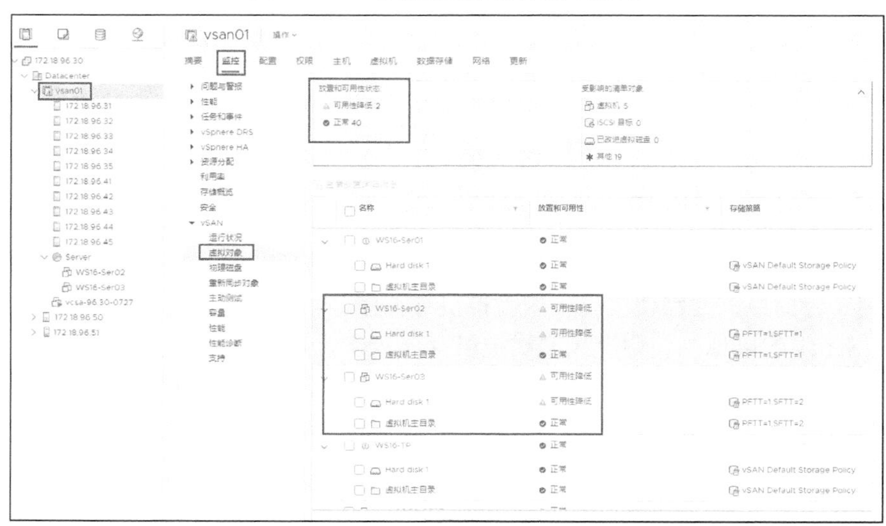

图 10-4-13　可用性降低

10.4.3　查看虚拟机在主机的放置情况

策略生效后，在导航窗格中选中 vSAN 群集（本示例中 vSAN 群集名称为 vsan01），在“监控→vSAN→虚拟对象”中选中要查看的虚拟机的对象，例如虚拟机硬盘或虚拟机主目录，单击“查看放置详细信息”，查看放置信息。

（1）首先选中 WS16-Ser01 的对象，例如虚拟机硬盘，单击“查看放置详细信息”，如图 10-4-14 所示。

（2）在“物理放置”对话框中可以看到，使用默认的虚拟机存储策略保存的硬盘放置详细信息，分别在首选站点、辅助站点各选择一台主机放置 2 个副本（RAID-1），见证文件放置在 172.18.96.51 的见证主机中，如图 10-4-15 所示。查看完成之后单击“关闭”按钮。

（3）在“监控→vSAN→虚拟对象”中取消选中 WS16-Ser01 的硬盘，选中 WS16-Ser02 的硬盘，在“存储策略”中显示该硬盘使用了 PFTT = 1，SFTT = 1 的虚拟机存储策略，单击“查看放置详细信息”，如图 10-4-16 所示。

说明

在使用默认的虚拟机存储策略情况下，允许一个站点主机故障。当一个站点的主机发生故障整体联系不上时，虚拟机会在另一个站点重新启动。

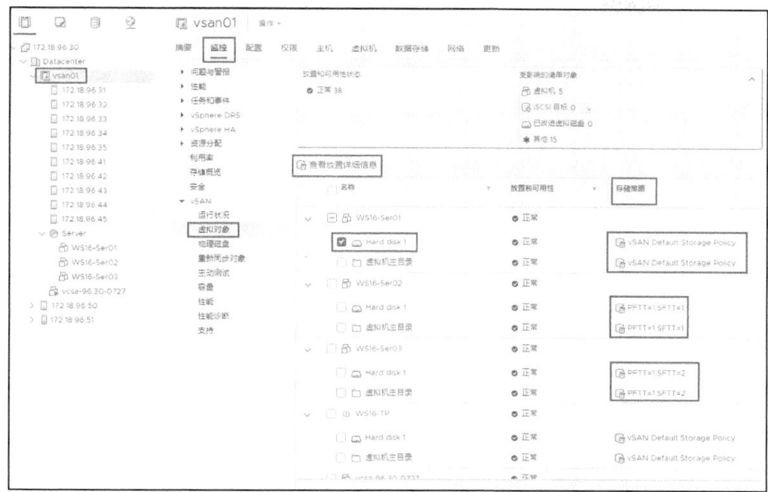

图 10-4-14　查看 WS16-Ser01 的硬盘放置详细信息

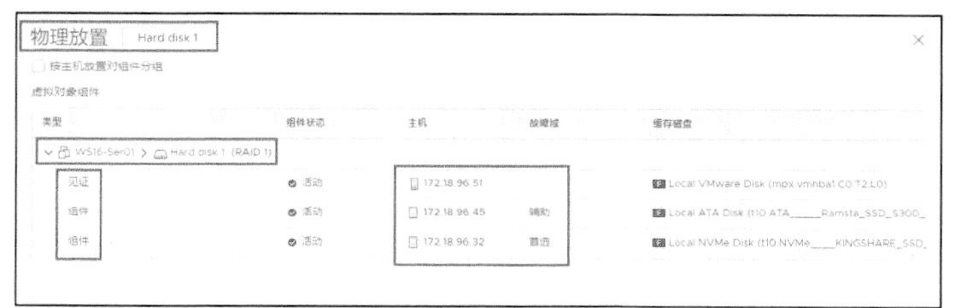

图 10-4-15　查看默认虚拟机存储策略的硬盘放置详细信息

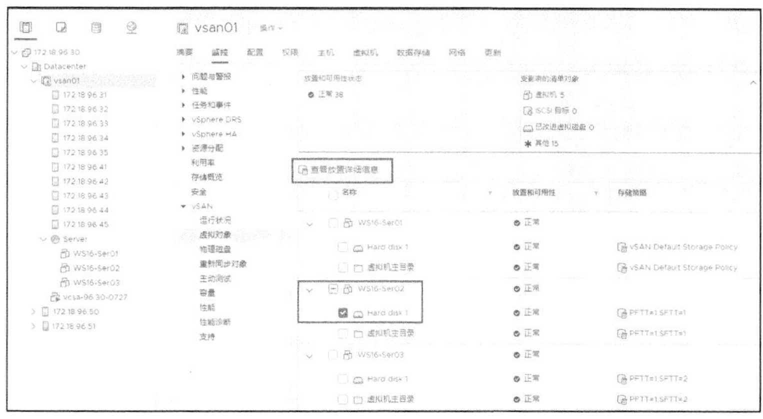

图 10-4-16　查看 WS16-Ser02 的硬盘放置详细信息

（4）在“物理放置”对话框中可以看到使用 PFTT = 1，SFTT = 1 的虚拟机存储策略保存的硬盘放置详细信息。在该策略下，虚拟机分别在首选站点与辅助站点各放置 2 个副本、1 个见证文件，然后首选站点与辅助站点再组成 2 个副本、172.18.96.51 的见证主机再放置 1 个见证文件，如图 10-4-17 所示。

站点内 RAID-1 关系如下。

首选站点：172.18.96.31、172.18.96.32 主机放置 2 个副本，172.18.96.34 主机放置 1 个见证文件。

辅助站点：172.18.96.43、172.18.96.44 主机放置 2 个副本，172.18.96.41 主机放置 1 个

见证文件。

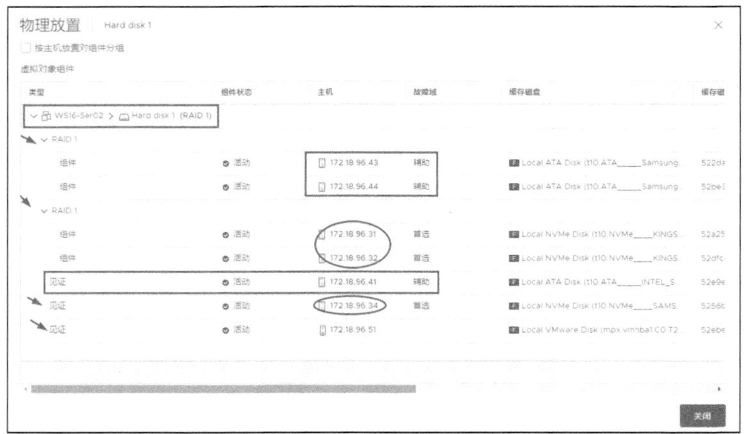

图 10-4-17　查看 PFTT = 1，SFTT = 1 的虚拟机存储策略的硬盘放置详细信息

站点间 RAID-1 关系如下。

首选站点、辅助站点放置副本，172.18.96.51 的见证主机放置见证文件。

说明

在使用 PFTT = 1，SFTT = 1 的虚拟机存储策略情况下，最多允许一个站点、见证站点都出现故障，并且允许剩余站点中的一台主机出现故障。

（5）最后查看 WS16-Ser03 虚拟机的硬盘放置情况，该虚拟机使用了 PFTT = 1，SFTT = 2 的虚拟机存储策略。在这种情况下，该虚拟机分别在首选站点与辅助站点各放置 3 个副本、2 个见证文件，然后首选站点与辅助站点再组成 2 个副本、172.18.96.51 的见证主机再放置 1 个见证文件，如图 10-4-18 所示。

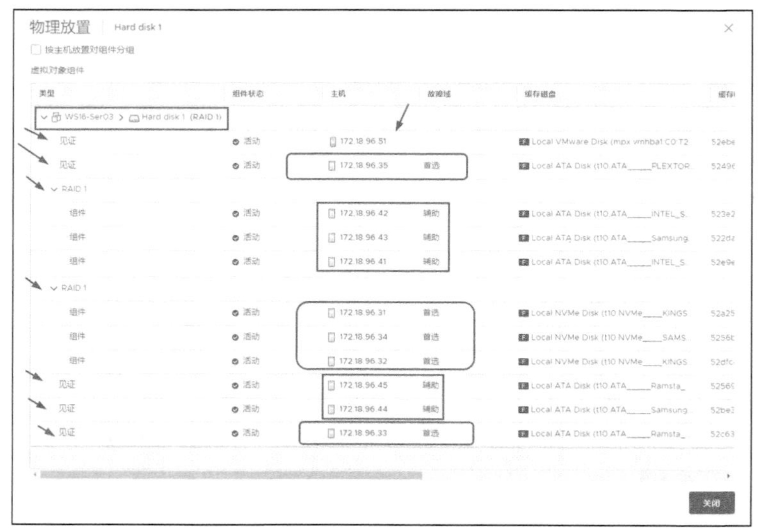

图 10-4-18　查看 PFTT = 1，SFTT = 2 的虚拟机存储策略的硬盘放置详细信息

站点内 RAID-1 关系如下。

首选站点：172.18.96.31、172.18.96.32、172.18.96.34 主机放置 3 个副本，172.18.96.33、

172.18.96.35 主机放置 2 个见证文件。

辅助站点：172.18.96.41、172.18.96.42、172.18.96.43 主机放置 3 个副本，172.18.96.44、172.18.96.45 主机放置 2 个见证文件。

站点间 RAID-1 关系如下。

首选站点、辅助站点放置副本，172.18.96.51 的见证主机放置见证文件。

说明

在使用 PFTT = 1，SFTT = 2 的虚拟机存储策略情况下，最多允许 1 个站点、见证站点都出现故障，并且允许剩余站点中的 2 台主机出现故障。

（6）也可以使用 vSphere Web Client 登录到 vCenter Server，在“监控→vSAN→虚拟对象”中查看虚拟机硬盘在物理主机的放置情况，如图 10-4-19 所示，这是 WS16-Ser03 虚拟机的硬盘放置情况。

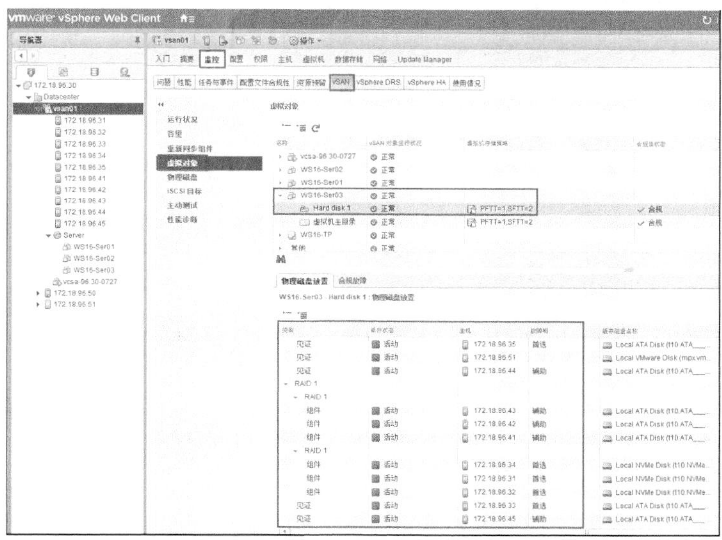

图 10-4-19 使用 vSphere Web Client 查看硬盘放置情况

说明

大多数的情况使用默认的虚拟机存储策略即可（PFTT = 1，SFTT = 0），而对于数据安全性要求高的虚拟机，可以应用 PFTT = 1，SFTT = 1 的虚拟机存储策略，只是需要占用更多的空间（同样数据占用 4 倍的空间）。

10.4.4 从 vSAN 延伸群集切换到标准 vSAN 群集

如果要从 vSAN 延伸群集切换到标准 vSAN 群集，需要为采用了“允许的故障数辅助级别”的虚拟机存储策略的虚拟机应用标准 vSAN 群集的虚拟机存储策略，然后禁用延伸群集、删除首选与辅助故障域即可。下面介绍这方面内容，主要步骤如下。

（1）在本示例中，WS16-Ser02、WS16-Ser03 的虚拟机分别使用了“PFTT = 1，SFTT = 1”与“PFTT = 1，SFTT = 2”的虚拟机存储策略。在将 vSAN 延伸群集切换到标准 vSAN 群集之前，需要将这两台虚拟机的虚拟机存储策略修改为默认的虚拟机存储策略，如图 10-4-20 所示，这是 WS12-Ser02 虚拟机应用默认的虚拟机存储策略的截图，其他虚拟机的配置与此相同。

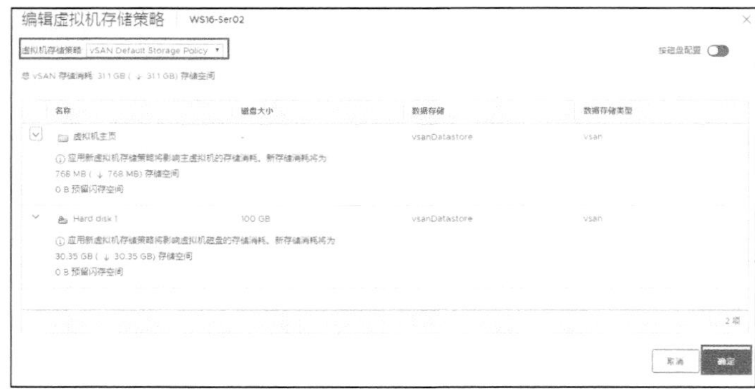

图 10-4-20　为虚拟机应用“vSAN Default Storage Policy”虚拟机存储策略

（2）在“监控→vSAN→虚拟对象”中查看所有的虚拟机的存储策略都是“vSAN Default Storage Policy”，如图 10-4-21 所示。

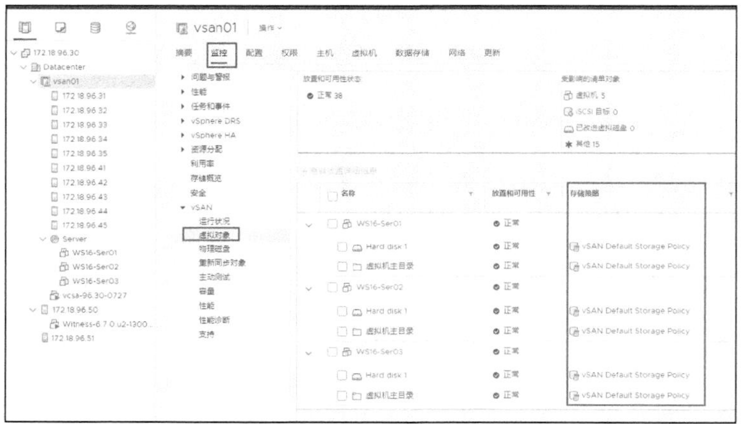

图 10-4-21　查看虚拟对象

（3）参照 9.6.2 节的内容，在“配置→vSAN→故障域”中单击“禁用”按钮（见图 10-4-22），在弹出的“移除见证主机”对话框中单击“移除”按钮，移除见证主机。

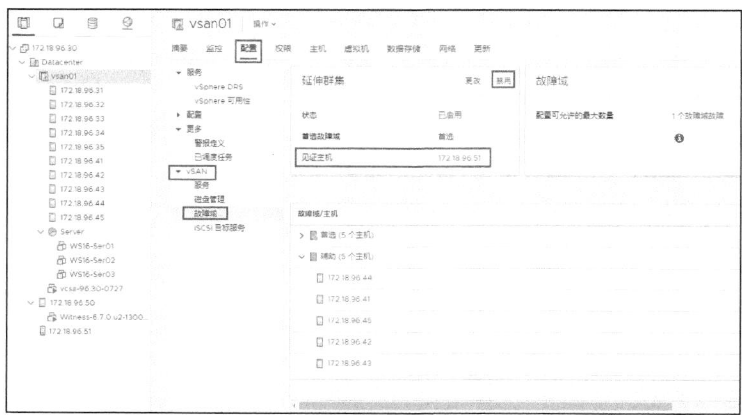

图 10-4-22　禁用延伸群集

（4）在移除见证主机之后，删除“首选”“辅助”故障域，删除之后如图 10-4-23 所示。

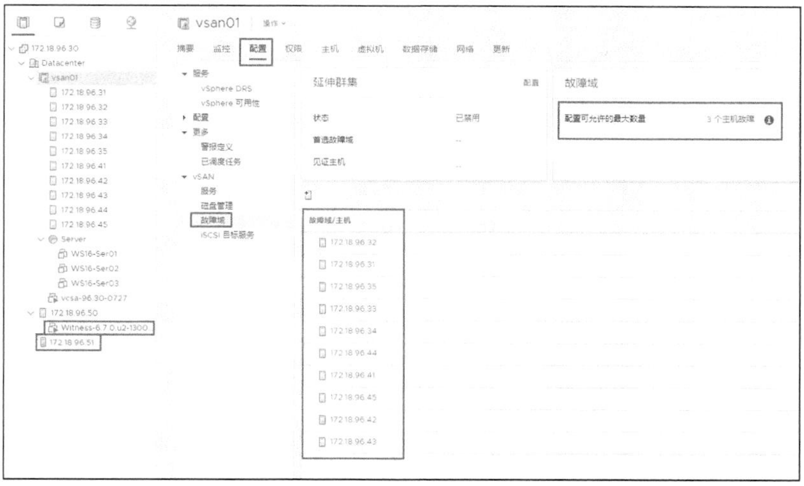

图 10-4-23　删除故障域

（5）然后关闭见证虚拟机、从清单中移除见证虚拟机。在“监控→vSAN→运行状况”中单击“立即修复对象”，修复组件，如图 10-4-24 所示。

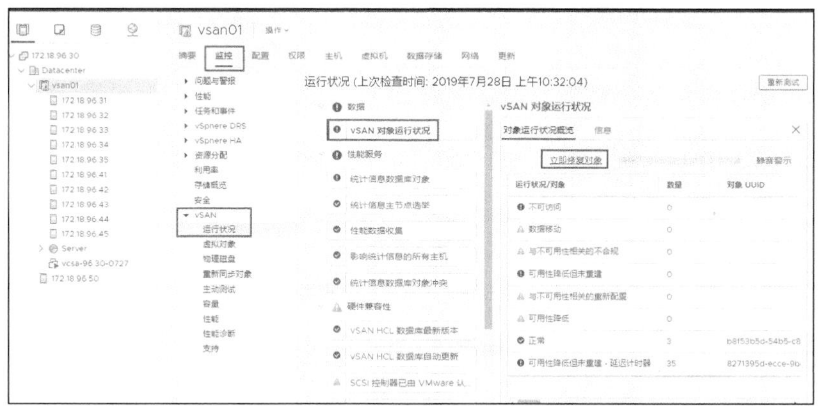

图 10-4-24　修复对象

（6）最后在“监控→vSAN→运行状况”中可以看到 vSAN 状态正常，如图 10-4-25 所示。

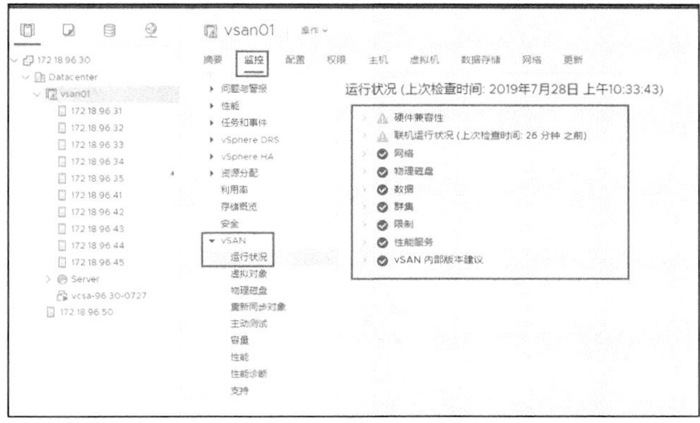

图 10-4-25　查看运行状况

10.5　在同一机房配置故障域防止机架级故障

本节介绍在同一机房中，将多台 ESXi 主机分散到多个机柜中，每个机柜设置一个故障域，避免整个机柜出问题（例如断电）造成业务的长时间中断或数据的丢失。本示例准备了 12 台主机，分成 4 个机柜，每个机柜 3 台服务器，如图 10-5-1 所示。

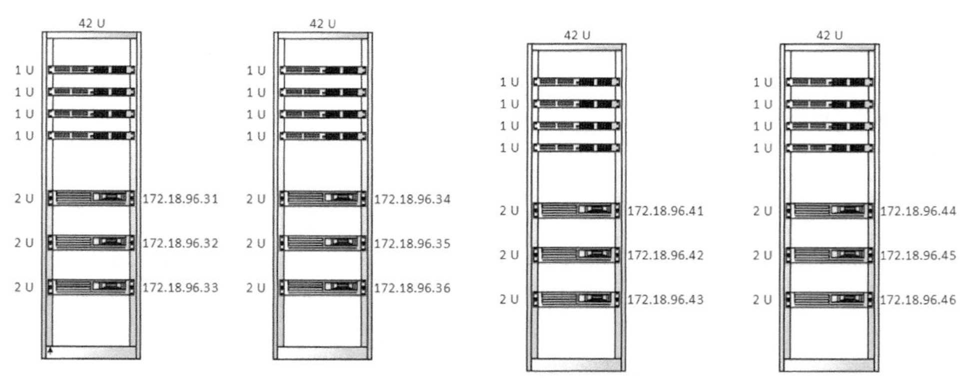

图 10-5-1　4 个机柜组成的 vSAN 群集

在本示例中每个机柜配置 4 台交换机，其中 2 台交换机用于 ESXi 管理和虚拟机流量，另外 2 台交换机用于 vSAN 流量。同一功能交换机之间采用堆叠方式进行连接。表 10-5-1 所示为华为部分交换机型号、支持的堆叠方式和堆叠设备数量。建议华为 S5720、华为 S6720S 系列交换机堆叠设备台数为 2～9 台。

表 10-5-1　　部分华为交换机支持的堆叠方式和堆叠设备数量

交换机型号	支持堆叠的端口	支持的最大逻辑端口和物理端口数	堆叠线缆	堆叠时单端口的工作速率
S5720-P-SI S5720S-P-SI S5720-X-SI S5720S-X-SI	设备的 4 个 SFP+光接口(非 Combo 口)	单设备最多支持 2 个逻辑堆叠口，每个逻辑堆叠口最多包含 2 个物理成员口，单设备最多支持 4 个物理成员口	1m、3m SFP+无源电缆； 5m SFP+无源电缆（V200R009 及以后的版本支持）； 10m SFP+有源电缆； 3m、10m AOC 光纤； 10GE SFP+光模块和光纤	10Gbit/s
S5720-P-SI S5720S-P-SI S5720-X-SI S5720S-X-SI	设备前面板上的电口	单设备最多支持 2 个逻辑堆叠口，每个逻辑堆叠口最多包含 8 个物理成员口，单设备最多支持 16 个物理成员口	Category 5 及以上规格标准网线	1Gbit/s
S5720-X-SI S5720S-X-SI	设备前面板上的下行 SFP 光口	单设备最多支持 2 个逻辑堆叠口，每个逻辑堆叠口最多包含 8 个物理成员口，单设备最多支持 16 个物理成员口	GE SFP 光模块和光纤	1Gbit/s

续表

交换机型号	支持堆叠的端口	支持的最大逻辑端口和物理端口数	堆叠线缆	堆叠时单端口的工作速率
S5720HI	设备的 4 个 SFP+光接口； 4×10GE 插卡上的接口	单设备最多支持 2 个逻辑堆叠口，每个逻辑堆叠口最多包含 8 个物理成员口，单设备最多支持 8 个物理成员口	1m、3m SFP+无源电缆； 5m SFP+无源电缆； 10m SFP+有源电缆； 3m、10m AOC 光纤； 10GE SFP+光模块和光纤	10Gbit/s
S5720-C-EI	设备的 4 个 SFP+光接口； 2×10GE 光口业务插卡上的光接口； 2×10GE 电口业务插卡上的电接口	单设备最多支持 2 个逻辑堆叠口，加入逻辑堆叠口的物理成员口，要求要么全部是设备前面板上的 SFP+光接口，要么全部是业务插卡上的接口，不可以既包含设备前面板上的接口又包含业务插卡上的接口	1m、3m SFP+无源电缆； 5m SFP+无源电缆； 10m SFP+有源电缆； 3m、10m AOC 光纤； 10GE SFP+光模块和光纤； Category6A 及以上规格标准网线	10Gbit/s
S6720-EI S6720S-EI	前面板上的任意 10GE 口	单设备最多支持 2 个逻辑堆叠口，每个逻辑堆叠口最多包含 8 个物理成员口，单设备最多支持 16 个物理成员口	1m、3m、5m SFP+无源电缆； 10m SFP+有源电缆； 3m、10m AOC 光纤； 10GE SFP+光模块和光纤	10Gbit/s
	前面板上的 40GE 口；4×40GE 插卡上的接口	单设备最多支持 2 个逻辑堆叠口，每个逻辑堆叠口最多包含 6 个物理成员口，单设备最多支持 6 个物理成员口	1m、3m、5m QSFP+无源电缆； QSFP+ 光模块（QSFP-40G-SR-BD 不支持）和相应光纤	40Gbit/s

说明

（1）从 V200R010 开始，对于使用 1m、3m SFP+无源电缆连接的堆叠成员端口，可以通过命令 stack port speed 将工作速率提升至 12Gbit/s。设备端口工作速率提升至 12Gbit/s 后，不能与端口工作速率为 10Gbit/s 的设备再进行堆叠。

（2）支持 S5720-SI、S5720S-SI 所有设备之间进行混堆，但是混堆时，要求使用的堆叠端口类型一致，要么全是设备前面板上的电口，要么全是 SFP 或者 SFP+光接口。

（3）支持 S6720-EI 和 S6720S-EI 所有设备之间进行混堆，但是混堆时，要求使用的堆叠端口类型一致，要么全是设备前面板上的 10GE 口，要么全是 40GE 口。

华为 S5720、S6720 系列交换机支持业务口或堆叠卡进行堆叠，使用业务口进行堆叠时，堆叠设备台数支持 2～9 台。4 个机柜，每个机柜同一功能的交换机配置 2 台，合计 8 台，可以进行堆叠。在进行堆叠时，相邻的 2 台交换机之间采用“交叉”连接，例如交换机 1 的 40GE0/0/1 连接交换机 2 的 40GE0/0/2，交换机 2 的 40GE0/0/1 连接交换机 3 的 40GE0/0/2，交换机 3 的 40GE0/0/1 连接交换机 4 的 GE0/0/2，……，交换机 8 的 40GE0/0/1 连接交换机 1 的 40GE0/0/2。

在由 4 个机柜、每个机柜 2 台 vSAN 流量交换机、2 台管理与虚拟机流量交换机组成的 vSAN 群集中，同一机柜 2 台交换机进行堆叠，前一个机柜的第 2 台交换机连接到下一个机柜的第 1 台交换机，最后一个机柜的第 2 台交换机连接到第一个机柜的第 1 台交换机。如图 10-5-2 所示，当前画出了 4 个机柜中，每个机柜 2 台 S6720SI、2 台 S6720EI 交换机堆叠的连接方式。

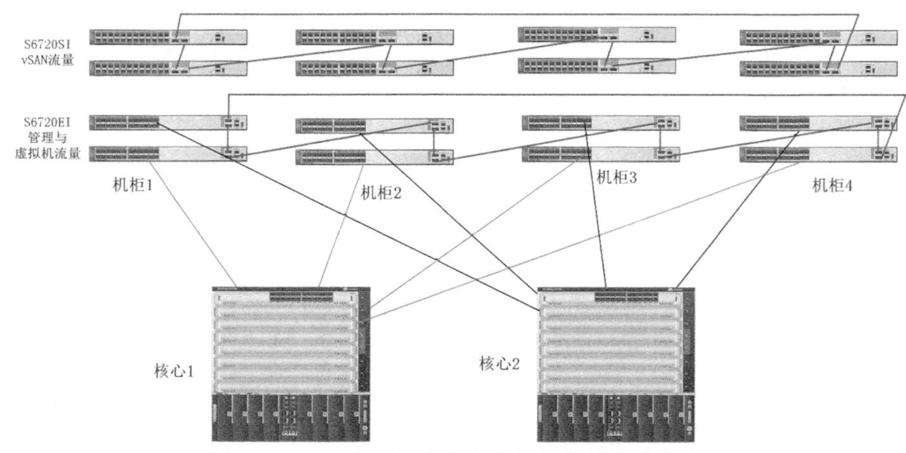

图 10-5-2　4 个机柜中多台交换机堆叠连接方式

说明

（1）同一个机柜中 2 台交换机堆叠时，可以使用 1m QSFP+无源电缆进行连接；不同机柜之间 2 台交换机堆叠时，可以使用 3m、5m QSFP+无源电缆进行连接。

（2）当机柜之间连接距离超过 5m 时，堆叠端口可以配置 QSFP+光模块，然后通过光纤进行连接。

（3）用于管理与虚拟机流量的接入交换机连接到 2 台核心交换机。其中每个机柜的一台接入交换机连接到核心交换机 1，另一台接入交换机接入核心交换机 2。一共 8 条接入线缆可以配置为链路聚合（目前华为交换机链路聚合上限为 8）。

10.5.1　准备标准 vSAN 群集

故障域是在标准 vSAN 群集基础之上创建的，要实现图 10-5-1 所示的 4 个故障域（每个机柜 3 台主机）的 vSAN 群集，需要先将 12 台主机配置成标准 vSAN 群集。本示例中用到的 12 台实验主机的配置如表 10-5-2 所示。

表 10-5-2　实现 4 个故障域的 vSAN 群集实验环境的主机配置

站点	主机或虚拟机名称	ESXi 管理 IP 地址	vSAN 流量 IP 地址	主机内存配置/GB
机柜 1	esx31	172.18.96.31	192.168.0.31	96
	esx32	172.18.96.32	192.168.0.32	64
	esx33	172.18.96.33	192.168.0.33	64
机柜 2	esx34	172.18.96.34	192.168.0.34	32
	esx35	172.18.96.35	192.168.0.35	64
	esx36	172.18.96.36	192.168.0.36	16

续表

站点	主机或虚拟机名称	ESXi 管理 IP 地址	vSAN 流量 IP 地址	主机内存配置/GB
机柜 3	esx41	172.18.96.41	192.168.0.41	16
	esx42	172.18.96.42	192.168.0.42	16
	esx43	172.18.96.43	192.168.0.43	16
机柜 4	esx44	172.18.96.44	192.168.0.44	16
	esx45	172.18.96.45	192.168.0.45	32
	esx46	172.18.96.46	192.168.0.46	32
vCenter Server		172.18.96.30		

vCenter Server、ESXi 的安装以及 vSAN 的配置请参考本书前面的章节，本节不再介绍。

使用 vSphere Client 登录到 vCenter Server（本示例中 vCenter Server 的 IP 地址为 172.18.96.30），将表 10-5-2 中所示出的主机添加到清单中并配置成标准 vSAN 群集，主要步骤如下。

（1）使用 vSphere Client 登录到 vCenter Server，创建名为 Datacenter 的数据中心，创建名为 vsan-Cluster 的群集，将 12 台主机添加到清单中，如图 10-5-3 所示。

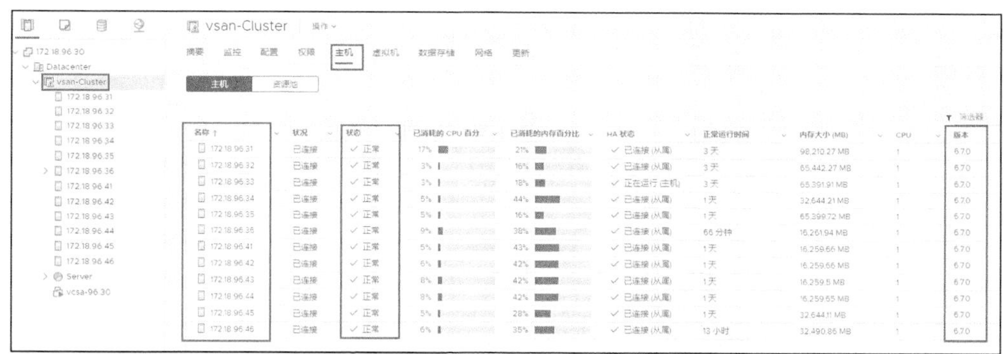

图 10-5-3　将主机添加到清单

（2）为每台主机配置 vSAN 流量的 VMkernel。用于 vSAN 流量的 VMkernel 可以是标准交换机也可以是分布交换机，本示例中采用标准交换机。根据表 10-5-2 所示为每台主机用于 vSAN 流量的 VMkernel 设置 IP 地址，例如 172.18.96.31 主机的 vSAN 流量的 VMkernel 的地址为 192.168.0.31，如图 10-5-4 所示。

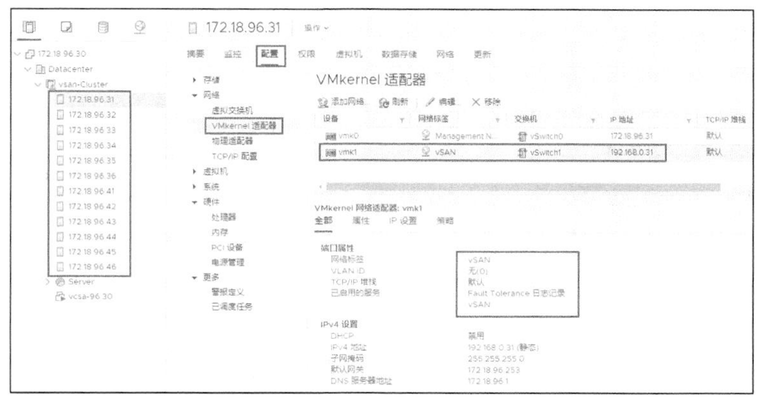

图 10-5-4　为每台主机配置 vSAN 流量的 VMkernel

（3）为群集开启 vSAN 服务，并在“配置→vSAN→磁盘管理”中为每台主机创建磁盘组，所有主机都在“组 1”，如图 10-5-5 所示。

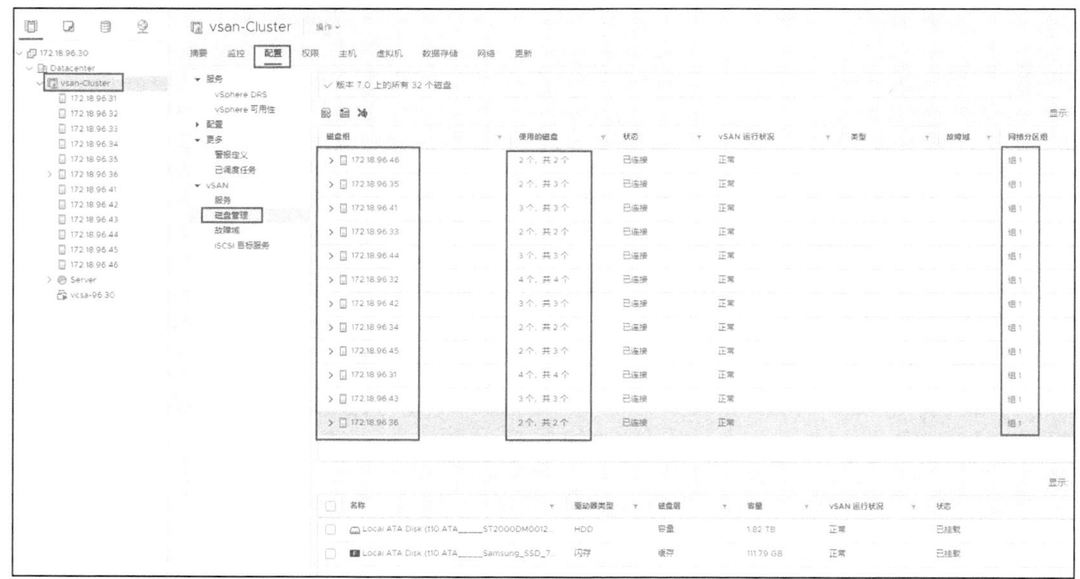

图 10-5-5　磁盘管理

（4）在“监控→vSAN→运行状况”中，vSAN 群集正常，没有故障，只有个别控制器固件有问题，如图 10-5-6 所示。

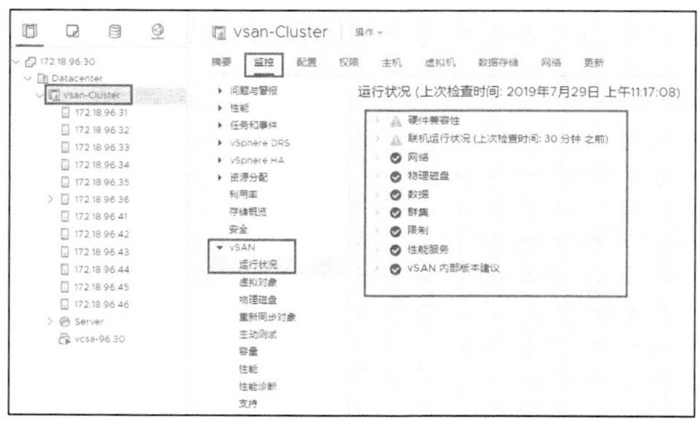

图 10-5-6　运行状况

10.5.2　创建故障域

在本次操作中，将把标准 vSAN 群集中的 12 台主机划分到 4 个故障域。故障域分别用机柜 1、机柜 2、机柜 3、机柜 4 命名。

（1）使用 vSphere Client 登录到 vCenter Server，在“配置→vSAN→故障域”中看到当前一共有 12 台主机，此时在“故障域”中显示“3 个主机故障”，如图 10-5-7 所示。

（2）在图 10-5-7 中单击“ ”图标打开“新建故障域”对话框，在“名称”文本框中输入第一个故障域的名称，本示例为机柜 1；在“主机”列表中选择机柜 1 中的主机，本示例为 172.18.96.31、172.18.96.32、172.18.96.33，单击“确定”按钮完成故障域的创建，如图 10-5-8 所示。

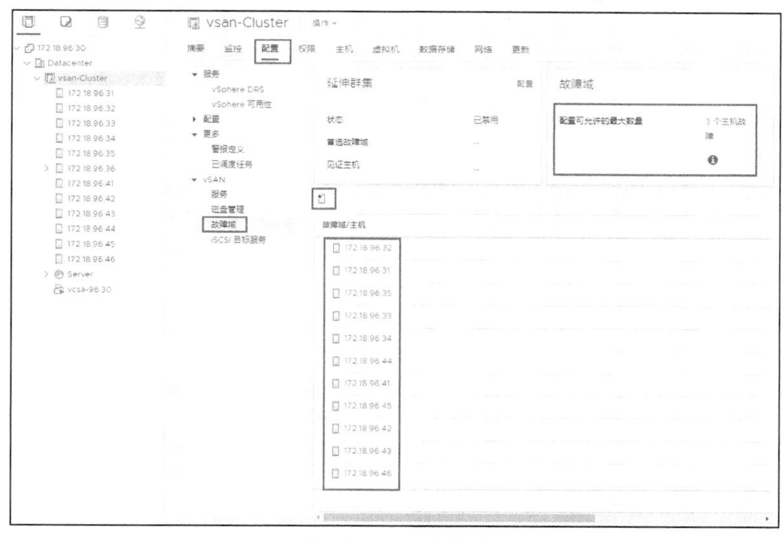

图 10-5-7 故障域

（3）参照（1）～（2）的步骤，创建机柜 2（主机为 172.18.96.34、172.18.96.35、172.18.96.36）、机柜 3（主机为 172.18.96.41、172.18.96.42、172.18.96.43）、机柜 4（主机为 172.18.96.44、172.18.96.45、172.18.96.46），如图 10-5-9～图 10-5-11 所示。

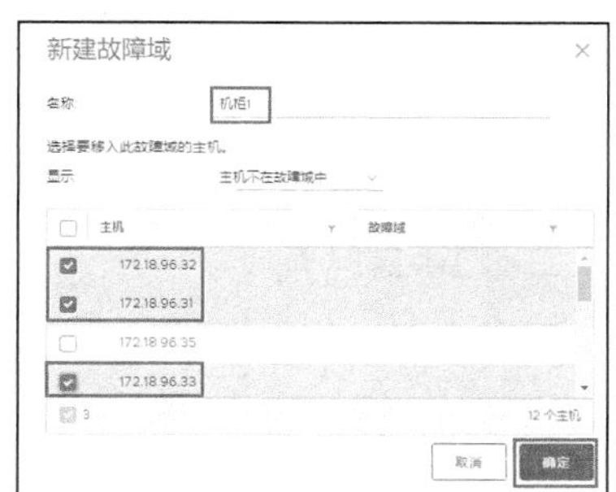

图 10-5-8 创建机柜 1 故障域

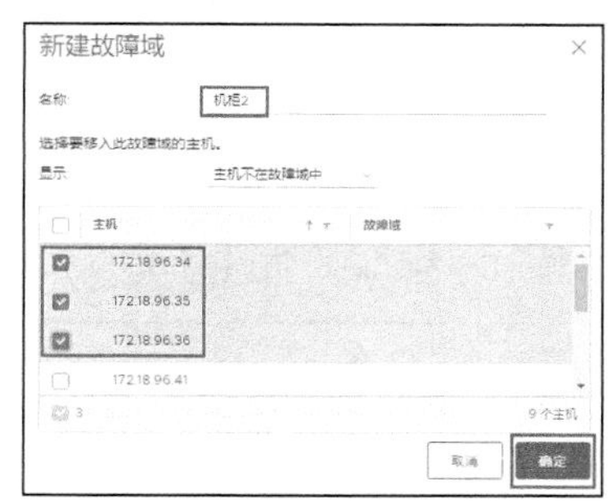

图 10-5-9 创建机柜 2 故障域

图 10-5-10 创建机柜 3 故障域

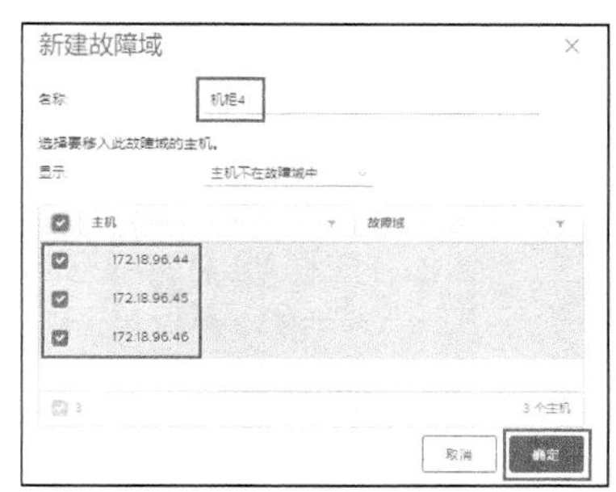

图 10-5-11 创建机柜 4 故障域

（4）将 12 台主机划分到 4 个故障域之后，允许的故障域最大值为 1。此时允许 1 个机柜的主机出现故障。创建之后如图 10-5-12 所示。

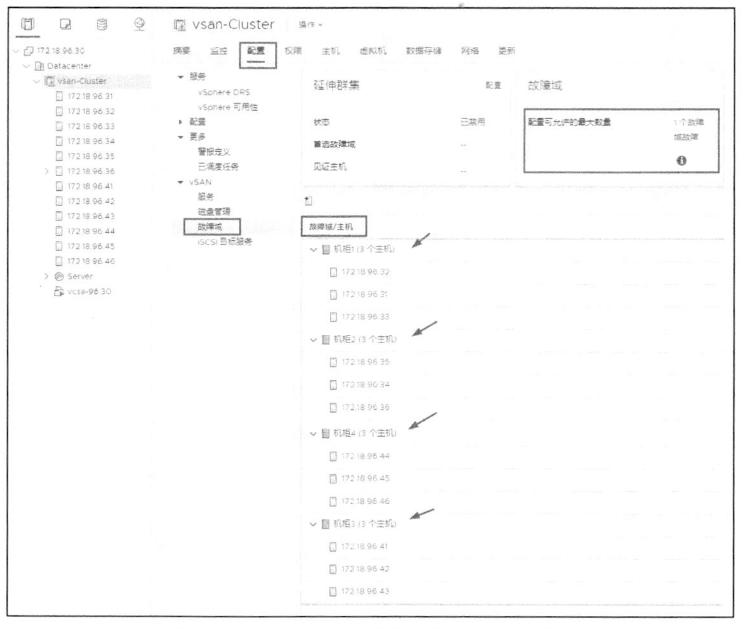

图 10-5-12　将主机划分到 4 个故障域

在有 4 个故障域的 vSAN 群集中，允许的故障域主要级别最大值为 1，默认的虚拟机存储就是这个策略。所以在有 4 个故障域的 vSAN 群集中，使用默认的虚拟机存储策略即可。

（1）在新定义了故障域之后，一些虚拟机的磁盘放置可能不符合虚拟机存储策略，此时在“监控→vSAN→虚拟对象”中可以看到部分虚拟机提示“可用性降低但未重建”，如图 10-5-13 所示。

（2）在“监控→vSAN→运行状况”的“vSAN 对象运行状况”中单击“立即修复对象”，vSAN 会立刻同步重建不符合虚拟机存储策略的对象，如图 10-5-14 所示。

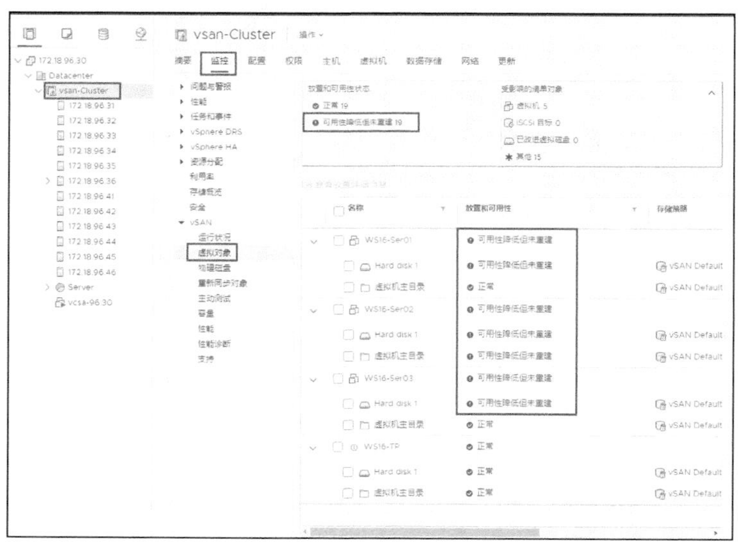

图 10-5-13　可用性降低

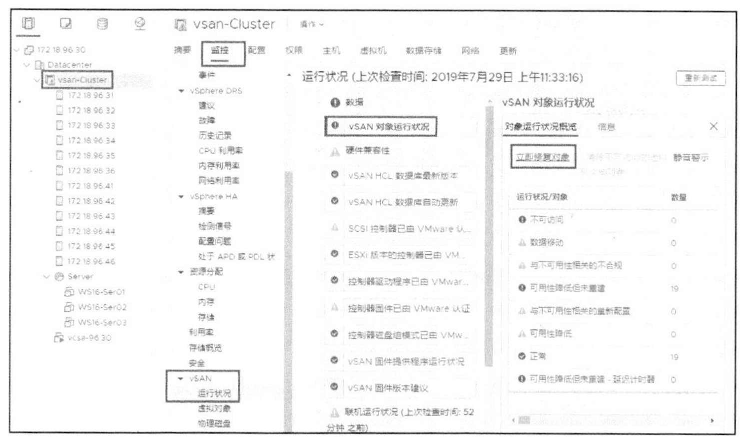

图 10-5-14　立即修复对象

（3）在“监控→vSAN→虚拟对象”中选中一台虚拟机查看放置详细信息，在“主机、故障域”中可以看到，虚拟机主目录、小于 255GB 的硬盘 1（Hard disk 1）有 2 个副本、1 个见证文件。其中 2 个副本与 1 个见证文件保存在 3 个故障域中，硬盘 2（Hard disk 2）被拆分成 3 个组件以 RAID-10 方式保存在 4 个故障域中，如图 10-5-15 所示。

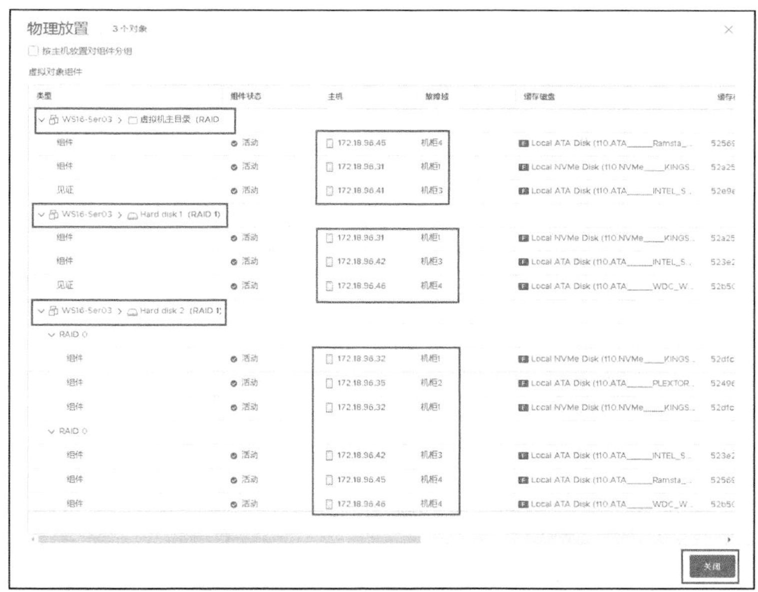

图 10-5-15　查看放置详细信息

在 4 个故障域组成的 vSAN 群集中，如果 1 个故障域整体出现问题，例如整个机柜断电，原来这个机柜中主机上正在运行的虚拟机会在其他机柜的主机重新注册、重新启动。如果超过 60 分钟断电的机柜不能恢复，缺失的数据会在其他故障域主机重建，说明了任何一台虚拟机的数据保存在 3 个故障域的基本特点。

11 企业虚拟化应用案例

本章介绍了近几年作者为一些高校、企业实施 vSAN 虚拟化的应用案例，希望对读者有所帮助。

11.1 某高校实验室 vSAN 应用案例

高校专业实验室都有数量众多的服务器，基本上每台服务器都只运行一个应用，服务器利用率较低。最好的解决方法是采用虚拟化技术，使用虚拟机代替原来传统的服务器。通常情况下，物理机与虚拟机的比率可以达到 1∶10～1∶30 甚至更高，这样使用数量较少的物理服务器可以解决服务器数量不够的问题。但传统方式的虚拟机需要保存在共享存储，专业的共享存储具有盘位有限、存储本身是单点故障点、价格比较贵、初始投入成本较高等缺点。为了解决传统共享存储的问题，可以采用较新的超融合技术，使用服务器本地存储借助以太网组成的软件分布式存储技术。分布式存储具有无明显单点故障点、纵向与横向扩展性较好、性能优秀等一系列的优点。

某高校一个专业实验室现有 4 台配置较高的服务器、7 台配置较低的服务器，每台服务器运行 Windows Server 或 Linux 操作系统，安装了实验教学所需的软件。由于实验课程科目较多，服务器数量较少，所以在每台主机安装了一个或多个实验软件。这也出现了一个问题：并不是所有的软件都需要一直运行，但因为主机数量少，所以只能同时安装、同时运行。新的教学计划需要安装更多的应用，这需要安装新的教学软件，但已经没有空闲的主机。如果采用以前的方式只能采购服务器，但采购新的服务器费用较高、周期较长。即使再购买新服务器，仍然会进入同样的怪圈：安装新软件运行在主机上（上课时运行，不上课时仍然运行；软件并不是每天都需要，可能有的周一用、有的周二用、有的周三用，但只要安装在计算机主机上，24 小时就只能被动运行，效率较低）。

由于上述这些原因，准备使用虚拟化技术解决这个问题。使用虚拟化技术，将现有配置较高的服务器组成群集，创建多台虚拟机，每台虚拟机安装一个或多个需要同时运行、同时使用的软件。例如原来 20 台服务器、安装了 40 个软件，使用虚拟化技术后则可以创建 40 台虚拟机、每台虚拟机只安装一个软件。这样上课时用到哪个软件就启动对应的虚拟机，不用的软件所在的虚拟机则不启动，这保证了资源的合理分配与充分使用。

使用虚拟化技术时，为了解决高可用问题通常配置共享存储，但共享存储初期配置投入较高。经过多方面考虑，采用 VMware 超融合技术，使用服务器本地硬盘组成 vSAN 存储的方式来解决。

最初采用 2 台联想 x3850 X6（2015 年购买）、2 台 HP DL580 G7（2004 年购买）一共 4 台 4U 服务器组成 vSAN 群集，但在使用一段时间之后发现 2 台 HP DL580 G7 的 RAID 卡与 vSAN 兼容性不好，存储提供程序经常脱机。后来又使用了 2 台 2U 的数腾备份一体机（2U 机架式服务器）将其格式化并安装 ESXi 6.5 加入 vSAN 群集，最终由联想 x3850 X6、数腾备份一体机共 4 台服务器提供存储资源，由 6 台服务器共同提供计算资源，组成 vSAN 群集。由 6 台服务器组成 vSAN 群集的拓扑如图 11-1-1 所示，各服务器的配置如表 11-1-1 所示。

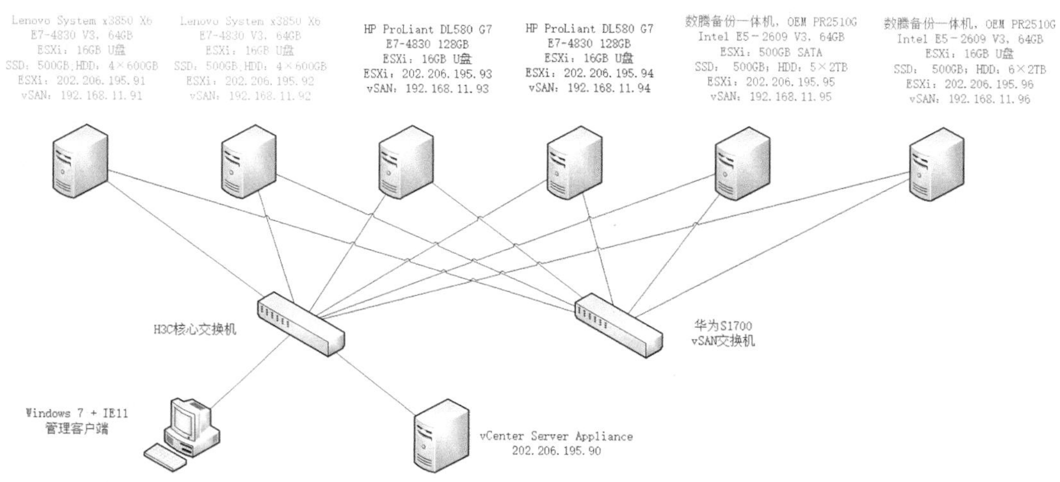

图 11-1-1 由 6 台服务器组成 vSAN 群集的拓扑

表 11-1-1 由 6 台服务器组成 vSAN 群集的各服务器型号和配置

序号	服务器品牌型号	CPU	内存/GB	网卡	硬盘
1	联想 x3850 X6	4 个 E7-4830 V3，2.1GHz	64	集成 4 端口 1Gbit/s 网卡	4 块 600GB 的 2.5 英寸 10000 转/分钟的硬盘
2	联想 x3850 X6	4 个 E7-4830 V3，2.1GHz	64	集成 4 端口 1Gbit/s 网卡	4 块 600GB 的 2.5 英寸 10000 转/分钟的硬盘
3	HP DL580 G7	4 个 E7-4830，2.13GHz	128	集成 4 端口 1Gbit/s 网卡	无硬盘（原硬盘拆下装到联想 x3850 X6）
4	HP DL580 G7	4 个 E7-4830，2.13GHz	128	集成 4 端口 1Gbit/s 网卡	无硬盘（原硬盘拆下安装到联想 x3850 X6）
5	OEM PR2510G	2 个 E5-2609 V3，1.93GHz	64	1 块 2 端口 1Gbit/s 网卡，2 块 1Gbit/s 网卡	5 块 2TB 的 3.5 英寸 7200 转/分钟的 SATA 硬盘
6	OEM PR2510G	2 个 E5-2609 V3，1.93GHz	64	2 块 2 端口 1Gbit/s 网卡	6 块 2TB 的 3.5 英寸 7200 转/分钟的 SATA 硬盘

在本次项目改造中，一共使用（购买）4 块 500GB 的 Intel 545S 固态硬盘、5 个 16GB 的 U 盘安装 ESXi。采用虚拟化技术之后，总 CPU 资源为 381.37GHz，内存 512GB，存储空间 25.91TB，可以满足现在以及未来 2～3 年的实验教学需求，为实验教学节省了大量资金。

11.1.1 准备服务器并安装 ESXi

为了组建 vSAN，服务器硬盘最好配置为直通或 JBOD 模式。联想 x3850 X6 支持将磁盘配置为 JBOD 模式，但需要将 RAID 卡缓存模块拆除，详细配置方法请参见第 4.3 节中的内容。关于 VMware ESXi 6.5.0 的安装不详细介绍，与 VMware ESXi 6.7.0 安装相同，这可以参考前面章节内容。

在项目最初的时候，将 2 台 HP DL580 G7 添加到 vSAN 群集中，2 台 HP 服务器提供存储资源。最初将 HP DL 580 G7 服务器 RAID 卡缓存移除，但进入 RAID 配置界面之后发现 HP 服务器不支持直通及 JBOD 模式，而在移除 RAID 卡缓存之后最多只能创建 2 个 RAID 配置，最后又重新安装上 RAID 卡缓存模块，将每块磁盘配置为 RAID-0 组建 vSAN。

在使用一段时间之后，发现这 2 台 HP 服务器的 RAID 卡与 vSAN 6.5 兼容性存在问题，后来将这 2 台 HP 服务器的硬盘移除，其中 SSD 添加到 2 台数腾备份一体机上（实际上是标准 x86 的 2U 机架式服务器），而 HP 服务器的 600GB 硬盘替换到 2 台联想 x3850 X6 的 300GB 硬盘。

11.1.2　配置 HA 及 EVC 问题

vCenter Server Appliance 6.5 部署在联想 x3850 X6 的服务器，由于联想 x3850 X6 的 CPU 支持的 EVC 功能高于 HP DL580 G7 的 CPU 支持的 EVC 功能，这导致在配置群集及 EVC 功能时失败。启用 EVC 功能必须将联想 x3850 X6 的 EVC 降级到与 HP DL580 G7 的 CPU 所支持的 EVC 才行。要降级 EVC 需要关闭联想 x3850 X6 上运行的虚拟机，但正在运行的是 vCenter Server，如果关闭 vCenter Server，HA 功能将无法配置，这就形成了死循环：降级 EVC 需要关闭虚拟机，关闭了 vCenter Server 虚拟机又不能配置 EVC 及 HA。

解决的办法是将所有正在运行的虚拟机关机（包括 vCenter Server），然后将 vCenter Server 虚拟机在联想 x3850 X6 主机上取消注册，将其注册到 HP DL580 G7 的主机并在该主机启动，再次登录 vCenter Server 即可配置 EVC 功能。下面介绍配置步骤。

（1）使用 vSphere Web Client 登录到 vCenter Server，检查 vCenter Server 虚拟机所在的存储位置。在“监控→vSAN→虚拟对象”中可以看到，当前 vCenter Server 虚拟机的组件放置在 202.206.195.91、202.206.195.92、202.206.195.93 共 3 个主机上，其中 202.206.195.91、202.206.195.92 是联想 x3850 X6 的服务器，202.206.195.93 是 HP DL580 G7 的服务器，如图 11-1-2 所示。

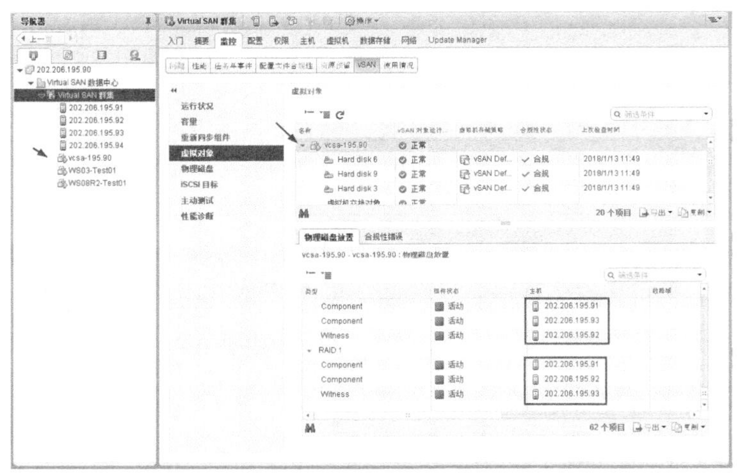

图 11-1-2　检查 vCenter Server 虚拟机保存的位置

（2）查看 2 台联想 x3850 X6 服务器所支持的 EVC 模式，其 CPU 信息及支持的 EVC 列表如下。

Intel Xeon CPU E7-4830 V3 @ 2.10GHz

- Intel "Merom" Generation
- Intel "Penryn" Generation
- Intel "Nehalem" Generation
- Intel "Westmere" Generation
- Intel "Sandy Bridge" Generation
- Intel "Ivy Bridge" Generation
- Intel "Haswell" Generation

（3）查看 2 台 HP DL580 G7 服务器所支持的 EVC 模式，其 CPU 信息及支持的 EVC 列表如下。

Intel Xeon CPU E7- 4830 @ 2.13GHz

- Intel "Merom" Generation
- Intel "Penryn" Generation
- Intel "Nehalem" Generation
- Intel "Westmere" Generation

（4）关闭所有正在运行的虚拟机，最后关闭 vCenter Server 虚拟机。

（5）使用 vSphere Host Client 登录 202.206.195.91，右击 vCenter Server Appliance 虚拟机的名称（本示例为 vcsa-195.90），在弹出的对话框中选择“取消注册”，如图 11-1-3 所示。

图 11-1-3 取消注册

（6）使用 vSphere Host Client 登录 202.206.195.93（这是一台 HP DL580 G7 的服务器），单击“注册虚拟机”，在“注册虚拟机”对话框中，浏览存储找到 vCenter Server 的虚拟机并将其注册，如图 11-1-4 所示。

（7）浏览选中注册的虚拟机，单击“打开电源”启动虚拟机。此时启动的虚拟机，其 CPU

所支持的功能依赖当前主机。在“回答问题”对话框中选中“我已移动”并单击“回答”按钮。

（8）等 vCenter Server Appliance 启动成功之后，使用 vSphere Web Client 登录 vCenter Server，在“配置→VMware EVC”中单击“编辑”按钮，在“Virtual SAN 群集-更改 EVC 模式”对话框中，选中“为 Intel® 主机启用 EVC”；如果在“VMware EVC 模式”下拉列表中选择“Intel®‘Westmere’Generation”（这是 HP DL580 G7 所支持的模式），则在“兼容性”列表中提示“验证成功”，如图 11-1-5 所示。单击“确定”按钮。

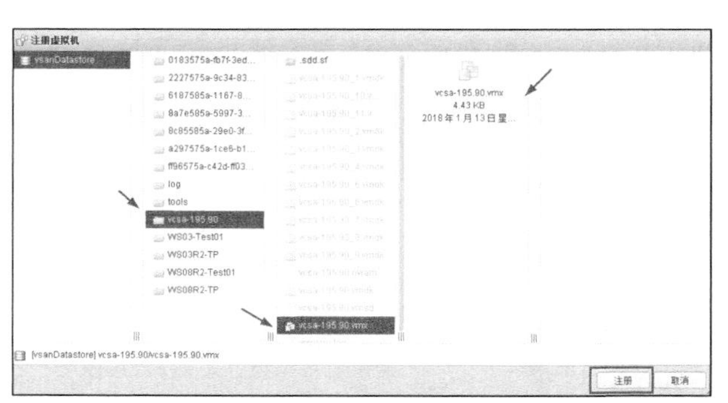

图 11-1-4　选中.vmx 配置文件注册虚拟机

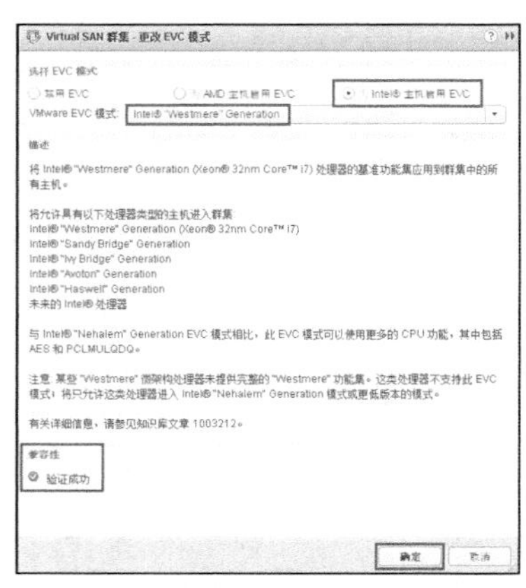

图 11-1-5　更改 EVC 模式

（9）在“配置→服务→vSphere DRS”中单击“编辑”按钮，在“Virtual SAN 群集-编辑群集设置”对话框的“vSphere 可用性”选项中选中“打开 vSphere HA”，如图 11-1-6 所示。

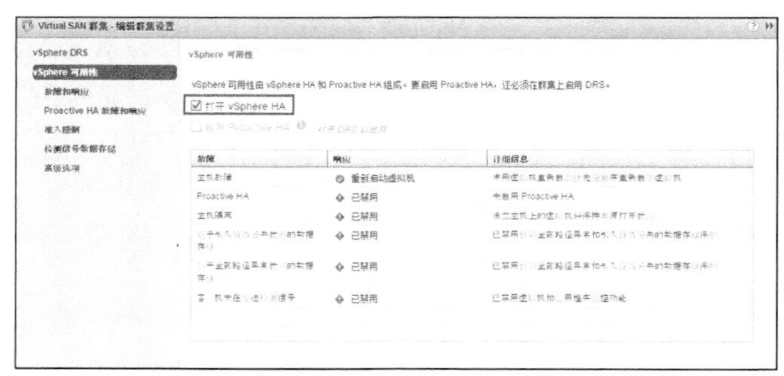

图 11-1-6　打开 vSphere HA

（10）在“vSphere DRS”中选中“打开 vSphere DRS”，单击“确定”按钮完成 HA 与 DRS 的配置。

11.1.3　添加另外 2 台服务器到 vSAN 群集

在使用过程中，发现 2 台 HP 服务器存储提供程序出错，导致“配置→vSAN→磁盘管理”中，不能列出磁盘（见图 11-1-7）。在“监控→vSAN”中，“重新同步对象”“虚拟对象”“物理磁盘”等都不能列出相关对象。重新启动 HP 服务器的过程中，停留在某一界面死机，只能强制关机再开机。经过分析并查看日志，发现当前使用的这 2 台 HP 服务器年限（2004 年购买）较长，当前的 vSphere 6.5 不支持该 HP 服务器的 RAID 卡。为了解决这个问题，决定只使用这 2 台 HP 服务器的计算资源，不使用其提供的存储资源。

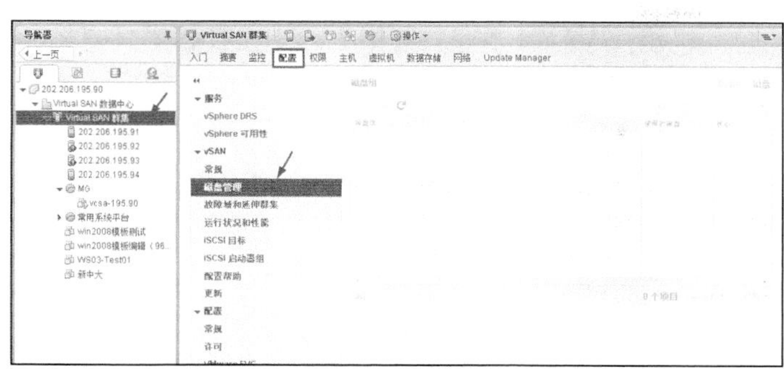

图 11-1-7 磁盘管理

但在标准的 vSAN 群集中，至少要有 3 台提供存储资源，推荐至少 4 台提供存储资源。这就需要再找 1～2 台主机提供存储资源。

经过统计，当前实验室还有 2 台数腾备份一体机，该备份一体机是 x86 架构 2U 机架式服务器，每台配置了一个 E5-2609 V3 的 cpu、64GB 内存。其中 1 台配置了 6 块 2TB 的硬盘，另 1 台配置了 1 块 500GB 的硬盘、5 块 2TB 的硬盘。

因为现在这 2 台数腾备份一体机已经不再使用，经过讨论分析，决定将这 2 台服务器添加到 vSAN 群集中。主要操作步骤如下。

（1）等 HP 服务器重新启动，vSAN 群集正常后，先将其中一台 HP 服务器（IP 地址为 202.206.195.94）置于维护模式，并迁移所有数据。等数据迁移完成后，移除这台服务器的磁盘组，然后重新启动。进入 RAID 卡配置程序中，将每个磁盘的配置清除（删除 RAID-0 的配置），然后移除磁盘，并重新进入系统，退出维护模式。

（2）将上一步从 HP 服务器移除的 SSD 装在其中一台数腾备份一体机上，安装 VMware ESXi 6.5（在 500GB 的硬盘安装），并将其加入 vSAN 群集。因为这台备份服务器只有 2 个 1Gbit/s 端口，需要为这台服务器再添加 2 块 1Gbit/s 网卡或添加 1 块 2 端口 1Gbit/s 网卡。等这台主机加入 vSAN 群集后，为这台主机配置磁盘组，并为这台主机设置 IP 地址 202.206.195.95。

（3）参照第（1）步的操作，将剩余的一台 HP 服务器（IP 地址为 202.206.195.93）置于维护模式并迁移所有数据。之后重新启动进入 RAID 卡配置程序，清除每个磁盘的配置并移除磁盘，重新进入系统，退出维护模式。

（4）参照第（2）步的操作，将移除的 SSD 装在剩下的一台备份服务器上，在 U 盘安装 ESXi 6.5 并加入 vSAN 群集，设置这台服务器的 IP 地址为 202.206.195.96。设置之后如图 11-1-8 所示，其中 202.206.195.91、202.206.195.92、202.206.195.95、202.206.195.96 共 4 台主机提供存储资源，6 台主机提供计算与网络资源。

说明

2 台数腾备份一体机配置的 RAID 卡支持 RAID-0/1/10/5，不支持 JBOD 或直通模式。在使用 vSAN 时，需要将每个硬盘配置为 JBOD、直通或 RAID-0 模式，为了获得更好的兼容性，我们又从不用的旧服务器上拆下 2 块 LSI SAS 9211-8i 的 RAID 卡换上，该卡支持 RAID-0/1/10 及直通模式。更换 RAID 卡后，每块硬盘可以直接为 vSAN 使用。图 11-1-9 是其中一台数腾备份一体机所用的 RAID 卡信息。

最后一共有 6 台主机组成 vSAN 群集，其中 2 台 HP 服务器只提供计算资源，不提供存储资源。

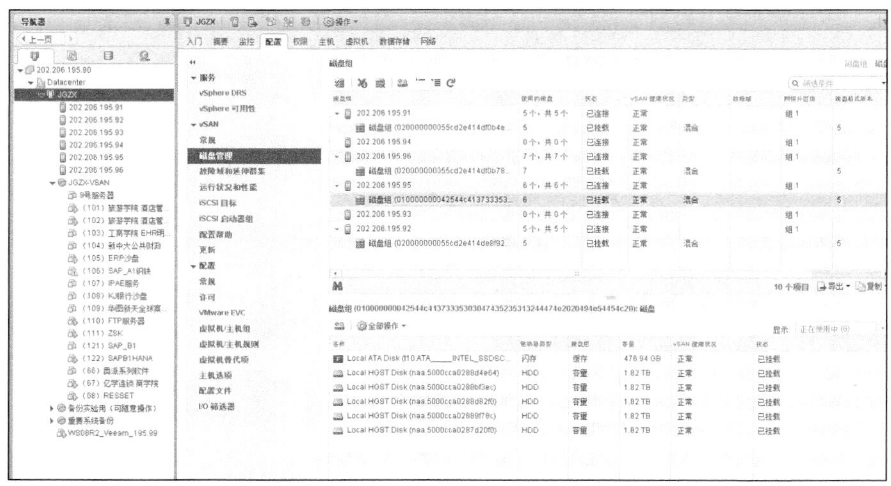

图 11-1-8　由 6 台主机组成的 vSAN 群集

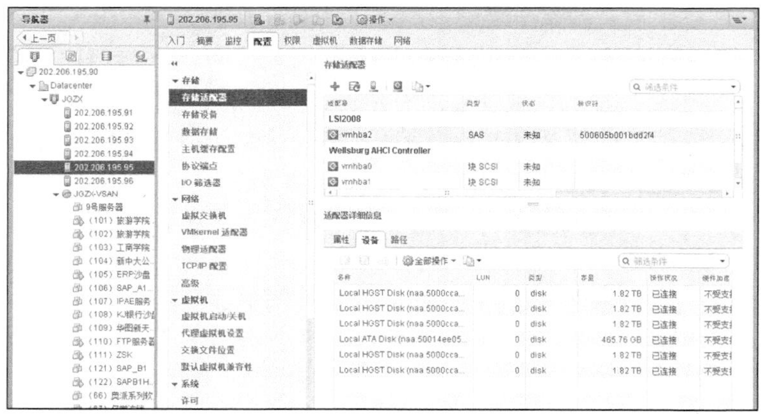

图 11-1-9　更换后的 RAID 卡

11.2　某连锁机构 vSAN 应用案例

某连锁机构原有 80 多台物理服务器（主要是 2U 的机架式服务器）托管在联通机房，每年托管费用 40 多万。这 80 多台服务器中有 60 多台用于门店（每个门店一台物理服务器，每台服务器配置 1 个 CPU、16GB 内存、3 块 300GB 的硬盘配置 RAID-5，也有部分服务器采用 2 块硬盘做 RAID-1，部分采用 4 块硬盘做 RAID-5）。还有几台配置较高的服务器（一般为 32GB 或 64GB 内存，3～6 块硬盘，采用 1 组或 2 组 RAID-5 的方式）用于总部，这些有 OA、业务中心等。现在存在以下问题。

（1）每台服务器对应一个门店，托管物理服务器的数量会随着新开门店数量的增加而增加。

（2）现有业务中心应用，处理速度比较慢，业务中心服务器需要升级。

（3）总部业务服务器每天处理所有门店的“日结”、每月处理所有门店的“月结”速度非常慢。

集团技术部主管经过多方评估，决定采用 VMware vSAN 及虚拟化技术解决上述问题。

11.2.1 项目概述

在本次项目中没有采购新的服务器，而是使用现有 4 台联想 x3650 M5 服务器。将服务器扩容后安装 VMware ESXi 6.5，安装配置 vCenter Server 后配置 vSAN，然后将现有的 60 台门店服务器分批分阶段迁移到虚拟化环境中，整个项目前后持续了 3 周的时间（周六、周日集中配置虚拟化环境，每天晚上闭店之后迁移物理机到虚拟机）。本项目中硬件、软件清单如表 11-2-1 所示。

表 11-2-1 4 台联想 x3650 M5 硬件扩容及虚拟化产品清单

序号	项目	描述	数量	单位
1	分布式服务器配件（联想 x3650 M5 服务器配件）			
1.1	服务器 CPU	Intel E5-2620 V4 CPU（散热器及原装风扇）	4	个
1.2	服务器内存	32GB DDR4 PC4-2400MHz	32	条
1.3	固态硬盘	Intel S3710 400GB	8	块
1.4	数据硬盘	900GB 10K 6Gbit/s SAS 2.5 英寸	40	块
1.5	硬盘扩展板	联想 x3650 M5 系列硬盘扩展背板，2.5 英寸 8 盘位	4	块
1.6	10Gbit/s 接口卡	Intel x520　2 端口 10Gbit/s 网卡	4	块
2	网络设备			
2.1	S6720-30C-EI-24S	24 个 10Gbit/s SFP+、2 个 40GE QSFP+端口，单子卡槽位，含 1 个 600W 交流电源	2	台
2.2	S5720S-52X-SI-AC	华为 48 个 10/100/1000 Base-T、4 个 10Gbit/s SFP+端口交换机	2	台
2.3	光纤模块	多模光模块-SFP+-10G	18	块
2.4	光纤	光纤跳线	20	条
2.5	QSFP-40G	40Gbit/s 转 40Gbit/s 高速电缆直连线 3 米	2	条
3	虚拟化平台			
3.1	vCenter Server	vCenter Server 标准版（含一年服务）	1	套
3.2	vSphere	vSphere 企业增强版（每个 CPU）	8	个
3.3	vSAN	VMware 超融合软件 Virtual SAN	8	个

在虚拟化项目成功实施一个月后，总结如下。

（1）服务器托管运营成本大大降低。采用虚拟化技术，将集团原有 86 台服务器全部迁移到由 4 台物理服务器组成的虚拟化环境中，托管到联通机房的服务器数量由原来的 86 台减少到 4 台，托管费每年节省 40 万元，只用 2 年就可以收回本次投资。

（2）业务处理速度明显提升。每个连锁店的业务处理速度比原来有很大的提升。这从每天的“日结”和每月月底的“月结”处理完成时间可以看出来。

日结：虚拟化之前每个门店日结大约到第二天上午才能完成，虚拟化之后当天凌晨前完成。

月结：平时业务中心处理完门店数据就得第二天中午，第二天中午完成日结，下午完成月结。本次凌晨 1:56 就完成月结。

（3）管理更加便捷。原来 6 台物理服务器采用远程桌面管理，需要开多个窗口，现在使用 vSphere Web Client，在一个界面即可完成管理。vSphere 具有良好的管理界面，可以查看虚拟机的运行状况。

（4）业务可靠性提高。原来门店采用 1:1 的物理机，如果某个门店的物理机出现故障需要修复才能使用，现在虚拟机出现问题可以很容易恢复或重新配置。

在项目成功实施接近一年的时间时，项目整体运行效果良好。下面介绍项目主要内容。

11.2.2　网络拓扑与交换机连接配置

在本项目中，每台联想 x3650 M5 集成 4 端口 1Gbit/s 网卡，添加了 1 块 2 端口 10Gbit/s 网卡。其中 4 端口 1Gbit/s 网卡的前两个端口用于 ESXi 的管理，后 2 个端口用于虚拟机的流量，2 端口 10Gbit/s 网卡用于 vSAN 流量。

本项目一共配置了 4 台交换机，2 台华为 S5720S-52X-SI-AC 用于 ESXi 管理与虚拟机流量，这 2 台交换机采用堆叠的方式配置并连接到核心网络；另 2 台华为 S6720-30C-EI-24S 专用于 vSAN 流量，这 2 台交换机也采用堆叠方式配置，但这 2 台交换机独立，不与其他网络连接。网络拓扑如图 11-2-1 所示。

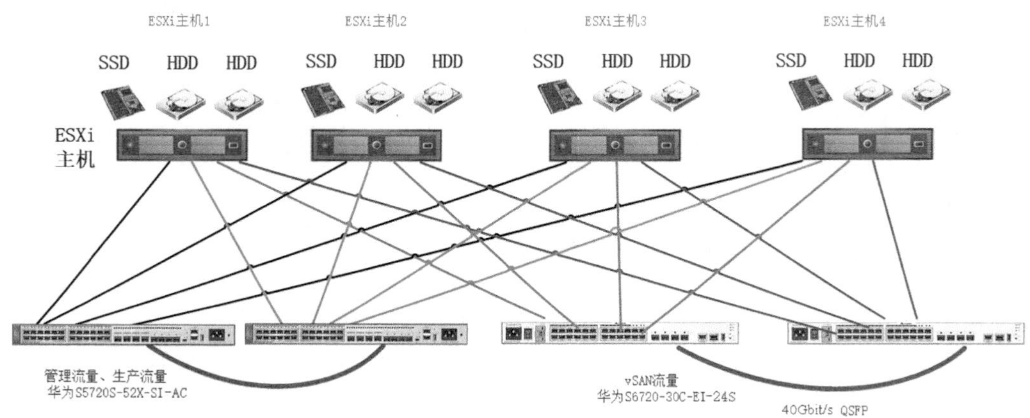

图 11-2-1　某连锁机构 4 台主机组成的标准 vSAN 群集

11.2.3　安装配置主要步骤

在前面的章节中已经多次介绍了 VMware ESXi、vCenter Server、vSAN 的安装配置，本节将不再赘述，只介绍主要步骤。

（1）ESXi 系统安装在原有的 300GB 硬盘上。因为本项目“利旧”使用的是已有的服务器，所以在本次项目中没有单独为 ESXi 配置系统盘，而是使用系统原有的 300GB 硬盘。每台服务器配置 1 块 300GB 的硬盘（安装 ESXi）、2 块 400GB 的 SSD、10 块 900GB 的 HDD，组成 2 个磁盘组。

（2）将每个硬盘配置为 JBOD 模式：本次项目中使用的联想 x3650 M5 配置了 RAID 卡，为了将硬件配置为 JBOD 模式需要移除联想 x3650 M5 RAID 卡的缓存模块（详见第 4 章第 4.2 节和第 4.3 节中的内容）。

（3）将 2 台华为 S5720S、2 台华为 S6720 配置并进行堆叠，将 4 台服务器按照图 11-2-1 的方式进行连接。

（4）在其中 1 台主机安装 vCenter Server Appliance 6.5 并启用 vSAN，安装 vCenter Server 之后将另外 3 台主机添加到 vSAN 群集，并为 vSAN 流量配置 VMkernel。因为本项目只有

4 台主机，故 vSAN 流量也使用标准虚拟交换机。

（5）启用 vSAN 群集。当前项目使用 4 台主机，每台主机 2 个磁盘组，如图 11-2-2 所示。

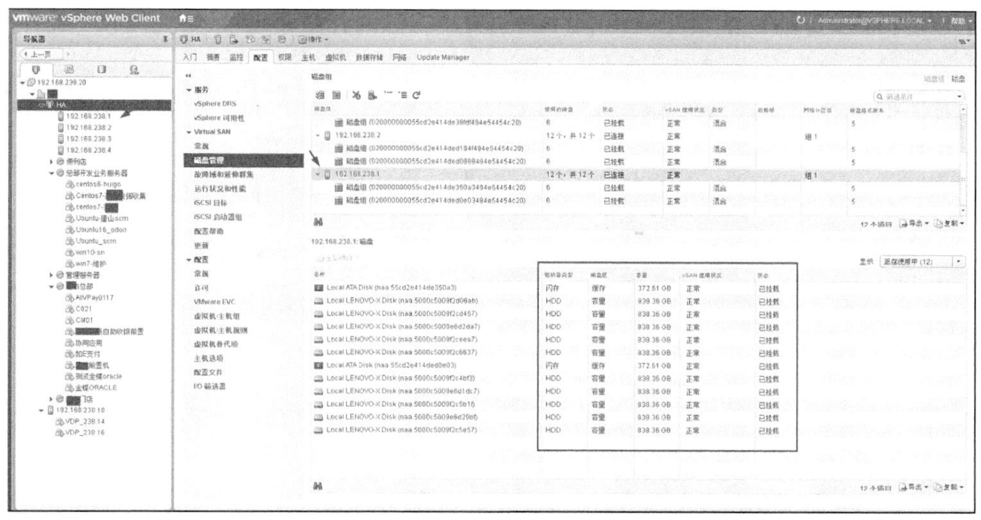

图 11-2-2　共 4 台主机，每台主机 2 个磁盘组

（6）创建门店、业务中心等环境使用的虚拟机，按照原来门店、业务中心的需求安装操作系统、数据库并进行环境配置，然后将门店、业务中心的数据一一迁移到对应的虚拟机中。原有门店物理服务器的网线拔下（暂不关机），在虚拟机设置门店原来的 IP 地址对外提供服务，等业务运行几天无误之后，将原有门店服务器关机并下架。每个门店业务虚拟机分配了 4 个 CPU、16GB 内存，迁移后虚拟机部分清单如图 11-2-3 所示。

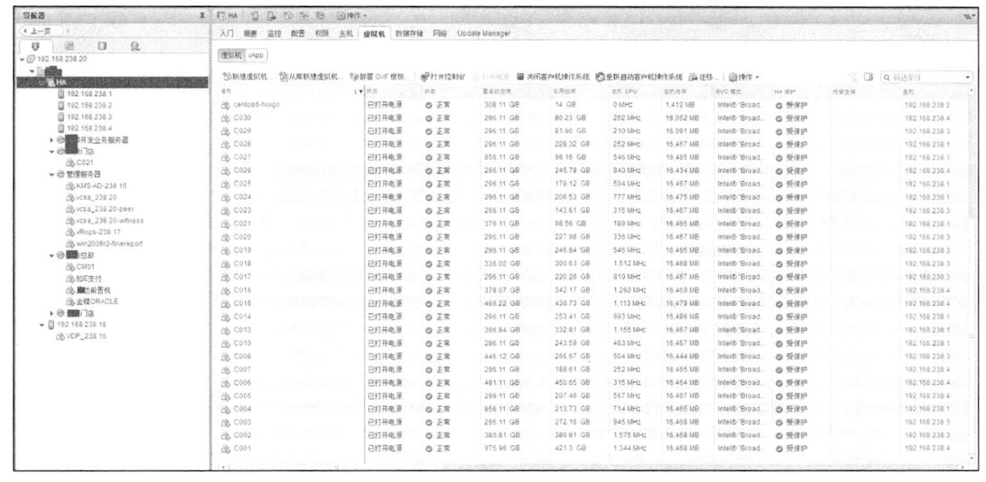

图 11-2-3　虚拟化后门店虚拟机列表（部分）

关于 VMware vSAN，前面已经介绍过许多内容，下面介绍评估 vSAN 群集中闪存设备生命周期的内容。

11.2.4　评估闪存设备的生命周期

在使用闪存设备时，可监控闪存设备的使用频率并估算其生命周期。

在产品规划设计时，为vSAN选择的较高持久性的SSD。但在产品上线一段时间之后，还需要实际统计计算ESXi主机中用于缓存设备的SSD的实际写入量，以及在全闪存架构中缓存SSD与容量SSD的实际写入量，以正确的评估闪存设备的生命周期。下面介绍评估闪存设备生命周期的方法。

（1）本项目使用4台联想x3650 M5服务器组成标准vSAN群集，每台服务器配置有2个E5-2620 V4的CPU、256GB内存、2块Intel S3700 400GB的SSD、10块900GB 10000转/分钟的2.5寸SAS磁盘、2端口10Gbit/s网卡，如图11-2-4所示。

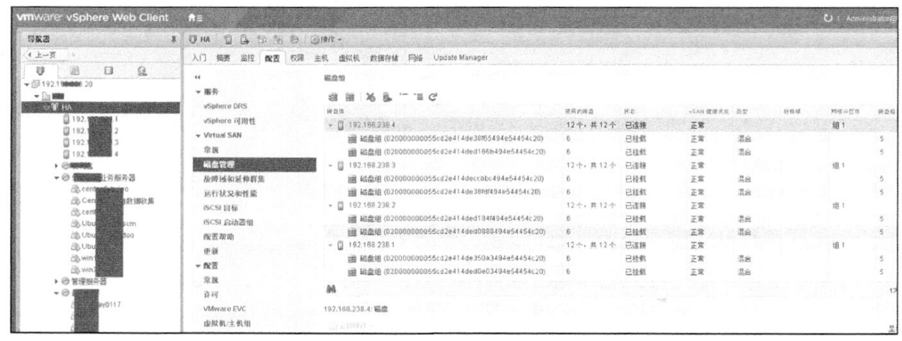

图11-2-4　某4节点vSAN群集

（2）在vSphere Web Client的导航窗格中选中群集或数据中心，在右侧单击“主机”选项卡，查看并记录每台主机正常运行时间，如图11-2-5所示。此时看到3台服务器连续运行83天，1台服务器连续运行35天。

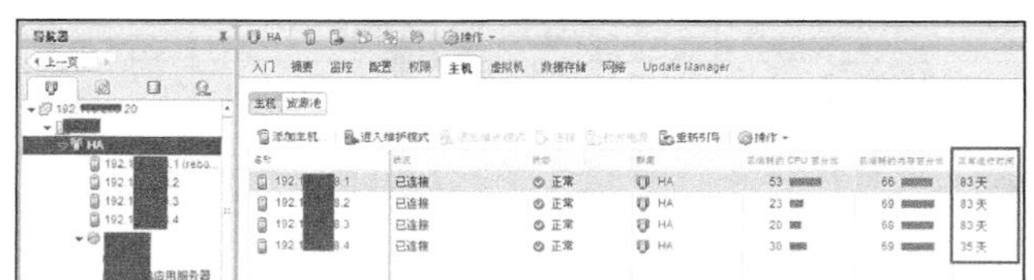

图11-2-5　计算每台主机连续运行时间

（3）记录每台主机闪存设备的标识符。本示例以记录其中一台主机为例。在导航窗格中选中一台主机，在“配置→存储设备”中，查看并记录闪存设备的“标识符”，如图11-2-6所示。

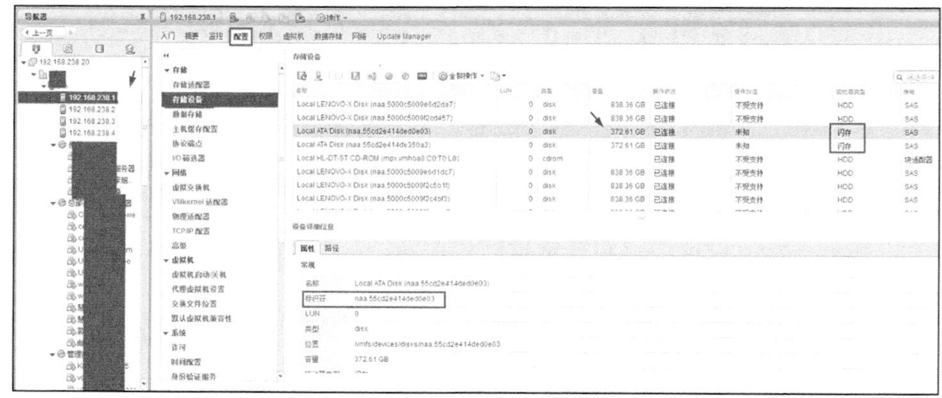

图11-2-6　记录每块闪存设备的标识符

可以将这 4 台主机的每块 SSD 的标识符复制、粘贴并保存到“记事本”中，如下所示。

```
ESXi 主机-1
naa.55cd2e414ded0e03
naa.55cd2e414de350a3

ESXi 主机-2
naa.55cd2e414ded0888
naa.55cd2e414ded184f

ESXi 主机-3
naa.55cd2e414deccbbc
naa.55cd2e414de38fdf

ESXi 主机-24
naa.55cd2e414de38f65
naa.55cd2e414ded166b
```

（4）为主机启用 SSH，使用 xShell 等软件以 SSH 方式登录到 ESXi 主机，运行 esxcli storage core device stats get -d=device_ID 命令。

例如，对于 ESXi 主机-1 的第一块 SSD 来说，其命令格式如下。

```
esxcli storage core device stats get -d=naa.55cd2e414ded0e03
```

命令结果如下（部分）。

```
   Device: naa.55cd2e414ded0e03
   Successful Commands: 3190094452
   Blocks Read: 41641358703
   Blocks Written: 121329054632
   Read Operations: 828716557
   Write Operations: 2361168211
```

Blocks Written 后面的数据显示从上次重新启动后写入设备的块的数量。在本示例中，该值为 121329054632。每次重新引导后，该值会重置为 0。

之后在该主机执行以下命令。

```
esxcli storage core device stats get -d=naa.55cd2e414de350a3
```

命令结果如下（部分）。

```
Device: naa.55cd2e414de350a3
Successful Commands: 3918767831
Blocks Read: 59665895412
Blocks Written: 134830864944
```

然后在其他主机，分别执行类似命令获得该主机每块 SSD 的写入块数并记录下来。

（5）计算每块 SSD 的总写入量。

一个块是 512 字节。要计算写入的总量，请将“写入的块”值乘以 512，然后将得到的值转换为以 GB 为单位的值。

在 ESXi 主机-1 的示例中，从上次重新启动后写入的总量分别为 62120GB、69033GB。

其计算公式为：写入的块 × 512 ÷ (1000 × 1000 × 1000)。

说明

正常情况下 1GB = 1024MB，1MB = 1024KB，1KB = 1024B。但设备厂商以十进制计算硬盘容量，即 1GB = 1000MB。例如 120GB 的固态硬盘，实际是 111.79GB。为了计算方便，在计算时以 1000 为例计算。这并不影响实际的计算结果。

（6）估算每天平均写入量（以 GB 为单位），这可以用距上次重新启动后写入的总量除以距上次重新启动的天数。

在本示例中，ESXi 主机-1 正常运行时间为 83 天，硬盘大小为 400GB，则 2 块 SSD 每天写入量约为 748.44GB、831.73GB。本示例中 4 台主机每块 SSD 写入量统计如表 11-2-2 所示。

表 11-2-2 某 vSAN 群集中 SSD 写入量统计

主机	硬盘	硬盘大小/GB	记录值	累计写入量/GB	正常运行时间/天	每天写入量/GB
192.168.238.1	SSD1	400	121329054632	62120.47597	83	748.4394695
192.168.238.1	SSD2	400	134830864944	69033.40285	83	831.7277452
192.168.238.2	SSD1	400	60187031224	30815.75999	83	371.2742167
192.168.238.2	SSD2	400	115255564208	59010.84887	83	710.9740828
192.168.238.3	SSD1	400	183217224984	93807.21919	83	1130.20746
192.168.238.3	SSD2	400	108203056024	55399.96468	83	667.469454
192.168.238.4	SSD1	400	15582691472	7978.338034	35	227.9525152
192.168.238.4	SSD2	400	70037186656	35859.03957	35	1024.543988

（7）使用以下公式估算闪存设备的生命周期。

供应商提供的每天写入量乘以供应商提供的生命周期除以每天实际平均写入量。

例如，如果供应商保证在每天写入量为 20GB 的情况下生命周期为 5 年，而每天实际写入量为 30GB，则闪存设备的生命周期约为 3.3 年。

当前选择的 Intel S3700 固态硬盘，其 400GB 的写入寿命约为 7.25PB，800GB 的写入寿命约为 14.5PB，其 P/E 次数约为 18125。

当前 ESXi 主机 1 配置的 2 块 400GB 的固态硬盘，其每天的 P/E 次数分别为 1.87、2.08。以当前选择的 P/E 次数大于 18125 次的固态硬盘来说，当前固态硬盘的使用寿命大约是 25 年。当然，一个 vSphere 群集的设计寿命一般是 5～8 年。在生命周期内，不需要更换固态硬盘。

11.2.5 项目两年后升级扩容

项目的预期是将使用的 80 多台物理服务器（每台服务器配置了 1 个型号为 E5-2603 或 E5-2609 的 CPU、16GB 内存、3 块 300GB 的 SAS 磁盘使用 RAID-5 划分，Windows Server 2008 R2 的操作系统、SQL Server 2008 的数据库组成了应用系统），迁移到用这 4 台服务器组成的 vSphere 虚拟化环境。但实际情况是，在项目上线之后不到 2 年的时间里，除了将原计划的 80 多台物理服务器迁移到这 4 台服务器组成的虚拟化环境中之外（原来的 60 多台物理服务器全部下架），又增加了 20 多台新上业务的虚拟机，现在已经运行了 103 台虚拟机，承载了单位全部服务器的应用。在此期间这 4 台服务器的内存扩容过 2 次，现在每台服务器内存是 384GB。

采用服务器虚拟化后，大大提高了主机资源的利用率，同时利用虚拟化的高可用性，使所有的业务虚拟机都受 HA 保护，在很大程度上降低了业务服务中断的风险。但随着业务系统的增加，伴随着数据量的增长，现在的服务器的存储资源、内存资源已经不能满足未来 1 年的业务发展需求，计划通过增加主机实现存储资源、内存资源及 CUP 资源的扩充（当前 4 台主机合计配置了 1536GB 内存、38TB 的硬盘容量），以满足未来 1 年的业务发展需求。现在当前存储可用空间为 4.53TB，小于 1 台主机所能提供的存储容量（每台主机提供 8.2TB 存储空间），当 1 台主机宕机后，剩余的 3 台主机没有足够的存储空间承载宕机主机所存储的虚拟机的数据。

在与客户分析现状并就未来的需求进行交流后，客户选择了如下的升级方案。

（1）在集团下架的服务器中，选择一台较新的联想 x3650 M5 的服务器（其他的服务器是 x3650 M4 或更早的型号），但这台服务器是型号为 E5-2609 V3 的 CPU。而现在虚拟化中 4 台 x3650 M5 采用的是型号为 E5-2620 V4 的 CPU，这台是型号为 E5-2609 V3 的 CPU，因此需要购买 2 个型号为 E5-2620 V4 的 CPU，将内存扩充到 384GB。然后配置 2 块 2 端口 10Gbit/s 网卡、2 块 800GB 的 Intel DC P3700 PCIe 接口的固态硬盘、10 块 1.2TB 的 2.5 英寸 SAS 磁盘、1 块 300GB 的 2.5 英寸 SAS 磁盘（用来安装 ESXi 系统），准备将这台服务器添加到现有虚拟化环境中，组成 5 节点标准 vSAN 群集，扩充虚拟化的资源。

（2）为了保证数据的安全，在项目初期配置了备份服务器。当时采用了 1 台 Dell R720 服务器，配置了 8 块 4TB 的硬盘，采用 RAID-50 之后可用容量约 22TB。现在随着业务数据量增加整个虚拟化平台存储达到 32TB（标准 vSAN 群集，混合架构磁盘组，虚拟机实际占用的空间是使用空间的一半，虚拟机实际数据量约为 16TB），备份服务器的容量已经不能很好的对现有的业务虚拟机进行完全的备份。给客户的建议是再增加 1 台服务器用作备份或者将现有的备份服务器的硬盘替换成 8 块 12TB 的硬盘。客户选择更换硬盘，采用 RAID-50 之后可用容量约为 64TB，可以满足现有业务虚拟机的完全备份以及未来 1～2 年的需要。

（3）原来的虚拟化主机管理网络采用 1Gbit/s 网络。随着虚拟机数量的增加，以及备份占用带宽，将原来虚拟化主机管理网络与虚拟机流量网络升级为 10Gbit/s 网络、将备份数据传输升级到 10Gbit/s 网络，这样可以获得更好的性能，数据备份恢复效率更高。为此需要为原有 4 台主机与备份服务器各添加 1 块 10Gbit/s 网卡，新采购 2 台 10Gbit/s 交换机并与现有 1Gbit/s 交换机互连。

11.2.6 现有网络架构及迁移方案

本项目中关键之处是管理网络与虚拟机流量网络从 4 条 1Gbit/s 上行链路迁移到 2 条 10Gbit/s 上行链路，迁移前使用 4 条上行链路，其中 2 条上行链路连接到交换机的 Access 端口、另外 2 条上行链路连接到交换机的 Trunk 端口，如图 11-2-7 所示，这是其中 1 台主机的连接示意图。

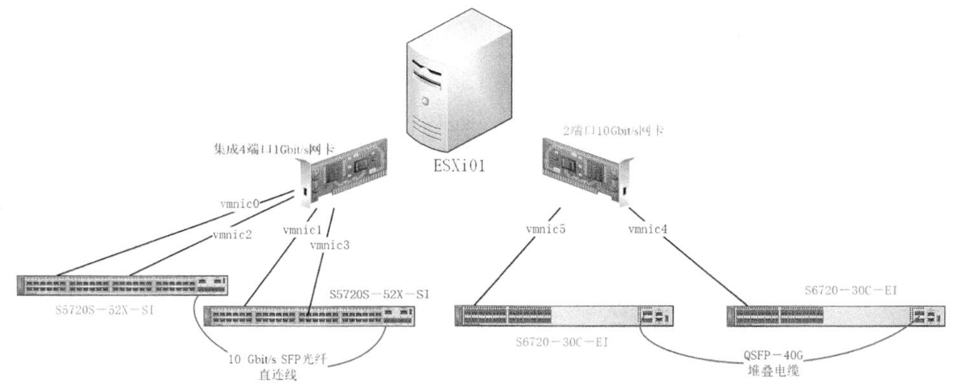

图 11-2-7 升级前主机网络连接示意图

迁移后使用 2 条 10Gbit/s 上行链路，另外 2 条 1Gbit/s 上行链路备用。升级之后网络拓扑如图 11-2-8 所示。

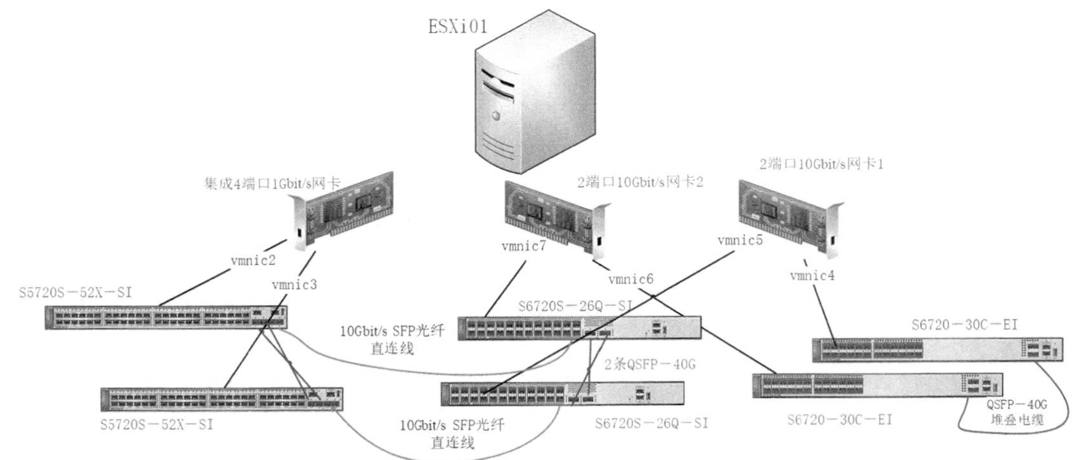

图 11-2-8　升级后主机网络连接示意图

在升级的过程中，虚拟化主机的管理与虚拟机的业务不中断是最基本的要求。本次将 1Gbit/s 网络改 10Gbit/s 网络需要注意的问题有以下几点。

（1）vSAN 网络原来使用 1 块 2 端口 10Gbit/s 网卡，升级后使用每块网卡的端口 1。这避免由于单块网卡故障导致整台主机的 vSAN 流量中断。

（2）原来 2 台 S5720-30-EI 交换机从级联改为堆叠。在将交换机配置为堆叠时，需要将 2 台交换机下电并重新加电。在启用堆叠后，原来的交换机 2 的配置会丢失，需要重新配置。

（3）原来每台 ESXi 主机分别有以下 3 台虚拟交换机。

vSwitch0，使用 1Gbit/s 网卡的端口 1、端口 2 连接到物理交换机的 Access 端口，用于主机的管理。vSwitch0 有 1 个 VMkernel（无 VLAN ID）、1 个 VM Network 端口组（无 VLAN ID）。

vSwitch1，使用 1Gbit/s 网卡的端口 3、端口 4 连接到物理交换机的 Trunk 端口，用于虚拟机流量。vSwitch1 有 2 个端口组，分别是 vlan2831（VLAN ID：2831）、vlan250（VLAN ID：250）。

vSwitch2，使用 1 块 2 端口的 10Gbit/s 网卡连接到 2 台 S6720-30C-EI 交换机（这 2 台交换机配置为堆叠模式），用于 vSAN 流量。这 2 台 10Gbit/s 交换机不与其他网络连接。vSwitch2 有 2 个端口组，每个端口组都未配置 VLAN ID。

迁移后将名称为 vSwitch1 的虚拟交换机删除，在 vSwitch0 的虚拟交换机添加原 vSwitch1 的虚拟交换机同名的端口组。原来 vSwitch0 上的所有端口组都要指定 VLAN ID，因为迁移后的上行链路连接到新配置的 2 台 10Gbit/s 交换机的 Trunk 端口。

在升级的时候，需要将每台主机一一置于维护模式，将虚拟机迁移到其他主机之后再关闭当前主机，添加 10Gbit/s 网卡。使用新添加的 2 端口 10Gbit/s 网卡，代替原来的 1Gbit/s 网卡。原来的 1Gbit/s 网卡用于冗余。注意，不能同时为所有主机进行迁移。

11.2.7　升级过程与操作步骤

升级的主要步骤如下。

（1）配置新采购的 2 台华为 S6720S-26Q-SI 交换机，并与 S5720S-52C-SI 交换机进行连接。

（2）将新配置的服务器连接到网络，并加入现有 vSAN。

（3）依次将原来的每台主机置于维护模式，重新分配 vSAN 流量上行链路、删除 vSwitch1、重新配置 vSwitch0，配置完成后退出维护模式。

（4）对 vSAN 磁盘执行主动平衡操作。

（5）虚拟机默认的虚拟网卡为 Intel E1000，这是一块 1Gbit/s 网卡，要将虚拟机网络升级到 10Gbit/s 网络，需要修改虚拟机的网卡为 VMXNET3，并删除原来的 Intel E1000 虚拟网卡。添加 VMXNET3 虚拟网卡、删除 Intel E1000 虚拟网卡后，进入虚拟机设置，为新添加的网卡设置 IP 地址、子网掩码、默认网关、DNS。

1. 将 2 台 S6720S-26Q-SI 交换机配置为堆叠

首先配置 2 台 S6720S-26Q-SI 交换机，然后将这 2 台 10Gbit/s 交换机与原来的 2 台 1Gbit/s 交换机级联。

（1）将新采购的 2 台华为 S6720S-26Q-SI 交换机配置为堆叠，每台交换机使用 2 个 40Gbit/s 端口。将每台交换机的业务口 40GE0/0/1、40GE0/0/2 配置为物理成员端口，并加入相应的逻辑堆叠端口。下面是第一台交换机的配置命令（设置堆叠优先级为 200）。

```
system-view
sysname SwitchA
 interface stack-port 0/1
 port interface 40GE0/0/1  enable
 y
 quit
 interface stack-port 0/2
 port interface 40GE0/0/2  enable
 y
quit
stack slot 0 priority 200
```

上面命令中的“y”是确认命令。设置完成后保存配置。另一台交换机的配置与此相同，只是设置交换机的名称为 SwitchB，设置堆叠优先级为 100。配置完成后保存并退出。

（2）然后将 2 台交换机下电，使用 QSFP-40G 的堆叠线将 2 台交换机连接起来。在连接的时候，第一台交换机的 40GE0/0/1 的端口连接第二台交换机的 40GE0/0/2 端口，第一台交换机的 40GE0/0/2 端口连接第二台交换机的 40GE0/0/1 端口，简单说就是 1 连 2、2 连 1。

说明

华为交换机配置堆叠时，同一条链路上相连交换机的堆叠物理接口必须加入不同的堆叠端口，且是交叉的，也就是说本端交换机的堆叠端口 1 必须和对端交换机的堆叠端口 2 连接。

（3）连接好之后，打开 2 台交换机的电源，等交换机启动之后，按任意一台交换机面板上的 Mode 按钮将模式状态灯切换到 Stack。如果所有成员交换机的模式状态灯都被切换到了 Stack 模式，说明堆叠组建成功。此时主交换机的端口 1 到端口 8 的指示灯闪烁，从交换机的端口 1、端口 2 闪烁，表示堆叠成功。

如果有部分成员交换机的模式状态灯没有被切换到 Stack 模式，说明堆叠组建不成功，需要检查配置。

（4）当交换机配置堆叠成功后，进入交换机配置页，为交换机设置新的名称、划分 VLAN 并设置 VLAN 接口的 IP 地址。本示例配置如下。

```
sysname S6720S-26Q
vlan batch 250 2381 to 2383
interface Vlanif250
 ip address 192.168.250.5 255.255.255.0

interface Vlanif2381
 ip address 192.168.238.60 255.255.255.192

interface Vlanif2383
 ip address 192.168.238.140 255.255.255.240
```

（5）在本项目中，服务器上行链路需要连接到交换机的 Trunk 端口。下面的命令将 2 台 S6720S-26Q-SI 交换机的端口 1 到端口 22 配置为 Trunk 端口并允许所有 VLAN 通过。

```
port-group group-member   XGigabitEthernet0/0/1   to XGigabitEthernet0/0/22
port link-type trunk
 port trunk allow-pass vlan 2 to 4094
quit

port-group group-member   XGigabitEthernet1/0/1   to XGigabitEthernet1/0/22
port link-type trunk
 port trunk allow-pass vlan 2 to 4094
quit
```

（6）将 2 台 S6720S-26Q-SI 交换机的端口 23、24 配置为链路聚合，设置为 Trunk 端口并允许所有 VLAN 通过，命令如下。

```
interface Eth-Trunk1
port link-type trunk
port trunk allow-pass vlan 2 to 4094
mode lacp

interface XGigabitEthernet0/0/23
Eth-Trunk 1
interface XGigabitEthernet0/0/24
Eth-Trunk 1
interface XGigabitEthernet1/0/23
Eth-Trunk 1
interface XGigabitEthernet1/0/24
Eth-Trunk 1
quit
```

（7）然后为交换机添加静态路由，指向原来的 S5720S-52X-SI 交换机。

2. 配置 2 台 S5720S-52X-SI 交换机

原来的 2 台华为 S5720S-52X-SI 有 4 个 10Gbit/s 端口。本项目中使用每台交换机的 XG0/0/1、XG0/0/2 用作 2 台交换机的堆叠端口，将 XG0/0/3 配置为链路聚合并连接到 2 台交换机的 23 或 24 端口。原计划是将 2 台交换机的 XG0/0/3、XG0/0/4 共 4 个端口用作链路聚合，后来客户想将其中的一个端口连接到外网交换机，所以只用了每台交换机的 XG0/0/3 端口用作链路聚合。

（1）配置交换机 1 的业务口 XG0/0/1、XG0/0/2 为物理成员端口，并加入相应的逻辑堆叠端口。

```
system-view
sysname SwitchA
 interface stack-port 0/1
 port interface XG0/0/1   enable
 quit
 interface stack-port 0/2
 port interface XG0/0/2   enable
quit
stack slot 0 priority 200
```

交换机 2 的配置与此相同，只是修改交换机名称为 SwitchB、设置堆叠优先级为 100。

（2）将 2 台交换机下电，使用 10Gbit/s 的直连光纤将 2 台交换机连接起来，在连接的时候，第一台交换机的 XG0/0/1 的端口连接第二台交换机的 XG0/0/2 端口，第一台交换机的 XG0/0/2 端口连接第二台交换机的 XG0/0/1 端口。连接正确之后将交换机重新加电，等交换机启动之后按 Mode 按钮到 Stack 处进行测试。

（3）堆叠成功之后，将交换机的 XG0/0/3 与 XG1/0/3 配置为链路聚合，端口属性为 Trunk 并允许所有 VLAN 通过。配置命令如下。

```
interface Eth-Trunk1
port link-type trunk
port trunk allow-pass vlan 2 to 4094
mode lacp

interface XGigabitEthernet0/0/3
Eth-Trunk 1
interface XGigabitEthernet1/0/3
Eth-Trunk 1
```

（4）将 S6720S 与 S5720S 的交换机进行级联，S5720S 主交换机的 XG0/0/3 连接到 S6720S 主交换机的 23 或 24 端口；S5720S 从交换机的 XG1/0/3 连接到 S6720S 从交换机的 23 或 24 端口，连接示意如图 11-2-9 所示。

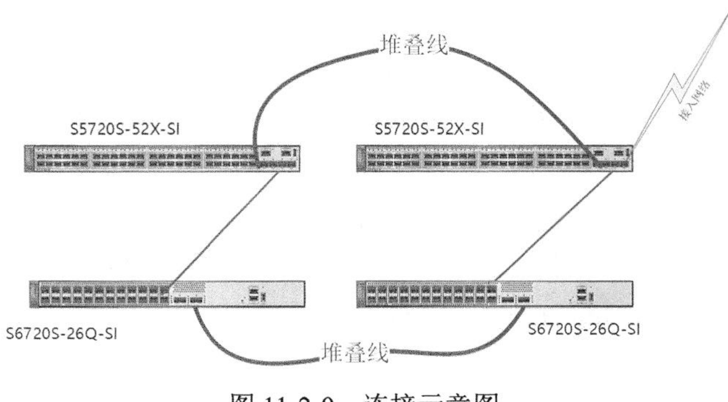

图 11-2-9　连接示意图

说明

本交换机配置中，2 台 S5720S 交换机有 XG0/0/3、XG1/0/3 共 2 个端口进行聚合，2 台 S6720S 交换机有 XG0/0/23、XG0/0/24、XG1/0/23、XG1/0/24 共 4 个端口进行聚合。也可以从 2 台 S6720S 交换机各选择一个端口，例如 XG0/0/24、XG1/0/24 进行聚合。

（5）因为配置堆叠后从（备）交换机的配置清空，所以参照 S5720S 主交换机的端口配置，将 S5720S 从交换机的 GigabitEthernet1/0/1 到 GigabitEthernet1/0/48 端口进行重新配置。

（6）因为原来的 2 台 S5720S 交换机是进行了级联，没有配置堆叠。在配置堆叠后，原来 S5720S 从交换机中 VLAN 的 IP 地址会被清除。在虚拟机中有些虚拟机的网关地址设置的是原 S5720S 交换机的 IP 地址，可以在 S5720S 交换机的 VLAN 配置中，添加子 IP 地址。

示例：原来主交换机 vlan2381 的 VLAN 的 IP 地址是 192.168.238.61，子网掩码是 255.255.255.192；从交换机的 VLAN 的 IP 地址是 192.168.238.62，新添加的 10Gbit/s 交换机 vlan2381 的 IP 地址是 192.168.238.60。在 2 台 S5720 S 交换机配置堆叠后 IP 地址 192.168.238.62 被清除，可以进入 vlan2381 配置视图中，执行 ip addr 192.168.238.62 255.255.255.192 sub 的命令添加子 IP 地址。这样每个 VLAN 实际上有 3 个“网关”地址，例如，对于 vlan2381 来说，10Gbit/s 交换机上设置的 IP 地址是 192.168.238.60，1Gbit/s 交换机上设置的 IP 地址是 192.168.238.61、192.168.238.62，使用这 3 个地址都可以作为网关地址。但建议在以后的使用中将网关地址改为 10Gbit/s 交换机的 IP 地址 192.168.238.60。

（7）最后进行测试，使用 Ping 命令测试从 S5720S 交换机到 S6720S 交换机的连通性，这个操作比较简单，不再介绍。

3. 新添加主机连接配置

在配置好网络之后，可以将新添加的服务器上架，主要内容如下。

（1）打开服务器机箱，移除 RAID 卡缓存。为服务器添加硬盘扩展背板、添加 PCIe 扩展板，添加 2 块 10Gbit/s 网卡、添加 2 块 PCIe 固态硬盘。

（2）进入 BIOS 设置，为服务器进入设置 iMM 的 IP 地址用于后期的管理与维护。

（3）进入 RAID 配置界面，将每块硬盘配置为 JBOD 模式。

（4）安装 ESXi 6.5.0 U2 到第 1 块 300GB 的硬盘中（这块硬盘是原来下架服务器不用的硬盘，现在用来装系统）。

说明

新上架的联想 x3650 M5 服务器，原来是 1 个型号为 E5-2609 V3 的 CPU，在更换为 2 个型号为 E5-2620 V4 的 CPU 之后，开机无显示。将 2 个型号为 E5-2620 V4 的 CPU 拆下并换上原来的型号为 E5-2609 V3 的 CPU，从联想官网下载最新的固件，升级之后可以支持型号为 E5-2620 V4 的 CPU，再次开机正常。

在安装 ESXi 后为服务器设置 IP 地址并添加到 vCenter Server。之后将这台主机的网卡连接到网络。总体配置原则是：10Gbit/s 网卡的端口 2 用于 ESXi 主机管理流量与虚拟机流量，连接到新配置的 2 台 10Gbit/s 交换机的 Trunk 端口；10Gbit/s 网卡的端口 1 用于 vSAN 流量，连接到 vSAN 专用交换机 1、2；1Gbit/s 网卡用于主机管理流量与虚拟机流量的备用。

（5）新连接主机的网卡 1 的端口 1、网卡 2 的端口 1 连接到新配置的 S6720S-26Q-SI 交换机的端口 5，配置为 vSwitch0，添加 vlan2383、vlan250、VM Network（VLAN ID: 2381，192.168.238.0/26），Management Network（VLAN ID：2381）等端口组。

（6）新连接主机的网卡 1 的端口 2、网卡 2 的端口 2 连接到原来的 S6720-30C-EI 交换机的端口 5，配置为 vSwitch1，配置 vSAN 的 VMkernel 的 IP 地址为 192.168.238.197，子网掩码为 255.255.255.192。

本项目中，vSAN 流量虚拟交换机用于 vMotion。需要为 vSwitch1 的 VMkernel 启用 vMotion 服务。

（7）在磁盘管理中为新添加的主机添加磁盘组，这些不再介绍。

4. 原有 vSphere 主机的网络迁移升级

最后迁移原来 4 台主机的网络。为了保证业务的连续性，在迁移主机的网络之前，将主机置于维护模式，等虚拟机迁移到其他主机之后再进行迁移。其中的关键之处是：1Gbit/s 网络换 10Gbit/s 网络，删除 vSwitch1，更改 VLAN ID。

因为升级之后有 2 块 2 端口 10Gbit/s 网卡，为了避免单块网卡带来的单点故障，每个虚拟交换机只使用每块网卡的一个端口，不能将 1 块网卡的 2 个端口用于同一个虚拟交换机。本例以 IP 地址为 192.168.238.1 的主机为例，其他主机与此相同。

（1）将主机置于维护模式，不迁移数据。

（2）关闭服务器电源，添加 10Gbit/s 网卡。

（3）打开服务器电源，进入 BIOS，为 iMM 设置 IP 地址。

（4）将网卡 2（新添加的 10Gbit/s 网卡）的端口 1，连接到原来的 10Gbit/s 交换机（vSAN 流量专用交换机）。

（5）修改 vSwitch2 虚拟交换机的配置，添加网卡 2 的端口 1，删除 10Gbit/s 网卡 1 的端口 2。这一步不要删错了网卡，应慎重操作。此时通过插拔网卡 1 的端口 2 的光纤进行确认。例如在左侧导航窗格中选中 192.168.238.1 的主机，在右侧“配置→网络→虚拟交换机”中单击 vSwitch2，此时看到 vmnic5 状态为断开。

在本次项目中，2 端口 10Gbit/s 网卡靠近金手指的为端口 2，远离金手指的为端口 1。

（6）在确认了 10Gbit/s 网卡端口 2 之后，修改 vSwitch2 虚拟交换机的上行链路，删除 vmnic5（10Gbit/s 网卡 1 的端口 2），添加 vmnic7（10Gbit/s 网卡 2 的端口 1）。

（7）然后将 10Gbit/s 网卡 1 的端口 2（vmnic5）与 10Gbit/s 网卡 2 的端口 2（vmnic7）分别连接到 2 台新 10Gbit/s 交换机的端口 1。

（8）为虚拟交换机 vSwitch0，添加 10Gbit/s 网卡 1 的端口 2、10Gbit/s 网卡 2 的端口 2，并将新添加的网卡移动到备用适配器。

（9）修改 vSwitch0 的上行链路，添加 vmnic5、vmnic7 并将其移动到“备用适配器”中，如图 11-2-10 所示。因为 vmnic0、vmnic1 连接到交换机的 Access 端口（属于 vlan 2381），vmnic5、vmnic7 连接到交换机的 Trunk 端口，如果 vmnic5、vmnic7 也是活动适配器，网络有可能中断。

（10）此时 Management Network 端口组绑定的 VMkernel 的活动链路为 vmnic0 和 vmnic1，vmnic5 与 vmnic7 处于备用状态。下一步修改 Management Network 的上行链路为 10Gbit/s 网卡，将原来的 1Gbit/s 网卡调整为备用，并修改 VLAN ID 为 2381。注意，这是最关键的一步，如果配置出错将会导致网络中断，vCenter Server 会返回到原来的配置。用鼠标左建单击 Management Network，然后再单击“✎”图标，如图 11-2-11 所示。

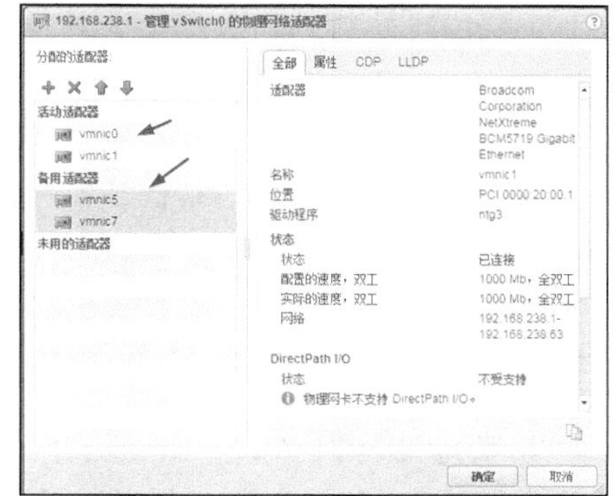

图 11-2-10 添加并调整上行链路

（11）在“Management Network-编辑设置”对话框的“属性→VLAN ID”处设置 VLAN 数值，本示例为 2381；在“绑定和故障切换”中将 vmnic5、vmnic7 上移到“活动适配器”位置，将 vmnic0、vmnic1 下移到“未用的适配器”处，如图 11-2-12 所示，然后单击“确定”按钮完成配置。

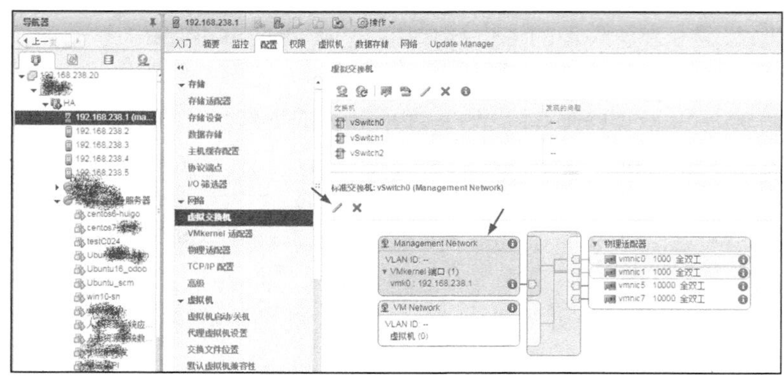

图 11-2-11 修改端口组属性

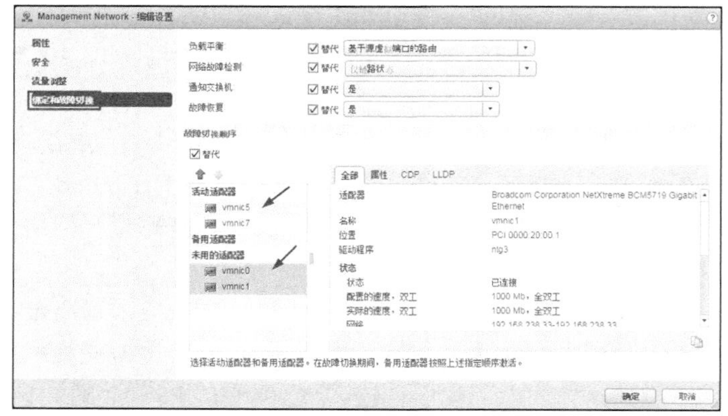

图 11-2-12 指定故障切换顺序

（12）参照第（11）步将 VM Network 端口组的 VLAN ID 设置为 2381，同样将 vmnic5、vmnic7 调整为活动适配器，vmnic0、vmnic1 调整为未用的适配器，此时 vSwitch0 使用 2 块 10Gbit/s 网卡的端口 2。然后删除 vSwitch1 虚拟交换机。

（13）在 vSwitch0 上添加原来 vSwitch1 虚拟交换机的端口组 vlan2383 和 vlan250，至此将原来的 vSwitch1 的端口组合并迁移到 vSwitch0 虚拟交换机完成。

（14）修改 vSwitch0 的上行链路，删除 vmnic0、vmnic1（这是连接到原来 1Gbit/s 交换机的 Access 端口的网卡端口），添加 vmnic2、vmnic3（这是连接到原来 1Gbit/s 交换机的 Trunk 端口的网卡端口，原来是 vSwitch1 虚拟交换机的上行链路），并将 vmnic2、vmnic3 移到备用适配器中，调整之后如图 11-2-13 所示。

（15）等上述配置完成，再进行检查之后，将主机退出维护模式。至此第 1 台主机 1Gbit/s 网络升级到 10Gbit/s 网络完成。

其他主机也参照上述操作执行，在此不再赘述。

说明

联想 x3650 M5 服务器开机自检较慢，从服务器进入维护模式到服务器关机、插上 10Gbit/s 网卡，再开机进入系统，大约需要 25 分钟的时间，其他的操作大约 15 分钟，迁移并升级一台服务器需要 40 分钟左右的时间。在 vSAN 的项目中，一台服务器从关机到再次进入系统，最好是在 1 小时内完成。如果服务器离线超过 60 分钟，这台主机上的数据有可能在其他主机重建。

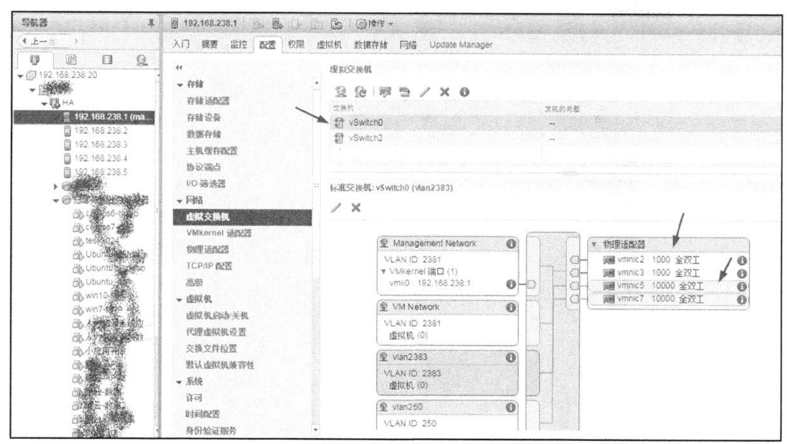

图 11-2-13 虚拟交换机 vSwitch0 最新配置

（16）等所有主机完成网络的迁移与升级之后，在“监控→vSAN→运行状况”的“vSAN 磁盘平衡”中执行主动重新平衡磁盘的操作，如图 11-2-14 所示。执行此操作后，部分数据会迁移到新上架的主机中，使数据相对均匀的分散保存在每台主机的每个磁盘组中。

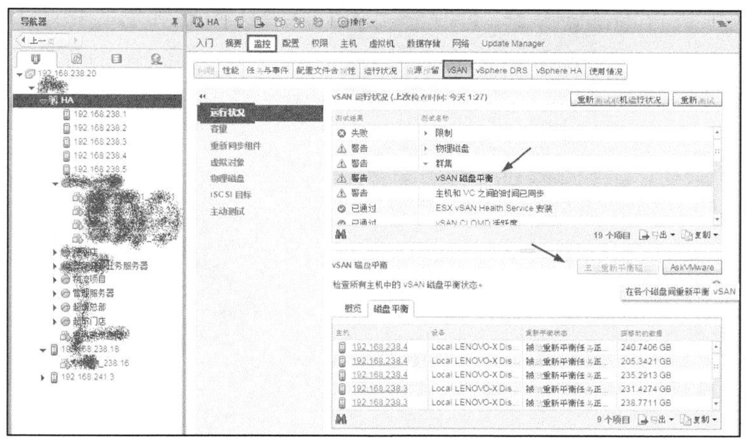

图 11-2-14 主动重新平衡磁盘

5. 备份服务器

由于硬件故障、病毒、误操作等情况，系统数据可能丢失或损坏，而数据备份则是保证数据完好的最后一道防线。一个完整的架构一定要有单独的备份设备，如果备份目标与备份源在相同的存储设备上，存储设备故障，备份数据也无法读取，此时备份是没有意义的。在 2017 年项目规划时配置了一台服务器用于备份，因为空间不足需要升级。本次操作将原来的 8 块 4TB 硬盘更换为 12TB 硬盘。这次更换主要步骤如下。

（1）将备份服务器关机。

（2）依次拆下原来的 4TB 的硬盘，并记下硬盘的位置，贴上标记。因为这些硬盘还有近期的备份，所以需要存档一段时间，等新换上的硬盘备份成功一次，并且连续保存一段时间之后，这些 4TB 的硬盘可以另作他用。

（3）安装新的 12TB 硬盘，添加 1 块 2 端口 10Gbit/s 网卡，连接到新 10Gbit/s 交换机。

（4）打开服务器电源，进入 RAID 配置界面，配置为 RAID-50，划分 2 个卷。第 1 个卷 100GB，剩余的空间划分为第 2 个卷，容量约 64TB，如图 11-2-15 所示。

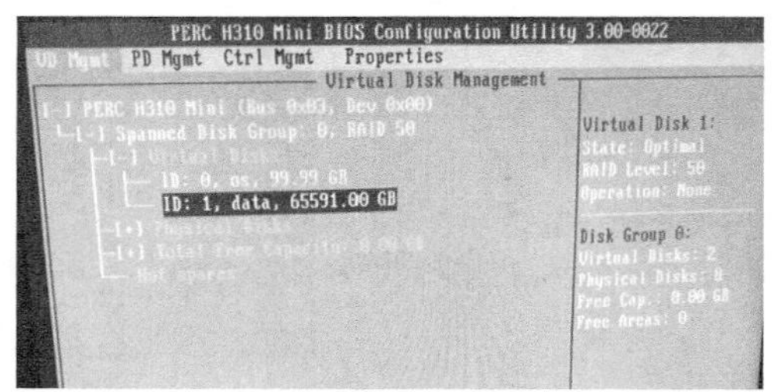

图 11-2-15 8 块 12TB 采用 RAID-50 划分为 2 个卷

（5）在第 1 个卷上安装备份软件，在第 2 个卷上保存备份。这些内容不再介绍。

11.3 某商务咨询公司基于 vSAN 的 Horizon 虚拟桌面应用

某商务咨询公司有 60 名员工使用 VMware Horizon 虚拟桌面，终端采用 Dell Wyse P25 5030 瘦客户机（终端外形如图 11-3-1 所示），服务器采用了某国内品牌超融合服务器（1 台 2U 机架式服务器，最大支持 4 节点，当前配置了 3 个节点），服务器安装了 VMware ESXi 6.5 及 vSAN，采用 VMware Horizon 7.5.0 虚拟化软件，Active Directory 采用 Windows Server 2016 操作系统，其应用如 Horizon 连接服务器等也运行在安装了 Windows Server 2016 操作系统的虚拟机中。超融合服务器外形如图 11-3-2 所示。

图 11-3-1 Dell Wyse P25 5030 瘦客户机

图 11-3-2 某品牌超融合服务器

11.3.1 服务器概述

接手该项目时，客户的服务器、瘦客户机已经采购完成，作者帮客户安装配置了 VMware ESXi 6.5、vCenter Server 6.5、vSAN，以及安装配置了 Windows Server 2016 的 Active Directory、文件服务器、Horizon 7.5 连接服务器等。客户采购的硬件如表 11-3-1 所示。

表 11-3-1 某商务咨询公司 Horizon 虚拟桌面硬件配置

设备名称	节点数量	配置
××超融合	3	2 个型号 E5-2603 V3 的 CPU，256GB 内存，1 块 1.2TB 的 SSD，2 块 6TB 的 HDD（数据盘），2 个 10Gbit/s 网卡
H3C 交换机	1	24 个 10/100/1000 BASE-T 端口，8 个 10Gbit/s 端口
瘦客户机	90	瘦终端设备，Dell Wyse P25

仔细检查服务器发现这个“××超融合”一体机使用的是超微 2028TR-HTR 2U 四子

星的服务器，该服务器为 2U 机箱规格，采用刀片式设计，最大支持 4 个节点。该产品规格如表 11-3-2 所示。

表 11-3-2 超微 2028TR-HTR 规格

机箱规格	2U 机架式。高：88mm，宽：438mm，深：724mm
芯片组	Intel C612
主板	X10DRT-H
CPU 类型	Intel Xeon E5-2600 V4 系列、Intel Xeon E5-2600 V3 系列
内存	8 个内存插槽，最大支持 1TB，支持 DDR4 ECC 2133/2400MHz
扩展槽	1 个 PCIe 3.0（x16）半高插槽
硬盘	6 个 3.5 英寸热插拔 SATA 3 硬盘位
背板接口	2 端口 Intel i350 1Gbit/s 网卡、1 个 IPMI 2.0 远程管理网卡、2 个 USB 3.0 接口、1 个 VGA 接口
电源	1200W、1800W、1980W、2200W

该服务器每个节点支持 2 个 E5-2600 系列的 CPU、8 条 DDR4 内存、2 个 SuperDOM 端口（见图 11-3-3）。

在图 11-3-3 中 2 个黄色的 SuperDOM 端口，可以安装 2 个 SATA DOM 电子盘，配置为 RAID-1 后安装系统。SATA DOM 电子盘外形如图 11-3-4 所示。

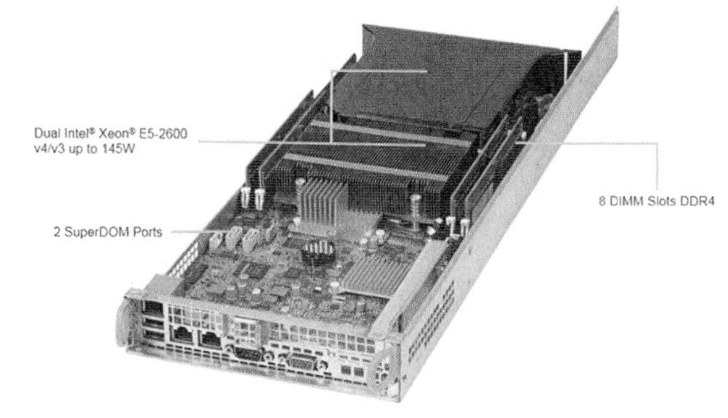

图 11-3-3 2028TR-HTR 节点

图 11-3-4 SATA DOM 电子盘

超微 2028TR-HTR 服务器背面如图 11-3-5 所示。该服务器最多可以安装 4 个节点，支持双电源。在安装配置的时候，可以依次在每个节点接上鼠标、键盘、显示器用于安装配置。

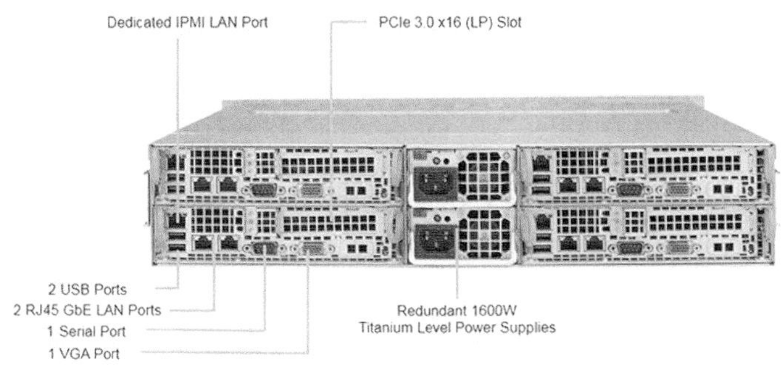

图 11-3-5 背面视图

11.3.2　已安装配置好环境介绍

本项目的安装配置及测试大约花了 1 天的时间，其中上午花了 3 小时用来安装 ESXi、vCenter Server、vSAN 及 Windows Server 2016 的 Active Directory、Horizon 连接服务器等，下午花了 3 小时用来配置并生成 Horizon 7 的虚拟桌面、文件服务器并在瘦终端上测试。下面是已经安装配置好的 Horizon 桌面环境。

（1）当前一共 3 台服务器，每台服务器的 ESXi 安装在 64GB 的电子盘中，如图 11-3-6 所示。安装配置完 vSAN 后，vSAN 存储容量是 32.75TB。

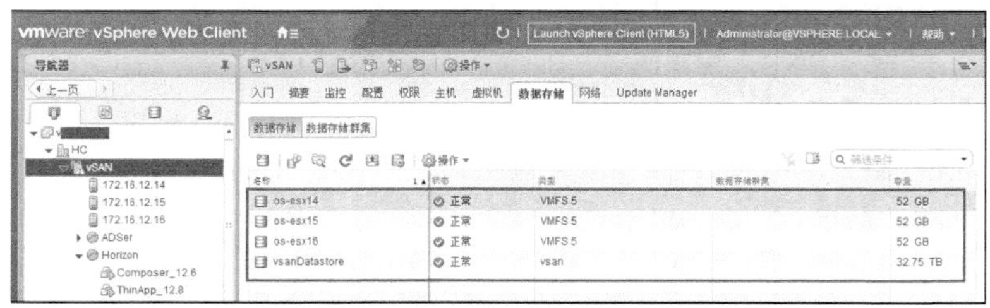

图 11-3-6　ESXi 系统盘及 vSAN 存储盘

（2）在 vSAN 群集中有 3 个节点主机，每台主机有 1 个磁盘组，每个磁盘组有 1 块 1.2TB 的 SSD、2 块 6TB 的 HDD，如图 11-3-7 所示。

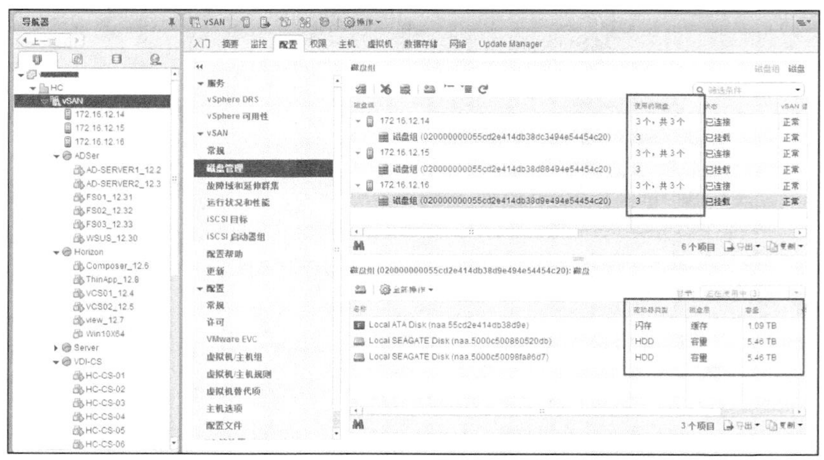

图 11-3-7　共 3 台主机，每台主机 1 块 SSD、2 块 HDD

（3）在 vSAN 群集中，配置了 2 台 Active Directory 的服务器（IP 地址分别为 172.16.12.2、172.16.12.3）、2 台文件服务器（IP 地址分别为 172.16.12.31、172.16.12.32）、1 台 Horizon Composer 服务器（IP 地址为 172.16.12.6）、2 台 Horizon 连接服务器（IP 地址分别是 172.16.12.4、172.16.12.5），如图 11-3-8 所示。

（4）在 Active Directory 服务器的“Active Directory 用户和计算机”中，为每个用户配置了“配置文件路径”，每个用户的配置文件路径以 UNC 网络路径的方式保存在文件服务器中，如图 11-3-9 所示。

（5）在“组策略”管理中，为用户所在的 OU 创建策略，启用并配置“文件夹重定向”功能，如图 11-3-10 所示。

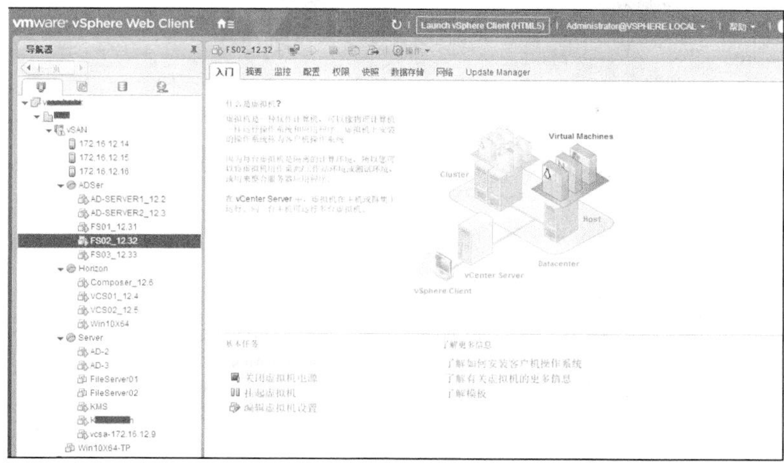

图 11-3-8　安装配置好的服务器（虚拟机）

图 11-3-9　配置文件路径

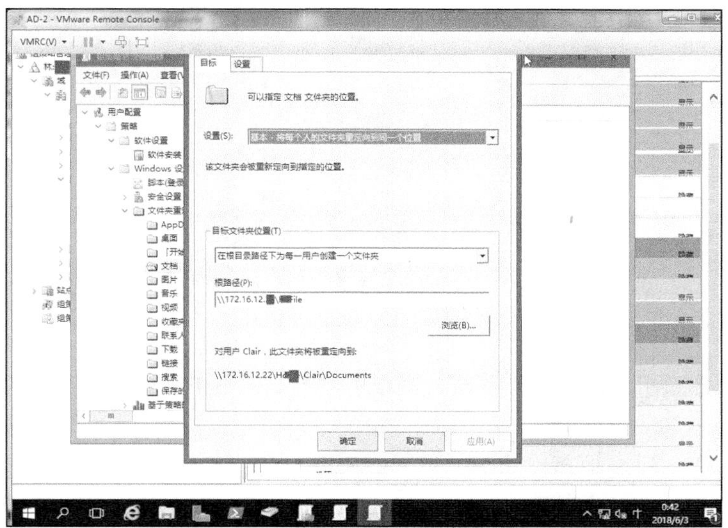

图 11-3-10　文件夹重定向

（6）使用 Horizon 7 Administrator 创建并生成虚拟桌面，在“资源→计算机”中可以看到生成的虚拟桌面计算机，如图 11-3-11 所示。

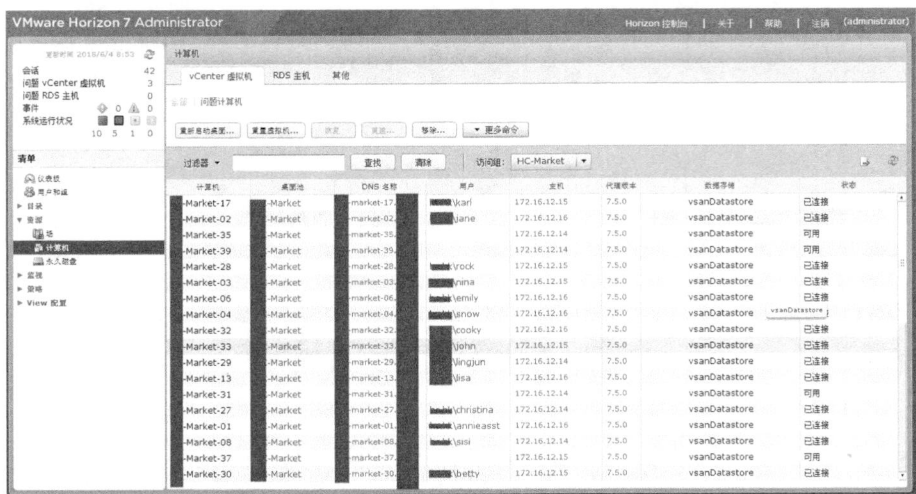

图 11-3-11 虚拟桌面计算机

（7）当所有员工登录并使用 Horizon 虚拟桌面时，在 vSAN 管理界面的“监控→性能→vSAN-虚拟机消耗”中可以看到，其读取 IOPS 最高为 1392，写入 IOPS 最高为 696 左右，如图 11-3-12 所示。

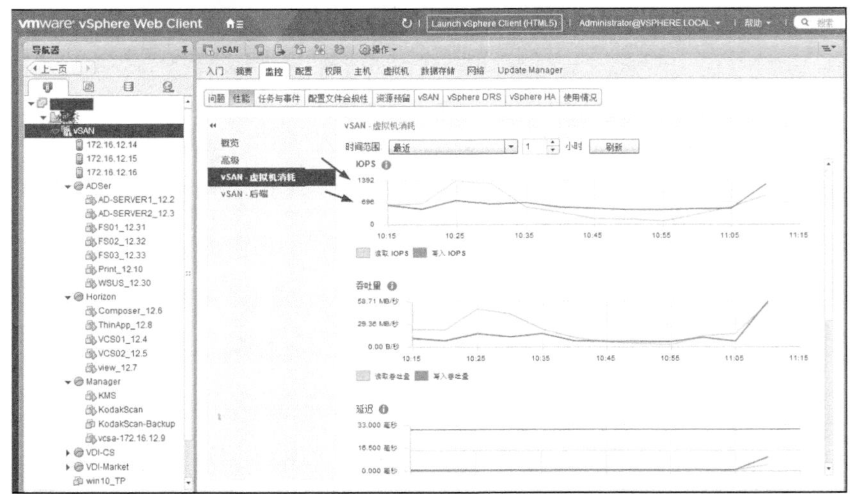

图 11-3-12 vSAN 消耗

（8）将“时间范围”调整为 24 小时，可以看到最高的 IOPS 需求也低于 1978，如图 11-3-13 所示。

（9）在“主机”列表中可以看到，在一共运行了 2 台 Active Directory 服务器、3 台文件服务器、1 台扫描服务器、其他 7 台虚拟机、60 台 Windows 10 64 位企业版（1803，4 个 CPU，6GB 内存）虚拟桌面时资源消耗的情况，如图 11-3-14 所示。可以看到总的 CPU 使用率是 40%左右，内存使用率是 61%左右。

（10）在“虚拟机”列表中可以看到当前一共运行了 73 台虚拟机，如图 11-3-15 所示。

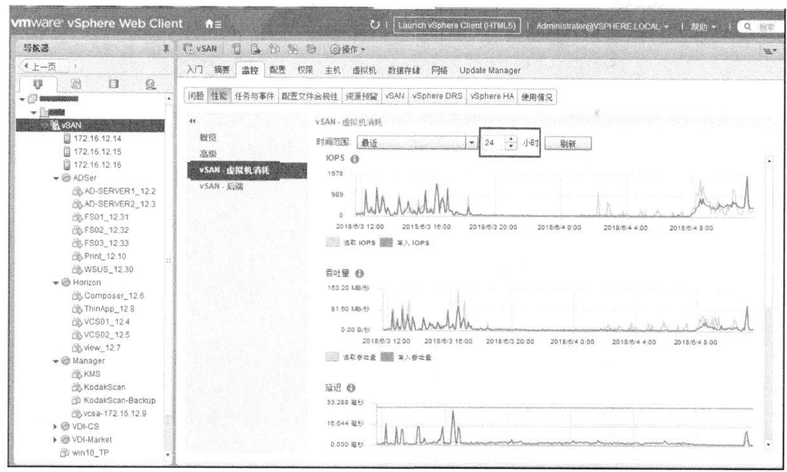

图 11-3-13　查看 24 小时消耗

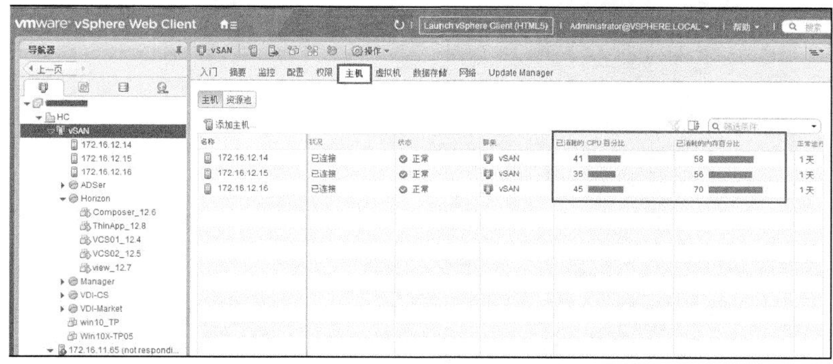

图 11-3-14　全部负载工作时主机占用资源

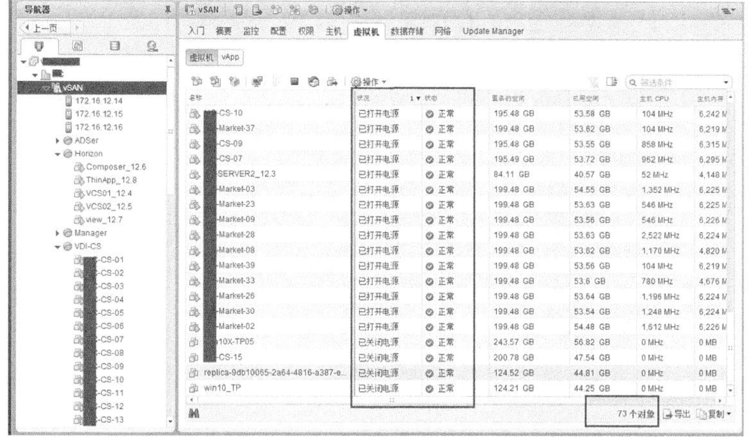

图 11-3-15　虚拟机列表

11.3.3　项目总结

项目最初安装的是 vSphere 6.5 U2，稳定使用半年后升级到 vCenter Server 6.5 U2c，1 年之后再次升级到 vSphere 6.7.0 U2（ESXi 与 vCenter Server 都升级），在升级过程中业务没有中断、虚拟机使用不受影响。使用过程中出现的问题主要有以下几点。

（1）Windows 10 虚拟机黑屏。在用户使用一段时间之后，出现虚拟桌面黑屏的现象。用户重置虚拟桌面之后可以继续使用。因为在配置 Windows 10 虚拟桌面的时候，进行了“深度优化”，估计这个问题可能是过度优化造成的。后来重新配置了模板并重构虚拟桌面后问题得以解决。

（2）虚拟桌面中部分应用程序尤其是 Chrome 浏览器出现“停止工作”的问题。这个问题在安装了 KB4284848 之后得以解决。

（3）在使用了 3 个月之后，有一次发现 Horizon 连接服务器某个进程（VMware Horizon View Java）的 CPU 占用率为 97.7%（见图 11-3-16），重新启动 Horizon 连接服务器即可解决。

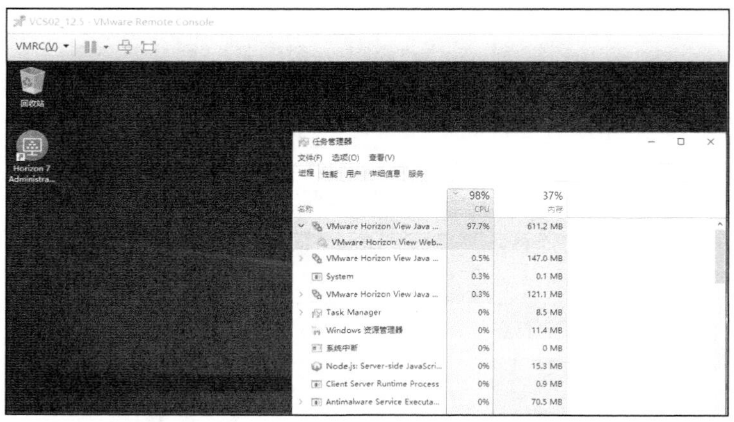

图 11-3-16 Horizon 连接服务器某个进程占用 CPU 资源过高

（4）虚拟桌面安装了 Windows 10 企业版（1803 版本），每个虚拟桌面分配了 4 个 CPU、6GB 内存，安装的软件有微信、企业微信、企业 QQ、Office 2016、Chrome 浏览器等软件，使用速度较快，期间比较稳定。前期个别桌面出现“黑屏”现象，后期已经很少发生。

11.4 某数据测试中心全闪存 vSAN 应用

某单位组建测试用的数据中心，采用 8 台服务器、2 台 10Gbit/s 交换机，配置全闪存 vSAN 群集，项目拓扑如图 11-4-1 所示（图中画出了 2 台服务器，其他服务器未列出）。

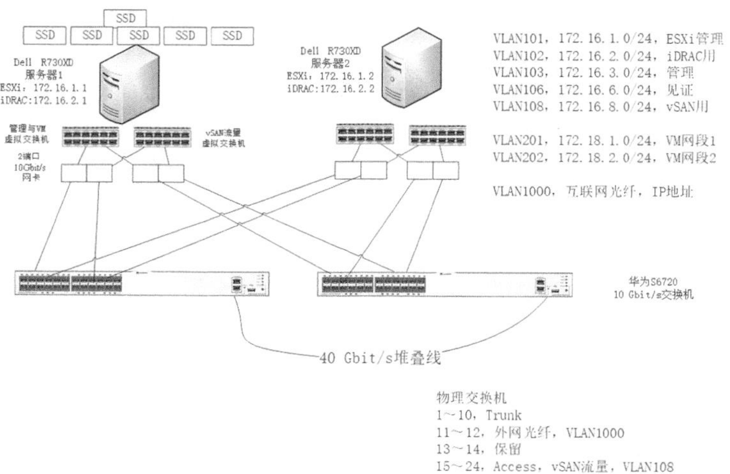

图 11-4-1 8 节点标准 vSAN 群集

11.4.1 服务器配置与交换机连接说明

下面是该项目的一些信息。

（1）服务器配置：每台服务器配置 2 个型号为 E5-2686 V4 的 CPU、256GB 内存，1 块 120GB 的固态硬盘安装 ESXi 6.5，6 块 1.6TB 企业级固态硬盘，2 块 2 端口 10Gbit/s 网卡（光纤接口）。

（2）采用 2 台华为 S6720S-26Q-EI-24S 交换机以 40Gbit/s 堆叠方式连接。

（3）交换机 VLAN 划分：划分了 VLAN101、VLAN102、VLAN103、VLAN106、VLAN108 等 5 个 VLAN。各网段规划如下。

VLAN101，172.16.1.0/24，用于 ESXi 管理、vCenter Server 地址使用；

VLAN102，172.16.2.0/24，iDRAC 地址使用；

VLAN103，172.16.3.0/24，管理流量使用；

VLAN106，172.16.6.0/24，配置 vCenter HA 见证流量使用；

VLAN108，172.16.8.0/24，专用于 vSAN 流量。

（4）每台服务器 2 块 2 端口 10Gbit/s 网卡，其中每块网卡的第 1 端口连接 2 台物理交换机的 1～10 端口；每块网卡的第 2 端口连接 2 台物理交换机的 15～24 端口。物理交换机的 11～14 端口，连接外网光纤。

本项目实施的主要流程和步骤如下。

（1）每台主机贴标签、安装配件（硬盘、10Gbit/s 网卡、内存），打开电源，进入 BIOS，设置 iDRAC 地址。每台服务器的 iDRAC 地址依次是 172.16.1.101～172.16.2.108，子网掩码是 255.255.255.0，网关是 172.16.1.254。

（2）每台服务器进入 RAID 配置界面，将所有磁盘设置为 Non-RAID 模式。

（3）安装 ESXi 到 120GB 的 SSD，安装完成后，按 F2 键，选择网卡端口 0、2（实际上是第 1、第 3 端口），设置的 IP 地址依次是 172.16.1.1～172.16.1.8，VLAN 为 101。此时每台服务器的光纤分别插到网卡 1 的 1 端口、网卡 2 的 1 端口，连接到每台交换机的 1～10 端口。

（4）在此期间，同时对华为 S6720S 交换机进行配置，根据规划表划分 VLAN、设置 telnet 远程登录、配置堆叠。

（5）在安装好的第 1 台 ESXi 中安装 vCenter Server Appliance，设置 IP 地址为 172.16.1.20，子网掩码为 255.255.255.0，网关为 172.16.1.254。

（6）将每台 ESXi 添加到 vCenter Server。为每台 ESXi 配置 vSAN 流量（使用 VDS），vSAN 流量使用网卡 1 与网卡 2 的第 2 端口。连接到交换机的 VLAN108，每台交换机的 15～24 端口。

（7）启用并配置 vSAN（修改 vCenter Server 的密码策略、root 密码策略、添加许可）。

（8）配置 vCenter HA。

（9）配置 HA 与 DRS。

（10）虚拟机配置 VDS（用于管理与虚拟机流量）。一共 2 台 VDS，另一台为 vSAN 流量。

（11）创建虚拟机模板。

11.4.2 ESXi 安装配置主要截图

下面是物理主机安装配置 ESXi 中的一些关键截图。

（1）使用 iDRAC 将每块硬盘配置为 Non-RAID 模式，如图 11-4-2 所示。从图中可以看出，当前一共有 1 块 120GB 的 SSD、6 块 1.6TB 的 SSD。

（2）进入 BIOS 设置，将 120GB 的 SSD 设置为引导设备，如图 11-4-3 所示。

（3）在引导设置中将引导模式设置为 BIOS，如图 11-4-4 所示。

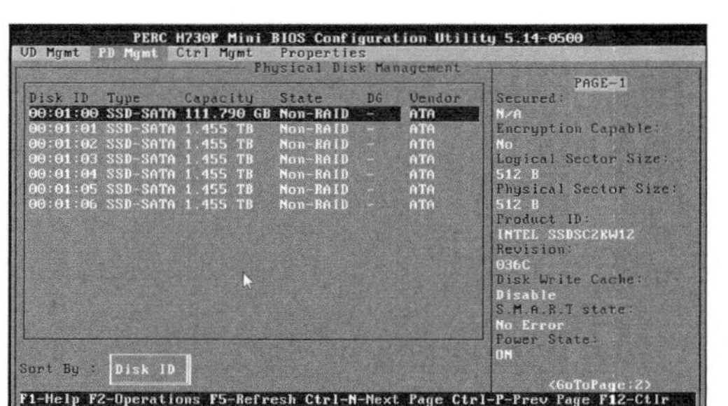

图 11-4-2 将硬盘转换为 Non-RAID 模式

图 11-4-3 指定 120GB 的 SSD 为引导设备

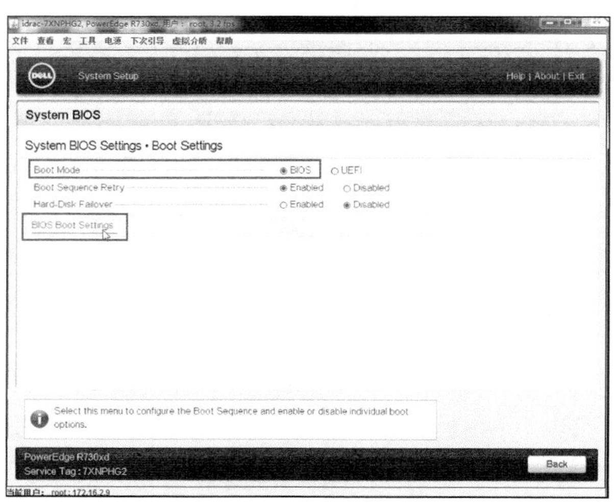

图 11-4-4 设置引导模式

（4）使用 iDRAC 加载 ESXi 6.5 的 ISO，启动服务器并安装 ESXi。安装之后设置 IP 地址为 172.16.1.2（这是第二台服务器），如图 11-4-5 所示。

（5）按 F2 键进入系统设置，在“Network Adapters”中选择正确的网卡（连接到交换机 Trunk 端口的网卡，此时可以将连接到 Access 端口用于 vSAN 流量的 2 个端口暂时断开），如图 11-4-6 所示。

（6）在 VLAN 配置中指定 VLAN ID 为 101（前文规划 VLAN101 用于 ESXi 管理），如图 11-4-7 所示。因为 ESXi 主机管理、虚拟机流量共同使用 2 个 10Gbit/s 端口，所以这 2 个 10Gbit/s 端口连接到物理交换机的 Trunk 端口。

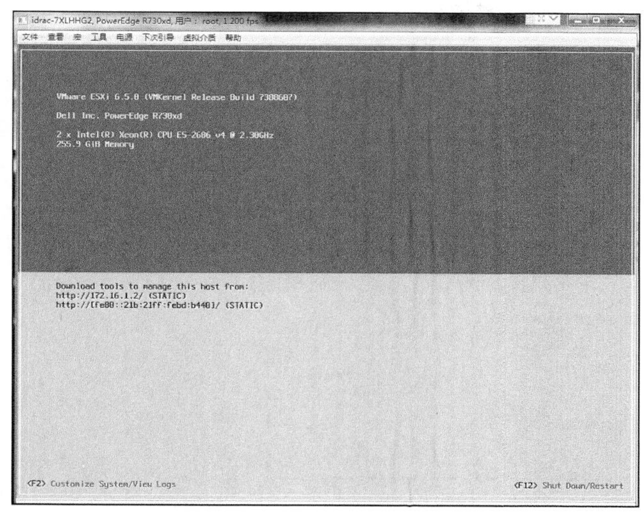

图 11-4-5　安装配置完的 ESXi

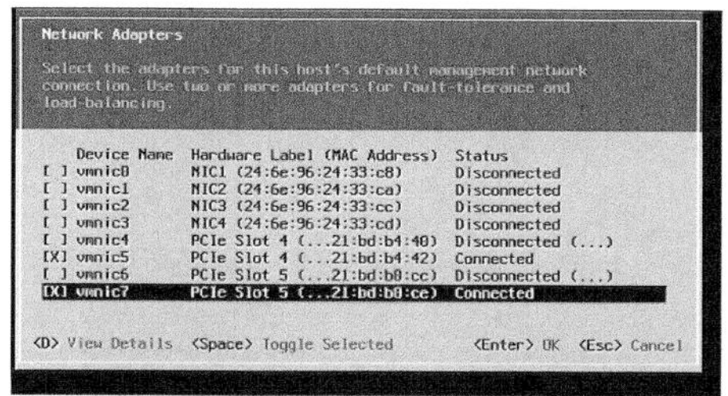

图 11-4-6　为 ESXi 管理选择 10Gbit/s 网卡

（7）设置之后保存设置，然后测试网络，测试为 OK 表示服务器连线、配置正确，如图 11-4-8 所示。

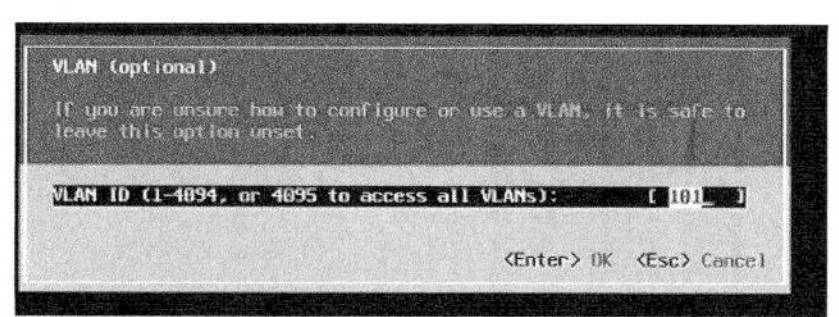

图 11-4-7　设置 VLAN ID

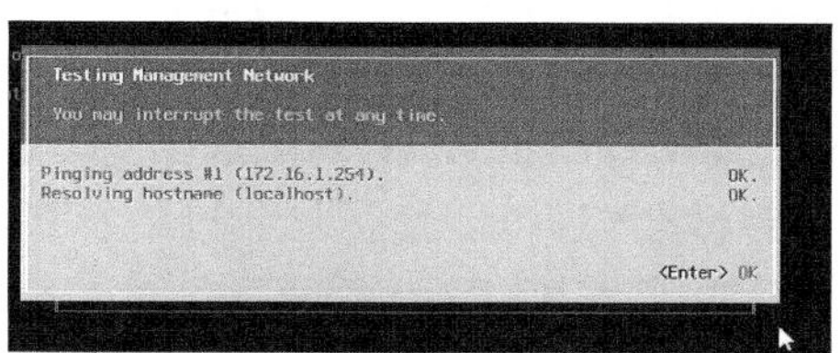

图 11-4-8　测试网络

其他每台服务器与此配置相同。8 台服务器使用 iDRAC 的任务如图 11-4-9 所示。

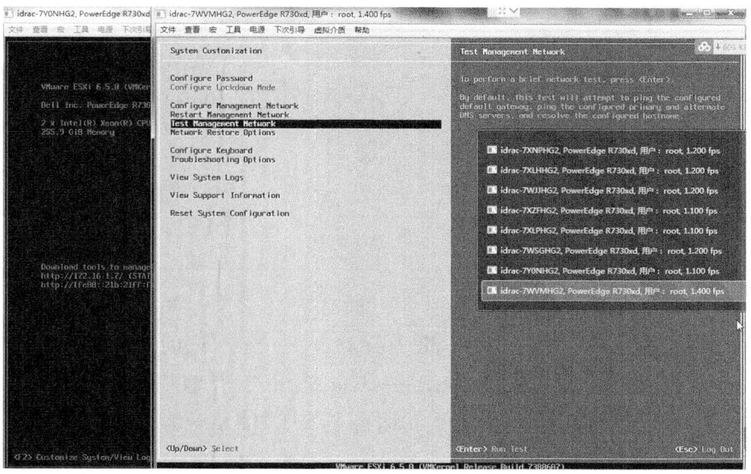

图 11-4-9　8 台服务器使用 iDRAC

配置完成后登录华为 S6720S 交换机，使用 Ping 命令测试每台服务器的连通性，如图 11-4-10 所示。

```
<HUAWEI>ping 172.16.1.7
  PING 172.16.1.7: 56  data bytes, press CTRL_C to break
    Reply from 172.16.1.7: bytes=56 Sequence=1 ttl=64 time=1 ms
    Reply from 172.16.1.7: bytes=56 Sequence=2 ttl=64 time=1 ms
    Reply from 172.16.1.7: bytes=56 Sequence=3 ttl=64 time=1 ms
    Reply from 172.16.1.7: bytes=56 Sequence=4 ttl=64 time=1 ms
    Reply from 172.16.1.7: bytes=56 Sequence=5 ttl=64 time=1 ms

  --- 172.16.1.7 ping statistics ---
    5 packet(s) transmitted
    5 packet(s) received
    0.00% packet loss
    round-trip min/avg/max = 1/1/1 ms

<HUAWEI>ping 172.16.1.8
  PING 172.16.1.8: 56  data bytes, press CTRL_C to break
    Reply from 172.16.1.8: bytes=56 Sequence=1 ttl=64 time=1 ms
    Reply from 172.16.1.8: bytes=56 Sequence=2 ttl=64 time=1 ms
    Reply from 172.16.1.8: bytes=56 Sequence=3 ttl=64 time=1 ms
    Reply from 172.16.1.8: bytes=56 Sequence=4 ttl=64 time=1 ms
    Reply from 172.16.1.8: bytes=56 Sequence=5 ttl=64 time=1 ms

  --- 172.16.1.8 ping statistics ---
    5 packet(s) transmitted
    5 packet(s) received
    0.00% packet loss
    round-trip min/avg/max = 1/1/1 ms

<HUAWEI>
```

图 11-4-10　测试连通性

11.4.3　添加 ESXi 主机到 vSAN 群集并配置 vSAN 流量

当服务器连线正确、ESXi 安装完成后，就可以在其中一台主机安装 vCenter Server Appliance 6.5。本示例中在 172.16.1.1 的主机安装 vCenter Server Appliance 6.5，并设置 vCenter Server Appliance 的 IP 地址为 172.16.1.20。

在安装好 vCenter Server Appliance 之后，将每台 ESXi 主机添加到群集，并为每台主机添加一台标准交换机，使用剩余的 2 个 10Gbit/s 端口作为上行链路，并在该标准交换机添加 VMkernel、设置 VMkernel 的 IP 地址并启用 vSAN 流量。主要步骤如下。

（1）使用 IE 登录 vCenter Server，将其他几台主机添加到 vSAN_HA，如图 11-4-11 所示。

图 11-4-11　将其他主机添加到群集

（2）在导航窗格中选中一台主机，在“配置→网络→物理适配器”中可以看到，该主机 vmnic5、vmnic7 绑定到 vSwitch0，vmnic4、vmnic6 2 个 10Gbit/s 端口还没有分配到虚拟交换机，如图 11-4-12 所示。其他每台主机物理适配器也是这样分配的。

（3）为每台主机添加一个标准虚拟交换机，使用 vmnic4、vmnic6 作为上行链路，并添加 VMkernel，在这个 VMkernel 上启用 vSAN 流量。vSAN 流量使用 172.16.8.0/24 的网段并与 ESXi 主机的管理地址对应，例如 ESXi 主机管理地址为 172.16.1.1，则添加用于 vSAN 流量的 VMkernel 的 IP 地址为 172.16.8.1，如图 11-4-13 所示。其他主机以此类推。

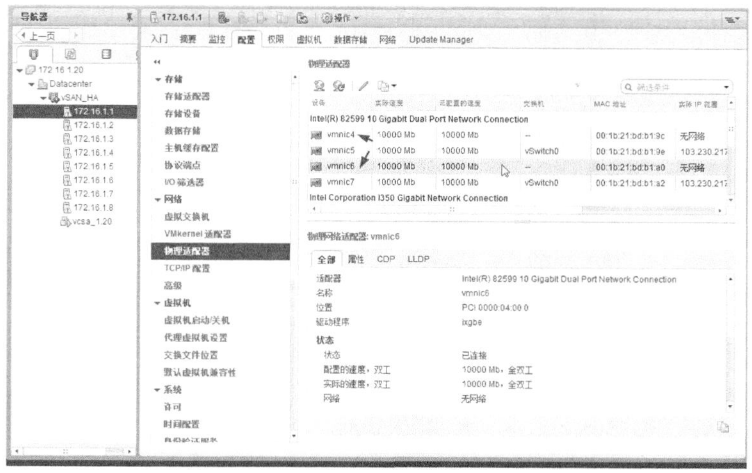

图 11-4-12　检查物理适配器

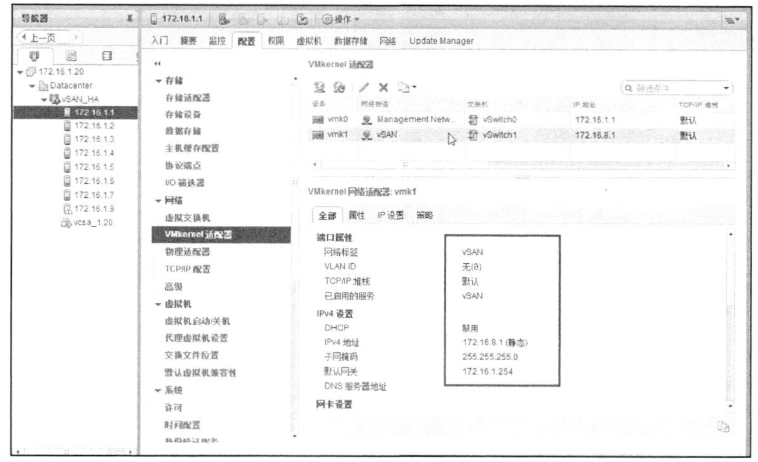

图 11-4-13　添加用于 vSAN 流量的 VMkernel

11.4.4　为 vSAN 群集添加磁盘组

在为每台主机配置了用于 vSAN 流量的 VMkernel 之后，vSAN 群集生效，但此时只有 172.16.1.1 的主机添加了磁盘组，其他主机还没有添加磁盘组，需要手动添加。

（1）在导航窗格中选中 vSAN 群集，在“配置→vSAN→磁盘管理”中可以看到，当前一共有 8 台主机，都在“组 1”中，只有 172.16.1.1 有磁盘组，其他主机没有，如图 11-4-14 所示。

（2）在“磁盘管理”中选中主机，单击“ ”图标创建新磁盘组，如图 11-4-15 所示。本示例以 172.16.1.2 主机为例。

（3）在“172.16.1.2-创建磁盘组”对话框中，选择一个 SSD 作为缓存层，然后选择其他磁盘作为容量层，如图 11-4-16 所示。本示例中缓存盘与容量盘配置的是相同型号、相同容量的 SSD。

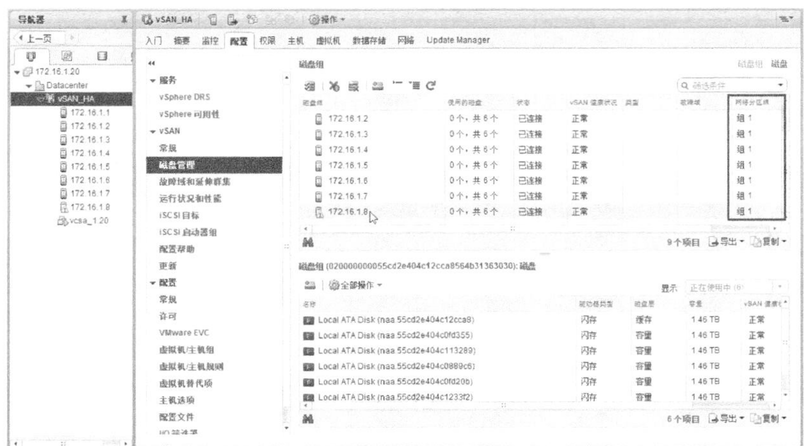

图 11-4-14　检查磁盘管理

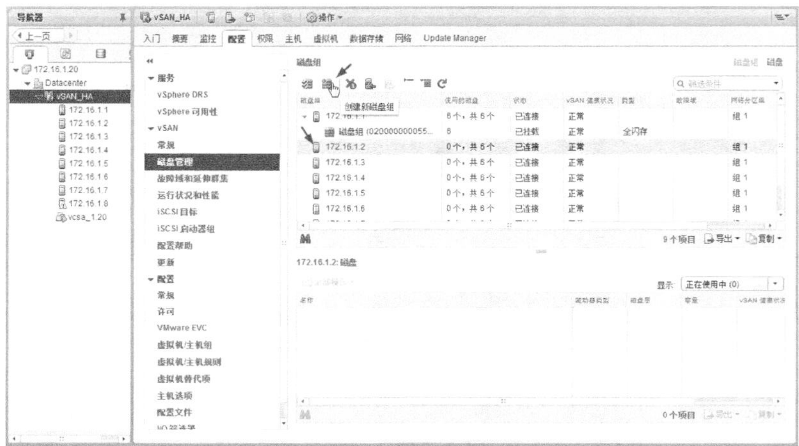

图 11-4-15　创建新磁盘组

图 11-4-16　选择缓存盘与容量盘

（4）参照（2）～（3）的步骤，为其他主机创建磁盘组，创建磁盘组完成后如图 11-4-17 所示。

（5）在“配置→vSAN→故障域和延伸群集”中可以看到当前一共 8 台主机，允许 3 个主机故障，如图 11-4-18 所示。

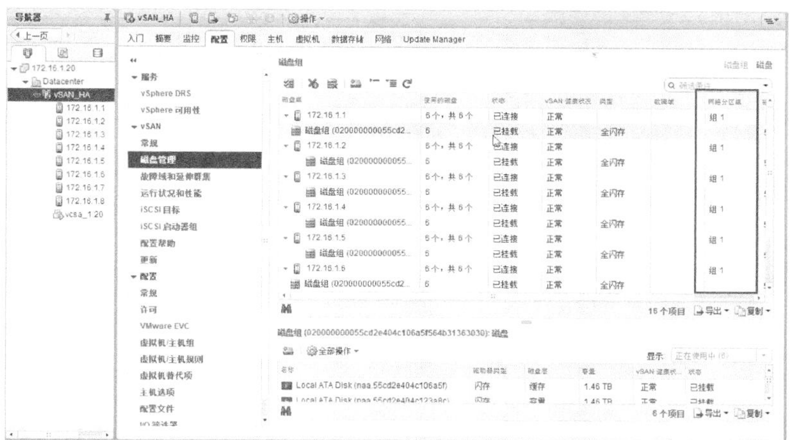

图 11-4-17 创建磁盘组完成

（6）在“配置→vSAN→常规”中可以看到，当前 vSAN 已打开，一共有 48 个磁盘，如图 11-4-19 所示。

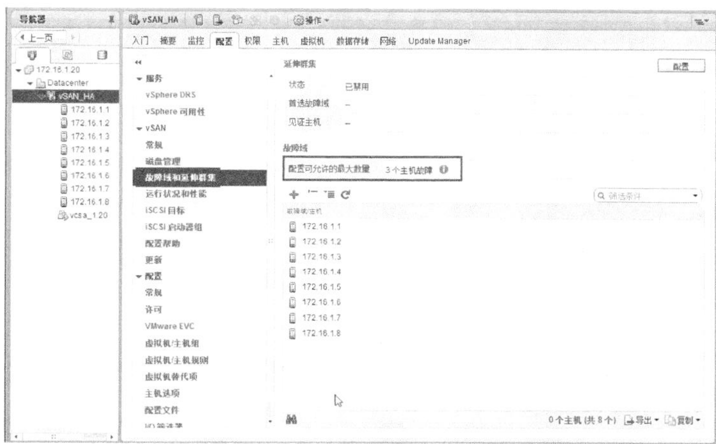

图 11-4-18 故障域和延伸群集

图 11-4-19 常规

（7）在“监控→vSAN→运行状况”中可以看到，当前群集只有警告，没有错误信息，如图 11-4-20 所示。

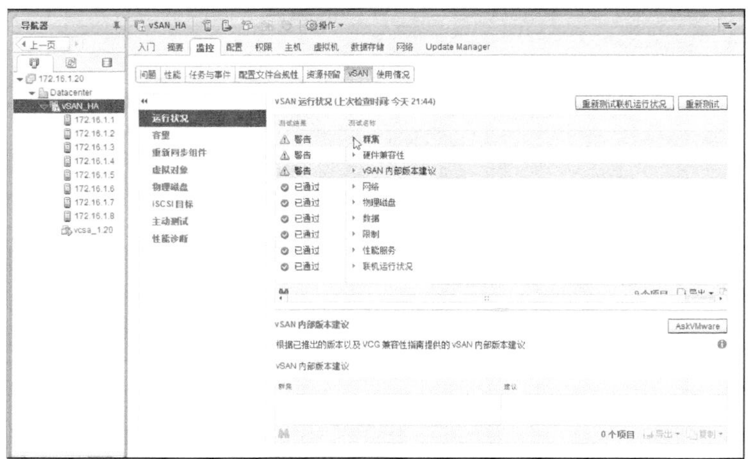

图 11-4-20

后续的工作需要添加分布式交换机（使用原来 vSwitch0 的上行链路），并将标准交换机端口及 VMkernel 迁移到新建的分布式交换机，这些不再介绍。

11.4.5 配置 vCenter HA

当前 vSphere 环境有较高的配置，另外主机数量多于 4 台，推荐配置 vCenter HA。

（1）使用 vSphere Web Client 登录到 vCenter Server，在导航窗格中选中 vCenter Server 的名称或 IP 地址，在“配置→设置→vCenter HA”中单击“配置”按钮，开始 vCenter HA 的配置，如图 11-4-21 所示。

（2）在“2 为主动节点添加 vCenter HA 网络适配器”中，在“IPv4 地址”中输入“172.16.6.20”，“选择 vCenter HA 网络”为“vlan106”，如图 11-4-22 所示。

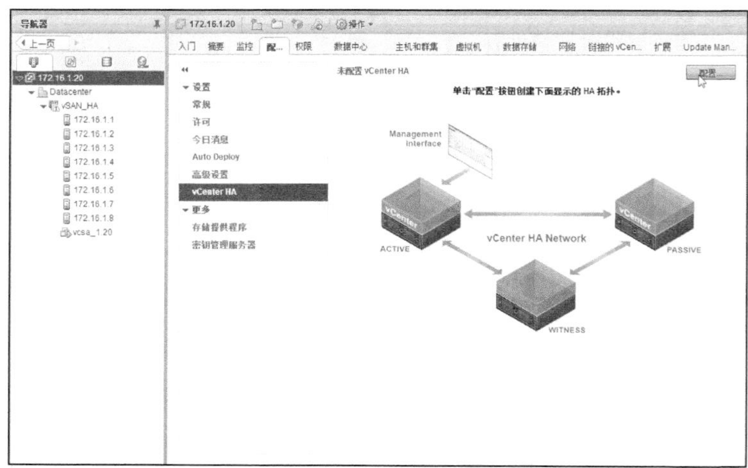

图 11-4-21 配置 vCenter HA

（3）在“3 为被动节点和见证节点选择 IP 设置”中，为被动节点设置 172.16.6.21 的 IP

地址，为见证节点设置 172.16.6.22 的 IP 地址，如图 11-4-23 所示。

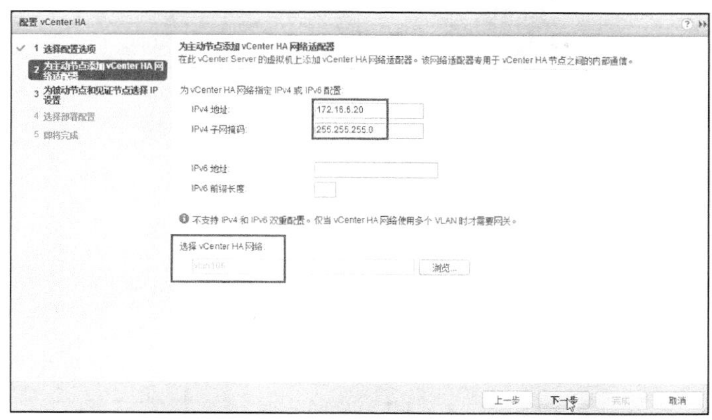

图 11-4-22　为主动节点添加 vCenter HA 网络适配器

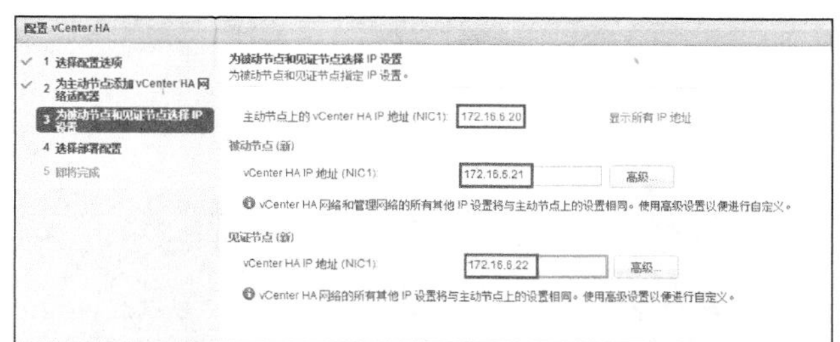

图 11-4-23　设置 IP 地址

（4）根据向导完成 vCenter HA 的配置，直到 vCenter HA 配置完成，如图 11-4-24 所示。

图 11-4-24　配置 vCenter HA 完成

（5）在群集中创建一个资源池，例如 Manager，将 vCenter HA 的 3 台虚拟机移入该资源池管理，如图 11-4-25 所示。

最后根据需要创建虚拟机模板，这些不一一介绍。图 11-4-26 是从模板部署的一台虚拟机。

图 11-4-25　创建资源池管理 vCenter HA

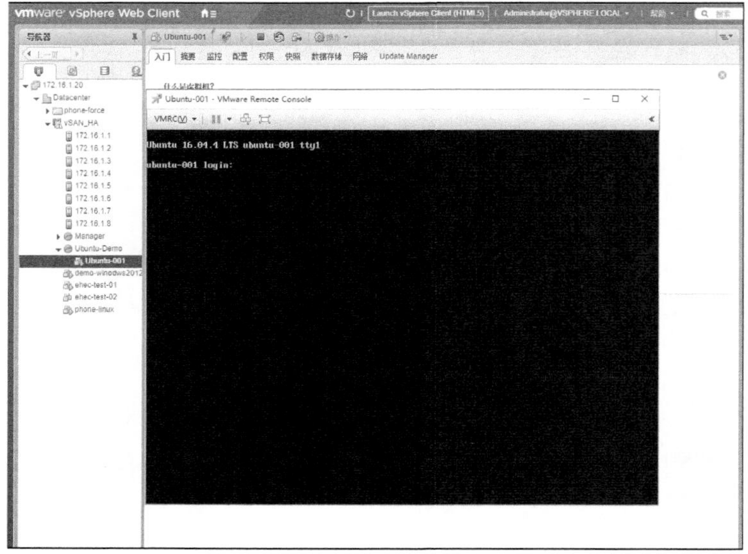
图 11-4-26　从模板部署的虚拟机

11.4.6　虚拟机延迟很大的故障解决

在项目上线 3 个多月后，客户联系作者，说在监控程序里面看到虚拟机延迟非常大，让作者帮助检查一下。

1. 初步检查判断是某台主机有问题

客户的管理流量、虚拟机流量以及 vSAN 流量由 2 台华为 S6720S 交换机分担，正常情况下不可能出现延迟的现象。下面是检查的过程。

（1）使用 vSphere Web Client 登录到 vCenter Server，在左侧导航窗格中选中 vSAN 群集，在右侧“主机”选项卡中查看主机状态，在清单中可以看到 8 台主机状态正常，主机的 CPU 消耗、内存消耗都在正常范围以内，主机正常运行时间 99 天，如图 11-4-27 所示。

（2）在“虚拟机”列表中看到虚拟机的状态正常，如图 11-4-28 所示。

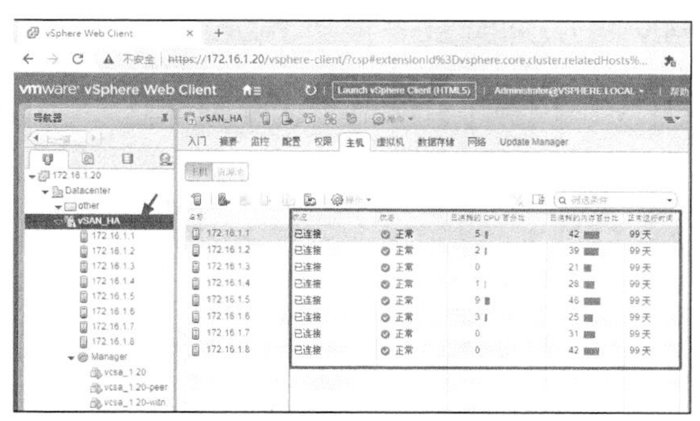
图 11-4-27　查看主机列表

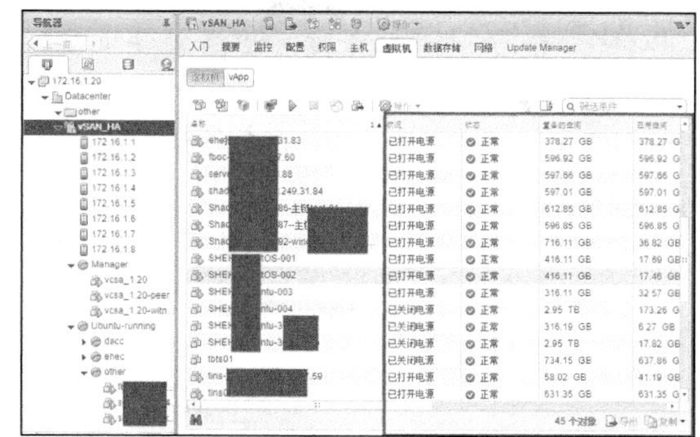
图 11-4-28　虚拟机正常

（3）在“监控→问题→所有问题”中查看有三条警报信息，其中有一条“网络延迟检查”的警报信息，如图 11-4-29 所示。

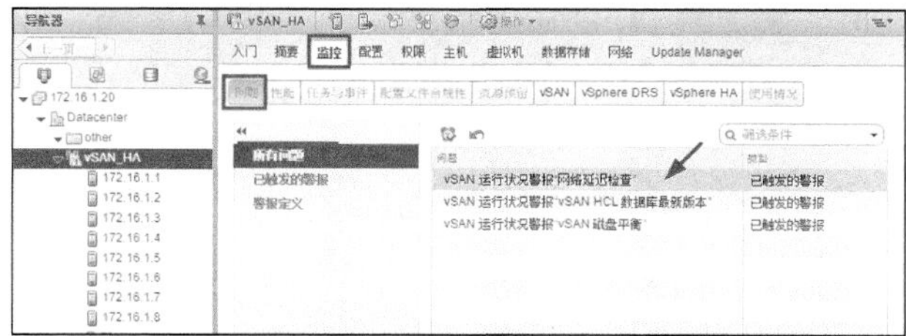
图 11-4-29　网络延迟检查

（4）在“监控→vSAN→运行状况”的“网络→网络延迟检查”的“网络延迟检查结果”中显示 172.16.1.4 这台主机与其他主机延迟较大，其他主机延迟较为正常，如图 11-4-30 所示。除此以外其他信息正常。

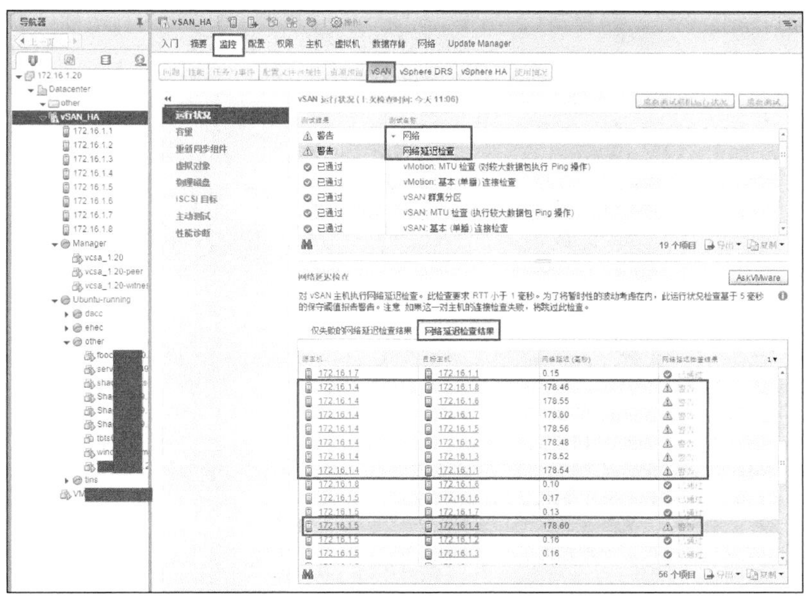
图 11-4-30　172.16.1.4 主机延迟较大

（5）在导航窗格中选中 172.16.1.4 这台主机，在“配置→网络→物理适配器”中查看物理网络适配器状态，查看到链路速度正常（10000Mb），如图 11-4-31 所示。

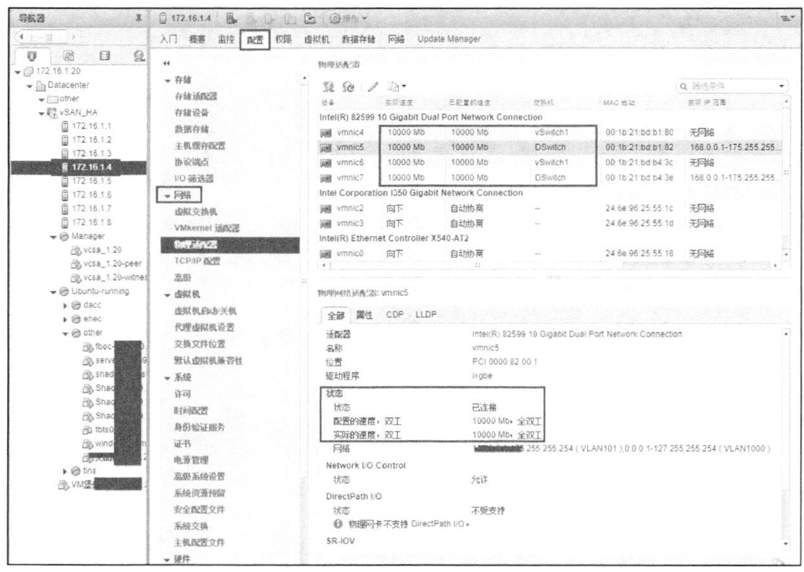

图 11-4-31 主机物理网络适配器链路速度正常

其他主机物理网络适配器状态及链路速度正常。因为现在检查到的问题是 172.16.1.4 这台主机与其他主机之间延迟较大，初步想法是先将这台主机下线检查，迁移数据与虚拟机到其他主机。

2. 在迁移过程中发现新的问题

因为怀疑是 172.16.1.4 这台主机有问题，所以想先将有问题的主机下线，然后看故障能否解决。

（1）在导航窗格中用鼠标右键单击 172.16.1.4 主机，在弹出的快捷菜单中选择“维护模式→进入维护模式”，如图 11-4-32 所示。当前主机有 4 台虚拟机正在运行。

（2）因为当前主机是 vSAN 环境并且想要下线检查，所以在进入维护模式前需要将当前主机上的虚拟机迁移到其他主机，选中“将关闭电源和挂起的虚拟机移动到群集中的其他主机上”，同时选中“将所有数据撤出到其他主机”，如图 11-4-33 所示。

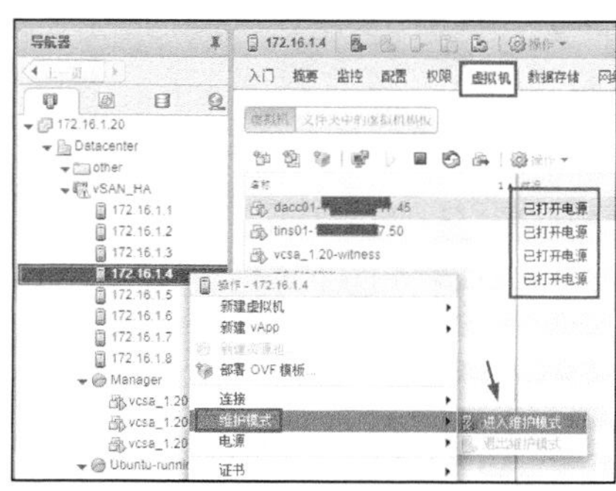

图 11-4-32 进入维护模式

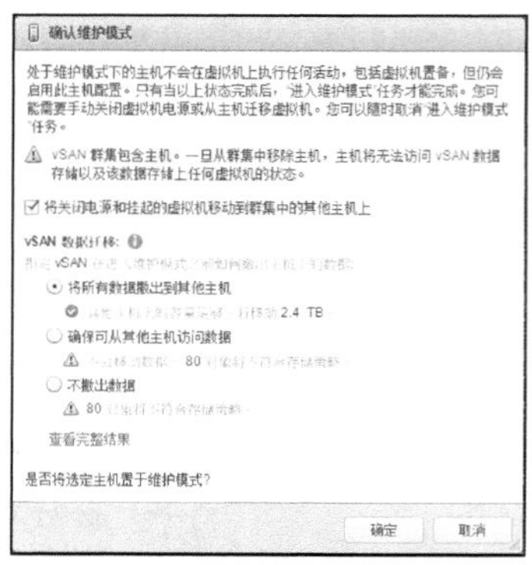

图 11-4-33 迁移数据到其他主机

（3）当前环境是 10Gbit/s 网络的全闪存磁盘组 vSAN 环境，正常情况下迁移这 4 台虚拟机的数据到其他主机，应该很快完成，但直到 10 多小时后仍然没有完成数据的迁移。在“监控→vSAN→重新同步组件”中看到仍然还有 2.03TB 数据需要重新同步，如图 11-4-34 所示。

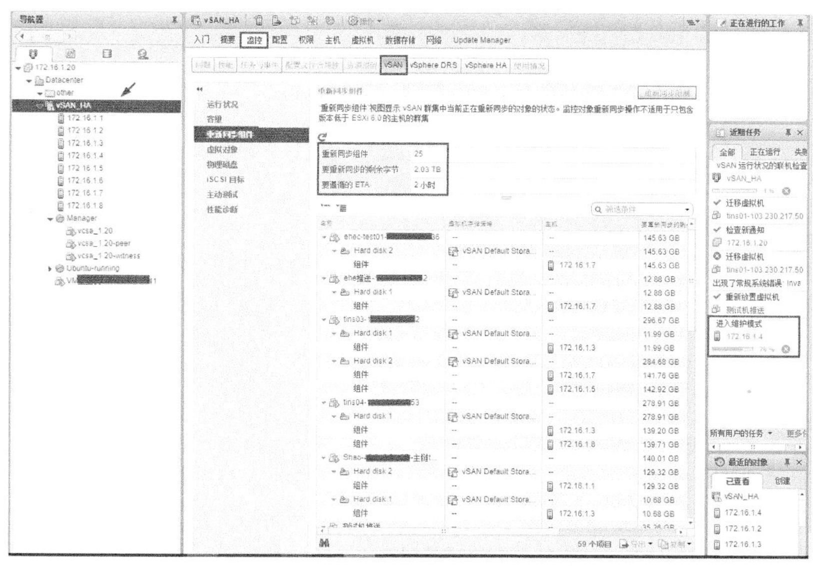

图 11-4-34　剩余同步的数据量

（4）这个时候，很有可能不是服务器的问题，而是其他问题引起的。登录 vSAN 主机的交换机，发现交换机的每个端口都被添加了如下两行配置。

```
qos lr outbound cir 45000 cbs 5625000
qos lr inbound cir 45000 cbs 5625000
```

具体配置如图 11-4-35 所示。

```
interface XGigabitEthernet0/0/2
 port link-type trunk
 port trunk allow-pass vlan 2 to 4094
 qos lr outbound cir 45000 cbs 5625000
 qos lr inbound cir 45000 cbs 5625000
#
interface XGigabitEthernet0/0/3
 port link-type trunk
 port trunk allow-pass vlan 2 to 4094
 qos lr outbound cir 45000 cbs 5625000
 qos lr inbound cir 45000 cbs 5625000
#
interface XGigabitEthernet0/0/4
 port link-type trunk
 port trunk allow-pass vlan 2 to 4094
 qos lr outbound cir 45000 cbs 5625000
 qos lr inbound cir 45000 cbs 5625000
#
```

图 11-4-35　交换机每个端口被限速

询问管理员得知，因为之前有一台服务器大量向外发包，机房管理员为了找出是哪个 IP，对交换机端口进行了限速，但找到问题虚拟机之后没有取消限速。

3. 取消交换机端口限速的故障解决

找到问题所在之后，将交换机端口取消限速即可。另外为了避免再有虚拟机对外发包对其他网络造成影响，可以将 vSAN 及虚拟化环境的交换机的“级联”端口进行限速。

（1）在本示例中每台交换机的端口 23、24 与核心交换机级联，登录每台交换机，将 1～22 端口取消限速并保存配置即可。批量为 1～22 端口取消限速的命令格式如下。

```
port-group group-member  XGigabitEthernet0/0/1  to XGigabitEthernet0/0/24
undo qos lr inb
undo qos lr out
quit
```

（2）将交换机端口取消限速之后，再在“监控→vSAN→网络→网络延迟检查”中重新测试，此时已经没有延迟，如图 11-4-36 所示。

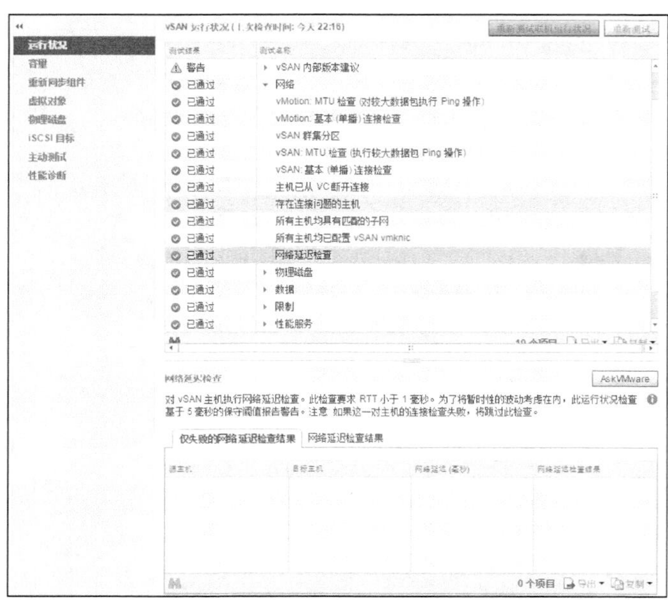

图 11-4-36　网络延迟检查

（3）交换机端口速度恢复正常之后，数据同步很快完成。此时 172.16.1.4 主机置入维护模式，然后将该主机退出维护模式。至此虚拟机的 IO 延迟问题解决。

（4）在“监控→性能→vSAN-虚拟机消耗”中，将“时间范围”改为 24 小时，查看取消交换机端口限速 6 小时后前后速度对比可以发现，取消交换机端口限速之后吞吐量增加、延迟减小到接近 0 的状态，如图 11-4-37 所示。说明，检查出交换机端口被限速是 2018 年 10 月 20 日晚上 10 时左右，图 11-4-37 是 21 日上午 7 时的截图。

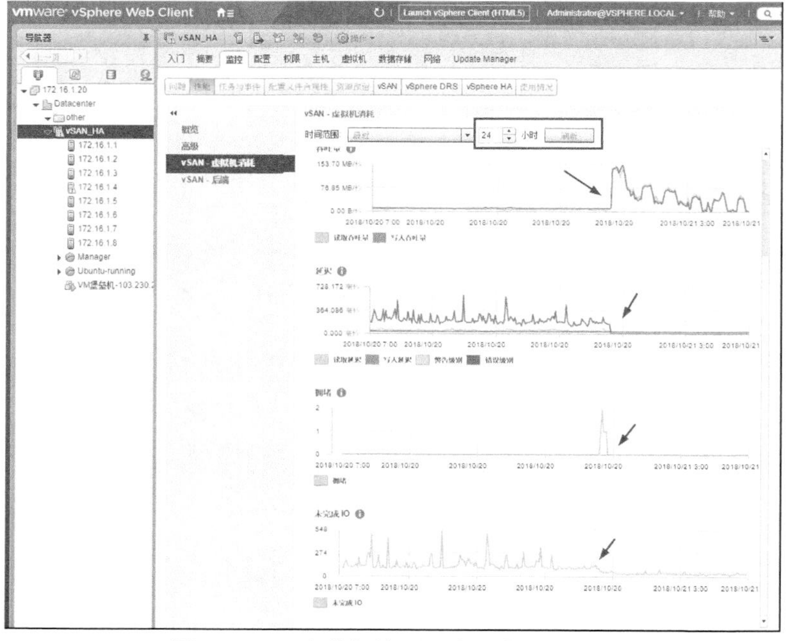

图 11-4-37　交换机端口限速取消后的情况

说明

交换机端口 qos 命令格式如下。

```
qos lr cir cir cbs cbs
```

cir cir 表示承诺信息速率，整数形式，取值范围是 64 到接口自带带宽，例如 Ethernet 接口带宽为 100000（100Mbit/s）、GE 接口带宽为 1000000（1000Mbit/s，1Gbit/s）、XG 接口带宽为 10000000（10Gbit/s）。

cbs cbs 表示承诺突发尺寸，整数形式，每次突发所允许的最大的流量尺寸，设置的突发尺寸必须大于最大报文长度，单位是字节。

11.5 某企业 2 节点直连 vSAN 延伸群集

某企业配置了 2 台 H3C 6900 G3 服务器、1 台 Dell R740XD 服务器组成 2 节点直连 vSAN 延伸群集。其中 2 台 H3C 6900 G3 服务器用作计算与存储资源，Dell R740XD 提供见证虚拟机以及用作备份服务器。

每台 H3C 6900 G3 服务器配置了 1 块 480GB 的 SATA 接口的 SSD 安装 ESXi 系统，配置了 3 块 400GB 的 Intel DC S3710 PCIe 接口的 SSD 用作缓存，配置了 15 块 1.2TB 的 2.5 英寸 SAS 磁盘用作容量磁盘。服务器配置了 1 块 4 端口 1Gbit/s 网卡，另外添加了 2 块 2 端口 10Gbit/s 网卡。每台 H3C 6900 G3 服务器配置了 2 个型号 Intel Gold 5118 的 CPU、512GB 内存。

Dell R740XD 服务器配置了 11 块 1.2TB 的 2.5 英寸 SAS 磁盘，使用 10 块以 RAID-50 的方式划分为 2 个卷，第一个卷划分 10GB 用来安装 ESXi 系统，剩余空间划分为另一个卷用作 VMFS 数据存储。剩余 1 块磁盘用作全局热备磁盘。服务器配置了 128GB 内存。

2 台 H3C 6900 G3 服务器与 Dell RT40XD 服务器连接方式如图 11-5-1 所示。

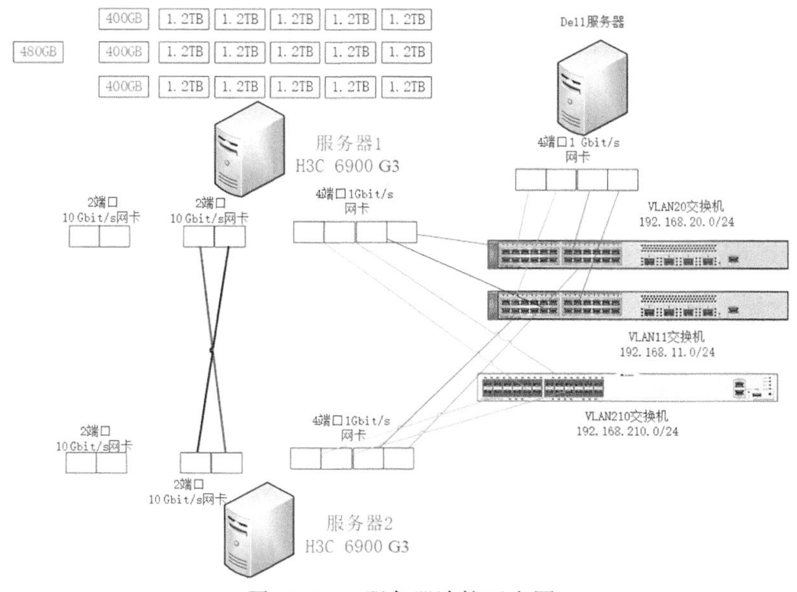

图 11-5-1 服务器连接示意图

2 台 H3C 6900 G3 服务器各有 2 块 2 端口 10Gbit/s 网卡，使用中间扩展槽中的 10Gbit/s 网卡，使用直连光纤，交叉连接到另一台服务器相同位置网卡的另一个端口。即服务器 1 的网卡 1 的端口 1 连接服务器 2 的网卡 1 的端口 2，服务器 1 的网卡 1 的端口 2 连接服务器 2 的网卡 2 的端口 1。

H3C 6900 G3 服务器的 4 端口 1Gbit/s 网卡的端口 1、端口 2 连接 VLAN210 网段的交换机，端口 3 连接 VLAN10 网段的交换机，端口 4 连接 VLAN20 网段的交换机。其中 VLAN210 交换机用于 ESXi 主机的管理，VLAN11 交换机、VLAN20 交换机连接到不同的网线。

Dell R740XD 服务器使用端口 1、端口 2 连接到 VLAN210 交换机。

2 节点直连 vSAN 延伸群集的安装配置在本书前面章节有过详细介绍，本节不再介绍。下面是当前 2 直连节点 vSAN 延伸群集配置好后的部分截图。

（1）服务器安装配置好后如图 11-5-2 所示。

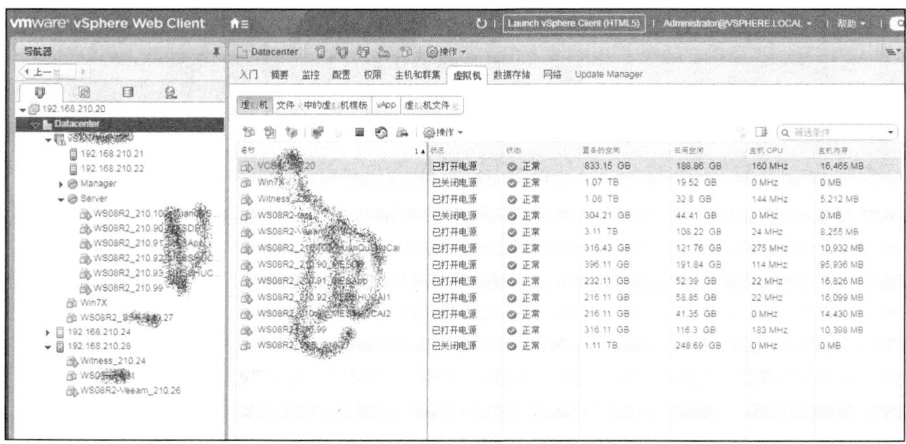

图 11-5-2　2 节点直连 vSAN 群集

（2）IP 地址为 192.168.210.28 是 Dell RT40XD 服务器，用来放置见证虚拟机及 Veeam 备份虚拟机，在“配置→虚拟机→虚拟启动/关机”中将这 2 台虚拟机配置为自动启动，如图 11-5-3 所示。

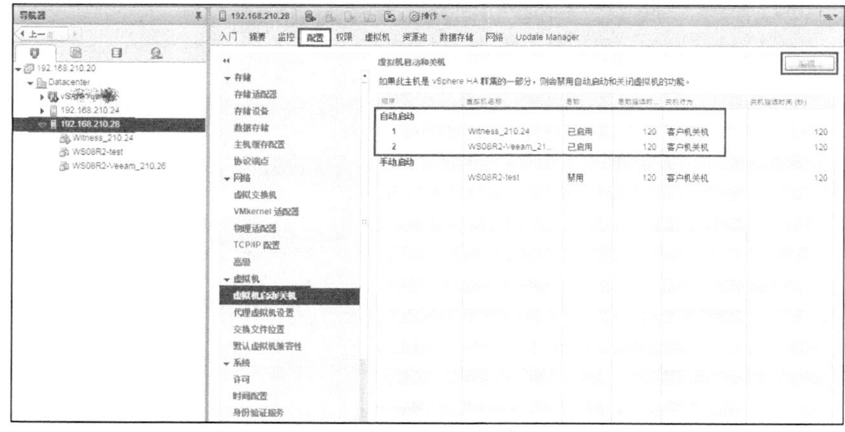

图 11-5-3　见证虚拟机与 Veeam 备份虚拟机

（3）在“监控→vSAN→运行状况”中只有警告信息，没有故障信息，如图 11-5-4 所示。

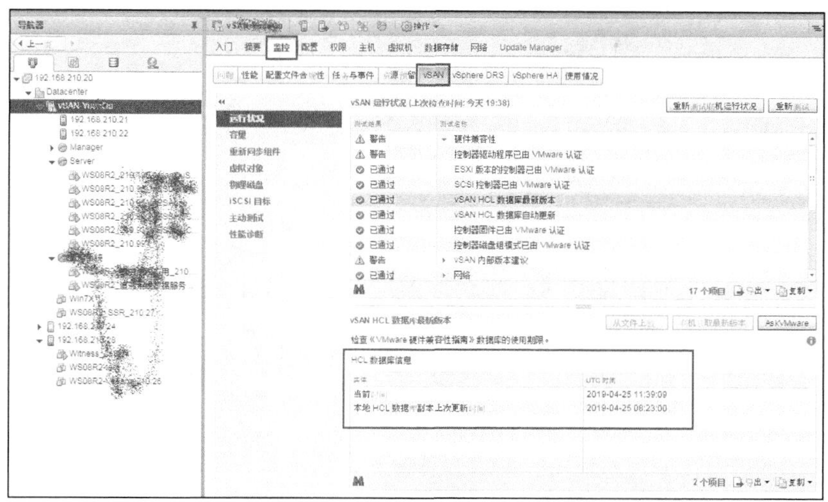

图 11-5-4 运行状况

该 2 节点直连 vSAN 延伸群集从 2018 年 10 月实施，到作者写这节内容时，已经使用了 10 个多月的时候，其间经历机房整体断电、见证虚拟机所在主机断电重新启动等多种情况，但虚拟机的数据不受影响。在机房整体断电并恢复供电后，业务虚拟机可以正常自动启动。

12　vSphere 升级与维护

本章介绍 vSphere 版本升级与故障排除的一些内容。

12.1　vCenter Server 版本要高于 ESXi 版本

在 vSphere 环境中，用于管理的 vCenter Server 的版本要高于受其管理的主机的 ESXi 版本。如果 vCenter Server 的版本低于 ESXi 版本，可能会出现一些故障。下面是作者碰到的一些故障。

12.1.1　服务器断电重启后 vSAN 状态出错

某 4 台主机组成的 vSAN 群集与 Horizon 7 的虚拟桌面，服务器断电并重新加电后 vSAN 状态出错，如图 12-1-1、图 12-1-2 所示。

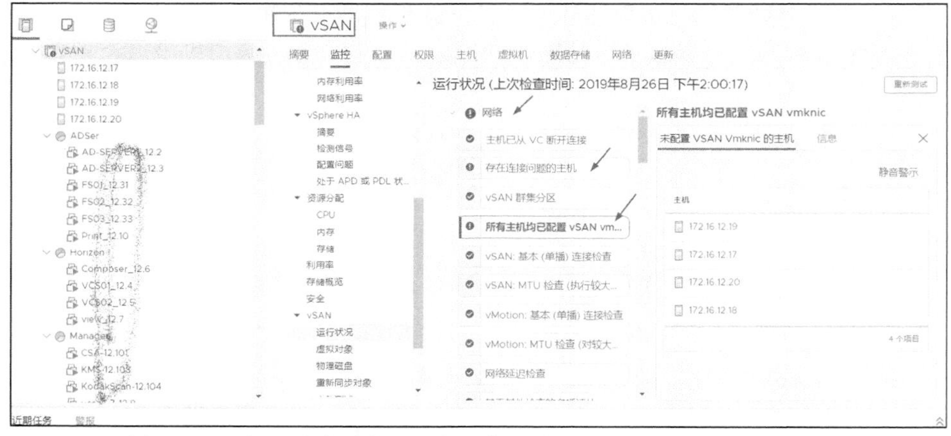

图 12-1-1　提示存在连接问题的主机、未配置 vSAN vmknic 的主机

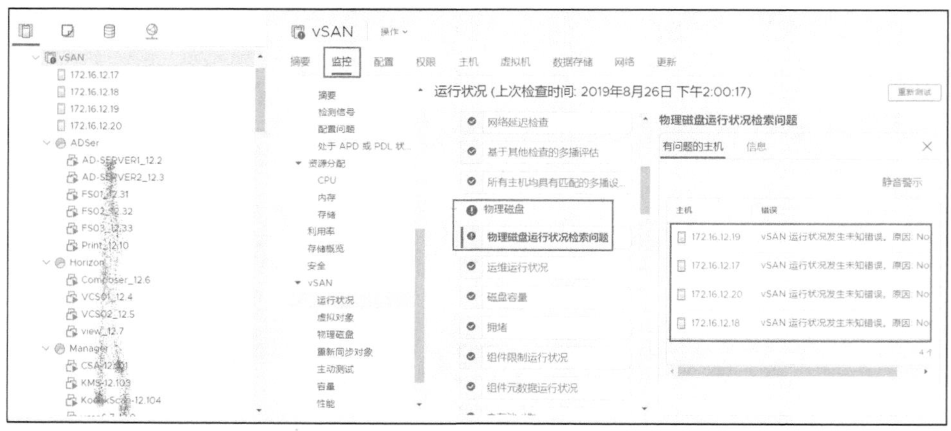

图 12-1-2　vSAN 运行状况发生未知错误

当前有 4 台 ESXi 主机、1 台 vCenter Server。经过检查发现，ESXi 的版本是 6.7.0 U3（6.7.0-14320388），而 vCenter Server 的版本是 6.7.0 U2（6.7.0-13007421），ESXi 的版本高于 vCenter Server 的版本。

（1）查看当前 ESXi 主机的版本是 6.7.0-14320388，如图 12-1-3 所示。

图 12-1-3　查看 ESXi 主机版本

（2）查看当前 vCenter Server 的版本是 6.7.0-13007421，如图 12-1-4 所示。

图 12-1-4　查看 vCenter Server 版本

据客户介绍，原来服务器提示每台 ESXi 主机有几十个补丁需要安装，安装之后需要重新启动。但客户没有重新启动，在断电之后，所有的升级提升都没有了。这应该是重新加电后，ESXi 升级到了最新的版本，但 vCenter Server 没有升级。

知道问题原因之后，将 vCenter Server 6.7.0 U2 升级到 6.7.0 U3，故障即可解决。主要步骤如下。

（1）客户安装的是 vCenter Server Appliance 6.7.0 U2，下载升级包（文件名为 VMware-vCenter-Server-Appliance-6.7.0.40000-14367737-patch-FP.iso，大小为 1.84GB），上传到 vSAN 存储。

（2）为 vCenter Server Appliance 虚拟机创建快照，然后从 vSAN 存储加载 VMware-vCenter-Server-Appliance-6.7.0.40000-14367737-patch-FP.iso 文件为虚拟机的光驱。

（3）登录 vCenter Server 的管理地址（https://vc-ip:5480），在“更新”中选择“检查更新→检查 CDROM”，在检查到升级包之后单击“转储并安装”，如图 12-1-5 所示。当前版本是 6.7.0.30000，安装包中的版本是 6.7.0.40000。

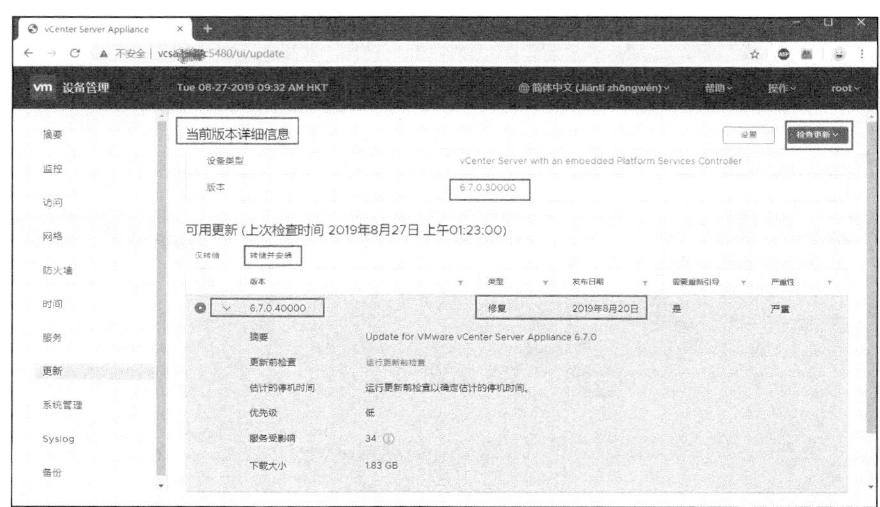

图 12-1-5　检查更新并安装

（4）升级完成后，重新启动 vCenter Server Appliance 虚拟机，再次登录之后，vSAN 运行状况正常，如图 12-1-6 所示。

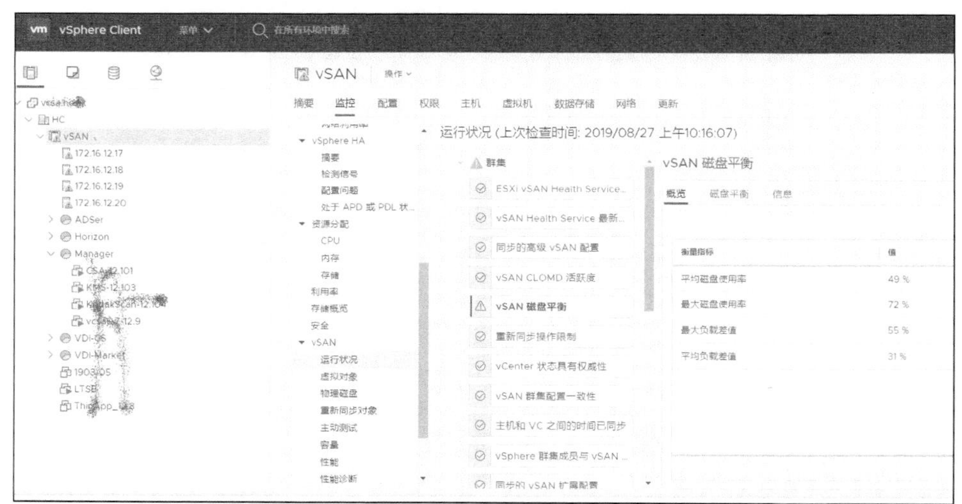

图 12-1-6　vSAN 运行状况正常

在升级完成，测试无误之后，删除 vCenter Server Appliance 虚拟机的快照。

12.1.2　ESXi 版本不一致导致无法加入群集

在同一个群集中，ESXi 版本应该相同。如果 ESXi 版本不同，可能会导致出错。在某个项目，原来有 3 台服务器组成 vSAN 群集。新购买了 4 台服务器想加入到这个 vSAN 群集，但向群集中添加新的服务器时提示“主机的 CPU 硬件应支持群集当前的增强型 vMotion 兼容性模式……”，如图 12-1-7 所示。

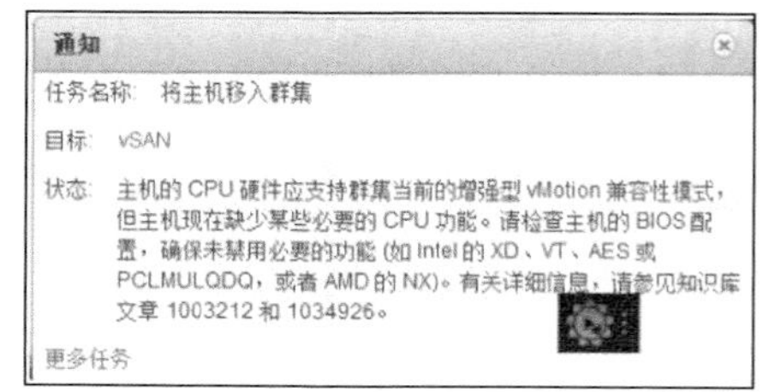

图 12-1-7　提示 EVC 不兼容

但是新的服务器是的 CPU 型号 Intel Xeon E5-2660

V4，原来的 vSAN 群集中的服务器的 CPU 型号是 Intel Xeon E5-2660 V3。新的服务器的 CPU 支持的 EVC 功能实际上已经高于原来的服务器的 CPU 所支持的 EVC 功能。

最初以为是服务器的 BIOS 中没有启动 Intel VT 功能，但检查发现 BIOS 中已经启用了虚拟化技术支持，如图 12-1-8 所示。

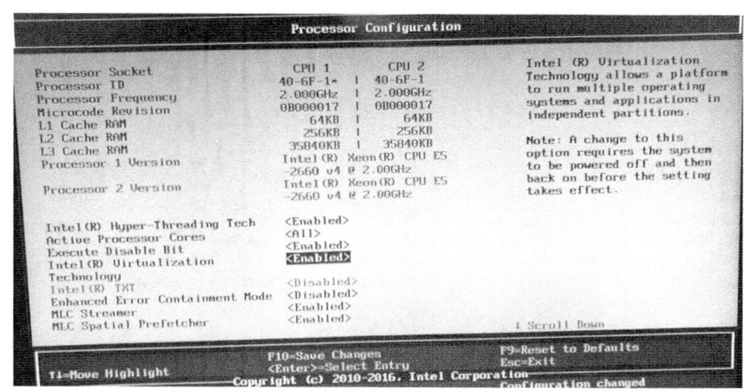

图 12-1-8 Intel Virtualization 已经启用

原来的 vSAN 群集设置的 EVC 模式是 Intel Haswell，如图 12-1-9 所示（图中的名为 vSAN 的群集有 172.16.12.14、172.16.12.15、172.16.12.16 共 3 台主机）。

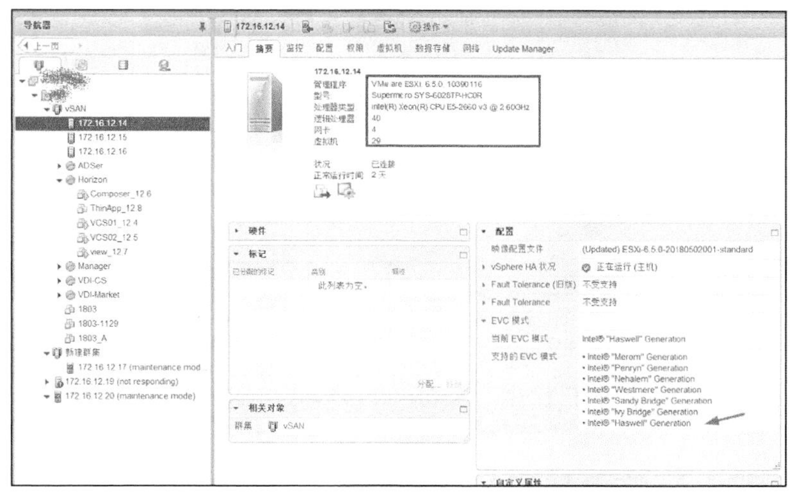

图 12-1-9 支持的 EVC 模式

为新添加的 ESXi 主机创建了一个群集，单独配置 EVC 模式，发现其可以支持图 12-1-9 中所支持的 EVC 模式（Intel Haswell），如图 12-1-10 所示。但如果将这台主机移入 vSAN 群集仍然会出现图 12-1-7 所示错误。

后来仔细检查发现，组成 vSAN 群集的 ESXi 版本高于新安装的服务器的 ESXi 版本。原来 vSAN 群集中 ESXi 的版本号为 6.5.0-10390116，新配置的服务器的 ESXi 版本号为 6.5.0-8294253（见图 12-1-9、图 12-1-10）。

找到问题原因之后就好解决了。将新添加的服务器的 ESXi 升级到 6.5.0-10390116 的版本，升级之后就可以将服务器添加到现有的 vSAN 群集。添加之后如图 12-1-11 所示。

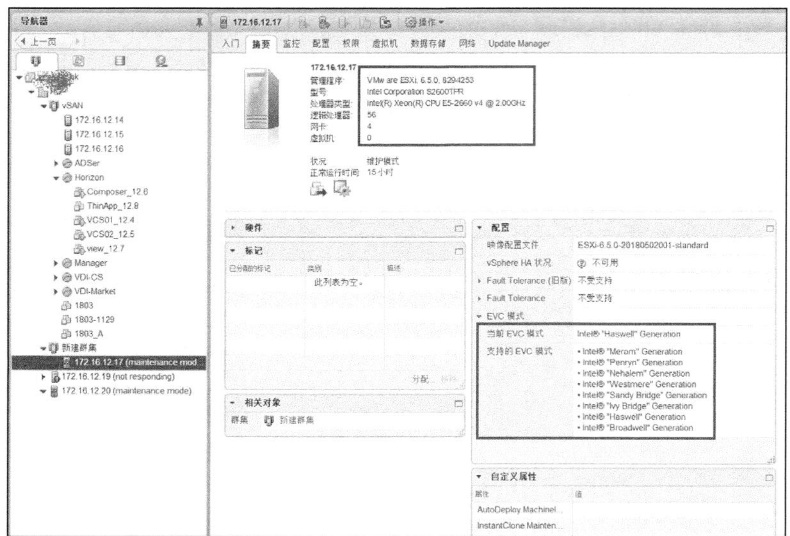

图 12-1-10 当前服务器支持的 EVC 模式及配置的 EVC 模式

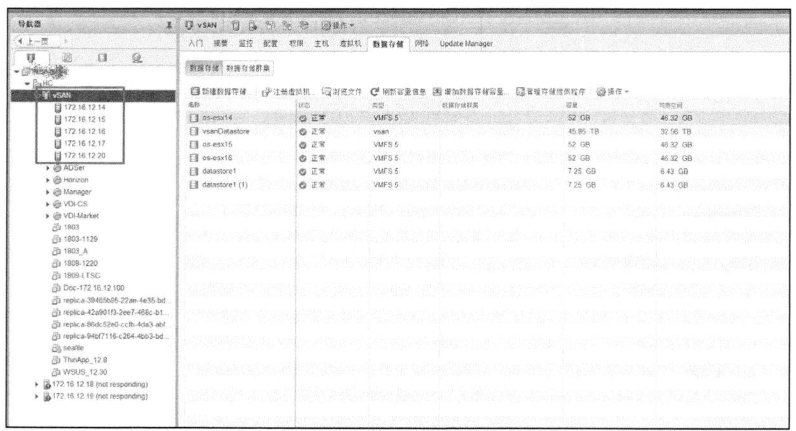

图 12-1-11 将 ESXi 主机加入群集

12.2 重新启动 vCenter Server Appliance 服务

如果使用 Linux 版本的 vCenter Server Appliance，服务不能启动，主要的原因有以下几点。

（1）vCenter Server Appliance 所在的主机出现故障导致 vCenter Server Appliance 非正常启动，在这种情况下，vCenter Server Appliance 的服务可能不能启动。对于这种情况，可以手动启动 vCenter Server Appliance 的相关服务。

（2）vCenter Server Appliance 日志分区占满导致服务无法启动。这种情况清除日志空间重新启动即可。

（3）vCenter Server Appliance 的 SSO 账户（administrator@vsphere.local）密码过期导致服务无法启动。

（4）vCenter Server Appliance 虚拟机的时间不对导致服务无法启动。

下面分别介绍。

12.2.1 启动 vCenter Server Appliance 所有服务

如果 vCenter Server Appliance 的部分服务没有启动，可以使用 SSH 登录到 vCenter Server Appliance 启动，或者在虚拟机控制台登录到 Shell 界面启动相关服务。

（1）找到 vCenter Server Appliance 虚拟机所在主机，打开虚拟机控制台。

（2）按 Alt+F1 组合键，登录进入 Shell。输入管理员账户 root 及密码登录。

（3）在 Command>后面输入 Shell，进入 root 账户命令提示符。

（4）运行以下命令将目录更改为/bin，如图 12-2-1 所示。

```
cd /bin
```

（5）键入以下命令启动所有服务。

```
service-control --start --all
```

服务启动之后，vCenter Server 管理恢复正常，如图 12-2-2 所示。

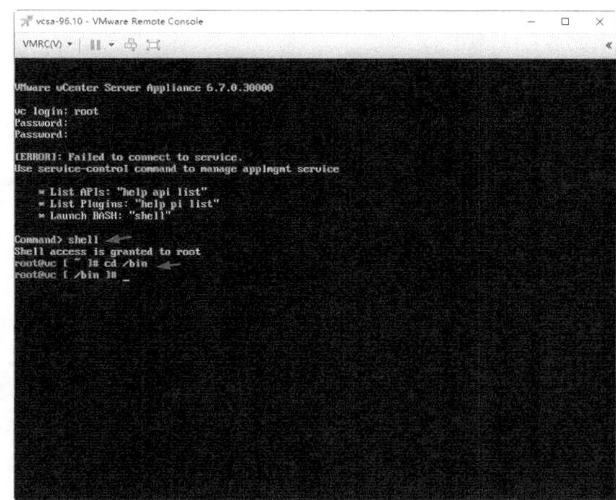

图 12.2-1 打开控制台

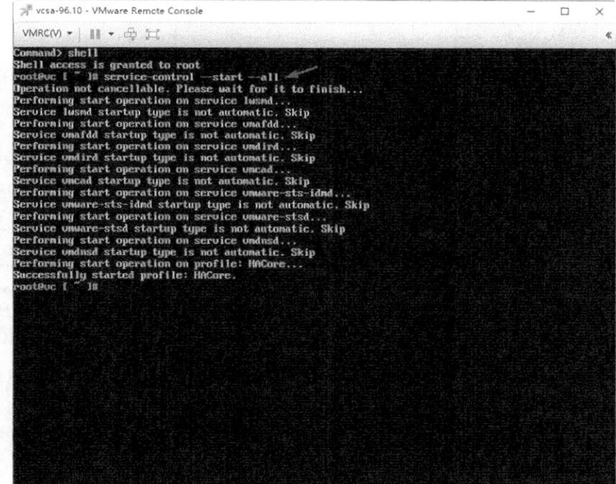

图 12-2-2 启动所有服务

可以多次执行该命令。如果多次执行之后，服务仍然无法启动，检查 vCenter Server Appliance 的时间、日志空间、SSO 密码等情况。

12.2.2 介绍 vCenter Server Appliance 的服务

vCenter Server Appliance 6.x 相关服务如表 12-2-1 所示，vCenter Server Appliance 5.x 相关服务如表 12-2-2 所示。

表 12-2-1 vCenter Server Appliance 6.x 相关服务

服务名称	描述
applmgmt	VMware Appliance Management Service
vmware-cis-license	VMware License Service
vmware-cm	VMware Component Manager
vmware-eam	VMware ESX Agent Manager
vmware-sts-idmd	VMware Identity Management Service

续表

服务名称	描述
vmware-invsvc	VMware Inventory Service
vmware-mbcs	VMware Message Bus Configuration Service
vmware-netdumper	VMware vSphere ESXi Dump Collector
vmware-perfcharts	VMware Performance Charts
vmware-rbd-watchdog	VMware vSphere Auto Deploy Waiter
vmware-rhttpproxy	VMware HTTP Reverse Proxy
vmware-sca	VMware Service Control Agent
vmware-sps	VMware vSphere Profile-Driven Storage Service
vmware-stsd	VMware Security Token Service
vmware-syslog	VMware Common Logging Service
vmware-syslog-health	VMware Syslog Health Service
vmware-vapi-endpoint	VMware vAPI Endpoint
vmware-vdcs	VMware Content Library Service
vmafdd	VMware Authentication Framework
vmcad	VMware Certificate Service
vmdird	VMware Directory Service
vmware-vpostgres	VMware Postgres
vmware-vpx-workflow	VMware vCenter Workflow Manager
vmware-vpxd	VMware vCenter Server
vmware-vsm	VMware vService Manager
vsphere-client	vSphere Web Client
vmware-vws	VMware System and Hardware Health Manager
vmware-vsan-health	VMware vSAN Health Service

表 12-2-2 vCenter Server Appliance 5.x 相关服务

服务名称	描述
vmware-vpxd	VMware VirtualCenter Server 服务
vmware-vpostgres	嵌入式 vPostgres 数据库服务
vmware-tools-services	VMware Tools 服务
vmware-sps	VMware vSphere Profile-Driven Storage Service
vmware-inventoryservice	VMware vCenter Inventory Service
vmware-netdumper	VMware vSphere Network Dump Collector 服务
vmware-logbrowser	VMware vSphere 日志浏览器
vmware-rbd-watchdog	VMware vSphere Auto Deploy 服务
vsphere-client	VMware vSphere Web Client
vmware-sso	[仅限 vSphere 5.1] vCenter Single Sign-On 5.1
vmdird	[仅限 vSphere 5.5] vCenter Single Sign-On 5.5-VMware Directory Service

续表

服务名称	描述
vmcad	[仅限 vSphere 5.5] vCenter Single Sign-On 5.5-VMware Certificate Service
vmware-stsd	[仅限 vSphere 5.5] vCenter Single Sign-On 5.5-VMware Security Token Service
vmkdcd	[仅限 vSphere 5.5] vCenter Single Sign-On 5.5-VMware Kdc Service
vmware-sts-idmd	[仅限 vSphere 5.5] vCenter Single Sign-On 5.5-VMware Identity Management Service

（1）重新启动某项服务（5.x 版本）。

如果要重新启动某项服务，可以执行以下命令。

```
service ServiceName restart
```

例如，要重新启动 VMware vCenter Server Appliance 服务，需要执行以下命令。

```
service  vmware-vpxd  restart
```

另外 service 的参数还有 start、stop、restart、try-restart、reload、force-reload、status 等。

（2）重新启动某项服务（6.x 版本），可以执行以下命令。

```
service-control --start servicename
```

另外 service-control 的参数还有 start、stop、restart、status 等。

（3）查看 VCSA 所有服务（6.x 版本）。

如果要检查当前 vCenter Server Appliance 的所有服务，运行以下命令以列出 vCenter Server Appliance 服务。

```
service-control --list
```

如图 12-2-3 所示，当前环境为 vCenter Server Appliance 6.7.0 U2。

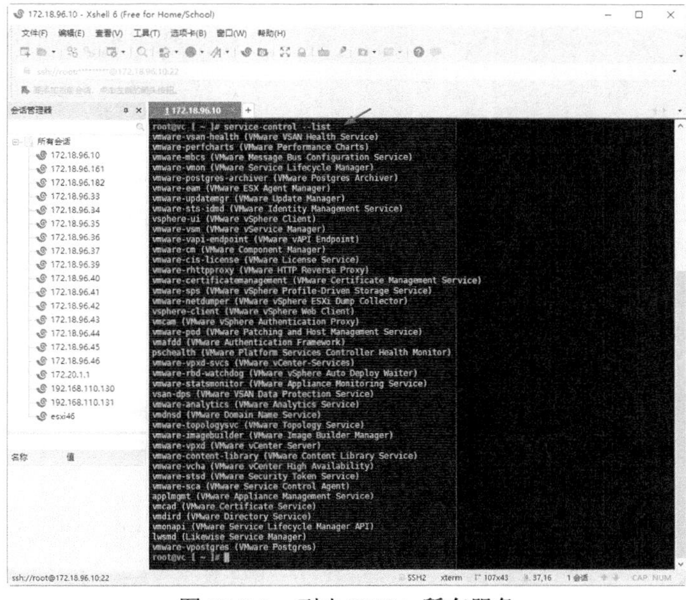

图 12-2-3　列出 VCSA 所有服务

（4）停止所有服务，可以执行以下命令。

```
service-control --stop --all
```

（5）启动所有服务，可以执行以下命令。

```
service-control --start -all
```

对于 vCenter Server Appliance 6.7.0，建议登录 https://vc.heinfo.edu.cn:5480，在“服务”中选择一个项目，然后选择“重新启动”“启动”“停止”执行相应的操作，如图 12-2-4 所示。

图 12-2-4　服务管理

12.2.3　由于日期不对导致 vCenter Server 服务无法启动

如果在服务器断电之后，局域网内部 NTP 服务器时间不正确导致 ESXi 与 vCenter Server 的时间不正常，或者 ESXi 主机与 vCenter Server 的时间与安装时相差过大，vCenter Server 的服务或 vSAN 服务也可能不能启动。此时，将内部 NTP 服务器时间调整为正确时间并重新启动 ESXi 主机与 vCenter Server 服务器的 NTP 服务，时间正常之后，再重新启动 vCenter Server 的服务。下面是案例介绍。

某单位机房更换 UPS，需要临时将机房所有设备断电。按照正常的方法关闭虚拟化平台，等重新加电后，ESXi 主机启动正常，但 vCenter Server 服务无法启动，如图 12-2-5 和图 12-2-6 所示。

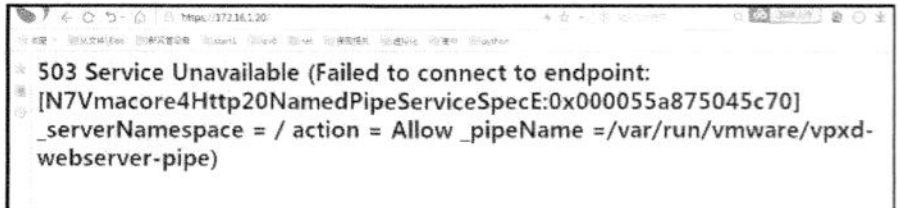

图 12-2-5　无法启动

图 12-2-6　无法登录

打开 vCenter Server Appliance 虚拟机的控制台，登录到 Shell 界面，启动所有服务之后，仍然提示服务不可用。经过仔细检查，发现是由于 vCenter Server Appliance 所在主机的时间变为 2000 年导致，如图 12-2-7 所示。

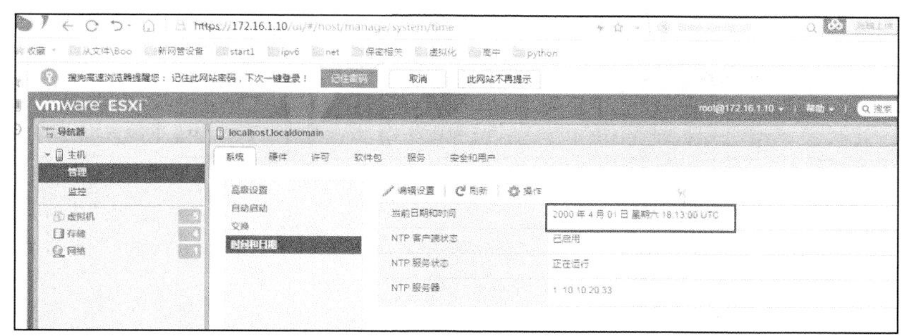

图 12-2-7　ESXi 的时间不对

经过检查发现，当前环境中所有 ESXi 主机配置的 NTP 是交换机的 NTP 服务。在交换机断电，再重新加电之后，用作 NTP 服务器的交换机的时间变为 2000 年 4 月 1 日了，当 ESXi 主机重新回电、重新启动后，从 NTP 获得了 2000 年 4 月 1 日的错误时间。

登录用作 NTP 服务器的交换机，将时间设置为正确的时间。将每台 ESXi 主机的 NTP 服务重新启动，获得正确的时间后，vCenter Server 服务就能启动了，如图 12-2-8 所示。

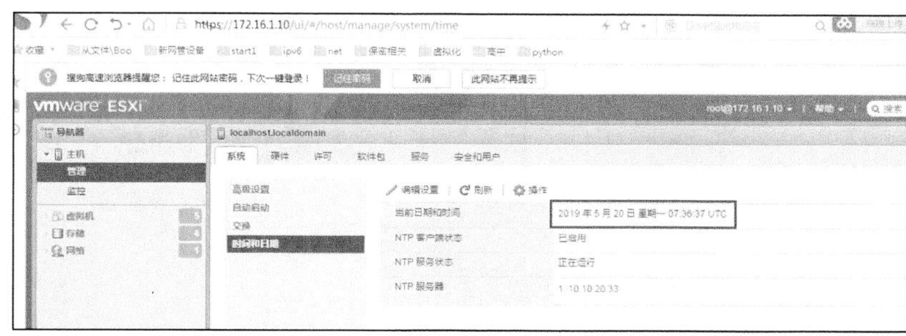

图 12-2-8　时间正确

说明

如果 ESXi 主机能访问 Internet，建议使用 VMware 提供的 NTP 服务，地址如下。

```
0.vmware.pool.ntp.org
1.vmware.pool.ntp.org
2.vmware.pool.ntp.org
3.vmware.pool.ntp.org
```

如果 ESXi 主机不能访问 Internet，可以将网络中的防火墙、交换机等配置为 NTP，为 ESXi 主机提供准确的时间。

12.2.4　启动 Inventory Service 时出现“凭据无效 LDAP 错误 49”的解决方法

在使用 vSphere Client 或 vSphere Web Client 登录 vCenter Server 时，如果出现“在 vCenter Server 中启动 Inventory Service 时出现‘凭据无效 LDAP 错误 49(invalid credentials LDAP Error 49)’”的错误，这个故障的原因如下。

当 Inventory Service 因为 vmdird 中 vmdird-syslog.log 所示账户的密码不匹配导致其失去信任时，会出现此问题。如果将 vCenter Server 从备份或旧快照还原到早期版本，也可能会出现此问题。

说明

vmdird-syslog.log 文件位于：

vCenter Server Appliance:/var/log/vmware/vmdird/vmdird-syslog.log。

安装在 Windows 上的 vCenter Server 为："%VMWARE_LOG_DIR%"\vmdird\vmdir.log（默认为 C:\ProgramData\VMware\vCenterServer\logs\vmdird 或 C:\Users\All Users\VMware\vCenterServer\logs\vmdird，这是同一个文件夹）。

要解决这个问题，需要重置 vmdird-syslog.log 文件中所示用户账户的密码。注意，这个账户不是默认的 SSO 账户 administrator@vsphere.local，而是 FQDN@SSO DOmain 格式的计算机账户。其中 FQDN 是安装 vCenter Server 时注册的名称，该名称为域名或 IP 地址。

对于安装在 Windows 版本的 vCenter Server，使用注册表编辑器（regedit），定位到以下路径打开。

```
[HKEY_LOCAL_MACHINE\SYSTEM\CurrentControlSet\services\VMwareDirectoryService]
```

在 dcAccountDN 中可以看到安装时注册的 FQDN 名称及 SSO 的域名。下面先介绍 Windows 版本的 vCenter Server 重置密码的内容，然后介绍 VCSA 中重置密码的内容。

（1）为当前 vCenter Server 的虚拟机创建快照。

（2）运行 regedit，定位[HKEY_LOCAL_MACHINE\SYSTEM\CurrentControlSet\services\VMwareDirectoryService]，查看 dcAccountDN 中的 FQDN 名称及 SSO 的域名，如图 12-2-9 所示。

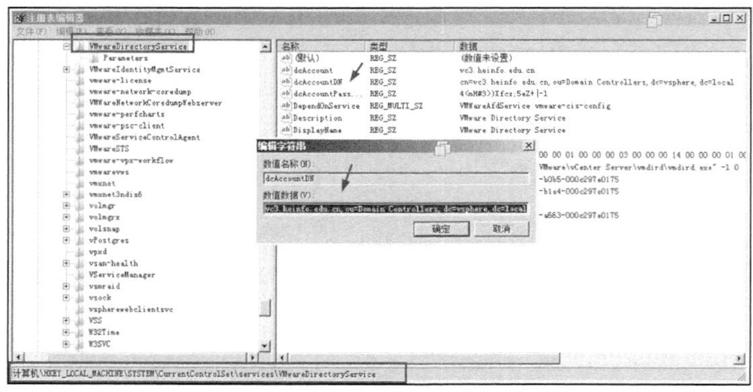

图 12-2-9　查看 dcAccountDN

在本示例中，FQDN 名称为 vc3.heinfo.edu.cn，SSO 的域名为 vsphere.local。

（3）以管理员身份进入命令提示符窗口，进入 C:\Program Files\VMware\vCenter Server\vmdird 文件夹执行 vdcadmintool，在“Please select”中选择 3，在“Please enter account UPN”后面输入 FQDN@SSO DOmain 格式的账户，本示例为 vc3.heinfo.edu.cn@vsphere.local；然后按回车键更新 dcAccount 账户密码，标记该账户密码并复制，如图 12-2-10 所示。

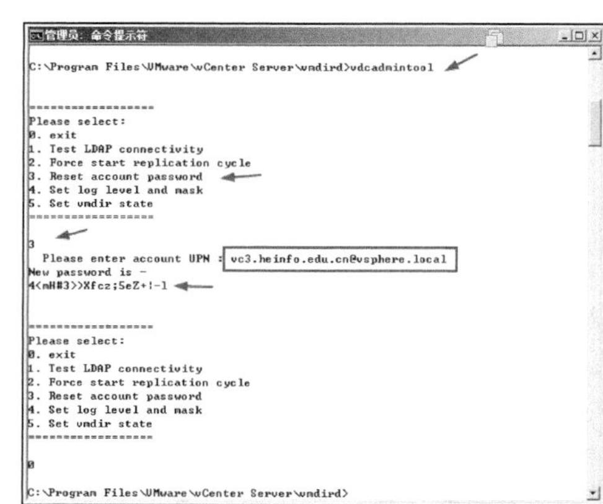

图 12-2-10　更新 dcAccount 账户密码

（4）切换到注册表编辑器，更新 dcAccount Password 的密码为图 12-2-10 中更新后的密码，如

图 12-2-11 所示。

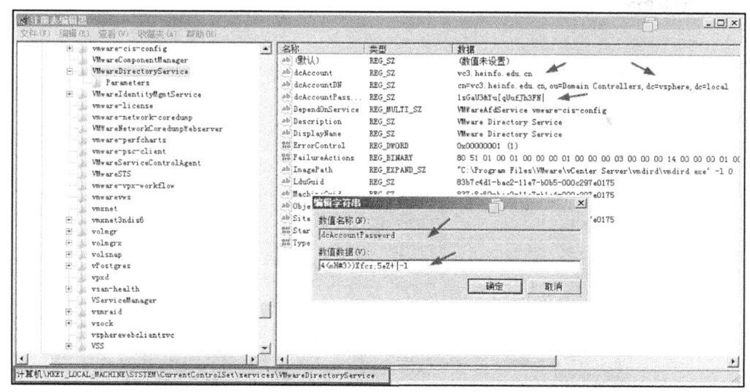

图 12-2-11 更新 dcAccountPassword

（5）重新启动计算机，再次进入系统之后，vCenter Server 即可使用。

Linux 版本的 VCSA 的配置与此类似，主要步骤如下。

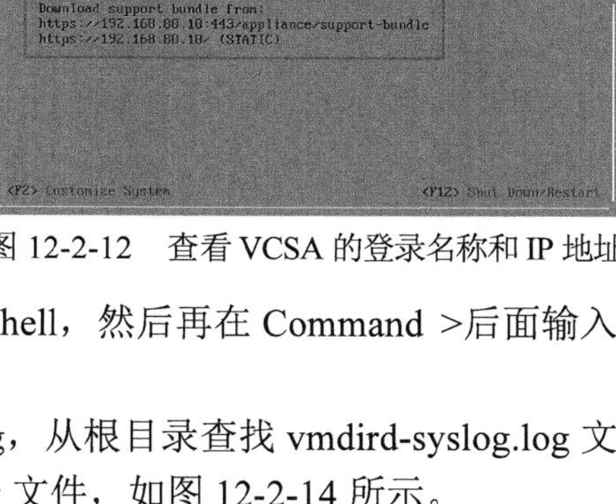

图 12-2-12 查看 VCSA 的登录名称和 IP 地址

（1）打开 VCSA 虚拟机控制台，查看 vCenter Server 的登录名称或 IP 地址，如图 12-2-12 所示。在执行下面操作之前最好为当前 VCSA 的虚拟机创建快照。

从当前的控制台界面来看，当前 VCSA 安装的时候注册的系统名称是 192.168.80.10 的 IP 地址（当前环境为 vCenter Server Appliance 6.0.0）。

（2）使用 SSH 登录 vCenter Server Appliance，在 Command >后面输入 shell.set --enabled True 启用 Shell，然后再在 Command >后面输入 shell 进入 BASH 提示符，如图 12-2-13 所示。

（3）在#提示符执行 find / -name vmdird-syslog.log，从根目录查找 vmdird-syslog.log 文件所在位置，找到之后使用 vim 打开 vmdird-syslog.log 文件，如图 12-2-14 所示。

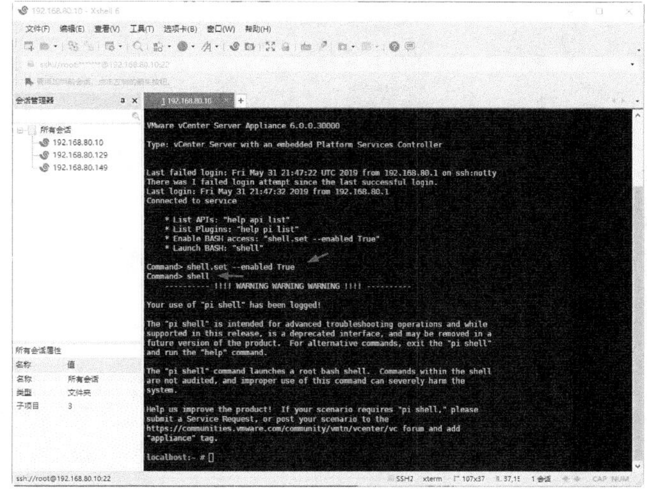

图 12-2-13 启用 BASH 访问

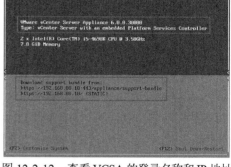

图 12-2-14 编辑 vmdird-syslog.log 文件

（4）使用 vim 打开 vmdird-syslog.log 文件后，输入/192.168.80.10@vsphere.local 查看是否有这个 FQDN 的账户，如图 12-2-15 所示。找到之后，输入:q 退出 vim 编辑器。

```
2018-01-24T19:48:43.431406+00:00 info vmdird  t@140646730082048: Add Entry (cn=C
omponentManager,dc=vsphere,dc=local)(from 127.0.0.1)(by administrator@vsphere.lo
cal)(via Ext)(USN 154)
2018-01-24T19:48:43.434410+00:00 info vmdird  t@140646730082048: Add Entry (cn=L
dus,cn=ComponentManager,dc=vsphere,dc=local)(from 127.0.0.1)(by administrator@vs
phere.local)(via Ext)(USN 155)
2018-01-24T19:48:43.437378+00:00 info vmdird  t@140646730082048: Add Entry (cn=C
MSites,cn=ComponentManager,dc=vsphere,dc=local)(from 127.0.0.1)(by administrator
@vsphere.local)(via Ext)(USN 156)
2018-01-24T19:48:43.456720+00:00 info vmdird  t@140646730082048: Add Entry (cn=4
f00c87f-31ca-431f-b7df-c784dc5c9ca5,cn=CMSites,cn=ComponentManager,dc=vsphere,dc
=local)(from 127.0.0.1)(by administrator@vsphere.local)(via Ext)(USN 157)
2018-01-24T19:48:43.459877+00:00 info vmdird  t@140646730082048: Add Entry (cn=7
f6a6a3e-b6e8-47c2-8eee-acc438bec7fe,cn=Ldus,cn=ComponentManager,dc=vsphere,dc=lo
cal)(from 127.0.0.1)(by administrator@vsphere.local)(via Ext)(USN 158)
2018-01-24T19:48:43.463551+00:00 info vmdird  t@140646730082048: MOD 1,rep,vmwLD
UGuid: (7f6a6a3e-b6e8-47c2-8eee-acc438bec7fe)
2018-01-24T19:48:43.466198+00:00 info vmdird  t@140646730082048: Modify Entry (c
n=192.168.80.10,ou=Domain Controllers,dc=vsphere,dc=local)(from 127.0.0.1)(by ad
ministrator@vsphere.local)(via Ext)(USN 159)
2018-01-24T19:48:43.751286+00:00 err vmdird  t@140646730082048: VmDirSendLdapRes
ult: Request (Search), Error (32), Message (DNToEID (9703)((MDB_NOTFOUND: No mat
ching key/data pair found)(cn=2dc5244a2f3f8127277b43fba296d8c8e3c116a1,cn=certif
icate-authorities,cn=configuration,dc=vsphere,dc=local))), (0) socket ([28] 127.
0.0.1:389<-127.0.0.1:49257)
2018-01-24T19:48:43.776676+00:00 info vmdird  t@140646730082048: Add Entry (CN=2
DC5244A2F3F8127277B43FBA296D8C8E3C116A1,CN=Certificate-Authorities,cn=Configurat
ion,dc=vsphere,dc=local)(from 127.0.0.1)(by 192.168.80.10@vsphere.local)(via Ext
)(USN 160)
/192.168.80.10@vsphere.local
```

图 12-2-15　查找 FQDN

说明

或者使用 grep "192.168.80.10@vsphere.local" /storage/log/vmware/vmdird/vmdird-syslog.log | head 从文件中查找字符串。

（5）返回到#提示符之后，使用 find　/　-name vdcadmintool，查找 vdcadmintool 文件所在目录，然后执行该命令。和 Windows 版本一样，在"Please select"中选择 3 重置账户密码，在"Please enter account UPN"后面输入 192.168.80.10@vsphere.local，然后复制"New Password is"下一行的密码备用，如图 12-2-16 所示。复制之后输入 0 退出 vdcadmintool 命令。本示例中重置后的密码为 xXKjnsT$;39KQ=Ny!#w1。

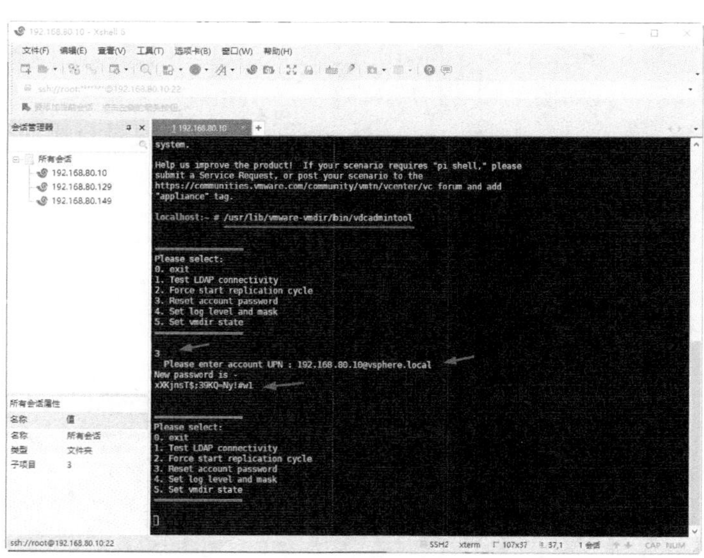

图 12-2-16　重置账户密码

（6）在#提示符后面输入/opt/likewise/bin/lwregshell，在\>提示符后面输入 cd HKEY_THIS_MACHINE\services\vmdir\，出现 HKEY_THIS_MACHINE\services\vmdir>提示符，输入（其中 xXKjnsT$;39KQ=Ny!#w1 是重置后的密码）set_value dcAccountPassword " xXKjnsT$;39KQ=

Ny!#w1"，在 HKEY_THIS_MACHINE\services\vmdir>提示符后输入 quit 退出，如图 12-2-17 所示。

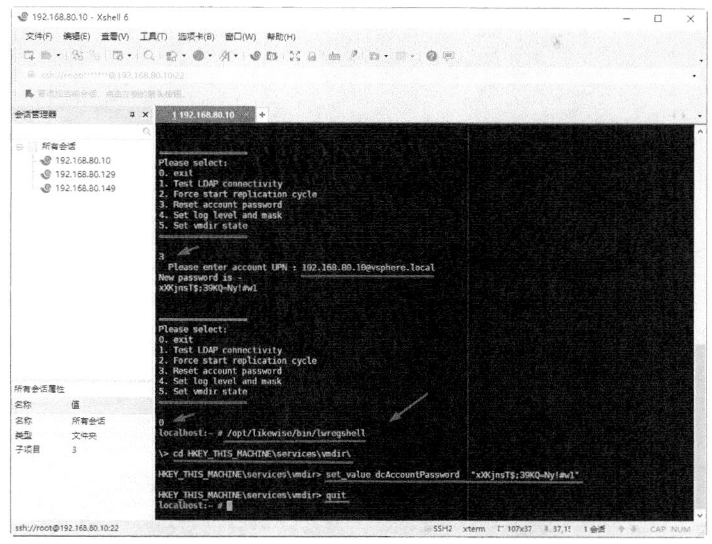

图 12-2-17　更新 dcAccount 账户密码

（7）重新启动 vCenter Server Appliance 的虚拟机。恢复之后，删除 VCSA 虚拟机的快照。

12.3　常用 vSphere esxcli 命令

本节介绍常用的 VMware ESXi 主机的 esxcli 命令。本节以 4 台 ESXi 6.7.0 U2 主机组成的 vSAN 实验环境来介绍，如图 12-3-1 所示。

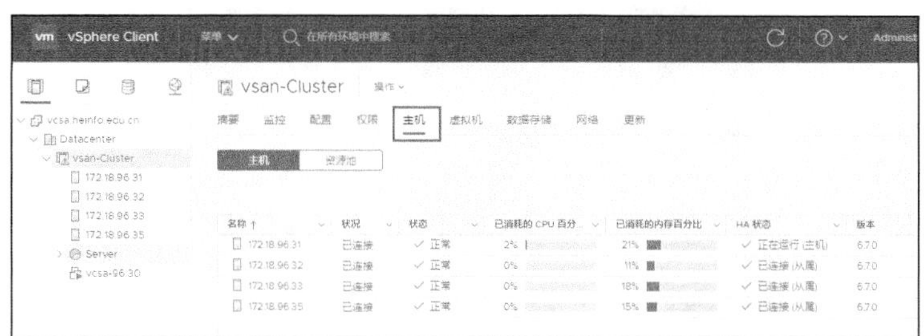

图 12-3-1　实验测试环境

每台主机配置了 2 个虚拟交换机，在 vSwitch1 上创建 VMkernel 用于 vSAN 流量，如图 12-3-2 所示，这是其中一台主机的 vSAN 流量。本次实验环境中 vSAN 流量的 VMkernel 的 IP 地址依次是 192.168.0.31、192.168.0.32、192.168.0.33、192.168.0.35。

如果要使用 esxcli 命令，需要为主机开启 SSH 服务，使用 SSH 客户端登录到主机之后运行。如果要查看 esxcli 中用于 vSAN 的命令，在登录到 ESXi 主机后执行 esxcli vsan 并按回车键，如图 12-3-3 所示。

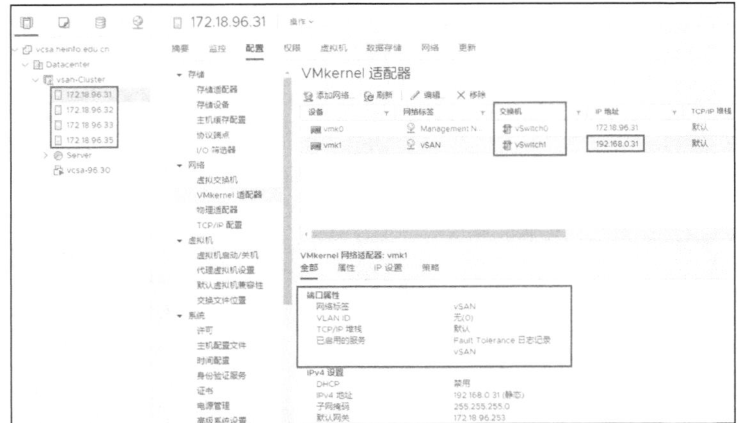

图 12-3-2 查看 vSAN 流量

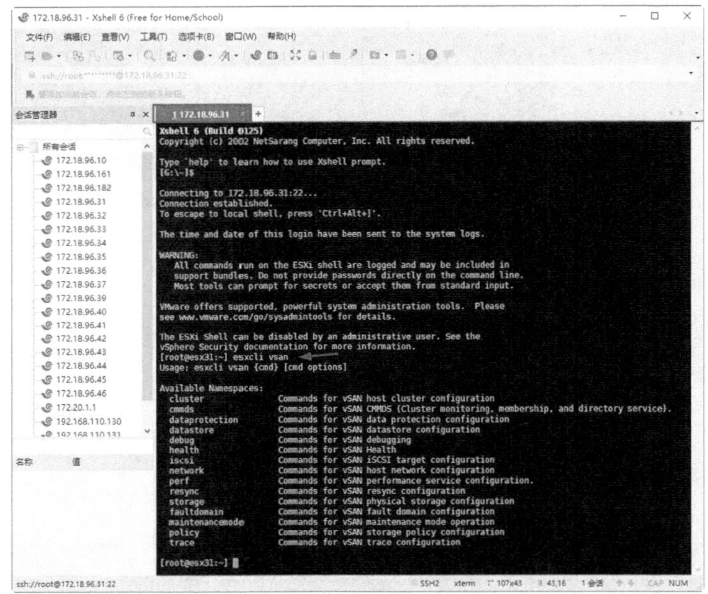

图 12-3-3 查看用于 vSAN 的 esxcli 命令

下面介绍 vSAN 或 vSphere 中常用的命令。

在下面的操作中，如果没有特别说明，将是登录到 172.18.96.31 的主机上执行。

12.3.1 esxcli vsan network list

esxcli vsan network list 用于检查 vSAN 流量使用的是哪一个 VMkernel 适配器。即使在 vSphere Client 中禁用了 vSAN，或者主机从 vSAN 群集中移除，只要 VMkernel 中配置的 vSAN 信息没有删除，该命令仍然能正常工作。

执行 esxcli vsan network list 命令显示如下内容（如图 12-3-4 所示）。

图 12-3-4 查看用于 vSAN 流量的 VMkernel

```
Interface
   VmkNic Name: vmk1
```

```
IP Protocol: IP
Interface UUID: 2030335d-58b5-26f6-2548-001b21bc86b8
Agent Group Multicast Address: 224.2.3.4
Agent Group IPv6 Multicast Address: ff19::2:3:4
Agent Group Multicast Port: 23451
Master Group Multicast Address: 224.1.2.3
Master Group IPv6 Multicast Address: ff19::1:2:3
Master Group Multicast Port: 12345
Host Unicast Channel Bound Port: 12321
Multicast TTL: 5
Traffic Type: vsan
```

在本示例中用于 vSAN 流量的 VMkernel 的名称为 vmk1。该命令还会显示其他信息，例如多播的 Agent Group 和 Master Group 地址。

12.3.2 esxcli network ip interface ipv4 get

在知道了 vSAN 流量的 VMkernel 之后，可用该命令来显示 vSAN 流量的 VMkernel 适配器的 IP 地址和子网掩码信息，可使用-i 指定 VMkernel。在 IP 地址为 172.18.96.31 的主机执行 esxcli network ip interface ipv4 get -i vmk1 命令之后，结果如图 12-3-5 所示。

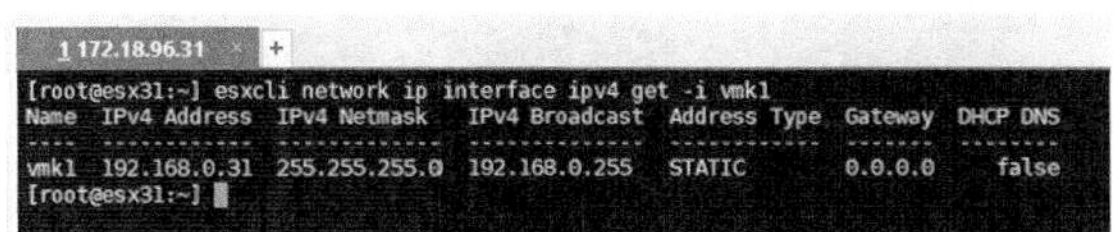

图 12-3-5　查看 VMkernel 适配器详细信息

12.3.3 esxcli network ip interface list

esxcli network ip interface list 用于查看接口网络信息，执行该命令后如图 12-3-6 所示。

在此可以看到当前主机有两个 VMkernel，每个 VMkernel 的 MTU 是 1500。在此可以查看每个 VMkernel 所属的虚拟交换机等信息。

```
[root@esx31:~] esxcli network ip interface list
vmk0
   Name: vmk0
   MAC Address: 18:66:da:ba:e5:5d
   Enabled: true
   Portset: vSwitch0
   Portgroup: Management Network
   Netstack Instance: defaultTcpipStack
   VDS Name: N/A
   VDS UUID: N/A
   VDS Port: N/A
   VDS Connection: -1
   Opaque Network ID: N/A
   Opaque Network Type: N/A
   External ID: N/A
   MTU: 1500
   TSO MSS: 65535
   RXDispQueue Size: 1
   Port ID: 33554438

vmk1
   Name: vmk1
   MAC Address: 00:50:56:62:7a:21
   Enabled: true
   Portset: vSwitch1
   Portgroup: vSAN
   Netstack Instance: defaultTcpipStack
   VDS Name: N/A
   VDS UUID: N/A
   VDS Port: N/A
   VDS Connection: -1
   Opaque Network ID: N/A
   Opaque Network Type: N/A
   External ID: N/A
   MTU: 1500
   TSO MSS: 65535
   RXDispQueue Size: 1
   Port ID: 50331654
[root@esx31:~]
```

图 12-3-6　查看网络信息

12.3.4 vmkping

vmkping 命令使用指定的 VMkernel 检查网络上其他 ESXi 主机有没有回复当前主机的 Ping 请求。在本示例中，vSAN 流量绑定在名为 vmk1 的 VMkernel 上，使用该命令可以通过 vmk1 的 VMkernel 测试其他节点主机的连通性。

使用 vmkping 命令，通过名为 vmk1 的 VMkernel，测试 172.18.96.35 主机（该主机用于 vSAN 流量的 VMkernel 的 IP 地址为 192.168.0.35）用于 vSAN 流量是否连通的命令如下。

```
vmkping -I vmk1 192.168.0.35
```

测试之后如图 12-3-7 所示。

如果要测试 vSAN 流量的 VMkernel 的 MTU 配置是否正确，可以指定包大小，命令如下。

```
vmkping -I vmk1 192.168.0.35 -s 9000
```

在本示例中测试通过，结果如图 12-3-8 所示。

```
[root@esx31:~] vmkping -I vmk1 192.168.0.35
PING 192.168.0.35 (192.168.0.35): 56 data bytes
64 bytes from 192.168.0.35: icmp_seq=0 ttl=64 time=0.133 ms
64 bytes from 192.168.0.35: icmp_seq=1 ttl=64 time=0.077 ms
64 bytes from 192.168.0.35: icmp_seq=2 ttl=64 time=0.076 ms

--- 192.168.0.35 ping statistics ---
3 packets transmitted, 3 packets received, 0% packet loss
round-trip min/avg/max = 0.076/0.095/0.133 ms
```

图 12-3-7 指定 VMkernel

```
[root@esx31:~] vmkping -I vmk1 192.168.0.35 -s 9000
PING 192.168.0.35 (192.168.0.35): 9000 data bytes
9008 bytes from 192.168.0.35: icmp_seq=0 ttl=64 time=0.191 ms
9008 bytes from 192.168.0.35: icmp_seq=1 ttl=64 time=0.173 ms
9008 bytes from 192.168.0.35: icmp_seq=2 ttl=64 time=0.153 ms

--- 192.168.0.35 ping statistics ---
3 packets transmitted, 3 packets received, 0% packet loss
round-trip min/avg/max = 0.153/0.172/0.191 ms
```

图 12-3-8 指定包大小

12.3.5 esxcli network ip neighbor list

esxcli network ip neighbor list 用于检查相邻主机的 IP 地址与 MAC 地址，可以使用-i 指定 VMkernel。例如，可以分别执行 esxcli network ip neighbor list -i vmk0、esxcli network ip neighbor list -i vmk1 命令，执行结果如图 12-3-9 所示。

```
[root@esx31:~] esxcli network ip neighbor list -i vmk0
Neighbor        Mac Address        Vmknic   Expiry  State  Type
-------------   -----------------  ------  --------  -----  -------
172.18.96.30    00:50:56:a5:2f:1b  vmk0     916 sec         Unknown
172.18.96.252   14:30:04:b2:ef:bc  vmk0     912 sec         Unknown
172.18.96.253   64:3e:8c:b4:2d:8c  vmk0    1023 sec         Unknown
172.18.96.25    54:a0:50:50:b5:09  vmk0    1190 sec         Unknown
172.18.96.36    a0:36:9f:03:e2:0c  vmk0    1195 sec         Unknown
172.18.96.35    10:7b:44:f2:a3:92  vmk0    1192 sec         Unknown
172.18.96.32    18:66:da:8f:20:98  vmk0    1187 sec         Unknown
172.18.96.33    30:9c:23:0d:14:a5  vmk0    1189 sec         Unknown
[root@esx31:~] esxcli network ip neighbor list -i vmk1
Neighbor        Mac Address        Vmknic   Expiry  State  Type
-------------   -----------------  ------  --------  -----  -------
192.168.0.32    00:50:56:6d:34:c1  vmk1     321 sec         Unknown
192.168.0.33    00:50:56:63:0c:1f  vmk1     321 sec         Unknown
192.168.0.35    00:50:56:6f:49:98  vmk1     320 sec         Unknown
192.168.0.36    00:50:56:6b:a0:de  vmk1    1199 sec         Unknown
[root@esx31:~]
```

图 12-3-9 获得相邻主机的 MAC 地址

12.3.6 esxcli network diag ping

esxcli network diag ping 可以检查网络中的数据包是否有重传，也可以检查数据包的往返时间。在当前示例中，当前 SSH 登录的 ESXi 主机的 IP 地址为 172.18.96.31，其 vSAN 流量的 VMkernel 的 IP 地址为 192.168.0.31。如果要检查 IP 地址为 172.18.96.35 的主机（其 vSAN 流量的 VMkernel 的 IP 地址为 192.168.0.35）能否往返，可以执行 esxcli network diag ping -I vmk1 -H 192.168.0.35 命令，结果如图 12-3-10 所示。本示例中 vmk1 为 vSAN 流量的 VMkernel。

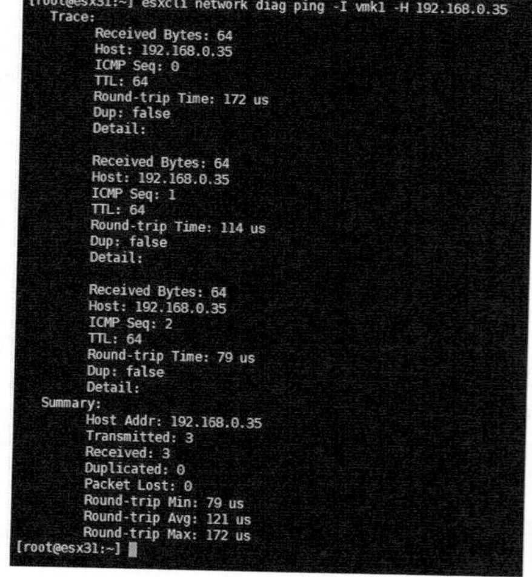

```
[root@esx31:~] esxcli network diag ping -I vmk1 -H 192.168.0.35
   Trace:
         Received Bytes: 64
         Host: 192.168.0.35
         ICMP Seq: 0
         TTL: 64
         Round-trip Time: 172 us
         Dup: false
         Detail:

         Received Bytes: 64
         Host: 192.168.0.35
         ICMP Seq: 1
         TTL: 64
         Round-trip Time: 114 us
         Dup: false
         Detail:

         Received Bytes: 64
         Host: 192.168.0.35
         ICMP Seq: 2
         TTL: 64
         Round-trip Time: 79 us
         Dup: false
         Detail:
   Summary:
         Host Addr: 192.168.0.35
         Transmitted: 3
         Received: 3
         Duplicated: 0
         Packet Lost: 0
         Round-trip Min: 79 us
         Round-trip Avg: 121 us
         Round-trip Max: 172 us
[root@esx31:~]
```

图 12-3-10 检查主机能否往返

12.3.7 esxcli vsan network ip

在配置 2 节点直连的 vSAN 延伸群集中，需要将 ESXi 主机的管理 VMkernel 设置为 vSAN 见证流量。在本示例中介绍将 vmk0 的 VMkernel 设置为 vSAN 见证流量。方法有以下两种。

第一种方法是在 vSphere Web Client 或 vSphere Client 的管理界面中，为 vmk0 配置为支持“vSAN 流量”，然后使用

```
esxcli vsan network ip set -i vmk0 -T=witness
```

命令将 vmk0 的 vSAN 流量设置为“见证流量”。

第二种方法是不需要将 vmk0 配置为“vSAN 流量”，而是直接使用以下命令（添加）设置。

```
esxcli vsan network ip add -i vmk0 -T=witness
```

无论是哪一种方法，在设置完成之后都可以使用 esxcli vsan network list 命令验证新网络配置。

例如，对于 172.18.96.31 主机，依次执行以下命令。

```
esxcli vsan network list
esxcli vsan network ip add -i vmk0 -T=witness
esxcli vsan network list
```

执行后如图 12-3-11 所示。

如果要移除 vSAN 配置的见证流量，执行 esxcli vsan network ip remove -i vmk0 命令，然后使用 esxcli vsan network list 命令查看结果，如图 12-3-12 所示。

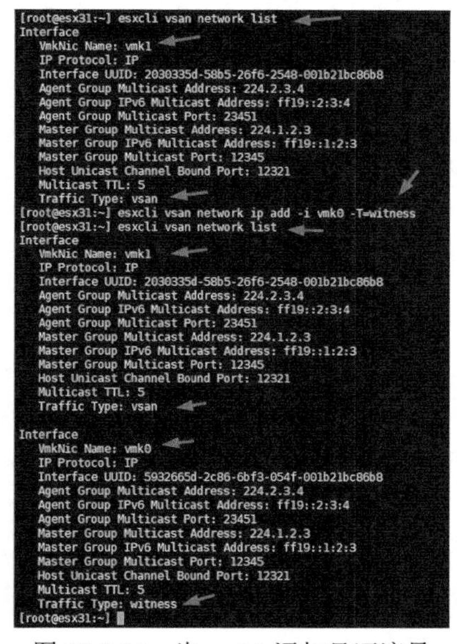

图 12-3-11 为 vmk0 添加见证流量

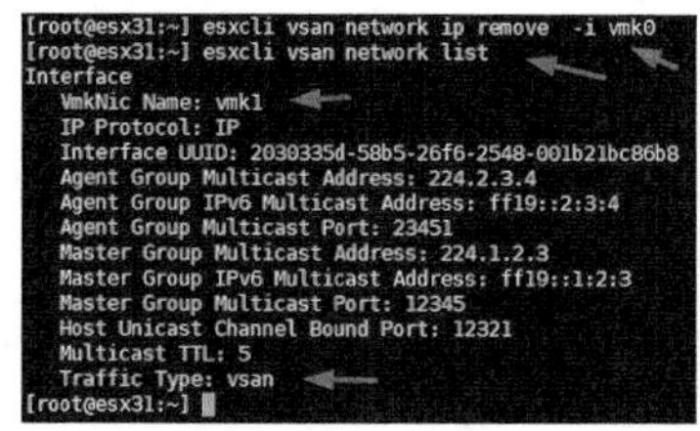

图 12-3-12 移除见证流量并验证

如果 ESXi 从 vSAN 群集中删除后，vsandatastore 都没有删除，总是提示问题，可以用 SSH 客户端连接主机，并输入 esxcli vsan cluster leave 命令即可。

12.4 了解 vSphere 版本号与安装程序文件

vSphere 升级的主要流程与步骤如下。

（1）升级顺序：先升级 vCenter Server，再升级 ESXi，最后升级虚拟机硬件及 VMware Tools。

（2）在升级 vCenter Server 之前，一定要备份 vCenter Server 虚拟机，或者为要升级的 vCenter Server 创建快照，在升级成功之后再删除快照，如果升级失败则恢复到快照时的状态。在升级 vCenter Server 的时候，需要将 vCenter Server 的升级程序 ISO 上传到 ESXi 主机本地存储或共享存储。不要使用 vSphere Client 或 vSphere Web Client 登录到 vCenter Server、加载本地 ISO 的方式升级。否则，由于在升级期间 vCenter Server 服务会停止，导致 vSphere Client 或 vSphere Web Client 失去对 vCenter Server 的连接，加载 ISO 失败，升级程序无效会导致升级失败。

（3）在保证业务不中断的前提下，依次升级每台主机。假设环境中有 A、B、C 三台主机，可以先升级 A，之后升级 B 和 C。在升级 A 时，将 A 置于维护模式，热迁移 A 主机上的虚拟机到 B、C，之后升级 A。升级 A 成功（完成）后，将 A 取消维护模式。之后升级 B，最后升级 C。

在下载 VMware vSphere 安装文件的时候，在下载页中，下载文件有的是 ISO 格式，有的是 zip 格式（见图 12-4-1）。本节介绍 vSphere 不同格式文件的用途。

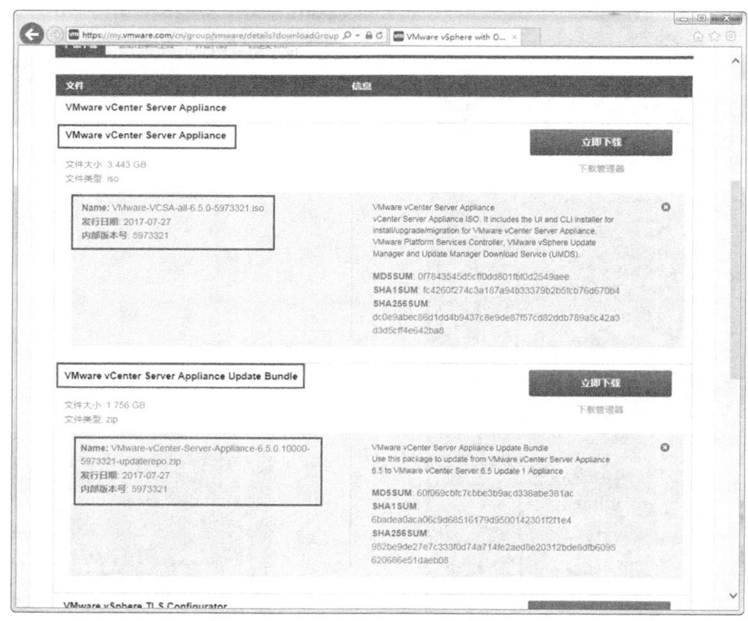

图 12-4-1 vSphere 产品下载页

VMware vSphere 安装程序文件主要分两类：即用于物理主机的安装程序 Hypervisor (ESXi)、虚拟化管理程序 vCenter Server。其中 vCenter Server 又分为 Windows 版本与 Linux 版本两个。

无论 ESXi 还是 vCenter Server，VMware 分别提供 ISO 格式与 zip 格式，其中 ISO 格式用于全新安装和升级安装，zip 格式只用于升级安装。

vSphere 版本号包括主版本号和内部版本号，主版本号由 3 位数字组成，例如 5.0.0、5.1.0、5.5.0、6.0.0、6.5.0、6.7.0；次版本号由 7 位或 8 位数字组成，例如 2562643、3634791、14367737。

说明

如果 VMware ESXi、vCenter Server、vCenter Server Appliance 安装或升级失败，请检查安装文件的 MD5 或 Hash 值是否有误，大多数的 vCenter Server 或 vCenter Server Appliance 的升级失败都是由于安装文件不正确导致的。

12.4.1 vSphere 正式版本

VMware vSphere 每个产品（ESXi 与 vCenter Server），都有一个“正式版本”，在正式版本之后，还会发行一些“修补版本”。

例如 vSphere 6.7.0，这是正式版本。这个版本中主要包括以下 4 个文件。

（1）Hypervisor (ESXi)，VMware ESXi 6.7.0 的安装与升级文件。

VMware-VMvisor-Installer-6.7.0-8169922.x86_64.iso，该镜像文件用于物理服务器的全新安装、升级安装。升级安装时，可以刻录成光盘从光盘启动升级（或者用启动 U 盘加载 ISO 文件引导服务器用于安装或升级），也可以使用 VMware Update Management 加载 ISO 升级安装。

VMware-ESXi-6.7.0-8169922-depot.zip：将 zip 文件上传到 ESXi 的存储，使用命令行进行升级，升级完成后，重新启动 ESXi 主机即可完成升级。

（2）vCenter Server 6.7.0 的安装文件。

VMware-VIM-all-6.7.0-8546234.iso，这是 Windows 版本的 vCenter Server 文件，该文件只有 ISO 一种分发格式，可以用于 vCenter Server 的全新安装，也可以用于升级安装。

VMware-VCSA-all-6.7.0-8546234.iso，vCenter Server Appliance 是基于 Linux 的预配置虚拟机，针对在 Linux 上运行 VMware vCenter Server 及关联服务进行了优化。可以用于全新安装和升级安装（将 vCenter Server Appliance 从 6.0、6.5 升级到 6.7）。

说明

vSphere 6.7.x 是最后一个包括 Windows 与 Linux 版本的 vCenter Server 的产品，从下一个产品开始将只有 Linux 的预发行版 vCenter Server Appliance。

12.4.2 修补版本

由于程序的复杂多样行，VMware 在发布了 vSphere 正式版本之后，过段时间，会发行一些修补版本。例如在 vSphere 6.7.0 之后，VMware 又依次发布了 vSphere 6.7.0 a、6.7.0 b、6.7.0 c、6.7.0 d、6.7.0 U1、6.7.0 U1a、6.7.0 U1b、6.7.0 U2、6.7.0 U2a、6.7.0 U2b、6.7.0 U2c、6.7.0 U3 等版本。在这些版本中，有的没有发布对应的 ESXi 的版本，只发布了对应的 vCenter Server 版本。

（1）Hypervisor (ESXi)。无论正式版本还是修补版本的 ESXi，一般都会发布 ISO 与 zip 两个格式，其中 ISO 用于全新安装以及升级安装，而 zip 只用于升级安装。对于升级安装，支持跨主版本号升级，也支持同一主版本号、不同修补版本的升级。例如 2019 年 8 月 20 日，VMware 发布的 vSphere 6.7.0 U3 中的 ESXi 的安装文件：

VMware-VMvisor-Installer-6.7.0.update03-14320388.x86_64.iso，用于 ESXi 6.7.0 U3 的全新安装，也可以将 ESXi 6.0.x、6.5.x、6.7.x 等版本升级到 6.7.0 U3。

同样，对于同时发布的 update-from-esxi6.7-6.7_update03.zip 的文件，也可以用上述 ESXi 的低版本升级到 6.7.0 U3。

（2）vCenter Server。对于修补版本的 vCenter Server，Windows 版本的 vCenter Server 6.7.0，只会发布一个 ISO 的安装与升级文件，没有对应的 zip 文件。例如 VMware-VIM-all-6.7.0-14367737.iso。

（3）vCenter Server Appliance。对于 Linux 版本的 vCenter Server Appliance，除了发布 ISO 文件外，还会发布一个 vCenter Server Appliance 的 zip 升级文件，该文件不能跨“主版本”号升级，只能将相同“主版本”号升级。

例如 2019 年 8 月 20 日，VMware 发布了 vSphere 6.7.0 U3 的修补版本，其发行的 vCenter Server Appliance 包括以下文件。

VMware-VCSA-all-6.7.0-14367737.iso：用于全新部署安装 vCenter Server Appliance 6.7.0 U3，也可以将 vCenter Server Appliance 6.0.x、6.5.x、6.7.x 升级到 6.7.0 U3。

VMware-vCenter-Server-Appliance-6.7.0.40000-14367737-updaterepo.zip：可以将 vCenter Server Appliance 6.7.0 的低版本升级到 6.7.0 U3（不支持从 vCenter Server Appliance 6.7.0 以下版本例如 6.5.x 等的升级）。

（4）从 vSphere 6.5 开始，vCenter Server Appliance6.5 的修补版本，除了提供 ISO、zip 文件外，又增加了一个*-patch-FP.iso 的文件。例如 VMware-vCenter-Server-Appliance-6.7.0.40000-14367737-patch-FP.iso，该文件可以将同一主版本号的较低版本升级到当前较新版本。

12.4.3　安装程序文件名

VMware vSphere 安装程序文件名，一般采用以下方式（示例）。

（1）VMware vSphere Hypervisor（即物理主机 ESXi 的安装程序）：例如，VMware-VMvisor-Installer-6.7.0.update03-14320388.x86_64.iso。其中“VMvisor-Installer”表示这是 ESXi 的安装程序，主版本号是 6.7.0，内部版本号是 14320388。

（2）用于 Windows 版本的 vCenter Server：例如，VMware-VIMSetup-all-6.0.0-2562643.iso 或 VMware-VIM-all-6.7.0-14367737.iso，其中“VIM”或“VIMSetup”表示这是 Windows 版本的 vCenter Server 安装程序，主版本号是 6.0.0、6.7.0，内部版本号是 2562643、14367737。

（3）用于 Linux 版本的 vCenter Server：vCenter Server Appliance 是基于 Linux 的预配置虚拟机，针对在 Linux 上运行 VMware vCenter Server 及关联服务进行了优化。例如，VMware-VCSA-all-6.7.0-14367737.iso，其中“VCSA”表示这是 Linux 版本的 vCenter Server，主版本号是 6.7.0，内部版本号是 14367737。

下面通过具体的案例进行介绍。通常情况下是先升级 vCenter Server，然后再升级 ESXi。

12.5　从 vCenter Server Appliance 6.5.0 升级到 6.7.0

本节介绍从 vCenter Server Appliance 6.5.0 升级到 6.7.0 的内容。在本示例中，要升级的 vCenter Server Appliance 的 FQDN 名称为 vc.heinfo.edu.cn，其版本为 6.5.0-7515524（如图 12-5-1 所示），运行在 IP 地址为 172.18.96.45 的 ESXi 主机上。

从 vCenter Server Appliance 的低版本升级到高版本，与全新安装过程类似。下面介绍升级的主要步骤。

（1）在本示例中，升级文件名称为 VMware-VCSA-all-6.7.0-8217866.iso。使用虚拟光驱加载该文件，执行 vcsa-ui-installer\win32 文件夹中的 install.exe 程序，进入安装程序，选择“升级”按钮，如图 12-5-2 所示。

（2）在“连接到源设备”的“源设备→设备 FQDN 或 IP 地址”中输入要升级的 vCenter

Server Appliance 服务器的 IP 地址或 FQDN 名称，本示例为 vc.heinfo.edu.cn，然后单击“连接到源”，如图 12-5-3 所示。

图 12-5-1 查看 vCenter Server 版本信息

图 12-5-2 升级

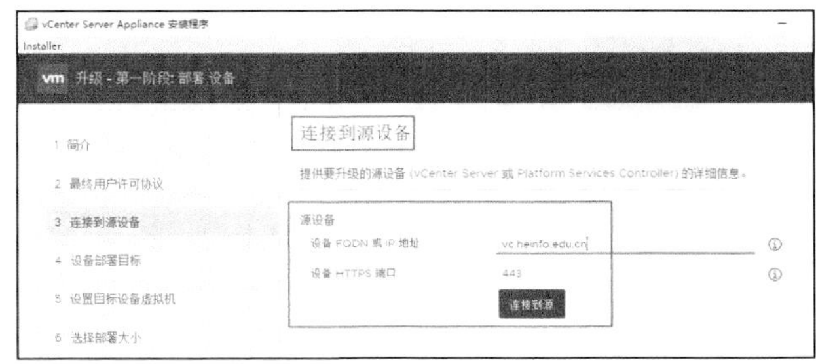

图 12-5-3 连接到源设备

（3）单击“连接到源”之后，在“SSO 用户名”“SSO 密码”“设备（操作系统）root 密码”中依次输入 SSO 用户名及密码，在“管理源设备的 ESXi 主机或 vCenter Server”中输入 vCenter Server 所在的 ESXi 主机的 IP 地址和 root 用户名及密码，单击“下一页”按钮，如图 12-5-4 所示。

图 12-5-4 管理源设备的 ESXi 主机

（4）在“设备部署目标”的“ESXi 主机名或 vCenter Server 名称”中输入要部署 vCenter Server 的 ESXi 主机名，本示例为 172.18.96.45，然后输入 root 用户名和密码，如图 12-5-5 所示。

图 12-5-5 设备部署目标

（5）在“设置目标设备虚拟机”的“虚拟机名称”文本框中输入新的 vCenter Server Appliance 虚拟机的名称，本示例为 vcsa_6.7.0-vc.heinfo.edu.cn_96.10，然后为新置备的 vCenter Server 指定 root 账户密码，如图 12-5-6 所示。

图 12-5-6 设置目标设备虚拟机

（6）在“选择部署大小”中指定 vCenter Server Appliance 的部署大小和存储大小，如图 12-5-7 所示。

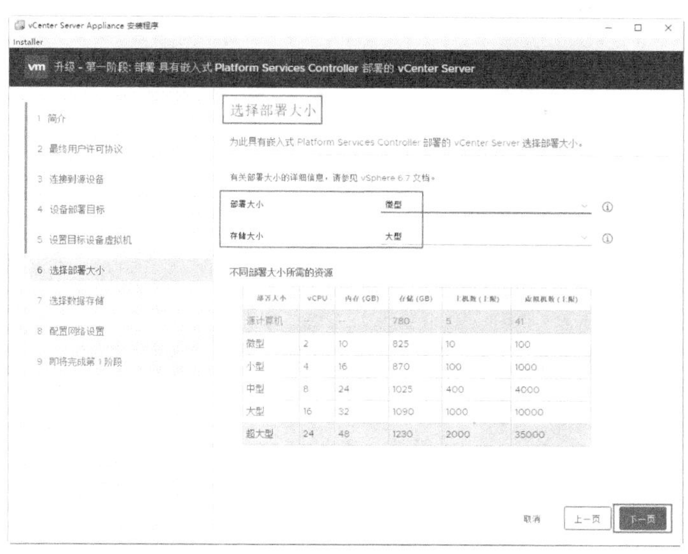

图 12-5-7　选择部署大小

（7）在“选择数据存储”中选择新部署的 vCenter Server 的存储位置，如图 12-5-8 所示。

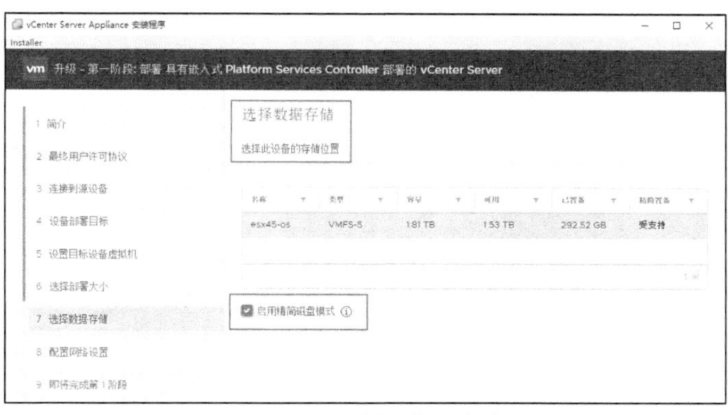

图 12-5-8　选择数据存储

（8）在“配置网络设置”的“临时 IP 地址”文本框中，为 vCenter Server 设置一个临时的 IP 地址，这个地址在当前网络应该是未分配未使用的。本示例中设置为 172.18.96.18，如图 12-5-9 所示。

（9）在“即将完成第 1 阶段”中显示了升级设置，检查无误之后单击“完成”按钮，如图 12-5-10 所示。

（10）在第一阶段完成后单击“继续”按钮，如图 12-5-11 所示。

（11）在“选择升级数据”中选择要从源 vCenter Server 复制的数据，本示例选择“配置（2.78GB）估计的停机时间：39 分钟”，如图 12-5-12 所示。

图 12-5-9　分配临时 IP 地址

图 12-5-10　即将完成第 1 阶段

图 12-5-11　第一阶段完成

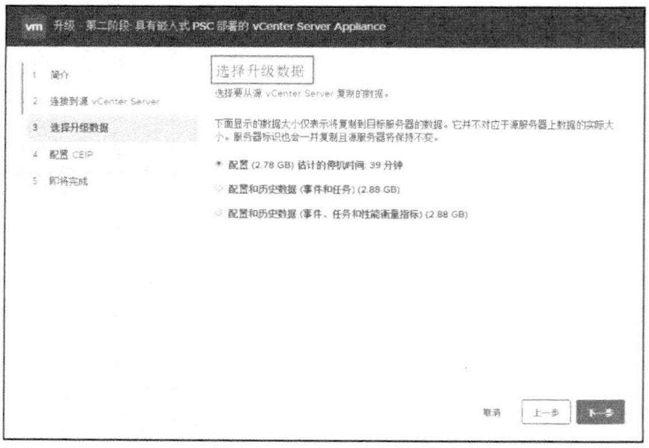

图 12-5-12　选择升级数据

（12）在“即将完成”中显示了源、目标 vCenter Server 的 FQDN 或 IP 地址，检查无误后单击选中“我已备份源 vCenter Server 和数据库中的所有必要数据。”，单击“完成”按钮，如图 12-5-13 所示。

（13）vCenter Server Appliance 升级完成后，在“升级-第二阶段：完成”对话框中显示了升级的状态，在“设备入门页面”中显示了升级后 vCenter Server Appliance 的管理地址，单击此链接可进入新的 vCenter Server 管理页，单击“关闭”按钮完成升级，如图 12-5-14 所示。

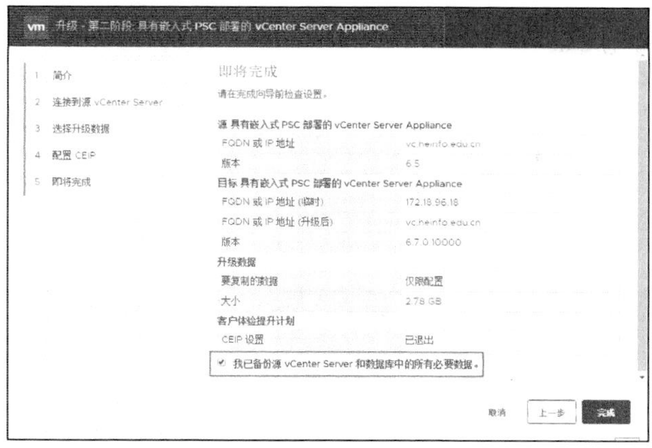

图 12-5-13　即将完成

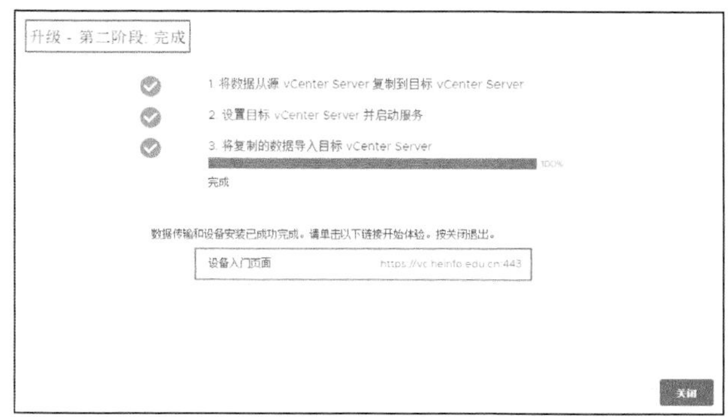

图 12-5-14　升级完成

（14）升级之后登录 vCenter Server Appliance，在“摘要→版本信息”中显示了升级后的 vCenter Server Appliance 的版本，如图 12-5-15 所示。

图 12-5-15　升级之后的版本信息

12.6　从 vCenter Server Appliance 6.7.0 U2 升级到 6.7.0 U3

使用 vCenter Server Appliance 的*-patch-FP.iso 文件可以将同一版本的 vCenter Server

Appliance 从低版本升级到较高的补丁配置。在本示例中，将把 vCenter Server Appliance 6.7.0 U2 升级到 6.7.0 U3。

在升级前备份 vCenter Server Appliance 的虚拟机，或者为虚拟机创建快照。在升级完成并检查无误之后删除快照。

（1）将 vCenter Server Appliance 6.7.0 U3 的升级 ISO 文件（文件名为 VMware-vCenter-Server-Appliance-6.7.0.40000-14367737-patch-FP.iso，大小约为 1.84GB）上传到 vCenter Server 所在的主机存储中，本示例上传到 vSAN 共享存储，如图 12-6-1 所示。

图 12-6-1　上传升级包到 vSAN 存储

（2）修改 vCenter Server Appliance 虚拟机的配置，加载图 12-6-1 中上传的 ISO 文件作为虚拟机的光盘，并选中“已连接”，如图 12-6-2 和图 12-6-3 所示。

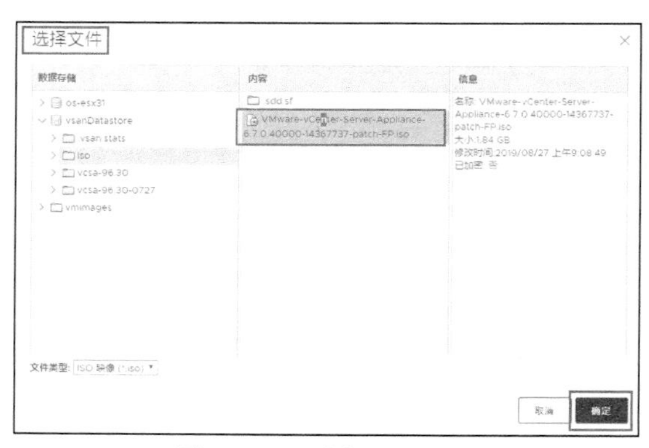

图 12-6-2　选择升级文件

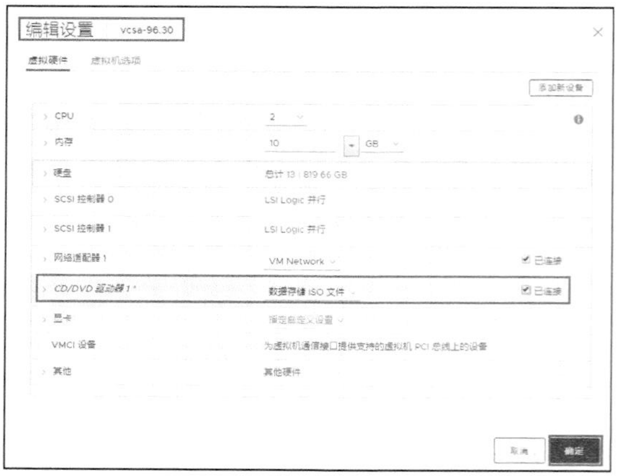

图 12-6-3　加载为光盘

（3）登录 vCenter Server Appliance 的管理界面，本示例为 https://172.18.96.30:5480，在“更新”的“当前版本详细信息”中显示了当前的版本号为 6.7.0.30000，单击“检查更新”按钮并选择“检查 CD ROM”，如图 12-6-4 所示。

（4）在“可用更新”中显示了 CD ROM 中的升级包信息，当前升级包为 6.7.0.40000，单击“转储并安装”，如图 12-6-5 所示。

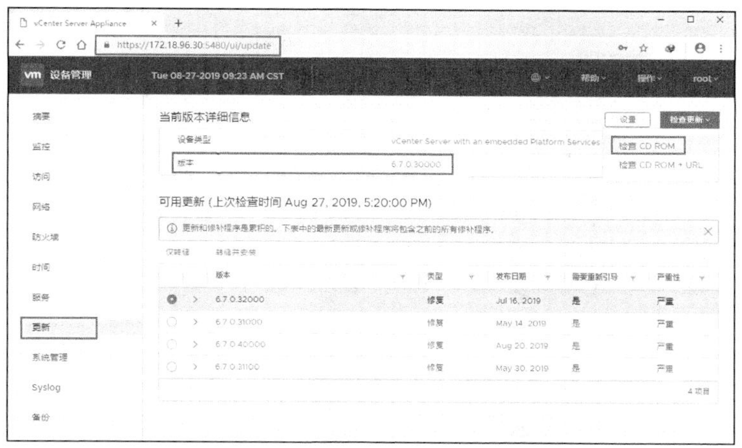

图 12-6-4　检查更新

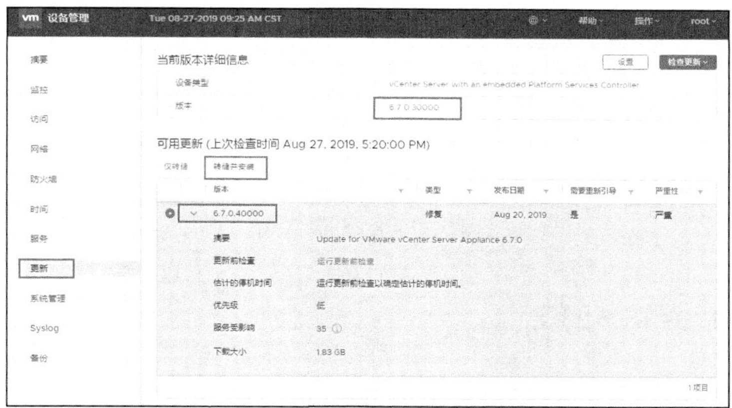

图 12-6-5　安装更新

（5）在“最终用户许可协议”中接受许可协议，单击“下一页”按钮，如图 12-6-6 所示。

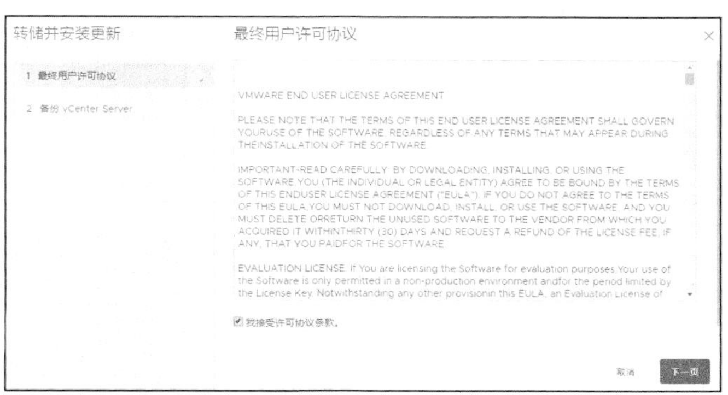

图 12-6-6　接受许可协议

（6）在“备份 vCenter Server”中单击选中“我已备份 vCenter Server 及其关联数据库。”，单击“完成”按钮，如图 12-6-7 所示。

（7）开始安装 vCenter Server Appliance 6.7.0 U3 的更新，安装完成后提示“安装已成功”，

单击“关闭”按钮，如图 12-6-8 所示。

图 12-6-7 已经备份 vCenter Server

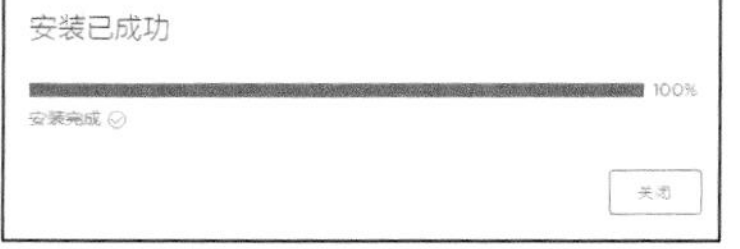

图 12-6-8 安装已成功

（8）安装完成后登录进入 vCenter Server Appliance 的管理界面，在“更新→当前版本详细信息”中显示版本号为 6.7.0.40000，表示升级完成，如图 12-6-9 所示。

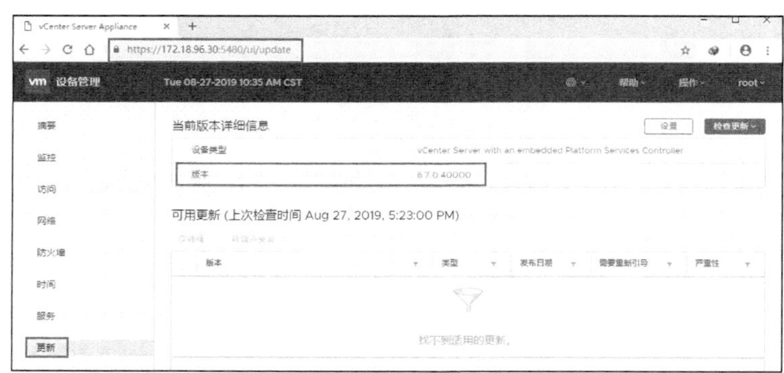

图 12-6-9 升级完成

12.7 ESXi 主机升级

VMware ESXi 安装程序（ISO 格式）可以用来安装或升级低版本的 ESXi 主机，而发行的 zip 格式的补丁包只能用来升级 ESXi 主机。本节通过不同的案例进行介绍。

12.7.1 使用 ESXi 安装光盘升级 ESXi

下面介绍使用 ESXi 6.0 安装光盘升级 ESXi 5.5 的内容，本章使用 HP DL 380 服务器自带的 iLO 打开服务器控制台、加载 ESXi 安装光盘镜像进行升级。

（1）在 vCenter Server 中，将该主机置于“维护模式”并迁移完所有虚拟机到其他主机之后，使用 iLO 加载 ESXi 安装光盘，重新启动服务器，执行光盘的安装程序，如图 12-7-1 所示。

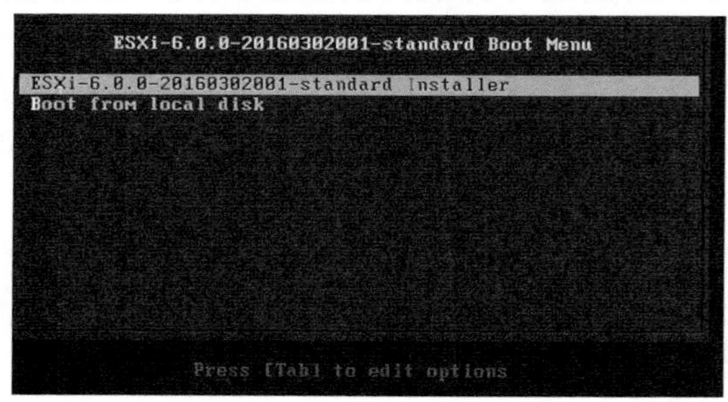

图 12-7-1 启动 ESXi 安装程序

（2）在“Select a Disk to Install or Upgrade”对话框中，选择原来安装 ESXi 6.0 的存储，在此一定不能选择错误，如图 12-7-2 所示。一般情况下，存储空间较小的则是安装在 ESXi 所在分区。如果不能区分，可以在选择存储之后按 F1 键查看。

（3）在选择正确的 ESXi 分区之后，会弹出“ESXi and VMFS Found”（找到 ESXi 与 VMFS）对话框，在此对话框中选择“Upgrade ESXi, preserve VMFS datastore”（更新 ESXi，保留 VMFS 数据存储），如图 12-7-3 所示。如果想安装全新的版本，并且保留原来 VMFS 数据存储，则选择第二项。如果选择第三项，则安装全新的 ESXi，并不会保留原来的 VMFS 数据存储，对于实际生产环境一定慎重选择。

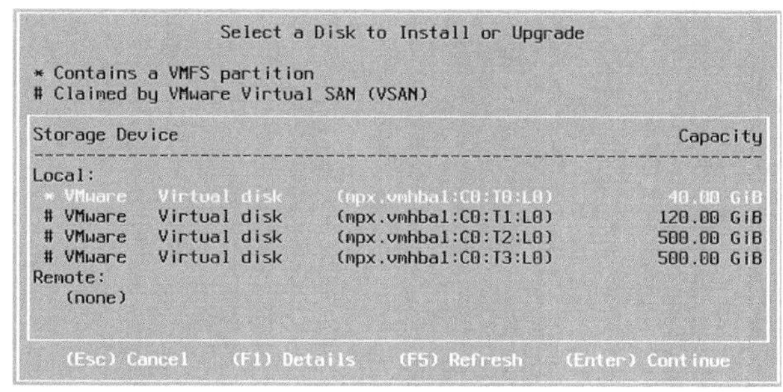

图 12-7-2 选择磁盘安装或升级

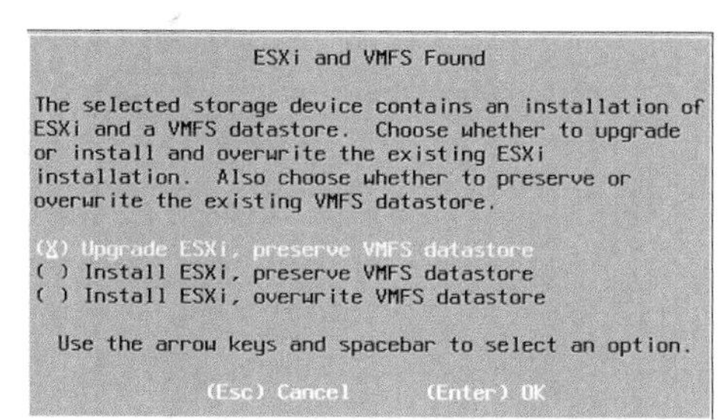

图 12-7-3 升级 ESXi，保留 VMFS 数据存储

（4）在“Confirm Upgrade”对话框中按 F11 键开始升级，如图 12-7-4 所示。

（5）升级完成之后取消 ESXi 安装光盘的映射，按回车键重新启动主机完成升级，如图 12-7-5 所示。

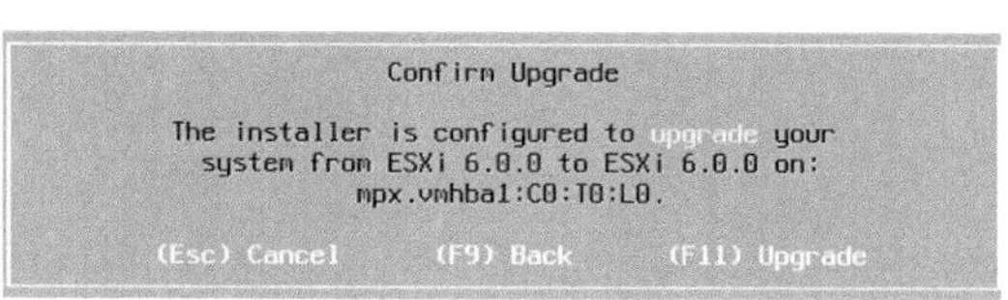

图 12-7-4 升级

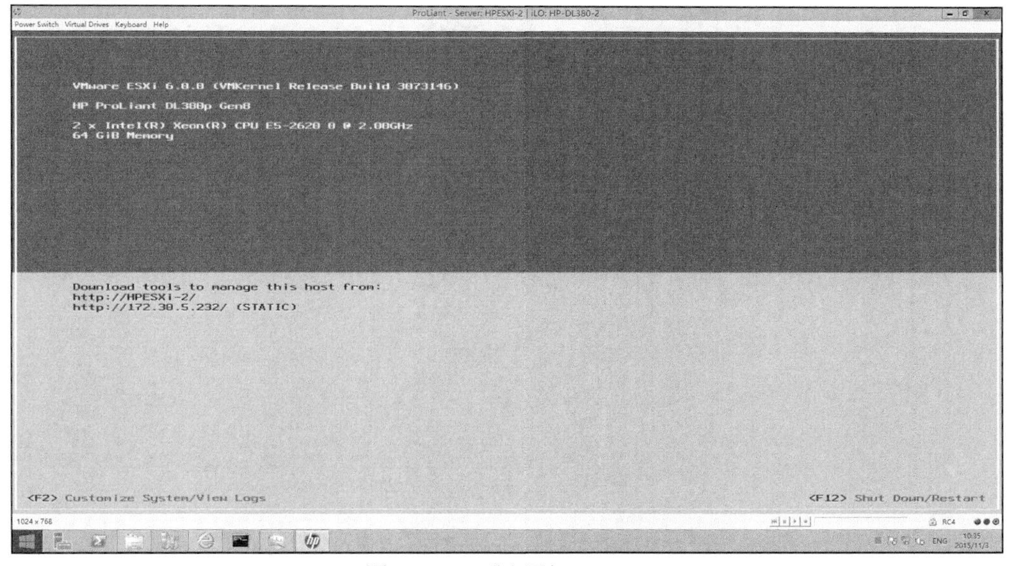

图 12-7-5 升级到 ESXi 6.0

12.7.2 使用 zip 文件升级 ESXi

使用 ESXi 的 zip 文件，可以将低版本（例如 5.0.0、5.1.0、5.5.0、6.0.0）升级到更高版本（例如 6.5.0、6.7.0），或者升级到较新的 Update 版本，例如从 6.7.0 升级到 6.7.0 U3。

当前有一台 ESXi 6.0.0（版本号为 3620759）的主机，本节使用上传 ESXi 的升级文件的方式将其升级到 6.5.0，主要步骤与过程如下。

（1）当前 ESXi 主机 IP 地址为 192.168.110.131，ESXi 版本为 6.0.0，如图 12-7-6 所示。

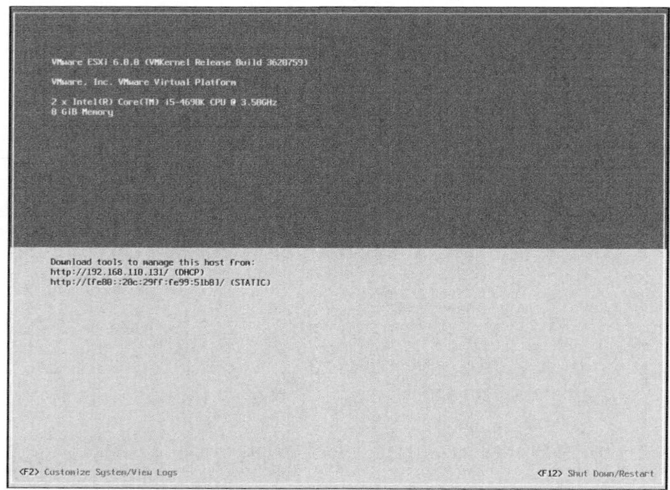

图 12-7-6 要升级的 ESXi 主机

（2）使用 vSphere Client 登录到 ESXi 主机并浏览数据存储，如图 12-7-7 所示。

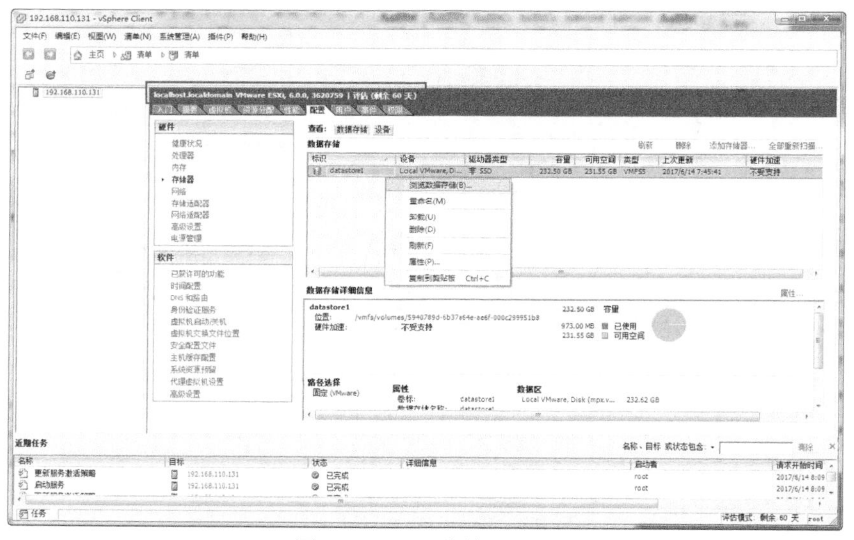

图 12-7-7 浏览数据存储

（3）将 ESXi 6.5.0 的升级文件（文件名：ESXi650-201701001.zip）上传到存储根目录（当前存储名称为 datastore1），如图 12-7-8 所示。

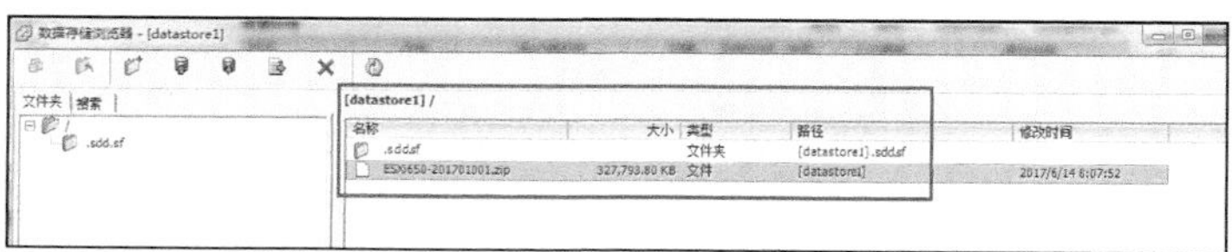

图 12-7-8 上传升级文件

（4）使用 SSH 登录到 ESXi，依次执行 cd vmfs、ls、cd volumes、ls、cd datastore1 命令，再次执行 ls 命令，列出上传的升级文件的实际路径并且复制，如图 12-7-9 所示。

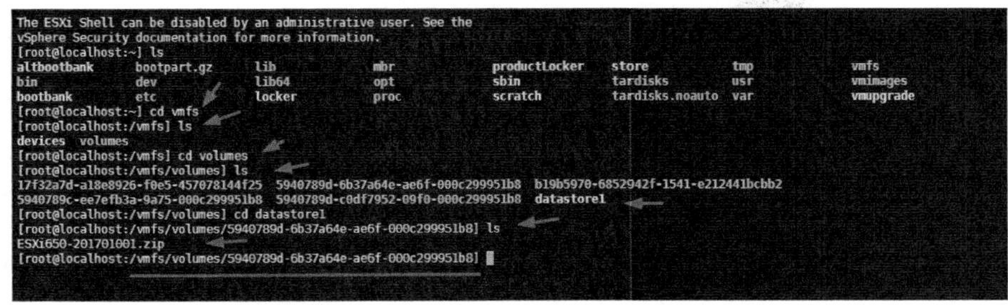

图 12-7-9　复制实际路径

（5）执行如下命令升级 ESXi。

```
esxcli software vib install -d="/vmfs/volumes/5940789d-6b37a64e-ae6f-000c299951b8/ESXi650-201701001.zip"
```

其中“5940789d-6b37a64e-ae6f-000c299951b8”是 datastore1 的实际路径。

执行之后，返回如下信息。

```
Installation Result
   Message: The update completed successfully, but the system needs to be rebooted for the changes
to be effective.
   Reboot Required: true
```

同时会显示安装的 VIB 驱动等，如图 12-7-10 所示。

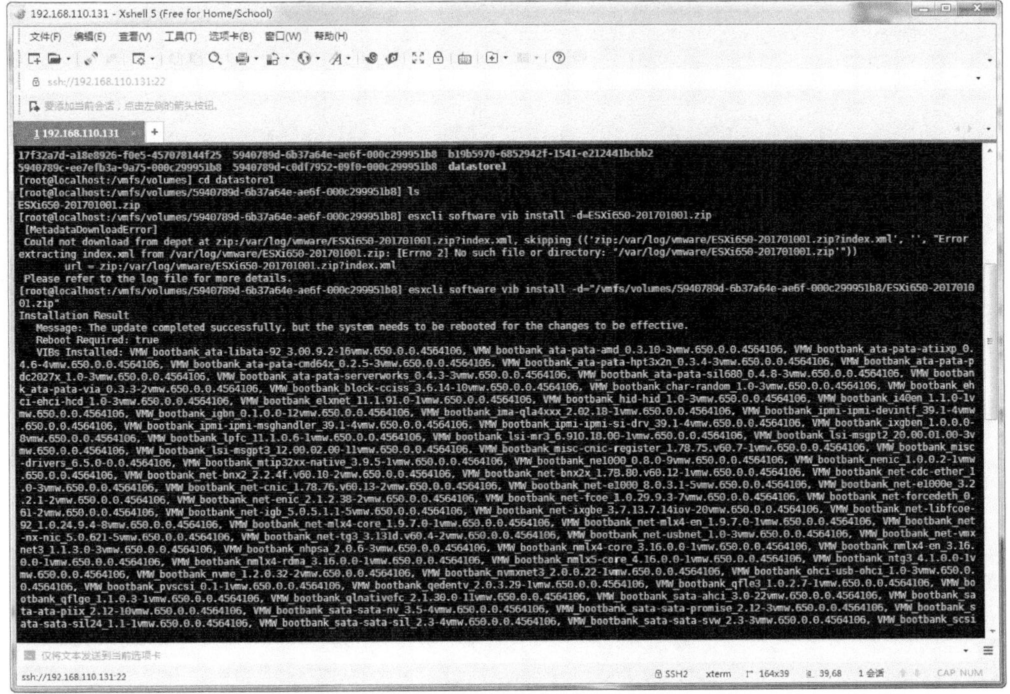

图 12-7-10　执行升级程序

（6）升级完成之后执行 reboot 命令，重新启动 ESXi 主机。

（7）再次进入系统，可以看到，升级已经成功，升级后的版本是 6.5.0，如图 12-7-11 所示。

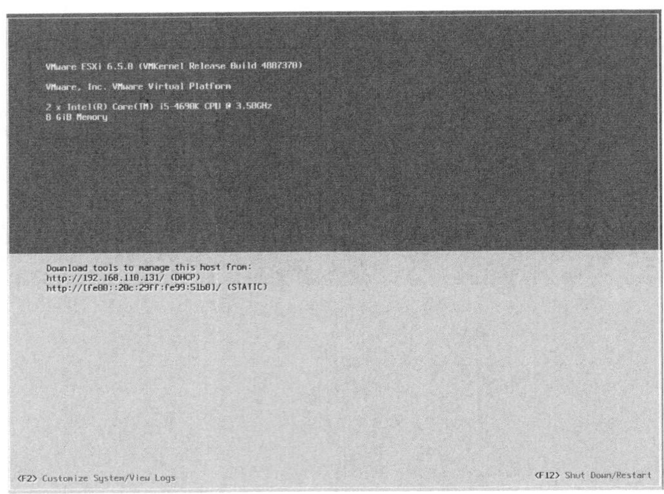

图 12-7-11　升级完成